清华计算机图书译丛

Mac OS X Internals: A Systems Approach

Mac OS X技术内幕

［美］阿米特·辛格（**Amit Singh**） 著

陈宗斌 等译

清华大学出版社
北 京

北京市版权局著作权合同登记号　图字：01-2016-9902

图书在版编目（CIP）数据

Mac OS X 技术内幕 /（美）阿米特·辛格（Amit Singh）著；陈宗斌等译. —北京：清华大学出版社，2019（2020.1重印）
（清华计算机图书译丛）
书名原文：Mac OS X Internals: A Systems Approach
ISBN 978-7-302-50909-7

Ⅰ. ①M⋯　Ⅱ. ①阿⋯　②陈⋯　Ⅲ. ①微型计算机 – 操作系统　Ⅳ. ①TP316.84

中国版本图书馆 CIP 数据核字（2018）第 189801 号

责任编辑：龙启铭
封面设计：何凤霞
责任校对：李建庄
责任印制：沈　露

出版发行：清华大学出版社
　　　　　网　　　　址：http://www.tup.com.cn, http://www.wqbook.com
　　　　　地　　　　址：北京清华大学学研大厦 A 座　　　　邮　　编：100084
　　　　　社　总　机：010-62770175　　　　　　　　　　　邮　　购：010-62786544
　　　　　投稿与读者服务：010-62776969，c-service@tup.tsinghua.edu.cn
　　　　　质　量　反　馈：010-62772015，zhiliang@tup.tsinghua.edu.cn
　　　　　课　件　下　载：http://www.tup.com.cn,010-62795954
印　装　者：三河市铭诚印务有限公司
经　　销：全国新华书店
开　　本：185mm×260mm　　　　印　　张：82.75　　　　字　　数：2014 千字
版　　次：2019 年 1 月第 1 版　　　　　　　　　　　　　印　　次：2020 年 1 月第 2 次印刷
定　　价：268.00 元

产品编号：071553-01

译 者 序

操作系统（Operating System，OS）是管理和控制计算机硬件与软件资源的计算机程序，是直接运行在"裸机"上的最基本的系统软件，其他任何软件都必须在操作系统的支持下才能运行。操作系统是用户和计算机的接口，同时也是计算机硬件和其他软件的接口。它提供各种形式的用户界面，使用户有一个良好的工作环境，以及为其他软件的开发提供必要的服务和相应的接口等。

Mac OS X 以及一般意义上的 Apple 近年来吸引了许多人的注意力。鉴于 Apple "受到狂热崇拜"的状况，以及 Mac OS X 独特的文化和技术组合，大量具有不同背景和兴趣的人（包括 Mac OS X 用户和非 Mac OS X 用户）都对这个操作系统非常感兴趣。

本书从系统设计的角度描述 Mac OS X，对其进行详细剖析，并逐一剥去它的神秘外衣。Mac OS X 具有众多用户级和内核级的 IPC 机制，其中一些广为人知并且形成了文档。本书不仅将说明如何使用这些机制，而且将解释最基本的机制（Mach IPC）的设计和实现，然后讨论其他机制彼此之间是如何层叠的。

本书提供了详细的插图、函数调用图、加注释的代码段和编程示例，可以引领读者学习实用的知识和技能，并能实际地运用它们，加深对所学知识的理解。本书的主要目标是为在 Mac OS X 上编程的任何人构建一个稳固的基础，因此非常适合应用程序员阅读。Mac OS X 用户也可以阅读本书，以更好地理解系统是如何设计的以及它是如何组建的。系统管理员和技术支持人员也可以在本书中发现有价值的信息。

参加本书翻译的人员有陈宗斌、傅强、宋如杰、蔡江林、陈征、戴锋、蔡永久、何正雄、黄定光、李刚生、李韬、欧婷、苏高、孙朝辉、孙丽、许瑛琪、叶守运、易陈丽、叶淑英、易小丽、喻四容、易志东、殷小俊、张景友、张旭、张志强、陈丽丽、尼朋、王亚坤、张敬伟、张丽、张悦、宫生文、黄艳、王萍萍、解本巨、肖进、李海燕、张班班、郝军启、蒋珊珊、周为华、张宝霞等。

由于时间紧迫，加之译者水平有限，错误在所难免，恳请广大读者批评指正。

译 者
2019 年 1 月

致　　谢

本书是我曾经做过的最艰巨、最费时和最伤元气的项目。我能完成这项任务的唯一原因是得到了我妻子 Gowri 的爱和支持。在我决定编写本书的差不多同一时间，我们意识到我们想要一个孩子。由于我全部的空闲时间都投入到编写这本书上，Gowri 的责任就呈指数级增长了，尤其是在小 Arjun 降生后。Gowri 以其似乎无限的力量和耐心，最终把一切都搞定了，我要给她致以最伟大的谢意。Arjun 则通过他灿烂的笑容和滑稽的动作继续给我提供能量。我还要感谢我的家庭给予的爱和支持，尤其是 Gowri 的妈妈和她的姐姐 Gayethri，在我花了两年时间编写这本书期间，当我们需要家庭支持时，她们数次从世界的另一端飞过来帮助我们。

我要特别感谢我在 IBM Research 的经理 Steve Welch，他给我提供了令人难以置信的支持，并且容忍了我飘忽不定的工作日程表。

无论怎样，都不足以表达我对 Snorri Gylfason 的谢意。他独自一人负责向我引荐 Macintosh。如果不是他，我可能还没有开始使用 Mac OS X，也不会对这个系统抱有好奇心，这本书也不可能问世。Snorri 还是本书的最高效、最勤勉的评审者——他精心阅读过本书的每一页、每一幅插图和每个示例，并且做了非常好的标记。我们经历了数不清的通宵达旦的评审会议。在其他许多时间（基本上是每天），Snorri 都会耐心地倾听一位过于劳累的作者的满腹牢骚，甚至在 Snorri 迁回他的祖国冰岛之后，他仍然履行了所有的评审承诺。

我要感谢 Mark A. Smith，尽管他最初对 Mac OS X 不感兴趣，但他仍然评审了本书的几乎全部内容。Mark 提供了非常有价值的反馈，他经常以令人困惑的速度阅读本书，但他能够如此细致地捕捉到错误，以至于都有些违背逻辑。感谢 Ted Bonkenburg、Úlfar Erlingsson 和 Amurag Sharma，他们不折不扣地详细审查了书中的多个章节。当我从 Ted 极其忙碌的日程表中挤占他的时间时，他和蔼地与我进行了多次讨论。

感谢 Addison-Wesley 团队中所有人的辛勤工作和奉献精神。我要特别感谢我的编辑 Catherine Nolan 管理这个项目（以及与我打交道）。感谢 Mark Taub、John Wait、Denise Mickelsen、Stephane Nakib、Kim Spilker、Beth Wickenhiser、Lara Wysong 以及所有其他我不知名的人在制作本书的过程中所起的作用。

最后，感谢我的文字编辑 Chrysta Meadowbrooke 所做的一流工作。

关 于 作 者

　　Amit Singh 是一位操作系统研究员，目前在 Google 工作。在此之前，Amit 就职于 IBM Almaden Research Center。再往前，他曾经为硅谷的启动做过一些工作，从事操作系统虚拟化方面的前沿性工作。Amit 还是贝尔实验室 Information Sciences Research Center（信息科学研究中心）技术人员中的一员，他在这里从事操作系统和网络方面的工作。他创建并维护了两个 Web 站点：www.osxbook.com 和 www.kernelthread.com。

献给我的父母 Sharda 和 Amar Singh，感谢他们教会我去努力学习一切知识，感谢他们给予我需要（或者想要）从他们那里得到的一切，感谢他们一路的陪伴和无微不至的关照。

前　言

尽管 Mac OS X 是一种相对较新的操作系统，它的血统其实相当多姿多彩，并且它的大多数组件的历史也非常悠久。Mac OS X 以及一般意义上的 Apple 近年来吸引了许多的注意力。鉴于 Apple "受到狂热崇拜" 的状况，以及 Mac OS X 独特的文化和技术组合，大量具有不同背景和兴趣的人（包括 Mac OS X 用户和非 Mac OS X 用户）都对这个系统感到好奇就不令人感到诧异了。

多年来在使用、编程和扩展了多个操作系统之后，2003 年 4 月 1 日有人给我引荐了 Mac OS X[①]。很快，我就对这个系统的结构充满了好奇心。尽管有几本介绍 Mac OS X 的优秀图书，但令我沮丧的是，我无法从一本书中学到 Mac OS X 内部工作原理的具体细节——不存在这样一本书。有一些图书描述了如何在 Mac OS X 上执行多种任务；如何配置、自定义和调整系统；以及在某些用户看来在 Mac OS X 与 Windows 之间有何区别。还有一些图书介绍了特定的 Mac OS X 编程主题，比如 Cocoa 和 Carbon API。其他图书则使 UNIX[②]用户能够更轻松地迁移到 Mac OS X——这样的图书通常讨论的是操作系统的命令行界面。尽管这些图书在促进人们理解 Mac OS X 方面起到了重要的作用，但是 Mac OS X 及其组件的核心体系结构和实现仍然保持神秘。更糟糕的是，除了信息缺乏之外，还经常能发现关于 Mac OS X 的组成结构的错误信息。由于长期形成的神话和固定印象，该系统经常被误解，或者给人的感觉像是一个黑盒。

本书的目的是从系统设计的角度描述 Mac OS X，对其进行解析，并剥去它的神秘外衣。本书采用一种面向实现的方法来理解该系统。考虑进程间通信（InterProcess Communication，IPC）的示例。Mac OS X 具有众多用户级和内核级的 IPC 机制，其中一些广为人知并且形成了文档。本书不仅仅将说明如何使用这些机制，而且将解释最基本的机制（Mach IPC）的设计和实现，然后讨论其他机制彼此之间是如何层叠的。我的目标不是教会你如何做一些具体的事情，而是给你提供足够的知识和示例，使得在读完本书后，依赖于你的兴趣和背景，你就可以基于最近获得的知识，做出自己的选择。

除了文字内容之外，本书还使用了详细的插图、函数调用图、加注释的代码段和编程示例，对 Mac OS X 进行详细的分析研究。为了使主题保持有趣和容易理解——甚至对于临时起意的读者也是如此，本书包含了相关的琐碎知识、与主题无关的段落以及其他花絮[③]。

---

① 这个日期很有趣，因为巧合的是，Apple 是在 1976 年 4 月 1 日成立的。
② 我使用术语 "UNIX" 代表 UNIX 系统、源于 UNIX 的系统或者类 UNIX 系统之一。
③ 脚注也是一个有益的补充！

本书读者对象

我希望任何对 Mac OS X 的组成结构和工作原理感到好奇的人都可以通过阅读本书而获益。

应用程序员可以对他们的应用程序将如何与系统交互获得更深的理解。系统程序员可以把本书作为一份参考，并且更好地理解核心系统是如何工作的。作为一名程序员，依我的经验看，切实理解系统的内部工作原理对于设计、开发和调试是极其有用的。例如，你可以知道系统能够做什么，什么是切实可行的，在给定情况下的"最佳"选项是什么，以及出现某些程序行为的可能的原因是什么。本书的主要目标是为在 Mac OS X 上编程的任何人构建一个稳固的基础。

Mac OS X 用户可以阅读本书，更好地理解系统是如何设计的以及它是如何组建的。系统管理员和技术支持人员也可以在本书中发现有价值的信息。

除了那些使用 Mac OS X 的人之外，预期的读者还包括其他技术社区的成员，比如BSD、Linux 和 Windows 社区。鉴于 Mac OS X 的许多内部方面与这些系统有着根本的不同（例如，Mach 内核是如何使用的），本书将帮助这些读者拓宽他们的知识，并将帮助他们比较和对照 Mac OS X 与其他操作系统。

在学习高级操作系统课程时，尤其是如果你希望执行关于 Mac OS X 的案例研究，那么本书也将是有用的。不过，本书不适合用作入门性教材。尽管我在介绍许多高级主题时附带了一些背景信息，但是大多数内容介绍都超越了入门级的层次。

本书组织结构

现代操作系统变得如此巨大和复杂，以至于不可能在一本书中合理地描述整个系统。本书有点野心勃勃，这是由于它尝试切切实实地从广度和深度上介绍 Mac OS X。对本书的深度最重要的贡献者是精心挑选的编程示例。本书被组织成 12 章。尽管本书的大量内容相当有技术性，但是每一章中都包含一些小节，它们对于非程序员也应该很容易理解。

第 1 章 Mac OS X 起源：描述了 Mac OS X 以及衍生出它的系统的技术发展史。该章介绍了 Apple 所有过去和当前的操作系统，在本书的配套 Web 站点上可以找到该章的未删节版本。

第 2 章 Mac OS X 概述：是关于 Mac OS X 及其重要特性的漫谈，其中包含构成该系统的多个层次的简要概述。

第 3 章 Apple 内幕：描述了 PowerPC 体系结构，并且使用 PowerPC 970（"G5"）处理器系列作为特定的示例，其中还讨论了 PowerPC 汇编语言和调用约定。

第 4 章固件和引导加载程序：描述了开放固件（Open Firmware）和可扩展固件接口（Extensible Firmware Interface，EFI）以及它们各自的引导加载程序，其中还讨论了固件和引导加载程序在系统的操作、使用场景以及在早期的自引导（bootstrapping）期间所发生的事件中所起的作用。

第 5 章内核和用户级启动：描述了事件的序列——包括内核子系统的初始化——从内核开始执行的位置到内核运行第一个用户空间程序（launchd）的位置，其中讨论了 launchd 的函数和实现。

第 6 章 xnu 内核：描述了 Mac OS X 的核心内核体系结构，讨论包括系统调用家族以及它们的实现、低级跟踪和调试机制以及一些特殊的特性，比如内核的 PowerPC 版本中的虚拟机监视器。

第 7 章进程：描述了 Mac OS X 子系统中存在的多种抽象形式（比如任务、线程和进程）以及处理器调度，其中讨论了使用多种内核级和用户级接口，用于操纵上述的抽象。

第 8 章内存：描述了 Mac OS X 内存子系统的体系结构，其中讨论了 Mach 虚拟内存体系结构、分页、统一缓冲区缓存、工作集检测机制、内核级和用户级内存分配器以及对 64 位寻址的支持。

第 9 章进程间通信：描述了 Mac OS X 中提供的多种 IPC 和同步机制，尤其是其中讨论了 Mach IPC 的实现和使用。

第 10 章扩展内核：描述了 I/O Kit，它是 Mac OS X 中的面向对象的驱动程序子系统。

第 11 章文件系统：描述了 Mac OS X 中总体的文件系统层，包括每种文件系统类型的简要讨论，其中还讨论了分区模式、磁盘管理和 Spotlight 搜索技术。

第 12 章 HFS+文件系统：描述了 HFS+文件系统，其中通过使用为本章编写的自定义的文件系统调试器来帮助进行讨论。

附录 A 基于 x86 的 Macintosh 计算机上的 Mac OS X：突出强调了基于 x86 与基于 PowerPC 的 Mac OS X 版本之间的关键区别。除了这个附录之外，本书还介绍了几个关键的特定于 x86 的主题的详细知识，比如 EFI、基于 GUID 的分区和通用二进制（Universal Binaries）。Mac OS X 的大多数方面都是独立于体系结构的，因此本书的绝大多数内容也是独立于体系结构的。

鉴于本书篇幅比较长，我选择排除了几个在其他图书中介绍得比较好的主题。TCP/IP 栈就是一个示例——本书中没有关于"联网"的章节，因为 Mac OS X TCP/IP 栈大体上是 FreeBSD 栈的衍生品，而 FreeBSD 栈已经形成了良好的文档。一般而言，本书中没有包括跨 UNIX 变体通用并且在标准文档中可以找到的信息。

如何阅读本书

由于本书的前两章分别提供了 Mac OS X 的背景知识和总体介绍，建议首先阅读这两章。后续各章最好也按顺序阅读。尽管如此，读者仍然可以根据自己的兴趣以及对某些主题的熟悉程度，跳过某些小节（也许甚至可以跳过某几章），以便从本书中获得有价值的信息。

如果你对操作系统概念比较熟悉并且使用过 UNIX 操作系统，将会是有帮助的。

鉴于本书具有大量的 C 程序和程序代码段，你应该具有一些编程经验，尤其要具有 C 编程语言的知识。我有时不仅使用代码来演示概念的工作原理，而且还用于描述概念。我意识到"阅读"代码通常被认为是"困难"的，而一些作者通常期望许多读者将会简单地跳过代码。我的信念是：阅读本书中的代码（而不是仅仅运行它）对于程序员将特别有帮助。

尽管本书的内容具有技术性，但是书中有几部分可以被程序员和非程序员轻松阅读。

作为一本 Mac OS X 内部工作原理的参考书，我希望本书及其示例在往后一段较长的时间对于它的读者都是有用的。

如何使用示例

本书中包括了许多自含式示例。其中许多示例都有比较重要的价值，这是由于它们做的事情既有用，又有趣。我希望这些示例能够发人深省，并且充当其他项目的构件。本书中显示的几乎所有的示例都带有命令行，用于编译和运行它们。

在合适的地方，在基于 PowerPC 和基于 x86 的 Macintosh 计算机上测试了这些示例。值得注意的是：在代码仅适用于 PowerPC 的情况下，比如在 PowerPC 汇编语言示例中，它通常可以在基于 x86 的 Macintosh 上编译和运行——这样的代码将可以在 Rosetta 二进制转换软件下运行。不过，本书中的少量示例将需要 PowerPC Macintosh——它们将不会在 Rosetta 下运行。

相关的材料

当今，技术进步是如此之快，以至于几乎不可能出版一本全新的图书。幸运的是，Internet 访问允许作者和出版社在图书出版之后使各种材料可供读者使用。本书最有用的资源是它的配套网站 www.osxbook.com，它提供了以下资源：

- 勘误表和更新。
- 本书中的源代码。
- 本书的博客，其中具有关于新材料可用性的新闻和公告。
- 一组论坛，其中可以讨论与本书（以及一般意义上的 Mac OS X）相关的主题。
- 额外的内容区，其中包含与本书相关的额外文章、演示文稿、二进制代码和源代码。
- 本书中的示例内容，包括详细的目录。

目　　录

第 1 章　Mac OS X 起源

"大多数想法都来自于以前的想法。"

——Alan Curtis Kay

Mac OS X 操作系统代表在过去通常相互抵制的范式、意识形态和技术的一种相当成功的融合。一个良好的示例是在 Mac OS X 中的命令行界面与图形界面之间存在的亲密关系。该系统是 Apple 和 NeXT 所经受的考验和磨难及其用户和开发人员社区推动的结果。Mac OS X 很好地示范了企业、学术和研究团体、开源和免费软件运动，当然还包括个人是如何构建一个功能强大的系统的。

从 1976 年左右起，Apple 就问世了，有关其历史的记述长篇累牍。如果 Apple 作为一家公司的故事使人着迷，那么 Apple 操作系统的技术发展史也是如此。在本章中[①]，我们将追溯 Mac OS X 的历史，讨论几种最终影响了当今的 Apple 操作系统的技术。

1.1　Apple 对操作系统的探求

时间回到 1988 年 3 月，Macintosh 已经问世 4 年了。一些 Apple 工程师和管理者召开了一场非现场会议。当他们进行头脑风暴并提出将来的操作系统战略时，他们在三组颜色分别为蓝色（Blue）、粉红色（Pink）和红色（Red）的索引卡上记下了他们的想法。

Blue 将是用于改进现有的 Macintosh 操作系统的项目，它最终形成了 System 7 的核心。

Pink 不久之后就变成了 Apple 的一个革命性的操作系统。这个操作系统被计划成面向对象的，它将具有完全的内存保护、带有轻量级线程的多任务、大量受保护的地址空间以及几个其他的现代特性。在 Apple 受折磨许多年后，Pink 从 Apple 独立出来，形成了 Taligent。它是由 Apple 和 IBM 联合运营的一家公司。

由于红色"比粉红色更粉红色"，它的想法被认为太高级，甚至对于作为 Red 项目一部分的 Pink 也是如此。

当 20 世纪 80 年代走向尾声时，Macintosh 系统软件主要是版本 6。但是，作为 Blue 项目的结果，System 7 将成为 Apple 的最重要的系统。不过，这种情况直到 1991 年才出现。

与此同时，Microsoft 开发了 Windows 3.x 操作系统，这个操作系统在 1990 年发布后变得极其成功。Microsoft 还致力于开发一个代号为 Chicago 的新操作系统。最初计划在 1993 年发布它，但是不知不觉就错过了这个时间。它最终是作为 Windows 95 发布的。不过，Microsoft 在 1993 年发布了另一个 Windows 操作系统——Windows NT（参见图 1-1）。Windows NT 是一个高级操作系统，打算用于高端的客户机/服务器应用程序。它具有多个重要的特性，比如对称多处理支持、抢占式调度器、集成的联网能力、用于 OS/2 和 POSIX

---

①　本书的配套 Web 站点（www.osxbook.com）提供了 Apple 的所有操作系统的更详细的技术发展史。

的子系统、用于 DOS 和 16 位 Windows 的虚拟机、名为 NTFS 的新文件系统以及对 Win32
API 的支持。

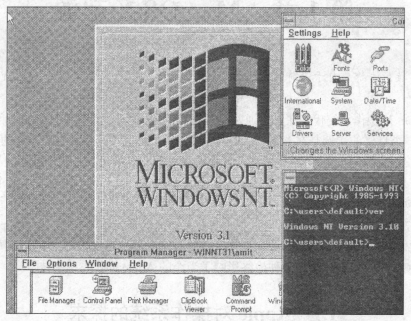

图 1-1   Microsoft Windows NT 3.1

面对 Microsoft 的攻势，Apple 需要做出回应，尤其是在面对即将问世的 Windows 95
时，它是一个最终用户的操作系统。

Pink 和 Red 项目被证明相当不成功。Apple 将继续尝试以某种方式解决"OS 问题"。

1.1.1   Star Trek

Star Trek 是 Apple 与 Novell 联合开发的一个大胆的项目，用于移植 Mac OS 以便在 x86
平台上运行它。一支由 Apple 和 Novell 的工程师组成的团队在极短的时间内成功地创建了
一个非常合理的原型。不过，由于以下几个原因，这个项目被取消了：Apple 已经承诺转
向 PowerPC；Apple 里面和外面的许多人都认为添加对 x86 平台的支持将干扰 Apple 现有
的业务模型；并且供应商反馈也不积极。

许多年后，Darwin——Apple 的大获成功的 Mac OS X 的核心——可以同时运行在
PowerPC 和 x86 上。Star Trek 原型在引导时会显示"Happy Mac"标志，而 Darwin/x86 则
会在引导期间显示消息"Welcome to Macintosh"。

Apple 于 2005 年年中宣布将 Mac OS X 迁移到 x86 平台，从而使 Star Trek 最终得以正
名。第一批基于 x86 的 Macintosh 计算机——iMac 和 MacBook Pro（PowerBook 的后继
者）——于 2006 年 1 月在旧金山 MacWorld 大会暨展览会上浮出水面。

1.1.2   Raptor

Raptor 在许多方面是 Red 项目。它被指望给 Apple 提供可以在任何体系结构上运行的

下一代微内核。由于 Star Trek 项目被取消，因此将其视作被 Raptor 吸收了，由于预算限制和雇员缩减及其他原因，Raptor 自身后来也消亡了。

1.1.3　NuKernel

NuKernel 是 Apple 的一个内核项目，打算不止一次地用于创建现代操作系统内核。NuKernel 打算成为一个高效的微内核，以便于实现一些重要的特性，比如抢占式多任务、受保护的内存、高效的内存模型、高度的系统可扩展性，以及最重要的硬件抽象层（Hardware Abstraction Layer，HAL），它被期望允许任何计算机供应商轻松地设计 Mac OS 兼容的系统。

1.1.4　TalOS

Apple 和 IBM 于 1992 年早期成立了一家名称为 Taligent 的公司，以继续处理 Pink 项目。Pink 最初针对的是面向对象的操作系统，但是后来演变成一种名为 CommonPoint 的面向对象环境，可以在许多现代操作系统上运行，比如：AIX、HP-UX、OS/2、Windows 95 和 Windows NT。它还打算在 Apple 的 NuKernel 上运行。TalOS（Taligent Object Services，Taligent 对象服务）是提供给围绕 Mach 内核版本 3.0 构建的一组低级技术的名称。TalOS 打算作为一个可扩展的便携式操作系统，它占用的空间比较少并且具有良好的性能。

TalOS 从内核往上都是面向对象的，甚至包括设备驱动程序和网络协议也是以面向对象方式实现的。Taligent 的面向对象库被称为**框架**（Framework）。有一些框架用于用户交互、文本、文档、图形、多媒体、字体、打印和低级服务，比如驱动程序。这些框架以及 TalOS 开发工具明确用于把程序设计的负担从应用程序开发人员身上转移到应用程序系统工程师身上。

　　注意：即使存在其他一些商业系统（比如 NEXTSTEP）具有面向对象的**应用程序框架**（Application Framework），Taligent 仍然把目标定位于围绕对象构建它的整个编程模型。在 NEXTSTEP 中，创建框架的开发人员不得不把对象行为映射到底层的库、UNIX 系统调用、Display PostScript 等——所以这些都具有过程式 API。与之相比，Taligent 的 CommonPoint 应用程序根本没有打算使用主机操作系统 API。

1995 年，Taligent 变成了一家 IBM 全资拥有的子公司。Pink 项目没有给 Apple 带来它一直追求的下一代操作系统。

1.1.5　Copland

Apple 于 1994 年早期宣布，它将把超过 10 年的经验专注于开发 Macintosh 操作系统的下一个主要版本：Mac OS 8。这个项目的代号为 Copland。人们期望 Copland 将成为 Apple 对 Microsoft Windows 的真正回应。对于 Copland，Apple 希望实现多个目标，其中许多目标都是长时间难以实现的。

- 采用 RISC[①]作为一种关键的基础技术，这是通过使系统完全天生就是 PowerPC 来实现的。
- 集成、改进和利用现有的 Apple 技术，比如 ColorSync、OpenDoc、PowerShare、PowerTalk、QuickDraw 3D 和 QuickDraw GX。
- 保留和改进 Mac OS 界面的易用性，同时使之变成多用户的并且完全可自定义。特别是，Copland 的主题实现允许在每个用户的基础上自定义大多数用户界面元素。
- 扩展与 DOS 和 Windows 的互操作性。
- 使 Mac OS 系统成为最好的网络客户。
- 纳入可以跨应用程序和网络工作的活动帮助，也就是说，使得很容易自动执行广泛的任务。
- 把 Copland 发布为一个系统，可以开放地许可它，以促进第三方克隆的 Mac 兼容产品的开发。

为了实现这些目标，人们指望 Copland 具有一个全面的系统级特性集，例如：

- 帮助供应商创建兼容系统的硬件抽象层。
- 一个作为其核心的微内核（NuKernel）。
- 具有抢占式多任务的对称多处理。
- 改进的具有内存保护的虚拟内存。
- 一种灵活、强大的系统扩展机制。
- 在内核之上作为服务运行的关键子系统，比如 I/O、网络和文件系统。
- 内置的低级网络设施，比如 X/Open 传输接口（X/Open Transport Interface，OTI）、System V STREAMS 和数据链路提供商接口（Data Link Provider Interface，DLPI）。
- 基于元数据和内容的文件搜索。
- 在系统上执行"实时升级"的能力，并且不会影响其他运行程序的性能。

图 1-2 显示了 Copland 的概念视图。

20 世纪 90 年代早期，Apple 获得了开发 Copland 的动力。到 20 世纪 90 年代中期时，Copland 被强烈指望为公司创造奇迹。Apple 称之为"用于下一代个人计算机的 Mac OS 基础"。不过，这个项目长期被忽略。少数原型驱动程序开发包（Driver Development Kit，DDK）版本已经过时了，但是 1996 年的版本似乎不实用。由于众多压力，Apple 终究没有包括进完全内存保护。Apple 的 CEO Gil Amelio 把 Copland 的状况描述为"只是各个部分的集合，而每个部分是由不同的团队开发的……人们期望它们能以某种方式魔术般地整合在一起……"[②]。

Apple 于 1996 年 5 月最终决定中止 Copland 项目。Amelio 宣布将在他们现有系统的将来版本中呈现 Copland 最好的一面。该系统从即将问世的 System 7.6 开始，其名称被正式改为 Mac OS 7.6。

---

① 精简指令集计算（Reduced Instruction Set Computing）。
② 参见 Gil Amelio 和 William L. Simon 编写的 *On the Firing Line*（New York: Harper Business, 1998）。

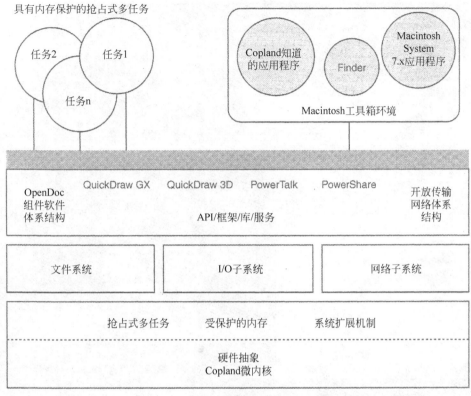

图 1-2　Copland 体系结构

1.1.6　Gershwin

在 Copland 彻底失败之后，Apple 对新操作系统的需要比以往更强烈。人们关注的焦点曾短暂转向一个名为 Gershwin 的项目，它将包括极其难以实现的内存保护等功能。不过，它显然只是一个代号而已，人们相信没有人曾努力开发过 Gershwin。

1.1.7　BeOS

Apple 曾短暂考虑与 Microsoft 合作，基于 Windows NT 开发 Apple OS。另外还考虑过来自 Sun Microsystems 的 Solaris 和来自 Be 的 BeOS。事实上，Apple 对 Be 的收购几乎接近成为现实。

Be 是由 Apple 产品开发的前任主管 Jean-Louis Gassée 于 1990 年成立的。Be 的才华横溢的工程师团队在 BeOS 中创建了一个令人印象深刻的操作系统（参见图 1-3）。它具有内存保护、抢占式多任务和对称多处理。它甚至运行在 PowerPC 上[①]，因此适应 Apple 的硬件规程。BeOS 被设计成特别擅长处理多媒体。它具有一个名为 BeFS 的元数据丰富的文件系统，允许通过多个属性访问文件。不过，BeOS 仍然是一个未完成且未经证明的产品。例如，它还不支持文件共享或打印，并且只为它编写了少数几个应用程序。

---

① BeOS 最初运行在 Be 自己的基于 PowerPC 的机器上，称为 BeBox，后来把它移植到 x86 平台。

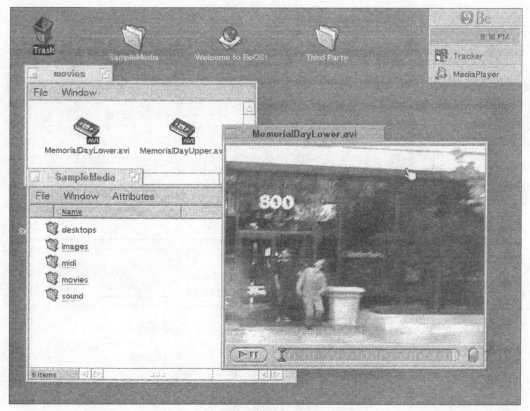

图 1-3　BeOS

　　在收购 Be 一事上，Gassée 与 Apple 反复议价。当时，Be 的总投资估计在 2000 万美元左右，而 Apple 给 Be 的估价是 5000 万美元。Gassée 图谋 5 亿美元以上的出价，并且自信地认为 Apple 将购买 Be。Apple 把出价上抬到 1.25 亿美元，Be 则把售价降低到 3 亿美元。当事情仍然无法得到圆满解决时，Apple 又提出了 2 亿美元的报价，并且即使传闻称 Gassée 实际上将愿意接受这份报价，也有一种说法是他提出了 2.75 亿美元的"终极报价"，并希望 Apple 能够勉为其难地促成此事。交易最终没有发生。无论如何，Be 在 NeXT 中具有一位强硬的竞争对手，后者是由 Apple 的另外一位以前的雇员成立和运营的，他就是 Steve Jobs。

　　Be 最终作为一家公司失败了——Palm 公司于 2001 年收购了它的技术资产。

1.1.8　A 计划

　　与 Be 不同，NeXT 的操作系统至少在市场上得到过证明，尽管 NeXT 没有获得任何辉煌的成功。特别是，OPENSTEP 系统在企业市场受到很好的接纳。而且，Steve Jobs 非常强烈地向 Apple 推介 NeXT 的技术，声称 OPENSTEP 领先市场许多年。与 NeXT 进行的交易最终通过了：Apple 于 1997 年 2 月以超过 4 亿美元的出价收购了 NeXT。Amelio 后来风趣地说：他们选择了"A 计划"，以代替"Be 计划"[①]。

事实证明，收购 NeXT 是 Apple 的关键性举措，因为 NeXT 的操作系统技术将作为后来演变成 Mac OS X 的产品的基础。现在，让我们探讨一下 NeXT 的系统的背景。

1.2　NeXT 篇章

Steve Jobs 在 Apple 的所有业务职责于 1985 年 5 月 31 日都被"收走"了。差不多这个时候，Jobs 提出了一个想法，创办一家新公司，为此他吸纳了 Apple 的另外 5 名雇员。他的想法是为大学、学院和研究实验室创建完美的研究计算机。Jobs 甚至尝试征求诺贝尔奖获得者生物化学家 Paul Berg 关于使用这样的计算机进行模拟的意见。尽管 Apple 有兴趣投资 Jobs 的新公司，但它还是起诉了 Jobs，以查出加入他的公司的 Apple 雇员。在签署一些相互协定之后，Apple 于一年后放弃了诉讼。这个新公司就是 NeXT 计算机公司。

NeXT 刚开始时前景光明。Jobs 最初使用了 700 万美元的个人资金。在 NeXT 发生了几笔更大的投资，比如来自 Ross Perot 的 2000 万美元，以及几年后来自 Canon 的 1 亿美元。由于它的原始目标，NeXT 致力于创建在形式和功能上都很完美的计算机，结果就是 NeXT 立方。

NeXT 立方的主板具有聪明的、视觉上吸引人的设计。它的镁制机箱被喷涂成黑色，并进行了糙面抛光处理。显示器支架需要惊人的设计工作量。板载数字信号处理芯片允许 NeXT 立方播放立体声质量的音乐，这是当时的一个非常优异的特性。这些机器是在 NeXT 自己最先进的工厂里制造的。

1.2.1　NEXTSTEP

Jobs 于 1988 年 12 月 12 日在旧金山的戴维斯交响乐厅揭开了 NeXT 立方的神秘面纱。该计算机运行一个名为 NEXTSTEP 的操作系统，它把 CMU[②] Mach 8.0[③]的端口以及 4.3BSD 环境用作其内核。NEXTSTEP 的窗口服务器基于 Display PostScript——它是 PostScript 页面描述语言与窗口系统技术的联姻。

> 1986 年，Sun Microsystems 公司宣布了它自己的 Display PostScript 窗口系统，其名称为 NeWS。

NEXTSTEP 同时提供了图形用户界面和 UNIX 风格的命令行界面。NEXTSTEP 图形用户界面具有多级菜单，在拖动时会显示内容的窗口以及平滑的滚动。dock 应用程序总是停留在顶部，并且存放常用的应用程序。其他 NEXTSTEP 特性包括：

- "隐藏"应用程序而不退出它们的能力。

[①]　参见 Jim Carlton 编写的 *Apple: The Inside Story of Intrigue, Egomania, and Business Blunders*（New York: HarperPerennial, 1998）。

[②]　卡内·基梅隆大学（Carnegie Mellon University）。

[③]　NEXTSTEP 中的 Mach 实现包括 NeXT 特有的特性，以及一些来自 CMU Mach 后来版本的特性。

- CD 质量的声音。
- 一个通用的邮件应用程序，支持消息的语音注释、内联图形以及通过网络动态查询电子邮件地址。
- 在应用程序之间拖放复杂的对象。
- 可以从多个应用程序访问"服务"菜单，提供诸如字典和辞典之类的服务。
- Digital Librarian 应用程序，在把内容拖给它时可以构建其可搜索的索引。
- 跨网络扩展的文件查看器。
- 一个名称为 Driver Kit 的面向对象设备驱动程序框架。

NEXTSTEP 使用拖放作为一种基本、强大的操作。可能把图像从（比如说）邮件应用程序中拖到文档编辑应用程序（比如 WordPerfect）中。反过来也可以把电子数据表拖到邮件应用程序中，并把它附加到消息上。由于文件查看器支持网络，可以把远程目录拖到用户的桌面上，作为一种快捷方式（确切地讲是处于未使用状态）。

NEXTSTEP 固有的编程语言是 Objective-C。系统包括 Interface Builder。它是一个用于以图形方式设计应用程序用户界面的工具。还提供了多个**软件包**（Software Kit），用以帮助进行应用程序开发。软件包是可重用类（或对象模板）的集合。示例包括 Application Kit（应用程序包）、Music Kit（音乐包）和 Sound Kit（声音包）。

Objective-C

Objective-C 是由 Brad Cox 和 Tom Love 于 20 世纪 80 年代早期发明的一种面向对象的编译型编程语言。它是 C 语言的超集，具有 Smalltalk 所启迪的动态绑定和消息传递语法。它的目标是成为一种比 C++ 更简单的语言。因此，它没有 C++ 的许多特性，比如多重继承和运算符重载。

Cox 和 Love 成立了 StepStone 公司，NeXT 通过它获得了该语言的许可，并且创建了它自己的编译器。1995 年，NeXT 收购了 StepStone 的与 Objective-C 相关的所有知识产权。

Mac OS X 中使用的 Apple 的 Objective-C 编译器是 GNU 编译器的一个修改版本。

在发布 NeXT 立方的公告时，NEXTSTEP 具有版本 0.8。一年后，发布了成熟版本 1.0。

在发布版本 1.0 一年之后，发布了 NEXTSTEP 2.0，其中做了一些改进，比如支持 CD-ROM、彩色显示器、NFS、实时拼写检查和可动态加载的设备驱动程序。

1990 年秋，Timothy John Tim Berners-Lee 在 CERN 创建了第一个 Web 浏览器。它提供了所见即所得(WYSIWYG)的浏览和内容创建。该浏览器是在几个月的时间内在 NeXT 计算机上创建原型的，实现的速度要归功于 NEXTSTEP 软件开发系统的质量。

NEXTSTEP 工具允许为人机界面设计和导航技术中的想法提供快速原型化。

在 1992 年的 NeXTWORLD 展览会上，公布了 NEXTSTEP 486。它是 x86 的 995 美元的版本。

NEXTSTEP 运行在 68K、x86、PA-RISC 和 SPARC 平台上。有可能创建应用程序的单个版本，其中包含所有支持的体系结构的二进制文件。这样的多种体系结构的二进制文件被称为"胖"二进制文件①。

> 　　Canon 具有一个个人工作站，即 object.station 41，它被设计成运行 NEXTSTEP。该系统的 100 MHz Intel 486DX4 处理器可升级为 Intel Pentium OverDrive 处理器。除了作为操作系统的 NEXTSTEP 以外，该机器还包括 Insignia Solutions 的 SoftPC。

　　NEXTSTEP 的最新版——版本 3.3（参见图 1-4）——发布于 1995 年 2 月。当时，NEXTSTEP 已经具有了强大的应用程序开发工具设施，比如 Project Builder 和 Interface Builder。其中存在一个广泛的库集合用于用户界面、数据库、分布式对象、多媒体、网络等。NEXTSTEP 的面向对象设备驱动程序工具包在驱动程序开发中特别有用。图 1-5 显示了 NeXT 操作系统的发展时间表和族谱。

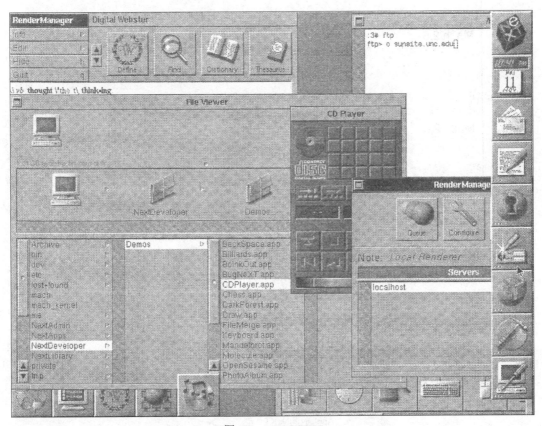

图 1-4　NEXTSTEP

　　尽管 NeXT 的硬件很优雅并且 NEXTSTEP 具有很多优点，这些年来公司已经证明它在经济上难以为继。在 1993 年早期，NeXT 宣布了它的计划，决定离开硬件业务，但是将继续为 x86 平台开发 NEXTSTEP。

---

① 胖二进制文件等同于所谓的通用二进制文件，随着 Mac OS X 的 x86 版本问世，就开始使用这些概念了。

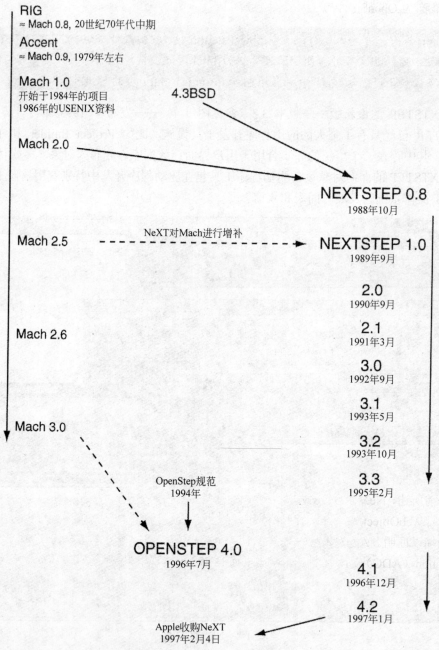

图 1-5　NeXT 操作系统的发展时间表

1.2.2　OpenStep

　　NeXT 与 Sun Microsystems 合作，联合发布了 OpenStep 的规范，它是一个开放平台，包含多个 API 和框架，任何人都可以使用它来创建他们自己的面向对象操作系统的实现，它们运行在任何底层的核心操作系统之上。在 SunOS、HP-UX 和 Windows NT 上实现了 OpenStep API。NeXT 自己的实现（实质上是 NEXTSTEP 的遵从 OpenStep 的版本）于 1996

年 7 月发布为 OpenStep 4.0（参见图 1-6），随后不久又发布了版本 4.1 和版本 4.2。

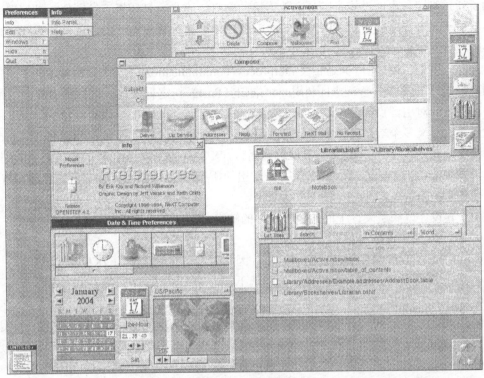

图 1-6　OpenStep

　　OpenStep API 和 OpenStep 操作系统似乎并没有使 NeXT 有所好转，即使它们在公司、企业和政府市场中引发了一些兴奋。NeXT 开始把关注的焦点转向它的 WebObjects 产品。它是一个多平台环境，用于快速构建和部署基于 Web 的应用程序。

　　如前所述，NeXT 于 1997 年早期被 Apple 收购了。Mac OS X 在很大程度上基于 NeXT 的技术。WebObjects 在它的领域跟上了发展，这可以通过它对 Web 服务和企业级 Java 的支持来加以证明。Apple 把 WebObjects 用于它自己的 Web 站点，比如 Apple Developer Connection（ADC）站点、在线 Apple Store 和.Mac 产品。

1.3　Mach 因素

　　与 NeXT 的操作系统一起出现的是它的内核，它变成了 Apple 的将来系统的内核基础。现在让我们简要讨论 Mach 的起源和演化。Mach 是 NEXTSTEP 内核的关键组件，相应地也是 Mac OS X 内核的关键组件。

1.3.1　罗切斯特智能网关

　　纽约的罗切斯特大学的一组研究员于 1975 年开始开发一个名为 RIG（Rochester's Intelligent Gateway，罗切斯特智能网关）的"智能"网关系统。Jerry Feldman 创造了名称

RIG，他主要从事系统的初始设计。RIG 打算给各种本地和远程计算设施提供统一的访问，比如说通过终端。本地设施可以是本地连接的磁盘、磁带、打印机、绘图仪、批处理或分时计算机等。可以通过诸如 APPANET 之类的网络使用远程设施。RIG 的操作系统（称为 Aleph）运行在 Data General Eclipse 小型机上。

Aleph 内核是围绕进程间通信（interprocess communication，IPC）设施构造的。RIG 进程相互之间可以发送消息，并且利用一个**端口**（Port）指定目的地。端口是内核中的消息队列，通过一对用圆点隔开的整数进行全局标识，它们是：进程号和端口号。一个进程可以在自身内定义多个端口，每个端口都可用于等待消息到达。进程 X 可以**遮蔽**（Shadow）或**干预**（Interpose）另一个进程 Y。就遮蔽而言，X 将接收到发送给 Y 的每条消息的副本。而在干预时，X 将拦截发送给 Y 或者从 Y 发出的所有消息。这种基于消息和端口的 IPC 机制是操作系统的基本构件。

由于其设计或底层硬件中的几个根本性的缺点，RIG 在几年后就失败了。例如：
- 缺乏分页式虚拟内存。
- 由于底层硬件提供的地址空间有限，因此限制消息的大小为 2KB。
- 由于消息大小受限，而使 IPC 效率低下。
- 没有端口保护。
- 当两个进程之间具有依赖性时，如果没有明确注册这种依赖性，将无法把一个进程的失败通知给附属进程。
- 在原始设计中，网络并不是一个重点强调的领域。

RIG 端口号是全局的，允许任何进程创建或使用它们。因此，任何进程都可以发送消息给任何其他的进程。不过，RIG 进程（它们是单线程的）具有受保护的地址空间。

1.3.2　Accent

Richard Rashid 是致力于开发 RIG 的人之一。1979 年，Rashid 搬迁到卡内·基梅隆大学，他在那里致力于开发 Accent，它是一个网络操作系统内核。Accent 的活跃开发始于 1981 年 4 月。像 RIG 一样，Accent 也是一个面向通信的系统，使用 IPC 作为基本的系统构造工具，或者"黏合"。不过，Accent 解决了 RIG 的许多缺点。
- 进程具有大量、稀疏的虚拟地址空间，可以进行线性寻址。
- 具有灵活、强大的虚拟内存管理，集成了 IPC 和文件存储。内核自身可以进行分页，尽管内核的某些关键部分（比如 I/O 内存和虚拟内存表）"固化"在物理内存中。
- 使用写时复制（Copy-On-Write，COW）内存映射，便于进行大量消息传输。基于 RIG 方面的经验，期望大多数消息将是简单的。对常见情况会进行优化。
- 端口具有**容量**（Capability）的语义。
- 可以通过中间进程把消息发送给另一台机器上的进程，从而提供位置透明性。

Accent 中内存相关的 API 调用包括一些函数，用于创建、销毁、读取和写入内存**段**（Segment），以及支持写时复制。有人可能把 Accent 视作利用虚拟内存以及网络透明的消息传递进行增强的 RIG。

　　Accent 被开发用于支持两个分布式计算项目：SPICE（分布式个人计算）和 DSN（容错的分布式传感器网络）。Accent 也是由 Accent International 公司销售的一款食物产品（香料）的名称而来的。该产品的唯一成分是味精（monosodium glutamate，MSG）。在计算机中，人们通常把 "message"（消息）简写为 "msg"。

　　Accent 运行在 PERQ 计算机上，它们是商用图形工作站。Three Rivers 公司于 1980 年交付了第一台 PERQ。QNIX 是一种 UNIX 环境，基于 AT&T System V UNIX，运行在 PERQ 机器上的 Accent 之下。QNIX 是由 Spider Systems 开发的，使用它自己的微代码[①]，但是运行在 Accent 窗口中，通过 Accent 的 Sapphire 窗口管理器进行管理，同时运行的还有其他 Accent 程序。LISP 机器（SPICE LISP）也可用于 Accent，其他一些语言也是如此，比如 Ada、PERQ、Pascal、C 和 Fortran。PERQ 可以解释硬件中的字节码，类似于当今用于 Java 的机制。

　　在几年内，Accent 的未来看上去并不前景光明。它需要新的硬件基础，支持多处理器，以及可移植到其他类型的硬件。Accent 还难以支持 UNIX 硬件。

> **Matchmaker**
>
> 　　Matchmaker 项目开始于 1981 年，作为 SPICE 项目的一部分。Matchmaker 是一种接口规范语言，打算用于现有的编程语言。使用 Matchmaker 语言，可以指定面向对象的远程过程调用（Remote Procedure Call，RPC）接口。可以通过多目标编译器把规范转换成接口代码。很容易把 Matchmaker 比作 rpcgen 协议编译器及其语言。Mach Interface Generator（MIG）程序就是源于 Matchmaker，它也在 Mac OS X 中使用。

1.3.3　Mach

　　Accent 的后续产品被称为 Mach。它被认为是一个 UNIX 兼容的得到 Accent 启迪的系统。回顾一下，相对于 Mach 的第一个版本（1.0），人们可能把 Accent 和 RIG 分别视作 Mach 版本 0.9 和 0.8。

　　在开发 Mach 时，UNIX 已经问世超过 15 年了。尽管 Mach 的设计者认可 UNIX 的重要性和有用性，但是他们注意到 UNIX 不再像曾经那样简单、容易修改。Richard Rashid 将 UNIX 内核称为 "几乎所有新特性或新工具的倾销场"[②]。Mach 的设计目标部分响应了 UNIX 与时俱增的、不可阻挡的复杂性。

　　Mach 项目开始于 1984 年，其总体目标是创建一个微内核，它将作为其他操作系统的基础。这个项目具有几个特定的目标。

- 提供对多处理的完全支持。
- 利用当时出现的现代硬件体系结构的其他特性。Mach 的目标是支持多种多样的体系结构，包括共享内存访问模式，比如非一致内存访问（Non-Uniform Memory Access，NUMA）和非远程内存访问（No-Remote Memory Access，NORMA）。

---

① PERQ 具有微代码，允许扩展它的指令集。
② 参见 Richard Rashid 所著的 *Threads of a New System*（*UNIX Review*，1986 年 8 月，第 37~49 页）。

- 支持透明、无缝的分布式操作。
- 减少内核中的许多特性使之不那么复杂，同时给程序员提供极少量的抽象任务来处理。然而，这些抽象任务具有一般性，足以允许在 Mach 之上实现多个操作系统。
- 提供与 UNIX 的兼容性。
- 解决了以前系统（比如 Accent）的缺点。

Mach 打算主要用于实现处理器和内存管理，而不是文件系统、网络和 I/O。"真实"的操作系统将作为用户级 Mach 任务运行。Mach 内核是用 C 语言编写的，也计划是高度可移植的。

Mach 的实现使用 4.3BSD 作为起始代码库。它的设计者在消息传递内核领域使用 RIG 和 Accent 作为参考。DEC 的 TOPS-20[①] 操作系统为 Mach 的虚拟内存子系统提供了一些想法。随着 Mach 不断演进，BSD 内核的某些部分被 Mach 对应的部分所取代，并且添加了多种新组件。

在 1986 年发表时，原始的 Mach 资料将 Mach 称为"用于 UNIX 开发的新内核基础"[②]。虽然并非每一个人都这样看待它，但是 Mach 确实变成了一个相当流行的系统。从 Apple 的角度讲，这份资料的标题使用"NuKernel 基础…"可能也不错。

最初，Mach 的设计者在内核中提出了 4 个基本的抽象概念。

（1）**任务**（Task）：它是一个容器，用于一个[③]或多个线程的资源。资源的示例包括虚拟内存、端口、处理器等。

（2）**线程**（Thread）：是任务中执行的基本单元。任务为其线程提供了一个执行环境，而线程则会实际地运行。一个任务的多个线程将会共享它的资源，尽管每个线程都有它自己的执行状态，包含程序计数器以及多个其他的自动记录器。因此，与 Accent 中的进程不同，Mach"进程"被分成[④]一个任务和多个线程。

（3）**端口**（Port）：类似于 Accent 端口——一个具有容量的内核中的消息队列。端口构成了 Mach 的 IPC 功能的基础。Mach 把端口实现为简单的整数值。

（4）**消息**（Message）：是指在不同任务或相同任务中线程可以使用端口彼此发送的数据集合。

命名法

　　Mach 的发明者之一以及 Apple 的首席软件技术官 Avadis Tevanian 告诉我以下关于 Mach 命名的历史（Tevanian 把这段记述称为他对 20 年前所发生的事情的最佳记忆）。在匹兹堡的一个雨天，Tevanian 和其他一些人正徒步去吃午餐。当他们考虑尚未命名的 Mach 内核的名称时，Tevanian 正行走在众多泥潭之一周围，他开玩笑地建议使用名称"MUCK"。MUCK 代表"多用户通信内核（Multi-User Communication Kernel）"或者"多处理器通用

---

① TOPS-20 是从 TENEX 操作系统演变而来的。

② 参见 Mike Accetta、Robert Baron、William Bolosky、David Golub、Richard Rashid、Avadis Tevanian 和 Michael Young 所著的"Mach: A New Kernel Foundation For UNIX Development"。在 *USENIX Association Conference Proceedings* 中（加利福尼亚州亚特兰大市：USENIX Association，1986 年 6 月）。

③ 使 Mach 任务具有 0 个线程是可能的，尽管这样的任务将不是非常有用。

④ Mach 的某些后续版本把线程进一步细分成**激活**（Activation）和**飞梭**（Shuttle）。

通信内核（Multiprocessor Universal Communication Kernel）"。Richard Rashid 开玩笑地把这个名称传达给一位同事 Dario Giuse，他是意大利人。Giuse 漫不经心地把 MUCK 念成了"Mach"，而 Richard 是如此喜欢它，以至于这个名称就沿用下来了。

另一个基本的 Mach 抽象概念是**内存对象**（Memory Object），可以把它视作映射到任务的地址空间里的数据（包括文件数据）的容器。Mach 需要分页式内存管理单元（Paged Memory-Management Unit，PMMU）。Mach 通过它的物理映射（physical map，pmap）层，给依附于机器的 MMU 功能提供了一个非常好的接口。Mach 的虚拟内存子系统被设计成支持大量、稀疏的虚拟地址空间，并与 IPC 集成在一起。在传统的 UNIX 中，暗示连续的虚拟内存空间，并且堆和栈相互之间朝着彼此增长。相比之下，Mach 允许稀疏的地址空间，可以从地址空间里的任意位置分配内存区域。可以共享内存，以一种结构化方式读写它。写时复制技术可同时用于优化复制操作以及在任务之间共享物理内存。广义的内存对象抽象允许**外部**（External）[①]内存分页器处理页错误和页调出数据请求。源或目标数据甚至可以驻留在另一台机器上。

> *FreeBSD 的虚拟内存体系结构基于 Mach 的虚拟内存体系结构。*

CMU 的重要决定之一是提供所有的 Mach 软件以及不受限制的许可：免除分发费用或使用费。

如前所述，Mach 没有提供任何文件系统、网络或 I/O 能力，也没有打算这样做。它将用作一个**服务操作系统**（Service Operating System），以通过它创建其他的操作系统。希望这种方法将维持简单性，并且促进操作系统的可移植性。一个或多个操作系统可以运行在 Mach 之上，作为用户级任务。不过，真实的实现偏离了这个概念。Mach 版本 2.0 以及相当成功的版本 2.5 具有整体式实现，这是由于 Mach 和 BSD 驻留在相同的地址空间里。

OSF（Open Software Foundation，开放软件基础）[②]使用 Mach 版本 2.5，用于在 OSF/1 操作系统中提供许多内核服务。Mach 2.x 也用在 Mt. Xinu、Multimax（Encore）、Omron LUNA/88k、NEXTSTEP 和 OPENSTEP 中。

Mach 3 项目是在 CMU 开始的，OSF 则继续了该项目的开发。Mach 3 是第一个**真正的微内核**（True Microkernel）版本——BSD 作为用户空间里的 Mach 任务运行，并且只具有 Mach 内核所提供的基本特性。Mach 3 中的其他更改和改进包括：

- 内核抢占和实时调度框架，用于提供实时支持。
- 低级服务支持，其中的设备被展示为端口，可以把数据或控制消息发送给它们，并且支持同步和异步 I/O。
- 完全重写的 IPC 实现。
- 系统调用重定向，允许通过在调用任务内运行的用户空间代码处理一组系统调用。
- 使用了**延续**（Continuation），它是一种内核设施，通过指定一个函数（**延续函数，**

---

① 暗示内核的外部，即在用户空间里。

② OSF 是在 1988 年 5 月成立的，用以开发核心软件技术，以及根据公平、合理的条款把它们提供给整个行业。它在商业最终用户、软件公司、计算机制造商、大学、研究实验室等当中具有数百位成员。OSF 后来变成了开放组（Open Group），再往后又变成了 Silicomp。

Continuation Function）给线程提供阻塞选项，该函数是在线程再次运行时调用的。

从历史上讲，赞同"真正的"微内核的论据强调了更大程度的系统结构和模块化，改进的软件工程，调试的简易性、健壮性，软件可塑性（例如运行多个操作系统个性化设置的能力）等。基于微内核的操作系统（比如 Mach 3）预期的好处被重要的现实性能问题所抵消了，这些问题是由于如下原因发生的：

- 维护单独的保护领域的成本，包括从一个领域切换到另一个领域的环境成本（通常，简单的操作将导致跨越许多软件或硬件层）。
- 内核进入和退出代码的成本。
- MIG 生成的存根例程（Stub Routine）中的数据副本。
- 使用语义强大但是实现复杂的 IPC 机制，甚至对于相同机器的 RPC 也是如此。

许多操作系统都移植到了 Mach API 提供的概念性虚拟机，并且演示了多种用户模式的操作系统接口在 Mach 之上执行。Mach-US 对称多服务器操作系统包含一组服务器进程，它们提供了通用的系统服务，比如本地 IPC、网络以及设备、文件、进程和终端的管理。每个服务器通常都运行在单独的 Mach 任务中。一个仿真库（它将加载到每个用户进程中）提供了操作系统个性化。这样的库使用通用服务，通过拦截系统调用并把它们重定向到合适的处理程序，来仿真不同的操作系统。具有用于 BSD、DOS、HP-UX、OS/2、OSF/1、SVR4、VMS 甚至 Macintosh 操作系统的 Mach 仿真器。

> Richard Rashid 后来成为了 Microsoft Research 的领导。如前所述，Mach 的共同发明者 Avie 后来成为了 Apple 的首席软件技术官。

1.3.4   MkLinux

Apple 和 OSF 开始了一个项目，用于移植 Linux 以在多个 Power Macintosh 平台上运行，并且使 Linux 宿主在 OSF 的 Mach 实现之上。该项目导致了一个名为 osfmk 的核心系统。整个系统称为 MkLinux。MkLinux 的第一个版本基于 Linux 1.3，它于 1996 年早期发布为 MkLinux DR1。后续发行的版本转向了 Linux 2.0 及更高版本。这些版本之一纳入到了 Apple 的 Reference Release 中。

MkLinux 使用单个服务器方法：整体式的 Linux 内核作为单个 Mach 任务运行。Mac OS X 使用源于 osfmk 的内核基础，并且包括许多 MkLinux 增强功能。不过，Mac OS X 中的所有内核组件（包括 BSD 部分）都驻留在相同的地址空间里。

Mach^{Ten}

来自于 Tenon Systems 的 Mach^{Ten} 产品是作为一种用于 Mac OS 的不唐突的 UNIX 解决方案引入的：它作为一个应用程序运行在 Apple 的操作系统之上。Mach^{Ten} 基于具有 BSD 环境的 Mach 内核。它为其内运行的 UNIX 应用程序提供了抢占式多任务，尽管 Mac OS 执行环境仍然保持为协作式多任务。

尽管 Mach、BSD 和 Macintosh 在 Mach^{Ten} 中的联姻听起来与当今的 Mac OS X 有些类似，但是在设计和基本原理上有一个关键的区别。Mac OS X 在多个方面是 NEXTSTEP

技术的延续。Apple 在两个主要层面提供了遗留的兼容性和迁移的简易性：通过诸如 Carbon 之类的 API 以及通过 Classic 虚拟化器。与之相比，Mach^{Ten} 逻辑上是相反的：Mac OS 仍然保持为一等公民，而 UNIX 运行在虚拟机（UVM）中，它是在标准的 Macintosh 应用程序内实现的。UVM 提供了抢占式多任务执行环境，以及一组 UNIX API（比如 POSIX，包括标准的 C 语言库和 POSIX 线程）、BSD 风格的网络栈、文件系统（比如 UFS 和 FFS）、RPC、NFS 等。Mach^{Ten} 还包括 X Window System 的实现。

尽管局限在单个应用程序内，与成熟的操作系统类似，Mach^{Ten} 也由多个子系统组成。在逻辑上最低的层级，接口层与 Mac OS 通信。Mach 内核驻留在这个层的上方，提供诸如内存管理、IPC、任务和线程之类的服务。直接与 Mac OS 接口层通信的其他 Mach^{Ten} 子系统包括窗口管理器以及网络栈的 ARP 层。

1.3.5　音乐名称

在收购 NeXT 之后，Apple 采取了双管齐下的操作系统战略：它将为用户桌面市场持续改进 Mac OS，并且基于 NeXT 技术创建高端操作系统。新系统——名为 Rhapsody——主要针对的是服务器和企业市场。

除了诸如 Pink 和 Red 之类的颜色差别之外，Apple 还为其操作系统项目使用了一串从音乐上得到灵感的代号。Copland 和 Gershwin 因 Aaron Copland 和 George Gershwin 而得名，他们都是美国作曲家。*Rhapsody in Blue* 是 Gershwin 的著名作品[①]。

1.4　战　　略

在 Apple 宣布它将收购 NeXT 之后，于 1996 年后期发行的第一个 Apple 操作系统是版本 7.6。这个发行版代表 Apple 的新操作系统路线图的初始阶段。它是第一个称为"Mac OS"的系统。Apple 的计划是每年一次地发行完全独立的安装版本，并在其间提供更新。不受 Mac OS 7.6 支持的许多 Power Macintosh 和 PowerBook 型号都受到 7.6.1 增量式更新支持。原来预定为版本 7.7 的系统最终变成了 Mac OS 8。

Mac OS 7.6 需要兼容的计算机，必须是 32 位的新计算机，至少具有 68030 处理器。它在多个领域提供了性能增强，比如虚拟内存、内存管理、PowerPC Resource Manager 例程、系统启动和 File Manager 的缓存模式。它还集成了关键的 Apple 技术，比如 Cyberdog、OpenDoc、Open Transport 和 QuickTime。

当时，有两个现象席卷整个计算机世界：Internet 和 Microsoft Windows 95。Apple 强调了 Mac OS 7.6 与 Windows 95 的兼容性，并且突出了系统的 Internet 能力。Mac OS 7.6 包括对 TCP/IP、PPP 和 ARA（Apple Remote Access，Apple 远程访问）的内置支持。它所集成的 Cyberdog 技术可用于把 Internet 特性纳入使用"活动对象"（Live Object）的文档中。例如，活动 Web 链接和电子邮件地址可以驻留在 Desktop 上，并且可以从 Finder 中激活。

---

① 实际上是 George Gershwin 的兄弟提出了 *Rhapsody in Blue* 这个名称。

1.4.1　Mac OS 8 和 Mac OS 9

如前所述，Copland 和 Pink 曾经是 Mac OS 8 的潜在候选。类似地，Gershwin 是 Mac OS 9 的候选。这些年来，把为 Copland 创建或改进的一些重要特性添加到了 Mac OS 8 和 Mac OS 9 中，就像最初预期的那样。下面列出了这些特性的示例：

- 一个搜索引擎，可以在本地驱动器、网络服务器和 Internet 上执行搜索（发布为 Sherlock）。
- Copland API，它逐渐演化成 Carbon。
- 银灰色的用户界面。
- 多个用户，支持每个用户的参数设置。

Mac OS 8 具有多线程的 Finder，允许同时进行多个面向文件的操作。其他值得注意的特性包括：

- Mac OS 扩展文件系统（HFS+），它是随同 Mac OS 8.1 引入的。
- 通过按住 Control 键并单击而激活的上下文菜单。
- 通过弹出而加载的文件夹[①]。
- 个人 Web 托管。
- 与系统一起免费提供的 Web 浏览器（Microsoft Internet Explorer 和 Netscape Navigator）。
- 用于 Java 的 Macintosh 运行时环境（Macintosh Runtime for Java，MRJ——Java 环境的 Apple 实现），作为系统的一部分。
- 对电源管理、USB 和 FireWire 的增强。

Mac OS 8.5（参见图 1-7）只适用于 PowerPC。在 Mac OS 8.6 中将彻底检查系统的**超微内核**（Nanokernel）[②]，以集成多任务和多处理。它包含一个抢占安全的内存分配器。多处理器（MP）API 库现在可以在启用虚拟内存的情况下运行，尽管虚拟内存仍然是可选的。

超微内核

System 7.1.2 是第一个在 PowerPC 上运行的 Apple 操作系统，即使大量代码都不是 PowerPC 固有的。超微内核用于"驱动"PowerPC。当超微内核在管理员模式下运行时，将充当硬件抽象层。它将导出一些低级接口，用于中断管理、异常处理、内存管理等。只有系统软件（可能还有调试器）可以使用超微内核接口。

在 1999 年发布 Mac OS 9（参见图 1-8）时，Apple 将其称为"一直以来最好的 Internet 操作系统"[③]。它是第一个可以通过 Internet 更新的 Mac OS 版本，还可以通过 TCP/IP 使用 AppleTalk 协议。它的有用的安全特性包括文件加密以及用于安全地存储密码的**钥匙串**

[①]　通过弹出而加载的文件夹是 Finder 的用户界面的一个特性。如果用户在把某个项目拖到文件夹图标上时短暂停顿，一个窗口就会弹开，显示文件夹的内容。这允许用户选择把项目放在哪里。继续按住项目将导致一个子文件夹弹开，如此等等。

[②]　这个术语有时用于指甚至比微内核还小的内核。

[③]　这是 Steve Jobs 于 1999 年 10 月 5 日在一次介绍 Mac OS 9 的特殊活动期间的说法。

（Keychain）机制。

图 1-7　Mac OS 8

图 1-8　Mac OS 9

　　Mac OS 9 的一个重要组件是 Carbon API 的成熟安装版本，它在当时代表 70%左右的遗留 Mac OS API。Carbon 提供了与 Mac OS 8.1 及更高版本的兼容性。

　　Mac OS 9 的最后一个发行版出现在 2001 年后期，即版本 9.2.2。随着 Mac OS X 问世，这个"老的"Mac OS 最终被称为 Classic。

1.4.2   Rhapsody

在收购了 NeXT 之后，Apple 就使它的下一代操作系统 Rhapsody 基于 NeXT 的 OpenStep。在 1997 年的全球开发者大会（Worldwide Developers Conference，WWDC）上第一次演示了 Rhapsody，它包括以下主要组件，如图 1-9 所示。

- 基于 Mach 和 BSD 的内核以及相关子系统。
- Mac OS 兼容的子系统（Blue Box）。
- 扩展的 OpenStep API 实现（Yellow Box）。
- Java 虚拟机。
- 基于 Display PostScript 的窗口系统。
- 类似于 Mac OS 的用户界面，但是也具有 OPENSTEP 中的特性。

图 1-9   Rhapsody

Apple 计划把大多数关键的 Mac OS 框架移植到 Rhapsody 上，包括：QuickTime、QuickDraw 3D、QuickDraw GX、ColorSync 等。Rhapsody 还支持众多的文件系统，比如 AFP（Apple Filing Protocol，Apple 文件协议）、FAT、HFS、HFS+、ISO9660 和 UFS。

Rhapsody 有两个开发者版本：DR1 和 DR2。它们是为 PowerPC 和 x86 平台发布的。

1. Blue Box

在 Rhapsody DR1 发布之后不久，Apple 就利用 Mac OS 兼容的环境（称为 Blue Box）扩展了 PowerPC 版本。Blue Box 是通过一个 Rhapsody 应用程序（MacOS.app）实现的，它是一个虚拟环境，表现为一种新的 Macintosh 硬件模型。MacOS.app 从磁盘上加载一个 Macintosh ROM 文件并创建一个环境，Mac OS 在其中将基本没有什么变化地运行。Blue Box 最初全屏幕地运行 Mac OS 8.x，能够使用 Cmd+Return 组合键在 Rhapsody 与 Mac OS 之间切换。它会在其内运行的应用程序上施加某些限制。例如，应用程序既不能直接访问硬件，也不能使用未正式记入文档的 Mac OS API。实现者的初始目标是实现 90%~115%的原始 Mac OS 性能。Blue Box Beta 1.0 为网络使用 Open Transport 而不是 BSD 套接字，后来添加了对 Mac OS 的更新版本的支持，以及用于运行窗口化的 Blue Box。Blue Box 环境在 Mac OS X 被称为**经典环境**（Classic Environment），由名为 Classic Startup.app 的应用程序提供[①]。

> Blue Box 环境是一个虚拟化层，而不是仿真层。"无害"指令天生就会在处理器上执行，而"有害"指令——比如那些可能影响硬件的指令——将会被适当地捕获和处理。

2. Yellow Box

Rhapsody 的开发平台称为 Yellow Box（参见图 1-10）。除了宿主在 Rhapsody 的 Power Macintosh 和 x86 版本上之外，它还可以独立被 Microsoft Windows 使用。

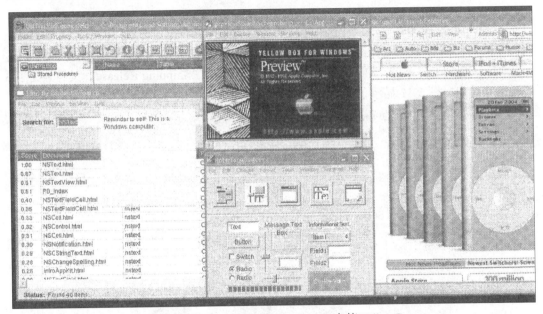

图 1-10　运行在 Microsoft Windows XP 上的 Yellow Box

Yellow Box 包括 OPENSTEP 的大多数集成框架，它们被实现为共享对象库。通过运行时和开发环境对它们进行了增强。有 3 种核心对象框架，在 Objective-C 和 Java 中可以使用它们的 API。

- Foundation：是基类的集合，具有用于分配、取消分配、检查、存储、通知和分布对象的 API。
- Application Kit：是一组 API，用于创建用户界面；管理和处理事件；使用各种服务，例如，颜色和字体管理、打印、剪切和粘贴以及文本操作。
- Display PostScript：是一组 API，用于在 PostScript 中绘图、合成图像以及执行其他的可视化操作。可将其视作 Application Kit 的一个子集。

---

① 该应用程序在 Mac OS X 的早期版本中被称为 Classic.app。

Yellow Box 包括 NeXT 的 Project Builder 集成开发环境以及用于创建图形用户界面的
Interface Builder 可视化工具。Yellow Box 的 Windows NT 实现通过结合以下 Apple 提供的
Windows 系统服务和应用程序，提供了一个非常相似的环境。

- Mach Emulation Daemon（machd 服务）
- Netname Server（nmserver 服务）
- Window Server（WindowServer 应用程序）
- Pasteboard Server（pbs 应用程序）

用于像 Solaris 这样的平台的 OpenStep API 的早期实现使用类似的体系结构。Yellow
Box 后来逐渐演变成 Mac OS X Cocoa API。

1.5　朝着 Mac OS X 前进

在 Rhapsody 的 DR2 发布之后，Apple 仍在改变它的操作系统战略，但是最终都是为了
实现它的具有新系统的目标。在 1998 年的全球开发者大会期间，Adobe 的 Photoshop 就运
行在 Mac OS X 上。不过，Mac OS X 的第一个交付版本（Shipping Release）又另外花了 3
年时间才推出。图 1-11 显示了从 Rhapsody 到 Mac OS X 的大致进程。

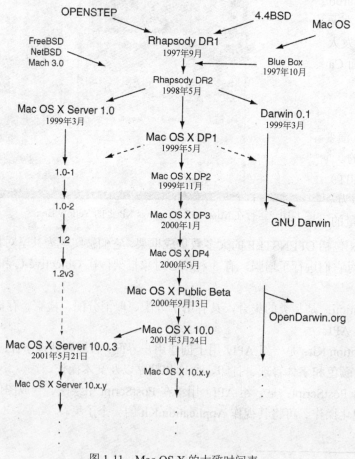

图 1-11　Mac OS X 的大致时间表

1.5.1　Mac OS X Server 1.x

当人们期望 Rhapsody 的 DR3 版本时，Apple 在 1999 年 3 月宣布了 Mac OS X Server 1.0。它实质上是 Rhapsody 的一个改进版本，捆绑有 WebObjects、QuickTime 流媒体服务器、开发人员工具集合、Apache Web 服务器以及通过网络执行引导或管理的工具。

Apple 还宣布了一个创新项目，即 Darwin：Rhapsody 的开发人员版本的一个分支。Darwin 将成为 Apple 系统的开源核心。

在接下来 3 年，在为服务器产品发布更新时，桌面版本的开发也在持续进行，并且服务器共享了许多桌面环境。

1.5.2　Mac OS X Developer Previews

Mac OS X 有 4 个 Developer Previews 版本，即 DP1~DP4。在发布这些 DP 版本时做出了重大改进。

1. DP1

它添加了 Carbon API 的实现。Carbon 代表对"经典"Mac OS API 的彻底检查，对它们进行了精简、扩展或修改，以便在更现代的 Mac OS X 环境中运行。Carbon 还打算用于帮助 Mac OS 开发人员迁移到 Mac OS X。Classic 应用程序将需要安装 Mac OS 9 以在 Mac OS X 下运行，而 Carbon 应用程序则可以编译成在 Mac OS 9 和 Mac OS X 下作为本机应用程序运行。

2. DP2

Yellow Box 演变成了 Cocoa，这最初暗示以下事实：除了 Objective-C 之外，API 在 Java 中也将有可用的。它包括了 Java Development Kit（JDK）的一个版本，以及一个实时（Just-In-Time，JIT）编译器。Blue Box 环境是通过 Classic.app（MacOS.app 的一个更新版本）提供的，作为一个名为 TruBlueEnvironment 的进程运行。UNIX 环境基于 4.4BSD，因此 DP2 包含大量的 API：BSD、Carbon、Classic、Cocoa 和 Java。人们对现有的用户界面普遍不满意，当时尚未引入 Aqua 用户界面，尽管谣传 Apple 把"真实"的用户界面保持为一个秘密[①]。

> Carbon 有时感觉像是"旧"API。尽管 Carbon 的确包含许多旧 API 的现代化版本。它还提供了也许不能通过其他 API 获得的功能。Carbon 的某些部分是"新"API（比如 Cocoa）的补充。然而，Apple 给 Cocoa 添加了更多的功能，使得最终可以完全消除对 Carbon 的依赖。例如，在 Mac OS X 10.4 之前，QuickTime 的大量功能只能通过 Carbon 获得。在 Mac OS X 10.4 中，Apple 引入了 QTKit Cocoa 框架，它减少或消除了 QuickTime 对 Carbon 的依赖。

---

① Apple 把 Mac OS X 用户界面称为"高级 Mac OS 外观和感觉"。

3. DP3

Aqua 用户界面于 2000 年 1 月在旧金山 MacWorld 展览会上首次出演。Mac OS X DP3 包含 Aqua 以及它的独特元素："水状"元素、细条纹、脉动的默认按钮、"交通信号灯式"窗口按钮、阴影、透明度、动画、图表等。DP3 Finder 也是基于 Aqua 的，其中引入了 Dock，并且支持可动态扩大到 128×128 像素的逼真图标。

4. DP4

在 DP4 中将 Finder 重命名为 Desktop。System Preferences 应用程序（Preferences .app——System Preferences.app 的前身）使之第一次出现在 Mac OS X 中，允许用户查看和设置大量的系统首选项，比如 Classic、ColorSync、Date & Time、Energy Saver、Internet、Keyboard、Login Items、Monitors、Mouse、Network、Password 等。在 DP4 之前，Finder 和 Dock 是在同一个应用程序内实现的。在 DP4 中，Dock 是一个独立的应用程序（Dock.app）。它被分成两个区域：左边用于应用程序，右边用于垃圾桶、文件、文件夹和最小化的窗口。DP4 的其他值得注意的组件包括一个集成开发环境和 OpenGL。

> Dock 对运行的应用程序的可视化指示经历了几次改变。在 DP3 中，应用程序的 Dock 图标具有几个像素高的底部边缘，利用不同颜色做标记，以指示应用程序是否在运行。在 DP4 中用省略号代替了它，其后接着后续的 Mac OS X 版本，其中包含一个三角形。DP4 还引入了烟云动画，确保将项目拖离 Dock。

1.5.3　Mac OS X Public Beta 版本

Apple 于 2000 年 9 月 13 日在巴黎举行的 Apple 展览会上发布了 Mac OS X 的 Beta 版本（参见图 1-12）。Mac OS X Public Beta 版本实质上是一个公开可用的预发行版，用于评估和开发目的，在 Apple Store 上的售价为 29.95 美元。它提供了英语、法语和德语版本。该软件的包装上包含一条 Apple 给其 Beta 版本测试员的消息："你们把 Macintosh 的未来握在自己手中。" Apple 还在它的 Web 站点上创建了一个 Mac OS X 选项卡，其中包含关于 Mac OS X 的信息，包括关于第三方应用程序的更新、提示和技巧以及技术支持。

尽管 Beta 版本遗漏了一些重要的特性，并且貌似缺乏稳定性和性能，但是它演示了几项重要的 Apple 技术在工作中的应用，尤其是对于那些不是从 DP 版本传承下来的人则更有用。Beta 版本的关键特性如下：

- 具有其 xnu 内核的 Darwin 核心，提供了"真正的"内存保护、抢占式多任务和对称多处理。
- 基于 PDF 的 Quartz 2D 绘图引擎。
- OpenGL 支持。
- Aqua 界面和 Dock。
- Apple 的新邮件客户，支持 IMAP 和 POP。
- QuickTime 播放器的新版本。
- Music Player 应用程序，用于播放 MP3 和音频 CD。

图 1-12　Mac OS X Public Beta 版本

- Sherlock Internet 搜索工具的新版本。
- Microsoft Internet Explorer 的新版本。

对于 Darwin，Apple 继续利用了大量现有的开源软件，这是通过把它们用于 Mac OS X 并且通常与之集成来实现的。Apple 与 ISC（Internet Systems Consortium 公司）于 2002 年 4 月联合创立了 OpenDarwin 项目，用于促进 Darwin 的协作式开源开发。GNU-Darwin 是一个基于 Darwin 的开源操作系统。

新内核

Darwin 的内核称为 xnu，它是 "X is Not UNIX" 的非正式的首字母缩写词。它还碰巧体现了以下事实：它的确是用于 Mac OS X 的 NuKernel。xnu 很大程度上基于 Mach 和 FreeBSD，但是它包括来自多个不同源的代码和概念，比如以前 Apple 支持的 MkLinux 项目、在犹他大学所做的关于 Mach 的工作、NetBSD 和 OpenBSD。

1.5.4　Mac OS X 10.x

Mac OS X 的第一个版本是在 2001 年 3 月 24 日发布的，即 Mac OS X 10.0 Cheetah。之后不久，修改了服务器产品的版本化模式，以将其与桌面系统的版本同步。从那时起，就形成了一种趋势：先发布桌面的新版本，不久接着发行对应的服务器修订版本。

表 1-1 列出了几个主要的 Mac OS X 发行版。注意代号全都取自于猫科动物分类。

表 1-1 Mac OS X 版本

版　　本	代　　号	发布日期
10.0	Cheetah	2001 年 3 月 24 日
10.1	Puma	2001 年 9 月 29 日
10.2	Jaguar	2002 年 8 月 23 日
10.3	Panther	2003 年 10 月 24 日
10.4	Tiger	2005 年 4 月 29 日
10.5	Leopard	2006 年/2007 年?

现在来探讨每个主要的 Mac OS X 发行版的一些值得注意的方面。

1. Mac OS X 10.0

Apple 把 Cheetah 称为"世界上最高级的操作系统",这句话变成了 Mac OS X 的一个频繁使用的标语[①]。最终,Apple 交付的操作系统具有它长时间祈盼的一些特性。不过,显然,就性能和稳定性而言,Apple 还有很长的路要走。Mac OS X 10.0 包括的关键特性如下。

- Aqua 用户界面,具有 Dock 和 Finder,作为面向用户的主要工具。
- 基于 PDF 的 Quartz 2D 图形引擎。
- 用于 3D 图形的 OpenGL。
- 用于流式音频和视频的 QuickTime(第一次作为一个集成特性交付)。
- J2SE(Java 2 Standard Edition,Java 2 标准版)。
- 集成的 Kerberos。
- 3 个最流行的 Apple 应用程序的 Mac OS X 版本可供免费下载:iMovie2、iTunes 和 AppleWorks 的预览版本。
- 用于 Mac.com 电子邮件账户的免费 IMAP 服务。

在发布 Mac OS X 10.0 时,大约有 350 个应用程序可供它使用。

2. Mac OS X 10.1

在发布 Mac OS X 10.0 6 个月之后,发布了一个免费的更新,即 Puma。它提供了重要的性能增强,如下面的 Apple 声明所示。

- 应用程序启动速度具有高达 3 倍的改进。
- 菜单性能具有高达 5 倍的改进。
- 窗口大小调整具有高达 3 倍的改进。
- 文件复制具有高达 2 倍的改进。

在其他领域也具有重要的性能增强,比如系统启动、用户登录、Classic 启动、OpenGL 和 Java。这个发行版的其他关键特性如下。

- 能够把 Dock 从其通常所在的底部位置移到左边或右边。
- 菜单栏上的系统状态图标允许更轻松地访问常用的功能,比如音量控制、显示设置、日期和时间、Internet 连接设置、无线网络监控和电池充电。

---

① Apple 的 Web 站点的 Mac OS X 页面:www.apple.com/macosx/(2006 年 4 月 26 日访问)。

- iTunes 和 iMovie 是作为系统安装的一部分安装的，并且引入了 iDVD。
- 具有简化界面的新 DVD 播放器。
- 基于 WebDAV 的改进的 iDisk 功能。
- 内置的图像抓取应用程序，可以自动下载和增强来自数码相机的图片。
- 能够把超过 4 GB 的数据烧录到 DVD 上，支持直接在 Finder 中烧录可刻录的 DVD 光盘。
- 集成的 SMB/CIFS 客户。

Mac OS X 10.1 中的 Carbon API 实现非常完整，足以允许发布重要的第三方应用程序。在 Mac OS X 10.1 公开发行之后不久，就发布了 Microsoft Office、Adobe Photoshop 和 Macromedia Freehand 的 Carbon 化的版本。

3. Mac OS X 10.2

Jaguar 是在晚上 10:20 发布的，用以强调它的版本号。它增加的重要特性如下。

- Quartz Extreme：一个集成的硬件加速层，通过在支持的图形卡上主要使用图形处理单元（Graphics Processing Unit，GPU）合成屏幕上的对象来渲染它们。
- iChat：一个与 AIM（AOL Instant Messaging，AOL 即时消息传递）兼容的即时消息传递客户。
- 一个增强的邮件应用程序（Mail.app），具有内置的自适应垃圾邮件过滤功能。
- 一个新的 Address Book（通讯录）应用程序，支持 vCards、蓝牙（Bluetooth）、与 .Mac 服务器的 iSync 同步、PDA、某些蜂窝电话以及其他的 Mac OS X 计算机（Address Book 的信息可供其他应用程序访问）。
- QuickTime 6，支持 MPEG-4。
- 改进的 Finder，用于从工具栏中执行快速文件搜索，并且支持通过弹出而加载的文件夹。
- Inkwell：一种手写识别技术，与文本系统相集成，允许使用图形输入板进行文本输入。
- Rendezvous[①]，它是 ZeroConf 的 Apple 实现，一种零配置的联网技术，允许支持的设备在网络上找到彼此。
- 与 Windows 网络的更好的兼容性。
- Sherlock Internet 服务工具第 3 版。

从此以后，Apple 以令人困惑的速度在 Mac OS X 中引入新的应用程序和纳入其他的技术。在 Jaguar 发布以后，添加到 Mac OS X 中的其他值得注意的功能包括：iPhoto 数字图片管理应用程序、Safari Web 浏览器，以及 X Window System 的优化实现。

4. Mac OS X 10.3

Panther 除了提供一般的性能和有用性改进之外，还给 Mac OS X 添加了几个效率和安全特性。Mac OS X 10.3 中值得注意的特性如下。

- 增强的 Finder，具有侧栏，并且支持标签。

---

① Rendezvous 后来被重命名为 Bonjour。

- 通过 iChat AV 应用程序举行音频和视频会议。
- Exposé：一个用户界面特性，可以"实时收缩"每个屏幕上的窗口，使得没有窗口重叠，允许用户可视化地查找窗口，之后每个窗口将恢复到它的原始大小和位置。
- FileVault：对用户的主目录进行加密。
- 通过多次覆盖算法，安全地删除用户垃圾桶中的文件。
- 快速用户切换。
- 内置的传真功能。
- 改进的 Windows 兼容性，更好地支持 SMB 共享和 Microsoft Exchange。
- 支持 HFSX，它是 HFS+文件系统的一个区分大小写的版本。

5. Mac OS X 10.4

除了提供典型的渐进式改进之外，Tiger 还引入了几种新技术，比如 Spotlight 和 Dashboard。Spotlight 是一种搜索技术，包括一组可扩展的元数据导入插件和一个查询 API，用以基于它们的元数据搜索文件，甚至在刚刚创建新文件之后亦可如此。Dashboard 是一个环境，用于创建和运行轻量级桌面实用程序（称为**构件**（Widget）），它们通常保持为隐藏的，并且可以通过按键来调用它们。其他重要的 Tiger 特性如下。

- 改进的 64 位支持，能够编译 64 位的二进制文件，并且在 libSystem 共享库中提供 64 位支持。
- Automator：一个工具，通过可视化地创建工作流自动执行常见的过程。
- Core Image：一种媒体技术，利用基于 GPU 的加速进行图像处理。
- Core Video：一种媒体技术，充当 QuickTime 与 GPU 之间的桥梁，用于硬件加速的视频处理。
- Quartz 2D Extreme：一组新的 Quartz 层优化，将 GPU 用于整条绘图路径（从应用程序到帧缓冲区）。
- Quartz Composer：一个工具，使用图形技术（比如 Quartz 2D、Core Image、Open GL 和 QuickTime）和非图形技术（比如 MIDI System Services 和 Rich Site Summary（RSS））可视化地创建合成效果。
- 支持独立于分辨率的用户界面。
- 改进的 iChat AV，支持多个同时的音频和视频会议。
- PDF Kit：一种 Cocoa 框架，用于从应用程序内管理和显示 PDF 文件。
- 改进的 Universal Access，支持集成的语音接口。
- 一种嵌入式 SQL 数据库引擎（SQLite），允许应用程序使用 SQL 数据库，而无须运行单独的 RDBMS[①]进程。
- Core Data：一种 Cocoa 技术，与 Cocoa 绑定集成在一起，允许可视化地描述应用程序的数据实体，它们的实例可以在存储媒介上持久存在。
- 快速注销和自动保存（Fast Logout and Autosave），用于改进的用户体验。
- 支持访问控制列表（Access Control List，ACL）。

---

① 关系数据库管理系统（Relational Database Management System）。

- 正式化和稳定的新接口，特别适合内核编程。
- 改进了 Web Kit(包括支持在 HTML 文档的 DOM 层级创建和编辑内容)、Safari Web 浏览器(包括 RSS 支持)、QuickTime(包括对 H.264 代码和新的 QuickTime Kit Cocoa 框架的支持)、Audio 子系统（包括对 OpenAL（Open Audio Library）的支持）、Mac OS X 安装应用程序、Syn Services、Search Kit、Xcode 等。

第一批交付的基于 x86 的 Macintosh 计算机使用 Mac OS X 10.4.4 作为操作系统。

如本章所述，Mac OS X 是许多异种技术的漫长演变的结果。人们期望 Mac OS X 的下一个版本将继续保持引人注目的发展速度，尤其是从 PowerPC 迁移到 x86 平台上。

在第 2 章，将开始一个不同的旅程，介绍 Mac OS X 及其特性，包括简要概述各个层。余下的章节将详细讨论 Mac OS X 的特定方面和各个子系统。

第 2 章　Mac OS X 概述

正如第 1 章所述，Mac OS X 是多种技术的混合，这些技术之间的区别不仅涉及它们用于做什么，而且包括它们来自哪里、它们代表什么哲学思想以及它们是如何实现的。然而，Mac OS X 给最终用户展示了一幅和谐统一、可靠稳定的图景。Apple 计算机具有良好定义的、有限的硬件基础的事实有助于 Apple 成功地维持大部分积极的用户体验，尽管在 Mac OS X 中可以看到底层的软件折中。

从高级角度讲，可以把 Mac OS X 看作由 3 类技术组成：源于 Apple 的技术、源于 NeXT 的技术以及"所有其他的技术"。后者包含大多数第三方开源软件[①]。一方面，这样的影响使得清晰地表现 Mac OS X 的结构有点困难，甚至可能会对新的 Mac OS X 程序员造成困惑。另一方面，Mac OS X 程序员具有一个相当丰富多彩的环境，可以充分表达他们创造性的热情。最终用户是更大的受惠者，可以享用在任何其他单个平台上都不曾见过的广泛软件。特别是，Mac OS X 提供了典型 UNIX 系统的好处，同时又维持了 Macintosh 传统的易用性。Mac OS X UNIX 环境足够标准，使得可以轻松运行大多数可移植的 UNIX 软件，比如 GNU 套件和 X Window 应用程序。Mac OS X 通常被称为大众化的 UNIX 系统，然而，传统上的非 UNIX 主流软件（比如 Microsoft Office 和 Adobe Creative Suite）天生可供 Mac OS X 使用。Apple 自己的软件库包含广泛的范围，这是由于它包括如下产品：

- 日常应用程序，比如那些用于管理电子邮件、即时消息传递和 Web 浏览的应用程序。
- "数字生活方式"应用程序，比如那些用于管理数码照片、音乐和电影的应用程序。
- "办公"应用程序，用于创建演示文稿、幻灯片放映及其他文档。
- 高端专业软件，用于动画、电影剪辑和特效、音乐剪辑和生成、DVD 创建以及摄影后期制作。

本章快速介绍了 Mac OS X 的高级体系结构。我们将确定构成 Mac OS X 的主要技术，看看它们在总体图景中是如何融洽地相互配合的。对于本章中提到的许多（但是并非全部）主题，都将在后续章节中更详细地加以讨论。

图 2-1 显示了 Mac OS X 体系结构的重要组件的分层视图。这幅图是近似的，因为把多个不同的组件划分进清晰分离的层中是不切实际的（甚至是不可能的）。有时，层之间会有重叠。例如，OpenGL 在功能上是图形子系统的硬件抽象层（Hardware Abstraction Layer，HAL），逻辑上则位于图形硬件顶部，在图 2-1 中不能明显看出这一点。另举一例，BSD 应用程序环境包括标准的 C 库，逻辑上位于内核顶部，但是在图 2-1 中则与其他应用程序环境并排显示。一般而言，下面的说法适用于这里显示的分层视图。

- 较低的层，它们出现在更靠近内核的位置，提供的功能比较高的层所提供的更基本。通常，较高的层会在它们的实现中使用较低的层。

---

① 另外两类技术也包含开源组件。

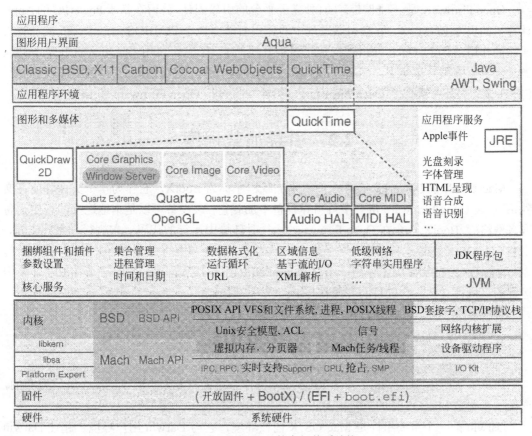

图 2-1　Mac OS X 的高级体系结构

- 一个层可能包含应用程序、库或**框架**（Framework）[1]。
- 实体可能在多个层中具有相同（或相似）的名称。例如，QuickTime 既是一种应用程序环境，也是一种应用程序服务。类似地，图 2-1 中具有一个名为 Core Services（核心服务）的层，但是还有一个类似地命名的框架（CoreServices.framework）。而且，Mac OS X 的许多关键组件都驻留在/System/Library/CoreServices/目录中。
- 最终用户将与最高的层交互，而开发人员则会另外与一个或多个较低的层交互，这依赖于他们所从事的开发类型。例如，创建最终用户的 Cocoa 应用程序的开发人员可能不需要[2]进入任何比 Cocoa 应用程序环境"更低"的层。

2.1　固　件

从技术上讲，固件不是 Mac OS X 的一部分，但是在 Apple 计算机的操作中起着重要作用。基于 PowerPC 的 Apple 计算机使用 Open Firmware（开放固件），而基于 x86 的 Apple 计算机则使用 EFI（Extensible Firmware Interface，可扩展的固件接口）。

---

① 在最简单的意义上，框架是打包的动态共享库。2.8.3 节将讨论框架。

② 在大多数情况下，理解系统的工作原理仍将是开发人员的优势。

Open Firmware 是一种非专有的、独立于平台的引导固件，驻留在基于 PowerPC 的 Apple 计算机的引导 ROM[①]中。它在引导过程中的作用有些类似于 PC BIOS 对基于 x86 的计算机所起的作用。不过，Open Firmware 包括多种其他的能力：它可以用于自定义的引导、诊断、调试，甚至编程。事实上，Open Firmware 自身就是一个用户可访问的运行时和编程环境。EFI 在概念上非常类似于 Open Firmware。第 4 章将讨论 Open Firmware 和 EFI。

2.2   引导加载程序

Mac OS X 的 PowerPC 版本上的引导加载程序称为 BootX，它作为单个文件驻留在文件系统上。Open Firmware 从一个可引导设备中加载它，该设备可以是本地连接的存储设备或者网络[②]。BootX 包含在 Open Firmware 运行时环境中运行的代码。它执行一系列步骤，安装 Mac OS X 内核运行，并且它最终会启动内核。4.10 节中将探讨 BootX 的结构和操作。

Mac OS X 的 x86 版本使用一个名为 boot.efi 的引导加载程序，它是一个在 EFI 环境中运行的可执行文件。它的目的和操作与 BootX 非常相似。

2.3   Darwin

如第 1 章所述，Darwin 是作为 Rhapsody 操作系统的开发人员版本的一个分支发布的，该操作系统是 Mac OS X 的直接前身。

Darwin 的一个重要组件是 Mac OS X 内核环境，它与 Darwin 用户环境一起使 Darwin 成为一个独立的操作系统。在 Apple 于 2005 年中期宣布将 Mac OS X 迁移到 x86 平台之前，Mac OS X 是一个严格的只在 PowerPC 平台上运行的操作系统。与之相比，在 PowerPC 和 x86 平台上一直都支持 Darwin。

2.3.1   Darwin 程序包

最好把 Darwin 理解成开源技术的集合，这些技术已经被 Apple 集成起来，构成了 Mac OS X 的基础部分。它包含来自 Apple 和第三方的源代码，包括 Open Source 和 Free Software 社区。Apple 使 Darwin 可以作为一组**程序包**（Package）使用，其中每个程序包都是一个存档，包含 Mac OS X 的一些组件的源代码。Darwin 程序包的范围广泛，包括从微不足道的程序包（比如 Liby）到巨大的程序包（比如 GCC 和 X11）。Darwin 中的程序包的准确数量因版本而异。例如，Darwin 8.6（PowerPC）——它对应于 Mac OS X 10.4.6——包含大约 350 个程序包。来源于 Apple 的 Darwin 组件的源代码通常是在 APSL（Apple Public Source License，Apple 公共源代码许可证）下提供的，它是一个免费软件许可证[③]。余下的程序包

[①]   在现代 Apple 计算机中，引导 ROM 是一个板载闪存 EEPROM。

[②]   在网络引导环境中，把网络视作可引导设备。

[③]   FSF（Free Software Foundation，免费软件基础）把 APSL 版本 1.0、1.1 和 1.2 归类为非免费的软件许可证，而把 APSL 版本 2.0 归类为免费软件许可证。

是在它们各自的许可证下提供的，比如 GPL（GNU General Public License，GNU 通用公共许可证）、BSD License（BSD 许可证）、Carnegie Mellon University License（卡耐·基梅隆大学许可证）等。

2.3.2 Darwin 的优点

Darwin 代表 Apple 从多种来源利用的大量软件，包括：NEXTSTEP 和 OPENSTEP、多种 BSD 类型的产品（主要是 FreeBSD）、GNU 软件套件、XFree86 项目等。更重要的是，Apple 相当好地集成了这样的"外部"软件，做出了重要修改以优化它们，并使之适应 Mac OS X。即使可以像通常那样（比如在传统的 UNIX 系统上）配置和控制大多数软件，Mac OS X 通过隐藏底层复杂性，提供了简化的、基本上一致的用户界面，它们通常工作得很好。这种采用来自不同来源的技术并且集成它们以产生增效作用的效率是 Mac OS X 的重大长处之一。

2.3.3 Darwin 和 Mac OS X

Darwin 并不是 Mac OS X，注意到这一点很重要。可以把它视作 Mac OS X 的子集——它实质上是构建 Mac OS X 的低级基础。Darwin 不包括许多专有组件，它们是 Mac OS X 的必不可少的组成部分，比如 Aqua 外观和感觉、Carbon、Cocoa、OpenGL、Quartz 和 QuickTime。因此，它也不支持关键的 Apple 软件，比如 iLife 套件、iChat AV、Safari 和 Xcode 开发环境。

> 尽管 Darwin 缺少 Mac OS X 的可视化技术，仍然有可能利用提供图形用户界面的 X Window System 运行 Darwin。

2.4 xnu 内核

Mac OS X 内核称为 xnu。在最简单的意义上，可以把 xnu 视作具有一个基于 Mach 的核心、一种基于 BSD 的操作系统个性设置，以及一种用于驱动程序[①]和其他内核扩展的面向对象的运行时环境。Mach 组件基于 Mach 3，而 BSD 组件则基于 FreeBSD 5。运行的内核包含众多的驱动程序，它们不是驻留在 xnu 代码库中，而是具有它们自己的 Darwin 程序包。从这个意义上讲，Mac OS X 内核就"不止"是 xnu。不过，我们通常不会基于打包的软件来区分它们——我们将使用术语"xnu"指示基本内核（如 xnu Darwin 程序包中所实现的那样）和所有内核扩展的组合。借助这种理解，可以把 Mac OS X 内核划分成以下组件。

- Mach：服务层。

---

① 驱动程序是一种特定类型的内核扩展。

- BSD：主要的系统编程接口提供者。
- I/O Kit：驱动程序的运行时环境。
- libkern：一种内核中的库。
- libsa：一种内核中的库，通常仅在早期系统启动时使用。
- Platform Expert：硬件抽象模块[①]。
- 内核扩展：多个不同的 I/O Kit 家族、绝大多数可加载的设备驱动程序以及一些非 I/O Kit 的扩展。

Darwin xnu 程序包大约包括 100 万行代码，其中大约一半可以归类在 BSD 之下，有三分之一可以归类在 Mach 之下。多个不同的内核扩展（并非给定系统上所需（或加载）的所有内核扩展）一起构成了另外 100 万行代码。

在给定系统上任何时候加载的内核扩展的数量显著少于系统上存在的内核扩展的总数量。可以使用 kextstat 命令列出当前加载的内核扩展。/System/Library/Extensions/ 目录是存放内核扩展的标准位置。

第 6 章将讨论 xnu 的多个细节，另外几章将讨论特定的内核功能区域。现在先来简要讨论重要的内核组件。

2.4.1　Mach

如果 xnu 内核是 Mac OS X 的核心，那么可以把 Mach 视作 xnu 的核心。Mach 提供了至关重要的低级服务，它们对于应用程序是透明的。Mach 负责的系统方面如下。

- 某种程度的硬件抽象。
- 处理器管理，包括对称多处理和调度。
- 抢占式多任务，包括对任务和线程的支持。
- 虚拟内存管理，包括低级分页、内存保护、共享和继承。
- 低级 IPC 机制，它们是内核中的所有消息传递的基础。
- 实时支持，允许时间敏感的应用程序（例如，像 GarageBand 和 iTunes 这样的媒体应用程序）在一定的延迟界限内访问处理器资源。
- 内核调试支持[②]。
- 控制台 I/O。

在 Mac OS X 10.4 之前，xnu 已经在 64 位的硬件上支持 4 GB 以上的物理内存，尽管进程的虚拟地址空间仍然是 32 位的。因此，各个进程不能寻址 4 GB 以上的虚拟内存。借助 Mac OS X 10.4，xnu 添加了对 64 位硬件上的 64 位进程的支持，并且进程的虚拟地址空间的上限是 18 EB（艾字节）[③]。

[①]　Platform Expert 包含基本内核中的支持代码以及特定于平台的内核扩展。

[②]　xnu 内置的低级内核调试器被称为 KDB（或 DDB）。它是在内核的 Mach 部分实现的，因此是 KDP——由 GNU 调试器（GDB）使用的一种远程内核调试协议。

[③]　即 10^{18} 字节。

　　人们通常明确地把 Mach 与微内核相提并论，但是正如第 1 章所述，直到 Mach 版本 3 之后，才把它用作真正的微内核。更早的版本（包括 Mach 2.5，它是 Open Software Foundation 的 OSF/1 操作系统的基础）具有整体式的实现，其中 BSD 和 Mach 驻留在相同的"内核"地址空间中。即使 Apple 使用源于 Mach 3 的 Mach 实现，xnu 也没有把 Mach 用作传统的微内核。在真正的微内核系统中实现为用户空间的服务器的不同子系统都是 Mac OS X 中的内核本身的一部分。特别是，xnu 的 BSD 部分、I/O Kit 和 Mach 都驻留在相同的地址空间里。不过，它们具有良好定义的职责，依据功能和实现把它们分隔开。

2.4.2　BSD

　　xnu 内核包含大量源于 BSD 的代码，在 Mac OS X 环境中将其统称为 BSD。不过，它并不是指良好定义的 BSD 内核在 xnu 内运行，无论是作为单个 Mach 任务还是以其他方式运行。虽然 xnu 中的一些源于 BSD 的部分类似于它们的原始形式，但是其他部分的差别很大，因为它们被构建成与非 BSD 实体（比如 I/O Kit 和 Mach）共存。因此，人们可能发现不同来源的代码的多个实例在 xnu 内核缠绕在一起。BSD（或者 BSD 风格的代码）负责的一些功能如下。

- BSD 风格的进程模型。
- 信号。
- 用户 ID、权限和基本的安全策略。
- POSIX API。
- 异步 I/O API（AIO）。
- BSD 风格的系统调用。
- TCP/IP 协议栈、BSD 套接字和防火墙。
- 网络内核扩展（Network Kernel Extension，NKE），它是一种内核扩展，用于使 BSD 网络体系结构适应 xnu[①]。
- 虚拟文件系统（virtual file system，VFS）层和众多文件系统，包括独立于文件系统的 VFS 级别的日志机制。
- System V 和 POSIX 进程间通信机制。
- 内核中的加密框架。
- 基于 FreeBSD 的 kqueue/kevent 机制的系统通知机制，它是一种系统级服务，允许在应用程序之间以及从内核给应用程序发送通知。
- fsevents 文件系统改变通知机制，被 Spotlight 搜索技术使用。
- 访问控制列表（Access Control List，ACL）和 kauth 授权框架[②]。
- 多种同步原语。

某些内核功能在内核的一个部分具有低级实现，在另一个部分则具有更高级的抽象层。

---

　　① 在 Mac OS X 10.4 之前，NKE 是一种特别指定的内核扩展。从 Mac OS X 10.4 开始，普通的内核扩展可以通过一组内核编程接口（Kernel Programming Interface，KPI）访问 NKE 功能。

　　② 从 Mac OS X 10.4 开始，就使用 kauth 框架评估 ACL。它是一个通用的、可扩展的授权框架。

例如，传统的进程结构（Struct Proc）是代表 UNIX 进程的主要内核数据结构，它包含在
BSD 部分中，比如 u-area[①]。不过，严格来讲，在 Mac OS X 中，BSD 进程不会执行——它
精确地对应于一个 Mach 任务，其中包含一个或多个 Mach 线程，并且执行的是这些线程。
考虑 fork()系统调用的示例，它以及像 vfork()这样的变体是在 UNIX 系统上创建新进程的
唯一方式。在 Mac OS X 中，使用 Mach 调用创建和操作 Mach 任务和线程，用户程序通常
不会直接使用它们。内核中的 BSD 风格的 fork()实现使用这些 Mach 调用来创建任务和线
程。此外，它还会分配和初始化一种与任务关联的进程结构。从 fork()的调用者的角度讲，
这些操作是自动发生的，并且 Mach 和 BSD 风格的数据结构仍然保持同步。因此，BSD 进
程结构在 Mac OS X 中充当 UNIX "胶水"[②]。

    类似地，BSD 的统一缓冲区缓存（Unified Buffer Cache，UBC）具有挂钩进 Mach 的
虚拟内存子系统的后端。

> *UBC 允许文件系统和虚拟内存子系统共享内核内存缓冲区。每个进程的虚拟内存通*
> *常都会包含来自物理内存和磁盘上的文件的映射。把缓冲区缓存统一起来，可以为不同的*
> *实体产生单个后备存储，从而减少了磁盘访问次数以及使用的"有线"内存数量。*

漏斗

    在 Mac OS X 10.4 之前，Mac OS X 中的一个重要的同步抽象是**漏斗**（Funnel），它具
有大范围互斥体[③]的语义，当持有线程睡眠时可自动释放。漏斗用于序列化对内核的 BSD
部分的访问。从 Mac OS X 版本 10.4 开始，xnu 就使用细粒度的锁定。不过，出于为旧
代码或者对性能不是至关重要的代码考虑，仍然保留了漏斗。

    除了 BSD 系统调用（包括 sysctl()和 ioctl()调用）之外，Mac OS X 还在必要时使用 Mach
系统调用（或 **Mach 陷阱**（Mach Trap））。有多种方式映射内存、执行块复制操作，以及在
Mac OS X 用户与内核空间之间交换信息。

2.4.3   I/O Kit

    xnu 具有一个面向对象的设备驱动程序框架，称为 I/O Kit，它使用 C++的一个有限子
集[④]作为它的编程语言。在这个子集中不允许使用的 C++特性包括异常、多重继承、模板、
复杂的构造函数、初始化列表和运行时类型标识（Runtime Type Identification，RTTI）。不
过，I/O Kit 实现了它自己的极简 RTTI 系统。

    I/O Kit 的实现包括内核固有的 C++库（libkern 和 IOKit）以及用户空间框架
（IOKit.framework）。内核固有的库能够被可加载的驱动程序使用（同样，也能够被内核使
用）。注意：Kernel 框架（Kernel.framework）封装了内核固有的库，以便导出它们的头文

---

    ①   从历史上讲，user area（或 u-area）是一种数据结构的名称，其中包含每个进程或每个线程的数据，它们是可
交换的。

    ②   它简化了纳入那些依赖于进程结构的 BSD 代码。

    ③   这样的互斥体有时称为**巨型互斥体**（Giant Mutex）。

    ④   该子集基于 Embedded C++。

件——用于这些库的可执行代码包含在内核中。IOKit.framework 是一个传统的框架，用于编写与 I/O Kit 通信的用户空间的程序。

I/O Kit 的运行时体系结构是模块化和分层的。它提供了一种基础结构，用于捕获、表示和维持 I/O 连接中涉及的多种硬件和软件组件之间的关系。I/O Kit 以这种方式把底层硬件的抽象展示给系统的其余部分。例如，磁盘分区的抽象涉及众多 I/O Kit 类之间的动态关系：物理磁盘、磁盘控制器、控制器连接的总线等。由 I/O Kit 提供的设备驱动程序模型具有多个有用的特性，具体如下。

- 广泛的编程接口，包括使应用程序和用户空间的驱动程序与 I/O Kit 通信的接口。
- 众多设备家族，比如 ATA/ATAPI、FireWire、Graphics、HID、Network、PCI 和 USB。
- 面向对象的设备抽象。
- 即插即用和动态设备管理（"热插拔"）。
- 电源管理。
- 抢占式多任务、线程、对称多处理、内存保护和数据管理。
- 用于多种总线类型的驱动程序的动态匹配和加载。
- 用于跟踪和维护关于实例化对象的详细信息的数据库（**I/O 注册表**（I/O Registry））。
- 系统上可用的所有 I/O Kit 类的数据库（**I/O 编目**（I/O Catalog））。
- 使应用程序和用户空间的驱动程序与 I/O Kit 通信的接口。
- 驱动程序栈。

可以通过编程方式或者使用系统实用程序（比如 ioreg、IORegistryExplorer.app（Apple Developer Tools 的一部分）和 Mr.Registry.app（FireWire SDK 的一部分））浏览 I/O Registry。

符合良好定义且受到良好支持的规范的标准设备通常不需要自定义的 I/O Kit 驱动程序。例如，诸如鼠标和键盘之类的设备很可能是开包即用的。而且，即使一个设备需要自定义的驱动程序，倘若它使用 FireWire 或 USB 连接到计算机，那么它可能只需要用户空间的驱动程序。

2.4.4　libkern 库

libkern 库为 I/O Kit 的编程模型使用的 C++的有限子集实现了运行时系统。除了给驱动程序提供通常需要的服务之外，libkern 还包含一般可用于内核软件开发的类。特别是，它定义了 OSObject 类，它是 Mac OS X 内核的根基类。OSObject 实现了动态类型和分配特性，用于支持可加载的内核模块。下面给出了 libkern 提供的功能的示例。

- 对象的动态分配、构造和析构，支持多种内置的对象类型，比如 Array、Boolean 和 Dictionary。
- 原子操作和各种各样的函数，比如 bcmp()、memcmp()和 strlen()。
- 用于字节交换的函数。
- 用于跟踪每个类的当前实例数的构造。
- 有助于缓解 C++**脆弱的基类问题**（Fragile Base-Class Problem）的机制。

脆弱的基类问题

　　当修改一个非叶类"破坏"了派生类时，就会发生脆弱的基类问题。非叶类至少是另一个类的基类。所谓的破坏可能发生的原因是，派生类显式或隐式依赖非叶类的某些特征的信息。这类特征的示例包括基类的虚拟表（virtual table，vtable）的大小、vtable中的偏移值类保护的数据的偏移值以及公共数据的偏移值。

　　libkern 提供了一些方式，为类数据成员和虚拟函数创建预留槽位（Reserved Slot），以便吸收将来添加的这些实体——直到某个界限。

2.4.5　libsa 库

　　libsa 是一种内核中的支持库，实质上是内核中的链接器，在早期的系统启动期间用于加载内核扩展。其名称中的"sa"是对它作为一个库的残留引用，它提供了被**独立**（Stand-Alone）应用程序（在这里是内核）使用的函数。

> 　其他操作系统上存在独立的库——通常具有名称 libstand，用于提供最低限度的运行时环境。

　　通常根据需要通过 kextd 用户空间守护进程（/usr/libexec/kextd）加载 Mac OS X 内核扩展。在自引导的早期阶段，kextd 还不可用。libsa 把 kextd 能力的一个子集提供给内核。由 libsa 实现的用于加载、链接和记录内核扩展目标文件的特定功能的示例如下。

- 简单内存分配。
- 二进制搜索。
- 排序。
- 各种各样的字符串处理函数。
- 符号重构。
- 在确定内核扩展依赖性时使用的依赖图程序包。
- 压缩内核的解压缩和校验和验证。

　　注意：libsa 不是一个通常可用的内核库。在典型的自引导场景中，一旦 kextd 变得可用，就会从内核中删除 libsa 的代码。甚至当 libsa 存在时，它的组成函数也不能作为任何编程接口的一部分供内核使用[①]。

2.4.6　Platform Export

　　Platform Export 是一个对象——实质上是一个特定于主板的驱动程序，它知道运行系统的平台的类型。I/O Kit 将在系统初始化时为 Platform Export 注册一个**结点**（Nub）。IOPlatformExpertDevice 类的一个实例变成了设备树的根。根结点然后将加载正确的特定于

---

　　①　内核通过在 libsa 与内核之间共享的一个指针函数访问 libsa 的扩展加载的功能。libsa 的构造函数将初始化这个指针，使之指向一个 libsa 函数。

平台的驱动程序，它将进一步发现系统上存在的总线，并为发现的每条总线注册一个结点。I/O Kit 为每个总线结点加载一个匹配的驱动程序,它们反过来又会发现连接到总线的设备，如此等等。

> **结点**
>
> 　　在 I/O Kit 环境中，结点是一个对象，为物理设备或逻辑服务定义接入点和通信信道。物理设备可以在总线、磁盘驱动器或分区、图形卡等。逻辑服务的示例包括仲裁、驱动程序匹配和电源管理。

Platform Export 抽象允许访问广泛的特定于平台的函数，具体如下。

- 构造设备树。
- 解析某些引导参数。
- 标识机器，包括确定处理器和总线时钟速度。
- 访问电源管理信息。
- 获取和设置系统时间。
- 获取和设置控制台信息。
- 中止和重新启动机器。
- 访问中断控制器。
- 创建系统序号字符串。
- 保存内核恐慌信息。
- 初始化"用户界面"，以便在内核恐慌时使用。
- 读写非易失性存储器（Nonvolatile Memory，NVRAM）。
- 读写参数存储器（Parameter Memory，PRAM）。

2.4.7　内核扩展

除了核心内核之外，Mac OS X 内核环境还包括根据需要动态加载的内核扩展。大多数标准的内核扩展针对的都是 I/O Kit，但是也有一些例外，比如某些与网络相关以及与文件系统相关的内核扩展——例如，Webdav_fs.kext 和 PPP.kext。在典型的 Mac OS X 安装上，可能随时会加载接近上百种内核扩展。还有更多内核扩展驻留在/System/Library/Extensions/目录中。

2.5　文件系统的用户空间视图

Mac OS X 用户空间是最终用户和大多数开发人员花费他们的计算时间的地方。文件系统（或者更准确地讲是它的内容和布局）从根本上决定了用户怎样与系统交互。Mac OS X 的文件系统的布局很大程度上是 UNIX 派生的文件系统与 NEXTSTEP 派生的文件系统的叠加，并且具有许多传统的 Macintosh 影响。

2.5.1　文件系统域

Mac OS X 中的 UNIX 网络的文件系统视图可用于访问卷上的所有文件和目录，包括文件系统的特定于 Mac OS X 的部分。这个视图的一些特定于 UNIX 的方面包括标准的目录，比如：/bin/、/dev/、/etc/、/sbin/、/tmp/、/usr/、/usr/X11R6/[①]、/usr/include/、/usr/lib/、/usr/libexec/、/usr/sbin/、/usr/share/和/var/。

Mac OS X 从概念上将文件系统划分成 4 个域（Domain）：User、Local、Network 和 System。

1. User 域

User 域包含特定于用户的资源。在 UNIX 术语中，这是用户的主目录。对于名字为 amit 的用户，默认的本地主目录位置是/Users/amit/，而默认的网络主目录位置是/Network/Users/amit/。用户的主目录包含几个标准的目录，比如：.Trash、Applications、Desktop、Documents、Library、Movies、Music、Pictures 和 Sites。某些每个用户的目录（比如 Public 和 Sites）打算是公共可访问的，因此其他用户具有读取权限。

2. Local 域

Local 域包含可供单个系统上的所有用户使用的资源，包括共享的应用程序和文档。它通常位于引导卷上，这通常也是根卷。/Applications/目录位于 Local 域中。Local 域与 User 域不同，User 域可以被其拥有用户任意使用，而只有具有系统管理员特权的用户才可能修改 Local 域。

3. Network 域

Network 域包含可供局域网上的所有用户使用的资源，例如，通过网络共享的应用程序和文档。Network 域通常位于文件服务器上，并且在本地挂接在客户机器上的/Network/之下。只有具有网络管理员特权的用户才可能修改这个域。这个域内的特定目录包括 Applications、Library、Servers 和 Users。

4. System 域

System 域包含属于 Mac OS X 的资源。它的内容包括操作系统、库、程序、脚本和配置文件。像 Local 域一样，System 域也驻留在引导卷/根卷上。它的标准位置是/System/目录。

系统将在多个域中搜索资源（比如字体和插件），其搜索顺序是最先搜索最具体的域，最后搜索最一般的域，即依次搜索 User 域、Local 域、Network 域和 System 域。

2.5.2　/System/Library/目录

每个文件系统域都包含几个标准目录，其中一些可能存在于多个（或所有）域中。任何域中也许最有趣的目录——并且在所有域中都存在的目录——是 Library。它包含多个标

---

① 一些组件（比如 X Window System）是可选的。如果没有安装它们，某些目录就可能不存在。

准子目录的层次结构。特别是，操作系统的重要部分驻留在/System/Library/中。现在来探讨一下其内容的示例。

- /System/Library/Caches/包含用于多种数据类型的系统级缓存。最值得指出的是，它包含内核和内核扩展（kext）缓存。内核缓存包含内核代码、预先链接的内核扩展以及任意数量的内核扩展的信息字典。内核缓存驻留在/System/Library/Caches/com.apple.kernelcaches/中。
- /System/Library/Extensions/包含设备驱动程序及其他内核扩展。多扩展（或 mkext）缓存——/System/Library/Extensions.mkext——包含多个内核扩展以及它们的信息字典。mkext 缓存在早期系统启动期间使用。kext 存储库缓存包含/System/Library/Extensions/ 中 的 所 有 内 核 扩 展 的 信 息 字 典①，它 是 作 为 文 件/System/Library/Extensions.kextcache 存在的。
- /System/Library/Frameworks/包含 Apple 提供的那些发布了 API 的框架和共享库。
- /System/Library/PrivateFrameworks/包含 Apple 提供并且是 Apple 私有的那些框架和共享库，它们不能被第三方程序员使用。
- /System/Library/Filesystems/包含可加载的文件系统。
- /System/Library/LaunchAgents/和/System/Library/LaunchDaemons/包含用于系统级代理和守护进程的launchd配置文件。从Mac OS X 10.4起，launchd程序（/sbin/launchd）就是主守护进程，管理其他的守护进程和代理。

/System/Library/CoreServices/目录包含在系统的正常操作中使用的多个系统组件，比如Dock 和 Finder 应用程序。其他示例如下所示。

- AppleFileServer.app 是 AFP（Apple Filing Protocol，Apple 文件协议）服务器。
- BezelUI 目录包含一些程序和图像，用于显示多种情况下的用户界面覆盖，比如：当用户使用键盘键调整屏幕亮度或音量时、当用户按下"弹出"键时或者当 Apple 蓝牙鼠标或键盘的电池电量过低时，等等。
- BootX（PowerPC）和 boot.efi（x86）是 Mac OS X 引导加载程序。
- CCacheServer.app 是 Kerberos 凭证缓存服务器（Kerberos Credentials Cache Server）。
- Classic Startup.app 是 Classic 虚拟环境提供者。
- Crash Reporter.app 用于在应用程序崩溃时或者当系统在内核恐慌之后重新启动时给 Apple 发送问题报告。它将在发送报告前提示用户，包括系统信息和崩溃的程序的调试信息。图 2-2 显示了用于生成调试信息的 GNU 调试器（GDB）命令序列。这些命令是 gdb-generate-crash-report-script GDB 脚本的一部分，该脚本作为一种资源驻留在 Crash Reporter.app 内。
- Network Diagnostics.app 用于解决 Internet 连接问题。
- OBEXAgent.app 是蓝牙文件交换代理。
- loginwindow.app 大致类似于 UNIX 系统上的 login 程序。
- pbs 是 Cocoa 应用程序的粘贴板服务器和辅助守护进程。

---

① kext 存储库缓存还包括可能驻留在内核扩展内的任意插件的信息字典。

```
# Stacks of all threads
thread apply all bt

# Local variable information
info locals

# Register values
info all-registers

# Values below stack pointer
x/64x $r1-100

# Values from stack pointer and beyond
x/64x $r1

# Shared library address information
info sharedlibrary

# Mach memory regions
info mach-regions
```

图 2-2　用于生成崩溃报告的 GDB 命令序列

2.6　运行时体系结构

　　鉴于运行时环境的定义足够宽松，可以说现代操作系统通常提供了多种运行时环境。例如，虽然 Mac OS X 上的 Java 虚拟器是一种用于 Java 程序的运行时环境，但是虚拟机实现本身是在另一种"更原生态"的运行时环境中执行的。Mac OS X 具有用于应用程序的多种运行时环境，在本章后面将会看到这一点。不过，操作系统通常只有单独一种最低级（或"原生态"）的运行时环境，这也是我们特指的运行时环境。运行时环境的基础是**运行时体系结构**（Runtime Architecture），它具有以下关键方面。

- 它提供了用于启动和执行程序的工具。
- 它指定了代码和数据怎样驻留在磁盘上——也就是说，它指定了二进制格式。它还指定了编译器和相关的工具必须怎样生成代码和数据。
- 它指定了怎样将代码和数据加载进内存中。
- 它指定了怎样解析指向外部库的引用。

　　Mac OS X 只有一种运行时环境：Mach-O。这个名称指 Mach 目标文件格式（Mach Object File Format），尽管"Mach"这个术语在这里有些用词不当，因为 Mach 并未打算理解任何目标文件格式，也不知道用户空间程序的运行时约定。不过，Mac OS X 内核理解 Mach-O 格式。事实上，Mach-O 是内核可以加载的唯一一种二进制格式[1]——使用 execve()[2] 系统调用，它是在 Mac OS X 内核的 BSD 部分实现的。

---

　　① 注意，我们明确地指出**二进制**（Binary）格式：内核可以安排要运行的脚本。

　　② execve()系统调用将在调用进程的地址空间里执行指定的程序，它可能是二进制可执行文件或者脚本。

2.6.1　Mach-O 文件

Mac OS X 使用 Mach-O 文件，用于实现多种类型的系统组件，具体如下。

- 捆绑组件（可以编程方式加载的代码）。
- 动态共享库。
- 框架。
- 包罗的框架，其中包含一个或多个其他的框架。
- 内核扩展。
- 可链接的目标文件。
- 静态存档。
- 可执行文件。

本章后面将讨论框架、包罗框架和捆绑组件。在继续讨论之前，不妨列出一些程序，它们可用于创建、分析或操作 Mach-O 文件。具体如下。

- as：基于 GNU 的汇编器前端。
- dyld：默认的动态链接编辑器（或运行时链接器）。
- gcc、g++：GNU 编译器前端。
- ld：静态链接编辑器（静态链接器[①]）。
- libtool：一个用于通过 Mach-O 目标文件创建动态链接共享库和静态链接库的程序；由编译器驱动程序在库创建期间调用。
- nm：一个用于显示目标文件符号表的程序。
- otool：一个用于显示 Mach-O 文件的内部结构的多功能程序；具有反汇编能力。

Mach-O 文件在开始处包含固定大小的**头部**（Header）（参见图 2-3），其后通常接着几个可变大小的**加载命令**（Load Command），再接着一个或多个**代码段**（Segment），每个代码段都可以包含一个或多个**代码区**（Section）。

```
struct mach_header {
        uint32_t         magic;      /* mach magic number identifier */
        cpu_type_t       cputype;    /* cpu specifier */
        cpu_subtype_t    cpusubtype; /* machine specifier */
        uint32_t         filetype;   /* type of file */
        uint32_t         ncmds;      /* number of load commands */
        uint32_t         sizeofcmds; /* the size of all the load commands */
        uint32_t         flags;      /* flags */
};
```

图 2-3　Mach-O 头部的结构（32 位版本）

Mach-O 头部描述了文件的特性、布局和链接特征。Mach-O 头部中的 filetype 字段指示了文件的类型，因而也指示了文件的用途。Mach-O 文件类型如下。

---

① 注意，静态链接器中的"静态"指以下事实：程序是在编译时工作的，而不是在运行时动态工作的。静态链接器支持动态共享库和静态存档库。

- **MH_BUNDLE**：在运行时以编程方式加载进应用程序中的插件代码。
- **MH_CORE**：用于存储中止程序的地址空间的文件，即包含"核心转储"的**核心文件**（core file）。
- **MH_DYLIB**：一个动态共享库；如果它是一个独立的库，那么传统上它是一个具有.dylib 后缀的文件。
- **MH_DYLINKER**：一个特殊的共享库，它是一个动态链接器。
- **MH_EXECUTE**：一个标准的按需分页的可执行文件。
- **MH_OBJECT**：一个中间的、可重定位的目标文件（传统上具有.o 后缀）；也用于内核扩展。

对于可执行文件，Mach-O 头部中的加载命令之一（LC_LOAD_DYLINKER）指定了用于加载程序的链接器的路径。默认情况下，这个加载命令指定标准的动态链接器 dyld（/usr/lib/dyld），它本身是一个 MH_DYLINKER 类型的 Mach-O 文件。内核和 dyld（或者理论上是另一个动态链接器（如果指定了它的话））一起使用下面的操作序列准备要执行的 Mach-O 二进制文件，为简单起见对这个操作序列进行了简化[①]。

- 内核检查可执行文件的 Mach-O 头部，并且确定它的文件类型。
- 内核解释 Mach-O 头部中包含的加载命令。例如，要处理 LC_SEGMENT 命令，它将把程序代码段加载进内存中。
- 内核通过把指定的动态链接器加载进内存中，处理 LC_LOAD_DYLINKER 加载命令。
- 内核最终在程序文件上执行动态链接器。注意：这是第一个在程序的地址空间里运行的用户空间代码。传递给链接器的参数包括程序文件的 Mach-O 头部、参数计数（argc）和参数向量（argv）。
- 动态链接器从 Mach-O 头部中解释加载命令。它将加载程序依赖的共享库，并且它会绑定开始执行所需的外部引用——也就是说，它将把 Mach-O 文件的**导入符号**（Imported Symbol）绑定到它们在共享库或框架中的**定义**（Definition）上。
- 动态链接器调用通过 LC_UNIXTHREAD（或 LC_THREAD）加载命令指定的入口点函数，它包含程序的主线程的初始线程状态。这个入口点通常是一个语言运行时函数，它反过来又会调用程序的"主"函数。

现在来查看一个平常的可执行文件的示例。图 2-4 显示了一个 C 程序，它被编译成一个名为 empty 的可执行文件。

```
// empty.c

int
main(void)
{
    return 0;
}
```

图 2-4　一个微不足道的 C 程序，它将被编译成一个"空的"可执行文件

---

① 在 7.5 节中讨论了由内核执行程序的更多细节。

图 2-5 显示了使用 otool 程序，列出 empty 中包含的加载命令。

```
$ otool -l ./empty
empty:
Load command 0
      cmd LC_SEGMENT
  cmdsize 56
  segname __PAGEZERO
...
Load command 4
        cmd LC_LOAD_DYLINKER
      cmdsize 28
        name /usr/lib/dyld (offset 12)
Load command 5
        cmd LC_LOAD_DYLIB
...
Load command 10
        cmd LC_UNIXTHREAD
   cmdsize 176
    flavor PPC_THREAD_STATE
    count PPC_THREAD_STATE_COUNT
  r0 0x00000000 r1 0x00000000 r2 0x00000000 r3 0x00000000 r4   0x00000000
...
ctr 0x00000000 mq 0x00000000 vrsave 0x00000000 srr0 0x000023cc srr1 0x00000000
```

图 2-5　显示可执行文件的 Mach-O 头部中的加载命令

图 2-5 中显示的 LC_UNIXTHREAD 加载命令包含程序的寄存器的初始值。特别是，srr0 PowerPC 寄存器[1]包含入口点函数的地址——在这里是 0x23cc。如我们可以使用 nm 程序所验证的，这个地址属于一个名为 start() 的函数。因此，empty 在这个函数中开始执行，它来自于语言运行时存根程序/usr/lib/crt1.o。存根程序将在调用 main() 函数之前初始化程序的运行时环境状态。编译器将在编译期间链接进 crt1.o。

注意：如果图 2-5 中的 Mach-O 文件是一个 x86 可执行文件，它的 LC_UNIXTHREAD 命令将包含 x86 寄存器状态。特别是，eip 寄存器将包含 start() 函数的地址。

依赖于将要编译的程序、编程语言、编译器和操作系统等方面，可能在编译期间链接进多个这样的存根程序。例如，Mac OS X 上的捆绑组件和动态共享库将分别与 /usr/lib/bundle1.o 和 /usr/lib/dylib1.o 一起进行链接。

2.6.2　胖二进制文件

在第 1 章中，当我们探讨 NEXTSTEP 时，遇到过"胖"二进制文件。由于 NEXTSTEP 运行在多个平台上，比如 Motorola 68K、x86、HP PARISC 和 SPARC，因此很容易遇到多

———————————
① 第 3 章将详细讨论 PowerPC 体系结构。

个胖二进制文件。

胖二进制文件最初是随着 64 位用户地址空间支持的出现，而在 Mac OS X 上变得有用的，因为胖二进制文件可以包含程序的 32 位和 64 位的 Mach-O 可执行文件。而且，随着 Apple 迁移到 x86 平台，胖二进制文件仍将变得更重要：Apple 的通用二进制文件（Universal Binary）格式完全是胖二进制文件的另一个名称。图 2-6 显示了在 Mac OS X 上创建一个 3 种体系结构的胖二进制文件的示例[①]。可以使用 lipo 命令列出胖文件中的体系结构类型。构建胖 Darwin 内核也是可能的，这种内核在单个文件中包含同时用于 PowerPC 和 x86 体系结构的内核可执行文件。

```
$ gcc -arch ppc -arch ppc64 -arch i386 -c hello.c
$ file hello.o
hello.o: Mach-O fat file with 3 architectures
hello.o (for architecture ppc):    Mach-O object ppc
hello.o (for architecture i386):   Mach-O object i386
hello.o (for architecture ppc64): Mach-O 64-bit object ppc64
$ lipo -detailed_info hello.o
Fat header in: hello.o
fat_magic 0xcafebabe
nfat_arch 3
architecture ppc
    cputype CPU_TYPE_POWERPC
    cpusubtype CPU_SUBTYPE_POWERPC_ALL
    offset 68
    size 368
    align 2^2 (4)
architecture i386
    cputype CPU_TYPE_I386
    cpusubtype CPU_SUBTYPE_I386_ALL
    offset 436
    size 284
    align 2^2 (4)
architecture ppc64
    cputype CPU_TYPE_POWERPC64
    cpusubtype CPU_SUBTYPE_POWERPC_ALL
    offset 720
    size 416
    align 2^3 (8)
```

图 2-6   创建胖二进制文件

图 2-7 显示了包含 PowerPC 和 x86 可执行文件的胖二进制文件的结构。注意：胖二进制文件实质上是一个**包装器**（Wrapper）——把用于多种体系结构的 Mach-O 文件连接起来的简单存档。胖二进制文件开始于一个胖头部（struct fat_header），其中包含一个幻数，其后接着一个整数值，表示其二进制文件驻留在胖二进制文件中的体系结构数量。胖头部后

[①]   在 Mac OS X 上创建胖二进制文件需要 GCC 4.0.0 或更高版本的 Apple 生成文件。

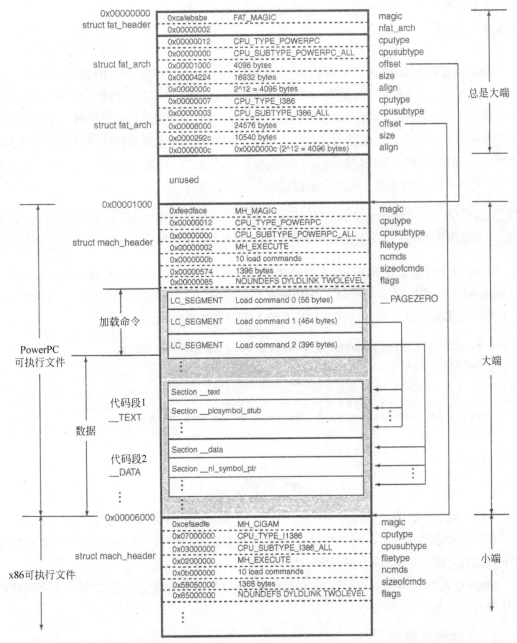

图 2-7　包含 PowerPC 和 x86Mach-O 可执行文件的通用二进制文件

面接着一系列胖体系结构指示符（struct fat_arch）——每个指示符用于胖二进制文件中包含的一种体系结构。fat_arch 结构包含进入胖二进制文件的偏移量，此即对应的 Mach-O 文件开始的位置。它还包括 Mach-O 文件的大小以及一个数值（等于 2 的幂），指定偏移量的校准。在提供了该信息之后，其他程序（包括内核）将能够直观地在胖二进制文件内定位想要的体系结构的代码。

　　注意：尽管胖二进制文件中的平台的 Mach-O 文件遵循该体系结构的字节序（Byte Ordering），但是 fat_header 和 fat_arch 结构总是以大端字节序存储的。

2.6.3 链接

动态链接在 Mac OS X 上是默认的——所有正常的用户级可执行文件都是动态链接的。事实上，Apple 不支持用户空间程序的静态链接（Mac OS X 不带有静态 C 库）。不支持静态链接的一个原因是：C 库与内核之间的二进制接口被认为是私有的。因此，系统调用陷阱指令不应该出现在正常编译的可执行文件中。尽管可以静态地把目标文件链接进静态存档库中[①]，但是可用于生成静态链接的可执行文件的语言运行时存根程序是不存在的。因此，不能使用默认的工具生成静态链接的用户可执行文件。

> Mac OS X 内核扩展必须静态链接。不过，内核扩展并不是 Mach-O 可执行文件（MH_EXECUTE），而是 Mach-O 目标文件（MH_OBJECT）。

otool 命令可用于显示由目标文件使用的共享库的名称和版本号。例如，下面的命令确定 launchd 所依赖的库（launchd 的库依赖性是有趣的，因为它是在用户空间中执行的第一个程序——通常，这样的程序在 UNIX 系统上是静态链接的）。

```
$ otool -L /sbin/launchd # PowerPC version of Mac OS X
/sbin/launchd:
                /usr/lib/libbsm.dylib (...)
                /usr/lib/libsm.dylib (...)
$ otool -L /sbin/launchd # x86 version of Mac OS X
/sbin/launchd:
                /usr/lib/libsm.dylib (...)
                /usr/lib/libgcc_s.1.dylib (...)
                /usr/lib/libSystem.B.dylib (...)
```

图 2-8 显示了编译一个动态共享库、编译一个静态存档库以及链接这两个库的示例。

在编译动态共享库时，可以指定一个自定义的初始化例程，将在使用库中的任何符号之前调用它。图 2-9 显示了一个示例。

Mach-O 运行时体系结构的其他值得注意的方面包括多种绑定风格、二级命名空间和弱链接符号。

1. 多种绑定风格

在程序中绑定导入的引用时，Mac OS X 支持**实时**（Just-In-Time）或延迟（Lazy）绑定、**加载时**（Load-Time）绑定和**预绑定**（Prebinding）。对于延迟绑定，仅当第一次使用库中的符号时，才会加载共享库。一旦加载了库，程序的所有来自那个库的未解析引用并非都会被立即绑定——将在第一次使用时绑定引用。对于加载时绑定，在程序启动时，动态链接器将绑定程序中所有未定义的引用——或者对于捆绑组件，则会在它加载时绑定。2.8.4

---

① 静态存档库可用于分发在共享库中不需要但是在编译多个程序时可能有用的代码。

```
$ cat libhello.c
#include <stdio.h>

void
hello(void)
{
    printf("Hello, World!\n");
}
$ cat main.c
extern void hello(void);

int
main(void)
{
    hello();
    return 0;
}
$ gcc -c main.c libhello.c
$ libtool -static -o libhello.a libhello.o
$ gcc -o main.static main.o libhello.a
$ otool -L main.static
main.static:
        /usr/lib/libmx.A.dylib (...)
        /usr/lib/libSystem.B.dylib (...)
$ gcc -dynamiclib -o libhello.dylib -install_name libhello.dylib libhello.o
$ gcc -o main.dynamic main.o -L. -lhello
$ otool -L main.dynamic
main.dynamic:
        libhello.dylib (...)
        /usr/lib/libmx.A.dylib (...)
        /usr/lib/libSystem.B.dylib (...)
```

图 2-8　编译动态库和静态库

节中将探讨预绑定的详细信息。

2. 二级命名空间

　　二级命名空间意味着对于导入的符号，将同时通过符号的名称和包含它的库的名称来引用它。Mac OS X 默认使用二级命名空间。

　　当使用二级命名空间时，不可能使用 dyld 的 DYLD_INSERT_LIBRARIES 环境变量[①]在程序中指定库之前预先加载它们，这强制将程序中的所有映射都链接为扁平的命名空间映像。不过，当映像具有多种定义的符号时，这样做可能会出问题。

---

① 这个变量类似于其他多个平台上的运行时链接器所支持的 LD_PRELOAD 环境变量。

```
$ cat libhello.c
#include <stdio.h>

void
my_start(void)
{
    printf("my_start\n");
}
void
hello(void)
{
    printf("Hello, World!\n");
}
$ cat main.c
extern void hello(void);

int
main(void)
{
    hello();
    return 0;
}
$ gcc -c main.c libhello.c
$ gcc -dynamiclib -o libhello.dylib -install_name libhello.dylib \
-init _my_start libhello.o
$ gcc -o main.dynamic main.o -L. -lhello
$ ./main.dynamic
my_start
Hello, World!
```

图 2-9   在动态共享库中使用自定义的初始化例程

3. 弱链接符号

弱链接符号[①]是指如果缺少它,将不会导致动态链接器抛出运行时绑定错误——引用这样的符号的程序将会执行。不过,动态链接器将把不存在的弱符号的地址显式地设置为NULL。在使用弱符号之前,由程序负责确保它存在(也就是说,它的地址不是 NULL)。弱链接整个框架也是可能的,这将导致框架的所有符号都是弱链接的。图 2-10 显示了一个使用弱符号的示例。

4. dyld 插入

从 Mac OS X 10.4 起,dyld 就支持以编程方式插入库函数,尽管在 dyld 的开源版本中没有包括对应的源代码。假设你希望使用这个特性,利用你自己的函数(比如说 my_open())拦截一个 C 库函数(比如说 open())。可以通过创建一个动态共享库来实现插入,这个库实

---

① 在这里的讨论中,可以互换地使用术语"符号"和"引用"。引用指向一个符号,它可能表示代码或数据。

```
$ cat libweakfunc.c
#include <stdio.h>

void
weakfunc(void)
{
    puts("I am a weak function.");
}
$ cat main.c
#include <stdio.h>

extern void weakfunc(void) __attribute__((weak_import));

int
main(void)
{
    if (weakfunc)
        weakfunc();
    else
        puts("Weak function not found.");

    return 0;
}

$ gcc -c libweakfunc.c
$ gcc -dynamiclib -o libweakfunc.dylib \
-install_name libweakfunc.dylib libweakfunc.o
$ MACOSX_DEPLOYMENT_TARGET=10.4 gcc -o main main.c -L. -lweakfunc
$ ./main
I am a weak function.
$ rm libweakfunc.dylib
$ ./main
Weak function not found.
```

图 2-10　在 Mac OS X 10.2 及更新版本上使用弱符号

现了 my_open()，还在它的_DATA 代码段中包含一个名为_interpose 的代码区。_interpose
代码区的内容是"原始的"和"新的"函数指针元组——在这里是{my_open, open}。结合
使用 DYLD_INSERT_LIBRARIES 变量与这样一个库将使插入成为可能。注意：my_open()
可以正常地调用 open()，而不必先查找"open"符号的地址。图 2-11 显示了一个 dyld 插入
的示例——程序员提供的库将"接管"open()和 close()函数。

> **警告**：必须注意调用某些库函数可能导致递归地调用插入者函数（Interposer
> Function）。例如，printf()的实现可能调用 malloc()。如果插入 malloc()并从你的 malloc()
> 版本内调用 printf()，就可能会发生递归情况。

```c
// libinterposers.c

#include <stdio.h>
#include <unistd.h>
#include <fcntl.h>

typedef struct interpose_s {
    void *new_func;
    void *orig_func;
} interpose_t;

int my_open(const char *, int, mode_t);
int my_close(int);

static const interpose_t interposers[] \
    __attribute__ ((section("__DATA, __interpose"))) = {
        { (void *)my_open,  (void *)open  },
        { (void *)my_close, (void *)close },
    };
int
my_open(const char *path, int flags, mode_t mode)
{
    int ret = open(path, flags, mode);
    printf("--> %d = open(%s, %x, %x)\n", ret, path, flags, mode);
    return ret;
}

int
my_close(int d)
{
    int ret = close(d);
    printf("--> %d = close(%d)\n", ret, d);
    return ret;
}
```

```
$ gcc -Wall -dynamiclib -o /tmp/libinterposers.dylib libinterposers.c
$ DYLD_INSERT_LIBRARIES=/tmp/libinterposers.dylib cat /dev/null
--> 9 = open(/dev/null, 0, 0)
--> 0 = close(9)
```

图 2-11　通过 dyld 插入一个库函数

2.7　C 库

用户级标准 C 库——无所不在的 libc——在 Mac OS X 上被称为 libSystem。/usr/lib/
libc.dylib 是一个指向/usr/lib/libSystem.dylib 的符号链接。可以把 libSystem 视作一个元库，
因为它包含多个 BSD 库，其中一些是典型 UNIX 系统上的独立库。通过符号把这样的库链

接到 libSystem 来维持正常状态，就像 libc 一样。libSystem 的一些组成库是特定于 Mac OS X 的，还有一些是 libSystem 内部的。下面列出了 libSystem 中包含的外部可见的库的示例。

- libc：标准 C 库。
- libdbm：用于操作数据库的库。
- libdl：动态链接加载器的一种编程接口。
- libinfo：一个提供了多种"信息"API 的库，比如 DNS 和多播 DNS、NIS 以及 NetInfo。
- libkvm：一个提供了统一接口的库，用于访问内核虚拟内存映像；由像 ps 这样的程序使用。
- libm：标准数学库。
- libpoll：一个包装器库，在 BSD 的 select() 系统调用之上模仿 System V poll() 系统调用。
- libpthread：POSIX 线程[1]库。
- librpcsvc：一个包罗万象的"Sun"RPC 服务库。

> 在 Mac OS X 10.3 及以前的版本上，libdl 是一个包装器库，用于在 Darwin 固有的 dyld API 上模仿 POSIX 动态链接加载器 API——dlopen()、dlclose()、dlsym()和 dlerror()函数[2]。在 Mac OS X 10.4 及以后的版本上，dlopen()函数家族是固有地在 dyld 内实现的。

libSystem 中内部可用的功能如下。

- libdyldapis：给动态链接编辑器提供低级 API。
- libkeymgr：用于跨所有动态库维护进程级全局数据，它们被所有线程知晓。
- liblaunch：给 launchd 提供一个接口，它是系统级和每个用户的守护进程和代理的管理者。
- libmacho：提供一个接口，用于访问 Mach-O 文件中的代码段和代码区。
- libnotify：允许应用程序通过基于命名空间[3]的无状态通知来交换事件。
- libstreams：实现一种 I/O 流机制。
- libunc：允许创建、分发和操作用户通知。

libSystem 还包括一个目标文件，其中包含 commpage 符号。如我们将在第 5 章和第 6 章中看到的，commpage 区域是映射（共享和只读）到每个进程的地址空间的内存区域。它包含频繁使用的系统级代码和数据。libSystem 中的公共页符号放在一个特殊的代码区（_DATA 代码段内的_commpage 代码区）中，允许调试器访问它们。

---

① Mac OS X 上的 POSIX 线程（Pthread）是使用 Mach 内核线程实现的，并且每个 POSIX 线程使用一个 Mach 线程。

② 通常，libdl 实现还会提供 dladdr()函数，它不是通过 POSIX 定义的。dladdr()将会查询动态链接器，取关于包含指定地址的映像的信息。

③ 这个 API 的客户共享一个全局命名空间。客户可能发布通知，它们与名称相关联。类似地，客户可能通过注册通知来监视名称。

2.8　捆绑组件和框架

在讨论 Mac OS X 的其他层之前，不妨先来探讨**捆绑组件**（Bundle）和**框架**（Framework）抽象，因为 Mac OS X 中的大量用户级功能都被实现为框架，而框架又是一种特定的捆绑组件类型。

2.8.1　捆绑组件

捆绑组件是打包为一种目录层次结构的相关资源的集合。驻留在捆绑组件中的资源的示例包括：可执行文件、文档，以及（递归地包括）其他捆绑组件。在打包、部署、操作和使用软件时，捆绑组件非常有用。考虑一个应用程序捆绑组件的示例，它是 Mac OS X 上最常用的捆绑组件类型之一。图 2-12 显示了 iTunes 应用程序捆绑组件的分层结构。

应用程序捆绑组件是一个目录，其名称传统上具有.app 后缀。Mac OS X 应用程序通常不仅仅是单个独立的可执行文件。例如，应用程序可能在其用户界面中使用多个媒体文件（图标、醒目的图像和声音）。应用程序可能跨一个或多个动态共享库，以模块方式实现它的大量功能。应用程序还可能支持插件体系结构，利用这种体系结构，任何人都可能通过编写可加载的插件来扩展应用程序的功能。捆绑组件非常适合于这样的应用程序，因为它们以一种结构化的方式把应用程序的各个组成部分保持在一起。如图 2-12 中所示，iTunes 应用程序捆绑组件包含主要的 iTunes 可执行文件、可加载的捆绑插件、图标、媒体文件、辅助应用程序、本地化的文档等。所有的一切都驻留在 iTunes.app 目录内，而不是散布在许多系统子目录中。有了这样的捆绑组件，应用程序的安装和删除就可以分别像复制或删除单个.app 目录那样微不足道。应用程序在安装后还可以移动，因为它们通常是自含式的。

Finder 把多种类型的捆绑组件视作是不透明的原子实体——好像它们是文件而不是目录一样。例如，双击一个应用程序捆绑组件将启动应用程序。用户可能使用 Finder 的 Show Package Contents 关联菜单，浏览捆绑组件的内容。可以通过多种方式断言捆绑组件的不透明性，例如，通过属性列表文件、通过 PkgInfo 文件以及通过 KHasBundle 文件系统属性。

Mac OS X 上的捆绑组件内存在多种类型的 Mach-O 二进制文件。可以使用 CFBundle 和 NSBundle API 以编程方式访问捆绑组件。表 2-1 列出了 Mac OS X 上的捆绑组件类型的几个示例。

如表 2-1 所示，捆绑组件用于实现多种类型的插件。从一般的角度讲，插件是在**主机**（Host）环境中运行的一段外部代码。通常，主机是一个应用程序，但它可以是一个操作系统，甚或是另一个插件。主机必须被设计成可以通过插件进行扩展——它必须导出一个 API，以使插件符合它。因此，通过使用主机的插件 API，插件可以给主机添加功能，而无须重新编译或者访问主机的源代码。

```
iTunes.app                                    应用程序捆绑组件
Contents/
   Info.plist                                 信息属性列表文件
   PkgInfo
   version.plist
   MacOS/                                     还可以具有MacOSClassic/
      iTunes                                  主应用程序可执行文件
   Frameworks/
      InternetUtilities.bundle/               可加载的捆绑组件
         Contents/
            MacOS/
               InternetUtilities              MH_BUNDLE目标文件
            PkgInfo
            Resources/
   Resources/
      complete.aif                            图标、媒体文件
      iTunes-aac.icns
      ...
      iTunes-wma.icns
      iTunes.icns
      iTunes.rsrc
      iTunesHelper.app/                       应用程序捆绑组件
         Contents/
            Info.plist
            MacOS/                            用于这个捆绑组件
               iTunesHelper                   的主应用程序可执行文件
            PkgInfo
            Resources/
            ...
            version.plist
      da.lproj/
      ...
      Dutch.lproj/
      ...
      English.lproj/                          本地化资源
         InfoPlist.strings
         iTunes Help/
            gfx/
            ...
            pgs/
               500x.html
               ...
            pgs2/
            ...
            sty/
               access.css
               task_tbl_style.css
         Localized.rsrc
         locversion.plist
      fi.lproj/
      ...
      French.lproj/
      ...
      ...
      zh_TW.lproj/
      ...
```

图 2-12　iTunes 应用程序捆绑组件的分层结构

表 2-1　Mac OS X 上的捆绑组件类型的示例

捆绑组件类型	默认扩展名	解　释
Automator 动作	.action	Automator 动作是基于 Automator 工作流的应用程序所支持的默认动作集的扩展，它允许用户通过从可用动作的选项板中挑选一个或多个动作，以图形方式构造动作序列。可以使用 Objective-C 或 AppleScript 实现这些捆绑组件
应用程序	.app	Mac OS X 应用程序捆绑组件通常包含动态链接的可执行文件以及程序所需的任何资源
捆绑组件	.bundle	.bundle 程序包是一个可加载的捆绑组件，包含可以在运行时被程序加载的动态链接的代码。程序必须使用动态链接函数显式加载这样的捆绑组件。多个 Mac OS X 应用程序使用.bundle 插件扩展它们的特性集。例如，Address Book 应用程序可以从特定的目录中加载 Action Plug-In 捆绑组件，允许程序员利用自定义的项目填充 Address Book 翻转菜单。iTunes 使用捆绑组件实现可视化插件，而 iMovie 则使用它们实现特性、标题和渐变
组件	.component	Core Audio 插件，可用于操作、生成、处理或接收音频流，被实现为.component 捆绑组件
Dashboard 构件	.wdgt	Dashboard 是 Mac OS X 10.4 中引入的一种轻量级运行时环境，用于在桌面之上的一个逻辑上单独的层中运行小附件程序（称为构件）。Dashboard 构件被打包为.wdgt 捆绑组件
调试（应用程序）	.debug	可以将具有调试符号的应用程序打包为.debug 捆绑组件，Finder 将以与.app 捆绑组件类似的方式处理它
框架	.framework	框架是与诸如头文件、API 文档、本地化字符串、辅助程序、图标、醒目的图像、声音文件和接口定义文件之类的资源一起打包的动态共享库。包罗框架是在其 Frameworks 子目录中包含一个或多个子框架的捆绑组件。Carbon 和 Core Services 框架就是包罗框架的示例
内核扩展	.kext	内核扩展是可动态加载的内核模块。它们类似于.bundle 捆绑组件，这是由于它们包含以编程方式引入运行程序中的代码——在这里程序就是内核。不过，内核扩展是静态链接的
Keynote 文件	.key	应用程序可以把捆绑组件用作复杂的"文件格式"，用以在文档中保存任意的数据。Apple 的 Keynote 软件使用捆绑组件存储演示文稿。.key 捆绑组件包含演示文稿的结构的基于 XML 的表示，以及诸如图像、缩略图、音频和视频之类的资源
元数据导入器	.mdimporter	元数据导入器由 Mac OS X 中集成的 Spotlight 搜索技术使用。这样的导入器将从一种或多种特定的文件格式收集信息。具有自定义文件格式的应用程序的开发人员可以提供他们自己的元数据导入器，Spotlight 在对文件系统建立索引时可以把它们用作插件
程序包	.pkg、.mpkg	.pkg 捆绑组件是一个安装程序包，它是使用 PackageMaker.app 应用程序创建的。程序包的内容包括属于它所代表的可安装软件的文件和目录，以及安装软件可能需要的信息。元程序包——.mpkg 捆绑组件——包含一个文件，它包括程序包或元程序包的列表以及安装它们可能需要的其他任何信息。与程序包不同，元程序包自身不包含任何可安装的软件。双击一个程序包或元程序包将启动 Mac OS X 安装应用程序

续表

捆绑组件类型	默认扩展名	解　释
选项板	.palette	选项板是一个可加载的捆绑组件，其中包含 Apple 的集成开发环境（Integrated Development Environment，IDE）使用的代码和用户界面对象
插件	.plugin	.plugin 是一个可加载的捆绑组件，它在概念上类似于 .bundle，但是具有更高的体系结构和实现要求。用于在 Finder 关联菜单上扩展命令列表的关联菜单插件被实现为 .plugin 捆绑组件。这样的捆绑组件的其他示例包括 Core Image 和 Core Video 技术的某些 QuickTime 插件和扩展，称为 Image Units
参数设置窗格	.prefPane	参数设置窗格是用于管理系统级软件和硬件参数设置的捆绑组件。System Preferences 应用程序可以同时显示多个不同的 .prefPane 捆绑组件，它们位于 /System/Library/Preference-Panes/、/Library/PreferencePanes/ 和 ~/Library/PreferencePanes/ 中
配置文件（应用程序）	.profile	可以将具有配置文件数据的应用程序打包为 .profile 捆绑组件，Finder 将以与 .app 捆绑组件类似的方式处理它
服务	.service	服务是一种提供通用功能的捆绑组件，以便其他应用程序使用它们。服务的示例包括文本-语音转换（SpeechService.service）、拼写检查（AppleSpell.service）和 Spotlight 搜索（Spotlight.service）。可以通过 .service 捆绑组件使服务在系统级的基础上可用。服务的操作通常是与上下文有关的——它操作的是当前所选的实体（比如一段文本）。例如，AppleSpell 服务将对所选的文本运行拼写检查
屏幕保护程序	.saver、.slideSaver	Mac OS X 提供了一些 API，可以基于程序生成的内容或幻灯片显示来创建屏幕保护程序。这样的屏幕保护程序分别被打包为 .saver 和 .slideSaver 捆绑组件。注意：.slideSaver 捆绑组件不包含任何可执行代码——它只在其 Resources 目录中包含一组图像以及一个信息属性列表文件
System Profiler 报告者	.spreporter	System Profiler 显示关于系统的硬件和软件的信息。它使用驻留在 /System/Library/SystemProfiler/ 中的 .spreporter 捆绑组件收集信息。每个报告者捆绑组件都会提供关于某个特定区域的信息。例如，具有分别用于连接的显示器、FireWire 设备、串行 ATA 设备、USB 设备以及安装的软件和字体的系统报告者捆绑组件
Web 插件	.webplugin	Safari Web 浏览器支持基于 Objective-C 的插件模型，用于通过插件在浏览器中显示新型内容。Safari 中的 QuickTime 支持被实现为 .webplugin 捆绑组件
Xcode 插件	.ibplugin、.pbplugin、.xcplugin、.xctxtmacro、.xdplugin	可以通过多种类型的插件扩展 Apple 的 Xcode 开发环境的功能

注意：表 2-1 中列出的捆绑组件扩展只是约定——插件也可以具有任意扩展名，只要满足某些要求或者使用捆绑组件的应用程序知道如何处理扩展即可。

2.8.2　属性列表文件

在 Mac OS X 上会频繁遇到**属性列表**（property list，plist）文件。它们是有组织的数据在磁盘上的表示。当这样的数据位于内存中时，它们是结构化的，并且使用 Core Foundation 框架所固有的基本数据类型。

> 属性列表中使用的 Core Foundation 数据类型是 CFArray、CFBoolean、CFData、CFDate、CFDictionary、CFNumber 和 CFString。这些数据类型的一个重要特性是：可以跨多个 Mac OS X 子系统轻松地移植它们——例如，CF 数据类型在 I/O Kit 中具有类似的数据类型。

磁盘上的属性列表是内存中的属性列表的序列化版本。plist 文件可能以二进制格式或者人类可读的 XML 格式存储信息[①]。在 Mac OS X 上，plist 文件的两种最常见的用法是通过捆绑组件和通过应用程序使用它们。

捆绑组件使用一种特殊类型的 plist 文件——**信息属性列表**（Information Property List）——指定它的关键属性，其他程序在处理捆绑组件时将读取它们。信息属性列表文件的默认名称是 Info.plist。考虑一个应用程序捆绑组件的 Info.plist 文件，它的内容可能包括如下属性。

- 应用程序处理的文档类型。
- 捆绑组件的主可执行文件的名称。
- 包含用于捆绑组件的图标的文件名称。
- 应用程序的唯一标识字符串。
- 应用程序的版本。

应用程序使用属性列表文件存储用户参数设置或其他自定义的配置数据。例如，Safari Web 浏览器在名为 Bookmarks.plist 的 plist 文件中存储用户的书签。在用户的~/Library/Preferences/目录中可以找到众多配置 plist 文件。通常，应用程序使用一种反向 DNS 命名约定在这个目录中存储每个用户的配置或参数设置。例如，Safari Web 浏览器的参数设置就存储在 com.apple.safari.plist 中。

可以使用 Mac OS X 上的多个工具创建和操作属性列表文件。plutil 命令行程序可用于把 plist 文件从一种格式转换成另一种格式。它还会检查 plist 文件的语法错误。可以使用任何文本编辑器编辑 XML 格式的 plist 文件，尽管使用 Property List Editor 图形应用程序可能更方便（并且不太容易出错），这个应用程序是 Apple Developer Tools 的一部分。Cocoa 和 Core Foundation 框架提供了一些 API，用于以编程方式访问 plist 文件。如前所述，这些框架中存储了多种标准的对象类型，可以作为属性列表组织和访问它们。

---

① 许多人认为 XML 难以被人类阅读。尽管正常的人解析它是比较麻烦的，但是 XML 确定无疑地比"原始的"二进制格式对人类更友好。

2.8.3　框架

在其最简单的形式中，Mac OS X 框架是包含一个或多个共享库的捆绑组件。除了独立的共享库（比如/usr/lib/中的共享库）之外，Mac OS X 还包含大量的框架。共享库包含共享代码，而框架通常包含一个或多个共享库以及其他类型的相关资源[①]。从实现的角度讲，框架是一种封装了共享资源的目录层次结构，这些资源如下。

- 动态共享库。
- 头文件。
- Nib（NeXT Interface Builder）文件。
- 本地化字符串。
- 图像。
- 文档文件。
- 信息属性列表。
- 声音。

框架目录具有良好定义的结构，由文件和文件夹组成，其中一些是必需的；另外一些是可选的。图 2-13 显示了假设的 Foo 框架所包含的文件和文件夹。

```
Foo.framework/                              # Top-level directory
  Headers -> Versions/Current/Headers       # Symbolic link
  Foo -> Versions/Current/Foo               # Symbolic link
  Libraries -> Versions/Current/Libraries   # Symbolic link
  Resources -> Versions/Current/Resources   # Symbolic link
  Versions/                                 # Contains framework major versions
    A/                                      # Major version A
      Foo                                   # Framework's main dynamic library
      Headers/                              # Public headers
        Bar.h
        Foo.h
      Libraries/                            # Secondary dynamic libraries
        libfoox.dylib
        libfooy.dylib
      Resources/
        English.lproj/                      # Language-specific resources
          Documentation/                    # API documentation
          InfoPlist.strings                 # Localized strings
        Info.plist                          # Information property list file
    B/                                      # Major version B
      Foo
      Headers/
```

图 2-13　Mac OS X 框架的捆绑组件结构

---

① 框架有可能不包含共享代码，而只包含资源。

```
    Bar.h
    Foo.h
  Libraries/
    libfoox.dylib
    libfooy.dylib
  Resources/
    English.lproj/
      Documentation/
      InfoPlist.strings
    Info.plist
  Current -> B                      # Symbolic link to most recent version
```

图 2-13（续）

　　框架的 Resources 子目录内的 Info.plist 文件包含它的标识信息。框架支持版本化：如果应用程序依赖于框架的特定版本，就必须存在该框架的准确版本或兼容版本，以使应用程序运行。主要版本差别是不兼容的，而次要版本差别是兼容的。单个框架捆绑组件可能包含多个主要版本。图 2-13 中显示的框架包含两个版本：A 和 B。而且，框架的顶级目录中的所有文件和目录（除了 Versions 之外）都是指向属于主要版本 Current 的实体的符号链接。与框架目录的前缀同名的文件 Foo 是主动态共享库。

　　图 2-14 显示了通过典型用途分类的标准 Mac OS X 框架。

图 2-14　Mac OS X 上的标准框架

　　一个包罗框架可以包含其他的子框架，甚至包含其他的包罗框架。包罗框架通过有效地展示一个元库（其内所有库的集合），可用于隐藏不相关的系统库之间的相互依赖。包罗框架的捆绑组件结构类似于标准框架，但是它还包含一个名为 Frameworks 的子目录，其中包含子框架。通常，程序员可能不会直接链接到子框架①。事实上，程序员不需要知道一个框架是否是包罗框架——链接到一个包罗框架将自动提供对其组成部分的访问权限。在运行时，如果动态链接器遇到一个被记录为“包含在包罗框架中”的符号，链接器将搜索包罗框架的子框架、字库和子包罗框架。类似地，包罗框架的头文件将自动包括子框架中的任何头文件。图 2-15 显示了 Mac OS X 上的标准包罗框架。

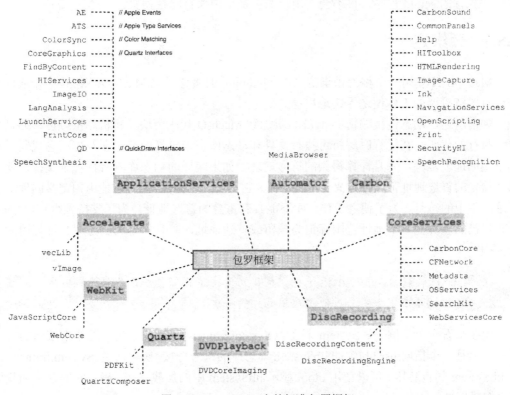

图 2-15　Mac OS X 上的标准包罗框架

　　框架还可以是**私有**（Private）的，这是由于它们不能被用户程序链接。一些框架是私有的，因为它们嵌入在其他捆绑组件（比如应用程序捆绑组件）内。Mac OS X 包含许多 Apple 私有的框架，它们驻留在/System/Library/PrivateFramework/内。私有框架的示例包括：DiskImages.framework、Install.framework、MachineSettings.framework、SoftwareUpdate .framework 和 VideoConference.framework。从第三方程序员的角度讲，它们的私有性是通过以下方式声明的。

● Apple 没有发布这些框架的 API，甚至它们的头文件也不可用。

● 默认情况下，第三方程序员不能链接这些框架。不过，有可能通过把私有框架的包

---

① 在编译包罗框架时，有可能通过链接器选项指定给定的客户名称可以链接到给定的子框架，即使客户是外部的——比如说，捆绑组件。用于捆绑组件的客户名称也是在编译捆绑组件时通过链接器选项指定的。

含目录的完全路径名传递给链接器，来链接私有框架。Apple 不支持这样做。

在编译动态链接的程序时，将在程序中记录它所链接的库的安装路径。这些路径通常是作为 Mac OS X 一部分的系统框架的绝对路径。一些应用程序（特别是第三方应用程序）可能在它们的应用程序捆绑组件内包含它们自己的框架。当在应用程序中记录指向这些框架或库的路径时，可以相对于应用程序捆绑组件来记录它们。

当动态链接编辑器需要搜索框架时，它将使用的备选路径依次是：~/Library/Frameworks/、/Library/Frameworks/、/Network/Library/Frameworks/和/System/Library/Frameworks/。类似地，动态库的备选路径是~/lib/、/usr/local/lib/和/usr/lib/。注意：对于不会被真实用户执行的 setuid 程序，将不会在用户的主目录中执行路径搜索。

2.8.4　预绑定

Mac OS X 使用一个称为预绑定（Prebinding）的概念优化 Mach-O 应用程序，通过减少运行时链接器的工作使之更快地启动。

如前所述，动态链接编辑器 dyld 负责加载 Mach-O 代码模块、解析库依赖性，并且准备要执行的代码。在运行时解析可执行文件和动态库中未定义的符号涉及把动态代码映射到空闲的地址范围，并且计算得到的符号地址。如果编译的动态库具有预绑定支持，就可以在给定的首选地址范围预定义（Predefine）它[①]。这样，dyld 就可以使用预定义的地址引用这类库中的符号。为了使之工作，库不能具有重叠的首选地址。为了支持预绑定，Apple 为它自己的软件把多个地址范围标记为预留或首选地址，并且指定第三方库允许使用的地址范围。

> 在 Mac OS X 10.3.4 中对 dyld 进行了优化，使得不再需要应用程序的预绑定。而且，在 Mac OS X 10.4 上完全不赞成使用应用程序的预绑定。

现在来看一个示例——System 框架（System.framework）的示例。这个框架内的共享库实际上是一个指向/usr/lib/中的 libSystem 动态库的符号链接。换句话说，System.framework 是 libSystem 的包装器。可以使用 otool 显示 libSystem 中的加载命令，确定它的首选加载地址（参见图 2-16）。

```
$ otool -l /usr/lib/libSystem.dylib
/usr/lib/libSystem.dylib:
Load command 0
     cmd LC_SEGMENT
 cmdsize 872
 segname __TEXT
  vmaddr 0x90000000
  vmsize 0x001a7000
 fileoff 0
```

图 2-16　列出 Mach-O 文件中的加载命令

---

① 可以在编译时使用 segladdr 链接器标志指定框架的首选地址。

```
       filesize 1732608
        maxprot 0x00000007
       initprot 0x00000005
         nsects 12
          flags 0x0
   ...
```

图 2-16（续）

图 2-16 中所示的 vmaddr 值是 libSystem 的首选加载地址。可以使用图 2-17 中的 C 程序打印加载进程序的地址空间的所有 Mach-O 目标文件的名称和加载地址，并检查 libSystem 是否是在其首选地址加载的。

```
// printlibs.c

#include <stdio.h>
#include <mach-o/dyld.h>

int
main(void)
{
    const char *s;
    uint32_t    i, image_max;

    image_max = _dyld_image_count();
    for (i = 0; i < image_max; i++)
        if ((s = _dyld_get_image_name(i)))
            printf("%10p %s\n", _dyld_get_image_header(i), s);
        else
            printf("image at index %u (no name?)\n", i);

    return 0;
}
```

```
$ gcc -Wall -o printlibs printlibs.c
$ ./printlibs
    0x1000 /private/tmp/./printlibs
0x91d33000 /usr/lib/libmx.A.dylib
0x90000000 /usr/lib/libSystem.B.dylib
0x901fe000 /usr/lib/system/libmathCommon.A.dylib
```

图 2-17　打印程序中加载的库

在把新文件添加到系统中时，运行 update_prebinding 程序，尝试同步预绑定信息。这可能是一个耗时的过程，即使只添加或更改单个文件。例如，必须查找所有可能动态加载新文件的库和可执行文件。可以使用程序包信息加快这个过程。还可以构建依赖图。最终将运行 redo_prebinding，适当地预绑定文件。

在软件更新或安装之后，在安装程序显示"Optimizing..."状态消息时，它正在运行 update_prebinding 和 redo_prebinding（如果必要）程序。

如图 2-18 中所示，可以使用 otool 确定是否预绑定了库。

```
$ otool -hv /usr/lib/libc.dylib
/usr/lib/libc.dylib:
Mach header
  magic     cputype cpusubtype filetype ncmds sizeofcmds flags
 MH_MAGIC PPC    ALL     DYLIB   10   2008      NOUNDEFS DYLDLINK
                                                PREBOUND SPLIT_SEGS
                                                TWOLEVEL
```

图 2-18　确定是否预绑定了 Mach-O 文件

2.9　Core Services

Core Services 层实现了将被更高层使用的多个低级特性。可以将其想象成位于内核之上。它最重要的组成部分是 Core Foundation 框架（CoreFoundation.framework）和 Core Services 包罗框架（CoreServices.framework）。这些框架包含至关重要的非图形系统服务和 API。例如，Core Foundation 框架包括用于基本数据管理的 API。这些 API 是基于 C 的，主要打算用于 Carbon 应用程序。不过，其他类型的应用程序也可以间接使用它们。例如，Cocoa 框架链接到 Foundation 框架，后者反过来又链接到 Core Foundation 框架。无论如何，Core Foundation 数据类型可能无缝地用于 Cocoa Foundation 接口：许多 Foundation 类都基于等价的 Core Foundation 不透明类型，允许在兼容的类型之间进行**强制类型转换**（Cast-Conversion）[1]。

可以通过 Core Services 层访问大量导出的内核功能——粗略等价于常用的 BSD 和 Mach 系统调用所提供的功能。

Core Services 层中包含的功能的示例如下。
- Carbon 的核心部分，包括遗留的 Carbon Manager[2]（CarbonCore.framework）。
- 用于用户级网络的 API，包括对多种协议和机制的支持，比如 HTTP、FTP、LDAP、SMTP、套接字和 Bonjour（CFNetwork.framework）。
- 用于 Open Transport（开放传输）、多种系统相关的 Carbon Manager 以及访问系统相关组件的 API，比如磁盘分区、电源管理信息、声音和系统钥匙串（OSServices.framework）。
- 用于在多种语言中建立索引和搜索文本的 API（SearchKit.framework）。

---

[1]　Foundation 类与 Core Foundation 不透明类型之间的这种强制类型转换有时称为无缝桥接（toll-free bridging）。

[2]　Carbon 中的 Manager 是一个或多个定义编程接口的库集。

- 用于通过 SOAP[①]和 XML-RPC 使用 Web 服务的 API（WebServicesCore.framework）。
- 用于 Spotlight 搜索技术的 API，包括从 Spotlight 元数据存储中导入和查询元数据的支持（Metadata.framework）。
- 便于应用程序访问 URL、解析 XML、创建和管理多种数据结构以及维护属性列表（CoreFoundation.framework）。

Mac OS X 中的搜索技术的根源在于 Apple 的 Information Access Toolkit（信息访问工具包）——或者 V-Twin，因为这是它以前的代号。多个实现搜索的 Apple 应用程序（比如 Address Book、Apple Help、Finder、Mail 应用程序和 Spotlight）都以某种方式使用 Search Kit 框架。

2.10　应用程序服务

这个层可被理解为提供两类服务：那些用于图形和多媒体应用程序的特殊服务以及那些可以被任意类型的应用程序使用的服务。

2.10.1　图形和多媒体服务

图形和多媒体服务层提供了用于使用 2D 图形、3D 图形、视频和音频的 API。图 2-19 显示了这个层如何适应总体的图形和多媒体体系结构。

1. Quartz

Mac OS X 成像模型的核心称为 Quartz，它提供了对渲染 2D 形状和文本的支持。它的图形渲染功能是通过 Quartz 2D 客户 API 输出的，该 API 是在 Core Graphics 框架（CoreGraphics.framework）中实现的——它是 Application Services 包罗框架的一个子框架。Quartz 还用于窗口管理。它提供了轻量级窗口服务器 Quartz Compositor，它部分是在 WindowServer 应用程序[②]中实现的，部分是在 Core Graphics 框架中实现的。图 2-20 显示了 Quartz 的组成部分的概念视图。

Quartz 2D

Quartz 2D 使用 PDF（Portable Document Format，可移植文档格式）作为其绘图模型的原始格式[③]。换句话说，Quartz 在内部把渲染的内容存储为 PDF。这促成了一些有用的特性，比如自动生成 PDF 文件（以便可以把截屏图"直接"保存到 PDF）、把 PDF 数据导入原始应用程序中以及光栅化 PDF 数据（包括 PostScript 和 Encapsulated PostScript 转换）。Quartz 2D 还负责对位图图像、矢量图形和抗锯齿文本进行独立于设备和分辨率的转换。

---

① SOAP 就是简单对象访问协议（Simple Object Access Protocol）。
② WindowServer 应用程序驻留在 Core Graphics 框架的 Resources 子目录中。
③ 如第 1 章所述，NEXTSTEP 和 OPENSTEP 中的窗口系统为其成像模型使用 Display PostScript。

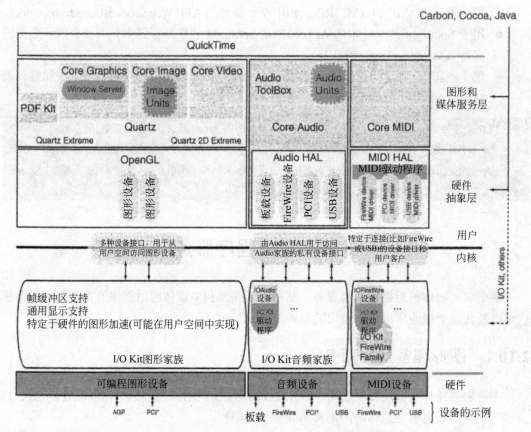

图 2-19   Mac OS X 图形和多媒体体系结构

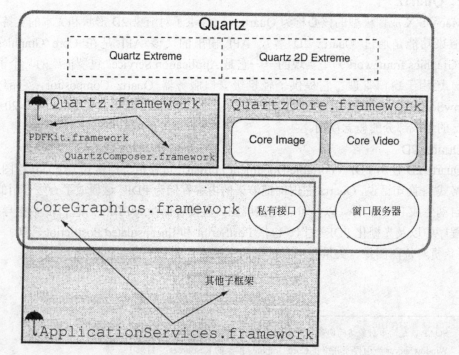

图 2-20   Quartz 的关键组成部分

矢量图形和光栅图形

　　PDF 是一种**矢量**（Vector）图像文件类型。可以通过一系列数学语句创建 PDF 图像——以及一般意义上的矢量图形，这些语句指定了几何物体在 2D 或 3D 矢量空间里的位置。从简单的图像（比如说，只包含一条直线的图像）开始，可以通过添加更多的形状来绘制复杂的图像——非常像人们在一张纸上绘制这样的图片。而且，将图片的不同元素存储为单独的对象。这使得很容易在不损失信息的情况下改变图片。

　　数字成像的另一种方法称为**光栅**（Raster）图形。当使用数码相机或者扫描仪捕捉图片时，得到的图像就是光栅图像。光栅是驻留在显示空间中的坐标网格。光栅图像是这个空间的一组取样。图像文件的内容包含适用于每个坐标的彩色（或单色）值。由于文件的"位"映射到显示网格、通常将光栅图像称为位图图像。与矢量图像不同，很难在不损失信息的情况下改变光栅图像。人们可能把矢量图像视作"生成图像数据的公式"，而光栅图像将是"图像数据"。因此，矢量图像文件通常比光栅图像要小一些。

　　矢量图像格式的示例包括 PDF、EPS（Encapsulated PostScript，封装的 PostScript）和 SVG（Scalable Vector Graphics，可伸缩矢量图形）。光栅图像格式的示例包括 BMP（Windows Bitmap，Windows 位图）、GIF（Graphics Interchange Format，图形互换格式）、JPEG（Joint Photographic Experts Group，联合图像专家组）和 TIFF（Tagged Image File Format，标签图像文件格式）。

　　从 Mac OS X 10.4 开始，Quartz 就包括 PDF Kit（PDFKit.framework）——它是一种 Cocoa 框架，其中包含用于访问、操作和显示 PDF 文件的类和方法。

Quartz Compositor

　　Quartz Compositor 因其工作方式而得名。合成指把独立渲染的图像叠加成单个最终图像的过程，同时将会考虑诸如透明度之类的方面。Quartz 凭借可以在多个窗口之间实时共享的屏幕上的像素实现分层的合成。Quartz Compositor 可以合成属于不同内容的像素，这些内容可以来自多种源，比如 Quartz 2D、OpenGL 和 QuickTime。在这种意义上，它遵循视频混合器模型。它的实现包括 WindowServer 程序（它是一个 OpenGL 应用程序）以及一些私有的 Apple 库。注意：Quartz Compositor 自身不会执行任何渲染——渲染是 OpenGL 的职责，只要有可能，就会进行硬件加速。

Quartz Services

　　虽然窗口服务器 API 是私有的，但是通过 Quartz Services API 可以公开窗口服务器的某些低级特性。特别是，该 API 提供了一些函数，用于访问和操作显示硬件。它还提供了一些函数，用于访问低级窗口服务器事件，从而允许程序远程"驱动"系统。

Quartz Extreme

　　Quartz 具有一个集成的硬件加速层，称为 Quartz Extreme，如果有合适的硬件可用，它将自动变成活动状态。Quartz Extreme 所需的特定硬件特性包括：至少 16 MB 的视频内存、支持任意纹理大小的图形卡、多纹理技术以及 Quartz 使用的像素格式。

　　Quartz Extreme 是一种实现技术，它使用图形卡中的 OpenGL 支持，使得 GPU（Graphics

Processing Unit，图形处理器）——而不是 CPU——将窗口后备存储[1]合成到帧缓冲区。因此，CPU 更空闲，从而改进了系统响应性和性能。图 2-21 显示了 Quartz Extreme 概览。

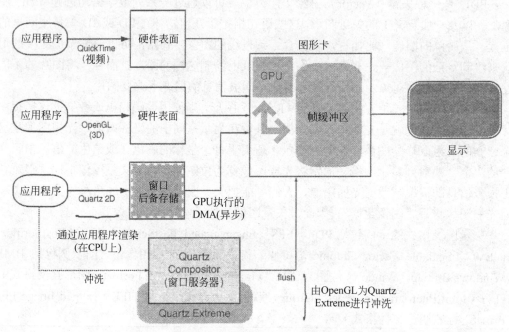

图 2-21   Quartz Extreme 概览

如图 2-21 所示，当 Quartz Extreme 处于活动状态时，也使用 CPU 把像素放入窗口后备存储中，它驻留在主存中。GPU 使用 DMA（Direct Memory Access，直接内存访问）异步传输后备存储。直到 Mac OS X 10.4 问世之后，Quartz 2D 才获得为整个绘图路径（从应用程序到帧缓冲区）使用 GPU 的能力。这个特性（称为 QE2D（Quartz Extreme with Accelerated 2D，带加速 2D 的 Quartz Extreme））是 Quartz Extreme 的一种演进。它可以使用 DMA 把数据从应用程序移到窗口后备存储，同时在自适应清除的内存缓存中记录频繁使用的数据集。QE2D 尽力使渲染速度比软件渲染快得多，同时维持几乎所有与软件相似的质量。诸如绘制字形、图像、线条和矩形之类的常见操作是使用 OpenGL 实现的。不寻常的绘图操作或者那些在不使用软件渲染的情况下将不能很好地处理的操作[2]则是通过优化的 CPU 绘图路径处理的。QE2D 需要具有 ARB_fragment_program OpenGL 扩展的 GPU。图 2-22 显示了 QE2D 概览。注意：后备存储现在缓存进视频内存中。而且，还会缓存图形资源，比如颜色、图像、层和图案。为了使这种模式很好地工作，程序员必须明智地参考各类资源。

当在 CPU 上可用时，Quartz 还使用硬件矢量处理来增强性能。

2. QuickDraw 2D

QuickDraw 2D 是一个不赞成使用的 API，它可用于创建、操作和显示 2D 形状、文本

---

[1]   窗口后备存储实质上是一幅用于窗口的位图。它包含通过窗口系统保存的信息，用以跟踪窗口的内容。

[2]   绘制具有阴影和笔划的复杂路径就是此类操作的示例。

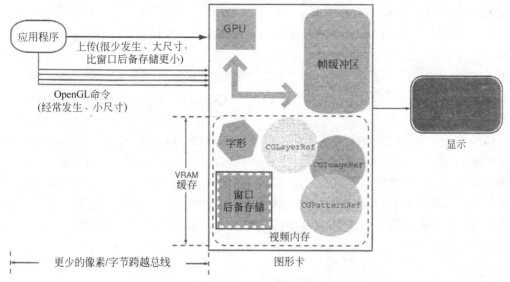

图 2-22　带加速 2D 的 Quartz Extreme 概览

和图片。Mac OS X 上的 QuickDraw 是遗留的 QuickDraw API 的重新实现。在把较老的项目迁移到 Quartz 时，这个 API 可以使它们受益。QuickDraw 利用了 Velocity Engine，但是没有像 Quartz 2D 那样使用图形硬件加速。

还可以从 QuickDraw 内调用 Quartz 渲染，但是在应用程序中混合 QuickDraw 和 Quartz 2D 代码将导致完全对渲染禁用硬件加速。

3. OpenGL

Mac OS X 包括 OpenGL 的实现，OpenGL 是一种用于创建 3D 和 2D 图形的跨平台的图形 API 标准。OpenGL 与 Quartz 2D 和 Quartz Compositor 协同工作，支持系统级可视化效果，以及诸如 Exposé 和 Dashboard 之类的特性的图形方面。

如图 2-23 所示，Mac OS X 中有若干个 OpenGL 的接口。

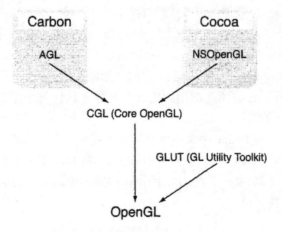

图 2-23　Mac OS X 中的 OpenGL 的接口

4. Core Image 和 Core Video

Core Image 是基于 GPU 的媒体技术的一种高级图像处理接口。使用 Core Image，应用程序开发人员可以利用 GPU，而无须求助于低级编程。依赖于可用的硬件，Core Image 使用基于 GPU 的加速和矢量处理以改进性能。它支持 32 位的浮点像素，用以提高精度。它还使用其他更基本的图形技术，比如 OpenGL[①]、Quartz 和 QuickTime，用于最佳的图像处理。

Core Image 使用一种插件体系结构[②]，用于访问**滤镜**（Filter）、**渐变**（Transition）和**特效**（Effect）包——它们称为**图像单元**（Image Unit）。开发人员可以使用 Core Image 附带的多种图像单元，或者通过使用动态编译的表达式描述滤镜和特效，创建他们自己的图像单元。捆绑的图像单元的示例包括用于模糊和锐化、颜色调整、合成、扭曲、梯度、半色调、拼贴和渐变的滤镜。图 2-24 显示了利用 Core Image 进行图像处理的概念视图。Core Image 的关键组件如下。

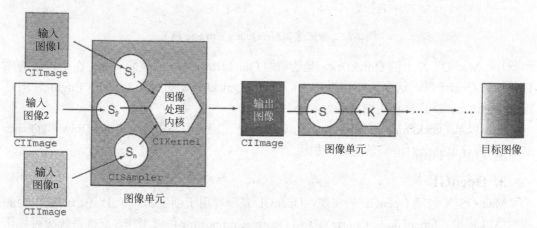

图 2-24　利用 Core Image 处理图像

- 环境（CIContext）：绘制图像的目的地，比如说，从 OpenGL 环境创建的图像。
- 图像（CIImage）：理论上可无限扩展的图像，具有一个子矩形，作为感兴趣区域。
- 滤镜（CIFilter）：一个封装了图像处理内核的对象，可以表示特效或渐变，具有参数传递接口。
- 取样器（CISampler）：一种访问器对象，（通常由内核）用于从图像中取样（像素）。
- 内核（CIKernel）：驻留在滤镜内的一个对象，包含每个像素的指令，实际地应用滤镜的图像处理特效。

Core Video 把与 Core Image 类似的概念应用于视频，从而允许视频滤镜和特效受益于硬件加速。可将其视作 QuickTime 与图形硬件之间的桥梁，通过增强性能和降低 CPU 需求来处理视频数据。图 2-25 显示了在 QuickTime 视频渲染流水线的实例中使用 Core Image 和 Core Video 的概念性概览。

---

① 甚至在使用 Core Image 时，最终也是由 OpenGL 光栅化数据。
② Core Image 插件体系结构受到了 Core Audio 插件体系结构的启发。

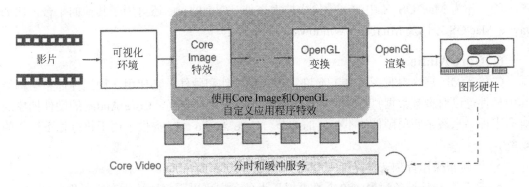

图 2-25　QuickTime 视频渲染流水线中的 Core Image 和 Core Video

Core Image 和 Core Video 都是 Quartz Core 框架的一部分。

> **Quartz Composer**
>
> 　　Mac OS X 10.4 引入了一个称为 Quartz Composer 的可视化开发工具，它允许使用多种 Mac OS X 图形技术（比如 Core Image、OpenGL、Quartz 2D 和 QuickTime）快速创建图形应用程序。除了图形内容之外，Quartz Composer 还可以使用 RSS（Rich Site Summary，丰富站点摘要）内容和 MIDI 系统服务。例如，通过简单地把图形构件拖放到网格中，并且适当地连接这些构件，可以快速创建（比如说）在每个表面都具有不同图像渲染的旋转立方体，并且具有自定义的灯光效果。

5. QuickTime

　　QuickTime 既是一种图形环境，也是一种应用程序环境。它提供了用于处理交互式多媒体的特性。依赖于媒体类型，QuickTime 允许以多种方式操作媒体，如下所述。

- 访问媒体（打开、播放或显示）。
- 从外部设备捕获媒体。
- 压缩媒体。
- 创建某些媒体类型——例如，使用 QTVR（QuickTime Virtual Reality，QuickTime 虚拟现实）创建全景影片、环物影片和场景。
- 编辑和增强媒体，包括把多个媒体同步到单个时间轴。
- 使用诸如 HTTP、RTP（Real-Time Transport Protocol，实时传输协议）和 RTSP（Real-Time Streaming Protocol，实时流协议）之类的协议，在本地网络或 Internet 上对媒体进行流传输。
- 在媒体格式之间转换。

　　QuickTime 以多种文件和流格式处理多种媒体类型，比如视频、图形、动画、虚拟现实、音频和文本。媒体可以驻留在本地磁盘上，也可以完全通过网络访问，或者实时进行流传输。

　　QuickTime 体系结构是模块化和可扩展的。可以把 QuickTime 组件编写成实现对新媒体类型的支持，实现新的编码解码器，以及与自定义的媒体捕获硬件交互。如图 2-25 所示，从 Mac OS X 10.4 开始，QuickTime 纳入了 Core Image 和 Core Video 以改进性能。

除了作为 Mac OS X 中的一种集成技术之外，QuickTime 还可用于其他的平台，比如 Java、Mac OS X 以及 Microsoft Windows 的多个版本。

6. Core Audio

Core Audio 层（参见图 2-19）允许管理音频软件和硬件。它使用一种插件体系结构，其中插件可以对音频数据执行软件操作，或者与音频硬件交互。Core Audio 的硬件抽象层对应用程序隐藏了底层硬件的不必要的细节。Core Audio API 提供了用于执行如下操作的功能。

- 访问和操作音频文件。
- 把多个音频设备汇聚成单个"虚拟"设备，它可以无缝地被所有应用程序使用。
- 处理多声道音频，包括声道混合。
- 在多种格式之间转换音频数据。
- 开发音频编码解码器。
- 提供对音频硬件的低级访问，包括多个应用程序之间的设备共享。
- 使用软件合成音频。
- 使用 MIDI 硬件和软件。

Apple 的 AU Lab 数字混合应用程序（AULab.app）允许混合来自多个源的音频：音频设备的输入、由 Audio Unit Instrument 生成的音频，以及从 Audio Unit Generator 生成的音频。它支持多种输出。

OpenAL

OpenAL（Open Audio Library）是一个跨平台的 3D 音频 API，在游戏及其他需要高质量立体音效的应用程序中使用。它可供许多系统使用，比如：BSD、IRIX、Linux、Solaris、Microsoft Windows、Mac OS 8、Mac OS 9、Sony PlayStation 2、Microsoft Xbox/Xbox 360 和 Nintendo GameCube。在 Mac OS X 上，OpenAL 是通过把 Core Audio 用作底层设备而实现的。在 OpenAL 规范（它受到了用于图形的 OpenGL 规范启发）中，将**设备**（Device）定义为与实现相关的实体，它可以是硬件设备、守护进程或系统服务。

2.10.2　其他应用程序服务

Application Services 包罗框架包含一些子框架，它们便于开发许多类型的应用程序——因此将其这样命名。下面列出了这个框架的子框架的一些示例。

- AE：允许为应用程序间的通信创建和操作 Apple Events 机制中的事件。
- ATS：允许使用 Apple Type Services 进行字体布局和管理。
- ColorSync：使用 Apple 集成的颜色管理系统（也称为 ColorSync）进行颜色匹配。
- CoreGraphics：提供 Core Graphics API。
- FindByContent：提供一个界面，用于搜索包含指定内容的文件所在的特定卷或目录。
- HIServices：提供人机界面服务，比如 Accessibility（可访问性）、Icon Management（图标管理）、Copy and Paste（复制和粘贴）、Process Management（进程管理）、Translation Management（翻译管理）和 Internet Configuration（Internet 配置）。

- LangAnalysis：提供一个通往 Language Analysis Manager 的界面，允许分析文本中的语素[1]。
- LaunchServices：提供一个用于打开 URL 和启动应用程序的界面，包括利用指定或默认的应用程序打开文档。
- PrintCore：提供一个用于打印子系统的界面。
- QD：提供 QuickDraw API。
- SpeechSynthesis：提供一个用于生成合成语音的界面。

2.11　应用程序环境

大多数典型的应用程序开发都发生在 Application Environments 层中。Mac OS X 具有多种应用程序环境，每种环境都提供了一些特性，可能吸引某些类型的开发人员。例如，那些对使用"古老、朴素"的 UNIX API 编程感兴趣的开发人员与那些希望使用可视化工具进行快速原型开发、创建复杂的图形用户界面以及进行面向对象开发的开发人员在 Mac OS X 上能够工作得一样好。在现今存在的大量可移植编程语言中，其中有许多很容易在 Mac OS X 上访问，还有一些是 Apple 捆绑的。特别是，Apple 自己的编程环境为特定于 Mac OS X 的开发提供丰富的 API。尽管把可以在 Mac OS X 上运行或开发的所有应用程序类型一一列举出来是不切实际的，还是让我们考虑下面的示例：

- 完全使用可移植接口（比如 POSIX）编写的 UNIX 风格的命令行工具和 X Window 应用程序。
- 利用 C 语言编写的基于 Carbon 的 GUI 和命令行应用程序。
- 利用 Objective-C、Java 或 AppleScript 编写的基于 Cocoa 的 GUI 和命令行应用程序。
- 利用 Java 编写的基于 AWT 和基于 Swing 的应用程序[2]。
- 利用 C++或 C 语言编写的普通命令行应用程序（或工具（Tool）），它们可能链接一个或多个框架，比如 Core Foundation、Core Services、Foundation 和 I/O Kit。

如前所述，Mac OS X 内核只理解 Mach-O 二进制可执行文件格式。尽管 Mach-O 是首选的运行时体系结构，但仍有可能在 Mac OS X 上运行某些遗留格式的二进制文件。

可以将 Mach-O 内核视作一种用于特殊应用程序的应用程序环境——可动态加载的内核扩展，它们在内核的地址空间中执行。

2.11.1　BSD

Mac OS X 中的 BSD 应用程序环境类似于基于 BSD 的 UNIX 系统上的传统用户级环境，

---

[1]　语素是一种有意义的语言单元——它是音素的独特集合，音素没有更小的有意义的组成部分，它是语言中不可分的语言单元。

[2]　Java 的 AWT（Abstract Windowing Toolkit）提供了用于创建 GUI 和绘制图形的工具。Swing 是从 AWT 演化而来的一种相对更现代的 GUI 工具包。

但是与之并不相同。它提供了 POSIX API、特定于 BSD 的 API，以及一些 UNIX 风格的 API，它们用于导出特定于 Mac OS X 的功能。可以使用 BSD 环境编写 UNIX 工具、守护进程和 shell 脚本。在许多情况下，针对 Mac OS X BSD 环境的程序将很容易移植到其他 UNIX 系统，反之亦然。用于 BSD 环境的标准库和头文件将驻留在它们的传统 UNIX 位置：分别是/usr/lib/和/usr/include/。

> 从技术上讲，/usr/include/中的许多头文件都是 System 框架的一部分。不过，System.framework 目录既不包含也未链接到这些头文件，因为 C 编译器默认会在 /usr/include/中执行搜索。

2.11.2　X Window System

可以把 X Window System 视作 BSD 环境的一种图形扩展。Mac OS X 包括一个优化的 X Window 服务器（/usr/X11R6/bin/Xquartz）以及现代的 X Window 环境。X 服务器与 Mac OS XQuartz 子系统集成在一起。从概念上讲，它位于原始的 Core Graphics API 之上，捆绑在原始的 Mac OS X 事件系统中。通过这种体系结构，X 服务器可以享受到硬件加速的好处。

这种环境包括 quartz-wm——一个 X Window 管理器，具有原始的 Mac OS X 外观和感觉，允许 X 应用程序与原始的 Mac OS X 程序并排运行。quartz-wm 提供了 Aqua 窗口控件、阴影，与 Dock 集成等。尽管 X 服务器的默认操作模式是无迹可寻的，但是它也可以运行在全屏幕模式下。

> 即使 Mac OS X 用户界面没有使用**焦点跟随鼠标**（Focus-Follows-Mouse）模式，也可能配置 quartz-wm，允许 X Window 应用程序使用这种模式。利用这种模式，可以通过简单地把鼠标指针移到 X 应用程序窗口，使它们获得焦点。为了启用这种模式，必须在 com.apple.x11.plist 文件中把 wm_ffm 布尔属性设置为 true。

由于 BSD 和 X Window 环境的可用性，把现有的 UNIX 应用程序移植到 Mac OS X 的方法是：简单地重新编译它们，几乎或者根本不需要修改源代码，这样通常比较直观。

2.11.3　Carbon

Carbon 应用程序环境包含一些 API，它们基于原始的 Mac OS 9 API。事实上，Carbon 的一些组成接口可以回溯到 Mac OS 8.1。Carbon 接口本质上是过程式的，利用 C 编程语言实现。Carbon 最初被设计成提供一条轻松的开发迁移路径，以从 Mac OS 8 和 Mac OS 9 迁移到更新的系统。它允许兼容的应用程序（只使用在 Mac OS 9 和 Mac OS X 上都支持的特性）天生就可以在两个系统上运行。它在 Mac OS X 上被实现为一个框架（Carbon .framework），而在 Mac OS 9 上则被实现为一种系统扩展（CarbonLib）。

1．对 CFM 二进制文件的支持

CFM（Code Fragment Manager，代码片段管理器）是较老的 Mac OS 版本的一部分。

它从 PEF（Preferred Executable Format，首选的可执行格式）文件中把 PowerPC 代码**片段**（Fragment）加载进内存中，并使它们准备好执行。片段是可执行代码的任意大小的基本单元及其关联的数据。它具有某些良好定义的属性以及一个对其内容进行寻址的方法。下面列出了代码片段的示例。

- 应用程序。
- 系统扩展。
- 共享库，它可能是导入库或插件。
- 任何其他的代码块以及关联的数据。

除了把代码片段映射进内存中之外，CFM 的职责还包括：当不再需要代码片段时释放它们，解析对从其他片段导入的符号的引用，以及提供对特殊的初始化和终止例程的支持。

Mac OS X 原始的运行时体系结构（dyld/Mach-O）与 Mac OS 9 上的运行时体系结构（CFM/PEF）并不相同。所有的 Mac OS X 库（包括那些属于 Carbon 一部分的库）都使用 Mach-O 格式。不过，出于 Mac OS 9 兼容性考虑，Carbon 支持 Mac OS X 上的 CFM——在 Mac OS X 上创建和运行 CFM 应用程序是可能的。事实上，必须在两个系统上运行的应用程序要么必须为两个系统单独进行编译，要么必须是一个 CFM 应用程序。Carbon 使用 LaunchCFMApp 辅助应用程序[①]运行为 CFM 创建的程序。LaunchCFMApp 只能运行原始的 PowerPC 代码。它不支持基于资源的片段。而且，Carbon 提供了对 CFM 应用程序的单向桥接，以链接到 Mach-O 代码。使用这种桥接，CFM 应用程序可以调用 Mach-O 库，但是反之则不然。

2. Carbon API

Carbon 不包括所有旧的 API，但它包含一个子集（大约 70%），涵盖了典型应用程序的大部分功能。Carbon 中丢弃了那些不是至关重要或者由于 Mac OS X 与早期系统之间的根本区别而变得不再适用的 API。它们包括特定于 68K 体系结构的 API、那些直接访问硬件的 API 以及那些被改进的 API 所取代的 API。下面列出了 Carbon 值得注意的特性。

- 修改或扩展了 Carbon 中包括的一些 API，以受益于 Mac OS X 的更现代的性质，它把抢占式多任务和受保护的内存作为基本特性。与之相比，在 Mac OS 9 中则更新了这样的特性——具有有限的能力。
- 向 Carbon 中添加了一些新的 API，并使之在 Mac OS 9 上可用。Carbon 中的多个新 API 只在 Mac OS X 上可用。
- 运行在 Mac OS X 上的 Carbon 应用程序具有系统的原始外观和感觉。

新"旧"API

尽管可以将 Carbon 理解成彻底更新了多个旧 API，对它们进行了删除、扩展、修改以及补充以新 API，以便在现代 Mac OS X 环境中运行，但它并不代表一组过时的接口。Carbon 不仅支持标准的 Aqua 用户界面元素，而且甚至可以使用 Interface Builder 设计 Carbon 用户界面——类似于 Cocoa 应用程序。Carbon 功能在 Mac OS X 中广泛使用，并且对于基于 C 的开发是至关重要的。Carbon 的某些部分可以与面向对象 API（比如 Cocoa）形成互补。

---

① LaunchCFMApp 驻留在 Carbon 框架的 Support 子目录中。

下面列出了 Carbon 的子框架的一些示例。

- CarbonSound：提供了 Carbon Sound Manager 界面。
- CommonPanels：提供了用于显示常用 GUI 面板[①]的界面，比如 Color 窗口和 Font 窗口。
- Help：提供用于在应用程序中使用 Apple Help 的界面。
- HIToolbox[②]：提供了用于 HIToolbox 对象、Carbon Event Manager 等的界面。这个框架提供了多个对象（比如 HIObject 和 HIView），用于组织 Carbon 应用程序中的窗口、控件和菜单。HIToolbox 框架提供的"视图"对象受益于原始的 Quartz 渲染（具有自动分层）、隐藏的能力以及附加到窗口上或者从窗口中剥离的能力。
- HTMLRendering：提供了用于渲染 HTML 内容的界面。不过，Web Kit 框架取代了它。
- ImageCapture：提供了用于从数码相机中捕获图像的界面。
- Ink：提供了基于笔式设备的输入进行手写识别的界面。这个框架提供的特性包括：以编程方式启用或禁用手写识别、直接访问 Ink 数据、在延迟识别与按需识别之间进行切换的能力以及通过姿势直接操作文本的能力。而且，程序员可以纳入自定义的校正模型，允许以备用方式解释传入的手写数据。
- NavigationServices：提供了用于进行文件导航的界面。
- OpenScripting：包含 AppleScript 和 OSA（Open Scripting Architecture，开放脚本体系结构）界面。
- Print：提供了打印对话框界面。
- SecurityHI：提供了安全对话框界面。
- SpeechRecognition：提供了 Speech Recognition Manager（语音识别管理器）界面。

有几个框架尽管在其他环境中也是有用的，但是它们主要被 Carbon 应用程序使用，并且被认为是 Carbon 环境的一部分。它们包括 Application Services、Core Foundation 和 Core Services 框架。因此，Carbon 同时提供了用于 GUI 开发和低级开发的过程式接口，涉及系统资源的操作、事件处理和数据管理。

从程序员的角度讲，使用 Cocoa（参见 2.11.4 节）而不是使用 Carbon 从头开始创建应用程序一般更容易，因为 Cocoa 会自动提供几个特性，而在 Carbon 中它们需要进行显式编码。例如，Cocoa 对象默认会提供良好运行的 Mac OS X 应用程序的许多方面：文档管理、窗口管理、打开和保存文档、粘贴板行为等。类似地，Core Data 框架（参见 2.11.4 节）允许对数据建模以及进行生命周期管理，而它只能被 Cocoa 程序访问。

2.11.4　Cocoa

Cocoa 环境提供了面向对象 API，可以利用 Objective-C 和 Java 语言进行快速应用程序

---

① 面板是一种特殊的窗口，通常在应用程序中提供一种辅助功能。

② HIToolbox 代表 Human Interface Toolbox（人机界面工具箱）。

开发①。Cocoa 是 API 与一组可视化工具的集合，它们特别适合于进行快速原型开发、数据建模以及全面减少设计和开发工作量。此类工具的示例包括：Interface Builder 以及 Xcode 的类建模和数据建模工具。Interface Builder 允许程序员以图形方式（而不是以编程方式）创建应用程序的大多数（通常是全部）用户界面。类建模工具允许程序员依据类关系以及它们实现的协议可视化、浏览和注释类。数据建模工具允许程序员依据组成数据的实体以及它们之间的关系可视化地为应用程序设计一种模式。

　　Apple 建议将 Cocoa 作为在 Mac OS X 上开发典型应用程序的首选方式。在 Cocoa 与 Carbon 之间，应该使用 Cocoa，除非只能通过 Carbon 获得想要的功能，必须具有遗留的兼容性，或者必须使用基于 C 的过程式接口。

　　Cocoa 应用程序可以调用 Carbon API。使应用程序同时链接到 Carbon 和 Cocoa 框架是可能的，也是常见的。iDVD、iMovie 和 Safari 就是此类应用程序的示例。

　　Cocoa 是来自 NeXT 的重要继承，可以通过 Cocoa API 中多个具有"NS"前缀的名称来指示这一点。许多 Cocoa API 很大程度上都基于 OpenStep 框架。Cocoa 主要包括两个面向对象框架：Foundation（Foundation.framework）和 Application Kit（AppKit.framework）。几个其他的框架给 Cocoa 添加了特定的功能，比如 Core Data、PDF Kit 和 QuickTime Kit。

　　Foundation 框架提供了基本的类和方法，用于捆绑访问、数据管理、文件访问、进程间通信、内存管理、网络通信、进程通知和多种低级特性。

　　Application Kit 提供了用于实现用户界面元素的类，比如窗口、对话框、控件、菜单和事件处理。

　　Core Data 提供了用于数据管理的类和方法，使对象生命周期管理更容易。

　　Cocoa 实际上是一个包罗框架，由 Foundation、Application Kit 和 Core Data 这些子框架组成。Cocoa.framework 内的动态库是一个链接到这些框架的包装器，因此在这些（有效的）子框架中与 Cocoa.framework 链接在一起。不过，在这种特定的情况下，子框架也可用于单独的链接。大多数包罗框架都不是这样，其中尝试链接到特定的子框架将是非法的。

1. nib 文件

　　在利用 Interface Builder 创建用户界面时，经常会遇到 nib 文件。如前所述，nib 这个术语代表 NeXT Interface Builder。nib 文件包含应用程序的一些或所有用户界面的描述以及指向这些界面可能使用的任何资源（比如图像和音频）的引用。它实质上是一个存档。通常，有一个"主"nib 文件，其中包含应用程序的主菜单以及在应用程序启动时打算显示的其他用户界面元素。在应用程序执行期间，它的 nib 文件是打开的，并且会取消存档用户界面元素。从 MVC（Model-View-Controller，模型-视图-控制器）设计模式的角度讲，nib 文件定义了应用程序的视图部分，同时还定义了进入控制器实例的连接。

　　可以使用 nibtool 命令行程序打印、更新和验证 nib 文件的内容。图 2-26 显示了一个示例。

---

① 使其他编程或脚本语言绑定到 Cocoa 是可能的。例如，可能从 AppleScript 中使用 Cocoa 界面。

```
$ nibtool -a /Applications/Utilities/Terminal.app/Contents/\
Resources/English.lproj/Terminal.nib
/* Objects */
Objects = {

    "Object 1" = {
        Class = "NSCustomObject";
        CustomClass = "TerminalApp";
        Name = "File's Owner";
        className = "TerminalApp";
    };


    ...
}; /* End Objects */


/* Object Hierarchy */
Hierarchy = {
    "Object 1 <NSCustomObject> (File's Owner)" = {
        "Object -1 <IBFirstResponder> (First Responder)";
        "Object 37 <NSMenu> (MainMenu)" = {
            "Object 12 <NSMenuItem> (Windows)" = {
...
}; /* End Hierarchy */


/* Connections */
Connections = {
    "Connection 89" = {
        Action = "cut:";
        Class = "NSNibControlConnector";
        Source = "3";
    };
...
}; /* End Connections */


/* Classes */
Classes = {
    IBClasses = (
        {
            ACTIONS = {enterSelection = id; findNext = id; findPanel = id;
                    findPrevious = id; };
            CLASS = FindPanel;
            LANGUAGE = ObjC;
            OUTLETS = {findPanel = id; };
            SUPERCLASS = NSObject;
        },
...
```

图 2-26   使用 nibtool 查看 nib 文件的内容

2. Core Data

Core Data 是一个 Cocoa 框架，它通过对数据对象进行细粒度的管理，便于进行数据模型驱动的应用程序开发。

Core Data 的主要好处是：使应用程序能够从一个高度结构化的数据模型开始[1]。在这些情况下，可以通过一种模式表示数据模型，而模式又可以使用 Xcode 中的图形工具来构建。因此，开发人员无须以编程方式定义数据结构，而可以创建数据对象的可视化描述或**模型**（Model）[2]。应用程序通过 Core Data 框架访问数据，该框架负责创建和管理数据模型的实例。

可以作为 Core Data 的良好候选的应用程序示例包括：Mail、iTunes 和 Xcode。其中每个应用程序都使用高度结构化的数据，分别是：邮箱文件、音乐库和项目文件。

Core Data 给开发人员提供了几个好处，如下所示。

- 它管理内存中和磁盘上的数据对象。它可以自动把数据序列化到磁盘上，同时支持多种数据持久存储格式；即 Binary、SQLite 和 XML。
- 它支持属性值验证。例如，对于数据模型中的属性，可以验证最小值、最大值、字符串长度等。
- 它通过跟踪应用程序的**对象图**（Object Graph）[3]中的改变，支持自动撤销和重做数据操作，从而减轻了这种职责的开发人员的压力[4]。
- 它支持与用户界面元素之间同步数据改变，为此，它使用了与 Cocoa Bindings 的集成。而且，它还可以分组和过滤内存中的改变。
- 它通过有效地管理对象生命周期而增强了可伸缩性——应用程序当前不需要的数据对象不会驻留在内存中。对于那些未驻留在内存中的对象，将利用合适的引用计数维持占位符对象。访问占位符对象将导致 Core Data 获取实际的对象。这类似于虚拟内存实现中的页错误。

Core Data 支持的文件格式在多个属性中有所不同，包括：原子访问、人类易读性、性能和可伸缩性。例如，SQLite 提供了最佳的性能和最好的可伸缩性。不过，它不是人类易读的。XML 要慢一些，但它是人类易读的。

由于 Core Data 的本质是模型驱动的开发，从开发人员的角度讲，Core Data 中至关重要的抽象是**模型**（Model），它类似于实体-关系（Entity-Relationship，ER）图。模型包含以下关键元素。

- 实体：大体等价于类，这是由于它们代表对象的类型。开发人员可能在运行时指定

---

[1]　Core Data 非常适合于管理 MVC 应用程序的数据模型。

[2]　以编程方式创建模型仍然是可能的。

[3]　在这种环境中，对象图是具有彼此引用（关系）的数据对象（实体）的集合。

[4]　即使没有 Core Data，Cocoa 应用程序也可以使用 NSUndoManager 类记录撤销和重做的操作。不过，这样将需要开发人员做一些额外的工作。

一个类名来表示实体。像类一样，实体支持继承[①]。每个实体都可以具有某些属性（Property）：**基本属性**（Attribute）、**关系**（Relationship）和**提取属性**（Fetched Property）。基本属性类似于类数据。基本属性可以具有关联的验证规则和默认值，它们可以是可选的甚至是瞬态的[②]。关系是从一个实体到另一个实体的引用，它可以是一对一或一对多。提取属性是从一个实体到一个查询的引用。

- 预定义查询：实质上是查询模板，可以在运行时实例化。
- 配置：通过把实体映射到持久存储，允许进行高级文件管理。单个实体可以存在于多种配置中。

Core Data 应用程序通常使用 Core Data API 从存储中把模型加载进内存中。Core Data 中的泛型数据对象是 NSManagedObject 类的一个实例，它也是任何自定义的数据对象类的一个必需的超类。如图 2-27 所示，在运行时，Core Data 体系结构的以下主要组件在一个

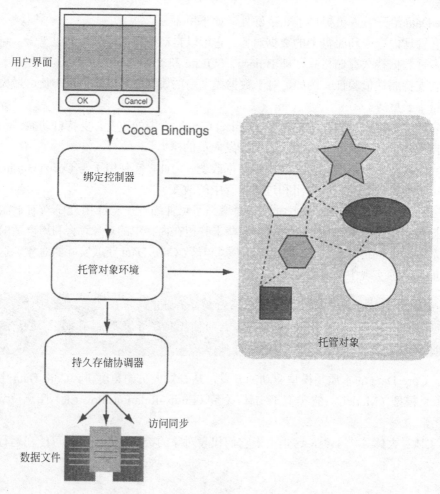

图 2-27　Core Data 栈

---

①   Core Data 中的实体继承与类继承无关。

②   出于方便或性能考虑，会在内存中维持瞬态特性。

逻辑"栈"中交互[①]。

- 绑定控制器（Bindings Controller）：负责把内存中的数据改变通过 Cocoa Bindings 传输到用户界面。
- 托管对象环境（Managed Object Context）：位于持久存储协调器（Persistent Store Coordinator）之上。它提供了内存中的暂存空间（Scratch Space），用于从磁盘上加载数据对象，更改对象，以及拒绝或保存那些更改。它会跟踪所有这样的改变，并且提供撤销/重做支持。
- 持久存储协调器：为每个托管对象环境而存在，从而为每个 Core Data 栈而存在。它会展示一个或多个底层持久存储的统一视图。例如，它可以合并多个数据文件的内容，把它们作为单个存储展示给它的托管对象环境。

如果明智地使用 Core Data，它可以显著减少开发人员将不得不编写的代码量。

2.11.5　WebObjects

WebObjects 是一个独立的 Apple 产品——它不是 Mac OS X 的一部分。它提供了一种应用程序环境，用于开发和部署 Java 服务器应用程序和 Web 服务。使用 WebObjects 框架和工具，开发人员还可以为多种类型的 Web 内容创建用户界面，包括数据库驱动的和动态生成的内容。如第 1 章所述，多个 Apple Web 站点都是使用 WebObjects 实现的。

2.11.6　Java

Java 环境是 Mac OS X 的核心组件。它包括 Java 运行时和 JDK（Java Development Kit，Java 开发包），可以通过命令行和 Xcode 访问它们。Java 运行时包括具有实时（Just-In-Time，JIT）字节码编译的 HotSpot Java 虚拟机（Java Virtual Machine，JVM）。它还可以把 Java 存档——或 jar 文件——视作共享库。Java 虚拟机框架（JavaVM.framework）包含 jar 文件中的类、命令行程序（比如 java 和 javac[②]）、头文件、文档、JNI（Java Native Interface，Java 原始接口）库和支持库。

Cocoa 包括与 Foundation 和 Application Kit 框架对应的 Java 包。因此，可以使用 Java 作为编程语言代替 Objective-C 创建 Cocoa 应用程序。而且，Java 程序员可以通过 JNI 调用 Carbon 及其他框架，JNI 是一个标准的编程接口，用于编写 Java 原始方法以及把 Java 虚拟机嵌入原始应用程序中。特别是，Java 应用程序可以使用 Mac OS X 原始技术，比如 QuickTime 和 Carbon。由于 Mac OS X 上的 Swing 实现可以生成原始的 Mac OS X 用户界面元素，基于 Swing 的 Java 应用程序与使用 Objective-C 编写的 Cocoa 应用程序具有相同的外观和感觉。

　　在 Mac OS X 10.4 以后的版本中不赞成使用 Cocoa-Java 编程接口。Apple 于 2005 年中期宣布在 Mac OS X 的更新版本中引入的 Cocoa 特性将不会添加到 Cocoa-Java API 中，

---

① 基于文档的应用程序中的每个文档都具有它自己的 Core Data 栈。
② 除了 javac 之外，Mac OS X 还包括来自 IBM 的 Jikes 开源 Java 编译器。

需要 Objective-C Cocoa API 利用新的特性。

尽管 Java 被认为是一种应用程序环境，但是可以将 Java 子系统本身表示为不同的层，如图 2-1 所示。例如，JVM 以及核心 JDK 包类似于 Core Services 层。事实上，从概念上讲 JVM 提供了计算机系统的硬件和操作系统内核的组合功能。

2.11.7　QuickTime

可以通过多个 API（比如下面列出的那些 API）使 QuickTime 的功能可供应用程序使用。

- Carbon QuickTime API 提供了一个广泛的过程式基于 C 的接口。
- 更高级的 Cocoa 类（比如 NSMovie 和 NSMovieView）提供了 QuickTime 功能的一个有限子集。
- 在 Mac OS X 10.4 中引入了 QuickTime Kit（QTKit.framework）Cocoa 框架，允许从 Cocoa 程序更全面地访问原始的 QuickTime 功能。

2.11.8　Classic

Classic 是一种二进制兼容环境，用于在 Mac OS X 的 PowerPC 版本上运行未经修改的 Mac OS 9 应用程序。Classic 功能是通过以下组件的组合提供的。

- 核心服务，作为 Classic Startup.app 应用程序捆绑组件驻留在/System/Library/CoreServices/中。捆绑组件包含一个名为 TruBlueEnvironment 的虚拟化程序。
- Mac OS 9 安装程序，默认驻留在/System Folder/中。
- 对 Classic 环境的特殊支持，存在于 Mac OS X 内核中。

Classic Startup 是一个 Mach-O 应用程序，用于在其地址空间内运行 Mac OS 9。它通过虚拟化陷阱、系统调用和中断，在 Mac OS 9 与 Mac OS X 之间提供一个硬件抽象层。它在一个受保护的内存环境中运行，其内具有多个 Mac OS 9 进程，它们分层放置在 Mac OS X BSD 进程之上。Mac OS 9 中的每个 Carbon 应用程序都具有它自己的 Carbon Process Manager（Carbon 进程管理器）进程。在这种意义上，Mac OS X 中的 Classic 支持实质上是“进程中的 Mac OS 9”。不过，请注意：Classic Startup 应用程序本身是多线程的。

在某些方面，Classic 要“多”于 Mac OS 9，因为它与 Mac OS X 的集成允许共享资源，如下面的示例所示。

- 存储在 Classic 系统文件夹的 Fonts 子目录中的字体是与 Mac OS X 共享的，但是 Mac OS X 字体不能被 Classic 使用。
- Classic 内运行的 AppleScript 可以与 Mac OS X 应用程序通信。
- Classic 支持与 Finder 及其他 Mac OS X 应用程序环境完全集成。特别是，可以在 Classic 与 Mac OS X 之间执行复制和粘贴以及拖放操作。不过，Mac OS 9 应用程序会保留它们原始的外观和感觉——它们的用户界面元素看上去不像 Mac OS X 的用户界面元素。
- Classic 可以使用 Mac OS X 支持的任何文件系统类型的卷，因为它通过主机操作系统共享文件。

- Classic 网络功能很大程度上与 Mac OS X 网络功能集成在一起，允许在 Mac OS X 与 Classic 之间共享多种类型的网络设备、IP 地址和 IP 端口。Carbon 提供了构建于 BSD 套接字之上的有限的 Open Transport（开放传输）实现，而 Classic 则提供了完全的 Open Transport 协议栈实现。

Classic Startup 不是一个仿真器（Emulator）——它是一个虚拟化器（Virtualizer）。然而，它允许基于 68K 的 Mac OS 9 应用程序和基于 PowerPC 的 CFM 应用程序[①]在 Mac OS X 下运行。在运行 68K 代码时会涉及仿真，但是这个仿真是 Mac OS 9 的一部分，并且保持不变。

如 2.11.3 节所述，另一种遗留的运行时环境是通过 CFM 提供的，它使用 PEF 二进制文件。

许多 API

依赖于编写程序的特定应用程序环境，可能经常不得不使用不同的、特定于环境的 API，用以执行类似的任务。在一些情况下，在单个应用程序中使用来自多种环境的一些 API 也是可能的。让我们考虑启动一个应用程序的示例。

在最低层级，进程绑定到一个 Mach 任务，它不应该是由用户程序直接创建的。在 UNIX 系统调用层级，fork() 和 exec() 序列通常用于在一个新的进程中运行应用程序。不过，典型的 Mac OS X 应用程序不会直接使用 fork() 和 exec()，而是使用 Launch Services 框架启动应用程序或者 "打开" 文档。特别是，Finder 使用 Launch Services 把文档类型映射到可以处理这些类型的应用程序。Launch Services 自身会调用 fork() 和 exec() 来运行应用程序。Cocoa 应用程序可以使用 NSWorkspace 类启动应用程序，该类反过来又会调用 Launch Services。

2.11.9　Rosetta

Mac OS X 的 x86 版本使用一个称为 Rosetta 的二进制转换过程，允许 PowerPC 可执行文件——包括 CFM 和 Mach-O——在基于 x86 的 Macintosh 计算机上运行。

像 Classic 一样，Rosetta 也打算作为一种旨在帮助从一个平台过渡到另一个平台的技术。它受限于所支持的可执行文件的类型。它不支持的 PowerPC 可执行文件的示例如下。

- 特定于 G5 的可执行文件。
- 内核扩展。
- 与仅在 PowerPC 系统上可用的一个或多个内核扩展通信的程序。
- 使用 JNI 的 Java 应用程序。
- Classic 虚拟化器以及在其内运行的应用程序。
- 特定于 PowerPC 的屏幕保护程序。

---

① Classic 不支持 CFM-68K——CFM 的 68K 版本。

为了使应用程序成功地在 Rosetta 之下运行,应用程序的所有组件(包括可加载的插件)都必须是基于 PowerPC 的。

Rosetta 是由内核启动的,用于处理一个文件,它是受支持的 PowerPC 可执行文件类型之一。Rosetta 代码驻留在与"来宾"可执行文件相同的 Mach 任务中。它动态地把 PowerPC 代码块转换成 x86 代码(并且会进行优化),同时交替进行代码转换和代码执行。为了改进转换性能,Rosetta 会缓存转换的代码块。

2.12　用　户　界　面

Aqua 是 Mac OS X 中的可视化用户体验的基石。它不是一个或多个特定的应用程序、库或 API,而是一组指导原则,描述了 GUI 元素的外观和感觉、行为以及集成。除了用户界面指导原则之外,Mac OS X 用户体验还依赖于应用程序在它们的实现中使用建议的技术。支持基于 GUI 的应用程序的 Mac OS X 应用程序环境——Carbon、Cocoa 和 Java——都提供了 Aqua 外观和感觉[1]。Interface Builder 可以帮助程序员依据界面指导原则布置用户界面元素。

X Window System 和 Aqua

在 X Window System 中,窗口管理器是一个 X 应用程序,它是 X Window 服务器的客户。在本章前面看到,X Window System 的 Mac OS X 实现包括一个窗口管理器(quartz-wm),它提供了 Aqua 外观和感觉。

不过,X Window 应用程序只有某些可视化和行为方面——特别是那些受窗口管理器控制的方面——将受益于 Aqua。应用程序自己的外观和感觉将依赖于使用的特定构件集。

Mac OS X 用户界面具有多个独特的特性,其中许多特性依赖于可用的图形硬件的特性。接下来将探讨重要的用户界面特性。

2.12.1　可视化效果

Aqua 使用动画、颜色、深度、半透明度、纹理和逼真的图标,它们是以最高达到 256×256 像素的不同尺寸渲染的[2],创建看上去可能吸引人的界面。不同尺寸的图标图像包含在 .icns 文件中。

可以使用 Icon Browser 应用程序(icns Browser.app),它是作为 Apple Developer Tools 的一部分安装的,用于查看 .icns 文件的内容。使用 Icon Composer 应用程序(Icon Composer.app),通过简单地把图像[3]拖到 Icon Composer 窗口中来创建 .icns 文件——例如,

---

① 如前文所述,由于 Classic 不符合 Aqua,在 Classic 下运行的 Mac OS 9 应用程序会保留它们原始的外观和感觉。
② Mac OS X 10.4 添加了对 256×256 像素图标的支持。
③ 图标通常具有关联的"遮罩",用于将图标的某些部分指定为透明的,允许生成任意形状的图标。可以通过为每个图标拖动一幅图像,指定图标的数据和遮罩成分,或者 Icon Composer 可以基于数据图像自动计算遮罩。

通过多种格式的任意大小的图像。

2.12.2　与分辨率无关的用户界面

从 Mac OS X 10.4 开始，Aqua 就与分辨率无关。系统支持多种缩放模式：**框架缩放模式**（Framework Scaling Mode）、**应用程序缩放模式**（Application Scaling Mode）和**放大模式**（Magnified Mode）。在给渲染的图形应用缩放因子时，每种模式都提供了支持。

在框架缩放模式中，使用的图形子系统——比如 Application Kit（Cocoa）或 HIView（Carbon）——将自动处理大多数缩放。例如，相关的框架将自动缩放用户界面元素，对渲染的内容应用缩放变换，增加窗口缓冲区的大小，等等。

在应用程序缩放模式中，应用程序必须处理渲染内容的缩放。框架仍将缩放系统定义的用户界面元素，比如菜单和标题栏。

在放大模式中，窗口服务器将通过给窗口缓冲区应用一个缩放因子，简单地创建图像的放大视图。这实质上是一种数码变焦——在放大时不会增益图像细节，因为只是简单地插入像素数据，使之达到一种新的大小。

可以使用 Quartz Debug 应用程序（Quartz Debug.app）试验用户界面的分辨率缩放，它允许改变缩放因子的默认值 1。Quartz Debug 是 Apple Developer Tools 的一部分。

2.12.3　效率特性

Mac OS X 包括多个用于增强用户体验的用户界面特性，例如：就地进行文档预览、图标内的状态指示[1]、利用单独一次击键即时访问任何打开的窗口（Exposé）、快速用户切换、Dashboard 以及 Spotlight 的用户接口。

1. 快速用户切换

Mac OS X 的更新版本包括：支持通过快速用户切换特性在用户之间快速进行切换。利用该特性，用户的会话"在幕后"仍然保持活动状态，同时另一个用户可以使用鼠标、键盘和显示器在一个独立的 GUI 会话中访问计算机。多个用户可以利用这种方式进行切换——只有一个用户保持为"当前"用户，并且其他所有人的会话仍然在后台保持原样。注意：当某个应用程序的多个实例在运行时，如果该应用程序没有正确地运行，并且多个用户尝试运行这样一个应用程序，那么快速用户切换就可能会引发问题。Mac OS X 10.4 添加了对执行某些操作的支持，比如：注销、关机，以及更快且较少麻烦地重新启动系统。

2. Dashboard

Mac OS X 10.4 中引入的 Dashboard 是一种用于运行轻量级桌面实用程序（称为**构件**

---

① 应用程序可以在它们的图标上叠加信息，以把它们传达给用户。例如，Apple 的 Mail 应用程序在它的图标中使用状态指示器，显示未阅读的邮件数量。

（Widget））的环境[①]。Dashboard 构件局限于 Mac OS X 桌面的一个特殊层，它会从视图中隐藏起来，直到用户激活它为止。当激活时——例如，通过预定义的组合键[②]——Dashboard 层就会覆盖在正常的 Desktop（桌面）之上，提供对当前所选构件的快速访问。停用 Dashboard 将隐藏构件层。

3. Spotlight

尽管 Spotlight 是一种文件系统技术，但它是添加到 Mac OS X 用户界面中的一个重要部分，因为它从根本上改变了用户访问文件的方式。Spotlight 元数据搜索技术大体上包含 3 种独特的功能。

（1）内核中的通知机制，当文件系统改变发生时，可以通知它的用户空间的用户。

（2）多种类型的文件相关信息的数据库——特别是，收集的元数据的数据库。

（3）Spotlight 的程序员和最终用户接口。

用户空间的 Spotlight 服务器从内核订阅以接收文件系统改变。它可以从文档及其他相关用户文件收集元数据，这既可以是动态的（在创建或修改文件时），也可以是静态的（通过扫描文件）。它把收集的元数据纳入到一个可搜索的轻量级数据库中。Spotlight 与 Finder 的集成给用户提供了一种强大的搜索机制。而且，Finder 可以使用文件元数据显示关于文件的额外的相关信息[③]。Spotlight 搜索 API 通过使用数据库风格的查询，允许以编程方式搜索文件。Spotlight 可以由第三方开发人员扩展：如果应用程序使用自定义的文件格式，它可以提供一个 Spotlight 导入器插件，用于分析应用程序的文档并收集元数据。

2.12.4 通用访问支持

Mac OS X 支持多种可访问性技术和特性，如下所示。

● 增强对比度（Enhanced Contrast）：可以通过 Ctrl+Cmd+Option+,和 Ctrl+Cmd+Option+. 组合键改变它。

● 完全键盘访问（Full Keyboard Access）：允许使用键盘导航以及与屏幕上的项目交互。

● 灰度模式（Grayscale Mode）：可以通过 Universal Access 系统参数设置的 Seeing 窗格中的一个复选框进行切换。

● 反色模式（Inverted Colors Mode）：可以通过 Ctrl+Cmd+Option+8 组合键进行切换。

● 鼠标键（Mouse Keys）：允许使用数字键盘控制鼠标指针。

● 屏幕缩放（Screen Zooming）：允许增加屏幕上的元素的大小，可以通过 Cmd+Option+8 组合键打开或关闭它。一旦启用该特性，可以分别使用 Cmd+Option++ 和 Cmd+Option+-组合键进行放大和缩小。

● 语音识别（Speech Recognition）：允许用户说出命令，而不是输入它们。当启用这

---

① 从技术上讲，Dashboard 是一种应用程序环境，其中的"应用程序"就是构件。

② 分配给 Dashboard 的默认键是 F12。

③ 例如，就 PDF 文档而言，PDF 文件的元数据可能包含诸如文档的标题、作者、页数、页面尺寸、创建者应用程序以及摘要之类的基本属性。Finder 和 Spotlight 搜索结果窗口可以显示这些基本属性。

个特性时，计算机将听取命令，如果识别，就对它们执行动作。

- 黏滞键（Sticky Keys）：允许用户按下一组修饰键作为一个序列，而不必同时按下多个键。
- 文本转语音（Text-to-Speech）：使计算机能够在对话中说出文本和改变消息。
- 画外音（VoiceOver）：提供语音式的用户界面特性——也就是说，它描述屏幕上所发生的事情。可以通过 Cmd+F5 组合键打开或关闭它。

可以通过 System Preferences 应用程序中的 Universal Access 窗格控制可访问性特性。

两个最重要的 Mac OS X 框架 Carbon 和 Cocoa 可以自动给应用程序提供多个可访问性特性。

2.13　编　　程

Mac OS X 包括一个称为 Xcode 的集成开发环境（Integrated Development Environment，IDE）、众多通用库和专用库、用于多种编程语言的编译器和解释器，以及一组丰富的调试和优化工具。

2.13.1　Xcode

由 Xcode 提供的开发环境具有以下值得注意的特性。
- 支持创建通用二进制文件。
- 文件浏览器和组织器。
- 支持称为**工作区**（Workspace）[①]的项目窗口配置，它允许为 Xcode 的屏幕上的组件选择首选的布局。
- 大多数窗口中都提供了源代码编辑器和嵌入式编辑器，其中前者具有代码完成、语法高亮显示、符号索引等功能，这些编辑器允许查看和修改源代码，而无须切换窗口。
- 类浏览器。
- 项目文件的后台索引，用以改进诸如类浏览和代码完成之类的特性的性能。
- 文档查看器，可以把代码中的符号链接到文档，以及允许查看和搜索 Apple 文档。
- Interface Builder 应用程序，它提供了一个图形用户界面，用于布置界面对象、自定义它们（调整大小、设置和修改基本属性）、连接对象等。
- 内置的可视化设计工具，允许创建持久性模型（用于 Core Data 框架）和类模型（用于 C++、Java 和 Objective-C 类）。
- 通过集成 distcc 开源分布式前端，分布式生成——例如，跨网络上的多台机器——到 GNU C 编译器。

---

① Xcode 带有多个预配置的项目工作区，比如 Default、Condensed 和 All-In-One。

- 基于 GDB 的图形和命令行调试，包括远程图形调试①。
- Predictive Compilation（预测性编译），在编辑单个源文件时，它会在后台运行编译器，并且期望一旦准备好生成代码，大多数生成工作可能已经完成了。
- Precompiled Headers（预编译头文件），它是一个可以改进编译速度的特性（图 2-28 显示了一个示例）。

```
$ cat foo.h
#define FOO 10
$ cat foo.c
#include "foo.h"
#include <stdio.h>
int
main(void)
{
    printf("%d\n", FOO);
    return 0;
}
$ gcc -x c-header -c foo.h
$ ls foo*
foo.c           foo.h           foo.h.gch
$ file foo.h.gch
foo.h.gch: GCC precompiled header (version 012) for C
$ rm foo.h
$ gcc -o foo foo.c
$ ./foo
10
```

图 2-28　使用预编译头文件

- ZeroLink，这个特性可以导致链接在运行时而不是在编译时发生，因此只需链接和加载用于运行应用程序所需的代码。

> 当使用 ZeroLink 时，Xcode 将生成一个应用程序存根程序，其中包含指向相关对象文件的完整路径，将在运行时根据需要链接它们。注意：ZeroLink 只打算在开发期间使用——它需要从 Xcode 内运行应用程序。换句话说，不能部署在启用了 ZeroLink 的情况下编译的应用程序。

- Fix and Continue（修复并继续），这个特性允许对代码执行微小的修改，编译代码，以及通过内存中的修补把它插入到运行的程序中②。
- Dead-Code Stripping（无用代码剥离），这个特性可以使静态链接器从可执行文件中剥离未使用的代码和数据，从而潜在地减小了它们的大小和内存占用。
- 支持在调试器中浏览内存和全局变量。

---

① 远程调试在连接到远程计算机时使用 SSH 公钥身份验证。Xcode 可以为此使用 ssh-agent 辅助应用程序。

② 对 Fix and Continue 之下提供的更改类型有多种限制。

- 支持启动软件性能分析工具。
- 支持使用 AppleScript 自动执行生成过程。
- 支持多个版本控制系统，比如 CVS、Perforce 和 Subversion。

依赖于应用程序的类型、编程语言、目标环境等，可以通过大量的模板实例化一个新的 Xcode 项目。支持的语言包括 AppleScript、C、C++、Java、Objective-C 和 Objective-C++。支持的模板示例包括那些用于 Automator、Actions、Image Unit Plug-ins、Metadata Importers、Preference Panes、Screen Savers 和 Sherlock Channels 的模板。

尽管 Xcode 通常是通过其图形用户界面使用的，也可以从命令行处理现有的 Xcode 项目。xcodebuild 命令行程序可用于生成 Xcode 项目中包含的一个或多个目标，并且可以选择一种特定的生成风格，比如 Development 或 Deployment。pbprojectdump 命令行程序可用于以一种人类易读的格式转储 Xcode 项目字典，从而允许查看项目结构。如果必须完全避免 Xcode，可以"手动"管理项目——例如，通过创建 makefile 以及跟踪依赖关系。Mac OS X 包括 make 程序的 BSD 和 GNU 版本，分别是：bsdmake 和 gnumake。

> Xcode 生成系统的后端基于 Perforce Software 公司的 Jam 产品（/Developer/Private/jam）。

2.13.2　编译器和库

Apple 提供了 GNU C 编译器的一个自定义的和优化的版本，它具有用于多种语言的后端。如前所述，它包括两个 Java 编译器。用于多种语言的其他的编译器既有商用版本[1]，也有免费使用的版本[2]。库的情况是相似的：Mac OS X 带有多个库，还可以从源编译多个库。特别是，Mac OS X 包括一些优化的专用库，例如，BLAS、LAPACK、vBigNum、vDSP、vImage 和 vMathLib。所有这些库都打算用于图像处理或者数字和科学计算，可以通过 Accelerate 包罗框架（Accelerate.framework）访问它们。

2.13.3　解释器

Mac OS X 中包括有多种脚本语言：AppleScript、Perl、PHP、Python[3]、Ruby 和 Tcl。还包括多种 UNIX shell，比如：bash、ksh、tcsh 和 zsh。Mac OS X 支持 OSA（Open Scripting Architecture，开放脚本体系结构），并把 AppleScript 作为默认（和唯一）的安装语言。从第三方可以获得其他用于 OSA 的语言。

1. AppleScript

AppleScript 是 Mac OS X 上首选的脚本语言，提供了对系统的许多部分以及应用程序

---

[1]　商用编译器包括那些来自 Intel 和 Absoft Corporation 的编译器。

[2]　众多开源编译器、解释器和库在 Mac OS X 上可以轻松地从源进行编译。一般而言，这样做的难度与在 Linux 和 FreeBSD 这样的系统上的难度差不多。

[3]　Mac OS X 上的 Python 包括对 Core Graphics 的绑定。

的直接控制。例如，使用 AppleScript，可以编写脚本自动执行操作，与应用程序交换数据，或者发送命令给应用程序。可以在所有应用程序环境中以及跨它们使用 AppleScript。对于要使用 AppleScript 执行的特定于应用程序的动作，应用程序必须明确支持 AppleScript。这样的支持通常需要一种数据模型，并且非常适合于在外部操作它。不过，一般的操作（比如启动应用程序）是自动支持的。图 2-29 显示了一个平常的 AppleScript 程序，它可以说出操作系统版本。可以使用 osascript 命令行工具或者 AppleScript 编辑器（/Applications/AppleScript/Script Editor.app）运行这个程序。

```
-- osversion.scpt
tell application "Finder"
    set system_version to (get the version)
    say "[[emph +]]Cool. This is Mac OS Ten" & system_version
end tell
```

图 2-29　一个平常的 AppleScript 程序

osascript 执行一个脚本文件，它可能是 AppleScript 程序的文本版本或编译过的版本。osacompile 命令[①]可用于把源文件、标准输入或者其他编译过的脚本编译进单个脚本中。

2. Automator

Automator 应用程序是一个可视化工具，用于在 Mac OS X 上自动执行重复性操作。一个 Automator 动作（Action）是一个模块化单元——从 Automator 的角度讲，它是一项不可分割的任务。例如，一项任务可以创建一个目录、打开一个文件、捕捉一幅截屏图、发送一封电子邮件或者运行一个 shell 脚本。可以在特定的序列中把多个动作连接起来，构造一个工作流，然后依次执行它们，以执行工作流代表的一组任意复杂的任务。当把某个动作作为工作流的一部分执行时，它可能需要也可能不需要额外的信息——或参数。如果需要额外的信息，动作就会显示一个用户界面，其中包括文本框、复选框、按钮、弹出式菜单等。Automator 包括大量预定义的动作，但是用户可以使用 AppleScript 或 Objective-C 创建自己的动作。工作流是通过把动作拖动或添加到构造区域可视化地创建的。最后，可以把工作流保存起来，便于以后运行。

3. 命令行支持

随着 Mac OS X 的每个主要版本的发布，Apple 通过公开可以从命令行驱动的系统的更多方面，改进了系统的命令行支持。在一些情况下，Apple 使命令行工具正确、一致地工作。例如，在 Mac OS X 10.4 以前的版本中，源于 UNIX 的命令（比如 cp、mv、tar 和 rsync）不会正确处理 Apple 的 HFS+文件系统的某些方面[②]。由于在 Mac OS X 10.4 中仍然添加了更新的文件系统特性，比如基于元数据的搜索和访问控制列表（Access Control List，ACL），对上述命令进行了更新，以使它们一致地工作。

现在来看在 Mac OS X 中使用命令行的另外几个示例。

drutil 命令可用于同 Disc Recording 框架（DiscRecording.framework）交互，该框架用

---

① osascript 和 osacompile 命令可以处理任何安装的符合 OSA 的脚本语言。

② 在 Mac OS X 10.4 以前，这些命令不知道 HFS+资源分支。在第 12 章中将探讨 HFS+的详细信息。

于管理 CD 和 DVD 刻录机。图 2-30 显示了它的应用的一个示例。

```
$ drutil list
   Vendor   Product           Rev   Bus        SupportLevel
 1 HL-DT-ST DVD-RW GWA-4082B  C03D  ATAPI      Apple Shipping

$ drutil getconfig current
...
GetConfiguration returned 128 bytes.
  00>  00 00 00 80 00 00 00 00 00 00 03 28 00 11 00 00
  10>  00 14 00 00 00 13 00 00 00 1A 00 00 00 1B 00 00
  20>  00 10 00 00 00 09 00 00 00 0A 00 00 00 08 00 00
...
       001Ah     DVD+RW               DVD ReWritable
       001Bh     DVD+R                DVD Recordable
       0010h     DVD-ROM              Read only DVD
...
```

图 2-30　与 Disc Recording 框架的命令行交互

hdiutil 命令与 Disk Images 框架（DiskImages.framework）交互，该框架用于访问和操作磁盘映像。图 2-31 显示了它的应用的一个示例。

```
$ hdiutil plugins      # Print information about plug-ins
...
<dictionary> {
   "plugin-key" = "CEncryptedEncoding"
   "plugin-name" = "AES-128 (recommended)"
   "plugin-class" = "CFileEncoding"
   "plugin-type" = "builtin"
   "plugin-encryption" = Yes
}
...
$ hdiutil burn foo.dmg # Burn image to an attached burning device
...
```

图 2-31　与 Disk Images 框架的命令行交互

say 命令使用 Speech Synthesis Manager 把输入文本转换成可听见的语音。可以播放得到的语音数据，或者将其保存为 AIFF 文件。

sips[①] 命令从命令行提供了基本的图像处理功能。它支持多种图像格式。它的目标是允许快速、方便地在桌面上对图像自动执行常见的查询和操作。图 2-32 显示了一个使用 sips 的示例。

可以从命令行访问 Spotlight 元数据搜索功能。mdls 命令用于列出与指定文件关联的所有元数据基本属性的名称和值。mdfind 命令可用于查找与给定查询匹配的文件，可以选择把搜索限制于指定的目录。而且，mdfind 可以在"实时"模式下工作：它将继续运行，直

---

① sips 代表 Scriptable Image Processing System（脚本化图像处理系统）。

到中断为止，同时更新匹配的数量。图 2-33 显示了一个使用 mdfind 的示例。

```
$ sips -g all image.gif
/private/tmp/image.gif
pixelWidth: 1024
  pixelHeight: 768
  typeIdentifier: com.compuserve.gif
  format: gif
  formatOptions: default
  dpiWidth: 72.000
  dpiHeight: 72.000
  samplesPerPixel: 4
  bitsPerSample: 8
  hasAlpha: yes
  space: RGB
  profile: Generic RGB Profile
$ sips --resampleHeightWidth 640 480 -s format jpeg\
--out image.jpg /private/tmp/image.gif
  /private/tmp/image.jpg
```

图 2-32　使用 sips 命令对图像重新取样以及转换它的格式

```
$ mdfind -live "kMDItemFSName == 'foo.txt'"
  [type ctrl-C to exit]
  Query update: 1 matches # foo.txt created
  Query update: 0 matches # foo.txt deleted
  ...
  ^C
$ mdfind "kMDItemContentType == 'com.adobe.pdf'"
  /Developer/About Xcode Tools.pdf
  ...
```

图 2-33　使用 mdfind 命令查找与给定查询匹配的文件

2.13.4　工具

除了可以通过 Xcode 访问的开发工具之外，Mac OS X 还提供了广泛的工具，用于分析、调试、监视、剖析和理解硬件与软件。

> Apple 的一般哲学思想是鼓励程序员尽可能使用最高级别的抽象，以及让平台处理低级细节。这样，程序员就可以避免使用在 Mac OS X 演化期间很可能会改变的接口或系统方面。这种方法——尤其是在为最终用户软件采用该方法时——有益于总体的稳定性和一致的用户体验。

1. 调试和分析工具

下面列出了 Mac OS X 上可用的调试和分析工具的示例。

- fs_usage：报告与文件系统活动相关的系统调用和页错误。

- heap：列出进程的堆中所有 malloc() 分配的缓冲区。
- install_name_tool：更改在 Mach-O 文件中安装的动态共享库名称。
- ktrace：启用内核进程跟踪。kdump：用于查看得到的跟踪转储。
- leaks：搜索进程的内存，查找未引用的 malloc() 缓冲区。
- lipo：可以从一个或多个输入文件创建一个包含多种体系结构的胖可执行文件，在胖文件中列出体系结构，从胖文件中提取单个体系结构文件，或者从现有的胖文件创建一个胖文件，其中新文件中包含原始文件中包含的体系结构的子集。
- lsof：列出关于打开文件的信息，其中的文件可能是一个常规的文件、一个目录、一个设备文件、一个套接字等。
- MallocDebug.app：跟踪和分析所分配的内存。
- malloc_history：显示进程的基于 malloc() 的分配。
- MergePef：把两个或更多的 PEF 文件合并到单个文件中。
- ObjectAlloc.app：跟踪 Objective-C 和 Core Foundation 对象分配和取消分配。
- OpenGL Profiler.app：用于描绘 OpenGL 应用程序的基本信息。
- otool：如我们在前面所看到的，用于显示目标文件的多个部分。
- pagestuff：显示关于 Mach-O 文件的指定页面的信息。
- PEFViewer：显示 PEF 二进制文件的内容。
- QuartzDebug.app：是用于应用程序的屏幕绘图行为的可视化器——它会短暂闪现正在重绘的区域。它还允许改变用户界面的缩放因子，以及启用或禁用图形硬件加速。
- sample：在给定的时间间隔期间描绘进程的基本信息。
- Sampler.app：是程序的执行行为的查看器。
- sc_usage：显示系统调用的使用统计。
- Spin Control.app：对无法足够快速地响应的应用程序进行取样，导致旋转光标出现。
- Thread Viewer.app：是用于线程和线程活动的查看器。
- vmmap：显示进程中的虚拟内存区域。
- vm_stat：显示 Mach 虚拟内存统计信息。

2. CHUD 工具

CHUD（Computer Hardware Understanding Development，理解开发的计算机硬件）包是一组低级工具，可以选择在 Mac OS X 上安装它们。CHUD 工具包括以下特定的程序。

- BigTop.app：是与命令行工具（比如 top 和 vm_stat）等价的图形工具。它会显示多种系统统计信息。
- CacheBasher.app：是一个用于测量缓存性能的工具。
- MONster.app：是一个用于收集并且可视化硬件级性能数据的工具。
- PMC Index.app：是一个用于搜索 PMC（Performance Monitoring Counter，性能监视计数器）事件的工具。
- Reggie SE.app：是用于 CPU 和 PCI 配置寄存器的查看器和编辑器。
- Saturn.app：是一个用于在函数调用级别描绘应用程序基本信息的工具。它还用于可视化配置文件数据。

- Shark.app：执行系统级取样和信息描绘，以创建程序的执行行为的配置文件。这有助于程序员理解在代码运行时把时间花在了什么地方。
- Skidmarks GT.app：是一个处理器性能基准工具。它支持整型、浮点型和矢量基准。
- SpindownHD.app：是一个用于显示连接的驱动器的睡眠/活动状态的实用程序。
- amber：用于跟踪进程中执行的所有线程，把每个指令和数据都记录到一个跟踪文件。acid 用于分析由 amber 生成的跟踪文件。
- simg4：是 Motorola PowerPC G4 处理器的周期精确的核心模拟器。
- simg5：是 IBM PowerPC 970（G5）处理器的周期精确的核心模拟器。

3. 可视化工具

Mac OS X 还提供了多个可视化设计和编程工具，在本章前面已经见到过其中大多数工具，例如，AppleScript Studio、Automator、AU Lab、Interface Builder、Quartz Composer，以及 Xcode 类建模工具和数据建模工具。

2.14 安 全

我们可以非正式地把计算机安全定义为一种状态，其中总是"像预期的那样"使用所有的计算机资源。不过，彻底地枚举所有人的意图是不可能的，无论如何，一个人与另一个人之间或者一种场景与另一种场景之间总会有所差别。[①]我们可以使用更具体一点的术语表达计算机安全的概念，即：安全是允许系统及其用户实现以下目标的软件、硬件、策略和实践的联合。

- 验证用户和系统服务的身份。
- 在存储、传输和使用期间保障敏感信息（比如个人数据、加密密钥和密码）的安全。

可以通过描述缺乏安全的情况即**不安全性**（Insecurity）来补充安全的定义。计算机系统的资源——包括外部的共享资源（比如网络）——都是易受攻击的：来自外部并且经常也来自内部。我们可以把**弱点**（Vulnerability）视作潜在的非预期使用情况——软件错误、设计疏忽或错误、错误配置等的结果。当通过**攻击**（Attack）加以利用时，弱点可能导致有形或无形的损害。下面列出了一些常见的潜在损害类型的示例。

- 泄漏敏感数据。
- 修改敏感数据。
- 销毁敏感数据。
- 未经授权地使用系统设备。
- 拒绝系统服务，使得其合法用户不能使用它。
- 破坏或降级一般意义上的任何系统操作。

> 如果不拒绝给合法用户提供服务或者如果没有给系统自身造成任何明显的损坏，那么系统的资源可能会被滥用。例如，如果系统的资源处于空闲状态，它仍然可能会被滥用，

[①] 当然，可能会有系统的设计者及其用户都还没有考虑到的情况。

作为潜入另一个系统的垫脚石。

　　既然已经非正式地理解了计算机安全，现在就来探讨 Mac OS X 中与安全相关的重要方面和特性。图 2-34 描绘了其中许多特性。

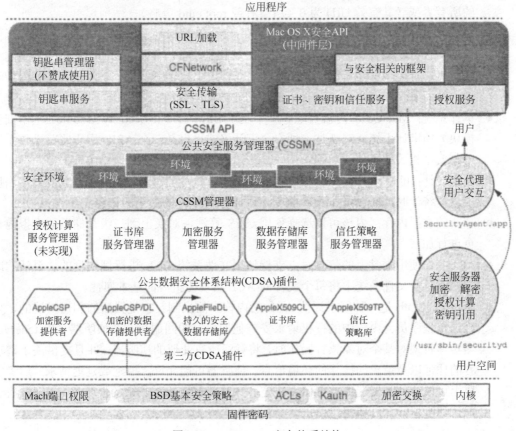

图 2-34　Mac OS X 安全体系结构

　　图 2-34 没有显示在操作系统中扮演与安全相关角色的一些守护进程。例如，lookupd 将会缓存像用户账户、组、计算机名称和打印机这样的各类信息并使它们可用。另一个守护进程 memberd 将会解析组成员资格，并且响应由客户发出的成员资格 API 调用。这些调用的示例包括：mbr_uid_to_uuid() 和 mbr_uuid_to_id()。

　　Mac OS X 安全特性可以划分成由内核级安全模型提供的安全特性以及由用户级安全模型提供的安全特性。此外，还可能以一种潜在地与硬件或模型相关的方式在 Apple 计算机上使用固件密码。在第 4 章中将探讨开放固件密码保护。

2.14.1　内核空间的安全

　　Mac OS X 内核安全模型包括特定于 Mac OS X 的特性和典型 UNIX 风格的特性。下面显示了内核的与安全相关特性的示例。

- BSD 用户与组标识符（UID 和 GID）：传统的 UID 和 GID 构成了内核最基本、最不灵活的安全实施工具。基于 UID 和 GID 的 BSD 安全策略的示例包括：文件系统对象的所有权、文件系统对象上的读/写/执行权限、限制于有效 UID 为 0 的进程的操作（root euid 策略），以及限制于某个进程的对象上的操作，这个进程属于对象的所有者或者其有效 UID 为 0（所有者或 root euid 策略）。
- Mach 端口权限：除了作为 IPC 通道之外，Mach 端口还可能代表多种资源，其示例包括：任务、线程、内存范围、处理器及其他设备。而且，Mach 是基于容量的系统，其中的端口权限确定一项任务可能在端口上执行哪些操作。内核管理和保护端口，从而确保只有那些具有必需权限的任务才能执行特许操作。
- 审计系统：Mac OS X 内核实现了一个基于 BSM（Basic Security Module，基本安全模块）的审计系统，它既是一种安全审计格式，也是一个 API，用于跟踪操作系统中与安全相关的事件。
- 进程统计：可以使用 accton 命令启用或禁用所执行的每个进程的系统级统计。当启用进程统计时，lastcomm 命令将显示关于以前执行的命令的信息。
- 加密的虚拟内存：内核可以选择使用 AES 算法，对换出到二级存储器的虚拟内存页进行加密。
- ACL：当使用磁盘上的信息时，支持使用文件系统 ACL 进行细粒度的、灵活的准入控制。在文件系统中将每个文件的 ACL 实现为扩展的基本属性。
- Kauth：Kauth 是一种用于评估 ACL 的内核中的机制。它是灵活的和可扩展的，允许内核程序员为内核中的授权请求安装他们自己的回调——或侦听器（Listener）。当实体希望对某个对象执行操作时，将激活所有注册的侦听器，并且提供关于请求者的凭证以及请求的操作的环境信息。侦听器可能允许、拒绝或延迟请求。后者实质上可以让侦听器选择放弃做出决定——这就要取决于其余的侦听器（最终取决于默认侦听器）允许或拒绝请求。

2.14.2　用户空间的安全

　　Mac OS X 提供了一个灵活的用户空间的安全模型，它主要基于 CDSA（Common Data Security Architecture，公共数据安全体系结构）。CDSA 是一种开源安全体系结构，被 Open Group 采纳为一项技术标准[①]。它包括一个加密框架以及多个安全服务层。Apple 使用它自己的 CDSA 实现，在图 2-34 中描绘了它。

　　CDSA 有助于实现一些安全特性，比如加密、细粒度的访问权限和用户身份验证，以及安全的数据存储。

1. CDSA 插件

　　CDSA 的最底层包括被它上面一层调用的插件。CDSA 插件还可以相互调用。Apple 提供的 CDSA 插件如图 2-34 所示。CDSA 允许额外的插件存在。

---

① CDSA 是由 Intel Architecture Labs 发起的。当前的标准是许多组织和公司（包括 Apple 和 IBM）协作的成果。

2. CSSM API

CDSA 的核心是一组称为 CSSM（Common Security Services Manager，公共安全服务管理器）的模块。图 2-34 中的 CSSM 管理器块中所示的 CSSM 模块一起提供了 CSSM API。虚线框内显示的授权计算服务管理器（Authorization Computation Services Manager）模块在 Apple 的 CDSA 实现中还不存在。

3. Mac OS X 安全 API

Mac OS X 应用程序通常使用 Apple 的中间件安全 API，它们构建于 CSSM API 之上，用于访问 CDSA 功能。不过，使应用程序直接使用 CSSM API 也是可能的。由中间件 API 提供的服务示例如下。

- 钥匙串服务（Keychain Services）：为证书、密钥、密码和任意信息提供安全存储。
- 安全传输（Secure Transport）：通过 SSL（Secure Socket Layer，安全套接字层）和 TLS（Transport Layer Security，传输层安全）协议的实现，提供安全的网络通信。
- 证书、密钥和信任服务（Certificate, Key, and Trust Services）：分别用于创建、访问和操作证书；创建加密密钥；以及管理信任策略。
- 授权服务（Authorization Services）：用作主要的 API，由应用程序用于授权访问特定的动作[1]（例如，在一个受限的目录中创建文件）或数据。

4. 安全服务器和安全代理

如图 2-34 所示，授权服务与安全服务器（Security Server）通信，安全服务器然后使用 CDSA API。除了授权之外，授权服务 API 还可以根据需要处理身份验证。

> 授权（Authorization）涉及询问是否允许给定的实体执行给定的操作。在问题可能得到解答之前，请求者通常需要进行**身份验证**（Authenticate）——也就是说，证明他或她的身份。然后需要确定所涉及的实体是否具有合适的权限。

安全服务器[2]（/usr/sbin/securityd）充当多种与安全相关的操作和访问的仲裁者。例如，对应用程序的任意操作所进行的细粒度授权都基于 /etc/authorization 策略数据库中包含的规则。授权服务 API 包括用于添加、删除、编辑和读取策略数据库项的函数。当应用程序请求一种权限时——例如，com.osxbook.Test.DoSomething[3]——它就会请求授权。这个请求将被路由到 securityd，它将查询策略数据库。securityd 尝试查找一条与请求的权限精确匹配的规则。如果没有找到，securityd 就会按最长匹配优先的顺序，寻找可能匹配的通配符规则。如果根本没有匹配，securityd 就会使用通用的规则，它用于不具有任何特定规则的权限。如果用户身份验证成功，securityd 就会创建一个凭证，其有效期为 5 分钟[4]。

安全代理（Security Agent）应用程序（/System/Library/CoreServices/SecurityAgent.app）是用于 securityd 的用户界面处理程序——后者不会直接与用户交互，而将启动安全代理作

---

① 应用程序可以使用授权服务（Authorization Services），实现细粒度的授权。
② 安全服务器不是 CDSA 的一部分。
③ 在策略数据库中，按惯例使用反向 DNS 命名模式来命名规则和权限。
④ 在策略数据库中通过 timeout 键指定有效期。

为一个单独的进程，它反过来将显示一个用户名和密码请求对话框。因此，安全代理将强制执行 GUI 交互，它通常可以保证物理存在[①]。

5. 使用授权服务

图 2-35 显示了一个程序，它请求一个名为 com.osxbook.Test.DoSomething 的权限。如果该权限在策略数据库中不存在——在第一次运行程序时就应该会是这样——它将基于一个名为 kAuthorizationAuthenticateAsSessionUser 的现有的标准规则建立权限。该规则要求

```c
// testright.c

#include <stdio.h>
#include <stdlib.h>
#include <CoreFoundation/CoreFoundation.h>
#include <Security/Authorization.h>
#include <Security/AuthorizationDB.h>

const char kTestActionRightName[] = "com.osxbook.Test.DoSomething";

int
main(int argc, char **argv)
{
    OSStatus            err;
    AuthorizationRef    authRef;
    AuthorizationItem   authorization = { 0, 0, 0, 0 };
    AuthorizationRights rights = { 1, &authorization };
    AuthorizationFlags  flags = kAuthorizationFlagInteractionAllowed |\
                                kAuthorizationFlagExtendRights;

// Create a new authorization reference
    err = AuthorizationCreate(NULL, NULL, 0, &authRef);
    if (err != noErr) {
        fprintf(stderr, "failed to connect to Authorization Services\n");
        return err;
    }

// Check if the right is defined
    err = AuthorizationRightGet(kTestActionRightName, NULL);
    if (err != noErr) {
        if (err == errAuthorizationDenied) {
            // Create right in the policy database
            err = AuthorizationRightSet(
                    authRef,
                    kTestActionRightName,
```

图 2-35　使用授权服务

[①]　物理存在是可以得到保证的，除非通过诸如 Apple Remote Desktop 之类的产品远程驱动系统。从 Mac OS X 10.4 开始，应用程序就可以通过把用户名和密码传入授权函数来给用户授权——无需显示身份验证对话框。

```
                    CFSTR(kAuthorizationRuleAuthenticateAsSessionUser),
                    CFSTR("You must be authorized to perform DoSomething."),
                    NULL,
                    NULL
                );
            if (err != noErr) {
                fprintf(stderr, "failed to set up right\n");
                return err;
            }
        }
        else {
            // Give up
            fprintf(stderr, "failed to check right definition (%ld)\n", err);
            return err;
        }
    }

    // Authorize right
    authorization.name = kTestActionRightName;
    err = AuthorizationCopyRights(authRef, &rights, NULL, flags, NULL);
    if (err != noErr)
        fprintf(stderr, "failed to acquire right (%s)\n", kTestActionRightName);
    else
        fprintf(stderr, "right acquired (%s)\n", kTestActionRightName);

    // Free the memory associated with the authorization reference
    AuthorizationFree(authRef, kAuthorizationFlagDefaults);

    exit(0);
}

$ gcc -Wall -o testright testright.c -framework Security\
    -framework CoreFoundation
$ ./testright
...
$ less /etc/authorization
...
<key>com.osxbook.Test.DoSomething</key>
<dict>
    <key>default-prompt</key>
    <dict>
        <key></key>
        <string>You must be authorized to perform DoSomething.</string>
    </dict>
    <key>rule</key>
    <string>authenticate-session-user</string>
</dict>
...
```

图 2-35（续）

用户身份验证为会话所有者——即当前登录的用户。

6. 各种各样与安全相关的特性

其他 Mac OS X 安全特性很容易被最终用户使用，或者可以被他们控制，这些特性如下。

- Mac OS X 提供了一个名为 FileVault 的特性，其中 AES 加密的磁盘映像用于保存用户的主目录的内容。例如，如果为现有的用户 amit 启用 FileVault，那么 amit 的主目录——/Users/amit/——将包含一个名为 amit.sparseimage 的磁盘映像文件。当 amit 没有登录时，这个文件包含一个 HFS+卷，并且是可见的——比如说，从管理员账户可以看到它。一旦 amit 登录，磁盘映像内的卷就挂接在/Users/amit/上，而/Users/amit/以前的内容（特别是映像文件本身）将被移到/Users/.amit/中。

- Mac OS X 通过 Finder 的 Secure Empty Trash 菜单项以及通过 srm 命令行程序提供了安全文件删除。Disk Utility 应用程序（Disk Utility.app）允许使用以下多种模式之一安全地擦除磁盘和卷：在磁盘上的所有数据上都写入 0（使数据归零）、在整个磁盘上把数据写 7 次（7 次擦除），以及在整个磁盘上把数据写 35 次（35 次擦除）。而且，通过在卷上安全地擦除现有的空闲空间，可以使恢复已经删除的文件变得困难。

- 我们以前把加密的虚拟内存视作一个内核特性，可以通过 System Preferences 应用程序的 Security 窗格启用或禁用它。在引导时，操作系统将检查 shell 变量 ENCRYPTSWAP，以确定是否应该加密虚拟内存。依赖于 System Preferences 中选择的设置，在/etc/hostconfig 中将变量的值设置为-YES-或-NO-。

2.14.3　系统管理

可以通过图形用户界面或者命令行有效地管理 Mac OS X。现在来看看一些使用命令行控制特定于 Mac OS X 的系统管理方面的示例。

1. 与 Security 框架交互

security 命令允许访问 Security 框架（Security.framework）中的功能。特别是，它可用于访问和操作证书、密钥、钥匙串和密码项，如图 2-36 所示。

```
$ security list-keychains
"/Users/amit/Library/Keychains/login.keychain"
    "/Library/Keychains/System.keychain"
$ security dump-keychain login.keychain
...
keychain: "/Users/amit/Library/Keychains/login.keychain"
class: "genp"
attributes:
    0x00000007 <blob>="AirPort Express"
    0x00000008 <blob>=<NULL>
...
```

图 2-36　使用 security 命令检查钥匙串

2. 与目录服务交互

Mac OS X 的服务器版本使用基于 LDAP[①]的 Open Directory 软件，为 Mac OS X、UNIX 和 Windows 客户提供目录和身份验证服务。目录服务只是一个中心存储库，用于存储和展示关于用户、计算机、打印机以及组织内的其他网络资源的信息。应用程序和系统软件可以为多种目的访问这样的信息，比如：对登录进行身份验证、定位用户主目录、强制执行资源配额、控制对文件系统的访问等。传统上，UNIX 系统在平面文本文件中存储此类信息，比如/etc 目录中的那些文件。事实上，可以把 UNIX /etc 目录看作一种基本的目录服务。目录服务的其他示例包括 Sun 的 NIS（Network Information Service，网络信息服务）[②]和 Microsoft 的活动目录（Active Directory）[③]。Mac OS X Server 中遗留的目录服务称为 NetInfo。尽管 NetInfo 不再用于共享目录，但它仍然是用于 Mac OS X 上的**本地**（local）目录域的目录服务——也就是说，用于本地系统上的用户和资源。

dscl 命令可用于操作数据源，它们可以是目录结点（node）名称或者是运行目录服务的主机。类似地，niutil 命令实用程序可用于操作 NetInfo 域。不过，注意：Open Directory 包括一个 NetInfo 插件，允许与 NetInfo 之间进行互操作。图 2-37 显示了使用 dscl 和 niutil 的示例。

```
$ niutil -list . / # List directories in the path '/' in the local domain '/'
1       users
2       groups
3       machines
4       networks
...
$ dscl /NetInfo/root -list / # List subdirectories of the path '/'
                             # using the data source /Netinfo/root

AFPUserAliases
Aliases
Groups
Machines
Networks
...
# dscl sorts by directory names, niutil sorts by directory IDs
$ dscl . -read /Users/amit # Read record for user amit
...
NFSHomeDirectory: /Users/amit
Password: ********
Picture: /Library/User Pictures/Nature/Lightning.tif
PrimaryGroupID: 501
```

图 2-37　使用命令行工具与目录服务交互

---

① LDAP 代表 Lightweight Directory Access Protocol（轻量级目录访问协议）。它是一种广泛部署的开放标准。

② NIS 的旧名称是 Yellow Pages（yp）。NIS 的后续版本是 NIS+。Solaris 的最近版本不赞成使用 NIS 和 NIS+，而更青睐基于 LDAP 的目录服务。

③ 活动目录（Active Directory）也是基于 LDAP 的。

```
RealName: Amit Singh
RecordName: amit
...
$ niutil -read . /users/amit # Read record for user amit
...
$ niutil -read . /users/uid=501 # Read record for user with UID 501
...
$ dscl . -passwd /Users/amit # Change amit's password
...
$ dscl . -search /Users UserShell "/usr/bin/false"
# Search for users with the specified shell
nobody        UserShell = ("/usr/bin/false")
daemon        UserShell = ("/usr/bin/false")
unknown       UserShell = ("/usr/bin/false")
...
```

图 2-37（续）

3. 管理系统配置

scutil 命令可用于访问和操作本地系统的多个配置方面。System Configuration 守护进程（/usr/sbin/configd）在一个动态存储器中存储相关的配置数据，可以通过 scutil 访问它。它使用多个**配置代理**（Configuration Agent）——其中每个配置代理都是一个插件，用于处理特定的配置管理区域——构成系统配置的总体视图。这些代理作为捆绑组件驻留在/System/Library/SystemConfiguration/中。例如，IPConfiguration 代理负责建立（比如说，通过 DHCP）和维护 IPv4 地址。

图 2-38 显示了一个使用 scutil 访问系统配置动态存储器的示例。

```
$ scutil
>list
subKey [0] = DirectoryService:PID
subKey [1] = Plugin:IPConfiguration
subKey [2] = Setup:
subKey [3] = Setup:/
...
subKey [26] = State:/Network/Interface/en1/AirPort
subKey [27] = State:/Network/Interface/en1/IPv4
...
>show State:/Network/Interface/en1/AirPort
<dictionary> {
  Power Status : 1
  BSSID : <data> 0x00aabbccdd
  Card Mode : 1
  Link Status : 4
  SSID : dummyssid
}
```

图 2-38　使用 scutil 命令访问系统配置动态存储器

```
>show State:/Network/Interface/en1/IPv4
<dictionary> {
  Addresses : <array> {
    0 : 10.0.0.1
  }
  BroadcastAddresses : <array> {
    0 : 10.0.0.255
  }
  SubnetMasks : <array> {
    0 : 255.255.255.0
  }
}
```

图 2-38（续）

2.14.4　审计系统

Mac OS X 审计系统包括内核支持和一套用户空间的程序[①]。内核基于多种条件把审计事件记录到一个日志文件（**审计跟踪**（Audit Trail）文件）中。用户空间的守护进程（Auditd）从内核侦听**触发事件**（Trigger Event），以及从用户程序侦听**控制事件**（Control Event）（默认使用 audit 命令行实用程序）。如果当前的日志文件填满了或者如果文件系统的空闲空间下降到配置的阈值以下，触发事件就会通知 auditd；如果是这样，auditd 将尝试矫正这些情况。例如，它可能尝试轮流使用日志。在这种意义上，auditd 就是一个日志管理守护进程。控制事件用于指示 auditd 切换到一个新的日志文件，重新读取配置文件，或者终止使用审计系统。

表 2-2 列出了审计系统中关键的可执行文件和配置文件。

表 2-2　审计系统的组件

文件/目录	描　　述
/usr/sbin/auditd	审计日志管理守护进程——从内核接收"触发"消息，以及从审计管理实用程序接收"控制"消息
/usr/sbin/audit	审计管理实用程序——用于给审计守护进程发送控制消息来控制它
/usr/sbin/auditreduce	一个实用程序，基于指定的条件从审计跟踪文件中选择记录，并以原始形式打印匹配的记录——打印到文件或者标准输出
/usr/sbin/praudit	一个实用程序，以人类易读的格式打印所选的记录
/var/audit/	用于存储审计跟踪文件的目录
/etc/security/rc.audit	在系统启动期间由/etc/rc 主脚本执行的脚本，用于启动审计守护进程
/etc/security/audit_control	默认的审计策略文件——包含全局审计参数
/etc/security/audit_class	一个文件，包含审计事件类型的描述
/etc/security/audit_event	一个文件，包含审计事件的描述
/etc/security/audit_user	一个文件，指定将在逐用户的基础上审计的事件类型
/etc/security/audit_warn	在审计守护进程生成一个警告时运行的管理员可配置的脚本

---

① 在 Mac OS X 10.4 中，用户空间的审计程序和配置文件是由 Common Criteria Tools 包提供的，默认不会安装它。

可以通过在/etc/hostconfig 文件中分别把 AUDIT 变量设置为-YES-或-NO-，来启用或禁用审计。也可以把该变量设置为-FAILSTOP-或-FAILHALT-，它们都可以利用额外的条件启用审计。前者利用-s 参数运行 auditd，该参数指定如果审计日志填满了，各个进程将会停止，并且运行进程将导致审计记录丢失。后者利用-h 参数运行 auditd，该参数指定万一审计失败，系统应该中止运行。

内核一次只记录到唯一一个审计跟踪文件。跟踪文件名使用一种特定的格式：一个包含文件的创建时间的字符串，其后接着一个点号，再接着终止时间。活动的跟踪文件——即尚未终止的跟踪文件——的名称包含字符串 not_terminated，而不是终止时间。两个时间子串都是利用 strftime()函数使用%Y%m%d%H%M%S 格式指示符构造的。

通常会修改 audit_control、audit_user 和 audit_warn 这些文件以配置审计系统。图 2-39 显示了 audit_control 文件的典型内容。

```
# /etc/security/audit_control

# Directory/directories where audit logs are stored
#
dir:/var/audit

# Event classes that are to be audited system-wide for all users
# (Per-user specifications are in /etc/security/audit_user)
#
# This is a comma-separated list of audit event classes, where each class
# may have one of the following prefixes:
#
#    +  Record successful events
#    -  Record failed events
#    ^  Record both successful and failed events
#    ^+ Do not record successful events
#    ^- Do not record failed events
#
# The class specifiers are listed in audit_class(5)
# Examples:
#
#    all All events
#    ad  Administrative events
#    cl  File close events
#    fa  File attribute access events
#    fc  File create events
#    lo  Login/logout events
#
flags:lo,ad,-all,^-fa,^-fc,^-cl

# Minimum free space required on the file system where audit logs are stored
# When free space falls below this limit, a warning will be issued
```

图 2-39　一个审计控制文件

```
#
minfree:20

# Event classes that are to be audited even when an action cannot be
# attributed to a specific user
#
naflags:lo
```

图 2-39 （续）

2.15　Mac OS X Server

Mac OS X Server 操作系统在体系结构上与 Mac OS X 完全相同。事实上，对于给定的处理器体系结构，Apple 在每个系统上使用相同的内核二进制文件，而无论它是 Mac mini 还是最高端的 Xserve[①]。Mac OS X 的服务器版本与桌面版本之间的关键区别在于捆绑的软件和底层的硬件[②]。特定于服务器的特性示例如下。

- 集成的管理工具——例如，Server Admin 和 Workgroup Manager——可以帮助多平台客户配置和部署网络服务。
- NetBoot 服务，允许多个 Macintosh 客户从服务器上的单个磁盘映像进行引导。
- Network Install 服务，允许把来自单个安装映像的 Mac OS X 安装到多个客户上。
- 如果系统上具有硬件看门狗定时器，就支持自动重新引导它（比如说，在崩溃后）。
- 虚拟专用网（Virtual Private Network，VPN）服务器。
- 支持托管一台软件更新代理/缓存服务器，允许客户从该服务器而不是从 Apple 获得更新。
- iChat 和 Jabber 兼容的即时消息传递服务器，支持基于 SSL 的加密。
- 网志（weblog）服务器，用于发布和发表网志。
- 用于自适应垃圾邮件过滤的软件（SpamAssassin）以及用于病毒检测和隔离的软件（ClamAV）。
- 作为 Xgrid 控制器的能力。

接下来将探讨两种 Apple 技术——Xgrid 和 Xsan，它们通常用在服务器计算环境中。

2.15.1　Xgrid

丰富的计算和网络资源以及这类资源通常未被充分使用的事实导致这些资源被用于解决多种问题。这个概念的一个早期的示例是 Xerox 蠕虫实验，其中的程序跨多台以太网连接的 Alto 计算机运行多机器计算。

---

① Xserve 是 Apple 的 1U 服务器产品线。其中 "U"（或 Unit（单元））指定义一件可以安装在机架上的设备高度的标准方式。

② 尽管 Mac OS X Server 的主要目标是在 Xserver 硬件上运行，但是在其他 Macintosh 硬件上也支持它。

> **Xerox 蠕虫**
>
> 　　1975 年，科幻小说作家 John Brunner 在他的图书 *The Shockwave Rider* 中编写了有关蠕虫程序的内容。Xerox PARC 研究员 John F. Shoch 和 Jon A. Hupp 于 20 世纪 80 年代早期试验了蠕虫程序。实验环境包括超过 100 台以太网连接的 Alto 计算机。每台机器都持有蠕虫的一个片段。不同机器上的片段可以彼此通信。如果某个片段丢失，比如说，由于它的机器停机，余下的片段可以搜索一台空闲的 Alto 计算机，并在其上加载一个新的副本——自修复软件！蠕虫实验背后的想法并不是要造成损害，注意到这一点很重要。研究员们打算创建有用的程序，它们将使用空闲的机器——实质上是一种分布式计算形式[①]。然而，他们清晰地确定了蠕虫的畸变潜力，尽管蠕虫仍然没有被感知为一种真正的安全风险。与之相比，病毒和自我复制的特洛伊木马程序被认为对安全的威胁更大。

　　一般而言，可以把多台计算机结合起来，执行计算密集型任务[②]，只要可以把该任务分解成每台计算机可以独立处理的子任务即可。这样的计算机组称为**计算网格**（Computational Grid）。人们可能基于成员计算机之间的耦合有多紧密，来区分**网格**（Grid）和**群集**（Cluster）。网格通常是一组松散耦合的系统，它们通常甚至位于并不相近的地理位置[③]。而且，系统可能具有任何平台，并且可能运行支持网格软件的任何操作系统。与之相比，群集通常包含紧密耦合的系统，通过一个高性能网络对它们进行集中式管理、控制和互连，并且它们通常在相同的平台上运行相同的操作系统。

1. Xgrid 体系结构

Apple 的 Xgrid 技术提供了一种用于部署和管理基于 Mac OS X 的计算网格的机制[④]。图 2-40 显示了 Xgrid 体系结构的简化视图。Xgrid 具有以下关键组件和抽象。

- **作业**（Job）：代表要处理的总体问题。当把作业提交给网格时，将把它划分成网格中的各个计算机可以处理的部分。作业包括一个或多个程序及相关的数据。
- **任务**（Task）：是一份不可分割的作业，将把它提供给网格参与者来执行。任务必须足够大，以证明分配任务的代价是合理的。
- **控制器**（Controller）：是网格管理器。Mac OS X Server 包括使系统充当 Xgrid 控制器所必需的软件。
- **客户**（Client）：是把作业提交给控制器的系统。Xgrid 客户软件可以在 Mac OS X 和 Mac OS X Server 上运行。

---

　　① 从概念上讲，Alto 蠕虫与现代网格计算环境（比如 Apple 的 Xgrid）中的控制器和代理程序在某些方面是类似的。

　　② 还有其他多种"大型"计算，比如高性能计算（High Performance Computing，HPC）和高吞吐量计算（High Throughput Computing，HTC）。有关它们的讨论超出了本书的范围。

　　③ 此类网格的一个示例是 SETI@home 项目，它是一个科学实验，在 SETI（Search for Extraterrestrial Intelligence，地外文明搜索）中使用 Internet 上参与的计算机。

　　④ 使 Linux 系统作为代理参与 Xgrid 是可能的。Apple 官方只支持 Mac OS X 和 Mac OS X Server 代理。

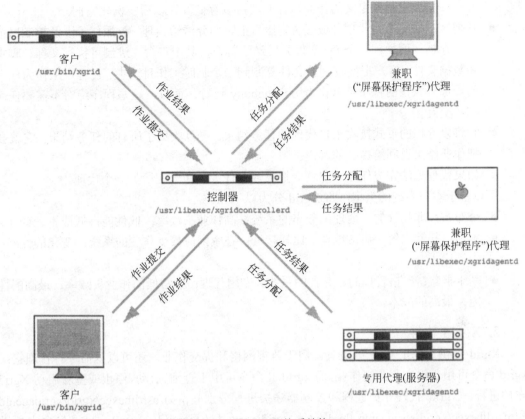

图 2-40　Xgrid 体系结构

- **代理**（Agent）：是一个愿意执行控制器所发送任务的网格参与系统。代理系统可以为系统中的每个 CPU 一次运行一项任务。Xgrid 代理软件可以在 Mac OS X 和 Mac OS X Server 上运行。而且，代理可以是**专用**（Dedicated）的或**兼职**（Part-Time）的。专用代理总是可供 Xgrid 使用，而兼职代理只在系统空闲时才可供使用[①]。

因此，客户把作业提交给控制器，控制器维护大部分 Xgrid 逻辑，代理则执行任务。控制器的特定职责如下。

- 它可以通过多播 DNS（multicast DNS，mDNS）宣告它的存在，允许客户使用 Bonjour 发现控制器——无须知道控制器的主机名或 IP 地址。
- 它接受来自代理的连接。一个代理一次只能连接到一个控制器[②]。如果系统被支持作为一个 Xgrid 代理，它默认将尝试连接到本地网络上的第一个可用的控制器，尽管可以将它绑定到特定的控制器。Xgrid 可能配置成需要在代理与控制器之间进行身份验证。
- 它接受来自客户的连接。Xgrid 客户系统上的用户把作业提供给控制器，可以选择在进行身份验证之后——例如，通过单点登录或密码。Xgrid 客户软件允许创建插

---

① Mac OS X Server Xgrid 代理默认是专用的，而 Mac OS X 上的代理默认不会接受任务，除非系统至少空闲 15 分钟——通过缺少用户输入来确定。以这种方式使用桌面系统的过程有时称为**桌面恢复**（Desktop Recovery）。

② 在一个子网上可以存在多个合乎逻辑的网格，但是每个合乎逻辑的网格都恰好具有一个控制器。

件——实质上是预定义的作业，控制器可以存储并在以后实例化它们。

- 它把客户提交的作业划分成任务，然后把它们分派给代理。分派任务涉及控制器把一个存档（例如，一个 tar 文件）发送给客户，其中包含二进制可执行文件、脚本和数据文件。客户把接收到的文件复制到一个临时工作目录中。在客户上作为任务的一部分执行的程序可以作为用户 nobody 运行。而且，这些程序绝对不需要任何 GUI 交互。
- 它将以存档的形式接收来自代理的任务结果。一旦收集了所有的任务结果，它就会把作业结果返回给提交的客户。
- 如果代理无法完成任务，它就会把失败的任务重新分配给另一个代理。

可以基于参与系统的类型，将 Xgrid 分为以下几类。

- 分布式：非托管的、地理上分布的系统；高作业失败率；低性能；低成本。
- 本地：托管系统，通常地理上比较接近；在空闲时接受作业的系统；变化的性能；中等成本。
- 基于群集：严格管理的、并置的系统；专用代理；非常低的作业失败率；最高的性能；最高的成本。

2. Xgrid 软件

Xgrid 提供了基于 GUI 的工具，用于监视网格和提交作业。还可以从命令行管理它：xgrid 命令可用于提交和监视作业，而 xgridctl 命令可用于查询、启动、停止或重新启动 Xgrid 守护进程。Xgrid 代理守护进程和控制器守护进程分别驻留为/usr/libexec/xgrid/xgridagentd 和/usr/libexec/xgrid/xgridcontrollerd。/etc/xgrid/agent/和/etc/xgrid/controller/目录包含守护进程的配置文件。

Xgrid 公共 API（XgridFoundation.framework）提供了用于连接和管理 Xgrid 实例的接口[①]。可以利用 Xgrid 集成编写自定义的 Cocoa 应用程序。

2.15.2　Xsan

Apple 的 Xsan 产品是一个 SAN（Storage Area Network，存储区域网络）文件系统以及一个图形管理应用程序——Xsan Admin。Xsan 基于来自 ADIC（Advanced Digital Information Corporation，高级数字信息公司）的 StorNext 多平台文件系统。事实上，可以把 Macintosh 客户添加到现有的 StorNext SAN 中。Xserve 和 Xserve RAID 系统反过来也可以分别充当在多种平台上运行 StorNext 软件的客户计算机的控制器和存储器，这些平台包括：AIX、HP-UX、Irix、Linux、Solaris、UNICOS/mp 和 Microsoft Windows。

与典型的 SAN 一样，Xsan 使用高速通信信道连接计算机系统和存储设备，给用户提供快速访问以及给管理员提供按需定制的、非破坏性的扩展能力。图 2-41 显示了 Xsan 的高级体系结构。

---

① 另一个 Xgrid 框架——XgridInterface.framework——是一个私有框架。

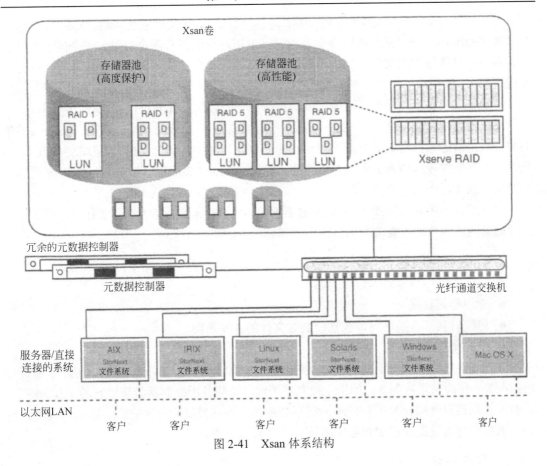

图 2-41　Xsan 体系结构

Xsan 包括以下组成部分。

● 存储设备。

● 一台或多台充当元数据控制器的计算机。

● 使用存储器的客户计算机。

● 通信基础设施，包括以太网和光纤通道网络，以及关联的硬件，比如光纤通道交换机和适配器。

1. Xsan 中的存储器

Xsan 中的存储器的面向用户的逻辑视图是一个**卷**（Volume），它代表共享存储器。图 2-41 显示了如何构造 Xsan 卷。

Xsan 中最小的物理构件是**磁盘**（Disk），而最小的逻辑构件是**逻辑单元号**（Logical Unit Number，LUN）。LUN 可以是一个 Xserve RAID 阵列或切片，也可以是一个 JBOD[①]。将 LUN 组合起来构成**存储器池**（Storage Pool），它可以具有用于数据丢失保护或性能的不同特征。例如，图 2-41 显示了两个存储器池：一个包含 RAID 1 阵列，通过冗余提供较高的

---

① JBOD 代表 Just a Bunch of Disks（简单的磁盘簇）。JBOD LUN 是通过连接多个物理磁盘而创建的虚拟磁盘设备。JBOD 配置中没有冗余。

可恢复性；另一个包含 RAID 5 阵列，用于提供高性能[①]。在文件系统级别，Xsan 允许通过**类同性**（Affinity）把目录分配给存储器池，其中用户可以具有两个目录，一个用于存储必须具有较高可恢复性的文件，另一个则用于存储必须具有快速访问能力的文件。把存储器池组合起来，就构成了用户可见的卷。一旦客户挂接了 Xsan 卷，就可以把它用作逻辑磁盘。不过，它不仅仅是本地磁盘，因为可以动态增加它的容量，并且可以在 SAN 中共享它。

Xsan 卷支持权限和配额。Xsan 还允许为卷指定不同的分配策略。**均衡**（Balance）策略将导致把新的数据写入具有最大空闲空间的存储器池中。**填充**（Fill）策略将导致 Xsan 从第一个开始按顺序填充可用的存储器池。**轮询**（Round-Robin）策略将导致 Xsan 在写入新数据时循环遍历所有可用的池。

可以通过多种方法增加 Xsan 的存储器容量，包括：添加新的卷、向现有的卷中添加新的存储器池，或者向现有的存储器池中添加新的 LUN[②]。

2．元数据控制器

Xsan 元数据控制器的主要功能如下。
- 管理卷元数据[③]。
- 协议对共享卷的访问，包括控制对文件的并发访问。
- 维护文件系统日志。

在 Xsan 中至少必须有一个元数据控制器——通常是一个 Xserve 系统。可能添加额外的控制器，作为备用控制器，如果主控制器失败，这些备用控制器将接管它的工作。注意：元数据控制器只管理元数据和日志；它不会在其本地存储器中存储它们。默认情况下，卷的元数据和日志驻留在添加到卷中的第一个存储器池中。

3．客户系统

Xsan 客户包括从单用户桌面计算机到多用户服务器。元数据控制器也可以是客户。如前所述，Xsan 可以支持其他运行 StorNext 软件的客户平台。

4．通信基础设施

Xsan 客户为文件数据使用光纤通道（即在与 Xserve RAID 系统通信时），并为元数据使用以太网[④]（即在与元数据控制器通信时）。

Xsan 支持光纤通道多路径（Fibre Channel Multipathing）：如果多个物理连接可用，Xsan 就可以把专用连接[⑤]用于卷中的某些 LUN，或者它可以为读写通信量使用单独的连接。

在安装了 Xsan 软件的系统上，Xsan 命令行实用程序驻留在/Library/Filesystems/Xsan/bin/中。

---

① RAID 1 配置在两个或更多的磁盘上镜像数据。RAID 5 配置跨 3 个或更多的磁盘条带化数据块。RAID 5 跨驱动器阵列散布奇偶校验信息。万一驱动器失效，奇偶校验可用于恢复丢失的数据。
② 现有的存储器池不能是保存卷的元数据或日志数据的存储器池。
③ Xsan 卷元数据包括文件的实际物理位置。
④ Xsan 管理通信量也会流经以太网。
⑤ 这样的专用连接是在卷挂接时分配的。

2.16　网　　络

Mac OS X 网络子系统的大部分功能都源于 4.4BSD 的网络子系统，尽管它们之间具有某些重要的区别，比如在处理定时器以及网络设备与网络协议栈的较高层的交互方面。

I/O Kit 的 Network 家族提供了多个类，它们一起构成了 Mac OS X 网络子系统的低级层。例如，如果希望创建网络控制器驱动程序，就可以使用通过 Network 家族定义的框架。而且，网络子系统具有**数据链路接口层**（Data Link Interface Layer，DLIL），把 Network 家族与 BSD 网络代码连接起来。确切地讲，DLIL 用于 Network 家族的 IONetworkInterface 类与高级组件（比如协议）之间的通信。

Mac OS X 实现的一个值得注意的特性是**网络内核扩展**（Network Kernel Extension，NKE）机制，它提供了一些方式，通过与网络协议栈交互的可加载内核模块扩展系统的网络体系结构。NKE 的应用程序的示例包括实现新的协议、修改现有的协议、创建链路层加密机制以及在协议栈的多个层附加过滤器。

在 Mac OS X 10.4 以前，必须将内核扩展明确指定为 NKE。从版本 10.4 开始，内核输出多个**内核编程接口**（Kernel Programming Interface，KPI），使 NKE 功能可供内核扩展使用。下面给出了与这些 KPI 对应的头文件的示例。

- kpi_interface.h：用于同网络接口交互。
- kpi_mbuf.h：用于同 mbuf 交互。
- kpi_protocol.h：用于同网络协议交互。
- kpi_socket.h：用于在内核中操作和使用套接字。
- kpi_socketfilter.h：用于在套接字层实现过滤器。
- kpi_ipfilter.h：用于在 IP 层实现过滤器。
- kpi_interfacefilter.h：用于在接口层实现过滤器。

第 3 章　Apple 内幕

Apple 于 1994 年发起了从 68K 硬件平台向 PowerPC 的迁移。在接下来的两年内，Apple 的整个计算机系列都迁移到了 PowerPC。在任何给定时间可用的各个基于 PowerPC 的 Apple 计算机家族通常在计算机体系结构[①]、使用的特定处理器以及处理器供应商方面有所区别。例如，在 2003 年 10 月推出 G4 iBook 以前，Apple 当时最新的系统包括三代 PowerPC：G3、G4 和 G5。其中 G4 处理器系列是由 Motorola 提供的，而 G3 和 G5 则来自 IBM。表 3-1 列出了 Apple 使用的多个 PowerPC 处理器[②]。

表 3-1　基于 PowerPC 的 Apple 系统中使用的处理器

处　理　器	推出时间	停止使用时间
PowerPC 601	1994 年 3 月	1996 年 6 月
PowerPC 603	1995 年 4 月	1996 年 5 月
PowerPC 603e	1996 年 4 月	1998 年 8 月
PowerPC 604	1995 年 8 月	1998 年 4 月
PowerPC 604e	1996 年 8 月	1998 年 9 月
PowerPC G3	1997 年 11 月	2003 年 10 月
PowerPC G4	1999 年 10 月	—
PowerPC G5	2003 年 6 月	—
PowerPC G5（双核）	2005 年 10 月	—

2005 年 6 月 6 日，在旧金山的全球开发者大会上，Apple 宣布了它的计划，使 Macintosh 计算机的未来型号基于 Intel 处理器。这个迁移过程持续了两年：Apple 声明尽管基于 x86 的 Macintosh 型号到 2006 年中期将变得可用，但是所有的 Apple 计算机直到 2007 年末才会迁移到 x86 平台。迁移的速度比预期的更快，首批 x86Macintosh 计算机在 2006 年 1 月就出现了。这些系统——iMac 和 MacBook Pro——基于 Intel Core Duo[③]双核处理器系列，它们构建在 65nm 处理器技术之上。

在本章中，将探讨特定类型的 Apple 计算机的系统体系结构：基于 G5 的双处理器 Power Mac。而且，还将讨论这些系统中使用的特定 PowerPC 处理器：970FX。我们将重点介绍基于 G5 的系统，因为一般来讲 970FX 比它的前身更高级、更强大并且更有趣。它还是第一个 64 位双核 PowerPC 处理器（970MP）的基础。

---

① 系统体系结构指系统的硬件组件的类型和互连方式，包括——但并不仅限于——处理器类型。
② 这个列表没有考虑处理器型号之间的微小区别——例如，只基于处理器时钟频率的区别。
③ 这款处理器的原始代号为 Yonah。

3.1　Power Mac G5

　　Apple 在 2003 年 6 月宣布了 Power Mac G5——它的第一个 64 位桌面系统。最初基于 G5 的计算机使用 IBM 的 PowerPC 970 处理器，之后的系统基于 970FX 处理器。2005 年后期，Apple 通过迁移到双核 970MP 处理器，更新了 Power Mac 系列。970、970FX 和 970MP 都源于 POWER4 处理器家族的执行核心，它是为 IBM 的高端服务器设计的。G5 是 Apple 用于 970 及其变体的市场营销口号。

IBM 的其他 G5

　　还有另外一个来自 IBM 的 G5——S/390 G5 系统中使用的微处理器，它是在 1998 年 5 月宣布的。S/390 G5 是 IBM 的 CMOS[①]大型机家族的成员。与 970 处理器家族不同，S/390 G5 具有 CISC（Complex Instruction Set Computer，复杂指令集计算机）体系结构。

　　在研究任何特定的 Power Mac G5 的体系结构之前，要注意多种 Power Mac G5 型号可能具有稍微不同的系统体系结构。在下面的讨论中，将参考图 3-1 中所示的系统。

3.1.1　U3H 系统控制器

　　U3H 系统控制器结合了内存控制器[②]和 PCI 总线桥[③]的功能。它是一个自定义的集成芯片（Integrated Chip，IC），并且是许多关键系统组件的交汇点，包括：处理器、DDR（Double Data Rate，双倍数据速率）内存系统、AGP（Accelerated Graphics Port，加速图形端口）[④]插槽和进入 PCI-X 桥的 HyperTransport 总线。U3H 通过在这些组件之间执行点对点路由，提供了桥接功能。它支持 GART（Graphics Address Remapping Table，图形地址重映射表），允许 AGP 桥把 AGP 事务中使用的线性地址转换成物理地址。这改进了直接内存访问（Direct Memory Access，DMA）事务的性能，它们涉及在虚拟内存中通常不连续的多个页。U3H 支持的另一个表是 DART（Device Address Resolution Table，设备地址解析表）[⑤]，它为连接到 HyperTransport 总线的设备把线性地址转换成物理地址。在第 10 章中讨论 I/O Kit 时，将会遇到 DART。

---

　　①　CMOS 代表 Complementary Metal Oxide Semiconductor（互补式金属氧化物半导体）——它是一种集成电路技术。CMOS 芯片使用 MOSFET（metal oxide semiconductor field effect transistor，金属氧化物半导体场效应晶体管），它们极大地不同于在 CMOS 之前流行的双极晶体管。大多数现代处理器都是利用 CMOS 技术制造的。

　　②　内存控制器用于控制处理器以及与内存系统的 I/O 交互。

　　③　G5 处理器使用 PCI 总线桥在 PCI 总线上执行操作。PCI 总线桥还提供了一个接口，PCI 设备可以通过它访问系统内存。

　　④　AGP 通过添加为视频设备优化的功能，扩展了 PCI 标准。

　　⑤　DART 有时可扩展为 DMA 地址重定位表（Address Relocation Table）。

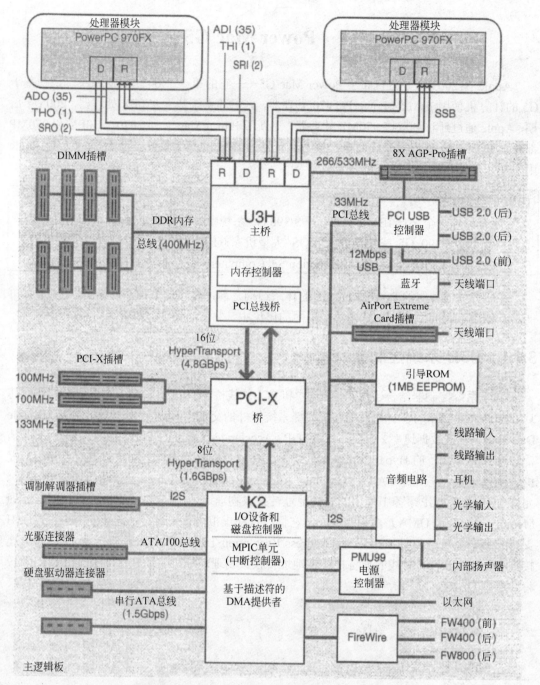

图 3-1 双处理器 Power Mac G5 系统的体系结构

3.1.2 K2 I/O 设备控制器

U3H 通过 16 位的 HyperTransport 总线连接到 PCI-X 桥。PCI-X 桥则通过 8 位的
HyperTransport 总线进一步连接到 K2 自定义的 IC。K2 是一个自定义的集成 I/O 设备控制
器。特别是，它提供了磁盘和多处理器中断控制器（Multiprocessor Interrupt Controller，

MPIC）功能。

3.1.3　PCI-X 和 PCI Express

图 3-1 中显示的 Power Mac 系统提供了 3 个 PCI-X 1.0 插槽。具有双核处理器的 Power Mac G5 系统使用 PCI Express。

1. PCI-X

开发 PCI-X 是为了提高总线速度和减少 PCI 等待时间（参见第 116 页框注"关于本地总线的基础知识"）。PCI-X 1.0 基于现有的 PCI 体系结构。特别是，它还是一种共享总线。它解决了 PCI 的许多（但并非全部）问题。例如，它的分割事务协议改进了总线带宽利用率，导致了远远超过 PCI 的吞吐率。它完全向后兼容，这是由于 PCI-X 卡可以用在传统的 PCI 插槽中，传统的 PCI 卡（包括 33MHz 和 66MHz）反过来也可以用在 PCI-X 插槽中。不过，PCI-X 在电学上并不与仅支持 5V 的卡或者仅支持 5V 的插槽兼容。

PCI-X 1.0 使用 64 位的插槽。它提供了两种速度等级：PCI-X 66（66MHz 的信令速度，高达 533MB/s 的峰值吞吐量）和 PCI-X 133（133MHz 的信令速度，高达 1GB/s 的峰值吞吐量）。

PCI-X 2.0 提供了如下增强。

- 纠错码（Error Correction Code，ECC）机制，用于提供自动的 1 位错误恢复和 2 位的错误检测。
- 新的速度等级：PCI-X 266（266MHz 的信令速度，高达 2.13GB/s 的峰值吞吐量）和 PCI-X 533（533MHz 的信令速度，高达 4.26GB/s 的峰值吞吐量）。
- 新的 16 位接口，用于嵌入式或可移植应用程序。

注意在图 3-1 中插槽是如何连接到 PCI-X 桥的：其中一个插槽是"单独"连接的（**点对点**（point-to-point）负载），而另外两个插槽则"共享"一条连接（**多点**（Multidrop）负载）。PCI-X 速度限制是：**仅当负载是点对点的时，才支持它的最高速度等级**。确切地讲，两个 PCI-X 133 负载都将以 100MHz 的最高速度工作[①]。相应地，这台 Power Mac 中有两个插槽是 100MHz，而第三个插槽则是 133MHz。

> PCI-X 的下一个版本（PCI-X 3.0）提供了 1066MHz 的数据速率以及 8.5GB/s 的峰值吞吐量。

2. PCI Express

使用共享总线的一种替代选择是使用点对点链路来连接设备。PCI Express[②]使用一种高速、点对点体系结构。它使用既定的 PCI 驱动程序编程模型提供 PCI 兼容性。将通过一种分割事务的、基于分组的协议把软件生成的 I/O 请求传输给 I/O 设备。换句话说，PCI Express 实质上将序列化和分组化 PCI。它支持多种互连宽度——可以通过添加信号对（Signal Pair）形成**通道**（Lane），线性缩放链路的带宽。最多可以有 32 条单独的通道。

---

① 多点配置中的 4 个 PCI-X 133 负载都将以 66MHz 的最高速度工作。

② PCI Express 标准是在 2002 年 7 月由 PCI-SIG 董事会批准的。PCI Express 被正式称为 3GIO。

关于本地总线的基础知识

多年来，由于 CPU 速度显著提高，其他计算机子系统并没有设法与之保持一致。也许一个例外是主存，其进展要好于 I/O 带宽。1991 年[①]，Intel 推出了 PCI（Peripheral Component Interconnect，外围组件互连）本地总线标准。用最简单的话讲，总线是一条共享通信链路。在计算机系统中，总线被实现为一组导线，它们连接计算机的一些子系统。通常把多条总线用作构件，来构造复杂的计算机系统。本地总线中的"本地"意味着它位于处理器附近[②]。PCI 总线被证明是一种极其流行的互连机制（也简称为互连），尤其是在所谓的北桥/南桥实现中。**北桥**（North Bridge）通常负责处理器、主存、AGP 以及南桥（South Bridge）之间的通信。不过，请注意：现代系统设计正在把内存控制器转移给处理器晶圆（Processor die），从而使 AGP 过时了，并且使传统的北桥变得毫无必要。

典型的南桥控制多种总线和设备，包括 PCI 总线。一种比较常见的做法是：使 PCI 总线同时作为用于外设的插入式总线以及作为一种互连方式，允许直接或间接连接到它的设备与内存通信。

PCI 总线使用共享、平行的多点体系结构，其中在总线上多路复用地址、数据和控制信号。当一个 PCI 总线主控制器[③]使用总线时，其他连接的设备要么等待它变得空闲，要么使用一个争用协议请求总线的控制权。需要多个**边频带**（Sideband）信号[④]来跟踪通信方向、总线传输的类型以及总线主控请求的指示等。而且，共享总线以受限的时钟速度运行，并且由于 PCI 总线可以支持那些需求变化极大（依据带宽、传输尺寸、延迟范围等）的广泛设备，总线仲裁可能相当复杂。PCI 具有多种其他的限制，它们超出了本章讨论的范围。

PCI 演化成了多个变体，它们在向后兼容性、向前计划、支持的带宽等方面有所区别。

- 传统 PCI：原始的 PCI 本地总线规范（PCI Local Bus Specification）演化成了现在所谓的**传统 PCI**（Conventional PCI）。PCI 特别兴趣小组（PCI Special Interest Group，PCI-SIG）于 1993 年推出了 PCI 2.01，其后接着推出了修订版 2.1（1995 年）、2.2（1998 年）和 2.3（2002 年）。根据修订版，PCI 总线特征包括：5V 或 3.3V 的信令、32 位或 64 位的总线宽度、33MHz 或 66MHz 的工作速度，以及 133MB/s、266MB/s 或 533MB/s 的峰值吞吐量。传统 PCI 3.0——当前标准——完成了 PCI 总线从 5.0V 信令总线向 3.3V 信令总线的迁移。

- MiniPCI：MiniPCI 基于 PCI 2.2 定义了一种较小尺寸和形状的 PCI 卡。它打算在空间非常宝贵的产品中使用——比如笔记本计算机、扩展坞（Docking Station）

---

① 在这一年，还发布了 Macintosh System 7，组建了 AIM（Apple-IBM-Motorola）联盟，并且创立了 PCMCIA（Personal Computer Memory Card International Association，个人计算机存储卡国际协会）等。

② 第一条本地总线是 VESA 本地总线（VESA local bus，VLB）。

③ 总线主控制器是一个可以发起读/写事务的设备——例如，处理器。

④ 在 PCI 环境中，边频带信号是指不属于 PCI 规范的一部分但是用于连接两个或更多 PCI 兼容设备的任何信号。边频带信号可用于对总线的特定于产品的扩展，只要它们没有与规范的实现对接即可。

和机顶盒。Apple 的 AirPort Extreme 无线卡就是基于 MiniPCI 的。

- CardBus：CardBus 是 PC Card 家族的成员，它提供了 32 位、33MHz、在 3.3V 工作的类似于 PCI 的接口。PC Card 标准是由 PCMCIA 维护的[①]。

PCI-X（参见 3.1.3 节中的第 1 小节）和 PCI Express（参见 3.1.3 节中的第 2 小节）代表 I/O 总线体系结构中的进一步发展。

3.1.4　HyperTransport

HyperTransport（HT）是一种高速、点对点的芯片互连技术。它以前称为 LDT（Lightning Data Transport，闪电数据传输），是 AMD（Advanced Micro Devices，美国超微半导体公司）与行业合作伙伴于 20 世纪 90 年代后期合作开发的。该技术于 2001 年 7 月正式推出。Apple Computer 是 HyperTransport 技术联盟（HyperTransport Technology Consortium）的创始成员之一。HyperTransport 体系结构是开放的，并且是非专有的。

HyperTransport 的目的在于：通过替代多级总线，简化芯片对芯片以及板对板之间的互连。HyperTransport 协议中的每条连接都位于两个设备之间。每条连接没有使用单独一条双向总线，而是包括**两条单向链路**（two unidirectional link）。可以扩展 HyperTransport 点对点互连（图 3-2 显示了一个示例）以支持多种设备，包括隧道、桥和端点设备。HyperTransport 连接特别适合于主逻辑板上的设备——也就是说，那些需要最短延迟和最高性能的设备。HyperTransport 链路链也可用作 I/O 通道，用于把 I/O 设备和桥连接到主机系统。

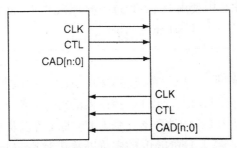

图 3-2　HyperTransport I/O 链路

一些重要的 HyperTransport 特性如下。

- HyperTransport 使用基于分组的数据协议，其中狭窄而快速的单向点对点链路将传送编码为分组的**命令、地址和数据**（Command, Address, and Data，CAD）信息。
- 链路的电学特征有助于更干净的信号传输、更高的时钟速率和更低的电源消耗。因此，需要少得多的边频带信号。
- 不同链路的宽度不必相同。8 位宽度的链路可以轻松地连接到 32 位宽度的链路。链路宽度可以从 2 位放大到 4 位、8 位、16 位或 32 位。如图 3-1 所示，U3H 与 PCI-X 桥之间的 HyperTransport 总线宽度是 16 位，而 PCI-X 桥与 K2 则是通过 8 位宽度的

---

① 成立 PCMCIA 是为了标准化移动计算机的某些类型的外接存储卡。

HyperTransport 总线连接的。

- 不同链路的时钟速度不必相同，并且可以跨广泛的范围进行缩放。因此，可能在**宽度**（Width）和**速度**（Speed）两方面缩放链路，以适应特定的需要。
- HyperTransport 支持**分割事务**（Split Transaction），消除了低效重试、断开目标和插入等待状态的需要。
- HyperTransport 结合了串行和并行体系结构的许多优点。
- HyperTransport 具有对 PCI 的全面遗留支持。

分割事务

当使用分割事务时，**请求**（Request）（它需要一个响应）以及该请求的**完成**（Completion）——**响应**（Response）[①]——都是总线上单独的事务。从作为分割事务执行的操作的角度讲，链路在发送请求之后并且在接收响应之前是空闲的。而且，依赖于芯片组的实现，可以同时挂起[②]多个事务。跨更大的结构路由这样的事务也更容易。

HyperTransport 被设计成与广泛使用的 PCI 总线标准协同工作——它与 PCI、PCI-X 以及 PCI Express 是软件兼容的。事实上，可将其视作 PCI 的超集，因为它可以通过保存 PCI 定义和寄存器格式，提供完全的 PCI 透明度。它可以遵守 PCI 命令和配置规范，还可以使用即插即用功能，使得兼容的操作系统可以识别和配置启用 HyperTransport 的设备。它被设计成同时支持 CPU-CPU 通信以及 CPU-I/O 传输，同时还强调了低延迟。

HyperTransport 隧道设备可用于提供对其他总线（比如 PCI-X）的连接。系统可以通过使用 HT-HT 桥，来使用额外的 HyperTransport 总线。

Apple 在基于 G5 的系统中使用 HyperTransport 连接 PCI、PCI-X、USB、FireWire、音频和视频链路。在这种方案中，U3H 充当北桥。

系统架构和平台

从 Mac OS X 的角度讲，可以把系统的架构（Architecture）定义为主要是它的处理器类型、北桥（包括内存控制器）以及 I/O 控制器的组合。例如，AppleMacRISC4PE 系统架构包含一个或多个基于 G5 的处理器、基于 U3 的北桥以及基于 K2 的 I/O 控制器。基于 G3 或 G4 的处理器、基于 UniNorth 的主桥以及基于 KeyLargo 的 I/O 控制器的组合被称为 AppleMacRISC2PE 系统架构。

一个更特定于型号的概念是**平台**（Platform），它通常依赖于特定的主板，并且很可能比系统架构更频繁地改变。平台的一个示例是 PowerMac 11.2，它对应于 2.5GHz 的四核处理器（两个双核）Power Mac G5。

3.1.5　Elastic I/O 互连

PowerPC 970 是与 Elastic I/O 一起推出的，后者是一种高带宽和高频率的**处理器互连**

---

① 响应也可能具有与之关联的数据，就像读操作中一样。

② 这类似于 SCSI 协议中的标签式队列。

（Processor-Interconnect，PI）机制，它无需总线级仲裁[①]。Elastic I/O 包括两条 32 位的逻辑总线，它们都是高速的**源同步总线**（source-synchronous bus，SSB），代表单向点对点连接。如图 3-1 所示，一条总线是从处理器连接到 U3H 配套芯片，另一条是从 U3H 连接到处理器。在双处理器系统中，每个处理器都会获得它自己的双 SSB 总线。注意：SSB 还支持多处理器系统中使用的缓存一致性"监听"协议。

> 同步（Synchronous）总线是指在其控制线中包括一个时钟信号的总线。它的实现协议会处理时钟。源同步（Source Synchronous）总线使用一种定时模式，其中将与数据一起转发时钟信号，当时钟信号变高或变低时，允许精确地对数据取样。

每条 SSB 的逻辑宽度是 32 位，而物理宽度则更大。每条 SSB 包括 50 条信号线，它们的用途如下。

- 2 个信号用于差分总线时钟线。
- 44 个信号用于数据，以传输 35 位的地址和数据或者控制信息（AD），以及 1 位用于传输握手（Transfer-Handshake，TH）分组，用以确认在总线上接收到这样的命令或数据分组。
- 4 个信号用于差分监听响应（Snoop Response，SR），以传送监听一致性响应，允许进行全局监听活动，以维护缓存一致性。

> 使用 44 个物理位传输 36 个逻辑信息位，允许将 8 位用于奇偶校验。用于冗余数据传输的另一种支持的格式使用平衡编码方法（Balanced Coding Method，BCM），其中如果总线状态有效的话，将恰好有 22 个高信号和 22 个低信号。

图 3-1 中显示的总体处理器互连逻辑上包括 3 个入站段（ADI、THI、SRI）和 3 个出站段（ADO、THO、SRO）。传输的方向是从驱动端（D）或主端到接收端（R）或从端。数据传输的单元是分组。

每条 SSB 都以某个频率工作，该频率是处理器频率的整分数倍（Integer Fraction）。970FX 设计允许多个这样的比率。例如，Apple 的双处理器 2.7GHz 系统具有 1.35GHz 的 SSB 频率（PI 总线比率为 2∶1），而单处理器的 1.8GHz 型号之一具有 600MHz 的 SSB 频率（PI 总线比率为 3∶1）。

970FX 处理器与 U3H 之间的通道的双向性意味着具有用于读和写的专用数据路径。因此，吞吐量在包含相同读和写数量的工作负载中将是最高的。传统的总线体系结构是共享的并且每次都是单向的，对于主要包含读操作或写操作的工作负载将提供更高的峰值吞吐量。换句话说，对于均衡的工作负载，Elastic I/O 可以导致更高的总线利用率。

> 总线接口单元（Bus Interface Unit，BIU）在启动期间能够自我调优，以确保最佳的信号质量。

---

① 通俗地讲，仲裁是回答"谁得到总线？"这个问题的机制。

3.2　G5：血统和路线图

如前所述，G5 是从 IBM 的 POWER4 处理器演化而来的。在本节中，将简要探讨 G5 与 POWER4 以及它的一些后代有何异同。这将有助于了解 G5 在 POWER4/PowerPC 路线图中的位置。表 3-2 提供了 POWER4 和 POWER5 系列的一些关键特性的高级总结。

表 3-2　POWER4 及更新的处理器

关 键 特 性	POWER4	POWER4+	POWER5	POWER5+
推出的年代	2001 年	2002 年	2004 年	2005 年
微影尺寸	180nm	130nm	130nm	90nm
核心数量/芯片	2 个	2 个	2 个	2 个
晶体管数量	1.74 亿个	1.84 亿个	2.76 亿个/芯片 [a]	2.76 亿个/芯片
晶圆尺寸	415mm^2	267mm^2	389mm^2/芯片	243mm^2/芯片
LPAR[b]	是	是	是	是
SMT[c]	否	否	是	是
内存控制器	芯片外	芯片外	芯片上	芯片上
快速路径	否	否	是	是
L1 指令缓存	2×64KB	2×64KB	2×64KB	2×64KB
L1 数据缓存	2×32KB	2×32KB	2×32KB	2×32KB
L2 缓存	1.41MB	1.5MB	1.875MB	1.875MB
L3 缓存	32MB 以上	32MB 以上	36MB 以上	36MB 以上

　　a. 芯片包括两个处理器核心和 L2 缓存。多芯片模块（Multichip Module，MCM）包含多个芯片，通常还包含 L3 缓存。带有 4 个 L3 缓存模块的 4 芯片 POWER5 MCM 是 95mm^2。

　　b. LPAR 代表（处理器级）Logical Partition（逻辑分区）。

　　c. SMT 代表 Simultaneous Multithreading（并发多线程技术）。

晶体管的变迁

　　根据现代处理器的技术规范，将它们与个人计算历史上的一些最重要的处理器做一下比较将是有趣的。

- Intel 4004：1971 年，750kHz 的时钟频率、2300 个晶体管、4 位累加器体系结构、8μm 的 pMOS、3×4mm^2、8~16 个周期/指令，设计用于桌面打印计算器。
- Intel 8086：1978 年，8MHz 的时钟频率、29 000 个晶体管、16 位扩展的累加器体系结构、与 8080 兼容的组装方式、通过分段寻址模式进行 20 位的寻址。
- Intel 8088：1979 年（原型化），8086 的 8 位总线版本，于 1981 年在 IBM PC 中使用。
- Motorola 68000：1979 年，8MHz 的时钟频率、68 000 个晶体管、32 位通用寄存器体系结构（具有 24 个地址引脚）、高度微编码（甚至超微编码）、8 个地址寄存器、8 个数据寄存器，于 1984 年在原始的 Macintosh 中使用。

3.2.1　G5 的基本方面

表 3-2 中列出的所有 POWER 处理器以及从 G5 演化而来的处理器共享一些基本的体系结构特性。它们都是 **64 位**（64-bit）和**超标量**（Superscalar）的，并且它们都执行**推测式**（Speculative）、**无序**（Out-Of-Order）的操作。现在来简要讨论这些术语。

1. 64 位处理器

对于 64 位处理器的组件尽管没有正式的定义，但是所有的 64 位处理器都共享下面的基本属性。

- 64 位宽的通用寄存器。
- 支持 64 位的虚拟寻址，尽管物理或虚拟地址空间可能不会使用全部 64 位。
- 整数算术和逻辑运算是在 64 位操作数的全部 64 位上执行的——而没有分解成（比如说）两个 32 位的量上的两个操作。

PowerPC 体系结构被设计成同时支持 32 位和 64 位计算模式——这种实现可以自由地只实现 32 位的子集。G5 也支持两种计算模式。事实上，POWER4 支持多种处理器体系结构：32 位和 64 位的 POWER、32 位和 64 位的 PowerPC 以及 64 位的 Amazon 体系结构。我们将使用术语 PowerPC 同时指代**处理器**（Processor）和**处理器体系结构**（Processor Architecture）。在 3.3.12 节的第 1 小节中将讨论 970FX 的 64 位能力。

Amazon

Amazon 体系结构是在 1991 年由一组 IBM 研究员和开发人员定义的，当时他们合作创建一种可用于 RS/600 和 AS/400 的体系结构。Amazon 是一种只支持 64 位的体系结构。

---

2. 超标量

如果把标量（Scalar）定义为一种处理器设计，其中在每个时钟周期发出一条指令，那么**超标量**（Superscalar）处理器将在每个时钟周期发出数量可变的指令，并且允许时钟周期/指令（Clock-Cycle-Per-Instruction，CPI）比率小于 1。需要注意的是：即使超标量处理器可以在一个时钟周期内发出多条指令，它还是要满足几个附加条件，比如指令是否彼此依赖以及它们使用哪些特定的功能单元。超标量处理器通常具有多个功能单元，包括多个相同类型的单元。

VLIW

另一种可以发出多条指令的处理器是 **VLIW**（Very-Large Instruction-Word，特大指令字）处理器，它把多个操作打包进一条超长指令中。编译器——而不是处理器的指令调度器——在选择在 VLIW 处理器中将要同时发出哪些指令方面起着至关重要的作用。它可能通过使用启发、追溯和配置文件猜测分支方向对操作进行调度。

---

3. 推测式执行

推测式（Speculative）处理器可以在它确定是否需要执行指令之前就执行那些指令（例如，由于某个分支绕过了指令，可能不需要执行它们）。因此，指令执行不会等待**控制**

（Control）依赖性得到解决——它只会等待指令的操作数（**数据**（Data））变得可用。这种推测可以由编译器、处理器或者它们二者完成。表 3-2 中的处理器利用了硬件中的动态分支预测（"途中"具有多个分支）、推测和指令组的动态调度，来实现重要的指令级并行性。

4. 无序执行

无序执行（Out-Of-Order Execution）的处理器包括额外的硬件，它们可以绕过其操作数不可用（比如说，由于在寄存器加载期间发生了缓存失效（Cache Miss））的指令。因此，处理器执行指令的顺序并非总是它们出现在所运行的程序中的顺序，而可能执行其操作数准备就绪的指令，而把被绕过的指令推迟到更合适的时间执行。

3.2.2　新一代 POWER

POWER4 在单个芯片中包含两个处理器核心。而且，POWER4 体系结构具有一些有助于虚拟化的特性。示例包括处理器中的特殊虚拟机监视器模式、使用非虚拟内存地址时包括地址偏移量的能力，以及在中断控制器中对多个全局中断队列的支持。IBM 的 LPAR（Logical Partitioning，逻辑分区）允许在单个基于 POWER4 的系统上同时运行多个独立的操作系统映像（比如 AIX 和 Linux）。AIX 5L 版本 5.2 中引入的 DLPAR（Dynamic LPAR，动态 LPAR）允许从活动分区中动态添加和删除资源。

POWER4+改进了 POWER4，它减小了尺寸、消耗更少的电源、提供更大的 L2 缓存，并且允许更多的 DLPAR 分区。

POWER5 引入了 SMT（Simultaneous Multithreading，并发多线程），其中单个处理器可以同时支持多个指令流（在这里是两个指令流）。

许多处理器同时工作

IBM 的 RS 64 IV 是 PowerPC 家族的一个 64 位成员，它是第一款支持处理器级多线程（处理器保存多个线程的状态）的主流处理器。RS 64 IV 实现了粗粒度的双向多线程——单个线程（前台线程）执行，直到某个高延迟事件（比如缓存失效）发生为止。自此之后，执行将切换到后台线程。这实质上是一种非常快的基于硬件的环境切换实现。额外的硬件资源允许两个线程同时在硬件中具有它们的状态。两种状态之间的切换极其快速，只会消耗 3 个"不再使用的"周期。

POWER5 实现了双向 SMT，它的粒度要精细得多。处理器从两个活动的指令流中取指令，每条指令都包括一个线程指示器。处理器可以同时从两个流中给多个功能单元发出指令。事实上，指令流水线在它的多个阶段可以同时包含来自两个流的指令。

双向 SMT 实现不会提供两倍的性能改进——处理器的性能实际上要超过一个处理器，但是还不能完全等价于两个处理器。然而，操作系统看到的是一种对称多处理（Symmetric-Multiprocessing，SMP）编程模式。典型的改进因子的范围在 1.2~1.3，最佳情况大约在 1.6。在一些极端情况下，性能甚至可能会降级。

单个 POWER5 芯片包含两个核心，其中每个核心都能够支持双向 SMT。多芯片模块（Multichip Module，MCM）可以包含多个这样的芯片。例如，4 芯片 POWER5 模块具有 8 个核心。当每个核心在 SMT 模式下运行时，操作系统将看到 16 个处理器。注意：

在采用 SMT 之前，操作系统将第一次能够利用"真正的"处理器。

POWER5 还支持其他一些重要的特性，如下。

- 64 路多处理。
- 子处理器分区（或微分区（Micropartitioning）），其中多个 LPAR 分区可以共享单个处理器[①]。微分区的 LPAR 支持自动 CPU 负载平衡。
- **虚拟分区间以太网**（Virtual Inter-partition Ethernet），它以 Gb（千兆位）或者甚至更高的速度支持 LPAR 之间的 VLAN 连接，而无需物理网络接口卡。可以通过管理控制台定义虚拟以太网。依赖于操作系统，每个分区都支持多个虚拟适配器。
- **虚拟 I/O 服务器分区**（Virtual I/O Server Partition）[②]，它提供了虚拟磁盘存储器和以太网适配器共享。以太网共享把虚拟以太网连接到外部网络。
- 芯片上的内存控制器。
- 动态固件更新。
- 在专用电路中传输数据时进行检错和纠错。
- **快速路径**（Fast Path），能够直接在处理器内执行一些常见的软件操作。例如，可以通过单独一条指令执行 TCP/IP 处理的某些部分，它们传统上是在操作系统内使用一系列处理器指令处理的。这种硅加速也可以应用于其他的操作系统区域，比如消息传递和虚拟内存。

除了使用 90nm 技术之外，POWER5+还向 POWER5 的特性集中添加了几个特性，例如：16GB 页尺寸、1TB 分段、每个分段上的多种页尺寸、更大的（2048 个条目）转换后备缓冲区（Translation Lookaside Buffer，TLB）以及大量的内存控制器读取队列。

POWER6 被期望添加革命性的改进以及进一步扩展快速路径概念，允许在硅中执行更高级的软件（例如，数据库和应用程序服务器）的功能[③]。它很可能基于 65nm 的制作工艺，并且被期望具有多个超高频率核心和多个 L2 缓存。

3.2.3 PowerPC 970、970FX 和 970MP

PowerPC 970 是在 2002 年 10 月作为一款 64 位高性能处理器推出的，用于桌面、入门级服务器和嵌入式系统。可以将 PowerPC 970 视作简装版的 POWER4+。Apple 在其基于 G5 的系统中使用 970——其后接着 970FX 和 970MP。表 3-3 包含这些处理器的规范的简要比较。图 3-3 显示了图片式的比较。注意：与 POWER4+不同，它的 L2 缓存是在核心之间共享的，而 970MP 中的每个核心都有它自己的 L2 缓存，它比 970 或 970FX 中的 L2 缓存大两倍。

关于 970MP 的另一个值得注意的是：它的两个核心共享相同的输入和输出总线。特别是，输出总线是使用简单的轮询算法在核心之间"公平"共享的。

[①] 单个处理器可能被最多 10 个分区共享，并且最多可以支持总共 160 个分区。

[②] 虚拟 I/O 服务器分区必须运行在专用分区或微分区中。

[③] RISC 中的"精简"变得相当不精简！

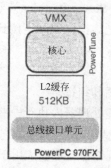
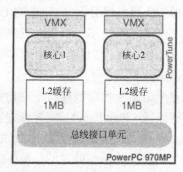

图 3-3 PowerPC 9xx 家族和 POWER4+

表 3-3 POWER4+及 PowerPC 9xx

关 键 特 性	POWER4+	PowerPC 970	PowerPC 970FX	PowerPC 970MP
推出的年代	2002 年	2002 年	2004 年	2005 年
微影尺寸	130nm	130nm	90nm[a]	90nm
核心数量/芯片	2 个	1 个	1 个	2 个
晶体管数量	1.84 亿个	0.55 亿个	0.58 亿个	1.83 亿个
晶圆尺寸	$267mm^2$	$121mm^2$	$66mm^2$	$154mm^2$
LPAR	是	否	否	否
SMT	否	否	否	否
内存控制器	芯片外	芯片外	芯片外	芯片外
快速路径	否	否	否	否
L1 指令缓存	2×64KB	64KB	64KB	2×64KB
L1 数据缓存	2×32KB	32KB	32KB	2×32KB
L2 缓存	1.41MB 共享 [b]	512KB	512KB	2×1MB
L3 缓存	32MB 以上	无	无	无
VMX（AltiVec[c]）	否	是	是	是
PowerTune[d]	否	否	是	是

a. 970FX 和 970MP 使用 90nm 的微影尺寸，其中铜导线、应变硅和绝缘硅（Silicon-On-Insulator，SOI）都融入了相同的制造工艺中。这种技术可以使电流加速通过晶体管，并且在硅中提供了一个绝缘层。这样可以提升性能、对晶体管绝缘以及消耗更低的电源。控制电源消耗对于具有较小工艺几何尺寸的芯片特别关键，其中次临界漏电可能会引发问题。

b. L2 缓存是在两个处理器核心之间共享的。

c. 尽管 AltiVec 是由 Motorola、Apple 和 IBM 联合开发的，但它是 Motorola 的商标，或者更准确地讲，它是 Freescale 的商标。2004 年早期，Motorola 把它的半导体产品部门分离出去，成立了 Freescale 半导体公司。

d. PowerTune 是一种时钟频率和电压调节技术。

3.2.4　Intel Core Duo

与之相比，第一批基于 x86 的 Macintosh 计算机（iMac 和 MacBook Pro）中使用的 Intel Core Duo 处理器系列具有以下关键特征。

- 每个芯片上有两个核心。
- 使用 65nm 工艺技术制造。
- $90.3mm^2$ 的晶圆尺寸。
- 1.516 亿个晶体管。
- 最高 2.16GHz 的频率（以及 667MHz 的处理器系统总线）。
- 32KB 晶圆上的指令缓存和 32KB 晶圆上的数据缓存（回写）。
- 2MB 晶圆上的 L2 缓存（在两个核心之间共享）。
- 数据预取逻辑。
- SSE2（Streaming SIMD[①] Extensions 2，SIMD 流技术扩展 2）和 SSE3（Streaming SIMD Extensions 3，SIMD 流技术扩展 3）。
- 先进的电源和热量管理特性。

3.3　PowerPC 970FX

3.3.1　基本知识

在本节中，将探讨 PowerPC 970FX 的详细信息。尽管这个讨论的多个部分也可能适用于其他的 PowerPC 处理器，但是我们将不会尝试鉴定这样的情况。表 3-4 列出了 970FX 的重要技术规范。

表 3-4　PowerPC 970FX 的基本知识

特　　性	详　细　信　息
体系结构	64 位 PowerPC AS[a]，支持 32 位操作系统桥接工具
扩展	矢量/SIMD 多媒体扩展（Vector/SIMD Multimedia extension，VMX[b]）
处理器时钟频率	最高 2.7GHz[c]
前端总线频率	处理器时钟频率的整分数倍
数据总线宽度	128 位
地址总线宽度	42 位
最大可寻址物理内存	4TB（2^{42} 字节）
地址转换	65 位物理地址、42 位真实地址、支持较大的（16MB）虚拟内存页、1024 个条目的转换后备缓冲区（Translation Lookaside Buffer，TLB）以及 64 个条目的段后备缓冲区（Segment Lookaside Buffer，SLB）
字节序	大端；可选的小端功能未实现

---

① 3.3.10 节中定义了 SIMD。

续表

特　　　性	详　细　信　息
L1 指令缓存	64KB，直接映射，带奇偶校验
L1 数据缓存	32KB，双向组相联，带奇偶校验
L2 缓存	512KB，8 路组相联，带 ECC，完全包含 L1 数据缓存
L3 缓存	无
缓存行宽	所有缓存都是 128 字节
指令缓冲区	32 个条目
指令数/周期	最多 5 条指令（最多 4 条无分支指令+最多一条分支指令）
通用寄存器	32×64 位
矢量寄存器	32×128 位
加载/存储单元	两个单元，带有 64 位的数据路径
定点单元	两个非对称 [d]64 位的单元
浮点单元	两个 64 位的单元，支持 IEEE-754 双精度浮点数、硬件融合的乘加运算和平方根
矢量单元	128 位的单元
条件寄存器单元	用于在条件寄存器（Condition Register，CR）上执行逻辑运算
执行流水线	10 条执行流水线，一条流水线中最多有 25 个阶段，在执行的不同阶段一次最多有 215 条指令
电源管理	多种软件初始化的节能模式、PowerTune 频率和电压调节

　　a. AS 代表 Advanced Series（高级系列）。

　　b. VMX 可以与 AltiVec 互换。Apple 把 PowerPC 的矢量功能作为 Velocity Engine（速度引擎）进行宣传。

　　c. 截至 2005 年。

　　d. 970FX 的两个浮点（整数）单元不是对称的。其中只有一个可以执行除法运算，并且只有一个可用于专用寄存器（Special-Purpose Register，SPR）操作。

3.3.2　缓存

　　多级缓存层次结构是现代处理器的一个常见方面。可以将缓存定义为一个非常快的小内存块，它用于存储最近使用的数据、指令或它们二者。从缓存中添加或删除信息通常是在一个称为**缓存行**（Cache Line）的对齐区块（Aligned Quanta）中进行的。970FX 包含多个缓存以及其他的专用缓冲区，用以改进内存性能。图 3-4 显示了这些缓存和缓冲区的概念图。

1.　L1 和 L2 缓存

　　一级（L1）缓存与处理器之间的距离最近。在处理器可以使用内存驻留信息之前，必须把它加载进这个缓存中，除非内存的那个部分被标记为不可缓存的。例如，当执行加载指令时，处理器将查询 L1 缓存，看看所涉及的数据是否已经被当前驻留的缓存行所持有。如果是，就从 L1 缓存中简单地加载数据——L1 缓存**命中**（Hit）。这个操作只需花费几个处理器周期，与之相比，访问主存则要花费几百个周期[①]。如果发生 L1 **失效**（Miss），处理

---

　　① 主存将查询系统安装和可用的动态内存（DRAM）。

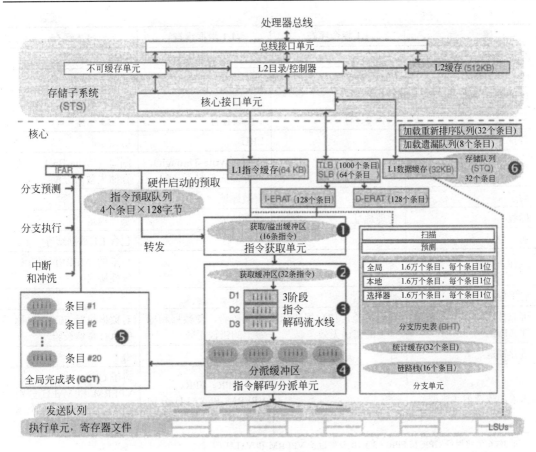

图 3-4　970FX 中的缓存和缓冲区

器将检查缓存层次结构中的下一个层级：二级（L2）缓存。L2 命中将导致把包含数据的缓存行加载进 L1 缓存中，然后加载进合适的寄存器中。970FX 没有三级（L3）缓存，但是如果它有的话，则将为 L3 缓存重复执行类似的步骤。如果所有的缓存都不包含请求的数据，处理器就必须访问主存。

　　当把缓存行中的数据加载进 L1 中时，必须冲洗驻留的缓存行，以为新的缓存行留出空间。970FX 使用 LRU（Pseudo-Least-Recently-Used，伪最近最少使用）算法[1]来确定要逐出哪个缓存行。除非明确指示，否则将把逐出的缓存行发送给 L2 缓存，这使 L2 成为一个**受害者**（Victim）缓存。表 3-5 显示了 970FX 缓存的重要属性。

表 3-5　970FX 缓存

属　　性	L1 指令缓存	L1 数据缓存	L2 缓存
大小	64KB	32KB	512KB
类型	指令	数据	数据和指令
关联性	直接映射	双向组相联	8 路组相联
行尺寸	128 字节	128 字节	128 字节

①　970FX 允许通过硬件相关的寄存器中的某个位把数据缓存替换算法从 LRU 改为 FIFO。

属　　性	L1 指令缓存	L1 数据缓存	L2 缓存
扇区大小	32 字节	—	—
缓存行数量	512	256	4096
组数量	512	128	512
粒度	1 个缓存行	1 个缓存行	1 个缓存行
替换策略	—	LRU	LRU
存储策略	—	直写（Write-Through），在存储失效时不分配	回写（Write-Back），在存储失效时分配
索引	有效地址	有效地址	物理地址
标签	物理地址	物理地址	物理地址
包含性	—	—	包含 L1 数据缓存
硬件一致性	否	是	标准的 MERSI 缓存一致性协议
启用位	是	是	否
可靠性、可用性和适用性（RAS）	奇偶校验，使数据和标签上的错误无效	奇偶校验，使数据和标签上的错误无效	对数据执行 ECC，对标签执行奇偶校验
缓存锁定	否	否	否
需求加载延迟（典型）	—	对于 GPR、FPR、VPERM 和 VALU 分别是 3、5、4、5 个周期 [a]	对于 GPR、FPR、VPERM 和 VALU 分别是 11、12、11、11 个周期 [a]

a. 3.3.6 节将讨论 GPR 和 FPR。3.3.10 节将讨论 VPERM 和 VALU。

哈佛体系结构

　　970FX 的 L1 缓存分成用于指令和数据的单独缓存。这个设计方面称为**哈佛体系结构**（Harvard Architecture），影射 20 世纪 40 年代在哈佛大学制造的 Mark-Ⅲ 和 Mark-Ⅳ 真空管中用于指令和数据的单独内存。

　　如图 3-5 所示，在 Mac OS X 上可以使用 sysctl 命令获取处理器缓存信息。注意：hwprefs 命令是 Apple 的 CHUD Tools 包的一部分。

2. 缓存属性

　　现在更详细地探讨表 3-5 中使用的一些与缓存相关的术语。

关联性

　　如前所述，对缓存的操作粒度——即进、出缓存的内存传输单元——是缓存行（也称为块（Block））。970FX 上的缓存行尺寸对于 L1 和 L2 缓存都是 128 字节。缓存的关联性用于确定把内存的缓存行的值放在缓存中的什么位置。

　　如果缓存是 **m 路组相联**（m-way set-associative），那么就在概念上将缓存中的总空间划分成**组**（Set），其中每个组包含 m 个缓存行。在组相联缓存中，只能把内存块放在缓存中的某些位置。它首先将被映射到缓存中的某个组，然后就可以把它存储在那个组内的任

```
$ sudo hwprefs machine_type # Power Mac G5 Dual 2.5GHz
PowerMac7,3
$ sysctl -a hw
...
hw.cachelinesize: 128
hw.l1icachesize: 65536
hw.l1dcachesize: 32768
hw.l2settings = 2147483648
hw.l2cachesize: 524288
...
$ sudo hwprefs machine_type # Power Mac G5 Quad 2.5GHz
PowerMac11,2
$ sysctl -a hw
...
hw.cachelinesize = 128
hw.l1icachesize = 65536
hw.l1dcachesize = 32768
hw.l2settings = 2147483648
hw.l2cachesize = 1048576
...
```

图 3-5　使用 sysctl 命令获取处理器缓存信息

何缓存行中。通常，给定一个具有地址 B 的内存块，就可以使用以下模运算来计算目标组。

```
target set = B MOD {number of sets in cache}
```

直接映射（Direct-Mapped）缓存等价于单向组相联缓存。它具有与缓存行相同的组数量。这意味着具有地址 B 的内存块只能存在于一个缓存行中，其计算方式如下。

```
target cache line = B MOD {number of cache lines in cache}
```

存储策略

缓存的存储策略定义了当把一条指令写到内存时所发生的事情。在**直写**（Write-Through）设计中，比如 970FX L1 数据缓存，将同时把信息写到缓存行和内存中对应的块中。在写失效时将不会进行 L1 数据缓存分配——只会在缓存层次结构的较低层级修改受影响的块，而不会加载进 L1 中。在**回写**（Write-Back）设计中，比如 970FX L2 缓存，只会把信息写到缓存行中——仅当替换缓存行时，才会把受影响的块写到内存中。

> 虚拟内存中连续的内存页通常在物理内存中不是连续的。类似地，给定一组虚拟地址，不可能预测它们将如何放入缓存中。相关的要点是：如果有一个与缓存大小相同的连续虚拟内存块，比如说 512KB 的块，那么几乎没有机会将其放入 L2 缓存中。

MERSI

尽管所有的缓存都会使用物理地址标签，但是只有 L2 缓存会被物理地映射。除了 L1 缓存之外，存储的信息总会被发送给 L2 缓存，因为 L2 缓存是数据**一致性**（Coherency）点。

一致的内存系统目标在于给访问内存的所有设备提供相同的视图。例如，必须确保多处理器系统中的处理器访问正确的数据——无论最新的数据是驻留在主存中，还是驻留在另一个处理器的缓存中。在硬件中维护这样的一致性引入了一个协议，它需要处理器"记住"缓存行共享的状态[①]。L2 缓存实现了 MERSI 缓存一致性协议，它具有以下 5 种状态。

（1）修改：将针对内存子系统的余下部分修改这个缓存行。

（2）独占：这个缓存行不会缓存在其他任何缓存中。

（3）最近：当前的处理器是这个共享缓存行最近的阅读者。

（4）共享：这个缓存行被多个处理器缓存。

（5）无效：这个缓存行是无效的。

RAS

缓存纳入了基于奇偶校验的检错和纠错机制。**奇偶校验位**（Parity Bit）是与正常的信息一起使用的额外位，用于检测和校正此消息在传输过程中的错误。在最简单的情况下，可以使用单个奇偶校验位检测错误。这种奇偶校验的基本思想是：给每个信息单元添加一个额外的位——比如说，使每个单元中的 1 的个数为奇数或偶数。现在，如果在信息传输期间发生单个错误（奇数个错误），那么奇偶校验保护的信息单元将是无效的。在 970FX 的 L1 缓存中，将把奇偶校验错误报告为缓存失效，因此将通过从 L2 缓存中重新获取缓存行对其进行隐式处理。除了奇偶校验之外，L2 缓存还实现了一种检错和纠错模式，可以使用**海明码**（Hamming code）[②]检测两个错误并校正单个错误。当在 L2 获取请求期间检测到单个错误时，将校正坏数据，并实际地写回到 L2 缓存中。此后，将从 L2 缓存中重新获取好数据。

3.3.3　内存管理单元（MMU）

在虚拟内存操作期间，必须把软件可见的内存地址**转换**（Translate）成真实（或物理）地址，以用于由加载/存储指令生成的指令访问和数据访问。970FX 使用一种分两个步骤的地址转换机制[③]，它基于**段**（Segment）和**页**（Page）。在第一步中，使用段表将软件生成的 64 位**有效地址**（Effective Address，EA）转换成 65 位**虚拟地址**（Virtual Address，VA），段表驻留在内存中。**段表条目**（Segment Table Entry，STE）包含**段描述符**（Segment Descriptor），定义了段的虚拟地址。在第二步中，使用散列的**页表**（Page Table）将虚拟地址转换成 42 位的**真实地址**（Real Address，RA），页表也驻留在内存中。

32 位的 PowerPC 体系结构提供了 16 个段寄存器，通过它们可以将 4GB 的虚拟地址空间划分成 16 个段，其中每个段都是 256MB。32 位的 PowerPC 实现使用这些段寄存器从有效地址（EA）生成虚拟地址（VA）。970FX 包括一个转换桥接设施，允许 32 位的操作系统继续使用 32 位的 PowerPC 实现的段寄存器操作指令。确切地讲，970FX 允许软件将段 0~15 与 2^{37} 个可用的任何虚拟段关联起来。在这里，段后备缓冲区（SLB）的前 16 个条目

[①]　缓存一致性协议主要基于目录或嗅探（Snooping）。

[②]　海明码是一种**纠错码**（Error-Correcting Code）。

[③]　970FX 还支持一种真实的寻址模式，其中实际上可以禁用物理转换。

充当 16 个段寄存器，下面将讨论 SLB。

1. SLB 和 TLB

我们看到段表和页表都驻留在内存中。如果处理器要访问主存，那么不仅数据获取而且地址转换都将是代价高昂的。缓存利用了内存的局部性原理。如果缓存有效，那么地址转换也将具有与内存相同的局部性。970FX 包含两个芯片上的缓冲区，用于缓存最近使用的段表条目和页地址转换，它们分别是**段后备缓冲区**（Segment Lookaside Buffer，SLB）和**转换后备缓冲区**（Translation Lookaside Buffer，TLB）。SLB 是 64 个条目的全相联缓存；TLB 则是 1024 个条目的 4 向带奇偶校验保护的组相联缓存，它还支持较大的页（参见 3.3.3 节）。

2. 地址转换

图 3-6 描绘了 970FX MMU 中的地址转换，包括 SLB 和 TLB 的作用。970FX MMU 使用 64 位或 32 位的有效地址、65 位的虚拟地址和 42 位的物理地址。DART 的存在引入了另一种类型的地址，即 I/O 地址，它是 32 位地址空间里的一个地址，该地址空间映射到一个更大的物理地址空间。

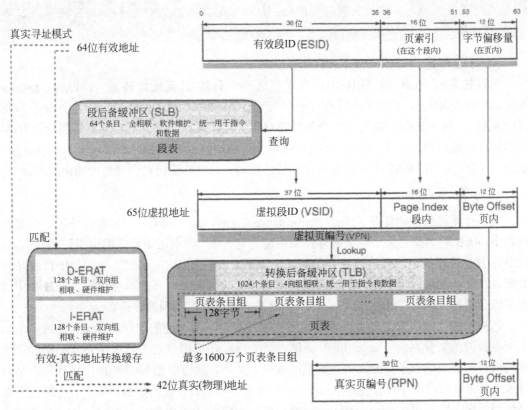

图 3-6　970FX MMU 中的地址转换

技术上讲，计算机体系结构具有 3 类（也许还有更多类）内存地址：处理器可见的**物理地址**（Physical Address）、软件可见的**虚拟地址**（Virtual Address）和**总线地址**（Bus Address），后者对于 I/O 设备可见。在大多数情况下（特别是在 32 位的硬件上），物理地址和总线地址完全相同，因此未进行区分。

65 位扩展地址空间被划分成页，每一页都映射到一个物理页。970FX 页表可以大至 2^{31} 字节（2GB），包含最多 2^{24}（1600 万）个页表条目组（Page Table Entry Group，PTEG），其中每个 PTEG 都是 128 字节。

如图 3-6 所示，在地址转换期间，MMU 将把程序可见的有效地址转换成物理内存中的真实地址。它使用有效地址的一部分（有效段 ID）来定位段表中的条目。它首先检查 SLB，查看它是否包含想要的 STE。如果具有 SLB 失效，MMU 将会在内存中驻留的段表中搜索 STE。如果仍然没有找到 STE，就会发生内存访问错误。如果找到 STE，就会为它分配新的 SLB 条目。STE 代表段描述符，它用于生成 65 位的虚拟地址。虚拟地址具有一个 37 位的虚拟段 ID（Virtual Segment ID，VSID）。注意：虚拟地址中的页索引和字节偏移量与有效地址中的相同。VSID 与页索引的连接组成了虚拟页编号（Virtual Page Number，VPN——它用于在 TLB 中执行查找。如果具有 TLB 失效，就会查找内存中驻留的页表以检索页表条目（Page Table Entry，PTE），它包含真实的页编号（Real Page Number，RPN）。RPN 与从有效地址转移过来的字节偏移量一起组成了物理地址。

　　　通过设置与硬件实现相关的寄存器的一个特定的位，970FX 允许将 TLB 设置成直接映射。

3. 对缓存进行缓存：ERAT

可以把来自 SLB 和 TLB 的信息缓存进两个**有效-真实地址转换**（Effective-to-Real Address Translation，ERAT）缓存中——一个用于指令（I-ERAT），另一个用于数据（D-ERAT）。两个 ERAT 都是 128 个条目的双向组相联缓存。每个 ERAT 条目都包含有效-真实地址转换信息，用于一个 4KB 的存储块。在通电时，两个 ERAT 都包含无效的信息。如图 3-6 所示，当 ERAT 中存在有效地址的匹配时，ERAT 就代表物理地址的快捷路径。

4. 大页

大页打算被高性能计算（High-Performance Computing，HPC）应用程序使用。在某些环境中，4KB 的典型页大小对于内存性能可能是有害的。如果应用程序的引用局部性太宽，4KB 的页也许不能足够有效地捕捉局部性。如果太多的 TLB 失效发生，后续的 TLB 条目分配以及关联的延迟将不是人们所想要的。由于大页代表大得多的内存范围，TLB 命中次数应该会增加，因为 TLB 现在将缓存用于更大的虚拟内存范围的转换。

怎样才能让操作系统使大页可供应用程序使用是一个有趣的问题。Linux 通过一个由大页备份的伪文件系统（hugetlbfs）提供大页支持。超级用户必须通过预先分配物理上连续的内存，在系统中显式配置一定数量的大页。此后，就可以把 hugetlbfs 实例挂接在某个目录上，如果应用程序打算使用 mmap() 系统调用访问大页，它就是必需的。一种替代方案是使用共享内存调用：shmat() 和 shmget()。在 hugetlbfs 上可以创建、删除文件，或者对它们执行 mmap() 和 munmap()。不过，它不支持读或写。AIX 还需要单独、专用的物理内存以使用大页。通过共享内存（比如在 Linux 上）或者通过请求由大页备份应用程序的数据和堆段，AIX 应用程序就可以使用大页。

注意：虽然 970FX TLB 支持大页，但是 ERAT 则不然；大页需要 ERAT 中的多个条目——对应于每个引用的 4KB 的大页块。不允许对大页中的地址执行缓存禁止的访问。

5. 不支持块地址转换机制

970FX 不支持 PowerPC 处理器（比如 G4）中所支持的块地址转换（Block Address Translation，BAT）机制。BAT 是一个软件控制的阵列，用于把较大（通常比页大得多）的虚拟地址范围映射到物理内存的连续区域。整个映射具有相同的基本属性，包括访问保护。因此，BAT 机制打算为专用的虚拟地址空间的较大且连续的区域减少地址转换开销。由于 BAT 不使用页，通常不能对这种内存进行分页。可以使用 BAT 的场景的一个良好的示例是帧缓冲区内存的区别，可以通过 BAT 有效地对它进行内存映射。软件可以选择 128KB~256MB 这个范围内的块大小。

在实现 BAT 的 PowerPC 处理器上，有 4 个 BAT 寄存器，其中每个寄存器都用于数据（DBAT）和指令（IBAT）。BAT 寄存器实际上是一对上（Upper）寄存器和下（lower）寄存器，可以从管理者模式中访问它们。8 对寄存器分别被命名为 DBAT0U~DBAT3U、DBAT0L~DBAT3L、IBAT0U~IBAT3U 和 IBAT0L~IBAT3L。BAT 寄存器的内容包括：块有效页索引（Block Effective Page Index，BEPI）、块长度（Block Length，BL）和块真实页编号（Block Real Page Number，BRPN）。在 BAT 转换期间，EA 的某些高阶位（通过 BL 指定）与每个 BAT 寄存器匹配。如果具有匹配，就使用 BRPN 值从 EA 生成 RA。注意：BAT 转换是在页表转换上为在 BAT 寄存器和页表中具有映射的存储位置使用的。

3.3.4　各式各样的内部缓冲区和队列

970FX 包含处理器内部的多个各式各样的缓冲区和队列，其中大多数都对软件不可见。示例包括：

- 4 个条目（每个条目 128 字节）的指令预取队列（Instruction Prefetch Queue），逻辑上位于 L1 指令缓存之上。
- 指令获取单元（Instruction Fetch Unit）和指令解码单元（Instruction Decode Unit）中的获取缓冲区。
- 8 个条目的加载失效队列（Load Miss Queue，LMQ），用于跟踪未命中 L1 缓存的加载，并且等待从处理器的存储子系统中接收数据。
- 32 个条目的存储队列（Store Queue，STQ）[①]，用于保存可以在以后写到缓存或内存中的存储内容。
- 加载/存储单元（Load/Store Unit，LSU）中的 32 个条目的加载排序队列（Load Reorder Queue，LRQ），用于保存一些物理地址，以跟踪加载的顺序以及监视风险。
- LSU 中的 32 个条目的存储排序队列（Store Reorder Queue，SRQ），用于保存一些物理地址以及跟踪所有活动的存储。
- LSU 中的 32 个条目的存储数据队列（Store Data Queue，SDQ），用于保存数据的双字。
- 12 个条目的预取过滤队列（Prefetch Filter Queue，PFQ），用于检测数据流以进行预取。

---

① STQ 支持转发。

- 8 个条目（每个条目 64 字节）的全相联存储队列（Store Queue），用于 L2 缓存控制器。

3.3.5　预取

可以通过一种称为**预取**（Prefetching）的技术减小缓存失效率，该技术就是在处理器请求信息之前获取它。970FX 会预取指令和数据以将内存延迟隐藏起来。它还支持软件启动的预取，可以预取 8 个称为**硬件流**（Hardware Stream）的数据流，其中 4 个可以选择是矢量流。流被定义为一系列加载，它们可以引用多个连续的缓存行。

预取引擎是加载/存储单元的功能。当出现缓存失效时，它可以通过监视加载并且记录缓存行地址，检测以升序或降序执行的顺序访问模式。970FX 不会预取存储失效。

现在来看一个预取引擎的操作的示例。假定没有预取流是活动的，当 L1 数据缓存失效时，预取引擎将采取动作。假设失效针对的是具有地址 A 的缓存行；那么引擎将在预取过滤队列（Prefetch Filter Queue，PFQ）[①]中创建一个条目，它具有下一个或者前一个缓存行的地址，即 A+1 或 A–1。它基于内存访问是位于顶部 25%的缓存行（向下猜测）还是底部 75%的缓存行（向上猜测），来猜测方向。如果有另一个 L1 数据缓存失效，引擎将把行地址与 PFQ 中的条目做比较。如果访问确实是顺序进行的，现在比较的行地址必须是 A+1 或 A–1。此外，引擎也可能不正确地猜测方向，在这种情况下，它将为相反的方向创建另一个过滤条目。如果猜测的方向是正确的（比如向上），引擎就认为它是顺序访问，并且使用下一个可用的流标识符在预取请求队列（Prefetch Request Queue，PRQ）[②]中分配一个流条目。而且，引擎将把缓存行 A+2 预取到 L1，并把缓存行 A+3 预取到 L2。如果读取 A+2，引擎将导致从 L2 中把 A+3 取到 L1 中，以及把 A+4、A+5 和 A+6 取到 L2 中。如果出现后续进一步的读取需求（接下来对于 A+3），这种模式将会继续，直到分配了所有的流为止。PFQ 是使用 LRU 算法更新的。

970FX 允许软件操作预取机制。如果程序员提前知道数据访问模式，这就是有用的。程序可以使用 dcbt（data-cache-block-touch）指令（它是存储控制指令之一）提供暗示：它打算在不久的将来读取指定的地址或数据流。因此，处理器将从特定的地址启动数据流预取。

注意：如果尝试通过软件启动的预取访问未映射或者受保护的内存，将不会发生任何页错误。而且，不保证这些指令会成功，它们可能由于各种原因不引人注意地失败。在成功的情况下，不会在任何寄存器中返回结果——只会获取缓存块。在失败的情况下，不会获取缓存块，并且同样不会在任何寄存器中返回结果。特别是，失败不会影响程序正确性；它只是意味着程序将不会受益于预取。

预取将会继续下去，直至到达页界限，此时将不得不重新初始化数据流。这是由于预取引擎不知道有效-真实地址映射，并且可能只在真实的页内进行预取。在这种情况下，大页——页界限相差 16MB——远远好于 4KB 的页。

在具有 AltiVec 硬件的 Mac OS X 系统上，可以使用 AltiVec 函数 vec_dst()启动读取一

---

① PFQ 是包含 12 条目的队列，用于检测数据流以便于预取。

② PRQ 是将要预取的 8 个流的队列。

行数据到缓存中，如图 3-7 中的伪代码所示。

```
while (/* data processing loop */) {

    /* prefetch */
    vec_dst(address + prefetch_lead, control, stream_id);

    /* do some processing */

    /* advance address pointer */
}

/* stop the stream */
vec_dss(stream_id);
```

图 3-7　AltiVec 中的数据预取

vec_dst() 的 address 参数是指向某个字节的指针，该字节位于要获取的第一个缓存行内；control 参数是一个字，它的位指定了块大小、块计数以及块之间的距离；stream_id 指定了要使用的数据流。

3.3.6　寄存器

970FX 的操作具有两种**特权模式**（Privilege Mode）：用户模式（**问题状态**（Problem State））和管理者模式（**特权状态**（Privileged State））。前者由用户空间的应用程序使用，后者则由 Mac OS X 内核使用。在第一次初始化处理器时，它将以管理者模式出现，之后可以通过 MSR（Machine State Register，机器状态寄存器）把它切换到用户模式。

可以把层次化的寄存器组划分到 PowerPC 体系结构的 3 个层级（或模型）中。

（1）UISA（User Instruction Set Architecture，用户指令集体系结构）。

（2）VEA（Virtual Environment Architecture，虚拟环境体系结构）。

（3）OEA（Operating Environment Architecture，操作环境体系结构）。

软件可以通过用户级或管理者级特权访问 UISA 和 VEA 寄存器，尽管用户级指令不能写到一些 VEA 寄存器。OEA 寄存器只能由管理者级指令访问。

1. UISA 和 VEA 寄存器

图 3-8 显示了 970FX 的 UISA 和 VEA 寄存器。表 3-6 中总结了它们的用途。注意：虽然通用寄存器的宽度都是 64 位，但是管理者级寄存器组包含 32 位和 64 位的寄存器。

处理器寄存器可用于所有访问内存的正常指令。事实上，PowerPC 体系结构中没有修改存储器的计算指令。为了使计算指令使用一个存储器操作数，它必须先把操作数加载进寄存器中。类似地，如果计算指令向存储器操作数中写入一个值，这个值必须通过寄存器到达目标位置。对于这样的指令，PowerPC 体系结构支持以下寻址模式。

- 寄存器间接寻址：通过(rA | 0)给出有效地址 EA。

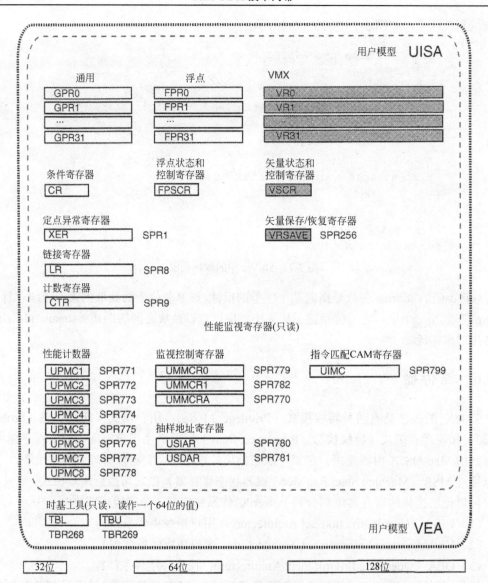

图 3-8　PowerPC UISA 和 VEA 寄存器

表 3-6　UISA 和 VEA 寄存器

名　称	宽度	计数	注　释
通用寄存器（General-Purpose Register，GPR）	64 位	32	GPR 用作定点运算的源或目标寄存器——例如，通过定点加载/存储指令。在访问专用寄存器（Special-Purpose Register，SPR）时也可以使用 GPR。注意：GPR0 不是硬连线到值 0，在多种 RISC 体系结构上都是这样
浮点寄存器（Floating-Point Register，FPR）	64 位	32	FPR 用作浮点指令源或目标寄存器。也可以使用 FPR 访问浮点状态和控制寄存器（Floating-Point Status and Control Register，FPSCR）。FPR 可以保存整数、单精度浮点值或双精度浮点值
矢量寄存器（Vector Register，VR）	128 位	32	VR 用作矢量指令的矢量源或目标寄存器

续表

名　称	宽度	计数	注　释
整数异常寄存器（Integer Exception Register，XER）	32 位	1	XER 用于指示整数运算的进位条件和溢出。它还用于指定要通过 lswx（load-string-word-indexed）或 stswx（store-string-word-indexed）指令传输的字节数
浮点状态和控制寄存器	32 位	1	FPSCR 用于记录浮点异常以及浮点运算的结果类型。它还用于切换浮点异常的报告以及控制浮点舍入模式
矢量状态和控制寄存器（Vector Status and Control Register，VSCR）	32 位	1	VSCR 只定义了两位：饱和（SAT）位和非 Java 模式（NJ）位。SAT 位指示矢量饱和类型指令生成的饱和结果。NJ 位（如果清零）可以为矢量浮点运算启用一种遵循 Java-IEEE-C9X 的模式，用以依据这些标准处理非规范化的值。当把 NJ 位置 1 时，将选择一种潜在更快的模式，其中在源或结果矢量中将使用值 0 代替非规范化的值
条件寄存器（Condition Register，CR）	32 位	1	CR 在概念上分成 8 个 4 位的字段（CR0~CR7）。这些字段存储某些定点或浮点运算的结果。一些分支指令可以测试各个 CR 位
矢量保存/恢复寄存器（Vector Save/Restore Register，VRSAVE）	32 位	1	在跨环境切换事件保存和恢复 VR 时，由软件使用 VRSAVE。VRSAVE 的每一位都对应一个 VR，并且指定是否使用该 VR
链接寄存器（Link Register，LR）	64 位	1	LR 可用于从子例程返回——如果某条分支指令的编码中的链接（LK）位是 1，它将保存该分支指令之后的返回地址。它还用于保存 bclrx（branch-conditional-to-Link-Register）命令的目标地址。一些指令可以自动把 LR 加载给分支后面的指令
计数寄存器（Count Register，CTR）	64 位	1	CTR 可用于保存在执行分支指令期间递减的循环计数。bcctrx（branch-conditional-to-Count-Register）指令用于分支到这个寄存器中保存的目标地址
时基寄存器（Timebase Register，TBL、TBU）	32 位	2	时基（TB）寄存器是 32 位的 TBU 和 TBL 寄存器的结合，包含一个定期递增的 64 位无符号整数

- 带立即索引的寄存器间接寻址：通过 $(rA\,|\,0)$ + offset 给出 EA，其中 offset 可以为 0。
- 带索引的寄存器间接寻址：通过 $(rA\,|\,0)$ + rB 给出 EA。

rA 和 rB 代表寄存器内容。表示法 $(rA\,|\,0)$ 意指寄存器 rA 的内容，除非 rA 是 GPR0，在这种情况下，$(rA\,|\,0)$ 将被视为具有值 0。

UISA 级别的性能监视寄存器给 970FX 的性能监视工具提供了用户级读取访问。只能通过管理员级的程序（比如内核或内核扩展）写入它们。

Apple 的 CHUD（Computer Hardware Understanding Development）是一个程序套件（"CHUD Tools"），用于测量和优化 Mac OS X 上的性能。CHUD Tools 包中的软件利用了处理器的性能监视计数器。

时基寄存器

时基（TB）提供了一个由与实现相关的频率驱动的长期计数器。TB 是一个 64 位的寄存器，包含一个定期递增的无符号 64 位整数。每次递增都会把 TB 的第 63 位（最低阶位）

加 1。TB 可以保存的最大值是 $2^{64}-1$，之后它将复位为 0，而不会生成任何异常。TB 可能以某个频率递增（该频率是处理器时钟频率的函数），或者可能通过 TB 使能端（TB enable，TBEN）输入引脚上的信号的上升沿（Rising Edge）驱动[①]。在前一种情况下，每经过 8 个满的处理器时钟频率，970FX 就会递增 TB 一次。由操作系统负责初始化 TB。可以从用户空间读取 TB，但不能写到它。图 3-9 中所示的程序用于检索和打印 TB。

```c
// timebase.c

#include <stdio.h>
#include <stdlib.h>
#include <sys/types.h>

u_int64_t mftb64(void);
void mftb32(u_int32_t *, u_int32_t *);

int
main(void)
{
    u_int64_t tb64;
    u_int32_t tb32u, tb32l;

    tb64 = mftb64();
    mftb32(&tb32u, &tb32l);

    printf("%llx %x%08x\n", tb64, tb32l, tb32u);
    exit(0);
}

// Requires a 64-bit processor
// The TBR can be read in a single instruction (TBU || TBL)
u_int64_t
mftb64(void)
{
    u_int64_t tb64;

    __asm("mftb %0\n\t"
        : "=r" (tb64)
        :
    );

    return tb64;
}
```

图 3-9 检索和打印时基寄存器

[①] 在这里，TB 频率可能会随时改变。

```
// 32-bit or 64-bit
void
mftb32(u_int32_t *u, u_int32_t *l)
{
    u_int32_t tmp;

    __asm(
    "loop:          \n\t"
        "mftbu    %0    \n\t"
        "mftb     %1    \n\t"
        "mftbu    %2    \n\t"
        "cmpw     %2,%0 \n\t"
        "bne      loop  \n\t"
        : "=r"(*u), "=r"(*l), "=r"(tmp)
        :
    );
}
```

```
$ gcc -Wall -o timebase timebase.c
$ ./timebase; ./timebase; ./timebase; ./timebase; ./timebase
b6d10de300000001 b6d10de4000002d3
b6d4db7100000001 b6d4db72000002d3
b6d795f700000001 b6d795f8000002d3
b6da5a3000000001 b6da5a31000002d3
b6dd538c00000001 b6dd538d000002d3
```

图 3-9（续）

注意：在图 3-9 中，使用了内联汇编，而没有创建单独的汇编源文件。GNU 汇编器内联语法基于图 3-10 中所示的模板。

```
__asm__ volatile(
        "assembly statement 1\n"
        "assembly statement 2\n"
        ...
        "assembly statement N\n"
    :   outputs, if any
    :   inputs, if any
    :   clobbered registers, if any
);
```

图 3-10   用于 GNU 汇编器中的内联汇编的代码模板

在本书中将会遇到内联汇编的其他示例。

查看寄存器内容：Mac OS X 方式

可以使用 Reggie SE 图形应用程序（Reggie SE.app）查看 TBR 以及几个配置寄存器、内存管理寄存器、性能监视寄存器和各类寄存器的内容，该应用程序是 CHUD Tools 包的一部分。Reggie SE 还可以显示物理内存的内容以及 PCI 设备的详细信息。

2. OEA 寄存器

OEA 寄存器如图 3-11 中所示。它们的使用示例如下。

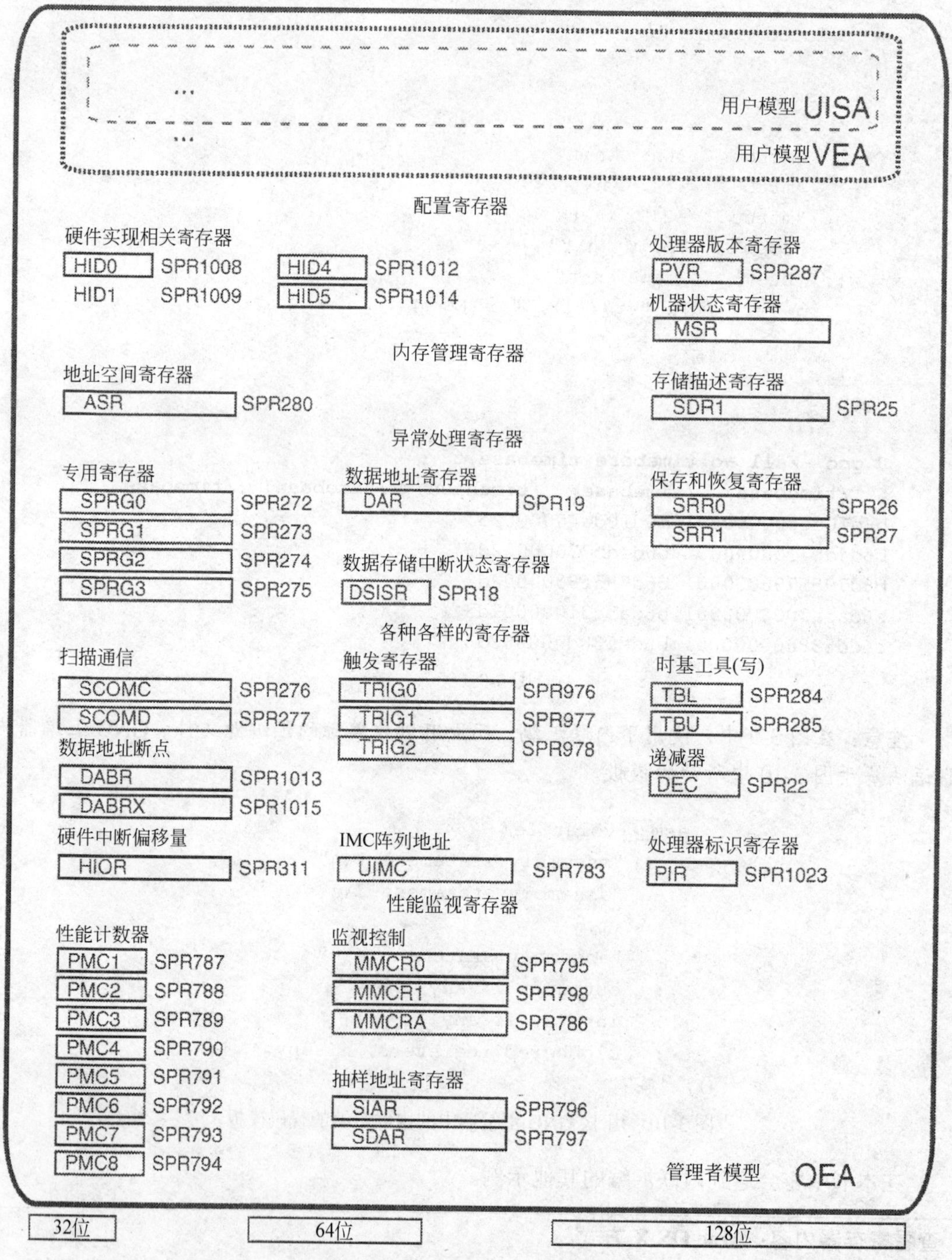

图 3-11 PowerPCOEA 寄存器

● 机器状态寄存器（Machine State Register，MSR）的位域用于定义处理器的状态。例如，MSR 位用于指定处理器的计算模式（32 位或 64 位）、启用或禁用电源管理、确定处理器是处于特权（管理者）模式还是非特权（用户）模式下、启用单步跟踪以及启用或禁用地址转换。可以通过 mtmsr（move-to-MSR）、mtmsrd（move-to-MSR-double）和 mfmsr（move-from-MSR）指令显式访问 MSR，也可以通过 sc（system-call）和 rfid（return-from-interrupt-double）指令修改它。

- 硬件实现相关（Hardware-Implementation-Dependent，HID）寄存器允许极细粒度地控制处理器的特性。多个 HID 寄存器中的位域可用于启用、禁用或改变处理器特性的行为，比如分支预测模式、数据预取、指令缓存和指令预取模式，还可指定要使用哪种数据缓存替换算法（LRU 或 FIFO（First-In First-Out，先进先出）），时基是否是外部时钟以及是否禁用大页。
- 存储描述寄存器（Storage Description Register，SDR1）用于保存页表基址。

3.3.7　重命名寄存器

970FX 实现了大量的**重命名寄存器**（Rename Register），它们用于处理寄存器-名称依赖性。从**控制**（Control）、**数据**（Data）或**名称**（Name）的观点看，指令可以相互依赖。考虑程序中的两个指令，比如 I1 和 I2，其中 I2 出现在 I1 之后。

```
I1
...
Ix
...
I2
```

在数据依赖性中，要么 I2 使用由 I1 产生的结果，要么 I2 具有对指令 Ix 的数据依赖性，而 Ix 反过来又具有对 I1 的数据依赖性。在这两种情况下，实际上都会把值从 I1 传送给 I2。

在名称依赖性中，I1 和 I2 使用相同的逻辑资源或**名称**（Name），比如寄存器或内存位置。特别是，如果 I2 写到被 I1 读取或写到的相同寄存器，那么 I2 在可以执行之前，将不得不等待 I1 先执行。这些称为 WAR（Write-After-Read，读后写）和 WAW（Write-After-Write，写后写）风险。

```
I1 reads (or writes) <REGISTER X>
...
I2 writes <REGISTER X>
```

在这种情况下，依赖性不是"真实"的，这是由于 I2 并不需要 I1 的结果。处理寄存器-名称依赖性的一种解决方案是**重命名**（Rename）指令中使用的相冲突的寄存器，使得它们变成不相关的。这种重命名可以在软件（静态，通过编译器）或硬件（动态，通过处理器中的逻辑）完成。970FX 使用物理**重命名寄存器**（Rename Register）池，它们是在处理器流水线中的**映射**（Mapping）阶段分配给指令的，并在不再需要它们时进行释放。换句话说，处理器在内部把指令使用的**结构**（Architected）寄存器重命名为**物理**（Physical）寄存器。仅当物理寄存器的数量（显著）多于结构寄存器的数量时，这才是有意义的。例如，PowerPC 体系结构具有 32 个 GPR，但是 970FX 实现具有 80 个物理 GPR 池，从中分配 32 个结构 GPR。让我们考虑（比如说）WAW 风险的一个特定的示例，其中重命名是有帮助的。

```
; before renaming
r20←r21 + r22 ; r20 is written to
...
r20←r23 + r24 ; r20 is written to... WAW hazard here
r25←r20 + r26 ; r20 is read from

; after renaming
r20 ← r21 + r22 ; r20 is written to
...
r64 ← r23 + r24 ; r20 is renamed to r64... no WAW hazard now
r25 ← r64 + r26 ; r20 is renamed to r64
```

重命名对于推测执行也是有益的，因为处理器可以使用额外的物理寄存器，从而减少它必须保存以便从不正确的推测执行中恢复的结构寄存器状态的数量。

表 3-7 列出了 970FX 中可用的重命名寄存器。该表还提及了**仿真**（Emulation）寄存器，它们可用于分解和微编码指令，如我们将在 3.3.9 节中所看到的，可以通过这些过程将复杂的指令分解成更简单的指令。

表 3-7 重命名寄存器资源

资源	结构（逻辑资源）	仿真（逻辑资源）	重命名池（物理资源）
GPR	32×64 位	4×64 位	80×64 位
VRSAVE	1×32 位	—	与 GPR 重命名池共享
FPR	32×64 位	1×64 位	80×64 位
FPSCR	1×32 位	—	每个活动指令组一个重命名，使用 20 个条目的缓冲区
LR	1×64 位	—	16×64 位
CTR	1×64 位	—	LR 和 CTR 共享相同的重命名池
CR	8×4 位	1×4 位	32×4 位
XER	1×32 位	—	24×2 位。将只会从 24 位寄存器池中重命名两位——溢出位 OV 和进位位 CA
VR	32×128 位	—	80×128 位
VSCR	1×32 位	—	20×1 位。在 VSCR 的两个定义的位中，只会从 20 个 1 位寄存器池中重命名 SAT 位

3.3.8 指令集

无论处理器是处于 32 位还是 64 位计算模式下，所有 PowerPC 指令的宽度都是 32 位。所有的指令都是**字对齐**（Word Aligned）的，这意味着从处理器的角度讲，指令地址的两个最低阶位是无关的。有多种指令格式，但是指令字的第 0~5 位总是指定**主操作码**（Major Opcode）。PowerPC 指令通常具有 3 个操作数：两个源操作数和一个结果操作数。其中一个源操作数可能是常量或寄存器，但是其他的操作数通常是寄存器。

可以粗略地把 970FX 实现的指令集划分成以下指令类别：定点、浮点、矢量、控制流程以及所有其他的指令。

1．定点指令

定点指令的操作数可以是字节（8 位）、半字（16 位）、字（32 位）或双字（64 位）。这个类别包括以下指令类型。

- 定点加载和存储指令，用于在 GPR 与存储器之间移动值。
- 定点 lmw（load-multiple-word）和 stmw（store-multiple-word）指令，它们可用于在单个指令中恢复或保存最多 32 个 GPR。
- 定点 lswi（load-string-word-immediate）、lswx（load-string-word-indexed）、stswi（store-string-word-immediate）和 stswx（store-string-word-indexed）指令，它们可用于利用任意对齐方式获取和存储定长和变长的字符串。
- 定点算术指令，比如 add、divide、multiply、negate 和 subtract。
- 定点比较指令，比如 compare-algebraic、compare-algebraic-immediate、compare-algebraic-logical 和 compare-algebraic-logical-immediate。
- 定点逻辑指令，比如 and、and-with-complement、equivalent、or、or-with-complement、nor、xor、sign-extend 和 count-leading-zeros（cntlzw 及其变体）。
- 定点旋转和移位指令，比如 rotate、rotate-and-mask、shift-left 和 shift-right。
- 定点 mtspr（move-to-system-register）、mfspr（move-from-system-register）、mtmsr（move-to-MSR）和 mfmsr（move-from-MSR），它们允许使用 GPR 访问系统寄存器。

大多数加载/存储指令可以选择利用指令所操作的数据的有效地址更新基址寄存器。

2．浮点指令

浮点操作数可以是单精度（32 位）或双精度（64 位）浮点数。不过，浮点数据总是以双精度格式存储在 FPR 中。从存储器中加载一个单精度值将把它转换成双精度值，而把一个单精度值存储到存储器中实际上将把 FPR 中驻留的双精度值舍入为单精度值。对于浮点算术运算，970FX 遵循 IEEE 754 标准[①]。这个指令类别包括以下类型。

- 浮点加载和存储指令，用于在 FPR 与存储器之间移动值。
- 浮点比较指令。
- 浮点算术指令，比如 add、divide、multiply、multiply-add、multiply-subtract、negative-multiply-add、negative-multiply-subtract、negate、square-root 和 subtract。
- 用于操作 FPSCR 的指令，比如 move-to-FPSCR、move-from-FPSCR、set-FPSCR-bit、clear-FPSCR-bit 和 copy-FPSCR-field-to-CR。
- PowerPC 可选的浮点指令，即：fsqrt（floating-square-root）、fsqrts（floating-square-root-single）、fres（floating-reciprocal-estimate-single）、frsqrte（floating-reciprocal-square-root-estimate）和 fsel（floating-point-select）。

---

① IEEE 754 标准管控二进制浮点算术运算。该标准的主要设计者是 William Velvel Kahan，他因其对数值分析的基础性贡献于 1989 年获得了图灵奖。

970FX 上的浮点估计指令（fres 和 frsqrte）的精度要低于 G4 上的精度。尽管 970FX 至少与 IEEE 754 标准所要求的一样精确，但是 G4 比所要求的更精确。图 3-12 显示了一个程序，可以在 G4 和 G5 上执行它以演示这种差别。

```c
// frsqrte.c

#include <stdio.h>
#include <stdlib.h>

double
frsqrte(double n)
{
    double s;

    asm(
        "frsqrte %0, %1"
        : "=f" (s)  /* out */
        : "f" (n)  /* in */
    );

    return s;
}

int
main(int argc, char **argv)
{
    printf("%8.8f\n", frsqrte(strtod(argv[1], NULL)));
    return 0;
}
```

```
$ machine
ppc7450
$ gcc -Wall -o frsqrte frsqrte.c
$ ./frsqrte 0.5
1.39062500

$ machine
ppc970
$ gcc -Wall -o frsqrte frsqrte.c
$ ./frsqrte 0.5
1.37500000
```

图 3-12　G4 和 G5 上的浮点估计指令的精度

3. 矢量指令

矢量指令是在 128 位的 VMX 执行单元中执行的。3.3.10 节中将探讨 VMX 的一些细节。970FX VMX 实现在多个类别中包含 162 个矢量指令。

4. 控制流程指令

程序的控制流程是顺序的——也就是说，它的指令逻辑上是按它们出现的顺序执行的——直到控制流程显式发生改变（由于某个指令修改了程序的控制流程）或者作为另一个事件的副作用。下面显示了一些控制流程改变的示例。

- 显式分支（Branch）指令，之后将在分支指定的目标位置继续开始执行。
- 异常（Exception），它可能表示一个错误、处理器核心外部的信号，或者一个不同寻常的条件，用于设置状态位，但是可能会也可能不会引发中断[①]。
- 陷阱（Trap），它是由陷阱指令引发的中断。
- 系统调用（System Call），它是由系统调用（sc）指令引发的一种仅软件中断的形式。

所有这些事件都可能具有处理程序（Handler）——一段处理它们的代码。例如，陷阱处理程序可能在陷阱指令中指定的条件满足时执行。当用户空间的程序利用一个有效的系统调用标识符执行 sc 指令时，就会调用操作系统内核中的一个函数，提供与该系统调用对应的服务。类似地，当程序从这样的处理程序返回时，控制流程也会发生改变。例如，当系统调用在内核中完成之后，执行将在用户空间中继续——在一段不同的代码中。

970FX 支持绝对（Absolute）和相对（Relative）分支。分支可以是有条件的（Conditional）或者无条件的（Unconditional）。条件分支可以基于 CR 中的任何位为 1 或 0。我们以前见过专用寄存器 LR 和 CTR。LR 可以在过程调用上保存返回地址。叶过程（Leaf Procedure）——不会调用另一个过程的过程——不需要保存 LR，因此可以更快地返回。CTR 用于具有固定迭代次数限制的循环，它可用于基于其内容——循环计数器（Loop Counter）——是否为 0 来进行分支，同时会自动递减计数器。LR 和 CTR 也用于保存条件分支的目标地址，分别用于 bclr 和 bcctr 指令。

> 除了执行积极的动态分支预测之外，970FX 还允许与许多类型的分支指令一起提供线索（Hint），以改进分支预测准确性。

5. 其他各种各样的指令

970FX 还包括多种其他类型的指令，其中许多由操作系统用于处理器的低级操作。示例包括以下类型。

- 用于处理器管理的指令，包括直接操作一些 SPR。
- 用于控制缓存的指令，比如用于接触、清零和冲洗缓存；请求存储；以及请求启动一个预取流——例如：icbi（instruction-cache-block-invalidate）、dcbt（data-cache-block-touch）、dcbtst（data-cache-block-touch-for-store）、dcbz（data-cache-block-set-to-zero）、dcbst（data-cache-block-store）和 dcbf（data-cache-block-flush）。
- 用于有条件地加载和存储的指令，比如 lwarx（load-word-and-reserve-indexed）、ldarx（load-double-word-and-reserve-indexed）、stwcx.（store-word-conditional-indexed）和 stdcx.（store-double-word-conditional-indexed）。

---

① 当机器状态响应异常而改变时，就称中断发生了。

> lwarx（或 ldarx）指令执行加载并且设置属于处理器内部的寄存器位。这个位对于编程模型是隐藏的。如果设置了保留位以及清除了保留位，对应的存储指令——stwcx.（或 stdcx.）——就会执行条件存储。

- 用于内存同步的指令[①]，比如 eieio（enforce-in-order-execution-of-i/o）、sync（synchronize）以及特殊的同步形式（lwsync 和 ptesync）。
- 用于操作 SLB 和 TLB 条目的指令，比如 slbia（slb-invalidate-all）、slbie（slb-invalidate-entry）、tlbie（tlb-invalidate-entry）和 tlbsync（tlb-synchronize）。

3.3.9 970FX 核心

图 3-13 中描绘了 970FX 核心。在本章前面介绍过该核心的几个主要组件，比如 L1 缓存、ERAT、TLB、SLB、寄存器文件以及寄存器重命名资源。

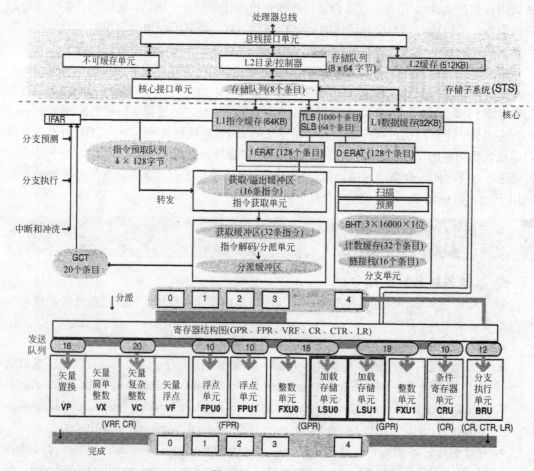

图 3-13 970FX 的核心

970FX 核心被设计成实现高度的指令并行性。它的一些值得注意的特性如下。

[①] 在内存同步期间，将设置 CR 的第 2 位——EQ 位，以记录存储操作的成功完成。

- 它具有高度超标量的 64 位设计，并且支持 32 位操作系统桥接[①]功能。
- 它可以把某些指令动态"分解"成两条以上更简单的指令。
- 它可以进行高度推测式的指令执行，以及积极的分支预测和动态的指令调度。
- 它具有 12 个逻辑上独立的功能单元以及 10 条执行流水线。
- 它具有两个定点单元（FXU0 和 FXU1）。这两个单元都能够对整数执行基本的算术、逻辑、移位和乘法运算。不过，只有 FXU0 能够执行除法指令，而只有 FXU1 可以在涉及专用寄存器的操作中使用。
- 它具有两个定点单元（FPU0 和 FPU1）。这两个单元都能够执行完全支持的浮点运算集。
- 它具有两个加载/存储单元（LSU0 和 LSU1）。
- 它具有一个条件寄存器单元（CRU），可以执行 CR 逻辑指令。
- 它具有一个分支执行单元（BRU），可以计算分支地址和分支方向。将把后者与预测的方向做比较，如果预测不正确，BRU 将重定向指令获取。
- 它具有一个矢量处理单元（VPU），它带有两个子单元：矢量算术和逻辑单元（VALU）和矢量置换单元（VPERM）。VALU 具有它自己的 3 个子单元：矢量简单整数[②]单元（VX）、矢量复杂整数单元（VC）和矢量浮点单元（VF）。
- 它可以在一个时钟周期内执行 64 位的整数或浮点运算。
- 它具有深入的流水线执行单元，流水线深度最高可达 25 个阶段。
- 它具有重排序的发送队列，允许无序执行。
- 在每个周期内可以从 L1 指令缓存中最多取出 8 条指令。
- 在每个周期内最多可以发出 8 条指令。
- 在每个周期内最多可以完成 5 条指令。
- 在任何时间最多可以有 215 条指令**在执行中**（In Flight）——也就是说，在执行的不同阶段（部分执行）。

　处理器使用它的大量资源（比如重排序队列、重命名寄存器池以及其他的逻辑）来跟踪执行中的指令以及它们的依赖性。

1．指令流水线

在本节中，我们将讨论 970FX 如何处理指令。图 3-14 显示了总体的指令流水线。让我们探讨这个流水线的重要阶段。

IFAR、ICA[③]

基于指令获取地址寄存器（Instruction Fetch Address Register，IFAR）中的地址，指令获取逻辑将在每个周期内从 L1 指令缓存中获取 8 条指令并放入 32 个条目的指令缓冲区中。如果获取 8 条指令的块，它就是 32 字节对齐的。除了执行基于 IFAR 的必需的获取之外，970FX 还会把缓存行预取到 4×128 字节的指令预取队列中。如果必需的获取导致指令缓存

---

① "桥接"指一组可选特性，它们被定义成简化从 32 位操作系统到 64 位实现的迁移。

② 简单整数（非浮点）也称为定点。"VX"中的"X"表示"fixed"（固定）。

③ 指令缓存访问（Instruction Cache Access）。

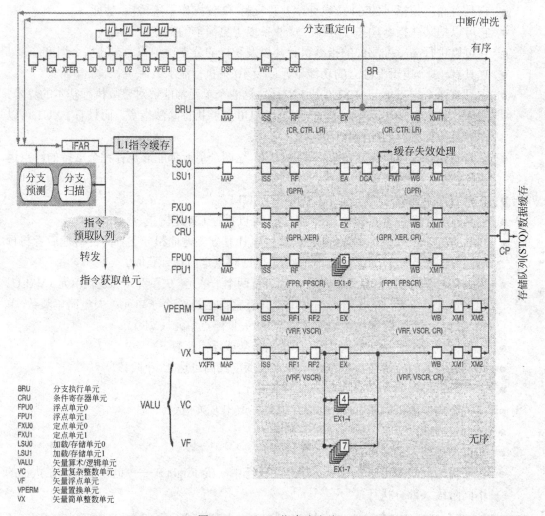

图 3-14 970FX 指令流水线

失效，970FX 将会检查指令是否在预取队列中。如果找到指令，就把它们插入到流水线中，就像没有发生指令缓存失效一样。然后把缓存行的关键区域（8 个字）写入指令缓存中。

D0

在指令离开 L2 缓存之后并且在它们进入指令缓存或者预取队列之前，具有对它们进行部分解码（预解码）的逻辑。这个过程将给每条指令添加 5 个额外的位，从而产生一个 37 位的指令。指令的预解码位将把它标记为非法、微编码、条件或无条件分支等。特别是，这些位还指定了将如何对指令进行分组以进行分派。

D1、D2、D3

970FX 把复杂的指令分成两个或更多的内部操作（internal operation，iop）。iop 更像是 RISC，而不像是它们作为其中一部分的指令。恰好分解成两个 iop 的指令被称为**分解的**（Cracked）指令，而那些分解成 3 个或更多 iop 的指令则称为**微编码的**（Microcoded）指令，因为处理器将使用微码仿真它们。

指令可能不是原子式的，因为分解的或微编码的指令的原子性处于 iop 级别。而且，它就是 iop，而不是程序员可见的指令，它们是无序执行的。这种方法允许处理器在并行化执行中具有更大的灵活性。注意：AltiVec 指令既不是分解的，也不是微编码的。

获取的指令进入 32 条指令的获取缓冲区中。在每个周期内，将最多从这个缓冲区中取出 5 条指令，并通过一条解码流水线发送它们，这条流水线要么是**内联**（Inline）的（包括 3 个阶段，即 D1、D2 和 D3），要么是**基于模板**（Template-Based）的（如果指令需要微编码的话）。基于模板的解码流水线在每个周期内将生成最多 4 个 iop，用于仿真原始的指令。无论如何，解码流水线都将导致指令**分派组**（Dispatch Group）的形成。

鉴于指令的无序执行，处理器需要在执行的不同阶段跟踪所有指令的程序顺序。970FX 不会跟踪单独的指令，而是跟踪分派组中的指令。970FX 形成了这些组，其中包含 1~5 个 iop，并且每个 iop 都在组中占据一个指令槽（0~4）。分派组的形成[1]受一份长长的规则列表以及如下条件支配。

- 组中的 iop 必须具有程序顺序，其中最旧的指令位于槽 0 中。
- 一个组可能包含最多 4 条非分支指令，并且可以选择包含一条分支指令。当遇到分支时，它将是当前组中的最后一条指令，并且会开启一个新组。
- 槽 4 只能包含分支指令。事实上，可能不得不把 no-op（no-operation，无操作）指令插入到其他的槽中，以强制分支指令落入槽 4 中。
- 作为分支目标的指令总是位于组的开始处。
- 分解的指令在组中占据两个槽。
- 微编码的指令单独占据整个组。
- 用于修改没有关联的重命名寄存器的 SPR 的指令将终止组。
- 在一个组中用于修改 CR 的指令不超过两条。

XFER

在 XFER 阶段，iop 将等待资源变成空闲状态。

GD、DSP、WRT、GCT、MAP

在组形成后，执行流水线将分成多条流水线，用于多个不同的执行单元。在每个周期内，可以把一个指令组发送（或分派）给发送队列。注意：组中的指令从分派到完成将保持在一起。

在分派组时，在指令实际执行之前将发生多个操作。确定内部组指令依赖性（GD）。分配多种内部资源，比如发送队列槽、重命名寄存器和映射器，以及加载/存储重排序队列中的条目。特别是，必须把组中将会返回结果的每个 iop 分配给一个寄存器以保存结果。在指令进入发送队列之前，将在分派阶段分配重命名寄存器（DSP、MAP）。

为了跟踪组本身，970FX 使用一个**全局完成表**（Global Completion Table，GCT），它以程序顺序存储最多 20 个条目——也就是说，最多 20 个分派组可以并发处于执行中。由于每个组最多可以具有 5 个 iop，就可以利用这种方式跟踪多达 100 个 iop。WRT 阶段表示写到 GCT。

---

[1]　由 970FX 执行的指令分组与 VLIW 处理器具有相似之处。

ISS、RF

当执行指令所需的所有资源都可用时，将把指令发送（ISS）给合适的发送队列。一旦它们的操作数出现，指令就开始执行。组中的每个槽都会为不同的执行单元提供单独的发送队列。例如，FXU/LSU 和 FPU 将分别从指令组的槽{0, 3}和{1, 2}中提取它们的指令。如果其中一对指令进入 FXU/LSU，另一对就会进入 FPU。CRU 将从 CR 逻辑发送队列中提取它的指令，该队列是从指令槽 0 和 1 提供的。如前所述，指令组的槽 4 专用于分支指令。可以把 AltiVec 指令发出给 VALU 以及来自除槽 4 以外的任何槽的 VPERM 发送队列。表 3-8 显示了 970FX 发送队列大小——列出的每个执行单元都具有一个发送队列。

表 3-8　各个 970FX 发送队列的大小

执 行 单 元	队列大小（指令）
LSU0/FXU0[a]	18
LSU0/FXU0[b]	18
FPU0	10
FPU1	10
BRU	12
CRU	10
VALU	20
VPERM	16

a. LSU0 和 FXU0 共享 18 个条目的发送队列。

b. LSU1 和 FXU1 共享 18 个条目的发送队列。

FXU/LSU 和 FPU 发送队列中奇数和偶数各占一半，它们是硬连线的，以接收仅来自分派组的某些槽的指令，如图 3-15 所示。

只要发送队列中包含的指令解决了它们的所有数据依赖性，指令就会在每个周期从队列移入合适的执行单元中。不过，很可能有些指令的操作数没有准备好；这样的指令就会阻塞在队列中。尽管 970FX 将尝试先执行最旧的指令，但它将在队列的环境内对指令进行重排序以避免延迟。准备-执行指令将通过读取对应的寄存器文件（Register File，RF）来访问它们的源操作数，之后它们将进入执行单元流水线。在一个周期内可以发出最多 10 个操作——给 10 条执行流水线的每一条发出一个操作。注意：不同的执行单元可能具有不同数量的流水线阶段。

指令是无序发出和执行的。不过，如果指令完成执行，并不意味着程序将会"知道"它：毕竟，从程序的角度讲，指令必须以程序顺序执行。970FX 会区分指令完成执行（Finish Execution）和指令**完成**（Complete）。指令可能完成执行（比如说，推测），但是除非它完成，否则它的影响将对程序不可见。所有的流水线都是一个公共阶段（组完成阶段（CP））终止。当组完成时，将释放它们的许多资源，比如加载重排序队列条目、映射器以及全局完成表条目。每个周期可能回收一个分派组。

当分支指令完成时，就把得到的目标地址与预测地址做比较。依赖于预测正确与否，在涉及的分支之后获取的流水线中的所有指令都将被冲洗，或者处理器将会等待分支的组中所有余下的命令完成。

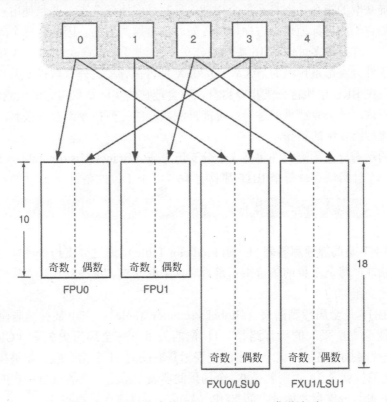

图 3-15　970FX 中的 FPU 和 FXU/LSU 发送队列

说明 215 条执行中的指令

通过查看图 3-4——确切地讲，是标记 1~6 的区域，可以说明理论上最多 215 条执行中的指令。

（1）指令获取单元具有一个获取/溢出缓冲区，可以保存 16 条指令。

（2）解码/分派单元中的指令获取缓冲区可以保存 32 条指令。

（3）在每个周期内，最多可以从指令获取缓冲区中取出 5 条指令，并通过一条 3 阶段的指令解码流水线发送它们。因此，在这条流水线中最多可以有 15 条指令。

（4）有 4 个分派缓冲区，其中每个缓冲区都保存一个分派组，其中包含最多 5 个操作。因此，在这些缓冲区中可以保存最多 20 条指令。

（5）在分派后，全局完成表可以跟踪最多 20 个分派组，对应于 970FX 中的最多 100 条指令。

（6）存储器队列可以保存最多 32 个存储器。

因此，对于执行中的指令，理论上的最大数量可以计算如下：16 + 32 + 15 + 20 + 100 + 32，这个和是 215。

2. 分支预测

分支预测是一种机制，其中处理器通过获取那些希望它们将被执行的指令，尝试保持流水线是填满的，从而改进总体性能。在这种环境中，分支是处理器的一个决策点：它必须预测分支的结果——是否将采取它——并且相应地预取指令。如图 3-14 所示，970FX 将会为分支扫描获取的指令。它将在每个周期内寻找最多两条分支，并且使用多策略分支预测逻辑来预测它们的目标地址、方向，或者同时预测这两方面。因此，每个周期最多可以预测 2 条分支，并且最多可以有 16 条预测分支。

所有的条件分支都是预测的，这基于 970FX 是否在分支之外获取指令并且推测式地执行它们。一旦在 BRU 中执行分支指令自身，就会把它的实际结果与它的预测结果做比较。如果预测不正确，就会有严重的惩罚：可能推测执行的任何指令都会被丢弃，并且会获取正确的控制流程路径中的指令。

970FX 的动态分支预测硬件包括 3 个**分支历史表**（Branch History Table，BHT）、一个链接栈以及一个计数缓存。每个 BHT 都具有 16 000 个 1 位的条目。

> 970FX 的硬件分支预测可以被软件覆盖。

第一个 BHT 是**局部预测器表**（Local Predictor Table），通过分支指令地址对它的 16 000 个条目进行编址。每个 1 位的条目指示是否应该采取分支。这种模式是"局部"的，因为每个分支是孤立跟踪的。

第二个 BHT 是**全局预测器表**（Global Predictor Table）。它由某种预测模式使用，并且考虑了到达分支所采取的执行路径。11 位的矢量——**全局历史矢量**（Global History Vector）——代表执行路径。这个矢量的位表示获取的前 11 个指令组。如果按顺序获取下一个组，特定的位就是 1，否则就是 0。全局预测器表中给定分支的条目所在的位置是通过在全局历史矢量与分支指令地址之间 XOR（异或）运算而计算得到的。

第三个 BHT 是**选择器表**（Selector Table）。它用于跟踪对于给定的分支将更青睐两种预测模式中的哪一种。BHT 将利用执行的分支指令的实际结果不断进行更新。

970FX 分别使用链接栈和计数缓存来预测 branch-conditional-to-link-register（bclr、bclr1）和 branch-conditional-to-count-register（bcctr、bcctr1）指令的分支目标地址。

迄今为止，我们探讨了**动态**（Dynamic）分支预测。970FX 还支持静态预测，其中程序员可以使用条件分支操作数中的某些位，静态地覆盖动态预测。确切地讲，使用两个位（"a" 位和 "t" 位）提供关于分支方向的暗示，如表 3-9 所示。

表 3-9　静态分支预测暗示

"a" 位	"t" 位	暗　　示
0	0	使用动态分支预测
0	1	使用动态分支预测
1	0	禁用动态分支预测；"不采用"静态预测；通过 "-" 后缀指定给某个分支条件助记符
1	1	禁用动态分支预测；"采用"静态预测；通过 "+" 后缀指定给某个分支条件助记符

3. 小结

让我们总结 970FX 实现的指令并行性。在 970FX 的每个周期内，都会发生以下事件。

● 获取最多 8 条指令。

- 预测最多两条分支。
- 分派最多 5 个 iop（一个组）。
- 重命名最多 5 个 iop。
- 从发送队列发出最多 10 个 iop。
- 完成最多 5 个 iop。

3.3.10　AltiVec

970FX 包括一个专用的矢量处理单元，并且实现了 VMX 指令集，它是 PowerPC 体系结构的一个 AltiVec[①]可互换的扩展。AltiVec 提供了一个 SIMD 风格的 128 位[②]矢量处理单元。

1．矢量计算

SIMD 代表**单指令多数据流**（Single-Instruction, Multiple-Data）。它指一组可以高效地并行处理大量数据的操作。SIMD 操作不一定需要更多或更宽的寄存器，尽管越多越好。SIMD 实质上可以更好地使用寄存器和数据路径。例如，非 SIMD 计算通常为每个数据元素使用一个硬件寄存器，即使寄存器可以保存多个这样的元素也是如此。与之相比，SIMD 将一个寄存器保存多个数据元素——尽可能多地存放它们，并将通过**单条指令**对所有的元素执行**相同的操作**。因此，可以通过这种方式并行执行的任何操作都会受益于 SIMD。在 AltiVec 的情况下，矢量指令可以对一个矢量的所有成分执行相同的操作。注意：AltiVec 指令处理的是定长的矢量。

> 基于 SIMD 的优化是有代价的。一个问题必须很好地有助于矢量化，并且程序员通常必须做额外的工作。一些编译器——比如 IBM 的 XL 编译器套件以及 GCC 4.0 或更高版本——也支持自动矢量化，这是一种优化，可以基于编译器的源代码分析自动生成矢量指令[③]。自动矢量化可能工作得很好，也可能不尽然，这依赖于代码的性质和结构。

多种处理器体系结构具有类似的扩展。表 3-10 列出了一些著名的示例。

表 3-10　处理器多媒体扩展的示例

处理器家族	制　造　商	多媒体扩展集
Alpha	HP（DEC）	MVI
AMD	AMD（美国超微半导体公司）	3DNow!
MIPS	SGI（硅谷图形公司）	MDMX、MIPS-3D
PA-RISC	HP	MAX、MAX2
PowerPC	IBM、Motorola	VMX/AltiVec
SPARC V9	Sun Microsystems	VIS
x86	Intel、AMD、Cyrix	MMX、SSE、SSE2、SSE3

---

① AltiVec 最初是在 Motorola 的 e600 PowerPC 核心（即 G4）中引入的。

② 所有的 AltiVec 执行单元和数据路径的宽度都是 128 位。

③ 例如，编译器可能尝试检测一些代码模式，它们被公认非常适合于矢量化。

AltiVec 可以极大地改进数据移动的性能，便于应用程序处理矢量、矩阵、数组、信号等。如第 2 章所述，Apple 提供了可移植 API——通过 Accelerate 框架（Accelerate.framework），用于执行矢量优化的操作[①]。Accelerate 是一个包罗框架，其中包含 vecLib 和 vImage[②]子框架。vecLib 打算用于执行数字和科学计算——它提供了诸如 BLAS、LAPACK、数字信号处理、点积、线性代数和矩阵运算之类的功能。vImage 提供了矢量优化的 API，用于处理图像数据。例如，它提供了用于 Alpha 合成、卷积、格式转换、几何变换、直方图操作和形态学操作的功能。

> 尽管矢量指令执行的工作在许多时候通常需要更多的非矢量指令，但是矢量指令并不只是一次处理"许多标量"或"更多内存"的指令。矢量的成员是相关的这个事实非常重要，对所有成员执行相同的操作这个事实同样如此。矢量运算当然更适合于内存访问——它们将导致均摊（Amortization）。对相同数据集执行矢量运算与一系列标量运算之间的语义差别是：隐含地给处理器提供了关于你的意图的更多信息。矢量运算——本质上——缓解了数据和控制风险。

AltiVec 具有广泛的应用程序，因为诸如高保真音频、视频、视频会议、图形、医学影像、笔迹分析、数据加密、语音识别、图像处理和通信之类的领域全都使用可以受益于矢量处理的算法。

图 3-16 显示了一个平常的 AltiVec 程序。

同样如图 3-16 中所示，GCC 的-faltivec 选项支持 AltiVec 语言扩展。

2. 970FX AltiVec 实现

970FX AltiVec 实现包括以下组件。

- 一个矢量寄存器文件（Vector Register File，VRF），包括 32 个 128 位的结构矢量寄存器（VR0~VR31）。
- 48 个 128 位的重命名寄存器，用于分派阶段的分配。
- 一个 32 位的矢量状态和控制寄存器（Vector Status and Control Register，VSCR）。
- 一个 32 位的矢量保存/恢复寄存器（Vector Save/Restore Register，VRSAVE）。
- 一个矢量置换单元（Vector Permute Unit，VPERM），有益于诸如任意逐字节的数据组织、表查询以及数据打包/解包之类操作的实现。
- 一个矢量算术和逻辑单元（Vector Arithmetic and Logical Unit，VALU），其中包含三个平行的子单元：矢量简单整数单元（Vector Simple-Integer Unit，VX）、矢量复杂整数单元（Vector Complex-Integer Unit，VC）和矢量浮点单元（Vector Floating-Point Unit，VF）。

---

①   Accelerate 框架可以依赖于它所运行的硬件，自动使用它所实现的最佳可用的代码。例如，如果 AltiVec 可用，它就将为 AltiVec 使用矢量化代码。在 x86 平台上，它将使用 MMX。如果 SSE、SSE2 和 SSE3 这些特性可用，那么将使用它们。

②   vImage 也可作为独立的框架使用。

```
// altivec.c

#include <stdio.h>
#include <stdlib.h>

int
main(void)
{
// "vector" is an AltiVec keyword
    vector float v1, v2, v3;

    v1 = (vector float)(1.0, 2.0, 3.0, 4.0);
    v2 = (vector float)(2.0, 3.0, 4.0, 5.0);

// vector_add() is a compiler built-in function
    v3 = vector_add(v1, v2);

// "%vf" is a vector-formatting string for printf()
    printf("%vf\n", v3);

    exit(0);
}

$ gcc -Wall -faltivec -o altivec altivec.c
$ ./altivec
3.000000 5.000000 7.000000 9.000000
```

图 3-16　一个平常的 AltiVec 程序

作为某些矢量指令的结果，还修改了 CR。

> VALU 和 VPERM 都是可分派的单元，它们通过发送队列接收预解码的指令。

32 位的 VRSAVE 服务于特殊的目的：它的每一位都指示对应的矢量寄存器是否在使用。处理器将维护这个寄存器，使得每次发生异常或者环境切换时，它不必保存和恢复每个矢量寄存器。频繁保存或恢复 32 个 128 位的寄存器（总共有 512 字节）将是对缓存性能的严重损害，因为也许将需要从缓存中逐出其他更重要的数据。

现在来扩展图 3-16 中的示例程序，检查 VRSAVE 中的值。图 3-17 显示了扩展的程序。

```
// vrsave.c

#include <stdio.h>
#include <stdlib.h>
#include <sys/types.h>
```

图 3-17　显示 VRSAVE 的内容

```c
void prbits(u_int32_t);
u_int32_t read_vrsave(void);

// Print the bits of a 32-bit number
void
prbits32(u_int32_t u)
{
    u_int32_t i = 32;

    for (; i--; putchar(u & 1 << i ? '1' : '0'));

    printf("\n");
}


// Retrieve the contents of the VRSAVE
u_int32_t
read_vrsave(void)
{
    u_int32_t v;
    __asm("mfspr %0,VRsave\n\t"
        : "=r"(v)
        :
    );

    return v;
}

int
main()
{
    vector float v1, v2, v3;

    v1 = (vector float)(1.0, 2.0, 3.0, 4.0);
    v2 = (vector float)(2.0, 3.0, 4.0, 5.0);

    v3 = vec_add(v1, v2);

    prbits32(read_vrsave());

    exit(0);
}


$ gcc -Wall -faltivec -o vrsave vrsave.c
$ ./vrsave
11000000000000000000000000000000
```

图 3-17（续）

　　在图 3-17 中可见，VRSAVE 的两个高阶位被置位，其余的位则被清零。这意味着程序使用两个 VR：VR0 和 VR1。可以通过查看程序的汇编程序清单来验证这一点。

　　VPERM 执行单元对矢量执行合并、置换和采集操作。具有单独的置换单元将允许数据重组指令与矢量算术和逻辑指令并行执行。VPERM 和 VALU 都会维护它们自己的 VRF 的副本，它们将在半周期上同步。因此，它们都会从自己的 VRF 那里接收其操作数。注意：矢量加载、存储和数据流指令是在通常的 LSU 管中处理的。尽管不会分解或微编码 AltiVec 指令，但是矢量存储指令逻辑上将分解成两个成分：矢量部分和 LSU 部分。在组形成阶段，矢量存储是占据一个槽的单个实体。不过，一旦发出了指令，它将占据两个发送队列槽：一个在矢量存储单元中，另一个在 LSU 中。地址生成是在 LSU 中发生的。有一个槽用于把数据移出矢量单元中的 VRF。这与标量（整数或浮点）存储之间没有任何区别，在后一种情况下，地址生成仍然是在 LSU 中发生的，并且各自的执行单元——整数或浮点——将用于访问 GPR 文件（GPRF）或 FPR 文件（FPRF）。

　　AltiVec 指令被设计成可以轻松地流水线化。970FX 在每个周期内可以分派最多 4 条矢量指令给发送队列，而不管指令的类型是什么。除了专用分支槽 4 之外，可以从分派组的任何槽分派任何矢量指令。

> 　　在标量单元与矢量单元之间传递数据通常是非常低效的，因为寄存器文件之间的数据传输不是直接的，而要经过缓存。

3. AltiVec 实现

　　AltiVec 向 PowerPC 体系结构中添加了 162 条矢量指令。像所有其他的 PowerPC 指令一样，AltiVec 指令具有 32 位宽的编码。无须进行环境切换，即可使用 AltiVec。没有特殊的 AltiVec 操作模式——在程序中可以一起使用 AltiVec 指令与常规的 PowerPC 指令。AltiVec 也不会干扰浮点寄存器。

> 　　AltiVec 指令应该在 PowerPC 体系结构的 UISA 和 VEA 层级使用，但是不能在 OEA 层级（内核）使用。对于浮点算术运算也是如此。然而，从 Mac OS X 10.3 的某个修订版开始，就可能在 Mac OS X 内核中使用 AltiVec 和浮点。不过，这样做是以内核中的性能开销为代价的，因为使用 AltiVec 和浮点将导致大量的异常和寄存器保存/恢复操作。而且，不能在内核中使用 AltiVec 数据流指令。系统控制台上的高速视频滚动是内核使用的浮点单元的示例——滚动例程使用浮点寄存器进行快速复制。音频子系统也在内核中使用浮点。

　　关于 AltiVec 矢量，下面几点是值得注意的。
- 矢量的宽度是 128 位。
- 矢量可以包含以下内容之一：16 字节、8 个半字、4 个字（整数）或者 4 个单精度浮点数。
- 最大的矢量元素的大小受硬件限制为 32 位；VALU 中最大的加法器的宽度是 32 位。而且，最大的乘法器阵列的宽度是 24 位，只对于单精度浮点尾数来说，它确实够用了[①]。
- 给定矢量的成员可以全都是无符号的量，或者全都是带符号的量。
- VALU 基于矢量元素大小像多个 ALU 那样工作。

AltiVec 指令集中的指令可以广义上分为以下几类。
- 矢量加载和存储指令。
- 用于读写 VSCR 的指令。
- 数据流操作指令，比如 dst（data-stream-touch）、dss（data-stream-stop）和 dssall（data-stream-stop-all）。
- 矢量定点算术和比较指令。
- 矢量逻辑、旋转和移位指令。
- 矢量打包、解包、合并、采集和置换指令。
- 矢量浮点指令。

矢量单一元素加载被实现为 lvx，其中未定义的字段没有显式归零。在处理这类情况时应该小心谨慎，因为这可能在浮点计算中导致非规范化数[②]。

3.3.11 电源管理

970FX 支持如下电源管理特性。
- 当它的一些组件处于空闲状态时，它可以动态停止它们的时钟。
- 可以通过编程方式把它置于预定义的省电模式，比如**休眠**（Doze）、**睡眠**（Nap）和**深度睡眠**（Deep Nap）。
- 它包括 PowerTune，这是一种处理器级的电源管理技术，支持调节处理器和总线时钟频率和电压。

1. PowerTune

PowerTune 允许动态控制时钟频率，甚至跨多个处理器同步它们。PowerTune 频率调节发生在处理器核心、总线、桥和内存控制器中。允许的频率范围包括从 f（全额定频率）到 $f/2$、$f/4$ 和 $f/64$。后者对应于深度睡眠省电模式。如果应用程序不需要处理器的最大可用性能，就可以在系统级改变频率和电压——无须停止核心执行单元，也无须禁用中断或总线监听。除总线时钟之外的所有处理器逻辑都将保持活动状态。而且，频率改变非常快速。由于电源对电压具有二次方的依赖性，减小电压将对电源消耗具有令人满意的影响。因此，970FX 相比 970 极大了降低了典型的电源消耗，后者没有 PowerTune。

2. Power Mac G5 热量和电源管理

在 Power Mac G5 中，Apple 把 970FX/970MP 的电源管理能力与风扇和传感器网络结合了起来，以抑制热量生成、电源消耗和噪声级别。硬件传感器的示例包括那些用于风扇

---

① IEEE 754 标准把单精度浮点数的 32 位定义成包含符号（1 位）、指数（8 位）和尾数（23 位）。
② 非规范化数——也称为次规范化数——是一些如此小的数，以至于不能利用完全精度表示它们。

速度、温度、电流和电压的传感器。系统被划分成分离的冷却区域，具有独立受控的风扇。一些 Power Mac G5 型号额外包含一个液体冷却系统，它可以循环使用一种导热流体，把处理器上的热量传入辐射护栅中。当空气经过护栅的冷却散热片时，流体的温度就会降低[①]。

液体冷却中的液体

液体冷却系统中使用的传热流体主要由水组成，其中混合有防冻液。使用去离子水（称为 DI 水）。这种水中较低的离子浓度可以防止矿物质沉淀和电弧，由于循环冷却液可能导致静电荷积聚，使得可能会发生这些情况。

操作系统支持是必需的，以使得 Power Mac G5 的热量管理正确地工作。Mac OS X 会定期监视各种不同的温度和电源消耗。它还会与风扇控制单元（Fan Control Unit，FCU）通信。如果 FCU 没有接收到来自操作系统的反馈，它将以最大的速度快速旋转风扇。

液体冷却的双处理器 2.5GHz Power Mac 具有以下风扇。

- CPU A PUMP
- CPU A INTAKE
- CPU A EXHAUST
- CPU B PUMP
- CPU B INTAKE
- CPU B EXHAUST
- BACKSIDE
- DRIVE BAY
- SLOT

此外，Power Mac 还具有用于电流、电压和温度的传感器，如表 3-11 所示。

表 3-11　Power Mac G5 传感器：示例

传感器类型	传感器位置/名称
电表	CPU A AD7417[a] AD2
电表	CPU A AD7417 AD4
电表	CPU B AD7417 AD2
电表	CPU B AD7417 AD4
开关	电源按钮
温度计	BACKSIDE
温度计	U3 HEATSINK
温度计	DRIVE DAY
温度计	CPU A AD7417 AMB
温度计	CPU A AD7417 AD1
温度计	CPU B AD7417 AMB
温度计	CPU B AD7417 AD1

---

① 类似于汽车散热器的工作方式。

续表

传感器类型	传感器位置/名称
温度计	MLB INLET AMB
电压表	CPU A AD7417 AD3
电压表	CPU B AD7417 AD3

a. AD7417 是一种模拟-数字转换器，具有芯片上的温度传感器。

在第 10 章中将看到如何以编程方式从内核中获取多个传感器的值。

3.3.12　64 位体系结构

如前所述，PowerPC 体系结构被设计成明确支持 64 位和 32 位的计算。事实上，PowerPC 是一种 64 位的体系结构，它具有 32 位的子集。特定的 PowerPC 实现可能选择只实现 32 位的子集，对于 Apple 使用的 G3 和 G4 处理器家族也是如此。970FX 同时实现了 PowerPC 体系结构的 64 位和 32 位形式[①]——**动态计算模式**（Dynamic Computation Mode）[②]。这些模式是动态的，这是因为可以通过设置或清除 MSR 的第 0 位动态地在两者之间进行切换。

1. 64 位的特性

970FX 的 64 位模式的关键方面如下。

- 64 位寄存器[③]：GPR、CTR、LR 和 XER。
- 64 位寻址，包括 64 位指针，它们允许一个程序的地址空间大于 4 GB。
- 32 位和 64 位的程序，可以并排执行它们。
- 64 位的整数和逻辑运算，其中加载和存储 64 位数量所需的指令更少[④]。
- 在 32 位和 64 位模式中具有固定的指令大小——32 位。
- 仅 64 位的指令，比如 lwa（load-word-algebraic）、lwax（load-word-algebraic-indexed）以及多个指令的"双字"版本。

尽管 Mac OS X 进程本身必须是 64 位的，以便能够直接访问超过 4GB 的虚拟内存，在处理器中具有对超过 4GB 的物理内存的支持将可以使 64 位和 32 位的应用程序受益。毕竟，物理内存给虚拟内存提供支持。回忆可知，970FX 可以跟踪大量的物理内存——价值 42 位或 4TB。因此，只要有足够的内存，与仅仅利用 32 位的物理寻址相比，可以保持"活动"的数量可能要大得多。这对于 32 位的应用程序是有益的，因为操作系统现在可以在 RAM 中保存更多的工作集，从而减少了将内存页复制到磁盘的次数——即使单个 32 位的应用程序仍然只会"看到"4GB 的地址空间。

---

① 64 位的 PowerPC 实现必须实现 32 位的子集。
② 计算模式包含寻址模式。
③ 在 64 位 PowerPC 体系结构中将多个寄存器定义为 32 位，比如 CR、FP、SCR、VRSAVE 和 VSCR。
④ 在 32 位处理器上使用 64 位整数的一种方式是使编程语言将 64 位整数维护为两个 32 位整数。这样做将消耗更多的寄存器，并且需要更多的加载/存储指令。

2. 将 970FX 作为 32 位的处理器

就像 64 位 PowerPC 不是 32 位 PowerPC 的扩展一样，后者也不是前者的性能有限的版本——在 970FX 上以仅 32 位的模式执行不会有性能损失。不过，它们之间还是有一些区别。以 32 位的模式运行 970FX 的重要方面包括以下几点。

- 浮点寄存器和 AltiVec 寄存器的大小跨 32 位和 64 位的实现是相同的。例如，在 G4 和 G5 上，FPR 的宽度都是 64 位，VR 的宽度都是 128 位。
- 970FX 在 64 位和 32 位模式下使用相同的资源——寄存器、执行单元、数据路径、缓存和总线。
- 定点逻辑、旋转和移位指令在两种模式下的工作方式相同。
- 定点算术指令（除逻辑"非"指令之外）在 64 位和 32 位模式下实际上可以产生相同的结果。不过，在 32 位模式下将以与 32 位兼容的方式设置 XER 寄存器的进位（CR）和溢出（OV）字段。
- 在 32 位模式下，加载/存储指令将会忽略有效地址的高 32 位。类似地，在 32 位模式下，分支指令只会处理有效地址的低 32 位。

3.3.13　软补丁功能

970FX 提供了一种称为**软补丁**（Softpatch）的功能，它是一种允许软件解决处理器核心中的故障或者调试核心的机制。这是通过利用替代性的微编码指令序列替换一条指令或者通过软补丁异常使指令对软件引发陷阱来实现的。

970FX 的指令获取单元包含 7 个条目的阵列以及内容可寻址的内存（CAM）。这个阵列称为指令匹配 CAM（IMC）。此外，970FX 的指令解码单元包含一个微码**软补丁表**（Softpatch Table）。IMC 阵列具有 8 行。前 6 个 IMC 条目每个占据一行，而第 7 个条目则占据两行。在这 7 个条目中，前 6 个用于部分匹配（17 位）指令的主要操作码（0~5 位）和扩展操作码（21~31 位）。第 7 个条目则是全部匹配的：32 位的完全指令匹配。当从存储器中获取指令时，将通过指令获取单元的匹配功能将它们与 IMC 条目进行匹配。如果匹配，可以基于匹配的条目中的其他信息改变指令的处理方式。例如，可以利用指令解码单元的软补丁表中的微码替换指令。

970FX 提供了多种其他的跟踪和性能监视功能，它们超出了本章的讨论范围。

3.4　软 件 约 定

应用程序二进制接口（Application Binary Interface，ABI）为编译程序定义了一个系统接口，允许编译器、链接器、调试器、可执行文件、库、其他目标文件以及操作系统彼此协同工作。简而言之，ABI 是一个低级的"二进制"API。遵循某个 API 的程序应该可以从支持该 API 的不同系统上的源文件进行编译，而遵循某个 ABI 的二进制可执行文件应该可以在支持该 ABI 的不同系统上工作[①]。

    ABI 通常包括一组规则，指定如何为给定的体系结构使用硬件和软件资源。除了互操作性之外，ABI 设置的约定也可能具有性能相关的目标，比如最小化平均子例程调用开销、分支等待时间和内存访问。ABI 的范围可能很广泛，涵盖各种各样的领域，例如：

- 字节序（字节顺序）。
- 对齐和填充。
- 寄存器使用。
- 栈使用。
- 子例程参数传递和值返回。
- 子例程的序言和尾声。
- 系统调用。
- 目标文件。
- 动态代码生成。
- 程序加载和动态链接。

    Mac OS X 的 PowerPC 版本在它的 32 位和 64 位版本中使用 DarwinPowerPC ABI，而 32 位的 x86 版本则使用 System V IA-32 ABI。DarwinPowerPC ABI 类似于——但并不等同于——用于 PowerPC 的流行的 IBM AIX ABI。本节将探讨 DarwinPowerPC ABI 的一些方面，但不会分析它与 AIX ABI 的区别。

3.4.1   字节序

    PowerPC 体系结构天生支持 8 位（字节）、16 位（半字）、32 位（字）和 64 位（双字）数据类型。它结合使用了平面地址空间模型与字节可寻址的存储。尽管 PowerPC 体系结构提供了一种可选的小端功能，970FX 还是没有实现它——它只实现了大端寻址模式。大端指在最低的内存位置存储多字节值的"大"端。在 PowerPC 体系结构中，最左边的位——第 0 位——被定义成**最高有效位**（most significant bit），而最右边的位是**最低有效位**（least significant bit）。例如，如果在 32 位计算模式下把 64 位寄存器用作 32 位寄存器，那么 64 位寄存器的第 32~64 位就表示 32 位寄存器；第 0~31 位将被忽略。据此推断，最左边的字节——字节 0——将是最高有效字节，等等。

>   在支持大端和小端[②]寻址模式的 PowerPC 实现中，可以把机器状态寄存器的 LE 位置 1，以指定小端模式。另一个位——ILE 位——用于指定异常处理程序的模式。在这类处理器上，两个位的默认值都是 0（大端）。

---

    ① ABI 的区别体现在它们是否严格执行跨操作系统的兼容性。

    ② 与大端模式相比，需要对在这类处理器上使用小端模式提出几点警告。例如，在小端模式下不支持某些指令——比如加载/存储多个值以及加载/存储字符串。

3.4.2　寄存器使用

Darwin ABI 把寄存器定义为专用、易失性或非易失性。**专用**（Dedicated）寄存器具有预定义或标准用途；编译器不应该随意修改它。**易失性**（Volatile）寄存器随时都可使用，但是如果环境发生变化，它的内容也可能会改变——例如，由于调用某个子例程。由于在这些情况下调用者必须保存易失性寄存器，也把这类寄存器称为**调用者保存**（Caller-Save）寄存器。**非易失性**（Nonvolatile）寄存器可以在局部环境中使用，但是这类寄存器的用户必须在使用前保存它们的原始内容，并且必须在返回到调用环境之前恢复这些内容。因此，它是被调用者（而不是调用者），必须保存非易失性寄存器。相应地，也把这类寄存器称为**被调用者保存**（Callee-Save）寄存器。

在一些情况下，寄存器在一种运行时环境中可能是通用的，但是在其他一些运行时环境中又可能是专用的。例如，当用于间接函数调用时，GPR12 在 Mac OS X 上具有预定义的用途。

表 3-12 列出了常见的 PowerPC 寄存器以及由 32 位的 Darwin ABI 定义的使用约定。

表 3-12　32 位的 DarwinPowerPC ABI 中的寄存器约定

寄 存 器	易失性	用途/注释
GPR0	易失性	不能作为基址寄存器
GPR1	专用	用作栈指针，允许访问形参及其他临时数据
GPR2	易失性	在 Darwin 上可以作为局部寄存器使用，但是在 AIX ABI 中用作 TOC（Table of Contents，目录）指针。Darwin 不使用 TOC
GPR3	易失性	在调用子例程时包含第一个实参（Argument）字；包含子例程的返回值的第一个字。Objective-C 使用 GPR3 传递一个将要发送的对象的指针（即"self"），作为一个隐式形参（Parameter）
GPR4	易失性	在调用子例程时包含第二个实参字；包含子例程的返回值的第二个字。Objective-C 使用 GPR4 传递方法选择器，作为一个隐式形参
GPR5~ GPR10	易失性	在调用子例程时，GPRn 包含第(n–2)个实参字
GPR11	可变	对于嵌套函数，由调用者把它的栈帧传递给嵌套函数——寄存器是非易失性的。对于叶函数，寄存器可用并且是易失性的
GPR12	易失性	在优化动态代码生成时使用，其中间接分支到另一个例程的例程必须存储 GPR12 中的调用的目标。直接调用的例程没有特殊的用途
GPR13~ GPR29	非易失性	可供通用。注意：GPR13 预留用于 64 位的 DarwinPowerPC ABI 中特定于线程的存储
GPR30	非易失性	用作帧指针寄存器，即作为基址寄存器，用于访问子例程的局部变量
GPR31	非易失性	用作 PIC 偏移量表寄存器
FPR0	易失性	临时寄存器
FPR1~ FPR4	易失性	在调用子例程时，FPRn 包含第 n 个浮点实参；FPR1 包含子例程的单精度浮点返回值；在 FPR1 和 FPR2 中返回双精度浮点值
FPR5~ FPR13	易失性	在调用子例程时，FPRn 包含第 n 个浮点实参

（续表）

寄 存 器	易失性	用途/注释
FPR14~ FPR31	非易失性	可供通用
CR0	易失性	在算术运算期间用于保存条件代码
CR1	易失性	在浮点运算期间用于保存条件代码
CR2~ CR4	非易失性	多种条件代码
CR5	易失性	多种条件代码
CR6	易失性	多种条件代码；可以被 AltiVec 使用
CR7	易失性	多种条件代码
CTR	易失性	包含分支目标地址（用于 bcctr 指令）；包含循环的计数器值
FPSCR	易失性	浮点状态和控制寄存器
LR	易失性	包含分支目标地址（用于 bclr 指令）；包含子例程返回地址
XER	易失性	定点异常寄存器
VR0、VR1	易失性	临时寄存器
VR2	易失性	在调用子例程时包含第一个矢量实参；包含子例程返回的矢量
VR3~VR19	易失性	在调用子例程时，VRn 包含第(n–1)个矢量实参
VR20~VR31	非易失性	可供通用
VRSAVE	非易失性	如果设置了 VRSAVE 的第 n 位，那么在任何类型的环境切换期间都必须保存 VRn
VSCR	易失性	间接调用

1. 间接调用

在表 3-12 中，可以注意到如果一个函数间接分支到另一个函数，那么它将把调用的目标存储在 GPR12 中。事实上，间接调用是动态编译的 Mac OS X 用户级代码的默认情况。由于目标地址无论如何都将需要存储在寄存器中，使用标准化的寄存器允许潜在的优化。来看图 3-18 中显示的代码段。

```
void
f1(void)
{
    f2();
}
```

图 3-18　一个简单的 C 函数，它调用了另一个函数

默认情况下，在 Mac OS X 上由 GCC 为图 3-18 中所示的函数生成的汇编代码将如图 3-19 所示，其中添加了注释，并将其裁剪成几个相关的部分。特别是，注意 GPR12 的使用，在 GNU 汇编器语法中称之为 r12。

2. 直接调用

如果指示 GCC 静态编译图 3-18 中的代码，就可以在得到的汇编代码中验证 f1 直接调用 f2，而没有使用 GPR12。图 3-20 显示了这种情况。

```
...
_f1:
      mflr r0              ; prologue
      stmw r30,-8(r1)      ; prologue
      stw r0,8(r1)         ; prologue
      stwu r1,-80(r1)      ; prologue
      mr r30,r1            ; prologue
      bl L_f2$stub         ; indirect call
      lwz r1,0(r1)         ; epilogue
      lwz r0,8(r1)         ; epilogue
      mtlr r0              ; epilogue
      lmw r30,-8(r1)       ; epilogue
      blr                  ; epilogue
...
L_f2$stub:
      .indirect_symbol _f2
      mflr r0
      bcl 20,31,L0$_f2
L0$_f2:
      mflr r11

      ; lazy pointer contains our desired branch target
      ; copy that value to r12 (the 'addis' and the 'lwzu')
      addis r11,r11,ha16(L_f2$lazy_ptr-L0$_f2)
      mtlr r0
      lwzu r12,lo16(L_f2$lazy_ptr-L0$_f2)(r11)

      ; copy branch target to CTR
      mtctr r12

      ; branch through CTR
      bctr
.data
.lazy_symbol_pointer
L_f2$lazy_ptr:
      .indirect_symbol _f2
      .long dyld_stub_binding_helper
```

图 3-19 描绘间接函数调用的汇编代码

```
      .machine ppc
      .text
      .align 2
      .globl _f1
  _f1:
      mflr r0
```

图 3-20 描绘直接函数调用的汇编代码

```
stmw r30,-8(r1)
stw r0,8(r1)
stwu r1,-80(r1)
mr r30,r1
bl _f2
lwz r1,0(r1)
lwz r0,8(r1)
mtlr r0
lmw r30,-8(r1)
blr
```

图 3-20（续）

3.4.3　栈使用

在大多数处理器体系结构上，都使用栈保存自动变量、临时变量以及每次调用子例程的返回信息。PowerPC 体系结构没有明确将栈定义用于局部存储：既没有专用的栈指针，也没有任何压入或弹出指令。不过，传统的方法是：使在 PowerPC 上运行的操作系统——包括 Mac OS X——指定（依据 ABI）一个内存区域作为栈，并使之从高内存地址向低内存地址增长。如果像图 3-21 中那样安排栈，就称它是向上（Upward）增长，它被用作栈指针，指向栈顶。

栈和寄存器在子例程的工作中都起着重要作用。如表 3-12 中所列出的，寄存器用于保存子例程的实参，直到某个数量。

功能上的微妙之处

有时，在编程语言文献中使用**函数**（Function）、**过程**（Procedure）和**子例程**（Subroutine）这些术语来表示相似但是稍有区别的实体。例如，函数是总会返回一个结果的过程，但是"纯"过程不会返回结果。子例程通常用作函数或过程的通用术语。C 语言没有做出这种细微的区分，但是一些语言这样做了。我们同义地使用术语，表示高级语言（比如 C）中基本的、程序可见的、可调用的执行单元。

类似地，术语**实参**（Argument）和**形参**（Parameter）在非正式环境中是同义地使用的。一般而言，在声明一个函数"带有参数"时，在其声明中使用的是**形式参数**（Formal Parameter）。它们是**实际参数**（Actual Parameter）的占位符，而实际参数是在调用函数时指定的。通常把实际参数称为**实参**（Argument）。

用于把实参与形参匹配（或**绑定**（Bound）到它）的机制称为**参数传递**（Parameter Passing），可以用多种方式执行它，比如**按值调用**（Call-By-Value）（实参表示它的值）、**按引用调用**（Call-By-Reference）（实参表示它的位置）、**按名称调用**（实参表示它的程序文本）以及各种变体。

如果在程序中一个函数 f1 调用另一个函数 f2，f2 还会调用另一个函数 f3，等等，依据 ABI 的约定，程序的栈将会增长。调用链中的每个函数都拥有栈的一部分。图 3-21 显示了用于 32 位 Darwin ABI 的有代表性的运行时栈。

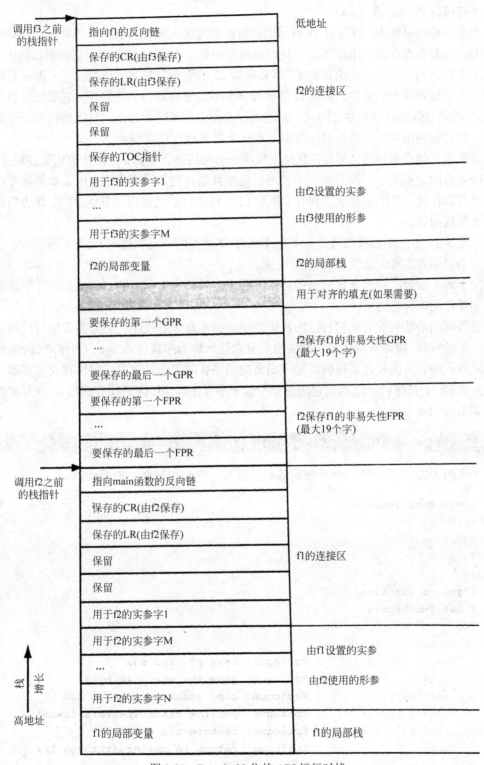

调用f3之前的栈指针

指向f1的反向链	低地址
保存的CR(由f3保存)	
保存的LR(由f3保存)	f2的连接区
保留	
保留	
保存的TOC指针	
用于f3的实参字1	由f2设置的实参
...	
用于f3的实参字M	由f3使用的形参
f2的局部变量	f2的局部栈
	用于对齐的填充(如果需要)
要保存的第一个GPR	f2保存f1的非易失性GPR
...	(最大19个字)
要保存的最后一个GPR	
要保存的第一个FPR	f2保存f1的非易失性FPR
...	(最大19个字)
要保存的最后一个FPR	

调用f2之前的栈指针

指向main函数的反向链	
保存的CR(由f2保存)	
保存的LR(由f2保存)	
保留	f1的连接区
保留	
用于f2的实参字1	
用于f2的实参字M	由f1设置的实参
...	
用于f2的实参字N	由f2使用的形参
f1的局部变量	f1的局部栈

栈增长　高地址

图 3-21　Darwin 32 位的 ABI 运行时栈

在图 3-21 中，f1 调用 f2，f2 又调用 f3。f1 的栈帧包含一个**形参区**（Parameter Area）和一个**连接区**（Linkage Area）。

形参区必须足够大，以保存 f1 调用的所有函数的最大形参列表。f1 通常在寄存器中传递实参，只要有寄存器可用即可。一旦寄存器被用尽，f1 将把实参置于它的形参区内，f2 将从中选择它们。不过，无论如何 f1 都必须为 f2 的所有实参预留出空间——即使它能够在寄存器中传递所有的实参。如果 f2 想要释放相应的寄存器以另作他用，它就可以自由地使用 f1 的形参区来存储实参。因此，在子例程调用中，调用者将在它自己的栈部分建立形参区，并且被调用者可以访问调用者的形参区来加载或存储实参。

连接区开始于形参区之后，并且位于栈顶——与栈指针相邻。栈指针的相邻性很重要：连接区具有固定的大小，因此被调用者可以确定性地找到调用者的形参区。如果需要，被调用者可以在调用者的连接区中保存 CR 和 LR。栈指针总是由调用者保存的，作为指向其调用者的反向链。

在图 3-21 中，f2 的栈部分显示了用于保存 f2 改变的非易失性寄存器的空间。在 f2 返回到它的调用者之前，必须由 f2 恢复它们。

用于每个函数的局部变量的空间是通过相应地增长栈来预留的。这个空间位于形参区之下和保存的寄存器之上。

被调用的函数负责分配它自己的栈帧的事实并不意味着程序员必须为此编写代码。在编译一个函数时，编译器将在函数体的前后分别插入称为**序言**（Prologue）和**尾声**（Epilogue）的代码段。序言为函数建立栈帧。尾声则会撤销序言的工作，恢复任何保存的寄存器（包括 CR 和 LR），把帧指针递增到它的前一个值（序言在其连接区中保存的值），并且最终返回给调用者。

> 32 位的 Darwin ABI 栈帧是 16 字节对齐的。

考虑图 3-22 中所示的一个平常的函数，以及对应的加注释的汇编代码。

```
$ cat function.c
void
function(void)
{
}
$ gcc -S function.c
$ cat function.s
...
_function:
    stmw r30,-8(r1)     ; Prologue: save r30 and r31
    stwu r1,-48(r1)     ; Prologue: grow the stack 48 bytes
    mr r30,r1           ; Prologue: copy stack pointer to r30
    lwz r1,0(r1)        ; Epilogue: pop the stack (restore frame)
    lmw r30,-8(r1)      ; Epilogue: restore r30 and r31
    blr                 ; Epilogue: return to caller (through LR)
```

图 3-22　一个不带参数并且具有空函数体的 C 函数的汇编代码清单

> **红色区域**
>
> 　　就在调用函数之后，函数的序言将从其现有位置递减栈指针，以为函数的需求预留出空间。栈指针之上的区域称为红色区域（Red Zone），新调用的函数的栈帧将驻留在这里。
>
> 　　在 32 位的 Darwin ABI 中，红色区域具有用于 19 个 GPR（总计 19 × 4 = 76 字节）和 18 个 FPR（总计 18 × 8 = 144 字节）的空间，总共 220 字节。向上舍入到最近的 16 字节界限，这就变成 224 字节，它是红色区域的大小。
>
> 　　通常，红色区域确实由被调用者的栈帧占据。不过，如果被调用者没有调用其他任何函数——也就是说它是一个叶函数——那么它将不需要形参区。如果它可以把所有的局部变量都存放在寄存器中，那么它还可能不需要栈上有用于局部变量的空间。它可能需要用于保存它使用的非易失性寄存器的空间（回忆可知，如果被调用者需要保存 CR 和 LR，它可以在调用者的连接区中保存它们）。只要它可以放入寄存器中以便在红色区域中保存起来，它就不需要分配栈帧或者递减栈指针。注意：根据定义，在一个时间只有一个叶函数是活动的。

1. 栈使用示例

　　图 3-23 和图 3-24 显示了一些示例，说明编译器如何根据一个函数所具有的局部变量的数量、它所具有的形参数量以及它传递给所调用函数的实参数量等，来建立函数的栈。

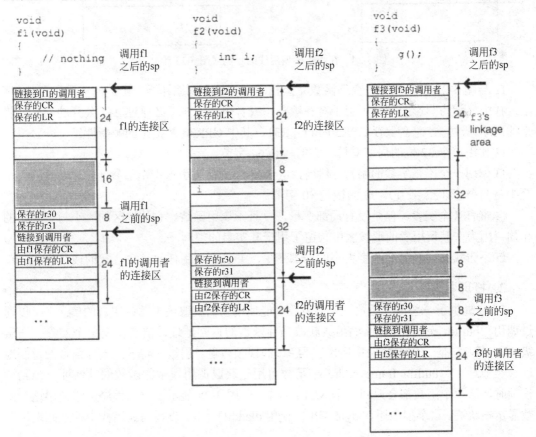

图 3-23　在函数中使用栈的示例

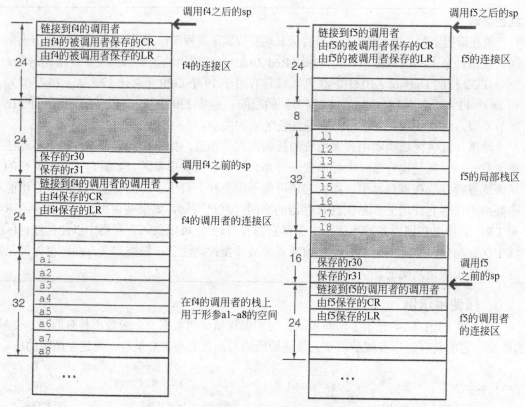

图 3-24   在函数中使用栈的示例（图 3-23 续）

f1 与图 3-22 中遇到的"空"函数完全相同，可以看到编译器为函数的栈预留了 48 字节。栈中显示为阴影的部分可用于对齐填充，或者用于一些不必通过 API 公开的当前或将来的用途。注意：总会保存 GPR30 和 GPR31，其中 GPR30 是指定的帧指针。

f2 使用单个 32 位的局部变量。它的栈是 64 字节。

f3 调用一个不带实参的函数。然而，这会在 f3 的栈上引入一个形参区。形参区的大小至少是 8 个字（32 字节）。f3 的栈是 80 字节。

f4 带有 8 个实参，但是没有局部变量，并且不调用函数。它的栈区的大小与空函数的相同，因为在其调用者的形参区中预留了用于其实参的空间。

f5 不带实参，具有 8 个字大小的局部变量，并且不调用任何函数。它的栈是 64 字节。

2. 打印栈帧

GCC 提供了一些内置函数，一个函数可能使用它们获取关于其调用者的信息。可以通过调用 __builtin_return_address()函数获取当前函数的返回地址，前者接受单个实参——**层级**（level），它是一个整数，用于指定要经过的栈帧数量。层级 0 将导致当前函数的返回地址。类似地，__builtin_frame_address()函数可用于获取调用栈中的函数的帧地址。当到达栈顶时，这两个函数都会返回一个 NULL 指针[①]。图 3-25 显示了一个程序，它使用这些函数显示栈轨迹。这个程序还在 dyld API 中使用 dladdr()函数，查找与调用栈中的返回地址对

---

① 为了在到达栈顶时使 __builtin_frame_address()函数返回一个 NULL 指针，必须正确地设置第一个帧指针。

应的多个函数地址。

// stacktrace.c

```
#include <stdio.h>
#include <dlfcn.h>

void
printframeinfo(unsigned int level, void *fp, void *ra)
{
    int     ret;
    Dl_info info;

// Find the image containing the given address
    ret = dladdr(ra, &info);
    printf("#%u %s%s in %s, fp = %p, pc = %p\n",
        level,
        (ret) ? info.dli_sname : "?",          // symbol name
        (ret) ? "()" : "",                     // show as a function
        (ret) ? info.dli_fname : "?", fp, ra); // shared object name
}

void
stacktrace()
{
    unsigned int level = 0;
    void    *saved_ra   = __builtin_return_address(0);
    void    **fp        = (void **)__builtin_frame_address(0);
    void    *saved_fp   = __builtin_frame_address(1);

    printframeinfo(level, saved_fp, saved_ra);
    level++;
    fp = saved_fp;
    while (fp) {
        saved_fp = *fp;
        fp = saved_fp;
        if (*fp == NULL)
            break;
        saved_ra = *(fp + 2);
        printframeinfo(level, saved_fp, saved_ra);
        level++;
    }
}
```

图 3-25　打印函数调用栈轨迹[①]

①　注意：在程序的输出中，帧#5 和帧#6 中的函数名称是 tart。dladdr()函数将从它返回的符号中删除前导下划线——即使没有前导下划线（在这种情况下，它将删除第一个字符）。在这里，符号的名称是 start。

```
void f4() { stacktrace(); }
void f3() { f4(); }
void f2() { f3(); }
void f1() { f2(); }

int
main()
{
    f1();
    return 0;
}
```

```
$ gcc -Wall -o stacktrace stacktrace.c
$ ./stacktrace
#0 f4() in /private/tmp/./stacktrace, fp = 0xbffff850, pc = 0x2a3c
#1 f3() in /private/tmp/./stacktrace, fp = 0xbffff8a0, pc = 0x2a68
#2 f2() in /private/tmp/./stacktrace, fp = 0xbffff8f0, pc = 0x2a94
#3 f1() in /private/tmp/./stacktrace, fp = 0xbffff940, pc = 0x2ac0
#4 main() in /private/tmp/./stacktrace, fp = 0xbffff990, pc = 0x2aec
#5 tart() in /private/tmp/./stacktrace, fp = 0xbffff9e0, pc = 0x20c8
#6 tart() in /private/tmp/./stacktrace, fp = 0xbffffa40, pc = 0x1f6c
```

图 3-25（续）

3.4.4 函数形参和返回值

如前所述，当一个函数利用实参调用另一个函数时，调用者的栈帧中的形参区将足够大，以保存传递给被调用的函数的所有形参，而不管寄存器中实际传递的形参数量是多少。这样做具有如下好处。

- 被调用的函数可能想要进一步调用其他带有实参的函数，或者可能想要使用寄存器，其中包含它的用于其他目的的实参。具有专用的形参区允许被调用者把寄存器中的实参存储到栈上的实参的"主位置"，从而释放寄存器。
- 出于调试目的，在形参区中存放所有实参可能是有用的。
- 如果函数具有变长的形参列表，它通常将从内存中访问其实参。

1. 传递形参

形参传递规则可能依赖于使用的编程语言的类型——例如，过程式或者面向对象。现在来探讨 C 和类似于 C 的语言的形参传递规则。对于这样的语言，这些规则还进一步依赖于函数是具有定长还是变长的形参列表。定长形参列表的规则如下。

- 前 8 个形参字（即前 32 字节，不一定是前 8 个实参）是在 GPR3~GPR10 中传递的，除非出现浮点形参。
- 浮点形参是在 FPR1~FPR13 中传递的。
- 如果出现浮点形参，但是 GPR 仍然可用，那么将像期望的那样把形参存放在 FPR 中。不过，将会忽略下面可用的 GPR（在讨论浮点形参的大小时，也会把它们一起总计进来），并且不会考虑把它们用于分配。因此，单精度浮点形参（4 字节）将导致下一个可用的 GPR（4 字节）被忽略；双精度浮点形参（8 字节）将导致下两个可用的 GPR（总计 8 字节）被忽略。

- 根据忽略规则，如果不是所有的形参都能够存放在可用的寄存器内，调用者将通过把它们存放在其栈帧的形参区内来传递额外的形参。
- 矢量形参是在 VR2~VR13 中传递的。
- 与浮点形参不同，矢量形参不会导致 GPR——或者就此而言的 FPR——被忽略。
- 除非在可用的矢量寄存器内可以放入更多的矢量形参，否则将不会在调用者的栈帧中为矢量形参分配空间。仅当寄存器用尽时，调用者才会预留任何矢量形参空间。

让我们探讨具有变长形参列表的函数的情况。注意：在数量可变的形参前面，函数可能还具有一些必需的形参。

- 形参列表的可变部分的形参是在 GPR 和 FPR 中传递的。因此，浮点形参总会**投射**（Shadow）在 GPR 中，而不会导致 GPR 被忽略。
- 如果形参列表的固定部分具有矢量形参，将会在调用者的形参区中为这类形参预留 16 字节对齐的空间，即使具有可用的矢量寄存器也会如此。
- 如果形参列表的可变部分具有矢量形参，也会把这类形参投射在 GPR 中。
- 被调用的例程将从形参列表的固定部分访问实参，类似于定长形参列表的情况。
- 被调用的例程将通过把 GPR 复制到被调用者的形参区中并从此处访问值，从形参列表的可变部分访问实参。

2. 返回值

函数根据以下规则返回值。

- 在 GPR3 的最低有效字节中返回小于 1 个字（32 位）的值，并且其余的字节将是未定义的。
- 在 GPR3 中返回大小恰好是 1 个字的值。
- 在 GPR3（4 个低阶字节）和 GPR4（4 个高阶字节）中返回 64 位的定点值。
- 在 GPR3 中返回大小最多是 1 个字的结构。
- 在 FPR1 中返回单精度浮点值。
- 在 FPR1 中返回双精度浮点值。
- 在 FPR1（8 个低阶字节）和 FPR2（8 个高阶字节）中返回 16 字节长的双精度值。
- 大小超过 1 个字的复合值（比如数组、结构或共用体）是通过调用者必须传递的隐式指针返回的。这样的函数需要调用者把一个指针传递到某个内存位置，它比较大，足以存放返回值。指针是在 GPR3 中作为"不可见"实参传递的。实际的用户可见的实参（如果有的话）则是在 GPR4 中向前传递的。

3.5　示　　例

现在来探讨另外几个示例，把学过的一些概念付诸实践。本节将探讨以下特定的示例。

- 与递归阶乘函数对应的汇编代码。

- 原子式比较和存储函数的实现。
- 重定向函数调用。
- 使用周期精确的 970FX 仿真器。

3.5.1 递归阶乘函数

在这个示例中,将了解与简单的高级 C 函数对应的汇编代码是如何工作的。函数如图 3-26 中所示,它用于递归地计算其整型实参的阶乘。

```
// factorial.c

int
factorial(int n)
{
    if (n > 0)
        return n * factorial(n - 1);
    else
        return 1;
}

$ gcc -Wall -S factorial.c
```

图 3-26   用于计算阶乘的递归函数

图 3-26 中所示的 GCC 命令行将生成一个名为 factorial.s 的汇编文件。图 3-27 显示了这个文件内容的注释版本。

> **注意注释**
>
> 虽然图 3-27 中的程序清单是手工添加注释的,但是 GCC 也可以产生某些类型的注释输出,它们在一些调试场景中可能是有用的。例如,-dA 选项利用一些最简单的调试信息来注释汇编器的输出;-dp 选项用于给每个汇编助记符添加注释,指示使用哪种模式和替代选择;-dP 选项则利用寄存器传输语言(Register Transfer Language,RTL)的副本点缀汇编语言的代码行,等等。

```
; factorial.s

.section __TEXT,__text
    .globl _factorial
_factorial:

; LR contains the return address, copy LR to r0.
    mflr r0

; Store multiple words (the registers r30 and r31) to the address starting
```

图 3-27   图 3-26 中所示函数的加注释的汇编程序清单

```
; at [-8 + r1]. An stmw instruction is of the form "stmw rS,d(rA)" -- it
; stores n consecutive words starting at the effective address (rA|0)+d.
; The words come from the low-order 32 bits of GPRs rS through r31. In
; this case, rS is r30, so two words are stored.
stmw r30,-8(r1)


; Save LR in the "saved LR" word of the linkage area of our caller.
stw r0,8(r1)


; Grow the stack by 96 bytes:
;
; * 24 bytes for our linkage area
; * 32 bytes for 8 words' worth of arguments to functions we will call
;   (we actually use only one word)
; * 8 bytes of padding
; * 16 bytes for local variables (we actually use only one word)
; * 16 bytes for saving GPRs (such as r30 and r31)
;
; An stwu instruction is of the form "stwu rS, d(rA)" -- it stores the
; contents of the low-order 32 bits of rS into the memory word addressed
; by (rA)+d. The latter (the effective address) is also placed into rA.
; In this case, the contents of r1 are stored at (r1)-96, and the address
; (r1)-96 is placed into r1. In other words, the old stack pointer is
; stored and r1 gets the new stack pointer.
stwu r1,-96(r1)


; Copy current stack pointer to r30, which will be our frame pointer --
; that is, the base register for accessing local variables, etc.
mr r30,r1


; r3 contains our first parameter
;
; Our caller contains space for the corresponding argument just below its
; linkage area, 24 bytes away from the original stack pointer (before we
; grew the stack): 96 + 24 = 120
; store the parameter word in the caller's space.
stw r3,120(r30)


; Now access n, the first parameter, from the caller's parameter area.
; Copy n into r0.
; We could also use "mr" to copy from r3 to r0.
lwz r0,120(r30)


; Compare n with 0, placing result in cr7 (corresponds to the C line)
; "if (n > 0)".
```

图 3-27（续）

```
cmpwi cr7,r0,0

; n is less than or equal to 0: we are done. Branch to factorial0.
ble cr7,factorial0

; Copy n to r2 (this is Darwin, so r2 is available).
lwz r2,120(r30)

; Decrement n by 1, and place the result in r0.
addi r0,r2,-1

; Copy r0 (that is, n - 1) to r3.
; r3 is the first argument to the function that we will call: ourselves.
mr r3,r0

; Recurse.
bl _factorial

; r3 contains the return value.
; Copy r3 to r2
mr r2,r3

; Retrieve n (the original value, before we decremented it by 1), placing
; it in r0.
lwz r0,120(r30)

; Multiply n and the return value (factorial(n - 1)), placing the result
; in r0.
mullw r0,r2,r0

; Store the result in a temporary variable on the stack.
stw r0,64(r30)

; We are all done: get out of here.
b done

factorial0:
 ; We need to return 1 for factorial(n), if n <= 0.
li r0,1

; Store the return value in a temporary variable on the stack.
stw r0,64(r30)

done:
; Load the return value from its temporary location into r3.
```

图 3-27（续）

```
lwz r3,64(r30)

; Restore the frame ("pop" the stack) by placing the first word in the
; linkage area into r1.
;
; The first word is the back chain to our caller.
lwz r1,0(r1)

; Retrieve the LR value we placed in the caller's linkage area and place
; it in r0.
lwz r0,8(r1)

; Load LR with the value in r0.
mtlr r0

; Load multiple words from the address starting at [-8 + r1] into r30
; and r31.
lmw r30,-8(r1)

; Go back to the caller.
  blr
```

图 3-27（续）

3.5.2　原子式比较和存储函数

在本章前面遇到过 load-and-reserve-conditional（lwarx、ldarx）和 store-conditional（stwcx.、stdcx.）指令。这些指令可以用于对 I/O 访问执行存储器排序。例如，可以使用 lwarx 和 stwcx. 实现一个原子式比较和存储函数。执行 lwarx 将从字对齐的位置加载一个字，但是还会与加载一起**原子地**（Atomically）执行以下两个动作。

- 它将创建一个可以被后续的 stwcx.指令使用的预定。注意：处理器一次不能具有多个预定。
- 它将通知处理器的存储一致性机制，现在有一个对指定内存位置的预定。

stwcx.存储一个字到指定的字对齐的位置。它的行为依赖于这个位置是否与指定给 lwarx 以创建预定的位置相同。如果两个位置相同，那么仅当从创建预定起就没有其他内容存储到该位置时，stwcx.才会执行存储——另一个处理器、缓存操作或者通过任何其他的机制可以使用一个或多个其他的存储（如果有的话）。如果指定给 stwcx.的位置不同于 lwarx 使用的位置，那么存储可能会或者不会成功，但是预定将会丢失。在多种其他的场景下预定可能会丢失，并且 stwcx.在所有这些情况下都将会失败。图 3-28 显示一个比较和存储函数的实现。Mac OS X 内核包括一个类似的函数。在下一个示例中将使用这个函数来实现函数重定向。

```
// hw_cs.s
//
// hw_compare_and_store(u_int32_t old,
//                      u_int32_t new,
//                      u_int32_t *address,
//                      u_int32_t *dummyaddress)
//
// Performs the following atomically:
//
// Compares old value to the one at address,and if they are equal, stores new
// value, returning true (1). On store failure, returns false (0). dummyaddress
// points to a valid, trashable u_int32_t location, which is written to for
// canceling the reservation in case of a failure.

        .align  5
        .globl  _hw_compare_and_store

_hw_compare_and_store:
        // Arguments:
        //      r3      old
        //      r4      new
        //      r5      address
        //      r6      dummyaddress

        // Save the old value to a free register.
        mr      r7,r3

looptry:
        // Retrieve current value at address.
        // A reservation will also be created.
        lwarx   r9,0,r5

        // Set return value to true, hoping we will succeed.
        li      r3,1

        // Do old value and current value at address match?
        cmplw   cr0,r9,r7

        // No! Somebody changed the value at address.
        bne--   fail

        // Try to store the new value at address.
        stwcx.  r4,0,r5

        // Failed! Reservation was lost for some reason.
```

图 3-28   用于 970FX 的基于硬件的比较和存储函数

```
        // Try again.
        bne--   looptry

        //If we use hw_compare_and_store to patch/instrument code dynamically,
        // without stopping already running code, the first instruction in the
        // newly created code must be isync. isync will prevent the execution
        // of instructions following itself until all preceding instructions
        // have completed, discarding prefetched instructions. Thus, execution
        // will be consistent with the newly created code. An instruction cache
        // miss will occur when fetching our instruction, resulting in fetching
        // of the modified instruction from storage.
        isync

        // return
        blr

fail:
        // We want to execute a stwcx. that specifies a dummy writable aligned
        // location. This will "clean up" (kill) the outstanding reservation.
        mr      r3,r6
        stwcx.  r3,0,r3

        // set return value to false.
        li      r3,0

        // return
        blr
```

图 3-28（续）

3.5.3　函数重定向

　　本示例的目标是：在 C 程序中拦截一个函数，方法是在其所在位置用一个新函数代替它，并且能够从新函数调用原始的函数。假定有一个函数 function(int, char *)，现在希望利用 function_new(int, char *) 替换它。这种替换必须满足以下要求。

- 在替换后，当从程序内的任意位置调用 function( ) 时，都会代之以调用 function_new( )。
- function_new( ) 可以使用 function( )，也许是因为 function_new( ) 打算作为原始函数的包装器。
- 可以通过编程方式安装或删除重定向。
- function_new( ) 是一个正常的 C 函数，唯一的要求是它具有与 function( ) 完全相同的原型。

1. 指令拼凑

假定 function( ) 的实现是指令序列 i_0、i_1、…、i_M，而 function_new( ) 的实现是指令序列

j_0、j_1、...、j_N，其中 M 和 N 是一些整数。function( )的调用者首先执行 i_0，因为它是 function( ) 的第一条指令。如果目标是安排 function( )的所有调用，以实际地调用 function_new( )，那么将可以利用无条件分支指令在内存中将 i_0 重写成 j_0，即 function_new( )的第一条指令。这样做将完全撤开 function( )。由于还希望从 function_new( )内调用 function( )，因此不能彻底弃用 function( )。而且，本示例还希望能够关闭重定向，并使 function( )恢复原状。

在此无须彻底抛弃 i_0，可以把它保存在内存中的某个位置。然后，分配一个足够大的内存区域，用以保存几条指令并将其标记为可执行的。用于预分配这样一个区域的便捷方式是声明一个虚拟函数：它所接受的实参与 function( )具有完全相同的数量和类型。这个虚拟函数将简单地充当一个存根；可以把它命名为 function_stub( )。把 i_0 复制到 function_stub( ) 的开始处。精心设计一条指令，用于无条件跳转到 i_1，在此将把它编写成 function_stub( ) 的第二条指令。

本示例将需要精心设计两条分支指令：一条从 function( )到 function_new( )，另一条从 function_stub( )到 function( )。

2. 构造分支指令

PowerPC 无条件分支指令是自含式的，这是由于它们将其目标地址编码在指令字本身内。回忆前一个示例可知：在 970FX 上可能使用比较和存储（也称为比较和**更新**（Update））函数自动更新一个字——单条指令。一般来讲，重写多条指令将更复杂。因此，将使用无条件分支来实现重定向。图 3-29 中显示了整体概念。

PowerPC 上的无条件分支指令的编码如图 3-30 中所示。它具有 24 位的地址字段（LI）。由于所有指令的长度都是 4 字节，在涉及指令目标地址时，PowerPC 都用字代替字节。由于一个字是 4 字节，因此，24 位的 LI 与 26 位一样好。给定一个 26 位宽的有效分支地址，分支的最大**可达性**（Reachability）总共为 64MB[①]，或者在任何一个方向上是 32MB。

> **分支的到达范围**
>
> 分支的"可达性"是特定于处理器的。MIPS 上的跳转将 6 位用于操作数字段，并将 26 位用于地址字段。有效的可寻址跳转距离实际上是 28 位——4 倍之多，因为 MIPS 像 PowerPC 一样使用的是字数，而不是字节数。MIPS 中的所有指令的长度都是 4 字节；28 位总共增加了 256MB（±128MB）的余量。SPARC 为分支地址使用 22 位的带符号整数，但是同样，它追加了两个 0 位，实际上提供了一个关于跳转可达性的 24 位的程序计数器。这相当于 16MB（±8MB）的可达性。

AA 字段用于指示所指定的分支目标地址对于当前指令是绝对地址还是相对地址（AA=0 指示相对地址，AA=1 指示绝对地址）。如果 LK 是 1，将把分支指令后面的指令的有效地址放入 LR 中。因为不希望彻底弃用 LR，所以保留了相对和绝对分支。而现在要使用相对分支，因此分支目标必须在当前指令的 32MB 范围内，但是更重要的是，需要获取当前指令的地址。由于 PowerPC 没有程序计数器[②]寄存器，所以可选择使用一个无条件

[①]　2^{26} 字节。

[②]　如果不涉及 LR，将不能直接访问概念性的指令地址寄存器（Instruction Address Register，IAR）。

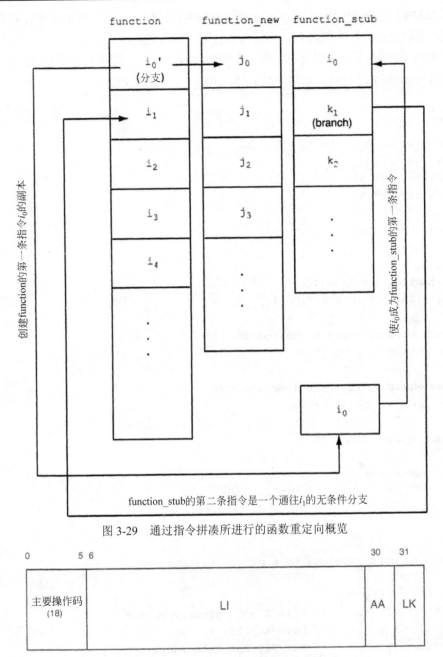

图 3-29　通过指令拼凑所进行的函数重定向概览

图 3-30　PowerPC 上的无条件分支指令

分支，并且设置 AA=1 和 LK=0。不过，这意味着绝对地址必须在相对于 0 的±32MB 范围内。换句话说，function_new( )和 function_stub( )必须驻留在进程的前 32MB 或后 32MB 的虚拟地址空间内的虚拟内存中！在像这样的简单程序中，由于 Mac OS X 建立进程地址空间的方式，这个条件实际上很可能会被满足。因此，在本示例中，只是"希望"function_new( )（本示例声明的函数）和 function_stub( )（通过 malloc()函数分配的缓冲区）具有小于 32MB 的虚拟地址。这使我们的"技术"特别不适合于在生产环境中使用。不过，在任何进程的

前或后 32MB 的地址空间内几乎肯定会有空闲的内存可用。在第 8 章中将可以看到，Mach
允许在指定的虚拟地址分配内存，因此技术也是可以改进的。

图 3-31 显示了用于函数重定向演示程序的代码。注意：这个程序是仅 32 位的——当
为 64 位体系结构编译它时，它将不能正确工作。

```c
// frr.c

#include <stdio.h>
#include <fcntl.h>
#include <stdlib.h>
#include <string.h>
#include <unistd.h>
#include <sys/types.h>
#include <sys/mman.h>


// Constant on the PowerPC
#define BYTES_PER_INSTRUCTION 4

// Branch instruction's major opcode
#define BRANCH_MOPCODE 0x12

// Large enough size for a function stub
#define DEFAULT_STUBSZ 128

// Atomic update function
//
int hw_compare_and_store(u_int32_t  old,
                         u_int32_t  new,
                         u_int32_t *address,
                         u_int32_t *dummy_address);


// Structure corresponding to a branch instruction
//
typedef struct branch_s {
    u_int32_t OP: 6;     // bits 0 - 5, primary opcode
    u_int32_t LI: 24;    // bits 6 - 29, LI
    u_int32_t AA: 1;     // bit 30, absolute address
    u_int32_t LK: 1;     // bit 31, link or not
} branch_t;

// Each instance of rerouting has the following data structure associated with
// it. A pointer to a frr_data_t is returned by the "install" function. The
// "remove" function takes the same pointer as argument.
//
typedef struct frr_data_s {
```

图 3-31　通过指令拼凑进行函数重定向的实现

```c
    void *f_orig;                       // "original" function
    void *f_new;                        // user-provided "new" function
    void *f_stub;                       // stub to call "original" inside "new"
    char f_bytes[BYTES_PER_INSTRUCTION]; // bytes from f_orig
} frr_data_t;


// Given an "original" function and a "new" function, frr_install() reroutes
// so that anybody calling "original" will actually be calling "new". Inside
// "new", it is possible to call "original" through a stub.
//
frr_data_t *
frr_install(void *original, void *new)
{
    int        ret = -1;
    branch_t   branch;
    frr_data_t *FRR = (frr_data_t *)0;
    u_int32_t  target_address, dummy_address;


// Check new's address
if ((u_int32_t)new >> 25) {
    fprintf(stderr, "This demo is out of luck. \"new\" too far.\n");
    goto ERROR;
} else
    printf("   FRR: \"new\" is at address %#x.\n", (u_int32_t)new);

 // Allocate space for FRR metadata
FRR = (frr_data_t *)malloc(sizeof(frr_data_t));
if (!FRR)
    return FRR;


FRR->f_orig = original;
FRR->f_new = new;


// Allocate space for the stub to call the original function
FRR->f_stub = (char *)malloc(DEFAULT_STUBSZ);
if (!FRR->f_stub) {
    free(FRR);
    FRR = (frr_data_t *)0;
    return FRR;
}


// Prepare to write to the first 4 bytes of "original"
ret = mprotect(FRR->f_orig, 4, PROT_READ|PROT_WRITE|PROT_EXEC);
if (ret != 0)
    goto ERROR;
```

图 3-31（续）

```
// Prepare to populate the stub and make it executable
ret = mprotect(FRR->f_stub, DEFAULT_STUBSZ, PROT_READ|PROT_WRITE|PROT_EXEC);
if (ret != 0)
    goto ERROR;


memcpy(FRR->f_bytes, (char *)FRR->f_orig, BYTES_PER_INSTRUCTION);

// Unconditional branch (relative)
branch.OP = BRANCH_MOPCODE;
branch.AA = 1;
branch.LK = 0;


// Create unconditional branch from "stub" to "original"
target_address = (u_int32_t)(FRR->f_orig + 4) >> 2;
if (target_address >> 25) {
    fprintf(stderr, "This demo is out of luck. Target address too far.\n");
    goto ERROR;
} else
    printf("   FRR: target_address for stub -> original is %#x.\n",
           target_address);
branch.LI = target_address;
memcpy((char *)FRR->f_stub, (char *)FRR->f_bytes, BYTES_PER_INSTRUCTION);
memcpy((char *)FRR->f_stub + BYTES_PER_INSTRUCTION, (char *)&branch, 4);

// Create unconditional branch from "original" to "new"
target_address = (u_int32_t)FRR->f_new >> 2;
if (target_address >> 25) {
    fprintf(stderr, "This demo is out of luck. Target address too far.\n");
    goto ERROR;
} else
    printf("   FRR: target_address for original -> new is %#x.\n",
           target_address);
branch.LI = target_address;
ret = hw_compare_and_store(*((u_int32_t *)FRR->f_orig),
                           *((u_int32_t *)&branch),
                           (u_int32_t *)FRR->f_orig,
                           &dummy_address);
if (ret != 1) {
    fprintf(stderr, "Atomic store failed.\n");
    goto ERROR;
} else
    printf("   FRR: Atomically updated instruction.\n");

return FRR;
```

图 3-31（续）

```
    ERROR:
    if (FRR && FRR->f_stub)
        free(FRR->f_stub);
    if (FRR)
        free(FRR);
    return FRR;
}


int
frr_remove(frr_data_t *FRR)
{
    int      ret;
    u_int32_t dummy_address;

    if (!FRR)
        return 0;

    ret = mprotect(FRR->f_orig, 4, PROT_READ|PROT_WRITE|PROT_EXEC);
    if (ret != 0)
        return -1;

    ret = hw_compare_and_store(*((u_int32_t *)FRR->f_orig),
                               *((u_int32_t *)FRR->f_bytes),
                               (u_int32_t *)FRR->f_orig,
                               &dummy_address);

    if (FRR && FRR->f_stub)
        free(FRR->f_stub);

    if (FRR)
        free(FRR);

    FRR = (frr_data_t *)0;

    return 0;
}


int
function(int i, char *s)
{
    int    ret;
    char *m = s;

    if (!s)
        m = "(null)";
```

图 3-31（续）

```
    printf(" CALLED: function(%d, %s).\n", i, m);
    ret = i + 1;
    printf(" RETURN: %d = function(%d, %s).\n", ret, i, m);

    return ret;
}

int (* function_stub)(int, char *);

int
function_new(int i, char *s)
{
    int   ret = -1;
    char *m = s;

    if (!s)
        m = "(null)";

    printf(" CALLED: function_new(%d, %s).\n", i, m);

    if (function_stub) {
        printf("CALLING: function_new() --> function_stub().\n");
        ret = function_stub(i, s);
    } else {
        printf("function_new(): function_stub missing.\n");
    }

    printf(" RETURN: %d = function_new(%d, %s).\n", ret, i, m);

    return ret;
}

int
main(int argc, char **argv)
{
    int        ret;
    int        arg_i = 2;
    char       *arg_s = "Hello, World!";
    frr_data_t *FRR;
    function_stub = (int(*)(int, char *))0;

    printf("[Clean State]\n");
        printf("CALLING: main() --> function().\n");
    ret = function(arg_i, arg_s);

    printf("\n[Installing Rerouting]\n");
```

图 3-31（续）

```
printf("Maximum branch target address is %#x (32MB).\n", (1 << 25));
FRR = frr_install(function, function_new);
if (FRR)
    function_stub = FRR->f_stub;
else {
    fprintf(stderr, "main(): frr_install failed.\n");
    return 1;
}

printf("\n[Rerouting installed]\n");
printf("CALLING: main() --> function().\n");
ret = function(arg_i, arg_s);

ret = frr_remove(FRR);
if (ret != 0) {
    fprintf(stderr, "main(): frr_remove failed.\n");
    return 1;
}

printf("\n[Rerouting removed]\n");
printf("CALLING: main() --> function().\n");
ret = function(arg_i, arg_s);

return 0;
}
```

图 3-31（续）

图 3-32 显示了函数重定向演示程序的示范运行。

```
$ gcc -Wall -o frr frr.c
$ ./frr
[Clean State]
CALLING: main() --> function().
CALLED: function(2, Hello, World!).
RETURN: 3 = function(2, Hello, World!).

[Installing Rerouting]
Maximum branch target address is 0x2000000 (32MB).
FRR: "new" is at address 0x272c.
FRR: target_address for stub -> original is 0x9a6.
FRR: target_address for original -> new is 0x9cb.
FRR: Atomically updated instruction.

[Rerouting installed]
CALLING: main() --> function().
CALLED: function_new(2, Hello, World!).
```

图 3-32　函数重定向的实际应用

```
CALLING: function_new() --> function_stub().
CALLED: function(2, Hello, World!).
RETURN: 3 = function(2, Hello, World!).
RETURN: 3 = function_new(2, Hello, World!).

[Rerouting removed]
CALLING: main() --> function().
CALLED: function(2, Hello, World!).
RETURN: 3 = function(2, Hello, World!).
```

图 3-32（续）

3.5.4　970FX 的周期精确的模拟

Apple 的 CHUD 工具包中包括 amber 和 simg5 命令行程序，在第 2 章中简单提过它们。amber 是一个工具，用于跟踪进程中的所有线程，记录每一条指令以及对跟踪文件的数据访问。simg5[①]是一个用于 970/970FX 的周期精确的核心模拟器。利用这些工具，就可能在处理器周期级别分析程序的执行。可以查看指令如何分解为 iop，如何组合 iop，以及如何分派组等。在这个示例中，将使用 amber 和 simg5 分析一个简单的程序。

第一步是使用 amber 生成程序执行的跟踪文件。amber 支持几种跟踪文件格式。在此将结合使用 TT6E 格式与 simg5。

跟踪整个应用程序——甚至一个平常的程序——的执行将会导致执行非常多的指令。图 3-33 中"空的"C 程序的执行将导致超过 90 000 条指令被跟踪。之所以会这样，是因为尽管这个程序没有任何程序员提供的代码（除了空的函数体之外），但它仍然包含运行时环境的启动和销毁例程。

```
$ cat null.c
main()
{
}
$ gcc -o null null.c
$ amber ./null
...
Session Instructions Traced:  91353
Session Trace Time:           0.46 sec [0.20 million inst/sec]
...
```

图 3-33　使用 amber 跟踪"空的"C 程序

通常情况下，程序员对于分析语言运行时环境的执行不感兴趣。事实上，甚至在其自己的代码内，一次可能只想分析一小部分。使用这些工具处理大量——比如说超过几千行——指令将是不切实际的。当结合使用-i 或-I 参数时，一旦遇到特权指令，amber 就可以切换应用程序的跟踪。此类指令的一个很有用的示例是从用户空间访问 OEA 寄存器的指

---

① simg5 是由 IBM 开发的。

令。因此，可以利用两个这样的非法指令包围感兴趣的部分来改编代码。第一次出现将导致 amber 启用跟踪，第二次则将导致跟踪停止。图 3-34 显示了将利用 amber 跟踪的程序。

```c
// traceme.c

#include <stdlib.h>

#if defined(__GNUC__)
#include <ppc_intrinsics.h>
#endif

int
main(void)
{
    int i, a = 0;

// supervisor-level instruction as a trigger
// start tracing
    (void)__mfspr(1023);
    for (i = 0; i < 16; i++) {
        a += 3 * i;
    }

// supervisor-level instruction as a trigger
// stop tracing
    (void)__mfspr(1023);

    exit(0);
}
```

图 3-34 在用户空间内带有非法指令的 C 程序

可以结合使用 amber 与-I 选项跟踪图 3-34 中的程序，-I 选项指示 amber 只跟踪改编过的线程。-i 选项将导致目标进程中的所有线程都会被跟踪。如图 3-35 所示，由于机器代码中非法指令的存在，可执行文件将不会独立运行。

amber 将在当前目录中创建一个名为 trace_xxx 的子目录，其中 xxx 是 3 位数字的字符串；如果这是目录中的第一次跟踪，这个字符串就是 001。trace_xxx 目录还可以进一步包含更多的子目录，程序中的每个线程使用其中一个子目录，其中包含程序线程的 TT6E 跟踪。跟踪可以提供一些信息，比如发出了什么指令、它们是使用什么顺序发出的，以及加载和存储地址是什么等。本程序只有一个线程，因此把子目录命名为 thread_001.tt6e。如图 3-35 中所示，amber 报告跟踪了 214 条指令。可以通过检查生成的汇编文件 traceme.s 来解释这些指令，该文件的部分内容（加注释）如图 3-36 中所示。注意：这里只对 mfspr 指令对之间的部分感兴趣。不过，值得指出的是，紧接在第一个 mfspr 指令后面的指令未包括在 amber 的跟踪中。

```
$ gcc -S traceme.c # GCC 4.x
$ gcc -o traceme traceme.c
$ ./traceme
zsh: illegal hardware instruction  ./traceme
$ amber -I ./traceme
...
* Targeting process 'traceme' [1570]
* Recording TT6E trace
* Instrumented executable - tracing will start/stop for thread automatically
* Ctrl-Esc to quit

* Tracing session #1 started *

Session Instructions Traced: 214
Session Traced Time:          0.00 sec [0.09 million inst/sec]

* Tracing session #1 stopped *

* Exiting... *
```

图 3-35　利用 amber 跟踪程序执行

```
; traceme.s (compiled with GCC 4.x)
            mfspr  r0, 1023              ←
            stw    r0,60(r30)     ; not traced
            ; instructions of interest begin here
            li     r0,0
            stw    r0,68(r30)
            b      L2
       L3:
            lwz    r2,68(r30)     ; i[n]
            mr     r0,r2          ; i[n + 1]
            slwi   r0,r0,1        ; i[n + 2]
            add    r2,r0,r2       ; i[n + 3]
            lwz    r0,64(r30)     ; i[n + 4]
            add    r0,r0,r2       ; i[n + 5]
            stw    r0,64(r30)     ; i[n + 6]
            lwz    r2,68(r30)     ; i[n + 7]
            addi   r0,r2,1        ; i[n + 8]
            stw    r0,68(r30)     ; i[n + 9]
       L2:
            lwz    r0,68(r30)     ; i[n + 10]
            cmpwi  cr7,r0,15      ; i[n + 11]
            ble    cr7,L3         ; i[n + 12]
            mfspr r0, 1023              ←
```

图 3-36　解释通过 amber 跟踪的指令

　　L3 循环标签之前的 3 条指令都只会执行一次，而位于 L3 循环标签与第二个 mfspr 指令之间的其余指令在循环的一次或所有迭代期间都会执行。随着 C 变量 i 递增，指令 i[n]~i[n+9]（10 条指令）将恰好执行 16 次。循环的汇编语言实现开始于跳转到 L2 标签，并且检查 i 是否到达值 16，在这种情况下，循环将终止。由于 i 最初为 0，指令 i[n+10]~i[n+12]（3 条指令）将恰好执行 17 次。因此，可以把执行指令的总次数计算如下：

$$3 + (10 \times 16) + (3 \times 17) = 214$$

　　现在对这个跟踪运行 simg5。simg5 允许改变模拟处理器的某些特征，例如，通过使 L1 指令缓存、L1 数据缓存、TLB 或 L2 缓存成为无限的。还有一个 Java 查看器，用于查看 simg5 的输出。如果指定了 auto_load 选项，一旦完成，simg5 就可以自动运行查看器。

```
$ simg5 trace_001/thread_001.tt6e 214 1 1 test_run1 -p 1 -b 1 -e 214 -auto_load
...
```

　　图 3-37 显示了由 Java 查看器显示的 simg5 的输出。屏幕的左边包含逐个周期的处理器事件序列。通过标签指示它们，表 3-13 中显示了它们的示例。

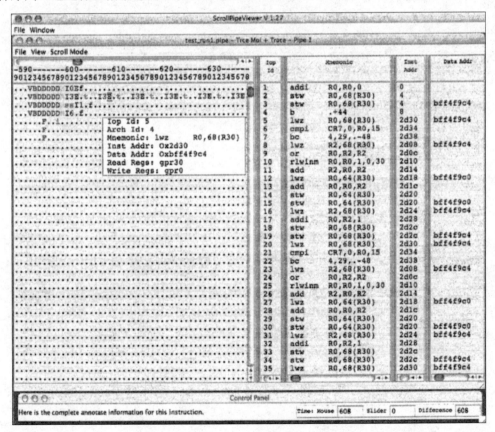

图 3-37　simg5 的输出

　　在 simg5 输出中，可以看到将结构指令分解成 iop。例如，图 3-36 中第二条感兴趣的指令具有两个对应的 iop。

表 3-13　处理器事件标签

标　　签	事　　件	说　　明
FVB	获取	将指令获取进指令缓冲区中
D	解码	解码形成的组
M	分派	分派组
su	发出	指令发出
E	执行	指令执行
f	完成（finish）	指令完成执行
C	完成（completion）	指令组完成

第 4 章　固件和引导加载程序

当接通计算机的电源或者复位系统时，所发生的过程就称为**自举**（Bootstrapping）或者简称为**引导**（Booting）[1]。现代的 Apple 计算机甚至在操作系统运行之前，就会展示一种能力强大、有趣的固件环境。在本章中，将在基于 PowerPC 的 Macintosh 计算机上探索这种环境。我们将探讨在引导期间所发生的事件序列——直到 Mac OS X 内核获得控制那一刻为止。最后，将简要讨论一种用于基于 x86 的 Macintosh 计算机的同样有趣的固件环境（EFI）。

4.1　简　介

如第 3 章所述，具有代表性的计算机系统将包括：主逻辑板（或主板）、一个或多个 CPU、总线、内存、存储设备等。计算机的操作系统驻留在本地连接或者可以通过网络连接访问的存储设备上。在计算机引导时，必须以某种方式将操作系统加载进内存中。在最常用的方法中，主 CPU[2]可以访问某个只读存储器（Read-Only Memory，ROM），并从中执行一段初始的代码。这段代码通常称为 BIOS（Basic Input/Output System，基本输入/输出系统），尤其是在基于 x86 的计算机环境中。现代 BIOS 通常驻留在**可编程**（Programmable）只读存储器（PROM）或者它的某个变体（比如**闪**（Flash）存）中，以允许轻松地进行升级。这种"嵌入在硬件中的软件"代表硬件与软件之间的中间地带，因此称之为**固件**（Firmware）。典型的 BIOS 也是固件，但是并非每种固件都被认为是 BIOS。在现代基于 PowerPC 的 Apple 计算机上将类似于 BIOS 的固件称为**开放固件**（Open Firmware），在基于 x86 的 Apple 计算机上则称之为**可扩展固件接口**（Extensible Firmware Interface，EFI）。必须指出的是：Open Firmware 和 EFI 的作用和能力都远远超过了典型的 PC BIOS。

> PC BIOS 与 PC 本身一样古老，而 BIOS 这个首字母缩写词甚至更古老，可以回溯到 CP/M 操作系统。BIOS 是 CP/M 的 3 种主要组件之一，另外两种是 BDOS（Basic Disk Operating System，基本磁盘操作系统）和 CCP（Console Command Processor，控制台命令处理器）。

在典型的引导场景中，在系统通电后，CPU 或者多处理器系统中指定的主 CPU 将查找并执行固件驻留的代码。固件执行**上电自检**（Power-On Self Test，POST），它基于多个硬件组件的一系列初始化和测试例程。固件然后加载一个**引导加载程序**（Bootloader），这个程序可以加载更复杂的程序，比如操作系统或者也许是下一阶段的引导加载程序，其中

---

① 这个术语引用了"通过提靴带举起自己"的说法。
② 在多处理器系统中，通常使用特定于平台的算法将其中一个 CPU 指定为主 CPU。

可能是一种多阶段引导加载机制。引导加载程序可能提供一个用户界面，用于选择要引导的许多操作系统之一，还可能提示要传递给所选操作系统的参数。

4.1.1　固件的种类

特定的固件实现可能有别于迄今为止的一般性讨论，除此之外，可能还有细节上的区别。在大多数情况下，平台相关的实体（比如甚至比 BIOS 或 Open Firmware 更低级的固件）可能是最先存储的程序，以获得机器的控制。这种固件在把控制传递给用户可见的主要固件（通常称之为 CPU 或**系统**固件）之前，可能执行一些基本的初始化和测试。安装的硬件卡（比如 SCSI、网络和视频适配器卡）可能在它们自己的 ROM 中包含它们自己的固件。在引导期间，主要固件将把控制传递给这些辅助性的固件模块。

在本章中，将只讨论用户可见的固件，出于简单起见，可能把它们设想成直接位于硬件之上。通常，引导加载程序和操作系统将与固件交互。而且，一般将单独使用术语**固件**（Firmware）来指示 BIOS、Open Firmware、EFI 或者其他任何变体。

> 注意：尽管现代操作系统一旦完成引导，通常就不会使用 BIOS，但是古老的系统（比如 MS-DOS 和 CP/M）将大量使用 BIOS 服务，用于实现它们的大部分功能。
>
> 整个操作系统也可能驻留在固件中，许多使用 PROM 作为引导设备的嵌入式系统就是这样。使用传统的操作系统作为计算机的固件甚至也是可能的——并且无疑是有用的。LinuxBIOS 项目就是一个这样的示例。

4.1.2　优先存储

在引导期间将由 BIOS（在一些情况下将由操作系统）参考的用户可配置的设置存储在低功耗、电池供电的存储器中，比如基于 CMOS 的设备。磁盘驱动器上的保留区域也可能用于存储这样的设置。

现代的 Apple 计算机具有**电源管理单元**（Power Management Unit，PMU），它是一个微控制器芯片，用于控制多个设备的耗电行为。还有更新的型号则具有一个更高级的系统管理单元（System Management Unit，SMU），用于代替 PMU。SMU 也是一个板载微控制器，用于控制计算机的电源功能。

PMU 负责旋转硬盘以及调节背光灯。它将处理机器的睡眠、唤醒、空闲、开机和关机这些行为，包括决定何时不把机器置于睡眠状态——例如，对于活动的调制解调器连接。PMU 还会管理板载的实时时钟以及维护**参数存储器**（Parameter Memory，PRAM）。SMU 执行许多类似的功能。Apple 与 SMU 相关的内核扩展（比如 AppleSMU.kext、AppleSMUMonitor.kext 和 IOI2CControllerSMU.kext）提供了一些内部 API，用于访问电池信息、控制风扇、管理日期和时间、控制电源、维护 PRAM 等。

PRAM 是一种电池供电的存储器，用于存储各类系统配置信息，比如启动音量、时区、扬声器音量、DVD 区域设置以及与内核恐慌对应的文本。PRAM 的精确内容依赖于特定的计算机系统及其配置。在运行 Mac OS X 的系统上，在 PRAM 中存储的信息较少，运行早期 Apple 操作系统的相同计算机与之形成了鲜明的对比。Mac OS X 内核通过 Platform Expert 访问 PRAM 的内容。

复位设置

　　可以通过一种与型号相关的复位 PMU 和 SMU。例如，笔记本计算机型号可能允许使用电源按钮以及一个或多个键的组合复位 PMU，而 Power Mac 型号则可能需要在逻辑板上按下一个按钮。某些型号上的 SMU 可能只需拔掉电源几秒钟即可复位。

　　注意：复位 PMU 或 SMU 并不会复位 PRAM。在打开计算机时，可以按下并按住 ⌘ +Option+P+R 组合键来复位计算机的 PRAM。必须在灰色屏幕出现之前按下这些键，并且必须保持按下它们，直到计算机重新启动并且第二次听到启动声音为止。

　　Open Firmware 使用另一种非易失性存储器——NVRAM，用于存储它的用户可配置的变量以及一些其他的启动信息。NVRAM 是在系统启动期间由 Open Firmware 访问的。EFI 以类似的方式使用和访问它自己的 NVRAM。典型的 NVRAM 基于闪存。

4.2　全新的世界

　　Macintosh 没有设计用于运行多个操作系统。Macintosh ROM 同时包含低级和高级代码。低级代码用于硬件初始化、诊断、驱动程序等。高级**工具箱**（Toolbox）是打算被应用程序使用的软件例程的集合，非常像共享库。Toolbox 的功能如下。

- 对话框、字体、图标、下拉菜单、滚动条和窗口的管理。
- 事件处理。
- 文本输入和编辑。
- 算术和逻辑运算。

　　在 iMac 推出之前，Apple 计算机使用一块庞大、单片式 ROM——也称为 Toolbox ROM，其中包含绝大部分系统软件，作为低级和高级代码。特定于硬件的低级代码的示例包括硬件初始化代码、驱动程序、特性表和诊断。高级代码的示例包括 68K 仿真器、超微内核、Toolbox 管理器、SCSI 管理器和 QuickDraw。注意：ROM 不仅包含计算机在通电时所需的代码，而且包含用于提供应用程序级 API 的代码。

　　随着 Macintosh 系统软件的功能和复杂性与日俱增，维护 ROM 也变得越来越困难。Apple 尝试通过把修改和改变重定向给磁盘驻留的文件来代替更改 ROM 本身，以改进这种状况。例如，在引导期间提早加载的 System File 包含 Toolbox 的某些部分、ROM 扩展和补丁、字体、声音及其他资源。System File 加载进 RAM 中，之后它的内容将可供操作系统和应用程序使用。System Enabler 的概念是在 1992 年与 System 7.1 一起推出的。System Enabler 允许 Apple 无须修改基本的系统软件，即可推出新的 Macintosh。例如，Macintosh 32 位的 System Enabler 是一个系统软件扩展，用于替换 MODE32 软件，它允许访问 System 7.1 的内存寻址特性。

MODE32 软件

　　某些机器（比如 Macintosh II、IIx、IIcx 和 SE/30）可以通过 System 7 上的 32 位 System Enabler 程序（称为 MODE32）提供 32 位支持和更大的虚拟内存容量。这些机器的标准 ROM 并不是彻底 32 位的，因此只与 24 位的寻址兼容。MODE32 允许在 24 位与 32 位寻址模式之间做出选择和改变。利用 32 位寻址，有可能使用超过 8MB 的连续物理内存。利用虚拟内存，有可能把硬盘空间用作"交换"空间来运行程序。

4.2.1　"新"是好消息

　　随着 iMac 推出，Apple 使系统软件的特定于硬件的部分与通用部分（跨多种 Apple 计算机）之间更加泾渭分明。新方法使用较小的 Boot ROM，它只包含引导计算机所需的代码，系统软件的其余组件则作为文件驻留在磁盘上——实际上是**软件 ROM**（Software ROM）。Boot ROM 能够把软件 ROM 加载进物理内存（RAM）的某个部分。这个部分被标记为只读，不能另作他用。Apple 使用术语 New World（新世界）来称呼这种体系结构。这也称为 **RAM 中的 ROM**（ROM-in-RAM）设计。New World 机器的另一个重要特性是大量使用 Open Firmware。尽管在早期的 Apple 计算机中已经引入了它，在所谓的 Old World（旧世界）机器中，Open Firmware 的使用是最低限度的。表 4-1 总结了 Macintosh 家族的发展史。

　　iMac 的 ROM 映像驻留在 System Folder 中的一个名为 Mac OS ROM 的文件中。它包含 Toolbox、内核和 68K 仿真器。一旦加载，ROM 就会消耗大约 3MB 的物理内存。

表 4-1　Macintosh 家族：New World 和 Old World

CPU	总线	ROM	软件 ROM	World
68K	NuBus	Mac OS ROM（68K）	—	—
PowerPC	NuBus[a]、PCI	System ROM（PowerPC） Mac OS ROM（68K）[b]	—	—
PowerPC	PCI	Open Firmware 1.x Mac OS ROM	—	Old
PowerPC	PCI	Open Firmware 2.x Mac OS ROM	—	Old
PowerPC	PCI	Open Firmware 3.x	Mac OS ROM	New
PowerPC	PCI	Open Firmware 4.x	BootX（Mac OS ROM）	New

a. 一些最早的基于 PowerPC 的 Macintosh 计算机（x100 那一代）使用 NuBus。

b. PowerPC System ROM 启动超微内核，68K Mac OS ROM 可以基本不加修改地在其上运行。

NuBus

　　NuBus（由 IEEE 1196 标准详细说明）是一种简单的 32 个引脚的总线，最初是在麻省理工学院（Massachusetts Institute of Technology，MIT）的计算机科学实验室（Laboratory for Computer Science）开发的。从 Macintosh II 开始就在 Apple 计算机中使用它，直到 Apple 转而使用 PCI 总线。NeXT 计算机也使用 NuBus。

4.2.2 现代的 Boot ROM（PowerPC）

现代基于 PowerPC 的 Macintosh 的 Boot ROM 存储在最大 2MB[①]的闪存 EEPROM 中[②]。
随着时间的推移，尤其是随着 Mac OS X 出现，ROM 的成分发生了极大改变。例如，现代
的 ROM 不包含 68K 仿真器或超微内核。Boot ROM 中的固件驻留的代码包括用于硬件初
始化和诊断的 POST 功能。固件还包含 Open Firmware，它将完成硬件初始化[③]、增量式构
建系统硬件的描述、加载初始的操作系统软件（引导加载程序），并且最终把控制转移给后
者。在 Mac OS X 上可以使用 ioreg 命令行实用程序查看 Boot ROM 的多个属性。

```
$ ioreg -p IODeviceTree -n boot-rom -w 0 | less
...
| +-o boot-rom@fff00000  <class IOService, !registered, !matched, active,
                          busy 0, retain count 4>
    | |    {
    | |      "reg" = <fff0000000100000>
    | |      "has-config-block" = <>
    | |      "image" = <00080000>
    | |      "AAPL,phandle" = <ff8935b8>
    | |      "security-modes" = <"none, full, command, no-password">
    | |      "write-characteristic" = <"flash">
    | |      "BootROM-build-date" = <"10/26/04 at 16:30:32">
    | |      "model" = <"Apple PowerMac7,3 5.1.8f7 BootROM built on ...">
    | |      "info" = <fff000...000>
    | |      "name" = <"boot-rom">
    | |      "BootROM-version" = <"$0005.18f7">
    | |      "hwi-flags" = <48fdd37e>
    | |    }
...
```

Boot ROM 还包含某些基本设备的设备驱动程序，比如 USB 集线器、Apple USB 键
盘和鼠标，以及 Apple 蓝牙键盘和鼠标。因此，在操作系统引导并与系统交互之前，甚至
利用无线（蓝牙）键盘和鼠标，也可以临时访问固件。

Apple 的软件 ROM 文件的文件类型是 tbxi，它代表 Toolbox image（工具箱映像）——
Old World 的残余。Toolbox 映像文件也称为 bootinfo 文件。它驻留在引导设备上，并且具
有可本地化的名称。因此，可以基于文件类型（而不是文件名）搜索它。它的默认位置是
在 HFS+卷头部中标记为"祝福文件夹（blessed folder）"的目录中[④]。如果在 Mac OS X 上
使用 Finder 执行文件搜索，并且指定 tbxi 作为要搜索的文件类型，在具有单一 Mac OS X
安装的计算机上应该会得到一个结果：/System/Library/CoreServices/BootX，它是 Mac OS X

---

① 双处理器 2.7GHz 的 Power Mac G5 包含 1MB 的板载闪存 EEPROM。
② EEPROM 中的 "EE" 代表 Electrically Eraseable（电可擦除）。
③ Open Firmware 将自动把中断分配给 PCI 设备。
④ 在第 12 章中将探讨 HFS+的详细信息。

引导加载程序。在 Mac OS 9 或 Mac OS 8 上执行同样的搜索将得到文件/System Folder/Mac OS ROM。在 Mac OS X 10.4 或更新的系统上，可以通过 Spotlight 执行这样的搜索。4 个字符的文件类型将转换成 4 字节（32 位）的整数，其中每个字节都是对应的文件类型字符的 ASCII 值。"t" "b" "x" 和 "t" 的 ASCII 值分别是 0x74、0x62、0x78 和 0x69。因此，在利用 Spotlight 搜索时使用的文件类型是 0x74627869。

```
$ mdfind 'kMDItemFSTypeCode == 0x74627869'
/System/Library/CoreServices/BootX
/System Folder/Mac OS ROM
$
```

Open Firmware 的默认引导设备的指示符包含\\:tbxi 作为文件名成分，它告诉固件在引导目录中寻找一个类型为 tbxi 的文件。HFS+文件系统的卷头部包含 8 个元素的数组，其名称为 finderInfo。这个数组的每个元素都是一个 32 位的无符号整数。第一个元素包含祝福文件夹的 ID，它在 Mac OS X 上包含 BootX，在 Mac OS 9 上则包含 Mac OS ROM。这样，Open Firmware 可以轻松地查找一个可引导的系统——如果它存在的话。可以使用 bless (8) 设置卷可引导性和启动磁盘选项。bless 的-info 参数用于显示 finderInfo 数组的相关元素。

```
$ bless -info /
finderinfo[0]: 3317 =>Blessed System Folder is /System/Library/CoreServices
finderinfo[1]:      0 => No Startup App folder (ignored anyway)
finderinfo[2]:      0 => Open-folder linked list empty
finderinfo[3]: 877875 => OS 9 blessed folder is /System Folder
finderinfo[4]:      0 => Unused field unset
finderinfo[5]:   3317 => OS X blessed folder is /System/Library/CoreServices
64-bit VSDB volume id:   0x79A955B7E0610F64
```

注意：在基于 x86 的 Macintosh 计算机上，finderInfo 数组的第二个元素包含祝福系统文件的 ID，在这里它是 EFI 引导加载程序。

```
$ hostinfo
...
2 processors are physically available.
2 processors are logically available.
Processor type: i486 (Intel 80486)
...
$ bless -info /
finderinfo[0]: 3050 => Blessed System Folder is /System/Library/CoreServices
finderinfo[1]: 6484 => Blessed System File is /System/Library/CoreServices/
boot.efi
...
```

4.3　上电复位

当基于 PowerPC 的 Apple 计算机系统通电时，上电复位（Power-On Reset，POR）单元将使处理器"复活"。在 970FX 上，POR 序列包含通过硬件状态机跟踪的 7 个阶段。这个序列涉及处理器核心、北桥（U3H）以及自定义的微控制器之间的通信。在序列当中，将通过一组硬编码的指令初始化处理器，它们还会运行某些测试，并且同步处理器互连的接口。在 POR 序列的第三阶段，将初始化**硬件中断偏移量寄存器**（Hardware Interrupt Offset Register，HIOR）。HIOR 用于中断矢量重定位：它定义了中断矢量的基本物理地址。在最后一个阶段，将启动处理器的存储子系统时钟，并且复位存储接口。此时，处理器开始在**系统复位异常**（System Reset Exception）矢量中获取指令。系统复位异常是一个不可屏蔽的异步异常，具有所有异常的最高优先级。它将导致处理器的中断机制忽略所有其他的异常，并且生成一个非环境同步的中断——**系统复位中断**（System Reset Interrupt，SRI）。

机器检查异常

不可屏蔽的异步异常的另一个示例是**机器检查异常**（Machine Check Exception，MCE），只能通过系统复位异常延迟它。

SRI 的处理程序是 PowerPC 中断矢量表中的第一个条目。它的有效地址是通过把它的矢量偏移量（即 0x100）与 HIOR 的某些位结合起来计算得到的。因此，处理器核心将在 HIOR + 0x0000_0000_0000_0100 处恢复执行。在通电时，SRI 处理程序以及表中所有其他的处理程序都属于 Open Firmware，它将控制处理器。此时，处理器将处于真实地址模式下——即禁用内存转换（有效地址与物理地址相同）。而且，还会禁用处理器缓存。

注意：可能由于硬复位或软复位而导致系统复位异常。硬复位——比如由于真实的 POR 而导致的硬复位——只会被 Open Firmware 看到。与之相反，Mac OS X 内核只会看到软复位——无论处理器是在 POR 后被调出还是从睡眠中醒来。

在多处理器系统上，Open Firmware 将选择一种合适的算法，选择一个处理器作为主处理器，然后它将负责引导客户，并且提供 Open Firmware 用户接口。其他的处理器通常会停止工作，因此它们不会干扰主处理器。

4.4　Open Firmware

Open Firmware 是 Sun Microsystems 于 1988 年开发的。"披萨盒" SPARCstation 1 是在 1989 年与 OpenBoot 1.0 一起发布的，它是 Open Firmware 的第一种交付实现。这个固件标准后来被 Apple、IBM 及其他供应商采纳，比如那些创建基于 ARM[①]和基于 PowerPC 的嵌

---

① ARM 最初代表 Acorn RISC Machine（Acorn RISC 机器），后来代表 Advanced RISC Machine（高级 RISC 机器）。

入式系统的供应商。Sun 的实现被注册商标为 OpenBoot，而 Apple 将其简称为 Open Firmware。Open Firmware 工作组成立于 1991 年，它的目标之一是发表关于 Open Firmware 的相关信息，包括建议的实践。

Open Firmware 是一种非专有、独立于平台、可编程和可扩展的环境，可以在引导 ROM 时使用。它的关键特性如下。

- Open Firmware 软件体系结构是由 IEEE Standard for Boot（Initialization Configuration）Firmware 标准定义的，它也称为 IEEE 1275。该标准是开放的，任何人都可能创建它的实现。不过，注意：IEEE 于 1999 年撤销了该标准[①]。

- Open Firmware 的体系结构独立于底层指令集、总线、其他的硬件和操作系统。不过，可以通过特定于平台的需求来增补由标准指定的核心需求和实践。例如，像 PowerPC 和 SPARC 这样的处理器或者像 PCI 和 Sun 的 SBus 这样的总线都具有它们自己的需求和绑定。核心和特定于平台的需求相结合为给定的平台提供了完整的固件规范。

- Open Firmware 公开了多个接口，比如一个用于跟最终用户交互，另一个由操作系统使用，还有一个由插入式设备的开发人员使用。它以分层数据结构（**设备树**（Device Tree））的形式展示了机器的多种硬件组件。

- Open Firmware 实现基于 Forth 编程语言，特别是 FCode 语支。FCode 是一种遵循 ANS[②]的语支，支持源代码遵循独立于机器的字节码。这允许在不同的平台上使用 FCode 驱动程序。而且 FCode 字节码比 Forth 文本字字符串需要的存储空间较少一些，它们也可以比 Forth 文本更快地进行求值。FCode 求值程序是 ROM 驻留的 Open Firmware 实现的一部分。

- Open Firmware 体系结构的许多特性对于实现是可选的，从这个意义上讲，Open Firmware 是模块化的。而且，如果在引导时需要某些插入式设备，那么用于此类设备的卡上的扩展 ROM 可以包含基于 FCode 的驱动程序。当装备 Open Firmware 的机器打开时，主 ROM 就会开始执行。它将探测板载和插入式设备，作为它的一部分，也会执行插入式 ROM 上的 FCode 程序。因此，这样的插入式设备驱动程序就变成了 Open Firmware 环境的一部分。插入式 FCode 驱动程序对主要固件中的过程的引用是在链接进程中解析的，类似于传统执行环境中涉及共享库的进程。注意：FCode 是**独立于位置**（Position-Independent）的。

4.4.1　与 Open Firmware 交互

> 在余下的讨论中，将使用术语 Open Firmware 指示 Apple 的实现，除非另作其他声明。

在开机或复位机器时，保持按下 ⌘+Option+O+F 组合键几秒钟，就可以进入 Open

---

① IEEE 撤销某个标准并不意味着该标准被废弃了。它只意味着 IEEE 不再为其提供支持并使之可用。像 IBM、Sun 和 Apple 这样的供应商仍然继续使用并改进 Open Firmware。

② ANS 代表 American National Standards（美国国家标准）。

Firmware。在看到欢迎消息和其他问候语之后，将会显示以下提示符：

```
  ok
0 >
```

此时，可以输入 mac-boot 继续引导机器，输入 reset-all 重新初始化硬件——包括 Open Firmware 的数据结构，或者输入 shut-down 关闭机器。

现在来探讨几种与 Open Firmware 交互的方式。

1. Forth shell

Open Firmware 的 ok 提示符代表 Forth 命令解释器：shell。Apple 的实现包括可选的命令行编辑器扩展，它提供了一些强大的编辑特性，其中大多数应该是 EMACS 编辑器的用户所熟悉的。表 4-2 列出了一些常用组合键的示例，其中 ^ 字符代表 Control 键。

表 4-2　用于 Open Firmware 命令行编辑的组合键

键	用　途
^+空格键	完成前面的字 [a]
^+/	显示所有可能的匹配 [b]
^+A	转到行首
^+B	后退一个字符 [c]
Esc+B	后退一个字
^+D	删除光标所在位置的字符
Esc+D	从光标所在位置的字符开始删除字，直到字的末尾
^+E	转到行尾
^+F	前进一个字符 [c]
ESC+F	前进一个字
^+H	删除前一个字符
Esc+H	从开头删除字，直到光标之前的字符
^+K	从光标所在位置开始删除，直到行尾
^+I	显示命令行历史记录 [d]
^+N	转到下一行 [c]
^+P	转到前一行 [c]
^+U	删除一整行
^+Y	在光标前插入保存缓冲区的内容 [e]

a. 不显示所有可能的匹配。

b. 不完成前一个字。

c. 也可以使用箭头键上移（^+P）、下移（^+N）、左移（^+B）和右移（^+F）。

d. 命令 h N 用于执行历史记录行号 N 的内容。

e. 用于删除多个字符的命令将导致把删除的字符存储在保存缓冲区中。

2. TELNET

Open Firmware 包括 TELNET 支持包[①]，可用于通过网络访问 Forth 提示符——从任意计算机使用 TELNET 客户访问。可以像下面这样验证 TELNET 包的存在：

```
0 > dev /packages/telnet ok
```

如果获得一个 ok 响应，就在 Open Firmware 启动 TELNET 服务器，如下：

```
0 > " enet:telnet,10.0.0.2" io
```

TELNET 服务器将使用 10.0.0.2 作为默认以太网设备的 IP 地址。可以并且应该选择一个合适的本地 IP 地址。注意：尽管固件将在成功地完成大多数命令之后打印 ok，但是在输入 telnet 命令之后敲击<ENTER>键将不会导致打印 ok。

一旦 TELNET 服务器运行，就应该能够（比如说）从 Windows 计算机使用 TELNET 客户在 IP 地址 10.0.0.2 上连接到 Open Firmware。将需要通过以太网连接两台机器[②]。

利用 TELNET 解决方案，可以在客户机器上的文本编辑器中编写 Forth 程序，复制它，并把它粘贴到 TELNET 会话中。这将工作得很好，尤其是由于在 TELNET 会话内不能执行的操作——比如图形操作——仍将（在 Open Firmware "服务器"上）适当地执行。

3. TFTP

有可能使用 TFTP（Trivial File Transfer Protocol，普通文件传输协议）从远程机器下载程序，并在 Open Firmware 内执行它们。从技术上讲，在这样做时，只是在从引导设备加载程序，在这里它碰巧就是网络。类似地，也可以从本地引导设备（比如本地连接的磁盘）访问程序。不过，这将需要引导进操作系统以编辑程序，然后重新引导进 Open Firmware 以运行它们，这个过程可能相当不方便。

与 TELNET 方案一样，需要为 TFTP 准备两台机器。把运行 Open Firmware 的机器称为**客户**（Client），并把运行 TFTP 守护进程的机器称为**服务器**（Server）。下面的描述假定服务器也在运行 Mac OS X，尽管这不是一种要求。

在服务器上，使用 service 命令行脚本启用 TFTP 守护进程，即 tftpd。

```
$ service --list
smtp
fax-receive
...
tftp
$ service --test-if-available tftp
$ echo $?
0
$ service --test-if-configured-on tftp
```

---

① Open Firmware 包是设备结点的属性、方法和私有数据的组合。它可能大体等同于面向对象中的类。另请参见 4.6.3 节。

② 许多现代计算机以及所有更新的 Apple 计算机上的以太网端口都是自动检测和自动配置的。因此，无需使用交叉电缆把这样的计算机直接连接到另一台计算机。

```
$ echo $?
1
$ sudo service tftp start
$ service --test-if-configured-on tftp
$ echo ?
0
```

从 Mac OS X 10.4 开始，TFTP 服务就由 launchd 超级守护进程管理。service 脚本充当一个简单的包装器：它根据需要添加或删除 Disabled 布尔属性，修改 TFTP 配置文件（/System/Library/LaunchDaemons/tftp.plist）。之后，它将调用 launchctl 命令，加载或卸载 TFTP 作业。在第 5 章中将讨论 launchd。

在较老的系统上，service 可以通过把 disable 关键字设置为值"no"，为扩展的 Internet 服务守护进程修改 TFTP 配置文件，即/etc/xinetd.d/tftp。

可以使用 netstat 命令行实用程序显示默认的 TFTP 守护进程端口——UDP 端口 69——是否被侦听，来验证 TFTP 服务是否确实在运行。

```
$ netstat -na | grep \*.69
udp4        0       0 *.69                    *.*
udp6        0       0 *.69                    *.*
```

默认情况下，tftpd 将使用/private/tftpboot/作为目录，包含可能通过 TFTP 客户下载的文件。如果需要，可能在 TFTP 守护进程的配置文件中指定一个不同的目录。可以创建一个名为（比如说）/private/tftpboot/hello.of 的文件测试其设置。该文件的内容可能是一个普通的 Forth 程序。

```
\ TFTP demo
\ Some commentary is required to make Open Firmware happy.

." Hello, World!" cr
```

确保文件可以被任何人阅读：

```
$ sudo chmod 644 /private/tftpboot/hello.of
```

同样，两台机器需要位于相同的以太网上。假定客户（运行 Open Firmware）的 IP 地址是 10.0.0.2，服务器（运行 tftpd）的 IP 地址是 10.0.0.1。接下来，可以使用 TFTP 指示 Open Firmware 引导——也就是说，从指定的远程机器下载指定的文件并执行它。

```
0 >boot enet:10.0.0.1,hello.of,10.0.0.2;255.255.255.0,;10.0.0.1
```

一般来讲，用于使用 TFTP 引导的 boot 命令的格式如下。

```
boot enet:<my ip>,<file>,<server ip>;<netmask>,;<gateway ip>
```

如果利用以太网电缆直接连接两台机器，还必须使用服务器的 IP 地址作为网关地址。

如果一切顺利，boot 命令行应该会导致打印消息"Hello, World!"，其后接着 ok 提示符。

4. 串行下载

Open Firmware 支持通过一个串行端口（如果存在这样一个端口的话）下载 Forth 代码并执行它。dl 命令可用于此目的。

4.4.2   Open Firmware 仿真器

严肃的 Open Firmware 开发人员（比如那些编写设备驱动程序的开发人员）应该考虑使用在标准主机操作系统上运行的 Open Firmware 仿真器。良好的仿真器可能实现一个综合性的 Open Firmware 环境以及一组外围设备——也许甚至还包括图形扩展。这类仿真器的详细信息和可用性超出了本书的范围。

4.5   Forth

Open Firmware 基于 Forth 编程语言，下面的所有编程示例也都是用 Forth 编写的。因此，在继续讨论 Open Firmware 之前，不妨快速学习一下该语言。

Forth 是由 Charles "Chuck" Moore 于 20 世纪 70 年代早期开发的一种交互式、可扩展的高级编程语言，当时他在亚利桑那州的国家射电天文观测站（National Radio Astronomy Observatory，NRAO）工作。Moore 使用第三代小型机 IBM 1130。他创建的语言打算用于下一代（即第四代）计算机，并且 Moore 把它命名为 Fourth，只不过 IBM 1130 只允许 5 个字符的标识符。因此，把"u"去掉了，Fourth 也就变成了 Forth。Moore 开发该语言的最重要的目标是**可扩展性**（Extensibility）和**简单性**（Simplicity）。Forth 提供了内置命令或字的丰富词汇表。人们可以通过定义自己的字来扩展该语言[①]，其方法是要么使用现有的字作为构件，要么直接在 Forth 汇编语言中定义字。Forth 结合了高级语言、汇编语言、操作环境、交互式命令解释器以及一组开发工具的属性。

4.5.1   基本单元

基本单元（Cell）是 Forth 系统中的主要信息单元（Unit）。作为一种数据类型，依赖于底层指令集体系结构，基本单元包括一定数量的位。**字节**（Byte）被定义成包含一个地址单元，而基本单元通常包含多个地址单元。典型的基本单元大小是 32 位。

4.5.2   栈

Forth 是一种基于栈的语言，使用逆波兰表示法（Reverse Polish Notation，RNP），也称为**后缀表示法**（Postfix Notation）。可以在 Open Firmware 的 ok 提示符下与 Forth 交互：

```
ok
```

---

① 要理解的关键点是该语言本身可以扩展：如果你愿意，Forth 允许你定义一些字，它们可以在后续的字定义中作为关键字使用。类似地，也可以定义一些新字，在编译 Forth 字时使用。

```
0 > 3 ok
1 > 5 ok
2 > + ok
1 > . 8 ok
0 >
```

>前面的数字指示栈上的项目数；最初具有零个项目。输入一个数字将把它压到栈上。因此，在输入 3 和 5 之后，栈就具有两个项目。接下来，输入+运算符，它使用两个数字并且生成一个数字：即这两个数字之和。栈顶的两个项目利用它们的和替换，在栈上留下单个项目。输入.显示最上面的项目，并把它从栈中弹出。

有时，可能发现使 Open Firmware 显示栈的完整内容（而不是只显示项目数量）可能是有用的。showstack 通过在提示符中包括栈的内容而实现了这一点。

```
0 >showstack  ok
-><- Empty 1  ok
-> 1 <- Top 2  ok
-> 1 2 <- Top 3  ok
-> 1 2 3 <- Top + ok
-> 1 5 <- Top
```

noshowstack 命令用于关闭这种行为。可以使用.s 命令显示栈的完整内容，并且不会带来任何副作用。

```
0 >1 2 3 4  ok
4 >.s -> 1 2 3 4 <- Top  ok
4 >
```

栈或者更准确地讲是**数据**（Data）栈或**参数**（Parameter）栈是一个后进先出（Last-In First-Out，LIFO）内存区域，它主要用于给命令传递参数。栈上的单个元素（基本单元）的大小是由底层处理器的字大小确定的。

> 注意：**处理器字**（Processor Word）（例如，32 位的可寻址信息）不同于 Forth 字，后者是 Forth 的**命令**（Command）用语。除非另外指出，否则将使用术语**字**（Word）指代 Forth 字。

Forth 还具有**返回栈**（Return Stack），系统使用它在字之间传递控制，以及用于像循环这样的编程构造。尽管程序员可以访问返回栈并且临时使用它来存储数据，但是这样的用法可能会具有一些警告，并且 Forth 标准也不鼓励它。

4.5.3　字

Forth **字**（Word）实质上就是命令——通常类似于许多高级语言中的过程。Forth 提供了许多标准、内置的字，还可以轻松地定义新的字。例如，可以把用于计算数字的平方值的字定义如下。

```
: mysquare
   dup *
;
```

mysquare 期望至少利用栈上的一个项目（数字）调用它。它将"使用"那个数字，该数字将是位于栈顶的项目，而不会引用栈上可能存在的其他任何项目。内置字 dup 将复制栈顶的项目。乘法运算符（*）将把两个栈顶项目相乘，并利用它们的积替换它们。

Forth 是一种相当简洁的语言，尽可能多地给代码加注释将是有益的。再来看 mysquare，这一次将添加注释。

```
\ mysquare - compute the square of a number
: mysquare ( x -- square )
   dup   ( x x )
   *     ( square )
;
```

图 4-1 显示了典型的字定义的结构。

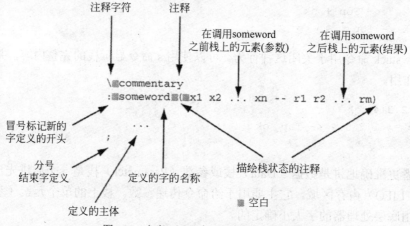

图 4-1　定义 Forth 字：语法要求和约定

\字符传统上用于描述性注释，而显示栈状态的注释通常放在（和）之间。在描述 Forth 字时，只需指定它在栈内容"之前"和"之后"显示的栈表示法通常就足够了。

> 在 Open Firmware 环境中的 Forth 编程中，将把术语字与术语函数和方法互换使用，只不过要把这样做很可能会引起混淆的地方排除在外。

4.5.4　字典

Forth 用于存储其字定义的内存区域称为**字典**（Dictionary），利用一组内置的 Forth 字预填充它，这组 Forth 字就是**基本集**（Base Set），由 ANSI X3.215-1994 标准定义。当定义新字时，Forth 将编译它，也就是说把它转换成内部格式，并将其存储在字典中，它将以后进先用（Last-Come First-Used）的方式存储新字。来看以下示例。

```
0 >: times2 ( x -- ) 2 * . ; ok \ Double the input number, display it, and
                                 \ pop it
0 >2 times2 4  ok
0 >: times2 ( x -- ) 3 * . ; ok        \ Define the same word differently
0 >2 times2 6  ok                      \ New definition is used
0 >forget times2  ok                   \ Forget the last definition
0 >2 times2 4  ok                      \ Original definition is used
0 >forget times2  ok                   \ Forget that definition too
0 >2 times2                            \ Try using the word
times2, unknown word
 ok
0 >forget times2
times2, unknown word
```

forget 将从字典中删除字的最上面的实例（如果有的话）。可以使用 see 字，查看现有字的定义。

```
0 >: times2 ( x -- ) 2 * . ; ok
0 >see times2
: times2
  2 * . ; ok
```

1. 有代表性的内置字

Open Firmware 的 Forth 环境包含属于多个类别的内置字，现在来探讨其中一些类别。注意：字是通过它们的栈表示法"描述"的。

栈

这个类别包括用于复制、删除和重新排列栈元素的字。

```
dup    ( x -- x x )
?dup   ( x -- x x ) if x is not 0, ( x -- x ) if x is 0
clear  ( x1 x2 ... xn -- )
depth  ( x1 x2 ... xn -- n )
drop   ( x -- )
rot    ( x1 x2 x3 -- x2 x3 x1 )
-rot   ( x1 x2 x3 -- x3 x1 x2 )
swap   ( x1 x2 -- x2 x1 )
```

在栈表示法中利用 R:前缀显示返回栈。存在用于在数据栈与返回栈之间移动和复制项目的字。

```
\ move from data stack to return stack
>r    ( x -- ) ( R: -- x )

\ move from return stack to data stack
r>    ( -- x ) ( R: x -- )

\ copy from return stack to data stack
```

```
r@        ( -- x ) ( R: x -- x )
```

内存

这个类别包括用于内存访问、分配和取消分配的字。

```
\ fetch the number of address units in a byte
/c             ( -- n )


\ fetch the number of address units in a cell
/n             ( -- n )


\ fetch the item stored at address addr
addr @         ( addr -- x )


\ store item x at address addr
x addr !       ( x addr -- )


\ add v to the value stored at address addr
v addr +!        ( v addr -- )


\ fetch the byte stored at address addr
addr c@          ( addr -- b )


\ store byte b at address addr
b addr c!        ( b addr -- )


\ display len bytes of memory starting at address addr
addr len dump    ( addr len -- )


\ set n bytes beginning at address addr to value b
addr len b fill    ( addr len b -- )


\ set len bytes beginning at address addr to 0
addr len erase     ( addr len -- )


\ allocate len bytes of general-purpose memory
len alloc-mem      ( len -- addr )


\ free len bytes of memory starting at address addr
addr len free-mem  ( addr len -- )


\ allocate len bytes of general-purpose memory, where
\ mybuffer names the address of the allocated region
len buffer: mybuffer ( len -- )
```

创建和访问命名数据是程序设计中非常常见的操作。下面给出了一些这样做的示例。

```
0 >1 constant myone ok      \ Create a constant with value 1
```

```
0 >myone . 1  ok                    \ Verify its value
0 >2 value mytwo  ok                 \ Set value of mytwo to 2
0 >mytwo . 2  ok                     \ Verify value of mytwo
0 >3 to mytwo  ok                    \ Set value of mytwo to 3
0 >mytwo . 3  ok                     \ Verify value of mytwo
0 >2 to myone                        \ Try to modify value of a constant
invalid use of TO

0 >variable mythree  ok              \ Create a variable called mythree
0 >mythree . ff9d0800  ok            \ Address of mythree
0 >3 mythree !  ok                   \ Store 3 in mythree
0 >mythree @  ok                     \ Fetch the contents of mythree
1 > . 3  ok

0 >4 buffer: mybuffer  ok            \ get a 4-byte buffer
0 >mybuffer . ffbd2c00  ok           \ allocation address
0 >mybuffer 4 dump                   \ dump memory contents
ffbd2c00: ff ff fb b0 |....| ok
0 >mybuffer 4 erase  ok              \ erase memory contents
0 >mybuffer 4 dump                   \ dump memory contents
ffbd2c00: 00 00 00 00 |....| ok
0 >mybuffer 4 1 fill  ok             \ fill memory with 1's
0 >mybuffer 4 dump                   \ dump memory contents
ffbd2c00: 01 01 01 01 |....| ok
0 >4 mybuffer 2 + c!  ok             \ store 4 at third byte
0 >mybuffer 4 dump                   \ dump memory contents
ffbd2c00: 01 01 04 01 |....| ok
```

运算符

这个类别包括用于单精度整数算术运算、双数算术运算、位逻辑运算和比较的字。

```
1+       ( n -- n+1 )
2+       ( n -- n+2 )
1-       ( n -- n-1 )
2-       ( n -- n-2 )
2*       ( n -- 2*n )
2/       ( n -- n/2 )
abs      ( n -- |n| )
max      ( n1 n2 -- greater of n1 and n2 )
min      ( n1 n2 -- smaller of n1 and n2 )
negate   ( n -- -n )
and      ( n1 n2 -- n1&n2 )
or       ( n1 n2 -- n1|n2 )
decimal  ( -- change base to 10 )
hex      ( -- change base to 16 )
octal    ( -- change base to 8 )
```

> 一个双数使用栈上的两个项目，其中最重要的部分是最上面的项目。

名为 base 的变量存储当前数基。除了使用内置的字把数基改成常用的值以外，还可以通过"手动"在数基变量中存储想要的值，把数基设置成一个任意数字。

```
0 > base @  ok
1 > . 10  ok
0 > 123456  ok
1 > 2 base !  ok
1 > . 11110001001000000  ok
0 > 11111111  ok
1 > hex  ok
1 > . f  ok
0 >
```

控制台 I/O

这个类别包括用于控制台输入和输出、从控制台输入设备读取字符以及编辑输入行、格式化和字符串操作的字。

```
key    ( -- c )          waits for a character to be typed
ascii x ( x -- c )       ascii code for x
c emit ( c -- )          prints character with ascii code c
cr     ( -- )            carriage return
space  ( -- )            single space
u.r    ( u width -- )    prints u right-justified within width
." text"  ( -- )         prints the string
.( text)  ( -- )         prints the string
```

> 字面量字符串是在开引号之后利用一个前导空格指定的，例如：" hello"。

控制流程

这个类别包括用于条件和迭代循环、if-then-else 子句和 case 语句的字。其中许多字都涉及一个布尔标志，它可以为 true（-1）或 false（0）。这样的标志通常是某个比较运算符的结果：

```
0 >1 2 <  ok           \ is 1 < 2 ?
1 >. ffffffff  ok      \ true
0 >2 1 <  ok           \ is 2 < 1 ?
1 >. 0  ok             \ false
```

下面给出了 Forth 程序中的一些常见的控制流程构造。

```
\ Unconditional infinite loop
begin
    \ do some processing
again

\ Conditional "while" loop
```

```
begin
    <C> \ some condition
    while
        ... \ do some processing
    repeat

\ Conditional branch
<C> \ some condition
if
    ... \ condition <C> is true
else
    ... \ condition <C> is false
then

\ Iterative loop with a unitary increment
<limit><start> \ maximum and initial values of loop counter
do
    ... \ do some processing
    ... \ the variable i contains current value of the counter
loop

\ Iterative loop with a specified increment
<limit><start> \ maximum and initial values of loop counter
do
    ... \ do some processing
    ... \ the variable i contains current value of the counter
<delta> \ value to be added to loop counter
+loop
```

其他常用的 Forth 字如下。

- 用于转换数据类型和地址类型的字。
- 用于错误处理的字，包括支持捕获和抛出的异常机制。
- 用于创建和执行机器级代码定义的字。

是谁带给你这个 BootROM

　　内置的字 kudos 用于显示一份致谢名单，其中包含那些对 Boot ROM 的硬件初始化、Open Firmware 和诊断方面做出过贡献的人的名字。

---

2. 搜索字典

Open Firmware 的 Forth 字典可能包含上千个字。sifting 字允许搜索包含指定字符串的字。

```
0 > sifting get-time
get-time
in /pci@f2000000/mac-io@17/via-pmu@16000/rtc
get-time ok
```

搜索也可能产生多个匹配。

```
0 >sifting buffer
frame-buffer-addr         buffer:         alloc-buffer:s
in /packages/deblocker
empty-buffers
in /pci@f0000000/ATY,JasperParent@10/ATY,Jasper_A@0
frame-buffer-adr
in /pci@f0000000/ATY,JasperParent@10/ATY,Jasper_B@1
frame-buffer-adr  ok
```

不成功的搜索将悄无声息地失败。

```
0 >sifting nonsense ok
0 >
```

4.5.5　调试

Open Firmware 包括一个源代码级调试器，用于单步执行和跟踪 Forth 程序。一些相关的字如下。

```
debug      ( command -- )    mark command for debugging
resume     ( -- )            exit from the debugger's subinterpreter
                             and go back into the debugger
stepping   ( -- )            set single-stepping mode for debugging
tracing    ( -- )            set trace mode for debugging
```

现在来跟踪下面的示例 Forth 程序的执行。

```
: factorial ( n -- n! )
   dup 0 >
   if
     dup 1 - recurse *
   else
     drop 1
   then
;

0 >showstack  ok
-><- Empty debug factorial  ok
-><- Empty tracing  ok
-><- Empty 3 factorial
debug:
factorial type ? for help
at ffa22bd0 -- -> 3 <- Top --> dup
at ffa22bd4 -- -> 3 3 <- Top --> 0
at ffa22bd8 -- -> 3 3 0 <- Top -->>
```

```
at ffa22bdc -- -> 3 ffffffff <- Top --> if
at ffa22be4 -- -> 3 <- Top --> dup
at ffa22be8 -- -> 3 3 <- Top --> 1
at ffa22bec -- -> 3 3 1 <- Top --> -
at ffa22bf0 -- -> 3 2 <- Top --> factorial
at ffa22bf4 -- -> 3 2 <- Top --> *
at ffa22bf8 -- -> 6 <- Top --> branch+
at ffa22c04 -- -> 6 <- Top --> exit ok
-> 6 <- Top
```

此外，单步执行程序将在每个 Forth 字处提示用户击键——也就是说，单步执行处于 Forth 字级别。用户可能输入以控制程序执行的有效击键如下。

- **空格**：用于执行当前的字并转到下一个字。
- **c**：继续执行程序，而不会给出任何进一步的提示；不过，将会跟踪程序。
- **f**：挂起调试，并且启动另一个辅助性的 Forth shell，可以通过恢复命令退出它，之后调试将从挂起的位置继续运行。
- **q**：中止当前字及其所有调用者的执行；控制将返还给 Open Firmware 提示符。

根据 Open Firmware 版本以及底层的处理器体系结构，可以查看处理器寄存器的内容，在一些情况下，还可以通过特定于实现的字修改它们。

4.6　设　备　树

从系统初始化和引导的角度讲，Open Firmware 的核心数据结构是**设备树**（Device Tree），Open Firmware 支持的所有接口都会查询它。

设备树是系统中的各种硬件组件及其互连方式的表示。它还包含一些**伪设备**（Pseudo-Device），它们没有对应的物理设备。

设备树的根结点是/（与 UNIX 文件系统中一样）。

```
0 > dev /  ok
0 > ls
ff88feb0: /cpus
ff890118:   /PowerPC,G5@0
ff8905c8:     /l2-cache
ff891550:   /PowerPC,G5@1
ff891a00:     /l2-cache
ff891bf0: /chosen
ff891d98: /memory@0,0
ff891fa8: /openprom
ff892108:   /client-services
ff8933f8: /rom@0,ff800000
ff8935b8:   /boot-rom@fff00000
ff8937a8:   /macos
```

```
ff893840: /options
ff8938d8: /packages
ff893cc8:  /deblocker
ff894618:  /disk-label
ff895098:  /obp-tftp
ff89fc68:  /telnet
...
ff9a7610:  /temperatures
ffa1bb70:   /drive-bay@4
ffa1f370:   /backside@6
...
ff9a77a8:  /audible-alarm
ff9a7940:  /thermostats
ffa1cfb8:   /overtemp*-signal@5800
ok
0 >
```

在设备树中，各个结点表示总线、物理设备或伪设备。具有子结点的结点——通过 ls 输出中的缩进形象地指示——通常是总线。可以使用 dev 命令转到树中的某个结点处。

```
0 > dev /pseudo-hid ok          \ Go to node /pseudo-hid
0 > ls                          \ List children of current node
ff943ff0: /keyboard
ff944788: /mouse
ff944d50: /eject-key
0 > dev mouse ok                \ Go to a child
0 > pwd /pseudo-hid/mouse ok     \ Tell us where we are
0 > dev .. ok                   \ Go one level "up"
0 > pwd /pseudo-hid ok
0 > dev /cpus ok                \ Go to node /cpus
0 > ls
ff890118: /PowerPC,G5@0
ff8905c8:  /l2-cache
ff891550: /PowerPC,G5@1
ff891a00:  /l2-cache
ok
```

由于设备的完整路径名（Pathname）可能相当长并且不方便使用，常用的设备都具有简写表示或别名（Alias）。devalias 用于显示当前的别名列表。

```
0 > devalias
keyboard            /pseudo-hid/keyboard
mouse               /pseudo-hid/mouse
eject-key           /pseudo-hid/eject-key
pci0                /pci@0,f0000000
ipc                 /ipc
scca                /ht/pci@3/mac-io/escc/ch-a
nvram               /nvram
```

```
uni-n               /u3
u3                  /u3
dart                /u3/dart
...
first-boot          /ht@0,f2000000/pci@7/k2-sata-root@c/k2-sata
second-boot         /ht@0,f2000000/pci@5/ata-6@d/disk
last-boot           /ht@0,f2000000/pci@6/ethernet
screen              /pci@0,f0000000/ATY,WhelkParent@10/ATY,Whelk_A@0
ok
```

devalias 后接一个别名，并且会显示后者的扩展（注意：在指定别名时不使用/分隔符）。

```
0 > devalias hd /ht/pci@7/k2-sata-root/k2-sata@0/disk@0 ok
0 > devalias wireless /ht@0,f2000000/pci@4/pci80211@1 ok
```

dir 命令可用于列出 HFS+ 或 HFS 卷上的文件。它的参数是设备路径，表示卷以及那个卷内的路径。设备路径可以是别名或完整的路径。

```
0 > dir hd:\

   Size/       GMT                             File/Dir
   bytes       date    time    TYPE   CRTR     Name
   12292       6/18/ 5 15:23:14                .DS_Store
   131072      5/25/ 5 10: 1:30                .hotfiles.btree
   16777216    5/12/ 5  1:57:11  jrnl hfs+     .journal
   4096        5/12/ 5  1:57:10  jrnl hfs+     .journal_info_block
               6/18/ 5  1:32:14                .Spotlight-V100
...
               5/12/ 5  1:57:12                %00%00%00%00HFS+%20Private%20Data
 ok
0 > dir hd:\System\Library\CoreServices

   Size/       GMT                         File/Dir
   bytes       date    time   TYPE CRTR    Name
   869         5/12/ 5 2:28:21 tbxj chrp   .disk_label
   12          5/12/ 5 2:28:21             .disk_label.contentDetails
               6/ 9/ 5 4: 8:44             AppleFileServer.app
               3/28/ 5 4:53:13             Automator%20Launcher.app
               3/28/ 5 4:42:25             BezelUI
               3/28/ 5 4:51:51             Bluetooth%20Setup%20Assistant.app
   14804       3/26/ 5 22:47: 0            bluetoothlauncher
               3/28/ 5 4:51:51             BluetoothUIServer.app
               3/21/ 5 3:12:59             BOMArchiveHelper.app
   174276      5/19/ 5 3:46:35  tbxi chrp  BootX
...
```

设备树中的每个结点都可能具有**属性**（Property）、**方法**（Method）和**数据**（Data）。

4.6.1　属性

结点的属性是外部可见的数据结构，用于描述结点，可能还包括它的关联设备，而这些设备可能还进一步具有它们自己特定的属性。Open Firmware 的客户程序以及它自己的过程可能检查和修改属性，还可以从 Open Firmware 用户接口访问属性。.properties 字用于显示当前结点的属性的名称和值。

```
0 > dev enet  ok
0 > .properties
vendor-id
                               0000106b
device-id                      0000004c
revision-id                    00000000
class-code                     00020000
interrupts                     00000029 00000001
min-grant                      00000040
...
name                           ethernet
device_type                    network
network-type                   ethernet
...
local-mac-address              ...
gbit-phy

 ok
0 > dev /cpus/PowerPC,G5@0  ok
0 > .properties
name                           PowerPC,G5

device_type                    cpu
reg                            00000000
cpu-version                    003c0300
cpu#                           00000000
soft-reset                     00000071
state                          running
clock-frequency                9502f900
bus-frequency                  4a817c80
config-bus-frequency           4a817c80
timebase-frequency             01fca055
reservation-granule-size       00000080
tlb-sets                       00000100
tlb-size                       00001000
d-cache-size                   00008000
i-cache-size                   00010000
d-cache-sets                   00000080
```

```
i-cache-sets              00000200
i-cache-block-size        00000080
d-cache-block-size        00000080
graphics
performance-monitor
altivec
data-streams
dcbz                      00000080
general-purpose
64-bit
32-64-bridge
...
```

dump-properties 字可用于显示设备树中的所有结点的属性。

```
0 > dump-properties
/
PROPERTIES:
model                     PowerMac7,3
compatible                PowerMac7,3
                          MacRISC4
                          Power Macintosh
...
/cpus/PowerPC,G5@0/l2-cache
PROPERTIES:
name                      l2-cache
device_type               cache
i-cache-size              00080000
...
/sep/thermostats/overtemp*-signal@5800
PROPERTIES:
name                      overtemp*-signal
...
```

可以把属性表示为名称及其对应值的集合。属性名称是人类易读的文本字符串，属性值则是表示编码信息的变长（可能长度为 0）的字节数组。包中发现的标准属性名称如下。

- name：包的名称。
- reg：包的“寄存器”。
- device_type：包的设备期望具有的特征，比如 block、byte、display、memory、network、pci 和 serial。

依赖于包的性质，包的寄存器可以表示差别很大的信息。例如，memory 包的寄存器包含系统中安装的物理内存地址。可以通过.properties 命令检查所安装内存的详细信息。

图 4-2 中的机器安装了两个 PC2700 DDR SDRAM 内存模块。针对 reg 显示的两对数字指定了模块的起始地址和大小。第一个 RAM 模块开始于地址 0x00000000，并且具有 0x10000000（256MB）的大小。第二个模块开始于地址 0x10000000，并且具有 0x10000000

（256MB）的大小。因此，总的 RAM 是 512MB。

```
0 > dev /memory .properties ok
name                          memory
device_type                   memory
reg                           00000000  10000000
                              10000000  10000000
slot-names                    00000003
                              SODIMM0/J25LOWER
                              SODIMM1/J25UPPER
...
dimm-types                    DDR SDRAM
                              DDR SDRAM
dimm-speeds                   PC2700U-25330
                              PC2700U-25330
...
```

图 4-2　PowerBook G4 的设备树中的物理内存属性

　　删除某些属性并指定自己的属性是可能的。就内存而言，如果需要减小 Mac OS X 看见的所安装 RAM 的大小，而又不会物理地删除 RAM 模块，那么这将是有用的。这样，就可以模拟任意的内存大小，它将小于安装的总内存。

　　下面的命令序列将禁用图 4-2 中所示的机器内安装的两个内存模块中的第二个模块。这种改变不是永久性的，这是由于它没有写到 NVRAM——一旦重新引导系统，将会检测到"禁用"的模块，并像以前那样使用它。

```
0 > dev /memory
0 > " reg" delete-property ok
0 > 0 encode-int 10000000 encode-int encode+ " reg" property ok
```

　　必须注意的是，reg 属性可能因机器不同而改变，或者更可能的是，因体系结构改变而改变。例如，内存属性的格式因 Power Mac G5 而改变。图 4-3 显示了四处理器 Power Mac G5 上的内存属性，它的 8 个 RAM 插槽填充了 6 个，并且每个插槽都具有一个 512MB 的 DDR2 模块。

```
0 > dev /memory  ok
0 > .properties
name              memory
device_type       memory
reg               00000000  00000000  20000000
                  00000000  20000000  20000000
                  00000000  40000000  20000000
                  00000000  60000000  20000000
                  00000001  00000000  20000000
                  00000001  20000000  20000000
                  00000000  00000000  00000000
```

图 4-3　Power Mac G5 的设备树中的物理内存属性

```
                              00000000 00000000  00000000
    slot-names                000000ff
                              DIMM0/J6700
                              DIMM1/J6800
                              DIMM2/J6900
                              DIMM3/J7000
                              DIMM4/J7100
                              DIMM5/J7200
                              DIMM6/J7300
                              DIMM7/J7400
    available                 00003000 1f5ed000
    ram-map                   ...
    bank-names                000000ff
                              64 bit Bank0/J6700/J6800/front
                              64 bit Bank1/J6700/J6800/back
                              64 bit Bank2/J6900/J7000/front
                              64 bit Bank3/J6900/J7000/back
                              64 bit Bank4/J7100/J7200/front
                              64 bit Bank5/J7100/J7200/back
                              64 bit Bank6/J7300/J7400/front
                              64 bit Bank7/J7300/J7400/back
    ...
    dimm-types                DDR2 SDRAM
                              DDR2 SDRAM
                              DDR2 SDRAM
                              DDR2 SDRAM
                              DDR2 SDRAM
                              DDR2 SDRAM


    dimm-speeds               PC2-4200U-444
                              PC2-4200U-444
                              PC2-4200U-444
                              PC2-4200U-444
                              PC2-4200U-444
                              PC2-4200U-444
    ...
```

图 4-3（续）

一种不那么冒险并且更合适的限制可见 RAM 的方式是使用内核的 maxmem 引导参数。可以从 Mac OS X 内使用 nvram 命令行程序，用于获取和设置 Open Firmware NVRAM 变量。例如，在 Mac OS X 中的 shell 提示符下执行的以下命令将可用内存大小限制为 128MB。

```
$ sudo nvram boot-args="maxmem=128"
```

定义物理地址空间的包通常包含#address-cells 和#size-cells 标准属性。#address-cells 的值定义用于编码由包定义的地址空间内的物理地址所需的基本单元的数量。#size-cells 属性定义用于表示物理地址范围的长度所需的基本单元的数量。例如，用于设备树的根结点的#address-cells 的值在 G5 和 G4 上分别是 2 和 1。

4.6.2　方法

结点的方法只是它表示的设备所支持的软件过程。Forth 字 words 用于显示当前结点的方法：

```
0 > dev enet  ok
0 > words

power-down       ((open))         max-transfer   block-size    #blocks
dma-free         dma-alloc        load           write         ·flush
read             close            (open)         open          enet-quiesce
...
show-enet-debug?                  enet-base      my_space  ok
```

如以前所指出的，可以使用 see 查看字的定义。

```
0 > see flush
: flush
    " enet: Flush" 1 .enet-debug restart-rxdma ; ok
```

dump-device-tree 字用于遍历整个设备树，并显示每个结点的方法和属性。

4.6.3　数据

结点还可能具有由其方法使用的私有数据。这样的数据可能是特定于实例的，或者是静态的。对所有实例可见的静态数据是跨实例持久存在的。

有一个称为包（Package）的相关抽象，本书以前提过它。通常，包是设备的同义词。区别在于伪设备，它们没有对应的物理设备。伪设备被称为具有**仅软件**（Software-Only）包。下面给出了探讨它的简单方式。

- 设备树具有设备结点，其中一些表示仅软件设备。
- 包是设备结点的属性、方法和数据的组合。
- 多个包可能实现相同的接口。例如，两个截然不同的网络设备驱动程序包——比如说，用于两个不同的网卡——可能实现相同的网络设备接口。

有一类特殊的包：**支持包**（Support Package）。它们并不对应于任何特定的设备，但是实现了通用的实用方法。它们存在于设备树中的/packages 结点之下。

```
0 > dev /packages
0 > ls
```

```
ff893cc8: /deblocker
ff894618: /disk-label
ff895098: /obp-tftp
ff89fc68: /telnet
ff8a0520: /mac-parts
ff8a1e48: /mac-files
ff8a4fc0: /hfs-plus-files
ff8aa268: /fat-files
ff8ad008: /iso-9660-files
ff8ade20: /bootinfo-loader
ff8afa88: /xcoff-loader
ff8b0560: /macho-loader
ff8b33d0: /pe-loader
ff8b3dd8: /elf-loader
ff8b5d20: /usb-hid-class
ff8b8870: /usb-ms-class
ff8bb540: /usb-audio-class
ff929048: /ata-disk
ff92b610: /atapi-disk
ff92daf0: /sbp2-disk
ff931508: /bootpath-search
ff9380f8: /terminal-emulator
ok
0 >
```

前文介绍过 TELNET 支持包，当时使用它从另一台计算机连接到 Open Firmware。
obp-tftp 实现了一个 TFTP 客户，在网络引导时使用。atapi-disk 允许使用 ATAPI 协议与 ATAPI
设备通信。

ATAPI

　　ATAPI 代表 ATA 分组接口（ATA Packet Interface），其中 ATA 又代表 AT 附加（AT
Attachment）。AT（高级技术（Advanced Technology））引用了 1984 年的 IBM PC/AT。ATA
是一个用于海量存储设备的设备接口，可以通俗地把它称为 IDE（Integrated Device
Electronics，集成设备电子）或 EIDE（Extended IDE，扩展 IDE）。可以把 ATAPI 视作一
个由各种非硬盘存储设备使用的 ATA 扩展。

4.7　Open Firmware 接口

　　当枚举 Open Firmware 的关键特性时，需注意到它提供了多个接口：用于最终用户、
客户程序以及设备供应商。

4.7.1 用户接口

迄今为止，本章使用了 Open Firmware 的用户接口与之交互。可以把 Forth 解释器的命令行特性当作一个 UNIX shell。用户接口提供了一组字，用于交互式地执行多种 Open Firmware 功能，比如：管理配置；调试硬件、固件和软件；以及控制引导方面。

4.7.2 客户接口

Open Firmware 提供了它的客户可能使用的客户接口。客户是由 Open Firmware 引导和执行的程序——比如引导加载程序或操作系统。如稍后将看到的，对于 Mac OS X，Open Firmware 的主要客户是 BootX 引导加载程序。通过客户接口提供的重要服务的示例如下。

- 它提供了对设备树的访问：遍历并搜索树、打开和关闭设备、在设备上执行 I/O 等。特别是，客户可以使用这个接口访问可能对引导至关重要的设备，比如控制台、网络和存储设备。
- 它提供了用于分配、取消分配和映射内存的能力。
- 它便于在引导过程中转移控制。

设备树包含标准的**系统结点**（System Node），比如：/chosen、/openprom 和/options，这些结点在客户接口中起着重要作用，本书将在讨论引导加载程序时探讨它们。

通常，在可以调用设备的方法之前，需要打开一个设备并获得一个**实例句柄**（Instance Handle）。可以使用一个像 open-dev 这样的方法完成这个任务，尽管还有其他的方法，包括一些快捷方法，用于打开一个设备，调用其中指定的方法，然后关闭它——所有这些都是在单独一次调用中完成的。使用 open-dev 打开设备将导致链中的所有设备都会被打开。在编程示例中，将频繁使用以下语法调用设备方法。

```
0 value mydevice
" devicename" open-dev to mydevice
arg1 arg2 ... argN " methodname" mydevice $call-method
```

4.7.3 设备接口

Open Firmware 的第三个接口是设备接口，它存在于 Open Firmware 与开发人员的设备之间。插入式设备中的扩展 ROM 包含一个 FCode 程序，它使用设备接口。这允许 Open Firmware 在探测期间识别设备，发现它的特征，还可能在引导期间使用它。

4.8 编 程 示 例

在本节中，将查看 Open Firmware 环境的编程示例。在这样做时，还会遇到由 Open Firmware 的 Apple 版本实现的几个设备支持扩展。这些特定于设备的扩展允许程序访问键盘、鼠标、实时时钟（Real-Time Clock，RTC）、NVRAM 等。

4.8.1　转储 NVRAM 内容

在图 4-4 所示的示例中，以行格式转储了 NVRAM 设备的完整内容。下面的相关方法是由 NVRAM 设备提供的。

```
size ( -- <size in bytes> )
seek ( position.low position.high -- <boolean status> )
read ( <buffer address><bytes to read> -- <bytes read> )
```

首先打开 NVRAM 设备并查询它的大小，它被报告是 8 KB（0x2000 字节）。在此分配一个 8KB 的缓冲区以传递给 read 方法。在从设备读取内容之前，将寻找它的开始位置。使用 dump 字以一种有意义的格式显示缓冲区的内容。在 NVRAM 的内容当中，可以查看计算机的序号以及多个 Open Firmware 变量。

```
0 >0 value mynvram  ok
0 >" nvram" open-dev to mynvram ok
0 >" size" mynvram $call-method ok
1 > . 2000 ok
0 >2000 buffer: mybuffer  ok
0 >0 0 " seek" mynvram $call-method  ok
1 > . ffffffff ok
0 >mybuffer 2000 " read" mynvram $call-method  ok
1 >  . 2000 ok
0 >mybuffer 2000 dump
ffbba000: 5a 82 00 02 6e 76 72 61 6d 00 00 00 00 00 00 00 |Z...nvram.......|
ffbba010: bb f1 64 59 00 00 03 3c 00 00 00 00 00 00 00 00 |..dY...<........|
ffbba020: 5f 45 00 3e 73 79 73 74 65 6d 00 00 00 00 00 00 |_E.>system......|
ffbba030: 00 02 00 00 64 61 79 74 00 06 00 00 00 00 00 00 |....dayt........|
...
ffbba400: 70 bd 00 c1 63 6f 6d 6d 6f 6e 00 00 00 00 00 00 |p...common......|
ffbba410: 6c 69 74 74 6c 65 2d 65 6e 64 69 61 6e 3f 3d 66 |little-endian?=f|
ffbba420: 61 6c 73 65 00 72 65 61 6c 2d 6d 6f 64 65 3f 3d |alse.real-mode?=|
ffbba430: 66 61 6c 73 65 00 61 75 74 6f 2d 62 6f 6f 74 3f |false.auto-boot?|
ffbba440: 3d 74 72 75 65 00 64 69 61 67 2d 73 77 69 74 63 |=true.diag-switc|
ffbba450: 68 3f 3d 66 61 6c 73 65 00 66 63 6f 64 65 2d 64 |h?=false.fcode-d|
ffbba460: 65 62 75 67 3f 3d 66 61 6c 73 65 00 6f 65 6d 2d |ebug?=false.oem-|
ffbba470: 62 61 6e 6e 65 72 3f 3d 66 61 6c 73 65 00 6f 65 |banner?=false.oe|
ffbba480: 6d 2d 6c 6f 67 6f 3f 3d 66 61 6c 73 65 00 75 73 |m-logo?=false.us|
ffbba490: 65 2d 6e 76 72 61 6d 72 63 3f 3d 66 61 6c 73 65 |e-nvramrc?=false|
ffbba4a0: 00 75 73 65 2d 67 65 6e 65 72 69 63 3f 3d 66 61 |.use-generic?=fa|
ffbba4b0: 6c 73 65 00 64 65 66 61 75 6c 74 2d 6d 61 63 2d |lse.default-mac-|
ffbba4c0: 61 64 64 72 65 73 73 3f 3d 66 61 6c 73 65 00 73 |address?=false.s|
ffbba4d0: 6b 69 70 2d 6e 65 74 62 6f 6f 74 3f 3d 66 61 6c |kip-netboot?=fal|
```

图 4-4　转储 NVRAM 内容

```
ffbba4e0: 73 65 00 72 65 61 6c 2d 62 61 73 65 3d 2d 31 00 |se.real-base=-1.|
ffbba4f0: 72 65 61 6c 2d 73 69 7a 65 3d 2d 31 00 6c 6f 61 |real-size=-1.loa|
ffbba500: 64 2d 62 61 73 65 3d 30 78 38 30 30 30 30 30 00 |d-base=0x800000.|
ffbba510: 76 69 72 74 2d 62 61 73 65 3d 2d 31 00 76 69 72 |virt-base=-1.vir|
ffbba520: 74 2d 73 69 7a 65 3d 2d 31 00 6c 6f 67 67 65 72 |t-size=-1.logger|
ffbba530: 2d 62 61 73 65 3d 2d 31 00 6c 6f 67 67 65 72 2d |-base=-1.logger-|
...
```

图 4-4（续）

4.8.2　确定屏幕尺寸

在以下示例中，将调用 screen 设备的 dimensions 方法，获取与设备关联的显示器的水平和垂直像素计数。此外，还可以使用 screen-width 和 screen-height 这些字查询此信息。

```
0 >showstack  ok
-><- Empty 0 value myscreen  ok
-><- Empty " screen" open-dev to myscreen  ok
-><- Empty " dimensions" myscreen $call-method  ok
-> 1280 854 <- Top 2drop  ok
-><- Empty
```

4.8.3　处理颜色

在 Open Firmware 的默认（8 位）图形模型中，每个像素都是通过一个 8 位的值表示的，它定义了像素的颜色。根据颜色查找表（Color Lookup Table，CLUT）中的条目，这个值——颜色编号——映射到 256 种颜色之一。其中每个条目都是红色、绿色和蓝色（RGB）值的三元组。例如，默认的 CLUT 定义颜色编号 0 为黑色——对应于 RGB 三元组(0, 0, 0)，并且定义颜色编号 255 为白色——对应于 RGB 三元组(255, 255, 255)。显示设备的 color! 和 color@方法允许分别设置和获取各个 CLUT 实体。

```
color@   ( color# -- red blue green )
color!   ( red blue green color# -- )
get-colors  ( clut-dest-address starting# count -- )
set-colors  ( clut-src-address starting# count -- )
```

get-colors 和 set-colors 可以分别用于获取或设置一个连续的颜色范围，包括整个CLUT。

```
0 >showstack   ok
-><- Empty 0 value myscreen  ok
-><- Empty " screen" open-dev to myscreen  ok
-><- Empty 0 " color@" myscreen $call-method  ok
-> 0 0 0 <- Top 3drop  ok
-><- Empty 255 " color@" myscreen $call-method  ok
-> 255 255 255 <- Top 3drop  ok
-><- Empty foreground-color  ok
-> 0 <- Top drop  ok
```

```
-><- Empty background-color  ok
-> 15 <- Top " color@" myscreen $call-method  ok
-> 255 255 255 <- Top 3drop  ok
-><- Empty 256 3 * buffer: myclut  ok
-><- Empty myclut 0 256 " get-colors" myscreen $call-method  ok
-><- Empty myclut 256 3 * dump
ffbbc000: 00 00 00 00 aa 00 aa 00 00 ...
...
ffbbd2e0: d5 fd 68 ... ff ff ff
-> <- Empty
```

foreground-color 字和 background-color 字分别用于获取前景色（定义为 0（黑色））和背景色（定义为 15（白色））的颜色编号。注意：颜色编号 15 也映射到默认 CLUT 中的白色。这与 Open Firmware 的 16 色文本扩展相一致，它指示显示驱动程序应该在每个预定义的列表上初始化前 16 种颜色。

4.8.4　绘制颜色填充的矩形

Open Firmware 的图形扩展标准提供了多个绘图方法，比如：fill-rectangle 方法，用于绘制颜色填充的矩形；draw-rectangle 方法，用于使用指定的像素图绘制矩形；read-rectangle 方法，用于从显示缓冲区中读取矩形像素图。使用这些方法作为基本方法，可以构造更高级的绘图例程。

```
draw-rectangle ( src-pixmap x y width height -- )
fill-rectangle ( color# x y width height -- )
read-rectangle ( dest-pixmap x y width height -- )
```

下面的程序将绘制一个黑色矩形，它的宽度和高度均为 100 像素，并且它的左上角位于屏幕的中心。

```
\ fill-rectangle-demo
\ fill-rectangle usage example

0 value myscreen
" screen" open-dev to myscreen

0 value mycolor

\ color x y width height
mycolor screen-width 2 / screen-height 2 / 100 100
     " fill-rectangle" myscreen $call-method
```

运行 fill-rectangle-demo 程序，比如使用 TFTP 方法"引导"它，应该会绘制想要的黑色矩形。注意：屏幕的原点（即位置(0, 0)）位于物理显示器的左上角。

4.8.5　创建"汉诺塔"问题的动画式解决方案

　　既然已经能够在屏幕上的指定位置绘制矩形，那么不妨来探讨一个更复杂的示例：汉诺塔问题的动画式解决方案[①]。本示例将使用 ms 字，它将睡眠指定的毫秒数，以控制动画的速率。图 4-5 显示了将在屏幕上绘制的对象的布局和相对尺寸。

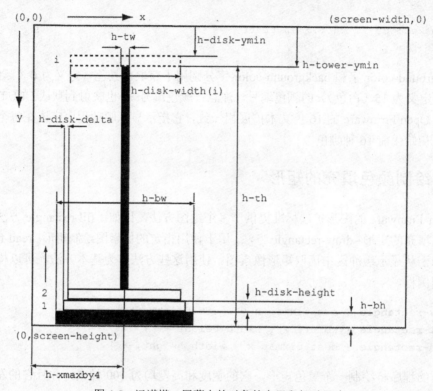

图 4-5　汉诺塔：屏幕上的对象的布局和相对尺寸

　　可以方便地把程序的代码分成两部分：用于制作动画的代码以及用于为汉诺塔问题产生移动的代码。本示例将使用基于栈的算法，如图 4-6 中的伪代码所示，用于解决 N 个圆盘的汉诺塔问题。

　　图 4-6 中的 movedisk 函数是必需的，用于以图形方式把圆盘从一座塔移到另一座塔上。从动画的角度讲，可以把它分解成不同的步骤，对应于圆盘的水平和垂直移动。例如，要把圆盘从左边的塔移到右边的塔上，首先应在源塔上将圆盘向上移动，再向右移动，使之到达目标塔，最后让它向下移动，直至它在目标塔上到达合适的位置为止。图 4-7 中所示的代码是程序的第一部分，用于提供以下关键功能。

- 初始化和绘制屏幕上的所有静态图形对象，即塔基、塔柱以及源塔上的指定数量的圆盘（hanoi-init）。

[①]　有三座塔从左到右排列。最左边的塔包含一定数量且大小不等的圆盘，在排列它们时使较小的圆盘永远不会出现在较大的圆盘之下。目标是一次一个地把所有的圆盘都移到最右边的塔上，同时使用中间的塔作为临时存储器。在转移过程中决不能使较大的圆盘出现在较小的圆盘之上。

```
stack = (); /* empty */
push(stack, N, 1, 3, 0);
while (notempty(stack)) {
    processed = pop(stack);
    to = pop(stack);
    from = pop(stack);
    n = pop(stack);
    left = 6 - from - to;
    if (processed == 0) {
        if (n == 1)
            movedisk(from, to);
        else
            push(stack, n, from, to, 1, n - 1, from, left, 0);
    } else {
        movedisk(from, to);
        push(stack, n - 1, left, to, 0);
    }
}
```

图 4-6　汉诺塔：使用栈模拟递归

- 实现一个函数，制作圆盘向上移动的动画（hanoi-disk-move-up）。
- 实现一个函数，制作圆盘水平（左或右——基于函数实参）移动的动画（hanoi-disk-move-lr）。
- 实现一个函数，制作圆盘向下移动的动画（hanoi-disk-move-down）。

将这些函数分成更小的函数。hanoi-disk-move 函数是一个控制函数，等价于图 4-6 中的 movedisk。

```
\ Towers of Hanoi Demo
\ Commentary required for "booting" this program.

\ Configurable values
variable h-delay 1 h-delay !
variable h-maxdisks 8 h-maxdisks !

: hanoi-about ( -- ) cr ." The Towers of Hanoi in Open Firmware" cr ;
: hanoi-usage ( -- ) cr ." usage: n hanoi, 1 <= n <= " h-maxdisks @  . cr ;

decimal \ Switch base to decimal

\ Open primary display
0 value myscreen
" screen" open-dev to myscreen

\ Convenience wrapper function
```

图 4-7　汉诺塔：用于动画的 Forth 代码

```
: hanoi-fillrect ( color x y w h -- ) " fill-rectangle" myscreen $call-method ;
```

`\ Calculate display constants`

```
screen-height 100 / 3 *          value h-bh          \ 3% of screen height
screen-width 100 / 12 *          value h-bw          \ 12% of screen width
screen-width 4 /                 value h-xmaxby4     \ 25% of screen width
screen-height 100 / 75 *         value h-th          \ 75% of screen height
h-bh 2 /                         value h-tw
screen-height h-th h-bh + -      value h-tower-ymin
screen-height 100 / 2 *          value h-disk-height \ 2% of screen height
screen-width 100 / 1 *           value h-disk-delta
h-tower-ymin h-disk-height -     value h-disk-ymin
```

`\ Colors`
```
2  value h-color-base
15 value h-color-bg
50 value h-color-disk
4  value h-color-tower
```

`\ Miscellaneous variables`
```
variable h-dx      \ A disk's x-coordinate
variable h-dy      \ A disk's y-coordinate
variable h-dw      \ A disk's width
variable h-dh      \ A disk's height
variable h-tx      \ A tower's x-coordinate
variable h-N       \ Number of disks to solve for
variable h-dcolor
variable h-delta
```

```
3 buffer: h-tower-disks
: hanoi-draw-tower-base ( n -- )
   h-color-base swap
   h-xmaxby4 * h-bw -
   screen-height h-bh -
   h-bw 2 *
   h-bh
   hanoi-fillrect
;


: hanoi-draw-tower-pole ( tid -- )
   dup 1 - 0 swap h-tower-disks + c!
   h-color-tower swap
   h-xmaxby4 * h-tw -
   screen-height h-th h-bh + -
```

图 4-7 （续）

```
    h-tw 2 *
    h-th
    hanoi-fillrect
;


: hanoi-disk-width  ( did -- cdw )
    h-bw swap h-disk-delta * -
;


: hanoi-disk-x          ( tid did -- x )
    hanoi-disk-width    ( tid cdw )
    swap                ( cdw tid )
    h-xmaxby4 * swap    ( [tid * h-xmaxby4] cdw )
    -                   ( [tid * h-xmaxby4] - cdw )
;


: hanoi-disk-y ( tn -- y )
    screen-height swap  ( screen-height tn )
    1 +                 ( screen-height [tn + 1] )
    h-disk-height *     ( screen-height [[tn + 1] * h-disk-height] )
    h-bh +              ( screen-height [[[tn + 1] * h-disk-height] + h-bh] )
    -                   ( screen-height - [[[tn + 1] * h-disk-height] + h-bh] )
;


: hanoi-tower-disks-inc    ( tid -- tn )
    dup                    ( tid tid )
    1 - h-tower-disks + c@  \ fetch cn, current number of disks
    dup                    ( tid cn cn )
    1 +                    ( tid cn [cn + 1] )
    rot                    ( cn [cn + 1] tid )
    1 - h-tower-disks + c!
;


: hanoi-tower-disks-dec    ( tid -- tn )
    dup                    ( tid tid )
    1 - h-tower-disks + c@  \ fetch cn, current number of disks
    dup                    ( tid cn cn )
    1 -                    ( tid cn [cn - 1] )
    rot                    ( cn [cn + 1] tid )
    1 - h-tower-disks + c!
;


: hanoi-tower-disk-add     ( tid did -- )
    h-color-disk           ( tid did color )
    -rot                   ( color tid did )
```

图 4-7（续）

```
    2dup                        ( color tid did tid did )
    hanoi-disk-x                ( color tid did x )
    -rot                        ( color x tid did )
    over                        ( color x tid did tid )
    hanoi-tower-disks-inc       ( color x tid did tn )
    hanoi-disk-y                ( color x tid did y )
    -rot                        ( color x y tid did )
    hanoi-disk-width 2 *        ( color x y tid w )
    swap                        ( color x y w tid )
    drop                        ( color x y w )
    h-disk-height               ( color x y w h )
    hanoi-fillrect
;


: hanoi-init ( n -- )


\ Initialize variables
    0 h-dx !
    0 h-dy !
    0 h-tower-disks c!
    0 h-tower-disks 1 + c!
    0 h-tower-disks 2 + c!


\ Draw tower bases
    1 hanoi-draw-tower-base
    2 hanoi-draw-tower-base
    3 hanoi-draw-tower-base


\ Draw tower poles
    1 hanoi-draw-tower-pole
    2 hanoi-draw-tower-pole
    3 hanoi-draw-tower-pole


\ Add disks to source tower
    1 +
    1
    do
       1 i hanoi-tower-disk-add
    loop
;


: hanoi-sleep ( msec -- )
    ms
;
```

图 4-7（续）

```
: hanoi-drawloop-up ( limit start -- )
do
    h-color-bg
    h-dx @
    h-dy @ i - h-dh @ + 1 -
    h-dw @
    1
    hanoi-fillrect

    h-color-disk
    h-dx @
    h-dy @ i - 1 -
    h-dw @
    1
    hanoi-fillrect

    h-dy @ i - h-disk-ymin >
    if
        h-color-tower
        h-tx @
        h-dy @ i - h-dh @ + 1 -
        h-tw 2 *
        1
        hanoi-fillrect
    then

    h-delay @ hanoi-sleep
loop
;

: hanoi-drawloop-down ( limit start -- )
do
    h-color-bg
    h-dx @
    h-disk-ymin i +
    h-dw @
    1
    hanoi-fillrect
    h-color-disk
    h-dx @
    h-disk-ymin i + 1 + h-dh @ +
    h-dw @
    1
    hanoi-fillrect
```

图 4-7（续）

```
    i h-dh @ >
    if
        h-color-tower
        h-tx @
        h-disk-ymin i +
        h-tw 2 *
        1
        hanoi-fillrect
    then

    h-delay @ hanoi-sleep
loop
;


: hanoi-drawloop-lr ( limit start -- )
do
    h-color-bg
    h-dx @ i +
    h-disk-ymin
    h-dw @
    h-dh @
    hanoi-fillrect

    h-color-disk
    h-dx @ i + h-delta @ +
    h-disk-ymin
    h-dw @
    h-dh @
    hanoi-fillrect

    h-delay @ hanoi-sleep

h-delta @
+loop
;


: hanoi-disk-move-up         ( tid did -- )
   h-color-disk              ( tid did color )
   -rot                      ( color tid did )
   2dup                      ( color tid did tid did )
   hanoi-disk-x              ( color tid did x )
   -rot                      ( color x tid did )
   over                      ( color x tid did tid )
   hanoi-tower-disks-dec     ( color x tid did tn )
   1 -                       ( color x tid tid [tn - 1] )
```

图 4-7（续）

```
  hanoi-disk-y              ( color x tid did y )
  -rot                      ( color x y tid did )
  hanoi-disk-width          ( color x y tid w )
  swap                      ( color x y w tid )
  drop                      ( color x y w )
  h-disk-height             ( color x y w h )
  h-dh !
  2 * h-dw !
  h-dy !
  h-dx !
  h-dcolor !
  h-dx @ h-dw @ 2 / + h-tw - h-tx !
  h-dy @ h-disk-ymin -
  0
  hanoi-drawloop-up
;


: hanoi-disk-move-down      ( tid did -- )
  h-color-disK              ( tid did color )
  -rot                      ( color tid did )
  2dup                      ( color tid did tid did )
  hanoi-disk-x              ( color tid did x )
  -rot                      ( color x tid did )
  over                      ( color x tid did tid )
  hanoi-tower-disks-inc     ( color x tid did tn )
  hanoi-disk-y              ( color x tid did y )
  -rot                      ( color x y tid did )
  hanoi-disk-width 2 *      ( color x y tid w )
  swap                      ( color x y w tid )
  drop                      ( color x y w )
  h-disk-height             ( color x y w h )
  h-dh !
  h-dw !
  h-dy !
  h-dx !
  h-dcolor !
  h-dx @ h-dw @ 2 / + h-tw - h-tx !
  h-dy @ h-disk-ymin -
  0
  hanoi-drawloop-down
;


: hanoi-disk-move-lr ( tto tfrom -- )
  2dup <
  if
```

图 4-7（续）

```
    \ We are moving left
    1 negate h-delta !
    - h-xmaxby4 * h-delta @ -
    0
  else
    \ We are moving right
    1 h-delta !
    - h-xmaxby4 *
    0
  then

  hanoi-drawloop-lr
;


: hanoi-disk-move ( totid fromtid did -- )
  h-N @ 1 + swap -
  1 pick 1 pick hanoi-disk-move-up
  2 pick 2 pick hanoi-disk-move-lr
  2 pick 1 pick hanoi-disk-move-down
  3drop
;
```

图 4-7（续）

既然已经具有 movedisk 的实现，就可以实现图 4-6 中的算法，它将提供一个完整的实现。图 4-8 显示了整个程序的余下部分。注意：该示例将给最终用户提供一个简单的 Forth 字 hanoi，它需要栈上的一个实参——圆盘数量。图 4-9 显示了运行的程序的截屏图。

```
: hanoi-solve
begin
depth
   0 >
   while
     6 3 pick 3 pick + -           ( n from to processed left )
     1 pick
     0 =
     if
        4 pick
        1 =
        if
           2 pick
           4 pick
           6 pick
           hanoi-disk-move
           2drop 2drop drop
```

图 4-8 汉诺塔：用于程序核心逻辑的 Forth 代码

```
            else
                             ( n from to processed left )
            1 -rot           ( n from to 1 processed left )
            swap drop        ( n from to 1 left )
            4 pick 1 - swap  ( n from to 1 [n - 1] left )
            4 pick swap 0    ( n from to 1 [n - 1] from left 0 )
        then
      else
                             ( n from to processed left )
        swap drop            ( n from to left )
        1 pick
        3 pick
        5 pick
        hanoi-disk-move
                             ( n from to left )
        swap                 ( n from left to )
        rot drop             ( n left to )
        rot 1 -              ( left to [n - 1] )
        -rot 0               ( [n - 1] left to 0 )
      then
   repeat
;


: hanoi-validate ( n -- n true|false )
   depth
   1 <\ assert that the stack has exactly one value
   if
      cr ." usage: n hanoi, where 1 <= n <= " h-maxdisks @ . cr
      false
   else
      dup 1 h-maxdisks @ between
      if
         true
      else
         cr ." usage: n hanoi, where 1 <= n <= " h-maxdisks @ . cr
         drop
         false
      then
   then
;


: hanoi ( n -- )
   hanoi-validate
   if
      erase-screen cr
```

图 4-8（续）

```
." Press control-z to quit the animation." cr
    dup h-N !
    dup hanoi-init
    1 3 0 hanoi-solve
then
;
```

图 4-8　汉诺塔：用于程序核心逻辑的 Forth 代码

图 4-9　Open Firmware 中的汉诺塔程序的实际照片

4.8.6　创造和使用鼠标指针

在这个示例中，将编写一个程序使用鼠标在屏幕上移动"指针"——我们将创造它。而且，单击鼠标键将在屏幕上显示出单击的坐标。将使用 fill-rectangle 方法绘制、擦除和重绘指针，它将是一个小方块。打开鼠标设备将使我们能够访问它的 get-event 方法。

get-event (ms -- pos.x pos.y buttons true|false)

get-event 是利用一个实参调用的：在返回失败之前等待某个事件的时间（以毫秒计）。它返回 4 个值：鼠标事件的坐标、包含关于所按任何键的信息的位掩码，以及一个指示在那个时间间隔是否有事件发生的布尔值。零毫秒的时间间隔将导致 get-event 等待，直到事件发生为止。

由 get-event 返回的事件坐标可能是**绝对**（Absolute）坐标（对于像平板电脑这样的设备），或者可能**相对**（Relative）于**上一个事件**（Last Event），就像鼠标这样。这意味着根据设备的类型，应该将 pos.x 值和 pos.y 值视作带符号或者无符号的。可以通过检查 absolute-position 属性，以编程方式确定它。

图 4-10 中显示了鼠标示范程序。它首先在位置(0, 0)处绘制一个指针，然后进入一个无限循环，等待 get-event 返回。注意：可以通过输入 Control+Z 组合键中断这个程序——以

及一般的 Open Firmware 程序。

```
\ Mouse Pointer Demo
\ Commentary required for "booting" this program.

decimal

\ Our mouse pointer's dimensions in pixels
8 value m-ptrwidth
8 value m-ptrheight

\ Colors
foreground-color value m-color-ptr
background-color value m-color-bg

\ Variables for saving pointer position
variable m-oldx 0 m-oldx !
variable m-oldy 0 m-oldy !

0 value myscreen
" screen" open-dev to myscreen

0 value mymouse
" mouse" open-dev to mymouse

: mouse-fillrect ( color x y w h -- )
   " fill-rectangle" myscreen $call-method ;

: mouse-get-event ( ms -- pos.x pos.y buttons true|false )
   " get-event" mymouse $call-method ;

: mouse-demo ( -- )
   cr ." Press control-z to quit the mouse demo." cr
begin
   0
   mouse-get-event
   if
      \ Check for button presses
      0 =              ( pos.x pos.y buttons 0 = )
      if
                       \ no buttons pressed
      else
                       ( pos.x pos.y )
         2dup m-oldy @ + swap m-oldx @ +
         ." button pressed ( " .." , " .." )" cr
      then
```

图 4-10　在 Open Firmware 中创造和使用鼠标指针

```
          m-color-bg        ( pos.x pos.y m-color-bg )
          m-oldx @          ( pos.x pos.y m-color-bg m-oldx )
          m-oldy @          ( pos.x pos.y m-color-bg m-oldx m-oldy )
          m-ptrwidth        ( pos.x pos.y m-color-bg m-oldx m-oldy )
          m-ptrheight       ( pos.x pos.y m-color-bg m-oldx m-oldy )
          mouse-fillrect    ( pos.x pos.y )
          m-color-ptr       ( pos.x pos.y m-color-ptr )
          -rot              ( m-color-ptr pos.x pos.y )
          m-oldy @          ( m-color-ptr pos.x pos.y m-oldy )
          +                 ( m_color pos.x newy )
          swap              ( m-color-ptr newy pos.x )
          m-oldx @          ( m-color-ptr newy pos.x m-oldx )
          +                 ( m-color-ptr newy newx )
          swap              ( m-color-ptr newx newy )
          2dup              ( m-color-ptr newx newy newx newy )
          m-oldy !          ( m-color-ptr newx newy newx )
          m-oldx !          ( m-color-ptr newx newy )
          m-ptrwidth        ( m-color-ptr newx newy m-ptrwidth )
          m-ptrheight       ( m-color-ptr newx newy m-ptrwidth )
          mouse-fillrect
     then
  again
  ;
```

图 4-10（续）

　　在使用鼠标时，get-event 将相对于旧位置提供一个新位置。因此，需要记住旧坐标。一旦获得新位置，将擦除旧指针，并在新位置绘制一个指针。出于简单起见，将不会处理鼠标移到屏幕某个边缘"外部"的情况。而且，从绘图的意义上讲，鼠标指针实质上也是一个**擦除器**（Eraser）：因为将不会保存指针下面的区域，指针经过的任何区域都将被擦除，所以本实例将简单地使用背景色重绘最近未覆盖的区域。

　　还可以使用著名的掩码技术（Masking Technique），创建任意形状的鼠标指针，包括熟悉的箭头形状的指针，它是部分透明的。假设希望在 X 形状中创建一个 5×5 的指针，如果 C 是指针的颜色，S 是屏幕背景色，那么包含指针的 5×5 的方块在屏幕上显示时将如下所示。

```
C S S S C
S C S C S
S S C S S
S C S C S
C S S S C
```

具有两个掩码（AND 掩码和 XOR 掩码）即可实现这种效果，如图 4-11 中所示。

0	1	1	1	**0**	**C**	0	0	0	**C**	S	S	S	S	S
1	**0**	1	**0**	1	0	**C**	0	**C**	0	S	S	S	S	S
1	1	**0**	1	1	0	0	**C**	0	0	S	S	S	S	S
1	**0**	1	**0**	1	0	**C**	0	**C**	0	S	S	S	S	S
0	1	1	1	**0**	**C**	0	0	0	**C**	S	S	S	S	S

AND 掩码(A)　　　　　XOR 掩码(X)　　　　　屏幕(S)

图 4-11　用于 X 形状的指针的 AND 和 XOR 掩码

当在屏幕上显示光标时，可以使用以下的操作序列，生成想要的 5×5 方块。

$$S_{new} = (S_{current} \textbf{ AND } A) \textbf{ XOR } X$$

现在需要为指针以及它底下的区域维护内存中的位图。在屏幕上绘制指针位图的内容之前（使用 draw-rectangle 代替 fill-rectangle），需要执行分色涂盖操作，它将提供本示例想要的部分透明的鼠标指针。

4.8.7　窃取字体

Apple 的 Open Firmware 包括 Terminal-Emulator 支持包，它把一个显示帧缓冲区设备展示为**光标可寻址**（Cursor-Addressable）的文本终端。另一个支持包 fb8 提供了通用的帧缓冲区例程，可以由显示设备驱动程序用于执行低级操作。因此，在 Open Firmware 中可以用多种方式在屏幕上显示字符。在这个示例中，将设计另一种相当精巧的方式。

本示例将创建一个名为 font-print 的函数，它接受一个输入 ASCII 字符串，并从指定的像素位置开始把它绘制在屏幕上。为了实现这一点，将使用显示设备的 draw-rectangle 方法，它需要一个内存地址，其中包含用于所绘制矩形的数据。可以考虑在假想的矩形中包含字体中的每个字符。该程序将执行以下操作。

- 创建一种包含 ASCII 字符的字体。
- 分配字体缓冲区。
- 对于字体中的每个字符，在字体缓冲区中存储它的字体数据，其偏移量要么与字符的 ASCII 码相同，要么是它的函数。
- 对于输入字符串中的每个字符，计算其在字体缓冲区中的字体数据的地址，并且调用 draw-rectangle，在屏幕上的合适位置绘制字符。

尽管这些步骤看上去似乎比较直观，但是创建字体的第一步相当困难——至少在此环境中是这样。在本示例中，将通过窃取 Open Firmware 的默认字体来避开这一步。该程序是通过 Open Firmware 引导的，将在屏幕上输出一个模板字符串，其中包含感兴趣的所有 ASCII 字符。Open Firmware 提供了 Forth 字，用于确定字符的高度和宽度，它们分别是：char-height 和 char-width。由于事先知道字符串将出现在屏幕的第一行，因此就知道将要包含所打印的模板字符串的屏幕区域的**位置**（Position）和**尺寸**（Dimension）。可以简单地使用 read-rectangle 复制这个区域，这将提供一个现成的字体缓冲区，图 4-12 显示了 font-print 字的实现。

```
\ Font Demo
\ Commentary required for "booting" this program.

decimal

0 value myscreen
" screen" open-dev to myscreen

: font-drawrect ( adr x y w h -- )   " draw-rectangle" myscreen $call-method ;
: font-readrect ( adr x y w h -- )   " read-rectangle" myscreen $call-method ;

\ Starts from (x, y) = (4 * 6, 6 + 6 + 11) = (24, 23)
\ =
\ _ok
\ =
\ 0_>_0123...
\
\ ASCII 32 (space) to 126 (~) decimal
\
." ! #$%&'()*+,-./0123456789:;<=>?@ABCDEFGHIJKLMNOPQRSTUVWXYZ[\]^_'abcdefghijklmn
opqrstuvwxyz{|}~"
cr cr
32  value f-ascii-min
126 value f-ascii-max
f-ascii-max f-ascii-min - 1 + value f-nchars

char-height char-width * value f-size

\ Steal the default font
variable f-buffer
f-nchars f-size * alloc-mem
f-buffer !
f-nchars
0
do
   f-buffer @ f-size i * +
   i char-width *
   4
   char-width
   char-height
   font-readrect
loop
erase-screen

variable f-string
```

图 4-12   通过窃取字体使得 Open Firmware 中的像素可寻址的打印成为可能

```
variable f-x
variable f-y


\ If character is not within the supported range, replace it
: font-validate-char ( char -- char )
   dup
   f-ascii-min f-ascii-max between
   if
   \ ok
   else
      drop
      f-ascii-min
   then
;


\ Print a string starting at a specified position
: font-print ( string x y -- )
   f-y !
   f-x !
   0
   rot
   f-string !
   do
      f-string @ i + c@
      font-validate-char
      f-ascii-min -
      f-size *
      f-buffer @ +
      f-x @ i char-width * +
      f-y @
      char-width
      char-height
      font-drawrect
   loop
;
```

图 4-12（续）

4.8.8　实现时钟

给定图 4-12 中的 font-print 的功能，就可以使时钟出现（比如说）在屏幕的角落。为此将使用两个额外的函数：一个用于获取当前的时间，另一个将允许每秒钟更新一次时钟。

Open Firmware 提供了 get-time 函数，用于获取当前的时间。调用该函数将导致把 6 个项目压到栈上。

```
0 >decimal get-time .s -> 32 16 12 20 3 2004 <- Top  ok
```

这些项目（从栈底到栈顶）是：秒、分、时、日、月和年。对于时钟，将丢弃与日期相关的项目。

alarm 允许定期调用另一个函数。因此，可以安排每秒钟调用一次时钟绘制函数。alarm 接受两个实参：将定期调用的函数的**执行标记**（Execution Token）以及以毫秒计的时间段。

> 将通过 alarm 定期调用的方法一旦完成，那么它既不能使用任何栈项目，也不能在栈上留下任何项目。换句话说，这个函数的栈表示法必须是(--)。

函数的执行标记是它的**标识**（Identification）。[']用于返回其后的函数名的执行标记，如下面的示例所示。

```
0 >: myhello ( -- ) ." Hello!" ;  ok
0 >myhello Hello ok
0 >['] myhello . ff9d0a30  ok
0 >ff9d0a30 execute Hello ok
```

给定函数的执行标记，就可以使用 execute 字执行对应的函数。注意：获取函数的执行标记是特定于环境的：例如，在字定义内，[']不是获取方法的执行标记的有效方式。

图 4-13 中所示的代码创建一个每秒钟更新一次的时钟。它显示在屏幕的右上角。注意：(u.)用于把一个无符号数转换成文本字符串，它是 font-print 所需要的实参之一。

```
: mytime ( -- )
  get-time      ( seconds minutes hour day month year )
  3drop         ( seconds minutes hour )
  swap          ( seconds hour minutes )
  rot           ( hour minutes seconds )
  (u.) screen-width 2 char-width * - 0 font-print
  " :" screen-width 3 char-width * - 0 font-print
  (u.) screen-width 5 char-width * - 0 font-print
  " :" screen-width 6 char-width * - 0 font-print
  (u.) screen-width 8 char-width * - 0 font-print
;

' mytime 1000 alarm
```

图 4-13   在 Open Firmware 环境中实现的时钟

4.8.9   绘制图像

在这个示例中，将研究如何在 Open Firmware 中绘制图像。事实上，前文已经介绍过为执行此任务所需的全部功能。draw-rectangle 函数可以把内存缓冲区的内容绘制到屏幕上。缓冲区要求图像数据具有合适的格式。可以通过选择绘制在引导期间绘制的 Apple 标志，使这个任务变得更容易一些，因为可以在引导加载程序的源代码中发现具有正确格式的对应数据。

绘制 Apple 标志——或者一般意义的任何图像——将需要标志数据和自定义的 CLUT

（如果需要它的话）位于内存中。在 BootX 的源代码中的一个名为 appleboot.h 的 C 头文件（bootx.tproj/sl.subproj/appleboot.h）中可以找到 Apple 标志数据。在与 appleboot.h 相同的目录中的另一个头文件（clut.h）中可以找到自定义的 CLUT。这两个文件都包含字节数组，可以利用 Open Firmware 轻松地使用它们。例如，可以简单地把 CLUT 数据传递给 set-colors。因此，可以使用以下步骤绘制 Apple 标志。

- 打开 screen 设备。
- 调用 set-colors，设置自定义的 CLUT。
- 把标志数据加载进内存中。
- 调用 draw-rectangle，在想要的位置绘制标志。

如果希望绘制任意的图像，可以把图像转换成某种格式，使得能够轻松查看每个像素的 RGB 值。基于 ASCII 的**可移植像素图**（Portable Pixmap，PPM）就是这样一种格式。给定一个 PPM 文件，就可以编写一个脚本，读取文件，并生成 CLUT 和图像数据的 Forth 版本。考虑 4×4 像素图像的示例，其 PPM 文件如图 4-14 中所示。

```
P3
4 4
15
 0  0  0      0  0  0      0  0  0     15  0 15
 0  0  0      0 15  7      0  0  0      0  0  0
 0  0  0      0  0  0      0 15  7      0  0  0
15  0 15      0  0  0      0  0  0      0  0  0
```

图 4-14　4×4 像素图像的 PPM 图像数据

图 4-14 中显示的第 1 行是一个**幻数**（Magic Number）[①]。第 2 行包含图像的宽度和高度。第 3 行上的值 15 指定颜色成分所具有的最大十进制值。后 4 行包含图像的每 16 像素的 RGB 值。由于该图像只有 3 个独特的 RGB 三元组，因此自定义的 CLUT 只需要 3 个实体。

```
decimal
0 0 0 0 color!        \ CLUT entry with index 0
15 0 15 1 color!      \ CLUT entry with index 1
0 15 7 2 color!       \ CLUT entry with index 2
```

> 由于 Open Firmware 的每像素 8 位的模型意味着 CLUT 至多可以具有 256 个条目，因此在使用这个示例中描述的方法绘制图像之前，可能需要减少图像的颜色数量。

4.8.10　创建窗口

有了前文讨论的多个示例为基础，现在将能够创建一个可以使用鼠标四处拖动的窗口。对于那些有兴趣学习如何从头开始创建图形环境的人来说，这可能是一个值得完成的练习。可以利用以下方式结合多种技术。

---

① 用于标识另一个实体的某个方面的常量实体（通常是一个数字）。例如，字节序列 0xcafebabe，它用作通用二进制（Universal Binary）文件的开头，充当一个标识文件类型的幻数。

- 使用 AND/XOR 掩码技术，创建一个"真正"的鼠标指针。
- 创建具有标题栏的窗口。这等价于创建一组相关的矩形和线条，以及一些文本式或者也许是图形式窗口内容。
- 创建后备存储，用于修复对位于窗口和指针底下的屏幕某些部分的损坏。
- 如果必要，可以在鼠标事件处理程序函数中移动窗口。

图 4-15 显示了一个可以拖动的窗口在 Open Firmware 中的初级实现[①]。

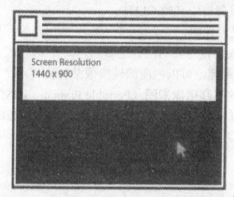

图 4-15   使用 Open Firmware 源代码创建的窗口

> Open Firmware 还提供了多种其他类型的功能，它们超出了本书的讨论范围。例如，在 Open Firmware 中可以直接与 IDE、SATA 和 SCSI 驱动器"交流"，从而允许给这样的设备制作自己的命令包以及执行 I/O。

4.9   固件引导序列

回忆一下 4.1 节中关于通电时的讨论，典型的计算机将执行低级初始化，其后接着自检，这将对处理器以及紧密连接的硬件进行充分的检查。对于基于 PowerPC 的 Apple 计算机，接下来将把控制传递给 Open Firmware。随着 Open Firmware 开始初始化自身，它将执行以下操作序列。

- 它将确定机器的内存配置。然后，它将为其内部数据结构、内存池、设备树和 Forth 运行时环境分配和初始化内存。
- 它将初始化基本的 Forth 环境所需的设备：内存管理单元、中断控制器、定时器等。
- 它将验证它的 NVRAM。如果 NVRAM 的内容无效，它将把 NVRAM 变量复位为它们的默认值。
- 如果 NVRAM 变量 use-nvramrc?包含 true 值，Open Firmware 将评估 nvramrc 脚本（参见 4.9.1 节）。
- 在处理了 nvramrc 之后，Open Firmware 将探测插入式设备。它将评估驻留在所发现设备的 ROM 上的 FCode。利用这种方式，随着每个设备被发现，设备树将逐渐

---

① 在本书的配套 Web 站点（www.osxbook.com）上提供了这里描绘的实现的源代码。

增长。

- 接下来，Open Firmware 将安装一个控制台[1]，并且打印一条标语。也可以安排打印自己的标语。例如，下面的命令将导致 Open Firmware 把电子邮件地址作为标语打印出来：

```
0 > setenv oem-banner you@your.email.address  ok
0 > setenv oem-banner? true  ok
```

- 然后，它将执行一些次要的诊断以及任何平台相关的初始化。
- 如果变量 auto-boot?为 false，Open Firmware 将显示一个提示符；否则，它将寻找一个引导设备，除非通过引导参数显式指定了它。变量 boot-device 包含默认的引导设备。典型的设备规范不仅包括合适客户程序（引导加载程序）的包含设备，而且包括该设备上的客户程序的位置。注意：引导是否会自动继续还依赖于配置的固件安全模式，在 4.12 节中将看到这一点。
- Open Firmware 能够可靠地从块设备读取文件。它将调用引导设备的 load 方法，从该设备把客户程序读入内存中。这是使用设备相关的协议完成的。例如，就本地磁盘而言，Open Firmware 将从磁盘读取引导加载程序。此外，它还可以使用 TFTP 以通过网络引导，在这种情况下，它将下载 3 个文件：引导加载程序、内核和内核扩展缓存。
- 如果 Open Firmware 无法找到引导设备，它将显示一个闪烁的文件夹。
- 如果所有的步骤都成功完成，Open Firmware 最终将执行引导加载程序。

指定引导设备

　　引导设备可能是本地连接的硬盘或光盘、网络接口、ROM 设备、串行线路等。boot-device 变量的典型值是 hd:,\\:tbxi，它把引导设备指定为由 hd 别名引用的设备上的一个 tbxi 类型的文件。这通常解析成 Mac OS X 引导加载程序。注意：hd 别名的默认定义可能不包含分区指示符，例如：

```
0 > devalias hd /pci@f4000000/ata-6@d/disk@0  ok
0 >
```

　　在这种情况下，Open Firmware 将尝试从设备上第一个可引导的分区进行引导。如果具有多个可引导的分区，可以把 boot-device 设置得更具体。例如，hd:3,\\:tbxi 引用的是通过 hd 指定的设备上的第三个分区。类似地，/ht/pci@7/k2-sata-root/k2-sata@0/disk@0:9,\\:tbxi 引用的是显式指定的设备路径上的第 9 个分区。可以通过文件的完整路径名而不是文件类型来引用一个文件，比如在 hd:3,\System\Library\CoreServices\MegaBootLoader 中。

　　Open Firmware 可以把 ELF、XCOFF 和 bootinfo 文件作为客户程序直接进行加载，尽管它不能加载 Mach-O 二进制文件。把可以加载 Mach-O 二进制文件的 BootX 提供给了 Open Firmware，它是一个具有 bootinfo 头部和 XCOFF 尾部的文件。

---

[1]　控制台可能是插入式设备，这就是为什么 Open Firmware 在探测设备之后再安装控制台的原因。

4.9.1　脚本

用户可能创建一个脚本，通常就将其简称为**脚本**（Script），它也存储在 NVRAM 中。脚本的内容是用户定义的命令，根据 use-nvramrc?固件变量的值，可以在启动期间执行它们。脚本最初是空的，可以通过从 Open Firmware 调用 nvedit，开始编辑（想要的）脚本内容。这将运行脚本编辑器，它支持基本的文本编辑。表 4-3 列出了 nvedit 中可用的一些有用的组合键。

表 4-3　用于 nvedit 命令行编辑的组合键

键	用　　途
^+C	退出脚本编辑器，并返回到 Open Firmware 提示符
^+K	从当前位置删除到行尾。如果光标位于行尾，那么就把当前行与下一行相连接——也就是说，删除换行符
^+L	显示编辑缓冲区的完整内容
^+N	转到下一行
^+O	在当前光标位置开启另一行
^+P	转到前一行

使用 nvedit 编辑的文本存储在一个临时缓冲区中。一旦退出编辑器，就可以使用 nvquit 丢弃缓冲区的内容，或者使用 nvstore 把它们复制到 NVRAM 中。也可以使用 nvrun 执行内容。

> **警告**：错误的脚本可能导致系统无法引导，甚至可能引发必须进行硬件修复的永久性损坏。在试验 Open Firmware 的这个特性时一定要极其谨慎。

4.9.2　锁键

Open Firmware 支持**锁键**（Snag Key），可以在计算机启动时按下它们，把引导序列重定向到不同的引导设备。表 4-4 显示了这类键的一些示例。

表 4-4　引导时的锁键

锁　　键	描　　述
C	使用 cd 别名（通常是 CD-ROM 驱动器）上的第一个可引导分区
D	使用 hd 别名（通常是硬盘驱动器）上的第一个可引导分区
N	尝试在 enet 别名（通常是网络设备）上使用 BOOTP[a]/TFTP 强制通过网络引导
T	引导进入目标磁盘模式
X	如果可引导的安装存在，就引导 Mac OS X 系统（与 Mac OS 9 相对）。不建议使用这个键

续表

锁　键	描　述
Z	使用 zip 别名（通常是 ZIP 驱动器）上的第一个可引导分区
Option	中断 Open Firmware 的引导设备选择，并且激活 OS Picker 应用程序，它允许用户选择一个替代的引导设备或系统安装
Shift	在安全模式下引导
⌘+Option+O+F	引导进入 Open Firmware
⌘+Option+P+R	清除参数内存
⌘+Option+Shift+Delete	尝试从不同于 boot-device 固件变量指定的其他任何设备强制引导
⌘+V	在详细模式下引导

a. 自举协议（Bootstrap Protocol）。

目标磁盘模式

在 Apple 计算机通电时，按下 T 键将引导它进入 FireWire 目标磁盘模式。实质上，机器变成了一个外部 FireWire 磁盘驱动器，可以通过 FireWire 电缆把它连接到另一台计算机。这种模式是由名为 firewire-disk-mode 的 Open Firmware 包实现的。也可以在 Open Firmware 提示符下使用 target-mode 字进入这种模式。从 Mac OS X 10.4 开始，Startup Disk 参数设置窗格就提供了一个按钮，用于在目标磁盘模式下重新启动计算机。单击这个按钮就相当于像下面这样设置 boot-command 固件变量（它的常用值是 mac-boot）。在设置这个变量之后，第一次重新引导将导致计算机进入目标磁盘模式，之后将把 boot-command 复位为 mac-boot。

```
$ sudo nvram boot-command=' " mac-boot" " boot-command" $setenv  target-mode'
```

4.10　BootX

BootX 是基于 PowerPC 的 Mac OS X 系统上默认的引导加载程序[①]。作为在系统启动期间运行的第一个软件，它将为内核准备初始执行环境，并且最终把控制传递给内核。

4.10.1　文件格式

BootX 文件具有 bootinfo 格式：它包含 XML 头部、多种文件类型（比如图标）、Forth 源代码、FCode 字节码和机器码。

图 4-16 显示了一个 bootinfo 文件示例。OS-BADGE-ICONS 元素可以包含将在 Open Firmware 引导选择器中显示的图标。

---

① 　BootX 也是一个第三方开源引导加载程序的名称，它与 Apple 的 BootX 无关，允许在 Old World 机器上双引导 Mac OS 和 Linux。

```
<CHRP-BOOT>
<COMPATIBLE>
MacRISC MacRISC3 MacRISC4
</COMPATIBLE>
<DESCRIPTION>
Boot Loader for Mac OS X.
</DESCRIPTION>
<OS-BADGE-ICONS>
1010
...
</OS-BADGE-ICONS>
<BOOT-SCRIPT>
load-base
begin
...
until
( xcoff-base )
load-size over load-base - -
( xcoff-base xcoff-size )
load-base swap move
init-program go
</BOOT-SCRIPT>
</CHRP-BOOT>
^D
... machine code
```

图 4-16   一个 bootinfo 文件

BootX 从源文件编译成 Mach-O 可执行文件，然后把后者转换成 XCOFF 格式。将 XCOFF 文件追加到 bootinfo 头部，生成 BootX 文件，它驻留在/System/Library/CoreServices/ 中。/usr/standalone/ppc/目录包含 XCOFF 文件（bootx.xcoff），以及 bootinfo 格式的 BootX 副本（bootx.bootinfo）。回忆可知：Open Firmware 可以加载 bootinfo 文件和 XCOFF 二进制文件。

利用 Forth 脚本（BOOT-SCRIPT 元素）创建 bootinfo 文件，可以创建自己的引导加载程序——而不是引导**选择器**（Chooser），它可以显示多个引导选项，具体如下。

- 从磁盘驱动器引导（通过 hd 别名的变体指定）。
- 从光驱引导（通过 cd 别名指定）。
- 从 FireWire 驱动器引导（通过设备树路径指定）。
- 通过网络引导（使用 enet 别名）。
- 进入目标磁盘模式（使用 target-mode 字）。
- 重新启动计算机（使用 reset-all 字）。
- 关闭计算机（使用 shut-down 字）。
- 弹出光盘（使用 eject 字）。

可以通过现有的 Open Firmware 字提供所有这些选项。这样的引导加载程序甚至可以是图形式的，其中可以使用帧缓冲区显示一个菜单，并且使用鼠标做出选择。在计算机启动期间按下 Option 键将启动一个类似的 Open Firmware 应用程序，即 OS Picker。

4.10.2　结构

可以从功能上将 BootX 分成客户接口、文件系统接口、次级加载程序和实用程序库。在 BootX 源中，这些组件分别是在 ci.subproj、fs.subproj、sl.subproj 和 libclite.subproj 子目录中实现的。

BootX 为它所支持的文件系统实现了一个插入式接口。BootX 的 Apple 默认实现可以从 HFS、HFS+、UFS 和 Ext2 文件系统加载内核。BootX 还包括一个用于 Network 文件系统的文件系统抽象——实质上是 TFTP 客户实现的包装器。除了 Mach-O 格式的内核二进制文件之外，BootX 还可以加载 ELF 内核。

ELF 支持

Mac OS X 在 BootX 中没有使用 ELF 支持。Old World Macintosh 计算机发布了 Open Firmware 的多种实现，这对于 Apple 工程师导致了许多引导问题，对于将 Linux 对接到 PowerPC 的第三方，甚至导致了更多的问题。在能够访问固件的源文件之后，Apple 通过 NVRAM 补丁或者通过把必需的更改集成进 BootX 自身中，而解决了大多数问题。在不能把更改实现为补丁的情况下，就采用后一种办法。随着 BootX 日渐成熟，Apple 添加了对 Ext2 和 ELF 的支持，其目标是使平台更符合 PowerPC Linux 的要求。

4.10.3　操作

接下来探讨在 BootX 开始执行时所发生的事件序列，此前 Open Firmware 已经把控制交给了 BootX。

- BootX 可执行文件的入口点是一个名为 StartTVector 的符号，它指向一个名为 Start() 的函数。BootX 是利用一个指向 Open Firmware 客户接口的指针调用的。Start() 把栈指针从 32K 的 BootX 堆块移动 256 字节，在使用期间它将从此位置向上增长。Start() 然后将调用 Main()。

```
const unsigned long StartTVector[2] = {(unsigned long)Start, 0};

char gStackBaseAddr[0x8000];
...
static void
Start(void *unused1, void *unused2, ClientInterfacePtr ciPtr)
{
    long newSP;

    // Move the Stack to a chunk of the BSS
    newSP = (long)gStackBaseAddr + sizeof(gStackBaseAddr) - 0x100;
```

```
    __asm__ volatile("mr r1, %0" : : "r" (newSP));

    Main(ciPtr);
}
```

- Main()调用 InitEverything()，顾名思义，后者用于执行各种初始化步骤。它将初始化 BootX 用于跟固件通信的 Open Firmware 客户接口，还将检索固件版本。

- BootX 然后创建一个名为 sl_words（sl 代表次级加载程序（Secondary Loader））的 Open Firmware 伪设备，并在其中定义多个 Forth 字。例如，用于在引导期间所看到的旋转光标的代码就是在这里建立的。

- BootX 使用固件的客户接口查找 options 设备，它包含多个系统配置变量，可以在 Open Firmware 中使用 printenv 字和 setenv 字查看和设置它们。

```
0 > dev /options .properties
name                options
little-endian?      false
real-mode?          false
auto-boot?          true
diag-switch?        false
...
boot-command        mac-boot
...
```

还可以检查 options 设备的属性，甚至从 Mac OS X 浏览设备树的表示。可以为此使用像 IORegistryExplorer.app 和 ioreg 这样的工具。

```
$ ioreg -p IODeviceTree -l 0 -w | less
...
+-o options <class IODTNVRAM, registered, matched, ...
|   {
|     "fcode-debug?" = No
|     "skip-netboot?" = <"false">
...
```

- BootX 查找 chosen 设备，它包含在运行时选择或指定的系统参数：用于各种实体的实例句柄，比如内存、控制台输入和输出设备、MMU、PMU、CPU、可编程中断控制器（Programmable Interrupt Controller，PIC）等。如果不能基于 chosen 的内容初始化键盘，BootX 将通过显式地设法开启 keyboard 和 kbd 设备，尝试获得指向键盘设备的实例句柄。然后，它将通过调用 slw_init_keymap（sl 字之一）初始化键映射。

```
0 > dev /chosen .properties
name                chosen
stdin               ffbc6e40
stdout              ffbc6600
memory              ffbdd600
mmu                 ...
...
```

- BootX 检查 security-mode 固件变量的值。如果设置了这个变量并且它的值不是 none，BootX 就会在其引导模式变量中设置"安全"位。它还会检查是指定了**详细模式**（Verbose Mode）（⌘+V 组合键）还是**单用户模式**（Single-User Mode）（⌘+S 组合键），如果指定了其中任何一种模式，都将允许在引导期间打印详细消息。注意：在安全引导模式下，无论是否具有详细标志，都将不会打印任何消息。
- 默认情况下，如果引导失败，BootX 将编译成显示一个失败屏幕。此外，还可以把 BootX 编译成在失败时返回到 Open Firmware。
- BootX 将检查系统是否在**安全模式**（Safe Mode）下引导。如果是，它将在其引导模式变量中设置相应的位。
- BootX 将因多个目的而声称具有内存的所有权。由 BootX 采用的典型内存映射将占据从地址 0x0 开始的 96MB 的物理内存。这个物理范围的开头包含 PowerPC 异常矢量；这个范围的末尾则包含 Open Firmware 映像。中间的孔是空闲内存，BootX 声称拥有它的所有权。表 4-5 显示了通常由 BootX 使用的内存映射的分类[①]。

表 4-5　BootX 逻辑内存映射

起 始 地 址	终 止 地 址	用　　　　途
0x00000000	0x00003FFF	异常矢量
0x00004000	0x03FFFFFF	内核映像、引导结构和驱动程序
0x04000000	0x04FFFFFF	文件加载区域
0x05000000	0x053FFFFF	用于文件系统元数据的简单读取时的缓存。缓存命中将从内存提供服务，而缓存失效则将导致磁盘访问
0x05400000	0x055FFFFF	malloc 区域：在 BootX 的 libclite 子项目中实现的一个简单的内存分配器。这个范围的起始和终止地址定义了由分配器使用的内存块
0x05600000	0x057FFFFF	BootX 映像
0x05800000	0x05FFFFFF	未使用（被 Open Firmware 映像占据）

- BootX 为**矢量保存区域**（Vector Save Area）分配 0x4000 字节。
- BootX 查找所有的显示器并设置它们。为此，它将搜索设备树中的 display 类型的结点。通过 screen 别名引用主显示器。

```
0 > dev screen .properties
name              ATY,Bee_A
compatible        ATY,Bee
width             00000400
height            00000300
linebytes         00000400
depth             00000008
display-type      4c434400
device_type       display
character-set     ISO859-1
...
```

---

① 内存映射可能跨 BootX 版本而改变。

- 在设置一个或多个显示器时，BootX 将调用 Open Firmware 的 set-colors 字，如果显示器的深度是 8 位，它将为其初始化 CLUT。它还将调用 Open Firmware 的 fill-rectangle 字，把每个显示器的屏幕颜色设置成75%的灰度色。此时，InitEverything 返回给 Main。

- BootX 查找引导设备和引导参数，以确定内核的位置。

- 内核文件的默认名称是 mach_kernel。BootX 在构造内核文件的路径时将查询多份信息。它首先将尝试使用 chosen 模式的 bootpath 属性中包含的路径，如果失败，它将查看 options 模式的 boot-device 属性。它还会寻找一个名为 com.apple.Boot.plist 的文件，如果找到，就加载它并分析其内容。

- 就像 Open Firmware 可以从本地磁盘或远程计算机获取引导加载程序一样，BootX 也可以加载本地或远程驻留的内核。因此，由 BootX 构造的内核路径依赖于它是从块设备还是从网络设备引导。在通常从块设备引导的情况下，BootX 还会计算用于加载内核缓存的路径。

- 最终，BootX 将设置 chosen 结点的 rootpath 和 boot-uuid 属性。boot-uuid 属性包含 BootX 用于计算引导卷的文件系统 UUID[①]。在运行的系统上可以通过 ioreg 实用程序查看 chosen 的这些及其他属性（参见图 4-17）。

```
$ ioreg -p IODeviceTree -n chosen
+-o Root  <class IORegistryEntry, retain count 12>
  +-o device-tree  <class IOPlatformExpertDevice, registered, matched, ...>
    +-o chosen  <class IOService, !registered, !matched, active, busy 0, ...>
    | | {
    | |   "nvram" = <ffb6f200>
    | |   "stdin" = <ffb44000>
    | |   "bootpath" = <"/ht/pci@7/k2-sata-root/k2-sata@0/disk@0:3,\\:tbxi">
    | |   "memory" = <ffb7c980>
    | |   "cpu" = <ffb7ca00>
    | |   "name" = <"chosen">
    | |   "pmu" = <ffb6f080>
    | |   "boot-uuid" = <"B229E7FA-E0BA-XXXX-XXXX-XXXXXXXXXXXX">
    | |   "rootpath" = <"/ht/pci@7/k2-sata-root/k2-sata@0/disk@0:3,\mach_kernel">
    | |   "BootXCacheHits" = <000000a6>
    | |   "mmu" = <ffb7ca00>
    | |   "uni-interrupt-controller" = <ff981ee0>
    | |   "bootargs" = <00>
    | |   "stdout" = <00000000>
    | |   "BootXCacheMisses" = <0000000f>
    | |   "platform" = <ff9a6c38>
    | |   "AAPL,phandle" = <ff891bf0>
    | |   "BootXCacheEvicts" = <00000000>
    | | }
...
```

图 4-17　从 Mac OS X 查看的 chosen 设备结点的属性

---

① 通用唯一标识符（Universally Unique Identifier）。

内核扩展缓存

在典型 Mac OS X 安装上加载的内核扩展可能接近上百个，驻留在系统的指定目录中的此类扩展的数量也许是这个数量的两倍之多。内核扩展可能具有对其他扩展的依赖性。Mac OS X 不会在每次系统引导时（或者更糟糕的是，每次加载一个扩展时）扫描所有的扩展，而是为内核扩展使用缓存。它还会缓存与必要的内核扩展预先链接的内核版本。此类缓存的常规名称是 kext **缓存**（kext Cache）。Mac OS X 使用 3 类 kext 缓存：**内核缓存**（Kernel Cache）、mkext **缓存**（mkext Cache）和 kext **存储库缓存**（kext Repository Cache）。

内核缓存包含与多个内核扩展预先链接的内核代码，这些内核扩展通常被认为对于早期的系统启动是必不可少的。这种缓存也可以包含任意数量的内核扩展的信息字典。用于内核缓存的默认缓存目录是/System/Library/Caches/com.apple.kernelcaches/。这个目录中的文件被命名为 kernelcache.XXXXXXXX，其中后缀是 32 位的 Adler 校验和[①]。

mkext——或多扩展（Multiextension）——缓存包含多个内核扩展以及它们的信息字典。在早期的系统启动期间，当 BootX 尝试加载以前缓存的设备驱动程序列表时，将使用这类缓存。如果 mkext 缓存损坏或失效，BootX 将在/System/Library/Extensions/中寻找在此引导场景中所需的扩展——根据扩展的捆绑组件的 Info.plist 文件中的 OSBundleRequired 属性的值确定。默认的 mkext 缓存是作为/System/Library/Extensions.mkext 存在的。注意：除非/System/Library/Extensions/目录比/mach_kernel 更新，否则系统将不会重新生成这种缓存，如果要安装新扩展以便在引导时自动加载，就值得特别注意了。可以通过 kextcache 程序创建或更新 mkext 缓存，以及使用 mkextunpack 程序提取 mkext 存档的内容。

```
$ mkextunpack -v /System/Library/Extensions.mkext
Found 148 kexts:
ATTOExpressPCIPlus - com.ATTO.driver.ATTOExpressPCIPlus (2.0.4)
CMD646ATA - com.apple.driver.CMD646ATA (1.0.7f1)
...
IOSCSIFamily - com.apple.iokit.IOSCSIFamily (1.4.0)
IOCDStorageFamily - com.apple.iokit.IOCDStorageFamily (1.4)
```

kext 存储库缓存包含驻留在单个存储库目录中的所有内核扩展（包括它们的插件）的信息字典。这种缓存默认是作为/System/Library/Extensions.kextcache 存在的，它只是一个大的、基于 XML 的、gzip 压缩的属性列表文件。

- 接下来，默认情况下，如果 BootX 无法构造或使用引导路径，它将绘制一幅失败的引导图，并且进入无限循环。
- BootX 绘制 Apple 标志闪屏。如果从网络设备引导，它将代之以绘制旋转的地球。
- BootX 尝试获取并加载内核缓存文件。对于要使用的内核缓存文件，必须满足多个条件。例如，文件的名称必须匹配 BootX 找到的内核，缓存绝对不能过期，并且当前的引导模式绝对不能是安全模式或网络模式。如果 BootX 确定内核缓存不能使用，

[①] 这种校验和算法因其发明者 Mark Adler 而得名，他还编写了流行的 gzip 压缩程序的某些部分。

它将使用其文件系统抽象层来访问内核二进制文件。

使地球转动

绘制旋转地球的过程类似于在 4.8.9 节中讨论的 Apple 标志示例。地球数据包含在 BootX 源文件中的 netboot.h 文件中。它在连续的内存中包含 18 个动画帧,其中每个帧都是一幅 32×32 的图像。次级加载程序字 slw_spin_init 和 slw_spin 分别负责设置和执行动画,它是以 10 帧/秒的速率发生的。

- BootX"解码"内核。如果内核头部指示一个压缩[①]的内核,BootX 将尝试解压缩它。如果内核二进制文件是胖二进制文件,BootX 就会给它"瘦身"——也就是说,它将为运行它的体系结构定位 Mach-O 二进制文件。
- BootX 尝试将文件解码为 Mach-O 二进制文件——可能是进行"瘦身"。Mach-O 头部的幻数必须是常量 MH_MAGIC(0xfeedface)。在解码进行期间,BootX 将遍历 Mach-O 加载命令,根据需要处理它们。注意:BootX 只会处理 LC_SEGMENT、LC_SYMTAB 和 LC_UNIXTHREAD 这些 Mach-O 命令,而会忽略在可执行文件中发现的其他任何类型。
- 如果将内核解码为 Mach-O 二进制文件失败,BootX 将尝试把它解码为 ELF 二进制文件。如果这也失败,BootX 就会放弃。然后,它将绘制一幅指定的失败引导图,并且进入无限循环。

内核的 Mach-O 加载命令

LC_SEGMENT 命令将可执行文件的某个片段定义成映射到加载文件的进程的地址空间。该命令还包括片段中包含的所有区域。当 BootX 遇到_VECTORS 片段时,它将把片段的数据——最大 16KB——复制到一个特殊的矢量保存区域,它的地址包含在 BootX 变量 gVectorSaveAddr 中。_VECTORS 片段包含内核的异常矢量,比如低级系统调用和中断处理程序。

LC_SYMTAB 命令指定用于可执行文件的符号表。BootX 处理这个命令的方式是:解码符号表,并把它复制到内核的某个内存映射范围中。

LC_UNIXTHREAD 命令定义进程的主线程的初始线程状态。在 PowerPC 上,通过 Mac OS X 内核的 LC_UNIXTHREAD 命令指定的线程数据结构的风格是 PPC_THREAD_STATE。这种风格包括 PowerPC 寄存器状态,它由 GPR 0~GPR 31 以及 CR、CTR、LR、XER、SRR0、SRR1 和 VRSAVE 寄存器组成。SRR0 包含内核的入口点:要执行的内核中的第一条指令的地址。

- 如果迄今为止 BootX 是成功的,那么它将在启动内核的准备期间执行它的最后一组动作。它将在 chosen 模式下把 BootX 文件系统缓存命中、失效和回收分别保存为 BootXCacheHits、BootXCacheMisses 和 BootXCacheEvicts。

---

① 压缩的内核使用典型的 LZSS 压缩,它适合于压缩一次但是扩展许多次的数据。LZSS 代表 Lempel-Ziv-Storer-Szymanski。LZSS 是由 J. A. Storer 和 T. G. Szymanski 于 1982 年发布的,它是一种基于早期的 LZ77 算法的压缩算法。

- 它将设置多个引导参数和值，以便与内核通信。
- 它将调用一个递归函数，使设备树变得扁平。
- 在把控制交给内核之后不久，BootX 将使 Open Firmware 停顿，这个操作会导致固件、定时器和 DMA 中的异步任务停止运行。
- 接下来，BootX 将保存 MSR 以及 SPR G0~SPR G3；通过把 MSR 的 DR 位设置为 0 关闭数据地址转换；把 Open Firmware 的异常矢量从 0x0 移到矢量保存地址（gOFVectorSave）；并且把内核的异常矢量从 gVectorSaveAddr 移到 0x0。此时，就完成了启动内核的所有准备工作。
- BootX 最后将调用内核的入口点。如果成功，BootX 的工作就完成了，并且它将不再存在。如果调用内核失败，BootX 就会求助于 Open Firmware 的异常矢量，恢复它在调用内核之前保存的寄存器，恢复数据地址转换，并且返回值-1 作为一个错误。

BootX 把控制以及一个签名[①]和一组引导参数传递给内核，它把这些参数打包在一个引导参数结构（struct boot_args）中。该结构包含在引导时至关重要的信息，并且在初始内核启动的整个过程中传播。内核和 BootX 共享这个结构的类型定义。

```
// pexpert/pexpert/ppc/boot.h
// x86-specific structures are in pexpert/pexpert/i386/boot.h

struct Boot_Video {
    unsigned long v_baseAddr;    // Base address of video memory
    unsigned long v_display;     // Display code (if applicable)
    unsigned long v_rowBytes;    // # of bytes per pixel row
    unsigned long v_width;       // Width
    unsigned long v_height;      // Height
    unsigned long v_depth;       // Pixel depth
};
...
struct DRAMBank {
    unsigned long base;          // physical base of DRAM bank
    unsigned long size;          // size of DRAM bank
};
...
struct boot_args {
    // Revision of boot_args structure
    unsigned short Revision;

    // Version of boot_args structure
    unsigned short Version;

    // Passed in the command line (256 bytes maximum)
    char CommandLine[BOOT_LINE_LENGTH];
```

---

① 签名是数字 0x4D4F5358，它对应于字符串"MOSX"。

```
// Base/range pairs for DRAM banks (26 maximum)
DRAMBank PhysicalDRAM[kMaxDRAMBanks];

// Video information
Boot_Video Video;

// Machine type (Gestalt)
unsigned long machineType;

// Base of the flattened device tree
void *deviceTreeP;

// Length of the flattened device tree
unsigned long deviceTreeLength;

// Last (highest) address of kernel data area
unsigned long topOfKernelData;
};
```

BootX 将填充 boot_args 结构，具体如下。

- 它将把 Revision 字段设置为 1。
- Version 字段的值可以是 1 或 2。boot_args 结构的版本 2 包含物理内存池中的页数，而版本 1 则包含字节地址。BootX 基于设备树的根结点的#address-cells 和#size-cells 属性确定要传递的版本：如果这两个属性值中的任何一个大于 1，BootX 就为内存池范围使用页数，并且把 boot_args 结构标记为版本 2。
- CommandLine 字符串包含 Open Firmware 的 boot-args 变量的内容。如果通过锁键指定一种特殊的引导模式——比如安全模式、单用户模式或详细模式，BootX 就会向字符串中添加相应的字符。
- 它将查询设备树中的/memory 结点的 reg 属性，并且把 reg 的内容分解成基值和大小值对，以及填充 PhysicalDRAM 数组。
- 它将使用 Open Firmware 客户接口获取多个显示属性。例如，把通过 Open Firmware 的 frame-buffer-adr 字返回的地址赋予 boot_args 的 v_baseAddr 字段。
- 它把 machineType 字段设置为 0。
- 它递归地在内核内存中扁平化设备树。在扁平化操作的末尾，它将适当地设置 deviceTreeP 和 deviceTreeLength 字段。
- 引导参数设置的最后一步是 topOfKernelData 字段的赋值。BootX 在其整个操作过程中都会维护一个指向"最末尾的"内核地址的指针。它使用这个指针作为一种头脑简单的内存分配模式的基础：按所请求的内存大小（向上取整为页大小的倍数）递增指针，来分配"内核"内存。BootX 将设置这个指针的最终值，作为 topOfKernelData 的值。

引导后关闭

　　在客户程序（例如，操作系统）开始执行之后，Open Firmware 标准不需要用户接口正确地工作。然而，一些实现允许最终用户从运行的操作系统访问固件。例如，在 SPARC机器上，可以通过 STOP+A 组合键"挂起"正常运行的操作系统来访问 OpenBoot 显示器。与之相比，一旦操作系统已经引导，Apple 的 Open Firmware 将不可用。

4.11　备用的引导方案

　　本节将探讨下面以备用方式引导的示例，比如：引导用户指定的内核、从软件 RAID 设备引导以及通过网络引导。

4.11.1　引导备用内核

　　除了默认内核之外，还可以通过适当地设置 Open Firmware 的 boot-file 变量引导别的内核，在典型的 Mac OS X 安装上该变量是空的。BootX 将根据引导设备的根目录中的默认名称（mach_kernel）寻找内核。设置 boot-file 将撤销这种行为。

　　假如希望引导的备用内核也驻留在包含默认内核的文件系统的根目录中，则可以把备用内核的名称设置为 mach_kernel.debug。首先，将确定包含这些内核的磁盘设备的 BSD 名称。

```
$ mount
/dev/disk0s3 on / (local, journaled)
...
```

　　可以看到根文件系统位于磁盘 0 的第三个分区上。尽管在设置 boot-file 时可以使用磁盘的完整 Open Firmware 路径名，但是在这里使用 hd 别名将更简单，它可以扩展到主磁盘的完整路径名。图 4-18 显示了一个获取给定的 BSD 设备结点的 Open Firmware 路径的示例[1]。

```
// getfwpath.c

#include <stdio.h>
#include <fcntl.h>
#include <stdlib.h>
#include <unistd.h>
#include <sys/disk.h>

#define PROGNAME "getfwpath"
```

图 4-18　获取 BSD 设备结点的 Open Firmware 路径

---

[1]　对于给定的设备，可能有多个 Open Firmware 路径名。

```
int
main(int argc, char **argv)
{
    int fd;
    dk_firmware_path_t path = { { 0 } };

    if (argc != 2) {
        fprintf(stderr, "usage: %s <path>\n", PROGNAME);
        exit(1);
    }

    if ((fd = open(argv[1], O_RDONLY)) < 0) {
        perror("open");
        exit(1);
    }

    if (ioctl(fd, DKIOCGETFIRMWAREPATH, &path) < 0) {
        perror("ioctl");
        close(fd);
        exit(1);
    }

    printf("%s\n", path.path);

    close(fd);
    exit(0);
}
```

```
$ gcc -Wall -o getfwpath getfwpath.c

$ machine # PowerPC-based Macintosh
ppc970
$ sudo ./getfwpath /dev/rdisk0
first-boot/@0:0
$ sudo ./getfwpath /dev/rdisk0s3
first-boot/@0:3
$ sudo ./getfwpath /dev/rdisk1
sata/k2-sata@1/@:0

$ machine # x86-based Macintosh
i486
$ sudo ./getfwpath /dev/rdisk0
/PCI0@0/SATA@1F,2/@0:0
```

图 4-18（续）

在当前示例的环境中，下面的 boot-file 设置将导致引导的是/mach_kernel.debug，而不是/mach_kernel。

```
$ sudo nvram boot-file
boot-file
$ sudo nvram boot-file="hd:3,mach_kernel.debug"
```

如果引导备用内核失败，或者如果希望返回到以前的内核，可以适当地编辑 boot-file 的值。特别是，如果 boot-file 以前具有一个自定义的值，可以把它恢复到其原始的值。此外，还可以复位所有的 Open Firmware 变量，这将导致默认使用/mach_kernel。下面的 Open Firmware 命令序列将实现这个目的。

```
0 > set-defaults
0 > sync-nvram
0 > reset-nvram
0 > mac-boot
```

set-defaults 将把大多数配置变量复位为它们的默认值。不过，它不会改变任何用户创建的配置变量，也不会影响安全相关的变量。

NVRAM 警告

关于从 Mac OS X 中操作 NVRAM 变量有某些值得注意的警告。最重要的是，必须认识到对 NVRAM 变量所做的任何改变将不会导致 NVRAM 控制器立即把那些改变提交给闪存。改变将只存储在 I/O Kit 中，它将在 options 结点下面维护它们。当系统经历正确的关闭（比如说，由于中止或重新引导）时，Platform Expert 将调用 NVRAM 控制器，它将把内存中的 NVRAM 映像提交给非易失性存储器。因此，如果使用 nvram 命令行程序改变 NVRAM 变量的值，但是不进行正确的关闭，而只是简单地使系统断电，那么所做的改变将会丢失。

当内核恐慌发生时，在某些情况下可能会把恐慌日志保存到 NVRAM 中。特别是，如果启用恐慌调试，那么将不会保存它。当日志存在时，将把它作为一个名为 appl, panic-info 的固件变量的值包含在 NVRAM 中。内核在把日志保存到 NVRAM 中之前，将尝试压缩它。如果恐慌日志太大[①]，就会在保存前截短它。

而且，作为使用系统应用程序的副作用而改变或复位某些 NVRAM 变量是可能的。例如，作为在 Startup Disk 参数设置窗格中选择一个不同的系统来引导的副作用，复位 boot-args 变量以及修改 boot-device 变量。确切地讲，Startup Disk 捆绑组件（StartupDisk.prefPane）将复位 boot-args，以防止在新的引导方案中可能不合适的参数所导致的潜在干扰。

4.11.2　从软件 RAID 设备引导

BootX 的更新版本支持从使用 Apple 的软件 RAID 实现（AppleRAID）配置的 RAID

---

① 内核使用 2040 字节的硬编码值，作为可以保存到 NVRAM 中的恐慌日志大小的上限（以压缩或其他方式）。

设备引导。可以形象地将 Apple RAID 视作一种分区模式——它将跨越多个磁盘，但是只会展示单个虚拟磁盘。考虑 RAID 配置的一个特定示例，查看如何引导 Mac OS X 安装。图 4-19 显示了带有两个磁盘的 RAID 0 配置。

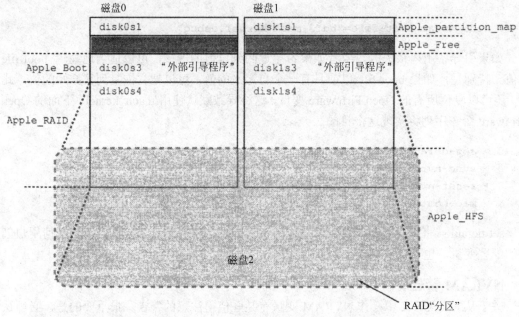

图 4-19　Apple RAID 软件 RAID 配置

图 4-19 中的每个磁盘都具有一个 Apple_Boot 类型的小型辅助分区，传统上将其称为**外部引导程序**（eXternal booter）。这个分区包含 HFS+文件系统，该文件系统反过来又包含 BootX、一个引导属性列表（plist）文件（com.apple.Boot.plist）以及另外几个文件。plist 文件列出了 RAID 组的成员。

```
$ cat com.apple.Boot.plist
...
<plist version="1.0">
<array>
        <dict>
                <key>IOBootDevicePath</key>
                <string>IODeviceTree:sata/k2-sata@1/@0:4</string>
                <key>IOBootDeviceSize</key>
                <integer>159898714112</integer>
        </dict>
        <dict>
                <key>IOBootDevicePath</key>
                <string>IODeviceTree:first-boot/@0:4</string>
                <key>IOBootDeviceSize</key>
                <integer>159898714112</integer>
        </dict>
</array>
</plist>
```

这种设置中的 NVRAM 变量 boot-device 引用 Apple_Boot 分区之一。

```
$ nvram boot-device
boot-device       sata/k2-sata@1/@0:3,\\:tbxi
$ sudo ./getfwpath /dev/rdisk0s3
sata/k2-sata@1/@0:3
```

当支持 RAID 的 BootX 寻找引导路径时，它将在引导设备上检查引导 plist 文件是否存在。如果找到该文件，就会分析它的内容并将其输入字典中。然后，它将迭代潜在的 RAID 组成员的列表，检查每个成员的 RAID 头部。Apple RAID 头部[①]驻留在 Apple_RAID 分区上，其偏移量是分区大小的函数。

```
enum {
    kAppleRAIDHeaderSize        = 0x1000,
    kAppleRAIDDefaultChunkSize = 0x8000
};

#define ARHEADER_OFFSET(s) ((UInt64) \
  (s) / kAppleRAIDHeaderSize * kAppleRAIDHeaderSize - kAppleRAIDHeaderSize)
...
struct AppleRAIDHeaderV2 {
    char        raidSignature[16];
    char        raidUUID[64];
    char        memberUUID[64];
    UInt64      size;
    char        plist[];
};
```

在该示例中，disk0s4 和 disk1s4 上的 RAID 头部包含充足的信息，允许 BootX 把它们标识为 RAID 组的成员。

```
/* disk0s4 RAID header */
...
<key>AppleRAID-MemberUUID</key>
<string ID="3">4C7D4187-5A3A-4711-A283-844730B5041B</string>
...
<key>AppleRAID-SetUUID</key>
<string ID="9">2D10F9DB-1E42-497A-920C-F318AD446518</string>
...
<key>AppleRAID-Members</key>
<array ID="13">
    <string ID="14">77360F81-72F4-4FB5-B9DD-BE134556A253</string>
    <string IDREF="3"/>
</array>
...
```

---

① 这个示例使用 Apple RAID 头部的版本 2。

```
/* disk1s4 RAID header */
...
<key>AppleRAID-MemberUUID</key>
<string ID="3">77360F81-72F4-4FB5-B9DD-BE134556A253</string>
...
<key>AppleRAID-SetUUID</key>
<string ID="9">2D10F9DB-1E42-497A-920C-F318AD446518</string>
...
<key>AppleRAID-Members</key>
<array ID="13">
    <string IDREF="3"/>
    <string ID="15">4C7D4187-5A3A-4711-A283-844730B5041B</string>
</array>
...
```

如果 BootX 确定找到了使 RAID 组完整所需的所有成员，它就会继续引导。BootX 本身实现了一个库，用于在 RAID 设备上执行 I/O。这个库为 RAID 设备 I/O 提供了 open、close、read、write[①]和 seek 函数。

4.11.3 通过网络引导

前文介绍过使用 TFTP 从远程计算机下载 Forth 程序来"引导"它们。Mac OS X 本身可以通过网络引导并"生根"。为一台或多台 Mac OS X 计算机配置和管理网络引导的最容易的方式是通过 Mac OS X Server 中的 NetBoot 服务。这种管理型网络引导提供了几个好处。

● 可以从基于单个服务器的磁盘映像引导多个客户系统。因此，管理员只需管理一个映像。
● 客户系统组可以从为各个组自定义的映像引导。
● 可以利用完全相同的方式配置、引导和管理大型计算机群集，无论它们是计算群集还是数据中心内的计算机。
● 为了在受控的计算环境（比如售货亭或质量保证（Quality Assurance，QA）安装）中简化管理，可以在"无盘"模式下引导计算机。无盘引导的另一种用途是用于在客户计算机上诊断和修正问题，尤其是当问题涉及客户的本地磁盘时。可以通过 NFS 或 HTTP 提供用于这类引导的磁盘映像。

> Mac OS X 可以使用一个 BOOTP/DHCP 扩展即 BSDP（Boot Server Discovery Protocol，引导服务器发现协议）在服务器上自动发现网络引导映像。

如果具有至少两台机器，在调试内核或内核扩展时，网络引导可能相当有用。一台机器宿主内核，另一台机器是运行内核的测试机器。如果宿主机器也是构建机器，将会特别方便。

---

① BootX 不支持写到 RAID 设备。这个函数只会简单地返回一个错误。

　　尽管 Apple 的 NetBoot 服务使得更容易配置网络引导,但是通过网络引导 Mac OS X 不是必需的。来看一个"手动"通过网络引导客户的示例。假定一种适合于前述内核调试方案的简单设置：测试机器——引导客户——将在其本地磁盘上使用根文件系统。

　　假设将引导系统称为 CLIENT。另一台机器——称之为 SERVER——可以是能够运行 TFTP 服务的任何系统。不过,假定 CLIENT 和 SERVER 都在运行 Mac OS X。将显式分配一个 IP 地址给 CLIENT 以用于网络引导。如果它必须动态获得一个 IP 地址,还将需要一台 DHCP 服务器。

　　CLIENT 将需要从 SERVER 下载 3 个项目：BootX、内核和 mkext 缓存。

　　首先必须确保在 SERVER 上启用 TFTP 服务。回忆一下以前的示例,可以使用 service 命令启用或禁用服务。

```
$ sudo service tftp start
```

　　接下来,把 BootX 和内核复制到 TFTP 目录中。如果 SERVER 也是构建机器,就可能在 TFTP 目录中创建一个指向内核的构建位置的符号链接。

```
$ sudo cp /usr/standalone/ppc/bootx.xcoff /private/tftpboot/bootx.xcoff
$ sudo cp /path/to/kernel /private/tftpboot/mach_kernel.debug
$ sudo chmod 0644 /private/tftpboot/bootx.xcoff /private/tftpboot/mach_
kernel.debug
```

　　必须在 CLIENT 上创建 mkext 缓存。这样做可以避免因为 CLIENT 和 SERVER 具有不同内核扩展要求而可能引发的问题。

```
$ kextcache -l -n -a ppc -m /tmp/mach_kernel.debug.mkext /System/Library/
Extensions
```

　　kextcache 命令行中的-l 选项指示 kextcache 包括进本地磁盘引导所需的扩展,-n 选项则指定用于网络引导的扩展。将得到的 mkext 文件传输给 SERVER 并复制到 TFTP 目录中。注意：mkext 文件不是随意命名的——因为内核文件被命名为 foo。BootX 将寻找名为 foo.mkext 的 mkext 文件。

　　接下来,需要在 CLIENT 上设置 3 个 Open Firmware 变量的值：boot-device、boot-file 和 boot-args。假定 SERVER 和 CLIENT 的 IP 地址分别是 10.0.0.1 和 10.0.0.2。使用在以前的示例中遇到过的网络引导语法设置 boot-device 和 boot-file 的值。

```
0 >setenv boot-device enet:10.0.0.1,bootx.xcoff,10.0.0.2; 255.255.255.0,
;10.0.0.1
0 >setenv boot-file enet:10.0.0.1,mach_kernel.debug,10.0.0.2;255.255.255.0,
;10.0.0.1
```

　　内核的名称与 mkext 缓存的名称必须相关。不过,由于 BootX 的某些版本解析 boot-file 变量的方式,需要进行一下说明。为了计算 mkext 文件的名称,BootX 假定内核的名称是 boot-file 的内容中的最后一个逗号后面的字符串。在最近的示例中,由 BootX 计算的内核的名称是;10.0.0.1。在典型的网络引导配置中,其中不需要指定 CLIENT 的 IP 地址,这个问题将不会发生，因为 boot-file 的形式是 enet:<TFTP server's IP address>, <kernel filename>。如果使用的 BootX 实现展示了这种行为，就可以在 SERVER 的 TFTP 目录中创建一个名为;10.0.0.1 的符号链接，并使之指向 mach_kernel.debug.mkext，即可解决这个问题。

余下的配置步骤是设置 boot-args 的值。

```
0 >setenv boot-args -s -v rd=*<root device specification>
```

-s 和 -v 参数分别指定单用户引导模式和详细引导模式。rd 参数指定 CLIENT 的根设备，它前面带有一个星号字符，以强制根文件系统是本地的。下面给出了一个特定的示例。

```
0 >setenv boot-args -s -v rd=*/pci@f4000000/ata-6@d/disk@0:3
```

最后，可以冲洗 NVRAM 并重新引导。

```
0 >sync-nvram
...
0 >mac-boot
```

如果正确地设置了所有的一切，就会启动网络引导过程。可能会短暂看到一个闪烁的地球，其后接着 Apple 标志，它下面有一个旋转的地球。CLIENT 应该会引导进单用户 shell。

4.12　固　件　安　全

Open Firmware 包括一种安全特性，允许设置一个密码，从固件提示符访问大多数命令并且（可选地）甚至引导系统都需要它。可以从固件提示符或者通过 Apple 的 Open Firmware Password 应用程序更改 Open Firmware 安全设置，在安装媒介上为 Mac OS X 的更新版本提供了该应用程序。

4.12.1　管理固件安全

password 命令将会两次提示用户输入一个换行符终止的安全密码字符串。密码不会显示在屏幕上，它可以只包含 ASCII 字符。如果用户输入的两个密码字符串匹配，Open Firmware 的 Apple 实现就会使用一种简单的模式对密码进行编码，并把编码的版本存储在 security-password 变量中。表 4-6 中显示了编码模式。

注意：仅仅设置密码并不能启用密码保护；还必须通过 security-mode 变量设置一种安全模式。安全模式定义了访问保护的级别，它支持以下级别。

- none：这不设置任何安全性；即使可能设置了密码，也不需要它。
- command：除了使用默认设置引导系统之外，所有的固件命令都需要密码。在通电后，系统可以在这种模式下自动引导。
- full：所有的固件命令都需要密码，包括利用默认设置引导系统的命令。如果没有密码，系统将不会自动引导。

表 4-6 ASCII 密码的 Open Firmware 编码

ASCII	编码	ASCII	编码	ASCII	编码	ASCII	编码	ASCII	编码
sp	%8a	3	%99	F	%ec	Y	%f3	l	%c6
!	%8b	4	%9e	G	%ed	Z	%f0	m	%c7
"	%88	5	%9f	H	%e2	[	%f1	n	%c4
#	%89	6	%9c	I	%e3	\	%f6	o	%c5
$	%8e	7	%9d	J	%e0	]	%f7	p	%da
%	%8f	8	%92	K	%e1	^	%f4	q	%db
&	%8c	9	%93	L	%e6	_	%f5	r	%d8
'	%8d	:	%90	M	%e7	`	%ca	s	%d9
(	%82	;	%91	N	%e4	a	%cb	t	%de
)	%83	<	%96	O	%e5	b	%c8	u	%df
*	%80	=	%97	P	%fa	c	%c9	v	%dc
+	%81	>	%94	Q	%fb	d	%ce	w	%dd
,	%86	?	%95	R	%f8	e	%cf	x	%d2
-	%87	@	%ea	S	%f9	f	%cc	y	%d3
.	%84	A	%eb	T	%fe	g	%cd	z	%d0
/	%85	B	%e8	U	%ff	h	%c2	{	%d1
0	%9a	C	%e9	V	%fc	i	%c3	|	%d6
1	%9b	D	%ee	W	%fd	j	%c0	}	%d7
2	%98	E	%ef	X	%f2	k	%c1	~	%d4

- no-password：完全禁止访问 Open Firmware。无论在引导时按下的是什么键，系统都将简单地引导进操作系统中。注意：这不是一种标准的 Open Firmware 模式。

下面显示了一个启用 Open Firmware 密码保护的示例。

```
0 >password
Enter a new password: ********
Enter password again: ********
Password will be in place on the next boot! ok
0 >setenv security-mode full  ok
0 >
```

> 当把安全模式设置为 command 或 full 时，将阻止使用锁键的能力：按下像 C、N 或 T 这样的键将不会改变引导行为。类似地，按下 V、S 或者 ⌘+Option+P+R 这些键将不会分别导致详细引导、单用户引导或者 PRAM 复位。

security-#badlogins 固件变量包含在把安全模式设置为 command 或 full 时失败的访问尝试的总次数。每次在 Open Firmware 提示符下输入一个不正确的密码时，都会把这个计数增加 1。

可以从 Mac OS X 内使用 nvram 实用程序检查或设置安全相关的固件变量的值。不过，不建议通过 nvram 设置 security-password，因为无法保证表 4-6 中所示的编码模式跨固件的多个修订版本而保持不变。注意：需要超级用户访问权限才能查看 security-password 的内容。

```
$ sudo nvram -p | grep security
security-#badlogins    1
security-password      %c4%c5%c4%cf
security-mode   none
```

4.12.2　找回 Open Firmware 密码

Open Firmware 安全并不是非常坚固——它只打算起到威慑作用。复位、更改甚至包括找回固件密码都是可能的。超级用户可以使用 nvram 实用程序把 security-mode 的值改为 none，来禁用固件安全。还可以通过物理访问计算机的内部来复位密码[①]。

4.13　启　动　内　核

在第 5 章中，将讨论系统启动，并且内核将从此开始执行。现在来简要检查内核二进制文件，确定内核的启动点，即 BootX 转移控制的时刻。

Mac OS X 内核是一个 Mach-O 可执行文件。回忆第 2 章可知，可以使用 otool 命令行程序查看 Mach-O 可执行文件的头部和加载命令。

```
$ file /mach_kernel
/mach_kernel: Mach-O executable ppc
$ otool -hv /mach_kernel
/mach_kernel:
Mach header
     magic cputype cpusubtype   filetype ncmds sizeofcmds    flags
  MH_MAGIC    PPC      ALL      EXECUTE    9    2360      NOUNDEFS
$ otool -l /mach_kernel
/mach_kernel:
Load command 0
        cmd LC_SEGMENT
    cmdsize 532
    segname __TEXT
     vmaddr 0x0000e000
     vmsize 0x0034f000
...
Load command 2
        cmd LC_SEGMENT
    cmdsize 124
    segname __VECTORS
```

---

① 可以通过改变计算机的内存配置然后复位 PRAM，使密码复位。

```
        vmaddr 0x00000000
        vmsize 0x00007000
       fileoff 3624960
      filesize 28672
       maxprot 0x00000007
      initprot 0x00000003
        nsects 1
         flags 0x0
Section
      sectname __interrupts
       segname __VECTORS
          addr 0x00000000
          size 0x00007000
        offset 3624960
         align 2^12 (4096)
        reloff 0
        nreloc 0
         flags 0x00000000
     reserved1 0
     reserved2 0
...
Load command 8
           cmd LC_UNIXTHREAD
       cmdsize 176
        flavor PPC_THREAD_STATE
         count PPC_THREAD_STATE_COUNT
... srr0 0x00092340 srr1 0x00000000
```

SRR0 寄存器在这个特定内核的初始线程状态中包含值 0x00092340。这个地址的代码是内核的入口点。可以使用 nm 确定具有这个地址的符号（如果有的话）。

```
$ nm /mach_kernel | grep 00092340
00092340 T __start
```

4.14　BootCache 优化

Mac OS X 使用一种称为 BootCache 的引导时优化，它实际上是一个智能的提前读取方案（Scheme），用于监视进入的对块设备的读取请求模式（Pattern），并把该模式排序为**播放列表**（Play List），然后将使用它把读取群集到一个私有缓存中，并且被指定为{块地址，长度}对。如果可能，此后将使用这种"引导缓存"满足进入的读取请求。这种方案还会测量缓存命中率。请求模式存储在**历史列表**（History List）中，以允许该方案具有自适应性。如果命中率太低，就会禁用缓存。

BootCache 只在根设备上受到支持。它将请求自动启用至少 128MB 的物理 RAM。BootCache 内核扩展（BootCache.kext）将利用内核注册一个名为 mountroot_post_hook()的回调,以请求根文件系统的挂接通知。内核扩展将 OSBundleRequired 属性设置为 Local-Root,并把它标记为一种在本地卷上挂接根文件系统的要求。因此,在挂接本地根文件系统之前,内核将确保加载了 BootCache 内核扩展。

对 BootCache 的可加载存储模式进行排序并存储在/var/db/BootCache.playlist 文件中。一旦加载了这种模式,缓存将开始生效。在获取记录的读取模式时,将禁用缓存并且释放关联的内存。整个过程都对用户不可见,并且不需要用户采取任何动作。可以使用一个名为 BootCacheControl 的用户级控制实用程序启动或停止缓存、操作播放列表以及查看缓存统计信息。

```
$ sudo BootCacheControl -f /var/db/BootCache.playlist print
512-byte blocks
143360      4096
2932736     4096
3416064     4096
...
122967457792 512    prefetch
122967576576 4096
122967666688 4096
122967826432 4096
122968137728 4096
94562816 blocks
$ sudo BootCacheControl statistics
block size                  512
initiated reads             2823
blocks read                 176412
...
extents in cache            1887
extent lookups              4867
extent hits                 4557
extent hit ratio            93.63%
hits not fulfilled          0
blocks requested            167305
blocks hit                  158456
blocks discarded by write   0
block hit ratio             94.71%
...
```

4.15　引导时的内核参数

可以通过 NVRAM 变量 boot-args 把参数传递给 Mac OS X 内核。内核将在启动时解析这些参数,在某些情况下,内核扩展也会引用引导参数。在本节中,将制作表格说明大量的内核参数。在后续章节中,将会遇到其中一些参数以及使用它们的环境。本节将只会简要解释其余的参数。注意下面关于使用这些参数的要点。

- 可用的内核参数集可能跨内核的修订版本而改变。因此,这里列出的一些参数可能在某些内核版本上不可用。相反,一些内核可能支持这里未列出的参数。
- 其中许多参数只打算用于调试或开发目的。不过,把它们分类为是否适合生产使用是一个主观性的练习——因此,按原样列出这些参数。
- 基于参数所服务的目的,粗略地对它们进行分类。不过,这些类别之间可能会有一些重叠。
- 在 Mac OS X 上可以通过 I/O Kit 或者 Mach 用户级 API 以编程方式获得 boot-args 变量的值。而且,如前文所述,nvram 实用程序可以从命令行显示 boot-args 的内容。

表 4-7 列出了影响系统的总体引导行为的参数。注意:其中大多数参数在 Mac OS X 10.4 或更新版本中都不建议使用。

表 4-7 用于引导行为的内核参数

参数	描 述
-b	内核在其重新引导标志变量中设置 RB_NOBOOTRC,以指示不应该运行/etc/rc.boot。不建议使用
-D	在正常模式下启动 mach_init。对于已启动的服务器,将不采取核心转储。不建议使用
-d	在调试模式下 mach_init,具有大量的日志。对于任何已启动的、崩溃的服务器,都将采取核心转储。在 Mac OS X 10.4 或更新版本上,这个参数将导致 launchd 程序在其初始化期间及早作为守护进程运行
-F	mach_init 在初始化期间分叉。注意:如果它的进程 ID 是 1,那么它总会分叉。不建议使用
-f	这个参数将被传递给 init 程序,以指示需要快速引导。不建议使用
-r	mach_init 将在它自己的一个以前运行的副本中注册自身。不建议使用
-s	这用于指定单用户模式
-v	这用于指定详细模式
-x	系统尝试在安全模式下保守地引导

表 4-8 列出了可用于改变内核的关键数据结构分配的参数。

表 4-8 用于资源分配的内核参数

参 数	描 述
ht_shift	这个参数用于在系统页表分配期间缩放散列表大小。默认情况下,内核将为每 4 个物理页使用一个页表条目组(Page Table Entry Group,PTEG)。ht_shift 的正值将使散列表变大,负值则会使之变小
initmcl	这个参数用于指定在 mbuf 初始化期间要分配的 mbuf 群集的数量
mseg	这个参数用于设置基于最大描述符的 DMA(DBDMA)段大小
nbuf	这用于指定要分配的 I/O 缓冲区的数量。它默认为物理内存页的 1%,最大 8192,最小 256
ncl	这个参数指示将用于计算 nmbclusters 值的 mbuf 群集的数量,它是映射的群集数
zsize	这个参数在虚拟内存子系统初始化期间为区域分配地址空间时用于设置所使用的目标区域大小。它默认为物理内存的 25%,其最小值和最大值分别为 12MB 和 768MB

表 4-9 列出了影响内核的锁定机制行为的参数。

表 4-9　用于锁定行为的内核参数

参　数	描　述
dfnl	设置 dfnl=1 将禁用分流漏斗。在 Mac OS X 10.4 中删除了它
lcks	这个参数用于指定在 osfmk/ppc/locks.h 和 osfmk/i386/locks.h 中发现的多个锁定选项
mtxspin	这个参数用于设置锁定超时时间（以毫秒为单位）
refunn	这个参数用于启用"重新形成漏斗"提示。在 Mac OS X 10.4 中删除了它

表 4-10 列出了可以通过自身或者与其他参数一起用于指定根设备的参数。

表 4-10　用于根设备的内核参数

参　数	描　述
boot-uuid	这个参数用于通过 UUID 指定根设备。与 rd=uuid 一起使用
rd、rootdev	这个参数用于将根设备指定为一个设备字符串。/dev/diskY 这种形式的字符串用于指定一个磁盘，其中 Y 是切片。类似地，/dev/mdx 这种形式的字符串则用于指定一个 RAM 磁盘，其中 x 是一位的十六进制数字。其他选择包括 cdrom、enet 和 uuid
rp、rootpath	这个参数用于指示引导程序指定的根路径
vndevice	设置 vndevice=1 将导致内核在远程访问映像时使用虚拟结点（vnode）磁盘驱动程序，而不是磁盘映像控制器（Disk Image Controller，hdix）。注意：HTTP 只能与 hdix 一起使用

表 4-11 列出了将影响内核的调度行为的参数。

表 4-11　用于调度行为的内核参数

参　数	描　述
idlehalt	如果某个 CPU 核心中没有其他线程是活动的，设置 idlehalt=1 将导致内核中止该 CPU 核心，从而使核心进入低功耗模式。它是一个只支持 x86 的参数
poll	这个参数用于设置最大轮询数量。默认值是 2
preempt	这个参数用于指定抢占速率（以赫兹（Hz）为单位）。默认值是 100
unsafe	这个参数用于确定最大不安全数量。默认值是 800
yield	这个参数用于设置 sched_poll_yield_shift 调度变量，在为轮询的抑制线程产生计算时间值时使用它。默认值是 4

表 4-12 列出了可用于启用或禁用某些硬件和软件特性的参数，还列出了可用于多种调试类型的参数。

表 4-12　用于修改硬件/软件属性和调试的内核参数

参　数	描　述
artsize	指定用于地址解析表（Address Resolution Table，ART）的页数
BootCacheOverride	对于网络引导而言，将加载 BootCache 驱动程序——但是不会运行它。设置 BootCacheOverride=1 将撤消这种行为
cpus	指定 cpus=N 将把 CPU 数量限制为 N，它必须小于或等于物理可用的 CPU 数量
ctrc	限制跟踪特定的处理器（参见 tb 参数）

续表

参 数	描 述
dart	设置 dart=0 将在 64 位硬件上关闭系统 PCI 地址映射器（DART）。在具有 2GB 以上物理内存的机器上，DART 是必需的，但是默认在所有机器上都会启用它，无论它们的内存大小是多少
debug	指定多种调试标志，包括那些用于内核调试行为的标志。参见表 4-3，了解关于这些标志的详细信息
diag	启用内核的内置诊断 API 及其特定的特性
fhrdll	设置 fhrdll=1 将强制硬件恢复 1 级数据缓存（L1 数据缓存）错误。不建议使用（参见 mcksoft 参数）
fill	指定一个整数值，用于在引导时填充所有的内存页
fn	改变处理器的强制睡眠行为。设置 fn=1 将关闭强制睡眠；设置 fn=2 则将打开强制睡眠
_fpu	在 x86 上禁用 FPU。字符串值 387 将禁用 FXSR/SSE/SSE2，而字符串值 sse 则将禁用 SSE2
hfile	休眠文件的名称（也存储在 sysctl 变量 kern.hibernatefile 中）
io	指定 I/O Kit 调试标志。特别是，设置 kIOLogSynchronous 位（值 0x00200000），确保 IOLog() 函数将同步完成。通常，IOLog() 输出将到达一个定期清空的循环缓冲区中
kdp_match_mac	指定一个将被远程内核调试协议使用的 MAC 地址
kdp_match_name	指定一个将被远程内核调试协议使用的 BSD 网络接口名称
maxmem	设置 maxmem=N 将把可用的物理内存限制为 N（以 MB 为单位）。N 必须小于或等于所安装的物理内存的实际数量
mcklog	指定机器检查标志
mcksoft	设置 mcksoft=1 将启用机器检查软件恢复
novmx	设置 novmx=1 将禁用 AntiVec
_panicd_ip	指定远程内核-核心转储服务器的 IP 地址，它被期望在 UDP 端口 1069 上运行 kdumpd 守护进程
pcata	设置 pcata=0 将禁用板载 PC ATA 驱动程序。这在开发期间可能是有用的——例如，如果要加载轮询模式驱动程序
platform	在 x86 上指定在虚拟设备树中用作平台名称的字符串。使用的默认平台名称是 ACPI
pmsx	设置 pmsx=1 将启用 Mac OS X 10.4.3 中引入的试验性 PMS（Power Management Stepper，电源管理步进器）模式
romndrv	设置 romndrv=1 将允许使用本机图形驱动程序（Native Graphics Driver，ndrv），即使它的创建日期要早于预定义的最低限度的日期，它是 2001 年 3 月 1 日
_router_ip	用于指定路由器，在把内核-核心转储传送给远程机器时将通过它路由远程内核调试协议
serial	设置 serial=1 将启用串行控制台
serialbaud	指定串行端口的波特率。用于 kprintf() 函数的初始化例程将检查这个参数
smbios	设置 smbios=1 将在 SMBIOS 驱动程序中启用详细的日志消息。这是一个只支持 x86 的参数

参　　数	描　　述
srv	设置 srv=1 将指示服务器引导。内核可能检查这个变量的值以改变它的行为
tb	内核支持对循环的内存中的缓冲区进行事件跟踪。可以通过 tb 参数指定非默认的跟踪缓冲区大小。默认情况下，内核在调试模式下使用 32 页，在非调试模式下则使用 8 页。最小值和最大值分别是 1 页和 256 页
vmdx、pmdx	导致内核在引导时尝试创建一个内存磁盘。用法是 vmdx=base.size，其中 x 是一位的十六进制数字（0~f），base 是一个页对齐的内存地址，size 是页大小的倍数。v 用于指定虚拟内存，可代之以使用 p 来指定物理内存。如果创建成功，在引导后将显示设备结点/dev/mdx 和/dev/rmdx
vmmforce	将虚拟机监视器（Virtual Machine Monitor，VMM）特性指定为特性位的逻辑"或"运算。将为所有的虚拟机实例强制执行这样指定的特性
wcte	设置 wcte=1 将在 PowerPC 不可缓存单元（NonCacheable Unit，NCU）中启用写合并定时器（或存储收集定时器）。默认情况下，这个定时器是禁用的

表 4-13 列出了在内核的 debug 参数中可以设置的多个位，debug 也许是可供内核级调试使用的最通用、最有用的参数。

表 4-13　debug 内核参数的详细信息

位	名　　称	描　　述
0x1	DB_HALT	在引导时中止，并且等待调试器连接
0x2	DB_PRT	把由内核的 printf()函数生成的内核调试输出发送到控制台
0x4	DB_NMI	启用内核调试功能，包括支持无需物理的程序员切换，即可生成不可屏蔽的中断（NonMaskable Interrupt，NMI）。在 Power Mac 上，可以通过短暂按下电源按钮生成 NMI。在笔记本计算机上，在按下电源按钮时必须按住 Command 键。如果按住电源按钮超过 5 秒钟，系统将关闭。如果使用 System Preferences 改变启动盘，就会把 DB_NMI 位清零
0x8	DB_KPRT	把由 kprintf()生成的内核调试输出发送给远程输出设备，它通常是一个串行端口（如果提供了串行端口的话）。注意：kprintf()输出是同步的
0x10	DB_KDB	使用 KDB 代替 GDB 作为默认的内核调试器。与 GDB 不同，必须把 KDB 显式编译进内核中。而且，基于 KDB 的调试需要本机串行端口硬件（与（比如说）基于 USB 的串行端口适配器相对）
0x20	DB_SLOG	支持把各种诊断信息记录到系统日志中。例如，如果设置了这个位，那么 load_shared_file()内核函数将记录额外的信息
0x40	DB_ARP	允许内核调试器核心使用 ARP，从而允许跨子网进行调试
0x80	DB_KDP_BP_DIS	不建议使用。用于支持 GDB 的旧版本
0x100	DB_LOG_PI_SCRN	禁用图形式恐慌屏幕，使得可以把恐慌数据记录到屏幕。它也可用于监视内核-核心转储传送的进度

续表

位	名　　称	描　　述
0x200	DB_KDP_GETC_ENA	提示输入 c、r 和 k 字符之一,以便在内核恐慌之后分别用于继续工作、重新引导或者进入 KDB
0x400	DB_KERN_DUMP_ON_PANIC	触发关于恐慌的核心转储
0x800	DB_KERN_DUMP_ON_NMI	触发关于 NMI 的核心转储
0x1000	DB_DBG_POST_CORE	在 NMI 导致核心转储之后等待调试器连接(如果使用 GDB 的话),或者在调试器中等待(如果使用 KDB 的话)。如果没有设置 DB_DBG_POST_CORE,内核将在核心转储之后继续工作
0x2000	DB_PANICLOG_DUMP	只发送关于恐慌的恐慌日志——而不是完整的核心转储

4.16　EFI

在本节中,将探讨 EFI(Extensible Firmware Interface,可扩展固件接口),它是一个用于操作系统与平台固件之间接口的规范。基于 x86 的 Macintosh 计算机使用 EFI 代替 Open Firmware。EFI 在概念上非常类似于 Open Firmware。尽管理论上讲 EFI 是独立于平台的,但它主要打算用于 IA-32 和 IA-64 体系结构。

4.16.1　遗留的伤痛

PC BIOS 的原始性长时间以来就是一个行业范围的问题,甚至在 21 世纪到来时也是如此。导致 BIOS 如此长寿及其持久的原始性的一个原因在于极其成功的 MS-DOS(以及克隆产品),它构建于 BIOS 之上。DOS 程序通过软件中断调用 BIOS 例程。例如,BIOS 磁盘例程对应于中断号 0x13(INT 0x13)。这类似于许多从前的 Apple 系统,其中 Macintosh ROM 同时包含低级代码和高级 Toolbox。

尽管多年来 BIOS 经历了许多的调整、改进、扩展和增补,但是现代环境中的传统 BIOS 仍然具有许多严格的限制,具体如下。

- x86 计算机总是在 IA-32 **实模式**(Real Mode)下出现的,它是古老的 8086/8088 Intel 处理器的仿真。BIOS 在这种模式下执行,它会受到严格的限制,尤其是对于具有雄心壮志的 BIOS(比如说,希望提供强大的预引导环境的 BIOS)则更是如此。在 x86 实模式下,通过把**段**(Segment)(一个 16 位的数字)乘以 16 再加上**偏移量**(Offset)(另一个 16 位的数字)来计算有效的内存地址。因此,段的宽度是 16 位——限制于 65 536 字节(64KB),内存地址的宽度是 20 位——限制于 1 048 576 字节(1MB)。特别是,指令指针(IP 寄存器)的宽度也是 16 位,它对代码段设置了 64KB 的大小限制。在实模式下,内存是一种非常受限的资源。而且,BIOS 可能需要静态预留资源——特别是内存范围。
- 在把关于系统硬件的详细信息提供给它的客户程序(比如引导加载程序)时,BIOS

效率低下[①]。

扩展内存

可以在实模式下访问小范围的扩展内存地址[②]。386 及更高版本的 x86 处理器无须复位即可从保护模式切换到实模式，这允许它们在**大实模式**（Big Real Mode）下工作，大实模式是一种经过修改的实模式，其中处理器可以访问多达 4GB 的内存。BIOS 可以在 POST 期间把处理器置于这种模式下，以便更轻松地访问扩展内存。

- BIOS 通常对所支持的引导设备具有硬编码的信息。对从更新设备引导的支持通常会非常缓慢地添加到大多数 BIOS 中（如果有的话）。

- **选项 ROM**（Option ROM）是通常驻留在插入式卡片上的固件。它也存在于系统板上。选项 ROM 是在平台初始化期间由 BIOS 执行的。遗留的选项 ROM 空间被限制为 128KB，它被所有的选项 ROM 共享。选项 ROM 通常会通过抛弃一些初始化代码来压缩自身，而会留下较小的运行时代码。然而，这是一种严格的限制。

- 遗留 BIOS 依赖于 VGA，它是一个遗留标准，并且在为之编程时它将变得不必要地复杂。

- 传统 PC 分区方案，它是用于 BIOS 的事实上的方案，这种方案相当不合适，尤其是在涉及多重引导或者具有大量分区时。PC 分区可能是**主分区**（Primary Partition）、**扩展分区**（Extended Partition）或**逻辑分区**（Logical Partition），在一个磁盘上最多允许 4 个主分区。PC 磁盘的前 512 字节的扇区——**主引导记录**（Master Boot Record，MBR）——把它的 512 字节分配如下：446 字节用于自举代码，64 字节用于 4 个分区表条目（其中每个条目使用 16 字节），还有 2 字节用于签名。PC 分区表的相当有限的大小限制了主分区的数量。不过，主分区之一可能是扩展分区。在扩展分区内可以定义任意数量的逻辑分区。

- 即使借助标准网络引导协议（比如 PXE（Preboot eXecution Environment，预引导执行环境））和相关的安全增强（比如 BIS（Boot Integrity Services，引导完整性服务）），以一种"零接触"方式部署和管理计算机也是相当困难的，并且通常是不可能的。特别是，当涉及在系统固件级进行远程管理或者管理系统固件自身时，将极难使用BIOS。

对于在 x86 平台上运行的现代操作系统，无论它们具有什么性质，都必须在系统启动时通过遗留接口与 BIOS 交互。处理器在实模式下启动，并且通常保留在实模式下，甚至在操作系统内核获得控制时也是如此，之后内核最终将把处理器切换到保护模式下。

可以把一个有代表性的遗留 BIOS 视作包含 3 组过程：那些在所有 BIOS 上都相同的过程（**核心**（Core）过程）、那些特定于平台上的芯片的过程（**硅支持**（Silicon Support）过程）以及那些特定于系统板的过程。BIOS 中有许多"秘籍"元素。BIOS API 非常有限，

[①] 现代 BIOS 支持一种称为 E820 的机制，可以在 POST 中报告系统中存在的任何内存。该报告采用内存段表的形式，其中会注明每个段的用途。

[②] 这称为 Gate A20 选项。

一般来讲扩展 BIOS 是非常困难的——对于最终用户以及那些希望开发预引导应用程序的人来说它都是黑盒。即使这样的开发人员许可使用 BIOS 源代码，从事开发和部署的环境也将是昂贵的。

预引导的优势

　　由于 PC 硬件和软件供应商尝试区分它们提供的产品，预引导环境变得越来越重要。具有预引导功能的计算机将能够执行备份和恢复、磁盘维护、数据恢复、病毒扫描等，它们被期望比不具有该功能的计算机具有更高的价值。在一些情况下，应用程序必须进行预引导，因为它不能依靠操作系统。这类应用程序的示例包括那些用于执行低级诊断、用于恢复操作系统以及用于更新某些固件的应用程序。在其他一些情况下，应用程序可能不需要完整的操作系统，并且可能明确希望在没有操作系统的情况下运行，也许是为了使计算机像器具那样工作——例如，作为 DVD 或 MP3 播放器、邮件客户或 Web 浏览器。

　　对于遗留的 BIOS，开发、部署和运行这类预引导应用程序的代价相当高昂。EFI 尽力极大地简化了这个领域，并且包括了用于创建预引导软件的规范。甚至高级应用程序开发人员也可以使用熟悉的开发工具创建预引导应用程序。

4.16.2　新的开始

　　PC 世界相当晚才采用 64 位计算。随着 64 位 PC（例如，那些基于 Intel 的 Itanium 处理器家族或者 IA-64 的 PC）的出现，人们开始设法寻找 BIOS 问题的一种更好的解决方案。即使在 IA-64 体系结构中能够仿真 x86 实模式，在推出 64 位 PC 时也没有包括遗留的 BIOS。IA-64 固件被划分成 3 个主要组件：**处理器抽象层**（Processor Abstraction Layer，PAL）、**系统抽象层**（System Abstraction Layer，SAL）和**可扩展固件接口**（Extensible Firmware Interface，EFI）。

　　从 SAL 和操作系统的角度讲，PAL 抽象了处理器硬件实现。具有潜在实现差别的不同处理器型号通过 PAL 以一致的方式出现。PAL 层的功能示例如下。

- 中断入口点，包括那些通过硬件事件（比如处理器复位、处理器初始化和机器检查）激活的中断入口点。
- 可以由操作系统或高级固件激活的过程，比如：用于获得处理器标识、配置和能力信息的过程；用于初始化缓存的过程；以及用于启用或禁用处理器特性的过程。

　　PAL 不知道平台实现的细节。不过，注意：PAL 是 IA-64 体系结构的一部分。处理器供应商提供 PAL 的固件实现，它驻留在 OEM 闪存中。

　　SAL 提供平台实现的抽象，而对处理器实现细节一无所知。SAL 不是 IA-64 体系结构的一部分——它是 DIG64（Developer's Interface Guide for 64-bit Intel Architecture，64 位 Intel 体系结构的开发人员接口指南）的一部分。OEM 提供 PAL 的固件实现。

　　像在 IA-32 系统上一样，ACPI（Advanced Configuration and Power Interface，高级配置和电源接口）作为一个接口存在于 IA-64 上，允许操作系统指示计算机上的配置和电源管理。ACPI 还是固件的一部分——可以把它列为除 PAL、SAL 和 EFI 之外的第 4 个主要组件。注意：由于 EFI 也可用于 IA-32，因此只有 PAL 和 SAL 是特定于 IA-64 的 IA-64 固件的一部分。

可以把余下的组件——EFI——视作 PC BIOS 问题的豪华解决方案。

4.16.3　EFI

EFI 可以回溯到始于 1998 年的 IBI（Intel Boot Initiative，Intel 引导创新）计划，它基于 Intel 工程师 Andrew Fish 的一份白皮书。EFI 规范——由几个公司的联盟开发和维护——定义了一组 API 和数据结构，它们由系统的固件导出并且被如下客户使用。

- EFI 设备驱动程序。
- EFI 系统和诊断实用程序。
- EFI shell。
- 操作系统加载程序。
- 操作系统。

在有代表性的 EFI 系统中，精简的 PEI（Pre-EFI Initialization Layer，预置可扩展固件接口初始化层）可能做大部分传统上由 BIOS POST 完成的与 POST 相关的工作。这包括诸如芯片组初始化、内存初始化和总线枚举之类的操作。EFI 准备 DXE（Driver eXecution Environment，驱动程序执行环境），提供 EFI 驱动程序可能使用的一般平台功能。驱动程序自身提供特定的平台能力和自定义。

1. EFI 服务

EFI 环境中提供了两类服务：**引导服务**（Boot Service）和**运行时服务**（Runtime Service）。

引导服务

只在预引导环境内运行的应用程序将会利用引导服务，包括用于以下方面的服务。

- 事件、定时器和任务优先级。
- 内存分配。
- 处理 EFI 协议。
- 加载多种类型的映像，比如 EFI 应用程序、EFI 引导服务驱动程序和 EFI 运行时驱动程序。
- 多种其他的目的，比如设置硬件看门狗定时器、在处理器上延迟执行、复制或填充内存、操作 EFI 系统表条目以及计算数据缓冲区校验和。

操作系统加载程序还使用引导服务确定和访问引导设备、分配内存，以及为操作系统开始加载创建一个功能环境。此时，操作系统加载程序可以调用 ExitBootServices() 函数，之后引导服务将不可用。此外，操作系统内核也可以调用这个函数。

运行时服务

在调用 ExitBootServices() 前后都可使用运行时服务。这个类别包括以下类型的服务。

- 管理变量（键-值对），这些变量用于在 EFI 环境与在其内运行的应用程序之间共享信息。
- 管理硬件时间设备。

- 虚拟内存——例如，允许操作系统加载程序或者操作系统利用虚拟内存寻址代替物理寻址来调用运行时服务。
- 获取平台的单调计数器。
- 平台复位。

　　尽管 EFI 设计用于基于 IA-64 的计算机，但是可以把它的范围拓宽到包括下一代 IA-32 计算机，通过 CSM（Compatibility Support Module，兼容性支持模块）提供遗留的 BIOS 兼容性。CSM 包括一系列与遗留的 BIOS 运行时组件协作的驱动程序。它将加载进内存中众所周知的遗留区域（1MB 以下）内，初始化诸如 BDA（BIOS Data Area，BIOS 数据区域）和扩展 BDA（Extended BDA）之类的标准 BIOS 内存区域。BDS（Boot Device Selection，引导设备选择）机制将适当地选择 EFI 或遗留的 BIOS。

　　图 4-20 显示了 EFI 体系结构的概念视图。

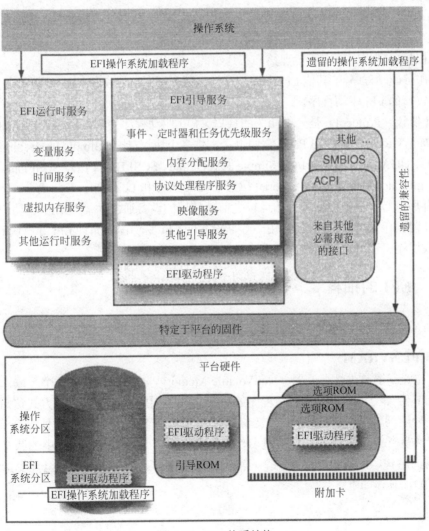

图 4-20　EFI 体系结构

2. EFI 驱动程序

可以把 EFI 驱动程序构建到 EFI 实现中。此外，它们也可以来自卡的选项 ROM 或者天生受 EFI 支持的设备。大多数 EFI 驱动程序都将符合 EFI 驱动程序模型。这样的驱动程序是用 C 编写的，并且在平面内存模型中工作。驱动程序映像（可能被转换成 EFI 字节码（EFI Byte Code，EBC））通常是使用 Deflate 压缩的，它结合了 LZ77[①]压缩和 Huffman 编码。EFI 驱动程序类型的示例包括：

- **总线驱动程序**（Bus Driver），用于管理和枚举安装到总线的控制器句柄上的总线控制器（比如 PCI 网络接口控制器）。
- **混合驱动程序**（Hybrid Driver），用于管理和枚举安装到总线的控制器句柄以及总线的子句柄上的总线控制器（比如 SCSI 主机控制器）。
- **设备驱动程序**（Device Driver），用于管理控制器或外围设备，比如 PS/2 或 USB 键盘。

EFI 还支持可能不符合 EFI 驱动程序模型的设备。这样的驱动程序示例如下。

- 初始化驱动程序，用于执行一次性初始化功能。
- 根桥驱动程序，用于管理核心芯片组的一部分。
- 服务驱动程序，给其他 EFI 驱动程序提供诸如解压缩协议和 EBC 虚拟机之类的服务。
- 较旧的 EFI 驱动程序。

EFI 协议（Protocol）是一组相关的接口。EFI 驱动程序使用各种协议，比如 PCI I/O、Device Path、USB I/O 和 USB Path。它们也会产生多个协议，比如 Simple Input、Simple Pointer、Block I/O、UGA Draw、UGA I/O、Simple Text Output、SCSI Block I/O、SCSI Pass-through、Network Interface Identification、Serial I/O、Debug Port 和 Load File。

只有那些必须在操作系统开始运行之前就使用的设备通常才需要 EFI 驱动程序。主要示例是驻留操作系统的存储设备。用于存储设备的 EFI 驱动程序允许 EFI 导出块 I/O 服务，引导加载程序将使用它加载操作系统内核。

4.16.4 EFI 的抽样

现在来探讨 EFI 的几个特定方面，包括与 EFI 环境交互的示例。

1. EFI NVRAM

EFI 定义了非易失性存储器（NonVolatile Memory，NVRAM）的一个区域，它用于以变量的形式存储全局和特定于应用程序的数据。可以使用 EFI API 以编程方式访问 NVRAM 存储器——用于获取或存储数据。变量是使用二级命名空间存储的：使用全局唯一 ID（GUID）作为第一级，以及使用变量名作为第二级。因此，两个 GUID 中的两个变量可以具有相同的名称，而不会导致命名空间冲突。所有在体系结构上定义的全局变量都使用预留的 GUID，具体如下。

```
#define EFI_GLOBAL_VARIABLE \
```

---

① LZ77 最初是由 A. Lempel 和 J. Ziv 于 1977 年发布的一种无损数据压缩算法。

{8BE4DF61-93CA-11d2-AA0D-00E098032B8C}

全局变量的示例包括当前配置的语言代码（Lang）、有序的引导选项加载列表（BootOrder）、有序的驱动程序加载选项列表（DriverOrder），以及默认的输入和输出控制台的设备路径（分别是 ConIn 和 ConOut）。

特定于应用程序的变量是直接传递给 EFI 应用程序的，它们也存储在 NVRAM 中。而且，NVRAM 可能用于存储诊断数据或者可能在故障切换和恢复场景中有用的其他数据，只要 NVRAM 具有足够的空间用于保存此类信息即可。

2. 引导管理器

EFI 固件包括一个称为**引导管理器**（Boot Manager）的应用程序，它可以加载 EFI 引导加载程序、EFI 驱动程序以及其他的 EFI 应用程序。引导管理器将查询全局 NVRAM 变量，以确定要引导什么。它将从 EFI 定义的文件系统或者通过 EFI 定义的映像加载服务来访问可引导的文件。

图 4-21 描绘了在基于 EFI 的系统通电后所发生的一个有代表性的动作序列。核心 EFI 固件把控制传递给引导管理器，它使用 NVRAM 工具显示所安装的可引导应用程序的菜单。在图 4-21 中，用户为 Mac OS X 选择了一个操作系统引导加载程序作为要引导的应用程序，它将通过引导管理器启动。当在 EFI 环境中执行时，引导加载程序将加载内核、收集 NVRAM 中可能存在的任何参数，并且最终把控制交给内核。如果引导应用程序退出，将把控制返还给引导管理器。

3. EFI shell

EFI 环境可以选择包括一个交互式 shell，允许用户执行如下任务。

- 启动其他 EFI 程序。
- 手动加载、测试和调试驱动程序。
- 加载 ROM 映像。
- 查看或操作内存和硬件状态。
- 管理系统变量。
- 管理文件。
- 编辑文本。
- 运行 shell 脚本。
- 访问网络——例如，通过以太网或拨号连接。

EFI 规范没有包括 shell 接口（interface），但是有代表性的 EFI shell 是一个基本的命令行解释器——一个用 C 实现的 EFI 应用程序。图 4-22 显示了使用 EFI shell 的示例（注意：给大多数命令指定-b 选项将导致在一屏后中断显示的输出）。

Apple 在最初基于 x86 的 Macintosh 型号中没有包括 EFI shell。不过，可以从 Intel 的 Web 站点下载在这些计算机上运行的 EFI shell 实现。

注意：在图 4-22 中，在 EFI 的用户可见的环境内具有网络连通性是可能的。

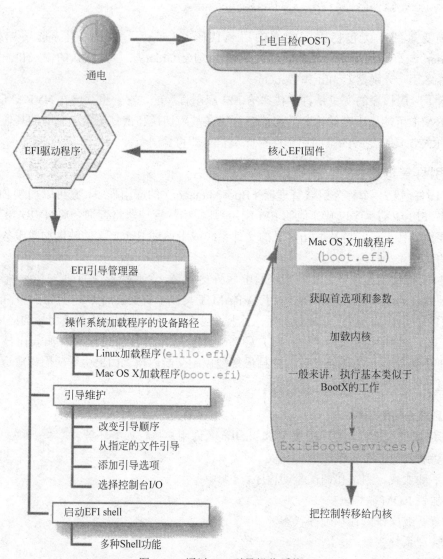

图 4-21　通过 EFI 引导操作系统

4. 基于 GUID 的分区方案

EFI 定义了一种名为 GPT（GUID Partition Table，GUID 分区表）的新分区方案，它必须受到 EFI 固件实现支持。GPT 使用 GUID 给分区加标签。每个磁盘也是通过 GUID 标识的。这种方案包括多个特性，使之远远优于遗留的基于 MBR 的分区方案。这类特性的示例如下。

- 64 位的逻辑块访问（Logical Block Access，LBA），因此，具有 64 位的磁盘偏移量。
- 无须求助像扩展分区这样的嵌套方案，即可实现任意数量的分区。
- 版本号和大小字段，便于将来扩展。
- CRC32 校验和字段，以实现更高的数据完整性。
- 每个分区都具有 36 个字符的、人类易读的 Unicode 名称。
- 使用 GUID 及其他基本属性定义的分区内容类型。

```
fs0:\> ver
EFI Specification Revision : 1.10
EFI Vendor              : Apple
EFI Revision            : 8192.1


fs0:\> ls
Directory of: fs0:\

...
  02/28/06  02:15p         172,032  tcpipv4.efi
  02/28/06  02:15p          14,336  rtunload.efi
  02/28/06  02:15p          15,360  rtdriver.efi
  02/28/06  02:15p         126,976  route.efi
  02/28/06  02:15p          16,384  ramdisk.efi
  02/28/06  02:15p         339,968  python.efi
  02/28/06  02:15p         172,032  pppd.efi
  02/28/06  02:15p          16,896  pktxmit.efi
  02/28/06  02:15p          19,968  pktsnoop.efi
  02/28/06  02:15p         126,976  ping.efi
...
      40 File(s)   2,960,866 bytes
       2 Dir(s)


fs0:\> drivers -b
          T  D
D         Y C I
R         P F A
V VERSION E G G #D #C DRIVER NAME                          IMAGE NAME
== ======== = = = == == ================================== ==================
4E 00000010 D - -  4  - Usb Uhci Driver                    Uhci
...
54 00000010 D - -  2  - Usb Keyboard Driver                UsbKb
55 00000010 D - -  2  - Usb Mouse Driver                   UsbMouse
71 00000010 D - -  1  - <UNKNOWN>                          AppleBootBeep
74 00000001 D - -  1  - ICH7M IDE Controller Init Driver   IdeController
75 00000001 D - -  1  - ICH7M Serial ATA Controller        InitialSataController
...
AE 0010003F D - -  1  - ATI Radeon UGA Driver 01.00.063    Radeon350
AF 00000010 D - -  1  - Apple Airport Driver               AppleAirport
...


fs0:\> dh -b
  Handle Dump
```

图 4-22　使用 EFI shell

```
    1: Image(DxeMain)
...
   80: Image(AppleHidInterface) DriverBinding ComponentName
   81: Image(AppleRemote) DriverBinding ComponentName
   82: Image(FireWireOhci) DriverBinding ComponentName
   83: Image(FireWireDevice) DriverBinding ComponentName
   84: Image(HfsPlus) DriverBinding ComponentName
   85: Image(AppleSmc)
...


fs0:\> load tcpipv4.efi
Interface attached to lo0
Interface attached to sni0
Interface attached to ppp0
Timecounter "TcpIpv4" frequency 4027 Hz
Network protocol loaded and initialized
load: Image fs0:\tcpipv4.efi loaded at 1FCF4000 - Success


fs0:\> ifconfig sni0 inet 10.0.0.2 netmask 255.255.255.0 up
fs0:\> ifconfig -a
lo0: flags=8008<LOOPBACK,MULTICAST> mtu 16384
sni0: flags=8802<BROADCAST,SIMPLEX,MULTICAST> mtu 1500
      inet 10.0.0.2 netmask 0xffffff00 broadcast 10.0.0.255
      ether 00:16:cb:xx:xx:xx
ppp0: flags=8010<POINTTOPOINT,MULTICAST> mtu 1500


fs0:\> ping 10.0.0.1
PING 10.0.0.1 (10.0.0.1): 56 data bytes
64 bytes from 10.0.0.1: icmp_seq=0 ttl=255 time<1 ms
...
fs0:\> ftp 10.0.0.1
Connected to 10.0.0.1.
220 g5x8.local FTP server (tnftpd 20040810) ready.
Name (10.0.1.1):
...


fs0:\> help
   ...
   Use 'help -b' to display commands one screen at a time.
```

图 4-22 （续）

● 主分区表和备份分区表，用于获得冗余性。

图 4-23 显示了一个 GPT 分区的磁盘。虚拟的 MBR 存储在逻辑块 0 上，用于遗留的兼容性。GPT 的主要头部结构存储在逻辑块 1 上，而备份则存储在最后一个逻辑块上。GPT 头部可能永远也不会跨越设备上的多个块。而且，尽管 GPT 不支持分区嵌套，但是使遗留的 MBR 嵌套在 GPT 分区内是合法的。不过，EFI 固件不会在遗留的 MBR 上执行引导代码。

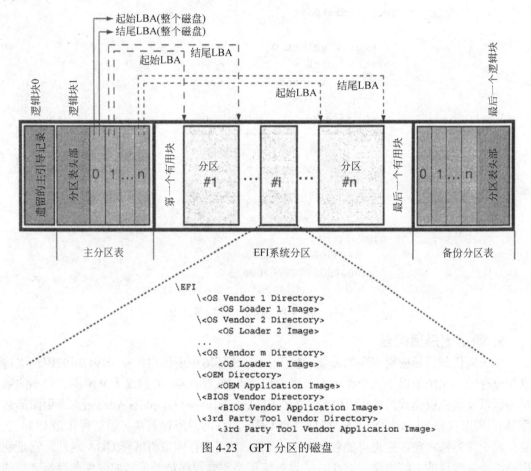

图 4-23　GPT 分区的磁盘

GUID

在 Intel 的 WfM（Wired for Management，连线管理）规范中将 GUID（也称为 UUID（Universally Unique Identifier，通用唯一标识符））指定为 128 位长。它跨时间（例如，直到公元 3400 年，都依据一个特定的 GUID 生成算法）和空间（相对于其他 GUID）是唯一的。无须集中授权即可生成 GUID 的关键是使用全局唯一的值——**结点标识符**（Node Identifier），它可供每个 GUID 生成器使用。对于联网的系统，结点标识符是一个 48 位的 IEEE 802 地址，它通常是一个主机地址，如果只有一个网络接口，它就是确定的主机地址。对于不具有 IEEE 802 地址的主机，将以一种概率上唯一的方式选择这个值。不过，这并不能满足唯一性的需要。GUID 生成中涉及的其他值包括时间戳、时钟序列以及版本号。

　　EFI 支持一个磁盘上的专用系统分区，称为 **EFI 系统分区**（EFI System Partition，ESP）。ESP 使用支持长文件名的 FAT-32 文件系统。EFI 驱动程序[①]、引导加载程序及其他 EFI 应用程序可以存储在 ESP 上。引导管理器可以从这个分区运行引导应用程序。图 4-24 显示了 GPT 磁盘实用程序（diskpart.efi）的使用，以列出磁盘上的分区。Mac OS X gpt 命令也可用于此目的，在第 11 章中将看到一个使用它的示例。

```
fs0:\> diskpart
...
DiskPart> select 0
Selected Disk =    0
DiskPart> inspect
Selected Disk =    0
  ###  BlkSize        BlkCount
  ---  -------    ----------------
*  0      200          12A19EB0
  0: EFI system partition
     C12A7328-F81F-11D2 = EFISYS
     34D22C00-1DD2-1000 @              0
                    28 -          64027
  1: Customer
     48465300-0000-11AA
     00004904-06B7-0000 @              0
                 64028 -       129D9E87
```

图 4-24　列出 GPT 分区的磁盘上的分区

5. 通用图形适配器

　　鉴于现代预引导应用程序的需要，遗留的 BIOS 环境中所提供的基于 VGA 的图形支持既十分有限，又由于以下几个原因而难以编程，例如：640×480 的最大分辨率、较小的帧缓冲区以及调色板模式的使用。EFI 定义了 UGA（Universal Graphics Adapter，通用图形适配器），用以代替 VGA 和 VESA。任何具有 UGA 固件的图形设备都可以被视作是 UGA 设备。出于兼容性考虑，它也可能包含 VGA 固件。EFI 执行环境将解释 UGA 固件，它是利用高级语言实现的。特别是，对 UGA 设备编程不需要程序员处理诸如硬件寄存器之类的低级细节。

　　在 UGA 模型中，UGA 固件不一定需要驻留在图形设备上——如果图形设备是板载的，它可能就是系统固件的一部分，或者它甚至可能驻留在普通的存储设备上。

　　UGA 提供了**绘图协议**（Draw Protocol）[②]和 **I/O 协议**（I/O protocol），前者用于在视频屏幕上绘图，后者用于创建一个独立于设备的、特定于操作系统的驱动程序，它只是一个"最小公分母"驱动程序，这是由于它并不打算取代特定于设备的高性能驱动程序，而后者通常是操作系统的一部分。然而，在如下场景中可能在引导后的环境中使用通用的 UGA

---

①　一般来讲，无需访问 ESP 的驱动程序都是可以驻留在 ESP 上的良好候选。

②　绘图协议中的基本图形操作是**块传输**（Block Transfer，BLT）操作。

驱动程序。

- 当常规的驱动程序损坏或者从操作系统中丢失时，用作后备驱动程序。
- 用作机器（比如服务器）中的主驱动程序，其中图形问题是无关紧要的。
- 在特殊的操作系统模式下，比如在"安全"引导期间或者当内核恐慌时。
- 当主驱动程序可能临时不可用时——例如，在操作系统安装、早期启动以及休眠期间，用于显示图形元素。

与 VGA 不同，UGA 固件不会直接访问图形硬件。它在虚拟机内工作。供应商可能提供一个库，在 EFI 上方实现一个瘦逻辑层，封装特定的 UGA 固件实现。

6. EFI 字节码

选项 ROM 需要不同的可执行映像用于不同的处理器和平台，EFI 定义了 EBC（EFI Byte Code，EFI 字节码）虚拟机，用于抽象化这样的区别。固件包括一个 EBC 解释器，使得可以保证编译成 EBC 的 EFI 映像将在所有 EFI 兼容的系统上正常工作。可以把 C 语言源代码编译成 EBC 并进行链接，以产生在解释器下运行的驱动程序。

EBC 虚拟机使用两组 64 位的寄存器：8 个通用寄存器和两个专用寄存器。对于数据偏移量，它将使用相对于基址的自然索引——而不是将固定的字节数作为偏移量单位，它使用**自然单位**（Natural Unit），定义为操作 sizeof (void *)，而不是作为一个常量。这允许 EBC 在 64 位和 32 位系统上无缝地执行。

针对 EBC 的程序必须服从多种限制。例如，它们绝对不能使用浮点、内联汇编或 C++。

7. 二进制格式

EFI 使用 PE32 二进制格式。Microsoft Windows 下的可执行文件格式和目标文件格式分别是 PE（Portable Executable，可移植的可执行文件）和 COFF（Common Object File Format，公共目标文件格式）。PE 文件实质上是一个 COFF 文件，它具有与 MS-DOS 2.0 兼容的头部。可选的头部包含一个幻数，它进一步把 PE 文件指定为 PE32 或 PE32+。头部还指定了映像执行的入口点[①]。

EFI PE 映像头部中的**子系统 ID**（Subsystem ID）可以是 0xa、0xb 或 0xc，这依赖于映像是 EFI 应用程序、EFI 引导服务驱动程序，还是 EFI 运行时驱动程序。

4.16.5　EFI 的好处

EFI 针对的是功能强大的、模块化的固件，甚至（能干的）用户也能轻松扩展它们。下面的列表总结了关键的 EFI 好处。

- 它是模块化的并且可扩展。它是用 C 编写的，这使它可移植。
- 它与实现无关，并且在体系结构之间兼容。它给操作系统提供了底层平台的一致视图。
- 它向后兼容，并且可用于补充现有的接口。

---

① EBC 文件在其入口点处包含 EBC 指令——而不是本机处理器指令。

- 它不需要 x86 实模式。它在平面内存模型中运行，并且整个地址空间都是可寻址的。
- 它没有对选项 ROM 的总大小设置限制。在 EFI 地址空间里的任何位置都可以加载 EFI 驱动程序。
- 它旨在随着时间的推移利用 UGA 的简单图形原语替换遗留的 VGA。
- 它包括一个可选的 shell，给用户提供相当大的自由度和灵活性。
- 它将系统的硬件拓扑结构表示为由设备路径名组成的分层结构。
- 它的预引导环境支持与 BSD 套接字兼容的网络接口，以及 FreeBSD TCP/IPv4 协议栈的端口。
- 它提供了通用的引导选项。只要提供合适的驱动程序，基于 EFI 的系统就可以软盘、硬盘、光盘、USB 存储设备、有线或无线网络等引导。网络引导是 EFI 中的一种基本能力，而无须依赖网卡。
- 它利用一种好得多的方案替换了古老的、基于 MBR 的磁盘分区方案。

尽管 EFI 具有在操作系统中发现的多种特性，但它并未打算代替"真正的"操作系统。尽管 EFI 具有所有这些能力，但它仍然是一种受限的执行环境。而且，它是单线程、非抢占式的。然而，EFI 的预引导环境便于为安全网络引导、安全网络复位和远程系统管理开发出健壮的解决方案，其中后者利用了可引导的 EFI 程序——**代理**（Agent），允许进行远程固件管理、供给和设置。

第5章 内核和用户级启动

在第 4 章中已经介绍过，Open Firmware 把控制交给 Mac OS X 引导加载程序 BootX，它将在 Mac OS X 内核可以开始执行之前就执行多种操作。本章将从此处开始继续讨论，其中内核将接替 BootX 的工作。本章将讨论在内核启动期间所发生的重要事件，访问多个内核子系统，查看它们是怎样初始化的，查看内核如何启动第一个用户空间的程序，以及探讨用户级启动的细节——直到此时，系统将为用户做好准备。在这个过程中，将遇到迄今为止在本书中尚未介绍的众多概念和术语。在这层意义上，本章就构成了许多隐含或明确的向前参考。

要理解系统启动，最有成效的方法也许是参考 Darwin 源代码——尤其是 xnu 包——以及本章内容。认识到 Mac OS X 内核是一个不断演进的实体很重要：它的内部细节跨修订版本在不断改变，有时甚至会极大地改变。

在本章中，将把内核函数的名称与实现它们的文件的路径名关联起来。例如，_start()[osfmk/ppc/start.s]意味着函数_start()是在内核源文件树中的 osfmk/ppc/start.s 文件中实现的。除非另外指出，否则所有的路径名都相对于内核源文件树的根目录，它通常被命名为 xnu-x.y.z，其中 x、y 和 z 是内核的版本号的组成部分。引用函数及其实现文件的重要目的是允许轻松地查找更多的信息。而且，可以查看调用者和被调用者属于内核的哪些部分。路径前缀的示例有：osfmk（Mach）、bsd（BSD）、iokit（I/O Kit）、libkern（I/O Kit 内核库）、libsa（独立库）和 pexpert（Platform Expert）。

5.1 安排内核执行

Mac OS X 内核是一个 Mach-O 可执行文件，默认作为/mach_kernel 驻留在引导卷上。回忆第 4 章可知，我们使用 otool 程序检查内核可执行文件，以确定内核的入口点。在编译内核时，最终的链接阶段将安排可执行文件的多个方面，具体如下。

- 将可执行文件的入口点设置为 _start()[osfmk/ppc/start.s]。Mach-O 头部中的 LC_UNIXTHREAD 加载命令在线程状态的 SRR0 寄存器中包含入口点的值。
- 将__VECTORS 段的地址设置为 0x0。
- 将__HIB 段的地址设置为 0x7000，这个段用于实现休眠。
- 将__TEXT 段的地址设置为 0xe000。
- __TEXT 段中的__text 区域将其对齐方式设置为 0x1000（4096 字节）。
- __DATA 段中的__common 区域将其对齐方式设置为 0x1000（4096 字节）。
- __DATA 段中的__bss 区域将其对齐方式设置为 0x1000（4096 字节）。
- 在__PRELINK 段中创建__text 区域（利用/dev/null 的内容——即没有内容）。类似地，在__PRELINK 段中通过/dev/null 创建__symtab 和__info 区域。

5.1.1　异常和异常矢量

　　__VECTORS 段包含内核的异常矢量。如第 4 章中所述，在调用内核前，BootX 将把它们复制到指定的位置——从地址 0x0 开始。这些矢量是在 osfmk/ppc/lowmem_ vectors.s 中实现的。表 5-1 概述了 PowerPC 异常，其中大多数都受一种或多种条件支配。例如，仅当启用地址转换时，由失败的实际地址-虚拟地址转换导致的异常才会发生。而且，大多数异常仅当没有更高优先级的异常存在时才会发生。

表 5-1　PowerPC 异常

矢量偏移量	异　　常	xnu 中断（"rupt"）代码	原因/注释
0x0100	系统复位	T_RESET	硬或软处理器复位。这种异常不可屏蔽并且是异步的
0x0200	机器检查	T_MACHINE_CHECK	多种原因：L1 缓存、TLB 或 SLB 中的奇偶校验错误检测；L2 缓存中无法校正的 ECC 错误检测；等等。也许可恢复，也许不能
0x0300	数据访问	T_DATA_ACCESS	页错误或者错误的数据内存访问，比如具有无效内存权限的操作
0x0380	数据段	T_DATA_SEGMENT	存储位置的实际地址无法转换成虚拟地址
0x0400	指令访问	T_INSTRUCTION_ACCESS	类似于数据访问异常，但是用于指令
0x0480	指令段	T_INSTRUCTION_SEGMENT	要执行的下一条指令的实际地址无法转换成虚拟地址
0x0500	内部中断	T_INTERRUPT	通过外部中断输入信号断言
0x0600	对齐	T_ALIGNMENT	多种与对齐相关的原因：例如，某些加载/存储指令遇到错误对齐的操作数
0x0700	程序	T_PROGRAM	多种原因：例如，浮点异常，或者由于执行非法或特权指令而导致的异常
0x0800	浮点不可用	T_FP_UNAVAILABLE	浮点单元不可用或者被禁用
0x0900	减量器	T_DECREMENTER	减量器为负
0x0a00	I/O 控制器接口错误	T_IO_ERROR	在 Mac OS X 上未使用
0x0b00	保留	T_RESERVED	—
0x0c00	系统调用	T_SYSTEM_CALL	执行系统调用（sc）指令
0x0d00	跟踪	T_TRACE	启用单步跟踪或分支跟踪，并且成功完成指令
0x0e00	浮点辅助	T_FP_ASSIST	浮点计算需要软件辅助

续表

矢量偏移量	异　　常	xnu 中断（"rupt"）代码	原因/注释
0x0f00	性能监视器	T_PERF_MON	多种性能监视异常状况
0x0f20	矢量处理单元不可用	T_VMX	VMX 不可用或者被禁用
0x1000	指令转换失效	T_INVALID_EXCP0	在 Mac OS X 上未使用
0x1100	数据加载转换失效	T_INVALID_EXCP1	在 Mac OS X 上未使用
0x1200	数据存储转换失效	T_INVALID_EXCP2	在 Mac OS X 上未使用
0x1300	指令地址断点	T_INSTRUCTION_BKPT	970FX 只通过支持处理器的接口来支持这种特性
0x1400	系统管理	T_SYSTEM_MANAGEMENT	依赖于实现
0x1500	软补丁	T_SOFT_PATCH	根据实现的软补丁工具发出特殊的异常成因内部操作。用于处理有缺陷的指令以及用于调试
0x1600	AltiVec Java 模式辅助/维护	T_ALTIVEC_ASSIST	依赖于实现的维护异常
0x1700	AltiVec Java 模式辅助/热量	T_THERMAL	当在 AltiVec Java 模式下操作时反规范化输入操作数或者操作的结果
0x1800	热（64 位）	T_ARCHDEP0	通过热中断输入信号发出通知
0x2000	仪器	T_INSTRUMENTATION	在 Mac OS X 上未使用
0x2100	VMM 超快路径	—	为 Mac OS X 内核中的虚拟机监视器（VMM）[a] 工具过滤超快路径系统调用。在 Mac OS X 10.4 中未使用

a. 在 6.9 节中将讨论 VMM 工具。

　　Mac OS X 内核中的大多数硬件异常都是通过一个公共异常处理例程（exception_entry() [osfmk/ppc/lowmem_vectors.s]）引导的。指定的异常处理程序保存 GPR13 和 GPR11，在 GPR11 中设置"rupt"代码，并且跳转到 exception_entry。例如，下面显示了 T_INSTRUCTION_ACCESS 的异常处理程序。

```
        . = 0x400
.L_handler400:
        mtsprg   2,r13                  ; Save R13
        mtsprg   3,r11                  ; Save R11
        li       r11,T_INSTRUCTION_ACCESS   ; Set rupt code
        b        .L_exception_entry     ; Join common
```

　　注意：表 5-1 中的多个异常可能"什么也不做"，这取决于使用的硬件、是否在调试内核以及其他因素。

5.1.2　内核符号

另外两个相关的文件通常存在于根卷上：/mach.sym 和/mach。/mach.sym 文件包含来自当前运行的内核中的符号，它打算由需要访问内核数据结构的程序使用。在一些情况下，磁盘上的内核可执行文件可能并不对应于正在运行的内核——例如，在网络引导的情况下。事实上，根文件系统上甚至可能不存在内核可执行文件。为了解决这个问题，内核可能生成它自己的符号的转储，并把它写到指定的文件。可以使用 KERN_SYMFILE sysctl 获取这个文件的路径名，它提供了对 kern.symfile sysctl 变量的读访问。

```
$ sysctl kern.symfile
kern.symfile = \mach.sym
```

KERN_SYMFILE sysctl 的内核实现将通过查看一个全局布尔变量检查/mach.sym 是否打开。如果它没有打开，内核将把内核符号输出到/mach.sym，并把它标记为打开的。如果通过网络访问根设备，如果/mach.sym 是作为一个非常规文件存在的，或者如果它具有大于 1 的链接计数，那么内核将不会把符号转储到/mach.sym。这个符号文件创建过程是在用户级系统启动期间从/etc/rc 中触发的，它使用 sysctl 命令获取 kern.symfile 变量的值。

```
# /etc/rc
...
# Create mach symbol file
sysctl -n kern.symfile
if [ -f /mach.sym ]; then
        ln -sf /mach.sym /mach
else
        ln -sf /mach_kernel /mach
fi
```

可以看到，如果/mach.sym 存在，就会创建/mach，作为指向它的符号链接，否则，/mach 就是指向/mach_kernel 的符号链接。而且，由于仅当/mach 对应于运行的内核时它才是有用的，因此在每次引导期间都会删除并重新创建它。

```
$ ls -l /mach*
lrwxr-xr-x  1 root  admin        9  Mar 10 16:07 /mach -> /mach.sym
-r--r--r--  1 root  admin   598865  Mar 10 16:07 /mach.sym
-rw-r--r--  1 root  wheel  4330320  Feb  3 20:51 /mach_kernel
```

注意：*仅当每次引导时，内核才对转储符号提供一次支持——如果删除/mach.sym，运行 sysctl 命令将不会重新生成它，除非重新引导。*

/mach.sym 中的符号与运行的内核的可执行文件中的符号相同，尽管符号表中的区域引用将被转换成绝对引用。事实上，/mach_sym 是一个 Mach-O 可执行文件，其中包含用于 __TEXT 段的加载命令、用于 __DATA 段的加载命令以及用于符号表的 LC_SYMTAB 加载命令。只有 __TEXT 段的 __const 区域是非空的，其中包含内核虚函数表。

```
$ otool -hv /mach.sym
/mach.sym:
Mach header
          magic cputype cpusubtype   filetype ncmds sizeofcmds      flags
       MH_MAGIC   PPC      ALL    EXECUTE    3       816   NOUNDEFS
$ otool -l /mach.sym
...
Load command 2
        cmd LC_SYMTAB
    cmdsize 24
     symoff 184320
      nsyms 11778
     stroff 325656
    strsize 273208
$ nm -j /mach_kernel > /tmp/mach_kernel.sym
$ nm -j /mach.sym > /tmp/mach.sym.sym
$ ls -l /tmp/mach_kernel.sym /tmp/mach.sym.sym
-rw-r--r--   1 amit  wheel 273204 Mar 10 19:22 /tmp/mach.sym.sym
-rw-r--r--   1 amit  wheel 273204 Mar 10 19:22 /tmp/mach_kernel.sym
$ diff /tmp/mach_kernel.sym /tmp/mach.sym.sym
# no output produced by diff
$ nm /mach_kernel | grep __start_cpu
00092380 T __start_cpu
$ nm /mach.sym | grep __start_cpu
00092380 A __start_cpu
```

5.1.3　运行内核

图 5-1 显示了 Mac OS X 系统启动的非常高级的概览。在本章余下内容中，将探讨"内核"和"用户"框中列出的步骤的详细信息。

> 限定词低级（Low-Level）和高级（High-Level）是主观性的和近似的。例如，I/O Kit——特别是平台驱动程序，比如 AppleMacRISC4PE——可以处理处理器初始化的某些低级方面，但是 I/O Kit 在非常早的内核启动期间不是活动的。

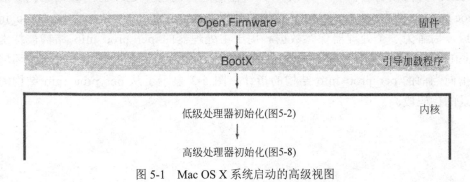

图 5-1　Mac OS X 系统启动的高级视图

图 5-1（续）

5.2   低级处理器初始化

如图 5-2 所示，BootX 通过调用内核中的_start 符号来启动内核。在多处理器系统中，内核在一个由 Open Firmware 选择的处理器上开始执行。出于内核启动的目的，可以把它视为**主处理器**（Master Processor），并且把其余的处理器（如果有的话）视作**从处理器**（Slave Processor）。

可以互换地使用术语**CPU** 和**处理器**（Processor），除非在某些环境下这两个术语具有特定的含义。在 Mach 用语中，处理器通常是独立于硬件的实体，而 CPU 代表底层的硬件实体。

5.2.1   每个处理器的数据

_start()首先初始化一个指针，它指向当前的**每个处理器的数据区域**（Per-Processor Data Area）。内核将会维护一个表，其中存储这样的每个处理器的数据结构。表——PerProcTable——是 per_proc_entry 结构的数组。per_proc_entry 结构由 per_proc_info 结构组成，后者为一个处理器保存数据。用于主处理器的 per_proc_info 结构被特别标记为 BootProcInfo。这些结构驻留在对齐的内存中。注意：线程的特定于机器的环境包括一个指向当前的 per_proc_info 结构的指针。图 5-3 显示了从 per_proc_info 结构的声明中摘录的代码段。

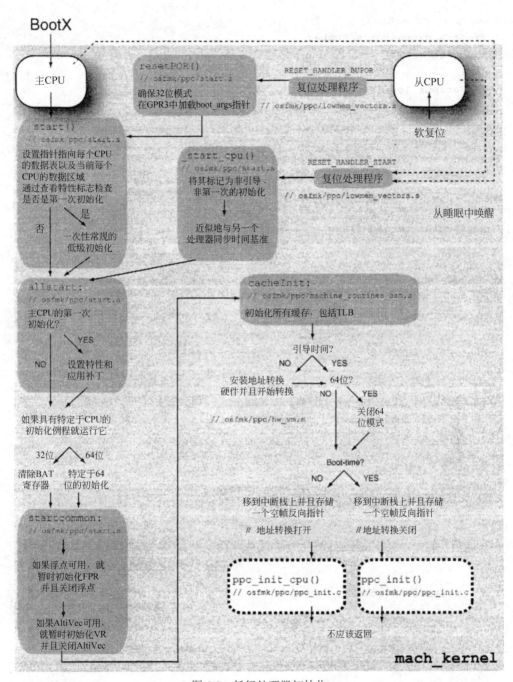

图 5-2　低级处理器初始化

```
// osfmk/ppc/exception.h

struct per_proc_info {
    // This processor's number
    unsigned short          cpu_number;

    // Various low-level flags
    unsigned short          cpu_flags;

    // Interrupt stack
    vm_offset_t             istackptr;
    vm_offset_t             intstack_top_ss;
    ...

    // Special thread flags
    unsigned int            spcFlags;
    ...

    // Owner of the FPU on this processor
    struct facility_context *FPU_owner

    // VRSave associated with live vector registers
    unsigned int            liveVRSave;

    // Owner of the VMX on this processor
    struct facility_context *VMX_owner;
    ...

    // Interrupt related
    boolean_t               interrupts_enabled;
    IOInterruptHandler      interrupt_handler;
    void                    *interrupt_nub;
    unsigned                interrupt_source;
    ...

    // Processor features
    procFeatures            pf;
    ...

    // Copies of general-purpose registers used for temporary save area
    uint64_t                tempr0;
    ...
    uint64_t                tempr31;
    ...
```

图 5-3　内核的每个处理器的数据表

```
// Copies of floating-point registers used for floating-point emulation
double              emfp0;
...
double              emfp31;
...


// Copies of vector registers used both for full vector emulation or
// save areas while assisting denormals
unsigned int        emvr0[4];
...
unsigned int        emvr31[4];
...


// Hardware exception counters
hwCtrs              hwCtr;

// Processor structure
unsigned int        processor[384];
};

extern struct per_proc_info BootProcInfo;


#define MAX_CPUS 256

struct per_proc_entry {
    addr64_t            ppe_paddr;
    unsigned int        ppe_pad4[1];
    struct per_proc_info *ppe_vaddr;
};


extern struct per_proc_entry PerProcTable[MAX_CPUS-1];
```

图 5-3（续表）

per_proc_info 结构的 pf 成员是一个 procFeatures 类型的结构。它保存每个处理器的特性，比如报告的处理器类型、哪些处理器功能可用、多种缓存大小、支持的省电模式以及所支持的最大物理地址。

// osfmk/ppc/exception.h

```
struct procFeatures {
        unsigned int    Available;          /* 0x000 */
#define pfFloat         0x80000000
#define pfFloatb        0
#define pfAltivec       0x40000000
#define pfAltivecb      1
...
```

```
#define pfValid          0x00000001
#define pfValidb         31
        unsigned short   rptdProc;              /* 0x004 */
        unsigned short   lineSize;              /* 0x006 */
        unsigned int     l1iSize;               /* 0x008 */
        unsigned int     l1dSize;               /* 0x00C */
...
        unsigned int     pfPowerTune0;          /* 0x080 */
        unsigned int     pfPowerTune1;          /* 0x084 */
        unsigned int     rsrvd88[6];            /* 0x088 */
};
...
typedef struct procFeatures procFeatures;
```

5.2.2　复位类型

Mac OS X 可以执行多种类型的处理器初始化，内核通过设置或清除条件寄存器
（Condition Register，CR）的某些位来区分它们。例如，如果它是给定环境中出现的第一个
处理器，就会设置通过 bootCPU 变量指定的 CR 位。如果是第一次初始化特定的处理器，
就会设置通过 firstInit 变量指定的 CR 位。bootCPU 和 firstInit 的逻辑"与"就称为
firstBoot。如果它是在内核初始化期间启动的第一个处理器（比如说，与从睡眠中唤醒的处
理器相对），firstBoot 将是非 0 的。如果处理器确实是第一次初始化，在控制流转到
osfmk/ppc/start.s 中的 allstart 标签之前，_start()将会执行一次性的常规低级初始化。如图 5-2
所示，其他代码路径也会导向代码中的这个位置，这依赖于处理器所经历的复位类型。与
之不同的是，当 BootX 直接调用_start()时，将通过指定的**复位处理程序**（Reset Handler）
来处理其他复位操作。

回忆表 5-1 可知，0x0100 是用于系统复位异常的矢量偏移量，它可以是硬或软处理器
复位的结果。一个名为 ResetHandler 的结构变量（它是 resethandler_t 类型）驻留在内存中
的偏移量 0xF0 处——刚好位于 0x0100 异常处理程序之前。

// osfmk/ppc/exception.h

```
typedef struct resethandler {
    unsigned int type;
    vm_offset_t  call_paddr;
    vm_offset_t  arg_paddr;
} resethandler_t;
...
extern resethandler_t ResetHandler;
...
#define RESET_HANDLER_NULL     0x0
#define RESET_HANDLER_START    0x1
#define RESET_HANDLER_BUPOR    0x2
#define RESET_HANDLER_IGNORE   0x3
```

```
                    ...

// osfmk/ppc/lowmem_vectors.s
                    . = 0xf0
                    .globl  EXT(ResetHandler)
EXT(ResetHandler):
                    .long   0x0
                    .long   0x0
                    .long   0x0


                    . = 0x100
.L_handler100:
                    mtsprg  2,r13      /* Save R13 */
                    mtsprg  3,r11      /* Save R11 */
                    /*
                    * Examine the ResetHandler structure
                    * and take appropriate action.
                    */
                    ...
```

当 0x0100 处理程序运行以处理复位异常时，它将检查 ResetHandler 结构，以确定复位的类型。注意：由于真正的**硬复位**（Hard Reset）——这样的复位将只会被 Open Firmware 看到，0x0100 处理程序将永远也不会运行。对于其他类型的复位，即**启动**（Start）、BUPOR[①]和**忽略**（Ignore），在生成复位异常之前，内核将会相应地建立 ResetHandler 结构。

当系统从睡眠中唤醒时，将会生成 RESET_HANDLER_START。在这种情况下，0x0100 处理程序将通过把复位类型设置为 RESET_HANDLER_NULL 来清除它，把 ResetHandler 结构的 arg_paddr 字段加载到 GPR3，把 call_paddr 字段加载到 LR，并且最终分支经过 LR，以调用通过 call_paddr 指向的函数。cpu_start() [osfmk/ppc/cpu.c]和 cpu_sleep() [osfmk/ppc/cpu.c]函数通过设置 ResetHandler 字段使用这种机制。确切地讲，它们把 call_paddr 设置成指向_start_cpu() [osfmk/ppc/start.s]。_start_cpu()将清除 bootCPU 和 firstInit 字段，设置当前的每个处理器的数据指针，使用来自另一个处理器的值设置处理器的时基寄存器（Timebase Register），以及分支到 allstart 标签。在这样做时，它将绕过一些仅由引导处理器执行的初始指令。

当直接通过上电复位（Power-On Reset，POR）启动时，RESET_HANDLER_BUPOR 将用于调出处理器。例如，依赖于平台的处理器驱动程序的 startCPU()方法可以生成一个软复位。在 970FX 的特定情况下，在 MacRISC4CPU 类（它继承自 IOCPU 类）中实现的 startCPU()方法将通过选通处理器的复位线来执行复位。0x0100 处理程序调用 resetPOR() [osfmk/ppc/start.s]处理这类复位。resetPOR()把 ResetHandler 的类型字段设置为 RESET_HANDLER_NULL，确保处理器处于 32 位模式下，利用一个指向引导参数结构的指针加载 GPR3，并且分支到_start()。

---

① BUPOR 代表 Bring-Up Power-On Reset（启动上电复位）。

> 在多处理器系统中，将在 POR 期间把每个 CPU 的处理器 ID 寄存器（Processor ID Register, PIR）设置成一个独特的值。

最后，如果复位类型是 RESET_HANDLER_IGNORE，内核就会忽略复位。这用于**软件消抖**（Software Debouncing）——例如，当使用不可屏蔽中断（Nonmaskable Interrupt, NMI）进入调试器时。

> ResetHandler 和异常例程都驻留在物理寻址的内存中。内核使用机器相关的特殊例程（在 osfmk/ppc/machine_routines_asm.s 中实现）读取和写入这样的位置。在执行物理地址的 I/O 时，这些例程将进行必要的预处理和后处理。例如，在 970FX 上，这种处理将使浮点和矢量处理单元不可用，延迟识别外部异常和减量器异常状况，以及禁用数据转换。后处理将撤销由预处理所做的改变。

5.2.3　处理器类型

osfmk/ppc/start.s 中的初始内核代码使用一个处理器类型表——processor_types，把特定的处理器类型映射到它们的相关特性。该表包含用于众多 PowerPC 处理器型号的条目，这些型号包括：750CX（版本 2.x）、750（通用）、750FX（版本 1.x 和通用版本）、7400（版本 2.0~2.7 以及通用版本）、7410（版本 1.1 和通用版本）、7450（版本 1.xx、2.0 和 2.1）、7455（版本 1.xx、2.0 和 2.1）、7457、7447A、970 和 970FX[①]。这个表中的条目是有序的：更特定的条目出现在限制性较少的条目之前。图 5-4 显示了用于 970FX 处理器的表条目的加注释的版本。

```
; osfmk/ppc/start.s
; 970FX

; Always on word boundary
.align 2

; ptFilter
; Mask of significant bits in the processor Version/Revision code
; 0xFFFF0000 would match all versions
.long  0xFFFF0000

; ptVersion
; Version bits from the Processor Version Register (PVR)
; PROCESSOR_VERSION_970FX is 0x003C
.short PROCESSOR_VERSION_970FX
```

图 5-4　处理器类型表中用于 PowerPC 970FX 的条目

---

① 970MP 和 970MX 被认为是完全相同的处理器类型。除非另外指出，否则本章中的讨论同样适用于 970FX 和 970MP。

```
; ptRevision
; Revision bits from the PVR. A zero value denotes generic attributes
.short 0


; ptFeatures
; Processor features that are available (defined in osfmk/ppc/exception.h)
.long  pfFloat        |\  ; FPU
       pfAltivec      |\  ; VMX
       pfSMPcap       |\  ; symmetric multiprocessing capable
       pfCanSleep     |\  ; can go to sleep
       pfCanNap       |\  ; can nap
       pf128Byte      |\  ; has 128-byte cache lines
       pf64Bit        |\  ; GPRs are 64-bit
       pfL2               ; has L2 cache


; ptCPUCap
; Default value for _cpu_capabilities (defined in osfmk/ppc/cpu_capabilities.h)
.long                   \
       ; has VMX
       kHasAltivec              |\

       ; GPRs are 64-bit
       k64Bit                   |\

       ; has 128-byte cache lines
       kCache128                |\

       ; dst, dstt, dstst, dss, and dssall available, but not recommended,
       ; unless the "Recommended" flag is present too
       kDataStreamsAvailable    |\

       ; enhanced dcbt instruction available and recommended
       kDcbtStreamsRecommended  |\

       ; enhanced dcbt instruction available (but may or may not be recommended)
       kDcbtStreamsAvailable    |\

       ; has fres, frsqrt, and fsel instructions
       kHasGraphicsOps          |\

       ; has stfiwx instruction
       kHasStfiwx               |\

       ; has fsqrt and fsqrts instructions
       kHasFsqrt
```

图 5-4（续）

```
; ptPwrModes
; Available power management features. The 970FX is the first processor used
; by Apple to support IBM's PowerTune Technology
.long  pmPowerTune


; ptPatch
; Patch features
.long  PatchLwsync


; ptInitRout
; Initialization routine for this processor. Can modify any of the other
; attributes.
.long  init970


; ptRptdProc
; Processor type reported. CPU_SUBTYPE_POWERPC_970 is defined to be
; ((cpu_subtype_t)100). In contrast, note that CPU_SUBTYPE_POWERPC_7450
; is defined to be ((cpu_subtype_t)11)!
.long  CPU_SUBTYPE_POWERPC_970


; ptLineSize
; L1 cache line size in bytes
.long  128


; ptl1iSize
; L1 I-cache size in bytes (64KB for the 970FX)
.long  64*1024


; ptl1dSize
; L1 D-cache size in bytes (32KB for the 970FX)
.long  32*1024


; ptPTEG
; Number of entries in a page table entry group (PTEG)
.long  128


; ptMaxVAddr
; Maximum virtual address (bits)
.long  65


; ptMaxPAddr
; Maximum physical address (bits)
.long  42
```

图 5-4（续）

内核使用当前 CPU 的处理器版本寄存器（Processor Version Register，PVR）的内容，通过遍历表并且检查每个候选条目的 ptFilter 和 ptVersion 字段，在 processor_table 中查找匹配的条目。一旦找到匹配的条目，还会保存一个指向 ptInitRout()（特定于处理器的初始化例程）的指针。

此时，如果是第一次引导主处理器，就会在 CPU 能力矢量中设置多种处理器特性和能力，它是一个名为_cpu_capabilities [osfmk/ppc/commpage/commpage.c]的整型变量，并且它的位就代表 CPU 能力。由于多处理器系统中的处理器具有完全相同的特性，对于次级处理器将会绕过这个步骤——将会为其他处理器简单地复制主处理器的特性信息。

5.2.4　内存补丁

尽管无论计算机型号是什么，Mac OS X 的给定版本都会使用相同的内核可执行文件，但是内核可能会基于底层的硬件在引导时改变自身。在初始引导期间，主处理器将查询构建到内核中的一个或多个**补丁表**（Patch Table），并且检查它们的条目，以确定其中是否有任何条目是适用的。图 5-5 显示了补丁表条目的结构。

```
// osfmk/ppc/exception.h

struct patch_entry {
    unsigned int        *addr;   // address to patch
    unsigned int        data;    // data to patch with
    unsigned int        type;    // patch type
    unsigned int        value;   // patch value (for matching)
};

#define PATCH_INVALID         0
#define PATCH_PROCESSOR       1
#define PATCH_FEATURE         2
#define PATCH_END_OF_TABLE    3

#define PatchExt32      0x80000000
#define PatchExt32b     0
#define PatchLwsync     0x40000000
#define PatchLwsyncb    1
...
```

图 5-5　补丁表条目的数据结构和相关定义

内核的补丁表是在 osfmk/ppc/ppc_init.c 中定义的。图 5-6 显示了这个表中的加注释的摘录。

当内核检查补丁表中的每个条目时，它将检查条目的类型。如果类型是 PATCH_FEATURE，内核将把补丁值与当前处理器的 processor_types 表条目中的 ptPatch 字段做比较。如果具有匹配，内核将把补丁数据写到通过补丁地址指定的位置来应用补丁。相反，如果条目是 PATCH_PROCESSOR 类型，内核将把它与其 processor_types 表条目的 ptRptdProc

字段（报告的处理器类型）做比较，以检查潜在的匹配。现在来查看特定的示例。

```
// osfmk/ppc/ppc_init.c

patch_entry_t patch_table[] = {

    // Patch entry 0
    {
       &extPatch32,            // address to patch
       0x60000000,             // data to patch with
       PATCH_FEATURE,          // patch type
       PatchExt32,             // patch value (for matching)
    }

    // Patch entry 1
    {
       &extPatchMCK,
       0x60000000,
       PATCH_PROCESSOR,
       CPU_SUBTYPE_POWERPC_970,
    }
    ...
    // Patch entry N
    {
       &sulckPatch_eieio,
       0x7c2004ac,
       PATCH_FEATURE,
       PatchLwsync,
    }
    ...
    {
       NULL,
       0x00000000,
       PATCH_END_OF_TABLE,
       0
    }
};
```

图 5-6　内核的补丁表

图 5-6 中显示的第一个补丁条目具有补丁值 PatchExt32，这个值在 Mac OS X 支持的所有 32 位处理器的 processor_types 条目中作为 ptPatch 值出现。因此，它将匹配所有的 32 位处理器，但是不匹配 64 位处理器，比如 970 和 970FX。补丁 extPatch32 的地址位于 osfmk/ppc/lowmem_vectors.s 文件中。

```
.L_exception_entry:
...

        .globl EXT(extPatch32)
```

```
LEXT(extPatch32)
                 b       extEntry64
...
                 /* 32-bit context saving */
...
                 /* 64-bit context saving */
extEntry64:
...
```

由于补丁值在 64 位处理器上不匹配，在这些处理器上仍将显示代码段。不过，在 32 位处理器上，分支到 extEntry64 的指令将被补丁条目的数据 0x60000000 代替，它是 PowerPC 无操作指令（nop）。

图 5-6 中的补丁条目 1 将在 970 或 970FX 上匹配，导致把地址 extPatchMCK 中的指令转变成无操作指令。默认情况下，extPatchMCK 中的指令是一个分支，用于绕过机器检查异常（Machine Check Exception，MCE）处理程序[osfmk/ppc/lowmem_vectors.s]中特定于 64 位的代码。

图 5-6 中的补丁条目 N 在匹配系统上利用 lwsync 指令代替 eieio 指令。

单处理器补丁表

还有另一个补丁表（patch_up_table）[osfmk/ppc/machine_routines.c]只在单处理器系统上使用。在初始化 CPU 中断控制器时，它将调用 ml_init_cpu_max() [osfmk/ppc/machine_routines.c]，如果系统上只有一个逻辑处理器，它将应用这个表中包含的补丁。补丁将把多个同步例程中的 isync 和 eieio 指令转换成无操作指令。

5.2.5 特定于处理器的初始化

processor_types 表条目的 ptInitRout 字段（如果有效的话）指向一个函数，用于处理器的特定于型号的初始化。对于 970 和 970FX，这个字段都指向 init970() [osfmk/ppc/start.s]。在各类处理器初始化期间，init970()都将清除 HID0[1]的"深睡眠"位：在引导处理器的第一次初始化期间，当启动从处理器时，或者当处理器从睡眠中唤醒时。对于引导处理器第一次初始化的情况，init970()将合成一个虚拟的 L2 缓存寄存器（L2CR），并把它的值设置成 970FX 上实际的 L2 缓存大小（512KB）。

此时，内核将在 per_proc_info 结构的处理器特性成员（pF）的 Available 字段中设置有效位（pfValid）。

接下来，内核将基于处理器是 32 位还是 64 位而执行初始化。例如，在 32 位处理器上，将清除 BAT 寄存器，并且调整 HID0 寄存器的内容以清除任何与睡眠相关的位。此后，代码将分支到 startcommon() [osfmk/ppc/start.s]。在 64 位处理器上，内核将相应地设置 HID0 的值，在 SRR1 寄存器中准备机器状态值，并且在 SRR0 中加载延续点（startcommon()例

---

① 回忆第 3 章可知，970FX 包含 4 个硬件实现相关（Hardware-Implementation-Dependent，HID）的寄存器：HID0、HID1、HID4 和 HID5。

程）。然后，它将执行 rfid 指令，该指令将导致把 SRR1 中的机器状态交还给 MSR（Machine State Register，机器状态寄存器）。然后，在 startcommon()中继续执行。

5.2.6　其他早期的初始化

内核将检查浮点功能在处理器上是否可用，如果是，它将利用一个已知的浮点初始化值加载 FPR0，然后把它复制给其余的 FPR。然后，暂时关闭浮点功能。在 osfmk/ppc/aligned_data.s 中定义初始化值。

```
.globl  EXT(FloatInit)
                .align  3

EXT(FloatInit):
                .long  0xC24BC195
        /* Initial value */
                .long  0x87859393
        /* of floating-point registers */
                .long  0xE681A2C8
        /* and others */
                .long  0x8599855A
```

在引导后，只要没有使用 FPR，就可以在 FPR 中查看这个值。例如，可以使用 GDB 调试一个简单的程序，并且查看 FPR 的内容。

```
$ cat test.c
main() { }
$ gcc -g -o test test.c
$ gdb ./test
...
(gdb) break main
Breakpoint 1 at 0x2d34: file test.c, line 1.
(gdb) run
...
Breakpoint 1, main () at test.c:1
1        main() { }
(gdb) info all-registers
...
f14       -238423838475.15292    (raw 0xc24bc19587859393)
f15       -238423838475.15292    (raw 0xc24bc19587859393)
f16       -238423838475.15292    (raw 0xc24bc19587859393)
...
```

类似地，内核将检查 AltiVec 是否可用，如果是，内核将把 VRSAVE 寄存器设置为 0，指示还没有使用 VR。它将在 VSCR 中设置非 Java（non-Java，NJ）位，并且清除饱和（SAT）位，在第 3 章中讨论了这些位。把一个特殊的矢量初始化值加载进 VR0 中，然后把它复制给其他的 VR。然后，暂时关闭 AltiVec。在 osfmk/ppc/aligned_data.s 中定义标记为 QNaNbarbarian 的初始化值。它是一个长整数序列，其中每个整数都具有值 0x7FFFDEAD。同样，在调试程序时可以在未触及的 VR 中潜在地查看这个值。

```
(gdb) info all-registers
...
v0              {
  uint128   = 0x7fffdead7fffdead7fffdead7fffdead,
  v4_float  = {nan(0x7fdead), nan(0x7fdead), nan(0x7fdead), nan(0x7fdead)},
  v4_int32  = {2147475117, 2147475117, 2147475117, 2147475117},
  v8_int16  = {32767, -8531, 32767, -8531, 32767, -8531, 32767, -8531},
  v16_int8  = "\177??\177??\177??\177??"
}       (raw 0x7fffdead7fffdead7fffdead7fffdead)
...
```

静默 NaN

如果某个浮点数的指数是 255 并且它的小数部分是非零的，就把这个数的值视作 NaN（Not a Number，非数值）。而且，依赖于其小数字段的最高有效位是否为 0，可以将 NaN 分为 SNaN（Signaling NaN，信令 NaN）和 QNaN（Quiet NaN，静默 NaN）。当把 SNaN 指定为一个算术操作数时，它将发出异常通知，而 QNaN 则通过大多数浮点运算来传播。

然后，内核将通过调用 cacheInit() [osfmk/ppc/machine_routines_asm.s]，初始化所有的缓存，它首先将确保关闭多种特性[1]。例如，它将关闭数据和指令地址转换、外部中断、浮点和 AltiVec。它还将通过如下步骤初始化多个缓存。

- 它将使用 dssall 指令停止所有的数据流。
- 它将分别使用 tlbie 和 tlbsync 指令清理和同步 TLB。
- 在 64 位 PowerPC 上，它将使用 ptesync 同步页表项目。
- 在 32 位 PowerPC 上，它将初始化 L1、L2 和 L3 缓存。如果以前启用了某个缓存，将先把它的内容冲洗到内存中。当可用时，将使用硬件辅助的缓存冲洗。之后，将使缓存失效，并且最终将打开它。

在 64 位处理器上，缓存管理与 32 位处理器上的差别相当大。例如，在 970FX 上不能禁用 L2 缓存。因此，内核将执行一组不同的操作来初始化缓存。

- 它将通过清除 HID1 的第 7 位和第 8 位，禁用指令预取。
- 它将通过设置 HID4 的第 25 位，禁用数据预取。
- 它将通过设置 HID4 的第 28 位，启用 L1 数据缓存[2]**快速失效**（Flash Invalidation）。快速失效是一种特殊的模式，允许通过简单地设置某个位并且执行 sync 指令，使

---

[1] 其中许多特性很可能已经关闭了。

[2] 回忆第 3 章可知，970FX 上的 L1 数据缓存是一种直存（Store-Through）缓存——它永远不会存储修改过的数据。在 L1 数据缓存上面的存储队列中可能有挂起的存储，它们可能需要执行 sync 指令，以确保全局一致性。

　　L1 数据缓存完全失效。

● 它将通过设置 HID4 的第 37 位和第 38 位，禁用 L1 数据缓存。

● 它操纵 L2 缓存使用直接映射模式，代替组相联模式。它使用处理器的扫描通信
（Scan Communication）工具（参见框注"SCOM 工具"）执行这种改变。此后，
将基于真实地址位（第 42~44 位）的简单地址解码来选择要从缓存中逐出的受
害者。

● 它将从依据图 5-7 中所示的算法递增的地址加载一系列 4 MB 的可缓存的内存区域，
对整个 L2 缓存执行内存冲洗。

```
// pseudocode

offset = 0;

do {
    addr = 0x400000; // 4MB cacheable memory region
    addr = addr | offset;

    load_to_register_from_address(addr);

    for (i = 1; i < 8; i++) {

        // increment the direct map field (bits [42:44]) of the load address
        addr += 0x80000;

        // load a line
        load_to_register_from_address(addr);
    }

// increment the congruence address field (bits [48:56]) of the load address
offset += 128;

} while (offset < 0x10000);
```

图 5-7　在 PowerPC 970FX 上冲洗 L2 缓存

SCOM 工具

　　970FX 提供了一个扫描通信（Scan Communication，SCOM）工具，可以通过一个由
SCOMC（控制）和 SCOMD（数据）寄存器组成的专用寄存器接口访问它。在内部，SCOM
给代表处理器功能的寄存器指定地址范围。这样的 SCOM 寄存器的示例包括指令地址断
点寄存器（Instruction Address Breakpoint Register）、电源管理控制寄存器（Power
Management Control Register）和存储子系统模式寄存器（Storage Subsystem Mode
Register），内核将在后者中设置某个位，以启用 L2 缓存的直接映射模式。

在缓存初始化之后，内核将配置并开启地址转换，除非底层的处理器是引导处理器，在这种情况下，虚拟内存还派不上用场。地址转换是通过调用 hw_setup_trans() [osfmk/ppc/hw_vm.s]配置的，它首先通过相应地设置每个处理器的结构（struct per_proc_info）的 validSegs 字段，把段寄存器（Segment Register，SR）和段表条目（Segment Table Entry，STE）标记为无效的。它将进一步把该结构的 ppInvSeg 字段设置为 1，强制使 SR 和段后备缓冲区（Segment Lookaside Buffer，SLB）完全失效。它还将把 ppCurSeg 字段设置为 0，指定当前的段是一个内核段。

如果在 32 位硬件上运行，内核将通过利用 0 加载数据和指令 BAT 寄存器，使 BAT 映射无效。接下来，它将获取页散列表的基址（hash_table_base）和大小（hash_table_size），并把它加载进 SDR1 寄存器中。注意：在主处理器的初始引导期间还不会初始化这些变量。不过，它们是为从处理器定义的，在这种情况下，内核此时将调用 hw_setup_trans()。然后，内核将利用预定义的无效段值 1 加载每个 SR。

如果在 64 位硬件上运行，设置将稍微简单一点，因数没有 BAT 寄存器，内核将像 32 位的情况那样设置页散列表，并通过 slbia 指令使所有的 SLB 条目无效。它还会确保 64 位模式是关闭的。

在配置了地址转换之后，内核将通过调用 hw_start_trans() [osfmk/ppc/hw_vm.s]开启地址转换，它将设置 MSR 的 DR（data relocate，数据重定位）位和 IR（instruction relocate，指令重定位）位，以分别启用数据和指令地址转换。

此时，内核几乎准备好在更高级的代码中执行；引导处理器将执行 ppc_init() [osfmk/ppc/ppc_init.c]函数，而非引导内核将执行 ppc_init_cpu() [osfmk/ppc/ppc_init.c]函数。这两个函数都不会返回。在调用其中任何一个函数之前，内核都将编造一个 C 语言调用帧。它将利用一个指向中断栈的指针初始化 GPR1，存储 0 作为栈上的空帧反向指针，并且利用一个指向引导参数的指针加载 GPR3。之后，它将根据需要调用 ppc_init()或 ppc_init_cpu()。内核将在每个调用后面放置一个断点陷阱——tw 指令，使调用监视这些函数。因此，在不太可能的情况下，任何一个调用返回，都将生成一个陷阱。

5.3 高级处理器初始化

图 5-8 显示了 ppc_init()函数的控制流程的概览，包括它调用的其他值得注意的函数。注意：ppc_init()还会标记从汇编语言代码到 C 代码的转变。

ppc_init()首先在引导处理器的每个处理器的数据区中设置多个字段。其中一个字段是 pp_cbfr [osfmk/console/ppc/serial_console.c]，它是一个指向每个处理器的控制台缓冲区的指针，该缓冲区由内核用于处理多个处理器的控制台输出。现在来控制图 5-8 中描绘的序列中的每个函数所执行的关键操作。

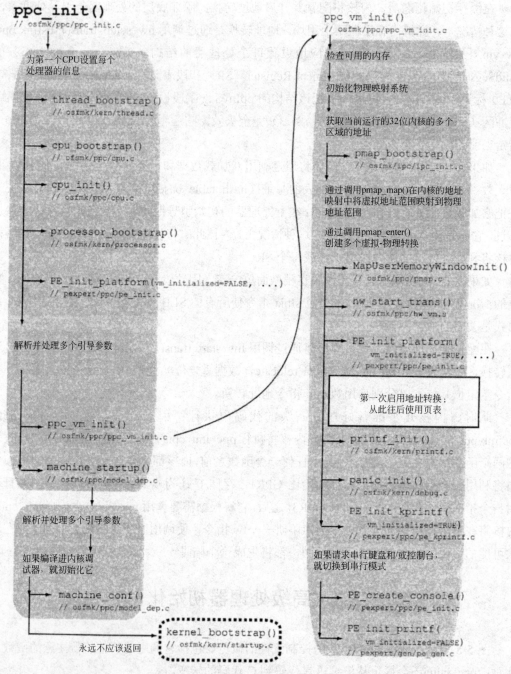

图 5-8　高级处理器初始化

5.3.1　在虚拟内存之前

　　thread_bootstrap() [osfmk/kern/thread.c]填充一个静态线程结构（thread_template），该结构用作一个模板，用于快速初始化新创建的线程。然后，它使用这个模板初始化 init_thread，这是另一个静态线程结构。thread_bootstrap()通过把 init_thread 设置为当前线程来完成执行，这反过来又会利用 init_thread 加载 SPRG1 寄存器[①]。一旦从 thread_bootstrap() 返回，ppc_init()就会初始化当前线程的机器相关状态的某些方面。

cpu_bootstrap() [osfmk/ppc/cpu.c]将初始化某些锁定数据结构。

cpu_init [osfmk/ppc/cpu.c]通过 per_proc_info 结构中保存的值恢复时基寄存器。它还会设置 per_proc_info 结构中的一些信息字段的值。

// osfmk/ppc/cpu.c

```
void
cpu_init(void)
{
    // Restore the Timebase
    ...
    proc_info->cpu_type = CPU_TYPE_POWERPC;
    proc_info->cpu_subtype = (cpu_subtype_t)proc_info->pf.rptdProc;
    proc_info->cpu_threadtype = CPU_THREADTYPE_NONE;
    proc_info->running = TRUE;
}
```

processor_bootstrap() [osfmk/kern/processor.c]是一个 Mach 函数，它通过全局变量 master_cpu 的值设置全局变量 master_processor 的值，在调用这个函数之前将其设置为 0。它将调用 cpu_to_processor() [osfmk/ppc/cpu.c]函数，把 cpu（一个整数）转换成 processor（一个 processor_t）。

// osfmk/ppc/cpu.c

```
processor_t
cpu_to_processor(int cpu)
{
    return ((processor_t)PerProcTable[cpu].ppe_vaddr->processor);
}
```

如图 5-3 所示，ppe_vaddr 字段指向 per_proc_info 结构。它的处理器字段（在图 5-3 中显示为一个字符数组）保存 processor_t 数据类型，它是 Mach 对处理器的抽象[②]。它的内容包括多个与调度相关的数据结构。processor_bootstrap()调用 processor_init()[osfmk/kern/processor.c]，它初始化 processor_t 的与调度相关的字段，并为达到阈值的数量设置定时器。

然后，ppc_init()把 static_memory_end 全局变量设置成内核的数据区中使用的最高地址，并四舍五入到最近的页。回忆第 4 章可知，boot_args 结构的 topOfKernelData 字段包含这个值。ppc_init()调用 PE_init_platform() [pexpert/ppc/pe_init.c]，初始化 Platform Expert 的某些方面。这个调用是通过把第一个参数（vm_initialized）设置成 FALSE 来执行的，指示虚拟内存（VM）子系统还没有初始化。PE_init_platform()把引导参数指针、指向设备树的指

[①] SPRG1 保存活动线程。

[②] 在第 7 章中将探讨 Mach 的处理器抽象的详细信息。

针以及显示属性复制给名为 PE_state 的全局结构变量，它是 PE_state_t 类型。

// **pexpert/pexpert/pexpert.h**

```
typedef struct PE_state {
    boolean_t   initialized;
    PE_Video    video;
    void        *deviceTreeHead;
    void        *bootArgs;
#if __i386__
    void        *fakePPCBootArgs;
#endif
} PE_state_t;

extern PE_state_t PE_state;
```

// **pexpert/ppc/pe_init.c**

```
PE_state_t PE_state;
```

然后，PE_init_platform()调用 DTInit() [pexpert/gen/device_tree.c]，初始化 Open Firmware 设备树例程。DTInit()简单地初始化一个指向设备树的根结点的指针。最后，PE_init_ platform()调用 pe_identify_machine() [pexpert/ppc/pe_identify_machine.c]，它利用诸如时基、处理器和总线之类的多种频率填充 clock_frquency_info_t 变量（gPEClockFrquencyInfo）。

// **pexpert/pexpert/pexpert.h**

```
    struct clock_frequency_info_t {
    unsigned long       bus_clock_rate_hz;
    unsigned long       cpu_clock_rate_hz;
    unsigned long       dec_clock_rate_hz;
    ...
    unsigned long long cpu_frequency_hz;
    unsigned long long cpu_frequency_min_hz;
    unsigned long long cpu_frequency_max_hz;
};

typedef struct clock_frequency_info_t clock_frequency_info_t;

extern clock_frequency_info_t gPEClockFrequencyInfo;
```

ppc_init()此时将解析多个引导参数，比如 novmx、fn、pmsx、lcks、diag、ctrc、tb、maxmem、wcte、mcklog 和 ht_shift。在第 4 章中见过所有这些参数。不过，并非所有的参数都会立即处理——对于某些参数，ppc_init()只会设置某些内核变量的值，以便以后参考。

5.3.2 低级虚拟内存初始化

ppc_init()调用 ppc_vm_init() [osfmk/ppc/ppc_vm_init.c]初始化虚拟内存子系统的与硬件相关的方面。图 5-8 中显示了由 ppc_vm_init()执行的关键动作。

1. 调整内存大小

ppc_vm_init()首先通过利用 0 加载内存中的阴影 BAT，而使它们失效。然后，它将从引导参数中获取关于物理内存池的信息。这个信息用于计算机器上的内存总量。对于每个有用的可用内存池，ppc_vm_init()都会初始化一个内存区域结构（mem_region_t）。

```
// osfmk/ppc/mappings.h

typedef struct mem_region {
    phys_entry  *mrPhysTab;      // Base of region table
    ppnum_t     mrStart;         // Start of region
    ppnum_t     mrEnd;           // Last page in region
    ppnum_t     mrAStart;        // Next page in region to allocate
    ppnum_t     mrAEnd;          // Last page in region to allocate
} mem_region_t;
...
#define PMAP_MEM_REGION_MAX 11
extern mem_region_t \
    pmap_mem_regions[PMAP_MEM_REGION_MAX + 1];
extern int pmap_mem_regions_count;
...
```

注意：物理内存可能是不连续的。内核将把潜在地不连续的物理空间映射到连续的物理-虚拟内存表中。pmap_vm_init()将在 pmap_mem_regions 数组中为它使用的每个 DRAM 池创建一个条目，同时递增 pmap_mem_regions_count。内核将计算内存大小的多个最大值。例如，在具有 2GB 以上物理内存的机器上，出于兼容性考虑，将把最大内存值之一固定在 2GB。某些数据结构也必须驻留在前 2GB 的物理内存中。下面是由 ppc_vm_init()确定的内存限制的特定示例。

- mem_size 是 32 位的物理内存大小，不包括任何性能缓冲区。在具有 2GB 以上物理内存的机器上，它固定在 2GB。可以通过 maxmem 引导时参数限制它。
- max_mem 是 64 位的内存大小，也可以通过 maxmem 限制它。
- mem_actual 是 64 位的物理内存大小，它等于最高的物理地址加上 1。不能通过 maxmem 限制它。
- sane_size 与 max_mem 相同，除非 max_mem 超过 VM_MAX_KERNEL_ADDRESS，在这种情况下，将把 sane_size 固定在 VM_MAX_KERNEL_ADDRESS，在 osfmk/mach/ppc/vm_param.h 中将其定义为 0xDFFFFFFF（3.5GB）。

ppc_vm_init()把 first_avail 变量（它代表第一个可用的虚拟地址）设置为 static_memory_ end（注意：虚拟内存还不能投入使用）。接下来。它将通过从内核的 Mach-O 头部中获取段地址来计算 kmapsize——内核文本和数据的大小。然后，它将利用 3 个参数（max_mem、first_avail 和 kmapsize）调用 pmap_bootstrap() [osfmk/ppc/pmap.c]。接下来，pmap_bootstrap() 将使系统准备好采用虚拟内存。

2. 物理映射初始化

物理映射（physical map，pmap）层[①]是 Mach 的虚拟内存子系统的机器相关的部分。pmap_bootstrap()首先初始化内核的物理映射（kernel_pmap）。然后，它将查找用于 PTEG（page table entry group，页表条目组）散列表和 PTEG 控制区（PTEG Control Area，PCA）的空间。内存中的散列表具有以下特征。

- 内存为每 4 个物理页分配一个 PTEG[②]。如我们在 4 章中所看到的，ht_shift 引导参数允许改变散列表的大小。
- 散列表是在物理内存中的最大可用的物理连续内存范围中分配的。
- PCA 恰好驻留在散列表之前，它的大小是通过散列表大小计算得到的。

在 osfmk/ppc/mappings.h 中声明了 PCA 的结构。

```
// osfmk/ppc/mappings.h


typedef struct PCA {
    union flgs {
        unsigned int PCAallo;           // Allocation controls
        struct PCAalflgs {
            unsigned char PCAfree;      // Indicates the slot is free
            unsigned char PCAsteal;     // Steal scan start position
            unsigned char PCAauto;      // Indicates that the PTE was autogenned
            unsigned char PCAmisc;      // Miscellaneous flags
#define PCAlock 1                       // This locks up the associated PTEG
#define PCAlockb 31
        } PCAalflgs;
    } flgs;
} PCA_t;
```

图 5-9 中的程序执行与内核相同的计算，用以计算机器上的散列表大小。在给定机器上的物理内存数量和 PTEG 大小的情况下，可以使用它来确定页表使用的内存数量。注意：使用 PowerPC 的 cntlzw 指令统计前导 0 的数量。

pmap_bootstrap()调用 hw_hash_init() [osfmk/ppc/hw_vm.s]初始化散列表和 PCA。然后，它将调用 hw_setup_trans() [osfmk/ppc/hw_vm.s]，在本章前面已经介绍过它。回忆可知，hw_setup_trans()只会配置地址转换所需的硬件寄存器——它不会实际地开启地址转换。

pmap_bootstrap()将计算需要指定为"已分配"（即不能把它标记为空闲的）的内存数量。这包括用于初始环境保存区域、跟踪表、物理条目（phys_entry_t）、内核文本、映射物理内存所需的逻辑页（struct vm_page）以及地址映射结构（struct vm_map_entry）的内

---

① 在第 8 章中将讨论物理映射层。
② IBM 建议的散列表大小是每两个物理页使用一个 PTEG。

```
$ cat hash_table_size.c
// hash_table_size.c

#define PROGNAME "hash_table_size"

#include <stdio.h>
#include <stdlib.h>
#include <sys/types.h>
#include <mach/vm_region.h>

typedef unsigned int uint_t;

#define PTEG_SIZE_G4 64
#define PTEG_SIZE_G5 128

extern unsigned int cntlzw(unsigned int num);

vm_size_t
calculate_hash_table_size(uint64_t msize, int pfPTEG, int hash_table_shift)
{
    unsigned int nbits;
    uint64_t    tmemsize;
    vm_size_t   hash_table_size;

    // Get first bit in upper half
    nbits = cntlzw(((msize << 1) - 1) >> 32);

    // If upper half is empty, find bit in lower half
    if (nbits == 32)
        nbits = nbits + cntlzw((uint_t)((msize << 1) - 1));

    // Get memory size rounded up to a power of 2
    tmemsize = 0x8000000000000000ULL >> nbits;

    // Ensure 32-bit arithmetic doesn't overflow
    if (tmemsize > 0x0000002000000000ULL)
        tmemsize = 0x0000002000000000ULL;

    // IBM-recommended hash table size (1 PTEG per 2 physical pages)
    hash_table_size = (uint_t)(tmemsize >> (12 + 1)) * pfPTEG;

    // Mac OS X uses half of the IBM-recommended size
    hash_table_size >>= 1;

    // Apply ht_shift, if necessary
```

图 5-9　计算内核使用的 PowerPC PTEG 散列表大小

```
    if (hash_table_shift >= 0) // make size bigger
        hash_table_size <<= hash_table_shift;
    else // Make size smaller
        hash_table_size >>= (-hash_table_shift);

    // Ensure minimum size
    if (hash_table_size < (256 * 1024))
        hash_table_size = (256 * 1024);

    return hash_table_size;
}

int
main(int argc, char **argv)
{
    vm_size_t htsize;
    uint64_t msize;

    if (argc != 2) {
        fprintf(stderr, "%s <memory in MB>\n", PROGNAME);
        exit(1);
    }

    msize = ((uint64_t)(atoi(argv[1])) << 20);
    htsize = calculate_hash_table_size(msize, PTEG_SIZE_G5, 0);

    printf("%d bytes (%dMB)\n", htsize, htsize >> 20);

    exit(0);
}
$ cat cntlzw.s
; cntlzw.s
; count leading zeros in a 32-bit word
;

        .text
        .align 4
        .globl _cntlzw
_cntlzw:
        cntlzw r3,r3
        blr
$ gcc -Wall -o hash_table_size hash_table_size.c cntlzw.s
$ ./hash_table_size 4096
33554432 bytes (32MB)
$ ./hash_table_size 2048
16777216 bytes (16MB)
```

图 5-9（续）

存。然后，它将通过调用 savearea_init() [osfmk/ppc/savearea.c]分配初始环境保存区域，这允许处理器采用中断。

> **保存区域**
>
> 　　保存区域用于存储进程控制块（Process Control Block，PCB）。根据它的类型，保存区域可以包含普通的处理器环境、浮点环境、矢量环境等。在 osfmk/ppc/savearea.h 中声明了多个保存区域结构。保存区域永远不会跨越页边界。而且，除了通过其虚拟地址指示保存区域之外，内核也可能通过其物理地址引用保存区域，比如从中断矢量内，其中绝对不能发生异常。内核维护两个全局保存区域空闲列表：保存区域**空闲池**（Free Pool）和保存区域**空闲列表**（Free List）。对于每个处理器，都具有一个本地列表。

　　pmap_bootstrap()通过调用 mapping_init() [osfmk/ppc/mappings.c]初始化映射表。然后，它将调用 pmap_map() [osfmk/ppc/pmap.c]，在内核的映射中为页表映射内存。通过 V=R 来映射页表——也就是说，使虚拟地址等于真实地址。在 64 位机器上，pmap_bootstrap()将调用 pmap_map_physical() [osfmk/ppc/pmap.c]，把物理内存区域——在最高 256MB 的单元中——块映射到内核的地址映射中。物理内存是在从 PHYS_MEM_WINDOW_VADDR 开始的虚拟地址处映射的，在 osfmk/ppc/pmap.h 中将其定义为 0x100000000ULL（4GB）。而且，在这个物理内存窗口中，大小为 IO_MEM_WINDOW_SIZE（在 osfmk/ppc/pmap.h 中定义为 2GB）的 I/O 孔是在偏移量 IO_MEM_WINDOW_VADDR（在 osfmk/ppc/pmap.h 中定义为 2GB）处映射的。在 64 位机器上调用 pmap_map_iohole() [osfmk/ppc/pmap.c]函数来映射 I/O 孔。

　　最后，pmap_bootstrap()将设置下一个可用的页指针（first_avail）和第一个空闲的虚拟地址指针（first_free_virt）。将内存的余下部分标记为空闲的并添加到空闲区域中，在这里可以通过 pmap_steal_memory() [osfmk/vm/vm_resident.c]分配它。

　　ppc_vm_init()现在调用 pmap_map()在内核的地址映射中映射（再一次，V=R）异常矢量，从地址 exception_entry 开始直到地址 exception_end，这两个地址都是在 osfmk/ppc/lowmem_vectors.s 中定义的。所执行的其他 pmap_map()调用包括那些用于内核的文本（__TEXT）段和数据（__DATA）段的调用。__KLD 段和 __LINKEDIT 段是通过 pmap_enter() [osfmk/ppc/pmap.c]逐页映射（连接）的。在引导完成后，将通过 I/O Kit 完全卸载这些段，以回收那些内存。

　　ppc_vm_init()接下来将调用 MapUserMemoryWindowInit() [osfmk/ppc/pmap.c]初始化一种机制，内核将使用它把用户空间的内存的某些部分映射到内核中。copyin()和 copyout() 函数（它们都是在 osfmk/ppc/movc.s 中实现的）主要通过调用 MapUserMemoryWindow() [osfmk/ppc/pmap.c]使用这种功能，它把用户地址范围映射到预定义的内核范围中。该范围的大小是 512MB 并且从 USER_MEM_WINDOW_VADDR 开始，在 osfmk/ppc/pmap.h 中将其定义为 0xE0000000ULL（3.5GB）。

3. 开启地址转换

　　既然已经配置了内存管理硬件，并且分配和初始化了虚拟内存子系统数据结构，ppc_vm_init()就可以调用 hw_start_trans() [osfmk/ppc/hw_vm.s]开启地址转换。注意：这是在引导过程中第一次启用地址转换。

5.3.3　在虚拟内存之后

ppc_vm_init()调用 PE_init_platform()，但是把 vm_initialized 布尔参数设置为 TRUE（与以前通过 ppc_init()执行的调用不同）。因此，PE_init_platform()将调用 pe_init_debug() [pexpert/gen/pe_gen.c]，它将从引导参数中把调试标志（如果有的话）复制给内核变量 DEBUGFlag。

printf_init() [osfmk/kern/printf.c]将初始化由 printf()和 sprintf()内核函数使用的锁。它还会调用 bsd_log_init() [bsd/kern/subr_log.c]，为内核日志初始化一个消息缓冲区。在 bsd/sys/msgbuf.h 中声明了缓冲区结构。

```
// bsd/sys/msgbuf.h

#define MSG_BSIZE (4096 - 3 * sizeof(long))

struct msgbuf {
#define MSG_MAGIC 0x063061

    long msg_magic;
    long msg_bufx;                      // write pointer
    long msg_bufr;                      // read pointer
    char msg_bufc[MSG_BSIZE];           // buffer
};
#ifdef KERNEL
extern struct msgbuf *msgbufp;
...
```

由于日志可能是在中断级编写的，日志操作有可能会在中断级影响另一个处理器。因此，printf_init()还会初始化一个日志自旋锁，串行化对日志缓冲区的访问。

panic_init() [osfmk/kern/debug.c]初始化一个锁，用于串行化多个处理器对全局恐慌字符串的修改。如果需要运行调试器，则需要 printf()和 panic()。

1. 控制台初始化

PE_init_kprintf() [pexpert/ppc/pe_kprintf.c]确定要使用哪种控制台字符输出方法。它将检查设备树中的/options 结点，确定 input-device 和 output-device 属性是否存在。如果其中任何一个属性的值是 scca:x 格式的字符串，其中 x 是一个 6 位以下（含 6 位）的数字，PE_init_kprintf()就会尝试使用一个串行端口，而 x 就是波特率。不过，如果 serialbaud 引导参数存在，就代之以把它的值用作波特率。PE_init_kprintf()然后就会尝试查找一个板载串行端口。

图 5-10 显示了一段摘选自 kprintf()初始化的代码。

PE_find_scc() [pexpert/ppc/pe_identify_machine.c]在设备树中寻找一个串行端口[①]。如果

---

① 遗留的串行端口被命名为 escc-legacy，而新式串行端口在设备树中则被命名为 escc。

找到它，PE_find_scc()就会返回端口的物理 I/O 地址，然后把它传递给 io_map_spec() [osfmk/ppc/io_map.c]，映射到内核的虚拟地址空间中。由于此时已启用了虚拟内存，io_map_ spec()就会调用 io_map() [osfmk/ppc/io_map.c]分配可分页的内核内存，其中将会创建想要的映射。initialize_serial() [osfmk/ppc/serial.c]通过执行对相应寄存器的 I/O 来配置串行硬件。最后，PE_init_kprintf()将把 PE_kputc 函数指针设置为 serial_putc() [osfmk/ppc/ke_printf.c]，它反过来又会调用 scc_putc() [osfmk/ppc/serial_io.c]，把一个字符输出到串行线路。

// pexpert/ppc/pe_kprintf.c

```
void serial_putc(char c);
void (* PE_kputc)(char c) = 0;
...
vm_offset_t scc = 0;

void
PE_init_kprintf(boolean_t vm_initialized)
{
    ...
    // See if "/options" has "input-device" or "output-device"
    ...
    if ((scc = PE_find_scc())) {          // Can we find a serial port?
        scc = io_map_spec(scc, 0x1000);   // Map the serial port
        initialize_serial((void *)scc, gPESerialBaud); // Start serial driver
        PE_kputc = serial_putc;
        simple_lock_init(&kprintf_lock, 0);
    } else
        PE_kputc = cnputc;
    ...
}
```

图 5-10　kprintf()函数的初始化

如果不能找到串行端口，PE_init_kprintf()就会把 PE_kprintf 设置为 cnputc() [osfmk/console/ppc/serial_console.c]，它将调用 cons_ops 结构的相应条目[①]的 putc 成员，执行控制台输出。

// osfmk/console/ppc/serial_console.c

```
#define OPS(putc, getc, nosplputc, nosplgetc) putc, getc

const struct console_ops {
    int (* putc)(int, int, int);
    int (* getc)(int, int, boolean_t, boolean_t);
} cons_ops[] = {
```

---

① 根据默认控制台是串行控制台还是图形控制台，将在编译时把相应条目分别设置为 SCC_CONS_OPS 或 VC_CONS_OPS。

```
#define SCC_CONS_OPS 0
    { OPS(scc_putc, scc_getc, no_spl_scputc, no_spl_scgetc) },

#define VC_CONS_OPS 1
    { OPS(vcputc, vcgetc, no_spl_vcputc, no_spl_vcgetc) },
};
#define NCONSOPS (sizeof cons_ops / sizeof cons_ops[0])
```

osfmk/console/ppc/serial_console.c 包含一个控制台操作表，其中具有用于串行控制台和视频控制台的条目。

vcputc() [osfmk/console/video_console.c]通过直接把字符绘制到帧缓冲区，输出到图形控制台。

ppc_vm_init()现在将检查是否在引导时请求串行控制台，如果是，它就会调用 switch_to_serial_console() [osfmk/console/ppc/serial_console.c]，把 console_ops 的 SCC_CONS_OPS 条目设置为控制台输出的默认方式。

ppc_vm_init()调用 PE_create_console() [pexpert/ppc/pe_init.c]，创建图形或文本控制台，这依赖于在 PE_state.video.v_display 字段中设置的视频类型，该字段是在早期由 PE_init_platform()初始化的。

```
// pexpert/ppc/pe_init.c

void
PE_init_platform(boolean_t vm_initialized, void *_args)
{
    ...
    boot_args *args = (boot_args *)_args;

    if (PE_state.initialized == FALSE) {
        PE_state.initialized = TRUE;
        ...
        PE_state.video.v_display = args->Video.v_display;
        ...
    }
    ...
}
...

void
PE_create_console(void)
{
    if (PE_state.video.v_display)
        PE_initialize_console(&PE_state.video, kPEGraphicsMode);
    else
        PE_initialize_console(&PE_state.video, kPETextMode);
}
```

　　PE_initialize_console() [pexpert/ppc/pe_init.c]支持禁用屏幕（切换到串行控制台）、启用屏幕（切换到"上一个"控制台），或者简单地初始化屏幕。全部 3 种操作都涉及调用 initialize_screen() [osfmk/console/video_console.c]，它负责获取图形帧缓冲区地址。osfmk/console/video_console.c 也实现了在图形引导期间显示引导进程时使用的函数。

　　ppc_vm_init()最后将调用 PE_init_printf() [pexpert/gen/pe_gen.c]。

　　在 ppc_vm_init()返回后，ppc_init()将在 64 位的硬件上处理 wcte 和 mcksoft 引导参数（参见表 4-12）。

2. 为内核子系统的自举做准备

　　最后，ppc_init()将调用 machine_startup() [osfmk/ppc/model_dep.c]，它永远也不会返回。

　　machine_startup()将处理多个引导参数。特别是，它将检查内核是否必须在调试器中中止。它将初始化由调试器使用的锁（debugger_lock），并且回溯打印机制（pbtlock）。debugger_lock 用于确保调试器中一次只有一个处理器。pbtlock 由 print_backtrack() [osfmk/ppc/model_dep.c]用于确保一次只能有一个回溯发生。如果已经把内置的内核调试器——KDB——编译进内核中，machine_startup()就会调用 ddb_init() [osfmk/ddb/db_sym.c]初始化 KDB。而且，如果指示内核在 KDB 中中止，machine_startup()就会调用 Debugger() [osfmk/ppc/model_dep.c]，进入调试器。

```
// osfmk/ppc/model_dep.c

#define TRAP_DEBUGGER __asm__ volatile("tw 4,r3,r3");
...
void
machine_startup(boot_args *args)
{
    ...
#if MACH_KDB
    ...
    ddb_init();

    if (boot_arg & DDB_KDB)
        current_debugger = KDB_CUR_DB;

    if (halt_in_debugger && (current_debugger == KDB_CUR_DB)) {
        Debugger("inline call to debugger(machine_startup)");
        ...
    }
    ...
}
...

void
Debugger(const char *message)
{
    ...
```

```
    if ((current_debugger != NO_CUR_DB)) { // debugger configured
        printf("Debugger(%s)\n", message);
        TRAP_DEBUGGER;                              // enter the debugger
        splx(spl);
        return;
    }
    ...
}
```

machine_startup()调用 machine_conf() [osfmk/ppc/model_dep.c]，它将操作 Mach 的 machine_info 结构[osfmk/mach/machine.h]。Mach 调用 host_info()[1]将从这个结构中获取信息。注意：在具有 2GB 以上物理内存的机器上，将把 memory_size 字段固定在 2GB。

// osfmk/mach/machine.h

```
struct machine_info {
    integer_t major_version;      // kernel major version ID
    integer_t minor_version;      // kernel minor version ID
    integer_t max_cpus;           // maximum number of CPUs possible
    integer_t avail_cpus;         // number of CPUs now available
    uint32_t  memory_size;        // memory size in bytes, capped at 2GB
    uint64_t  max_mem;            // actual physical memory size
    integer_t physical_cpu;       // number of physical CPUs now available
    integer_t physical_cpu_max;   // maximum number of physical CPUs possible
    integer_t logical_cpu;        // number of logical CPUs now available
    integer_t logical_cpu_max;    // maximum number of logical CPUs possible
};

typedef struct machine_info *machine_info_t;
typedef struct machine_info machine_info_data_t;

extern struct machine_info machine_info;
...
```

> 在较老的内核上，machine_startup()还将调用 ml_thrm_init() [osfmk/ppc/machine_routines_asm.s]，为处理器初始化温度监控。更新的内核将完全在 I/O Kit 中处理温度初始化——ml_thrm_init()将不会在这些内核上执行任何工作。

最后，machine_conf()将会调用 kernel_bootstrap() [osfmk/kern/startup.c]，它永远也不会返回。

5.4　Mach 子系统初始化

kernel_bootstrap()将执行大量更高级的内核启动工作。事实上，它最终将启动 BSD 初始化，这反过来又是通过发起用户级系统启动来终止的。图 5-11 显示了由 kernel_bootstrap()

---

[1]　在第 6 章中将看到一个使用该调用的示例。

执行的关键步骤。

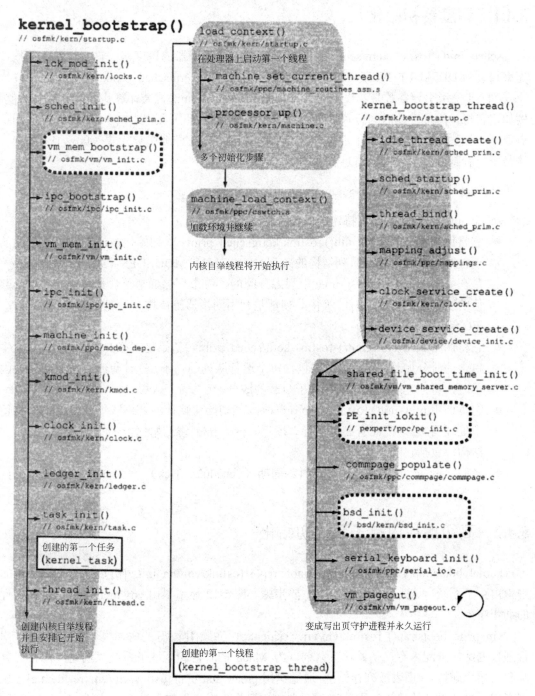

图 5-11 自举内核子系统

lck_mod_init() [osfmk/kern/locks.c]将初始化由 Mach 的锁原语使用的数据结构。

5.4.1　调度器初始化

sched_init() [osfmk/kern/sched_prim.c]用于初始化处理器的调度器。它将把默认的抢占速率设置为 DEFAULT_PREEMPTION_RATE（在 osfmk/kern/sched_prim.c 中定义为 100 次/秒），除非使用引导参数将其设置为另外某个值。sched_init()将会计算基本调度常量的值。例如，它将计算标准的时间分片数量（以微秒为单位），即用数字 1 000 000 除以默认的抢占速率。然后，它将打印一条消息，公布所计算的值。在详细引导模式（PowerPC）中，这是用户看到的第一条内核消息。

```
standard timeslicing quantum is 10000 us
```

sched_init()还会执行以下特定的操作。

- 它将调用 wait_queues_init() [osfmk/kern/sched_prim.c]，初始化由调度器 API 使用的事件等待队列。等待队列结构的散列——包括 NUMQUEUES（59）个存储桶——是在 osfmk/kern/sched_prim.c 中静态分配的。每个存储桶都包含具有相同散列函数值的线程的队列。所有的等待队列都是利用同步器等待排序策略 SYNC_POLICY_IFO 初始化的。
- 它将调用 load_shift_init() [osfmk/kern/sched_prim.c]初始化 sched_load_shifts 数组中包含的时分加载因子。该数组包含每个运行队列的因子，在计算时分优先级转换因子时，将把它用作动态的、基于负载的成分。
- 它将调用 pset_init() [osfmk/kern/processor.c]初始化默认的处理器集。Mach 调度将使用处理器集[①]，因此有必要运行调度器。pset_init()将初始化指定的处理器集的数据结构，包括它的各个队列。
- 最后，sched_init()将把调度器时钟周期（Scheduler Tick）——sched_tick 变量——设置为 0。

5.4.2　高级虚拟内存子系统初始化

kernel_bootstrap()调用 vm_mem_bootstrap() [osfmk/vm/vm_init.c]初始化独立于平台的虚拟内存子系统，这是自举中的一个主要步骤。图 5-12 显示了由 vm_mem_bootstrap()执行的动作序列。

vm_page_bootstrap() [osfmk/vm/vm_resident.c]将初始化固有的内存模块[②]。它将为 VM 管理数据结构分配内存，初始化页队列，为 Mach 的映射和区域子系统"偷窃"内存，分配和初始化虚拟-物理表散列存储桶，通过调用 pmap_startup() [osfmk/vm/vm_resident.c]分配固有的页表，以及计算因为不能移动而必须标记为"固定"的页数。pmap_startup()计算空闲内存数量，并为所需要的所有页帧分配空间。然后，它将迭代可用的物理页，调用 vm_

---

① 在第 7 章中将探讨 Mach 处理器集和调度。

② 在第 8 章中将探讨 Mach VM 的详细信息。

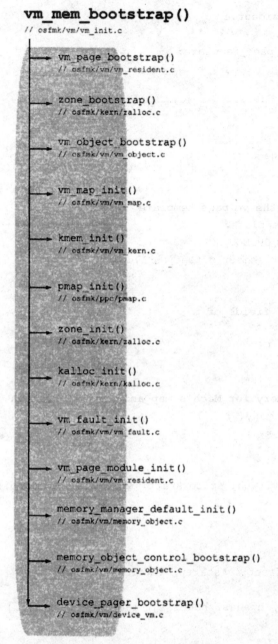

图 5-12　高级虚拟内存子系统初始化

page_init() [osfmk/vm/vm_resident.c]初始化页帧。图 5-13 描绘了这个操作。

　　一旦 vm_page_bootstrap()返回，就会统计所有的物理内存，并且内核可以明确使用虚拟地址。如图 5-12 所示，vm_mem_bootstrap()然后将初始化 VM 子系统的多种其他成分。

　　zone_bootstrap() [osfmk/kern/zalloc.c]将初始化 zone_zone，即"区域的区域"[①]，它使用在内存子系统初始化期间及早分配的固定内存。

[①]　在第 8 章中将探讨 Mach 的基于区域的内存分配器。

```
// osfmk/vm/vm_resident.c

struct vm_page vm_page_template;
...
void
vm_page_bootstrap(vm_offset_t *startp, vm_offset_t *endp)
{

    register vm_page_t m;
    ...

    // Initialize the vm_page_template
    m = &vm_page_template;
    m->object = VM_OBJECT_NULL;
    m->offset = (vm_object_offset_t)-1;
    ...

    // Set various fields of m
    ...
    m->phys_page = 0;
    ...

    // "Steal" memory for Mach's map and zone subsystems
    vm_map_steal_memory();
    zone_steal_memory();

    ...
    pmap_startup(&virtual_space_start, &virtual_space_end);
    ...
}
...
void
pmap_startup(vm_offset_t *startp, vm_offset_t *endp)
{
    unsigned int i, npages, pages_initialized, fill, fillval;

    vm_page_t pages;
    ppnum_t   phys_page;
    addr64_t  tmpaddr;
    ...

    // We calculate (in npages) how many page frames we will have, and then
    // allocate the page structures in one chunk
```

图 5-13　在 VM 子系统初始化期间初始化页帧

```
// Get the amount of memory left
tmpaddr = (addr64_t)pmap_free_pages() * (addr64_t)PAGE_SIZE;

// Account for any slack
tmpaddr = tmpaddr + \
   (addr64_t)(round_page_32(virtual_space_start)-(virtual_space_start));

npages =(unsigned int)(tmpaddr / (addr64_t)(PAGE_SIZE + sizeof(*pages)));

pages = (vm_page_t)pmap_steal_memory(npages * sizeof(*pages));

// Initialize the page frames
for (i = 0, pages_initialized = 0; i < npages; i++) {

    // Allocate a physical page
    if (!pmap_next_page(&phys_page))
        break;

    // Initialize the fields in a new page
    vm_page_init(&pages[i], phys_page);

    vm_page_pages++;
    pages_initialized++;
}
...
}
...
void
vm_page_init(vm_page_t mem, ppnum_t phys_page)
{
    assert(phys_page);
    *mem = vm_page_template;
    mem->phys_page = phys_page;
}
```

图 5-13（续）

　　vm_object_bootstrap() [osfmk/vm/vm_object.c]将初始化 Machr VM 对象模块。这包括初始化用于 VM 对象的区域（vm_object_zone）以及用于 VM 对象散列条目的区域（vm_object_hash_zone）。内核对象（kernel_object）和子映射对象（vm_submap_object）也会在这里进行初始化。Mach 的外部页管理提示技术[①]是通过调用 vm_external_module_initialize() [osfmk/vm/vm_external.c]进行初始化的，它用于维护为某个虚拟内存范围写到外部存储器的（潜在不完整）的页映射。

　　vm_map_init() [osfmk/vm/vm_map.c]将初始化几个区域，包括一个用于分配 vm_map 结

---

① 不应该把它与 Mach 的外部（对内核而言）内存管理弄混淆，后者在 Mac OS X 中不可用。

构的区域（vm_map_zone）、一个用于分配非内核的 vm_map_entry 结构的区域（vm_map_entry_zone）、一个用于分配仅内核的 vm_map_entry 结构的特殊区域（vm_map_kentry_zone），以及一个用于 vm_map_copy 结构的区域（vm_map_copy_zone）。

kmem_init() [osfmk/vm/vm_kern.c]初始化内核的虚拟内存映射（kernel_map）。而且，迄今为止可能分配的任何虚拟内存——通过常量 VM_MIN_KERNEL_ADDRESS 与传递给 kmem_init()的地址下限之间的差值确定——是通过把它输入内核的映射中而保留的。kmem_init()还将设置 vm_page_wire_count 全局变量的值，此时，它代表使用的所有内核内存。

```
vm_page_wire_count = (atop_64(max_mem)
                     - (vm_page_free_count
                     + vm_page_active_count
                     + vm_page_inactive_count));
```

pmap_init() [osfmk/ppc/pmap.c]通过分配模块映射虚拟内存所需的剩余数据结构，完成物理映射模块的初始化。它将初始化一个物理映射结构区域（pmap_zone），通过它分配新的物理映射，将物理映射标记为"已初始化"，并且把空闲物理映射计数设置为 0。

然后，vm_mem_bootstrap()将检查 zsize 引导参数是否存在，如果是，它就会指定为区域分配的最大地址空间——即区域映射大小。默认情况下，内核将使用 25%的物理内存大小（sane_size）。无论是否指定了 zsize，内核都会把区域映射大小的最大值和最小值分别固定为 768MB 和 12MB。vm_mem_bootstrap()现在将调用 zone_init() [osfmk/kern/zalloc.c]，为区域分配地址空间。

kalloc_init() [osfmk/kern/kalloc.c]初始化内核内存分配器，它使用多个大小为 2 的幂的区域以及从 kernel_map 分配的 16MB 的子映射。后者与 kmem_alloc() [osfmk/vm/vm_kern.c]一起用于分配过大的区域。kalloc_init()确定 kalloc_max 的值，它代表第一个 2 的幂，没有与之对应的区域存在。默认情况下，kalloc_max 被设置为 16KB，除非页大小超过 16KB，在这种情况下将把它设置为页大小。然后，kalloc_init()将迭代所支持的分配大小——从 1 开始，直到 kalloc_max（以 2 的幂表示）。它将调用 zinit()为 KALLOC_MINSIZE（16 字节）及更高的大小初始化区域。这些区域被命名为 kalloc.16、kalloc.32、kalloc.64 等。区域中的元素的最大数量依赖于区域处理的大小。

- kalloc.16 具有 1024 个元素。
- kalloc.32~kalloc.256 具有 4096 个元素。
- kalloc.512~kalloc.4096 具有 1024 个元素。
- kalloc.8192 具有 4096 个元素。

vm_fault_init() [osfmk/vm/vm_fault.c]初始化内核在页错误处理模块中可能具有的任何私有数据结构。

vm_page_module_init() [osfmk/vm/vm_resident.c]为"虚拟的"固有页结构初始化一个区域，这些页结构不会实际地引用任何物理页，而是用于保存重要的页信息。用于此类页的物理页地址被设置为–1。

memory_manager_default_init() [osfmk/vm/memory_object.c]初始化一个互斥对象，在获

取或设置默认的内存管理器 Mach 端口时使用它。memory_object_control_bootstrap() [osfmk/vm/memory_object.c]初始化一个区域（mem_obj_control_zone），用于分配分页器①请求端口。device_pager_bootstrap() [osfmk/vm/device_vm.c]为设备结点分页器结构初始化一个区域（device_pager_zone）。

5.4.3　IPC 初始化

kernel_bootstrap()调用 ipc_bootstrap() [osfmk/ipc/ipc_init.c]，建立足以创建内核任务的 IPC 子系统②。ipc_bootstrap()执行以下动作。

- 它将初始化一些区别，用于 IPC 容量空间（ipc_space_zone）、IPC 树条目（ipc_tree_entry_zone）、IPC 端口和端口集（分别是 ipc_object_zones[IOT_PORT]和 ipc_object_zones[IOT_PORT_SET]），以及 IPC 内核消息（ipc_kmsg_zone）。
- 它将调用 mig_init() [osfmk/kern/ipc_kobject.c]，初始化 Mach 接口生成器（Mach Interface Generator，MIG）。作为这个初始化的一部分，在填充 MIG 散列表时，将检查多个标准的 MIG 子系统，比如那些用于任务和线程的子系统。当把 IPC 消息发送给内核时，将使用消息 ID 在散列表中搜索匹配的条目。这个条目指定了消息应答的大小，并且包括一个指针，它指向用于执行相应的内核函数的例程。
- 它将调用 ipc_table_init() [osfmk/ipc/ipc_table.c]，分配和初始化 IPC 容量表（ipc_table_entries），还将分配和初始化另一个表，用于死名请求（ipc_table_dnrequests）。
- 它将调用 ipc_hash_init() [osfmk/ipc/ipc_hash.c]，为 IPC 条目分配和初始化一个反向散列全局表。
- 它将调用 semaphore_init() [osfmk/kern/sync_sema.c]初始化一个区域，并通过它分配信号（semaphore_zone）。
- 它将调用 lock_set_init() [osfmk/kern/sync_lock.c]，初始化锁集子系统。
- 它将调用 mk_timer_init() [osfmk/kern/mk_timer.c]初始化一个区域，并通过它分配 Mach 定时器（mk_timer_zone）。
- 它将调用 host_notify_init() [osfmk/kern/host_notify.c]初始化一个区域，并通过它分配主机通知请求条目（host_notify_zone）。

5.4.4　完成 VM 和 IPC 初始化

kernel_bootstrap()接下来将调用 vm_mem_init() [osfmk/vm/vm_init.c]，后者反过来又会调用 vm_object_init() [osfmk/vm/vm_object.c]，完成内核对象的初始化。

ipc_init() [osfmk/ipc/ipc_init.c]对 IPC 子系统执行最终的初始化。它分配两个可分页的映射：ipc_kernel_map 映射和 ipc_kernel_copy_map 映射，其中前者用于在 Mach IPC 调用

---

① 在第 8 章中将看到，Mach 的 VM 子系统中的分页器代表数据源。

② 第 9 章中将讨论 Mac OS X IPC 子系统。

期间管理内存分配，后者用于在 Mach IPC 期间为将要物理复制的不一致的数据分配空间。
ipc_init()最终将调用 ipc_host_init() [osfmk/kern/ipc_host.c]，它用于执行以下动作。

- 它将分配一些特殊的主机端口，比如 HOST_PORT、HOST_PRIV_PORT 和
  HOST_SECURITY_PORT 。而且，它将通过调用 kernel_set_special_port()
  [osfmk/kern/host.c]来设置特殊的端口。
- 它将把所有主机级异常端口设置为 IP_NULL。
- 它将调用 ipc_pset_init() [osfmk/kern/ipc_host.c]，为默认的处理器集分配控制和名称
  端口。接下来，它将调用 ipc_pset_enable() [osfmk/kern/ipc_host.c]设置这些端口，后
  者反过来又会调用 ipc_kobject_set() [osfmk/kern/ipc_kobject.c]，使端口分别表示处
  理器集及其名称。
- 它将调用 ipc_processor_init() [osfmk/kern/ipc_host.c]，分配主处理器的控制端口。接
  下来，它将调用 ipc_processor_enable() [osfmk/kern/ipc_host.c]，后者又将调用
  ipc_kobject_set()，使端口表示处理器。

5.4.5 初始化其他的子系统

machine_init() [osfmk/ppc/model_dep.c]调用 clock_config() [osfmk/kern/clock.c]，配置时
钟子系统。clock_config()调用所有可用时钟设备（比如日历和系统时钟）的配置（而非初
始化）函数。它还会调用 timer_call_initialize() [osfmk/kern/timer_call.c]，后者将把
timer_call_interrupt() [osfmk/kern/timer_call.c]注册为一个函数，无论何时实时时钟定时器到
期，都会从实时时钟设备中断处理程序调用它（换句话说，timer_call_interrupt()为处理器
提供定时器调出队列）。

machine_init()还会调用 perfmon_init() [osfmk/ppc/hw_perfmon.c]，它将初始化由性能监
视工具使用的锁。

kmod_init() [osfmk/kern/kmod.c]将初始化由内核模块子系统使用的锁和命令队列。内核
将把包含模块加载请求的数据分组加入这个队列，它是由 kextd 用户空间守护进程提供服
务的。

clock_init() [osfmk/kern/clock.c]将调用所有可用的时钟设备的初始化函数。注意：与
clock_config()不同，它只是在引导时在主处理器上调用一次，而每次启动处理器都会调用
clock_init()。

ledger_init() [osfmk/kern/ledger.c]用于初始化 Mach 明细表。明细表是用于资源统计的
内核抽象，它可用于限制其他资源的消耗。Mac OS X 中没有使用明细表，xnu 的明细表实
现也不能正常使用。

5.4.6 任务和线程

task_init() [osfmk/kern/task.c]用于初始化一个区域（task_zone），从中分配新的任务结
构。在 osfmk/kern/mach_param.h 中将对任务数量的内置限制定义为 TASK_MAX，其典型
值是 1024。task_init()调用 task_create_internal() [osfmk/kern/task.c]，创建第一个任务——内

核任务（kernel_task）。取消分配内核任务的默认地址空间映射——代之以将 kernel_map 指定为它的地址空间。注意：由于内核任务的父任务是 TASK_NULL，它将不会继承任何内存。

thread_init() [osfmk/kern/thread.c]用于初始化一个区域（thread_zone），从中分配新的线程结构。在 osfmk/kern/mach_param.h 中将对线程数量的内置限制定义为 THREAD_MAX（2560）。tHRead_init()还会调用 stack_init() [osfmk/kern/stack.c]，它将为内核栈分配一个映射（stack_map）。内核栈的大小是 16KB，并且驻留在不可分页的内存中。thread_init()还会调用 machine_thread_init() [osfmk/ppc/pcb.c]，它可能执行特定于机器的初始化。

5.4.7　启动内核自举线程

kernel_bootstrap()现在将创建一个内核线程，并且把 kernel_bootstrap_thread() [osfmk/kern/startup.c]作为延续函数[①]，用于完成余下的内核启动操作。这将是在处理器上运行的第一个内核线程。在把线程交给 load_context() [osfmk/kern/startup.c]以便执行之前，将取消分配它的资源。load_context() 将调用 machine_set_current_thread() [osfmk/ppc/machine_routines_sm.s]，它将利用当前的线程指针加载 SPRG1 寄存器[②]。然后，它将调用 processor_up() [osfmk/kern/machine.c]，这是一个独立于机器的 Mach 级 CPU 启用例程，用于把指定的处理器添加到默认的处理器集。处理器的状态被设置为 PROCESSOR_RUNNING。全局 machine_nfo 结构的 avail_cpus 字段将自动递增 1。processor_up()还会调用机器相关的 ml_pu_p() [osfmk/ppc/machine_routines.c]例程。ml_cpu_up()将把 machine_info 的 physical_cpu 和 logical_cpu 字段分别自动递增 1。最后，load_context()将会调用 machine_load_context() [osfmk/ppc/cswtch.s]，加载线程的硬件环境并设置它运行。

5.5　第一个线程

kernel_bootstrap_thread() [osfmk/kern/startup.c]用于执行以下操作。

- 它将调用 idle_thread_create() [osfmk/kern/sched_prim.c]，为处理器创建空闲内核线程。绑定到处理器的空闲线程在空闲优先级（IDLEPRI）下运行，寻找要执行的其他线程，并把它标记为同时处于 TH_RUN 和 TH_IDLE 状态下。
- 它将调用 sched_startup() [osfmk/kern/sched_prim.c]，用于启动调度器服务。特别是，它将创建调度器时钟周期线程（sched_tick_thread），把调度器变量（sched_tick_deadline）设置为时基寄存器的内容，已经通过 mach_absolute_time() [osfmk/ppc/machine_routines_asm.s]获取了它。调度器时钟周期线程执行与调度器相关的定期记账，比如估计处理器使用情况、为可能需要重新计算其属性的分时线程扫描运行队列，以及计算Mach因子。然后，sched_startup()将调用 thread_daemon_init() [osfmk/kern/thread.c]，它将创建内核线程，用于运行"终止"和"栈"守护进程。

---

① 在第 7 章中将探讨延续函数。

② Mac OS X 内核传统上为此目的而使用 SPRG1。

前者涉及终止已入队的线程以便进行最终的清理；后者将为已经加入栈分配队列的线程分配栈[1]。最后，sched_startup()将调用 thread_call_initialize() [osfmk/kern/thread_call.c]，初始化基于线程的调出模块。这包括初始化相关的锁，初始化等待和调出队列，初始化分层的定时器调出，以及创建用于执行调出线程的活动线程。多个内核子系统都使用调出[2]，以注册在将来某个时间要调用的函数。

- 当额外的处理器联机出现时，它将调用 thread_bind() [osfmk/kern/sched_prim.c]，强制自身在当前（主）处理器上继续执行。

- 它将调用 mapping_adjust() [osfmk/ppc/mappings.c]，执行虚拟-物理映射记录。在这第一次调用中，mapping_adjust()还将初始化一个用于自身的调出，当写出页守护进程尝试触发垃圾收集时将间接使用该调出。

- 它将调用 clock_service_create() [osfmk/kern/clock.c]，初始化时钟 IPC 服务设施。clock_service_create()将通过分配每个时钟的服务和控制端口，初始化时钟的 IPC 控制。而且，它将通过调用 ipc_kobject_set() [osfmk/kern/ipc_kobject.c]使端口代表时钟内核对象，支持对每个时钟进行 IPC 访问。clock_service_create()还会初始化一个区域（alarm_zone），用于分配用户警报结构（alarm_t）。

- 它将调用 device_service_create() [osfmk/device/device_init.c]，初始化设备服务。这将分配主设备端口（master_device_port），它是主机的主特权 I/O 对象（HOST_IO_MASTER_PORT）。回忆可知其他主机特殊端口是提前创建的。

- 它将调用 shared_file_boot_time_init() [osfmk/vm/vm_shared_memory_server.c]，后者又将调用 shared_file_init() [osfmk/vm/vm_shared_memory_server.c]，分配两个 256 MB 的区域，以后将把它们映射到任务的地址空间，允许它们共享这些区域的内容。在 5.7.8 节中将再次遇到这些函数。将会调用 shared_region_mapping_create() [osfmk/vm/vm_shared_memory_server.c]，为这个共享的区域映射分配和初始化数据结构。还将会调用 shared_com_boot_time_init() [osfmk/vm/vm_shared_memory_server.c]，用于初始化"公共"区域（或者公共页区域）[3]——它是一个页范围，打算用于包含在系统上的所有处理器之间共享的数据和文本，这个区域将以只读方式映射进每个任务的地址空间中。具有单独的 32 位和 64 位的公共区域，其中每个区域的大小都是_COMM_PAGE_AREA_LENGTH（在 osfmk/ppc/cpu_capabilities.h 中定义成 7 个 4KB 的页）。注意：任务结构包含一个指向系统共享区域（system_shared_region）的指针。shared_file_boot_time_init()最后将调用 vm_set_shared_region() [osfmk/vm/vm_shared_memory_server.c]，在当前任务中设置这个指针。

- 它将调用 PE_init_iokit() [pexpert/ppc/pe_init.c]，初始化 I/O Kit。在 5.6 节中将探讨 PE_init_iokit()的详细信息。

- 它将调用 commpage_populate() [osfmk/ppc/commpage/commpage.c]，填充 32 位和 64 位的公共区域。公共区域驻留在有线内存中。它的内容包括关于处理器能力和特性

---

[1] 如果 thread_invoke()函数无法为线程分配内核栈，它就会把线程加入到栈分配队列中。

[2] 例如，在图形引导期间，内核使用调出显示齿轮进度动画。

[3] 在第 6 章中将讨论公共页区域。

的信息、时基寄存器的映射，以及频繁使用的例程。

- 它将调用 bsd_init() [bsd/kern/bsd_init.c]，初始化内核的 BSD 部分，并且发起用户级启动。在 5.7 节中将探讨 bsd_init() 的详细信息。

- 它将调用 serial_keyboard_init() [osfmk/ppc/serial_io.c]，后者将检查系统控制台是否在串行端口上。如果不是，它将简单地返回；否则，它将启动一个内核线程，运行 serial_keyboard_start() [osfmk/ppc/serial_io.c]，将控制交给 serial_keyboard_poll() [osfmk/ppc/serial_io.c]。后者将永久运行，调用 scc_getc() [osfmk/ppc/serial_io.c]，获取在串行端口的缓冲区中可能存在的任何字符。然后，调用 cons_cinput() [bsd/dev/ppc/km.c] 把获取的字符馈送给键盘监视模块。cons_cinput() 使用控制台的 tty 结构在线路规则切换表中获取相应的条目（linesw 结构），并且调用接收方中断函数指针（l_rint）。

- 它将利用 PROCESSOR_NULL 参数调用 thread_bind()，从主处理器解除绑定当前的线程。

- 最后，kernel_bootstrap_thread() 将通过调用 vm_pageout() [osfmk/vm/vm_pageout.c] 而变成写出页守护进程。vm_pageout() 将其线程的 vm_privilege 字段设置为 trUE，如果必要，这将允许它使用预留的内存。然后，它将调整其线程的优先级，初始化分页参数，调整一些其他的相关信息，并在 vm_pageout_scan() [osfmk/vm/vm_pageout.c] 中永久运行，vm_pageout_scan() 实现了写出页守护进程的核心功能。

5.6 I/O Kit 初始化

PE_init_iokit() [pexpert/ppc/pe_init.c] 用于初始化 I/O Kit。图 5-14 显示了它的操作序列。

PE_init_iokit() 首先调用 PE_init_kprintf() [pexpert/ppc/pe_kprintf.c]，后者还会在启动序列早期被 ppc_vm_init() 调用。可以看到，如果串行端口存在，PE_init_kprintf() 就会初始化它。然后，PE_init_iokit() 将调用 PE_init_printf() [pexpert/gen/pe_gen.c]，在启动期间也将提前调用后者，但是 PE_init_iokit() 将通过把 vm_initialized 布尔参数设置为 TRUE 来调用它。PE_init_printf() 调用 vcattach() [osfmk/console/video_console.c]，如果自举是在非图形模式下进行的，就会安排获得屏幕，在这种情况下，它还会使用 vcputc() [osfmk/console/video_console.c]，在内核的日志缓冲区中为内核 printf() 调用打印消息。

PE_init_iokit() 使用 DTLookupEntry() [pexpert/gen/device_tree.c] 在设备树中查找 /chosen/memory-map 条目。如果查找成功，就会从条目中获取 BootCLUT 和 Pict-FailedBoot 属性。BootCLUT 是 8 位的引导时颜色查找表，由 BootX 传递给内核。Pict-FailedBoot 是在引导失败时显示的图片，也由 BootX 传递给内核。可以使用 I/ORegistry 工具之一检查设备树的这个部分。

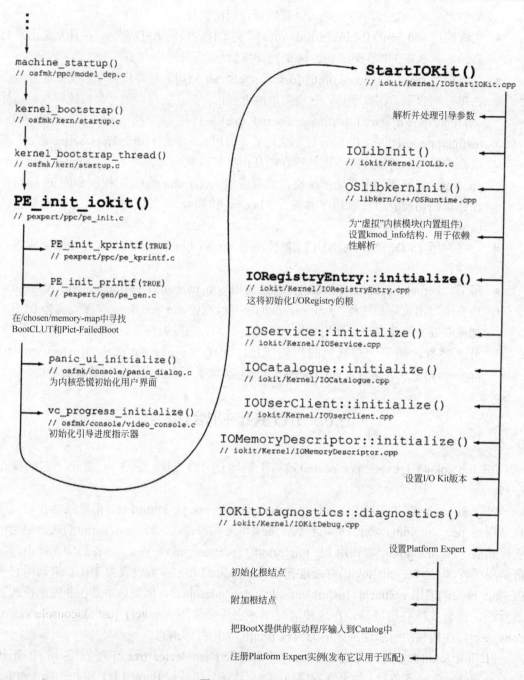

图 5-14　I/O Kit 初始化

```
$ ioreg -S -p IODeviceTree -n memory-map | less
+-o Root <class IORegistryEntry>
  +-o device-tree <class IOPlatformExpertDevice>
    +-o chosen <class IOService>
    | +-o memory-map <class IOService>
    |      "Kernel-__VECTORS" = <0000000000007000>
    |      "Kernel-__PRELINK" = <0043700000874000>
```

```
            | "AAPL,phandle" = <ffa26f00>
            | "Pict-FailedBoot" = <00d7a00000004020>
            | "BootArgs" = <00d78000000001fc>
            | "Kernel-__DATA" = <0035d000000a0000>
            | "BootCLUT" = <00d7900000000300>
            | "Kernel-__HIB" = <0000700000007000>
            | "name" = <"memory-map">
            | "Kernel-__TEXT" = <0000e0000034f000>
            | }
            |
    ...
```

如果找到 BootCLUT，PE_init_iokit()就会把它的内容复制给 appleClut8，即默认的 Mac OS X 颜色查找表。然后，它将调用 panic_ui_initialize() [osfmk/console/panic_dialog.c]，用于设置活动的 CLUT 指针。

可以替换默认的恐慌图片，方法有两种：一是利用另一幅图片重新编译内核，二是通过 sysctl 接口动态加载一幅新图片。而且，内核还允许测试恐慌用户界面，而不会导致实际的恐慌。必须把用作恐慌图片的图像转换成可以编译进内核中的 C 结构，或者转换成内核可加载的文件。osfmk/console/panic_ui/中的 genimage.c 和 qtif2kraw.c 文件包含一些实用程序的源代码，这些实用程序用于把未压缩的 QuickTime RAW 图像文件分别转换成 C 结构和可加载的 RAW 文件。可以使用 QuickTime 工具以及其他的工具把任意的图像格式转换成 QuickTime RAW——一个.qtif 文件。图 5-15 显示了通过从用户空间加载一幅新图像来替换内核的默认恐慌图像的示例。

```
$ sips -g all image.qtif
...
  typeIdentifier: com.apple.quicktime-image
  format: qtif
  ...
  bitsPerSample: 8
  hasAlpha: no
  space: RGB
  profile: Generic RGB Profile
$ qtif2kraw -i image.qtif -o image.kraw
Verifying image file...
Image info: width: 640 height: 480 depth: 8...
Converting image file to 8 bit raw...
Converted 307200 pixels...
Found 307200 color matches in CLUT...
Encoding image file...
Writing to binary panic dialog file image.kraw, which is suitable for loading
into kernel...
$ cat load_panic_image.c
// load_panic_image.c
```

图 5-15 把恐慌用户界面替换图像加载进内核中

```c
#define PROGNAME "load_panic_image"

#include <stdio.h>
#include <stdlib.h>
#include <unistd.h>
#include <fcntl.h>
#include <sys/types.h>
#include <sys/stat.h>
#include <sys/sysctl.h>

int
main(int argc, char **argv)
{
    int     ret, fd;
    char    *buf;
    size_t  oldlen = 0, newlen;
    struct  stat sb;
    int     mib[3] = { CTL_KERN, KERN_PANICINFO, KERN_PANICINFO_IMAGE };

    if (argc != 2) {
        fprintf(stderr, "usage: %s <kraw image file path>\n", PROGNAME);
        exit(1);
    }

    if (stat(argv[1], &sb) < 0) {
        perror("stat");
        exit(1);
    }

    newlen = sb.st_size;
    buf = (char *)malloc(newlen);        // assume success

    fd = open(argv[1], O_RDONLY);        // assume success
    ret = read(fd, buf, sb.st_size);     // assume success
    close(fd);

    if (sysctl(mib, 3, NULL, (void *)&oldlen, buf, newlen))
        perror("sysctl");

    exit(ret);
}
```

```
$ gcc -Wall -o load_panic_image load_panic_image.c
$ sudo ./load_panic_image ./image.kraw
```

图 5-15（续）

可以通过另一个 sysctl 使内核显示恐慌用户界面，如图 5-16 中所示。

```
// panic_test.c

#include <stdlib.h>
#include <sys/types.h>
#include <sys/sysctl.h>

#define KERN_PANICINFO_TEST (KERN_PANICINFO_IMAGE + 2)

int
main(void)
{
    int ret;
    size_t oldnewlen = 0;
    int mib[3] = { CTL_KERN, KERN_PANICINFO, KERN_PANICINFO_TEST };

    ret = sysctl(mib, 3, NULL, (void *)&oldnewlen, NULL, oldnewlen);

    exit(ret);
}
```

图 5-16　测试恐慌用户界面

接下来，PE_init_iokit()将调用 vc_progress_initialize() [osfmk/console/video_console.c]，初始化旋转齿轮引导进度指示器。用于齿轮的图像大小是 32×32 像素，它以 24 帧/秒的速度播放动画。用于动画帧的图像数据驻留在 pexpert/pexpert/GearImage.h 中。内核调用 vc_progress_set() [osfmk/console/video_console.c]，用以打开或关闭动画。当启用时，它将通过一个调出安排 vc_progress_task() [osfmk/console/video_console.c]运行。

PE_init_ioikit()最后将调用 StartIOKit() [iokit/Kernel/IOStartIOKit.cpp]，把指向设备树的根结点的指针和引导参数传递给它。

StartIOKit()将调用 IOLibInit() [iokit/Kernel/IOLib.c]，初始化 I/O Kit 的基本运行时环境。IOLibInit()创建内核映射的一个子映射，以便用作 I/O Kit 可分页的空间映射。这个分配的大小是 kIOPageableMapSize（96MB）。还会初始化类型 gIOKitPageableSpace 的结构以及连续的 malloc 条目的队列。IOMallocContiguous() [iokit/Kernel/IOLib.c]函数将使用后者。

StartIOKit()将调用 OSlibkernInit() [libkern/c++/OSRuntime.cpp]，初始化 I/O Kit C++运行时环境。OSlibkernInit()将调用 getmachheaders() [osfmk/mach-o/mach_header.c]，获取链接编辑器定义的_mh_execute_header 符号的地址，作为 mach_header 结构的数组的第一个元素。这样获取的地址将被设置为 libkern 库的 kmod_info 结构[osfmk/mach/kmod.h]的起始地址。

　　当链接一个 Mach-O 文件时，链接编辑器将定义一个名为_MH_EXECUTE_SYM 的符号，它被定义为字符串"_mh_execute_header"。这个符号是可执行文件中的 Mach 头部的地址，它只出现在 Mach-O 可执行文件中。而且，该符号是绝对的，不是任何区域的一部分。

然后，OSlibkernInit() 将提供一个指向 kmod_info 结构的指针，作为 OSRuntimeInitializeCPP() [libkern/c++/OSRuntime.cpp]的参数，它将扫描内核的 Mach 头部中列出的所有代码段，寻找名为__constructor 的区域。一旦找到这样的区域，它就会调用构造函数。如果它失败，那么它将调用 OSRuntimeUnloadCPPForSegment() [libkern/c++/OSRuntime.cpp]，在代码段中寻找名为__destructor 的区域，并且调用对应的析构函数。

```
$ otool -l /mach_kernel
...
Section
  sectname __constructor
   segname __TEXT
      addr 0x0035c858
      size 0x000000f4
    offset 3467352
     align 2^2 (4)
    reloff 0
    nreloc 0
     flags 0x00000000
  reserved1 0
  reserved2 0
Section
    sectname __destructor
     segname __TEXT
        addr 0x0035c94c
        size 0x000000f0
      offset 3467596
       align 2^2 (4)
      reloff 0
      nreloc 0
       flags 0x00000000
  reserved1 0
  reserved2 0
...
```

内核扩展显式声明它们对其他内核组件的依赖性[①]，这些组件可能是其他的内核扩展，或者是抽象"扩展"，比如 Mach 组件、BSD 组件、I/O Kit 等。StartIOKit()将为这样的虚拟扩展创建 kmod_info 结构，它们的示例包括 iokit/KernelConfigTables.cpp 中通过 gIOKernelMods 字符串定义的以下扩展。

```
const char *gIOKernelKmods =
"{"
  "'com.apple.kernel'                        = '';"
  "'com.apple.kpi.bsd'                       = '';"
```

---

① 在第 10 章中将探讨内核扩展的详细信息。

```
   "'com.apple.kpi.iokit'                      = '';"
   "'com.apple.kpi.libkern'                    = '';"
   "'com.apple.kpi.mach'                       = '';"
   "'com.apple.kpi.unsupported'                = '';"
   "'com.apple.iokit.IONVRAMFamily'            = '';"
   "'com.apple.driver.AppleNMI'                = '';"
   "'com.apple.iokit.IOSystemManagementFamily' = '';"
   "'com.apple.iokit.ApplePlatformFamily'      = '';"
   "'com.apple.kernel.6.0'                      = '7.9.9';"
   "'com.apple.kernel.bsd'                      = '7.9.9';"
   "'com.apple.kernel.iokit'                    = '7.9.9';"
   "'com.apple.kernel.libkern'                  = '7.9.9';"
   "'com.apple.kernel.mach'                     = '7.9.9';"
"}";
```

> gIOKernelMods 字符串代表一种由键-值对组成的序列化的数据结构（即
> OSDictionary）。StartIOKit()对其进行反序列化，以迭代虚拟扩展的列表。

> 虚拟扩展（也称为伪扩展）在 System 内核扩展（System.kext）内实现为插件，其中
> 不包含用于任何扩展的可执行代码——每个插件扩展都包含一个信息属性列表文件
> （Info.plist）、一个版本属性列表文件（version.plist），对于某些扩展，还包括一个 Mach-O
> 目标文件，其中包含输出的符号表。

StartIOKit()通过调用 IORegistryEntry::initialize() [iokit/Kernel/IORegistryEntry.cpp]初始化 IORegistry 类，它返回一个指针，指向 I/O Registry 的根。它还会初始化 IOService 类、IOCatalogue 类、IOUserClient 类和 IOMemoryDescriptor 类，这是通过调用它们的 initialize() 方法实现的，它们将分配和建立锁、队列及其他特定于类的数据结构。

StartIOKit()将调用 IOKitDiagnostics::diagnostics() [iokit/Kernel/IOKitDebug.cpp]，实例化 IOKitDiagnostics 类，它提供了 I/O Kit 调试功能，比如打印 I/O Kit 平面[①]和内存的转储的能力。这个类的序列化版本作为 IOKitDiagnostics 属性驻留在 I/O Registry 中。

最后，StartIOKit()将实例化 IOPlatformExpertDevice 类 [iokit/Kernel/IOPlatformExpert.cpp]。得到的实例是 I/O Kit 的根结点，然后通过调用 initWithArgs()方法初始化它，接着将调用 attach()方法。initWithArgs()将为 Platform Expert 创建并初始化一个新的 IOWorkLoop 对象，它还会保存所接收的参数，作为根结点的 IOPlatformArgs 属性。

// iokit/Kernel/IOPlatformExpert.cpp

```
bool
IOPlatformExpertDevice::initWithArgs(void *dtTop, void *p2, void *p3, void
*p4)
{
    IORegistryEntry *dt = 0;
    void            *argsData[4];
```

---

① 在第 10 章中将讨论 I/O Kit 平面以及 I/O Kit 的其他几个方面。

```
bool ok;

if (dtTop && (dt = IODeviceTreeAlloc(dtTop)))
    ok = super::init(dt, gIODTplane);
else
    ok = super::init();

if (!ok)
    return false;

workLoop = IOWorkLoop::workLoop();
if (!workLoop)
    return false;

argsData[ 0 ] = dtTop;
argsData[ 1 ] = p2;
argsData[ 2 ] = p3;
argsData[ 3 ] = p4;

setProperty("IOPlatformArgs", (void *)argsData, sizeof(argsData));

return true;
}
...
```

注意：IOPlatformExpertDevice 类继承自 IOService，IOService 又继承自 IORegistryEntry。后者实现了 setProperty() 方法。

StartIOKit() 调用 IOCatalogue 类实例的 recordStartupExtensions() [iokit/Kernel/IOCatalogue.cpp] 方法，为通过 BootX 放入内存中的启动扩展构建字典，这些字典记录在启动扩展字典中。这种记录是通过调用 record_startup_extensions_function 指针所指向的函数执行的，它指向 libsa/catalogue.cpp 中实现的 recordStartupExtensions() 函数。得到的字典具有以下格式。

```
{
    "plist" = /* extension's Info.plist file as an OSDictionary */
    "code" = /* extension's executable file as an OSData */
}
```

StartIOKit() 最后将调用根结点的 registerService() 方法，它是在 IOService 类中实现的。因此，当发布根结点以用于匹配时，将开启 I/O Kit 匹配过程。

5.7 BSD 初始化

在图 5-11 可以看到，内核自举线程在变成写出页守护进程之前，将调用 bsd_init() [bsd/kern/bsd_init.c]，它将初始化 Mac OS X 内核的 BSD 部分，并且最终把控制传递到用户空间。图 5-17 显示了 bsd_init()的动作序列。

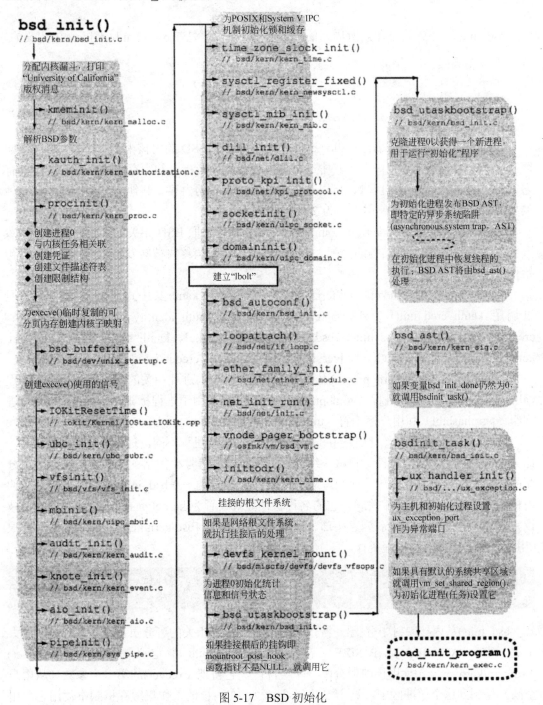

图 5-17　BSD 初始化

5.7.1　其他的 BSD 初始化（第 1 部分）

bsd_init()使用 funnel_alloc() [bsd/kern/thread.c]分配内核漏斗。然后，它将获得内核漏

斗。尽管在 Mac OS X 10.4 中不建议使用漏斗机制，但是出于向后兼容性考虑，它仍然存在[①]。

bsd_init()接下来将打印众所周知的 BSD 版权消息，它是在 bsd/kern/bsd_init.c 中定义的。

```
char copyright[] =
"Copyright (c) 1982, 1986, 1989, 1991, 1993\n\t"
"The Regents of the University of California. "
"All rights reserved.\n\n";
```

kmeminit() [bsd/kern/kern_malloc.c]将初始化特定于 BSD 的内核内存分配器。这个分配器利用一个数值指定每种内存，其中"类型"代表调用者指定的内存用途。一些类型具有它们自己的 Mach 分配器区域，可以从中分配此种类型的内存。其他类型要么共享另一种类型的 Mach 区域，要么使用大小为 2 的幂的 kalloc 区域。

parse_bsd_args() [bsd/kern/bsd_init.c]从引导命令行获取 BSD 相关的参数。其中一些参数会影响某些 BSD 数据结构的分配大小，而其他的参数最终将被转发给由内核启动的"初始化"程序。

kauth_init() [bsd/kern/kern_authorization.c]用于初始化 kauth 集中式授权子系统。它将通过调用 kauth_cred_init() [bsd/kern/kern_credential.c]、kauth_identity_init() [bsd/kern/kern_credential.c]、kauth_groups_init() [bsd/kern/kern_credential.c]、kauth_scope_init() [bsd/kern/kern_authorization.c]和 kauth_resolver_init() [bsd/kern/kern_credential.c]，初始化其组成模块。

procinit() [bsd/kern/kern_proc.c]用于初始化以下与全局进程相关的数据结构：所有进程（allproc）的列表；僵尸进程（zombproc）的列表；以及用于进程标识符（pidhashtbl）、进程组（pgrphashtbl）和用户标识符（uihashtbl）的散列表。

然后，bsd_init()将初始化进程 0 的多个方面。与后续进程不同，进程 0 的数据结构——比如跟它的凭证、开放文件、记账、统计、进程限制和信号动作相关的结构——是静态分配的，并且永远也不会释放。而且，进程 0 是手工创建的——bsd_init()将其与已经存在的内核任务（kernel_task）相关联。它的名称将被显式设置为 kernel_task，它的进程 ID 将被设置为 0。它被放在 allproc 列表头部。调用 chgproccnt() [bsd/kern/kern_proc.c]函数递增根（用户 ID 0）所拥有的进程统计。

> 在 Mac OS X 10.4 之前，bsd_init()还会分配网络漏斗，在 Mac OS X 10.4 中没有使用它。

bsd_init()从内核映射中分配一个子映射，用于 BSD 相关的可分页内存。这个映射的大小是 BSD_PAGABLE_MAP_SIZE（在 bsd/kern/bsd_init.c 中定义为 8MB）。execve() [bsd/kern/kern_exec.c]使用该映射分配一个缓冲区，它将把 execve()的第一个参数（从用户空间）复制到这个缓冲区中，这个参数就是路径，在内核的工作集缓存机制中使用它，用于支持.app 应用程序的启动。bsd_init()还会初始化 execve()信号，它是在为保存的参数分配和释放空间时使用的。

---

① 在第 9 章中将探讨漏斗。

bsd_init()将调用 bsd_bufferinit() [bsd/dev/unix_startup.c]，bsd_bufferinit()又将调用 bsd_startupearly() [bsd/dev/unix_startup.c]。后者将分配内核映射的一个子映射，然后使用内核对象（kernel_object）把内核内存分配到这个映射中。bsd_startupearly()还会计算与网络和群集 I/O 的缓冲区管理相关的参数的值，执行额外的调整，除非机器的物理内存小于 64 MB。例如，它将尝试把 tcp_sendspace 和 tcp_recvspace（它们分别是用于 TCP 的默认发送和接收窗口大小）的值放大到最大。

bsd_bufferinit()还会分配内核映射的另一个子映射（mb_map），用于分配 mbuf 群集。这个映射的大小是 nmbclusters 与 MCLBYTES 的乘积，它们在 bsd/ppc/param.h 中分别被初始化为 2048 和 512，但是可能在内核启动期间进行调整。最后，bsd_bufferinit()将会调用 bufinit() [bsd/vfs/vfs_bio.c]，初始化文件系统缓冲区和相关的数据结构。bufinit()还会初始化 bcleanbuf_thread [bsd/vfs/vfs_bio.c]，即缓冲区清洗线程（Buffer Laundry Thread），它将从包含需要清理的缓冲区的队列中移除缓冲区，并且利用它们的内容执行异步块写入操作。这种初始化将允许 BSD 层读取磁盘标签。而且，bufinit() 将会调用 bufzoneinit() [bsd/vfs/vfs_bio.c]，初始化用于缓冲区头部的区域（buf_hdr_zone）。

IOKitResetTime() [iokit/Kernel/IOStartIOKit.cpp]将会调用 IOService::waitForService() [iokit/Kernel/IOService.cpp]，等待 IORTC（实时时钟）和 IONVRAM（Open Firmware 非易失性内存）服务匹配和发布。然后，它将调用 clock_initialize_calendar() [osfmk/ppc/rtclock.c]，基于平台时钟初始化日历时钟。

5.7.2　文件系统初始化

此时，bsd_init()将开启与文件系统相关的初始化。它将调用 ubc_init() [bsd/kern/ubc_subr.c]，初始化用于统一的缓冲区缓存（UBC）的区域（ubc_info_zone），它将利用虚拟内存（确切地讲是 Mach VM 对象）统一进行虚拟结点（vnode）的缓冲。这个区域具有 10 000 个元素，其中每个元素的大小是 ubc_info 结构的大小[bsd/sys/ubc.h]。

然后，bsd_init()将调用 vfsinit() [bsd/vfs/vfs_init.c]，它将初始化虚拟结点结构以及每种内置的文件系统类型。由 vfs_init()执行的特定动作如下。

- 它将分配多种文件系统锁——例如，用于挂接的文件系统列表的锁。
- 它将设置**控制台用户**（Console User）具有用户 ID 0。控制台用户（其身份将用于访问目的）是其磁盘上的权限将被忽略的文件和目录的所有者。通常，控制台用户是当前登录的用户。
- 它将调用 vntblinit() [bsd/vfs/vfs_subr.c]，初始化空闲的虚拟结点列表（vnode_free_list）、不活动的虚拟结点列表（vnode_inactive_list）以及挂接的文件系统列表（mountlist）。它还会初始化 vnodetarget 变量，这个变量代表内核期望从不活动的虚拟结点列表和 VM 对象缓存中取回的虚拟结点数量。当空闲的虚拟结点数量降至 VNODE_FREE_MIN（在 bsd/vfs/vfs_subr.c 中定义为 300）以下时，就会调用 vnreclaim() [bsd/vfs/vfs_subr.c]，以从不活动列表和 VM 对象缓存中回收一些（希望是 vnodetarget 个）虚拟结点。vntblinit()将调用 adjust_vm_object_cache() [osfmk/vm/vm_object.c]，对 VM 对象缓存的大小进行缩放，以容纳内核想要缓存的虚拟结点数量，它就是 desiredvnodes 与 VNODE_FREE_MIN 之间的差值。在 bsd/conf/param.c 中定义了用于计算 desiredvnodes 的公式。

- 它将调用 vfs_event_init() [bsd/vfs/vfs_subr.c]，用以初始化将用于文件系统事件机制的 knote 结构的列表[bsd/sys/event.h]。
- 它将调用 nchinit() [bsd/vfs/vfs_cache.c]，初始化用于虚拟结点名称缓存的数据结构——例如，字符串的散列表以及 32 位校验和余数表。
- 它将调用 journal_init() [bsd/vfs/vfs_journal.c]，初始化由 VFS 日志记录机制使用的锁。
- 它将调用 vfs_op_init() [bsd/vfs/vfs_init.c]，通过把已知的虚拟结点操作矢量设置为 NULL，对它们进行初始化。vfs_op_init()通过统计 vfs_op_descs 表（它是在 bsd/vfs/ vnode_if.c 中定义的）的内容，计算存在的操作数量。其后接着调用 vfs_opv_init() [bsd/vfs/vfs_init.c]，它用于分配和填充操作矢量[①]。
- 它将迭代所定义的文件系统类型的静态列表（vfsconf），并且调用每个文件系统的初始化函数，即 vfsconf 结构的 vfc_vfsops 字段的 vfs_init()成员。
- 它将调用 vnode_authorize_init() [bsd/vfs/vfs_subr.c]，后者将利用 kauth 授权机制注册虚拟结点范围——KAUTH_SCOPE_VNODE，定义为字符串"com.apple.kauth. vnode"[②]。这个范围用于 VFS 层内的所有授权。用于这个范围的侦听器回调函数是 vnode_authorize_callback() [bsd/vfs/vfs_subr.c]。

5.7.3   其他的 BSD 初始化（第 2 部分）

bsd_init()将调用 mbinit() [bsd/kern/uipc_mbuf.c]，用于初始化 mbuf，即通常由网络子系统使用的内存缓冲区。mbinit()分配内存，并且初始化锁、统计、引用计数等。它还会调用 IOMapperIOVMAlloc() [iokit/Kernel/IOMapper.cpp]，用于确定系统级 I/O 总线映射器是否存在，如果是，就利用它注册分配给 mbuf 群集池的内存页数。而且，mbinit()将启动一个内核线程，在内核任务中运行 mbuf_expand_thread() [bsd/kern/uipc_mbuf.c]，其目的是：如果空闲的群集数变低，就增大群集池。

audit_init() [bsd/kern/kern_audit.c]用于初始化内核的审计事件表、审计内存区域、关联的数据结构以及 BSM 审计子系统[③]。它将调用 kau_init() [bsd/kern/kern_bsm_audit.c]初始化后者，而这又将调用 au_evclassmap_init() [bsd/kern/kern_bsm_klib.c]为系统调用建立初始的审计事件-事件类映射，等等。例如，一个名为 AUE_OPEN_R 的事件（在 bsd/bsm/audit_ kevents.h 中定义）将被映射到一个名为 AU_FREAD 的事件类（在 bsd/sys/audit.h 中定义）。audit_init()还会初始化一个区域（audit_zone），用于审计记录。注意：直到用户空间的审计守护进程——auditd——启动之后，才会开启审计日志。

knote_init() [bsd/kern/kern_event.c]将初始化一个区域（knote_zone），用于 kqueue 内核

---

①   在第 11 章中将探讨这些数据结构的详细信息。

②   在第 11 章中将探讨这种机制的详细信息。

③   BSM 代表 Basic Security Module（基本安全模块）。在第 6 章中将探讨审计子系统的实现细节。

事件通知机制。它还会分配与 kqueue 相关的锁。

aio_init() [bsd/kern/kern_aio.c]将初始化异步 I/O（AIO）子系统。这包括初始化锁、队列、统计以及用于 AIO 工作队列条目的 AIO 工作队列区域（aio_workq_zonep）。aio_init() 通过调用_aio_create_worker_threads() [bsd/kern/kern_aio.c]，创建 AIO 工作者线程。创建的线程数量包含在变量 aio_worker_threads [bsd/conf/param.c]中，它被初始化为常量 AIO_THREAD_COUNT（在 bsd/conf/param.c 中定义为 4）。AIO 工作者线程运行函数 aio_work_thread() [bsd/kern/kern_aio.c]。

pipeinit() [bsd/kern/sys_pipe.c]将初始化一个用于管道数据结构的区域（pipe_zone），并且分配锁定数据结构。

bsd_init()现在将为 POSIX 和 System V IPC 机制初始化锁。而且，它将调用 pshm_cache_init() [bsd/kern/posix_shm.c]和 psem_cache_init() [bsd/kern/posix_sem.c]，初始化散列表，分别用于存储 POSIX 共享内存和信号的查找名称的散列值。

然后，bsd_init()将调用 time_zone_slock_init() [bsd/kern/kern_time.c]，初始化 tz_slock，它是一个简单的锁，用于访问全局时区结构 tz，在 bsd/conf/param.c 中定义了它。这个锁由 gettimeofday()和 settimeofday()调用使用。

接下来，bsd_init()将调用 sysctl_register_fixed() [bsd/kern/kern_newsysctl.c]，注册静态定义的 sysctl 列表（比如 newsysctl_list [bsd/kern/sysctl_init.c]和 machdep_sysctl_list [bsd/dev/ppc/sysctl.c]）中的 sysctl 对象 ID。这包括创建和填充顶级 sysctl 结点，比如 kern、hw、machdep、net、debug 和 vfs。然后，bsd_init()将调用 sysctl_mib_init() [bsd/kern/kern_mib.c]，填充可选的 sysctl。

5.7.4　网络子系统初始化

此时，bsd_init()将开始初始化网络子系统。dlil_init() [bsd/net/dlil.c]将初始化数据链路接口层（data link interface layer，DLIL），这包括初始化用于数据链路接口、接口族和协议族的队列。dlil_init()还会启动 DLIL 输入线程（dlil_input_thread() [bsd/net/dlil.c]）以及另一个线程，用于调用协议、协议过滤器和接口过滤器的延迟分离[1]（dlil_call_delayed_detach_thread() [bsd/net/dlil.c]）。

输入线程提供 mbuf 的两个输入队列：一个用于环回[2]接口，另一个用于非环回接口。对于每个分组，它都会利用 3 个参数调用 dlil_input_packet() [bsd/net/dlil.c]，这 3 个参数是：接收分组的接口、一个用于分组的 mbuf 指针以及一个指向分组头部的指针。最后，输入线程将调用 proto_input_run() [bsd/net/kpi_protocol.c]，它首先处理协议输入处理程序函数的任何连接或分离[3]，然后迭代所有现有的协议输入条目，寻找那些具有非空分组链的条目。它将在具有要输入分组的条目上调用 proto_delayed_inject() [bsd/net/kpi_protocol.c]。

proto_kpi_init() [bsd/net/kpi_protocol.c]将分配由 bsd/net/kpi_protocol.c 中的协议代码使

---

① 如果不能安全地进行分离，就会将其延迟。

② Mac OS X 只支持一个环回接口。

③ 如果输入处理程序已经注册，就会分离它。

用的锁定数据结构。

socketinit() [bsd/kern/uipc_socket.c]将分配锁定数据结构并且初始化一个区域（so_cache_zone），用于内核的套接字缓存机制。它还会安排 so_cache_timer() [bsd/kern/uipc_socket.c]定期运行。后者将释放其时间戳比当前时间戳早 SO_CACHE_TIME_LIMIT [bsd/sys/socketvar.h]或更多的缓存的套接字结构。这种缓存机制允许为套接字层中缓存的套接字重用进程控制块。

domaininit() [bsd/kern/uipc_domain.c]首先创建所有可用的通信域的列表。然后，它将在每个可用的域上调用 init_domain() [bsd/kern/uipc_domain.c]。图 5-18 描绘了由这些函数执行的域和协议初始化。

```
// bsd/sys/domain.h

struct domain {
    int         dom_family;              // AF_xxx
    char        *dom_name;               // string name
    void        (*dom_init)__P((void));  // initialization routine
    ...
    struct protosw *dom_protosw;         // chain of protosw structures
    struct domain  *dom_next;            // next domain on chain
    ...
};


// bsd/kern/uipc_domain.c

void
domaininit()
{
    register struct domain *dp;
    ...
    extern struct domain localdomain, routedomain, ndrvdo-main, ...;
    ...

    // Initialize locking data structures
    ...

    // Put them all on the global domain list
    concat_domain(&localdomain);
    concat_domain(&routedomain);
    ...

    // Initialize each domain
    for (dp = domains; dp; dp = dp->dom_next)
        init_domain(dp);
    ...
```

图 5-18　域和协议初始化

```
    timeout(pffasttimo, NULL, 1);
    timeout(pfslowtimo, NULL, 1);
}
...

void
init_domain(register struct domain *dp)
{
    ...

    // Call domain's initialization function
    if (dp->dom_init)
        (*dp->dom_init)();

    // Initialize the currently installed protocols in this domain
    for (pr = dp->dom_protosw; pr; pr = pr->pr_next) {
        if (pr->pr_usrreqs == 0)
            panic("domaininit: %ssw[%d] has no usrreqs!",
                dp->dom_name, (int)(pr - dp->dom_protosw));

        if (pr->pr_init)
            (*pr->pr_init)();
    }
    ...
}
...

void
pfslowtimo(void *arg)
{
    // For each protocol within each domain, if the protocol has a
    // pr_slowtimo() function, call it.
    //
    // Moreover, if do_reclaim is TRUE, also call each protocol's
    // pr_drain() if it has one.
    ...
    timeout(pfslowtimo, NULL, hz/2);
}

void
pffasttimo(void *arg)
{
    // For each protocol within each domain, if the protocol has a
    // pr_fasttimo() function, call it.
    ...
    timeout(pffasttimo, NULL, hz/5);
}
```

图 5-18（续）

init_domain()为域调用初始化例程——如果它存在的话。然后，它将使用域结构的 dom_protosw 字段，为域代表的地址族获取所支持的协议交换结构链。它将迭代 protosw 结构的列表[bsd/sys/protosw.h]，调用每个安装的协议的初始化例程（protosw 结构的 pr_init 字段）。init_domain()还会查看域的协议头部长度（domain 结构的 dom_protohdrlen 字段），如果需要，就会更新以下全局变量的值：max_linkhdr（系统范围内的最大链路级头部）、max_protohdr（系统范围内的最大协议头部）、max_hdr（系统范围内的最大系统/协议对）和 max_datalen（MHLEN 与 max_hdr 的差值，其中 MHLEN 是在 bsd/sys/mbuf.h 中计算的）。

5.7.5   其他的 BSD 初始化（第 3 部分）

bsd_init()把进程 0 的根目录和当前目录指针设置为 NULL。注意：根设备还没有挂接。

然后，bsd_init()将调用 thread_wakeup()，唤醒在 lbolt（全局每秒一次的睡眠地址）上睡眠的线程。接下来，它将调用 timeout() [bsd/kern/kern_clock.c]，开始运行 lightning_bolt() [bsd/kern/bsd_init.c]，后者将继续在 lbolt 上每秒调用一次 thread_wakeup()。lightning_bolt() 还会调用 klogwakeup() [bsd/kern/subr_log.c]，后者将检查是否有任何日志条目挂起，如果是，它将调用 logwakeup() [bsd/kern/subr_log.c]，通知可能等待日志输出的任何进程（比如系统日志记录器）。

// bsd/kern/bsd_init.c

```
void
lightning_bolt()
{
    boolean_t funnel_state;
    extern void klogwakeup(void);

    funnel_state = thread_funnel_set(kernel_flock, TRUE);

    thread_wakeup(&lbolt);
    timeout(lightning_bolt, 0, hz);
    klogwakeup();

    (void)thread_funnel_set(kernel_flock, FALSE);
}
```

bsd_init()将调用 bsd_autoconf() [bsd/kern/bsd_init.c]，后者首先调用 kminit() [bsd/dev/ppc/km.c]，告诉 BSD 的键盘（输入）和显示器（输出）模块将自身标记为已初始化。然后，它将通过迭代 pseudo_init 结构的 pseudo_inits 数组[bsd/dev/busvar.h]并且调用每个元素的 ps_func 函数，初始化伪设备。pseudo_inits 数组是在编译时由 config 实用程序生成的。

// build/obj/RELEASE_PPC/bsd/RELEASE/ioconf.c

```
#include <dev/busvar.h>
```

```
extern pty_init();
extern vndevice_init();
extern mdevinit();
extern bpf_init();
extern fsevents_init();
extern random_init();

struct pseudo_init pseudo_inits[] = {
        128,    pty_init,
        4,      vndevice_init,
        1,      mdevinit,
        4,      bpf_init,
        1,      fsevents_init,
        1,      random_init,
        0,      0,
};
```

bsd_autoconf()最后调用 IOKitBSDInit() [iokit/bsddev/IOKitBSDInit.cpp]，后者将把 BSD 内核发布为一个名为"IOBSD"的资源。

bsd_init()通过调用 loopattach() [bsd/net/if_loop.c]来连接环回接口，后者又将调用 lo_reg_if_mods() [bsd/net/if_loop.c]注册 PF_INET 和 PF_INET6 协议族，这是通过调用 dlil_reg_proto_module() [bsd/net/dlil.c]实现的。然后，loopattach()将调用 dlil_if_attach()来连接环回接口，其后接着调用 bpfattach() [bsd/net/bpf.c]，它将把环回接口连接到 Berkeley Packet Filter（BPF）[①]机制上。这种连接中使用的链路层类型是 DLT_NULL。

ether_family_init() [bsd/net/ether_if_module.c]将通过调用 dlil_reg_if_modules() [bsd/net/dlil.c]初始化以太网接口族。其后接着调用 dlil_reg_proto_module() [bsd/net/dlil.c]，为以太网接口族注册 PF_INET 和 PF_INET6 协议族。ether_family_init()还将通过调用 vlan_family_init() [bsd/net/if_vlan.c]，初始化对 IEEE 802.Q 虚拟局域网（Virtual LAN，VLAN）的支持。这将创建一个 VLAN 伪设备——软件中的设备，它使用以太网接口族的大量功能。最后，ether_family_init()将调用 bond_family_init() [bsd/net/if_bond.c]，初始化对 IEEE 802.3ad 链路聚合（Link Aggregation）的支持，这允许把多个以太网端口结合或聚合成单个虚拟接口，并且可以跨端口进行自动负载平衡。

内核提供了一个接口——net_init_add()函数，在初始化网络栈时将调用它。在创建任何套接字或者在内核中发生任何网络活动之前，这对于希望注册网络过滤器的内核扩展是有用的。在初始化以太网接口族之后，bsd_init()将调用 net_init_run() [bsd/net/init.c]，运行任何这样的注册函数。

vnode_pager_bootstrap() [osfmk/vm/bsd_vm.c]将初始化一个区域（vnode_pager_zone），用于虚拟结点分页器的数据结构。这个区域分配的大小是一页，元素大小与 vnode_pager structure [osfmk/vm/bsd_vm.c]的相同。该区域使用最大的内存，允许存放与结构一样多的 MAX_VNODE。在 osfmk/vm/bsd_vm.c 中将 MAX_VNODE 定义为 10000。

---

① BPF 给数据链路层提供了一个独立于协议的原始接口。

inittodr() [bsd/kern/kern_time.c]调用 microtime() [bsd/kern/kern_time.c]，获取 timeval 结构[bsd/sys/time.h]中的日历时间值。如果结构的秒或毫秒成分为负，inittodr()就会调用 setthetime() [bsd/kern/kern_time.c]重置日历时钟。

5.7.6　挂接根文件系统

bsd_init()现在将启动根文件系统的挂接。如图 5-19 所示，它将进入一个无限循环，当成功挂接根文件系统时将中断它。在该循环内，bsd_init()将会调用 setconf() [bsd/kern/bsd_init.c]，后者用于确定根设备，包括是否将通过网络访问它。然后，bsd_init()将调用 vfs_mountroot() [bsd/vfs/vfs_subr.c]，尝试挂接根设备。

```
// bsd/kern/bsd_init.c

void
bsd_init()
{
    ...
    // Mount the root file system
    while (TRUE) {
        int err;

        setconf();
        ...
        if (0 == (err = vfs_mountroot()))
            break;
#if NFSCLIENT
        if (mountroot == netboot_mountroot) {
            printf("cannot mount network root, errno = %d\n", err);
            mountroot = NULL;
            if (0 == (err = vfs_mountroot()))
                break;
        }
#endif
        printf("cannot mount root, errno = %d\n", err);
        boothowto |= RB_ASKNAME;
    }
    ...
}
```

图 5-19　挂接根文件系统

如图 5-20 中所示，setconf()将会调用 IOFindBSDRoot() [iokit/bsddev/IOKitBSDInit.cpp]——它是一个 I/O Kit 函数，用于确定根设备。一旦成功，IOFindBSDRoot()就会填充作为一个参数传递给它的 rootdev 变量。如果 IOFindBSDRoot()失败，setconf()可能把根设备显式设置为/dev/sd0a，作为一种调试帮助。setconf()还会检查 flags 变量的值，因为当根是网络根设备时，IOFindBSDRoot()将设置它的最低位。如果是这样，setconf()将把一个全局函数指针——mountroot [bsd/vfs/vfs_conf.c]——设置成指向函数 netboot_mountroot() [bsd/kern/
netboot.c]。如果 flags 的值是 0，就把 mountroot 指针设置为 NULL。往后，vfs_mountroot()
将检查 mountroot 是否是一个有效的指针；如果是，它将会调用相应的函数，尝试挂接根
文件系统。

```
// bsd/kern/bsd_init.c

dev_t rootdev;              // root device major/minor number
char rootdevice[16];        // root device name
...
extern int (*mountroot) __P((void));
...
setconf()
{
    u_int32_t flags;
    ...
    err = IOFindBSDRoot(rootdevice, &rootdev, &flags);
    ...
    if (err) {
        // debugging: set root device to /dev/sd0a
        flags = 0;
    }

    if (flags & 1) {
        // root will be mounted over the network
        mountroot = netboot_mountroot;
    } else {
        // the VFS layer will query each file system to
        // determine if it can provide the root
        mountroot = NULL;
    }
}
```

图 5-20　利用 I/O Kit 的帮助查找根设备

现在来探讨 IOFindBSDRoot()的工作方式。由于 setconf()是在一个循环中调用的，因此
IOFindBSDRoot()可能会被调用多次。如图 5-21 所示，IOFindBSDRoot()将会记录它被调用
的次数，并且在第二次及后续的调用时会睡眠 5 秒钟。它将检查 rd 和 rootdev（以此顺序）
引导参数是否存在。如果它找到其中任何一个参数，就会获取它的值。

接下来，IOFindBSDRoot()将查询 I/O Registry，具体如下。

● 它将检查/chosen 结点是否包含 boot-uuid 属性。如果是，它将把 matching 字典设置
为 IOResources 类的 boot-uuid-media 属性的值。

● 如果上一步失败，它将寻找/chosen 的 rootpath 属性。如果找到这个属性，它将把 look
变量设置为指向该属性的数据。

// iokit/bsddev/IOKitBSDInit.cpp

```
kern_return_t
IOFindBSDRoot(char *rootName, dev_t *root, u_int32_t *oflags)
{
    ...
    IOService        *service;
    IORegistryEntry  *regEntry;
    OSDictionary     *matching = 0;
    ...
    OSData           *data = 0;
    ...
    UInt32           flags = 0;
    int              minor, major;
    bool             findHFSChild = false;
    char             *mediaProperty = 0;
    char             *rdBootVar;
    char             *str;
    const char       *look = 0;
    ...
    bool             forceNet = false;
    ...
    const char       *uuidStr = NULL;
    static int       mountAttempts = 0;
    enum { kMaxPathBuf = 512, kMaxBootVar = 128 };
    ...

    if (mountAttempts++)
        IOSleep(5 * 1000);

    // allocate memory for holding the root device path
    str = (char *)IOMalloc(kMaxPathBuf + kMaxBootVar);
    if (!str)
        return (kIOReturnNoMemory);
    rdBootVar = str + kMaxPathBuf;

    if (!PE_parse_boot_arg("rd", rdBootVar)
      && !PE_parse_boot_arg("rootdev", rdBootVar))
        rdBootVar[0] = 0;
    ...
}
```

图 5-21　执行查找根设备的核心工作

- 如果上一步失败，它将寻找/options 的 boot-file 属性。如果找到这个属性，它将把 look 变量设置为指向该属性的数据。
- 如果用户指定的根设备的第一个字符（如果有的话）是星号字符，它就指示根设备不应该是基于网络的。它将把 forceNet 变量设置为 false，并且把 look 指针递增一个字符。因此，它将尝试向前通过下一个字符解析指定的根设备。而且，它将不会考虑在以前的步骤中可能从/chosen 或/options 获取的值。

- 如果在用户指定的根设备中没有星号字符，它将会在设备树中寻找/net-boot 属性。如果找到这个属性，就会把 forceNet 设置为 true。

然后，IOFindBSDRoot()将在/chosen/memory-map 结点中检查名为 RAMDisk 的属性。如果找到这个属性，它的数据就指定 RAM 磁盘的基址和大小。IOFindBSDRoot()将会调用 mdevadd() [bsd/dev/memdev.c]，查找空闲的 RAM 磁盘插槽，并且添加一个伪磁盘设备，其路径具有/dev/mdx 这样的形式，其中 x 是单独一位十六进制数字。注意：如果 IOFindBSDRoot()被调用多次，它将只构建 RAM 磁盘一次——在第一次调用它时。为了把 RAM 磁盘用作根设备，引导参数中的根设备规范必须包含要使用的 RAM 磁盘设备的 BSD 名称。然后，IOFindBSDRoot()将检查 rdBootVar 的内容是否具有/dev/mdx 形式，如果是，它将调用 mdevlookup() [bsd/dev/memdev.c]，从设备 ID（mdx 中的 x）获取设备编号——dev_t 数据类型，用于编码主要编号和次要编号。如果找到 RAM 磁盘设备，IOFindBSDRoot()就会把外出标志（oflags）值设置为 0，指示这不是网络根设备，并且返回成功。

如果 look 指针不为 0，也就是说，如果 IOFindBSDRoot()以前在 rootpath（/chosen）或 boot-file（/options）中发现了内容，IOFindBSDRoot()就会检查该内容，看看它是否以字符串"enet"开头。如果是，它就认为根是网络设备；否则，它将默认其为磁盘设备。不过，如果 forceNet 为 true，IOFindBSDRoot()还会把内容视作网络设备。

对于网络设备，IOFindBSDRoot()将会调用 IONetworkNamePrefixMatching() [iokit/bsddev/IOKitBSDInit.cpp]，获取设备的匹配字典。对于磁盘，它将代之以调用 IODiskMatching() [iokit/bsddev/IOKitBSDInit.cpp]。如果这个获取失败，它将尝试另外几种替代方法（如下），以构造根设备的匹配字典。

- 如果根指示符的前两个字符是'e'和'n'，它就会在具有较少限制的前缀"en"上调用 IONetworkNamePrefixMatching() [iokit/bsddev/IOKitBSDInit.cpp]。
- 如果根指示符包含前缀"cdrom"，它就会调用 IOCDMatching() [iokit/bsddev/IOKitBSDInit.cpp]。注意：对于 CD-ROM，IOFindBSDRoot()以后将尝试在设备上寻找一个 Apple_HFS 分区类型。
- 如果根指示符是字符串"uuid"，它就会寻找 boot-uuid 引导参数，它必须指定引导卷的 UUID。
- 如果没有更具体的根设备，它就会调用 IOBSDNameMatching() [iokit/bsddev/IOKitBSDInit.cpp]，寻找具有指定 BSD 名称的任意类型的设备。
- 如果所有其他的方法都失败了，它就会调用 IOService::serviceMatching() [iokit/Kernel/IOService.cpp]，将任意类型的存储媒介设备与内容类型 Apple_HFS 进行匹配。

IOFindBSDRoot()然后将进入一个循环中，利用它构造的匹配字典调用 IOService::waitForService()。它将等待匹配服务发布，并将超时时间设置为 ROOTDEVICETIMEOUT（60 秒）。如果不能发布服务，或者如果这是第 10 次调用 IOFindBSDRoot()，就会显示一个失败的引导图标，其后接着"Still waiting for root device"（仍将等待根设备）日志消息。

　　如果显式请求 Apple_HFS "child"，比如对于 CD-ROM 设备，IOFindBSDRoot()将等待子服务完成注册，并且在父服务上调用 IOFindMatchingChild() [iokit/bsddev/IOKitBSDInit.cpp]，寻找其 Content 属性是 Apple_HFS 的子服务。此外，如果通过其 UUID 指定根卷，IOFindBSDRoot()将寻找它所发现的服务的 boot-uuid-media 属性。

　　IOFindBSDRoot()将检查匹配的服务是否对应某个网络接口——也就是说，它是否是 IONetworkInterface 的子类。如果是，它将在服务上调用 IORegisterNetworkInterface() [iokit/bsddev/IOKitBSDInit.cpp]，利用内核的 BSD 部分命名和注册接口。确切地讲，将会发布 IONetworkStack 服务，并且会把网络设备的单元编号和路径设置为这个服务的属性。对于非网络根设备，将在以后完成此类设备注册，并且从用户空间触发它。

　　此时，如果 IOFindBSDRoot()具有成功匹配的服务，它将从服务中获取 BSD 名称、BSD 主要编号和 BSD 次要编号。如果没有服务，IOFindBSDRoot()将退而求其次，使用 en0——主网络接口——作为根设备，并且把 oflags（外出标志）参数的最低位设置为 1，指示网络根设备。

　　如图 5-20 所示，在 setconf()返回到 bsd_init()之前，如果指示了网络根设备，它将把 mountroot 函数指针设置为 netboot_mountroot；否则，将把它设置为 NULL。bsd_init()将调用 vfs_mountroot() [bsd/vfs/vfs_subr.c]，实际地挂接根文件系统。

```
// bsd_init() in bsd/kern/bsd_init.c
        ...
        setconf();
        ...
        if (0 = (err = vfs_mountroot()))
            break;
#if NFSCLIENT
        if (mountroot == netboot_mountroot) {
            printf("cannot mount network root, errno = %d\n", err);
            mountroot = NULL;
            if (0 = (err = vfs_mountroot()))
                break;
        }
#endif
        ...
```

　　vfs_mountroot()首先调用通过 mountroot 函数指针所指向的函数（如果该指针不为 NULL），并且返回结果。

```
// vfs_mountroot()
        ...
        if (mountroot != NULL) {
            error = (*mountroot)();
            return (error);
        }
        ...
```

vfs_mountroot()将为根文件系统的块设备创建一个虚拟结点。然后，它将迭代 vfsconf [bsd/vfs/vfs_conf.c]——配置的文件系统的全局列表——中的条目。

```
// bsd/vfs/vfs_conf.c
    ...
    static struct vfsconf vfsconflist[] = {
        // 0: HFS/HFS Plus
        { &hfs_vfsops, ... },

        // 1: FFS
        { &ufs_vfsops, ... },

        // 2: CD9660
        { &cd9660_vfsops, ... },

        ...
    };
    ...
    struct vfsconf *vfsconf = vfsconflist;
    ...
```

vfs_mountroot()将查看 vfsconflist 数组的每个条目，并且检查 vfsconf 结构是否具有一个有效的 vfc_mountroot 字段，它是一个指针，指向为某个文件系统类型挂接根文件系统的函数。由于 vfs_mountroot()将从头开始遍历列表，它首先将尝试 HFS/HFS+文件系统，其后接着 FFS[①]，等等。特别是，对于本地的 HFS+根文件系统的典型情况，vfs_mountroot()将调用 hfs_mountroot() [bsd/hfs/hfs_vfsops.c]。

```
// vfs_mountroot() in bsd/vfs/vfs_subr.c
    ...
    for (vfsp = vfsconf; vfsp; vfsp = vfsp->vfc_next) {
        if (vfsp->vfc_mountroot == NULL)
            continue;
        ...
        if ((error = (*vfsp->vfc_mountroot)(...)) == 0) {
            ...
            return (0);
        }
        vfs_rootmountfailed(mp);

        if (error != EINVAL)
         printf("%s_mountroot failed: %d\n", vfsp>vfc_name, error);
    }
    ...
```

---

① Berkeley Fast File System（伯克利快速文件系统）。

对于网络根设备，将会调用 netboot_mountroot() [bsd/kern/netboot.c]。它首先将通过调用 find_interface() [bsd/kern/netboot.c]确定根设备——要使用的网络接口。除非 rootdevice 全局变量包含一个有效的网络接口名称，否则将为第一个不是环回或点对点类型的设备搜索所有网络接口的列表。如果找到这样一个设备，netboot_mountroot()将调出它。然后，它将调用 get_ip_parameters() [bsd/kern/netboot.c]，后者将在 I/O Registry 中寻找/chosen 条目的 dhcp-response 和 bootp-response 属性（以该顺序）。如果其中一个属性具有任何数据，get_ip_parameters()就会调用 dhcpol_parse_packet() [bsd/netinet/dhcp_options.c]，将其解析为一个 DHCP 或 BOOTP 分组，以及获取相应的选项。如果成功，这将提供用于引导的 IP 地址、网络掩码和路由器的 IP 地址。如果没有从 I/O Registry 中获取到数据，netboot_mountroot()将会调用 bootp() [bsd/netinet/in_bootp.c]，使用 BOOTP 获取这些参数。如果没有路由器，netboot_mountroot()将启用代理 ARP。

然后，netboot_mountroot()将调用 netboot_info_init() [bsd/kern/netboot.c]，建立根文件系统信息，它们必须来自于以下来源之一（以给定的顺序）。

● rp 引导参数。
● rootpath 引导参数。
● /chosen 的 bsdp-response 属性。
● /chosen 的 bootp-response 属性。

如果所有这些来源都不能提供有效的信息，引导将会失败。

用于网络引导的根文件系统可能是传统的 NFS 挂接，或者它可能是本地挂接的远程磁盘映像。后者可能使用两种机制之一：BSD vndevice 接口（用于虚拟结点的软件磁盘驱动程序）和 Apple 的 Disk Image Controller（也称为 hdix）。甚至当在本地挂接远程磁盘映像时，仍然必须使用 NFS（vndevice 和 hdix）或 HTTP（仅 hdix）远程访问映像。内核首选使用 hdix，但是可以通过指定 vndevice=1 作为引导参数，强制它使用 vndevice。下面给出了用于网络引导的根文件系统指示符的一些示例（注意：必须使用反斜杠字符对指示符中的字面意义上的冒号字符进行转义）。

```
nfs:<IP>:<MOUNT>[:<IMAGE PATH>]

nfs:10.0.0.1:/Library/NetBoot/NetBootSP0:Tiger/Tiger.dmg
nfs:10.0.0.1:/Volumes/SomeVolume\:/Library/NetBoot/NetBootSP0:Tiger/Tiger
.dmg

http://<HOST><IMAGE URL>

http://10.0.0.1/Images/Tiger/Tiger.dmg
```

BSD 使用一个 I/O Kit 挂钩——di_root_image() [iokit/bsddev/DINetBootHook.cpp]，以使用 Apple Disk Image Controller 驱动程序的服务。这个挂钩将通过把 com.apple.AppleDiskImageController 资源的 load 属性设置为 true，显式加载该资源。

一旦根文件系统成功挂接，那么挂接的文件系统列表上恰好就有一个条目。bsd_init() 将设置这个条目的 MNT_ROOTFS 位（在 bsd/sys/mount.h 中定义），将其标记为根文件系统。

bsd_init()还会调用文件系统的 VFS_ROOT 操作，获取它的根虚拟结点，然后将指向它的指针保存在全局变量 rootvnode 中。如果 VFS_ROOT 操作失败，就会有内核恐慌。添加了对这个虚拟结点的额外引用，使得它总是很忙碌，因此不能正常地卸载它。bsd_init()把进程 0 的当前目录虚拟结点指针设置为 rootvnode。

如果通过网络挂接根文件系统，在某些情形下此时可能需要额外的设置。为此将调用 netboot_setup() [bsd/kern/netboot.c]函数。例如，如果使用 vndevice 挂接根文件系统映像，netboot_mountroot()不会实际地挂接 vndevice 结点中包含的文件系统——netboot_setup()将会挂接它。

5.7.7 创建进程 1

在挂接根文件系统之后，bsd_init()将执行以下动作。
- 它将把进程 0 的开始时间和内核的引导时间设置为当前时间。
- 它将把进程 0 的运行时间（proc 结构的 p_rtime 字段）初始化为 0。
- 它将调用 devfs_kernel_mount() [bsd/miscfs/devfs/devfs_vfsops.c]，在/dev/上"手动"挂接设备文件系统。
- 它将调用 siginit() [bsd/kern/kern_sig.c]，初始化进程 0 的信号状态，包括标记将被忽略的信号。
- 它将调用 bsd_utaskbootstrap() [bsd/kern/bsd_init.c]，后者安排第一个用户空间的程序运行。
- 如果具有利用内核注册的挂接根后的挂钩函数——mountroot_post_hook()，bsd_init()就会调用它。在第 4 章中已经介绍过，BootCache 内核扩展就使用了这个挂钩。
- 它将丢弃内核漏斗。

bsd_utaskbootstrap()通过调用 cloneproc() [bsd/kern/kern_fork.c]，从进程 0 克隆一个新进程，cloneproc()反过来又会调用 procdup() [bsd/kern/kern_fork.c]。由于 procdup()是一个 BSD 级的调用，创建新进程将导致利用单个线程创建一个新的 Mach 任务。新进程（具有进程 ID 1）由 cloneproc()标记为可运行。bsd_utaskbootstrap()使 initproc 全局变量指向这个进程。然后，它将在新线程上调用 act_set_astbsd() [osfmk/kern/thread_act.c]，发布一个异步系统陷阱（asynchronous system trap，AST），并且"推断"陷阱是 AST_BSD（在 osfmk/kern/ast.h 中定义）。当 AST 陷阱将要从中断环境中返回时，将把它递送给某个线程，这可能是由于某个中断、系统调用或者另一个陷阱引起的。act_set_astbsd()将调用 thread_ast_set() [osfmk/kern/ast.h]，通过自动把"推断"位与线程结构的一个或多个挂起的 AST 执行"或"运算来设置 AST [osfmk/kern/thread.h]。bsd_utaskbootstrap()将通过在线程上调用 thread_resume() [osfmk/kern/thread_act.c]来完成执行，这将唤醒线程。

在重新计算线程的量程和优先级之后，将会调用 ast_check() [osfmk/kern/ast.c]，检查挂起的 AST——例如，在 thread_quantum_expire() [osfmk/kern/priority.c]中。它将把线程的 AST 传播给处理器。在线程可以执行之前，挂起的 AST 将导致 ast_taken() [osfmk/kern/ast.c]——AST 处理程序——被调用。它将作为一种特殊情况处理 AST_BSD，方法是从线程的挂起的 AST 中清除 AST_BSD 位，并且调用 bsd_ast() [bsd/kern/kern_sig.c]。除了内核启动之外，

AST_BSD 还用于其他的目的；因此，在其他场合也会调用 bsd_ast()。bsd_ast()将会维护一个布尔标志，以便记住 BSD 初始化是否已经完成，并且在第一次调用它时调用 bsdinit_task()[bsd/kern/bsd_init.c]。

```
// bsd/kern/kern_sig.c

void
bsd_ast(thread_act_t thr_act)
{
    ...
    static bsd_init_done = 0;
    ...
    if (!bsd_init_done) {
        extern void bsdinit_task(void);

        bsd_init_done = 1;
        bsdinit_task();
    }
    ...
}
```

bsdinit_task() [bsd/kern/bsd_init.c]将以给定的顺序执行以下关键操作。
- 它将把当前进程的名称设置为 init。
- 它将调用 ux_handler_init() [bsd/uxkern/ux_exception.c]，初始化 UNIX 异常处理程序[1]。这将创建一个运行 ux_handler() [bsd/uxkern/ux_exception.c]的内核线程。它的工作是把 Mach 异常转换成 UNIX 信号。主机异常端口和任务特殊端口都将被设置为全局 Mach 端口 ux_exception_port。
- 它将调用 get_user_regs() [osfmk/ppc/status.c]，创建一个新的、默认的用户状态环境。然后，它将把每个线程的 uthread 结构的 uu_ar0 指针——保存的用户状态 GPR0 的地址——设置为新创建的环境。
- 它将把 bsd_hardclockinit 全局变量设置为 1，这用于启动 BSD "硬件" 时钟——也就是说，bsd_hardclock() [bsd/kern/kern_clock.c]函数将开始执行工作，而不是简单地返回。
- 它将把全局变量 bsd_init_task 设置为当前任务。这可能在以后使用——比如说，在调试生成中，用以确定某项任务是否是初始任务。例如，如果 TRap() [osfmk/ppc/trap.c]（高级陷阱处理程序）检测到初始任务中有一个异常，它就会严肃地对待该任务，并且提供详细的调试转储，其中包含异常代码、子码、通用和多个专用寄存器的内容以及栈跟踪。这些调试数据存储在一个特殊的全局缓冲区（init_task_failure_data [osfmk/kern/bsd_kern.c]）中，其内容由 bsdinit_task()清零。
- 它将建立系统共享区域（参见 5.7.8 节）。
- 它将调用 load_init_program() [bsd/kern/kern_exec.c]，启动第一个用户空间的程序（参

[1] 在第 9 章中将讨论异常处理。

见 5.8 节)。

- 它将把 app_profile 全局变量设置为 1，这将启用应用程序性能分析，作为内核的工作集检测子系统的一部分[①]。

5.7.8　共享内存区域

内核可以维护一个或多个共享内存区域，它们可以映射到每个用户任务的地址空间。shared_region_task_mappings 结构[osfmk/vm/vm_shared_memory_server.h]用于跟踪共享区域任务映射。内核将根据**环境**（Environment）记录这些区域，其中的环境是文件系统库（fs_base 字段）和系统标识符（system 字段）的组合。保存默认环境的共享区域的全局变量是在 osfmk/vm/vm_shared_memory_server.c 中定义的。

```
// osfmk/vm/vm_shared_memory_server.h

struct shared_region_task_mappings {
    mach_port_t text_region;
    vm_size_t text_size;
    mach_port_t data_region;
    vm_size_t data_size;
    vm_offset_t region_mappings;
    vm_offset_t client_base;
    vm_offset_t alternate_base;
    vm_offset_t alternate_next;
    unsigned int fs_base;
    unsigned int system;
    int flags;
    vm_offset_t self;
};
...
typedef struct shared_region_task_mappings *shared_region_task_mappings_t;
typedef struct shared_region_mapping *shared_region_mapping_t;
...
// Default environment for system and fs_root
#define SHARED_REGION_SYSTEM 0x1
...
#define ENV_DEFAULT_ROOT 0
...


// osfmk/vm/vm_shared_memory_server.c

shared_region_mapping_t default_environment_shared_regions = NULL;
...
```

---

① 在第 8 章中将讨论这个子系统。

bsdinit_task()把系统区域（System Region）定义为其 fs_base 和 system 字段分别等于 ENV_DEFAULT_ROOT 和处理器类型的区域。处理器类型——包含在每个处理器结构的 cpu_type 字段中——是通过调用 cpu_type() [osfmk/ppc/cpu.c]获取的。bsdinit_task()在默认环境共享区域的列表上寻找系统区域。如果它无法找到这个区域，它就会调用 shared_file_boot_time_init() [osfmk/vm/vm_shared_memory_server.c]，初始化默认的系统区域。回忆可知：shared_file_boot_time_init()以前是通过 kernel_bootstrap_thread()调用的。shared_file_boot_time_init()调用 shared_file_init() [osfmk/vm/vm_shared_memory_server.c]，分配两个 256MB 的共享区域——一个用于文本，另一个用于数据——用于映射到任务地址空间。shared_file_init()还会建立数据结构，用于记录加载的共享文件的虚拟地址映射。osfmk/mach/shared_memory_server.h 在客户任务的地址空间定义共享文本和数据区域的地址[①]。

```
// osfmk/mach/shared_memory_server.h

#define SHARED_LIBRARY_SERVER_SUPPORTED
#define GLOBAL_SHARED_TEXT_SEGMENT 0x90000000
#define GLOBAL_SHARED_DATA_SEGMENT 0xA0000000
#define GLOBAL_SHARED_SEGMENT_MASK 0xF0000000

#define SHARED_TEXT_REGION_SIZE 0x10000000
#define SHARED_DATA_REGION_SIZE 0x10000000
#define SHARED_ALTERNATE_LOAD_BASE 0x90000000
```

可以使用 vmmap 命令，显示在进程中分配的虚拟内存区域，从而查看可能在共享地址上映射的实体。

```
$ vmmap -interleaved $$
...
__TEXT 90000000-901a7000 [ 1692K] r-x/r-x SM=COW ...libSystem.B.dylib
__LINKEDIT 901a7000-901fe000 [ 348K] r--/r-- SM=COW ...libSystem.B.dylib
__TEXT 901fe000-90203000 [ 20K] r-x/r-x SM=COW ...libmathCommon.A.dylib
__LINKEDIT 90203000-90204000 [ 4K] r--/r-- SM=COW ...libmathCommon.A.dylib
__TEXT 92c9b000-92d8a000 [ 956K] r-x/r-x SM=COW ...libiconv.2.dylib
__LINKEDIT 92d8a000-92d8c000 [ 8K] r--/r-- SM=COW ...libiconv.2.dylib
__TEXT 9680f000-9683e000 [ 188K] r-x/r-x SM=COW ...libncurses.5.4.dylib
__LINKEDIT 9683e000-96852000 [ 80K] r--/r-- SM=COW ...libncurses.5.4.dylib
__DATA a0000000-a000b000 [ 44K] rw-/rw- SM=COW ...libSystem.B.dylib
__DATA a000b000-a0012000 [ 28K] rw-/rw- SM=COW ...libSystem.B.dylib
__DATA a01fe000-a01ff000 [ 4K] r--/r-- SM=COW ...ibmathCommon.A.dylib
__DATA a2c9b000-a2c9c000 [ 4K] r--/r-- SM=COW ...libiconv.2.dylib
__DATA a680f000-a6817000 [ 32K] rw-/rw- SM=COW ...libncurses.5.4.dylib
__DATA a6817000-a6818000 [ 4K] rw-/rw- SM=COW ...libncurses.5.4.dylib
...
```

---

①   在这种环境中，内核是共享内存服务器，任务是客户。

5.8　启动第一个用户空间的程序

当 BSD 初始化结束时，将会调用 load_init_program() [bsd/kern/kern_exec.c]，启动第一个用户程序，传统上它是 UNIX 系统上的/sbin/init，但是在 Mac OS X 上则是另一个 init 程序[①]。函数首先尝试执行/sbin/launchd。如果失败，它将尝试/sbin/mach_init。如果这也失败了，它将提示用户指定要运行的程序的路径名。内核使用 getchar() [bsd/dev/ppc/machdep.c] 逐字符读取名称，并且重复所读取的每个字符。getchar() 使用 cngetc() 和 cnputc() [osfmk/console/ppc/serial_console.c]，它们是现在建立的控制台 I/O 操作的包装器。

load_init_program()将在当前任务的映射中分配一个内存页，并且利用迄今为止在一个字符串变量中收集的 null 终止的参数列表填充该页。argv[0]包含 init 程序的 null 终止的名称（例如，/sbin/launchd）；argv[1]包含一个参数字符串，其最大大小为 128 字节（包括终止的 NUL 字符）；argv[2]是 NULL。传递给 init 程序的参数示例包括那些指示安全（-x）、单用户（-s）和详细（-v）引导模式的参数。将会填充 execve_args 结构[bsd/sys/exec.h]，使得可以从内核调用 execve()，同时假装好像是从用户空间调用它。因此，首先将把这些参数复制到用户空间，因为 execve()系统调用期望它的参数位于那里。

```
// bsd/kern/kern_exec.c

static char *init_program_name[128] = "/sbin/launchd";
static const char *other_init = "/sbin/mach_init";

char init_args[128] = "";

struct execve_args init_exec_args;
int init_attempts = 0;

void
load_init_program(struct proc *p)
{
  vm_offset_t init_addr;
  char *argv[3];
  int error;
  register_t retval[2];
  error = 0;
  do {
    ...

    // struct execve_args {
```

[①]　从 Mac OS X 10.4 起，/sbin/launchd 就是默认的 init 程序。

```
// char *fname;
// char **argp;
// char **envp;
// };
init_exec_args.fname = /* user space init_program_name */
init_exec_args.argp = /* user space init arguments */
init_exec.args.envp = /* user space NULL */

// need init to run with uid and gid 0
set_security_token(p);

error = execve(p, &init_exec_args, retval);
} while (error);
}
```

最后，第一个用户空间的程序将开始执行。

5.9 从处理器

在讨论用户级启动之前，不妨先来探讨 ppc_init_cpu() [osfmk/ppc/ppc_init.c]函数。回忆一下图 5-2，在引导时，从处理器将调用 ppc_init_cpu()，而不是 ppc_init()。从处理器的执行旅程比主处理器短得多。图 5-22 显示了 ppc_init_cpu()的执行路径。

ppc_init_cpu()将会清除处理器的 per_proc_info 结构的 cpu_flags 字段中的 SleepState 位。在 64 位硬件上，ppc_init_cpu()将会检查 wcte 全局变量是否设置为 0；如果是，它就会通过一个 SCOM 命令禁用不可缓存的单元的存储收集定时器。可以通过 wcte 引导参数设置 wcte 变量的值（参见表 4-12）。

接下来，ppc_init_cpu()将会调用在本章前面见过的 cpu_init() [osfmk/ppc/cpu.c]。cpu_init()通过 CPU 的 per_proc_info 结构中保存的值恢复时基寄存器。它还会设置 per_proc_info 结构中的某些字段的值。最后，ppc_init_cpu()将会调用 slave_main() [osfmk/kern/startup.c]，后者永远不会返回。

回忆一下，当在主处理器上运行时，kernel_bootstrap()函数如何安排（通过 load_context()）kernel_bootstrap_thread()开始执行。类似地，slave_main()也会安排 processor_start_thread() [osfmk/kern/startup.c] 开始执行。processor_start_thread() 将调用 slave_machine_init() [osfmk/ppc/model_dep.c]。

slave_machine_init()通过调用 calling cpu_machine_init() [osfmk/ppc/cpu.c]初始化处理器，并通过调用 clock_init() [osfmk/kern/clock.c]初始化时钟。前文介绍过 clock_init()的操作，它调用所有可用的时钟设备的初始化函数。cpu_machine_init()调用 PE_cpu_machine_init() [iokit/Kernel/IOCPU.cpp]，将时基寄存器与主处理器同步，并且启用中断。

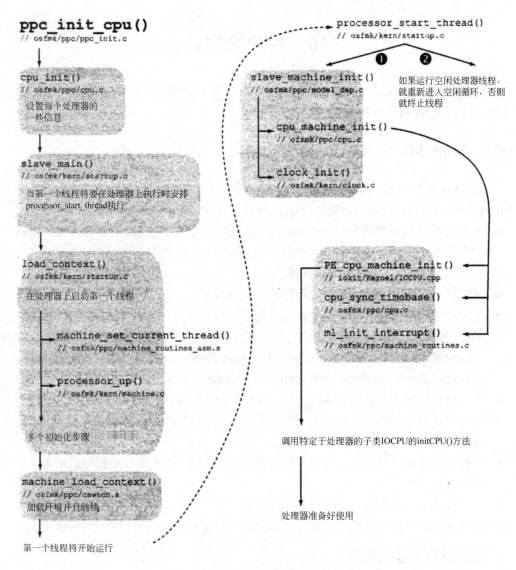

图 5-22　从处理器初始化

```
// iokit/Kernel/IOCPU.cpp

void
PE_cpu_machine_init(cpu_id_t target, boolean_t boot)
{
    IOCPU *targetCPU = OSDynamicCast(IOCPU, (OSObject *)target);

    if (targetCPU)
        targetCPU->initCPU(boot);
}
```

5.10　用户级启动

如 5.8 节所述，当内核将/sbin/launchd 作为第一个用户进程执行时，将开启用户级启动。现在将探讨 launchd 的实现和操作。

5.10.1　launchd

从 Mac OS X 10.4 起，launchd 就是主自举守护进程。它纳入了传统的 init 程序和以前的 Mac OS X mach_init 程序的功能。下面列出了 launchd 的值得注意的功能。

- 它管理系统级**守护进程**（Daemon）和每个用户的**代理**（Agent）。代理是一种在用户登录时运行的守护进程。除非有必要做出区分，否则将在讨论中使用术语"守护进程"，同时指代守护进程和代理。
- 作为第一个用户进程，它将执行用户级系统自举。
- 它将处理单用户和多用户引导模式。在多用户引导中，它将运行传统的 BSD 风格的命令脚本（/etc/rc），并且建立其配置文件位于指定目录（比如/System/Library/LaunchDaemons/、/Library/LaunchDaemons/、/System/Library/LaunchAgents/、/Library/LaunchAgents/和~/Library/LaunchAgents/）中的守护进程。
- 它支持设计用于在 UNIX 系统上的 inetd 超级服务器下运行的守护进程。
- 它可以定期运行作业。launchd 作业是由可运行的实体（程序）以及实体的配置组成的抽象。
- 它允许通过属性列表文件配置守护进程的多个方面，而不必以编程方式配置守护进程自身。
- 它可以基于多种条件，根据需要启动守护进程。

launchd 简化了守护进程的配置和管理，并且在许多情况下还可以简化它们的创建。

1. 守护进程配置和管理

launchd 提供了一组预定义的键，可以在守护进程的属性列表文件中使用它们，指定守护进程的多个运行时方面。下面列出了这些方面的一些示例。

- 用户和组名称（标识符）。
- 根和工作目录。
- 掩码值（umask value）。
- 环境变量。
- 标准错误和标准输出重定向。
- 软和硬资源限制。
- 调度优先级变更。
- I/O 优先级变更。

launchd 的一个重要能力是，它可以在需要时启动守护进程，而不是"始终开启"线程。

这种按需启动可以基于如下条件。

- 给定的定期间隔。
- 在给定的 TCP 端口号上进入的连接请求。
- 在给定的 AF_UNIX 路径上进入的连接请求。
- 给定文件系统路径的修改。
- 给定队列目录中的文件系统实体的出现或修改。

用于守护进程的 launchd 配置文件是一个 XML 属性列表文件。现在来查看一些示例。图 5-23 显示了用于 SSH 守护进程的配置文件。

```
$ ls -1 /System/Library/LaunchDaemons
bootps.plist
com.apple.KernelEventAgent.plist
com.apple.atrun.plist
com.apple.mDNSResponder.plist
...
ssh.plist
swat.plist
telnet.plist
tftp.plist
$ cat /System/Library/LaunchDaemons/ssh.plist
...
<plist version="1.0">
<dict>
    <key>Label</key>
    <string>com.openssh.sshd</string>
    <key>Program</key>
    <string>/usr/libexec/sshd-keygen-wrapper</string>
    <key>ProgramArguments</key>
    <array>
        <string>/usr/sbin/sshd</string>
        <string>-i</string>
    </array>
    <key>Sockets</key>
    <dict>
        <key>Listeners</key>
        <dict>
            <key>SockServiceName</key>
            <string>ssh</string>
            <key>Bonjour</key>
            <array>
                <string>ssh</string>
                <string>sftp-ssh</string>
            </array>
        </dict>
```

图 5-23　launchd 配置文件

```
    </dict>
    <key>inetdCompatibility</key>
    <dict>
        <key>Wait</key>
        <false/>
    </dict>
    <key>SessionCreate</key>
    <true/>
    <key>StandardErrorPath</key>
    <string>/dev/null</string>
</dict>
</plist>
```

图 5-23（续）

图 5-23 中显示的键的含义如下。

- Label 键唯一地将作业标识给 launchd，这个键是必需的。
- Program 键由 launchd 用作 execvp() 的第一个参数。
- ProgramArguments 键由 launchd 用作 execvp() 的第二个参数。如果缺少 Program 键，就代之以使用 ProgramArguments 键的数组值的第一个元素。
- Sockets 键指定接需启动的套接字，允许 launchd 确定何时运行作业。SockServiceName 键指定服务名称，getaddrinfo(3) 函数可以使用它来确定用于该服务的已知端口。
- Bonjour 键请求利用 mDNSResponder 程序注册服务。它的值要么是要通告的名称列表，要么是一个布尔值，在这种情况下，将通过 SockServiceName 推断要通告的名称。
- inetdCompatibility 键指定守护进程期望在 inetd 下运行，并且应该由 launchd 提供合适的兼容性环境。Wait 布尔键用于指定 inetd 的 wait 或 nowait 选项。
- SessionCreate 布尔键如果设置为 true，将导致 launchd 使用 dlopen 接口，从 Security 框架（/System/Library/Frameworks/Security.framework）中调用 SessionCreate() 函数。SessionCreate() 创建一个安全会话，其中将会调用进程创建一个新的自举子集端口[①]。
- StandardErrorPath 键将导致 launchd 打开指定的路径，并且把得到的描述符复制给标准错误描述符。

考虑另一个示例——cron 守护进程的示例。它的 launchd 配置文件（com.vix.cron.plist）指定无论何时修改了 /etc/crontab 文件或 /var/cron/tabs/ 目录，都将运行 /usr/sbin/cron。例如，在 /var/cron/tabs/ 中创建一个 crontab 文件将导致 launchd 运行 cron。

```
$ cat /System/Library/LaunchDaemons/com.vix.cron.plist
...
<dict>
        <key>Label</key>
```

---

① 在第 9 章中将探讨自举端口。

```
          <string>com.vix.cron</string>
          <key>ProgramArguments</key>
          <array>
                  <string>/usr/sbin/cron</string>
          </array>
          <key>RunAtLoad</key>
          <true/>
          <key>WatchPaths</key>
          <array>
                  <string>/etc/crontab</string>
          </array>
          <key>QueueDirectories</key>
          <array>
                  <string>/var/cron/tabs</string>
          </array>
  </dict>
  ...
```

2. 守护进程创建

图 5-24 显示了创建一个平常的 launchd 作业的示例，它每隔 10 秒就会运行一次。该作业使用 logger 命令行程序，把"hello"消息写到系统日志。

```
$ whoami
amit
$ launchctl list
$ sudo launchctl list
com.apple.KernelEventAgent
...
com.apple.ftpd
com.openssh.sshd
$ cat com.osxbook.periodic.plist
<?xml version="1.0" encoding="UTF-8"?>
<!DOCTYPE plist PUBLIC "-//Apple Computer//DTD PLIST 1.0//EN" "http://
www.apple.com/DTDs/ PropertyList-1.0.dtd">
<plist version="1.0">
<dict>
    <key>Label</key>
    <string>com.osxbook.periodic</string>
    <key>ProgramArguments</key>
    <array>
        <string>/usr/bin/logger</string>
        <string>-p</string>
        <string>crit</string>
        <string>hello</string>
    </array>
    <key>StartInterval</key>
```

图 5-24　创建定期的 launchd 作业

```
        <integer>10</integer>
</dict>
</plist>
$ launchctl load com.osxbook.periodic.plist
$ launchctl list
com.osxbook.periodic
$ tail -f /var/log/system.log
Jul  4 13:43:15 g5x2 amit: hello
Jul  4 13:43:25 g5x2 amit: hello
Jul  4 13:43:35 g5x2 amit: hello
^c
$ launchctl unload com.osxbook.periodic.plist
```

图 5-24（续）

接下来将探讨 launchd 如何以编程方式简化守护进程的创建。由于 launchd 将处理守护进程操作的多个方面，在编写 launchd 兼容的守护进程时必须遵循某些指导原则。图 5-25 显示了相关指导原则和警告的一些示例。

现在将创建一个名为 dummyd 的普通的网络守护进程，它将回显客户发送给它的文本行。可以使用 launchd 的 inetd 兼容的模式，避免编写任何网络代码。不过，本示例将采用稍微更长一点的路由，以便演示守护进程如何利用 launchd 参与高级通信：将安排 launchd 给守护进程提供一个套接字文件描述符，以便在有进入的客户连接时调用 accept()。

在 dummyd 的 launchd 配置文件中，还将指定多种配置，然后从 dummyd 内验证它们是由 launchd 按期望的那样设置的。dummyd 实现将执行以下主要动作。

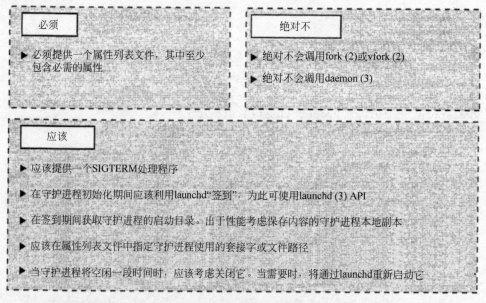

图 5-25　关于创建 launchd 兼容的守护进程的指导原则和警告

不应该

▶ 不应该关闭零落的文件描述符

▶ 不应该调用 chroot (2)：可使用 RootDirectory 键

▶ 不应该调用 setsid (2)：让 launchd 处理会话创建

▶ 不应该调用 chdir (2)或 fchdir (2)：可使用 WorkingDirectory 键

▶ 不应该调用 setuid (2)、setgid (2)、seteuid (2)或 setegid (2)：可使用诸如 UserName、UID、GroupName 和 GID 之类的键

▶ 不应该以编程方式重定向标准 I/O 流：可使用 StandardOutPath 键和 StandardErrorPath 键

▶ 不应该调用 setrlimit (2)：可使用 SoftResourceLimits 键和 HardResourceLimits 键

▶ 不应该调用 setpriority (2)：可使用 Nice 键和 LowPriorityIO 键

图 5-25（续）

- 为 SIGTERM 安装处理程序。
- 显示请求 launchd 设置的选项。此处将打印关于标准错误的设置，如在 dummyd 的配置文件中所指定的那样，将把它们发送给自定义的日志文件。
- 使用 launch(3)接口，利用 launchd 签到。
- 使用 kqueue(2)机制[①]，安排接收关于进入连接的通知。
- 进入一个循环中，接受进入的连接，并且创建一个线程处理连接。处理涉及读取来自客户的换行符终止的字符串，并把它写回给客户。

图 5-26 显示了用于 dummyd 的代码。

```
// dummyd.c

#include <stdio.h>
#include <stdlib.h>
#include <unistd.h>
#include <errno.h>
#include <sys/param.h>
#include <sys/socket.h>
#include <sys/event.h>
#include <launch.h>
#include <pthread.h>


#define MY_LAUNCH_JOBKEY_LISTENERS "Listeners"

// error-handling convenience
#define DO_RETURN(retval, fmt, ...) { \
   fprintf(stderr, fmt, ## __VA_ARGS__); \
```

图 5-26　一个名为 dummyd 的普通的回显服务器

---

① 在第 9 章中将讨论 kqueue(2)机制。

```
    return retval; \
}

int
SIGTERM_handler(int s)
{
    fprintf(stderr, "SIGTERM handled\n"); // primitive SIGTERM handler
    exit(s);
}

ssize_t
readline(int fd, void *buffer, size_t maxlen)
{
    ssize_t n, bytesread;
    char c, *bp = buffer;

    for (n = 1; n < maxlen; n++) {
        bytesread = read(fd, &c, 1);
        if (bytesread == 1) {
            *bp++ = c;
            if (c == '\n')
                break;
        } else if (bytesread == 0) {
            if (n == 1)
                return 0;
            break;
        } else {
            if (errno == EINTR)
                continue;
            return -1;
        }
    }

    *bp = 0;

    return n;
}

void *
daemon_loop(void *fd)
{
    ssize_t ret;
    char    buf[512];

    for (;;) { // a simple echo loop
        if ((ret = readline((int)fd, buf, 512)) > 0)
```

图 5-26（续）

```
                write((int)fd, buf, ret);
            else {
                close((int)fd);
                return (void *)0;
            }
        }
    }
}


int
main(void)
{
    char            path[MAXPATHLEN + 1];
    char            *val;
    int             fd, kq;
    size_t          i;
    pthread_t       thread;
    struct kevent   kev_init, kev_listener;
    struct          sockaddr_storage ss;
    socklen_t       slen;
    launch_data_t   checkin_response, checkin_request;
    launch_data_t   sockets_dict, listening_fd_array;


    setbuf(stderr, NULL); // make stderr unbuffered


    // launchd will send us a SIGTERM while terminating
    signal(SIGTERM, (sig_t)SIGTERM_handler);


    // print our cwd: our configuration file specified this
    if (getcwd(path, MAXPATHLEN))
        fprintf(stderr, "Working directory: %s\n", path);


    // print $DUMMY_VARIABLE: our configuration file specified this
    fprintf(stderr, "Special enivronment variables: ");
    if ((val = getenv("DUMMY_VARIABLE")))
        fprintf(stderr, "DUMMY_VARIABLE=%s\n", val);


    if ((kq = kqueue()) == -1) // create a kernel event queue for notification
        DO_RETURN(EXIT_FAILURE, "kqueue() failed\n");


    // prepare to check in with launchd
    checkin_request = launch_data_new_string(LAUNCH_KEY_CHECKIN);
    if (checkin_request == NULL)
        DO_RETURN(EXIT_FAILURE, "launch_data_new_string(%s) failed
                    (errno = %d)" "\n", LAUNCH_KEY_CHECKIN, errno);


        checkin_response = launch_msg(checkin_request); // check in with launchd
```

图 5-26（续）

```
  if (checkin_response == NULL)
    DO_RETURN(EXIT_FAILURE, "launch_msg(%s) failed (errno = %d)\n",
              LAUNCH_KEY_CHECKIN, errno);
  if (launch_data_get_type(checkin_response) == LAUNCH_DATA_ERRNO)
    DO_RETURN(EXIT_FAILURE, "failed to check in with launchd (errno = %d)"
              "\n", launch_data_get_errno(checkin_response));


  // retrieve the contents of the <Sockets> dictionary
  sockets_dict = launch_data_dict_lookup(checkin_response,
                              LAUNCH_JOBKEY_SOCKETS);
  if (sockets_dict == NULL)
    DO_RETURN(EXIT_FAILURE, "no sockets\n");


  // retrieve the value of the MY_LAUNCH_JOBKEY_LISTENERS key
  listening_fd_array = launch_data_dict_lookup(sockets_dict,
                              MY_LAUNCH_JOBKEY_LISTENERS);
  if (listening_fd_array == NULL)
    DO_RETURN(EXIT_FAILURE, "no listening socket descriptors\n");


  for (i = 0; i < launch_data_array_get_count(listening_fd_array); i++) {


  launch_data_t fd_i= launch_data_array_get_index(listening_fd_array, i);


      EV_SET(&kev_init,                  // the structure to populate
          launch_data_get_fd(fd_i),      // identifier for this event
          EVFILT_READ,                   // return on incoming connection
          EV_ADD,                        // flags: add the event to the kqueue
          0,                             // filter-specific flags (none)
          0,                             // filter-specific data (none)
          NULL);                         // opaque user-defined value (none)
      if (kevent(kq,                     // the kernel queue
            &kev_init,                   // changelist
            1,                           // nchanges
            NULL,                        // eventlist
            0,                           // nevents
            NULL) == -1)                 // timeout
        DO_RETURN(EXIT_FAILURE, "kevent(/* register */) failed\n");
  }


  launch_data_free(checkin_response);

  while (1) {

    if ((fd = kevent(kq, NULL, 0, &kev_listener, 1, NULL)) == -1)
      DO_RETURN(EXIT_FAILURE, "kevent(/* get events */) failed\n");
```

图 5-26（续）

```
    if (fd == 0)
        return EXIT_SUCCESS;

    slen = sizeof(ss);
    fd = accept(kev_listener.ident, (struct sockaddr *)&ss, &slen);
    if (fd == -1)
        continue;

    if (pthread_create(&thread, (pthread_attr_t *)0, daemon_loop,
                        (void *)fd) != 0) {
        close(fd);
        DO_RETURN(EXIT_FAILURE, "pthread_create() failed\n");
    }

    pthread_detach(thread);
    }

    return EXIT_SUCCESS;
}
```

图 5-26（续）

图 5-27 中显示了用于 dummyd 的 launchd 配置文件。注意：本示例向 launchd 指定 dummyd 将作为一个基于 inetd 的服务器运行，在 TCP 端口 12345 上执行侦听。而且，如果需要与 launchd 之间具有 IPC 通信，必须把 ServiceIPC 布尔键设置为 true。

```
<?xml version="1.0" encoding="UTF-8"?>
<!DOCTYPE plist PUBLIC "-//Apple Computer//DTD PLIST 1.0//EN" "http://www
.apple.com/DTDs/PropertyList-1.0.dtd">
<plist version="1.0">
<dict>
<key>Label</key>
    <string>com.osxbook.dummyd</string>

    <key>ProgramArguments</key>
    <array>
        <string>/tmp/dummyd</string>
        <string>Dummy Daemon</string>
    </array>

    <key>OnDemand</key>
    <true/>

    <key>WorkingDirectory</key>
    <string>/tmp</string>
```

图 5-27　com.osxbook.dummyd.plist 文件的内容

```
        <key>EnvironmentVariables</key>
        <dict>
           <key>DUMMY_VARIABLE</key>
           <string>dummyvalue</string>
        </dict>

        <key>ServiceIPC</key>
        <true/>

        <key>StandardErrorPath</key>
        <string>/tmp/dummyd.log</string>

        <key>Sockets</key>
        <dict>
           <key>Listeners</key>
           <dict>
              <key>Socktype</key>
              <string>stream</string>
              <key>SockFamily</key>
              <string>IPv4</string>
              <key>SockProtocol</key>
              <string>TCP</string>
              <key>SockServiceName</key>
              <string>12345</string>
           </dict>
        </dict>
</dict>
</plist>
```

图 5-27（续）

现在使用 launchctl 命令把 dummyd 的配置加载进 launchd 中，对其进行测试。

```
$ gcc -Wall -o /tmp/dummyd dummyd.c
$ launchctl load com.osxbook.dummyd.plist
$ launchctl list
com.osxbook.dummyd
$ ls /tmp/dummyd.log
ls: /tmp/dummyd.log: No such file or directory
$ ps -axw | grep dummyd | grep -v grep
$ netstat -na | grep 12345
tcp4 0 0 *.12345 *.* LISTEN
$ telnet 127.0.0.1 12345
Trying 127.0.0.1...
Connected to localhost.
Escape character is '^]'.
hello
```

```
hello
world
world
^]
telnet>quit
Connection closed.
$ cat /tmp/dummyd.log
Working directory: /private/tmp
Special enivroment variables: DUMMY_VARIABLE=dummyvalue
$ launchctl unload com.osxbook.dummyd.plist
$
```

3. launchd 操作

图 5-28 显示了 launchd 的高级操作，它自己的初始化包含以下主要操作。

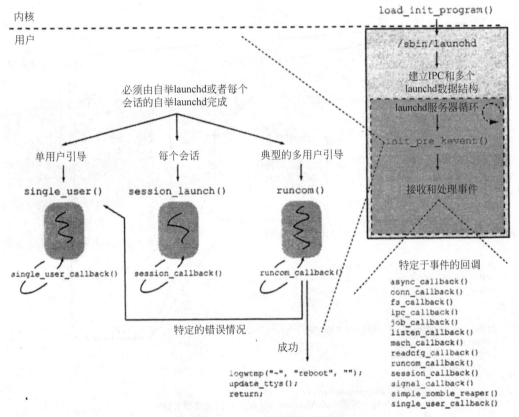

图 5-28　launchd 操作的高级描述

● 它将创建内核事件队列（kqueue），并且把用于多种事件的回调与它们注册在一起。回调的示例是 kqasync_callback()、kqsignal_callback()和 kqfs_callback()，它们分别用于 EVFILT_READ、EVFILT_SIGNAL 和 EVFILT_FS 事件。

● 它将初始化多个数据结构，尤其是在 conceive_firstborn()内部函数中。

● 它将加载/etc/launchd.conf 配置文件（如果该文件存在的话）。当在用户的环境中运行时，它还会寻找每个用户的配置文件 ~/.launchd.conf。它将使用 launchctl 命令运行这些文件中包含的子命令。

- 它最终将进入服务器循环中，并在其中接收和处理事件。
- 服务器循环第一次在给定的环境中运行时——例如，在系统启动期间——将会调用 init_pre_kevent()函数，执行关键的初始化，比如单用户系统启动、会话创建以及正常的多用户系统启动。

5.10.2　多用户启动

在多用户启动中，launchd 将运行/etc/rc 中的命令脚本，根据要执行的引导类型，它将遵循不同的执行路径：无论它是正常引导，还是网络引导，或者系统出于安装的目的从 CD-ROM 引导。

图 5-29 和图 5-30 显示了在本地或者基于网络的多用户引导期间所发生的重要事件链。

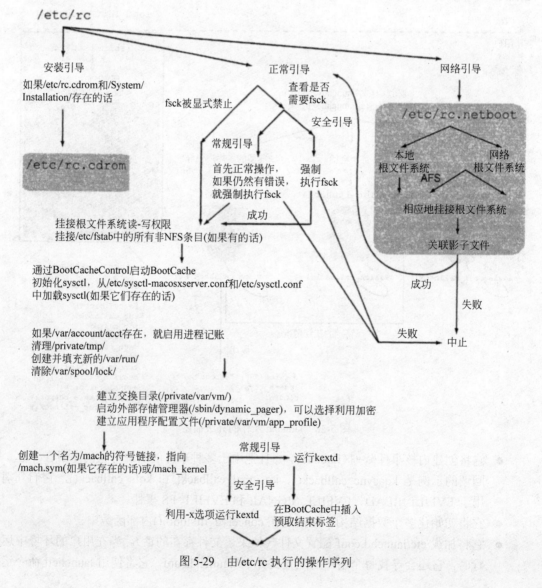

图 5-29　由/etc/rc 执行的操作序列

如果本地NetInfo数据库不存在，就通过
/usr/libexec/create_nidb创建它，并且删除/var/db/.AppleSetupDone

如果/etc/security/rc.audit存在，就运行它

If /Library/Preferences/com.apple.sharing.firewall.plist exists, run /usr/libexec/FireWallTool，
如果/Library/Preferences/com.apple.sharing.firewall.plist存在，就运行/usr/libexec/FireWallTool

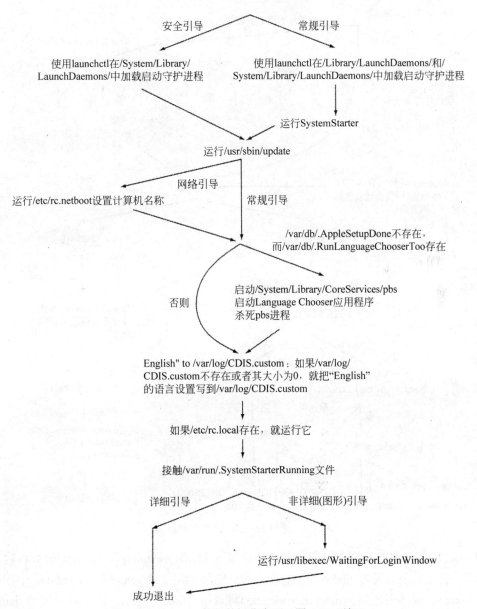

在/etc/mach_init.d/目录上运行/usr/libexec/register_mach_bootstrap_servers

安全引导　　　　　　　常规引导

使用launchctl在/System/Library/
LaunchDaemons/中加载启动守护进程

使用launchctl在/Library/LaunchDaemons/和/
System/Library/LaunchDaemons/中加载启动守护进程

运行SystemStarter

运行/usr/sbin/update

网络引导　　　　常规引导

运行/etc/rc.netboot设置计算机名称

/var/db/.AppleSetupDone不存在，
而/var/db/.RunLanguageChooserToo存在

否则

启动/System/Library/CoreServices/pbs
启动Language Chooser应用程序
杀死pbs进程

English" to /var/log/CDIS.custom：如果/var/log/
CDIS.custom不存在或者其大小为0，就把"English"
的语言设置写到/var/log/CDIS.custom

如果/etc/rc.local存在，就运行它

接触/var/run/.SystemStarterRunning文件

详细引导　　　　　　　非详细(图形)引导

运行/usr/libexec/WaitingForLoginWindow

成功退出

图 5-30　由/etc/rc 执行的操作序列（图 5-29（续））

注意：对于非详细（图形）引导，/etc/rc 最终将运行/usr/libexec/WaitingForLoginWindow 程
序。这个程序将显示"Starting Mac OS X …"面板，它带有一个进度条。后者是一个虚拟
进度条，其进度速率基于/var/db/loginwindow.boottime 文件的内容。在每次引导时都将通过
WaitingForLoginWindow 对该文件进行更新，使得在下一次引导时 WaitingForLoginWindow
可以使用节省的持续时间。这样，程序将尝试把显示的进度速率与引导所花费的实际时间
进行匹配。当 WaitingForLoginWindow 接收到 loginwindow 程序（/System/Library
/CoreServices/loginwindow.app）准备好显示登录面板的通知时，它将退出。loginwindow 也
是由 launchd 作为其会话启动的一部分运行的，图 5-31 中显示了它。

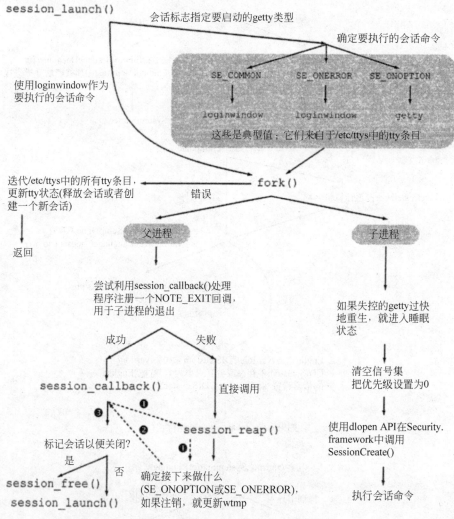

图 5-31 通过 launchd 启动的会话概览

　　launchd 将会维护一份全局会话列表。如图 5-32 所示，init_pre_kevent()函数将启动这
些会话。会话列表是通过 update_ttys()填充的，它将调用 getttyent(3)，从/etc/ttys 中读取条
目。在/etc/rc 成功退出后，runcom_callback()将调用 update_ttys()。还可以通过给 launchd
发送挂起（HUP）信号，来触发 update_ttys()。

```
// launchd/src/init.c

void
init_pre_kevent(void)
{
    session_t s;

    if (single_user_mode && single_user_pid == 0)
        single_user();

    if (run_runcom)
        runcom();

    if (!single_user_mode && !run_runcom && runcom_pid == 0) {
        ...
        // Go through the global list of sessions
        TAILQ_FOREACH(s, &sessions, tqe) {
            if (s->se_process == 0)
                session_launch(s);
        }
    }
}
...

static void
runcom_callback(...)
{
    ...
    if (/* /etc/rc exited successfully */) {
        logwtmp("~", "reboot", "");
        update_ttys();
        return;
    } else ...
    ...
}

static void
session_launch(session_t s)
{
    ...
}
...

void
update_ttys(void)
```

图 5-32　通过 launchd 创建和启动会话的实现

```
    {
        session_t sp;
        struct ttyent *ttyp;
        int session_index = 0;
        ...

        while ((ttyp = getttyent())) {
            ++session_index;

            // Check all existing sessions to see if ttyp->ty_name
            // matches any session's device

            // If no session matches, create new session by calling
            // session_new()

            // session_new() adds the session to the global list
            // of sessions
            ...
        }
        ...
    }
```

图 5-32（续）

1. 用户登录

由 loginwindow 程序显示的登录面板包含一些字段，用于让用户提供登录信息，loginwindow 然后将使用它们验证用户身份。关于由 loginwindow 提供的图形登录，以下几点是值得注意的。

- 可以提供>console 作为用户名，在控制台上切换到基于文本的登录提示，这将导致运行/usr/libexec/getty，处理用户登录。在这种情况下，一旦成功登录，用户的 shell 将成为登录进程的子进程（/usr/bin/login）。
- 类似地，可以分别提供>sleep、>restart 或>shutdown 作为用户名，导致系统睡眠、重新启动或者关闭。
- 可以配置系统，使得指定的用户在系统启动后自动登录，从而绕过 loginwindow 提示。这是通过把用户的密码保存在/etc/kcpassword 文件中实现的，它将以容易令人混淆的格式存储密码。混淆模式使用字符的基于位置的映射——也就是说，将基于字符在密码字符串中的位置，把密码中的给定字符的 ASCII 值静态地映射到不同的值。
- 在软件安装期间，在系统启动后可以绕过 loginwindow，因为安装程序是自动启动的。

图 5-33 显示了由 loginwindow 执行的重要步骤。注意：经过身份验证的用户会话将封装用户的进程，它们通常是 loginwindow 或 WindowServer 进程的子进程。这些进程的操作环境或范围不同于在用户登录前启动的系统进程——这类进程（通常是守护进程）是在根

（Root）环境中由 launchd 启动的。因此，它们可供所有用户会话使用。与之相比，尽管代理也是一个后台程序，因此类似于守护进程，但它运行在用户会话的环境中。因此，一般来讲，守护进程是系统级的，而代理是特定于用户的。而且，由于 WindowServer 进程运行在用户环境中，守护进程将不能绘制图形用户界面，而代理则可以。

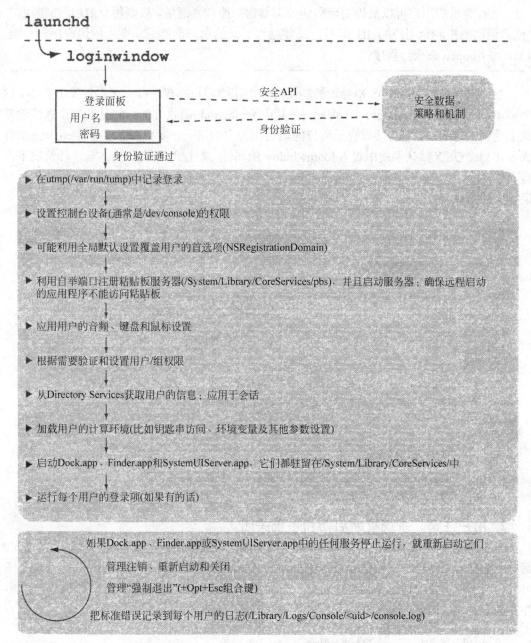

图 5-33　由 loginwindow 应用程序执行的重要步骤

各得其所

当多个用户通过快速用户切换特性同时登录时，每个用户都会获得单独的图形登录——也就是说，具有每个用户的 loginwindow 进程，以及 loginwindow 创建的关联进程。例如，每个登录都具有它自己的粘贴板服务器、Finder 和 Dock。

　　远程登录——比如说，通过 SSH——不会启动 loginwindow。它涉及对登录程序（/usr/bin/login）执行传统的 UNIX 风格的调用，这将导致为此登录创建单独的会话。不过，远程登录的用户可以从控制台会话外部与窗口服务器通信，只要用户 ID 是超级用户或者活动的控制台用户的 ID 即可。这使远程登录的用户能够启动图形应用程序——例如，使用 open 命令行程序。

　　当用户登录时，Mac OS X 登录机制支持利用超级用户特权运行一个自定义的脚本。这个脚本——**登录挂钩**（Login Hook）——是由 loginwindow 执行的。它是在整个系统的基础上受到支持的，但它会接收登录用户的短名作为它的第一个参数。可以编辑/etc/ttys 文件或者在 Mac OS X 默认系统中设置 loginwindow 的属性，来注册登录挂钩。在前一种情况下，将会修改/etc/ttys 文件中包含 loginwindow 路径的行，以包括-LoginHook 参数，它的值是登录挂钩的路径。

```
# /etc/ttys
...
# Before login hook:
#
# console "/System/Library/CoreServices/loginwindow.app/Contents/MacOS
/loginwindow" vt100 on secure onoption="/usr/libexec/getty std.9600"
#
# After login hook:
console "/System/Library/CoreServices/loginwindow.app/Contents/MacOS
/loginwindow -LoginHook /path/to/login/hook/script" vt100 on
secure onoption="/usr/libexec/getty std.9600"
...
```

此外，还可使用 defaults 命令，设置 loginwindow 的 LoginHook 属性。

```
$ sudo defaults write com.apple.loginwindow LoginHook
/path/to/login/hook/script
```

2. 用户注销、系统重新启动和系统关闭

　　图 5-34 显示了 loginwindow 如何处理用于注销、重新启动或关闭系统的过程。从 Apple 菜单中选择一个动作将导致前台进程把合适的 Apple 事件发送给 loginwindow。应用程序还可以利用编程方式发送这些事件。例如，下面的 AppleScript 代码段用于把 kAELogOut 事件发送给 loginwindow。

```
tell application "loginwindow"
        «event aevtlogo»
end tell
```

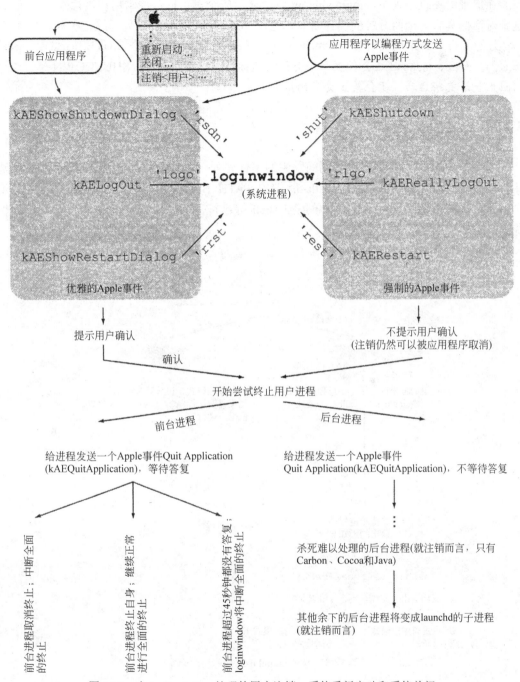

图 5-34 由 loginwindow 处理的用户注销、系统重新启动和系统关闭

参考图 5-34，当 loginwindow 发送一个 kAEQuitApplication 给 Cocoa 应用程序时，事件将不会像应用程序所看到的那样。Application Kit 框架将代之以调用应用程序的 applicationShouldTerminate:委托方法。如果应用程序希望取消终止序列，就必须实现这个委托，并且通过它返回 NSTerminateCancel。

在优雅的终止序列中，loginwindow 将会显示一个对话框，请求用户进行确认。通常，这个对话框具有一个两分钟的倒计时器，之后 loginwindow 将继续处理终止序列。

注意：当启动系统关闭时，launchd 将通过给每个作业发送一个 SIGTERM 信号，来停止它们。而且，launchd 还会设置每个会话的"标志"变量中的 SE_SHUTDOWN 位，这可以阻止会话重新启动，还会禁止更多的用户登录。

5.10.3　单用户启动

图 5-35 显示了在单用户启动期间发生的事件序列。launchd 将忽略运行 etc/rc 以及创建任何会话，而只会简单地运行由<paths.h>中的_PATH_BSHELL 宏定义的 shell。注意：单用户引导意味着详细模式。还可以在单用户 shell 提示符下手动执行/etc/rc，以引导系统并保持在单用户模式下。

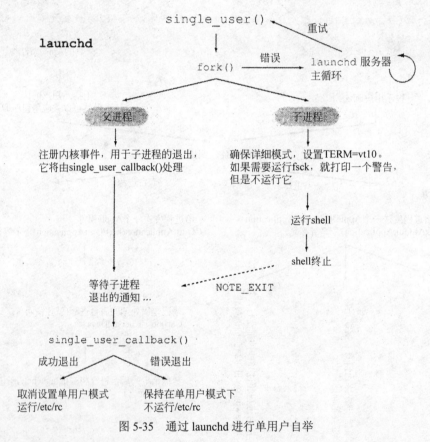

图 5-35　通过 launchd 进行单用户自举

5.10.4　安装启动

当/etc/rc 检测到/etc/rc.cdrom 文件和/System/Installation/目录存在时，就会触发安装引导。在安装好的 Mac OS X 系统上，这二者都不会存在。安装 CD-ROM 上的/System/Installation/的内容包括：

- CDIS/Installation Log.app 是一个安装日志查看器，可以显示详细的安装进度。它提供了诸如 Show Errors Only、Show Errors and Progress 和 Show Everything 之类的
选项。

- CDIS/LCA.app 是 Language Chooser Application（语言选择器应用程序）。它还包含
  对蓝牙设备发现和安装的支持，以及用于在开始安装前先安装蓝牙外设的指导。
- CDIS/instlogd 是一个守护进程，用于维持一个与安装日志查看器共享的外部日志缓
  冲区。它将在 127.0.0.1 地址的本地套接字上执行侦听。
- CDIS/preheat.sh 是一个可以运行以减少 CD-ROM 引导时间的脚本（如果它存在
  的话）。
- Packages/包含多种软件包——即"pkg"文件。

由/etc/rc.cdrom 执行的重要操作如下。

- 它将通过把 DYLD_NO_FIX_PREBINDING 环境变量设置为 1，在 CD-ROM 引导期
  间禁用即时预绑定。如果由于某个原因不能使用其预绑定信息启动可执行文件，这
  将阻止 dyld 通知预绑定代理。
- 它将明智地检查系统日期和时间。如果发现日期"早"于 1976 年 4 月 1 日，就将
  其显式设置为这个日期。
- 它将把 kern.maxvnodes sysctl 变量的值设置为 2500。
- 如果/System/Installation/CDIS/preheat.sh 预热脚本存在，它将运行这个脚本。
- 它将利用-j 选项运行 kextd，这将导致 kextd 不会丢弃内核链接器。因此，kextd 将
  会加载内核中自带的驱动程序并且退出，从而允许内核继续处理所有的加载请求。
  结合使用这个选项以及合适的 mkext 缓存，可以改进从 CD-ROM 的启动时间。
- 它将调出一个环回接口，其地址为 127.0.0.1，网络掩码为 255.0.0.0。这允许进行本
  地 NetInfo 通信。
- 它将使用 hdik 程序创建 512KB 的 RAM 磁盘，用于内核中的磁盘映像挂接。这个
  RAM 磁盘用于/Volumes/。

```
dev='hdik -drivekey system-image=yes -nomount ram://1024' # 512KB
if [ $? -eq 0 ] ; then
    newfs $dev
    mount -o union -o nobrowse $dev /Volumes
fi
```

- 它将检查 Installation Log 应用程序是否存在。如果存在，就把该应用程序用作图形
  式的崩溃捕获器，并把 CatchExit 环境变量设置为 GUI。如果没有这个应用程序，
  就把该变量设置为 CLI。
- 它将创建一个 128KB 的 RAM 磁盘，由 securityd 使用。

```
dev='hdik -drivekey system-image=yes -nomount ram://256' # 128KB
newfs $dev
mount -o union -o nobrowse $dev /var/tmp
mkdir -m 1777 /var/tmp/mds
```

- 它将创建一个 128MB 的 RAM 磁盘，挂接在/var/run/上。系统日志守护进程（syslogd）

需要它，以创建/var/run/syslog 管道。

- 它将启动外部日志缓冲区守护进程（instlogd）、系统日志守护进程（syslogd）和 NetInfo 绑定器守护进程（nibindd）。
- 它将把系统引导时间记录到系统日志，以便对安装过程进行潜在的调试或描述。

```
/usr/sbin/sysctl  kern.boottime  |  head  -1  |  /usr/bin/logger  -p
install.debug -t ""
```

- 它 将 调 用 /usr/libexec/register_mach_bootstrap_servers，启 动 其 配 置 文 件 位 于 /etc/mach_init.d/中的服务。
- 它将调用/usr/bin/pmset，禁止显示、磁盘和系统睡眠。一旦按下电源按钮，它还会阻止机器睡眠。而且，如果必要，它还会告诉电源管理子系统降低处理器速度。
- 它将启动 Crash Reporter（崩溃报告器）守护进程（/usr/libexec/crashreporterd）。如果 CatchExit 环境变量被设置为 CLI，它将创建一个 1 MB 的 RAM 磁盘，在其上创建文件系统，并在/Library/Logs/上挂接它。
- 如果/etc/rc.cdrom.local 存在，它将运行这个文件。

不建议使用的自举服务器方式

　　在 Mac OS X 10.4 中，并非所有的引导时守护进程都迁移到了 launchd 上。因此，系统继续支持多种引导时守护进程启动机制。

　　/etc/mach_init.d/和/etc/mach_init_per_user.d/目录分别包含用于系统级和每个用户的守护进程的属性列表文件。可以使用类似于 launchd 的自举机制启动这些守护进程。从 Mac OS X 10.4 起，就不建议使用这种机制。在该机制中，/usr/libexec/register_mach_ bootstrap_servers 程序将解析守护进程的属性列表文件，并且对 launchd 或 mach_init（在 Mac OS X 10.3 上）执行 RPC 调用，以创建相应的服务。特别是，该机制支持按需启动守护进程。

　　SystemStarter 程序（/sbin/SystemStarter）将会处理其属性列表文件位于/System/ Library/StartupItems/（系统提供的启动项目）和/Library/StartupItems/（用户安装的启动项目）中的守护进程。

　　如图 5-30 所示，launchd 将执行/etc/rc 启动脚本，该脚本将调用所有支持的守护进程启动机制。

- 它将通过运行 StartATSServer 来启动 Apple Type Services，StartATSServer 驻留在 Application Services 包罗框架内的 ATS 子框架的 Support/子目录中。
- 它将启动粘贴板服务器（/System/Library/CoreServices/pbs）。

　　最后，/etc/rc.cdrom 准备利用合适的参数启动安装应用程序（/Application/Utilities /Installer.app），这取决于它是自动安装（/etc/minstallconfig.xml 文件存在）、（比如说，应用程序的）自定义安装（/etc/rc.cdrom.packagePath 文件存在），还是典型的操作系统安装。在后一种情况下，安装将开始于/System/Installation/Packages/OSInstall.mpkg 元程序包，它包括 BaseSystem.pkg、Essentials.pkg、BSD.pkg 等作为其内容，还包含配置迁移程序（ConfMigrator）作为一种资源。

除非它是自动安装，否则将通过 LCA 运行安装程序，这将显示安装进度条。

```
# /etc/rc.cdrom
...
LAUNCH=/System/Installation/CDIS/LCA.app/Contents/MacOS/LCA
if [ ! -x ${LAUNCH} ]; then
    LAUNCH=/System/Installation/CDIS/splash
fi

INSTALLER=/Applications/Utilities/Installer.app/Contents/MacOS/Installer

STDARGS="-ExternalLog YES -NSDisabledCharacterPaletteMenuItem YES"
EXTRAARGS='cat /System/Installation/CDIS/AdditionalInstallerArgs 2>/dev/null'
...

${LAUNCH} ${INSTALLER}                                      \
          -ReadVerifyMedia YES                              \
          ${STDARGS}                                        \
          ${EXTRAARGS}                                      \
          /System/Installation/Packages/OSInstall.mpkg      \
          2>&1 | /usr/bin/logger -t "" -p install.warn
```

第 6 章　xnu 内核

如前文所述，Mac OS X 内核环境包括 Mach and BSD 衍生产品、I/O Kit 驱动程序框架、内核中的库、可加载的 I/O Kit 驱动程序以及其他可加载的扩展。尽管 Darwin xnu 程序包只包含可能会在内核环境中运行的差不多一半的代码，但人们还是把 xnu 视作内核。在本章中，将探讨 xnu 中的多种抽象和机制，而把特定于子系统的细节推迟到以后章节中介绍。

6.1　xnu 源

在第 5 章介绍系统启动期间内核代码的执行时，探讨了内核的多个部分。现在来简要探讨 xnu 内核源，以更好地理解源是如何组织的。由于 xnu 程序包中包含接近 3000 个文件，访问每个文件是不切实际的，所以这里将只探讨 xnu 源树中的主要目录，枚举其中实现的组件。

> 在本节中，将相对于 xnu 源存档中的顶级目录列出文件和目录名称。例如，由于 Darwin 程序序包 xnu-<version>.tar.gz 将解压缩成名为 xnu-<version> 的顶级目录，所以将把文件 xnu-<version>/foo/bar 称为 foo/bar。

在最顶部的层级，xnu 包含表 6-1 中列出的目录。除了这些之外，还存在另外几个其他的文件和目录，它们在当前讨论中不重要。在本章后面介绍内核编译的上下文中（6.10 节），将探讨其中一些文件和目录。

表 6-1　xnu 内核源的主要组件

目　　录	组　　件
bsd/	BSD 内核
config/	每个子系统的导出函数的列表、用于伪扩展的属性列表文件
iokit/	I/O Kit 内核运行库
libkern/	内核库
libsa/	独立库
osfmk/	Mach 库
pexpert/	Platform Expert

表 6-2 列出了 bsd/目录中的一些内容。2.4.2 节概述了内核的 BSD 部分中实现的功能。

表 6-2　bsd/目录的主要内容

目　　录	描　　述
bsd/bsm/	由内核的审计机制使用的 BSM（Basic Security Module，基本安全模块）头部。BSM 既是一种安全审计格式，也是一个用于跟踪操作系统中的与安全相关事件的 API
bsd/crypto/	多种密码和散列实现：AES（Rijndael）、Blowfish、CAST-128、DES、MD5、RC4、SHA-1 和 SHA-2
bsd/dev/memdev.c	RAM 磁盘驱动程序（用于/dev/mdX 设备）
bsd/dev/ppc/	用于像/dev/console、/dev/mem、/dev/kmem、/dev/null、/dev/zero 这样的实体的 BSD 驱动程序，以及用于 NVRAM 的 BSD 驱动程序包装器。后者调用 Platform Expert 函数执行实际的工作。用于块设备和字符设备的 BSD 设备开关表也是在这里初始化的。还存在一些在 BSD 子系统中使用的机器相关的函数，比如：unix_syscall()、unix_syscall_return()、ppc_gettimeofday()，以及信号处理函数
bsd/dev/random/	Yarrow[a]伪随机数生成器（PRNG）和/dev/random 设备的实现
bsd/dev/unix_startup.c	在系统启动期间，用于初始化多个与 BSD 相关的数据结构的函数
bsd/dev/vn/	虚拟结点磁盘驱动程序，它给虚拟结点提供了块和字符接口，允许将文件作为磁盘处理。/usr/libexec/vndevice 实用程序用于控制这个驱动程序
bsd/hfs/	HFS 和 HFS+文件系统
bsd/isofs/	ISO 9660 文件系统，用于只读光盘
bsd/kern/	xnu 的 BSD 组件的核心。它包含异步 I/O 调用、kauth 机制、审计机制、进程相关的系统调用、sysctl 调用、POSIX IPC、System V IPC、统一缓冲区缓存、套接字、内存缓冲区（mbuf）以及多个其他的系统调用的实现
bsd/libkern/	诸如 bcd()、bcmp()、inet_ntoa()、rindex()和 strtol()之类的实用程序例程
bsd/miscfs/	多种其他的文件系统：用于其底层文件系统失去关联的虚拟结点的死文件系统（deadfs）、设备文件系统（devfs）、文件描述符文件系统（fdesc）、先进先出（fifo）文件系统（fifofs）、空挂接文件系统（nullfs）、用于特殊设备文件的文件系统（specfs）、用于合成挂接点的内存中的合成文件系统（synthfs）、联合挂接文件系统（union），以及卷 ID 文件系统（volfs）
bsd/net/	网络：伯克利分组过滤器（BPF）、桥接、数据链路接口层（DLIL）、以太网、ARP、PPP、路由、IEEE 802.1q（VLAN）、IEEE 802.3ad（链路聚合）等。
bsd/netat/	AppleTalk 网络
bsd/netinet/	IPv4 网络：BOOTP、DHCP、ICMP、TCP、UDP、IP、"虚拟网"带宽限制器以及转发套接字
bsd/netinet6/	IPv6 网络
bsd/netkey/	PF_KEY 密钥管理 API（RFC 2367）
bsd/nfs/	NFS 客户以及 NFS 服务器的内核部分
bsd/ufs/	基于快速文件系统（ffs）的 UFS 的实现
bsd/uxkern/	Mach 异常处理程序，用于把 Mach 异常转换成 UNIX 信号
bsd/vfs/	BSD 虚拟文件系统层
bsd/vm/	虚拟结点分页器（在虚拟结点之间交换，通过文件要求分页）、共享内存服务器调用

　　a. 西洋蓍草（Yarrow）是一种开花植物，因其具有独特的扁平花头和花边的叶子而得名。在中国，从公元前 2000 年~公元前 1000 年起就在占卜中把它的茎用作随机数生成器。

表 6-3 列出了 iokit/ 目录的一些内容。2.4.3 节概述了 I/O Kit 的功能。

表 6-3　iokit/ 目录的主要内容

目　　录	描　　述
iokit/Drivers/platform/	KernelConfigTables 数组中列出的 I/O Kit 类的实现，例如，AppleCPU、AppleNMI 和 AppleNVRAM。在第 10 章中将会介绍，I/O Catalog 就是利用这个数组的内容初始化的
iokit/Families/IONVRAM/	NVRAM 控制器类的子类——简单地调用 Platform Expert，注册 NVRAM 控制器，它将发布 I/O Kit 中的"IONVRAM"资源
iokit/Families/IOSystemManagement/	看门狗定时器
iokit/IOKit/	I/O Kit 头文件
iokit/Kernel/	核心 I/O Kit 类和实用程序函数的实现
iokit/KernelConfigTables.cpp	"伪"内核扩展的列表和 KernelConfigTables 数组的声明
iokit/bsddev/	用于 BSD 的支持函数，例如，di_root_image() 网络引导挂钩，BSD 将调用它来挂接磁盘映像作为根设备，以及在搜索根设备时将会被 BSD 使用的其他几个函数

表 6-4 列出了 libkern/ 目录的一些内容。2.4.4 节概述了 libkern 的功能。

表 6-4　libkern/ 目录的主要内容

目　　录	描　　述
libkern/c++/	多个 libkern 类的实现（参见表 6-5）
libkern/gen/	用于原子操作的汇编函数的高级语言包装器、其他各种调试函数
libkern/kmod/	用于内核的 C++ 和 C 语言运行时环境的启动和停止例程
libkern/libkern/	libkern 头文件
libkern/mach-o/	两个头文件，其中一个描述 Mach-O 文件的格式（loader.h），另一个包含用于访问 Mach-O 头部的定义（mach_header.h）
libkern/ppc/	特定于 PowerPC 的 bcmp()、memcmp()、strlen() 以及原子递增/递减函数的实现
libkern/stdio/	scanf() 的实现
libkern/uuid/	基于第一个以太网设备的硬件地址和当前时间解析和生成全球唯一标识符（UUID）的例程

libkern 是向开发人员公开的 Kernel 框架（Kernel.framework）的一部分。它的头部位于 /System/Library/Frameworks/Kernel.framework/Headers/libkern/ 中。表 6-5 显示了这个库中包含的重要类。

表 6-5　libkern 类和例程

基类和抽象类	
OSObject	用于 Mac OS X 内核的抽象基类。它派生自真正的基类 OSMetaClassBase。它实现了诸如分配原语、引用计数以及类型安全的对象强制转换的基本功能
OSMetaClass	OSObject 类的对等类。它派生自真正的根类 OSMetaClassBase。这个类的实例代表一个被 I/O Kit 的 RTTI 系统所知的类
OSCollection	所有集合的抽象超类
OSIterator	迭代器类的抽象超类

续表

集　合　类	
OSArray	这个类用于维护对象引用的列表
OSDictionary	这个类用于维护对象引用的字典
OSOrderedSet	这个类用于维护 OSMetaClassBase 派生的对象集并对其进行排序
OSSet	这个类用于存储 OSMetaClassBase 派生的对象
OSCollectionIterator	这个类提供了一种机制，用于迭代 OSCollection 派生的集合
容　器　类	
OSBoolean	这个类用于布尔值
OSData	这个类用于管理字节数组
OSNumber	这个类用于数字值
OSString	这个类用于管理字符串
OSSymbol	这个类代表独特的字符串值
OSSerialize	这个类由容器类用于对它们的实例数据进行序列化
OSUnserializeXML	这个类用于从 XML 缓冲区中序列化的实例数据重建容器对象

表 6-6 列出了 libsa/目录的一些内容。2.4.5 节概述了 libsa 的功能。

表 6-6　libsa/目录的主要内容

文　件	描　述
libsa/bootstrap.cpp	用于 libsa 的构造函数和析构函数
libsa/bsearch.c、libsa/dgraph.c、libsa/sort.c	用于二进制搜索、有向图和堆排序的函数——用于支持内核扩展加载
libsa/c++rem3.c	符号重排器，用于利用 GNU C++编译器版本 2.95 编译的代码——在映射 Mach-O 目标文件（通常是内核扩展）时，在符号表解析期间调用它
libsa/catalogue.cpp	I/O Catalog 例程，比如那些用于访问和操作内核扩展字典、访问 mkext 缓存以及把引导时内核扩展记录到字典中的例程
libsa/kext.cpp、libsa/kld_patch.c、libsa/kmod.cpp、libsa/load.c	libsa 功能的核心：用于解决内核扩展依赖性、获取内核扩展版本、加载内核扩展以及修补虚拟表等的例程
libsa/malloc.c	malloc()和 realloc()的简单实现
libsa/mkext.c	用于 LZSS 压缩/解压缩以及用于计算 32 位 Adler 校验和的例程
libsa/strrchr.c、libsa/strstr.c	字符串函数
libsa/vers_rsrc.c	用于解析和生成版本字符串的例程

　　回忆第 2 章可知：libsa 独立库仅用于在系统启动期间加载内核扩展。在典型的引导方案中，当启动内核扩展守护进程（kextd）时，它将给内核中的 I/O Catalog 发送一条 kIOCatalogRemoveKernelLinker 消息。该消息通知 I/O Catalog，kextd 准备好处理从用户空间加载内核扩展。而且，该消息还会触发 I/O Catalog，调用用于内核的__KLD 段的析构函数以及取消分配它。__KLD 段包含 libsa 的代码。内核的__LINKEDIT 段也会被取消分配。

2.4.1 节概述了 xnu 的 Mach 部分中实现的功能。表 6-7 列出了 osfmk/ 目录的重要组件。

表 6-7　osfmk/ 目录的主要内容

目录或文件	描　　述
osfmk/UserNotification/	KUNC（Kernel User Notification Center，内核用户通知中心）机制的内核部分，可以被内核中运行的软件用于执行用户空间的程序，以及显示通知或警告消息。/usr/libexec/kuncd 守护进程是用户空间的代理，用于处理来自内核的此类请求
osfmk/console/i386/	VGA 文本控制台、x86 串行控制台
osfmk/console/iso_font.c	用于 ISO Latin-1 字体的数据
osfmk/console/panic_dialog.c	恐慌用户界面例程，包括用于绘制、管理和测试恐慌对话框的例程
osfmk/console/panic_image.c	用于默认恐慌图像的像素数据——8 位、472×255 像素的图像
osfmk/console/panic_ui/	恐慌图像文件以及用于把它们转换成内核可用格式的实用程序
osfmk/console/ppc/	快速视频滚动，PowerPC 串行控制台
osfmk/console/rendered_numbers.c	用于十六进制数字 0~F 以及冒号字符的像素数据
osfmk/console/video_console.c	视频控制台的与硬件无关的部分
osfmk/ddb/	内置的内核调试器
osfmk/default_pager/	默认分页器，包括用于管理交换文件的后端
osfmk/device/	对 I/O Kit 的 Mach 支持，包括通过 Mach 端口的设备表示。I/O Kit 主端口也是在这里设置的
osfmk/ipc/	Mach 的 IPC 功能实现的核心
osfmk/kdp/	名为 KDP 的内核调试协议，使用与 TFTP 类似的基于 UDP 的传输机制
osfmk/kern/	核心 Mach 内核：诸如处理器、处理器集、任务、线程、内存分配和定时器之类的抽象的实现。IPC 接口也是在这里实现的
osfmk/mach/	Mach 头部和 MIG 定义文件
osfmk/mach-o/	用于访问 Mach-O 头部的函数
osfmk/mach_debug/	Mach 调试头部和 MIG 定义文件
osfmk/machine/	这个头部是机器相关头部的包装器
osfmk/ppc/	特定于 PowerPC 的代码：机器启动、异常矢量、陷阱处理、低级上下文切换代码、低级内存管理、诊断调用、Classic 支持函数、机器相关的调试器组件、虚拟机监视器、用于 Apple 的 CHUD Tools 的内核组件等
osfmk/profiling/	内核分析支持，必须显式地编译它。kgmon 实用程序用于控制分析机制：它可以停止或开启内核分析数据的收集、转储配置文件缓冲区的内容、复位所有的配置文件缓冲区，以及从内核中获取特定的指定值
osfmk/sys/	各种其他的头部
osfmk/vm/	Mach 虚拟内存子系统，包括内核中的共享内存服务器

2.4.6 节概述了 Platform Expert 的功能。表 6-8 列出了 pexpert/ 目录的重要组件。

表 6-8　pexpert/目录的主要内容

目录或文件	描　　　述
pexpert/gen/bootargs.c	引导参数解析例程
pexpert/gen/device_tree.c	用于访问设备树条目及其属性的例程
pexpert/gen/pe_gen.c	各种各样的函数，包括在自举期间使用的 8 位颜色查找表
pexpert/i386/	机器标识、调试输出支持、键盘驱动程序、通用中断处理程序、轮询模式的串行端口驱动程序，以及其他平台相关的例程，比如用于读取时间戳计数器、设置和清除中断、生成虚拟设备树等
pexpert/pexpert/	各种各样的平台头部，包括那些包含图像数据的头部，用于在启动时显示的旋转齿轮图像，以指示引导进度
pexpert/ppc/	机器标识、调试输出支持、通过运行定时循环而进行的时钟速度确定、时基值获取以及其他的平台函数

6.2　Mach

现在简要回顾一下第 1 章和第 2 章中关于 Mach 的讨论。Mach 被设计为一个面向通信的操作系统内容，具有完全的多处理支持。可以基于 Mach 构建多种操作系统。它的目标是成为一个微内核，其中传统的操作系统服务（比如文件系统、I/O、内存管理、网络栈，甚至包括操作系统个性化）打算驻留在用户空间里，在它们与内核之间具有清晰合理的、模块化的分隔。实际上，Mach 3 以前的版本具有单片实现。版本 3——这个项目开始于卡耐基梅隆大学，后来 Open Software Foundation 继续对其进行了开发——是 Mach 的第一个真正的微内核版本：在这个版本中，BSD 作为一个用户空间的任务运行。

xnu 的 Mach 部分最初基于 Open Group 的 Mach Mk 7.3 系统，后者反过来又基于 Mach 3。xnu 的 Mach 包含来自 MkLinux 的增强以及在犹他大学所做的关于 Mach 的工作。后者的示例包括**移植线程模型**（Migrating Thread Model），其中把线程抽象进一步解耦成执行上下文以及可调度的控制线程，后者具有关联的上下文链。

> **xnu 不是一种微内核**
>
> 所有的内核组件都驻留在 Mac OS X 中的单一内核地址空间里。尽管内核是模块化和可扩展的，但它仍然是单片式的。但需要注意的是：内核将与几个用户空间的守护进程密切协作，比如 dynamic_pager、kextd 和 kuncd。

在本章中，将讨论基本的 Mach 概念和编程抽象。在后 3 章介绍进程管理、内存管理和进程间通信（InterProcess Communication，IPC）的上下文中，将更详细地探讨其中一些概念。

在本书中，提供了一些与 Mach 相关的编程示例，用以演示 Mac OS X 的某些方面的内部工作方式。不过，Apple 不支持通过第三方程序直接使用大多数 Mach 级 API。因此，建议在分发的软件中不要使用这些 API。

6.2.1　内核基础

Mach 通过抽象系统硬件给更高层提供了一个**虚拟机**（Virtual Machine）接口——这种情形在许多操作系统当中都比较常见。核心 Mach 内核被设计成简单和可扩展的：它提供了一种 IPC 机制，该机制是由内核提供的许多服务的构件。特别是，Mach 的 IPC 特性与其虚拟内存子系统结合成了一体，这导致了多种优化和简化。

> 4.4BSD 虚拟内存系统基于 Mach 2.0 虚拟内存系统，它具有来自 Mach 的更新版本的更新。

从程序员的角度看，Mach 具有 5 个基本抽象。

- 任务。
- 线程。
- 端口。
- 消息。
- 内存对象。

除了提供基本的内核抽象之外，Mach 还把多种其他的硬件和软件资源表示为端口对象，允许通过其 IPC 机制操作此类资源。例如，Mach 把整体的计算机系统表示为一个**主机**（Host）对象，把单个物理 CPU 表示为一个**处理器**（Processor）对象，以及把多处理器系统中的一个或多个 CPU 组表示为**处理器集**（Processor Set）对象。

1.　任务和线程

Mach 把进程的传统 UNIX 抽象分成两部分：任务和线程。如第 7 章所述，根据环境，术语**线程**（Thread）和**进程**（Process）在 Mac OS X 用户空间里具有特定于上下文的含义。在内核内，BSD 进程（类似于传统的 UNIX 进程）是一种数据结构，与 Mach 任务之间具有一对一映射关系。Mach 任务具有以下关键特性。

- 它是一种执行环境和**静态**（Static）实体。任务自身不会执行——也就是说，它不会执行计算。它提供了一个框架，其他实体（线程）可以在其中执行。
- 它是资源分配的基本单元，可将其视作资源容器。任务包含资源的集合，比如：处理器访问权限、分页式虚拟地址空间（虚拟内存）、IPC 空间、异常处理程序、凭证、文件描述符、保护状态、信号管理状态和统计信息。注意：任务的资源也包括 UNIX 项目，在 Mac OS X 上将其包含在任务中，这是通过任务与 BSD 进程结构之间的一对一关联实现的。
- 它代表程序的保护边界。一个任务不能访问另一个任务的资源，除非前者使用某个良好定义的接口获得了明确的访问权限。

在 Mach 中，线程是实际的执行实体——它是任务中的控制流程的点。它具有以下特性。

- 它在任务的上下文内执行，代表任务内独立的程序计数器——指令流。线程也是基本的可调度实体，具有关联的调度优先级和基本属性。每个线程都是抢占式并且独立于其他线程调度的，无论它们是在同一个任务内还是在其他任何任务内。

- 线程执行的代码驻留在其任务的地址空间里。
- 每个任务都可能包含零个或多个线程，但是每个线程都属于恰好一个任务。不带有线程的任务——尽管是合法的——将不能运行。
- 一个任务内的所有线程都共享任务的所有资源。特别是，由于所有的线程都共享相同的内存，一个线程可以重写相同任务内的另一个线程的内存，而无需任何额外的特权。由于一个任务内可能有多个并发执行的线程，任务内的线程必须合作。
- 线程可能具有它自己的异常处理程序。
- 每个线程都具有它自己的计算状态，包括处理器寄存器、程序计数器和栈。注意：虽然线程的栈被设计成私有的，但它驻留在与相同任务内的其他线程相同的地址空间里。如前所述，任务内的线程可以访问彼此的栈（如果它们选择这样做的话）。
- 线程使用内核栈处理系统调用。内核栈的大小是 16KB。

总之，任务是被动的，拥有资源，并且是保护的基本单元。任务内的线程是主动的，执行指令，并且是控制流程的基本单元。

单线程的传统 UNIX 进程类似于只有一个线程的 Mach 任务，而多线程的 UNIX 进程则类似于具有多个线程的 Mach 任务。

> 创建或销毁任务比创建或销毁线程要昂贵得多。

虽然每个线程都具有一个包含任务，但是 Mach 任务并不与它的创建任务相关，这与 UNIX 进程是不同的。不过，内核会在 BSD 进程结构中维护进程级父-子关系。当然，可能把创建另一个任务的任务视作父任务，并且把新创建的任务视作子任务。在创建期间，子任务将继承父任务的某些方面，比如注册的端口、异常和自举端口、审计和安全令牌、共享映射区域以及处理器集。注意：如果把父任务的处理器集标记为非活动的，那么就会把子任务分配给默认的处理器集。

> **内核任务**
>
> 在第 5 章中有关内核启动的讨论中已经介绍过，内核使用任务和线程抽象把它的功能划分成多个执行流程。内核结合使用单个任务——**内核任务**（Kernel Task）——与多个线程，执行各种内核操作，比如调度、线程收割、调出管理、分页和 UNIX 异常处理。因此，xnu 是一种单内核，包含明显不同的组件，比如 Mach、BSD 和 I/O Kit，它们都作为相同地址空间里的单个任务中的线程组运行。

一旦创建了任务，具有有效任务标识符（从而具有 Mach IPC 端口的合适权限）的任何人都可以在任务上执行操作。一个任务可以把它的标识符发送给 IPC 消息中的其他任务（如果它希望如此的话）。

2. 端口

Mach 端口是一种多方面的抽象。它是一个内核保护的单向 IPC 通道、容量和名称。传统上，在 Mach 中将端口实现为具有有限长度的消息队列。

除了 Mach 端口之外，Mac OS X 还在内核和用户空间内提供了许多其他类型的 IPC 机制。这类机制的示例包括 POSIX 和 System V IPC、多种通知机制、描述符传递和 Apple 事件。在第 9 章中将研究多种 IPC 机制。

端口抽象以及关联的操作（最基本的是发送和接收）是 Mach 中的通信的基础。端口具有与之关联的内核管理的**能力**（Capability）——或**权限**（Right）。任务必须持有合适的权限，以操作端口。例如，权限确定了哪个任务可以把消息发送到给定的端口，或者哪个任务可能接收以它为目标的消息。多个任务可以具有对特定端口的**发送权限**（Send Right），但是只有一个任务可以持有对给定端口的**接收权限**（Receive Right）。

在面向对象的意义上，端口是对象引用。Mach 中的多种抽象（包括数据结构和服务）是通过端口表示的。在这种意义上，端口充当对系统资源的受保护的访问提供者。可以通过对象各自的端口访问它们，比如任务、线程或内存对象①。例如，每个任务都具有一个**任务端口**（Task Port），在内核调用中代表该任务。类似地，线程的控制点可以通过**线程端口**（Thread Port）供用户程序访问。任何这样的访问都需要一种端口能力，它是给该端口发送或接收消息的权限，或者更确切地讲，是给端口代表的对象发送或接收消息的能力。特别是，通过给对象的端口之一发送消息在对象上执行操作②。持有对端口的接收权限的对象然后就可以接收消息，处理它，并且可能执行消息中请求的操作。下面给出了这种机制的两个示例。

- 窗口管理器可以通过端口表示它所管理的每个窗口。它的客户任务可以通过把消息发送给合适的**窗口端口**（Window Port），来执行窗口操作。窗口管理器任务接收并处理这些操作。
- 每个任务以及其内的每个线程都具有一个异常端口。错误处理程序可以把它的端口之一注册为线程的异常端口。当异常发生时，将把一条消息发送给这个端口。处理程序可以接收并处理这条消息。类似地，调试器也可以把它的端口之一注册为任务的异常端口。此后，除非线程显式注册它自己的线程异常端口，否则将把任务的所有线程中的异常都发送给调试器。

由于端口是每个任务的资源，任务内的所有线程都自动能够访问任务的端口。一个任务可以允许其他任务访问它的一个或多个端口，它通过在 IPC 消息中把端口权限传递给其他任务来实现此目的。而且，仅当端口对包含任务已知时，线程才能够访问端口——没有全局的、系统级的端口命名空间。

可以在**端口集**（Port Set）中把多个端口组织在一起。端口集中的所有端口共享相同的队列。尽管仍然有单个接收器，每条消息还是会包含一个标识符，用于端口集内在其上接收消息的特定端口。这种功能类似于 UNIX select()系统调用。

网络透明的端口

Mach 端口被设计成网络透明的，允许网络连接的机器上的任务之间彼此通信，而无

---

① 除了虚拟内存之外，其他所有的 Mach 系统资源都是通过端口访问的。

② 对象可能具有多个端口，代表不同类型的功能或访问级别。例如，特权资源可能具有只能被超级用户访问的控制端口，以及可以被所有用户访问的信息端口。

须关心其他任务位于何处。**网络消息服务器**（Network Message Server，netmsgserver）通常作为受信任的中介使用在这种场合。任务可以利用 netmsgserver 注册，宣传它们的服务。注册操作将利用 netmsgserver 注册唯一的名称。其他任务（包括其他机器上的任务）可以在 netmsgserver 上查找服务名称，netmsgserver 自身使用一个可供所有任务使用的端口。这样，netmsgserver 就可以跨网络传播端口权限。Mac OS X 不支持 Mach 的这种分布式 IPC 特性，因此不具有任何内部或外部网络消息服务器。不过，通过使用更高级的机制，比如 Cocoa API 的 Distributed Objects（分布式对象）特性，在 Mac OS X 上实现分布式 IPC 是可能的。

　　注意：*端口只可用于在一个方向上发送消息。因此，与 BSD 套接字不同，端口不代表双向通信信道的端点。如果在某个端口上发送请求消息，并且发送方需要接收应答，就必须为应答使用另一个端口。*

　　在第 9 章中将可以看到，任务的 IPC 空间包括从端口名称到内核的内部端口对象的映射，以及用于这些名称的权限。Mach 端口的名称是一个整数——概念上类似于 UNIX 文件描述符。不过，Mach 端口在多个方面不同于文件描述符。例如，文件描述符可能复制多次，并且每个描述符可以是引用同一个打开文件的不同数字。如果为特定的端口以类似的方式打开多种端口权限，将把端口名称合并成单个名称，这将对它所代表的权限数量进行引用计数。而且，除了某些标准端口（比如注册、自举和异常端口）之外，其他 Mach 端口不是跨 fork() 系统调用隐式继承的。

3. 消息

　　Mach IPC 消息是线程之间相互交换以进行通信的数据对象。Mach 中典型的任务间通信（包括内核与用户任务之间）就是使用消息发生的。消息可能包含实际的**页内**（Inline）数据或者指向**页外**（Out-Of-Line，OOL）数据的指针。OOL 数据传输是对大量数据传输的一种优化，其中内核将在接收方的虚拟地址空间里为消息分配一个内存区域，而不会创建消息的物理副本。共享内存页将标记 **COW**（Copy-On-Write，写时复制）。

　　消息可能包含程序数据、内存范围的副本、异常、通知、端口能力等。特别是，把端口能力从一个任务传输给另一个任务的唯一方式是通过消息进行的。

　　Mach 消息是异步传输的。即使只有一个任务可以持有对端口的接收权限，任务内的多个线程也可能尝试在端口上接收消息。在这种情况下，在接收给定的消息时，只有其中一个线程将成功。

4. 虚拟内存和内存对象

　　Mach 的虚拟内存（Virtual Memory，VM）可以清晰地分隔成与机器无关以及与机器相关的部分。例如，地址映射、内存对象、共享映射和常驻内存是与机器无关的，而物理映射（Physical Map，pmap）是与机器相关的。在第 8 章中将详细讨论与 VM（虚拟内存）相关的抽象。

　　Mach 的 VM 设计的特性如下。

- Mach 提供了每个任务的受保护的地址空间，以及稀疏内存布局。任务的地址空间描述是内存区域的线性列表（vm_map_t），其中每个区域都指向一个内存对象

（vm_object_t）。

- 机器相关的地址映射包含在 pmap 对象（pmap_t）中。
- 任务可以在它自己的地址空间内或者在其他任务的地址空间内分配或取消分配虚拟内存区域。
- 任务可以逐页指定保护和继承属性。内存页不能在任务之间共享，或者使用写时复制或读写模式共享。每个页组——**内存区域**（Memory Region）——都具有两个保护值：**当前**（Current）和**最大**（Maximum）。当前保护对应于页的实际硬件保护，而最大保护是当前保护可能实现的最高（允许范围最大）的值。最大保护是一个绝对上限，这是由于不能提高它（使得允许范围更大），而只能降低它（使得更具限制性）。因此，最大保护代表可以具有的对内存区域的最大访问权限。

内存对象是数据（包括文件数据）的容器，这些数据映射到任务的地址空间。它充当给任务提供内存的通道。Mach 传统上允许通过用户模式的**外部内存管理器**（External Memory Manager）来管理内存对象，其中页错误和页外数据请求的处理可以在用户空间中执行。还可以使用外部分页器，实现联网的虚拟内存。在 Mac OS X 中没有使用 Mach 的这种外部内存管理（External Memory Management，EMM）特性。xnu 通过 3 个分页器在内核中提供了基本的分页服务，它们是：默认（匿名）分页器、虚拟结点（vnode）分页器和设备分页器。

默认分页器（Default Pager）处理匿名内存，即没有显式指定分页器的内存。它是在内核的 Mach 部分实现的。借助 dynamic_pager 用户空间应用程序[①]（它用于管理磁盘上的后备存储（或**交换**（Swap））文件）的帮助，默认分页器将对正常文件系统上的交换文件进行分页。

交换文件默认驻留在/var/vm/目录下。这些文件被命名为 swapfileN，其中 N 是交换文件的编号。第一个交换文件被命名为 swapfile0。

虚拟结点分页器（Vnode Pager）用于内存映射的文件。由于 Mac OS X VFS 位于内核的 BSD 部分，虚拟结点分页器是在 BSD 层中实现的。

设备分页器（Device Pager）用于非通用内存。它是在 Mach 层实现的，但是被 I/O Kit 使用。

6.2.2　异常处理

Mach 异常是程序执行的同步中断，它是由于程序自身而引发的。异常的成因可能是错误的条件，比如执行非法指令、除以 0 或者访问无效的内存。异常也可能是有意引发的，比如在调试期间，当遇到调试器断点时。

xnu 的 Mach 实现把一个异常端口的数组与每个任务相关联，并把另一个数组与任务内的每个线程相关联。每个这样的数组都具有与为实现定义的异常类型一样多的空槽，其中空槽 0 是无效的。在创建线程时，将把线程的所有异常端口都设置为空端口（IP_NULL），

[①] 在实际的分页操作中不会涉及 dynamic_pager 应用程序——它将只基于多种条件创建或删除交换文件。

而任务的异常端口则继承自父任务的那些异常端口。内核允许程序员为任务和线程获取或设置各个异常端口。因此，一个程序可以具有多个异常处理程序。单个处理程序也可能处理多种异常类型。程序为异常处理所做的典型准备工作涉及分配一个或多个端口，内核将把异常通知消息发送给它们。然后，可以把端口注册为异常端口，用于线程或任务的一种或多种异常类型。异常处理程序代码通常运行在复制的线程中，等待来自内核的通知消息。

可以将 Mach 中的异常处理视作由多个子操作组成的元操作。引发异常的线程称为**受害者**（Victim）线程，而运行异常处理程序的线程则称为**处理程序**（Handler）线程。当受害者线程引发（引起）一个异常时，内核将挂起受害者线程，并且发送一条消息给合适的异常端口，它可能是线程异常端口（更具体）或者任务异常端口（如果线程没有设置异常端口的话）。一旦接收（捕获）消息，处理程序线程将处理异常——这个操作可能涉及修正受害者线程的状态，安排它终止，记录错误等。处理程序将应答消息，指示异常是否成功处理（清除）。最后，内核将恢复执行受害者线程或者终止它。

线程异常端口通常与错误处理相关。每个线程都可能具有它自己的异常处理程序，用于处理与只会影响各个线程的错误对应的异常。任务异常端口通常与调试相关。调试器可以通过把它自己的端口之一注册为所调试任务的异常端口，与任务联系起来。由于任务是从创建任务继承它的异常端口，调试器还将能够控制所调试程序的子进程。而且，对于所有没有注册异常端口的线程，都将把针对它们的异常通知发送到任务异常端口。回忆可知：线程是利用空异常端口创建的，因而没有默认的处理程序。因此，这在一般情况下将工作得很好。甚至当线程具有有效的异常端口时，对应的异常处理程序也可能把异常转发给任务异常端口。

在第 9 章中将探讨 Mach 异常处理的编程示例。

6.3　Mach API 的性质

现在来查看几个使用 Mach API 的简单示例。它们充当更复杂或者特定于子系统的示例的前奏，在本章后面以及后续章节中将会看到这些示例。

> 在 xnu 程序包内的 osfmk/man/ 目录中提供了通过 xnu 内核导出的大多数 Mach 调用的文档。在查阅 API 文档时，可以发现它对于测试基于 API 的示例是有用的。

6.3.1　显示主机信息

host_info() Mach 调用获取关于主机的信息，比如安装的处理器的类型和数量、当前可用的处理器数量以及内存大小。与许多 Mach "信息" 调用一样，host_info() 带有一个**性质**（Flavor）参数，用于指定要获取的信息的种类。例如，host_info() 接受 HOST_BASIC_INFO、HOST_SCHED_INFO 和 HOST_PRIORITY_INFO 这些性质作为参数，分别从内核返回基本信息、与调度器相关的信息以及与调度器优先级相关的信息。除了 host_info() 之外，还可使用诸如 host_kernel_version()、host_get_boot_info() 和 host_page_size() 之类的其他调用，获取各种各样的信息。图 6-1 显示了一个使用 host_info()调用的示例。

```
// host_basic_info.c

#include <stdio.h>
#include <stdlib.h>
#include <mach/mach.h>

#define EXIT_ON_MACH_ERROR(msg, retval) \
    if (kr != KERN_SUCCESS) { mach_error(msg ":" , kr); exit((retval)); }

int
main()
{
    kern_return_t           kr; // the standard return type for Mach calls
    host_name_port_t        myhost;
    kernel_version_t        kversion;
    host_basic_info_data_t  hinfo;
    mach_msg_type_number_t  count;
    char                    *cpu_type_name, *cpu_subtype_name;
    vm_size_t               page_size;

// get send rights to the name port for the current host
    myhost = mach_host_self();
    kr = host_kernel_version(myhost, kversion);
    EXIT_ON_MACH_ERROR("host_kernel_version", kr);

    count = HOST_BASIC_INFO_COUNT;    // size of the buffer
    kr = host_info(myhost,            // the host name port
             HOST_BASIC_INFO,         // flavor
             (host_info_t)&hinfo,     // out structure
             &count);                 // in/out size
    EXIT_ON_MACH_ERROR("host_info", kr);

    kr = host_page_size(myhost, &page_size);
    EXIT_ON_MACH_ERROR("host_page_size", kr);
    printf("%s\n", kversion);

// the slot_name() library function converts the specified
// cpu_type/cpu_subtype pair to a human-readable form
    slot_name(hinfo.cpu_type, hinfo.cpu_subtype, &cpu_type_name,
             &cpu_subtype_name);

    printf("cpu                    %s (%s, type=0x%x subtype=0x%x "
       "threadtype=0x%x)\n", cpu_type_name, cpu_subtype_name,
       hinfo.cpu_type, hinfo.cpu_subtype, hinfo.cpu_threadtype);
```

图 6-1　使用 Mach 调用获取基本的主机信息

```
        printf("max_cpus              %d\n", hinfo.max_cpus);
        printf("avail_cpus            %d\n", hinfo.avail_cpus);
        printf("physical_cpu          %d\n", hinfo.physical_cpu);
        printf("physical_cpu_max      %d\n", hinfo.physical_cpu_max);
        printf("logical_cpu           %d\n", hinfo.logical_cpu);
        printf("logical_cpu_max       %d\n", hinfo.logical_cpu_max);
        printf("memory_size           %u MB\n", (hinfo.memory_size >> 20));
        printf("max_mem               %llu MB\n", (hinfo.max_mem >> 20));
        printf("page_size             %u bytes\n", page_size);

        exit(0);
}
```

```
$ gcc -Wall -o host_basic_info host_basic_info.c
$ ./host_basic_info # Power Mac G5 Quad 2.5GHz
Darwin Kernel Version 8.5.0: ... root:xnu-792.6.61.obj~1/RELEASE_PPC
cpu               ppc970 (PowerPC 970, type=0x12 subtype=0x64 threadtype=0x0)
max_cpus          4
avail_cpus        4
physical_cpu      4
physical_cpu_max  4
logical_cpu       4
logical_cpu_max   4
memory_size       2048 MB
max_mem           4096 MB
page_size         4096 bytes

$ ./host_basic_info # iMac Core Duo 1.83GHz
Darwin Kernel Version 8.5.1: ... root:xnu-792.8.36.obj~1/RELEASE_I386
cpu               i486 (Intel 80486, type=0x7, subtype=0x4, threadtype=0x0)
max_cpus          2
avail_cpus        2
...
page_size         4096 bytes
```

图 6-1（续）

　　注意：在图 6-1 中，如第 5 章中所讨论的，在物理内存超过 2GB 的机器上，将把由 Mach 报告的 memory_size 值固定为 2GB。

6.3.2　访问内核的时钟服务

　　内核提供具有不同时钟类型的时钟服务，比如系统、日历和实时。访问这些服务涉及获得对它们的端口的发送权限，以及发送用于请求时钟的基本属性或功能的消息。图 6-2 显示了一个程序，用于从内核的多个时钟获取基本属性和当前时间值。

```c
// host_clock.c

#include <stdio.h>
#include <stdlib.h>
#include <sys/time.h>
#include <mach/mach.h>
#include <mach/clock.h>

#define OUT_ON_MACH_ERROR(msg, retval) \
    if (kr != KERN_SUCCESS) { mach_error(msg ":" , kr); goto out; }

int
main()
{
    kern_return_t           kr;
    host_name_port_t        myhost;
    clock_serv_t            clk_system, clk_calendar, clk_realtime;
    natural_t               attribute[4];
    mach_msg_type_number_t  count;
    mach_timespec_t         timespec;
    struct timeval          t;

    myhost = mach_host_self();

    // Get a send right to the system clock's name port
    kr = host_get_clock_service(myhost,  SYSTEM_CLOCK,
                                (clock_serv_t *)&clk_system);
    OUT_ON_MACH_ERROR("host_get_clock_service", kr);

    // Get a send right to the calendar clock's name port
    kr = host_get_clock_service(myhost, CALENDAR_CLOCK,
                                (clock_serv_t *)&clk_calendar);
    OUT_ON_MACH_ERROR("host_get_clock_service", kr);

    // Get a send right to the real-time clock's name port
    kr = host_get_clock_service(myhost, REALTIME_CLOCK,
                                (clock_serv_t *)&clk_realtime);
    OUT_ON_MACH_ERROR("host_get_clock_service", kr);

    //// System clock
    count = sizeof(attribute)/sizeof(natural_t);
    // Get the clock's resolution in nanoseconds
    kr = clock_get_attributes(clk_system, CLOCK_GET_TIME_RES,
                              (clock_attr_t)attribute, &count);
    OUT_ON_MACH_ERROR("clock_get_attributes", kr);
```

图 6-2   在 Mach 中获取时钟基本属性和时间值

```
    // Get the current time
    kr = clock_get_time(clk_system, &timespec);
    OUT_ON_MACH_ERROR("clock_get_time", kr);
    printf("System clock  : %u s + %u ns (res %u ns)\n",
            timespec.tv_sec, timespec.tv_nsec, attribute[0]);


    //// Real-time clock
    count = sizeof(attribute)/sizeof(natural_t);
    kr = clock_get_attributes(clk_realtime, CLOCK_GET_TIME_RES,
                              (clock_attr_t) attribute, &count);
    OUT_ON_MACH_ERROR("clock_get_attributes", kr);
    kr = clock_get_time(clk_realtime, &timespec);
    OUT_ON_MACH_ERROR("clock_get_time", kr);
    printf("Realtime clock: %u s + %u ns (res %u ns)\n",
          timespec.tv_sec, timespec.tv_nsec, attribute[0]);


    //// Calendar clock
    count = sizeof(attribute)/sizeof(natural_t);
    kr = clock_get_attributes(clk_calendar, CLOCK_GET_TIME_RES,
                              (clock_attr_t) attribute, &count);
    OUT_ON_MACH_ERROR("clock_get_attributes", kr);
    kr = clock_get_time(clk_calendar, &timespec);
    gettimeofday(&t, NULL);
    OUT_ON_MACH_ERROR("clock_get_time", kr);
    printf("Calendar clock: %u s + %u ns (res %u ns)\n",
          timespec.tv_sec, timespec.tv_nsec, attribute[0]);

    printf("gettimeofday  : %ld s + %d us\n", t.tv_sec, t.tv_usec);

out:
    // Should deallocate ports here for cleanliness
    mach_port_deallocate(mach_task_self(), myhost);
    mach_port_deallocate(mach_task_self(), clk_calendar);
    mach_port_deallocate(mach_task_self(), clk_system);
    mach_port_deallocate(mach_task_self(), clk_realtime);

    exit(0);
}



$ gcc -Wall -o host_clock host_clock.c
$ ./host_clock
System clock   : 134439 s + 840456243 ns (res 10000000 ns)
Realtime clock : 134439 s + 841218705 ns (res 10000000 ns)
Calendar clock : 1104235237 s + 61156000 ns (res 10000000 ns)
gettimeofday   : 1104235237 s + 61191 us
```

图 6-2（续）

6.3.3　使用时钟服务发出警报

在理解了如何获得对时钟服务的端口的发送权限之后，就可以使用这些权限请求服务：在指定的时间发出警报。在触发警报时，时钟将通过发送一条 IPC 消息来进行通知。图 6-3 中显示的程序用于设置在 2.5 秒后发出警报，并且在它所分配的端口上等待警报消息到达。

```c
// host_alarm.c

#include <stdio.h>
#include <stdlib.h>
#include <sys/time.h>
#include <mach/mach.h>
#include <mach/clock.h>

#define OUT_ON_MACH_ERROR(msg, retval) \
    if (kr != KERN_SUCCESS) { mach_error(msg ":" , kr); goto out; }

// Structure for the IPC message we will receive from the clock
typedef struct msg_format_recv_s {
    mach_msg_header_t   header;
    int                 data;
    mach_msg_trailer_t trailer;
} msg_format_recv_t;

int
main()
{
    kern_return_t       kr;
    clock_serv_t        clk_system;
    mach_timespec_t     alarm_time;
    clock_reply_t       alarm_port;
    struct timeval      t1, t2;
    msg_format_recv_t   message;
    mach_port_t         mytask;

    // The C library optimized this call by returning the task port's value
    // that it caches in the mach_task_self_ variable
    mytask = mach_task_self();

    kr = host_get_clock_service(mach_host_self(), SYSTEM_CLOCK,
                                (clock_serv_t *)&clk_system);
    OUT_ON_MACH_ERROR("host_get_clock_service", kr);
```

图 6-3　使用 Mach 调用设置警报

```
// Let us set the alarm to ring after 2.5 seconds
alarm_time.tv_sec = 2;
alarm_time.tv_nsec = 50000000;


// Allocate a port (specifically, get receive right for the new port)
// We will use this port to receive the alarm message from the clock
kr = mach_port_allocate(
        mytask,                     // the task acquiring the port right
        MACH_PORT_RIGHT_RECEIVE,    // type of right
        &alarm_port);               // task's name for the port right
OUT_ON_MACH_ERROR("mach_port_allocate", kr);


gettimeofday(&t1, NULL);


// Set the alarm
kr = clock_alarm(clk_system,     // the clock to use
                TIME_RELATIVE,   // how to interpret alarm time
                alarm_time,      // the alarm time
                alarm_port);     // this port will receive the alarm message
OUT_ON_MACH_ERROR("clock_alarm", kr);

printf("Current time %ld s + %d us\n"
       "Setting alarm to ring after %d s + %d ns\n",
       t1.tv_sec, t1.tv_usec, alarm_time.tv_sec, alarm_time.tv_nsec);


// Wait to receive the alarm message (we will block here)
kr = mach_msg(&(message.header),     // the message buffer
        MACH_RCV_MSG,                // message option bits
        0,                           // send size (we are receiving, so 0)
        message.header.msgh_size,    // receive limit
        alarm_port,                  // receive right
        MACH_MSG_TIMEOUT_NONE,       // no timeout
        MACH_PORT_NULL);             // no timeout notification port
// We should have received an alarm message at this point
gettimeofday(&t2, NULL);
OUT_ON_MACH_ERROR("mach_msg", kr);


if (t2.tv_usec < t1.tv_usec) {
    t1.tv_sec += 1;
    t1.tv_usec -= 1000000;
}


printf("\nCurrent time %ld s + %d us\n", t2.tv_sec, t2.tv_usec);
printf("Alarm rang after %ld s + %d us\n", (t2.tv_sec - t1.tv_sec),
       (t2.tv_usec - t1.tv_usec));
```

图 6-3（续）

```
out:
    mach_port_deallocate(mytask, clk_system);

    // Release user reference for the receive right we created
    mach_port_deallocate(mytask, alarm_port);

    exit(0);
}
```

```
$ gcc -Wall -o host_alarm host_alarm.c
$ ./host_alarm
Current time 1104236281 s + 361257 us
Setting alarm to ring after 2 s + 50000000 ns

Current time 1104236283 s + 412115 us
Alarm rang after 2 s + 50858 us
```

图 6-3（续）

6.3.4　显示主机统计信息

　　host_statistics()调用可用于在系统级的基础上获取关于处理器和虚拟内存使用情况的统计信息。图 6-4 显示了一个使用此调用的示例。

// host_statistics.c

```
#include <stdio.h>
#include <stdlib.h>
#include <mach/mach.h>
```

// Wrapper function with error checking
```
kern_return_t
do_host_statistics(host_name_port_t      host,
                   host_flavor_t         flavor,
                   host_info_t           info,
                   mach_msg_type_number_t *count)
{
    kern__return_t kr;

    kr = host_statistics(host,          // control port for the host
                flavor,                 // type of statistics desired
                (host_info_t)info,      // out buffer
                count);                 // in/out size of buffer
```

图 6-4　使用 Mach 调用获取调度和虚拟内存统计信息

```
    if (kr != KERN_SUCCESS) {
        (void)mach_port_deallocate(mach_task_self(), host);
        mach_error("host_info:", kr);
        exit(1);
    }

    return kr;
}

int
main()
{
    kern_return_t             kr;
    host_name_port_t          host;
    mach_msg_type_number_t    count;
    vm_size_t                 page_size;
    host_load_info_data_t     load_info;
    host_cpu_load_info_data_t cpu_load_info;
    vm_statistics_data_t      vm_stat;

    host = mach_host_self();

    count = HOST_LOAD_INFO_COUNT;
    // Get system loading statistics
    kr = do_host_statistics(host, HOST_LOAD_INFO, (host_info_t)&load_info,
                            &count);
    count = HOST_VM_INFO_COUNT;
    // Get virtual memory statistics
     kr=do_host_statistics(host,HOST_VM_INFO,(host_info_t)&vm_stat,&count);

    count = HOST_CPU_LOAD_INFO_COUNT;
    // Get CPU load statistics
    kr = do_host_statistics(host, HOST_CPU_LOAD_INFO,
                            (host_info_t)&cpu_load_info, &count);

    kr = host_page_size(host, &page_size);

    printf("Host statistics:\n");

    // (average # of runnable processes) / (# of CPUs)
    printf("Host load statistics\n");
    printf(" time period (sec) %5s%10s%10s\n", "5", "30", "60");
    printf(" load average %10u%10u%10u\n", load_info.avenrun[0],
            load_info.avenrun[1], load_info.avenrun[2]);
    printf(" Mach factor %10u%10u%10u\n", load_info.mach_factor[0],
```

图 6-4（续）

```
                load_info.mach_factor[1], load_info.mach_factor[2]);

        printf("\n");

        printf("Cumulative CPU load statistics\n");
        printf("  User state ticks      = %u\n",
                cpu_load_info.cpu_ticks[CPU_STATE_USER]);
        printf("  System state ticks    = %u\n",
                cpu_load_info.cpu_ticks[CPU_STATE_SYSTEM]);
        printf("  Nice state ticks      = %u\n",
                cpu_load_info.cpu_ticks[CPU_STATE_NICE]);
        printf("  Idle state ticks      = %u\n",
                cpu_load_info.cpu_ticks[CPU_STATE_IDLE]);

        printf("\n");

        printf("Virtual memory statistics\n");
        printf("  page size             = %u bytes\n", page_size);
        printf("  pages free            = %u\n", vm_stat.free_count);
        printf("  pages active          = %u\n", vm_stat.active_count);
        printf("  pages inactive        = %u\n", vm_stat.inactive_count);
        printf("  pages wired down      = %u\n", vm_stat.wire_count);
        printf("  zero fill pages       = %u\n", vm_stat.zero_fill_count);
        printf("  pages reactivated     = %u\n", vm_stat.reactivations);
        printf("  pageins               = %u\n", vm_stat.pageins);
        printf("  pageouts              = %u\n", vm_stat.pageouts);
        printf("  translation faults    = %u\n", vm_stat.faults);
        printf("  copy-on-write faults  = %u\n", vm_stat.cow_faults);
        printf("  object cache lookups  = %u\n", vm_stat.lookups);
        printf("  object cache hits     = %u (hit rate %2.2f %%)\n", vm_stat.hits,
                100 * (double)vm_stat.hits/(double)vm_stat.lookups);

        exit(0);
}


$ gcc -Wall -o host_statistics host_statistics.c
$ ./host_statistics
Host statistics:
Host load statistics
  time period (sec)     5         30          60
  load average         276        233         70
  Mach factor         1685       1589        1609

Cumulative CPU load statistics
```

图 6-4（续）

```
User state ticks       = 109098
System state ticks     = 41056
Nice state ticks       = 535
Idle state ticks       = 1974855

Virtual memory statistics
page size              = 4096 bytes
pages free             = 434154
pages active           = 70311
pages inactive         = 236301
pages wired down       = 45666
zero fill pages        = 2266643
pages reactivated      = 0
pageins                = 55952
pageouts               = 0
translation faults     = 4549671
copy-on-write faults   = 83912
object cache lookups   = 36028
object cache hits      = 19120 (hit rate 53.07 %)
```

图 6-4（续）

6.4　进　入　内　核

在典型的操作系统上，通过使用不同的处理器执行模式，在逻辑上将用户进程与内核的内存隔离开。Mac OS X 内核是在比任何用户程序（PowerPC UISA 和 VEA）更高的特权模式（PowerPC OEA）下执行的。每个用户进程——即每个 Mach 任务——都具有它自己的虚拟地址空间。类似地，内核具有它自己的、独特的虚拟地址空间，而不会占据用户进程的最大可能地址空间中的某个子范围。确切地讲，Mac OS X 内核具有私有的 32 位（4GB）虚拟地址空间，每个 32 位的用户进程也是如此。类似地，64 位的用户进程也会获得私有的虚拟地址空间，它不会再细分成内核部分和用户部分。

> 尽管 Mac OS X 用户和内核虚拟地址空间并不是单个虚拟地址空间的细分，但是由于传统的映射，它们二者内可用的虚拟内存数量是受限的。例如，32 位内核虚拟地址空间中的内核地址位于 0x1000~0xDFFFFFFF（3.5GB）之间。类似地，32 位用户进程可以使用的虚拟内存数量显著少于 4GB，因为默认会把多个系统库映射到每个用户地址空间。在第 8 章中将看到这类映射的特定示例。

可以将内核虚拟地址空间简称为**内核空间**（Kernel Space）。而且，即使每个用户进程都具有它自己的地址空间，当特定的进程不相关时，通常也将使用术语**用户空间**（User Space）。在这种意义上，可以把所有的用户进程都视作驻留在用户空间中。下面列出了内核空间和用户空间的一些重要特征。

- 内核空间不能被用户任务访问。内核使用内存管理硬件在内核级代码与用户级代码之间创建一条界线，强制执行这种保护。

- 用户空间对于内核是完全可访问的。
- 内核通常会阻止一个用户任务修改或者甚至访问另一个任务的内存。不过，这种保护通常受任务和系统所有权支配。例如，存在一些内核提供的机制，如果任务 T1 具有根特权，或者如果任务 T1 和另一个任务 T2 都为同一个用户所拥有，那么 T1 就可以通过这些机制访问 T2 的地址空间。一些任务还可以与其他任务显式共享内存。
- 用户空间不能直接访问硬件。不过，在通过内核仲裁后使用用户空间的设备驱动程序访问硬件是可能的。

由于内核将会仲裁对物理资源的访问，用户程序必须与内核交换信息，以有助于内核的服务。典型的用户空间的执行需要交换**控制信息**（Control Information）和**数据**（Data）。在 Mach 任务与内核之间的这种交换中，任务内的线程将从用户空间迁移到内核空间，并且把控制转移给内核。在处理了用户线程的请求之后，内核将把控制返还给线程，并且允许它继续正常的执行。在其他时间，内核可以获得控制，即使出于转移的原因而没有涉及当前线程亦会如此——事实上，程序员通常不会显式请求转移。可以把内核空间和用户空间中的执行分别称为处于**内核模式**（Kernel Mode）和**用户模式**（User Mode）下。

模态对话框

    技术上讲，甚至可以把 Mac OS X 内核模式视作包含两种子模式。第一种模式指内核自己的线程运行的环境——即内核任务及其资源。内核任务是一个名副其实的 Mach 任务（它是创建的第一个 Mach 任务），在典型的系统上运行数十个内核线程。

    第二种模式指在内核中运行的进程，此时线程已经通过系统调用从用户空间进入了内核——也就是说，线程从用户空间陷入内核中。需要知道这两种模式的内核子系统可能以不同的方式处理它们。

6.4.1   控制转移的类型

尽管传统上在 PowerPC 处理器级别基于引发控制转移的事件将此类控制转移划分成各个类别，但是所有的类别都是通过相同的异常机制处理的。可能引发处理器改变执行模式的事件示例如下。

- 外部信号，比如来自中断控制器硬件。
- 在执行指令时遇到的不正常情况。
- 期望的系统事件，比如重新调度和页错误。
- 跟踪由有意启用单步执行（设置 MSR 的 SE 位）或分支跟踪（设置 MSR 的 BE 位）引发的异常。
- 处理器的内部情况，比如检测到 L1 数据缓存中的奇偶校验错误。
- 系统调用指令的执行。

然而，在 Mac OS X 中基于引发控制转移的事件对控制转移进行分类仍然是有用的。现在可以来探讨一些宽泛的类别。

1. 外部硬件中断

外部硬件中断是把控制转移进内核中，它通常是通过硬件设备启动的，用于指示一个事件。通过处理器的外部中断输入信号的断言把这样的中断发送给处理器，这将在处理器中引发外部中断异常。外部中断是异步的，并且它们的发生通常与当前执行的线程无关。注意：外部中断可以屏蔽。

外部中断的一个示例是存储设备控制器，它可以引发一个中断，用信号通知 I/O 请求完成。在某些处理器上，比如 970FX，一种温度异常——用于向处理器通知不正常情况——是由温度中断输入信号的断言发出通知的。在这种情况下，即使不正常情况是处理器内部的，中断源也是外部的。

2. 处理器陷阱

处理器陷阱是指将控制转移进内核中，它是由于某个事件需要引起注意而由处理器自身启动的。处理器陷阱可能是同步的，也可能是异步的。尽管可以把引发陷阱的情况全都称为不正常的，这是由于它们都是异常的（从而得名异常），但是把它们细分成**预期**（Expected）情况（比如页错误）或**非预期**（Unexpected）情况（比如硬件故障）是有益的。引发陷阱的其他原因包括：除以 0 错误、跟踪的指令完成、非法访问内存以及执行非法指令。

3. 软件陷阱

Mac OS X 内核实现了一种名为**异步系统陷阱**（Asynchronous System Trap，AST）的机制，其中可以通过软件为处理器或线程设置一个或多个原因位（Reason Bit）。每一位都代表一个特定的软件陷阱。当处理器将要从中断上下文中返回时，包括从系统调用返回，它将检查这些位，如果它找到这样的位，就会获得一个陷阱。后面的操作涉及执行相应的中断处理代码。在许多情况下，当线程将要改变其执行状态时，比如从挂起改变运行，它将检查这样的陷阱。内核的时钟中断处理程序也会定期检查 AST。在 Mac OS X 上将 AST 归类为软件陷阱，因为它们是由软件启动和处理的。一些 AST 实现可能使用硬件支持。

4. 系统调用

PowerPC 系统调用指令被程序用于生成系统调用异常，这将导致处理器在内核中准备并执行系统调用处理程序。系统调用异常是同步的。数百个调用系统构成了一组良好定义的接口，充当用户程序进入内核的入口点。

POSIX

由 POSIX（Portable Operating System Interface，可移植操作系统接口）标准定义的一组标准的系统调用，以及它们的行为、错误处理、返回值等，它定义的是接口，而不是它的实现。Mac OS X 提供了 POSIX API 的一个较大子集。

POSIX 这个名称是由 Richard Stallman 提出的。POSIX 文档建议应该把该单词读作"pahz-icks"，就像在 positive 中一样，而不要读作"poh-six"或者使用其他的读法。

总而言之，来自外部设备的硬件中断生成外部中断异常，系统调用生成系统调用异常，其他情况则会导致各种各样的异常。

6.4.2　实现系统进入机制

PowerPC 异常是用于传播各类（无论是硬件生成还是软件生成的）中断（而不是 AST）的基本媒介。在讨论如何处理其中一些异常之前，不妨探讨 Mac OS X 上的总体 PowerPC 异常处理机制的关键组件。它们包括以下组件，其中一些是在以前的章节中见到过的。

- 内核的异常矢量，驻留在以物理内存地址 0x0 开始的指定内存区域。
- PowerPC 异常处理寄存器。
- rfid（64 位）和 rfi（32 位）系统连接指令，它们用于从中断返回。
- sc 系统连接指令，它用于引发系统调用异常。
- 机器相关的线程状态，包括称为**异常保存区域**（Exception Save Area）的内存区域，它们用于在异常处理期间保存各类上下文。

> 系统连接指令用于连接用户模式和管理者模式的软件。例如，通过使用系统连接指令（比如 sc），程序可以要求操作系统执行某个服务。相反，在执行服务之后，操作系统可以使用另一个系统连接指令（比如 rfid）返回到用户模式的软件。

1. 异常和异常矢量

内核可执行文件的 __VECTORS 段（参见图 6-5）包含内核的异常矢量。如第 4 章所述，在把控制转移给内核之前，BootX 将把它们复制到指定的位置（从 0x0 开始）。这些矢量是在 osfmk/ppc/lowmem_vectors.s 中实现的。

```
$ otool -l /mach_kernel
...
Load command 2
     cmd LC_SEGMENT
 cmdsize 124
 segname  __VECTORS
  vmaddr 0x00000000
  vmsize 0x00007000
 fileoff 3624960
 filesize 28672
 maxprot 0x00000007
initprot 0x00000003
  nsects 1
   flags 0x0
Section
 sectname __interrupts
 segname  __VECTORS
    addr 0x00000000
    size 0x00007000
```

图 6-5　在内核可执行文件中包含异常矢量的 Mach-O 段

```
        offset 3624960
         align 2^12 (4096)
        reloff 0
        nreloc 0
         flags 0x00000000
    reserved1 0
     reserved2 0
    ...
```

图 6-5（续）

　　表 5-1 列出了多种 PowerPC 处理器异常以及它们的一些细节。回忆可知：大多数异常都受到一个或多个条件支配；例如，对大多数异常来说，仅当没有更高优先级的异常存在时它们才会发生。类似地，仅当启用地址转换时，由失败的实际-虚拟地址转换引发的异常才能发生。而且，依赖于系统的特定硬件或者是否正在调试内核，表 5-1 中列出的一些异常可能是不合逻辑的。图 6-6 显示了一个来自 lowmem_vectors.s 的异常。例如，当具有一个系统调用异常时，处理器将执行从标签.L_handlerC00（矢量偏移量 0xC00）开始的代码。

```
; osfmk/ppc/lowmem_vectors.s
...
#define VECTOR_SEGMENT .section __VECTORS, __interrupts
        VECTOR_SEGMENT
        .globl EXT(lowGlo)
EXT(lowGlo):
        .globl EXT(ExceptionVectorsStart)
EXT(ExceptionVectorsStart):
baseR:
        ...
        . = 0x100 ; T_RESET
        .globl EXT(ResetHandler)
.L_handler100:
        ...
        . = 0x200 ; T_MACHINE_CHECK
.L_handler200:
        ...
        . = 0x300 ; T_DATA_ACCESS
.L_handler300:
        ...
        . = 0xC00 ; T_SYSTEM_CALL
.L_handlerC00:
        ...
```

图 6-6　内核的异常矢量

用于 Darwin 的 x86 版本的异常矢量是在 osfmk/i386/locore.s 中实现的。

早期的 UNIX 中的异常矢量

　　早期的 UNIX 中的异常矢量的概念非常类似于这里将要讨论的概念,尽管其中的矢量要少得多。UNIX 陷阱矢量是在名为 low.s 或 l.s 的汇编文件中定义的,代表矢量驻留在低级内存中。图 6-7 是从 UNIX 第 3 版源文件中的 low.s 文件中摘录出来的代码。

```
/ PDP-11 Research UNIX V3 (Third Edition), circa 1973
/ ken/low.s
/ low core
...
.globl start

. = 0^.
    4
    br      1f


/ trap vectors
    trap; br7+0             / bus error
    trap; br7+1             / illegal instruction
    trap; br7+2             / bpt-trace trap
    trap; br7+3             / iot trap
    trap; br7+4             / power fail
    trap; br7+5             / emulator trap
    trap; br7+6             / system entry


. = 040^.
1:   jmp    start


. = 060^.
    klin; br4
    klou; br4
...
```

图 6-7　UNIX 第 3 版中的陷阱矢量

2. 异常处理寄存器

　　SRR0(Machine Status Save/Restore Register 0,机器状态保存/恢复寄存器 0)是 PowerPC 体系结构中的一个特殊的分支处理寄存器。它用于在中断时保存机器状态,以及在从中断返回时恢复机器状态。当中断发生时,将把 SRR0 设置为当前或下一个指令地址,这依赖于机器的性质。例如,如果中断是由于非法指令异常引起的,那么 SRR0 将包含当前指令(无法执行的指令)的地址。

　　SRR1 用于相关的目的:当中断发生时,将利用特定于中断的信息加载它。在发生中断的情况下,它还会镜像 MSR(Machine State Register,机器状态寄存器)的某些位。

　　在异常处理的多个阶段,将把专用寄存器 SPRG0、SPRG1、SPRG2 和 SPRG3 用作支持寄存器(以实现相关的方式)。例如,Mac OS X 内核在低级异常矢量的实现中使用 SPRG2

和 SPRG3 分别保存中断时的通用寄存器 GPR13 和 GPR11。此外，它还使用 SPRG0 保存一个指向 per_proc 结构的指针。

3. 系统连接指令

系统调用

当从用户空间调用某个系统调用时，将利用系统调用编号加载 GPR0，并且执行 sc 指令。然后把系统调用指令后面的指令的实际地址放在 SRR0 中，把 MSR 的某些位范围放在 SRR1 的对应位中，清除 SRR1 的某些位，并且生成系统调用异常。处理器从系统调用异常处理程序的良好定义的实际地址中获取下一条指令。

从中断返回

rfid（return-from-interrupt-double-word）是一个具有特权的、上下文改变的以及上下文同步的指令，用于在中断后继续执行。在其执行时，将从通过 SRR0 指定的地址中获取下一条指令，以及执行其他的任务。rfid 的 32 位对应指令是 rfi 指令。

> 上下文改变（Context-Altering）指令是用于改变上下文的指令，其中将执行指令，访问数据，或者一般而言将解释数据和指令地址。上下文同步（Context-Synchronizing）指令的作用是：如果它后面的指令关联的任何地址转换都是使用页表条目（Page Table Entry，PTE）的旧内容执行的，那么将确保把这些转换丢弃。

4. 机器相关的线程状态

在第 7 章中将研究内核中的线程数据结构[osfmk/kern/thread.h]以及相关的结构。每个线程都包含一种机器相关的状态，通过 machine_thread 结构[osfmk/ppc/thread.h]表示。

图 6-8 显示了 machine_thread 结构的一部分。它的字段如下。

- 内核和用户**保存区域**（Save Area）指针（分别是 pcb 和 upcb）引用保存的内核状态和用户状态上下文。xnu 中的保存区域的内容类似于传统 BSD 内核中的**进程控制块**（Process Control Block，PCB）的那些内容。
- 当前（Current）、延迟（Deferred）和正常（Normal）的设施上下文结构（分别是 curctx、deferctx 和 facctx）封装了用于浮点和 AltiVec 设施的上下文。注意：保存区域只保存正常上下文，而不包括浮点或矢量上下文。
- vmmCEntry 和 vmmControl 指针指向与内核的虚拟机监视器（Virtual Machine Monitor，VMM）设施相关的数据结构，它允许用户程序创建、操作和运行虚拟机（VM）实例。VMM 实例包括一种处理器状态和一个地址空间。VMM 设施及其使用将在 6.9 节中讨论。
- 内核栈指针（ksp）要么指向线程的内核栈的顶部，要么为 0。
- machine_thread 结构还包含多种与内核对 Blue Box（即 Classic 环境）的支持相关的数据结构。

5. 异常保存区域

- 保存区域对于 xnu 的异常处理是不可或缺的。内核的保存区域管理的重要特征如下。

```
// osfmk/kern/thread.h

struct thread {
    ...
    struct machine_thread machine;
    ...
};
```

```
// osfmk/ppc/thread.h

struct facility_context {
    savearea_fpu          *FPUsave;     // FP save area
    savearea              *FPUlevel;    // FP context level
    unsigned int          FPUcpu;       // last processor to enable FP
    unsigned int          FPUsync;      // synchronization lock
    savearea_vec          *VMXsave;     // VMX save area
    savearea              *VMXlevel;    // VMX context level
    unsigned int          VMXcpu;       // last processor to enable VMX
    unsigned int          VMXsync;      // synchronization lock
    struct thread_activation *facAct;   // context's activation
};
typedef struct facility_context facility_context;
...

struct machine_thread {
    savearea              *pcb;          // the "normal" save area
    savearea              *upcb;         // the "normal" user save area
    facility_context      *curctx;       // current facility context pointer
    facility_context      *deferctx;     // deferred facility context pointer
    facility_context      facctx;        // "normal" facility context structure
    struct vmmCntrlEntry *vmmCEntry;     // pointer to current emulation context
    struct vmmCntrlTable *vmmControl;    // pointer to VMM control table
    ...
    unsigned int          ksp;           // top of stack or zero
    unsigned int          preemption_count;
    struct per_proc_info *PerProc;       // current per-processor data
    ...
};
```

图 6-8　用于线程的机器相关状态的结构

- 保存区域存储在页中，并且把每一页逻辑上划分成整数个保存区域槽。因此，保存区域永远不会跨越页边界。
- 内核同时使用虚拟寻址和物理寻址访问保存区域。低级中断矢量使用其物理地址引用保存区域，因为异常（包括 PTE 失效）绝对不能出现在那个级别。在保存区域管理期间某些队列操作也是使用物理地址执行的。

- 保存区域可以是永久的，或者也可以动态分配。永久的保存区域是在引导时分配的，并且是必要的，以使得可以采取中断。初始保存区域是从物理内存中分配的。初始保存区域的数量是在 osfmk/ppc/savearea.h 中定义的，其他的保存区域管理参数也是如此。在引导时还会分配 8 个"后备"保存区域，以便在紧急情况下使用。
- 保存区域是使用两个全局空闲列表管理的，它们是：保存区域空闲列表和保存区域空闲池。每个处理器还额外具有一个本地列表。池中包含完整的页，并且把页内的每个槽都标记为空闲或者做其他的标记。空闲列表从池页中获取其保存区域。可以根据需要增大或收缩空闲列表。空闲列表中未用的保存区域将被返回给它的池页。如果池页中所有的槽都被标记为空闲的，就会将其从空闲池列表中移出，并且加入挂起的释放队列中。

可以编写如下一个简单的程序，显示由内核使用的一些与保存区域相关的尺寸。

```
$ cat savearea_sizes.c
// savearea_sizes.c

#include <stdio.h>
#include <stdlib.h>


#define XNU_KERNEL_PRIVATE
#define __APPLE_API_PRIVATE
#define MACH_KERNEL_PRIVATE
#include <osfmk/ppc/savearea.h>

int
main(void)
{
    printf("size of a save area structure in bytes = %ld\n", sizeof(savearea));
    printf("# of save areas per page = %ld\n", sac_cnt);
    printf("# of save areas to make at boot time = %ld\n", InitialSaveAreas);
    printf("# of save areas for an initial target = %ld\n", InitialSaveTarget);
    exit(0);
}
$ gcc -I /work/xnu -Wall -o savearea_sizes savearea_sizes.c
$ ./savearea_sizes
size of a save area structure in bytes = 640
# of save areas per page = 6
# of save areas to make at boot time = 48
# of save areas for an initial target = 24
```

用于多种空闲区域类型的结构声明也包含在 osfmk/ppc/savearea.h 中。

```
// osfmk/ppc/savearea.h

#ifdef MACH_KERNEL_PRIVATE
typedef struct savearea_comm {
```

```
    // ... fields common to all save areas
    // ... fields used to manage individual contexts
} savearea_comm;
#endif

#ifdef BSD_KERNEL_PRIVATE
typedef struct savearea_comm {
    unsigned int save_000[24];
} savearea_comm;
#endif

typedef struct savearea {

    savearea_comm save_hdr;

    // general context: exception data, all GPRs, SRR0, SRR1, XER, LR, CTR,
    // DAR, CR, DSISR, VRSAVE, VSCR, FPSCR, Performance Monitoring Counters,
    // MMCR0, MMCR1, MMCR2, and so on
    ...
} savearea;

typedef struct savearea_fpu {

    savearea_comm save_hdr;

    ...
    // floating-point context—that is, all FPRs

} savearea_fpu;

typedef struct savearea_vec {

    savearea_comm save_hdr;

    ...
    save_vrvalid; // valid VRs in saved context
    // vector context—that is, all VRs

} savearea_vec;
...
```

在创建一个新线程时，将通过 machine_thread_create() [osfmk/ppc/pcb.c]为其分配保存区域。保存区域是利用线程的初始上下文填充的。此后，用户线程将从**获取的中断**（Taken Interrupt）开始它的寿命——也就是说，从观察者的角度看，线程由于中断而处于内核中。它通过 thread_return() [osfmk/ppc/hw_exception.s]返回到用户空间，从保存区域中获取它的上下文。对于内核线程，将会调用 machine_stack_attach() [osfmk/ppc/pcb.c]，把内核栈附加到线程上，并初始化它的状态，包括线程将在其中继续执行的地址。

```
// osfmk/ppc/pcb.c

kern_return_t
machine_thread_create(thread_t thread, task_t task)
{
    savearea *sv;                       // pointer to newly allocated save area
    ...
    sv = save_alloc();                  // allocate a save area
    bzero((char *)((unsigned int)sv     // clear the save area
        + sizeof(savearea_comm)),
        (sizeof(savearea) - sizeof(savearea_comm)));

    sv->save_hdr.save_prev = 0;         // clear the back pointer
    ...
    sv->save_hdr.save_act = thread;     // set who owns it
    thread->machine.pcb = sv;           // point to the save area

    // initialize facility context
    thread->machine.curctx = &thread->machine.facctx;

    // initialize facility context pointer to activation
    thread->machine.facctx.facAct = thread;
    ...
    thread->machine.upcb = sv;          // set user pcb
    ...
    sv->save_fpscr = 0;                 // clear all floating-point exceptions
    sv->save_vrsave = 0;                // set the vector save state
    ...
    return KERN_SUCCESS;
}
```

什么是上下文？

　　当线程执行时，就通过上下文来描述它的执行环境，而上下文反过来又与线程的内存状态及其执行状态相关。内存状态指线程的地址空间，通过为其建立的虚拟-真实地址映射来定义。执行状态的内容依赖于线程是作为用户任务的一部分在运行，或是作为内核任务的一部分在运行以执行一些内核操作，还是作为内核任务的一部分在运行以给某个中断提供服务[1]。

---

① 内核中的所有线程都是在内核任务内创建的。

6.5　异 常 处 理

图 6-9 显示了异常处理的高级视图。回忆一下以前的讨论，矢量驻留在从位置 0x0 开始的物理内存中。考虑一个指令访问异常的示例，它是在指令的实际地址无法转换成虚拟地址时引发的。如表 5-1 中所列出的，用于这个异常的矢量偏移量是 0x400。因此，处理器将执行物理位置 0x400 中的代码，来处理这个异常。大多数异常处理程序只是简单地保存 GPR13 和 GPR11，在 GPR11 中设置中断代码，并且跳转到.L_exception_entry() [osfmk/ppc/lowmem_vectors.s]，以执行进一步的处理。对于某些异常，比如系统复位（0x100）、系统调用（0xC00）和跟踪（0xD00），第一级异常处理程序将执行更多的工作。然而，从每个处理程序到.L_exception_entry()都存在一条代码路径。

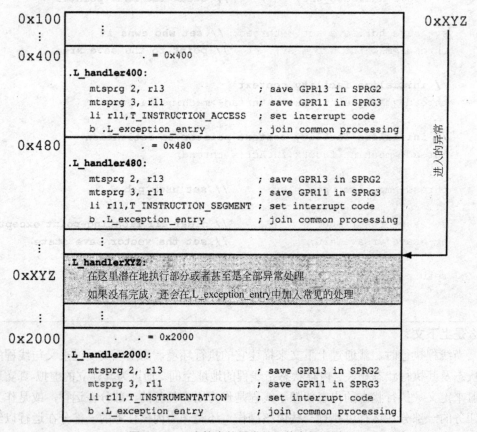

图 6-9　xnu 内核中的异常处理的高级视图

图 6-10 显示了.L_exception_entry()的代码结构。它首先保存各种上下文——对于 32 位和 64 位的处理器，该操作的实现有所不同。标记为 extPatch32 的地址包含一条无条件分支指令，用于转到特定于 64 位的代码。在 32 位的处理器上绝对不能采用这个分支——作为替代，应该继续执行这条指令后面的 32 位代码。如第 5 章中所示，内核将执行指令和数据的引导时内存修补。在这种情况下，在 32 位的处理器上，内核将在引导时利用无操作（no-

```
; osfmk/ppc/lowmem_vectors.s

; Caller's GPR13 is saved in SPRG2
; Caller's GPR11 is saved in SPRG3
; Exception code is in GPR11
; All other registers are live
; Interrupts are off
; VM is off
; In 64-bit mode, if supported
;
.L_exception_entry:
            .globl EXT(extPatch32)
LEXT(extPatch32)
            b extEntry64 ; Patched to a no-op if 32-bit
            ...


            ; 32-bit context saving
            ...


            b xcpCommon  ; Join common interrupt processing

            ; 64-bit context saving
extEntry64:
            ...
            b xcpCommon  ; Join common interrupt processing

            ; All of the context is now saved
            ; We will now get a fresh save area
            ; Thereafter, we can take an interrupt
xcpCommon:
            ...
            ; Save some more aspects of the context, such as some
            ; floating-point and vector status
            ...


            ; Done saving all of the context
            ; Start filtering the interrupts
Redrive:
            ...
            ; Use the exception code to retrieve the next-level exception
            ; handler from xcpTable
            ...


            ; Load the handler in CTR
            ...


            bctr ; Go process the exception
```

图 6-10　用于异常处理的公共代码

op）指令替换无条件分支。

　　一旦.L_exception_entry()保存了所有的上下文，它就会引用一个名为 xcpTable 的异常矢量过滤表，这个表也是在 osfmk/ppc/lowmem_vectors.s 中定义的，并且驻留在低级内存（物理内存的前 32KB）中。.L_exception_entry()中的公共异常处理代码使用进入的异常代码在过滤表中查找处理程序，之后它将分支到处理程序。表 6-9 列出了与通过异常矢量设置的各类异常代码对应的异常处理程序。例如，代码 T_INTERRUPT（矢量偏移量 0x500）、T_DECREMENTER（矢量偏移量 0x900）、T_SYSTEM_MANAGEMENT（矢量偏移量 0x1400）和 T_THERMAL（矢量偏移量 0x1700）都被引导至标记为 PassUpRupt 的代码，而后者又导向更高级的中断处理程序。类似地，陷阱（各种异常代码）和系统调用（T_SYSTEM_CALL 异常代码）将分别被引导至 PassUpTrap 和 xcpSyscall 标签。图 6-11 描绘了陷阱、中断和系统调用的处理的简化视图。

　　表 6-9 利用 EXT() 宏列出了一些处理程序，它是在 osfmk/ppc/asm.h 中定义的。这个宏简单地给它的参数添加了下划线前缀，允许汇编代码引用对应的外部符号，同时出于视觉一致性考虑维护了 C 语言名称（不带下划线）。

表 6-9　表驱动的异常过滤

异 常 代 码	处 理 程 序	注　　　释
T_IN_VAIN	EatRupt	恢复状态，从中断返回
T_RESET	PassUpTrap	由 thandler() [osfmk/ppc/hw_exception.s]处理
T_MACHINE_CHECK	MachineCheck	在 osfmk/ppc/lowmem_vectors.s 中实现的 MachineCheck()
T_DATA_ACCESS	EXT(handlePF)	在 osfmk/ppc/hw_vm.s 中实现的 handlePF()
T_INSTRUCTION_ACCESS	EXT(handlePF)	
T_INTERRUPT	PassUpRupt	由 ihandler() [osfmk/ppc/hw_exception.s]处理
T_ALIGNMENT	EXT(AlignAssist)	在 osfmk/ppc/Emulate.s 中实现的 AlignAssist()
T_PROGRAM	EXT(Emulate)	在 osfmk/ppc/Emulate.s 中实现的 Emulate()
T_FP_UNAVAILABLE	PassUpFPU	由 fpu_switch() [osfmk/ppc/cswtch.s]处理
T_DECREMENTER	PassUpRupt	
T_IO_ERROR	PassUpTrap	
T_RESERVED	PassUpTrap	
T_SYSTEM_CALL	xcpSyscall	对于 "CutTrace" 系统调用，在本地处理；对于其他固件调用，由 FirmwareCall() [osfmk/ppc/Firmware.s] 处理；对于正常的系统调用，则由 shandler() [bsd/dev/ppc/systemcalls.c]处理
T_trACE	PassUpTrap	
T_FP_ASSIST	PassUpTrap	
T_PERF_MON	PassUpTrap	
T_VMX	PassUpVMX	由 vec_switch() [osfmk/ppc/cswtch.s]处理
T_INVALID_EXCP0	PassUpTrap	
T_INVALID_EXCP1	PassUpTrap	

异 常 代 码	处 理 程 序	注　　释
T_INVALID_EXCP2	PassUpTrap	
T_INSTRUCTION_BKPT	PassUpTrap	
T_SYSTEM_MANAGEMENT	PassUpRupt	
T_ALTIVEC_ASSIST	EXT(AltivecAssist)	在 osfmk/ppc/AltiAssist.s 中实现的 AltivecAssist()
T_THERMAL	PassUpRupt	
T_INVALID_EXCP5	PassUpTrap	
T_INVALID_EXCP6	PassUpTrap	
T_INVALID_EXCP7	PassUpTrap	
T_INVALID_EXCP8	PassUpTrap	
T_INVALID_EXCP9	PassUpTrap	
T_INVALID_EXCP10	PassUpTrap	
T_INVALID_EXCP11	PassUpTrap	
T_INVALID_EXCP12	PassUpTrap	
T_INVALID_EXCP13	PassUpTrap	
T_RUNMODE_TRACE	PassUpTrap	
T_SIGP	PassUpRupt	
T_PREEMPT	PassUpTrap	
T_CSWITCH	conswtch	在 osfmk/ppc/lowmem_vectors.s 中实现的 conswtch()
T_SHUTDOWN	PassUpRupt	
T_CHOKE	PassUpAbend	由 chandler() [osfmk/ppc/hw_exception.s]处理
T_DATA_SEGMENT	EXT(handleDSeg)	在 osfmk/ppc/hw_vm.s 中实现的 handleDSeg()
T_INSTRUCTION_SEGMENT	EXT(handleISeg)	在 osfmk/ppc/hw_vm.s 中实现的 handleISeg()
T_SOFT_PATCH	WhoaBaby	在 osfmk/ppc/lowmem_vectors.s 中实现的 WhoaBaby()——只是一个无限循环
T_MAINTENANCE	WhoaBaby	
T_INSTRUMENTATION	WhoaBaby	
T_ARCHDEP0	WhoaBaby	
T_HDEC	EatRupt	

图 6-11 和表 6-9 中所示的异常处理程序[①]的示例包括：PassUpTrap、PassUpRupt、EatRupt、xcpSyscall 和 WhoaBaby。现在来简要探讨一下这些处理程序。

- PassUpTrap 在 GPR20 中加载 thandler() [osfmk/ppc/hw_exception.s]的地址，并且分支到 PassUp。当 thandler()执行时，将会启用虚拟内存，但是会关闭中断。
- PassUpRupt 在 GPR20 中加载 ihandler() [osfmk/ppc/hw_exception.s]的地址，并且分支到 PassUp。与 thandler()一样，ihandler()在执行时也会启用虚拟内存并且关闭中断。

---

① 在许多情况下，在汇编代码中都会标记处理程序。

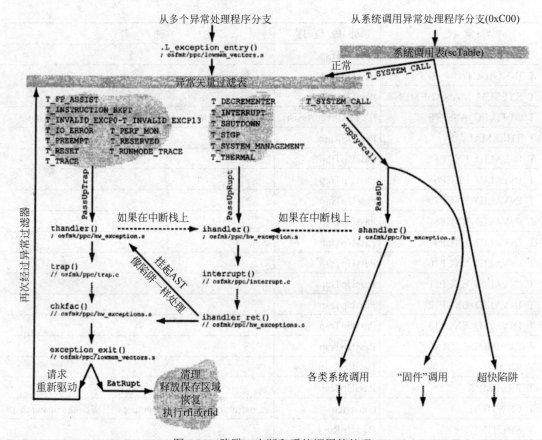

图 6-11　陷阱、中断和系统调用的处理

- EatRupt 是从中断返回的主要位置。如果已经处理中断并且无需做任何进一步的事情时，也会使用它。例如，如果在已经处理了异常的页错误处理期间发现它（比如说，由于相同页的另一个错误），页错误处理程序将返回 T_IN_VAIN，它将被 EatRupt 处理。这种情形的其他示例包括浮点和 VMX 的软件帮助。

- xcpSyscall 将根据系统调用的类型处理它们，比如它们是正常的还是特殊的系统调用。对于正常的系统调用，xcpSyscall 将会在 GPR20 中加载 shandler() [osfmk/ppc/hw_exception.s]的地址，并且分支到 PassUp。在 6.6 节中将会讨论系统调用类型及其处理。

- WhoaBaby 用于在操作系统正常工作期间绝对不能发生的异常。它的处理程序极其简单——只是一个无限循环。

```
; osfmk/ppc/lowmem_vectors.s
WhoaBaby:   b   . ; open the hood and wait for help
```

PassUp [osfmk/ppc/lowmem_vectors.s]把异常代码放在 GPR3 中，并且把下一级异常处理程序的地址放在 SRR0 中。它还会在内核与用户之间切换段寄存器。它最终将执行 rfid 指令（32 位处理器上的 rfi），启动异常处理程序。

6.5.1　硬件中断

仅当由于设备具有从它自身到系统的中断控制器的物理连接（**中断线**（Interrupt Line））时，才可能发生真正的硬件中断。这样的连接可能涉及设备控制器。PCI 设备就是一个良好的示例：中断线把一个 PCI 设备插槽连接到 PCI 控制器，该控制器又把它连接到中断控制器。当系统引导时，Open Firmware 将给 PCI 设备分配一个或多个中断。在设备的 I/O Registry 结点中的一个名为 IOInterruptSpecifiers 的数组中将列出由设备使用的中断。当设备引发硬件中断时，将通过设置中断标识符位并且断言处理器的外部中断输入信号，把它通告给处理器，从而引发外部中断异常（矢量偏移量 0x500、异常代码 T_INTERRUPT）。如前文所述，这个异常的处理最终将导向 ihandler() 函数。而且，如图 6-11 中所示，其他的异常代码（比如 T_DECREMENTER 和 T_SHUTDOWN）也会导向 ihandler()。

> 并非所有的设备都会引发真正的硬件中断。例如，USB 设备将通过在 USB 总线上发送一条消息来生成"中断"，而不会涉及系统的中断控制器。

ihandler() 确保中断栈的完整性，把它标记为忙碌的，并且调用更高级的 interrupt() 函数 [osfmk/ppc/interrupt.c]，依赖于调用它的特定代码，它将禁用抢占并且执行不同的操作。

```
// osfmk/ppc/interrupt.c

struct savearea *
interrupt(int type,struct savearea *ssp, unsigned int dsisr, unsigned int
        dar)
{
   ...
   disable_preemption();
   ...
   switch (type) {
      case T_DECREMENTER:
         ...
      break;

      case T_INTERRUPT:
         ...
      break;

      ...

      default:
#if MACH_KDP || MACH_KDB
         if (!Call_Debugger(type, ssp))
#endif
         unresolved_kernel_trap(type, ssp, dsisr, dar, NULL);
```

```
        break;
    }

    enable_preemption();
    return ssp;
}
```

对于 T_DECREMENTER 异常代码，interrupt()将会调用 rtclock_intr() [osfmk/ppc/rtclock.c]——实时时钟设备中断函数。interrupt()还会检查当前线程是否具有它的快速激活单次定时器设置；如果是，它就会检查定时器是否到期，到期的话就会清除它。内核的虚拟机监视器设施就使用这种定时器。

对于 T_INTERRUPT 异常代码，interrupt()将递增进入中断的计数，并且调用在每个处理器的结构中引用的特定于平台的中断处理程序函数。这个处理程序函数（IOInterruptHandler）的类型是在 iokit/IOKit/IOInterrupts.h 中定义的。

```
typedef void (* IOInterruptHandler)(void *target,
                                    void *refCon,
                                    void *nub,
                                    int source);
```

对于 T_SHUTDOWN 异常代码，它是由特殊的系统调用（所谓的固件调用——参见6.8.8 节）生成的，interrupt()将调用 cpu_doshutdown() [osfmk/ppc/cpu.c]。

> 如果把无效的异常代码发送给 ihandler()以进行处理，它将会使系统恐慌，或者如果有调试器可用，则会进入调试器中。恐慌伴随有 "Unresolved kernel trap ..." 消息。

6.5.2　各种陷阱

根据特定的陷阱，低级陷阱处理程序——thandler() [osfmk/ppc/hw_exception.s]——将执行不同的操作。如果系统调用除了生成陷阱之外不做其他任何事情，那么系统调用异常可能终结于陷阱处理程序中。如果陷阱处理程序发现中断处理程序在中断栈上运行，它就可能会跳转到中断处理程序。thandler()最终将调用更高级的 trap()函数[osfmk/ppc/trap.c]来处理陷阱。

```
// osfmk/ppc/trap.c

struct savearea *
trap(int trapno, struct savearea *ssp, unsigned int dsisr, addr64_t dar)
{
    int exception;
    ...
    exception = 0;
    ...
    if (/* kernel mode */) {
```

```
        // Handle traps originating from the kernel first
        // Examples of such traps are T_PREEMPT, T_PERF_MON, T_RESET

        // Various traps should never be seen here
        // Panic if any of these traps are encountered
        ...
    } else {
        /* user mode */

        // Handle user mode traps
        ...
    }

    // The 'exception' variable may have been set during trap processing
    if (exception) {
        doexception(exception, code, subcode);
    }

    ...
    if (/* user mode */) {
        // If an AST is needed, call ast_taken()
        // Repeat until an AST is not needed
    }

    return ssp;
}
```

在多种条件下，陷阱的出现是无效的。例如，T_IN_VAIN 永远也不应该被 trap()看到，因为它应该被 osfmk/ppc/lowmem_vectors.s 中的 EatRupt 处置。注意：trap()通过查看保存区域中的 SRR1 的内容，确定陷阱是源于用户模式还是内核模式。它将为此使用 USER_MODE()宏[osfmk/ppc/proc_reg.h]。

// osfmk/ppc/proc_reg.h

```
#define ENDIAN_MASK(val,size) (1 << ((size-1) - val))
...
#define MASK32(PART)        ENDIAN_MASK(PART ## _BIT, 32)
...
#define MASK(PART)          MASK32(PART)
...
#define MSR_PR_BIT          17
...
#define USER_MODE(msr)      (msr & MASK(MSR_PR) ? TRUE : FALSE)
```

阻塞者

对于致命错误，将会生成一个 T_CHOKE 类型的异常。这个异常将导致 chandler()

[osfmk/ppc/hw_exception.s]——**阻塞处理程序**（Choke Handler）——被调用。阻塞处理程序将进入一个无限循环，并在每次迭代中都使 GPR31 递增 1，从而"阻塞"系统。如果 thandler()或 ihandler()分别检测到内核或中断栈是无效的，它就会调用一个特殊的固件系统调用，通过把外部中断值设置为 T_CHOKE 来阻塞系统。

6.5.3　系统调用

其余的异常类型是用于系统调用的。如前所述，系统调用是内核的良好定义的入口点，通常由用户级程序使用。下一节将介绍 Mac OS X 系统调用机制的详细信息。

6.6　系统调用处理

在传统的 UNIX 中，系统调用是一组良好定义的函数之一，允许用户进程与内核交互。用户进程涉及一个系统调用，请求内核代表它执行一个或多个操作。内核在执行请求的操作之前，可能要验证系统调用的输入参数（如果有的话），也许还要执行多个其他的检查。系统调用可能涉及在内核与用户进程之前进行数据交换——通常至少是返回值。

关于 Mac OS X 系统调用的定义是可以通过 sc 指令调用的函数。注意：从内核内使用 sc 指令是合法的。直接——从内核内——调用实现系统调用的内部函数也是可能的。然而，系统调用的典型调用来自用户空间。

由于 Mac OS X 内核融合了很多实体，而它们又具有差别很大的特性和特征，因此询问这些系统调用给 xnu 的哪些部分提供入口是有趣的，包括：BSD、Mach、I/O Kit 或者别的部分？答案是：所有这些部分，并且还包括更多的部分。

基于 Mac OS X 系统调用是如何处理的，可以把它们分为**超快陷阱**（Ultra-Fast Trap）、**固件调用**（Firmware Call）和**正常的系统调用**（Normal System Call）。图 6-12 显示了系统调用处理中涉及的关键代码路径。应该从"开始"标签开始，按顺序查看这幅图。

还可以基于 Mac OS X 系统调用是做什么的，也就是说基于它们的风格，对它们进行分类。下面的分类还会基于这些系统调用允许访问的内核子系统来捕获——在很大程度上——分歧。

- **BSD 系统调用**（BSD System Call）是 UNIX 系统调用，尽管这个类别中的多个系统调用要么具有 Mac OS X 特有的细微差别，要么只能在 Mac OS X 上看到。BSD 系统调用在系统调用级别对 Mac OS X 的 POSIX 兼容性做出了重大贡献。
- **Mach 系统调用**（Mach System Call）——或 Mach 陷阱——充当构件，用于通过内核调用导出多种 Mach 功能，它们是从用户空间通过 Mach IPC 调用的。特别是，与 BSD 不同，Mach 的内核功能通常是通过内核-用户 IPC 访问的，而不是为单独的功能使用单独的系统调用。
- **I/O Kit 陷阱**（I/O Kit Trap）构成了 Mach 陷阱的子集。

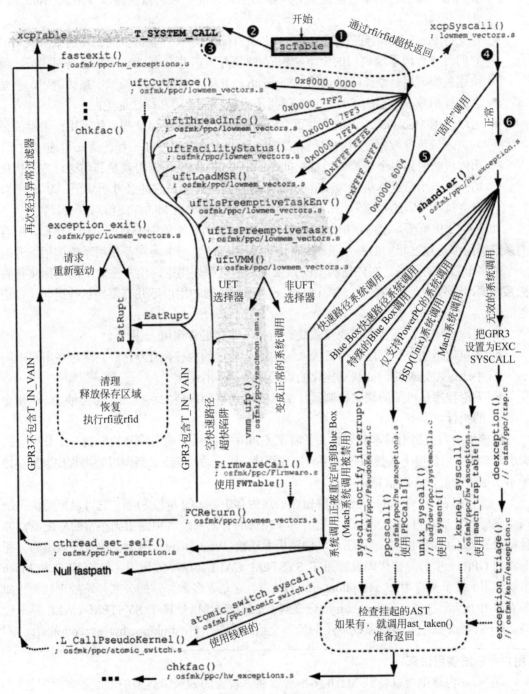

图 6-12　Mac OS X 中的系统调用处理的详细信息

- 仅支持 PowerPC 的**特殊系统调用**（Special System Call）包括各种专用的调用，比如：用于诊断、用于性能监视、用于访问内核的虚拟机监视器以及用于 Blue Box 相关的调用。

- 仅支持 PowerPC 的**超快陷阱**（Ultra-Fast Trap）是执行非常少的工作的系统调用，它们没有普通系统调用的上下文保存/恢复开销，并且可以非常快地返回。另一类快速系统调用是**快速路径调用**（Fastpath Call），它在概念上类似于超快调用，但是会执行稍微多一点的工作。这些调用不会像超快调用那样快速返回。

- 可以使用 Mac OS X 上的**公共页**（Commpage）特性优化某些系统调用。内存的公共页区域包含频繁使用的代码和数据。这些实体被组织在一起作为一组连续的页，由内核映射到每个进程的地址空间。gettimeofday()系统调用就是利用这种方式优化的——当用户进程执行 gettimeofday()时，将首先尝试它的公共页实现，如果失败，就会执行实际的系统调用。在本章后面将看到这种机制的详细信息。

如图 6-12 中所示，在内核中如何处理每个系统调用类别的细节有所不同。然而，所有的系统调用都是通过相同的基本机制从用户空间调用的。每个类别都使用系统调用编号的一个或多个独特的范围。在任何类型的系统调用的典型调用中，用户空间中的调用实体将把系统调用编号放在 GPR0 中，并且执行 sc 指令。必须利用以下几点限定这些语句，以避免混淆。

- 用户程序通常不会直接调用系统调用——库存根将调用 sc 指令。

- 系统调用的一些程序调用可能永远也不会迁移到内核，因为它们完全是在用户空间中通过库处理的。公共页优化的调用就是这样的示例。

- 无论程序员可见的调用机制是什么，不会迁移到内核的系统调用总会涉及 sc 指令的执行。

内核用于系统调用异常的硬件矢量将把 GPR0 中的系统调用编号映射到一级分配表的索引，该表中包含用于各类系统调用的处理程序。然后，它将分支到调用处理程序。图 6-13 显示了这种映射的详细信息。

一级分配表——scTable——也驻留在低级内存中。如图 6-13 所示，它可以把超快系统调用映射到它们各自的处理程序，把所有非超快的有效系统调用路由到正常的分配器，并且如果遇到不可能的索引，它还可以把调用发送给 WhoaBaby。用于正常系统调用的分配器将把 GPR11 中的异常代码设置为 T_SYSTEM_CALL。这样的调用（包括 BSD 和 Mach 系统调用）接下来将由.L_exception_entry()处理，它是大多数异常的公共异常处理代码。如图 6-11 中所示，.L_exception_entry()分支到 xcpSyscall，以处理 T_SYSTEM_CALL 异常代码。xcpSyscall 则把大多数系统调用的处理交给 shandler() [osfmk/ppc/hw_exception.s]。

用户级系统调用仿真

在 xnu 内核中可以看到 Mach 多服务器仿真设施的残余。典型的多服务器配置包括 Mach 内核以及一个或多个服务器，还包括一个仿真库,用于为仿真的进程拦截系统调用,并把它们重定向到合适的仿真服务。用户进程的地址空间包括代表应用程序的用户代码和仿真库。xnu 包括继承自 Mach 的其中一些代码，比如 task_set_emulation()和 task_set_emulation_vector()函数。不过，这些代码在 xnu 中不起什么作用。

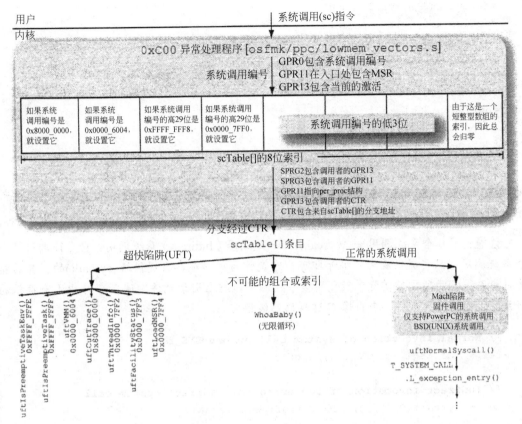

图 6-13　把进入的系统调用编号映射到一级系统调用分配表中的索引

6.7　系统调用类别

现在来探讨各个系统调用类别的详细信息和示例，首先探讨的是从开发人员的角度看最常用的类别：即 BSD 系统调用。

6.7.1　BSD 系统调用

shandler()调用 unix_syscall() [bsd/dev/ppc/systemcalls.c]处理 BSD 系统调用。unix_syscall()接收一个指针作为它的参数，该指针指向一个保存区域——**进程控制块**（Process Control Block）。在讨论 unix_syscall()的操作之前，不妨来探讨一些相关的数据结构和机制。

1. 数据结构

Mac OS X 上的 BSD 系统调用具有从 0 开始的编号，并且越来越高，直到编号最高的 BSD 系统调用。这些编号是在<sys/syscall.h>中定义的。

```
// <sys/syscall.h>

#ifdef __APPLE_API_PRIVATE
```

```
#define SYS_syscall      0
#define SYS_exit         1
#define SYS_fork         2
#define SYS_read         3
#define SYS_write        4
#define SYS_open         5
#define SYS_close        6
...
#define SYS_MAXSYSCALL 370
#endif
```

　　有多个系统调用编号被预留或者简直未使用。在一些情况下，它们可能代表过时并且被删除的调用，从而在实现的系统调用序列中产生了空隙。

　　注意：第 0 个系统调用——syscall()——是间接（Indirect）系统调用：它允许调用另一个系统调用，只要提供后者的编号即可，它是作为第一个参数提供给 syscall()的，其后接着目标系统调用所需的实际参数。间接系统调用传统上用于允许测试在 C 库中没有存根的新系统调用——比如说，来自像 C 这样的高级语言。

```
// Normal invocation of system call number SYS_foo
ret = foo(arg1, arg2, ..., argN);

// Indirect invocation of foo using the indirect system call
ret = syscall(SYS_foo, arg1, arg2, ..., argN);
```

　　syscall.h 文件是在内核编译期间由 bsd/kern/makesyscalls.sh shell 脚本生成的[①]，它将处理系统调用主文件 bsd/kern/syscalls.master。这个主文件包含一行用于每个系统调用编号，并且在该行内的每一列中具有以下实体（以下面的顺序）。

- 系统调用编号。
- 在线程取消时系统调用所支持的取消类型：PRE（可以在条目自身上取消）、POST（仅当调用运行之后才能取消）或 NONE（非取消点）之一。
- 在执行系统调用之前采用的漏斗类型[②]：KERN（内核漏斗）或 NONE 之一。
- 把用于系统调用的条目添加到其中的条目：ALL 或 T（bsd/kern/init_sysent.c——系统调用表）、N（bsd/kern/syscalls.c——系统调用名称表）、H（bsd/sys/syscall.h——系统调用编号）和 P（bsd/sys/sysproto.h——系统调用原型）的组合。
- 系统调用函数的原型。
- 将复制到输出文件中的注释。

```
; bsd/kern/syscalls.master
;
; Call# Cancel Funnel Files   { Name and Args }       { Comments }
;
```

---

① 该脚本大量使用了 UNIX 实用程序 awk 和 sed。
② 从 Mac OS X 10.4 开始，就没有使用网络漏斗。

```
...
0        NONE    NONE    ALL     { int nosys(void); } { indirect syscall }
1        NONE    KERN    ALL     { void exit(int rval); }
2        NONE    KERN    ALL     { int fork(void); }
...
368      NONE    NONE    ALL     { int nosys(void); }
369      NONE    NONE    ALL     { int nosys(void); }
```

文件 bsd/kern/syscalls.c 包含一个字符串数组——syscallnames[]，其中包含每个系统调用的文本名称。

// bsd/kern/syscalls.c

```
const char *syscallnames[] = {
        "syscall",  /* 0 = syscall indirect syscall */
        "exit",     /* 1 = exit */
        "fork",     /* 2 = fork */
        ...
        "#368",     /* 368 = */
        "#369",     /* 369 = */
};
```

可以通过读取内核内存设备/dev/kmem，从用户空间检查 syscallnames[]的内容——就此而言，还可以检查其他内核数据结构的内容[①]。

在内核库上运行 nm 可以提供符号 syscallnames 的地址，可以解引用它来访问数组。

$ nm /mach_kernel | grep syscallnames
0037f3ac D _syscallnames
$ sudo dd if=/dev/kmem of=/dev/stdout bs=1 count=4 iseek=0x37f3ac | od -x
...
0000000 0032 a8b4
0000004
**$ sudo dd if=/dev/kmem of=/dev/stdout bs=1 count=1024 iseek=0x32a8b4 |
strings**
syscall
exit
fork
...

文件 bsd/kern/init_sysent.c 包含系统调用切换表 sysent[]，它是 sysent 结构的数组，其中包含一个用于每个系统调用编号的结构。该文件是在内核编译期间从主文件生成的。

// bsd/kern/init_sysent.c

---

　①　从 Mac OS X 的 x86 版本中删除了/dev/kmem 和/dev/mem 设备。可以编写一个简单的内核扩展，提供/dev/kmem 的功能，允许进行像这样的试验。本书的配套网站提供了关于编写这样一个驱动程序的信息。

```
#ifdef __ppc__
#define AC(name) (sizeof(struct name) / sizeof(uint64_t))
#else
#define AC(name) (sizeof(struct name) / sizeof(register_t))
#endif

__private_extern__ struct sysent sysent[] = {
{
        0,
        _SYSCALL_CANCEL_NONE,
        NO_FUNNEL,
        (sy_call_t *)nosys,
        NULL,
        NULL,
        _SYSCALL_RET_INT_T
  }, /* 0 = nosys indirect syscall */

    {
        AC(exit_args),
        _SYSCALL_CANCEL_NONE,
        KERNEL_FUNNEL,
        (sy_call_t *)exit,
        munge_w,
        munge_d,
        _SYSCALL_RET_NONE
  }, /* 1 = exit */

    ...

    {
        0,
        _SYSCALL_CANCEL_NONE,
        NO_FUNNEL,
        (sy_call_t *)nosys,
        NULL,
        NULL,
        _SYSCALL_RET_INT_T
  }, /* 369 = nosys */
};
int nsysent = sizeof(sysent) / sizeof(sysent[0]);
```

sysent 结构是在 bsd/sys/sysent.h 中声明的。

// bsd/sys/sysent.h

```
typedef int32_t sy_call_t(struct proc *, void *, int *);
typedef void sy_munge_t(const void *, void *);
```

```
extern struct sysent {
    int16_t sy_narg;              // number of arguments
    int8_t sy_cancel;             // how to cancel, if at all
    int8_t sy_funnel;             // funnel type, if any, to take upon entry
    sy_call_t *sy_call;           // implementing function
    sy_munge_t *sy_arg_munge32;   // arguments munger for 32-bit process
    sy_munge_t *sy_arg_munge64;   // arguments munger for 64-bit process
    int32_t sy_return_type;       // return type
} sysent[];
```

sysent 结构的字段具有以下含义。

- sy_narg 是系统调用所接受的参数数量——最多 8 个。对于间接系统调用,参数数量被限制为 7 个,因为第一个参数专用于目标系统调用的编号。

- 如前文所述,系统调用可以指定它是否可以在执行前或执行后取消,或者根本不能取消。sy_cancel 字段保存取消类型,它是_SYSCALL_CANCEL_PRE、_SYSCALL_CANCEL_POST 或_SYSCALL_CANCEL_NONE 之一(在主文件中分别对应于 PRE、POST 和 NONE 指示符)。在 pthread_cancel(3)库调用的实现中使用了这个特性,它反过来又会调用__pthread_markcancel() [bsd/kern/kern_sig.c]系统调用,以取消线程的执行。大多数系统调用都不能取消。那些可以取消的系统调用的示例包括:read()、write()、open()、close()、recvmsg()、sendmsg()和 select()。

- sy_funnel 字段可能包含一种漏斗类型,它将在执行系统调用之前导致系统调用的处理采用(锁定)对应的漏斗,并在执行它之后释放(解锁)漏斗。在 Mac OS X 10.4 中,用于这个参数的可能的值是 NO_FUNNEL 和 KERNEL_FUNNEL(在主文件中分别对应于 KERN 和 NONE 漏斗指示符)。

- sy_call 字段指向实现系统调用的内核函数。

- sy_arg_munge32 和 sy_arg_munge64 字段指向用于整理(munging)[①]系统调用参数的函数,它们分别用于 32 位和 64 位的进程。在下面的小节中将讨论整理。

- sy_return_type 字段包含以下值之一,用于表示系统调用的返回类型:_SYSCALL_RET_NONE、_SYSCALL_RET_INT_T、_SYSCALL_RET_UINT_T、_SYSCALL_RET_OFF_T、_SYSCALL_RET_ADDR_T、_SYSCALL_RET_SIZE_T 和_SYSCALL_RET_SSIZE_T。

回忆可知:unix_syscall()接收一个指向进程控制块的指针,它是一个 savearea 结构。系统调用的参数是作为保存区域中保存的寄存器 GPR3~GPR10 接收的。对于间接系统调用,实际的系统调用参数开始于 GPR4,因为 GPR3 用于系统调用编号。在把这些参数传递给调用处理程序之前,unix_syscall()将把它们复制给 uthread 结构内的 uu_arg 字段。

```
// bsd/sys/user.h

struct uthread {
```

[①] 整理数据结构意味着以某种方式重写或转换它。

```
    int *uu_ar0;                // address of user's saved GPR0
    u_int64_t uu_arg[8];        // arguments to current system call
    int *uu_ap;                 // pointer to argument list
    int uu_rval[2];             // system call return values
    ...
};
```

> 第 7 章中将会介绍，xnu 线程结构包含一个指针，指向线程的**用户结构**(User Structure)，它大体类似于 BSD 中的用户区域。xnu 内核内的执行将引用多个结构，比如 Mach 任务结构、Mach 线程结构、BSD 进程结构和 BSD uthread 结构。后者包含在系统调用处理期间使用的多个字段。

U 区

历史上，UNIX 内核会为进程表中的每个进程维护一个条目，它总是保留在内存中。还会给每个进程分配一个用户结构——或 U 区（U-Area），它是进程结构的扩展。U 区包含与进程相关的信息，仅当进程正在执行时才需要该信息以便能够访问内核。即使内核将不会换出进程结构，它也可以换出关联的 U 区。随着时间的推移，内存作为一种资源的重要性已经逐渐降低了，但是操作系统却变得更复杂。因此，进程结构增大了，而 U 区则变得不那么重要，并且把它的大量信息都移入进程结构中了。

---

2. 参数整理

注意：uu_arg 是一个 64 位的无符号整数的数组——每个元素都代表一个 64 位的寄存器。这是有问题的，因为从 32 位用户空间传入寄存器的参数将不会像 uu_arg 数组那样映射。例如，在 64 位的程序中，将把超长整型（long long）参数传入单个 GPR 中，而在 32 位程序中则会传入两个 GPR 中。

unix_syscall()通过调用系统调用的指定参数整理器，处理由于图 6-14 中描述的差别而引发的问题，它将把参数从保存区域复制到 uu_arg 数组中，同时针对一些差别做出调整。

整理器函数是在 bsd/dev/ppc/munge.s 中实现的。每个函数都带有两个参数：即两个指针，其中前者指向保存区域内的系统调用参数的开始处，后者指向 uu_arg 数组。整理器函数被命名为 munge_<encoding>，其中<encoding>是一个编码了系统调用参数的数量和类型的字符串。<encoding>是 d、l、s 和 w 这些字符中的一个或多个字符的组合。这些字符的含义如下。

- d 表示 32 位的整数、64 位的指针，或者当调用进程是 64 位时表示 64 位的长整数——也就是说，在每种情况下，都会把形参传入 64 位的 GPR 中。在整理这样的实参时，将从输入复制两个字给输出。
- l 表示传入两个 GPR 中的 64 位超长整型参数。在整理这样的参数时，将忽略输入的一个字（第一个 GPR 的高 32 位），把输入的一个字复制给输出（第一个 GPR 的低 32 位），忽略输入的另一个字，并且把输入的另一个字复制给输出。
- s 表示一个 32 位的带符号值。在整理这样的参数时，将忽略输入的一个字，加载输入的下一个字并对其进行符号扩展，从而产生两个字，并把这两个字复制给输出。

```
$ cat foo.c
extern void bar(long long arg);

void
foo(void)
{
    bar((long long)1);
}
$ gcc -static -S foo.c
$ cat foo.s
...
        li r3,0
        li r4,1
        bl _bar
...
$ gcc -arch ppc64 -static -S foo.c
$ cat foo.s
...
        li r3,1
        bl _bar
...
```

图 6-14　在 32 位和 64 位 ABI 中传递超长整型参数

● w 表示一个 32 位的无符号值。在整理这样的参数时，将忽略输入的一个字，并把
  0 个字复制给输出，然后把输入的一个字复制给输出。

　　而且，如果每个函数（除一个函数之外）都是另一个函数的前缀，就可以利用别名多
个整理器函数编写成一种公共实现。例如，利用别名把 munger_w、munger_ww、
munger_www 和 munger_wwww 编写成相同的实现——因此，无论参数的实际数量是多少，
在每种情况下都会整理 4 个参数。类似地，也利用别名把 munger_wwwww、munger_
wwwwww、munger_wwwwwww 和 munger_wwwwwwww 编写成相同的实现，其操作如
图 6-15 中所示。

　　考虑 read()系统调用的示例。它接受 3 个参数：一个文件描述符、一个指向缓冲区的
指针以及要读取的字节数。

```
ssize_t
read(int d, void *buf, size_t nbytes);
```

用于 read()系统调用的 32 位和 64 位的整理器分别是 munge_www()和 munge_ddd()。

3. BSD 系统调用的内核处理

　　图 6-16 显示了描述 unix_syscall()工作方式的伪代码，如前文所述，unix_syscall()由
shandler()调用，用于处理 BSD 系统调用。

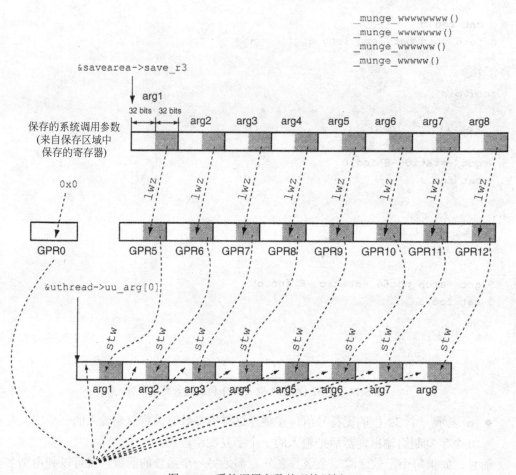

图 6-15   系统调用参数整理的示例

// bsd/dev/ppc/systemcalls.c

```
void
unix_syscall(struct savearea *regs)
{
    thread_t        thread_act;
    struct uthread  *uthread;
    struct proc     *proc;
    struct sysent   *callp;
    int             error;
    unsigned short  code;
    ...

    // Determine if this is a direct or indirect system call (the "flavor").
    // Set the 'code' variable to either GPR3 or GPR0, depending on flavor.
    ...
```

图 6-16   BSD 系统调用的最终分配的详细信息

```
// If kdebug tracing is enabled, log an entry indicating that a BSD
// system call is starting, unless this system call is kdebug_trace().
...


// Retrieve the current thread and the corresponding uthread structure.
thread_act = current_thread();
uthread = get_bsdthread_info(thread_act);
...


// Ensure that the current task has a non-NULL proc structure associated
// with it; if not, terminate the current task.
...


// uu_ar0 is the address of user's saved GPR0.
uthread->uu_ar0 = (int *)regs;


// Use the system call number to retrieve the corresponding sysent
// structure. If system call number is too large, use the number 63, which
// is an internal reserved number for a nosys().
//
// In early UNIX, the sysent array had space for 64 system calls. The last
// entry (that is, sysent[63]) was a special system call.
callp = (code >= nsysent) ? &sysent[63] : &sysent[code];

if (callp->sy_narg != 0) { // if the call takes one or more arguments
    void        *regsp;
    sy_munge_t  *mungerp;

    if (/* this is a 64-bit process */) {
        if (/* this is a 64-bit unsafe call */) {
            // Turn it into a nosys() -- use system call #63 and bail out.
            ...
        }
        // 64-bit argument munger
        mungerp = callp->sy_arg_munge64;
    } else { /* 32-bit process */
        // 32-bit argument munger
        mungerp = callp->sy_arg_munge32;
    }


    // Set regsp to point to either the saved GPR3 in the save area(for a
    // direct system call), or to the saved GPR4 (for an indirect system
    // call). An indirect system call can take at most 7 arguments.
    ...
```

图 6-16（续）

```
    // Call the argument munger.
    (*mungerp)(regsp, (void *)&uthread->uu_arg[0]);
}


  // Evaluate call for cancellation, and cancel, if required and possible.
  ...


  // Take the kernel funnel if the call requires so.
  ...


  // Assume there will be no error.
  error = 0;

  // Increment saved SRR0 by one instruction.
  regs->save_srr0 += 4;


  // Test if this is a kernel trace point -- that is, if system call tracing
  // through ktrace(2) is enabled for this process. If so, write a trace
  // record for this system call.
  ...

  // If auditing is enabled, set up an audit record for the system call.
  ...

  // Call the system call's specific handler.
  error = (*(callp->sy_call))(proc, (void *)uthread->uu_arg,
                              &(uthread->uu_rval[0]));

   // If auditing is enabled, commit the audit record.
  ...


  // Handle return value(s)
  ...

   // If this is a ktrace(2) trace point, write a trace record for the
  // return of this system call.
  ...

  // Drop the funnel if one was taken.
  ...


  // If kdebug tracing is enabled, log an entry indicating that a BSD
  // system call is ending, unless this system call is kdebug_trace().
  ...

  thread_exception_return();
  /* NOTREACHED */
}
```

图 6-16（续）

unix_syscall()潜在地执行多种跟踪或日志记录：内核调试（kdebug）跟踪、ktrace(2)跟踪和审计日志记录。在本章后面将讨论内核调试和 ktrace(2)。

将把打包进结构中的参数传递给特定于调用的处理程序。不妨考虑 socketpair(2)系统调用的示例，它带有 4 个参数：3 个整数以及一个指针，其中后者指向一个用于保存两个整数的缓冲区。

```
int socketpair(int domain, int type, int protocol, int *rsv);
```

如前所述，bsd/sys/sysproto.h 文件是由 bsd/kern/makesyscalls.sh 生成的，其中包含所有 BSD 系统调用的参数结构声明。另请注意在 socketpair_args 结构的声明中左、右填充的使用。

// bsd/sys/sysproto.h

```
#ifdef __ppc__
#define PAD_(t) (sizeof(uint64_t) <= sizeof(t) \
                        ? 0 : sizeof(uint64_t) - sizeof(t))
#else
...
#endif
#if BYTE_ORDER == LITTLE_ENDIAN
...
#else
#define PADL_(t) PAD_(t)
#define PADR_(t) 0
#endif
...
struct socketpair_args {
  char domain_l_[PADL_(int)]; int domain; char domain_r_[PADR_(int)];
  char type_l_[PADL_(int)]; int type; char type_r_[PADR_(int)];
  char protocol_l_[PADL_(int)]; int protocol; char protocol_r_[PADR_(int)];
  char rsv_l_[PADL_(user_addr_t)]; user_addr_t rsv; \
                                        char rsv_r_[PADR_(user_addr_t)];
};
...
```

用于 socketpair(2)的系统调用处理程序函数将获取它的参数，作为传入的 socket_args 结构的字段。

// bsd/kern/uipc_syscalls.c

```
// Create a pair of connected sockets
int
socketpair(struct proc          *p,
           struct socketpair_args *uap,
           __unused register_t    *retval)
{
```

```
        struct fileproc *fp1, *fp2;
        struct socket *so1, *so2;
        int fd, error, sv[2];

        ...
        error = socreate(uap->domain, &so1, uap->type, &uap->protocol);
        ...
        error = socreate(uap->domain, &so2, uap->type, &uap->protocol);
        ...
        error = falloc(p, &fp1, &fd);
        ...
        sv[0] = fd;

        error = falloc(p, &fp2, &fd);
        ...
        sv[1] = fd;

        ...
        error = copyout((caddr_t)sv, uap->rsv, 2 * sizeof(int));
        ...

        return (error);
}
```

注意：在调用系统调用处理程序之前，unix_syscall()将把错误状态设置为 0，假定没有
错误。回忆可知：保存的 SRR0 寄存器包含紧接在系统调用指令之后的指令的地址。在从
系统调用返回到用户空间之后，执行将在这里恢复。如稍后将看到的，用于 BSD 系统调用
的标准的用户空间库存根将调用 cerror()库函数，以设置 errno 变量——仅当具有错误时，
才应该执行该操作。unix_syscall()将把保存的 SRR0 增加一条指令，使得如果没有错误，就
会忽略对 cerror()的调用。如果系统调用处理程序确实返回了一个错误，就会把 SRR0 值减
少一条指令。

在从处理程序返回之后，unix_syscall()将会检查 error 变量，以采取合适的动作。

- 如果错误是 ERESTART，这就是一个**可重新启动**（Restartable）的系统调用，需要
  重新启动它。unix_syscall()将把 SRR0 减少 8 字节（2 条指令），使执行在原始的系
  统调用指令处恢复。

- 如果错误是 EJUSTRETURN，这个系统调用将想要返回到用户空间，而无需对返回
  值执行任何进一步的处理。

- 如果错误非 0，系统调用就返回了一个错误，unix_syscall()将把它复制到进程控制
  块中保存的 GPR3 中。它还会把 SRR0 减少一条指令，导致一旦返回到用户空间，
  就执行 cerror()例程。

- 如果错误是 0，系统调用就返回了成功。unix_syscall()将会从 uthread 结构中把返回
  值复制到进程控制块中保存的 GPR3 和 GPR4 中。表 6-10 显示了返回值是如何处
  理的。

表 6-10　BSD 系统调用返回值的处理

调用返回类型	GPR3 的源	GPR4 的源
错误的返回	error 变量	无
_SYSCALL_RET_INT_T	uu_rval[0]	uu_rval[1]
_SYSCALL_RET_UINT_T	uu_rval[0]	uu_rval[1]
_SYSCALL_RET_OFF_T（32 位进程）	uu_rval[0]	uu_rval[1]
_SYSCALL_RET_OFF_T（64 位进程）	uu_rval[0]和 uu_rval[1]，作为单个 u_int64_t 值	值 0
_SYSCALL_RET_ADDR_T	uu_rval[0]和 uu_rval[1]，作为单个 user_addr_t 值	值 0
_SYSCALL_RET_SIZE_T	uu_rval[0]和 uu_rval[1]，作为单个 user_addr_t 值	值 0
_SYSCALL_RET_SSIZE_T	uu_rval[0]和 uu_rval[1]，作为单个 user_addr_t 值	值 0
SYSCALL_RET_NONE	无	无

最后，要返回到用户模式，unix_syscall()将调用 thread_exception_return() [osfmk/ppc/hw_exception.s]，后者将检查未决的 AST。如果找到任何 AST，就会调用 ast_taken()。在 ast_taken()返回后，thread_exception_return()将再次检查未决的 AST（如此等等）。然后，它将跳转到 .L_thread_syscall_return() [osfmk/ppc/hw_exception.s]，分支到 chkfac() [osfmk/ppc/hw_exception.s]，再分支到 exception_exit() [osfmk/ppc/lowmem_vectors.s]。在这些调用期间将恢复其中一些上下文。exception_exit()最终将分支到 EatRupt [ofsmk/ppc/lowmem_vectors.s]，它将释放保存区域，执行余下的上下文恢复和状态清理，并且最终将执行 rfid（rfi 用于 32 位）指令，以从中断返回。

> **回顾系统调用**
>
> 　　早期的 UNIX 中的系统调用机制在概念上与在这里讨论的机制以类似的方式工作：它通过在用户模式下执行陷阱指令，允许用户程序在内核上执行调用。指令字的低阶字节编码了系统调用编号。因此，理论上讲，最多可能有 256 个系统调用。它们在内核中的处理程序函数都包含在 sysent 表中，它的第一个条目是间接系统调用。UNIX 第一版（大约出现在 1971 年 11 月）具有不到 35 个有据可查的系统调用。图 6-17 显示了从 UNIX 第三版（大约出现在 1973 年 2 月）中摘录的一段代码——注意：用于各种系统调用的系统调用编号与 Mac OS X 中的完全相同。

4. BSD 系统调用的用户处理

C 库中典型的 BSD 系统调用存根是使用一组宏构造的，图 6-18 中显示了其中一些宏。该图中还显示了用于 exit()系统调用的汇编语言代码段。注意：出于简单起见，汇编代码只显示了 cerror()的静态调用，因此对于动态链接来说，调用要更复杂一些。

```
/* Third Edition UNIX */

/* ken/trap.c */
...
struct {
    int count;
    int (*call)();
} sysent[64];
...

/* ken/sysent.c */
int sysent[]
{
    0, &nullsys,        /* 0 = indir */
    0, &rexit,          /* 1 = exit */
    0, &fork,           /* 2 = fork */
    2, &read,           /* 3 = read */
    2, &write,          /* 4 = write */
    2, &open,           /* 5 = open */
    ...
    0, &nosys,          /* 62 = x */
    0, &prproc          /* 63 = special */
...
```

图 6-17 UNIX 第三版中的系统调用数据结构

```
$ cat testsyscall.h
// for system call numbers
#include <sys/syscall.h>

// taken from <architecture/ppc/mode_independent_asm.h>
#define MI_ENTRY_POINT(name)        \
    .globl  name                    @\
    .text                           @\
    .align  2                       @\
name:

#if defined(__DYNAMIC__)
#define MI_BRANCH_EXTERNAL(var)     \
    MI_GET_ADDRESS(r12,var)         @\
    mtctr   r12                     @\
    bctr
#else /* ! __DYNAMIC__ */
#define MI_BRANCH_EXTERNAL(var)     \
    b       var
```

图 6-18 创建用户空间的系统调用存根

```
#endif

// taken from Libc/ppc/sys/SYS.h

#define kernel_trap_args_0
#define kernel_trap_args_1
#define kernel_trap_args_2
#define kernel_trap_args_3
#define kernel_trap_args_4
#define kernel_trap_args_5
#define kernel_trap_args_6
#define kernel_trap_args_7

#define SYSCALL(name, nargs)            \
        .globl  cerror               @\
    MI_ENTRY_POINT(_##name)          @\
        kernel_trap_args_##nargs     @\
        li      r0,SYS_##name        @\
        sc                           @\
        b       1f                   @\
        blr                          @\
1:      MI_BRANCH_EXTERNAL(cerror)

// let us define the stub for SYS_exit
SYSCALL(exit, 1)
$ gcc -static -E testsyscall.h | tr '@' '\n'
...
; indented and annotated for clarity
.globl cerror
    .globl _exit
    .text
    .align 2
_exit:
    li r0,1      ; load system call number in r0
    sc           ; execute the sc instruction
    b 1f         ; jump over blr, to the cerror call
    blr          ; return
1:  b cerror     ; call cerror, which will also return to the user
```

图 6-18（续）

　　图 6-18 中指向 f 的无条件分支指令中的 f 指定了方向——在这里是向前。如果在分支指令之前具有另一个名为 1 的标签，就可以使用 1b 作为操作数跳转到它。

　　图 6-18 还显示了在出现错误的情况下调用 cerror() 的位置。在执行 sc 指令时，处理器将把 sc 指令后面的指令的实际地址放在 SRR0 中。因此，在系统调用返回后，默认将把存根设置成调用 cerror() 函数。cerror() 将把系统调用的返回值（包含在 GPR3 中）复制给 errno

变量，调用 cthread_set_errno_self()，为当前线程设置每个线程的 errno 值，并且把 GPR3 和 GPR4 都设置为−1，从而导致无论期望的返回值是一个字（在 GPR3 中）还是两个字（在 GPR3 和 GPR4 中），调用程序都会接收到返回值−1。

　　现在来查看一个直接使用 sc 指令调用系统调用的示例。尽管这样做对于演示是有用的，但是非试验性的用户程序不应该直接使用 sc 指令。在 Mac OS X 下调用系统调用的唯一遵从 API 并且不会过时的方式是通过用户库。几乎所有受支持的系统调用都在系统库（libSystem）中具有存根，其中标准 C 库是一个子集。

> 　　如第 2 章中所述，绝对禁止在用户程序（特别是交付的产品）中直接调用系统调用的主要原因是：系统共享库与内核之间的接口是 Apple 私有的，常常会被修改。而且，只允许用户程序动态链接系统库（包括 libSystem）。这使 Apple 能够灵活地修改和扩展它的私有接口，而不会影响用户程序。

　　在记住这个警告的情况下，可使用 sc 指令调用一个简单的 BSD 系统调用——比如说，getpid()。图 6-19 显示了一个程序，使用库存根和自定义的存根调用 getpid()。紧接在 sc 指令后面还需要一条额外的指令——比如说，无操作指令，否则程序的工作将不正确。

```
// getpid_demo.c

#include <stdio.h>
#include <sys/types.h>
#include <unistd.h>
#include <sys/syscall.h>

pid_t
my_getpid(void)
{
    int syscallnum = SYS_getpid;

    __asm__ volatile(
        "lwz r0,%0\n"
        "sc\n"
        "nop\n" // The kernel will arrange for this to be skipped
        :
        : "g" (syscallnum)
    );

    // GPR3 already has the right return value
    // Compiler warning here because of the lack of a return statement
}

int
main(void)
```

图 6-19　直接调用 BSD 系统调用

```
{
    printf("my pid is %d\n", getpid());
    printf("my pid is %d\n", my_getpid());

    return 0;
}
```

```
$ gcc -Wall -o getpid_demo getpid_demo.c
getpid_demo.c: In function 'my_getpid':
getpid_demo.c:24: warning: control reaches end of non-void function
$ ./getpid_demo
my pid is 2345
my pid is 2345
$
```

图 6-19（续）

注意： 由于 Mac OS X 上的用户程序只能动态链接 Apple 提供的库，人们期望用户程序根本没有任何 sc 指令——对于系统调用存根，它只应该具有动态解析的符号。不过，动态链接的 32 位 C 和 C++程序确实具有两条嵌入的 sc 指令，它们来自语言运行时启动代码——确切地讲，是__dyld_init_check()函数。

```
; dyld.s in the source for the C startup code

/*
 * At this point the dynamic linker initialization was not run so print a
 * message on stderr and exit non-zero. Since we can't use any libraries the
 * raw system call interfaces must be used.
 *
 * write(stderr, error_message, sizeof(error_message));
 */
    li r5,78
    lis r4,hi16(error_message)
    ori r4,r4,lo16(error_message)
    li r3,2
    li r0,4 ; write() is system call number 4
    sc
    nop ; return here on error
/*
 * _exit(59);
 */
    li r3,59
    li r0,1 ; exit() is system call number 1
    sc
    trap ; this call to _exit() should not fall through
    trap
```

6.7.2　Mach 陷阱

尽管 Mach 陷阱类似于传统的系统调用，这是由于它们都是内核的入口点，但是它们有所不同，因为 Mach 内核服务通常不是直接通过这些陷阱提供的。作为替代，某些 Mach 陷阱是 IPC 入口点，用户空间的**客户**（Client）——比如系统库——通过它们访问内容服务，这是通过与实现那些服务的**服务器**（Server）之间交换 IPC 消息来完成的，就好像服务器位于用户空间中一样。

> BSD 系统调用的数量几乎是 Mach 陷阱数量的 10 倍之多。

考虑一个简单的 Mach 陷阱的示例——比如说，task_self_trap()，它用于把发送权限返回给任务的内核端口。在<mach/mach_init.h>中将文档化的 mach_task_self()库函数重新定义为环境变量 mach_task_self_ 的值，它是在用户进程的初始化期间由系统库填充的。确切地讲，用于 fork()系统调用[①]的库存根将通过调用多个初始化例程（包括进程中用于初始化 Mach 的初始化例程），来建立子进程。后面这个步骤将把 task_self_trap()的返回值缓存在 mach_task_self_ 变量中。

```
// <mach/mach_init.h>

extern mach_port_t mach_task_self_;
#define mach_task_self() mach_task_self_
...
```

图 6-20 中所示的程序使用多种明显不同的方式来获取相同的信息——当前任务的自身端口。

> task_self_trap()返回的值不像 UNIX 进程 ID 那样是唯一标识符。事实上，它的值对于所有的任务都是相同的，甚至在不同的机器上也是如此，只要机器运行完全相同的内核即可。

复杂的 Mach 陷阱的一个示例是 mach_msg_overwrite_trap() [osfmk/ipc/mach_msg.c]，它用于发送和接收 IPC 消息。它的实现包含超过 1000 行 C 代码。mach_msg_trap()是 mach_msg_overwrite_trap()的一个简化的包装器。C 库提供了 mach_msg()和 mach_msg_overwrite()文档化的函数，它们使用这些陷阱，而且还可以在中断时重新启动消息发送或接收。用户程序通过使用这些"消息"陷阱执行与内核之间的 IPC 来访问内核服务。使用的范式实质上是客户服务器，其中客户（程序）通过发送消息从服务器（内核）请求信息，并且通常——但并非总是——会接收到答复。考虑 Mach 的虚拟内存服务的示例。如第 8 章中所述，用户程序可以使用 Mach vm_allocate()函数分配一个内存区域。现在，尽管 vm_allocate()是在内核中实现的，但是内核不会把它导出为普通的系统调用。在 "Kernel Server"（内

---

① 在第 7 章中将查看 fork()是如何实现的。

```
// mach_task_self.c

#include <stdio.h>
#include <mach/mach.h>
#include <mach/mach_traps.h>

int
main(void)
{
    printf("%#x\n", mach_task_self());
#undef mach_task_self
    printf("%#x\n", mach_task_self());
    printf("%#x\n", task_self_trap());
    printf("%#x\n", mach_task_self_);

    return 0;
}

$ gcc -Wall -o mach_task_self mach_task_self.c
$ ./mach_task_self
0x807
0x807
0x807
0x807
```

图 6-20　获取 Mach 任务的自身端口的多种方式

核服务器）中可以把它作为远程过程使用，并且可以被用户客户调用。用户程序调用的
vm_allocate()函数存在于 C 库中，代表远程过程调用的客户末端。多种其他的 Mach 服务（比
如那些允许操作任务、线程、处理器和端口的服务）是以类似的方式提供的。

Mach 接口生成器（MIG）

　　Mach 服务的实现通常使用 Mach 接口生成器（Mach Interface Generator，MIG），它
通过纳入相当一部分频繁使用的 IPC 代码，简化了创建 Mach 客户和服务器的任务。MIG
接受一个定义文件，它使用预定义的语法描述了 IPC 相关的接口。在定义文件上运行
MIG 程序——/usr/bin/migon，将生成一个 C 头文件、一个客户（用户）接口模块和一个
服务器接口模块。在第 9 章中将看到一个使用 MIG 的示例。用于多种内核服务的 MIG
定义文件位于/usr/include/mach/目录中。MIG 定义文件传统上具有.def 扩展名。

　　Mach 陷阱是在一个名为 mach_trap_table 的结构数组中维护的，它类似于 BSD 的 sysent
表。这个数组的每个元素都是一个 mach_trap_t 类型的结构，在 osfmk/kern/syscall_sw.h 中
声明了它。图 6-21 显示了 MACH_TRAP()宏。

　　MACH_ASSERT 编译时配置选项可以控制 ASSERT()和 assert()宏，在编译内核的调
试版本时使用它们。

```
// osfmk/kern/syscall_sw.h

typedef void mach_munge_t(const void *, void *);

typedef struct {
    int mach_trap_arg_count;
    int (* mach_trap_function)(void);

#if defined(__i386__)
    boolean_t  mach_trap_stack;
#else
    mach_munge_t *mach_trap_arg_munge32;
    mach_munge_t *mach_trap_arg_munge64;
#endif

#if !MACH_ASSERT
    int mach_trap_unused;
#else
    const char * mach_trap_name;
#endif
} mach_trap_t;

#define MACH_TRAP_TABLE_COUNT    128

extern mach_trap_t mach_trap_table[];
extern int         mach_trap_count;

...
#if !MACH_ASSERT
#define MACH_TRAP(name, arg_count, munge32, munge64) \
    { (arg_count), (int (*)(void)) (name), (munge32), (munge64), 0 }
#else
#define MACH_TRAP(name, arg_count, munge32, munge64) \
    { (arg_count), (int (*)(void)) (name), (munge32), (munge64), #name }
#endif
...
```

图 6-21   Mach 陷阱表数据结构和定义

图 6-21 中所示的 MACH_TRAP() 宏用于填充 osfmk/kern/syscall_sw.c 中的 Mach 陷阱表，图 6-22 则显示了如何执行该操作。Mac OS X 上的 Mach 陷阱具有从−10 开始的编号，并且单调递减，最高编号的 Mach 陷阱的绝对值也越高。编号 0~9 是为 UNIX 系统调用预留的，没有使用。另请注意：参数整理器函数与 BSD 系统调用处理中使用的那些相同。

用于 Mach 陷阱的汇编存根是在 osfmk/mach/syscall_sw.h 中定义的，它使用了在 osfmk/mach/ppc/syscall_sw.h 中定义的机器相关的 kernel_trap() 宏。表 6-11 枚举了这些陷阱的实现中使用的关键文件。

```
// osfmk/kern/syscall_sw.c

mach_trap_t mach_trap_table[MACH_TRAP_TABLE_COUNT] = {
    MACH_TRAP(kern_invalid, 0, NULL, NULL), /* UNIX */        /* 0 */
    MACH_TRAP(kern_invalid, 0, NULL, NULL), /* UNIX */        /* -1 */
    ...                                      ...               ...
    MACH_TRAP(kern_invalid, 0, NULL, NULL), /* UNIX */        /* -9 */
    MACH_TRAP(kern_invalid, 0, NULL, NULL),                   /* -10 */
    ...                                                        ...
    MACH_TRAP(kern_invalid, 0, NULL, NULL),                   /* -25 */
    MACH_TRAP(mach_reply_port, 0, NULL, NULL),                /* -26 */
    MACH_TRAP(thread_self_trap, 0, NULL, NULL),               /* -27 */
    ...                                                        ...
    MACH_TRAP(mach_msg_trap, 7, munge_wwwwwww, munge_ddddddd),/* -31 */
    ...                                                        ...
    MACH_TRAP(task_for_pid, 3, munge_www, munge_ddd),         /* -46 */
    MACH_TRAP(pid_for_task, 2, munge_ww, munge_dd),           /* -47 */
    ...                                                        ...
    MACH_TRAP(kern_invalid, 0, NULL, NULL),                   /* -127 */
};

int mach_trap_count = (sizeof(mach_trap_table) / \
                       sizeof(mach_trap_table[0]));
...
kern_return_t
kern_invalid(void)
{
    if (kern_invalid_debug)
        Debugger("kern_invalid mach_trap");

    return KERN_INVALID_ARGUMENT;
}
...
```

图 6-22　Mach 陷阱表初始化

表 6-11　在 xnu 中实现 Mach 陷阱

文　件	内　容
osfmk/kern/syscall_sw.h	陷阱表结构的声明
osfmk/kern/syscall_sw.c	陷阱表的填充；默认错误函数的定义
osfmk/mach/mach_interface.h	主头文件，包括用于各种 Mach API 的头部——确切地讲，是与这些 API 对应的内核 RPC 函数（头部是从 MIG 定义文件生成的）
osfmk/mach/mach_traps.h	从用户空间查看的陷阱原型，包括每个陷阱的参数结构的声明
osfmk/mach/syscall_sw.h	通过定义汇编存根所进行的陷阱安装，将使用机器相关的 kernel_trap()宏（注意：一些陷阱可能具有针对 32 位和 64 位系统库的不同版本，而一些陷阱可能在其中一个库中不可用）

文　件	内　容
osfmk/mach/ppc/syscall_sw.h	kernel_trap()宏及关联的宏的 PowerPC 定义；其他仅支持 PowerPC 的系统调用的定义

　　kernel_trap()宏带有 3 个用于陷阱的参数：它的名称、它在陷阱表中的索引以及它的参数计数。

```
// osfmk/mach/syscall_sw.h

kernel_trap(mach_reply_port, -26, 0);
kernel_trap(thread_self_trap, -27, 0);
...
kernel_trap(task_for_pid, -45, 3);
kernel_trap(pid_for_task, -46, 2);
...
```

　　现在来查看一个特定的示例，比如说，pid_for_task()，看看它的存根是如何实例化的。pid_for_task()尝试查找给定的 Mach 任务的 BSD 进程 ID。它带有两个参数：用于任务的端口以及指向一个整数的指针，其中后者用于保存返回的进程 ID。图 6-23 显示了这个陷阱的实现。

```
// osfmk/mach/syscall_sw.h

kernel_trap(pid_for_task, -46, 2);
...

// osfmk/mach/ppc_syscall_sw.h

#include <mach/machine/asm.h>

#define kernel_trap(trap_name, trap_number, trap_args) \
ENTRY(trap_name, TAG_NO_FRAME_USED) @\
        li      r0,     trap_number @\
        sc      @\
        blr
...

// osfmk/ppc/asm.h
// included from <mach/machine/asm.h>
#define TAG_NO_FRAME_USED 0x00000000
#define EXT(x) _ ## x
#define LEXT(x) _ ## x ## :
#define FALIGN 4
#define MCOUNT
```

图 6-23　建立 pid_for_task()Mach 陷阱

```
#define Entry(x,tag)    .text@.align FALIGN@ .globl EXT(x)@ LEXT(x)
#define ENTRY(x,tag)    Entry(x,tag)@MCOUNT
...

// osfmk/mach/mach_traps.h
#ifndef KERNEL
extern kern_return_t pid_for_task(mach_port_name_t t, int *x);
...
#else /* KERNEL */
...
struct pid_for_task_args {
    PAD_ARG_(mach_port_name_t, t);
    PAD_ARG_(user_addr_t, pid);
};
extern kern_return_t pid_for_task(struct pid_for_task_args *args);
...

// bsd/vm/vm_unix.c
kern_return_t
pid_for_task(struct pid_for_task_args *args)
{
    mach_port_name_t t = args->t;
    user_addr_t pid_addr = args->pid;
    ...
}
```

图 6-23（续）

使用图 6-23 中所示的信息，用于 pid_for_task() 的陷阱定义将具有以下汇编存根。

```
        .text
        .align 4
        .globl _pid_for_task
_pid_for_task:
        li r0,-46
        sc
        blr
```

现在来测试汇编存根，方法是：把存根的函数名从 _pid_for_task 改为 _my_pid_for_task，把它放在一个名为 my_pid_for_task.S 的文件中，并在 C 程序中使用它。而且，可以调用普通的 pid_for_task()，验证存根的操作，如图 6-24 所示。

　　一般而言，Mach 陷阱的处理在内核中遵循与 BSD 系统调用类似的路径。shandler() 通过 Mach 陷阱的调用编号为负数的特点来确定 Mach 陷阱。它将在 mach_trap_table 中查找陷阱处理程序并执行调用。

　　Mac OS X 中的 Mach 陷阱支持多达 8 个参数，它们是在 GPR3~GPR10 中传递的。然而，mach_msg_overwrite_trap() 带有 9 个参数，但是第 9 个参数实际上未使用。在陷阱的处理中，将传递 0 作为第 9 个参数。

```c
// traptest.c

#include <stdio.h>
#include <stdlib.h>
#include <sys/types.h>
#include <unistd.h>
#include <mach/mach.h>
#include <mach/mach_error.h>

extern kern_return_t my_pid_for_task(mach_port_t, int *);

int
main(void)
{
    pid_t           pid;
    kern_return_t   kr;
    mach_port_t     myTask;

    myTask = mach_task_self();

    // call the regular trap
    kr = pid_for_task(myTask, (int *)&pid);
    if (kr != KERN_SUCCESS)
        mach_error("pid_for_task:", kr);
    else
        printf("pid_for_task says %d\n", pid);

    // call our version of the trap
    kr = my_pid_for_task(myTask, (int *)&pid);
    if (kr != KERN_SUCCESS)
        mach_error("my_pid_for_task:", kr);
    else
        printf("my_pid_for_task says %d\n", pid);

    exit(0);
}
```

```
$ gcc -Wall -o traptest traptest.c my_pid_for_task.S
$ ./traptest
pid_for_task says 20040
my_pid_for_task says 20040
```

图 6-24   测试 pid_for_task()Mach 陷阱

6.7.3　I/O Kit 陷阱

Mach 陷阱表中的陷阱编号 100~107 是为 I/O Kit 陷阱预留的。在 Mac OS X 10.4 中，只实现了一个 I/O Kit 陷阱（但是未使用）：iokit_user_client_trap() [iokit/Kernel/IOUserClient.cpp]。I/O Kit 框架（IOKit.framework）为此陷阱实现了用户空间的存根。

6.7.4　仅支持 PowerPC 的系统调用

Mac OS X 内核还维护了另一个名为 PPCcalls 的系统调用表，它包含少数几个仅支持 PowerPC 的特殊系统调用。PPCcalls 是在 osfmk/ppc/PPCcalls.h 中定义的。它的每个条目都是一个指针，指向带有一个参数（指向保存区域的指针）并且返回一个整数的函数。

```
// osfmk/ppc/PPCcalls.h

typedef int (*PPCcallEnt)(struct savearea *save);

#define PPCcall(rout) rout
#define dis (PPCcallEnt)0

PPCcallEnt PPCcalls[] = {
    PPCcall(diagCall),            // 0x6000
    PPCcall(vmm_get_version),      // 0x6001
    PPCcall(vmm_get_features),     // 0x6002
    ...                            // ...
    PPCcall(dis),
    ...
};
...
```

PowerPC 系统调用的调用编号开始于 0x6000，并且可以高达 0x6FFF——也就是说，至多可以有 4096 个这样的调用。用于这些调用的汇编存根是在 osfmk/mach/ppc/syscall_sw.h 中实例化的。

```
// osfmk/mach/ppc/syscall_sw.h

#define ppc_trap(trap_name,trap_number) \
ENTRY(trap_name, TAG_NO_FRAME_USED) @\
        li r0, trap_number @\
        sc @\
        blr
...
ppc_trap(diagCall, 0x6000);
ppc_trap(vmm_get_version, 0x6001);
```

```
ppc_trap(vmm_get_features, 0x6002);
...
```

注意：ppc_trap() 宏类似于用于为 Mach 陷阱定义汇编存根的 kernel_trap() 宏。shandler() 把其中大多数调用传递给 ppscall() [osfmk/hw_exception.s]，它将在 PPCcalls 表中查找合适的处理程序。

根据这些调用的用途，可以把它们作如下分类。

- 用于低级性能监视、诊断和电源管理的调用（参见表 6-12）。
- 允许用户程序使用内核的虚拟机监视器（VMM）设施实例化和控制虚拟机的调用（参见表 6-13）。
- 给 Blue Box（Classic）环境提供内核帮助的调用（参见表 6-14）。

表 6-12   仅支持 PowerPC 的用于性能监视、诊断和电源管理的调用

调用编号	调用名称	用　途
0x6000	diagCall	调用在内核的内置诊断设施中实现的例程（参见 6.8.8 节）
0x6009	CHUDCall	充当 CHUD（Computer Hardware Understanding Development，计算机硬件理解开发）接口的挂钩——开始时是禁用的，但是当 CHUD 注册了某个私有系统调用回调函数时，就将其设置成这样一个回调函数
0x600A	ppcNull	不做任何事情，只是简单地返回（空系统调用）；用于执行测试
0x600B	perfmon_control	允许操作 PowerPC 性能监视设施
0x600C	ppcNullinst	不做任何事情，但是会强制返回多个时间戳（一种仪器化的空系统调用）；用于性能测试
0x600D	pmsCntrl	控制电源管理步进器

表 6-13   仅支持 PowerPC 的用于虚拟机监视器的调用

调用编号	调用名称	用　途
0x6001	vmm_get_version	获取 VMM 设施的版本
0x6002	vmm_get_features	获取 VMM 设施的受支持的特性
0x6003	vmm_init_context	初始化新的 VMM 上下文
0x6004	vmm_dispatch	用作一种间接系统调用，用于分配多个 VMM 调用——也是一种超快陷阱（参见 6.7.5 节）
0x6008	vmm_stop_vm	用于停止正在运行的虚拟机

表 6-14   仅支持 PowerPC 的用于 Blue Box 的调用

调用编号	调用名称	用　途
0x6005	bb_enable_bluebox	启用在 Blue Box 虚拟机中使用的线程
0x6006	bb_disable_bluebox	禁用在 Blue Box 虚拟机中使用的线程
0x6007	bb_settaskenv	设置 Blue Box 每个线程的任务环境数据

6.7.5   超快陷阱

某些陷阱是完全由 osfmk/ppc/lowmem_vectors.s 中的低级异常处理程序所处理的，而无

须保存或恢复大量（或任何）状态。这样的陷阱也会非常快地从系统调用中断返回。它们是超快陷阱（ultra-fast trap，UFT）。如图 6-13 中所示，这些调用在 scTable 中具有专用的处理程序，0xC00 处的异常矢量从中加载它们。表 6-15 列出了超快陷阱。

表 6-15　超快陷阱

调用编号	关 联	用 途
0xFFFF_FFFE	仅 Blue Box	确定给定的 Blue Box 任务是否是抢占式的，还会利用影像式任务环境加载 GPR0（MkIsPreemptiveTaskEnv）
0xFFFF_FFFF	仅 Blue Box	确定给定的 Blue Box 任务是否是抢占式的（MkIsPreemptiveTask）
0x8000_0000	CutTrace 固件调用	用于低级跟踪（参见 6.8.9 节）
0x6004	vmm_dispatch	将某些调用（那些属于这个分配器调用所支持的特定选择器范围的调用）视作超快陷阱——最终将由 vmm_ufp() [osfmk/ppc/vmachmon_asm.s]处理
0x7FF2	仅用户	返回 pthread_self 值——即特定于线程的指针（Thread Info UFT（线程信息 UFT））
0x7FF3	仅用户	返回浮点和 AltiVec 设施状态——也就是说，如果它们正在被当前线程使用（Facility Status UFT（设施状态 UFT））
0x7FF4	仅内核	加载机器状态寄存器——没有在 64 位的硬件上使用（Load MSR UFT（加载 MSR UFT））

公共区域（参见 6.7.6 节）例程使用 Thread Info UFT 获取特定于线程的（自身）指针，它也称为**每个线程的 Cookie**（Per-Thread Cookie）。pthread_self(3)库函数将获取这个值。下面的汇编存根将直接使用 UFT，获取与用户程序中的 pthread_self()函数相同的值。

```
; my_pthread_self.S
      .text
      .globl _my_pthread_self
_my_pthread_self:
      li r0,0x7FF2
      sc
      blr
```

注意：在某些 PowerPC 处理器（例如，970 和 970FX）上，可以从用户空间读取专用寄存器 SPRG3（Mac OS X 使用它来保存每个线程的 Cookie）。

```
; my_pthread_self_970.S
      .text
      .globl _my_pthread_self_970
_my_pthread_self_970:
      mfspr r3,259 ; 259 is user SPRG3
      blr
```

可以在 G4 和 G5 上的 32 位程序中使用 pthread_self()，测试它的各个版本，如图 6-25 所示。

```
$ cat main.c
#include <stdio.h>
#include <pthread.h>

extern pthread_t my_pthread_self();
extern pthread_t my_pthread_self_970();

int
main(void)
{
    printf("library: %p\n", pthread_self());        // call library function
    printf("UFT    : %p\n", my_pthread_self());     // use 0x7FF2 UFT
    printf("SPRG3  : %p\n", my_pthread_self_970());  // read from SPRG3

    return 0;
}
$ machine
ppc970
$ gcc -Wall -o my_pthread_self main.c my_pthread_self.S my_pthread_self_970.S
$ ./my_pthread_self
library : 0xa000ef98
UFT     : 0xa000ef98
SPRG3   : 0xa000ef98

$ machine
ppc7450
$ ./my_pthread_self
library : 0xa000ef98
UFT     : 0xa000ef98
zsh: illegal hardware instruction  ./f
```

图 6-25 测试 Thread Info UFT

Facility Status UFT 可用于确定哪些处理器设施——比如浮点和 AltiVec——将被当前线程使用。下面的函数（它直接使用 UFT）将返回一个字，它的位指定了正在使用的处理器设施。

```
; my_facstat.S
        .text
        .globl _my_facstat
_my_facstat:
        li r0,0x7FF3
        sc
        blr
```

仅当在命令行上利用一个或多个参数运行图 6-26 中的程序时，它才会初始化一个矢量变量。因此，仅当利用一个参数运行它时，它才应该会报告 AltiVec 正在使用。

```
// isvector.c

#include <stdio.h>

// defined in osfmk/ppc/thread_act.h
#define vectorUsed 0x20000000
#define floatUsed  0x40000000
#define runningVM  0x80000000

extern int my_facstat(void);

int
main(int argc, char **argv)
{
    int facstat;
    vector signed int c;

    if (argc > 1)
        c = (vector signed int){ 1, 2, 3, 4 };
    facstat = my_facstat();

    printf("%s\n", (facstat & vectorUsed) ? \
            "vector used" : "vector not used");

    return 0;
}

$ gcc -Wall -o isvector isvector.c my_facstat.S
$ ./isvector
vector not used
$ ./isvector usevector
vector used
```

图 6-26　测试 Facility Status UFT

1. 快速陷阱

有少数几个其他的陷阱需要比超快陷阱更多一点的处理，或者如此急切地处理它们并不会带来像超快陷阱那么大的好处,这些陷阱是由 osfmk/ppc/hw_exception.s 中的 shandler() 处理的。它们称为**快速陷阱**（Fast Trap），或者**快速路径调用**（Fast Path Call）。表 6-16 列出了快速路径调用。图 6-12 显示了超快陷阱和快速陷阱的处理。

2. Blue Box 调用

Mac OS X 内核包括对 Blue Box 虚拟器的支持代码，该虚拟器提供了 Classic 运行时环境。这种支持被实现为一个称为 PseudoKernel 的小软件层，它的功能是通过一组快速/超快系统调用导出的。在表 6-14、表 6-15 和表 6-16 中见过这些调用。

表 6-16　快速路径系统调用

调用编号	调用名称	用　　途
0x7FF1	CthreadSetSelf	设置线程的标识符。这个调用由 Pthread 库用于实现 pthread_set_self()，在线程创建期间将使用它
0x7FF5	空快速路径	不做任何事情。它将直接分支到 lowmem_vectors.s 中的 exception_exit()
0x7FFA	Blue Box 中断通知	导致调用 syscall_notify_interrupt() [osfmk/ppc/PseudoKernel.c]，它将为 Blue Box 对中断进行排队，并且设置一个异步过程调用（Asynchronous Procedure Call，APC）AST。Blue Box 中断处理程序——bbsetRupt() [osfmk/ppc/PseudoKernel.c]——将异步运行，以处理中断

　　　TruBlueEnvironment 程序驻留在 Classic 应用程序包（Classic Startup.app）的 Resources 子目录内，它直接使用 0x6005（bb_enable_bluebox）、0x6006（bb_disable_bluebox）、0x6007（bb_settaskenv）和 0x7FFA（中断通知）这些系统调用。

　　在处理 Blue Box 中断、陷阱和系统调用时，一个专门指定的线程——蓝色线程（Blue Thread）——将运行 Mac OS。其他线程只能发出系统调用。bb_enable_bluebox() [osfmk/ppc/PseudoKernel.c]仅支持 PowerPC 的系统调用用于在内核中启用支持代码。它从用户空间的调用者接收 3 个参数：任务标识符、指向陷阱表的指针（TWI_TableStart）和指向描述符表的指针（Desc_TableStart）。bb_enable_bluebox() 在对 enable_bluebox() [osfmk/ppc/PseudoKernel.c]的调用中传递这些参数，它将把传入的描述符地址对齐到页，连接页，并把它映射到内核中。页保存一个 BlueThreadTrapDescriptor 结构（BTTD_t），它是在 osfmk/ppc/PseudoKernel.h 中声明的。此后，enable_bluebox()将初始化线程的特定于机器的状态（machine_thread 结构）的多个与 Blue Box 相关的字段。图 6-27 显示了描述 enable_bluebox() 的操作的伪代码。

// osfmk/ppc/thread.h

```
struct machine_thread {
  ...
  // Points to Blue Box Trap descriptor area in kernel (page aligned)
  unsigned int bbDescAddr;
  // Points to Blue Box Trap descriptor area in user (page aligned)
  unsigned int bbUserDA;
  unsigned int bbTableStart;// Points to Blue Box Trap dispatch area in user
  unsigned int emPendRupts; // Number of pending emulated interruptions
  unsigned int bbTaskID;    // Opaque task ID for Blue Box threads
  unsigned int bbTaskEnv;   // Opaque task data reference for Blue Box threads
  unsigned int specFlags;   // Special flags
  ...
  unsigned int bbTrap;      // Blue Box trap vector
  unsigned int bbSysCall;   // Blue Box syscall vector
  unsigned int bbInterrupt; // Blue Box interrupt vector
  unsigned int bbPending;   // Blue Box pending interrupt vector
  ...
};
```

图 6-27　启用内核的 Blue Box 支持

// osfmk/ppc/PseudoKernel.c

```
kern_return_t
enable_bluebox(host_t host, void *taskID, void *TWI_TableStart,
               char *Desc_TableStart)
{
    thread_t        th;
    vm_offset_t     kerndescaddr, origdescoffset;
    kern_return_t   ret;
    ppnum_t         physdescpage;
    BTTD_t          *bttd;

    th = current_thread(); // Get our thread.

    // Ensure descriptor is non-NULL.
    // Get page offset of the descriptor in 'origdescoffset'.
    // Now align descriptor to a page.
    // Kernel wire the descriptor in the user's map.

    // Map the descriptor's physical page into the kernel's virtual address
    // space, calling the resultant address 'kerndescaddr'. Set the 'bttd'
    // pointer to 'kerndescaddr'.

    // Set the thread's Blue Box machine state.

    // Kernel address of the table
    th->machine.bbDescAddr = (unsigned int)kerndescaddr + origdescoffset;

     // User address of the table
    th->machine.bbUserDA = (unsigned int)Desc_TableStart;

     // Address of the trap table
    th->machine.bbTableStart = (unsigned int)TWI_TableStart;
    ...
    // Remember trap vector.
    th->machine.bbTrap = bttd->TrapVector;

    // Remember syscall vector.
    th->machine.bbSysCall = bttd->SysCallVector;

    // Remember interrupt vector.
    th->machine.bbPending = bttd->PendingIntVector;

    // Ensure Mach system calls are enabled and we are not marked preemptive.
```

图 6-27 （续）

```
th->machine.specFlags &= ~(bbNoMachSC | bbPreemptive);

// Set that we are the Classic thread.
th->machine.specFlags |= bbThread;
...
}
```

图 6-27（续）

一旦建立了 Blue Box 陷阱和系统调用表，就可以在以原子方式改变 Blue Box 中断状态时调用 PseudoKernel[①]。thandler() 和 shandler() 将分别在陷阱和系统调用处理期间检查 Blue Box。

thandler() 将会检查当前激活的 machine_thread 结构的 specFlags 字段，查看是否设置了 bbThread 位。如果设置了这个位，thandler() 就会调用 checkassist() [osfmk/ppc/hw_exception.s]，它将检查下面的所有条件是否全都成立。

- SRR1 的 SRR1_PRG_TRAP_BIT 位[②]指定这是一个陷阱。
- 陷阱的地址位于用户空间中。
- 这不是一个 AST——也就是说，陷阱类型不是 T_AST。
- 陷阱编号没有超出范围——也就是说，它没有超过预定义的最大编号。

如果所有这些条件都满足，checkassist() 就会分支到 atomic_switch_trap() [osfmk/ppc/atomic_switch.s]，它将在 GPR5 中加载陷阱表（machine_thread 结构的 bbTrap 字段），并且跳转到 .L_CallPseudoKernel() [osfmk/ppc/atomic_switch.s]。

shandler() 将通过仔细检查 specFlags 字段的 bbNoMachSC 位的值，来检查系统调用是否被重定向到 Blue Box。如果设置了这个位，shandler() 就会调用 atomic_switch_syscall() [osfmk/ppc/atomic_switch.s]，它将在 GPR5 中加载系统调用表（machine_thread 结构的 bbSysCall 字段），并且直通到 .L_CallPseudoKernel()。

在两种情况下，.L_CallPseudoKernel() 都将在保存的 SRR0 中存储 GPR5 中包含的矢量，作为将在此恢复执行的指令。此后，它将跳转到 fastexit() [osfmk/ppc/hw_exception.s]，后者又将跳转到 exception_exit() [osfmk/ppc/lowmem_vectors.s]，从而导致返回到调用者。

> 特定的 Blue Box 陷阱值（bbMaxTrap）用于模拟从 PseudoKernel 到用户上下文的从中断返回。返回 Blue Box 陷阱和系统调用将使用这个陷阱，它将导致调用 .L_ExitPseudoKernel() [osfmk/ppc/atomic_switch.s]。

6.7.6　公共页

内核保留了每个地址空间的最后 8 页，用于内核用户的**公共区域**（Comm Area）——也称为**公共页**（Commpage）。除了内核内存中的绑定之外，这些页还会映射（共享和只读）到每个进程的地址空间。它们的内容包括在系统范围内频繁访问的代码和数据。下面列出

---

① 可以从 PowerPC（本机）和 68K（系统）上下文中调用 PseudoKernel。
② 内核将 SRR1 的第 24 位用于此目的。这个预留位可以是实现定义的。

了公共页内容的示例。

- 机器上可用的处理器特性的规范,比如处理器是否是 64 位的,缓存行大小是多少,以及 AltiVec 是否存在。
- 频繁使用的例程,比如用于复制、移动内存以及对其进行清零的函数;用于使用自旋锁;用于冲洗数据缓存以及使指令缓存无效;用于获取每个线程的 Cookie。
- 由内核维护的多个与时间相关的值,允许通过用户程序获取当前的秒数和毫秒数,而无须执行系统调用。

> 有单独的公共区域用于 32 位和 64 位的地址空间,尽管它们在概念上是类似的。在本节中将只讨论 32 位的公共区域。

把地址空间的末尾部分用于公共区域具有一个重要的好处:有可能从地址空间里的任意位置访问公共区域中的代码和数据,而无须涉及动态链接编辑器或者复杂的地址计算。绝对无条件分支指令(比如 ba、bca 和 bla)可以从任何地方分支到公共区域中的位置,因为它们在其目标地址编码字段中具有足够多的位,允许它们使用符号扩展的目标地址规范到达公共区域页。类似地,绝对加载和存储可以舒适地访问公共区域。因此,访问公共区域是高效且方便的。

公共区域是在内核初始化期间以特定于处理器和特定于平台的方式填充的。commpage_populate() [osfmk/ppc/commpage/commpage.c]就执行这种初始化。事实上,可以将公共区域中包含的功能视作处理器能力——对原始指令集的软件扩展。在 osfmk/ppc/cpu_capabilities.h 中定义了多个与公共区域相关的常量。

```
// osfmk/ppc/cpu_capabilities.h

// Start at page -8, ie 0xFFFF8000
#define _COMM_PAGE_BASE_ADDRESS (-8*4096)


// Reserved length of entire comm area
#define _COMM_PAGE_AREA_LENGTH (7*4096)


// Mac OS X uses two pages so far
#define _COMM_PAGE_AREA_USED (2*4096)


// The Objective-C runtime fixed address page to optimize message dispatch
#define OBJC_PAGE_BASE_ADDRESS (-20*4096)


// Data in the comm page
...


// Code in the comm page (routines)
...
// Used by gettimeofday()
#define _COMM_PAGE_GETTIMEOFDAY \
                              (_COMM_PAGE_BASE_ADDRESS+0x2e0)
```

...

公共区域的实际最大长度是 7 页（而不是 8 页），因为 Mach 的虚拟内存子系统不会映射地址空间的最后一页。

公共页中的每个例程都是通过公共页描述的，在 osfmk/ppc/commpage/commpage.h 中声明了它。

// osfmk/ppc/cpu_capabilities.h

```
typedef struct commpage_descriptor {
    short code_offset;       // offset to code from this descriptor
    short code_length;       // length in bytes
    short commpage_address;  // put at this address
    short special;           // special handling bits for DCBA, SYNC, etc.
    long musthave;           // _cpu_capability bits we must have
    long canthave;           // _cpu_capability bits we cannot have
} commpage_descriptor;
```

公共区域例程的实现位于 osfmk/ppc/commpage/目录中。现在来查看 gettimeofday()的示例，它既是一个系统调用，也是一个公共区域例程。使用系统调用获取当前时间的代价要高昂得多。除了用于 gettimeofday()的普通系统调用存根之外，C 库还包含以下用于调用 gettimeofday()的公共区域版本的入口点。

```
        .globl __commpage_gettimeofday
        .text
        .align 2
__commpage_gettimeofday:
        ba __COMM_PAGE_GETTIMEOFDAY
```

注意：_COMM_PAGE_GETTIMEOFDAY 是一个必须跳转到的叶过程，而不会被作为返回函数调用。

注意：公共区域内容不保证在所有机器上都是可用的。而且，在 gettimeofday()的特定情况下，时间值是由内核异步更新的，并且从用户空间中以原子方式读取它们，导致在读取过程中偶尔会发生失败。在发生失败的情况下，C 库将求助于系统调用版本。

// <darwin>/<Libc>/sys/gettimeofday.c

```
int
gettimeofday(struct timeval *tp, struct timezone *tzp)
{
    ...
#if defined(__ppc__) || defined(__ppc64__)
    {
        ...
        // first try commpage
```

```
            if (__commpage_gettimeofday(tp)) {
                // if it fails, try the system call
                if (__ppc_gettimeofday(tp,tzp)) {
                    return (-1);
                }
            }
        }
    #else
        if (syscall(SYS_gettimeofday, tp, tzp) < 0) {
            return -1;
        }
    #endif
        ...
    }
```

　　由于公共区域可以从每个进程内读取，所以可编写一个程序，显示其中包含的信息。由于公共区域 API 是私有的，必须包含内核源树中必需的头文件，而不是标准的头文件的目录。图 6-28 中所示的程序用于显示 32 位的公共区域中包含的数据和例程描述符。

// commpage32.c

```
#include <stdio.h>
#include <stdlib.h>
#include <inttypes.h>

#define PRIVATE
#define KERNEL_PRIVATE

#include <machine/cpu_capabilities.h>
#include <machine/commpage.h>

#define WSPACE_FMT_SZ "24"
#define WSPACE_FMT "%-" WSPACE_FMT_SZ "s = "

#define CP_CAST_TO_U_INT32(x)  (u_int32_t)(*(u_int32_t *)(x))
#define ADDR2DESC(x)       (commpage_descriptor *)&(CP_CAST_TO_U_INT32(x))

#define CP_PRINT_U_INT8_BOOL(label, item) \
    printf(WSPACE_FMT "%s\n", label, \
        ((u_int8_t)(*(u_int8_t *)(item))) ? "yes" : "no")
#define CP_PRINT_U_INT16(label, item) \
    printf(WSPACE_FMT "%hd\n", label, (u_int16_t)(*(u_int16_t *)(item)))
#define CP_PRINT_U_INT32(label, item) \
    printf(WSPACE_FMT "%u\n", label, (u_int32_t)(*(u_int32_t *)(item)))
#define CP_PRINT_U_INT64(label, item) \
```

图 6-28　显示公共区域的内容

```
    printf(WSPACE_FMT "%#llx\n", label, (u_int64_t)(*(u_int64_t *)(item)))
#define CP_PRINT_D_FLOAT(label, item) \
    printf(WSPACE_FMT "%lf\n", label, (double)(*(double *)(item)))

const char *
cpuCapStrings[] = {
#if defined (__ppc__)
    "kHasAltivec",              // << 0
    "k64Bit",                   // << 1
    "kCache32",                 // << 2
    "kCache64",                 // << 3
    "kCache128",                // << 4
    "kDcbaRecommended",         // << 5
    "kDcbaAvailable",           // << 6
    "kDataStreamsRecommended",  // << 7
    "kDataStreamsAvailable",    // << 8
    "kDcbtStreamsRecommended",  // << 9
    "kDcbtStreamsAvailable",    // << 10
    "kFastThreadLocalStorage",  // << 11
#else /* __i386__ */
    "kHasMMX",                  // << 0
    "kHasSSE",                  // << 1
    "kHasSSE2",                 // << 2
    "kHasSSE3",                 // << 3
    "kCache32",                 // << 4
    "kCache64",                 // << 5
    "kCache128",                // << 6
    "kFastThreadLocalStorage",  // << 7
    "NULL",                     // << 8
    "NULL",                     // << 9
    "NULL",                     // << 10
    "NULL",                     // << 11
#endif
    NULL,                       // << 12
    NULL,                       // << 13
    NULL,                       // << 14
    "kUP",                      // << 15
    NULL,                       // << 16
    NULL,                       // << 17
    NULL,                       // << 18
    NULL,                       // << 19
    NULL,                       // << 20
    NULL,                       // << 21
    NULL,                       // << 22
    NULL,                       // << 23
```

图 6-28（续）

```
    NULL,                       // << 24
    NULL,                       // << 25
    NULL,                       // << 26
    "kHasGraphicsOps",          // << 27
    "kHasStfiwx",               // << 28
    "kHasFsqrt",                // << 29
    NULL,                       // << 30
    NULL,                       // << 31
};

void print_bits32(u_int32_t);
void print_cpu_capabilities(u_int32_t);
void print_commpage_descriptor(const char *, u_int32_t);

void
print_bits32(u_int32_t u)
{
    u_int32_t i;

    for (i = 32; i--; putchar(u & 1 << i ? '1' : '0'));
}

void
print_cpu_capabilities(u_int32_t cap)
{
    int i;
    printf(WSPACE_FMT, "cpu capabilities (bits)");
    print_bits32(cap);
    printf("\n");
    for (i = 0; i < 31; i++)
        if (cpuCapStrings[i] && (cap & (1 << i)))
            printf("%-" WSPACE_FMT_SZ "s  + %s\n", " ", cpuCapStrings[i]);
}

void
print_commpage_descriptor(const char *label, u_int32_t addr)
{
    commpage_descriptor *d = ADDR2DESC(addr);
    printf("%s @ %08x\n", label, addr);
#if defined (__ppc__)
    printf("  code_offset         = %hd\n", d->code_offset);
    printf("  code_length         = %hd\n", d->code_length);
    printf("  commpage_address    = %hx\n", d->commpage_address);
    printf("  special             = %#hx\n", d->special);
#else /* __i386__ */
    printf("  code_address        = %p\n", d->code_address);
```

图 6-28（续）

```
    printf("   code_length          = %ld\n", d->code_length);
    printf("   commpage_address     = %#lx\n", d->commpage_address);
#endif
    printf("   musthave             = %#lx\n", d->musthave);
    printf("   canthave             = %#lx\n", d->canthave);
}


int
main(void)
{
    u_int32_t u;

    printf(WSPACE_FMT "%#08x\n", "base address", _COMM_PAGE_BASE_ADDRESS);
    printf(WSPACE_FMT "%s\n", "signature", (char *)_COMM_PAGE_BASE_ADDRESS);
    CP_PRINT_U_INT16("version", _COMM_PAGE_VERSION);

    u = CP_CAST_TO_U_INT32(_COMM_PAGE_CPU_CAPABILITIES);
    printf(WSPACE_FMT "%u\n", "number of processors",
           (u & kNumCPUs) >> kNumCPUsShift);
    print_cpu_capabilities(u);
    CP_PRINT_U_INT16("cache line size", _COMM_PAGE_CACHE_LINESIZE);
#if defined (__ppc__)
    CP_PRINT_U_INT8_BOOL("AltiVec available?", _COMM_PAGE_ALTIVEC);
    CP_PRINT_U_INT8_BOOL("64-bit processor?", _COMM_PAGE_64_BIT);
#endif
    CP_PRINT_D_FLOAT("two52 (2^52)", _COMM_PAGE_2_TO_52);
    CP_PRINT_D_FLOAT("ten6 (10^6)", _COMM_PAGE_10_TO_6);
    CP_PRINT_U_INT64("timebase", _COMM_PAGE_TIMEBASE);
    CP_PRINT_U_INT32("timestamp (s)", _COMM_PAGE_TIMESTAMP);
    CP_PRINT_U_INT32("timestamp (us)", _COMM_PAGE_TIMESTAMP + 0x04);
    CP_PRINT_U_INT64("seconds per tick", _COMM_PAGE_SEC_PER_TICK);

    printf("\n");

    printf(WSPACE_FMT "%s", "descriptors", "\n");

    // example descriptor
    print_commpage_descriptor(" mach_absolute_time()",
                              _COMM_PAGE_ABSOLUTE_TIME);

    exit(0);
}


$ gcc -Wall -I /path/to/xnu/osfmk/ -o commpage32 commpage32.c
$ ./commpage32
```

图 6-28（续）

```
base address              = 0xffff8000
signature                 = commpage 32-bit
version                   = 2
number of processors      = 2
cpu capabilities (bits)   = 001110000000001000000011100010011
                            + kHasAltivec
                            + k64Bit
                            + kCache128
                            + kDataStreamsAvailable
                            + kDcbtStreamsRecommended
                            + kDcbtStreamsAvailable
                            + kFastThreadLocalStorage
                            + kHasGraphicsOps
                            + kHasStfiwx
                            + kHasFsqrt
cache line size           = 128
AltiVec available?        = yes
64-bit processor?         = yes
two52 (2^52)              = 4503599627370496.000000
ten6 (10^6)               = 1000000.000000
timebase                  = 0x18f0d27c48c
timestamp (s)             = 1104103731
timestamp (us)            = 876851
seconds per tick          = 0x3e601b8f3f3f8d9b

descriptors               =
  mach_absolute_time() @ ffff8200
  code_offset       = 31884
  code_length       = 17126
  commpage_address  = 7883
  special           = 0x22
  musthave          = 0x4e800020
  canthave          = 0
```

图 6-28（续）

6.8　对调试、诊断和跟踪的内核支持

在本节中，将探讨 Mac OS X 内核中用于内核级和应用程序级调试、诊断和跟踪的多种设施。注意：这里将不会讨论如何实际地使用内核调试器——在第 10 章关于创建内核扩展的上下文中将探讨这个主题。

6.8.1　GDB（基于网络或者基于 FireWire 的调试）

在 Mac OS X 上执行内核级调试的最方便的方式是通过 GNU 调试器（即 GDB），它支

持基于网络或者基于 FireWire 的内核调试配置，它们都需要两台机器。

> 标准的 Mac OS X 内核支持使用 GDB 执行基于两台机器的网络的调试。

在基于网络的配置中，运行在调试机器上的 GDB 通过以太网与目标机器的内核中的存根进行通信。这个远程调试器协议称为 KDP（Kernel Debugging Protocol，内核调试协议）。它使用基于 UDP 的 TFTP 的变体作为核心传输协议。默认的调试器端的 UDP 端口号是 41139。下面给出了 KDP 协议中请求的示例。

- 面向连接的请求（KDP_CONNECT、KDP_DISCONNECT）。
- 用于获得客户信息的请求（KDP_HOSTINFO、KDP_VERSION、KDP_MAXBYTES）。
- 用于获得可执行映像信息的请求（KDP_LOAD、KDP_IMAGEPATH）。
- 用于访问内存的请求（KDP_READMEM、KDP_WRITEMEM）。
- 用于访问寄存器的请求（KDP_READREGS、KDP_WRITEREGS）。
- 用于操作断点的请求（KDP_BREAKPOINT_SET、KDP_BREAKPOINT_REMOVE）。

每个 KDP 请求——以及对应的应答——都具有它自己的分组格式。注意：目标端的内核中的 KDP 实现没有使用内核的网络栈，但是具有它自己最低限度的 UDP/IP 实现。

KDP 实现使用的两个基本函数用于发送和接收协议分组。支持内核调试的网络驱动程序必须提供这两个函数的轮询模式的实现，它们是：传输处理程序 sendPacket() 和接收处理程序 receivePacket()。仅当内核调试器处于活动状态时，才会使用这些函数。

> 由于网络驱动程序必须明确支持 KDP，仅当使用被这样的驱动程序所驱动的网络接口时，远程调试才是可能的。特别是，AirPort 驱动程序不支持 KDP。因此，不能通过无线网络执行远程调试。

在 FireWire 调试配置中，在目标机器上通过内核扩展（AppleFireWireKDP.kext）的 FireWire 电缆规范使用 KDP；在调试器机器上，则通过转换器程序（FireWireKDPProxy）使用它。转换器在 FireWire 连接与调试器系统上的 UDP 端口 41139 之间路由数据——也就是说，它充当目标机器的本地代理。GDP 仍然执行基于网络的调试，只不过它将与 localhost 通信，而不是直接与目标机器上的 shim 通信。

6.8.2　KDB（基于串行线路的调试）

尽管 GDP 通常足以充当内核调试器，Mac OS X 内核还支持一个名为 KDB 的内置内核调试器，它更适合用于调试低级的内核组件——并且在某些情况下可能是唯一的选项。由于利用 GDB 进行的远程调试将会使用网络或 FireWire 硬件，在必需的硬件可以工作之前，将不能把它用于内核调试。例如，调试由 GDB 或低级硬件中断处理程序使用的内置以太网硬件将需要使用内置的调试器。

> KDB 的性质和功能大体类似于 BSD 变体中的 kdb 调试器。

KDB 还需要两台机器用于调试，尽管整个调试器都构建在内核之中。可以通过一条串行线路与 KDB 交互，这意味着目标机器和调试机器都必须具有串行端口。调试机器可以具有任何类型的串行端口，包括由基于 USB 或者基于 PCI 的串行端口适配器提供的那些串行端口，而目标机器则必须具有内置的硬件串行端口——通常位于主逻辑板上。Xserve 就是具有这样一个真实的串行端口的系统型号的示例。

回忆一下第 5 章中关于 kprintf() 初始化的讨论。来自 kprintf() 的串行输出将被禁用，除非在调试引导参数中设置了 DB_KPRT。当启用调试输出到串行端口时，kprintf() 将需要一个可以被直接访问的串行设备，因为 scc_putc() 将执行轮询的 I/O——它将直接读、写串行芯片寄存器。甚至在禁用中断的情况下，这也可以允许调试工作。图 6-29 显示了一段摘录自 kprintf() 函数初始化中的代码。

// pexpert/ppc/pe_kprintf.c

```
void
PE_init_kprintf(boolean_t vm_initialized)
{
   ...
   if ((scc = PE_find_scc())) {       // See if we can find the serial port
      scc = io_map_spec(scc, 0x1000); // Map it in
      initialize_serial((void *)scc); // Start the serial driver
      PE_kputc = serial_putc;
      simple_lock_init(&kprintf_lock, 0);
   } else
      PE_kputc = cnputc;
   ...
}

void
serial_putc(char c)
{
   (void)scc_putc(0, 1, c);
   if (c == '\n')
      (void)scc_putc(0, 1, '\r');
}

void
kprintf(const char *fmt, ...)
{
   ...
   if (!disableSerialOutput) {
      va_start(listp, fmt);
      _doprnt(fmt, &listp, PE_kputc, 16);
      va_end(listp);
   }
   ...
}
```

图 6-29　kprintf() 函数的初始化

而且，基于 GDB 的远程调试将利用默认的 Mac OS X 内核，与之不同的是，使用 KDB 将需要利用 DEBUG 配置构建一个自定义的内核（参见 6.10 节，了解关于内核编译的讨论）。

6.8.3　CHUD 支持

CHUD（Computer Hardware Understanding Development，计算机硬件理解开发）Tools 软件是一套图形和命令行程序，用于测量和优化 Mac OS X 上的软件性能[①]。它还用于检测和分析系统硬件的各个方面。除了用户空间的程序之外，CHUD Tools 套件还利用了内核扩展（CHUDProf.kext 和 CHUDUtils.kext），它们通过 I/O Kit 用户客户把各种函数导出到用户空间[②]。最终，内核将实现多个函数和回调挂钩，以便被 CHUD 软件使用。bsd/dev/ppc/chud/ 和 osfmk/ppc/chud/ 目录中包含这些函数和挂钩的实现。其中许多函数类似于 Mach API 中的函数。可以对内核中与 CHUD 相关的函数和挂钩进行分类，如下面各小节所述。

1. 任务相关的函数

示例包括：chudxnu_current_task()、chudxnu_task_read()、chudxnu_task_write()、chudxnu_pid_for_task()、chudxnu_task_for_pid()、chudxnu_current_pid() 和 chudxnu_is_64bit_task()。

2. 线程相关的函数

示例包括：chudxnu_bind_thread()、chudxnu_unbind_thread()、chudxnu_thread_get_state()、chudxnu_thread_set_state()、chudxnu_thread_user_state_available()、chudxnu_thread_get_callstack()、chudxnu_thread_get_callstack64()、chudxnu_current_thread()、chudxnu_task_for_thread()、chudxnu_all_threads()、chudxnu_thread_info() 和 chudxnu_thread_last_context_switch()。

3. 内存相关的函数

示例包括：chudxnu_avail_memory_size()、chudxnu_phys_memory_size()、chudxnu_io_map() 和 chudxnu_phys_addr_wimg()。

4. CPU 相关的函数

包括用于以下操作的函数。

- 获取可用的和物理的 CPU 数量。
- 获取当前 CPU 的索引。
- 启动和停止 CPU。
- 启用、禁用和查询 CPU 上的睡眠。
- 启用和禁用中断。
- 检查当前 CPU 是否在中断上下文中运行（通过检查指向中断栈的指针是否为 NULL 来确定）。

[①]　在第 2 章中枚举了 CHUD Tools 套件中的各个程序。

[②]　I/O Kit 用户客户是一个内核中的对象，允许用户空间的应用程序与用户客户代表的设备通信。在第 10 章中将探讨用户客户。

- 生成一个虚拟的 I/O 中断。
- 读写专用寄存器。
- 冲洗和启用 CPU 缓存。
- 获得和释放性能监视设施。
- 执行 SCOM 设施的读写操作。
- 获取指向分支跟踪缓冲区的指针以及它的大小。
- 获取和清除中断计数器。

5. 回调相关的函数

内核在多个内核子系统中支持注册 CHUD 回调，比如下面列出的这些回调。

- **每个 CPU 的定时器回调**（Per-CPU Timer Callback）：CPU 的 per_proc_info 结构的 pp_chud 字段，它是指向 chudcpu_data_t 结构的指针，用于为这个回调保存与定时器相关的数据结构。
- **系统级陷阱回调**（System-Wide Trap Callback）：perfTrapHook 函数指针指向这个回调。在陷阱处理期间从 trap() [osfmk/ppc/trap.c]调用它。
- **系统级中断回调**（System-Wide Interrupt Callback）：perfIntHook 函数指针指向这个回调。在中断处理期间从 interrupt() [osfmk/ppc/interrupt.c]调用它。
- **系统级 AST 回调**（System-Wide AST Callback）：perfASTHook 函数指针指向这个回调。在陷阱处理期间从 trap() [osfmk/ppc/trap.c]调用它。
- **系统级 CPU 信号回调**（System-Wide CPU Signal Callback）：perfCpuSigHook 函数指针指向这个回调。在 CPU 内的信号处理期间从 cpu_signal_handler() [osfmk/ppc/cpu.c]调用它。
- **系统级内核调试回调**（System-Wide Kdebug Callback）：kdebug_chudhook 函数指针指向这个回调。从 kernel_debug() [bsd/kern/kdebug.c]及其变体调用它，在整个内核中都会使用它们（作为 KERNEL_DEBUG 宏的一部分），用于对内核事件进行细粒度的跟踪。
- **系统级系统调用回调**（System-Wide System Call Callback）：仅支持 PowerPC 的系统调用 0x6009 变成活动状态——从用户空间调用它将会在内核中调用这个回调。
- **定时器回调**（Timer Callback）：可以分配多个定时器，并且可以建立基于线程的调出，以运行 CHUD 定时器回调。

图 6-30 显示了内核如何为陷阱和 AST 调用 CHUD 系统级挂钩。

```
// osfmk/ppc/trap.c

struct savearea *
trap(int trapno, struct savearea *ssp, unsigned int dsisr, addr64_t dar)
{
    ...
    ast_t *myast;
    ...
```

图 6-30　用于陷阱和 AST 的 CHUD 系统级挂钩的调用

```
myast = ast_pending();
if (perfASTHook) {
    if (*myast & AST_PPC_CHUD_ALL) {
        perfASTHook(trapno, ssp, dsisr, (unsigned int)dar);
    }
} else {
    *myast &= ~AST_PPC_CHUD_ALL;
}

if (perfTrapHook) {
    if (perfTrapHook(trapno, ssp, dsisr, (unsigned int)dar) ==
    KERN_SUCCESS)
    return ssp; // if it succeeds, we are done...
}
...
}
```

图 6-30（续）

现在来探讨 CHUD 系统调用挂钩的操作。在表 6-12 中，可以看到：仅支持 PowerPC 的系统调用 0x6009（CHUDCall）默认是禁用的。图 6-31 显示调用一个禁用的仅支持 PowerPC 的系统调用将导致错误的（非零）返回。

```
// CHUDCall.c

#include <stdio.h>

int
CHUDCall(void)
{
    int ret;

    __asm__ volatile(
        "li r0,0x6009\n"
        "sc\n"
        "mr %0,r3\n"
        : "=r" (ret) // output
        :            // no input
    );

    return ret;
}

int
main(void)
{
```

图 6-31 调用一个禁用的仅支持 PowerPC 的系统调用

```
    int ret = CHUDCall();

    printf("%d\n", ret);

    return ret;
}

$ gcc -Wall -o CHUDCall CHUDCall.c
$ ./CHUDCall
1
```

图 6-31（续）

现在来看在利用内核注册 CHUD 系统调用回调时会涉及什么。如果成功地注册，当执行 0x6009 系统调用时，将会调用回调。可以使用以下步骤执行这样一个试验。

- 创建一个普通的可加载内核扩展，它只有开始和停止入口点。在第 10 章中将讨论内核扩展。可以在 Xcode 中使用 Generic Kernel Extension 模板创建一个普通的内核扩展。
- 实现一个包装器函数，首先检查回调函数指针是否非 NULL，如果是，它就把 0x6009 系统调用作为一个参数接收的保存区域复制给一个线程状态结构。然后，它将利用指向线程状态结构的指针作为参数调用回调。
- 实现一个函数，把保存区域中的信息复制给线程状态结构。
- 实现一个函数，设置 PPCcalls[9]——用于系统调用 0x6009 的表格条目——指向包装器。从内核扩展的开始例程调用这个函数。
- 实现一个函数，通过把 PPCcalls[9] 设置为 NULL，禁用 0x6009 系统调用。从内核扩展的停止例程调用这个函数。

图 6-32 显示了用于实现这些步骤的大部分代码。注意：这段代码（包括未显示的部分）基本与 osfmk/ppc/chud/chud_osfmk_callback.c 中的代码完全相同。要为这个试验创建一个可以工作的内核扩展，需要提供遗漏的代码。

```
// CHUDSyscallExtension.c

#include <sys/systm.h>
#include <mach/mach_types.h>

#define XNU_KERNEL_PRIVATE
#define __APPLE_API_PRIVATE
#define MACH_KERNEL_PRIVATE

// Either include the appropriate headers or provide structure declarations
// for the following:
//
// struct savearea
// struct ppc_thread_state
```

图 6-32　实现一个内核扩展，用于注册仅支持 PowerPC 的系统调用

```
// struct ppc_thread_state64

// PowerPC-only system call table (from osfmk/ppc/PPCcalls.h)
typedef int (* PPCcallEnt)(struct savearea *save);
extern PPCcallEnt PPCcalls[];

// The callback function's prototype
typedef kern_return_t (* ppc_syscall_callback_func_t) \
                      (thread_flavor_t flavor, thread_state_t tstate, \
                       mach_msg_type_number_t count);

// Pointer for referring to the incoming callback function
static ppc_syscall_callback_func_t callback_func = NULL;

// Identical to chudxnu_copy_savearea_to_threadstate(), which is implemented
// in osfmk/ppc/chud/chud_osfmk_callbacks.c
kern_return_t
ppc_copy_savearea_to_threadstate(thread_flavor_t          flavor,
                                 thread_state_t           tstate,
                                 mach_msg_type_number_t   *count,
                                 struct savearea          *sv)
{
    ...
}

// PPCcalls[9] will point to this when a callback is registered
kern_return_t
callback_wrapper(struct savearea *ssp)
{
    if (ssp) {
        if (callback_func) {
            struct my_ppc_thread_state64 state;
            mach_msg_type_number_t      count = PPC_THREAD_STATE64_COUNT;

            ppc_copy_savearea_to_threadstate(PPC_THREAD_STATE64,
                                             (thread_state_t)&state,
                                             &count, ssp);

            ssp->save_r3 = (callback_func)(PPC_THREAD_STATE64,
                                           (thread_state_t)&state, count);
        } else {
            ssp->save_r3 = KERN_FAILURE;
        }
    }
```

图 6-32 （续）

```
   return 1; // Check for ASTs
}

// Example callback function
kern_return_t
callback_func_example(thread_flavor_t          flavor,
                      thread_state_t           tstate,
                      mach_msg_type_number_t    count)
{
   printf("Hello, CHUD!\n");
   return KERN_SUCCESS;
}

// Callback registration
kern_return_t
ppc_syscall_callback_enter(ppc_syscall_callback_func_t func)
{
   callback_func = func;
   PPCcalls[9] = callback_wrapper;
   __asm__ volatile("eieio");
   __asm__ volatile("sync");
   return KERN_SUCCESS;
}

// Callback cancellation
kern_return_t
ppc_syscall_callback_cancel(void)
{
   callback_func = NULL;
   PPCcalls[9] = NULL;
   __asm__ volatile("eieio");
   __asm__ volatile("sync");
   return KERN_SUCCESS;
}

kern_return_t
PPCSysCallKEXT_start(kmod_info_t *ki, void *d)
{
   ppc_syscall_callback_enter(callback_func_example);
   printf("PPCSysCallKEXT_start\n");
   return KERN_SUCCESS;
}

kern_return_t
PPCSysCallKEXT_stop(kmod_info_t *ki, void *d)
```

图 6-32（续）

```
{
    ppc_syscall_callback_cancel();
    printf("PPCSysCallKEXT_stop\n");
    return KERN_SUCCESS;
}
```

图 6-32（续）

如果在加载了图 6-32 中所示的内核扩展之后运行图 6-31 中的程序，应该会从系统调用返回 0，并且在系统日志中应该会出现 "Hello, CHUD!" 消息。

6.8.4　内核分析（kgmon 和 gprof）

在编译 Mac OS X 内核时，可以支持分析它自己的代码。这种编译是通过在启动内核构建之前选择 PROFILE 配置来实现的。这样就可以启用内核分析机制的多个方面，具体如下。

- 利用 -pg GCC 选项编译内核，从而生成额外的代码，编写分析信息，以便于后续的分析。
- 系统启动期间的 BSD 初始化将调用 kmstartup() [bsd/kern/subr_prof.c]，初始化分析数据结构，它们驻留在一个名为 _gmonparam 的全局 gmonparam 结构 [bsd/sys/gmon.h] 中。而且，kmstartup() 还会分配内核内存，用于保存配置文件数据。
- 当在主处理器上运行时，每次从实时时钟中断处理程序调用 hertz_tick() [osfmk/kern/mach_clock.c] 时，内核都会调用 bsd_hardclock() [bsd/kern/kern_clock.c]。当启用内核分析时，bsd_hardclock() 将会更新 _gmonparam 中的信息。
- 当启用内核分析时，用于为 KERN_PROF sysctl 提供服务的代码将包括在 kern_sysctl() [bsd/kern/kern_sysctl.c] 中，它是用于内核相关的 sysctl 调用的分配器。

kgmon 命令行程序用于启用或禁用分析，复位内核中的配置文件缓冲区，以及把配置文件缓冲区的内容转储到 gmon.out 文件。kgmon 主要使用 CTL_KERN→KERN_PROF→<terminal name> 格式的 MIB（management information base，管理信息库）名称与内核通信，其中 <terminal name> 可以是以下之一。

- GPROF_STATE：启用或禁用分析。
- GPROF_COUNT：获取包含配置文件时钟周期计数的缓冲区。
- GPROF_FROMS：获取包含 "来自" 散列桶的缓冲区。
- GPROF_TOS：获取包含 "去往"（目标）结构的缓冲区。
- GPROF_GMONPARAM：获取内核分析的状态。

一旦把分析数据转储到 gmon.out 文件，就可以使用标准的 gprof 命令行程序显示执行配置文件。图 6-33 显示了一个使用 kgmon 和 gprof 的示例。

1. 每个进程的分析（profil(2)）

xnu 内核实现了 profil() 系统调用，允许用户进程通过分析程序计数器，收集它自己的 CPU 使用统计信息。

```
$ uname -v  # This kernel was compiled with profiling support
Darwin Kernel Version.../BUILD/obj/PROFILE_PPC
$ kgmon # Profiling should be disabled to begin with
kgmon: kernel profiling is off.
$ sudo kgmon -b # Resume the collection of profile data
kgmon: kernel profiling is running.
...           # Wait for the data of interest
$ sudo kgmon -h # Stop the collection of profile data
kgmon: kernel profiling is off.
$ ls    # No output files yet
$ kgmon -p # Dump the contents of the profile buffers
kgmon: kernel profiling is off.
$ ls    # We should have a gmon.out file now
gmon.out
$ gprof /mach_kernel.profile gmon.out
...
granularity: each sample hit covers 4 byte(s) for 0.03% of 34.23 seconds
                           called/total      parents
index  %time   self descendents  called+self   name         index
                                 called/total      children


                                     <spontaneous>
[1]    98.8  33.81      0.00                   _machine_idle_ret [1]
-----------------------------------------------


                                     <spontaneous>
[2]     0.6   0.22      0.00                   _ml_set_interrupts_enabled [2]


...
     0.00      0.00     6/117          _thread_setstatus [818]
     0.00      0.00     6/6            _thread_userstack [1392]
     0.00      0.00     6/6            _thread_entrypoint [1388]
     0.00      0.00     3/203          _current_map [725]
     0.00      0.00     3/3            _swap_task_map [1516]
     0.00      0.00     3/3037         _pmap_switch [436]
...
Index by function name

[1149] _BTFlushPath      [257] _fdesc_readdir    [1029] _psignal_lock
...
[782] __ZN18IOMemoryDescr [697] _ipc_kobject_destro[1516] _swap_task_map
...
[27] _devfs_make_link   [436] _pmap_switch      [1213] _wait_queue_member
...
$
```

图 6-33　使用 kgmon 和 gprof 进行内核分析

```
int
profil(char *samples, size_t size, u_long offset, u_int scale)
```

samples 是一个长度为 size 字节的缓冲区。它被分成连续的存储箱（bin），其中每个箱
16 位。offset 指定最低的程序计数器（Program Counter，PC）值，在每个时钟周期内核都
会在此处对 PC 进行抽样——它是将要抽样的程序区域的起始地址。对于每个抽样的 PC，
内核都会递增存储箱中的值，它的编号是基于 scale 参数计算得到的。要计算存储箱编号，
即 samples 数组中的索引，内核将从抽样的 PC 减去 offset，并用 scale 乘以得到的结果。如
果得到的索引位于 samples 数组的界限内，就会递增对应的存储箱的值；否则，就禁用内
核分析。

scale 是作为一个无符号整数传递的，但是代表 16 位的分数值，并且值 1 位于中间。
因此，scale 值 0x10000 将导致从 PC 值到存储箱的一对一映射，而更高的值则将导致多对
一映射。scale 值 0 或 1 则会禁用内核分析。

// bsd/kern/subr_prof.c

```
#define PC_TO_INDEX(pc, prof) \
        ((int)(((u_quad_t)((pc) - (prof)->pr_off) * \
                        (u_quad_t)((prof)->pr_scale)) >> 16) & ~1)
```

启用内核分析将在 BSD 进程结构的 **p_flag** 字段中设置 **P_PROF** 位。而且，还会把进程
结构内的内核分析子结构的 **pr_scale** 字段设置为 scale 值。因此，如图 6-34 中所示，每次
具有一个 BSD 级别的时钟周期（每秒 100 次）时，bsd_hardclock()就会检查进程是否在用
户模式下运行，以及是否具有非 0 的 scale 值。如果是，它就会在进程中设置一个标志
（P_OWEUPC），指示下一次具有 AST 时对 addupc_task() [bsd/kern/subr_prof.c]的调用将属
任务所有。然后，它将调用 astbsd_on()，生成一个 AST_BSD，并由 bsd_ast()为其提供服务，
它反过来又会调用 addupc_task()。后者将更新内核分析缓冲区，在发生错误时禁用内核
分析。

// bsd/kern/kern_clock.c

```
void
bsd_hardclock(boolean_t usermode, caddr_t pc, int numticks)
{
    register struct proc *p;
    ...
    p = (struct proc *)current_proc();
    ...
        if (usermode) {
            if (p->p_stats && p->p_stats->p_prof.pr_scale) {
                // Owe process an addupc_task() call at next AST
                p->p_flag |= P_OWEUPC;
                astbsd_on();
```

图 6-34   profil()系统调用的实现

```
        }
        ...
    }
    ...
}


// bsd/kern/kern_sig.c
// called when there is an AST_BSD
void
bsd_ast(thread_t thr_act)
{
    ...
    if ((p->p_flag & P_OWEUPC) && (p->p_flag & P_PROFIL)) {
        pc = get_useraddr();
        addupc_task(p, pc, 1);
        p->p_flag &= ~P_OWEUPC;
    }
    ...
}


// bsd/kern/subr_prof.c

void
addupc_task(register struct proc *p, user_addr_t pc, u_int ticks)
{
    ...
    // 64-bit or 32-bit profiling statistics collection
    if (/* 64-bit process */) {
        // calculate offset in profile buffer using PC_TO_INDEX()

        // if target location lies within the buffer, copyin() existing
        // count value from that location into the kernel
        // increment the count by ticks

        // copyout() the updated information to user buffer

        // if there is any error, turn off profiling

    } else {
        // do 32-bit counterpart
    }
}
```

图 6-34（续）

另一个系统调用——add_profil()——可用于分析多个非连续的程序内存区域。在单个
profil()调用后面可以接着多个 add_profil()调用。注意：调用 profil()将删除以前通过一个或

多个 add_profil()调用而分配的任何缓冲区。

2. Mach 任务和线程抽样

Mach 3 提供了用于对任务和线程进行抽样的调用。mach_sample_thread()调用会定期对指定线程的程序计数器进行抽样，在缓冲区中保存抽样的值，并且当缓冲区填满时把缓冲区发送到指定的应答端口。mach_sample_task()调用执行一个类似的函数，但是用于给定任务的所有线程。抽样的值不会被线程加标签，这意味着针对多个线程的抽样通常将混杂在一起。

Mac OS X 内核包括用于基于 Mach 的任务和线程抽样的代码。这些代码是有条件地编译的——如果在内核编译期间定义了 MACH_PROF 的话。不过，注意代码不能正常工作。

```
kern_return_t
task_sample(task_t sample_task, mach_port_make_send_t reply_port);

kern_return_t
thread_sample(thread_act_t sample_thread, mach_port_make_send_t reply_port);

kern_return_t
receive_samples(mach_port_t sample_port, sample_array_t samples,
                mach_msg_type_number_t sample_count);
```

receive_samples()调用用于接收包含抽样值的消息，通过 prof_server()调用它。prof_server()是一个 MIG 生成的库函数，用于简化在处理进入的 IPC 消息时所涉及的工作[①]。在第 9 章中探讨 Mach 异常处理时将讨论 IPC 的这种风格。

osfmk/mach/prof.defs 文件包含这个内核分析接口的 MIG 定义。

6.8.5　每个进程的内核跟踪（ktrace(2)和 kdump）

在 Mac OS X 上可以使用 ktrace()系统调用，用于启用或禁用对一个或多个进程中的所选操作进行跟踪。

```
int
ktrace(const char *tracefile, // pathname of file in which to save trace records
       int ops,               // ktrace operation
       int trpoints,          // trace points of interest (what to trace)
       int pid);              // primary process of interest
                              // a negative pid specifies a process group
```

ktrace()的 ops 参数可以是以下之一。
- KTROP_SET：启用在 trpoints 参数中指定的跟踪点。
- KTROP_CLEAR：禁用在 trpoints 中指定的跟踪点。

---

① prof_server()函数在默认的 Mac OS X 系统库中不存在。

- KTROP_CLEARFILE：停止所有的跟踪。
- KTRFLAG_DESCEND：还会把跟踪改变应用于 pid 参数中指定的进程的所有子进程。

ktrace 命令使用 ktrace()系统调用，允许把跟踪数据记录到指定的文件（默认是 ktrace.out）。kdump 命令将以人类易读的格式显示数据。只有超级用户才可以跟踪 setuid 和 setgid 进程，或者另一个用户的进程。

通过对各自的位进行"逻辑或"运算并且传递得到的值作为 trpoints 参数，来指定要跟踪的操作类别——**跟踪点**（Trace Point）。每种选择都会导致在内核中的一个或多个位置生成对应的事件类型。在调用 ktrace()时，可以使用下面的位值来指定操作类型。

- KTRFAC_SYSCALL：用于跟踪 BSD 系统调用。当设置这个位时，在调用系统调用处理程序之前，将通过 unix_syscall()调用 ktrsyscall()。ktrsyscall()将写入一条"系统调用"跟踪记录（struct ktr_syscall）。
- KTR_SYSRET：用于跟踪从 BSD 系统调用返回。当设置这个位时，在系统调用处理程序返回并且处理了返回值之后，将通过 unix_syscall()调用 ktrsysret()。ktrsysret()将写入一条"从系统调用返回"跟踪记录（struct ktr_sysret）。
- KTRFAC_NAMEI：用于跟踪名称查找操作。当设置这个位时，将通过 namei() [bsd/vfs/vfs_lookup]、sem_open() [bsd/kern/posix_sem.c]和 shm_open() [bsd/kern/posix_shm.c]调用 ktrnamei()。ktrnamei()将写入一个字符串——相关的路径名——作为跟踪数据。
- KTRFAC_GENIO：用于跟踪各种 I/O 操作。当设置这个位时，将通过 recvit()和 sendit() [它们都在 bsd/kern/uipc_syscalls.c 中]以及 dofileread()、dofilewrite()、rd_uio()和 wr_uio()[它们都在 bsd/kern/sys_generic.c 中]调用 ktrgenio()。ktrgenio()将写入一条"通用进程 I/O"跟踪记录（struct ktr_genio）。
- KTRFAC_PSIG：用于跟踪发出的信号。当设置这个位时，将通过 postsig() [bsd/kern/kern_sig.c]调用 ktrpsig()。ktrpsig()将写入一条"处理的信号"跟踪记录（struct ktr_psig）。
- KTRFAC_CSW：用于跟踪上下文切换。当设置这个位时，将通过 sleep_continue() 和 sleep() [它们都在 bsd/kern/kern_synch.c 中]调用 ktrcsw()。ktrcsw()将写入一条"上下文切换"跟踪记录（struct ktr_csw）。

所有的内核跟踪事件日志函数都是在 bsd/kern/kern_ktrace.c 中实现的。

进程结构的 p_traceflag 字段用于保存与操作相关的位。这个字段还包含其他相关的标志，具体如下。

- KTRFAC_ACTIVE：用于指定正在进行的内核跟踪日志记录。
- KTRFAC_ROOT：用于指定由超级用户以前建立的进程的跟踪状态，并且只有超级用户现在可以进一步更改它。
- KTRFAC_INHERIT：用于指定出自于 fork()系统调用的子进程将继承父进程的 p_traceflag 字段。

注意：来源于某类跟踪事件的记录将包含一个通用头部（struct ktr_header），其后接着一个特定于事件的结构。

```
// bsd/sys/ktrace.h

struct ktr_header {
    int ktr_len;                     // length of buffer that follows this header
    short ktr_type;                  // trace record type
    pid_t ktr_pid;                   // process ID generating the record
    char ktr_comm[MAXCOMLEN+1];      // command name generating the record
    struct timeval ktr_time;         // record generation timestamp (microsecond)
    caddr_t ktr_buf;                 // buffer
}
```

特定于事件的结构可能在长度上有所不同，甚至对于给定的事件类型也是如此。例如，ktr_syscall 结构包含一个系统调用编号、传递给该系统调用的参数数量以及一个 64 位无符号整数的数组，其中包含参数。

```
struct ktr_syscall {
    short ktr_code;                  // system call number
    short ktr_narg;                  // number of arguments
    u_int64_t ktr_args[1];           // a 64-bit "GPR" for each argument
};
```

6.8.6　审计支持

在第 2 章中简要探讨了审计系统的用户空间方面的内容。Mac OS X 内核支持对系统事件进行审计，它将为审计记录使用 BSM（Basic Security Module，基本安全模块）格式。图 6-35 显示了用户与审计系统的内核组件之间的关键交互。

在内核的 BSD 部分的初始化期间，将会调用 audit_init() [bsd/kern/kern_audit.c]，初始化审计系统。除了分配相关的数据结构以及初始化多个参数之外，audit_init()还会调用 kau_init() [bsd/kern/kern_bsm_audit.c]，初始化 BSM 审计子系统。特别是，kau_init()将会 BSD 系统调用、Mach 系统调用以及多种开放事件建立初始的事件-类映射。

最初，BSD 和 Mach 系统调用事件将映射到空审计类（AU_NULL）。注意：此时，会对审计进行初始化，但不是在内核中开始的。当用户空间的守护进程（auditd）启动时，它将建立一个日志文件，内核将把审计记录写到该文件——内核中的审计是作为这个操作的副作用开始的。在讨论图 6-35 时，不妨先探讨 auditd 的操作。

auditd 是一个简单的守护进程，其职责被限制于管理审计日志文件以及启用或禁用审计。在实际地把审计记录写到磁盘上时不会涉及它[①]。下面是 auditd 的主要初始化步骤。

---

① 在这层意义上，可以把审计守护进程链接到 dynamic_pager 程序，它将管理交换文件。在第 8 章中将会看到 dynamic_pager 的操作。

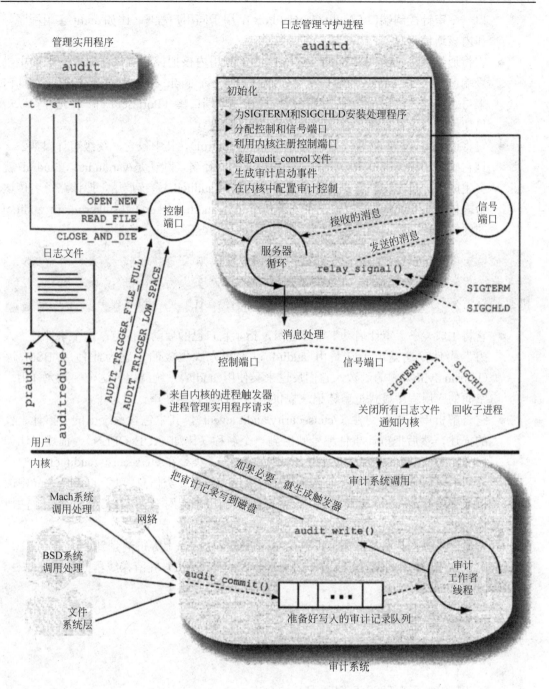

图 6-35 Mac OS X 审计系统

- 它将安装一个信号处理程序,用于处理 SIGTERM 和 SIGCHLD 信号。该处理程序
  将发送一条 Mach IPC 消息给 auditd 的主服务器循环。将不会在信号处理程序自身
  中处理这些信号的原因是:当 auditd 处于信号处理程序中时,它可能不是一个干净
  的位置。

- 它将分配一个 Mach 端口用于前述的信号"反射",并且还会分配另一个 Mach 端

口——**审计控制端口**（Audit Control Port），用于同用户程序（比如 audit 实用程序）和内核通信。

- 它将通过调用 host_set_audit_control_port()利用内核把控制端口注册为特殊的主机级端口。此后，auditd 的客户就可以通过 host_get_audit_control_port()检索控制端口来与之通信。注意：它将把两个端口放在单个**端口集**（Port Set）中[①]，允许它以后只使用端口集在任何一个端口上等待进入的消息。

- 它将读取审计控制文件（/etc/security/audit_control），其中包含系统级审计参数。一旦它确定了用于存储审计日志文件的目录的路径名（默认是/var/audit/），auditd 就会生成审计日志文件自身的路径名，并且调用 auditctl()系统调用，把该路径名传达给内核。auditctl()的内核实现将创建一个运行 audit_worker() [bsd/kern/kern_audit.c] 的内核线程，除非该线程已经存在[②]，在这种情况下，将会唤醒它。

依赖于传递给 open()系统调用的标志，将把它视作不同类型的开放事件。例如，如果利用标志参数 O_RDONLY、O_WRONLY 和 O_RDWR 多次调用 open()系统调用，对应的开放事件将分别是 AUE_OPEN_R、AUE_OPEN_W 和 AUE_OPEN_RW。

- 它将生成一条"审计启动"审计记录，指示它自己的启动。注意：这个事件是"人为"事件，这是由于它是由 auditd 以编程方式生成的。它为此使用 BSM 库（libbsm.dylib）中的函数，它们反过来又使用 audit()系统调用，这个函数允许用户空间的应用程序显式把审计记录提供给内核，以包括在审计日志中。

- 它将解析审计事件文件（/etc/security/audit_event），其中包含系统上的可审计事件的描述，然后把审计事件编号映射到一个名称（比如 AUE_OPEN）、描述（比如"open(2)——attr only"）以及类名（比如"fa"）。类是在/etc/security/audit_class 中描述的——这个文件中的信息必须符合内核已知的审计类信息。对于 audit_event 中的每个事件行，auditd 都将通过 auditon()系统调用来调用 A_SETCLASS 命令，注册类映射。

- 它最终将进入其服务器循环，在控制端口或信号端口上等待消息到达。

用于线程的内核中的审计记录结构（struct kaudit_record）驻留在线程的对应 uthread 结构（struct uthread）中。

```
// bsd/sys/user.h

struct uthread {
    ...
    struct kaudit_record *uu_ar;
    ...
};
```

[①] 在第 9 章中将讨论端口集的概念。

[②] 如果在系统上启用、禁用以及重新启用审计，audit_worker 内核线程将会在重新启用期间存在，因此将会被唤醒。

```
// bsd/bsm/audit_kernel.h

struct kaudit_record {
    struct audit_record  k_ar;            // standard audit record
    u_int32_t            k_ar_commit;     // AR_COMMIT_KERNEL, AR_COMMIT_USER
    void                 *k_udata;        // opaque user data, if any
    u_int                k_ulen;          // user data length
    struct uthread       *k_uthread;      // thread that we are auditing
    TAILQ_ENTRY(kaudit_record) k_q;       // queue metadata
};
```

当第一个可审计事件发生时，内核将通过调用 audit_new() [bsd/kern/kern_audit.c]，为
线程分配并初始化一条新的审计记录。这通常发生在调用 BSD 或 Mach 系统调用时。不过，
这也可能发生在 audit() 系统调用期间，如前所述，audit() 由用户程序用于提交审计记录。由
于不会对 audit() 系统调用自身进行审计，如果迄今为止没有针对该线程的可审计事件发生，
uthread 结构的 uu_ar 字段就有可能为 NULL。内核代码的多个部分可以使用审计宏给线程
的现有审计代码添加信息。这些宏将解析成条件代码，仅当目前启用了审计时，它们才会
工作。图 6-36 显示了一个审计宏的示例。

```
// bsd/bsm/audit_kernel.h

#define AUDIT_ARG(op, args...)  do { \
    if (audit_enabled)               \
        audit_arg_ ## op (args);     \
} while (0)


#define AUDIT_SYSCALL_ENTER(args...) do { \
    if (audit_enabled) {                  \
        audit_syscall_enter(args);        \
    }                                     \
} while (0)

// Additional check for uu_ar since it is possible that an audit record
// was begun before auditing was disabled
#define AUDIT_SYSCALL_EXIT(error, proc, uthread) do{ \
    if (audit_enabled || (uthread->uu_ar != NULL)) { \
        audit_syscall_exit(error, proc, uthread);    \
    }                                                \
} while (0)


// bsd/dev/ppc/systemcalls.c

void
unix_syscall(struct savearea *regs)
{
```

图 6-36　内核中的审计宏以及它们的使用方式

```
    ...
    AUDIT_SYSCALL_ENTER(code, proc, uthread);
    // call the system call handler
    error = (*(callp->sy_call))(proc, (void *uthread->uu_arg,
            &(uthread->uu_rval[0])));
    AUDIT_SYSCALL_EXIT(error, proc, uthread);
    ...
}

// bsd/vfs/vfs_syscalls.c

static int
open1(...)
{
    ...
    AUDIT_ARG(fflags, oflags);
    AUDIT_ARG(mode, vap->va_mode);
    ...
}
```

图 6-36（续）

在调用 audit_syscall_enter() [bsd/kern/kern_audit.c]时，当前的 uthread 结构的 uu_ar 字段将为 NULL。如果与当前系统调用对应的事件及其参数是可审计的，audit_syscall_enter() 将会分配一条审计记录，并且设置 uu_ar 指向它。只要系统调用仍然保持在内核中，可能被内核代码调用的任何 audit_arg_xxx()函数都将把信息追加到线程的审计记录中。当系统调用完成时，audit_syscall_exit() [bsd/kern/kern_audit.c]将通过调用 audit_commit() [bsd/kern/kern_audit.c]提交记录，并且把 uu_ar 字段设置为 NULL。audit_commit()将在准备好写到磁盘的审计记录的队列中插入记录。该队列是由审计工作者线程提供服务的，如前所述，该线程是在 auditd 第一次指定内核的日志文件路径名时创建的。审计工作者线程将通过调用 audit_write() [bsd/kern/kern_audit.c]把审计记录写到日志文件，audit_write()则将通过 vn_rdwr()内核函数直接写到日志文件的虚拟结点（audit_vp 变量）。可以通过传递日志文件路径名 NULL 来禁用审计，这将导致把 audit_vp 变量设置为 NULL。工作者线程将会在其循环的每一次迭代中检查有效的 audit_vp——如果 audit_vp 为 NULL，它将把 audit_enabled 设置为 0，从而导致多个审计日志记录函数无效。

工作者线程的其他职责包括：如果日志文件填满或者如果包含日志文件的卷上的空闲磁盘空间数量下降到配置的阈值之下，它就会给 auditd 发送触发器消息。

6.8.7　细粒度的内核事件跟踪（kdebug）

Mac OS X 提供了一个细粒度的内核跟踪设施，称为 kdebug，可以基于每个进程启用或禁用它。sc_usage、fs_usage 和 latency 命令行工具就会使用 kdebug 设施。sc_usage 可以显示正在进行的系统调用以及多种类型的页错误。fs_usage 的输出受限于与文件系统活动相关的系统调用和页错误。latency 则会监视并且显示调度和中断延迟统计信息。每次尝试进行 kdebug 日志记录时，无论 kdebug 跟踪启用与否，kdebug 设施还允许 CHUD 工具包注册一个将调用的回调函数——kdebug_chudhook()。最后，可以启用 kdebug 设施，收集**熵**（Entropy），因此可以用作随机数生成的熵源。Mac OS X Security Server 使用 kdebug 设施对熵进行抽样。

确切地讲，可以启用 kdebug 设施，使之可以在任何给定的时间与以下一个或多个模式位对应的模式下工作：KDEBUG_ENABLE_TRACE、KDEBUG_ENABLE_ENTROPY 和 KDEBUG_ENABLE_CHUD。内核中的 kdebug_enable 全局变量用于保存这些位。

1. kdebug 跟踪

kdebug 设施把跟踪的操作分为**类**（Class）、类中的**子类**（Subclass）以及子类中的**代码**（Code）。而且，如果跟踪的操作标记了内核函数的开始或结尾，那么将分别利用 DBG_FUNC_START 和 DBG_FUNC_END 函数限定符给它的跟踪加上标签。非函数跟踪是利用 DBG_FUNC_NONE 加标签的。图 6-37 显示的代码摘录自 kdebug 的跟踪操作分类的层次结构。每条跟踪记录都具有 32 位的调试代码，它的位代表操作的类、子类、代码和函数限定符。整个层次结构定义在 bsd/sys/kdebug.h 中。

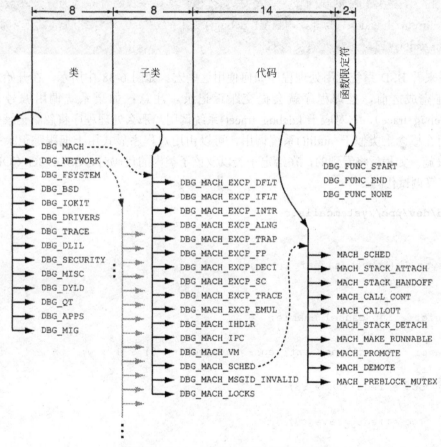

图 6-37　kdebug 设施中的调试代码的成分

整个内核内的代码使用宏提供用于 kdebug 跟踪的操作，这些宏将解析成 kernel_debug()

或 kernel_debug1()，它们都是在 bsd/kern/kdebug.c 中实现的。

```c
// bsd/sys/kdebug.h

#define KERNEL_DEBUG_CONSTANT(x,a,b,c,d,e) \
do {                                        \
    if (kdebug_enable)                      \
        kernel_debug(x,a,b,c,d,e);          \
} while(0)

#define KERNEL_DEBUG_CONSTANT1(x,a,b,c,d,e) \
do {                                        \
    if (kdebug_enable)                      \
        kernel_debug1(x,a,b,c,d,e);         \
} while(0)
...
```

kernel_debug1()是在 execve()操作期间使用的，该操作接在 vfork()操作之后——kernel_debug1()是 kernel_debug()的一个特殊版本，它接收线程的标识作为一个参数，而不是调用 current_thread()，后者是 kernel_debug()使用的。在这种特定的情况下不能使用 current_thread()，因为它将返回父线程。

现在来看 BSD 系统调用处理程序如何使用这些宏。如图 6-38 中所示，在开始之后不久并且在完成之前，处理程序就会提交跟踪记录。注意：如果系统调用编号是 180（SYS_kdebug_trace），它对应于 kdebug_trace()系统调用，那么处理程序将忽略记录生成。这个调用在概念上类似于 audit()系统调用，可以由用户程序显式用于把跟踪记录提交给 kdebug 设施。如稍后将看到的，在给定子类以及该子类内的代码时，BSDDBG_CODE()宏可用于计算调试代码。

```c
// bsd/dev/ppc/systemcalls.c

void
unix_syscall(struct savearea *regs)
{
    ...
    unsigned int cancel_enable;

    flavor = (((unsigned int)regs->save_r0) == 0) ? 1 : 0;
    if (flavor)
        code = regs->save_r3;
    else
        code = regs->save_r0;

    if (kdebug_enable && (code != 180)) {
        if (flavor) // indirect system call
```

图 6-38　BSD 系统调用处理程序中的 kdebug 跟踪

```
            KERNEL_DEBUG_CONSTANT(
                BSDDBG_CODE(DBG_BSD_EXCP_SC, code) | DBG_FUNC_START,
                        regs->save_r4, regs->save_r5,
                        regs->save_r6, regs->save_r7, 0);
        else        // direct system call
            KERNEL_DEBUG_CONSTANT(
                BSDDBG_CODE(DBG_BSD_EXCP_SC, code) | DBG_FUNC_START,
                        regs->save_r3, regs->save_r4, regs->save_r5,
                        regs->save_r6, 0);
    }
    ...
    // call the system call handler
    ...
    if (kdebug_enable && (code != 180)) {
        if (callp->sy_return_type == _SYSCALL_REG_SSIZE_T)
            KERNEL_DEBUG_CONSTANT(
                BSDDBG_CODE(DBG_BSD_EXCP_SC, code) | DBG_FUNC_END,
                        error, uthread->uu_rval[1], 0, 0, 0);
        else
            KERNEL_DEBUG_CONSTANT(
                BSDDBG_CODE(DBG_BSD_EXCP_SC, code) | DBG_FUNC_END,
                        error, uthread->uu_rval[0], uthread->uu_rval[1],
                        0, 0);
    }

    thread_exception_return();
    /* NOTREACHED */
}
```

图 6-38（续）

可以从用户空间通过 KERN_KDEBUG sysctl 操作访问 kdebug 设施，其中将
CTL_KERN 作为顶级 sysctl 标识符。受支持的操作示例如下。

- 启用或禁用跟踪（KERN_KDENABLE）。
- 清理相关的跟踪缓冲区（KERN_KDREMOVE）。
- 重新初始化跟踪设施（KERN_KDSETUP）。
- 给内核指定跟踪缓冲区大小（KERN_KDSETBUF）。
- 指定要跟踪哪些进程 ID（KERN_KDPIDTR）。
- 指定要把哪些进程 ID 排除在外（KERN_KDPIDEX）。
- 通过类、子类、调试代码值或者调试代码值范围给内核指定感兴趣的跟踪点
  （KERN_KDSETREG）。
- 从内核获取跟踪缓冲区元信息（KERN_KDGETBUF）。
- 从内核获取跟踪缓冲区（KERN_KDREADTR）。

注意：可以选择要跟踪的进程 ID 或者将其排除在外。在前一种情况下，在全局 kdebug
标志的内核变量（kdebug_flags）中设置 KDBG_PIDCHECK 位，并且在每个所选进程的

p_flag 进程结构字段中设置 P_KDEBUG 位。此后，将不会跟踪未设置 P_KDEBUG 的任何进程。在排除进程 ID 的情况下，将代之以在 kdebug_flags 中设置 KDBG_PIDEXCLUDE 位，并且为每个排除的进程设置 P_KDEBUG 位。

如在受支持的 kdebug 操作的示例中所看到的，可以用多种方式给内核指定感兴趣的跟踪点：通过 kdebug 类（比如 DBG_BSD）、子类（比如 DBG_BSD_EXCP_SC，它代表 BSD 系统调用）、最多 4 个特定的调试代码值或者这样的值范围。图 6-37 显示了调试代码的结构。bsd/sys/kdebug.h 头文件提供了一些宏，用于从它的组成部分构造调试代码。

现在来考虑一个特定的示例。假设希望使用 kdebug 设施跟踪 chdir()系统调用的使用。用于 chdir()的调试代码将具有 DBG_BSD 作为它的类，使用 DBG_BSD_EXP_SC 作为它的子类，以及使用系统调用的编号（SYS_chdir）作为它的代码。可以使用 BSDDBG_CODE()评测计算代码。

```
// bsd/sys/kdebug.h

#define KDBG_CODE(Class, SubClass, code) (((Class & 0xff) << 24) | \
                ((SubClass & 0xff << 16) | ((code & 0x3fff) << 2))
...
#define MACHDBG_CODE(SubClass, code) KDBG_CODE(DBG_MACH, SubClass, code)
#define NETDBG_CODE(SubClass, code) KDBG_CODE(DBG_NETWORK, SubClass, code)
#define FSDBG_CODE(SubClass, code) KDBG_CODE(DBG_FSYSTEM, SubClass, code)
#define BSDDBG_CODE(SubClass, code) KDBG_CODE(DBG_BSD, SubClass, code)
...
```

在探讨编程示例之前，不妨先来简要讨论 kernel_debug()的操作，它是内核中的 kdebug 活动的中心。它执行以下主要操作。

- 如果注册了 CHUD kdebug 挂钩，它就会调用挂钩。
- 如果正在对熵抽样，它就会向熵缓冲区中添加一个条目，除非该缓冲区已经填满了。下面将探讨熵抽样。
- 如果设置了 KDBG_PIDCHECK，并且如果当前进程没有设置 P_KDEBUG，那么它将返回，并且不会添加跟踪记录。
- 如果设置了 KDBG_PIDEXCLUDE，它与 KDBG_PIDCHECK 互斥，并且如果当前进程没有设置 P_KDEBUG，那么 kernel_debug()将返回。
- 如果设置了 KDBG_RANGECHECK，它将检查当前调试代码是否落在感兴趣的跟踪点的配置范围内。如果不是，kernel_debug()将返回。
- 如果设置了 KDBG_VALCHECK，它将把调试代码（减去函数限定符位）与 4 个特定值（至少必须配置了其中一个值）做比较。如果没有匹配，kernel_debug()就会返回。
- 此时，kernel_debug()将会记录跟踪条目，更新它的簿记数据结构，并且返回。

现在来探讨一个在用户程序中使用 kdebug 设施的示例。可以使用 kdebug 跟踪 chdir()系统调用。如果将进程 ID 作为一个参数传递给程序，则将配置 kdebug 只跟踪那个进程；否则，kdebug 将在系统级的基础上执行跟踪。本示例将使用 kdebug 的值检查特性，将其配置成只跟踪一个特定的调试代码——它对应于 chdir()系统调用。图 6-39 显示了程序及其使用的示例。注意：一次只有一个程序可以使用 kdebug 跟踪设施。

```
// kdebug.c

#define PROGNAME "kdebug"

#include <stdlib.h>
#include <stdio.h>
#include <fcntl.h>
#include <unistd.h>
#include <sys/sysctl.h>
#include <sys/ptrace.h>
#include <sys/syscall.h>

struct proc;

// Kernel Debug definitions
#define PRIVATE
#define KERNEL_PRIVATE
#include <sys/kdebug.h>
#undef KERNEL_PRIVATE
#undef PRIVATE

// Configurable parameters
enum {
    KDBG_BSD_SYSTEM_CALL_OF_INTEREST = SYS_chdir,
    KDBG_SAMPLE_SIZE                 = 16384,
    KDBG_SAMPLE_INTERVAL             = 100000, // in microseconds
};

// Useful constants
enum {
    KDBG_FUNC_MASK   = 0xfffffffc,  // for extracting function type
    KDBG_CLASS_MASK  = 0xff000000,  // for extracting class type
    KDBG_CLASS_SHIFT = 24           // for extracting class type
};

// Global variables
int     exiting = 0;    // avoid recursion in exit handlers
size_t  oldlen;         // used while calling sysctl()
int     mib[8];         // used while calling sysctl()
pid_t   pid = -1;       // process ID of the traced process

// Global flags
int trace_enabled  = 0;
int set_remove_flag = 1;
```

图 6-39   在程序中使用 kdebug 设施

```
// Mapping of kdebug class IDs to class names
const char *KDBG_CLASS_NAMES[256] = {
    NULL,              // 0
    "DBG_MACH",        // 1
    "DBG_NETWORK",     // 2
    "DBG_FSYSTEM",     // 3
    "DBG_BSD",         // 4
    "DBG_IOKIT",       // 5
    "DBG_DRIVERS",     // 6
    "DBG_TRACE",       // 7
    "DBG_DLIL",        // 8
    "DBG_SECURITY",    // 9
    NULL, NULL, NULL, NULL, NULL, NULL, NULL, NULL, NULL, NULL,
    "DBG_MISC",        // 20
    NULL, NULL, NULL, NULL, NULL, NULL, NULL, NULL, NULL, NULL,
    "DBG_DYLD",        // 31
    "DBG_QT",          // 32
    "DBG_APPS",        // 33
    NULL,
};


// Functions that we implement (the 'u' in ukdbg represents user space)
void ukdbg_exit_handler(int);
void ukdbg_exit(const char *);
void ukdbg_setenable(int);
void ukdbg_clear();
void ukdbg_reinit();
void ukdbg_setbuf(int);
void ukdbg_getbuf(kbufinfo_t *);
void ukdbg_setpidcheck(pid_t, int);
void ukdbg_read(char *, size_t *);
void ukdbg_setreg_valcheck(int val1, int val2, int val3, int val4);
void
ukdbg_exit_handler(int s)
{
    exiting = 1;

    if (trace_enabled)
        ukdbg_setenable(0);
    if (pid > 0)
        ukdbg_setpidcheck(pid, 0);

    if (set_remove_flag)
        ukdbg_clear();
```

图 6-39（续）

```
    fprintf(stderr, "cleaning up...\n");

    exit(s);
}


void
ukdbg_exit(const char *msg)
{
    if (msg)
        perror(msg);

    ukdbg_exit_handler(0);
}


// Enable or disable trace
// enable=1 enables (trace buffer must already be initialized)
// enable=0 disables
void
ukdbg_setenable(int enable)
{
    mib[0] = CTL_KERN;
    mib[1] = KERN_KDEBUG;
    mib[2] = KERN_KDENABLE;
    mib[3] = enable;
    if ((sysctl(mib, 4, NULL, &oldlen, NULL, 0) < 0) && !exiting)
        ukdbg_exit("ukdbg_setenable::sysctl");

    trace_enabled = enable;
}


// Clean up relevant buffers
void
ukdbg_clear(void)
{
    mib[0] = CTL_KERN;
    mib[1] = KERN_KDEBUG;
    mib[2] = KERN_KDREMOVE;
    if ((sysctl(mib, 3, NULL, &oldlen, NULL, 0) < 0) && !exiting) {
        set_remove_flag = 0;
        ukdbg_exit("ukdbg_clear::sysctl");
    }
}


// Disable any ongoing trace collection and reinitialize the facility
void
```

图 6-39 (续)

```
ukdbg_reinit(void)
{
    mib[0] = CTL_KERN;
    mib[1] = KERN_KDEBUG;
    mib[2] = KERN_KDSETUP;
    if (sysctl(mib, 3, NULL, &oldlen, NULL, 0) < 0)
        ukdbg_exit("ukdbg_reinit::sysctl");
}


// Set buffer for the desired number of trace entries
// Buffer size is limited to either 25% of physical memory (sane_size),
// or to the maximum mapped address, whichever is smaller
void
ukdbg_setbuf(int nbufs)
{
    mib[0] = CTL_KERN;
    mib[1] = KERN_KDEBUG;
    mib[2] = KERN_KDSETBUF;
    mib[3] = nbufs;
    if (sysctl(mib, 4, NULL, &oldlen, NULL, 0) < 0)
        ukdbg_exit("ukdbg_setbuf::sysctl");
}


// Turn pid check on or off in the trace buffer
// check=1 turns on pid check for this and all pids
// check=0 turns off pid check for this pid (but not all pids)
void
ukdbg_setpidcheck(pid_t pid, int check)
{
    kd_regtype kr;
    kr.type = KDBG_TYPENONE;
    kr.value1 = pid;
    kr.value2 = check;
    oldlen = sizeof(kd_regtype);
    mib[0] = CTL_KERN;
    mib[1] = KERN_KDEBUG;
    mib[2] = KERN_KDPIDTR;
    if ((sysctl(mib, 3, &kr, &oldlen, NULL, 0) < 0) && !exiting)
        ukdbg_exit("ukdbg_setpidcheck::sysctl");
}


// Set specific value checking
void
ukdbg_setreg_valcheck(int val1, int val2, int val3, int val4)
{
```

图 6-39（续）

```
   kd_regtype kr;
   kr.type = KDBG_VALCHECK;
   kr.value1 = val1;
   kr.value2 = val2;
   kr.value3 = val3;
   kr.value4 = val4;
   oldlen = sizeof(kd_regtype);
   mib[0] = CTL_KERN;
   mib[1] = KERN_KDEBUG;
   mib[2] = KERN_KDSETREG;
   if (sysctl(mib, 3, &kr, &oldlen, NULL, 0) < 0)
       ukdbg_exit("ukdbg_setreg_valcheck::sysctl");
}


// Retrieve trace buffer information from the kernel
void
ukdbg_getbuf(kbufinfo_t *bufinfop)
{
   oldlen = sizeof(bufinfop);
   mib[0] = CTL_KERN;
   mib[1] = KERN_KDEBUG;
   mib[2] = KERN_KDGETBUF;
   if (sysctl(mib, 3, bufinfop, &oldlen, 0, 0) < 0)
       ukdbg_exit("ukdbg_getbuf::sysctl");
}

// Retrieve some of the trace buffer from the kernel
void
ukdbg_read(char *buf, size_t *len)
{
   mib[0] = CTL_KERN;
   mib[1] = KERN_KDEBUG;
   mib[2] = KERN_KDREADTR;
   if (sysctl(mib, 3, buf, len, NULL, 0) < 0)
       ukdbg_exit("ukdbg_read::sysctl");
}
int
main(int argc, char **argv)
{
   int          i, count;
   kd_buf       *kd;
   char         *kd_buf_memory;
   kbufinfo_t   bufinfo = { 0, 0, 0, 0 };
   unsigned short code;
```

图 6-39（续）

```
KDBG_CLASS_NAMES[255] = "DBG_MIG";

if (argc > 2) {
    fprintf(stderr, "usage: %s [<pid>]\n", PROGNAME);
    exit(1);
}

if (argc == 2)
    pid = atoi(argv[1]);

code = KDBG_BSD_SYSTEM_CALL_OF_INTEREST;

// Arrange for cleanup
signal(SIGHUP, ukdbg_exit_handler);
signal(SIGINT, ukdbg_exit_handler);
signal(SIGQUIT, ukdbg_exit_handler);
signal(SIGTERM, ukdbg_exit_handler);

kd_buf_memory = malloc(KDBG_SAMPLE_SIZE * sizeof(kd_buf));
if (!kd_buf_memory) {
    perror("malloc");
    exit(1);
}

ukdbg_clear();                    // Clean up related buffers
ukdbg_setbuf(KDBG_SAMPLE_SIZE);   // Set buffer for the desired # of entries
ukdbg_reinit();                   // Reinitialize the facility
if (pid > 0)
    ukdbg_setpidcheck(pid, 1);    // We want this pid
// We want this particular BSD system call
ukdbg_setreg_valcheck(BSDDBG_CODE(DBG_BSD_EXCP_SC, code), 0, 0, 0);
ukdbg_setenable(1);               // Enable tracing

while (1) {
    ukdbg_getbuf(&bufinfo);                        // Query information
    oldlen = bufinfo.nkdbufs * sizeof(kd_buf);     // How much to read?
    ukdbg_read(kd_buf_memory, &oldlen);            // Read that much
    count = oldlen;

    kd = (kd_buf *)kd_buf_memory;
    for (i = 0; i < count; i++) {

        char    *qual = "";
        uint64_t cpu, now;
        int      debugid, thread, type, class;
```

图 6-39（续）

```
        thread = kd[i].arg5;
        debugid = kd[i].debugid;
        type = debugid & KDBG_FUNC_MASK;
        class = (debugid & KDBG_CLASS_MASK) >> KDBG_CLASS_SHIFT;
        now = kd[i].timestamp & KDBG_TIMESTAMP_MASK;
        cpu = (kd[i].timestamp & KDBG_CPU_MASK) >> KDBG_CPU_SHIFT;

        if (debugid & DBG_FUNC_START)
            qual = "DBG_FUNC_START";
        else if (debugid & DBG_FUNC_END)
            qual = "DBG_FUNC_END";

        // Note that 'type' should be the system call we were looking for
        // (type == BSDDBG_CODE(DBG_BSD_EXCP_SC, code) is true

        printf("%lld: cpu %lld %s code %#x thread %p %s\n",
            now,
            cpu,
            (KDBG_CLASS_NAMES[class]) ? KDBG_CLASS_NAMES[class] : "",
            type,
            (void *)thread,
            qual);
    }

    usleep(KDBG_SAMPLE_INTERVAL);
  }
}

$ gcc -Wall -I /path/to/xnu/bsd/ -o kdebug kdebug.c
$ ./kdebug # now use the 'cd' command from another shell
9009708884894:cpu 1 DBG_BSD code 0x40c0030 thread 0x47f9948 DBG_FUNC_START
9009708885712:cpu 1 DBG_BSD code 0x40c0030 thread 0x47f9948 DBG_FUNC_END
^Ccleaning up...
```

图 6-39（续）

/usr/share/misc/trace.codes 文件把 kdebug 代码映射到操作名称。诸如 sc_usage 和 latency 之类的程序使用它以人类易读的形式显示调试代码。

2. kdebug 熵收集

如前所述，可以启用 kdebug 设施，对系统熵进行抽样。这些抽样收集在内核缓冲区中，然后把它复制到用户空间。这些步骤发生在单个 sysctl 调用内。这个调用的输入包括：用于接收熵条目的用户缓冲区、缓冲区的大小以及超时值。Mac OS X Security Server（/usr/sbin/securityd）包含一个使用 kdebug 熵收集的系统熵管理模块。它将执行以下操作。

- 它将在启动时读取保存的熵文件（/var/db/SystemEntropyCache），并且植入随机数生成器（Random Number Generator，RNG），以便初始使用。

- 它将定期调用 kdebug 设施，收集和获取系统熵，它将使用它们来植入 RNG。
- 它将定期把 RNG 的熵保存到熵文件，以便跨重新引导使用它们。

// <darwin>/<securityd>/src/entropy.cpp

```
void
EntropyManager::collectEntropy()
{
    int mib[4];
    mib[0] = CTL_KERN;
    mib[1] = KERN_KDEBUG;
    mib[2] = KERN_KDGETENTROPY;
    mib[3] = 1; // milliseconds of maximum delay
    mach_timespec_t timings[timingsToCollect];
    size_t size = sizeof(timings);
    int ret = sysctl(mib, 4, timings, &size, NULL, 0);
    ...
}
```

内核中用于 KERN_KDGETENTROPY sysctl 的处理程序将调用 kdbg_getentropy() [bsd/kern/kdebug.c]，后者将执行以下操作。

- 如果已经对熵抽样，它将返回 EBUSY。这是由于在 kdebug 设施中最多只能有一个熵收集的实例。
- 它将使用 kmem_alloc()分配一个足够大的内核缓冲区，用于保存所请求的熵条目的数量。如果这个分配失败，它将返回 EINVAL。
- 如果特定于调用者的超时值小于 10ms，它将把超时值改为 10ms。
- 它将通过在 kdebug_enable 变量中设置 KDEBUG_ENABLE_ENTROPY 位，启用熵抽样。
- 它将调用 tsleep() [bsd/kern/kern_synch.c]，以便在超时期间睡眠。
- 一旦被唤醒，它将通过在 kdebug_enable 中清除 KDEBUG_ENABLE_ENTROPY 位，而禁用熵抽样。
- 它将把内核熵缓冲区复制到传入 sysctl 调用的用户缓冲区。
- 它将调用 kmem_free()，释放内核中的熵缓冲区。

启用熵收集将导致 kernel_debug()收集熵缓冲区中的时间戳条目。注意：这与是否启用了 kdebug 跟踪或者是否安装了 CHUD 挂钩无关。

// bsd/kern/kdebug.c

```
void
kernel_debug(debugid, arg1, arg2, arg3, arg4, arg5)
{
    ...
    if (kdebug_enable & KDEBUG_ENABLE_ENTROPY) {
```

```
    // collect some more entropy
    if (kd_entropy_index < kd_entropy_count) {
        kd_entropy_buffer[kd_entropy_index] = mach_absolute_time();
        kd_entropy_index++;
    }

    // do we have enough timestamp entries to fill the entropy buffer?
    if (kd_entropy_index == kd_entropy_count) {
        // disable entropy collection
        kdebug_enable &= ~KDEBUG_ENABLE_ENTROPY;
        kdebug_slowcheck &= ~SLOW_ENTROPY;
    }
    }
    ...
}
```

6.8.8　低级诊断和调试接口

Mac OS X 内核提供了一个低级诊断和调试接口,可以在引导时给内核传递 diag 参数来启用它。依赖于通过这个参数传递的特定标志,内核可以启用特定的特性和行为。在 osfmk/ppc/Diagnostics.h 中定义了可以在 diag 值[①]中设置的多个标志位。表 6-17 列出了这些标志以及它们的用途。

表 6-17　用于在引导时启用诊断特性的标志

名　　称	值	描　　述
enaExpTrace	0x0000_0001	这个位用于在内核中启用超低级诊断跟踪。内置的内核调试器 KDB 可用于查看跟踪记录
enaUsrFCall	0x0000_0002	这个位用于启用将从用户空间使用的固件调用接口。该接口提供了硬件相关的低级功能
enaUsrPhyMp	0x0000_0004	这个位未使用
enaDiagSCs	0x0000_0008	这个位用于启用诊断系统调用接口
enaDiagDM	0x0000_0010	如果设置了这个位,用于/dev/mem 的驱动程序将允许访问整个物理内存(mem_actual),即使通过引导时参数 maxmem 限制了可用的物理内存亦会如此
enaDiagEM	0x0000_0020	这个位将导致特殊操作码 0,以及一个扩展操作码,它是能够接受对齐中断的 X 形式的指令之一,用于模拟对齐异常。这有助于调试对齐处理程序
enaDiagTrap	0x0000_0040	这个位用于启用特殊的诊断陷阱,它具有 twi 31、r31、0xFFFX 这样的形式,其中 X 是一个十六进制的数字。当启用时,将从内核返回陷阱,返回值是 1
enaNotifyEM	0x0000_0080	可以通过低级内核代码仿真由于操作数对齐而失败的指令。这个位用于启用此类仿真的通知——比如说,用于记录未对齐的访问。chudxnu_passup_alignment_exceptions() [osfmk/ppc/chud/chud_cpu.c]——一个 CHUD 工具包内部函数——可以设置或清除这个位

---

① diag 值是作为这些标志位的"逻辑或"传递的。

表 6-17 中列出的标志很可能只对 Mac OS X 核心内核开发人员才是有用的。不建议在生产系统上启用任何诊断或低级调试特性。

1. 固件调用接口

之所以称其为**固件调用接口**（Firmware Call Interface），是因为它提供了被认为是硬件扩展的功能——它不是一个 Open Firmware 接口。它的功能如下。

- 把调试信息（比如寄存器内容）写到打印机或调制解调器端口（dbgDispCall）。
- 把字存储到物理内存，并且清除物理页（分别是 StoreRealCall 和 ClearRealCall）。
- 加载 BAT 寄存器（LoadDBATsCall 和 LoadIBATsCall）。
- 创建虚拟 I/O 和递减器中断（分别是 CreateFakeIOCall 和 CreateFakeDECCall）。
- 立即使系统崩溃（Choke）。
- 立即关闭系统（CreateShutdownCTXCall）。
- 切换上下文（SwitchContextCall）。
- 抢占（DoPreemptCall）。

注意：内核会在其常规操作期间使用某些固件调用。例如，_ml_set_interrupts_enabled() [osfmk/ppc/machine_routines_asm.s] 可以有条件地从内核内调用 DoPreemptCall() 系统调用。类似地，osfmk/ppc/cswtch.s 中的上下文切换汇编代码将使用 SwitchContextCall() 固件调用。

现在来看一个从用户空间使用固件调用接口的示例。如果系统调用的编号将其高阶位设置为 1，就将其视作固件调用。如图 6-12 中所示，xcpSyscall() 处理程序会尽早测试固件调用。虽然从管理员状态来说总是允许固件调用，但是必须为用户空间显式启用它们，如表 6-17 中所指出的那样。如果 xcpSyscall() 在系统调用编号中发现了设置的高阶位，并且调用是被允许的，它就会把调用转发给 FirmwareCall() [xnu/osfmk/ppc/Firmware.s]。系统调用编号中的低阶位表示固件调用表（FWtable）中想要的调用的索引，该表是在 osfmk/ppc/Firmware.s 中声明的，并且是在 osfmk/ppc/FirmwareCalls.h 中填充的。最低编号的固件调用——CutTraceCall()——具有编号 0x80000000。查看 osfmk/ppc/FirmwareCalls.h，就会发现 Choke() 调用位于索引 0xa 处，而 CreateShutdownCTXCall() 调用则位于索引 0xd 处。

固件调用索引可能跨所有的内核版本是不同的。

例如，如果利用 GPR0 中的值 0x8000000a 执行一个系统调用，那么系统将会崩溃。类似地，在 GPR0 中具有值 0x8000000d 的调用将导致系统立即关闭，就好像系统的所有电源都切断了一样。

2. 诊断系统调用接口

相比固件调用接口，**诊断系统调用接口**（Diagnostics System Call Interface）在试验时一般更有趣一点。它的功能包括用于以下操作的例程。

- 调整时基寄存器——用于测试漂移恢复。
- 返回页的物理地址。
- 访问物理内存（包括复制物理内存页，以及读或写各个字节）。
- 软复位处理器。

- 强制所有的缓存（包括 TLB）重新初始化。
- 获取引导屏幕的信息。

在 osfmk/ppc/Diagnostics.c 中可以查看实现的诊断系统调用的完整列表。如表 6-12 中所示，特定于 PowerPC 的 diagCall() 系统调用具有编号 0x6000。这个系统调用将调用 diagCall() [osfmk/ppc/Diagnostics.c]——用于这些系统调用的分配器。diagCall() 使用 GPR3 中的值来确定要执行的特定诊断操作。在 osfmk/ppc/Diagnostics.h 中定义了可用的操作。

```
// osfmk/ppc/Diagnostics.h

#define diagSCnum 0x00006000

#define dgAdjTB         0
#define dgLRA           1
#define dgpcpy          2
#define dgreset         3
#define dgtest          4
#define dgBMphys        5
#define dgUnMap         6
#define dgBootScreen    7
...
#define dgKfree         22
#define dgWar           23
...
```

现在来看一些使用诊断系统调用的示例。首先，可以创建一个公共头文件——diagCommon.h，其中包含在本节中的所有示例中都将使用的代码。图 6-40 显示了 diagCommon.h。

```
// diagCommon.h

#ifndef _DIAG_COMMON_H_
#define _DIAG_COMMON_H_

#include <stdio.h>
#include <stdint.h>
#include <string.h>
#include <ppc/types.h>
#define _POSIX_C_SOURCE
#include <stdlib.h>
#include <unistd.h>

struct savearea;
```

图 6-40　用于使用诊断系统调用接口的公共头文件

```
// These headers are not available outside of the kernel source tree
#define KERNEL_PRIVATE
#include <ppc/Diagnostics.h>
#include <console/video_console.h>
#undef KERNEL_PRIVATE


// The diagCall() prototype in Diagnostics.h is from the kernel's standpoint
// -- having only one argument: a pointer to the caller's save area. Our user-
// space call takes a variable number of arguments.
//
// Note that diagCall() does have a stub in libSystem.
//
// Here we declare a prototype with a variable number of arguments, define
// a function pointer per that prototype, and point it to the library stub.
typedef int (*diagCall_t)(int op, ...);
diagCall_t diagCall_ = (diagCall_t)diagCall;


// Defined in osfmk/vm/pmap.h, which may not be included from user space
#define cppvPsrc        2
#define cppvNoRefSrc    32


// Arbitrary upper limit on the number of bytes of memory we will handle
#define MAXBYTES        (8 * 1024 * 1024)


#endif // _DIAG_COMMON_H_
```

图 6-40（续）

在可以使用诊断系统调用接口之前，必须在引导时通过传递 diag=<number>引导参数来启用它，其中<number>包含与 enaDiagSCs 常量（0x8）对应的设置位，如表 6-17 中所指出的那样。类似地，固件接口是通过传递与 enaUsrFCall 常量（0x2）对应的设置位来启用的。例如，要启用这两个接口，可以传递 diag=0xa，因为 0xa 是 0x8 与 0x2 的"逻辑或"。

获取引导屏幕的信息

在这个示例中，将编写一个程序，使用 dgBootScreen()调用从内核中获取引导屏幕的"视频"信息。该信息是在一个 vc_info 类型的结构中维护的。osfmk/console/video_console.c 中的系统控制台代码用于管理这个结构。图 6-41 显示了程序在连接有 1280×854 显示器的系统上的输出。注意：标记"物理地址"的量显示了原始帧缓冲区在物理内存中的位置。

获取虚拟地址的物理地址

在这个示例中，将使用 dgLRA()（其中 LRA 代表逻辑-真实地址（Logical-to-Real Address））调用为调用进程的地址空间中给定的虚拟地址获取物理页，从而获取物理地址。如果虚拟地址没有映射到调用者的地址空间中，dgLRA()系统调用将返回一个非 0 值。可以

```c
// diagBootScreen.c

#include "diagCommon.h"

int
main(int argc, char **argv)
{
    struct vc_info vc_info;

    if (diagCall_(dgBootScreen, &vc_info) < 0)
        exit(1);

    printf("%ldx%ld pixels, %ldx%ld characters, %ld-bit\n",
        vc_info.v_width, vc_info.v_height,
        vc_info.v_columns, vc_info.v_rows,
        vc_info.v_depth);
    printf("base address %#08lx, physical address %#08lx\n",
        vc_info.v_baseaddr, vc_info.v_physaddr);
    printf("%ld bytes used for display per row\n",
        vc_info.v_rowscanbytes);

    exit(0);
}
```

```
$ gcc -Wall -I /path/to/xnu/osfmk/ -o diagBootScreen diagBootScreen.c
$ ./diagBootScreen
1280x854 pixels, 160x53 characters, 32-bit
base address 0x2f72c000, physical address 0xb8010000
5120 bytes used for display per row
```

图 6-41　用于诊断系统调用获取引导屏幕的信息

通过获取以虚拟地址 0xFFFF8000 开头的页的物理地址来验证这个程序——如前文所述，这是公共区域的基本虚拟地址，应该映射到所有用户地址空间中的相同物理页。图 6-42 显示了该程序。

```c
// diagLRA.c

#include "diagCommon.h"

#define PROGNAME "diagLRA"

int
main(int argc, char **argv)
{
```

图 6-42　为调用者的地址空间中的虚拟地址获取物理地址（如果有的话）

```
    u_int32_t phys, virt;
    u_int64_t physaddr;

    if (argc != 2) {
        printf("usage: %s <virtual address in hex>\n", PROGNAME);
        exit(1);
    }

    // Must be in hexadecimal
    virt = strtoul(argv[1], NULL, 16);

    phys = diagCall_(dgLRA, virt);
    if (!phys) {
        printf("virtual address %08x :: physical page none\n", virt);
        exit(1);
    }

    physaddr = (u_int64_t)phys * 0x1000ULL + (u_int64_t)(virt & 0xFFF);
    printf("virtual address %#08x :: physical page %#x (address %#llx)\n",
           virt, phys, physaddr);

    exit(0);
}


$ gcc -Wall -I /path/to/xnu/osfmk/ -o diagLRA diagLRA.c
$ ./diagLRA 0x0
virtual address 00000000 :: physical page none
$ ./diagLRA 0xFFFF8000
virtual address 0xFFFF8000 :: physical page 0x1669 (address 0x1669000)
...
```

图 6-42（续）

检查物理内存

dgpcpy() 诊断系统调用把物理内存复制到所提供的缓冲区中。在这个示例中，将编写一个程序，使用这个调用获取物理内存，并将其转储到标准输出上。此外，可以把程序的输出重定向到某个文件，或者通过诸如 hexdump 之类的实用程序输送它，以便以不同的格式查看内存的内容。图 6-43 显示了这个程序。

```
// diagpcpy.c

#include "diagCommon.h"

#define PROGNAME "diagpcpy"

void usage(void);
```

图 6-43　使用诊断系统调用获取物理内存

```
int
main(int argc, char **argv)
{
    int         ret;
    u_int32_t   phys;
    u_int32_t   nbytes;
    char        *buffer;

    if (argc != 3)
        usage();

    phys = strtoul(argv[1], NULL, 16);
    nbytes = strtoul(argv[2], NULL, 10);
    if ((nbytes < 0) || (phys < 0))
        usage();

    nbytes = (nbytes > MAXBYTES) ? MAXBYTES : nbytes;
    buffer = (char *)malloc(nbytes);
    if (buffer == NULL) {
        perror("malloc");
        exit(1);
    }

    // copy physical to virtual
    ret=diagCall_(dgpcpy, 0, phys, 0, buffer, nbytes, cppvPsrc|cppvNoRefSrc);

    (void)write(1, buffer, nbytes);

    free(buffer);

    exit(0);
}

void
usage(void)
{
    printf("usage: %s <physical addr><bytes>\n", PROGNAME);
    printf("\tphysical address must be specified in hexadecimal\n");
    printf("\tnumber of bytes to copy must be specified in decimal\n");

    exit(1);
}


$ gcc -Wall -I /path/to/xnu/osfmk/ -o diagpcpy diagpcpy.c
...
```

图 6-43（续）

可以通过检查已知包含特定信息的物理内存，来测试 diagpcpy 程序的操作。回忆图 6-28 可知，公共区域的开始处包含一个字符串签名。而且，公共区域在每个用户虚拟地址空间中应该以地址 0xFFFF8000 开始，并且使用前一个示例中的 diagLRA 程序确定对应的物理地址。

```
$ ./diagLRA 0xFFFF8000
virtual address 0xFFFF8000 :: physical page 0x1669 (address 0x1669000)
$ ./diagpcpy 0x1669000 16 | strings
commpage 32-bit
$
```

现在来看另一个示例。须知异常矢量驻留在以地址 0x0 开始的物理内存中。可以获取该页的内容，并把它们与内核可执行文件内的 __VECTORS 段中的 __interrupts 部分的内容做比较。

```
$ ./diagpcpy 0x0 4096 > /tmp/phys0.out
$ hexdump -v /tmp/phys0.out | less
...
0000100 7db2 43a6 7d73 43a6 81a0 00f0 7d60 0026
0000110 2c0d 0001 4082 001c 3960 0000 9160 00f0
0000120 8080 00f4 8060 00f8 7c88 03a6 4e80 0020
...
$ otool -s __VECTORS __interrupts /mach_kernel | less
/mach_kernel:
Contents of (__VECTORS,__interrupts) section
...
00000100 7db243a6 7d7343a6 81a000f0 7d600026
00000110 2c0d0001 4082001c 39600000 916000f0
00000120 808000f4 806000f8 7c8803a6 4e800020
...
```

注意：将以稍微不同于 otool 输出的方式对 hexdump 输出进行格式化。可以通过格式字符串来配置当今的 hexdump 程序的输出格式。在这个示例中，可以使 hexdump 输出与 otool 的输出完全相同，如下所示。

```
$ echo '"%07.7_Ax\\n"\n"%07.7_ax " 4/4 "%08x " "\\n"' | \
    hexdump -v -f /dev/stdin /tmp/phys0.out
...
00000100 7db243a6 7d7343a6 81a000f0 7d600026
00000110 2c0d0001 4082001c 39600000 916000f0
00000120 808000f4 806000f8 7c8803a6 4e800020
...
```

最后，可以从物理地址 0x5000 中获取几个字节，并且尝试把它们解释为一个字符串。在 6.8.9 节中解释了得到这个字符串的原因。

```
$ ./diagpcpy 0x5000 8 | strings
Hagfish
```

捕获文本控制台的截屏图

在前面使用 diagBootScreen 程序确定了引导显示器的帧缓冲区的物理基址。由于 diagpcpy 允许转储物理内存，就可以使用这两个程序捕获显示器的原始截屏图。特别是，这提供了一种捕获文本控制台的截屏图的方式。来看图 6-41 中所示的显示器的示例；这里重复了相关的信息。

```
$ ./diagBootScreen
1280x854 pixels, 160x53 characters, 32-bit
base address 0x2f72c000, physical address 0xb8010000
5120 bytes used for display per row
```

给定通过 diagBootScreen 转储的信息，可以看到在这个特定系统上抓取截屏图将涉及复制一定数量的从物理地址 0xb8010000 开始的物理内存。由于这是一个 32 位的帧缓冲区，并且具有 1280 × 854 像素，故需要获取的字节数是 4 × 1280 × 854，即 4372480。

```
$ ./diagpcpy 0xb8010000 4372480 > display.dump
$ file display.dump
display.dump: data
```

> 注意：diagpcpy 并不是从用户空间读取物理内存的唯一方式。如果给用户程序提供合适的特权，它就可以通过/dev/mem 和/dev/kmem 设备分别读取物理内存和内核虚拟内存。服务于这些设备的内核函数是在 bsd/dev/ppc/mem.c 中实现的。

此时，display.dump 文件包含原始的像素数据——以行主序排列的 32 位像素值的线性序列。当将其视作大端时，每个像素值都包含一个前导填充字节，其后依此接着 8 位的红、绿、蓝成分。可以使用多种图像处理工具把这种原始数据转换成图像格式——比如说，TIFF 或 JPEG。例如，可以编写一个普通的 Perl 脚本，从每个像素值中删除填充，创建一个新的原始像素数据文件，然后可以把它转换成可轻松查看的图像格式。下面的示例使用了可自由使用的 rawtoppm 和 ppmtojpeg 命令行程序。

```perl
$ cat unpad.pl
#! /usr/bin/perl -w

my $PROGNAME = "unpad";

if ($#ARGV != 1) {
    die "usage: $PROGNAME <infile><outfile>\n";
}

open(I, "<$ARGV[0]") or die "$!\n";
open(O, ">$ARGV[1]") or die "$!\n";

my $ibuf;
```

```
while (sysread(I, $buf, 4) == 4) {
    my ($pad, $r, $g, $b) = unpack('C4', $buf);
    $buf = pack('C3', $r, $g, $b);
    syswrite(O, $buf, 3);
}

close(I);
close(O);

exit(0);
$ ./unpad.pl display.dump display-rgb.raw
$ rawtoppm -rgb -interpixel 1280 854 display-rgb.raw > display.ppm
$ ppmtojpeg display.ppm > display.jpg
```

> 用户程序可以使用 CGDisplayBaseAddress()Quartz Services API 调用获取帧缓冲区的
> 基址。此后，程序就可以访问和修改帧缓冲区内存——比如说，使用 read()和 write()系统
> 调用。在第 10 章中将会看到抓取截屏图示例的 API 兼容的版本。

6.8.9 低级内核跟踪

除了前文介绍过的多种跟踪设施之外，Mac OS X 内核还包含另外一种用于低级跟踪的
设施。在本章前面介绍 CutTrace()的上下文中提到过这种设施，内核代码通过它把低级跟
踪记录到内核缓冲区中。可以从 KDB 内检查缓冲区。在讨论这种跟踪机制之前，不妨来
探讨低级内存全局（Lowglo）数据结构，它还包括用于这种机制的工作区。

1. 低级内存全局数据结构

前文介绍过物理内存的前 32 KB——**低级内存**（Low Memory）——包含关键的内核数
据和代码。例如，PowerPC 异常矢量是从物理地址 0x0 开始的。在 osfmk/ppc/lowmem_
vectors.s 中实现的低级异常过滤表（xcpTable）和一级系统调用分配表（scTable）也驻留在
低级内存中。在 lowmem_vectors.s 中实例化的另一个低级内存区域是 lowGlo——它是一个
lowglo 类型的结构，其中包含全局（与每个处理器相对）常量、数据区域和指针。这些实
体是由内核代码直接使用绝对地址访问的。因此，它们必须驻留在低级物理内存中。logGlo
区域是从物理地址 0x5000 开始的，并且长度是一页。下一个物理页——从地址 0x6000 开
始——是一个映射到内核的地址空间中的共享页；它可以用于低级内核调试。图 6-44 显示
了 lowGlo 区域的结构。

在 6.8.8 节中，可以发现物理地址 0x5000 处的内存包含单词 Hagfish。确切地讲，它是
字符串"Hagfish"（具有一个尾部空格）。它是一个"引人注目的"字符串，用作 lowGlo 区
域开始处的系统验证代码。现在来使用 6.8.8 节中的 diagpcpy 程序，从这个区域中收集另
外一些信息。

内核版本字符串

如图 6-44 中所示，物理地址 0x501C 包含一个指向内核版本字符串的指针。

0x5000	"Hagfish"引人注目的字符串	lgVerCode
0x5008	64位的0常量	lgZero
0x5010	指向per_proc块开始处的指针	lgPPStart
0x5014	CHUD xnu函数粘合表	lgCHUDXNUfnStart
0x5018	机器检查标志	lgMckFlags
0x501C	指向内核版本字符串的指针	lgVersion
0x5020	物理内存窗口虚拟地址	lgPMWvaddr
0x5028	用户内存窗口虚拟地址	lgUMWvaddr
0x5030	VMM强制特性标志(vmmforce引导参数)	lgVMMforcedFeats
0x5034	保留(19×4字节)	lgRsv034
0x5080	跟踪控制块(trcWork)	lgTrcWork
0x50A0	保留(24×4字节)	lgRsv0A0
0x5100	保存区域锚点(saveanchor)	lgSaveanchor
0x5140	保留(16×4字节)	lgRsv140
0x5180	TLBIE锁	lgTlbieLck
0x5184	保留(31×4字节)，推送到下一个缓存行	lgRsv184
0x5200	诊断工作区的开始	lgdgWork
0x5220	lcks选项	lglcksWork
0x5224	保留(23×4字节)	lgRsv224
0x5280	页配置	lgpPcfg
0x52A0	保留(24×4字节)	lgRsv2A0
0x5300	用于取消保留的行	lgKillResv
0x5304	用于保留取消行的填充(31×4字节)	lgKillResvpad
0x5380-0x5400	保留(32×4字节)	lgRsv380
0x5400-0x5480	保留(32×4字节)	lgRsv400
	保留(704×32字节)	lgRsv480
0x6000	0xC24B_C195	
	公共区域有效性值	
	公共区域有效性值	
	公共区域有效性值	
	公共区域有效性值	共享页
	公共区域有效性值	
	公共区域有效性值	
	公共区域有效性值	
	公共区域版本号	
0x7000	0	

左侧标注：4KB(1页)（上半部分，0x5000 至 0x6000）；4KB(1页)（下半部分，0x6000 至 0x7000）

图 6-44　低级内存全局数据区域

```
$ ./diagpcpy 0x501C 4 | hexdump
0000000 0033 1da0
0000004
$ ./diagpcpy 0x00331da0 128 | strings
Darwin Kernel Version 8.6.0: ... root:xnu-792.6.70.obj~1/RELEASE_PPC
8.6.0
Darwin
```

每个处理器的信息区域

如图 6-44 中所示，物理地址 0x5010 指向包含每个处理器的信息条目的数组开始处。每个条目都是一个 per_proc_entry 类型的结构，其中包含一个指向 per_proc_info 类型的结构的指针。per_proc_info 结构包含多种关于处理器的静态和动态信息——例如，硬件异常计数器（struct hwCtrs）。图 6-45 显示了摘录自这些结构中的代码段，其中一些代码在第 5 章中见到过。

```
// osfmk/ppc/exception.h

#pragma pack(4)
struct hwCtrs {
    unsigned int hwInVains;
    unsigned int hwResets;
    unsigned int hwMachineChecks;
    unsigned int hwDSIs;
    unsigned int hwISIs;
    unsigned int hwExternals;
    unsigned int hwAlignments;
    unsigned int hwPrograms;
    ...
};
#pragma pack()

typedef struct hwCtrs hwCtrs;

...
#pragma pack(4)
struct per_proc_info {
    unsigned int cpu_number;
    ...
    hwCtrs hwCtr; // begins at offset 0x800 within the structure
    ...
}
#pragma pack()

...
#define MAX_CPUS 256

struct per_proc_entry {
    addr64_t                ppe_paddr;
    unsigned int            ppe_pad4[1];
    struct per_proc_info    *ppe_vaddr;
};

extern struct per_proc_entry PerProcTable[MAX_CPUS-1];
```

图 6-45　用于保存每个处理器的信息的数据结构

现在来使用 diagpcpy 获取特定硬件计数器（比如说，hwPrograms）的值。如果具有多个处理器，可以为第一个处理器执行该操作。给定图 6-44 和图 6-45 中的信息，可以使用以下信息计算感兴趣的物理地址。

- 地址 0x5010 包含一个指向 PerProcTable 的指针——该示例对 PerProcTable 的第一个条目感兴趣。
- per_proc_entry 的 ppe_paddr 字段包含处理器的 per_proc_info 结构的第一页。该示例将把 ppe_paddr 解析为一个要从对应的内存中读取的指针。
- hwCtr 结构位于 per_proc_info 结构内的偏移量 0x800 处。
- hwPrograms 计数器位于 hwCtr 结构内的 28 字节的偏移量处——unsigned int 大小的 7 倍，因此，位于 per_proc_info 内的 0x81c（0x800 + 28）字节的偏移量处。

现在来获取 hwPrograms 的值。

```
$ ./diagpcpy 0x5010 4 | hexdump # this will give us the address of PerProcTable
00000000 0035 d000
00000004
$ ./diagpcpy 0x35d000 16 | hexdump # fourth 32-bit word is the first
                                   # processor's ppe_vaddr
00000000 0000 0000 0035 e000 0000 0000 0035 e000
00000010
$ ./diagpcpy 0x35e81c 4 | hexdump # add 0x81c to get the address of hwPrograms
00000000 0000 0000
00000004
```

在这个示例中，计数器的值是 0。现在来执行一个普通的程序，它将递增这个计数器的值。例如，执行一条非法硬件指令——比如说，用户模式下仅由管理员执行的指令——将导致一个 T_PROGRAM 异常，它是由 hwPrograms 统计的。图 6-46 显示了一个将导致生成 T_PROGRAM 的程序。

```
// gentprogram.c

#if defined(__GNUC__)
#include <ppc_intrinsics.h>
#endif

int
main(void)
{
    return __mfspr(1023);
}


$ gcc -Wall -o gentprogram gentprogram.c
$ ./gentprogram
zsh: illegal hardware instruction  ./gentprogram
```

图 6-46　引发异常并从内核获取对应的计数器

```
$ ./diagpcpy 0x35e81c 4 | hexdump
00000000 0000 0001
00000004
$ ./gentprogram; ./gentprogram; ./gentprogram
zsh: illegal hardware instruction  ./gentprogram
zsh: illegal hardware instruction  ./gentprogram
zsh: illegal hardware instruction  ./gentprogram
$ ./diagpcpy 0x35e81c 4 | hexdump
00000000 0000 0004
00000004
```

图 6-46（续）

图 6-47 显示了用于递增多个硬件异常计数器的异常处理代码的一部分。注意：hwCtr
结构内的计数器字段的顺序与异常编号的定义匹配——异常编号是 hwCtr 内对应的计数器
的偏移量。例如，在 osfmk/ppc/exception.h 中将 T_PROGRAM 定义为(0x07 * T_VECTOR_
SIZE)，其中 T_VECTOR_SIZE 是 4。

```
// osfmk/ppc/genassym.c

...
DECLARE("hwCounts", offsetof(struct per_proc_info *, hwCtr);
...


; osfmk/ppc/lowmem_vectors.s

.L_exception_entry:
        ...
xcpCommon:
        ...
Redrive:
        ...
        mfsprg r2,0              ; restore per_proc(SPRG0 contains per_proc ptr)
        ...
        la r12,hwCounts(r2)      ; point to the exception count area
        ...
        add r12,r12,r11          ; point to the count (r11 contains T_XXX)
        lwz r25,0(r12)           ; get the old value
        ...
        add r25,r25,r24          ; count this one (r24 will be 1 or 0)
        ...
        stw r25,0(r12)           ; store it back
        ...
```

图 6-47   内核中的硬件异常计数器的维护

2. 低级跟踪

现在来继续讨论“CutTrace”低级跟踪（Low-Level Tracing，简称为 Low Tracing）。

图 6-44 显示了一个名为 lgTrcWork 的区域：这是用于低级跟踪的控制块。它是 TRaceWork
类型的结构。

```
// osfmk/ppc/low_trace.h

typedef struct traceWork {
    unsigned int traceCurr;      // Address of next slot
    unsigned int traceMask;      // Types to be traced
    unsigned int traceStart;     // Start of trace table
    unsigned int traceEnd;       // End of trace table
    unsigned int traceMsnd;      // Saved trace mask
    unsigned int traceSize;      // Size of trace table
    unsigned int traceGas[2];
} traceWork;
```

　　类似地，lgdgWork 是诊断工作区——它是一个 diagWork 类型的结构，在
osfmk/ppc/Diagnostics.h 中声明了它。这个结构的字段之一 dgFlags 存储诊断标志。通过
diag 引导时参数传递的标志就存储在这里。

　　通过在 diag 引导时参数的值中设置 enaExpTrace 位来启用低级跟踪。可以通过 ctrc 引
导时参数提供处理器编号把它限制于特定的处理器。而且，可以通过 tb 引导时参数调整用
于低级跟踪的内核缓冲区的大小。ppc_init() [osfmk/ppc/ppc_init.c]将在早期的系统启动期间
处理这些参数。图 6-48 显示了这个处理方式。

```
// osfmk/ppc/genassym.c

...
DECLARE("trcWork", offsetof(struct lowglo *, lgTrcWork));
...


// osfmk/ppc/ppc_init.c

void
ppc_init(boot_args *args)
{
    ...
    // Set diagnostic flags
    if (!PE_parse_boot_arg("diag", &dgWork.dgFlags))
        dgWork.dgFlags = 0;
    ...
    // Enable low tracing if it is requested
    if (dgWork.dgFlags & enaExpTrace)
        trcWork.traceMask = 0xFFFFFFFF;


    // See if tracing is limited to a specific processor
```

图 6-48　系统启动期间与低级跟踪相关的引导时参数的处理

```
if (PE_parse_boot_arg("ctrc", &cputrace)) {
    trcWork.traceMask=(trcWork.traceMask & 0xFFFFFFF0)|(cputrace & 0xF);
}


// See if we have a nondefault trace-buffer size
if (!PE_parse_boot_arg("tb", &trcWork.traceSize)) {
#if DEBUG
    trcWork.traceSize = 32;  // Default 32-page trace table for DEBUG
#else
    trcWork.traceSize = 8;   // Default 8-page trace table for RELEASE
#endif
}


// Adjust trace table size, if not within minimum/maximum limits
if (trcWork.traceSize < 1)
    trcWork.traceSize = 1;   // Must be at least 1 page
if (trcWork.traceSize > 256)
    trcWork.traceSize = 256; // Can be at most 256 pages


// Convert from number of pages to number of bytes
trcWork.traceSize = trcWork.traceSize * 4096;
...
}
```

图 6-48（续）

在系统启动以后，pmap_bootstrap() [osfmk/ppc/pmap.c]将预留用于跟踪表的物理内存。

```
// osfmk/ppc/pmap.c

void
pmap_bootstrap(uint64_t memsize, vm_offset_t *first_avail, unsigned int
kmapsize)
{
    ...
    trcWork.traceCurr = (unsigned int)addr; // set first trace slot to use
    trcWork.traceStart = (unsigned int)addr; // set start of trace table
    trcWork.traceEnd = (unsigned int)addr + trcWork.traceSize; // set end
...
}
```

如前所述，低级跟踪是通过 CutTrace()系统调用执行的，它是一个固件调用，也是一个超快陷阱——它是在 osfmk/ppc/lowmem_vectors.s 中处理的（事实上，是在其他任何超快陷阱之前处理的）。固件调用接口提供了一个存根（dbgTrace() [osfmk/ppc/Firmware.s]），用于调用 CutTrace()。

```
; osfmk/ppc/Firmware.s
;
```

```
; dbgTrace(traceID, item1, item2, item3, item4)
;
            .align 5
            .globl EXT(dbgTrace)
LEXT(dbgTrace)
            mr r2,r3                    ; trace ID
            mr r3,r4                    ; item1
            lis r0,HIGH_ADDR(CutTrace)  ;top half of firmware call number
            mr r4,r5                    ; item2
            mr r5,r6                    ; item3
            ori r0,r0,LOW_ADDR(CutTrace) ; bottom half
            mr r6,r7                    ; item4
            sc                          ; invoke the system call
            blr                         ; done
```

内核的多个部分可以通过调用 dbgTrace() 或者直接调用 CutTrace() 系统调用来添加低级跟踪记录。在后一种情况下，将把跟踪标识符传入 GPR2 中。图 6-49 显示了一个创建低级跟踪记录的内核代码的示例。

```
// osfmk/ipc/ipc_kmsg.c

mach_msg_return_t
ipc_kmsg_get(mach_vm_address_t msg_addr,
            mach_msg_size_t size,
            ipc_kmsg_t *kmsgp)
{
    ...
#ifdef ppc
    if (trcWork.traceMask)
        dbgTrace(0x1100,
                (unsigned int)kmsg->ikm_header->msgh_id,
                (unsigned int)kmsg->ikm_header->msgh_remote_port,
                (unsigned int)kmsg->ikm_header->msgh_local_port,
                0);
#endif
    ...
}
```

图 6-49　通过内核代码生成低级跟踪记录的示例

低级跟踪记录是一个 LowTraceRecord 类型的结构，在 osfmk/ppc/low_trace.h 中声明了它。LowTraceRecord 结构中包含的信息如下。

- 处理器编号。
- 异常代码。
- 时基寄存器的上部和下部。
- 以下寄存器的内容: CR、DSISR、SRR0、SRR1、DAR、LR、CTR，以及 GPR 0~GPR 6。
- 保存区域。

查看低级跟踪记录的一种方便的方式是通过内置的内核调试器 KDB，它的 lt 命令用于
格式化和显示这些记录。

```
db{0}> lt 0
...
00ADEA80 0 00000002 FD6D0959 - 0C00
        DAR/DSR/CR: 00000000A000201C 40000000 84024A92
         SRR0/SRR1 00000000000D6D00 1000000000001030
         LR/CTR 00000000000D61F4 00000000000344A8
         R0/R1/R2 FFFFFFFF80000000 000000001759BD00 0000000000004400
         R3/R4/R5 0000000002626E60 000000000002CD38 0000000001E5791C
        R6/sv/rsv 000000002FD78780 0000000000000000 00000000
...
```

6.9　虚拟机监视器

Mac OS X 内核（PowerPC）实现了一种**虚拟机监视器**（Virtual Machine Monitor，VMM）
设施，用户空间的程序可以使用它动态创建和操作虚拟机（VM）上下文。每个 VM 实例
都具有它自己的处理器状态和地址空间，它们都是通过 VMM 控制的。在 VM 中执行的程
序称为**来宾**（Guest）。该设施主要是在 osfmk/ppc/目录内的 vmachmon.h、vmachmon.c 和
vmachmon_asm.s 文件中实现的。osfmk/ppc/hw_vm.s 和 osfmk/ppc/hw_exception.s 文件还包
含 VMM 设施的支持代码。

再来看图 6-8，在其中看到线程的机器相关的状态——machine_thread 结构[osfmk/ppc/
thread.h]——包含指向 VMM 控制表（vmmCntrlTable）和 VMM 控制表条目（vmmCntrlEntry）
结构的指针。对于使用 VMM 设施的线程，vmmCntrlTable 将是非 NULL 的。当线程正在
运行 VM 时，它的 vmmCntrlEntry 将指向当前仿真上下文，否则将是 NULL。图 6-50 显示
了这些数据结构。

```
// osfmk/ppc/vmachmon.h

#define kVmmMaxContexts 32
...

typedef struct vmmCntrlEntry {
    unsigned int vmmFlags;                // Assorted control flags
    unsigned int vmmXAFlgs;               // Extended Architecture (XA) flags

    // Address of context communication area
    vmm_state_page_t *vmmContextKern;     // Kernel virtual address
    ppnum_t          vmmContextPhys;      // Physical address
    vmm_state_page_t *vmmContextUser;     // User virtual address
```

图 6-50　用于 VMM 设施的控制数据结构

```
    facility_context  vmmFacCtx;           // Header for VMX and FP contexts

    pmap_t            vmmPmap;             // Last dispatched pmap
    uint64_t          vmmTimer;            // Last set timer value (0 if unset)
    unsigned int      vmmFAMintercept;     // FAM intercepted exceptions
} vmmCntrlEntry;

typedef struct vmmCntrlTable {
    unsigned int  vmmGFlags;              // Global flags
    addr64_t      vmmLastMap;             // Last vaddr mapping mode

    // An entry for each possible VMM context
    vmmCntrlEntry vmmc[kVmmMaxContexts];

    pmap_t        vmmAdsp[kVmmMaxContexts]; // Guest address space maps
} vmmCntrlTable;
...
```

图 6-50（续）

对于每个 VM，VMM 都会分配一个内存页，用于保存 VM 的上下文通信区域（Context Communications Area），可以作为 vmm_comm_page_t 结构和 vmm_state_page_t 结构访问它——前者嵌入了后者。

// osfmk/ppc/vmachmon.h

```
typedef struct vmm_comm_page_t {
  union {
      vmm_state_page_t vmcpState;     // Reserve area for state
      unsigned int vmcpPad[768];      // Reserve state for 3/4 page state area
  } vmcpfirst;
  unsigned int vmcpComm[256];     // Last 1024 bytes used as a communications
                                  // area in a function-specific manner
} vmm_comm_page_t;
...
```

VM 的处理器状态存储在 vmm_state_page_t 结构内的 vmm_processor_state_t 结构中。vmm_processor_state_t 包含处理器的通用、浮点、矢量寄存器和专用寄存器。注意：vmm_comm_page_t 结构的 vmcpComm 字段被多个 VMM 函数用作通用通信缓冲区。例如，vmm_map_list 函数把页列表映射到来宾地址空间中，并从 vmcpComm 中将页列表读取为 {主机虚拟地址, 来宾虚拟地址}序列。

6.9.1 特性

由 VMM 设施在系统上提供的特定特性依赖于主机处理器和设施的版本。下面给出了 VMM 特性的示例。

- kVmmFeature_LittleEndian：VMM 支持在小端模式下运行的 VM。这个特性只在实现了可选的小端设施的 PowerPC 处理器上才是可用的。因此，它在基于 G5 的系统上是不可用的。
- kVmmFeature_Stop：VMM 支持停止和恢复运行 VM。
- kVmmFeature_ExtendedMapping：VMM 支持扩展保护模式，用于地址空间映射。
- kVmmFeature_ListMapping：VMM 支持将页列表映射到来宾地址空间中，以及取消映射来宾地址空间中的页列表。
- kVmmFeature_FastAssist：VMM 支持一种称为**快速辅助模式**（Fast Assist Mode，FAM）的优化。在这种模式下，超快路径 VMM 系统调用是有效的。如表 6-15 中所指出的，这些调用是由 vmm_ufp() [osfmk/ppc/vmachmon_asm.s]处理的，它确保进入的系统调用编号位于被指定为 FAM 调用（kVmmResumeGuest~kVmmSetGuestRegister）的调用范围内。
- kVmmFeature_XA：VMM 支持获取和设置由其控制的每个 VM 上下文的控制表条目中的扩展体系结构（extended architecture，XA）标志。
- kVmmFeature_SixtyFourBit：VMM 在 64 位的主机处理器上提供了 64 位的支持。
- kVmmFeature_MultAddrSpace：VMM 允许多个地址空间，并且每个地址空间都能够处理受主机处理器支持的最大虚拟地址。可能使用任何一个地址空间启动来宾 VM。

6.9.2   使用 VMM 设施

VMM 设施可以通过一些例程导出它的功能，比如那些用于初始化 VM 上下文（vmm_init_context）、释放 VM 上下文（vmm_tear_down_context）以及把页从主机地址空间映射到来宾地址空间（vmm_map_page）的例程。其中大多数例程在用户空间库中没有对应的存根；它们是使用分配器例程（vmm_dispatch）访问的，该例程具有用户空间的存根。当编译 C 库时，它将从诸如<mach/syscall_sw.h>和<mach/ppc/syscall_sw.h>之类的头文件中为 Mach 陷阱——包括 VMM 相关的陷阱——选择汇编存根。

```
$ nm -oj /usr/lib/libSystem.dylib | grep -i vmm
/usr/lib/libSystem.dylib:mach_traps.So:_vmm_dispatch
/usr/lib/libSystem.dylib:mach_traps.So:_vmm_get_features
/usr/lib/libSystem.dylib:mach_traps.So:_vmm_get_version
/usr/lib/libSystem.dylib:mach_traps.So:_vmm_init_context
/usr/lib/libSystem.dylib:mach_traps.So:_vmm_stop_vm
```

vmm_dispatch()系统调用允许从用户空间调用所有导出的 VMM 例程。想要的例程的索引是作为第一个参数传递给 vmm_dispatch()的，其后接着特定于该函数的参数。在此给出了一个使用 VMM 设施的示例，具体如下。

```
// Get VMM version
version = vmm_dispatch(kVmmGetVersion);
...
```

```
// Get VMM features to know what we may or may not use
features = vmm_dispatch(kVmmGetFeatures);

// Allocate page-aligned memory for use with the VMM/VMs
kr = vm_allocate(myTask, &vmmCommPage, pageSize, TRUE);
...
kr = vm_allocate(...);
...

// Initialize a new VM context
kr = vmm_dispatch(kVmmInitContext, version, vmmCommPage);

// Set up the VM's initial processor state
...

// Map pages, or page lists, into the VM's address space
// Actual pages to map are in a separate "communication" page
kr = vmm_dispatch(kVmmMapList, vmmIndex, nPages, is64bit);

// Launch the VM
// Mapping a page and setting the VM running can be combined
kr = vmm_dispatch(kVmmMapExecute, vmmIndex, aPage, vAddress, protectionBits);

// Handle things when control comes back to the VMM
...

// Stop and resume the VM
...

// Tear down the VM context
kr = vmm_dispatch(kVmmTearDownContext, vmmIndex);
```

6.9.3　示例：在虚拟机中运行代码

现在来看一个使用 VMM 设施的真实编程示例。在该示例程序（vmachmon32）中，将执行以下步骤序列。

- 分别使用 vmm_get_version() 和 vmm_get_features() 获取内核支持的 VMM 版本和特性集。
- 使用 Mach 的 vm_allocate() 内存分配函数分配页对齐的内存。确切地讲，将为 VM 的状态分配一个页，为 VM 的栈分配一个页，以及为 VM 的文本（代码）分配一个页。
- 把 VM 的程序计数器设置为文本页的开始处。
- 把 VM 的栈指针设置为栈页的末尾，同时考虑进 Red Zone（红色区域）。

- 利用人为编写的指令序列或者计算其参数的阶乘的函数的机器码填充文本页。将通过静态编译函数的 C 源代码获得它的机器码。
- 把栈页和文本页映射到 VM 的地址空间中。
- 设置 VM 运行。当 VM 运行完要执行的代码时，将通过使它执行的最后一条指令为非法指令，确保它返回到 VMM。

而且，本示例将在程序末尾打印多个 VM 寄存器的内容，这将允许查看 VM 运行的代码的结果。在 VM 内可以运行成熟的程序（包括操作系统）——而不是初级的代码，只要在 VM 的地址空间里提供了运行程序所需的资源即可。

图 6-51 显示了用于 vmachmon32 的源代码。它慷慨地加上了注释，包括使用 VMM 设施的进一步描述。

```
// vmachmon32.c
// Mac OS X Virtual Machine Monitor (Vmm) facility demonstration

#define PROGNAME "vmachmon32"

#include <stdio.h>
#include <string.h>
#include <stdlib.h>
#include <sys/types.h>
#include <mach/mach.h>
#include <architecture/ppc/cframe.h>


#ifndef _VMACHMON32_KLUDGE_
// We need to include xnu/osfmk/ppc/vmachmon.h, which includes several other
// kernel headers and is not really meant for inclusion in user programs.
// We perform the following kludges to include vmachmon.h to be able to
// compile this program:
//
// 1. Provide dummy forward declarations for data types that vmachmon.h
//    needs, but we will not actually use.
// 2. Copy vmachmon.h to the current directory from the kernel source tree.
// 3. Remove or comment out "#include <ppc/exception.h>" from vmachmon.h.
//
struct savearea;                  // kludge #1
typedef int ReturnHandler;        // kludge #1
typedef int pmap_t;               // kludge #1
typedef int facility_context;     // kludge #1
#include "vmachmon.h"             // kludge #2
#endif

#define OUT_ON_MACH_ERROR(msg, retval) \
    if (kr != KERN_SUCCESS) { mach_error("*** " msg ":" , kr); goto out; }
```

图 6-51　使用 VMM 设施在 VM 内运行机器码的程序

```
// vmm_dispatch() is a PowerPC-only system call that allows us to invoke
// functions residing in the Vmm dispatch table. In general, Vmm routines
// are available to user space, but the C library (or another library) does
// not contain stubs to call them. Thus, we must go through vmm_dispatch(),
// using the index of the function to call as the first parameter in GPR3.
//
// Since vmachmon.h contains the kernel prototype of vmm_dispatch(), which
// is not what we want, we will declare our own function pointer and set
// it to the stub available in the C library.
//
typedef kern_return_t (* vmm_dispatch_func_t)(int, ...);
vmm_dispatch_func_t my_vmm_dispatch;

// Convenience data structure for pretty-printing Vmm features
struct VmmFeature {
    int32_t  mask;
    char     *name;
} VmmFeatures[] = {
    { kVmmFeature_LittleEndian,        "LittleEndian"         },
    { kVmmFeature_Stop,                "Stop"                 },
    { kVmmFeature_ExtendedMapping,     "ExtendedMapping"      },
    { kVmmFeature_ListMapping,         "ListMapping"          },
    { kVmmFeature_FastAssist,          "FastAssist"           },
    { kVmmFeature_XA,                  "XA"                   },
    { kVmmFeature_SixtyFourBit,        "SixtyFourBit"         },
    { kVmmFeature_MultAddrSpace,       "MultAddrSpace"        },
    { kVmmFeature_GuestShadowAssist,   "GuestShadowAssist"    },
    { kVmmFeature_GlobalMappingAssist, "GlobalMappingAssist"  },
    { kVmmFeature_HostShadowAssist,    "HostShadowAssist"     },
    { kVmmFeature_MultAddrSpaceAssist, "MultAddrSpaceAssist"  },
    { -1, NULL },
};

// For Vmm messages that we print
#define Printf(fmt, ...) printf("Vmm> " fmt, ## __VA_ARGS__)

// PowerPC instruction template: add immediate, D-form
typedef struct I_addi_d_form {
    u_int32_t OP: 6;      // major opcode
    u_int32_t RT: 5;      // target register
    u_int32_t RA: 5;      // register operand
    u_int32_t SI: 16;     // immediate operand
} I_addi_d_form;
```

图 6-51（续）

Mac OS X 技术内幕

```c
// PowerPC instruction template: unconditional branch, I-form
typedef struct branch_i_form {
    u_int32_t OP: 6;      // major opcode
    u_int32_t LI: 24;     // branch target (immediate)
    u_int32_t AA: 1;      // absolute or relative
    u_int32_t LK: 1;      // link or not
} I_branch_i_form;

// PowerPC instruction template: add, XO-form
typedef struct I_add_xo_form {
    u_int32_t OP: 6;      // major opcode
    u_int32_t RT: 5;      // target register
    u_int32_t RA: 5;      // register operand A
    u_int32_t RB: 5;      // register operand B
    u_int32_t OE: 1;      // alter SO, OV?
    u_int32_t XO: 9;      // extended opcode
    u_int32_t Rc: 1;      // alter CR0?
} I_add_xo_form;

// Print the bits of a 32-bit number
void
prbits32(u_int32_t u)
{
    u_int32_t i = 32;

    for (; i > 16 && i--; putchar(u & 1 << i ? '1' : '0'))
        ;
    printf(" ");
    for (; i--; putchar(u & 1 << i ? '1' : '0'))
        ;
    printf("\n");
}

// Function to initialize a memory buffer with some machine code
void
initGuestText_Dummy(u_int32_t    *text,
                    vm_address_t  guestTextAddress,
                    vmm_regs32_t *ppcRegs32)
{
    // We will execute a stream of a few instructions in the virtual machine
    // through the Vmm (that is, us). I0 and I1 will load integer values into
    // registers GPR10 and GPR11. I3 will be an illegal instruction. I2 will
    // jump over I3 by unconditionally branching to I4, which will sum GPR10
    // and GPR11, placing their sum in GPR12.
    //
    // We will allow I5 to either be illegal, in which case control will
```

```
// return to the Vmm, or, be a branch to itself: an infinite
// loop. One Infinite Loop.
//
I_addi_d_form   *I0;
I_addi_d_form   *I1;
I_branch_i_form *I2;
// I3 is illegal
I_add_xo_form   *I4;
I_branch_i_form *I5;


// Guest will run the following instructions
I0 = (I_addi_d_form   *)(text + 0);
I1 = (I_addi_d_form   *)(text + 1);
I2 = (I_branch_i_form *)(text + 2);
text[3] = 0xdeadbeef; // illegal
I4 = (I_add_xo_form   *)(text + 4);


// Possibly overridden by an illegal instruction below
I5 = (I_branch_i_form *)(text + 5);


// Use an illegal instruction to be the last inserted instruction (I5)
// in the guest's instruction stream
text[5] = 0xfeedface;


// Fill the instruction templates


// addi r10,0,4     ; I0
I0->OP = 14;
I0->RT = 10;
I0->RA = 0;
I0->SI = 4; // load the value '4' in r10


// addi r11,0,5     ; I1
I1->OP = 14;
I1->RT = 11;
I1->RA = 0;
I1->SI = 5; // load the value '5' in r11


// ba               ; I2
// We want to branch to the absolute address of the 5th instruction,
// where the first instruction is at guestTextAddress. Note the shifting.
//
I2->OP = 18;
I2->LI = (guestTextAddress + (4 * 4)) >> 2;
I2->AA = 1;
I2->LK = 0;
```

图 6-51（续）

```
    // I3 is illegal; already populated in the stream

    // add  r12,r10,r11 ; I4
    I4->OP = 31;
    I4->RT = 12;
    I4->RA = 10;
    I4->RB = 11;
    I4->OE = 0;
    I4->XO = 266;
    I4->Rc = 0;

    // I5 is illegal or an infinite loop; already populated in the stream

        Printf("Fabricated instructions for executing "
           "in the guest virtual machine\n");
}


// Function to initialize a memory buffer with some machine code
void
initGuestText_Factorial(u_int32_t    *text,
                        vm_address_t  guestTextAddress,
                        vmm_regs32_t *ppcRegs32)
{
    // Machine code for the following function:
    //
    // int
    // factorial(int n)
    // {
    //     if (n <= 0)
    //         return 1;
    //     else
    //         return n * factorial(n - 1);
    // }
    //
    // You can obtain this from the function's C source using a command-line
    // sequence like the following:
    //
    // $ gcc -static -c factorial.c
    // $ otool -tX factorial.o
    // ...
    //
    u_int32_t factorial_ppc32[] = {
        0x7c0802a6, 0xbfc1fff8, 0x90010008, 0x9421ffa0,
        0x7c3e0b78, 0x907e0078, 0x801e0078, 0x2f800000,
        0x419d0010, 0x38000001, 0x901e0040, 0x48000024,
```

图 6-51（续）

```
        0x805e0078, 0x3802ffff, 0x7c030378, 0x4bffffc5,
        0x7c621b78, 0x801e0078, 0x7c0201d6, 0x901e0040,
        0x807e0040, 0x80210000, 0x80010008, 0x7c0803a6,
        0xbbc1fff8, 0x4e800020,
    };

    memcpy(text,factorial_ppc32,sizeof(factorial_ppc32)/sizeof(u_int8_t));

    // This demo takes an argument in GPR3: the number whose factorial is to
    // be computed. The result is returned in GPR3.
    //
    ppcRegs32->ppcGPRs[3] = 10; // factorial(10)

    // Set the LR to the end of the text in the guest's virtual address space.
    // Our demo will only use the LR for returning to the Vmm by placing an
    // illegal instruction's address in it.
    //
    ppcRegs32->ppcLR = guestTextAddress + vm_page_size - 4;

    Printf("Injected factorial instructions for executing "
           "in the guest virtual machine\n");
}


// Some modularity... these are the demos our program supports
typedef void (* initGuestText_Func)(u_int32_t *, vm_address_t, vmm_regs32_t *);
typedef struct {
    const char         *name;
    initGuestText_Func  textfiller;
} Demo;

Demo SupportedDemos[] = {
    {
        "executes a few hand-crafted instructions in a VM",
        initGuestText_Dummy,
    },
    {
        "executes a recursive factorial function in a VM",
        initGuestText_Factorial,
    },
};
#define MAX_DEMO_ID (sizeof(SupportedDemos)/sizeof(Demo))

static int demo_id = -1;

void
usage(int argc, char **argv)
```

图 6-51（续）

```
{
    int i;

    if (argc != 2)
        goto OUT;

    demo_id = atoi(argv[1]);
    if ((demo_id >= 0) && (demo_id < MAX_DEMO_ID))
        return;

OUT:
    fprintf(stderr, "usage: %s <demo ID>\nSupported demos:\n"
            "  ID\tDescription\n", PROGNAME);
    for (i = 0; i < MAX_DEMO_ID; i++)
        fprintf(stderr, "  %d\t%s\n", i, SupportedDemos[i].name);

    exit(1);
}

int
main(int argc, char **argv)
{
    int i, j;

    kern_return_t         kr;
    mach_port_t           myTask;
    unsigned long         *return_params32;
    vmm_features_t        features;
    vmm_regs32_t          *ppcRegs32;
    vmm_version_t         version;
    vmm_thread_index_t    vmmIndex;              // The VM's index
    vm_address_t          vmmUStatePage = 0;     // Page for VM's user state
    vmm_state_page_t      *vmmUState;            // It's a vmm_comm_page_t too
    vm_address_t          guestTextPage = 0;     // Page for guest's text
    vm_address_t          guestStackPage = 0;    // Page for guest's stack
    vm_address_t          guestTextAddress = 0;
    vm_address_t          guestStackAddress = 0;
    my_vmm_dispatch = (vmm_dispatch_func_t)vmm_dispatch;

    // Ensure that the user chose a demo
    usage(argc, argv);

    // Get Vmm version implemented by this kernel
    version = my_vmm_dispatch(kVmmGetVersion);
    Printf("Mac OS X virtual machine monitor (version %lu.%lu)\n",
           (version >> 16), (version & 0xFFFF));
```

图 6-51 （续）

```
// Get features supported by this Vmm implementation
features = my_vmm_dispatch(kVmmvGetFeatures);
Printf("Vmm features:\n");
for (i = 0; VmmFeatures[i].mask != -1; i++)
    printf("  %-20s = %s\n", VmmFeatures[i].name,
          (features & VmmFeatures[i].mask) ? "Yes" : "No");


Printf("Page size is %u bytes\n", vm_page_size);

myTask = mach_task_self(); // to save some characters (sure)

// Allocate chunks of page-sized page-aligned memory

// VM user state
kr=vm_allocate(myTask,&vmmUStatePage,vm_page_size, VM_FLAGS_ANYWHERE);
OUT_ON_MACH_ERROR("vm_allocate", kr);
Printf("Allocated page-aligned memory for virtual machine user state\n");
vmmUState = (vmm_state_page_t *)vmmUStatePage;

// Guest's text
kr=vm_allocate(myTask,&guestTextPage,vm_page_size, VM_FLAGS_ANYWHERE);
OUT_ON_MACH_ERROR("vm_allocate", kr);
Printf("Allocated page-aligned memory for guest's " "text\n");

// Guest's stack
kr=vm_allocate(myTask,&guestStackPage,vm_page_size,VM_FLAGS_ANYWHERE);
OUT_ON_MACH_ERROR("vm_allocate", kr);
Printf("Allocated page-aligned memory for guest's stack\n");

// We will lay out the text and stack pages adjacent to one another in
// the guest's virtual address space.
//
// Virtual addresses increase -->
// 0                4K               8K               12K
// +-------------------------------------------+
// | __PAGEZERO   | GUEST_TEXT  | GUEST_STACK   |
// +-------------------------------------------+
//
// We put the text page at virtual offset vm_page_size and the stack
// page at virtual offset (2 * vm_page_size).
//
guestTextAddress = vm_page_size;
guestStackAddress = 2 * vm_page_size;
```

图 6-51（续）

```
// Initialize a new virtual machine context
kr = my_vmm_dispatch(kVmmInitContext, version, vmmUState);
OUT_ON_MACH_ERROR("vmm_init_context", kr);

// Fetch the index returned by vmm_init_context()
vmmIndex = vmmUState->thread_index;
Printf("New virtual machine context initialized,index = %lu\n",vmmIndex);

// Set a convenience pointer to the VM's registers
ppcRegs32 = &(vmmUState->vmm_proc_state.ppcRegs.ppcRegs32);

// Set the program counter to the beginning of the text in the guest's
// virtual address space
ppcRegs32->ppcPC = guestTextAddress;
Printf("Guest virtual machine PC set to %p\n", (void *)guestTextAddress);

// Set the stack pointer (GPR1), taking the Red Zone into account
#define PAGE2SP(x) ((void *)((x) + vm_page_size - C_RED_ZONE))
ppcRegs32->ppcGPRs[1] = (u_int32_t)PAGE2SP(guestStackAddress); // 32-bit
Printf("Guest virtual machine SP set to %p\n", PAGE2SP(guestStackAddress));

// Map the stack page into the guest's address space
kr = my_vmm_dispatch(kVmmMapPage, vmmIndex, guestStackPage,
                     guestStackAddress, VM_PROT_ALL);
Printf("Mapping guest stack page\n");

// Call the chosen demo's instruction populator
(SupportedDemos[demo_id].textfiller)((u_int32_t *)guestTextPage,
                                     guestTextAddress, ppcRegs32);

// Finally, map the text page into the guest's address space, and set the
// VM running
//
Printf("Mapping guest text page and switching to guest virtual machine\n");
kr = my_vmm_dispatch(kVmmMapExecute, vmmIndex, guestTextPage,
                     guestTextAddress, VM_PROT_ALL);

// Our demo ensures that the last instruction in the guest's text is
// either an infinite loop or illegal. The monitor will "hang" in the case
// of an infinite loop. It will have to be interupted (^C) to gain control.
// In the case of an illegal instruction, the monitor will gain control
// at this point, and the following code will be executed. Depending on
// the exact illegal instruction, Mach's error messages may be different.
//
if (kr != KERN_SUCCESS)
```

图 6-51（续）

```
      mach_error("*** vmm_map_execute32:", kr);

Printf("Returned to vmm\n");
Printf("Processor state:\n");

printf(" Distance from origin = %lu instructions\n",
      (ppcRegs32->ppcPC - vm_page_size) >> 2);

printf(" PC               = %p (%lu)\n",
      (void *)ppcRegs32->ppcPC, ppcRegs32->ppcPC);

printf(" Instruction at PC   = %#08x\n",
    ((u_int32_t *)(guestTextPage))[(ppcRegs32->ppcPC - vm_page_size) >> 2]);

printf(" CR               = %#08lx\n"
      "                   ", ppcRegs32->ppcCR);
prbits32(ppcRegs32->ppcCR);

printf(" LR               = %#08lx (%lu)\n",
      ppcRegs32->ppcLR, ppcRegs32->ppcLR);

printf(" MSR              = %#08lx\n"
      "                   ", ppcRegs32->ppcMSR);
prbits32(ppcRegs32->ppcMSR);

printf(" return_code      = %#08lx (%lu)\n",
      vmmUState->return_code, vmmUState->return_code);

return_params32 = vmmUState->vmmRet.vmmrp32.return_params;

for (i = 0; i < 4; i++)
   printf(" return_params32[%d]  = 0x%08lx (%lu)\n", i,
         return_params32[i], return_params32[i]);

printf(" GPRs:\n");
for (j = 0; j < 16; j++) {
   printf("  ");
   for (i = 0; i < 2; i++) {
      printf("r%-2d = %#08lx ", j * 2 + i,
            ppcRegs32->ppcGPRs[j * 2 + i]);
   }
   printf("\n");
}

// Tear down the virtual machine ... that's all for now
kr = my_vmm_dispatch(kVmmTearDownContext, vmmIndex);
```

图 6-51（续）

```
    OUT_ON_MACH_ERROR("vmm_init_context", kr);
    Printf("Virtual machine context torn down\n");

out:
    if (vmmUStatePage)
        (void)vm_deallocate(myTask, vmmUStatePage, vm_page_size);

    if (guestTextPage)
        (void)vm_deallocate(myTask, guestTextPage, vm_page_size);

    if (guestStackPage)
        (void)vm_deallocate(myTask, guestStackPage, vm_page_size);

    exit(kr);
}
```

图 6-51（续）

Virtual PC

用于 Mac OS X 的 Virtual PC 软件是使用 VMM 设施实现的。在与 Mac OS X 10.0 对应的 xnu 内核源代码中，VMM 源代码归 Connectix 公司版权所有，它是 Virtual PC 的开发者。Connectix 后来被 Microsoft 收购。

图 6-51 中的代码提供了两个演示：demo 0 和 demo 1。demo 0 调用 initGuestText_Dummy()，利用通过非法指令终止的人为编写的指令序列填充 VM 的文本页。该页的前几个单词如下，假定页开始于虚拟地址 addr。

```
addr+00 addi r10,0,4          ; load the value '4' in r10
addr+04 addi r11,0,5          ; load the value '5' in r11
addr+08                       ; branch to addr+16
addr+12 0xdeadbeef            ; no such instruction
addr+16 add r12,r11,r11       ; place (r10 + r11) in r12
addr+20 0xfeedface            ; no such instruction
```

VM 通过在序列中的第一条非法指令之上分支来绕过它。当执行到达第二条非法指令时，控制将返回到主机程序。此外，也可以使最后一条指令成为一个无限循环，在这种情况下，VM 将运行到被中断为止。

当 vmachmon32 运行完 demo 0 时，VM 的 GPR10、GPR11 和 GPR12 分别应该包含值 4、5 和 9。而且，程序计数器应该包含 addr+20，其中 addr 是来宾的文本页的起始地址。图 6-52 显示了运行 demo 0 的结果。

如图 6-51 中的程序注释中所指出的，编译 vmachmon32.c 将需要从内核源代码树中把 osfmk/ppc/vmachmon.h 复制到当前目录（关于 vmachmon32.c）中。此外，在 vmachmon.h 中还必须注释掉包括<ppc/exception.h>的源代码行。

```
$ gcc -Wall -o vmachmon32 vmachmon32.c
$ ./vmachmon32
usage: vmachmon32 <demo ID>
Supported demos:
 ID    Description
 0     executes a few hand-crafted instructions in a VM
 1     executes a recursive factorial function in a VM
$ ./vmachmon32 0
Vmm> Mac OS X virtual machine monitor (version 1.7)
Vmm> Vmm features:
  LittleEndian          = Yes
  Stop                  = Yes
  ExtendedMapping       = Yes
  ListMapping           = Yes
  FastAssist            = Yes
  XA                    = Yes
  SixtyFourBit          = No
  MultAddrSpace         = No
  GuestShadowAssist     = Yes
  GlobalMappingAssist   = No
  HostShadowAssist      = No
  MultAddrSpaceAssist   = No
Vmm> Page size is 4096 bytes
Vmm> Allocated page-aligned memory for virtual machine user state
Vmm> Allocated page-aligned memory for guest's text
Vmm> Allocated page-aligned memory for guest's stack
Vmm> New virtual machine context initialized, index = 1
Vmm> Guest virtual machine PC set to 0x00001000
Vmm> Guest virtual machine SP set to 0x00002f20
Vmm> Mapping guest stack page
Vmm> Fabricated instructions for executing in the guest virtual machine
Vmm> Mapping guest text page and switching to guest virtual machine
*** vmm_map_execute32 (os/kern) not receiver
Vmm> Returned to vmm
Vmm> Processor state:
  Distance from origin  = 5 instructions
  PC                    = 0x00001014 (4116)
  Instruction at PC     = 0x00000060
  CR                    = 0x00000000
                          0000000000000000 0000000000000000
  LR                    = 0x00000000 (0)
  MSR                   = 0x0008d030
                          0000000000001000 1101000000110000
  return_code           = 0x00000007 (7)
  return_params32[0]    = 0x00001000 (4096)
```

图 6-52　在 VM 中使用 vmachmon32 程序运行机器指令序列的结果

```
return_params32[1]      = 0x40000000 (1073741824)
return_params32[2]      = 0x00000000 (0)
return_params32[3]      = 0x00000000 (0)
GPRs:
r0  = 0x00000000 r1   = 0x00002f20
r2  = 0x00000000 r3   = 0x00000000
r4  = 0x00000000 r5   = 0x00000000
r6  = 0x00000000 r7   = 0x00000000
r8  = 0x00000000 r9   = 0x00000000
r10 = 0x00000004 r11  = 0x00000005
r12 = 0x00000009 r13  = 0x00000000
r14 = 0x00000000 r15  = 0x00000000
r16 = 0x00000000 r17  = 0x00000000
r18 = 0x00000000 r19  = 0x00000000
r20 = 0x00000000 r21  = 0x00000000
r22 = 0x00000000 r23  = 0x00000000
r24 = 0x00000000 r25  = 0x00000000
r26 = 0x00000000 r27  = 0x00000000
r28 = 0x00000000 r29  = 0x00000000
r30 = 0x00000000 r31  = 0x00000000
Vmm> Virtual machine context torn down
```

图 6-52（续）

demo 1 通过调用 initGuestText_Factorial() 填充来宾的文本页，它将把用于递归式阶乘函数的机器指令复制到页中并且填充 LR，使得函数返回到包含非法指令的地址。该函数接受 GPR3 中的单个参数：要计算其阶乘的数字。它将在 GPR3 中返回计算的阶乘。同样，可以通过在程序执行的末尾检查寄存器转储，来验证程序的工作。图 6-53 显示了运行 demo 1 的结果。图 6-51 中所示的 vmachmon32 代码把 10 作为一个参数传递给阶乘函数。相应地，GPR3 应该包含 0x00375f00 作为结果。

```
$ ./vmachmon32 1
Vmm> Mac OS X virtual machine monitor (version 1.7)
...
Vmm> Returned to vmm
Vmm> Processor state:
 Distance from origin = 1023 instructions
 PC                   = 0x00001ffc (8188)
 Instruction at PC    = 0x00000000
 CR                   = 0x00000002
                        0000000000000000 0000000000000010
 LR                   = 0x00001ffc (8188)
 MSR                  = 0x0008d030
                        0000000000001000 1101000000110000
 return_code          = 0x00000007 (7)
 return_params32[0]   = 0x00001000 (4096)
```

图 6-53   在 VM 内使用 vmachmon32 程序运行递归式阶乘函数的结果

```
return_params32[1]    = 0x40000000 (1073741824)
return_params32[2]    = 0x00000000 (0)
return_params32[3]    = 0x00000000 (0)
GPRs:
r0 = 0x00001ffc r1 = 0x00002f20
r2 = 0x00058980 r3 = 0x00375f00
r4 = 0x00000000 r5 = 0x00000000
...
Vmm> Virtual machine context torn down
```

图 6-53（续）

6.10　编　译　内　核

在本节中，将简要讨论 Mac OS X 中的内核编译过程。根据使用的 Darwin 版本，可能需要以下 Darwin 程序包以编译 xnu 内核。

- bootstrap_cmds
- cctools
- IOKitUser
- kext_tools
- Libstreams
- xnu

> Mac OS X 没有公开地良好定义的内核编译过程。编译内核需要某些工具和库，它们是 Darwin 的一部分，但是默认不会安装它们。这些必要的部分必须从源代码进行编译。不过，它们数量较少，并且编译它们也比较直观。而且，根据使用的特定 Darwin 版本，可能需要执行的步骤比本节中描述的要多或少一些。

6.10.1　获取必要的程序包

首先需要获取并解压缩必需的程序压缩包[①]。假定所有的程序压缩包都展开在/work/darwin/目录内。每个程序包都将展开在其名称包括程序包的名称和版本的目录内。在本节中的示例中将省略版本号。

> **编译器版本依赖性**
>
> Mac OS X 版本通常包括 GNU C 编译器的两个版本：默认版本（gcc 程序包）和另一个版本，后者用于编译操作系统（gcc_os）。例如，在 Mac OS X 10.4 中，内核是使用 GCC 3.3 编译的，而默认编译器是 GCC 4.0。
>
> 可以通过 gcc_select 命令行工具在编译器版本之间切换。在编译内核或者必要的程

[①]　在一些 Mac OS X 版本上，可能从 Kernel 框架的 Headers/子目录中省略了头文件 ar.h。如果是这样，可以把/usr/include/ar.h 复制到/System/Library/Frameworks/Kernel.framework/Headers/中。

序包之前，应该切换到用于系统的特定于内核的 GNU C 编译器。

6.10.2   编译必要的程序包

把目录改成 bootstrap_cmds/relpath.tproj/，并且运行 make，编译并安装 relpath 工具，它用于计算从给定的目录到给定的路径的相对路径。

```
$ cd /work/darwin/bootstrap_cmds/relpath.tproj
$ sudo make install
...
$ relpath /usr/local/ /usr/local/bin/relpath
bin/relpath
```

在内核源代码树中的多个"doconf"shell 脚本中使用了 relpath，用于在内核生成过程的预编译（"config"）阶段建立生成路径。

> 从这些支持程序包编译和安装的工具和库默认安装在/usr/local/目录层次结构中。必须确保/usr/local/位于 shell 的路径中。把这个软件限制于/usr/local/中的好处是：将不会意外地重写属于操作系统的任何标准文件。

还需要余下的程序包，以满足以下要求。

- 编译 libsa 内核中的库。
- 在编译完成后为多个内核组件生成符号集——这需要 kextsymboltool 程序。

图 6-54 显示了程序包之间的依赖关系。libsa 链接一个静态内核链接编辑器库（libkld.a），它来自 cctools 程序包。libkld.a 反过来又依赖于 Libstreams 程序包、libmacho 库和 libstuff 库。libmacho 和 libstuff 来自于 cctools 程序包。libsa 还需要一个名为 seg_hack 的工具，它可以把 Mach-O 文件中的所有段名称改为在命令行上指定的名称。在编译 libsa 时，内核编

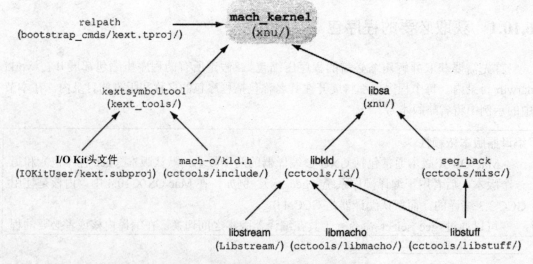

图 6-54   内核生成进程中的软件依赖性

译进程将使用 seg_hack 把段名称改为__KLD。可以通过适当地遍历图 6-54 中所示的图，满足这些依赖关系。

把目录改为 Libstreams 程序包，并且运行 make，编译必需的头文件和库并把它们复制到/usr/local/层次结构中。

```
$ cd /work/darwin/Libstreams/
$ sudo make install
...
```

必须以特定的顺序编译 cctools 程序包内的组件，因为它们具有内部依赖性。

把目录改为 cctools/libstuff/，并且运行 make。无须安装，因为需要这个生成的结果，只是为了编译这个程序包中的其他组件。

把目录改为 cctools/misc/，并且运行以下命令，它将利用合适的所有权和权限编译并在/usr/local/bin/中安装 seg_hack。

```
$ make seg_hack.NEW
$ sudo install -o root -g wheel -m 0755 seg_hack.NEW /usr/local/bin/seg_hack
```

把目录改为 cctools/libmacho/，并且运行 make。同样，不需要安装。

把目录改为 cctools/ld/，并且运行以下命令。

```
$ make kld_build
$ sudo install -o root -g wheel -m 0755 static_kld/libkld.a /usr/local/lib/
$ sudo ranlib /usr/local/lib/libkld.a
```

最后，需要编译 kextsymboltool，生成过程使用它从编译过的内核组件生成符号集。BSDKernel.symbolset、IOKit.symbolset、Libkern.symbolset 和 Mach.symbolset 就是编译过的内核源代码树的 BUILD 目录层次结构中存在的结果文件的示例。除了符号表之外，这些 Mach-O 可重新定位的目标文件不包含其他任何内容，例如：

```
$ cd /work/darwin/xnu/BUILD/obj/DEBUG_PPC/
$ file Mach.symbolset
Mach.symbolset: Mach-O object ppc
$ otool -l Mach.symbolset
Mach.symbolset:
Load command 0
    cmd LC_SYMTAB
cmdsize 24
 symoff 52
  nsyms 2652
 stroff 31876
strsize 49748
$ cd /work/darwin/xnu/BUILD/obj/RELEASE_PPC/
$ otool -l Mach.symbolset
Mach.symbolset:
Load command 0
```

```
        cmd LC_SYMTAB
    cmdsize 24
     symoff 52
      nsyms 52
     stroff 676
    strsize 1128
```

用于 kextsymboltool 的源代码位于 kext_tools 程序包中。不过，它的编译依赖于 IOKitUser 中的头文件和 cctools 程序包。把目录改为 kext_tools/，并且运行以下命令。

```
$ mkdir IOKit
$ ln -s /work/darwin/IOKitUser/kext.subproj IOKit/kext
$ gcc -I /work/darwin/cctools/include -I . -o kextsymboltool kextsymbool.c
$ sudo install -o root -g wheel -m 0755 kextsymboltool /usr/local/bin/
```

6.10.3　编译 xnu 程序包

此时可以准备好编译内核。把目录改为 xnu/，并且运行以下命令，启动内核编译。

```
$ make exporthdrs && make all
```

这将创建一个标准的（RELEASE 配置）内核，在编译结束时它将作为 xnu/BUILD/obj/RELEASE_PPC/mach_kernel 存在。替代的生成配置包括 DEBUG 和 PROFILE，它将分别产生内核的调试和分析版本。下面的命令将编译一个调试版本，在编译结束时它将作为 xnu/BUILD/obj/DEBUG_PPC/mach_kernel 存在。

```
$ make exporthdrs && make KERNEL_CONFIGS=DEBUG all
```

无论生成哪种内核配置，都会在与 mach_kernel 相同的目录中将填充符号信息的内核目标文件生成为 mach_kernel.sys。典型的 mach_kernel.sys 比对应的 mach_kernel 大几倍，并且包含更多的符号。表 6-18 比较了特定内核版本的发布、分析和调试生成的一些方面。

表 6-18　不同内核生成配置的最终产品的比较

内 核 版 本	发　　布	分　　析	调　　试
mach_kernel 的大小	4.06MB	4.31MB	4.57MB
mach_kernel 中的符号数量	11 677	11 679	19 611
mach_kernel 中的字符串	265KB	265KB	398KB
mach_kernel.sys 的大小	25.37MB	25.48MB	27.04MB
mach_kernel.sys 中的符号数量	18 824	18 824	19 611
mach_kernel.sys 中的字符串	16.13MB	16.12MB	17.24MB

6.10.4　DarwinBuild

要编译 xnu 内核（事实上，一般是指任何 Darwin 程序包），有一种方便的方式是通过

DarwinBuild，它是一种专用的开源工具，提供了一种生成环境，类似于 Apple 的内部生成环境。在生成具有大量依赖性的复杂程序包（例如，系统库）时，DarwinBuild 的有用性非常明显。确切地讲，DarwinBuild 包括两个主要的管理程序：darwinbuild 和 darwinxref，前者用于生成软件，后者用于解析包含项目信息的属性列表文件以及执行各类操作，比如解决依赖性、查找文件和加载索引。

第 7 章　进　　程

在典型的操作系统中，进程代表正在执行的程序以及关联的系统资源，它们可能是物理的（比如处理器周期和内存）或者抽象的[①]（比如进程可以打开的文件数量）。内核通过在准备运行的进程之间调度资源，提供一种并发执行的幻觉。在多处理器或多核心系统上，多个进程可能真正并发地执行。

> Jack B. Dennis 和 Earl C. Van Horn 在他们 1965 年发表的划时代的论文[②]中，把进程定义为"指令序列内的控制轨迹……一个经过某个过程的指令的抽象实体，就像过程是由处理器执行一样"。

在前面的章节中，可以看到 Mac OS X 内核把传统的进程抽象划分成多个相关的抽象。在本章中，将探讨 Mac OS X 进程子系统的内核级和用户级细节。

7.1　进程：从早期的 UNIX 到 Mac OS X

进程抽象长期用于表示计算机系统中的各种活动。在早期的 UNIX 中，进程可以运行一个用户程序，或者它可以表示内核中的一个或多个控制流——例如，进程 0 运行 sched()，即进程调度器。在传统的 UNIX 中创建新进程的唯一方式是通过 fork() 系统调用，而在进程内运行新程序的唯一方式是通过 exec() 系统调用。

> **最早的 fork() 和 exec() 系统调用**
> 下面的文字摘录自 First Edition Research UNIX(大约出现在 1971 年后期)[③]中的 fork() 和 exec() 系统调用的手册页。
> fork 是创建新进程的唯一方式。新进程的核心映像是 fork 调用者的核心映像的副本；唯一区别是返回位置以及旧进程中的 r0 包含新进程的进程 ID 的事实。
> exec 利用指定的文件覆盖调用进程，然后转移到文件的核心映像的开始处。exec 的第一个参数是一个指向要执行的文件名的指针。第二个参数是指向要传递给文件的参数的指针列表的地址……可能不会从文件返回；调用核心映像就会丢失。

与现代操作系统相比，早期的 UNIX 具有大量更简单的进程抽象。事实上，直到利用 C 重新编写 UNIX 并且利用 MMU 在 PDP-11 上运行它之后，UNIX 内核在内存中一次才能

[①]　抽象资源通常受物理资源直接或间接限制。

[②]　"Programming Semantics for Multiprogrammed Computations"，Jack B. Dennis 和 Earl C. Van Horn 著（ACM Conference on Programming Languages and Pragmatics（ACM 编程语言和语用学大会），加利福尼亚州圣迪马斯市，1965 年 8 月）。

[③]　UNIX Programmers Manual，K. Thompson 和 D. M. Ritchie 著（贝尔实验室，1971 年）。

具有多个进程。考虑 Third Edition Research UNIX（大约出现在 1973 年早期）中的 proc 结构——一个内核-内存驻留的进程簿记数据结构。

```
struct proc {
    char p_stat;       /* (SSLEEP, SWAIT, SRUN, SIDL, SZOMB) */
    char p_flag;       /* (SLOAD, SSYS, SLOCK, SSWAP) */
    char p_pri;        /* current process priority */
    char p_sig;        /* most recent interrupt outstanding */
    char p_ndis;       /* index into priority "cookie" array */
    char p_cook;       /* cookie value */
    int p_ttyp;        /* controlling terminal */
    int p_pid;         /* process ID */
    int p_ppid;        /* parent process ID */
    int p_addr;        /* address of data segment, memory/disk */
    int p_size;        /* size of data segment in blocks */
    int p_wchan;       /* reason for sleeping */
    int *p_textp;      /* text segment statistics */
} proc[NPROC];
```

NPROC 的值（即进程表中的条目数量）是在编译时设置的——典型的值是 50。除了程序文本和数据之外，每个进程还都具有内核模式栈和一个数据区域——用户结构或 **u** 区域（u-area）。可能只有一个并发进程。

7.1.1　Mac OS X 进程限制

与现代操作系统一样，Mac OS X 内核对于允许的进程数量具有软（Soft）限制和硬（Hard）限制。硬限制大于或等于软限制。硬限制是在编译时设置的，并且不能改变。对于软限制，可以设置 kern.maxproc 变量的值，通过 sysctl 接口改变它。

```
$ sysctl -a | grep proc
kern.maxproc = 532
kern.maxfilesperproc = 10240
kern.maxprocperuid = 100
kern.aioprocmax = 16
kern.proc_low_pri_io = 0
...
```

硬限制是在编译时使用以下公式计算的。

// bsd/conf/param.c

```
#define NPROC (20 + 16 * MAXUSERS)
#define HNPROC (20 + 64 * MAXUSERS)
int maxproc = NPROC;
__private_extern__ int hard_maxproc = HNPROC; /* hardcoded limit */
```

在内核的 BSD 部分的一个配置文件中根据表 7-1 定义 MAXUSERS 值。标准的 Mac OS X 内核是在 medium 配置中编译的，其中 MAXUSERS 是 32。NPROC 和 HNPROC 的对应值分别是 532 和 2068。

表 7-1　系统大小配置

配　　置	描　　述	MAXUSERS 值
xlarge	特大规模	64
large	大规模	50
medium	中等规模	32
small	小规模	16
xsmall	特小规模	8
bsmall	特别的超小规模（比如用于引导软盘）	2

不过，对于早期的 UNIX 与 Mac OS X，与它们各自进程子系统的组成部分之间的差别相比，它们所允许的最大进程数量之间的差别几乎可以忽略不计。即使现代系统被期望要复杂得多，也不能过于夸大其词地认为术语**进程**（Process）在 Mac OS X 中比 Third Edition UNIX 进程结构中的某些方面具有更多的内涵！

7.1.2　Mac OS X 执行风格

在 Mac OS X 中，代码可以在多种**环境**（Environment）中执行，其中的环境基于以下一个或多个方面而有所区别：机器体系结构、可执行文件格式、系统模式（用户或内核）、各种各样的策略[①]等。每种环境都具有它自己的执行风格。下面给出了这类环境的示例。

- 内核的 BSD、Mach 和 I/O Kit 部分。
- BSD 用户空间的环境。
- Carbon 环境。
- Classic 环境。
- Cocoa 环境。
- Java 运行时环境。
- 用于运行基于 JavaScript 的构件的 Dashboard 环境。
- Rosetta 二进制转换环境，允许运行的 PowerPC 可执行文件在基于 x86 的 Macintosh 计算机上运行。

图 7-1 显示了 Mac OS X 中的进程子系统的组成部分的概念视图。尽管在 Mac OS X 上存在众多类似于进程的实体，但是在处理器上恰好只有一个抽象在执行：即 Mach 线程。所有其他类似于进程的实体最终都位于 Mach 线程之上的层次结构中。

[①]　影响程序执行的策略示例包括那些与安全和资源使用相关的策略。

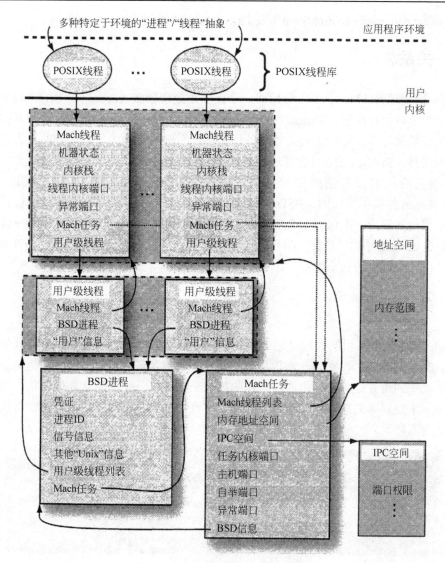

图 7-1　Mac OS X 进程子系统概览

7.2　Mach 抽象、数据结构和 API

现在来研究一些在 Mac OS X 进程子系统中起着重要作用的内核数据结构，具体如下。

- struct processor_set [osfmk/kern/processor.h]：处理器集结构。
- struct processor [osfmk/kern/processor.h]：处理器结构。
- struct task [osfmk/kern/task.h]：Mach 任务结构。
- struct thread [osfmk/kern/thread.h]：独立于机器的 Mach 线程结构。
- struct machine_thread [osfmk/ppc/thread.h]：机器相关的线程状态结构。
- struct proc [bsd/sys/proc.h]：BSD 进程结构。
- struct uthread [bsd/sys/user.h]：BSD 每个线程的用户结构。

● struct run_queue [osfmk/kern/sched.h]：由调度器使用的运行队列结构。

7.2.1　关系总结

Mach 把**处理器**（Processor）分组成一个或多个**处理器集**（Processor Set）。每个处理器集都具有一个可运行**线程**（Thread）的**运行队列**（Run Queue），并且每个处理器都具有一个本地运行队列。除了运行队列之外，处理器集还会维护集中的所有线程的列表，以及分配给集的**任务**（Task）。任务包含其线程的列表。它还会重新引用其分配的处理器集。线程的机器相关的状态（包括所谓的**进程控制块**（Process Control Block，PCB））是在 machine_thread 结构中捕获的。BSD 进程额外还具有一个 proc 结构，引用关联的任务。多线程的进程被实现为一个包含多个 Mach 线程的 Mach 任务。BSD 进程中的每个线程都包含一个指向 uthread 结构的指针。而且，proc 结构包含一个指向 uthread 结构的指针列表——每个指针用于进程内的一个线程。

7.2.2　处理器集

Mach 把系统上可用的处理器划分成一个或多个处理器集。总会有一个**默认处理器集**（Default Processor Set），它是在内核启动期间（在调度器可以运行之前）初始化的。它最初包含系统中的所有处理器。由内核创建的第一个任务将分配给默认处理器集。除了必须包含至少一个处理器的默认处理器集之外，处理器集可能是空的。一个处理器每次至多属于一个处理器集。

> **处理器集的用途**
>
> 处理器集背后的原始动机是对处理器进行分组，以把它们分配给特定的系统活动——粗粒度分配。而且，在 Mac OS X 的早期版本中，处理器集具有关联的调度策略和基本属性，它们对处理器集中的线程的调度方面提供了统一的控制。可以在处理器集层面启用和禁用特定的策略。

1. 表示

如图 7-2 中所示，处理器集对象具有两个表示它的端口：一个**名称**（name）端口和一个**控制**（control）端口。名称端口只是一个标识符——它只能用于获取关于处理器集的信息。控制端口代表底层对象——它可用于执行控制操作，例如，将处理器、任务和线程指派给处理器集。这种方案在 Mach 的体系结构上比较有代表性，其中多个 Mach 对象上的操作是通过给对象各自的控制端口发送合适的消息来执行的。

2. 处理器集 API

处理器集 Mach API 提供了一些例程，可以从用户空间调用它们，查询和操作处理器集。注意：处理器集操作是一个特权操作。下面给出了处理器集 API 中的例程的示例。

● host_processor_sets()：用于返回发送权限的列表，代表主机上的所有处理器集的名称端口。

```
// osfmk/kern/processor.h

struct processor_set {
    queue_head_t          idle_queue;           // queue of idle processors
    int                   idle_count;           // how many idle processors?
    queue_head_t          active_queue;         // queue of active processors
    queue_head_t          processors;           // queue of all processors
    int                   processor_count;      // how many processors?
    decl_simple_lock_data(,sched_lock)          // scheduling lock
    struct                run_queue runq;       // run queue for this set
    queue_head_t          tasks;                // tasks assigned to this set
    int                   task_count;           // how many tasks assigned?
    queue_head_t          threads;              // threads in this set
    int                   thread_count;         // how many threads assigned?
    int                   ref_count;            // structure reference count
    int                   active;               // is this set in use?
    ...
    struct ipc_port       *pset_self;           // control port (for operations)
    struct ipc_port       *pset_name_self;      // name port (for information)
    uint32_t              run_count;            // threads running
    uint32_t              share_count;          // timeshare threads running
    integer_t             mach_factor;          // the Mach factor
    integer_t             load_average;         // load average
    uint32_t              pri_shift;            // scheduler load average
};

extern struct processor_set default_pset;
```

图 7-2　xnu 内核中的处理器集结构

- host_processor_set_priv()：用于把处理器集名称端口转换成处理器集控制端口。
- processor_set_default()：用于返回默认处理器集的名称端口。
- processor_set_create()：用于创建一个新的处理器集，并且返回名称端口和控制端口；而 processor_set_destroy() 则用于销毁指定的处理器集，同时把它的处理器、任务和线程重新分配给默认处理器集[①]。
- processor_set_info()：用于获取关于指定处理器集的信息。如第 6 章中所述，Mach API 中的"info"调用通常需要一个风格参数，用于指定想要的信息类型。这样，根据特定的风格，相同的调用可能获取各种各样的信息。processor_set_info() 风格的示例有：PROCESSOR_SET_BASIC_INFO（分配给集的处理器数量和生效的默认策略[②]；在 processor_set_basic_info 结构中返回它们）、PROCESSOR_SET_TIMESHARE_DEFAULT（用于分时调度策略的基本属性；在 policy_timeshare_base 返回它们）和 PROCESSOR_SET_TIMESHARE_LIMITS（关于允许的分时策略基

[①] 由于内核只支持一个处理器集，因此创建和销毁调用总会失败。

[②] 默认策略是硬编码到 POLICY_TIMESHARE 中的。

本属性的限制；在 policy_timeshare_limit 结构中返回它们）。

- processor_set_statistics()：用于获取指定处理器集的调度统计信息。它还需要一个风格参数。例如，PROCESSOR_SET_LOAD_INFO 风格将在 processor_set_load_info 结构中返回负载统计信息。
- processor_set_tasks()：用于返回当前分配给指定处理器集的所有任务的内核端口的发送权限列表。类似地，processor_set_threads()用于获取处理器集的分配线程。
- processor_set_stack_usage()：是一个调试例程，仅当利用 MACH_DEBUG 选项编译内核时才会启用它。它将获取关于给定的处理器集中的线程栈使用情况的信息。

注意：使用处理器集列表，可以找到系统中的所有任务和线程。

> 在 Mac OS X 中不建议使用处理器集接口，并且它很可能会在某个时间改变或消失。事实上，xnu 内核只支持单个处理器集——接口例程在默认处理器集上工作。

7.2.3　处理器

processor 结构是物理处理器的独立于机器的描述。processor 结构的一些字段类似于 processor_set 结构的那些字段，但是具有每个处理器（本地）作用域。例如，processor 结构的运行队列字段适用于仅绑定到那个处理器的线程。图 7-3 摘录自 processor 结构的声明，

```
// osfmk/kern/processor.h

struct processor {
    queue_chain_t     processor_queue;    // idle, active, or action queue link
    int               state;              // processor state
    struct thread     *active_thread;     // thread running on processor
    struct thread     *next_thread;       // next thread to run if dispatched
    struct thread     *idle_thread;       // this processor's idle thread
    processor_set_t   processor_set;      // the processor set that we belong to
    int               current_pri;        // current thread's priority
    timer_call_data_t quantum_timer;      // timer for quantum expiration
    uint64_t          quantum_end;        // time when current quantum ends
    uint64_t          last_dispatch;      // time of last dispatch
    int               timeslice;          // quantum before timeslice ends
    int               deadline;           // current deadline
    struct run_queue  runq;               // local run queue for this processor
    queue_chain_t     processors;         // all processors in our processor set
    ...
    struct ipc_port   *processor_self;    // processor's control port
    processor_t       processor_list;     // all existing processors
    processor_data_t  processor_data;     // per-processor data
};

...
extern processor_t master_processor;
```

图 7-3　xnu 内核中的 processor 结构

并且加上了注释。处理器可能处于的状态有：PROCESSOR_OFF_LINE（不可用）、PROCESSOR_RUNNING（在正常执行中）、PROCESSOR_IDLE（空闲）、PROCESSOR_DISPATCHING（从空闲状态过渡到运行状态）、PROCESSOR_SHUTDOWN（脱机）和PROCESSOR_START（正在启动）。

1．互连

图 7-4 显示了 processor_set 和 processor 结构是如何在具有一个处理器集和两个处理器

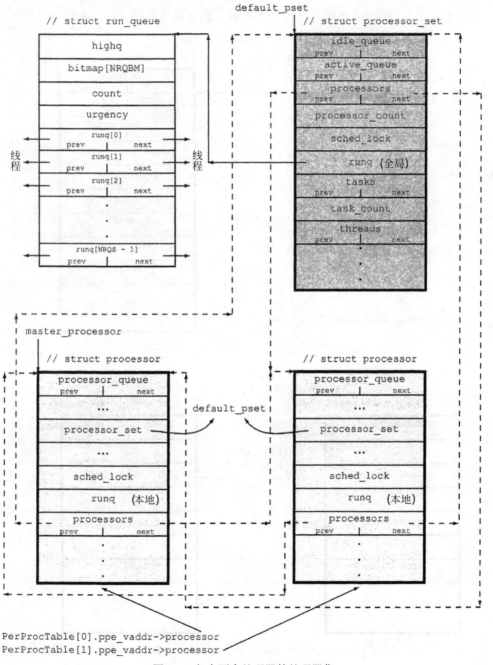

图 7-4　包含两个处理器的处理器集

的系统中互连的。所示的处理器既不在处理器集的空闲队列上，也不在活动队列上。每个处理器的 processors 字段以及处理器集的 processors 字段都在一个环形列表中链接在一起。在 processor 和 processor_set 结构中，processors 字段是一个队列元素，它只包含两个指针：prev（前一个）和 next（后一个）。特别是，处理器集的 processors 字段的 next 指针指向第一个（主）处理器。因此，可以从处理器集或者任何处理器开始遍历处理器集中的所有处理器的列表。类似地，还可以使用 processor_set 结构的 active_queue 字段以及处理器集中的每个 processor 结构的 processor_queue 字段遍历处理器集中的所有活动处理器的列表。

图 7-5 显示了当图 7-4 中的两个处理器都位于默认处理器集的活动队列上时的情形。

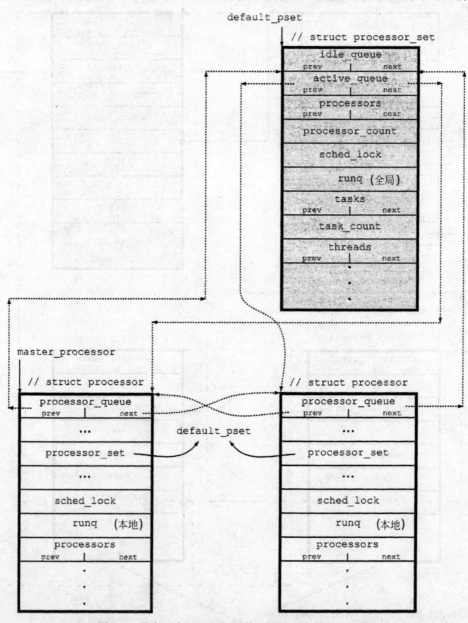

图 7-5　具有两个处理器位于其活动队列上的处理器集

2. 处理器 API

下面给出了涉及处理器的 Mach 例程的示例。

- host_processors()返回代表系统中的所有处理器的发送权限的数组。注意：用户空间的调用者将该数组作为 Mach IPC 消息中的行外数据来接收它——内存看似是在调用者的虚拟地址空间中隐式分配的。在这种情况下，当内存不再需要时，调用者应该通过调用 vm_deallocate()或 mach_vm_deallocate() Mach 例程显式取消分配它。
- processor_control()在指定的处理器上运行机器相关的控制操作或**命令**（Command）。此类命令的示例包括：设置性能监视寄存器以及设置或清除性能监视计数器。
- processor_info()获取关于指定处理器的信息。processor_info()风格的示例有：PROCESSOR_BASIC_INFO（处理器类型、子类型和插槽编号；它是否在运行；它是否是主处理器）和 PROCESSOR_CPU_LOAD_INFO（分配给处理器的任务和线程数量、它的平均负载以及它的 Mach 因子）。
- 在多处理器系统上，如果给定的处理器当前处于脱机状态，processor_start()就会启动它。在启动后，将把该处理器分配给默认处理器集。与之相反，processor_exit()用于停止给定的处理器，并将其从所分配的处理器集中移除。
- processor_get_assignment()返回给定处理器当前分配的处理器集的名称端口。一个补充性的调用——processor_assign()——用于把处理器分配给处理器集。不过，由于 xnu 内核只支持一个处理器集，processor_assign()总会返回失败的结果，而 processor_get_assignment()则总会返回默认处理器集。

多个处理器相关的 Mach 例程具有机器相关的例程。而且，可以影响处理器的全局行为的例程是具有特权的。

还存在一些调用，用于设置或获取任务和线程与处理器集之间的关系。例如，task_assign()用于把某个任务并且可以选择把该任务内的所有线程分配给给定的处理器集。除非包括了所有的线程，否则将只会把新创建的线程分配给新的处理器集。与处理多个处理器集的其他调用一样，在 Mac OS X 上 task_assign()总会返回失败的结果。

现在来看两个使用 Mach 处理器 API 的示例。首先，需要编写一个程序，获取关于系统中的处理器的信息。接下来，将编写另一个程序，禁用多处理器系统上的某个处理器。

3. 显示处理器信息

图 7-6 显示了用于获取处理器信息的程序。

```
// processor_info.c

#include <stdio.h>
#include <stdlib.h>
#include <mach/mach.h>

void
```

图 7-6 获取关于主机上的处理器的信息

```
print_basic_info(processor_basic_info_t info)
{
    printf("CPU: slot %d%s %s, type %d, subtype %d\n", info->slot_num,
           (info->is_master) ? " (master)," : ",",
           (info->running) ? "running" : "not running",
           info->cpu_type, info->cpu_subtype);
}

void
print_cpu_load_info(processor_cpu_load_info_t info)
{
    unsigned long ticks;

    // Total ticks do not amount to the uptime if the machine has slept
    ticks = info->cpu_ticks[CPU_STATE_USER]   +
            info->cpu_ticks[CPU_STATE_SYSTEM] +
            info->cpu_ticks[CPU_STATE_IDLE]   +
            info->cpu_ticks[CPU_STATE_NICE];
    printf("    %ld ticks "
           "(user %ld, system %ld, idle %ld, nice %ld)\n", ticks,
           info->cpu_ticks[CPU_STATE_USER],
           info->cpu_ticks[CPU_STATE_SYSTEM],
           info->cpu_ticks[CPU_STATE_IDLE],
           info->cpu_ticks[CPU_STATE_NICE]);
    printf("    cpu uptime %ld h %ld m %ld s\n",
           (ticks / 100) / 3600,            // hours
           ((ticks / 100) % 3600) / 60,     // minutes
           (ticks / 100) % 60);             // seconds
}

int
main(void)
{
    int                          i;
    kern_return_t                kr;
    host_name_port_t             myhost;
    host_priv_t                  host_priv;
    processor_port_array_t       processor_list;
    natural_t                    processor_count;
    processor_basic_info_data_t  basic_info;
    processor_cpu_load_info_data_t  cpu_load_info;
    natural_t                    info_count;

    myhost = mach_host_self();
    kr = host_get_host_priv_port(myhost, &host_priv);
```

图 7-6（续）

```
   if (kr != KERN_SUCCESS) {
      mach_error("host_get_host_priv_port:", kr);
      exit(1);
   }

   kr = host_processors(host_priv, &processor_list, &processor_count);
   if (kr != KERN_SUCCESS) {
      mach_error("host_processors:", kr);
      exit(1);
   }

   printf("%d processors total.\n", processor_count);

   for (i = 0; i < processor_count; i++) {
      info_count = PROCESSOR_BASIC_INFO_COUNT;
      kr = processor_info(processor_list[i],
                          PROCESSOR_BASIC_INFO,
                          &myhost,
                          (processor_info_t)&basic_info,
                          &info_count);
      if (kr == KERN_SUCCESS)
         print_basic_info((processor_basic_info_t)&basic_info);

      info_count = PROCESSOR_CPU_LOAD_INFO_COUNT;
      kr = processor_info(processor_list[i],
                          PROCESSOR_CPU_LOAD_INFO,
                          &myhost,
                          (processor_info_t)&cpu_load_info,
                          &info_count);
      if (kr == KERN_SUCCESS)
         print_cpu_load_info((processor_cpu_load_info_t)&cpu_load_info);
   }

// Other processor information flavors (may be unsupported)
//
//  PROCESSOR_PM_REGS_INFO,  // performance monitor register information
//  PROCESSOR_TEMPERATURE,   // core temperature

// This will deallocate while rounding up to page size
   (void)vm_deallocate(mach_task_self(), (vm_address_t)processor_list,
                       processor_count * sizeof(processor_t *));

   exit(0);
}
```

图 7-6 (续)

```
$ gcc -Wall -o processor_info processor_info.c
$ sudo ./processor_info
2 processors total.
CPU: slot 0 (master), running, type 18, subtype 100
    16116643 ticks (user 520750, system 338710, idle 15254867, nice 2316)
    cpu uptime 44 h 46 m 6 s
CPU: slot 1, running, type 18, subtype 100
    16116661 ticks (user 599531, system 331140, idle 15182087, nice 3903)
    cpu uptime 44 h 46 m 6 s
$ uptime
16:12 up 2 days, 16:13, 1 user, load averages: 0.01 0.04 0.06
```

图 7-6（续）

由图 7-6 中的程序打印的 cpu uptime 值是基于为处理器报告的时钟周期数计算得到的。在 Mac OS X 上，每 10 ms 是一个时钟周期——也就是说，每秒有 100 个时钟周期。因此，16116643 个时钟周期对应 161166 秒，它相当于 44 小时加 46 分钟再加 6 秒。当使用 uptime 实用程序显示系统运行了多长时间时，将获得一个更高的值：超过 64 小时。这是由于如果系统处于睡眠状态，那么处理器正常运行时间将不同于系统正常运行时间——当处理器处于睡眠状态时，不会有处理器时钟周期。

现在来修改图 7-6 中的程序，验证在调用栈的地址空间里确实分配了内存，它是作为响应 host_processors()调用而接收行外数据的副作用发生的。在调用 host_processors()之后，将打印进程 ID 和 processor_list 指针的值，并使进程短暂睡眠。在程序睡眠时，将使用 vmmap 实用程序显示在进程中分配的虚拟内存区域。期望在 vmmap 的输出中列出包含指针的区域。图 7-7 显示了修改过的程序摘录和相应的输出。

```
// processor_info.c

    ...
    processor_list = (processor_port_array_t)0;
    kr = host_processors(host_priv, &processor_list, &processor_count);
    if (kr != KERN_SUCCESS) {
        mach_error("host_processors:", kr);
        exit(1);
    }
    // #include <unistd.h> for getpid(2) and sleep(3)
    printf("processor_list = %p\n", processor_list);
    printf("my process ID is %d\n", getpid());
    sleep(60);
    ...
$ sudo ./processor_info
processor_list = 0x6000
my process ID is 2463
...
```

图 7-7 作为 Mach 调用的结果，由进程从内核中接收的行外数据

```
$ sudo vmmap 2463
Virtual Memory Map of process 2463 (processor_info)
...
==== Writable regions for process 2463
...
Mach message          00006000-00007000 [    4K] rw-/rwx SM=PRV
...
```

图 7-7（续）

4. 在多处理器系统中停止和启动处理器

在这个示例中，将以编程方式停止和启动多处理器系统中的处理器之一。图 7-8 显示了一个程序，它调用 processor_exit()使最后一个处理器脱机，以及调用 processor_start()使之处于联机状态。

```
// processor_xable.c

#include <stdio.h>
#include <stdlib.h>
#include <mach/mach.h>

#define PROGNAME "processor_xable"
#define EXIT_ON_MACH_ERROR(msg, retval) \
    if (kr != KERN_SUCCESS) { mach_error(msg, kr); exit((retval)); }

int
main(int argc, char **argv)
{
    kern_return_t           kr;
    host_priv_t             host_priv;
    processor_port_array_t  processor_list;
    natural_t               processor_count;
    char                    *errmsg = PROGNAME;
    if (argc != 2) {
        fprintf(stderr,
                "usage: %s <cmd>, where <cmd> is \"exit\" or \"start\"\n",
                PROGNAME);
        exit(1);
    }

    kr = host_get_host_priv_port(mach_host_self(), &host_priv);
    EXIT_ON_MACH_ERROR("host_get_host_priv_port:", kr);

    kr = host_processors(host_priv, &processor_list, &processor_count);
    EXIT_ON_MACH_ERROR("host_processors:", kr);
```

图 7-8　通过 Mach 处理器接口启动和停止处理器

```
    // disable last processor on a multiprocessor system
    if (processor_count > 1) {
        if (*argv[1] == 'e') {
            kr = processor_exit(processor_list[processor_count - 1]);
            errmsg = "processor_exit:";
        } else if (*argv[1] == 's') {
            kr = processor_start(processor_list[processor_count - 1]);
            errmsg = "processor_start:";
        } else {
            kr = KERN_INVALID_ARGUMENT;
        }
    } else
        printf("Only one processor!\n");

    // this will deallocate while rounding up to page size
    (void)vm_deallocate(mach_task_self(), (vm_address_t)processor_list,
                        processor_count * sizeof(processor_t *));
    EXIT_ON_MACH_ERROR(errmsg, kr);

    fprintf(stderr, "%s successful\n", errmsg);

    exit(0);
}
```

```
$ gcc -Wall -o processor_xable processor_xable.c
$ sudo ./processor_info
2 processors total.
CPU: slot 0 (master), running, type 18, subtype 100
    88141653 ticks (user 2974228, system 2170409, idle 82953261, nice 43755)
    cpu uptime 244 h 50 m 16 s
CPU: slot 1, running, type 18, subtype 100
    88128007 ticks (user 3247822, system 2088151, idle 82741221, nice 50813)
    cpu uptime 244 h 48 m 0 s
$ sudo ./processor_xable exit
processor_exit: successful
$ sudo ./processor_info
2 processors total.
CPU: slot 0 (master), running, type 18, subtype 100
    88151172 ticks (user 2975172, system 2170976, idle 82961265, nice 43759)
    cpu uptime 244 h 51 m 51 s
CPU: slot 1, not running, type 18, subtype 100
    88137333 ticks (user 3248807, system 2088588, idle 82749125, nice 50813)
    cpu uptime 244 h 49 m 33 s
$ sudo ./processor_xable start
processor_start: successful
```

图 7-8（续）

```
$ sudo ./processor_info
2 processors total.
CPU: slot 0 (master), running, type 18, subtype 100
    88153641 ticks (user 2975752, system 2171100, idle 82963028, nice 43761)
    cpu uptime 244 h 52 m 16 s
CPU: slot 1, running, type 18, subtype 100
    88137496 ticks (user 3248812, system 2088590, idle 82749281, nice 50813)
    cpu uptime 244 h 49 m 34 s
```

图 7-8（续）

7.2.4　任务和任务 API

　　Mach 任务是线程执行环境的独立于机器的抽象。前文介绍过，任务是资源的容器——它封装了对稀疏虚拟地址空间、IPC（端口）空间、处理器资源、调度控制以及使用这些资源的线程的受保护的访问。任务具有少量特定于任务的端口，比如任务的内核端口和任务级异常端口（对应于任务级异常处理程序）。图 7-9 所示的代码摘录自 task 结构，并且加上了注释。

// osfmk/kern/task.h

```
struct task {
   ...
   vm_map_t        map;             // address space description
   queue_chain_t pset_tasks;        // list of tasks in our processor set
   ...
   queue_head_t  threads;           // list of threads in this task
   int           thread_count;      // number of threads in this task
   ...
   integer_t     priority;          // base priority for threads
   integer_t     max_priority;      // maximum priority for threads
   ...

   // IPC structures
   struct ipc_port *itk_sself;                          // a send right
   struct exception_action exc_actions[EXC_TYPES_COUNT];// exception ports
   struct ipc_port       *itk_host;                     // host port
   struct ipc_port       *itk_bootstrap;                // bootstrap port
   // "registered" ports -- these are inherited across task_create()
   struct ipc_port       *itk_registered[TASK_PORT_REGISTER_MAX];
   struct ipc_space      *itk_space;                    // the IPC space
   ...

   // locks and semaphores
```

图 7-9　xnu 内核中的 task 结构

```
    queue_head_t semaphore_list;        // list of owned semaphores
    queue_head_t lock_set_list;         // list of owned lock sets
    int          semaphores_owned;      // number of owned semaphores
    int          lock_sets_owned;       // number of owned locks
    ...

#ifdef MACH_BSD
    void         *bsd_info;             // pointer to BSD process structure
#endif

    struct shared_region_mapping *system_shared_region;
    struct tws_hash              *dynamic_working_set;
    ...
};
```

图 7-9（续）

下面给出了可以通过系统库访问的 Mach 任务例程的示例。

- mach_task_self() 是任务"身份陷阱"——它给调用栈的内核端口返回发送权限。如第 6 章中所述，系统库将在每个任务的变量中缓存由这个调用返回的权限。

- pid_for_task() 用于获取由给定端口指定的任务的 BSD 进程 ID。注意：虽然所有的 BSD 进程都具有对应的 Mach 任务，但是技术上讲有可能具有不与 BSD 进程关联的 Mach 任务。

- task_for_pid() 用于获取与指定的 BSD 进程 ID 对应的任务的端口。

- task_info() 用于获取关于给定任务的信息。task_info() 风格的示例包括：TASK_BASIC_INFO（挂起计数、虚拟内存大小、驻留的内存大小等）、TASK_THREAD_TIMES_INFO（活动线程的总次数）以及 TASK_EVENTS_INFO（页错误、系统调用、上下文切换等）。

- task_threads() 用于返回给定任务内的所有线程的内核端口的发送权限的数组。

- task_create() 用于创建一个新的 Mach 任务，它要么继承调用任务的地址空间，要么是利用空地址空间创建的。调用任务获得新创建的任务（它不包含线程）的内核端口的访问权限。注意：这个调用不会创建 BSD 进程，因此不能从用户空间使用它。

- task_suspend() 用于递增给定任务的**挂起计数**（Suspend Count），并且停止任务内的所有线程。如果任务的挂起计数为正，任务内新创建的线程将不能执行。

- task_resume() 用于递减给定任务的挂起计数。如果新的挂起计数为 0，task_resume() 还会在其挂起计数为 0 的任务内恢复执行那些线程。任务的挂起计数不能变为负值——它要么为 0（可运行的任务），要么为正（挂起的任务）。

- task_terminate() 用于杀死给定的任务及其内的所有线程。然后取消分配任务的资源。

- task_get_exception_ports() 用于获取给定任务的一组指定的异常端口的发送权限。当一种或多种异常发生时，内核将发送消息给异常端口。注意：线程可能具有它们自己的异常端口，相比任务的异常端口，将优先选择它们。仅当线程级异常端口被设置为空端口（IP_NULL）或者因为失败返回时，任务级异常端口才会派上用场。

- task_set_exception_ports()用于设置给定任务的异常端口。
- task_swap_exception_ports() 用 于 执 行 task_get_exception_ports() 和 task_set_exception_ports()的组合功能。
- task_get_special_port()用于获取任务中的给定特殊端口的发送权限。特殊端口的示例包括：TASK_KERNEL_PORT（与由 mach_task_self()返回的端口相同——用于控制任务）、TASK_BOOTSTRAP_PORT（用于请求获取代表系统服务的端口）和 TASK_HOST_NAME_PORT（与由 mach_host_self()返回的端口相同——用于获取主机相关的信息）。
- task_set_special_port()用于把任务的特殊端口之一设置为给定的发送权限。
- task_policy_get()用于获取指定任务的调度策略参数。它也可用于获取默认任务策略参数值。
- task_policy_set()用于为任务设置调度策略信息。

7.2.5 线程

Mach 线程是 Mach 任务中的单个控制流。依赖于应用程序的性质和体系结构，在应用程序内使用多个线程可能导致改进的性能。多个线程可能受益的情形示例如下。

- 当可以把计算与 I/O 分隔开并且它们相互独立时，可以使用专用线程同时执行这两类活动。
- 当需要频繁创建和销毁执行上下文（线程或进程）时，使用线程可能改进性能，因为与创建整个进程相比，创建线程的代价要小得多[①]。
- 在多处理器系统上，同一个任务内的多个线程可以真正并发运行，如果线程可以受益于并发计算，这就可以改进性能。

线程包含如下信息。

- 调度优先级、调度策略和相关的基本属性。
- 处理器使用统计信息。
- 少量特定于线程的端口权限，包括线程的内核端口和线程级异常端口（对应于线程级异常处理程序）。
- 机器状态（通过一个机器相关的线程状态结构），它将随着线程执行而改变。

图 7-10 显示了 xnu 中的 thread 结构的重要组成部分。

1. 线程 API

用户程序使用线程的内核端口控制 Mach 线程——通常是通过 Pthreads 库[②]进行间接控制。下面给出了可以通过系统库访问的 Mach 线程例程的示例。

- mach_thread_self()用于返回调用线程的内核端口的发送权限。

---

① 仅当应用程序创建如此多的进程（或者以这种方式创建它们）以至于系统开销成为应用程序性能的一种限制因素时，通常才可以感知到性能改进。

② 在 Mac OS X 上，Pthreads 库是系统库（libSystem.dylib）的一部分。

```
// osfmk/kern/thread.h

struct thread {
    queue_chain_t       links;              // run/wait queue links
    run_queue_t         runq;               // run queue thread is on
    wait_queue_t        wait_queue;         // wait queue we are currently on
    event64_t           wait_event;         // wait queue event
    ...
    thread_continue_t   continuation;       // continue here next dispatch
    void                *parameter;         // continuation parameter
    ...
    vm_offset_t         kernel_stack;       // current kernel stack
    vm_offset_t         reserved_stack;     // reserved kernel stack

    int                 state;              // state that thread is in

    // scheduling information
    ...
    // various bits of stashed machine-independent state
    ...
    // IPC data structures
    ...
    // AST/halt data structures
    ...
    // processor set information
    ...

    queue_chain_t               task_threads;   // threads in our task
    struct machine_thread       machine;        // machine-dependent state
    struct task                 *task;          // containing task
    vm_map_t                    map;            // containing task's address map
    ...

    // mutex, suspend count, stop count, pending thread ASTs
    ...
    // other
    ...
    struct ipc_port         *ith_sself;                              // a send right
    struct exception_action exc_actions[EXC_TYPES_COUNT];  // exception ports
    ...
#ifdef    MACH_BSD
    void *uthread; // per-thread user structure
#endif
};
```

图 7-10   xnu 内核中的 thread 结构

- thread_info() 用于获取关于给定线程的信息。thread_info() 风格的示例包括：THREAD_BASIC_INFO（用户和系统运行时间、生效的调度策略、挂起计数等）以及用于获取调度策略信息的过时风格，比如 THREAD_SCHED_FIFO_INFO、THREAD_SCHED_RR_INFO 和 THREAD_SCHED_TIMESHARE_INFO。

- thread_get_state() 用于获取给定线程的特定于机器的用户模式的执行状态，它绝对不能是调用线程本身。依赖于风格，返回的状态包含特定于机器的寄存器内容的不同集合。风格示例包括：PPC_THREAD_STATE、PPC_FLOAT_STATE、PPC_EXCEPTION_STATE、PPC_VECTOR_STATE、PPC_THREAD_STATE64 和 PPC_EXCEPTION_STATE64。

- thread_set_state() 执行与 thread_get_state() 相反的操作——它接受给定的用户模式的执行状态信息和风格类型，并且设置目标线程的状态。同样，调用线程不能使用这个例程设置它自己的状态。

- thread_create() 用于在给定的任务内创建一个线程。新创建的线程具有挂起计数 1。它没有机器状态——在可以通过调用 thread_resume() 恢复执行线程之前，必须通过调用 thread_set_state() 显式设置它的状态。

- thread_create_running() 结合了 thread_create()、thread_set_state() 和 thread_resume() 的作用：它使用给定任务内给定的机器状态创建运行的线程。

- thread_suspend() 用于递增给定线程的挂起计数。只要挂起计数大于 0，线程就不再能够执行用户级指令。如果线程由于陷阱（比如系统调用或页错误）已经在内核中执行，那么依赖于陷阱，它可能会在原地阻塞，或者可能会继续执行，直到陷阱将要返回到用户空间为止。然而，陷阱将只能在线程恢复执行时返回。注意：线程是在挂起状态中创建的，因此可以相应地设置其机器状态。

- thread_resume() 用于递减给定线程的挂起计数。如果递减的计数变为 0，就会恢复执行线程。注意：如果任务的挂起计数大于 0，其内的线程将不能执行，即使线程单独的挂起计数为 0 也是如此。类似于任务的挂起计数，线程的挂起计数要么为 0，要么为正。

- thread_terminate() 用于销毁给定的线程。如果线程是与 BSD 进程对应的任务中要终止的最后一个线程，那么线程终止代码还会执行 BSD 进程退出。

- thread_switch() 用于指示调度器把上下文直接切换到另一个线程。调用者还可以指定一个特定的线程作为提示，在这种情况下，调度器将尝试切换到指定的线程。为了使提示的切换成功，必须满足多个条件。例如，提示线程的调度优先级绝对不能是实时的，并且它不应该绑定到除当前处理器以外的其他任何处理器（如果有的话）。注意：这是一个**切换调度**（Handoff Scheduling）的示例，因为将把调用者的时间量交给新线程。如果没有指定提示线程，thread_switch() 就会强制进行重新调度，并且选择一个要运行的新线程。调用者的现有内核栈将被丢弃——当它最终恢复时，它将在新的内核栈上执行延续函数①thread_switch_continue() [osfmk/kern/syscall_subr.c]。可以选择指示 thread_switch() 在指定的时间阻塞调用线程——这是一个只能

---

① 在本章后面将探讨延续。

通过 thread_abort()取消的等待。还可以指示它临时降低线程的优先级，其方法是：设置它的调度基本属性，使得调度器在指定的时间给它提供可能最低级的服务，之后将中止调度抑制。当接下来执行当前线程时，也会中止它。可以通过 thread_abort()或 thread_depress_abort()显式中止它。

- thread_wire()用于将给定的线程标记为具有特权的线程，使得当空闲内存不足时它可以使用内核的预留池中的物理内存。而且，如果有一个线程等待队列，它们在等待把特定的事件公布给该队列，当把这样一个线程插入该队列中时，将把它插入在队列头部。这个例程打算用于在写出页（page-out）机制中直接涉及的线程——它不应该被用户程序调用。

- thread_abort()可以被一个线程用于停止另一个线程——它将中止目标线程中各种正在进行的操作，比如时钟睡眠、调度抑制、页错误及其他 Mach 消息基本调用（包括系统调用）。如果目标线程处于内核模式下，成功的 thread_abort()将导致目标似乎从内核中返回。例如，就系统调用而言，线程的执行将在系统调用返回代码中恢复，并且具有 "interrupted system call"（中断的系统调用）返回代码。注意：即使目标被挂起，thread_abort()也会工作——当它恢复执行时，目标将会被中断。事实上，只应该在挂起的线程上使用 thread_abort()。如果在目标线程上调用 thread_abort()时目标线程正在执行一个非原子操作，将会在任意位置中止操作，并且不能重新开始执行它。thread_abort()打算用于干净地停止目标线程。对于 thread_suspend()调用，如果目标线程正在内核中执行，并且在线程挂起时修改了它的状态（通过 thread_set_state()），当线程恢复执行时它的状态可能会不可预知地改变，这是系统调用的副作用。

- thread_abort_safely()类似于 thread_abort()。不过，thread_abort()甚至会中止非原子操作（在任意位置并且以不可重新开始的方式），与之不同的是，thread_abort_safely()在这些情况下将返回一个错误。然后必须恢复线程执行，并且必须尝试另一个thread_abort_safely()调用。

- thread_get_exception_ports()用于获取给定线程的一个或多个异常端口的发送权限。为其获取端口的异常类型是通过标志字（flag word）指定的。

- thread_set_exception_ports()用于将给定的端口——发送权限——设置为指定异常类型的异常端口。注意：在线程创建期间，将把线程的所有异常端口都设置为空端口（IP_NULL）。

- thread_get_special_port()用于为给定的线程返回特定的特殊端口的发送权限。例如，指定 THREAD_KERNEL_PORT 返回目标线程的名称端口——与在线程内通过mach_thread_self()返回的端口相同。此后，可以使用该端口在线程上执行操作。

- thread_set_special_port()可以通过把给定线程的特定的特殊端口改为调用者提供的发送权限，为线程设置该端口。旧的发送权限将被内核放弃。

- thread_policy_get()用于为给定的线程获取调度策略参数。它还可用于获取默认的线程调度策略参数值。

- thread_policy_set()用于为线程设置调度策略信息。线程调度策略风格的示例包括：THREAD_EXTENDED_POLICY 、 THREAD_TIME_CONSTRAINT_POLICY 和

THREAD_PRECEDENCE_POLICY。

一个线程可以使用 Mach IPC 把端口权限发送给另一个线程——包括发送给另一个任务中的线程。特别是，如果一个线程把它的包含任务的内核端口发送给另一个任务中的线程，接收任务中的线程就可以控制发送任务中的所有线程，因为任务的内核端口的访问权限意味着其线程的内核端口的访问权限。

2. 内核线程

可以把 Mach 线程称为**内核线程**（Kernel Thread），因为它是用户空间的线程的内核中的表示。如将在 7.3 节中所述，Mac OS X 上所有公共可用的用户空间的线程抽象对各个用户线程的每个实例都使用一个 Mach 线程。术语"内核线程"的另一种含义适用于内核为使其正常工作而运行的内部线程。下面给出了内核作为专用线程[①]运行的函数，用于实现诸如自举、调度、异常处理、网络和文件系统 I/O 之类的内核功能。

- processor_start_thread() [osfmk/kern/startup.c]是在处理器上执行的第一个线程。
- kernel_bootstrap_thread() [osfmk/kern/startup.c]用于在系统启动期间启动多种内核服务，并且最终变成写出页守护进程，运行 vm_page() [osfmk/vm/vm_pageout.c]。后者将创建其他的内核线程，用于执行 I/O 以及垃圾收集。
- idle_thread() [osfmk/kern/sched_prim.c]是空闲处理器线程，用于寻找其他要执行的线程。
- sched_tick_thread() [osfmk/kern/sched_prim.c]用于执行调度器相关的定期簿记功能。
- thread_terminate_daemon() [osfmk/kern/thread.c]用于执行最终的清理，以终止线程。
- thread_stack_daemon() [osfmk/kern/thread.c]用于为线程分配栈，这些线程已经加入队列以便进行栈分配。
- serial_keyboard_poll() [osfmk/ppc/serial_io.c]用于在串行端口上轮询输入。
- 内核的调出机制运行作为内核线程提供给它的函数。
- IOWorkLoop 和 IOService I/O Kit 类使用 IOCreateThread() [iokit/Kernel/IOLib.c]，它是 Mach 内核-线程创建函数的包装器，用于创建内核线程。
- 内核的异步 I/O（asynchronous I/O，AIO）机制创建工作者线程，用于处理 I/O 请求。
- audit_worker() [bsd/kern/kern_audit.c]通过把审计记录队列写入审计日志文件来处理它们，或者把它们移出队列。
- mbuf_expand_thread() [bsd/kern/uipc_mbuf.c]通过分配一个 mbuf 群集，用于添加更多的空闲 mbuf。
- ux_handler() [bsd/uxkern/ux_exception.c]是 UNIX 异常处理程序，用于把 Mach 异常转换成 UNIX 信号和代码值。
- nfs_bind_resv_thread() [bsd/nfs/nfs_socket.c]用于处理不具有特权的线程对预留端口的绑定请求。
- dlil_input_thread() [bsd/net/dlil.c]通过 dlil_input_packet() [bsd/net/dlil.c]吸收网络分组，为网络接口（包括环回接口）的 mbuf 输入队列提供服务。它还可以调用 proto_input_

---

① 这样的线程是在内核任务内创建的。

run()，执行协议级分组吸收。

- dlil_call_delayed_detach_thread() [bsd/net/dlil.c]用于执行延迟（安全）的协议、过滤器和接口过滤器的分离。
- bcleanbuf_thread() [bsd/vfs/vfs_bio.c]用于执行文件系统缓冲区清洗操作——对于在待清洗队列上排队的脏缓冲区，它将通过把它们写到磁盘，对它们执行清洗。
- bufqscan_thread() [bsd/vfs/vfs_bio.c]通过发出缓冲区清理操作以及把清洗过的缓冲区释放到空缓冲区队列，平衡缓冲区队列的一部分。

图 7-11 显示了内核线程创建中涉及的高级内核函数。其中，应该分别从 Mach 和 I/O Kit 使用 kernel_thread()和 IOCreateThread()。

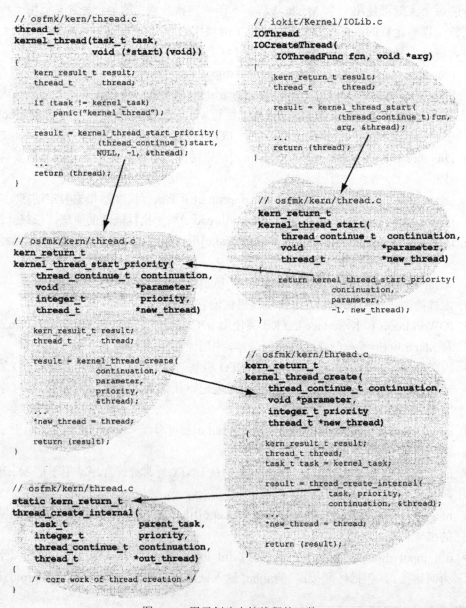

图 7-11   用于创建内核线程的函数

如将在 7.3 节中所述，Mac OS X 中的多种用户空间的应用程序环境都使用它们自己的线程抽象，它们最终都位于 Mach 线程之上的层次结构中。

7.2.6　线程相关的抽象

现在来探讨几个相关的抽象，它们在 Mac OS X 内核中实现的 Mach 线程的上下文中是相关的。在本节中，将讨论以下术语。

- 远程过程调用（Remote Procedure Call，RPC）。
- 线程激活。
- 线程飞梭（Thread Shuttle）。
- 线程迁移。
- 延续。

1. 远程过程调用

由于 Mach 是一个面向通信的内核，**远程过程调用**（Remote Procedure Call，RPC）抽象就是 Mach 正常工作的基础。当调用者和被调用者位于不同的任务中时，我们把 RPC 定义成过程调用抽象——也就是说，从调用者的角度看，过程是远程的。尽管 Mac OS X 在本地任务之间只使用内核级 RPC，但是概念是相似的，即使 RPC 参与者位于不同的机器上。在典型的 RPC 方案中，执行（控制流）将临时转移到另一个位置（它对应于远程过程），并在以后返回到原始位置——类似于系统调用。调用者（客户）把任何参数一起编组成一条消息，并把该消息发送给服务提供者（服务器）。服务提供者解编该消息——也就是说，把它分隔成原始的部分，并且像本地操作那样处理它。

2. 激活与飞梭

在 Mac OS X 10.4 之前，内核线程被划分成两个逻辑部分：**激活**（Activation）与**飞梭**（Shuttle）。这种划分背后的动机是：使一个部分提供对线程的显式控制（激活），并使另一个部分被调度器使用（飞梭）。线程激活代表线程的执行上下文。它保持附加到其任务上，因此总是具有固定、有效的任务指针。直到激活终止为止，它都会保持在任务的激活栈上[①]。线程飞梭是与线程对应的调度实体。在给定的时间，飞梭是在某个激活内工作的。不过，由于资源争用，飞梭在 RPC 期间可能会迁移。它包含调度、记账和定时信息；还包含消息传递支持。当飞梭使用激活时，它将在激活上保留一个引用。

注意：激活更接近于线程的流行概念——它是外部可见的线程句柄。例如，线程的程序员可见的内核端口将在内部转换成一个指向其激活的指针。与之相比，飞梭是线程的内部部分。在内核内，current_act() 返回一个指向当前激活的指针，而 current_thread() 则返回一个指向飞梭的指针。

飞梭/激活双重抽象跨多个 Mac OS X 版本经历了实现改变。在 Mac OS X 10.0 中，线程的实现包括两个主要的数据结构：thread_shuttle 结构和 thread_activation 结构，其中线程数据类型（thread_t）是一个指向 thread_shuttle 结构的指针。可以从飞梭访问激活，因此

---

① 线程作为控制的逻辑流，是由任务中的激活栈表示的。

thread_t 可以全面表示一个线程。图 7-12 显示了 Mac OS X 10.0 中的结构。

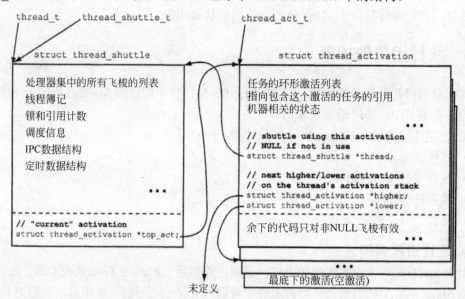

图 7-12　Mac OS X 10.0 中的飞梭和线程数据结构

在 Mac OS X 后来的版本中，线程数据结构从语法角度把飞梭和激活纳入到单个结构中。图 7-13 中显示了这一点。

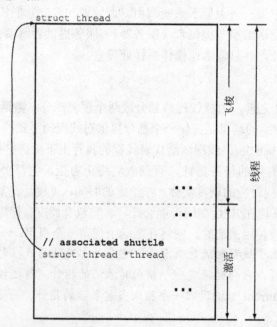

图 7-13　Mac OS X 10.3 中的单个结构内的飞梭和线程

在 Mac OS X 10.4 中，飞梭与激活之间的区别就不存在了。图 7-14 显示了 Mac OS X 10.3 和 Mac OS X 10.4 中的 current_thread() 与 current_act() 的实现。在 Mac OS X 的 x86 版本

中，指向当前（活动）线程的指针被存储为每个 CPU 的数据结构[①]（struct cpu_data [osfmk/i386/cpu_data.h]）的一个字段。

```
// osfmk/ppc/cpu_data.h (Mac OS X 10.3)

extern __inline__ thread_act_t current_act(void)
{
    thread_act_t act;
    __asm__ volatile("mfsprg %0,1" : "=r" (act));
    return act;
};
...
#define current_thread() current_act()->thread

// osfmk/ppc/cpu_data.h (Mac OS X 10.4)

extern __inline__ thread_t current_thread(void)
{
    thread_t result;
    __asm__ volatile("mfsprg %0,1" : "=r" (result));
    return (result);
}

// osfmk/ppc/machine_routines_asm.s (Mac OS X 10.4)

/*
 * thread_t current_thread(void)
 * thread_t current_act(void)
 *
 * Return the current thread for outside components.
 */
        align  5
        .globl  EXT(current_thread)
        .globl  EXT(current_act)
LEXT(current_thread)
LEXT(current_act)
        mfsprg  r3,1
        blr
```

图 7-14　在 Mac OS X 10.3 和 Mac OS X 10.4 上获取当前线程（飞梭）和当前激活

3. 线程迁移

在前面关于飞梭与激活的讨论中，间接提到了线程迁移的概念。迁移线程模型是在犹他大学开发的。术语**迁移**（Migration）指在 RPC 期间在客户与服务器之间转移控制的方式。例如，就静态线程而言，客户与服务器之间的 RPC 涉及一个客户线程以及一个不相关的、

---

① 在建立 GS 段寄存器时，就使之基于每个 CPU 的数据结构。

独立的服务器线程。客户启动 RPC 之后的事件序列涉及多种上下文切换等。利用分割的线程模型，内核无须在其 RPC 内核调用中阻塞客户线程，而是可以迁移它，使得它在服务器的代码中恢复执行。尽管仍然需要某种上下文切换（特别是，地址空间、栈指针，也许还有寄存器状态的某个子集的上下文切换），但是不再会涉及两个完整的线程。从调度的角度讲也没有上下文切换。而且，当客户在服务器的代码中执行时，它使用的是自己的处理器时间——在这种意义上，线程迁移就是一种**优先级继承**（Priority Inheritance）机制。可以把它与 UNIX 系统调用模型做比较，在后者中，用户线程（或进程）在系统调用期间迁移到内核中，而没有进行成熟的上下文切换。

过程式 IPC

　　Mach 的原始 RPC 模型基于消息传递设施，其中不同的线程用于读取消息和编写应答。前文介绍过在 Mach 中也通过消息传递来传达访问权限。操作系统以多种形式支持过程式 IPC：Multics 中的门（Gate）、TaOS 中的轻量级 RPC（Lightweight RPC，LRPC）、Solaris 中的门（Door）以及 Windows NT 中的事件对都是跨域的过程调用机制的示例。Sun 的 Spring 系统中的线程模型具有飞梭的概念，它是真正的内核可调度的实体，支持应用程序可见的线程链——类似于前文讨论过的激活。

---

4. 延续

　　Mac OS X 内核使用每个线程的 16KB 的内核栈大小（KERNEL_STACK_SIZE，在 osfmk/mach/ppc/vm_param.h 中定义）。随着运行系统中的线程数量增加，依赖于可用的资源，仅仅由内核栈使用的内存都可能变得不合情理。虽然以并发性为代价，但是一些操作系统允许在一个内核线程上多路复用多个用户线程，因为那些用户线程不能彼此独立地进行调度。回忆可知：Mach 线程在线程的生存期内绑定到它的任务上，并且每个重要的任务都具有至少一个线程。因此，系统中的线程数量至少与任务数量一样多。

　　操作系统在历史上将两种模型之一用于内核执行，这两种模型是：**进程模型**（Process Model）或**中断模型**（Interrupt Model）。在进程模型中，内核会为每个线程维护一个栈。当线程在内核内执行时——比如说，由于系统调用或异常——它的专用内核栈将用于跟踪其执行状态。如果线程在内核中阻塞，将不需要显式的状态保存，因为状态是在线程的内核栈中捕获的。这种方法具有一定的简化效果，但是它对资源的需求较高，并且如果人们想要分析它以便优化线程之间的转移控制，那么机器状态将更难以评估，这些都抵销了它的简化效果。在中断模型中，内核将把系统调用和异常视作中断。每个处理器的内核栈用于所有线程的内核执行。这需要内核阻塞线程在某个位置显式保存它们的执行状态。当在以后某个时间恢复线程执行时，内核将使用保存的状态。

　　典型的 UNIX 内核使用进程模型，Mach 的早期版本也是如此。在 Mach 3 中使用**延续**（Continuation）的概念作为一条中间路线，允许阻塞线程选择是使用中断模型还是进程模型。Mac OS X 继续在使用延续。因此，Mac OS X 内核中的阻塞线程可以选择如何进行阻塞。thread_block() 函数 [osfmk/kern/sched_prim.c] 接受单个参数，它可以是 THREAD_CONTINUE_NULL [osfmk/kern/kern_types.h]，或者是一个延续函数。

```
// osfmk/kern/kern_types.h
```

```
typedef void (*thread_continue_t)(void *, wait_result_t);
#define THREAD_CONTINUE_NULL ((thread_continue_t) 0)
...
```

thread_block()调用 thread_block_reason() [osfmk/kern/sched_prim.c]，后者又调用 thread_invoke() [osfmk/kern/sched_prim.c]执行上下文切换，并且开始执行一个新线程，它被选择用于使当前处理器运行。thread_invoke()将检查是否指定了一个有效的延续。如果是，它将尝试①把旧线程的内核栈移交给新线程。因此，当旧线程阻塞时，将会丢弃它的基于栈的上下文。当原始线程恢复执行时，将给它提供一个新的内核栈，延续函数将在其上执行。thread_block_parameter() [osfmk/kern/sched_prim.c]变体可以接受 thread_block_reason()存储在 thread 结构中的单个参数，将从此处获取该参数，并在延续函数运行时把该参数传递给它。

必须显式编写线程的代码以使用延续。考虑图 7-15 中所示的示例：因为某个事件需要阻塞 someFunc()，之后，它将利用一个参数调用 someOtherFunc()。在中断模型中，线程必须在某个位置保存该参数——也许是在某个结构中，当线程阻塞并恢复执行时，它将持久存在（在某些情况下，thread 结构本身可用于此目的），并将使用延续进行阻塞。注意：线程使用 assert_wait()原语声明它希望等待的事件，然后调用 thread_block()实际地等待。

```
someOtherFunc(someArg)
{
    ...
    return;
}

#ifdef USE_PROCESS_MODEL

someFunc(someArg)
{
    ...
// Assert that the current thread is about to block until the
// specified event occurs
assert_wait(...);

// Pause to let whoever catch up
// Relinquish the processor by blocking "normally"
thread_block(THREAD_CONTINUE_NULL);

// Call someOtherFunc() to do some more work
someOtherFunc(someArg);
return;
}
```

图 7-15 利用以及不利用延续进行阻塞

---

① 具有实时调度策略的线程不会移交它的栈。

```
#else // interrupt model, use continuations

someFunc(someArg)
{
    ...
    // Assert that the current thread is about to block until the
    // specified event occurs
    assert_wait(...);

    // "someArg", and any other state that someOtherFunc() will require, must
    // be saved somewhere, since this thread's kernel stack will be discarded

    // Pause to let whoever catch up
    // Relinquish the processor using a continuation
    // someOtherFunc() will be called when the thread resumes
    thread_block(someOtherFunc);

    /* NOTREACHED */
}

#endif
```

图 7-15（续）

指定为延续的函数将不能正常地返回。它可能只会调用其他的函数或延续。而且，使用延续的线程必须保存在恢复执行后可能需要的任何状态。这种状态可能保存在 thread 结构或者关联的结构可能具有的专用空间中，或者阻塞的线程可能不得不为此分配额外的内存。延续函数必须知道阻塞的线程如何存储这种状态。让我们考虑两个在内核中使用延续的示例。

Mac OS X 上的 select()系统调用的实现就使用了延续。每个 BSD 线程——也就是说，属于具有关联的 BSD proc 结构的任务的线程——具有关联的 uthread 结构，它类似于额外的 U 区域。uthread 结构存储各种各样的信息，包括系统调用参数和结果。它还具有用于为 select()系统调用保存状态的空间。图 7-16 显示了这个结构的相关方面。

```
// bsd/sys/user.h

struct uthread {
    ...
    // saved state for select()
    struct _select {
        u_int32_t *ibits, *obits;    // bits to select on
        uint      nbytes;            // number of bytes in ibits and obits
        ...
    } uu_select;
```

图 7-16　BSD uthread 结构的延续相关的方面

```
union {
    // saved state for nfsd
    int uu_nfs_myiods;

    // saved state for kevent_scan()
    struct _kevent_scan {
        kevent_callback_t call;      // per-event callback
        kevent_continue_t cont;      // whole call continuation
        uint64_t        deadline;    // computed deadline for operation
        void            *data;       // caller's private data
    } ss_kevent_scan;

    // saved state for kevent()
    struct _kevent {
        ...
        int             fd;          // file descriptor for kq
        register_t      *retval;     // for storing the return value
        ...
    } ss_kevent;
} uu_state;

int (* uu_continuation)(int);
...
};
```

图 7-16（续）

当线程第一次调用 select() [bsd/kern/sys_generic.c]时，select()将为描述符设置位域重新分配这个空间。在后续的调用中，如果这个空间对于当前请求是不足的，select()可能重新分配它。然后，select()将调用 selprocess() [bsd/kern/sys_generic.c]，依赖于条件，后者将调用 tsleep1() [bsd/kern/kern_synch.c]，并且把 selcontinue() [bsd/kern/sys_generic.c]指定为延续函数。图 7-17 显示了 select()实现如何使用延续。

// bsd/kern/sys_generic.c

```
int
select(struct proc *p, struct select_args *uap, register_t *retval)
{
    ...
    thread_t        th_act;
    struct uthread *uth
    struct _select *sel;
    ...

    th_act = current_thread();
```

图 7-17　在 select()系统调用的实现中使用延续

```
uth = get_bsdthread_info(th_act);
sel = &uth->uu_select;
...

// if this is the first select by the thread, allocate space for bits
if (sel->nbytes == 0) {
    // allocate memory for sel->ibits and sel->obits
}

// if the previously allocated space for the bits is smaller than
// is requested, reallocate
if (sel->nbytes < (3 * ni)) {
    // free and reallocate
}

// do select-specific processing
...

continuation:
    return selprocess(error, SEL_FIRSTPASS);
}

int
selcontinue(int error)
{
    return selprocess(error, SEL_SECONDPASS);
}

int
selprocess(int error, int sel_pass)
{
    // various conditions and processing
    ...
    error = tsleep1(NULL, PSOCK|PCATCH, "select", sel->abstime, selcontinue);
    ...
}
```

图 7-17（续）

tsleep1() [bsd/kern/kern_synch.c]调用_sleep() [bsd/kern/kern_synch.c]，后者将在 uthread 结构中保存相关的状态，并且使用_sleep_continue()延续进行阻塞。_sleep_continue()将从 uthread 结构中获取保存的状态。

```
// bsd/kern/kern_synch.c

static int
_sleep(caddr_t chan,
       int pri,
```

```
        char *wmsg,
        u_int64_t abstime,
        int (* continuation)(int),
        lck_mtx_t *mtx)
{
    ...
    if ((thread_continue_t)continuation !=
        THREAD_CONTINUE_NULL) {
        ut->uu_continuation = continuation;
        ut->uu_pri = pri;
        ut->uu_timo = abstime ? 1 : 0;
        ut->uu_mtx = mtx;
        (void)thread_block(_sleep_continue);
        /* NOTREACHED */
    }
    ...
}
```

现在来看另一个示例——nfsiod 的示例，它为 NFS 客户实现了一种改进吞吐量的优化。nfsiod 是在 NFS 客户机上运行的本地 NFS 异步 I/O 服务器，用于把异常 I/O 请求提供给它的服务器。它是一个用户空间的程序，图 7-18 中显示了它的框架结构。

```
// nfsiod.c

int
main(argc, argv)
{
    ...
    for (i = 0; i < num_servers; i++) {
        ...
        rv = pthread_create(&thd, NULL, nfsiod_thread, (void *)i);
        ...
    }
}

...

void *
nfsiod_thread(void *arg)
{
    ...
    if ((rv = nfssvc(NFSSVC_BIOD, NULL)) < 0) {
        ...
    }
    ...
}
```

图 7-18 nfsiod 程序的框架

nfssvc() [bsd/nfs/nfs_syscalls.c]是一个 NFS 系统调用，nfsiod 和 nfsd（NFS 守护进程）
使用它进入内核。此后，nfsiod 和 nfsd 实质上将变成内核中的服务器。对于 nfsiod，nfssvc()
将分派给 nfssvc_iod() [bsd/nfs/nfs_syscalls.c]。

```
// bsd/nfs/nfs_syscalls.c

int
nfssvc(proc_t p, struct nfssvc_args *uap, __unused int *retval)
{
    ...
    if (uap->flag & NFSSVC_BIOD)
        error = nfssvc_iod(p);
    ...
}
```

nfssvc_iod()在此类守护进程的全局数组中确定将要 nfsiod 的索引。它把索引保存在
uthread 结构内的 uu_state 共用体的 uu_nfs_myiod 字段中。此后，它将调用 nfssvc_iod_
continue()，后者是 nfsiod 的延续函数。

```
// bsd/nfs/nfs_syscalls.c

static int
nfsscv_iod(__unused proc_t p)
{
    register int i, myiod;
    struct uthread *ut;
    // assign my position or return error if too many already running
    myiod = -1;
    for (i = 0; i < NFS_MAXASYNCDAEMON; i++)
        ...

    // stuff myiod into uthread to get off local stack for continuation
    ut = (struct uthread *)get_bsdthread_info(current_thread());
    ut->uu_state.uu_nfs_myiod = myiod; // stow away for continuation

    nfssvc_iod_continue(0):
    /* NOTREACHED */
    return (0);
}
```

nfssvc_iod_continue()在 uthread 结构中从其保存的位置获取守护进程的索引，执行必要
的处理，并在延续（即其自身）上阻塞。

```
// bsd/nfs/nfs_syscalls.c

static int
nfssvc_iod_continue(int error)
```

```
{
    register struct nfsbuf *bp;
    register int i, myiod;
    struct nfsmount *nmp;
    struct uthread *ut;
    proc_t p;

    // real myiod is stored in uthread, recover it
    ut = (struct uthread *)get_bsdthread_info(current_thread());
    myiod = ut->uu_state.uu_nfs_myiod;
    ...
    for (;;) {
        while (...) {
            ...
            error = msleep0((caddr_t)&nfs_iodwant[myiod],
                        nfs_iod_mutex,
                        PWAIT | PCATCH | PDROP,
                        "nfsidl",
                        0,
                        nfssvc_iod_continue);
            ...
        }
        if (error) {
            ...
            // must use this function to return to user
            unix_syscall_return(error);
        }
        ...
    }
}
```

当线程阻塞时，如果无须或者只需保存它的很少状态，延续就是最有用的。在 Mac OS X 内核中使用延续的其他示例包括：用于每个处理器的空闲线程、调度器时钟周期线程、换入线程以及写出页守护进程的延续。

7.3 新系统的许多线程

Mac OS X 不是由一支团队从头开始设计的：它是来自众多来源的大量不同技术的混合。Mac OS X 作为一款具有遗留和新采用者用户群的商业操作系统，从一开始就支持广泛的用户需求，它包括大量不同寻常的机制和接口。用户可见的进程子系统就是这件珍品的一个良好示例。依赖于使用的应用程序环境，Mac OS X 具有多种风格的用户级线程和进程。示例如下。

- 在内核任务内创建的 Mach 线程，便于内核自己使用。
- 使用 fork() 系统调用创建的单线程的 BSD 进程。

- 最初使用 fork()系统调用创建的多线程的 BSD 进程,其中接着创建一个或多个额外的线程,它们是使用 Pthreads API 创建的。
- 使用 java.lang.Thread API 在 Java 应用程序中创建的多个 Java 线程。
- 使用 Cocoa NSTask API 创建的子进程。
- 使用 Cocoa NSThread API 创建的线程。
- 使用 LaunchApplication() Carbon API 调用创建的 Carbon Process Manager(CPM)进程。
- 使用 Carbon Multiprocessing Services 在应用程序中创建的抢占式调度的任务。
- 使用 Carbon Thread Manager 在应用程序中创建的协作式调度的线程。
- 在 Classic 环境中运行的线程。

本节将探讨其中一些风格的特定示例。在此当口,对于 Mac OS X 中的线程可以给出以下一般的建议。

- 内核只知道一种线程类型:Mach 线程。因此,运行的任何用户可见的实体最终都将作为 Mach 线程运行,尽管管理该实体的用户库可能在一个 Mach 线程之上放置多个这样的实体,并且一次运行其中一个实体。注意:在内核内,一些线程可能是特殊设计的,比如用于 Classic 的 Blue 线程、运行虚拟机的线程、具有 VM 特权的线程等。
- 第一类类似于进程的对用户可见的实体通常具有对应的 BSD 进程,从而具有对应的 Mach 任务。
- 第一类类似于线程的对用户可见的实体通常具有对应的 POSIX 线程,从而具有对应的 Mach 线程。

> 这里使用"通常"而不是"总是",因为从技术上讲没有 BSD 进程也有可能创建 Mach 任务,同样没有 POSIX 线程也有可能创建 Mach 线程。可能还有其他的例外情况;例如,整个 Classic 环境及其所有的 Process Manager 进程都对应于一个 BSD 进程。

7.3.1   Mach 任务和线程

在前几节中介绍了 Mach 的任务和线程管理接口中的例程的示例。现在不妨在一些示例中使用这些接口,说明它们的工作方式。

> Mach 任务和线程客户 API 不应该被用户程序使用。诚然,除非正在实现(比如说)一个线程程序包以代替 POSIX 线程,否则让程序直接创建 Mach 任务或线程通常没有正当合理的理由。

1. 创建 Mach 任务

在这个示例中,将使用 task_create()调用创建一个 Mach 任务。新任务将不具有线程,并且可以选择从其父任务继承内存。回忆可知:Mach 任务没有父-子关系。确切地讲,task 结构不包含关于该任务的父任务或子任务的信息(如果有的话)。父-子信息是在 BSD 级维护的。不过,在这种情况下,由于将绕过 BSD 层,因此新任务将不具有 BSD proc 结构——

相应地也就没有进程 ID。图 7-19 显示了这个程序。当不带参数或者利用单个参数 0 运行时，它不会继承父任务的可继承的地址空间。在这种情况下，将利用虚拟大小 0 创建任务，对应于空地址空间。

```
// task_create.c

#include <stdio.h>
#include <stdlib.h>
#include <mach/mach.h>

int
main(int argc, char **argv)
{
    kern_return_t            kr;
    pid_t                    pid;
    task_t                   child_task;
    ledger_t                 ledgers;
    ledger_array_t           ledger_array;
    mach_msg_type_number_t   ledger_count;
    boolean_t                inherit = TRUE;
    task_info_data_t         info;
    mach_msg_type_number_t   count;
    struct task_basic_info   *task_basic_info;

    if (argc == 2)
        inherit = (atoi(argv[1])) ? TRUE : FALSE;

    // have the kernel use the parent task's ledger
    ledger_count = 1;
    ledgers = (ledger_t)0;
    ledger_array = &ledgers;

    // create the new task
    kr = task_create(mach_task_self(),      // prototype (parent) task
                ledger_array,               // resource ledgers
                ledger_count,               // number of ledger ports
                inherit,                    // inherit memory?
                &child_task);               // port for new task
    if (kr != KERN_SUCCESS) {
        mach_error("task_create:", kr);
        exit(1);
    }

    // get information on the new task
    count = TASK_INFO_MAX;
```

图 7-19 创建 Mach 任务

```
    kr = task_info(child_task, TASK_BASIC_INFO, (task_info_t)info, &count);  .
    if (kr != KERN_SUCCESS)
        mach_error("task_info:", kr);
    else {
        // there should be no BSD process ID
        kr = pid_for_task(child_task, &pid);
        if (kr != KERN_SUCCESS)
            mach_error("pid_for_task:", kr);

        task_basic_info = (struct task_basic_info *)info;
        printf("pid %d, virtual sz %d KB, resident sz %d KB\n", pid,
               task_basic_info->virtual_size >> 10,
               task_basic_info->resident_size >> 10);
    }

    kr = task_terminate(child_task);
    if (kr != KERN_SUCCESS)
        mach_error("task_terminate:", kr);

    exit(0);
}


$ gcc -Wall -o task_create task_create.c
$ ./task_create 1
pid_for_task: (os/kern) failure
pid -1, virtual sz 551524 KB, resident sz 4 KB
$ ./task_create 0
pid_for_task: (os/kern) failure
pid -1, virtual sz 0 KB, resident sz 0 KB
```

图 7-19（续）

资源分类账

　　注意：task_create()需要一个表示**资源分类账**（Resource Ledger）的端口的数组，任务被指望从中提取它的资源。资源分类账是一个用于资源记账的内核抽象——它提供了一种机制，用于控制一个或多个任务对特定资源的使用。尽管 Mac OS X 内核实现了分类账接口，但是该机制还不能正常工作。

　　新的 Mach 任务通常是在 fork()或者 vfork()之后的 execve()执行期间创建的。用户程序不应该调用 task_create()。

2. 在现有任务中创建 Mach 线程

　　在这个示例中，将使用 Mach 线程接口函数创建新线程，建立它的机器状态，并且设置它运行。通常，在系统库中实现的 pthread_create()将调用 thread_create()，创建一个 Mach 线程。而且，pthread_create()将初始化多个与 POSIX 线程相关的数据项，或者把它们与线程关联起来。系统库中的多个函数的调用将导致这些数据项被引用。因为将直接调用 thread_create()，所以将没有对应的 POSIX 线程。图 7-20 中所示的程序将创建一个线程，它执行一个普通的函数并且退出。依赖于 Mac OS X 版本，当这个普通函数调用 printf() 时程序可能会失败，因为 printf() 的实现可能引用调用线程的 POSIX 线程上下文，在这里它是不存在的。

```c
// thread_create.c

#include <stdio.h>
#include <stdlib.h>
#include <mach/mach.h>
#include <architecture/ppc/cframe.h>

void my_thread_setup(thread_t t);
void my_thread_exit(void);
void my_thread_routine(int, char *);

static uintptr_t threadStack[PAGE_SIZE];

#define EXIT_ON_MACH_ERROR(msg, retval) \
    if (kr != KERN_SUCCESS) { mach_error(msg ":" , kr); exit((retval)); }

int
main(int argc, char **argv)
{
    thread_t            th;
    kern_return_t       kr;
    mach_port_name_t    mytask, mythread;

    mytask = mach_task_self();
    mythread = mach_thread_self();

    // create new thread within our task
    kr = thread_create(mytask, &th);
    EXIT_ON_MACH_ERROR("thread_create", kr);

    // set up the new thread's user mode execution state
    my_thread_setup(th);

    // run the new thread
    kr = thread_resume(th);
    EXIT_ON_MACH_ERROR("thread_resume", kr);

    // new thread will call exit
    // note that we still have an undiscarded reference on mythread
```

图 7-20　创建 Mach 线程

```
        thread_suspend(mythread);

        /* NOTREACHED */

        exit(0);
}


void
my_thread_setup(thread_t th)
{
        kern_return_t          kr;
        mach_msg_type_number_t count;
        ppc_thread_state_t     state;
        void                   *stack = threadStack;

        // arguments to my_thread_routine() -- the function run by the new thread
        int arg1 = 16;
        char *arg2 = "Hello, Mach!";

        stack += (PAGE_SIZE - C_ARGSAVE_LEN - C_RED_ZONE);

        count = PPC_THREAD_STATE_COUNT;
        kr = thread_get_state(th,                    // target thread
                        PPC_THREAD_STATE,     // flavor of thread state
                        (thread_state_t)&state, &count);
        EXIT_ON_MACH_ERROR("thread_get_state", kr);

        //// setup of machine-dependent thread state (PowerPC)

        state.srr0 = (unsigned int)my_thread_routine; // where to begin execution
        state.r1 = (uintptr_t)stack;      // stack pointer
        state.r3 = arg1;                  // first argument to my_thread_routine()
        state.r4 = (uintptr_t)arg2;       // second argument to my_thread_routine()
        // "return address" for my_thread_routine()
        state.lr = (unsigned int)my_thread_exit;

        kr = thread_set_state(th, PPC_THREAD_STATE, (thread_state_t)&state,
                        PPC_THREAD_STATE_COUNT);
        EXIT_ON_MACH_ERROR("my_thread_setup", kr);
}


void
my_thread_routine(int arg1, char *arg2)
{
        // printf("my_thread_routine(%d, %s)\n", arg1, arg2); // likely to fail
```

图 7-20（续）

```
    puts("my_thread_routine()");
}

void
my_thread_exit(void)
{
    puts("my_thread_exit(void)");
    exit(0);
}


$ gcc -Wall -o thread_create thread_create.c
$ ./thread_create
my_thread_routine()
my_thread_exit(void)
```

图 7-20（续）

3. 显示任务和线程的详细信息

现在来编写一个程序，显示关于系统上的所有任务以及那些任务内的所有线程的详细信息。本示例的程序（名为 lstasks）将使用各种 Mach 任务和线程例程获取相关信息。该程序可以选择访问一个进程 ID 作为参数，在这种情况下，它将只显示与该 BSD 进程关联的任务和线程的信息。图 7-21 显示了 lstasks 的实现和示范用法。

```
// lstasks.c

#include <getopt.h>
#include <sys/sysctl.h>
#include <mach/mach.h>
#include <Carbon/Carbon.h>

#define PROGNAME  "lstasks"

// pretty-printing macros
#define INDENT_L1 "  "
#define INDENT_L2 "    "
#define INDENT_L3 "      "
#define INDENT_L4 "        "
#define SUMMARY_HEADER \
    "task#  BSD pid program        PSN (high)   PSN (low)    #threads\n"

static const char *task_roles[] = {
    "RENICED",
    "UNSPECIFIED",
    "FOREGROUND_APPLICATION",
    "BACKGROUND_APPLICATION",
```

图 7-21 从内核中获取详细的任务和线程信息

```
    "CONTROL_APPLICATION",
    "GRAPHICS_SERVER",
};
#define TASK_ROLES_MAX (sizeof(task_roles)/sizeof(char *))

static const char *thread_policies[] = {
    "UNKNOWN?",
    "STANDARD|EXTENDED",
    "TIME_CONSTRAINT",
    "PRECEDENCE",
};
#define THREAD_POLICIES_MAX (sizeof(thread_policies)/sizeof(char *))

static const char *thread_states[] = {
    "NONE",
    "RUNNING",
    "STOPPED",
    "WAITING",
    "UNINTERRUPTIBLE",
    "HALTED",
};
#define THREAD_STATES_MAX (sizeof(thread_states)/sizeof(char *))

#define EXIT_ON_MACH_ERROR(msg, retval) \
    if (kr != KERN_SUCCESS) { mach_error(msg ":" , kr); exit((retval)); }

// get BSD process name from process ID
static char *
getprocname(pid_t pid)
{
    size_t len = sizeof(struct kinfo_proc);
    static int name[] = { CTL_KERN, KERN_PROC, KERN_PROC_PID, 0 };
    static struct kinfo_proc kp;
    name[3] = pid;
    kp.kp_proc.p_comm[0] = '\0';

    if (sysctl((int *)name, sizeof(name)/sizeof(*name), &kp, &len, NULL, 0))
        return "?"

    if (kp.kp_proc.p_comm[0] == '\0')
        return "exited?"

    return kp.kp_proc.p_comm;
}
```

图 7-21（续）

```
void
usage()
{
    printf("usage: %s [-s|-v] [-p <pid>]\n", PROGNAME);
    exit(1);
}


// used as the printf() while printing only the summary
int
noprintf(const char *format, ...)
{
    return 0; // nothing
}


int
main(int argc, char **argv)
{
    int i, j, summary = 0, verbose = 0;
    int (* Printf)(const char *format, ...);

    pid_t pid;

    // for Carbon processes
    OSStatus              status;
    ProcessSerialNumber   psn;
    CFStringRef           nameRef;
    char                  name[MAXPATHLEN];

    kern_return_t kr;
    mach_port_t   myhost;                    // host port
    mach_port_t   mytask;                    // our task
    mach_port_t   onetask = 0;               // we want only one specific task
    mach_port_t   p_default_set;             // processor set name port
    mach_port_t   p_default_set_control;     // processor set control port

    //// for task-related querying
    // pointer to ool buffer for processor_set_tasks(), and the size of
    // the data actually returned in the ool buffer
    task_array_t           task_list;
    mach_msg_type_number_t task_count;

    // maximum-sized buffer for task_info(), and the size of the data
    // actually filled in by task_info()
    task_info_data_t       tinfo;
    mach_msg_type_number_t task_info_count;
```

图 7-21（续）

```
// flavor-specific pointers to cast the generic tinfo buffer
task_basic_info_t           basic_info;
task_events_info_t          events_info;
task_thread_times_info_t    thread_times_info;
task_absolutetime_info_t    absolutetime_info;

// used for calling task_get_policy()
task_category_policy_data_t category_policy;
boolean_t get_default;

// opaque token that identifies the task as a BSM audit subject
audit_token_t     audit_token;
security_token_t security_token; // kernel's security token is { 0, 1 }

//// for thread-related querying

// pointer to ool buffer for task_threads(), and the size of the data
// actually returned in the ool buffer
thread_array_t          thread_list;
mach_msg_type_number_t  thread_count;

// maximum-sized buffer for thread_info(), and the size of the data
// actually filled in by thread_info()
thread_info_data_t       thinfo;
mach_msg_type_number_t  thread_info_count;

// flavor-specific pointers to cast the generic thinfo buffer
thread_basic_info_t basic_info_th;

// used for calling thread_get_policy()
thread_extended_policy_data_t          extended_policy;
thread_time_constraint_policy_data_t   time_constraint_policy;
thread_precedence_policy_data_t        precedence_policy;

// to count individual types of process subsystem entities
uint32_t stat_task = 0;    // Mach tasks
uint32_t stat_proc = 0;    // BSD processes
uint32_t stat_cpm = 0;     // Carbon Process Manager processes
uint32_t stat_thread = 0;  // Mach threads

// assume we won't be silent: use the verbose version of printf() by default
Printf = printf;

myhost = mach_host_self();
mytask = mach_task_self();
```

图 7-21（续）

```
while ((i = getopt(argc, argv, "p:sv")) != -1) {
    switch (i) {
        case 'p':
            pid = strtoul(optarg, NULL, 10);
            kr = task_for_pid(mytask, pid, &onetask);
            EXIT_ON_MACH_ERROR("task_for_pid", 1);
            break;
        case 's':
            summary = 1;
            Printf = noprintf;
            break;
        case 'v':
            verbose = 1;
            break;
        default:
            usage();
    }
}


// can't have both
if (summary && verbose)
    usage();


argv += optind;
argc -= optind;

kr = processor_set_default(myhost, &p_default_set);
EXIT_ON_MACH_ERROR("processor_default", 1);


 // get the privileged port so that we can get all tasks
 kr=host_processor_set_priv(myhost,p_default_set,&p_default_set_control);
EXIT_ON_MACH_ERROR("host_processor_set_priv", 1);


// we could check for multiple processor sets, but we know there aren't...
kr=processor_set_tasks(p_default_set_control,&task_list, &task_count);
EXIT_ON_MACH_ERROR("processor_set_tasks", 1);
if (!verbose)
    Printf(SUMMARY_HEADER);


// check out each task
for (i = 0; i < task_count; i++) {

    // ignore our own task
    if (task_list[i] == mytask)
        continue;
```

图 7-21（续）

```
if (onetask && (task_list[i] != onetask))
    continue;

pid = 0;
status = procNotFound;

// note that we didn't count this task
stat_task++;

if (verbose)
    Printf("Task #%d\n", i);
else
    Printf("%5d", i);

// check for BSD process (process 0 not counted as a BSD process)
kr = pid_for_task(task_list[i], &pid);
if ((kr == KERN_SUCCESS) && (pid > 0)) {
    stat_proc++;

    if (verbose)
        Printf(INDENT_L1 "BSD process id (pid)  = %u (%s)\n", pid,
                getprocname(pid));
    else
        Printf("   %6u %-16s", pid, getprocname(pid));
} else // no BSD process
    if (verbose)
        Printf(INDENT_L1 "BSD process id (pid)  = "
                "/* not a BSD process */\n");
    else
        Printf("   %6s %-16s", "-", "-");

// check whether there is a process serial number
if (pid > 0)
    status = GetProcessForPID(pid, &psn);
if (status == noErr) {
    stat_cpm++;
    if (verbose) {
        status = CopyProcessName(&psn, &nameRef);
        CFStringGetCString(nameRef, name, MAXPATHLEN,
                            kCFStringEncodingASCII);
        Printf(INDENT_L1 "Carbon process name   = %s\n", name);
        CFRelease(nameRef);
    } else
        Printf(" %-12d%-12d", psn.highLongOfPSN, psn.lowLongOfPSN);
```

图 7-21（续）

```
        } else // no PSN
            if (verbose)
                Printf(INDENT_L1 "Carbon process name   = "
                        "/* not a Carbon process */\n");
            else
                Printf(" %-12s%-12s", "-", "-");


    if (!verbose)
        goto do_threads;

    // basic task information
    task_info_count = TASK_INFO_MAX;
    kr = task_info(task_list[i], TASK_BASIC_INFO, (task_info_t)tinfo,
                    &task_info_count);
    if (kr != KERN_SUCCESS) {
        mach_error("task_info:", kr);
        fprintf(stderr, "*** TASK_BASIC_INFO failed (task=%x)\n",
                task_list[i]);
        // skip this task
        continue;
    }
    basic_info = (task_basic_info_t)tinfo;
    Printf(INDENT_L2 "virtual size        = %u KB\n",
            basic_info->virtual_size >> 10);
    Printf(INDENT_L2 "resident size       = %u KB\n",
            basic_info->resident_size >> 10);
    if ((basic_info->policy < 0) &&
        (basic_info->policy > THREAD_POLICIES_MAX))
        basic_info->policy = 0;
    Printf(INDENT_L2 "default policy      = %u (%s)\n",
            basic_info->policy, thread_policies[basic_info->policy]);

    Printf(INDENT_L1 "Thread run times\n");

    Printf(INDENT_L2 "user (terminated)   = %u s %u us\n",
            basic_info->user_time.seconds,
            basic_info->user_time.microseconds);
    Printf(INDENT_L2 "system (terminated) = %u s %u us\n",
            basic_info->system_time.seconds,
            basic_info->system_time.microseconds);

    // times for live threads (unreliable -- we are not suspending)
    task_info_count = TASK_INFO_MAX;
    kr = task_info(task_list[i], TASK_THREAD_TIMES_INFO,
                    (task_info_t)tinfo, &task_info_count);
```

图 7-21（续）

```
if (kr == KERN_SUCCESS) {
    thread_times_info = (task_thread_times_info_t)tinfo;
    Printf(INDENT_L2 "user (live)         = %u s %u us\n",
           thread_times_info->user_time.seconds,
           thread_times_info->user_time.microseconds);
    Printf(INDENT_L2 "system (live)       = %u s %u us\n",
           thread_times_info->system_time.seconds,
           thread_times_info->system_time.microseconds);
}


// absolute times for live threads, and overall absolute time
task_info_count = TASK_INFO_MAX;
kr = task_info(task_list[i], TASK_ABSOLUTETIME_INFO,
               (task_info_t)tinfo, &task_info_count);
if (kr == KERN_SUCCESS) {
    Printf(INDENT_L1 "Thread times (absolute)\n");
    absolutetime_info = (task_absolutetime_info_t)tinfo;
    Printf(INDENT_L2 "user (total)        = %lld\n",
           absolutetime_info->total_user);
    Printf(INDENT_L2 "system (total)      = %lld\n",
           absolutetime_info->total_system);
    Printf(INDENT_L2 "user (live)         = %lld\n",
           absolutetime_info->threads_user);
    Printf(INDENT_L2 "system (live)       = %lld\n",
           absolutetime_info->threads_system);
}


// events
task_info_count = TASK_INFO_MAX;
kr = task_info(task_list[i], TASK_EVENTS_INFO, (task_info_t)tinfo,
               &task_info_count);
if (kr == KERN_SUCCESS) {
    events_info = (task_events_info_t)tinfo;
    Printf(INDENT_L2 "page faults           = %u\n",
           events_info->faults);
    Printf(INDENT_L2 "actual pageins        = %u\n",
           events_info->pageins);
    Printf(INDENT_L2 "copy-on-write faults  = %u\n",
           events_info->cow_faults);
    Printf(INDENT_L2 "messages sent         = %u\n",
           events_info->messages_sent);
    Printf(INDENT_L2 "messages received     = %u\n",
           events_info->messages_received);
    Printf(INDENT_L2 "Mach system calls     = %u\n",
           events_info->syscalls_mach);
```

图 7-21（续）

```
        Printf(INDENT_L2 "UNIX system calls      = %u\n",
              events_info->syscalls_unix);
        Printf(INDENT_L2 "context switches       = %u\n",
              events_info->csw);
    }

    // task policy information
    task_info_count = TASK_CATEGORY_POLICY_COUNT;
    get_default = FALSE;
    kr = task_policy_get(task_list[i], TASK_CATEGORY_POLICY,
                    (task_policy_t)&category_policy,
                    &task_info_count, &get_default);
    if (kr == KERN_SUCCESS) {
        if (get_default == FALSE) {
            if ((category_policy.role >= -1) &&
                (category_policy.role < (TASK_ROLES_MAX - 1)))
                Printf(INDENT_L2 "role                 = %s\n",
                        task_roles[category_policy.role + 1]);
        } else // no current settings -- other parameters take precedence
            Printf(INDENT_L2 "role                 = NONE\n");
    }

    // audit token
    task_info_count = TASK_AUDIT_TOKEN_COUNT;
    kr = task_info(task_list[i], TASK_AUDIT_TOKEN,
                (task_info_t)&audit_token, &task_info_count);
    if (kr == KERN_SUCCESS) {
        int n;
        Printf(INDENT_L2 "audit token         = ");
        for (n = 0; n < sizeof(audit_token)/sizeof(uint32_t); n++)
            Printf("%x ", audit_token.val[n]);
        Printf("\n");
    }

    // security token
    task_info_count = TASK_SECURITY_TOKEN_COUNT;
    kr = task_info(task_list[i], TASK_SECURITY_TOKEN,
                (task_info_t)&security_token, &task_info_count);
    if (kr == KERN_SUCCESS) {
        int n;
        Printf(INDENT_L2 "security token        = ");
        for (n = 0; n < sizeof(security_token)/sizeof(uint32_t); n++)
            Printf("%x ", security_token.val[n]);
        Printf("\n");
    }
```

图 7-21（续）

```
do_threads:

        // get threads in the task
        kr = task_threads(task_list[i], &thread_list, &thread_count);
        if (kr != KERN_SUCCESS) {
            mach_error("task_threads:", kr);
            fprintf(stderr,"task_threads() failed (task=%x)\n",task_list[i]);
            continue;
        }

        if (thread_count > 0)
            stat_thread += thread_count;

        if (!verbose) {
            Printf(" %8d\n", thread_count);
            continue;
        }

        Printf(INDENT_L1 "Threads in this task  = %u\n", thread_count);

        // check out threads
        for (j = 0; j < thread_count; j++) {

            thread_info_count = THREAD_INFO_MAX;
            kr = thread_info(thread_list[j], THREAD_BASIC_INFO,
                            (thread_info_t)thinfo, &thread_info_count);
            if (kr != KERN_SUCCESS) {
                mach_error("task_info:", kr);
                fprintf(stderr,
                        "*** thread_info() failed (task=%x thread=%x)\n",
                        task_list[i], thread_list[j]);
                continue;
            }

            basic_info_th = (thread_basic_info_t)thinfo;
            Printf(INDENT_L2 "thread %u/%u (%p) in task %u (%p)\n",
                    j, thread_count - 1, thread_list[j], i, task_list[i]);

            Printf(INDENT_L3 "user run time                = %u s %u us\n",
                    basic_info_th->user_time.seconds,
                    basic_info_th->user_time.microseconds);
            Printf(INDENT_L3 "system run time              = %u s %u us\n",
                    basic_info_th->system_time.seconds,
                    basic_info_th->system_time.microseconds);
```

图 7-21（续）

```
Printf(INDENT_L3 "scaled cpu usage percentage   = %u\n",
      basic_info_th->cpu_usage);
switch (basic_info_th->policy) {

case THREAD_EXTENDED_POLICY:
    get_default = FALSE;
    thread_info_count = THREAD_EXTENDED_POLICY_COUNT;
    kr=thread_policy_get(thread_list[j], THREAD_EXTENDED_POLICY,
                    (thread_policy_t)&extended_policy,
                    &thread_info_count, &get_default);
    if (kr != KERN_SUCCESS)
       break;
    Printf(INDENT_L3 "scheduling policy          = %s\n",
        (extended_policy.timeshare == TRUE) ? \
           "STANDARD" : "EXTENDED");
    break;

case THREAD_TIME_CONSTRAINT_POLICY:
    get_default = FALSE;
    thread_info_count = THREAD_TIME_CONSTRAINT_POLICY_COUNT;
    kr = thread_policy_get(thread_list[j],
                    THREAD_TIME_CONSTRAINT_POLICY,
                    (thread_policy_t)&time_constraint_policy,
                    &thread_info_count, &get_default);
    if (kr != KERN_SUCCESS)
       break;
    Printf(INDENT_L3 "scheduling policy          = " \
           "TIME_CONSTRAINT\n");
    Printf(INDENT_L4   "period                   = %-4u\n",
        time_constraint_policy.period);
    Printf(INDENT_L4   "computation              = %-4u\n",
        time_constraint_policy.computation);
    Printf(INDENT_L4   "constraint               = %-4u\n",
        time_constraint_policy.constraint);
    Printf(INDENT_L4   "preemptible              = %s\n",
        (time_constraint_policy.preemptible == TRUE) ? \
            "TRUE" : "FALSE");
    break;

case THREAD_PRECEDENCE_POLICY:
    get_default = FALSE;
    thread_info_count = THREAD_PRECEDENCE_POLICY;
    kr=thread_policy_get(thread_list[j],THREAD_PRECEDENCE_POLICY,
                    (thread_policy_t)&precedence_policy,
                    &thread_info_count, &get_default);
```

图 7-21（续）

```
            if (kr != KERN_SUCCESS)
                break;
            Printf(INDENT_L3 "scheduling policy      = PRECEDENCE\n");
            Printf(INDENT_L4 "importance             = %-4u\n",
                    precedence_policy.importance);
            break;
        default:
            Printf(INDENT_L3 "scheduling policy      = UNKNOWN?\n");
            break;
        }

        Printf(INDENT_L3
            "run state              = %-4u (%s)\n",
            basic_info_th->run_state,
            (basic_info_th->run_state >= THREAD_STATES_MAX) ? \
                "?" : thread_states[basic_info_th->run_state]);

        Printf(INDENT_L3
            "flags                  = %-4x%s",
            basic_info_th->flags,
            (basic_info_th->flags & TH_FLAGS_IDLE) ? \
                " (IDLE)\n" : "\n");

        Printf(INDENT_L3 "suspend count          = %u\n",
                basic_info_th->suspend_count);
        Printf(INDENT_L3 "sleeping for time      = %u s\n",
                basic_info_th->sleep_time);

    } // for each thread

        vm_deallocate(mytask, (vm_address_t)thread_list,
                    thread_count * sizeof(thread_act_t));

} // for each task

    Printf("\n");

    fprintf(stdout, "%4d Mach tasks\n%4d Mach threads\n"
        "%4d BSD processes\n%4d CPM processes\n",
        stat_task, stat_thread, stat_proc, stat_cpm);

    vm_deallocate(mytask, (vm_address_t)task_list,
                task_count * sizeof(task_t));

    exit(0);
}
```

图 7-21（续）

```
$ gcc -Wall -o lstasks lstasks.c -framework Carbon
$ sudo ./lstasks
task#  BSD pid program        PSN (high)   PSN (low)   #threads
    0       - -                   -            -           49
    1       1 launchd             -            -            3
    2      26 dynamic_pager       -            -            1
    3      30 kextd               -            -            2
...
   93   12149 vim                 -            -            1

  94 Mach tasks
 336 Mach threads
  93 BSD processes
  31 CPM processes
$ sudo ./lstasks -v -p $$
Task #49
  BSD process id (pid)      = 251 (zsh)
  Carbon process name       = /* not a Carbon process */
   virtual size             = 564368 KB
   resident size            = 13272 KB
   default policy           = 1 (STANDARD|EXTENDED)
  Thread run times
   user (terminated)        = 0 s 0 us
   system (terminated)      = 0 s 0 us
   user (live)              = 19 s 501618 us
   system (live)            = 37 s 98274 us
  Thread times (absolute)
   user (total)             = 649992326
   system (total)           = 1236491913
   user (live)              = 649992326
   system (live)            = 1236491913
   page faults              = 3303963
   actual pageins           = 9
   copy-on-write faults     = 41086
   messages sent            = 257
   messages received        = 251
   Mach system calls        = 279
   UNIX system calls        = 107944
   context switches         = 67653
   role                     = UNSPECIFIED
   audit token              = 0 1f5 1f5 1f5 1f5 fb 0 0
   security token           = 1f5 1f5
  Threads in this task      = 1
```

图 7-21（续）

```
thread 0/0 (0x8003) in task 49 (0x113)
  user run time                = 19 s 501618 us
  system run time              = 37 s 98274 us
  scaled cpu usage percentage  = 34
  scheduling policy            = STANDARD
  run state                    = 3    (WAITING)
  flags                        = 1
  suspend count                = 0
  sleeping for time            = 0 s
...
```

图 7-21（续）

　　如图 7-21 所示，lstasks 还会显示由进程产生的 Mach 和 UNIX（BSD）系统调用的数量。现在来编写一个测试程序，产生特定数量的 Mach 和 UNIX 系统调用，并且使用 lstasks 验证这些数量。图 7-22 显示了程序及其用法。注意：显示的用法包括两个混杂的命令 shell 的输出。

```
// syscalls_test.c

#include <stdio.h>
#include <fcntl.h>>
#include <unistd.h>
#include <mach/mach.h>

int
main()
{
    int             i, fd;
    mach_port_t     p;
    kern_return_t   kr;

    setbuf(stdout, NULL);
    printf("My pid is %d\n", getpid());
    printf("Note the number of Mach and UNIX system calls, and press <enter>");
    (void)getchar();

    // At this point, we will have some base numbers of Mach and UNIX
    // system calls made so far, say, M and U, respectively

    for (i = 0; i < 100; i++) { // 100 iterations

        // +1 UNIX system call per iteration
        fd = open("/dev/null", O_RDONLY);

        // +1 UNIX system call per iteration
```

图 7-22　统计由进程产生的系统调用的数量

```
        close(fd);

        // +1 Mach system call per iteration
     kr = mach_port_allocate(mach_task_self(), MACH_PORT_RIGHT_RECEIVE, &p);

        // +1 Mach system call per iteration
        kr = mach_port_deallocate(mach_task_self(), p);

     }

     // +1 UNIX system call
     printf("Note the number of Mach and UNIX system calls again...\n"
            "Now sleeping for 60 seconds...");

     // sleep(3) is implemented using nanosleep, which will call
     // clock_get_time() and clock_sleep_trap() -- this is +2 Mach system calls

     (int)sleep(60);

     // Mach system calls = M + 2 * 100 + 2 (that is, 202 more calls)
     // UNIX system calls = U + 2 * 100 + 1 (that is, 201 more calls)

     return 0;
}


$ gcc -Wall -o syscalls_test syscalls_test.c
$ ./syscalls_test
My pid is 12344
Note the number of Mach and UNIX system calls, and press <enter>
$ sudo ./lstasks -v -p 12344
...
    Mach system calls                = 71
    UNIX system calls                = 47
...
<enter>
Note the number of Mach and UNIX system calls again...
Now sleeping for 60 seconds...
$ sudo ./lstasks -v -p 12344
...
    Mach system calls                = 273
    UNIX system calls                = 248
...
```

图 7-22（续）

7.3.2　BSD 进程

　　BSD 进程是在 Mac OS X 上执行的应用程序的表示——所有的 Mac OS X 应用程序环境都使用 BSD 进程。除非另外声明，否则将使用术语**进程**（Process）指示 BSD 进程。在典型的 UNIX 系统上，创建进程的唯一方式是通过 fork() 系统调用（或者通过 vfork() 变体）。Mach 任务是 Mac OS X 系统上的 fork() 系统调用的副产品。任务封装了由 Mach 管理的资源，比如地址空间和 IPC 空间，BSD 进程则管理特定于 UNIX 的资源和抽象，比如文件描述符、凭证和信号。图 7-23 显示了从 proc 结构中摘录的代码段。

```
// bsd/sys/proc_internal.h

struct proc {
    LIST_ENTRY(proc)      p_list;        // list of all processes
    struct pcred          *p_cred;       // process owner's credentials
    struct filedesc       *p_fd;         // open files structure
    struct pstats         *p_stats;      // accounting/statistics
    struct plimit         *p_limits;     // process limits
    struct sigacts        *p_sigacts;    // signal actions, state
    ...
    pid_t                 p_pid;         // process identifier
    LIST_ENTRY(proc)      p_pglist;      // list of processes in process group
    struct proc           *p_pptr;       // parent process
    LIST_ENTRY(proc)      p_sibling;     // list of siblings
    LIST_HEAD(, proc)     p_children;    // list of children
    ...
    void                  *p_wchan;      // sleep address
    ...
    struct vnode          *p_textvp;     // vnode of the executable
    ...
    // various signal-management fields
    ...
    void          *task;                 // corresponding task
    ...
};
```

图 7-23　BSD proc 结构

　　如以前所见，BSD 进程中的每个 Mach 线程都具有关联的 uthread 结构，用于维护特定于线程的 UNIX 信息。例如，uthread 结构用于保存系统调用参数和结果、使用延续的系统调用的各种状态、每个线程的信号信息以及每个线程的凭证。在这种意义上，uthread 结构与 thread 结构之间的关系就类似于 proc 结构与 task 结构之间的关系。图 7-24 显示了从 uthread 结构中摘录的代码段。

```
// bsd/sys/user.h

struct uthread {
    int *uu_ar0;                // address of user's saved R0
    int  uu_arg[8];             // arguments to the current system call
    int *uu_ap;                 // pointer to the system call argument list
    int  uu_rval[2];            // system call return values

    // thread exception handling
    int  uu_code;               // exception code
    char uu_cursig;             // p_cursig for exception
    ...

    // space for continuations:
    // - saved state for select()
    // - saved state for nfsd
    // - saved state for kevent_scan()
    // - saved state for kevent()
    int (* uu_continuation)(int);
    ...

    struct proc *uu_proc;       // our proc structure
    ...
    // various pieces of signal information
    sigset_t uu_siglist;        // signals pending for the thread
    sigset_t uu_sigmask;        // signal mask for the thread
    ...
    thread_act_t uu_act;        // our activation
    ...
    // list of uthreads in the process
    TAILQ_ENTRY(uthread) uu_list;
    ...
};
```

图 7-24　BSD uthread 结构

1. fork()系统调用：用户空间的实现

现在来看 Mac OS X 中的 fork()系统调用的实现。图 7-25 显示了 fork()的用户空间的处理——也就是说，在系统库内处理。

当用户程序调用 fork()，系统库存根将调用多个内部函数，以为系统调用做准备。库的动态版本（它是默认的）还会调用由动态链接编辑器实现的 fork()时的挂钩。_cthread_fork_prepare()内部函数还会运行可能通过 pthread_atfork(3)注册的任何 fork()之前的处理程序。图 7-26 显示了一个示例，描述了 pthread_atfork(3)的使用。_cthread_fork_prepare()还会获取库级临界区锁，并且通过确保 malloc 临界区内没有线程为 fork()准备 malloc 模块。

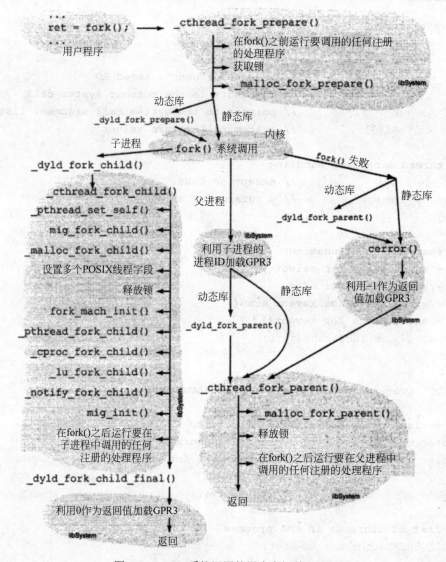

图 7-25　fork() 系统调用的用户空间的处理

　　此后，存根将查找由 dyld 实现的 fork() 之前的准备函数的地址。如果找到该函数，存根就会运行它。接下来，存根将调用 fork() 系统调用。存根将处理系统调用的 3 种返回类型：对父进程的失败返回、对父进程的成功返回以及对子进程的成功返回。

　　如果系统调用返回一个错误，存根将查找并且调用由 dyld 实现的 fork() 之后的父函数（如果有的话）。然后，它将调用 cerror()，这是一个库内部函数，用于设置每个线程的 errno 变量的值。对于分离的 POSIX 线程[①]，线程本地的 errno 变量将作为 POSIX 线程数据结构（struct _pthread）[②]的一个字段而存在。存根然后将安排把-1 返回给调用者。此后，错误的

---

①　如果没有分离 POSIX 线程，将代之以使用全局 errno 变量。
②　这是每个 POSIX 线程的结构，由 Pthreads 库在内部维护。

```
// pthread_atfork.c

#include <stdio.h>
#include <unistd.h>
#include <pthread.h>

// handler to be called before fork()
void
prepare(void)
{
    printf("prepare\n");
}

// handler to be called after fork() in the parent
void
parent(void)
{
    printf("parent\n");
}

// handler to be called after fork() in the child
void
child(void)
{
    printf("child\n");
}

int
main(void)
{
    (void)pthread_atfork(prepare, parent, child);
    (void)fork();
    _exit(0);
}

$ gcc -Wall -o pthread_atfork pthread_atfork.c
$ ./pthread_atfork
prepare
child
parent
```

图 7-26　在调用 fork()系统调用之前和之后注册要运行的处理程序

返回的处理方式将类似于对父进程的成功返回。在后一种情况下，当从系统调用返回时，存根将安排把子进程的进程 ID 返回给调用者。对父进程的两种返回类型最终将调用 _cthread_fork_parent()，它将释放在系统调用之前所获取的锁，并且运行可能被注册用于在父进程中运行的任何 fork()之后的处理程序。

当返回到子进程时，存根要执行多得多的工作。它首先将调用由 dyld 实现的 fork()之后的子函数（如果有的话），然后调用_cthread_fork_child()，后者又将调用多个函数，用于执行如下操作。

- 调用快速路径系统调用，为 POSIX 线程设置"self"值。
- 设置 POSIX 线程结构的多个字段——例如，把 kernel_thread 和 reply_port 字段设置为分别由 mach_thread_self()和 mach_reply_port()返回的值。
- 释放在系统调用之前获取的锁。
- 缓存系统常量（比如页大小）的值，以及线程的关键 Mach 端口（比如那些用于主机和包含任务的端口）。
- 初始化用于线程的特殊端口（比如自举端口和系统时钟的服务端口）。
- 通过映射地址 0x0 处的 0 填充的内存页预留页 0，以及利用保护值 VM_PROT_NONE 禁止所有对内存区域的访问。
- 在库为进程维护的 POSIX 线程列表的头部插入当前 POSIX 线程——此时进程中唯一的线程，同时把线程计数设置为 1。
- 运行任何 fork()之后的处理程序，它们可能被注册用于在子进程中运行。

2. fork()系统调用：内核实现

现在来看在内核中是如何处理 fork()系统调用的。图 7-27 提供了在 fork()的处理中涉及的内核函数的概览，从系统调用处理程序 fork() [bsd/kern/kern_fork.c]开始。

fork1() [bsd/kern/kern_fork.c]调用 cloneproc() [bsd/kern/kern_fork.c]，后者将通过给定的进程创建一个新进程。cloneproc()首先将调用 forkproc() [bsd/kern/kern_fork.c]，后者将分配一个新的 proc 结构以及它的多个组成结构。然后，forkproc()将查找空闲的进程 ID，如果下一个可用的进程 ID 高于 PID_MAX（在 bsd/sys/proc_internal.h 中定义为 30 000），就把它包装起来。

> 当包装进程 ID 时，搜索下一个可用的 ID 将从 100 开始，而不是从 0 开始，因为编号较低的进程 ID 很可能被永久运行的守护进程使用。

forkproc()将初始化 proc 结构的多个字段，并且实现 fork()的多个 UNIX 方面，比如继承父进程的凭证、开放文件描述符和共享内存描述符。当从 forkproc()返回时，它将返回子进程的 proc 结构，cloneproc()将调用 procdup() [bsd/kern/kern_fork.c]，并且把父进程和子进程的 proc 结构传递给它。procdup()将调用 task_create_internal() [osfmk/kern/task.c]，创建一个新的 Mach 任务。新的 task 结构的 bsd_info 字段将被设置成指向子进程的 proc 结构。然后，procdup()将调用 thread_create() [osfmk/kern/thread.c]，在新任务内创建一个 Mach 线程。thread_create()将调用 thread_create_internal() [osfmk/kern/thread.c]，后者将分配一个 thread 结构和一个 uthread 结构。而且，thread_create_internal()将初始化新线程的多个方面，包括它的机器相关的状态。thread_create()将给 thread_create_internal()传递一个延续函数。该函数被设置为线程的延续——也就是说，当分派时线程将继续执行的位置。延续函数将安排新线程返回到用户模式，就像线程在中断后设置陷阱一样。

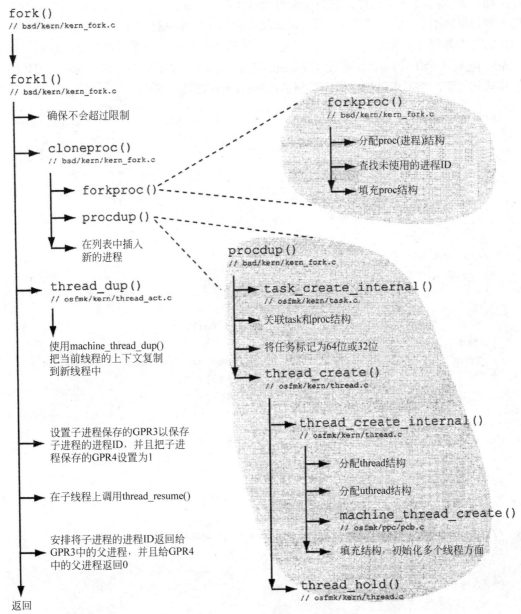

图 7-27　fork()系统调用的内核空间的处理

　　新创建的线程将由 procdup()返回给 cloneproc()。当从 procdup()返回时，cloneproc()将把子进程的 proc 结构放置在多个列表上——它的父进程的子进程的列表、所有进程的列表以及进程 ID 散列表。它将把子进程标记为可运行，并把子线程返回给 fork1()，后者现在将调用 thread_dup() [osfmk/kern/thread_act.c]。thread_dup()将调用 machine_thread_dup() [osfmk/ppc/status.c]，把父（当前）线程的上下文复制到子线程中。fork1()将在子线程上调用 thread_resume()，并且最终返回到父进程。内核将在 GPR4 中给子进程和父进程分别返回 1 和 0。而且，在两种情况下子进程的进程 ID 都是在 GPR3 中返回的。系统库将给子进程返回 0，并且把子进程的进程 ID 返回给父进程。

　　图 7-28 显示了一个程序，它直接调用 fork()系统调用，之后它将把 GPR3 和 GPR4 的值写到标准输出。由于绕过了系统库，通常将不会由系统库执行的任何 fork()之前及之后的工作在这里都将会被执行。因此，将不能在子进程中使用大多数系统库功能。例如，甚至printf(3)也将不会工作。因此，将使用 write(2)在标准输出上显示 GPR3 和 GPR4 的原始的、未格式化的值，然后可以把它们输送到诸如 hexdump 之类的程序。

```c
// fork_demo.c

#include <unistd.h>
#include <sys/syscall.h>

int
main(void)
{
    long r3_r4[] = { -1, -1 };
    int syscallnum = SYS_fork;

    __asm__ volatile(
        "lwz r0,%2      ; load GPR0 with SYS_fork\n"
        "sc             ; invoke fork(2)\n"
        "nop            ; this will be skipped in the case of no error\n"
        "mr %0,r3       ; save GPR3 to r3_r4[0]\n"
        "mr %1,r4       ; save GPR4 to r3_r4[1]\n"
     : "=r"(r3_r4[0]), "=r"(r3_r4[1])
     : "g" (syscallnum)
    );

    // write GPR3 and GPR4
    write(1, r3_r4, sizeof(r3_r4)/sizeof(char));

    // sleep for 30 seconds so we can check process IDs using 'ps'
    sleep(30);

    return 0;
}
```

```
$ gcc -Wall -o fork_demo fork_demo.c
$ ./fork_demo | hexdump -d
0000000   00000   14141   00000   00000   00000   14141   00000   00001
...
$ ps
...
14139  p9  S+    0:00.01 ./fork_demo
14140  p9  S+    0:00.00 hexdump -d
14141  p9  S+    0:00.00 ./fork_demo
```

图 7-28　当使用原始的 fork()系统调用时，验证由内核返回的值

在图 7-28 中，hexdump 的输出中的前两个 32 位的字对应于返回给父进程的 GPR3 和 GPR4 的值，而后两个字则对应于子进程。注意：在两种情况下 GPR3 都包含子进程的进程 ID。

---

fork()和 Mach 端口：警告

在 fork()调用期间，子任务只会从父任务继承某些 Mach 端口。它们包括：注册的端口、异常端口、主机端口以及自举端口。除了继承的端口之外，其他任何 Mach 端口在子进程中都会失效。由于子进程的地址空间继承自父进程，子进程将为失效的端口使用伪造的端口名称，但是这样的端口将不具有任何权限。尽管系统库将在 fork()之后重新初始化子进程中的多个关键端口，但是并非所有的库或框架都会执行这样的清理。如果遇到后一种情况，一种解决方案是通过 execve()再次执行相同的二进制文件。程序可能不得不显式提供这种解决方案。

每个 BSD 进程在开始其生命时，都具有一个 Mach 任务、一个 Mach 线程、一个与 task 结构关联的 BSD proc 结构、一个与 thread 结构关联的 uthread 结构，以及在用户空间的系统库内实现的一个 POSIX 线程。如第 6 章中所述，pid_for_task() Mach 例程可用于获取 Mach 任务的 BSD 进程 ID——只要它具有这个 ID 即可。与之相反，task_for_pid()用于为指定的 BSD 进程 ID 获取任务端口。

```
...
kern_return_t kr;
pid_t pid;
mach_port_t task;
...

// get BSD process ID for the task with the specified port
kr = pid_for_task(task, &pid);
...

// get task port for task on the same host as the given task,
// and one with the given BSD process ID
kr = task_for_pid(mach_task_self(), pid, &task);
```

3. vfork()系统调用

vfork()系统调用是 fork()的一个变体，可用于创建新的进程，而无须完全复制父进程的地址空间。它是 fork()的一个优化版本，打算在创建新进程以便调用 execve()时使用它。下面的方面描述了 Mac OS X 上的 vfork()的实现和使用。

- 当使用父进程的资源执行子进程时，父进程将会阻塞。
- vfork()的预期（并且正确）的使用将需要子进程要么调用 execve()，要么退出。此后，父进程将恢复执行。
- 调用 vfork()将为子进程创建一个新的 BSD proc 结构，但是不会创建任务或线程。因此，在这种情况下，两个 BSD proc 结构将引用同一个 task 结构。
- 用于子进程的任务和初始线程最终是在 execve()系统调用的处理期间创建的。

- 在子进程执行期间，它必须小心谨慎，确保不会对父进程的栈或其他内存造成不想要的改变。

图 7-29 显示了内核中的 vfork() 的处理。

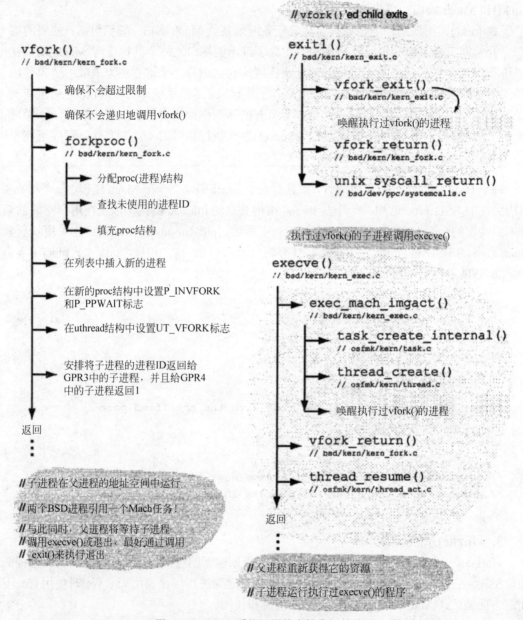

图 7-29 vfork() 系统调用的内核空间的处理

现在来看一个示例，说明子进程临时借用父进程的资源。图 7-30 中的程序用于打印父进程和子进程中的任务和线程端口——分别通过 mach_task_self() 和 mach_thread_self() 返回。当不带参数运行时，程序将调用 vfork()。否则，它将调用 fork()。而且，子进程将会修改在父进程中声明的自动变量的值。对于 vfork()，当父进程恢复执行后，更改将反映在父进程中。

```c
// vfork_demo.c

#include <stdio.h>
#include <unistd.h>
#include <stdlib.h>
#include <pthread.h>
#include <mach/mach.h>

int
main(int argc, char **argv)
{
    int ret, i = 0;

    printf("parent: task = %x, thread = %x\n", mach_task_self(),
            pthread_mach_thread_np(pthread_self()));

    // vfork() if no extra command-line arguments
    if (argc == 1)
        ret = vfork();
    else
        ret = fork();

    if (ret < 0)
        exit(ret);

    if (ret == 0) { // child
        i = 1;
        printf("child: task = %x, thread = %x\n", mach_task_self(),
                pthread_mach_thread_np(pthread_self()));
        _exit(0);
    } else
        printf("parent, i = %d\n", i);

    return 0;
}
```

```
$ gcc -Wall -o vfork_demo vfork_demo.c
$ ./vfork_demo
parent: task = 807, thread = d03
child: task = 807, thread = d03
parent, i = 1
$ ./vfork_demo use_vfork
parent: task = 807, thread = d03
parent, i = 0
child: task = 103, thread = 203
```

图 7-30　在 vfork() 系统调用期间验证子进程借用父进程的资源

不能递归地（Recursively）调用 vfork()。在 vfork()之后，再次从子进程调用 vfork()——当父进程阻塞时——将给调用者返回一个 EINVAL 错误。

7.3.3 POSIX 线程（Pthreads）

可以通过 POSIX Threads（Pthreads）API 在 BSD 进程内创建后续的线程，这个 API 也是 Mac OS X 用户空间中的基本线程机制。所有公共应用程序环境中的线程包都构建在 Pthreads 之上。

1. Pthreads API

Pthreads 库作为模块存在于系统库内，通过使用 Mach 线程 API 函数创建、终止和操作内核线程的状态，在 Mach 线程之上实现 POSIX 线程。特别是，这个库可以从用户空间管理线程的程序计数器和栈。由 Pthreads 库使用的特定 Mach 例程如下。

- semaphore_create()
- semaphore_signal()
- semaphore_signal_all()
- semaphore_signal_thread()
- semaphore_wait()
- semaphore_wait_signal()
- thread_create()
- thread_create_running()
- thread_get_state()
- thread_resume()
- thread_set_state()
- thread_terminate()

除了符合标准的函数之外，Mac OS X Pthreads 实现还提供了一组不可移植的函数，可以被用户程序以可移植性为代价来使用。这样的函数在它们的名称中具有后缀_np，以指示它们的不可移植性。下面给出了不可移植的函数的示例。

- pthread_cond_signal_thread_np()：给一个条件变量发信号，以唤醒指定的线程。
- pthread_cond_timedwait_relative_np()：等待一个条件变量，但是以一种非标准的方式进行，允许为睡眠指定一个相对时间。
- pthread_create_suspended_np()：利用挂起的底层 Mach 线程创建一个 POSIX 线程。
- pthread_get_stackaddr_np()：从对应的 POSIX 线程结构中获取给定的 POSIX 线程的栈地址。
- pthread_get_stacksize_np()：从对应的 POSIX 线程结构中获取给定线程的栈大小。
- pthread_is_threaded_np()：除了默认的主线程之外，如果当前进程还具有至少一个线程，就返回 1。这个函数容易受到竞态条件的影响。
- pthread_mach_thread_np()：返回与给定的 POSIX 线程对应的 Mach 线程。它等价于

调用 mach_thread_self()，只不过它返回一个指向线程的内核端口的现有引用。与之对照，mach_thread_self()则返回一个新引用，当不需要时应该通过调用 mach_port_deallocate()释放它。

- pthread_main_np()：如果当前线程是主线程，就返回一个非 0 值。
- pthread_yield_np()：调用 swtch_pri() Mach 陷阱，尝试进行上下文切换，受另一个可运行的线程（如果有的话）支配。注意：swtch_pri()还会设置当前线程的调度优先级。

2. POSIX 线程创建的实现

图 7-31 显示了如何在系统库中创建一个新的 POSIX 线程。注意：通过 Pthreads 库创建底层 Mach 线程的方式类似于图 7-20 中的示例。

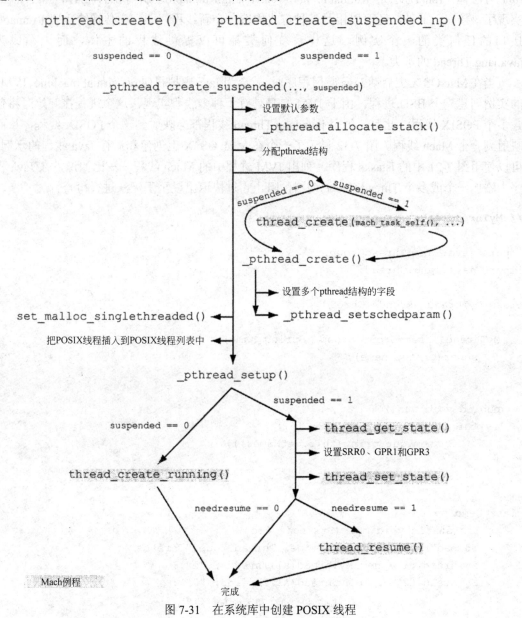

图 7-31　在系统库中创建 POSIX 线程

> 如果没有关联的 Mach 任务,将不能在 Mac OS X 上创建 BSD 进程。类似地,如果没有关联的 Mach 线程,将不能创建 POSIX 线程。今后,我们将不会指出:对于每个 BSD 进程都隐式存在一个 Mach 任务,以及对于每个 POSIX 线程都隐式存在一个 Mach 线程。

7.3.4   Java 线程

Java 的线程类(java.lang.Thread)用于在 Java 应用程序中创建一个新的执行线程。可以子类化 java.lang.Thread,并且重写 run()方法,在这种情况下,当启动线程时,它将执行 run()方法体。run()方法是 Runnable 接口(java.lang.Runnable)所需要的,java.lang.Thread 实现了该接口。此外,还可以用另一种方式构造一个新线程,即把它传递给实现 Runnable 接口的任何类的一个实例。这样,任何类都可以提供线程的主体,而无须成为 java.lang.Thread 的子类。

当在 Mac OS X 上启动 Java 应用程序时,就会为 Java 虚拟机(Java virtual machine,JVM)的实例创建一个 BSD 进程。由于 JVM 自身具有一种多线程实现,这个进程在开始时将包含多个 POSIX 线程。此后,每个 java.lang.Thread 线程都会映射到一个 POSIX 线程,从而映射到一个 Mach 线程。图 7-32 显示了一个在 Mac OS X 上创建和运行 Java 线程的示例。可以使用图 7-21 中的 lstasks 程序,列出 JVM 进程中的 Mach 线程——比如说,在 Java 程序中添加一个或多个 Thread.sleep()调用,阻止它过快退出以至于无法进行检查。

```
// MyThread.java

import java.lang.ThreadGroup;
import java.lang.Thread;

class MyThread extends Thread {

    MyThread(ThreadGroup group, String name) {
        super(group, name);
    }

    public void run() {
        for (int i = 0; i < 128; i++)
            System.out.print(this.getName());
    }
}

class DemoApp {
    public static void main(String[] args) {
        ThreadGroup allThreads = new ThreadGroup("Threads");
        MyThread t1 = new MyThread(allThreads, "1");
        MyThread t2 = new MyThread(allThreads, "2");
```

图 7-32   创建和运行 Java 线程

```
        MyThread t3 = new MyThread(allThreads, "3");
        allThreads.list();
        t1.setPriority(Thread.MIN_PRIORITY);
        t2.setPriority((Thread.MAX_PRIORITY +
                     Thread.MIN_PRIORITY) / 2);
        t3.setPriority(Thread.MAX_PRIORITY);
        t1.start();
        t2.start();
        t3.start();
    }
}
```

```
$ javac MyThread.java
$ CLASSPATH=. java DemoApp
java.lang.ThreadGroup[name=Threads,maxpri=10]
    Thread[1,5,Threads]
    Thread[2,5,Threads]
    Thread[3,5,Threads]
32333333333333333333333333333333333333333333333333333333333333333333333
33333333333333333333333333333333333333333333333333332222222222222222222
22222222222222222222222222222222222222222222222222222222222222222222222
2222222222222222222222222222222222222111111111111111111111111111111111
11111111111111111111111111111
```

图 7-32（续）

7.3.5　Cocoa 中的 NSTask 类

　　Cocoa 中的 NSTask 类允许创建并启动一个任务,运行给定的可执行文件。使用 NSTask,可以将启动的程序视作一个子进程,以便对其进行监视。还可以通过 NSTask 控制程序执行的一些方面。注意:NSTask 构建于 UNIX fork()和 execve()系统调用之上,因此提供了类似的功能。图 7-33 显示了一个使用 NSTask 的示例。

```
// NSTask.m

#import <Foundation/Foundation.h>

#define TASK_PATH "/bin/sleep"
#define TASK_ARGS "5"

int
main()
{
    NSAutoreleasePool *pool = [[NSAutoreleasePool alloc] init];
```

图 7-33　使用 Cocoa 中的 NSTask 类

```
    NSTask *newTask;
    int     status;

    // allocate and initialize an NSTask object
    newTask = [[NSTask alloc] init];

    // set the executable for the program to be run
    [newTask setLaunchPath:@TASK_PATH];

    // set the command arguments that will be used to launch the program
    [newTask setArguments:[NSArray arrayWithObject:@TASK_ARGS]];

    // launch the program -- a new process will be created
    [newTask launch];

    NSLog(@"waiting for new task to exit\n");
    [newTask waitUntilExit];

    // fetch the value returned by the exiting program
    status = [newTask terminationStatus];

    NSLog(@"new task exited with status %d\n", status);

    [newTask release];
    [pool release];

    exit(0);
}

$ gcc -Wall -o nstask NSTask.m -framework Foundation
$ ./nstask
2005-08-12 13:42:44.427 nstask[1227] waiting for new task to exit
2005-08-12 13:42:49.472 nstask[1227] new task exited with status 0
```

图 7-33（续）

7.3.6　Cocoa 中的 NSThread 类

NSThread 类允许在 Cocoa 应用程序中创建多个线程。使用 NSThread 在自己的线程中运行 Objective-C 方法特别方便。NSThread 类的每个实例都控制一个线程的执行，它将映射到一个 POSIX 线程。图 7-34 显示了一个使用 NSThread 的示例。

```
// NSThread.m

#import <Foundation/Foundation.h>

@interface NSThreadController : NSObject

{
    unsigned long long sum1;
    unsigned long long sum2;
}


- (void)thread1:(id)arg;
- (void)thread2:(id)arg;
- (unsigned long long)get_sum1;
- (unsigned long long)get_sum2;

@end

@implementation NSThreadController

- (unsigned long long)get_sum1
{
    return sum1;
}


- (unsigned long long)get_sum2
{
    return sum2;
}

- (void)thread1:(id)arg
{
    NSAutoreleasePool *pool = [[NSAutoreleasePool alloc] init];
    [NSThread setThreadPriority:0.0];
    sum1 = 0;
    printf("thread1: running\n");
    for (;;)
        sum1++;
    [pool release];
}

- (void)thread2:(id)arg
{
    NSAutoreleasePool *pool = [[NSAutoreleasePool alloc] init];
    [NSThread setThreadPriority:1.0];
```

图 7-34　使用 Cocoa 中的 NSThread 类

```
      sum2 = 0;
      printf("thread2: running\n");
      for (;;)
        sum2++;
      [pool release];
}

@end

int
main()
{
    NSAutoreleasePool *pool = [[NSAutoreleasePool alloc] init];
    NSTimeInterval secs = 5;
    NSDate *sleepForDate = [NSDate dateWithTimeIntervalSinceNow:secs];

    NSThreadController *T = [[NSThreadController alloc] init];
    [NSThread detachNewThreadSelector:@selector(thread1:)
                    toTarget:T
                  withObject:nil];

    [NSThread detachNewThreadSelector:@selector(thread2:)
                    toTarget:T
                  withObject:nil];

    printf("main: sleeping for %f seconds\n", secs);
    [NSThread sleepUntilDate:sleepForDate];

    printf("sum1 = %lld\n", [T get_sum1]);
    printf("sum2 = %lld\n", [T get_sum2]);

     [T release];
    [pool release];

    exit(0);
}
```

```
$ gcc -Wall -o nsthread NSThread.m -framework Foundation
$ ./nsthread
main: sleeping for 5.000000 seconds
thread2: running
thread1: running
sum1 = 49635095
sum2 = 233587520
```

图 7-34（续）

7.3.7　Carbon Process Manager

Process Manager 在 Mac OS X 之前的 Mac OS 的多个版本上提供了一种协作式多任务环境。在 Mac OS X 上则作为 Carbon Process Manager（CPM）对其提供支持，但是在 Mac OS X 中不适用的某些功能和方面要么不可用，要么进行了修改，以便融入 Mac OS X 的不同体系结构中。

每个 CPM 进程都映射到一个 BSD 进程，但是反过来则不是这样。只有那些通过 CMP 启动的进程才会受 Carbon 管理。对于 CPM 管理的每个进程，它都会维护某些状态，包括不同于 BSD 进程 ID 的进程序号（process serial number，PSN）。PSN 包括高部和低部，它们都是无符号长整型量。

```
struct ProcessSerialNumber {
    unsigned long highLongOfPSN;
    unsigned long lowLongOfPSN;
};
typedef struct ProcessSerialNumber ProcessSerialNumber;
typedef ProcessSerialNumber *ProcessSerialNumberPtr;
```

可以使用 Carbon API 的 LaunchApplication()函数启动 CPM 进程，它将从指定的文件启动应用程序，并且在成功启动时返回 PSN。

如在 lstasks 程序的实现中所述，给定一个 CPM 进程，可以使用 GetProcessForPID()和 CopyProcessName()分别获取对应的 PSN 和特定于 Carbon 的进程名称。可以在通过 ps 命令生成的进程清单中确定 CPM 进程，因为它们在显示时带有-psn_X_Y 形式的参数，其中 X 和 Y 分别是 PSN 的高部和低部。

图 7-35 显示了一个启动 CPM 进程的示例。

```
// CarbonProcessManager.c

#include <Carbon/Carbon.h>

#define PROGNAME "cpmtest"

int
main(int argc, char **argv)
{
    OSErr              err;
    Str255             path;
    FSSpec             spec;
    LaunchParamBlockRec launchParams;

    if (argc != 2) {
        printf("usage: %s <full application path>\n", PROGNAME);
```

图 7-35　通过 Carbon Process Manager 启动应用程序

```
        exit(1);
    }

    c2pstrcpy(path, argv[1]);
    err = FSMakeFSSpec(0,    // use the default volume
                       0,    // parent directory -- determine from filename
                       path, &spec);
    if (err != noErr) {
        printf("failed to make FS spec for application (error %d).\n", err);
        exit(1);
    }

    // the extendedBlock constant specifies that we are using the fields that
    // follow this field in the structure
    launchParams.launchBlockID = extendedBlock;

    // length of the fields following this field (again, use a constant)
    launchParams.launchEPBLength = extendedBlockLen;

    // launch control flags
    // we want the existing program to continue, and not terminate
    // moreover, we want the function to determine the Finder flags itself
    launchParams.launchControlFlags = launchContinue + launchNoFileFlags;

    // FSSpec for the application to launch
    launchParams.launchAppSpec = &spec;

    // no parameters
    launchParams.launchAppParameters = NULL;

    err = LaunchApplication(&launchParams);

    if (err != noErr) {
        printf("failed to launch application (error %d).\n", err);
        exit(1);
    }
    printf("main: launched application, PSN = %lu_%lu\n",
           launchParams.launchProcessSN.highLongOfPSN,
           launchParams.launchProcessSN.lowLongOfPSN);
    printf("main: continuing\n");

    exit(0);
}
```

图 7-35（续）

```
$ gcc -Wall -o cpmtest CarbonProcessManager.c -framework Carbon
$ ./cpmtest "Macintosh HD:Applications:Chess.app:Contents:MacOS:Chess"
main: launched application, PSN = 0_21364737
main: continuing
```

图 7-35（续）

7.3.8 Carbon Multiprocessing Services

Carbon Multiprocessing Services（MP Services）API 允许在应用程序中创建抢占式任务。不过，MP 任务不是一个 Mach 任务——它是一个线程，由 MP Services 进行抢占式调度，它可以在一个或多个处理器上独立地运行任务，在可用的任务当中自动划分处理器时间。MP 任务映射到一个 POSIX 线程。

图 7-36 显示了一个使用 MP Services 的示例。

```
// CarbonMultiprocessingServices.c

#include <pthread.h>
#include <CoreServices/CoreServices.h>

OSStatus
taskFunction(void *param)
{
    printf("taskFunction: I am an MP Services task\n");
    printf("taskFunction: my task ID is %#x\n", (int)MPCurrentTaskID());
    printf("taskFunction: my pthread ID is %p\n", pthread_self());
    return noErr;
}

int
main()
{
    MPQueueID queue;
    UInt32    param1, param2;
    UInt32    tParam1, tParam2;
    OSStatus  status;
    MPTaskID  task;

    // check for availability
    if (MPLibraryIsLoaded()) {
        printf("MP Services initialized\n");
        printf("MP Services version %d.%d.%d.%d\n",
               MPLibrary_MajorVersion, MPLibrary_MinorVersion,
               MPLibrary_Release, MPLibrary_DevelopmentRevision);
        printf("%d processors available\n\n", (int)MPProcessorsScheduled());
```

图 7-36　使用 Carbon Multiprocessing Services

```
    } else
        printf("MP Services not available\n");

    printf("main: currently executing task is %#x\n", (int)MPCurrentTaskID());

    // create a notification queue
    status = MPCreateQueue(&queue);
    if (status != noErr) {
        printf("failed to create MP notification queue (error %lu)\n", status);
        exit(1);
    }

    tParam1 = 1234;
    tParam2 = 5678;

    printf("main: about to create new task\n");
    printf("main: my pthread ID is %p\n", pthread_self());

    // create an MP Services task
    status = MPCreateTask(taskFunction,  // pointer to the task function
                          (void *)0,      // parameter to pass to the task
                          (ByteCount)0,   // stack size (0 for default)
                          queue,          // notify this queue upon termination
                          &tParam1,       // termination parameter 1
                          &tParam2,       // termination parameter 2
                          kMPCreateTaskValidOptionsMask,
                          &task);         // ID of the newly created task
    if (status != noErr) {
        printf("failed to create MP Services task (error %lu)\n", status);
        goto out;
    }

    printf("main: created new task %#08x, now waiting\n", (int)task);
    // wait for the task to be terminated
    status = MPWaitOnQueue(queue, (void *)&param1, (void *)&param2,
                           NULL, kDurationForever);

    printf("main: task terminated (param1 %lu, param2 %lu)\n",
           tParam1, tParam2);

out:
    if (queue)
        MPDeleteQueue(queue);

    exit(0);
}
```

图 7-36 (续)

```
$ gcc -Wall -o mps CarbonMultiprocessingServices.c -framework Carbon
$ ./mps
MP Services initialized
MP Services version 2.3.1.1
2 processors available

main: currently executing task is 0xa000ef98
main: about to create new task
main: my pthread ID is 0xa000ef98
main: created new task 0x1803200, now waiting
taskFunction: I am an MP Services task
taskFunction: my task ID is 0x1803200
taskFunction: my pthread ID is 0x1803200
main: task terminated (param1 1234, param2 5678)
```

图 7-36　使用 Carbon Multiprocessing Services

多任务和多处理

　　多任务（Multitasking）是同时处理多个任务的能力，而**多处理**（Multiprocessing）则是系统同时使用多个处理器的能力。**对称多处理**（Symmetric MultiProcessing，SMP）是一种配置，其中两个或更多的处理器由一个内核管理，并且两个处理器出于几乎所有的目的共享相同的内存且具有平等的地位。在 SMP 系统中，任何线程可以在任何处理器上运行，除非以编程方式将线程绑定到特定的处理器。

　　多任务可以是**抢占式**（Preemptive）或**协作式**（Cooperative）的。抢占是一个动作，用于中断当前运行的实体，以把时间提供给另一个可运行的实体。在抢占式多任务中，操作系统可以根据需要抢占一个实体，以运行另一个实体。在协作式多任务中，运行的实体必须放弃处理器的控制（协作式），以允许其他处理器运行。因此，仅当另一个实体允许时，可运行的实体才可以获得处理时间。

7.3.9　Carbon Thread Manager

　　Carbon Thread Manager 允许创建协作式调度的线程，其中每个线程必须显式放弃处理器的控制。这是通过调用 YieldToAnyThread() 或 YieldToThread() 完成的，前者将调用 Carbon Thread Manager 的调度机制运行下一个可用的线程，后者则将放弃对特定线程的控制。即使在应用程序内一次只有一个 Carbon Thread Manager 线程在运行，每个线程也都会映射到一个 POSIX 线程。

　　在关于 Carbon Thread Manager 的示例程序（参见图 7-37）中，主函数将创建多个线程，把它们标记为就绪，并且放弃对第一个线程的控制。每个线程都将打印它的 Carbon 标识符、POSIX 线程标识符和 Mach 端口，然后放弃对下一个线程的控制。列表中的最后一个线程将把控制返回给 main，它将销毁所有的线程并退出。

```
// CarbonThreadManager.c

#include <pthread.h>
#include <mach/mach.h>
#include <CoreServices/CoreServices.h>

#define MAXTHREADS 8

static ThreadID mainThread;
static ThreadID newThreads[MAXTHREADS] = { 0 };

voidPtr
threadFunction(void *threadParam)
{
    int i = (int)threadParam;

    printf("thread #%d: CTM %#08lx, pthread %p, Mach %#08x\n",
           i, newThreads[i], pthread_self(), mach_thread_self());

    if (i == MAXTHREADS)
        YieldToThread(mainThread);
    else
        YieldToThread(newThreads[i + 1]);

    /* NOTREACHED */
    printf("Whoa!\n");
    return threadParam;
}

int
main()
{
    int   i;
    OSErr err = noErr;

    // main thread's ID
    err = GetCurrentThread(&mainThread);

    for (i = 0; i < MAXTHREADS; i++) {

        err = NewThread(
                kCooperativeThread, // type of thread
                threadFunction,     // thread entry function
                (void *)i,          // function parameter
                (Size)0,            // default stack size
```

图 7-37　创建 Carbon Thread Manager 线程

```
                    kNewSuspend,         // options
                    NULL,                // not interested
                    &(newThreads[i]));   // newly created thread

        if (err || (newThreads[i] == kNoThreadID)) {
            printf("*** NewThread failed\n");
            goto out;
        }

        // set state of thread to "ready"
        err = SetThreadState(newThreads[i], kReadyThreadState, kNoThreadID);
    }

    printf("main: created %d new threads\n", i);

    printf("main: relinquishing control to next thread\n");
    err = YieldToThread(newThreads[0]);

    printf("main: back\n");

out:

    // destroy all threads
    for (i = 0; i < MAXTHREADS; i++)
        if (newThreads[i])
            DisposeThread(newThreads[i], NULL, false);

    exit(err);
}


$ gcc -Wall -o ctm CarbonThreadManager.c -framework Carbon
$ ./ctm
main: created 8 new threads
main: relinquishing control to next thread
thread #0: CTM 0x1803200, pthread 0x1803200, Mach 0x001c03
thread #1: CTM 0x1803600, pthread 0x1803600, Mach 0x002e03
thread #2: CTM 0x1803a00, pthread 0x1803a00, Mach 0x003003
thread #3: CTM 0x1803e00, pthread 0x1803e00, Mach 0x003203
thread #4: CTM 0x1808400, pthread 0x1808400, Mach 0x003403
thread #5: CTM 0x1808800, pthread 0x1808800, Mach 0x003603
thread #6: CTM 0x1808c00, pthread 0x1808c00, Mach 0x003803
thread #7: CTM 0x1809000, pthread 0x1809000, Mach 0x003a03
main: back
```

图 7-37（续表）

7.4　调　　度

分时系统通过交替执行多个进程，基于多种条件在彼此之间进行**上下文切换**（Context Switching），提供了它们在并发运行的幻觉。线程的执行顺序所基于的规则集是由所谓的**调度策略**（Scheduling Policy）确定的。一个称为**调度器**（Scheduler）的系统组件通过数据结构和算法实现该策略。当从那些可运行的线程中选择线程运行时，这个实现允许调度器应用该策略。尽管执行并发性和并行性是调度器的重要目标，尤其是当多处理器系统变得普及时，使现代操作系统支持多种调度策略就很常见了，从而允许以不同的方式处理不同类型的工作负载。在 Mac OS X 的典型操作中，它的调度器给每个线程提供一小段处理器时间，之后，它就会考虑切换到另一个线程。在被抢占之前，被调度的线程可以运行的时间长度就称为线程的**时间片**（Timeslicing Quantum 或者简称为 Quantum）。一旦线程的时间片到期，它就可能会被抢占，因为另一个具有同等或更高优先级的线程想要运行。而且，如果具有更高优先级的线程变成可运行状态，那么无论正在运行的线程的时间片有多长，它都有可能会被抢占。

接下来将探讨 Mac OS X 调度基础设施是如何初始化的，然后将讨论调度器的操作。

7.4.1　调度基础设施初始化

在第 5 章中讨论内核启动期间介绍过了处理器初始化的多个方面。图 7-38 显示了所选择的与调度相关的初始化。当 ppc_init()在主进程上开始执行时，将不会初始化任何处理器集结构、处理器结构以及其他的调度器结构。主处理器的 processor 结构是由 processor_init() [osfmk/kern/processor.c]初始化的，它将建立处理器的本地运行队列，将处理器的状态设置为 PROCESSOR_OFF_LINE，将其标记为不属于任何处理器集，以及把该结构的其他字段设置为它们的初始值。

1．时间片

如图 7-38 中所示，processor_init()调用 timer_call_setup() [osfmk/kern/timer_call.c]，安排调用时间片到期函数——thread_quantum_expire() [osfmk/kern/priority.c]。thread_quantum_expire()将重新计算线程的时间片和优先级。注意：timer_call_setup()只会初始化一个调用条目结构，指定调用哪个函数以及利用什么参数调用它。这个调用条目将被放置在每个处理器的定时器调用队列上（内核将维护每个处理器的定时器调用队列）。直到配置了实时时钟子系统之后，才不会提供这些队列。

```
// osfmk/kern/processor.c

void
processor_init(register processor_t p, int slot_num)
{
    ...
```

```
    timer_call_setup(&p->quantum_timer, thread_quantum_expire, p);
    ...
}
```

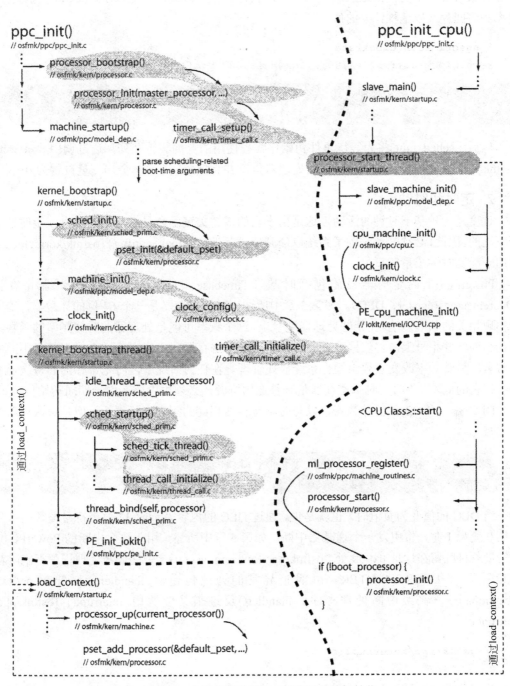

图 7-38　在系统启动期间与调度相关的初始化

　　ppc_init()最终将调用 kernel_bootstrap() [osfmk/kern/startup.c]，启动更高级的引导进程。
后者的前几个操作之一是：通过调用 sched_init() [osfmk/kern/sched_prim.c]进行调度器初始

化，它首先将计算标准的时间片。内置的默认**抢占速率**（Preemption Rate）——即内核将抢占线程的频率——是 100Hz。100Hz 的抢占速率将产生 0.01s（10ms）的时间片。preempt 引导参数可用于给内核指定默认抢占速率的自定义值。sysctl 变量 kern.clockrate 包含抢占速率和时间片（以毫秒计）的值。

```
$ sysctl kern.clockrate
kern.clockrate: hz = 100, tick = 10000, profhz = 100, stathz = 100
```

tick 值代表调度器时钟周期中的毫秒数。可以把 hz 值看作独立于硬件的系统时钟的频率。

然后，sched_init()将为等待事件初始化线程使用的全局等待队列，通过调用 pset_init() [osfmk/kern/processor.c]初始化默认的处理器集，并且把 sched_tick 全局变量设置为 0。

2. 定时和时钟

调度是一种基于时钟的活动，这是由于它的多个关键函数是由定期的时钟或定时器中断驱动的。因此，必须配置时钟子系统以便开始进行调度。clock_config() [osfmk/kern/clock.c]就用于配置时钟子系统。

PowerPC 上的定时器设施包括时基（Timebase，TB）寄存器和递减器寄存器（Decrementer Register，DEC）。如第 3 章中所述，时基寄存器是一个 64 位的计数器，受一种实现相关的频率驱动。在某些处理器型号上，这个频率可能是处理器的时钟频率的函数，而在另外一些型号上，将依据独立的时钟更新时基寄存器。事实上，这个频率甚至不需要是常量，尽管频率改变必须由操作系统显式管理。在任何情况下，时基寄存器的每次递增都会把它的低阶位加 1。时基寄存器是一种通用资源，必须由内核在引导期间初始化。

DEC 是一个 32 位的计数器，以与时基寄存器相同的频率进行更新，但是每次更新都会递减 1。

对于典型的时基频率，需要花费数千年的时间才能使时基寄存器达到它的最大值，但是对于相同的频率 DEC 将在几百秒内经过 0。

当 DEC 的值变为负值时，也就是说，通过 DEC 的内容表示的 32 位带符号整数的符号位从 0 变为 1 时，将引发一个递减器中断。如第 5 章中所述，用于这个中断的 PowerPC 异常矢量条目驻留在地址 0x900 处。osfmk/ppc/lowmem_vectors.s 中的低级处理程序把陷阱代码设置为 T_DECREMENTER，并且把异常的处理传递给 ihandler() [osfmk/ppc/hw_exception.s]——高级中断处理程序。ihandler()反过来又会调用 interrupt() [osfmk/ppc/interrupt.c]。

```
// osfmk/ppc/interrupt.c

struct savearea *
interrupt(int type, struct savearea *ssp, ...)
{
    ...
    switch (type) {
```

```
        case T_DECREMENTER:
            ...
            rtclock_intr(0, ssp, 0);
        break;
        }
        ...
    }
```

rtclock_intr() [osfmk/ppc/rtclock.c]是实时时钟中断处理程序例程。实时时钟子系统将维护每个处理器的数据结构，具体如下。

- 实时时钟定时器结构，具有它自己可配置的截止时间。
- 以频率 Hz 驱动的实时时钟时间周期的截止时间，它被定义为 100，导致每 10ms 一个时钟时间周期。

图 7-39 显示了实时时钟中断处理的概览。

```
// osfmk/ppc/exception.h

struct per_proc_info {
    ...
    uint64_t rtclock_tick_deadline;
    struct rtclock_timer {
        uint64_t deadline;
        uint32_t is_set:1,
                has_expired:1,
                :0;
    } rtclock_timer;
    ...
};


// osfmk/ppc/rtclock.c

#define NSEC_PER_HZ (NSEC_PER_SEC / HZ)
static uint32_t rtclock_tick_interval;
...
static clock_timer_func_t rtclock_timer_expire;
...
#define DECREMENTER_MAX 0x7FFFFFFFUL
#define DECREMENTER_MIN 0XAUL
...

void
clock_set_timer_deadline(uint64_t deadline)
{
    // set deadline for the current processor's rtclock_timer
    ...
```

图 7-39　实时时钟中断处理

```
}

void
clock_set_timer_func(clock_timer_func_t func)
{
    spl_t s;

    LOCK_RTC(s);
    // global timer expiration handler
    if (rtclock_timer_expire == NULL)
        rtclock_timer_expire = func;
    UNLOCK_RTC(s);
}


...
// real-time clock device interrupt
void
rtclock_intr(__unused int device, struct savearea *ssp, __unused spl_t old_spl)
{
    uint64_t            abstime;
    int                 decr1, decr2;
    struct rtclock_timer *mytimer;
    struct per_proc_info *pp;

    decr1 = decr2 = DECREMENTER_MAX;

    pp = getPerProc();

    abstime = mach_absolute_time();
    if (pp->rtclock_tick_deadline <= abstime) {
        // set pp->rtclock_tick_deadline to "now" (that is, abstime) plus
        // rtclock_tick_interval

        // call the hertz_tick() function
    }

    mytimer = &pp->rtclock_timer;

    abstime = mach_absolute_time();
    if (mytimer->is_set && mytimer->deadline <= abstime) {
        mytimer->has_expired = TRUE;
        mytimer->is_set = FALSE;
        (*rtclock_timer_expire)(abstime);
        mytimer->has_expired = FALSE;
    }
```

图 7-39（续）

```
// Look at the deadlines in pp->rtclock_tick_deadline and mytimer->deadline
// Choose the earlier one. Moreover, if a still earlier deadline is
// specified via the special variable rtclock_decrementer_min, choose that
// instead. None of these deadlines can be greater than DECREMENTER_MAX.

// Now that we have a deadline, load the Decrementer Register with it.
...
treqs(decr1); // sets decrementer using mtdec()
...
}
```

图 7-39（续）

迄今为止，已经介绍了由实时时钟子系统提供的以下功能。

● 通过 rtclock_intr() 函数每秒 Hz 次地调用 hertz_tick() 函数。

● 依赖于处理器的定时器结构中的截止时间调用 rtclock_timer_expire() 函数指针所指向的函数。

时钟设备的全局列表是由内核维护的，其中每个条目都是一个时钟对象结构，包含特定时钟的控制端口、服务端口和一个机器相关的操作列表。clock_config() 调用列表上的每个时钟设备的 "config" 函数。随后，将会调用 clock_init() [osfmk/kern/clock.c]，初始化时钟设备——它将调用每个时钟设备的 "init" 函数。注意：与 clock_config() 不同，它只会在自举期间调用一次，而每次处理器启动时都会在处理器上调用 clock_init()。考虑系统时钟的配置和初始化（参见图 7-40），它的 "config" 和 "init" 函数分别是 sysclk_config() 和 sysclk_init()。

```
// osfmk/ppc/rtclock.c

static void
timebase_callback(...)
{
    ...
    // Initialize commpage timestamp

    // Set rtclock_tick_interval, which is the global variable used by
    // rtclock_intr() to arrange for the next "tick" to occur by loading
    // the decrementer with the next deadline
    //
    nanoseconds_to_absolutetime(NSEC_PER_HZ, &abstime);
    rtclock_tick_interval = abstime;
    ...

    // This will call sched_timebase_init()
    clock_timebase_init();
}
...
```

图 7-40　系统时钟配置

```
int
sysclk_config(void)
{
    ...
    // The Platform Expert knows the implementation-dependent conversion factor
    // between absolute-time (Timebase-driven) and clock-time values.
    //
    // The following registration will cause the provided function --
    // timebase_callback() -- to be invoked with the Timebase frequency values
    // as parameters.
    //
    PE_register_timebase_callback(timebase_callback);
    ...
}
...
int
sysclk_init(void)
{
    ...
    // set decrementer and our next tick due
    ...
}
```

图 7-40（续）

clock_config() 还会调用 timer_call_initialize() [osfmk/kern/timer_call.c]，初始化定时器中断调出机制，基于线程的调出机制将使用它。

```
// osfmk/kern/timer_call.c

void
timer_call_initialize(void)
{
    ...
    clock_set_timer_func((clock_timer_func_t)timer_call_interrupt);
    ...
}
```

如图 7-39 所示，clock_set_timer_func() [osfmk/ppc/rtclock.c] 只是把它的参数（在这里是 timer_call_interrupt 函数指针）设置为 rtclock_timer_expire 全局函数指针的值。每次调用 timer_call_interrupt() 时，它都会为当前处理器提供定时器调用队列。这样，调度器就可以安排在处理器上调用 thread_quantum_expire()。

clock_timebase_init() [osfmk/kern/clock.c] 是一个独立于机器的函数，它将调用 sched_timebase_init() [osfmk/kern/sched_prim.c]，设置由调度器使用的多个时间相关的值，例如：

- std_quantum（10000µs），标准时间片。
- min_std_quantum（250µs），剩余的最小时间片。

- min_rt_quantum（50μs），最小的实时计算。
- max_rt_quantum（50ms），最大的实时计算。
- sched_tick_interval（1000 >> SCHED_TICK_SHIFT ms）。

sched_timebase_init()使用 clock_interval_to_absolutetime_interval() [osfmk/ppc/rtclock.c]，把传统的（时钟）间隔设置成特定于机器的绝对时间间隔。在 osfmk/kern/sched.h 中将 SCHED_TICK_SHIFT 定义为 3，得到 125ms 的 sched_tick_interval 值。

3. 绝对时间间隔与时钟时间间隔之间的转换

内核经常需要在绝对时间间隔与时钟时间间隔之间进行转换。绝对时间基于机器相关的时基寄存器。在公共页中可用的 Mach 陷阱 mach_absolute_time()用于获取时基寄存器的当前值。它是 Mac OS X 上具有最高分辨率的与时间相关的函数。要把绝对时间间隔转换成传统的时钟时间间隔（比如以秒表示的值），需要与实现相关的转换因子，可以通过 mach_timebase_info()获取它。转换因子包括分子和分母。可以把得到的比率乘以一个绝对时间间隔，产生一个等价的时钟时间间隔（以纳秒计）。图 7-41 显示了一个在两种时间间隔之间转换的示例。

```c
// timebase_demo.c

#include <stdio.h>
#include <stdlib.h>
#include <unistd.h>
#include <mach/mach.h>
#include <mach/mach_time.h>

#define DEFAULT_SLEEP_TIME 1
#define MAXIMUM_SLEEP_TIME 60

int
main(int argc, char **argv)
{
    kern_return_t kr;
    u_int64_t       t1, t2, diff;
    double          abs2clock;
    int             sleeptime = DEFAULT_SLEEP_TIME;

    mach_timebase_info_data_t info;

    kr = mach_timebase_info(&info);
    if (kr != KERN_SUCCESS) {
        mach_error("mach_timebase_info:", kr);
        exit(kr);
    }
```

图 7-41　在绝对时间间隔与时钟时间间隔之间转换

```
if (argc == 2) {
    sleeptime = atoi(argv[1]);
    if ((sleeptime < 0) || (sleeptime > MAXIMUM_SLEEP_TIME))
        sleeptime = DEFAULT_SLEEP_TIME;
}

t1 = mach_absolute_time();
sleep(sleeptime);
t2 = mach_absolute_time();
diff = t2 - t1;
printf("slept for %d seconds of clock time\n", sleeptime);
printf("TB increments = %llu increments\n", diff);
printf("absolute-to-clock conversion factor = (%u/%u) ns/increment\n",
    info.numer,info.denom);
printf("sleeping time according to TB\n");

abs2clock = (double)info.numer/(double)info.denom;
abs2clock *= (double)diff;

printf("\t= %llu increments x(%u/%u) ns/increment\n\t= %f ns\n\t= %f s\n",
    diff, info.numer, info.denom,
    abs2clock, abs2clock/(double)1000000000);

exit(0);
}
```

```
$ gcc -Wall -o timebase_demo timebase_demo.c
$ ./timebase_demo 5
slept for 5 seconds of clock time
TB increments = 166651702 increments
absolute-to-clock conversion factor = (1000000000/33330173) ns/increment
sleeping time according to TB
    = 166651702 increments x (1000000000/33330173) ns/increment
    = 5000025112.380905 ns
    = 5.000025 s
```

图 7-41（续）

4. 启动调度器

要在引导处理器上执行的第一个线程即 kernel_bootstrap_thread() [osfmk/kern/startup.c]
是通过 load_context() [osfmk/kern/startup.c]启动的。除了建立线程的特定于机器的上下文之
外，load_context()还会初始化处理器的某些方面。特别是，它将调用 processor_up()
[osfmk/kern/machine.c]，把处理器添加到默认的处理器集中。

kernel_bootstrap_thread()将为处理器创建一个空闲线程，调用 sched_startup() [osfmk/
kern/sched_prim.c]初始化调度器的定期活动，以及调用 thread_bind() [osfmk/kern/sched_

prim.c]把当前线程绑定到引导处理器。后面一步是必需的，以使得执行保持绑定到引导处理器，而不会在它们联机时转移到任何其他的处理器。图 7-42 显示了调度器启动的概览。

```
// osfmk/kern/sched_prim.c

void
sched_startup(void)
{
    ...
    result = kernel_thread_start_priority(
                (thread_continue_t)sched_tick_thread,
                NULL,
                MAXPRI_KERNEL,
                &thread);
    ...
    thread_call_initialize();
}

// perform periodic bookkeeping functions
void
sched_tick_continue(void)
{
    ...
}

void
sched_tick_thread(void)
{
    ...
    sched_tick_deadline = mach_absolute_time();
    sched_tick_continue();
    /* NOTREACHED */
}
```

图 7-42　调度器启动

sched_startup()还会初始化基于线程的调出机制，允许内核记录函数，便于以后调用。例如，setitimer(2)允许为进程设置真实、虚拟和分析定时器，它就是使用线程调出实现的。此时，具有以下在内核中发生的、主要的、与调度相关的定期活动。

- 当具有递减器异常时，就会调用 rtclock_intr() [osfmk/ppc/rtclock.c]。这通常每秒钟会发生 Hz 次，其中 Hz 的默认值是 100。rtclock_intr()将利用下一个截止时间值重新加载递减器（寄存器）。
- 由 rtclock_intr()调用 hertz_tick() [osfmk/kern/mach_clock.c]。
- 如果当前处理器的实时时钟定时器的截止时间到期，就会由 rtclock_intr()调用 timer_call_interrupt() [osfmk/kern/timer_call.c]。rtclock_timer_expire 函数指针指向 timer_call_interrupt()——通过 clock_set_timer_func()设置。

- sched_tick_continue() [osfmk/kern/sched_prim.c]在每个调度器时钟周期上运行，默认每 125ms 发生一次。

5. 获取调度器时钟周期的值

可以从内核内存中读取 sched_tick 变量的值，检查它递增的速率。可以通过在内核可执行文件上运行 nm 命令，确定变量在内核内存中的地址。之后，将使用 dd 命令从/dev/kmem 中读取它的值，睡眠整数秒，并且再次读取它的值。图 7-43 显示了一个执行这些步骤的 shell 脚本。如输出中所示，变量的值在 10 秒内递增了 80，这是期望值，因为它应该每 125ms 递增 1（或者每秒递增 8）。

```sh
#!/bin/sh
# sched_tick.sh

SCHED_TICK_ADDR="0x'nm /mach_kernel | grep -w _sched_tick | awk '{print $1}''"
if [ "$SCHED_TICK_ADDR" == "0x" ]
then
    echo "address of _sched_tick not found in /mach_kernel"
    exit 1
fi

dd if=/dev/kmem bs=1 count=4 iseek=$SCHED_TICK_ADDR of=/dev/stdout | hexdump -d
sleep 10
dd if=/dev/kmem bs=1 count=4 iseek=$SCHED_TICK_ADDR of=/dev/stdout | hexdump -d

exit 0


$ sudo ./sched_tick.sh 2>/dev/null
0000000   00035   09878
0000004
0000000   00035   09958
0000004
```

图 7-43 对调度器时钟周期的值进行抽样

6. 一些定期的内核活动

前文已经介绍过 rtclock_intr()可以做什么。现在来简要探讨 hertz_tick()、timer_call_interrupt()和 sched_tick_continue()的操作。

hertz_tick() [osfmk/kern/mach_clock.c]在所有处理器上执行某些操作，比如收集统计信息、跟踪线程状态以及递增用户模式和内核模式的线程定时器。收集的统计信息的示例包括：时钟时间周期总数和分析信息（如果启用分析的话）。在主处理器上，hertz_tick()还会额外地调用 bsd_hardclock()。

如果具有一个有效的当前 BSD 进程，并且该线程没有退出，bsd_hardclock() [bsd/kern/kern_clock.c]就会执行多个操作。如果处理器处于用户模式下，bsd_hardclock()就会检查进程是否具有虚拟的时间间隔定时器——也就是说，一个 ITIMER_VIRTUAL 类型的时间间隔定时器，在进程虚拟时间递减（仅当进程执行时）。可以通过 setitimer(2)设置此类定时器。

如果这样一个定时器存在并且到期，bsd_hardclock()就会安排将 SIGVTALRM 信号递送给进程。

> 如第 6 章中所述，USER_MODE()宏——在 osfmk/ppc/proc_reg.h 中定义——用于检查保存的 SRR1，它保存 MSR 的旧内容。MSR 的 PR（特权）位用于区分内核模式与用户模式。

无论处理器是否处于用户模式下，bsd_hardclock()都会执行其他的一些操作，只要处理器不是空闲的即可。它将利用时钟周期内的资源对当前调度的进程记账。然后，它将检查进程是否超过了它的 CPU 时间限制（通过 RLIMIT_CPU 资源限制指定），如果是，就给它发送一个 SIGXPU 信号。接下来，它将检查进程是否具有分析定时器，即一个 ITIMER_PROF 类型的时间间隔定时器。这样的定时器在进程虚拟时间内以及当内核代表进程运行时都会递减。还可以通过 setitimer(2)设置它。如果这样一个定时器存在并且到期，bsd_hardclock() 就会安排将 SIGPROF 信号递送给进程。

timer_call_interrupt() [osfmk/kern/timer_call.c]将为当前处理器遍历定时器调用队列，以及为那些截止时间到期的定时器遍历调用处理程序（参见图 7-44）。

// osfmk/kern/timer_call.c

```
#define qe(x) ((queue_entry_t)(x))
#define TC(x) ((timer_call_t)(x))

static void
timer_call_interrupt(uint64_t timestamp)
{
    timer_call_t call;
    queue_t      queue;

    simple_lock(&timer_call_lock);

    queue = &PROCESSOR_DATA(current_processor(), &timer_call_queue);

    call = TC(queue_first(queue));

    while (!queue_end(queue, qe(call))) {
        if (call->deadline <= timestamp) {
            ...
            // invoke call->func(), passing it call->param0 and call->param1
            ...
        } else
            break;

        call = TC(queue_first(queue));
    }
    ...
}
```

图 7-44　定时器调用处理

sched_tick_continue() [osfmk/kern/sched_prim.c]为调度器执行定期的簿记函数。如图 7-45 所示，它将把 sched_tick 全局变量递增 1，调用 compute_averages() [osfmk/kern/sched_average.c]计算平均负载和 Mach 因子，以及调用 thread_update_scan() [osfmk/kern/sched_prim.c]扫描所有处理器集和处理器的运行队列，以便更新线程优先级。

// osfmk/kern/sched_prim.c

```
void
sched_tick_continue(void)
{
    uint64_t abstime = mach_absolute_time();

    sched_tick++;

     // compute various averages
    compute_averages();

    // scan the run queues to account for timesharing threads that may need
    // to be updated -- the scanner runs in two passes
    thread_update_scan();

    // compute next deadline for our periodic event
    clock_deadline_for_periodic_event(sched_tick_interval,
                                      abstime, &sched_tick_deadline);

    assert_wait_deadline((event_t)sched_tick_thread, THREAD_UNINT,
                    sched_tick_deadline);

    thread_block((thread_continue_t)sched_tick_continue);

    // NOTREACHED
}
```

图 7-45　调度器的簿记函数

7.4.2　调度器操作

Mac OS X 主要是一种分时系统，这是由于线程受分时调度支配，除非另外显式指定。典型的分时调度的目标是给每个竞争线程提供（不保证）公平的处理器时间分享，其中的公平意味着线程将在合理的时间长度内获得大体相同的处理器资源。

> **映射调度器**
>
> 图 7-46 显示了一幅调用图，包括线程执行和调度中涉及的多个关键函数。鉴于这幅图包含的信息非常丰富，将不会在本章中讨论它。不过，可以把它用作一种辅助工具，以便进一步学习 Mac OS X 调度器。

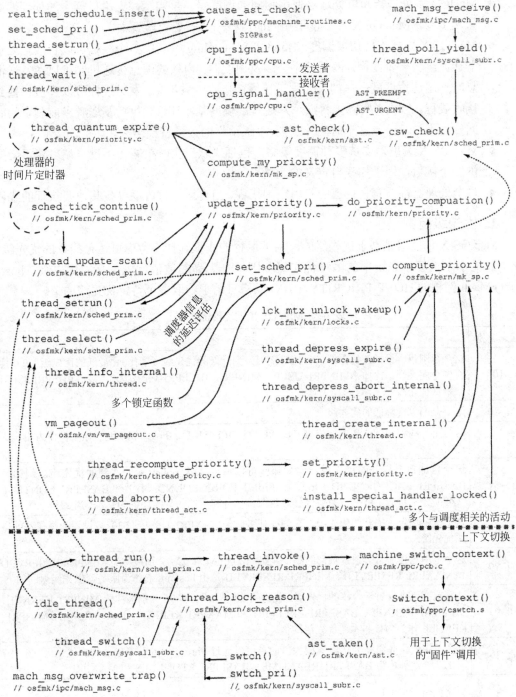

图 7-46　线程执行和调度中涉及的函数的非穷尽调用图

关于 Mac OS X 上的调度值得指出以下一般的要点。

● 调度器只会调度 Mach 线程，而不会调度其他更高级的实体。

● 调度器不会使用两个或更多的线程可能属于同一个任务的知识，以便在它们之间做出选择。理论上讲，这样的知识可用于优化任务内的上下文切换。

- Mach 为多处理器和单处理器使用相同的调度器。事实上，无论机器上的处理器数量是多少，Mac OS X 都会使用相同的内核——多处理器版本[①]。
- Mac OS X 内核支持**切换调度**（Handoff Scheduling），其中一个线程可以直接把处理器让渡给另一个线程，而无须完全涉及调度器。内核的消息传递机制可以在发送消息时使用切换调度——如果线程正在等待接收一条消息，发送线程可以直接切换到接收线程。接收者实际上将继承发送者的调度基本属性，包括发送者当前剩余的时间片。不过，一旦这个时间片到期，"继承"的效果将会消失。
- Mac OS X 调度器支持多种调度策略，包括"软"实时策略。不过，调度器不会提供一个接口，用于加载自定义的策略[②]。
- 每个处理器都具有它自己的专用空闲线程，当它运行时可以寻找其他要执行的线程。

1. 优先级范围

Mac OS X 调度器是基于优先级的。用于运行的线程选择将考虑可运行线程的优先级。表 7-2 显示了调度子系统中的多种优先级范围——更高的数值代表更高的优先级。host_info() Mach 例程的 HOST_PRIORITY_INFO 风格可用于获取多个特定优先级的值。

表 7-2　Mac OS X 调度器优先级

级　　别	描　　述
0~10	这个范围包含最低的优先级（老化、空闲）到降低的优先级（老化）。最低的优先级（0）具有多个同义词，比如：MINPRI_USER、MINPRI、IDLEPRI（空闲优先级）和 DEPRESSPRI（降低优先级）
11~30	这个范围包含降低的优先级
31	这是用户线程的默认基本优先级（BASEPRI_DEFAULT）。host_info() 返回这个值作为用户优先级
32~51	这个范围包含提升的优先级，比如那些可以通过 task_policy_set() 达到的优先级。例如，BASEPRI_BACKGROUND（46）、BASEPRI_FOREGROUND（47）和 BASEPRI_CONTROL（48）分别对应于被指定为后台任务、前台任务和控制任务的任务的基本优先级
52~63	这个范围也包含提升的优先级。在创建任务时，MAXPRI_USER（63）被设置为新任务的最大优先级
64~79	这个范围包含通常为系统预留的高优先级。端点（64 和 79）分别被称为 MINPRI_RESERVED 和 MAXPRI_RESERVED。MINPRI_RESERVED 是由 host_info() 作为服务器优先级返回的
80~95	这个范围包含仅属于内核的优先级。优先级 80、81、93 和 95 分别被称为 MINPRI_KERNEL、BASEPRI_KERNEL、BASEPRI_PREEMPT 和 MAXPRI_KERNEL。host_info() 返回 MINPRI_KERNEL 作为内核和系统优先级的值
96~127	这个范围的优先级是为实时线程预留的，可以通过 thread_policy_set() 达到。优先级 96、97 和 127 分别被称为 BASEPRI_REALTIME、BASEPRI_RTQUEUES 和 MAXPRI

2. 运行队列

由 Mach 调度器维护的基本数据结构是**运行队列**（Run Queue）。每个运行队列结构（参见图 7-47）代表可运行线程的优先级队列，并且包含 NRQS 双向链表的数组，其中每个链

[①] 多处理器内核在单处理器系统上运行时会具有一些开销。

[②] 例如，Solaris 操作系统支持动态可加载的调度策略。

表对应于一种优先级别。该结构的 highq 成员是一种提示，用于指示最高优先级线程的可能位置，它可能处于优先级比通过 highq 指定的优先级更低的位置，但是将不会处于更高的优先级。回忆可知：每个处理器集都具有一个运行队列，并且每个处理器都具有本地运行队列。

```c
// osfmk/kern/sched.h

#define NRQS        128            // 128 levels per run queue
#define NRQBM       (NRQS/32)      // number of words per bitmap
#define MAXPRI      (NRQS-1)       // maximum priority possible
#define MINPRI      IDLEPRI        // lowest legal priority schedulable
#define IDLEPRI     0              // idle thread priority
#define DEPRESSPRI MINPRI          // depress priority
...
struct run_queue {
    int highq;                     // highest runnable queue
    int bitmap[NRQBM];             // run queue bitmap array
    int count;                     // number of threads total
    int urgency;                   // level of preemption urgency
    queue_head_t queues[NRQS];     // one for each priority
};
```

图 7-47　运行队列结构

3. 任务和线程中的调度信息

为了在线程当中平衡处理器使用率，调度器可以调整线程优先级，考虑进每个线程的使用率。与每个线程和任务关联的是多种与优先级相关的限制和度量。现在来再次探讨任务和线程结构，检查其中包含的一些与调度相关的信息。在图 7-48 中对结构的相关部分加了注释。

```c
// osfmk/kern/task.h

struct task {
    ...
    // task's role in the system
    // set to TASK_UNSPECIFIED during user task creation
    task_role_t role;

    // default base priority for threads created within this task
    // set to BASEPRI_DEFAULT during user task creation
    integer_t priority;

    // no thread in this task can have priority greater than this
    // set to MAXPRI_USER during user task creation
    integer_t max_priority;
    ...
```

图 7-48　任务和线程结构中与调度相关的重要部分

```
};


// osfmk/kern/thread.h
struct thread {
    ...
    // scheduling mode bits include TH_MODE_REALTIME (time-constrained thread),
    // TH_MODE_TIMESHARE (uses standard timesharing scheduling),
    // TH_MODE_PREEMPT (can preempt kernel contexts), ...
    //
    // TH_MODE_TIMESHARE is set during user thread creation
    integer_t sched_mode;

    integer_t sched_pri;        // scheduled (current) priority

    // base priority
    // set to parent_task->priority during user thread creation
    integer_t priority;

     // maximum base priority
    // set to parent_task->max_priority during user thread creation
    integer_t max_priority;

     // copy of parent task's base priority
    // set to parent_task->priority during user thread creation
    integer_t task_priority;  // copy of task's base priority


    ...

     // task-relative importance
    // set to (self->priority - self->task_priority) during user thread creation
    integer_t importance;

    // parameters for time-constrained scheduling policy
    struct {
        ...
    } realtime;

    uint32_t current_quantum; // duration of current quantum


    ...

    // last scheduler tick
    // set to the global variable sched_tick during user thread creation
    natural_t sched_stamp;
```

图 7-48（续）

```
// timesharing processor usage
// initialized to zero in the "template" thread
natural_t sched_usage;

// factor for converting usage to priority
// set to the processor set's pri_shift value during user thread creation
natural_t pri_shift;
};
```

图 7-48（续）

如图 7-48 中所示，每个线程都具有**基本优先级**（Base Priority）。不过，线程的**调度优先级**（Scheduled Priority）是调度器在选择要运行的线程时所检查的优先级[①]。调度优先级是通过基本优先级以及从线程最近的处理器使用率得到的偏移量而计算出来的。分时用户线程的默认基本优先级是 31，而最低的内核优先级是 80。因此，内核线程比标准用户线程更受青睐。

4. 处理器使用率统计

随着线程累积处理器使用率，它的优先级也会降低。由于调度器青睐更高的优先级，这可能导致如下情形：线程使用了如此多的处理器时间，以至于调度器将由于它大幅降低的优先级，而不会给它分配更多的处理器时间。Mach 调度器通过老化处理器使用率来解决这个问题——它将呈指数级"遗忘"线程过去的处理器使用率，逐渐增加线程的优先级。不过，这就产生了另一个问题：如果系统处于如此重的负载之下，以至于大多数（或者所有）线程都只获得很少的处理器时间，那么所有这类线程的优先级都会增大。由此导致的争用将损害系统在重负载下的响应速度。为了应对这个问题，调度器将把线程的处理器使用率乘以与系统负载相关的**转换因子**（Conversion Factor），从而确保线程优先级不会单纯由于系统负载的增加而提升。图 7-49 显示了基于线程的处理器使用率和系统的负载而计算的线程的分时优先级。

```
// osfmk/kern/priority.c

#define do_priority_computation(thread, pri) \
    do { \
        (pri) = (thread->priority) /* start with base priority */ \
        - ((thread)->sched_usage >> (thread)->pri_shift); \
        if ((pri) < MINPRI_USER) \
            (pri) = MINPRI_USER; \
        else if ((pri) > MAXPRI_KERNEL) \
            (pri) = MAXPRI_KERNEL; \
    } while (FALSE);
```

图 7-49　线程的分时优先级的计算

---

① 这里的讨论只适用于分时线程。实时线程将由调度器特别处理。

如图 7-49 所示，线程的处理器使用率（thread->sched_usage）在被转换因子（thread->pri_shift）降低之后，将从其基本优先级（thread->priority）中减去它，得到调度优先级。现在来看如何计算转换因子，以及线程的处理器使用率如何随着时间推移而衰减。

update_priority() [osfmk/kern/priority]作为调用度器操作的一部分而被频繁地调用，在某些条件下可以更新线程的转换因子值，其方法是：把它设置成包含线程的处理器集的转换因子。

转换因子包括两个成分：基于机器相关的绝对时间单位的固定部分以及基于系统负载的动态部分。全局变量 sched_pri_shift 包含固定部分，它是在调度器初始化期间计算的。动态部分是常量数组中的一个条目，其中数组索引基于系统负载。图 7-50 显示了用于把时钟时间间隔转换成绝对时间间隔的函数的用户空间的实现。使用这个函数，可以在用户空间中重新构造 sched_pri_shift 的计算。这个程序还会计算 sched_tick_interval 的值，它对应于 125 ms 的时间间隔。

```c
// sched_pri_shift.c

#include <stdio.h>
#include <stdlib.h>
#include <mach/mach.h>
#include <mach/mach_time.h>

// defined in osfmk/kern/sched.h
#define BASEPRI_DEFAULT 31
#define SCHED_TICK_SHIFT 3

void
clock_interval_to_absolutetime_interval(uint32_t interval,
                                        uint32_t scale_factor,
                                        uint64_t *result)
{
    uint64_t t64;
    uint32_t divisor, rtclock_sec_divisor;

 uint64_t nanosecs = (uint64_t)interval * scale_factor;
    mach_timebase_info_data_t tbinfo;
    (void)mach_timebase_info(&tbinfo);

    // see timebase_callback() [osfmk/ppc/rtclock.c]
    rtclock_sec_divisor = tbinfo.denom / (tbinfo.numer / NSEC_PER_SEC);

    *result = (t64 = nanosecs / NSEC_PER_SEC) * (divisor = rtclock_sec_divisor);
    nanosecs -= (t64 * NSEC_PER_SEC);
```

图 7-50　sched_pri_shift 和 sched_tick_interval 的用户空间的计算

```
    *result += (nanosecs * divisor) / NSEC_PER_SEC;
}


int
main(void)
{
    uint64_t abstime;
    uint32_t sched_pri_shift;
    uint32_t sched_tick_interval;

    clock_interval_to_absolutetime_interval(USEC_PER_SEC >> SCHED_TICK_SHIFT,
                                            NSEC_PER_USEC, &abstime);
    sched_tick_interval = abstime; // lvalue is 32-bit
    abstime = (abstime * 5) / 3;
    for (sched_pri_shift = 0; abstime > BASEPRI_DEFAULT; ++sched_pri_shift)
        abstime >>= 1;

    printf("sched_tick_interval = %u\n", sched_tick_interval);
    printf("sched_pri_shift = %u\n", sched_pri_shift);

    exit(0);
}
```

```
$ gcc -Wall -o sched_pri_shift sched_pri_shift.c
$ ./sched_pri_shift
sched_tick_interval = 4166271
sched_pri_shift = 18
```

图 7-50（续）

图 7-51 显示了从转换因子的动态部分的计算中摘录的代码段。

```
// osfmk/kern/sched_prim.c

int8_t sched_load_shifts[NRQS];
...


// called during scheduler initialization
// initializes the array of load shift constants
static void
load_shift_init(void)
{
    int8_t   k, *p = sched_load_shifts;
    uint32_t i, j;

    *p++ = INT8_MIN; *p++ = 0;
```

图 7-51　分时优先级的使用率-优先级转换因子的计算

```
    for (i = j = 2, k = 1; i < NRQS; ++k) {
        for (j <<= 1; i < j; ++i)
            *p++ = k;
    }
}


// osfmk/kern/sched_average.c

void
compute_averages(void)
{
    ...
    register int     nthreads, nshared;
    register uint32_t load_now = 0;
    ...
    if ((ncpus = pset->processor_count) > 0) {
        nthreads = pset->run_count - 1;  // ignore current thread
        nshared = pset->share_count;     // so many timeshared threads
        ...
        if (nshared > nthreads)
            nshared = nthreads;          // current was timeshared!

        if (nshared > ncpus) {
            if (ncpus > 1)
                load_now = nshared / ncpus;
            else
                load_now = nshared;

            if (load_now > NRQS - 1)
                load_now = NRQS - 1;
        }
        pset->pri_shift = sched_pri_shift - sched_load_shifts[load_now];

    } else {
        ...
        pset->pri_shift = INT8_MAX;      // hardcoded to 127
        ...
    }

    // compute other averages
    ...
}
```

图 7-51（续）

调度器将以一种分布式的方式老化线程的处理器使用率：从多个位置调用 update_priority() [osfmk/kern/priority.c]，它将执行相关的计算。例如，当线程的时间片到期时，就会调用它。图 7-46 中的函数调用图显示了多个 update_priority()调用。它首先将计算当前调度器时钟周期（sched_tick）与线程记录的调度器时钟周期（thread->sched_stamp）之间的差值（Ticks），其中当前调度器时钟周期将会定期递增。线程记录的调度器时钟周期将会随时更新，这是通过给它添加时钟周期而实现的。如果时钟周期等于或大于 SCHED_DECAY_TICKS（32），就会把线程的处理器使用率复位为 0。否则，将为每个差值单元把使用率乘以 5/8——也就是说，把它乘以$(5/8)^{ticks}$。选择 5/8 作为指数衰减因子背后有两个主要原因：一是它提供了与其他分时系统类似的调度行为，二是只使用移位、加法和减法运算就可以近似模拟它的乘法运算。考虑把一个数字乘以 5/8，可以把它写成(4 + 1)/8，即 (4/8 + 1/8)或(1/2 + 1/8)。执行(1/2 + 1/8)的乘法运算时，可以右移 1 位，右移 3 位，然后执行一个加法运算。为了便于进行衰减计算，内核将利用 SCHED_DECAY_TICKS 整数对维护一个静态数组——位于索引 i 处的整数对将包含与$(5/8)^i$近似的移位值。如果时钟周期的值位于 0~31之间（含 0 和 31），那么将根据以下公式使用位于索引 ticks 处的整数对。

```
if (/* the pair's second value is positive */) {
    usage = (usage >> (first value)) + (usage >> abs(second value)));
else
    usage = (usage >> (first value)) - (usage >> abs(second value)));
```

图 7-52 中的程序使用内核的衰减移位数组中的移位值以及数学库中的函数计算$(5/8)^n$，其中 $0 <= n < 32$。它还会计算百分比差值，即近似的误差，在最坏情况下它也会小于 15%。

// **approximate_5by8.c**

```
#include <stdio.h>
#include <math.h>

struct shift {
    int shift1;
    int shift2;
};

#define SCHED_DECAY_TICKS 32

static struct shift sched_decay_shifts[SCHED_DECAY_TICKS] = {
    {1, 1}, {1, 3}, {1, -3}, {2, -7}, {3, 5}, {3, -5}, {4, -8}, {5, 7},
    {5, -7}, {6, -10}, {7, 10}, {7, -9}, {8, -11}, {9, 12}, {9, -11}, {10, -13},
    {11,14}, {11,-13}, {12,-15}, {13,17}, {13,-15}, {14,-17}, {15,19}, {16,18},
    {16,-19}, {17,22}, {18,20}, {18,-20}, {19,26}, {20,22}, {20,-22}, {21,-27}
};

int
main(void)
{
    int   i, v, v0 = 10000000;
```

图 7-52　在调度器中实现的模拟(5/8)的乘法

```
    double x5_8, y5_8;
    double const5_8 = (double)5/(double)8;
    struct shift *shiftp;

    for (i = 0; i < SCHED_DECAY_TICKS; i++) {
        shiftp = &sched_decay_shifts[i];
        v = v0;
        if (shiftp->shift2 > 0)
            v = (v >> shiftp->shift1) + (v >> shiftp->shift2);
        else
            v = (v >> shiftp->shift1) - (v >> -(shiftp->shift2));
        x5_8 = pow(const5_8, (double)i);
        y5_8 = (double)v/(double)v0;
        printf("%10.10f\t%10.10f\t%10.2f\n", x5_8, y5_8,
                ((x5_8 - y5_8)/x5_8) * 100.0);
    }

    return 0;
}
```

```
$ gcc -Wall -o approximate_5by8 approximate_5by8.c
$ ./approximate_5by8
1.0000000000    1.0000000000        0.00
0.6250000000    0.6250000000        0.00
0.3906250000    0.3750000000        4.00
0.2441406250    0.2421875000        0.80
...
0.0000007523    0.0000007000        6.95
0.0000004702    0.0000004000       14.93
```

图 7-52（续）

注意：使线程负责衰减它的处理器使用率是不够的。具有较低优先级的线程可能继续保持在运行队列上，但是由于更高优先级的线程存在，而使它们不会得到运行的机会。特别是，这些较低优先级的线程将不能通过衰减它们自己的使用率而提升它们的优先级——别的线程必须代表它们完成该任务。调度器将为此运行一个专用的内核线程——thread_update_scan()。

```
// Pass #1 of thread run queue scanner
// Likely threads are referenced in thread_update_array[]
//This pass locks the run queues, but not the threads
//
static boolean_t
runq_scan(run_queue_t runq)
{
    ...
}
```

```
// Pass #2 of thread run queue scanner (invokes pass #1)
// A candidate thread may have its priority updated through update_priority()
// This pass locks the thread, but not the run queue
//
static void
thread_update_scan(void)
{
    ...
}
```

thread_update_scan()是从调度器时钟周期函数 sched_tick_continue()调用的，后者将定期运行，执行与调度器相关的簿记函数。它包括两次合乎逻辑的遍历。在第一次遍历中，它将迭代运行队列，将分时线程的 sched_stamp 值与 sched_tick 做比较。这次遍历将在数组中收集最多 THREAD_UPDATE_SIZE（128）个候选线程。第二次遍历将迭代这个数组的元素，在满足以下条件的分时线程上调用 update_priority()。

- 线程既不会停止运行，也不会被请求停止运行（不会设置其状态中的 TH_SUSP 位）。
- 线程将不会排队等待（不会设置其状态中的 TH_WAIT 位）。
- 不会利用 sched_tick 使线程的 sched_stamp 仍然保持最新。

7.4.3　调度策略

Mac OS X 支持多种调度策略，即 THREAD_STANDARD_POLICY（分时）、THREAD_EXTENDED_POLICY、THREAD_PRECEDENCE_POLICY 和 THREAD_TIME_CONSTRAINT_POLICY（实时）。Mach 例程 thread_policy_get() and thread_policy_set()可分别用于获取和修改线程的调度策略。Pthreads API 支持分别通过 pthread_getschedparam()和 pthread_setschedparam()获取和设置 POSIX 线程调度策略和调度参数。也可以在 POSIX 线程创建时作为 POSIX 线程基本属性指定调度策略信息。注意：Pthreads API 使用不同的策略，即 SCHED_FIFO（First In, First Out，先进先出）、SCHED_RR（Round Robin，轮询）和 SCHED_OTHER（特定于系统的策略——映射到 Mac OS X 上的默认分时策略）。特别是，Pthreads API 不支持指定一种实时策略。现在来探讨每一种调度策略。

1. THREAD_STANDARD_POLICY

这是标准的调度策略，并且是分时线程的默认调度策略。在这个策略之下，可以公平地给运行长期计算的线程分配基本相同的处理器资源。分时线程的计数是为每个处理器集维护的。

2. THREAD_EXTENDED_POLICY

这是标准策略的扩展版本。在这种策略中，一个布尔提示将把线程指定为非长期运行（非分时）或长期运行（分时）。在后一种情况下，这个策略将与 THREAD_STANDARD_POLICY 完全相同。在前一种情况下，线程将以固定的优先级运行，只要它的处理器使用率没有超过不安全的限制即可，如果超过了这个限制，调度器将通过一种失败安全机制，临时将其降级为分时线程（参见下面的相关内容）。

3. THREAD_PRECEDENCE_POLICY

这种策略允许将一个**重要性值**（Importance Value）——带符号的整数——与线程相关联，从而允许将任务内的线程相对于彼此指定为更重要或不太重要。在其他方面同等的情况下（比如说，相同的时间约束基本属性），任务中更重要的线程将比不太重要的线程更受青睐。注意：这种策略可以与其他策略结合起来使用。

让我们查看一个使用 THREAD_PRECEDENCE_POLICY 的示例。图 7-53 中的程序在任务内创建两个 POSIX 线程。这两个线程都运行一个名为 adder()的函数，它将持续地递增作为参数提供给它的计数器。我们把两个线程的调度策略设置为 THREAD_PRECEDENCE_POLICY，并且在命令行上指定各自的重要性值。程序运行几秒钟，当两个线程获得处理时间时，将会递增它们的计数器。在退出前，程序将打印两个线程的计数器的值。这些值粗略指示了两个线程各自获得的处理时间。

```c
// thread_precedence_policy.c

#include <stdio.h>
#include <unistd.h>
#include <stdlib.h>
#include <pthread.h>
#include <sys/param.h>
#include <mach/mach.h>
#include <mach/thread_policy.h>

#define PROGNAME "thread_precedence_policy"

void
usage(void)
{
    fprintf(stderr, "usage: %s <thread1 importance><thread2 importance>\n"
                    "       where %d <= importance <= %d\n",
            PROGNAME, -MAXPRI, MAXPRI);
    exit(1);
}


void *
adder(void *arg)
{
    unsigned long long *ctr = (unsigned long long *)arg;
    sleep(1);
    while (1)
        (*ctr)++;
```

图 7-53 试验 THREAD_PRECEDENCE_POLICY 调度策略

```
        return NULL;
}

int
main(int argc, char **argv)
{
    int                 ret, imp1, imp2;
    kern_return_t       kr;
    pthread_t           t1, t2;
    unsigned long long  ctr1 = 0, ctr2 = 0;

    thread_precedence_policy_data_t policy;

    if (argc != 3)
        usage();

    imp1 = atoi(argv[1]);
    imp2 = atoi(argv[2]);
    if ((abs(imp1) > MAXPRI) || (abs(imp2) > MAXPRI))
        usage();

    ret = pthread_create(&t1, (pthread_attr_t *)0, adder, (void *)&ctr1);
    ret = pthread_create(&t2, (pthread_attr_t *)0, adder, (void *)&ctr2);

    policy.importance = imp1;
    kr = thread_policy_set(pthread_mach_thread_np(t1),
                        THREAD_PRECEDENCE_POLICY,
                        (thread_policy_t)&policy,
                        THREAD_PRECEDENCE_POLICY_COUNT);

    policy.importance = imp2;
    kr = thread_policy_set(pthread_mach_thread_np(t2),
                        THREAD_PRECEDENCE_POLICY,
                        (thread_policy_t)&policy,
                        THREAD_PRECEDENCE_POLICY_COUNT);

    ret = pthread_detach(t1);
    ret = pthread_detach(t2);
    sleep(10);

    printf("ctr1=%llu ctr2=%llu\n", ctr1, ctr2);
    exit(0);
}
```

图 7-53（续）

```
$ gcc -Wall -o thread_precedence_policy thread_precedence_policy.c
$ ./thread_precedence_policy -127 -127
ctr1=953278876 ctr2=938172399
$ ./thread_precedence_policy -127 127
ctr1=173546131 ctr2=1201063747
```

图 7-53（续）

4. THREAD_TIME_CONSTRAINT_POLICY

这是一种实时调度策略，打算用于对它们的执行具有实时约束的线程。使用这种策略，线程可以向调度器指定它需要某一小部分的处理器时间（也许是定期需要）。也许除了其他的实时线程之外，调度器将比所有其他的线程更青睐实时线程。结合使用 thread_policy_set() 与以下特定于策略的参数，可以将这种策略应用于线程，这些参数是：3 个整数（周期、计算和约束）和一个布尔值（可抢占）。这 3 个整数参数都是以绝对时间单位指定的。非 0 的周期（Period）值指定计算中的名义周期，即两个连续的处理时间间隔之间的时间。计算（Computation）值指定在处理期间所需的名义时间。约束（Constraint）值指定从处理期开始到计算结束可能流逝的最长真实时间。注意：约束值不能小于计算值。约束值与计算值之间的差是实时延迟。最后，**可抢占**（Preemptible）参数指定计算是否可能会被中断。

注意：实时策略不需要使用特殊的特权。因此，鉴于它将把线程的优先级提升到多个内核线程的优先级之上，必须小心谨慎地使用它。例如，如果线程要满足时间关键的截止期限并且延迟是一个问题，使用实时线程就可能是有益的。不过，如果线程消耗了太多的处理器时间，使用实时策略就可能适得其反。

调度器包括一种失败安全机制，用于其处理器使用率超过非安全阈值的非分时线程。当这样一个线程的时间片到期时，将把它降级为分时线程，并把它的优先级设置为 DEPRESSPRI。不过，对于实时线程，调度器将记住线程以往的实时需要。在安全的释放持续时间之后，将再次把线程提升为实时线程，并且把它的优先级设置为 BASEPRI_RTQUEUES。

> 最大的非安全计算被定义为标准时间片与 max_unsafe_quanta 常量之间的乘积。max_unsafe_quanta 的默认值是 MAX_UNSAFE_QUANTA，在 osfmk/kern/sched_prim.c 中将其定义为 800。可以通过 unsafe 引导时参数提供一个替代值。

下面给出了使用 THREAD_TIME_CONSTRAINT_POLICY 的示例。

- dynamic_pager 程序。
- 多媒体应用程序，比如：GarageBand、iTunes、MIDI Server、QuickTime Player 以及一般意义的 Core Audio 层。
- I/O Kit 的 FireWire 系列。
- WindowServer 程序。
- IIDCAssistant 程序，它是用于 Apple 的 iSight 相机的音频插件的一部分。

可以使用图 7-21 中的 lstasks 程序，显示任务的线程的调度策略。

```
$ sudo ./lstasks -v
...
```

```
Task #70
  BSD process id (pid) = 605 (QuickTime Player)
...
    thread 2/4 (0x16803) in task 70 (0x5803)
...
      scheduling policy        = TIME_CONSTRAINT
        period                 = 0
        computation            = 166650
        constraint             = 333301
        preemptible            = TRUE
...
```

　　图7-54中的程序是时间约束的处理的粗略示例。它将创建一个线程,执行定期的计算,涉及睡眠固定的持续时间,其后接着固定持续时间的处理。将使用 mach_absolute_time()度量线程希望睡眠的时间与实际的睡眠时间之间的近似差值。如果这个差值大于预定义的阈值,将递增错误计数。如果程序在没有提供命令行实参的情况下运行,它将不会修改线程的调度策略。如果提供了一个或更多的命令行实参,程序将使用预定义的形参把策略设置为 THREAD_TIME_CONSTRAINT_POLICY。因此,可以比较两种情况下的错误数量。而且,还可以运行其他的程序加载系统。例如,可以运行一个无限循环——比如说,通过诸如 perl -e 'while (1) {}'之类的命令。

// thread_time_constraint_policy.c

```c
#include <stdio.h>
#include <unistd.h>
#include <stdlib.h>
#include <pthread.h>
#include <mach/mach.h>
#include <mach/mach_time.h>
#include <mach/thread_policy.h>

#define PROGNAME "thread_time_constraint_policy"

#define SLEEP_NS 50000000 // sleep for 50 ms

// if actual sleeping time differs from SLEEP_NS by more than this amount,
// count it as an error
#define ERROR_THRESH_NS ((double)50000) // 50 us

static double            abs2clock;
static unsigned long long nerrors = 0, nsamples = 0;
static struct timespec   rqt = { 0, SLEEP_NS };

// before exiting, print the information we collected
void
```

图 7-54　试验 THREAD_TIME_CONSTRAINT_POLICY 调度策略

```
atexit_handler(void)
{
    printf("%llu errors in %llu samples\n", nerrors, nsamples);
}

void *
timestamper(void *arg)
{
    int        ret;
    double     diff_ns;
    u_int64_t t1, t2, diff;

    while (1) {
        t1 = mach_absolute_time();      // take a high-resolution timestamp
        ret = nanosleep(&rqt, NULL);    // sleep for SLEEP_NS seconds
        t2 = mach_absolute_time();      // take another high-resolution timestamp
        if (ret != 0)                   // if sleeping failed, give up
            exit(1);
        diff = t2 - t1;                 // how much did we sleep?

        // the "error" (in nanoseconds) in our sleeping time
        diff_ns = ((double)SLEEP_NS) - (double)diff * abs2clock;

        if (diff_ns < 0)
            diff_ns *= -1;

        if (diff_ns > ERROR_THRESH_NS)
            nerrors++;

        nsamples++;
    }

    return NULL;
}

int
main(int argc, char **argv)
{
    int          ret;
    kern_return_t kr;
    pthread_t    t1;
    static double clock2abs;

    mach_timebase_info_data_t             tbinfo;
    thread_time_constraint_policy_data_t policy;

    ret = pthread_create(&t1, (pthread_attr_t *)0, timestamper, (void *)0);
```

图 7-54（续）

```
    ret = atexit(atexit_handler);

    (void)mach_timebase_info(&tbinfo);
    abs2clock = ((double)tbinfo.numer / (double)tbinfo.denom);

    // if any command-line argument is given, enable real-time
    if (argc > 1) {

        clock2abs = ((double)tbinfo.denom / (double)tbinfo.numer) * 1000000;

        policy.period      = 50 * clock2abs;  // 50 ms periodicity
        policy.computation = 1 * clock2abs;   // 1 ms of work
        policy.constraint  = 2 * clock2abs;
        policy.preemptible = FALSE;

        kr = thread_policy_set(pthread_mach_thread_np(t1),
                                THREAD_TIME_CONSTRAINT_POLICY,
                                (thread_policy_t)&policy,
                                THREAD_TIME_CONSTRAINT_POLICY_COUNT);
        if (kr != KERN_SUCCESS) {
            mach_error("thread_policy_set:", kr);
            goto OUT;
        }
    }

    ret = pthread_detach(t1);

    printf("waiting 10 seconds...\n");
    sleep(10);

OUT:
    exit(0);
}
```

```
$ gcc -Wall -o thread_time_constraint thread_time_constraint.c
$ ./thread_time_constraint
waiting 10 seconds...
117 errors in 189 samples
$ ./thread_time_constraint enable_real_time
0 errors in 200 samples
```

图 7-54（续）

5. 在策略改变时重新计算优先级

当使用 thread_policy_set()改变线程的调度策略时，或者修改实际起作用的现有策略的参数时，内核将重新计算线程的优先级和重要性值，并且受线程的最大和最小优先级限制。

图 7-55 显示了相关的计算。

// osfmk/kern/thread_policy.c

```
static void
thread_recompute_priority(thread_t thread)
{
    integer_t priority;

    if (thread->sched_mode & TH_MODE_REALTIME)
        priority = BASEPRI_RTQUEUES;            // real-time
    else {
        if (thread->importance > MAXPRI)        // very important thread
            priority = MAXPRI;
        else if (thread->importance < -MAXPRI)  // very unimportant thread
            priority = -MAXPRI;
        else
            priority = thread->importance;

        priority += thread->task_priority;      // add base priority

        if (priority > thread->max_priority)    // clip to maximum allowed
            priority = thread->max_priority;
        else if (priority < MINPRI)             // clip to minimum possible
            priority = MINPRI;
    }

    // set the base priority of the thread and reset its scheduled priority
    set_priority(thread, priority);
}
```

图 7-55　在调度策略改变时重新计算线程的优先级

6. 任务角色

如本章前文所述，task_policy_set() 例程可用于设置与任务关联的调度策略。TASK_CATEGORY_POLICY 是一种任务策略风格的示例。它通知内核关于任务在操作系统中的角色。利用这种风格，可以使用 task_policy_set() 指定任务的角色。下面是 Mac OS X 中的任务角色的示例。

- TASK_UNSPECIFIED 是默认角色。
- TASK_FOREGROUND_APPLICATION 打算用于正常的、基于 UI 的应用程序，从 UI 的角度看，它打算以前台形式运行。把这个角色分配给任务将把它的优先级设置为 BASEPRI_FOREGROUND（参见表 7-2）。任务的最大优先级将保持不变。
- TASK_BACKGROUND_APPLICATION 打算用于正常的、基于 UI 的应用程序，从 UI 的角度看，它打算以后台形式运行。把这个角色分配给任务将把它的优先级设置为 BASEPRI_BACKGROUND。同样，最大优先级将不会改变。

- TASK_CONTROL_APPLICATION 在先来先服务（First-Come First-Serve）的基础上一次可以分配给至多一个任务。它把任务指定为基于 UI 的控制应用程序。loginwindow 程序通常使用这种指定。分配这个角色是一个特权动作，将导致把任务的优先级设置为 BASEPRI_CONTROL，而不会影响它的最大优先级。
- TASK_GRAPHICS_SERVER 应该分配给窗口管理服务器，即 WindowServer 程序。像 TASK_CONTROL_APPLICATION 一样，这个角色也只能在先来先服务的基础上分配给一个任务——利用特权访问。任务的优先级和最大优先级分别被设置为 (MAXPRI_RESERVED −3) 和 MAXPRI_RESERVED。系统可能会也可能不会使用这个角色。

注意：角色不是跨任务继承的。因此，每个任务在开始其生命时都把 TASK_UNSPECIFIED 作为它的角色。可以使用 lstasks 程序检查系统中的多个任务的角色。

```
$ sudo ./lstasks -v
...
Task #21
  BSD process id (pid) = 74 (loginwindow)
...
    role                = CONTROL_APPLICATION
...
Task #29
  BSD process id (pid) = 153 (Dock)
...
    role                = BACKGROUND_APPLICATION
...
Task #31
  BSD process id (pid) = 156 (Finder)
...
    role                = BACKGROUND_APPLICATION
...
Task #45
  BSD process id (pid) = 237 (Terminal)
...
    role                = FOREGROUND_APPLICATION
...
```

7.5 execve()系统调用

execve()系统调用是可供用户程序执行另一个程序的唯一内核级机制。其他用户级程序启动函数都构建于 execve() [bsd/kern/kern_exec.c]之上。图 7-56 显示了 execve()的操作概览。

execve()将初始化并且部分填充一个映像参数块（struct image_params [bsd/sys/imgact.h]），它充当一个容器，用于在通过 execve()调用的函数之间传递程序参数，而 execve()则准备执行给定的程序。这个结构的其他字段是逐渐设置的。图 7-57 显示了 image_params 结构的内容。

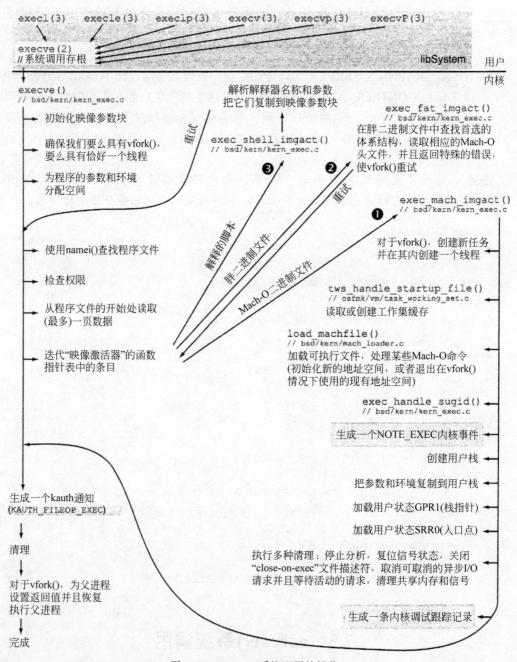

图 7-56　execve()系统调用的操作

// bsd/sys/imgact.h

```
struct image_params {
    user_addr_t        ip_user_fname; // execve()'s first argument
    user_addr_t        ip_user_argv; // execve()'s second argument
```

图 7-57　在 execve()系统调用期间用于保存可执行映像参数的结构

```
user_addr_t       ip_user_envv;  // execve()'s third argument
struct vnode      *ip_vp;        // executable file's vnode
struct vnode_attr *ip_vattr;     // effective file attributes (at runtime)
struct vnode_attr *ip_origvattr; //original file attributes(at invocation)
char              *ip_vdata;     // file data (up to 1 page)
int               ip_flags;      // image flags
int               ip_argc;       // argument count
char              *ip_argv;      // argument vector beginning (kernel)
int               ip_envc;       // environment count
char              *ip_strings;   // base address for strings (kernel)
char              *ip_strendp;   // current end pointer (kernel)
char              *ip_strendargvp; // end of argv/start of envp (kernel)
int               ip_strspace;      // remaining space
user_size_t       ip_arch_offset;   // subfile offset in ip_vp
user_size_t       ip_interp_name[IMG_SHSIZE]; // interpreter name
char              *ip_p_comm;       // optional alternative p->p_comm
char              *ip_tws_cache_name; // task working set cache
struct vfs_context*ip_vfs_context;  // VFS context
struct nameidata  *ip_ndp;          // current nameidata
thread_t          ip_vfork_thread;  // thread created, if vfork()
};
```

图 7-57（续）

execve()确保当前任务内恰好只有一个线程，除非在 execve()前放置一个 vfork()。接下来，它将分配一个可分页内存块，用于保存它的参数以及读取程序的可执行文件的第一页。这个分配的大小是(NCARGS + PAGE_SIZE)，其中 NCARGS 是 execve()的参数所允许的最大字节数[①]。

// bsd/sys/param.h
```
#define NCARGS ARG_MAX
```

// bsd/sys/syslimits.h
```
#define ARG_MAX (256 * 1024)
```

execve()将在这个块中特别计算的偏移量处保存它的第一个参数的副本——程序的路径，它可能是相对的或绝对的。argv[0]指针指向这个位置。然后，它将把映像参数块的 ip_tws_cache_name 字段设置成指向可执行文件的路径的文件名成分。内核的任务工作集（task working set，TWS）检测/缓存机制将使用它，在第 8 章中将讨论该机制。不过，如果 TWS 被禁用（通过 app_profile 全局变量确定）或者如果调用进程正在运行 chroot()，execve()将不会执行这个步骤。

execve()现在将调用 namei() [bsd/vfs/vfs_lookup.c]，把可执行文件的路径转换成一个虚拟结点。然后，它将使用这个虚拟结点对可执行文件执行各种权限检查。为此，它将获取虚拟结点的以下基本属性：用户和组 ID、模式、文件系统 ID、文件 ID（在文件系统内是

---

① 如第 8 章中所示，比允许的最大大小更长的参数列表将导致一个来自内核的 E2BIG 错误。

唯一的）和数据分支的大小。下面列出了所执行的检查的示例。

- 确保虚拟结点代表常规的文件。
- 确保在文件上启用至少一个执行位。
- 确保数据分支的大小不为 0。
- 如果正在跟踪进程，或者如果利用"nosuid"选项挂接文件系统，就要使 setuid（set-user-identifier）位或 setgid（set-group-identifier）位无效，以防它们存在。
- 调用 vnode_authorize() [bsd/vfs/vfs_subr.c]，它将调用 kauth_authorize_action() [bsd/kern/kern_athorization.c]，利用 kauth 授权子系统授权请求的动作——在这里是 KAUTH_VNODE_EXECUTE（如果正在跟踪进程，还会授权 KAUTH_VNODE_READ 动作，因为跟踪的可执行文件也必须是可读的）。
- 确保没有打开虚拟结点用于写入，如果打开了它，就返回一个 ETXTBSY 错误（"text file busy"（文本文件忙碌））。

然后，execve()将从可执行文件中把第一页数据读入映像参数块内的缓冲区中，之后，它将迭代**映像激活器表**（Image Activator Table）中的条目，允许特定于类型的激活器或处理程序加载可执行文件。该表包含用于 Mach-O 二进制文件、胖二进制文件和解释器脚本的激活器。

```
// bsd/kern/kern_exec.c

struct execsw {
    int (* ex_imgact)(struct image_params *);
    const char *ex_name;
} execsw[] = {
    { exec_mach_imgact, "Mach-o Binary" },
    { exec_fat_imgact, "Fat Binary" },
    { exec_shell_imgact, "Interpreter Script" },
    { NULL, NULL }
};
```

注意：将以激活器在表中的出现顺序来尝试它们——因此，对于可执行文件，首先将作为 Mach-O 二进制文件尝试它，最后将作为解释器脚本进行尝试。

7.5.1   Mach-O 二进制文件

exec_mach_imgact() [bsd/kern/kern_exec.c]激活器用于处理 Mach-O 二进制文件。它是首选的激活器，并且是激活器表中的第一个条目。而且，由于 Mac OS X 内核只支持 Mach-O 的原始可执行文件格式，用于胖二进制文件和解释器脚本的激活器最终将导致 exec_mach_imgact()。

1. 执行 Mach-O 文件的准备工作

exec_mach_imgact()首先将执行以下动作。

- 它将确保可执行文件是 32 位或 64 位的 Mach-O 二进制文件。

- 如果当前线程在调用 execve()之前执行了 vfork()——通过在 uthread 结构的 uu_flag 字段中设置 UT_VFORK 位来确定，exec_mach_imgact()将通过把 vfexec 变量设置为 1 来记录它。
- 如果 Mach-O 头文件用于 64 位的二进制文件，exec_mach_imgact()将设置一个标志，在映像参数块中指示这个事实。
- 它将调用 grade_binary() [bsd/dev/ppc/kern_machdev.c]，确保在 Mach-O 头文件中指定的进程类型和子类型对于内核是可接受的——如果不是，就会返回一个 EBADARCH 错误（"Bad CPU type in executable"（可执行文件中的坏 CPU 类型））。
- 它将把从用户空间传递给 execve()的参数和环境变量复制到内核中。

对于 vfork()，子进程将在此时使用父进程的资源——父进程将被挂起。特别是，尽管 vfork()将为子进程创建一个 BSD 进程结构，但是既不会有对应的 Mach 任务，也不会有对应的线程。exec_mach_imgact()现在将为执行了 vfork()的子进程创建一个任务和一个线程。

接下来，exec_mach_imgact()将利用一个布尔参数调用 task_set_64bit() [osfmk/kern/task.c]，该参数指定任务是否是 64 位的。task_set_64bit()将对任务执行特定于体系结构的调整，其中一些调整依赖于内核版本。例如，对于 32 位的进程，task_set_64bit()将取消分配可能在 32 位地址空间之外（比如 64 位的公共区域）分配的所有内存。由于 Mac OS X 10.4 不支持用于 64 位程序的 TWS，task_set_64bit()将为 64 位的任务禁用这种优化。

对于可执行文件，如果支持 TWS 并且映像参数块中的 ip_tws_cache_name 字段不是 NULL 时，exec_mach_imgact()将调用 tws_handle_startup_file() [osfmk/vm/task_working_set.c]。后者将尝试读取每个用户、每个应用程序保存的工作集。如果它们都不存在，它就会创建它们。

2. 加载 Mach-O 文件

exec_mach_imgact()调用 load_machfile() [bsd/kern/mach_loader.c]加载 Mach-O 文件。它将把一个指向 load_result_t 结构的指针传递给 load_machfile()——在从 load_machfile()成功返回时将填充结构的字段。

```
// bsd/kern/mach_loader.h

typedef struct _load_result {
  user_addr_t mach_header;   // mapped user virtual address of Mach-O header
  user_addr_t entry_point;  //thread's entry point(from SRR0 in thread state)
  user_addr_t user_stack;    // thread's stack (the default, or from GPR1 in
                             //                       thread state)
  int thread_count;          // number of thread states successfully loaded
  unsigned int
  /* boolean_t */ unixproc   : 1, // TRUE if there was an LC_UNIXTHREAD
                  dynlinker  : 1, // TRUE if dynamic linker was loaded
                  customstack : 1, //TRUE if thread state had custom stack
                             : 0;
} load_result_t;
```

load_machfile()首先将检查它是否需要为任务创建新的虚拟内存映射[①]。对于 vfork()，将不会在此时创建一个新映射，因为属于通过 execve()创建的任务的映射是有效的并且是合适的。否则，将会调用 vm_map_create() [osfmk/vm/vm_map.c]，利用与父进程的映射相同的地址上、下限创建新映射。然后，load_machfile()将调用 parse_machfile() [bsd/kern/mach_loader.c]，处理可执行文件的 Mach-O 头文件中的加载命令。parse_machfile() 将分配一个内核缓冲区，并把加载命令映射到其中。此后，它将迭代每个加载命令，根据需要处理它们。注意，将对这些命令执行两次遍历：第一次遍历处理的命令的执行结果可能是第二次遍历处理的命令所需要的。内核只会处理以下加载命令。

- LC_SEGMENT_64 把 64 位的段映射到给定的任务地址空间，并且设置在加载命令中指定的初始和最大虚拟内存保护值（第一次遍历）。
- LC_SEGMENT 类似于 LC_SEGMENT_64，但是映射的是 32 位的段（第一次遍历）。
- LC_THREAD 包含特定于机器的数据结构，用于指定线程的初始状态，包括它的入口点（第二次遍历）。
- LC_UNIXTHREAD 类似于 LC_THREAD，但是具有稍微不同的语义；它用于作为 UNIX 进程运行的可执行文件（第二次遍历）。
- LC_LOAD_DYLINKER 用于标识动态链接器的路径名——默认是/usr/lib/dyld（第二次遍历）。

标准的 Mac OS X Mach-O 可执行文件包含多个 LC_SEGMENT（对于 64 位的可执行文件，则包含多个 LC_SEGMENT_64）命令、一个 LC_UNIXTHREAD 命令、一个 LC_LOAD_DYLINKER 命令，以及其他只在用户空间中处理的命令。例如，动态链接的可执行文件包含一个或多个 LC_LOAD_DYLIB 命令——其中每个命令用于它使用的一个动态链接的共享库。动态链接器（它是一个 MH_DYLINKER 类型的 Mach-O 可执行文件）包含一个 LC_THREAD 命令，而不是一个 LC_UNIXTHREAD 命令。

parse_machfile()调用 load_dylinker() [bsd/kern/mach_loader.c]，处理 LC_LOAD_DYLINKER 命令。由于动态链接器是一个 Mach-O 文件，load_dylinker()还会递归地调用 parse_machfile()。在处理它的 LC_THREAD 命令时，这将导致确定动态链接器的入口点。

> 对于动态链接的可执行文件，将由动态链接器——而不是可执行文件——启动用户空间的执行。动态链接器将加载程序需要的共享库。然后，它将获取程序的可执行文件的"main"函数——来自 LC_UNIXTHREAD 命令的 SRR0 值，并且建立用于执行的主线程。

对于常规的可执行文件（但是不适合于动态链接器），parse_machfile()还会把系统级共享区域（包括公共区域）映射到任务的地址空间。

在 parse_machfile()返回后，如果 load_machfile()以前为任务创建了新的映射（也就是说，如果这不是一个执行了 vfork()的子进程），那么它将执行以下步骤。

- 它将调用 task_halt() [osfmk/kern/task.c]关闭当前任务，除了当前线程外，task_halt()将终止任务中的其他所有线程。而且，task_halt()将会销毁任务所拥有的所有信号

[①] 　如第 8 章中所述，虚拟内存映射（vm_map_t）包含从任务的地址空间的有效区域到对应的虚拟内存对象的映射。

和锁设置，从任务的 IPC 空间中删除所有的端口引用，以及从任务的虚拟内存映射中删除现有的整个虚拟地址范围。

- 它将把任务现有的虚拟内存映射（在上一步中进行了清除）与以前创建的新映射进行交换。
- 它将调用 vm_map_deallocate() [osfmk/vm/vm_map.c]，释放旧映射上的引用。

此时，子任务恰好具有一个线程，甚至在 vfork() 的情况下也是如此，其中将通过 execve() 显式创建单线程的任务。load_machfile() 现在将成功返回到 exec_mach_imgact()。

3. 处理 Setuid 和 Setgid

exec_mach_imgact() 调用 exec_handle_sugid() [bsd/kern/kern_exec.c]，对 setuid 和 setgid 可执行文件执行特殊处理。exec_handle_sugid() 的操作如下。

- 如果可执行文件是 setuid，并且当前用户 ID 与文件所有者的用户 ID 不同，那么它将为进程禁用内核跟踪，除非超级用户启用跟踪。对于 setgid 可执行文件将执行类似的动作。
- 如果可执行文件是 setuid，那么将利用可执行文件的有效用户 ID 更新当前进程凭证。对于 setgid 可执行文件将执行类似的动作。
- 它将通过分配一个新端口并且销毁旧端口，复位任务的内核端口。这样做是为了阻止旧内核端口的现有权限持有者由于 setuid 或 setgid 而提升任务的安全状态之后控制或访问任务。
- 如果一个或多个标准文件描述符 0（标准输入）、1（标准输出）和 2（标准错误）尚未使用，它将为每个这样的描述符创建一个引用/dev/null 的描述符。这样做是为了防止出现如下情况：攻击者可能强制 setuid 或 setgid 程序，在这些描述符之一上打开文件。注意：当在静态变量上第一次使用时，exec_handle_sugid() 将缓存一个指向/dev/null 虚拟结点的指针。
- 它将调用 kauth_cred_setsvuidgid() [bsd/kern/kern_credential.c] 更新进程凭证，使得有效的用户和组 ID 分别变成保存的用户和组 ID。

4. 执行通知

然后，exec_mach_imgact() 将在进程的内核事件队列上发布一个 NOTE_EXEC 类型的内核事件，通过调用 execve() 通知进程把它自身转换成一个新进程。除非这是在 vfork() 之后执行的 execve()，否则如果进程正在被跟踪，就会给进程发送一个 SIGTRAP（跟踪陷阱信号）。

5. 配置用户栈

exec_mach_imgact() 现在将为可执行文件继续创建和填充用户栈——确切地讲，是成功处理了其 LC_UNIXTHREAD 命令的可执行文件（通过 load_result 结构的 unixproc 字段指示）。对于动态链接器将不会执行这个步骤，因为它是在与可执行文件相同的线程内运行的，并且使用相同的栈。事实上，如前所述，动态链接器将在可执行文件的"main"函数之前获得控制。exec_mach_imgact() 将调用 create_unix_stack() [bsd/kern/kern_exec.c]，后者将分配一个栈，除非可执行文件使用自定义的栈（通过 load_result 结构的 customstack 字段指示）。

图 7-58 显示了在 execve()操作期间创建用户栈。

// bsd/kern/kern_exec.c

```
static int
exec_mach_imgact(struct image_params *imgp)
{
    ...
    load_return_t lret;
    load_result_t load_result;
    ...

    lret = load_machfile(imgp, mach_header, thread, map, clean_regions,
                         &load_result);
    ...

    if (load_result.unixproc &&
        create_unix_stack(get_task_map(task),
                          load_result.user_stack,
                          load_result.customstack, p)) {
        // error
    }
    ...
}

...
#define unix_stack_size(p) (p->p_rlimit[RLIMIT_STACK].rlim_cur)
...

static kern_return_t
create_unix_stack(vm_map_t map, user_addr_t user_stack, int customstack,
                  struct proc *p)
{
    mach_vm_size_t   size;
    mach_vm_offset_t addr;

    p->user_stack = user_stack;
    if (!customstack) {
        size = mach_vm_round_page(unix_stack_size(p));
        addr = mach_vm_trunc_page(user_stack - size);
        return (mach_vm_allocate(map, &addr, size,
                                 VM_MAKE_TAG(VM_MEMORY_STACK) |
                                 VM_FLAGS_FIXED));
    } else
        return (KERN_SUCCESS);
}
```

图 7-58　在 execve()系统调用期间创建用户栈

现在，user_stack 代表栈的一端：具有更高内存地址的那一端，因为栈是朝着较低内存地址增长的。通过获取 user_stack 与栈的大小之间的差值来计算栈的另一端。如果缺少自定义的栈，在处理 LC_UNIXTHREAD 命令时，将把 user_stack 设置为默认值（0xC0000000用于 32 位，0x7FFFF00000000 用于 64 位）。create_unix_stack()将获取通过 RLIMIT_STACK资源限制确定的栈大小，根据页数对这个大小进行向上取整以及对栈的地址范围进行向下取整，并且在任务的地址映射中分配栈。注意：将 VM_FLAGS_FIXED 标志传递给mach_vm_allocate()，指示必须在指定的地址处进行分配。

与之相比，自定义的栈是在 Mach-O 可执行文件中通过一个名为 __UNIXSTACK 的段指定的，因此是在处理对应的 LC_SEGMENT 命令时初始化的。ld——静态链接编辑器——的-stack_addr 和-stack_size 参数可用于在编译时指定自定义的栈。

注意：在图 7-59 中，对于其大小和起点分别为 16 KB 和 0x70000 的栈，__UNIXSTACK段的起始地址是 0x6c000——也就是说，比 0x70000 小 16 KB。

```c
// customstack.c

#include <stdio.h>

int
main(void)
{
    int var; // a stack variable
    printf("&var = %p\n", &var);
    return 0;
}
```

```
$ gcc -Wall -o customstack customstack.c -Wl,-stack_addr,0x60000 \
    -Wl,-stack_size,0x4000
$ ./customstack
&var = 0x5f998
$ gcc -Wall -o customstack customstack.c -Wl,-stack_addr,0x70000 \
    -Wl,-stack_size,0x4000
&var = 0x6f998
$ otool -l ./customstack
...
Load command 3
      cmd LC_SEGMENT
  cmdsize 56
  segname __UNIXSTACK
   vmaddr 0x0006c000
   vmsize 0x00004000
  fileoff 0
 filesize 0
```

图 7-59　具有自定义栈的 Mach-O 可执行文件

```
   maxprot 0x00000007
  initprot 0x00000007
    nsects 0
     flags 0x4
...
```

图 7-59（续）

既然用户栈是在自定义和默认情况下初始化的，exec_mach_imgact()将调用 exec_copyout_strings() [bsd/kern/kern_exec.c]，在栈上排列参数和环境变量。同样，只会为具有 LC_UNIXTHREAD 加载命令的 Mach-O 可执行文件执行这个步骤。而且，将为线程把栈指针复制到保存的用户空间的 GPR1 中。图 7-60 显示了栈排列。

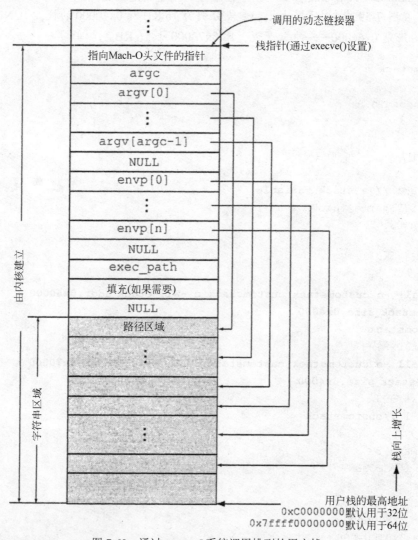

图 7-60   通过 execve()系统调用排列的用户栈

注意：在图 7-60 中，栈上有一个额外的元素——指向可执行文件的 Mach-O 头文件的指针，它位于参数计数（argc）上方。对于动态链接的可执行文件，即 load_result 结构的

dynlinker 字段为 true 的那些可执行文件，exec_mach_act() 将把这个指针复制出来并放入用户栈中，并且把栈指针递减 4 字节（32 位）或 8 字节（64 位）。dyld 将使用这个指针。而且，在 dyld 跳转到程序的入口点之前，它将调整栈指针并且删除参数，使得程序永远不会看到它。

从图 7-60 中还可以推断：在程序内可以使用合适的原型获取程序可执行文件的路径，如下所示。

```
int
main(int argc, char **argv, char **envp, char **exec_path)
{
    // Our program executable's "true" path is contained in *exec_path
    // Depending on $PATH, *exec_path can be absolute or relative
    // Circumstances that alter argv[0] do not normally affect *exec_path
    ...
}
```

6. 完成

exec_mach_imgact() 的最后的操作步骤如下。

- 它通过把 load_result 结构的 entry_point 字段复制到保存的用户状态 SRR0 中，为线程设置入口点。
- 它将停止对进程的分析。
- 它将调用 execsigs() [bsd/kern/kern_sig.c] 复位信号状态，包括使替代信号栈（如果有的话）无效。
- 它将调用 fdexec() [bsd/kern/kern_descrip.c]，关闭那些设置了 close-on-exec 标志的文件描述符[①]。
- 它将调用 _aio_exec() [bsd/kern/kern_aio.c]，后者可以取消进程的"待办"工作队列上的任何异步 I/O（AIO）请求，并且等待已经处于活动状态的请求完成。将为取消的或者完成的活动 AIO 请求禁用信令。
- 它将调用 shmexec() [bsd/kern/sysv_shm.c]，释放对 System V 共享内存段的引用。
- 它将调用 semexit() [bsd/kern/sysv_sem.c]，释放 System V 信号。
- 它将在进程结构内的 p_comm 数组中保存最多 MAXCOMLEN（16）个字符的可执行文件名称（或"命令"名称）。进程统计机制将使用该信息。而且，将在进程结构的统计相关的字段 p_acflag 中清除 AFORK 标志。这个标志是在 fork() 或 vfork() 期间设置的，指示进程已经执行了 fork()，但是没有执行 execve()。
- 它将生成一条内核调试跟踪记录。
- 如果进程结构的 p_pflag 字段设置了 P_PPWAIT 标志，它就指示父进程正在等待子进程执行或退出。如果设置了该标志（就像 vfork() 那样），exec_mach_imgact() 将会清除它并且唤醒父进程。

在从 exec_mach_imgact() 或者任何其他的映像激活器成功返回时，execve() 将生成一个

---

① 可以利用 F_SETFD 命令对描述符调用 fcntl(2)，在 execve(2) 上将描述符设置为自动关闭。

KAUTH_FILEOP_EXEC 类型的 kauth 通知。最后，execve()将释放它用于 namei()的路径名缓冲区，释放可执行文件的虚拟结点，释放为 execve()参数分配的内存并且返回。对于在 vfork()之后执行的 execve()，execve()将为调用线程建立一个返回值，然后恢复执行线程。

7.5.2　胖（通用）二进制文件

胖二进制文件包含用于多种体系结构的 Mach-O 可执行文件。例如，胖二进制文件可能封装 32 位 PowerPC 和 64 位 PowerPC 可执行文件。exec_fat_imgact() [bsd/kern/kern_exec.c]激活器将处理胖二进制文件。注意：这个激活器与字节序无关，它将执行以下动作。

- 它将通过查看二进制文件的幻数（Magic Number），确保它是胖二进制文件。
- 它将在胖文件中查找首选的体系结构，包括它的偏移量。
- 它将从胖文件内想要的体系结构的可执行文件的开始处读取一页数据。
- 它将返回一个特殊的错误，可以导致 execve()使用封装的可执行文件重试执行。

7.5.3　解释器脚本

exec_shell_imgact() [bsd/kern/kern_exec.c]激活器用于处理解释器脚本，它们通常称为 **shell 脚本**（shell script），因为解释器通常是一个 shell。解释器脚本是一个文本文件，它的内容把#和!作为前两个字符，其后接着指向解释器的路径名，后面可以选择接着解释器的空格分隔的参数。在路径名前可能具有前导空格。#!序列向内核说明文件是一个解释器脚本，而在使用解释器名称和参数时，就好像它们是在 execve()调用中传递的一样。不过，必须注意以下几点。

- 解释器规范（包括#!字符）绝对不能超过 512 个字符。
- 一个解释器脚本绝对不能重定向到另一个解释器脚本，否则，它将引发一个 ENOEXEC 错误（"Exec format error"（执行格式错误））。

不过，注意：执行纯文本的 shell 脚本是可能的——也就是说，那些包含 shell 命令但不是以#!开头的脚本。甚至在这种情况下，执行在内核中会失败，并且 execve()返回一个 ENOEXEC 错误。如果 execve()返回 ENOEXEC 错误，execvp(3)和 execvP(3)库函数将调用 execve()系统调用，实际地重新尝试执行指定的文件。在第二次尝试时，这些函数将使用标准 shell（/bin/sh）作为可执行文件，并且把原始文件作为 shell 的第一个参数。可以通过尝试执行不包含#!字符的 shell 脚本来查看这种行为——首先使用 execl(3)，它应该会失败，然后使用 execvp(3)，它在第二次尝试中应该会成功。

```
$ cat /tmp/script.txt
echo "Hello"

$ chmod 755 /tmp/script.txt # ensure that it has execute permissions

$ cat execl.c
#include <stdio.h>
#include <unistd.h>
```

```
int
main(int argc, char **argv)
{
    int ret = execl(argv[1], argv[1], NULL);
    perror("execl");
    return ret;
}
$ gcc -Wall -o execl execl.c

$ ./execl /tmp/script.txt
execl: Exec format error

$ cat execvp.c
#include <stdio.h>
#include <unistd.h>

int
main(int argc, char **argv)
{
    int ret = execvp(argv[1], &(argv[1]));
    perror("execvp");
    return ret;
}
$ gcc -Wall -o execvp execvp.c

$ ./execvp /tmp/script.txt
Hello
```

exec_shell_imgact()解析脚本的第一行，确定解释器的名称和参数（如果有的话），并把后者复制到映像参数块中。它将返回一个特殊的错误，导致 execve()重试执行：execve()将使用 namei()查找解释器的路径，从得到的虚拟结点中读取一页数据，并且再次遍历映像激活器表。不过，这一次必须通过一个不同于 exec_shell_imgact()的激活器请求可执行文件。

注意：默认不允许 setuid 或 setgid 解释器脚本。可以通过把 sysctl 变量 kern.sugid_scripts 设置为 1 来启用它们。当把这个变量设置为 0 时（默认），exec_shell_imgact()将清除映像参数块的 ip_origvattr（调用文件基本属性）字段中的 setuid 和 setgid 位。因此，从 execve()的角度讲，脚本不是 setuid/setgid。

```
$ cat testsuid.sh
#! /bin/sh
/usr/bin/id -p
$ sudo chown root:wheel testsuid.sh
$ sudo chmod 4755 testsuid.sh
-rwsr-xr-x 1 root wheel 23 Jul 30 20:52 testsuid.sh
$ sysctl kern.sugid_scripts
kern.sugid_scripts: 0
```

```
$ ./testsuid.sh
uid amit
groups amit appserveradm appserverusr admin
$ sudo sysctl -w kern.sugid_scripts=1
kern.sugid_scripts: 0 -> 1
$ ./testsuid.sh
uid amit
euid root
groups amit appserveradm appserverusr admin
$ sudo sysctl -w kern.sugid_scripts=0
kern.sugid_scripts: 1 -> 0
```

7.6　启动应用程序

　　用户通常通过图形用户界面（例如，通过 Finder 或 Dock）启动应用程序来创建新进程。Launch Services 框架是 Application Services 包罗框架的一个子框架，提供了对应用程序启动的主要支持。Launch Services 允许通过文件系统引用或者 URL 引用以编程方式打开可执行文件、文档[1]及其他实体。该框架提供了如下函数。

- LSOpenFSRef()：用于打开驻留在本地或远程卷上的文件。
- LSOpenFromRefSpec()：是比 LSOpenFSRef()更一般的函数，并由后者调用。
- LSOpenCFURLSpec()：用于打开一个 URL。注意，URL 可以是一个文件：引用卷上的某个文件的 URL。
- LSOpenFromURLSpec()：是比 LSOpenCFURLSpec()更一般的函数，并由后者调用。

　　Cocoa NSWorkspace 类使用 Launch Services 框架启动应用程序。Launch Services 最终将执行 fork()和 execve()。

7.6.1　把实体映射到处理程序

　　应用程序可以利用 Launch Services 注册它们自身，以宣称它们打开某类文档的能力。可以通过文件扩展名、URL 模式或者更合适地通过一种称为 UTI（Uniform Type Identifier，统一类型标识符）的一般性的数据标识符模式来指定这种能力[2]。在下一节中将探讨 UTI。通常，利用 Launch Services 注册是自动发生的，而无须用户执行任何动作。例如，它可能在以下时间发生。

- 当引导系统时。
- 当用户登录时。
- 当 Finder 定位新的应用程序时，比如在新挂接的磁盘映像上——比如说，从 Internet 下载的应用程序。

---

① 文档的启动方式是：运行合适的可执行文件来处理文档。

② 尽管 UTI 支持是在 Mac OS X 10.3 中引入的，但实际上从 Mac OS X 10.4 开始才提供了全面的 UTI 支持。

在检查 ps 命令的输出时，可以看到与基于 GUI 的应用程序对应的进程的父进程是 WindowServer 程序。当用户通过 Finder 启动一个基于 GUI 的应用程序时，Launch Services 将给 WindowServer 发送一条消息，WindowServer 反过来又会调用 fork() 和 execve()，运行所请求的应用程序。可以使用第 6 章中的 kdebug 程序，监视 WindowServer 执行的 fork() 调用。

特别是，AppServices 启动项目（/System/Library/StartupItems/AppServices/AppServices）将运行 lsregister 程序——驻留在 Launch Services 框架捆绑组件内的一个支持工具，用于加载 Launch Services 注册数据库。lsregister 还可以转储注册数据库文件的内容——每个用户都具有一个单独的数据库，存储为 /Library/Caches/com.apple.LaunchServices-*.csstore。图 7-61 显示了一个使用 lsregister 的示例。

```
$ lsregister -dump
Checking data integrity......done.
Status: Database is seeded.
...
bundle id:          44808
   path:            /Applications/iWork/Keynote.app
   name:            Keynote
   identifier:      com.apple.iWork.Keynote
   version:         240
   mod date:        5/25/2005 19:26:46
   type code:       'APPL'
   creator code:    'keyn'
   sys version:     0
   flags:           apple-internal  relative-icon-path  ppc
   item flags:container  package  application  extension-hidden  native-app
               scriptable
   icon:            Contents/Resources/Keynote.icns
   executable:      Contents/MacOS/Keynote
   inode:           886080
   exec inode:      1581615
   container id:32
   library:
   library items:
   ----------------------------------------------------------
   claim   id:           30072
           name:         Keynote Document
           role:         editor
           flags:        apple-internal  relative-icon-path  package
           icon:         Contents/Resources/KeyDocument.icns
           bindings:     .key, .boom, .k2
   ----------------------------------------------------------
   claim   id:           30100
```

图 7-61　通过 execve() 系统调用排列的用户栈

```
name:       Keynote Theme
role:       viewer
flags:      apple-internal  relative-icon-path  package
icon:       Contents/Resources/KeyTheme.icns
bindings:   .kth, .bth, .kt2
...
```

图 7-61（续）

考虑如下情形：当应用程序希望处理已经在 Launch Services 数据库中注册的文档或 URL 类型时，Launch Services 将在选择一个候选之前考虑多个方面。由用户显式指定的处理程序将获得更高的优先级。引导卷上的应用程序将优先于任何其他卷上的应用程序——这很重要，可以避免运行来自不受信任的卷上的可能有恶意的处理程序。类似地，本地卷上的应用程序将优先于远程卷上的那些应用程序。

7.6.2　统一类型标识符

统一类型标识符（Uniform Type Identifier，UTI）是一个唯一地标识某种抽象类型的 Core Foundation 字符串——例如，"public.html" 或 "com.apple.quicktime-image"。Mac OS X 使用 UTI 描述数据类型和文件格式。一般而言，UTI 可用于描述关于内存中或磁盘上的实体的任意类型信息，比如：别名、文件、字典、框架、其他捆绑组件，甚至包括传输中的数据。由于 UTI 提供了一种用于标记数据的一致机制，服务和应用程序应该使用 UTI 指定和识别它们支持的数据格式。下面给出了使用 UTI 的示例。

- 应用程序可以使用 UTI 注册它们希望利用 Launch Services 处理的文档类型。UTI API 是 Launch Services API 的一部分。
- Pasteboard Manager 可以使用 UTI 指定它所保存的项目的风格，其中的风格用于标识特定的数据类型。每个粘贴板项目都可以通过一种或多种风格表示，从而允许不同的应用程序以便于它们处理的格式获取项目的数据。
- Navigation Services 允许使用 UTI 过滤文件类型。

UTI 字符串在语法上类似于捆绑组件标识符。UTI 是使用预留的 DNS 命名模式书写的，其中为 Apple 预留了某些顶级 UTI 域[1]。例如，Apple 在 com.apple 域中声明它利用标识符控制的类型。公共类型——也就是说那些要么是公共标准要么不受某个组织控制的类型——是在 public 域中利用标识符声明的。第三方应该使用它们所拥有的 Internet 域（例如，com.companyname）来声明它们的 UTI。使用预留的 DNS 命名模式可以确保唯一性，而无需进行集中的仲裁。

Apple 预留的域 dyn 用于动态标识符，它们是在遇到不具有声明的 UTI 的数据类型时即时地自动创建的。dyn UTI 的创建对用户是透明的。其内容类型是 dyn UTI 的文件示例是 .savedSearch 文件——这些文件对应于 Smart Folders，并且包含原始的 Spotlight 查询。

---

[1]　这样的域位于当前 IANA 的顶级 Internet 域命名空间之外。

/System/Library/CoreServices/CoreTypes.bundle 的信息属性列表文件包含多个标准 UTI 的规范。例如，可以列出该文件中包含的公共类型，如下所示。

```
$ cd /System/Library/CoreServices/CoreTypes.bundle
$ awk '{ if (match ($1, /public\.[^<]*/)) { \
substr($1, RSTART, RLENGTH); } }' Info.plist | sort | uniq
public.3gpp
public.3gpp2
public.ada-source
...
public.camera-raw-image
public.case-insensitive-text
...
public.fortran-source
public.html
public.image
public.item
public.jpeg
...
```

UTI 机制支持多重继承，允许一个 UTI 遵从一个或多个其他的 UTI。例如，HTML 内容的实例也是文本内容的实例。因此，用于 HTML 内容的 UTI（public.html）遵从用于文本内容的 UTI（public.text）。而且，一般来讲，文本内容是一个字节流。因此，public.text 遵从 public.data，它也遵从 public.content，后者是一个描述所有内容类型的 UTI。在 UTI 的声明中使用 UTTypeConformsTo 键来指定它对 UTI 列表的遵从性。

可以在应用程序捆绑组件、Spotlight 元数据导入器捆绑组件、Automator 动作捆绑组件等的属性列表文件中声明 UTI。图 7-62 显示了一个 UTI 声明的示例——public.html UTI 的声明。捆绑组件可以使用 UTExportedTypeDeclarations 键导出 UTI 声明，使该类型可供其他方使用。与之相反，捆绑组件可以通过 UTImportedTypeDeclarations 键导入 UTI 声明，指示即使捆绑组件不是该类型的拥有者，它也希望使之可以在系统上使用。如果针对某个 UTI 的导入和导出声明都存在，那么导出的声明将获得更高的优先级。

```
<dict>
    <!-- one or more UTIs that this UTI conforms to -->
    <key>UTTypeConformsTo</key>
    <array>
        <string>public.text</string>
    </array>

    <!-- user-readable string describing this UTI; may be localized -->
    <key>UTTypeDescription</key>
    <string>HTML text</string>

    <!-- the UTI string -->
```

图 7-62 UTI 声明的示例

```
<key>UTTypeIdentifier</key>
<string>public.html</string>

<!-- icon to use when displaying items of this type -->
<key>UTTypeIconFile</key>
<string>SomeHTML.icns</string>

<!-- the URL of a reference document describing this type -->
<key>UTTypeReferenceURL</key>
<string>http://www.apple.com</string>

<!-- alternate identifier tags that match this type -->
<key>UTTypeTagSpecification</key>
<dict>
    <key>com.apple.nspboard-type</key>
    <string>Apple HTML pasteboard type</string>
    <key>com.apple.ostype</key>
    <string>HTML</string>
    <key>public.filename-extension</key>
    <array>
        <string>html</string>
        <string>htm</string>
        <string>shtml</string>
        <string>shtm</string>
    </array>
    <key>public.mime-type</key>
    <string>text/html</string>
</dict>
</dict>
```

图 7-62（续）

　　注意：UTI 不排斥其他标记方法。事实上，它们与此类方法兼容。如图 7-62 所示，可以通过多种标签（通过 UTTypeTagSpecification 键指定）来标识 HTML text 类型（通过 UTTypeDescription 键指定）的内容，它们是：NSPasteboard 类型、4 字符文件类型代码、多个文件扩展名或 MIME 类型。因此，UTI 可以把类型标识的替代方法统一起来。

第 8 章 内　　存

内存（确切地讲是物理内存）是计算机系统中的一种宝贵的资源。现代操作系统的一个必需的特性是**虚拟内存**（Virtual Memory，VM），它的典型实现给每个程序提供了大量、连续的虚拟地址空间的幻觉，而无需程序员了解诸如程序的哪些部分在给定时间驻留在物理内存中或者驻留的部分位于物理内存中的什么位置之类的细节。虚拟内存通常是通过**调页**（Paging）实现的：将地址空间再分成固定大小的**页**（Page）。在驻留时，将把每个虚拟页加载进物理内存的某个部分中。这个部分就称为**页帧**（Page Frame），它实质上是用于逻辑页的物理槽。

8.1　回　　顾

Tom Kilburn、R. Bruce Payne 和 David J. Howarth 在 1961 年的一篇论文中描述了 **Atlas 监督者**（Atlas Supervisor）程序[①]。在曼彻斯特大学的计算机组（Computer Group）所做的开创性工作的结果是：Atlas 监督者程序用于控制 Atlas 计算机系统的正常运转。当于 1962 年后期开始启用时，Atlas 被认为是世界上最强大的计算机。它也具有虚拟内存的最早的实现——所谓的一级存储系统，隔离了**内存地址**（Memory Address）与**内存位置**（Memory Location）之间的联系。Atlas 的核心内存系统使用一种间接寻址形式，它基于 512 个字的页和页-地址寄存器。当访问某个内存地址时，硬件单元（**内存管理单元**（Memory Management Unit，MMU））将自动尝试定位核心内存（**主存**（Primary Memory））中对应的页。如果在核心内存中没有找到页，就会出现非等价中断——**页错误**（Page Fault），它将导致监督者程序把数据从磁鼓存储器（**辅存**（Secondary Memory））传送到核心内存。这个过程被称为**按需调页**（Demand Paging）。而且，Atlas 系统提供了每一页的保护，允许监督者程序锁定某些页，除了在中断控制上时之外，使得它们变得不可用。还可使用页置换模式把那些不太可能使用的页移回磁鼓存储器上。

在接下来几年，虚拟内存概念被广泛采用，因为主要的处理器供应商都在它们的处理器中纳入了虚拟内存支持。20 世纪 60 年代和 70 年代的大多数商业操作系统都能够支持虚拟内存。

8.1.1　虚拟内存和 UNIX

不能把 UNIX 的 Zeroth 版本（1969 年后期推出）视作是多道程序设计——在内存中一次只能有一个程序存在。它使用**交换**（Swapping）作为一种内存管理策略形式，其中将在

---

① "The Atlas Supervisor"，作者：Tom Kilburn、R. Bruce Payne 和 David J. Howarth（*American Federation of Information Processing Societies Computer Conference* 20，1961 年，第 279~294 页）。

物理内存与交换设备之间传输整个**进程**（Process），而不是各个页。UNIX 第三版（1973年2月推出）引入了多道程序设计，但是直到 3BSD（1979 年推出），基于 UNIX 的系统才能够支持分页式虚拟内存。

8.1.2 虚拟内存和个人计算

与 UNIX 相比，虚拟内存成为个人计算的一部分要晚得多，而个人计算机软件又要滞后硬件若干年。表 8-1 显示了在个人计算中引入虚拟内存（以及多道程序设计）的时间框架。

表 8-1 个人计算中的虚拟内存和多道程序设计

产　品	推出的日期	注　释
Intel 80286	1982 年 2 月 1 日	16 位，基于段的内存管理和保护
Motorola 68020	1984 年 6 月	32 位，支持将分页式 MMU 作为协处理器芯片——后者使虚拟内存成为可能
Intel 80386	1985 年 10 月 17 日	32 位，集成了 MMU，并且支持分页和分段——使虚拟内存成为可能
Macintosh System 4.2	1987 年 10 月	利用可选的 MultiFinder 引入协作式多任务
Macintosh System 7	1991 年 5 月 13 日	使 MultiFinder 成为不可选的，并且引入了虚拟内存支持
Microsoft Windows 3.1	1992 年 4 月 6 日	引入了协作式多任务，并且引入了虚拟内存支持
Microsoft Windows 95	1995 年 8 月 24 日	引入了抢占式多任务（一种仅支持 Win32 的特性），并且增强了虚拟内存支持

抖动

早期的虚拟内存实现都会遭遇到**抖动**（Thrashing）——当多道程序设计系统处于重负载之下时发生的严重性能损失。在抖动时，系统将花费它的大部分时间在主存与辅存之间传输数据。这个问题被 Peter J. Denning 的 **Working Set Principle**（工作集原则）满意地解决了，内存管理子系统可以使用它，努力保持驻留每个程序的"最有用的"页，从而避免过量使用。

8.1.3 Mac OS X 虚拟内存子系统的根源

在第 1 章中看到，RIG 和 Accent 操作系统是 Mach 的先祖。Accent 的主要目标之一是：在处理大型对象时使用虚拟内存克服 RIG 的限制。Accent 把分页式虚拟内存与基于容量的进程间通信（IPC）结合起来，允许通过 COW（Copy-On-Write，写时复制）内存映射进行大量基于 IPC 的数据传输。Accent 内核提供了**内存对象**（Memory Object）的抽象，它代表一种数据存储库，并且具有诸如磁盘之类的后备存储器（Backing Store）。可以把磁盘块的内容——磁盘页，无论它们是否对应磁盘上的文件或者调页分区——映射到某个地址空间。

Mach 从 Accent 演化成一个适合于通用共享内存多处理器的系统。像 Accent 一样，Mach 的 VM 子系统与它的 IPC 子系统相集成。不过，Mach 的实现使用的是更简单的数据

结构，并且把机器相关的组件与机器无关的组件更清晰地分隔开。Mach 的 VM 体系结构
启发了另外几种 VM 体系结构。BSD Networking Release 2（NET2）的 VM 子系统就是源
于 Mach 的。4.4BSD VM 子系统基于 Mach 2，并且具有来自 Mach 2.5 和 Mach 3 的更新。
4.4BSD 实现是 FreeBSD 的 VM 子系统的基础。而且，Mach 的 VM 体系结构与 SunOS/SVR4
之间具有多种设计相似性，后者是与 Mach 差不多同一时间独立设计的。

　　Mac OS X VM 体系结构的核心源于 Mach VM 体系结构，或者基本与它相似。不过，
随着操作系统不断演化并且经历了多种优化，在它的 VM 子系统的实现中出现了多种细微
的以及少量重大的差别。

虚拟的一切

　　稍稍不再强调虚拟内存中的"虚拟"是值得的。就像在典型的现代操作系统中一样，
不仅只有内存而且包括所有的系统资源都被 Mac OS X 内核虚拟化。例如，线程是在包
括虚拟处理器的虚拟环境中执行的，并且每个线程都具有它自己的虚拟处理器寄存器集。
在这种意义上，它全都是虚拟的。

8.2　Mac OS X 内存管理概览

　　除了基于 Mach 的核心 VM 子系统，Mac OS X 中的内存管理还包含多种其他的机制，
严格来讲，其中一些并不是 VM 子系统的一部分，但却与之密切相关。

　　图 8-1 显示了 Mac OS X 中的 VM 以及与 VM 相关的关键组件。本节将简要探讨这些
组件。本章余下部分将详细讨论这些组件。

- Mach VM 子系统包括机器相关的物理映射（pmap）模块以及其他独立于机器的模
  块，用于管理与各种抽象对应的数据结构，比如虚拟地址空间映射（VM 映射）、
  VM 对象、命名的实体和驻留的页。内核将把多个例程导出到用户空间，作为 Mach
  VM API 的一部分。
- 内核使用通用页列表（Universal Page List，UPL）数据结构描述一组有界物理页。
  UPL 是基于同 VM 对象关联的页创建的。也可以为 VM 映射中位于某个地址范围
  之下的对象创建它。UPL 包括它们描述的页的多种基本属性。内核子系统——特别
  是文件系统——在与 VM 子系统通信时将使用 UPL。
- 统一缓冲区缓存（Unified Buffer Cache，UBC）是用于缓存文件的内容以及任务地
  址空间的匿名部分的页池。匿名内存不受常规的文件、设备或者内存的另外某个指
  定源支持——最常见的示例是动态分配的内存。UBC 中的"统一"来自单个池，
  它将用于文件支持的匿名内存。
- 内核包括 3 个内核内部的分页器，即默认（匿名）分页器、设备分页器和虚拟结点
  分页器。它们在内存区域上处理读入页（Page-In）和写出页（Page-Out）操作。分
  页器使用 UPL 接口以及 Mach 分页器接口的派生接口与 Mach VM 子系统通信。

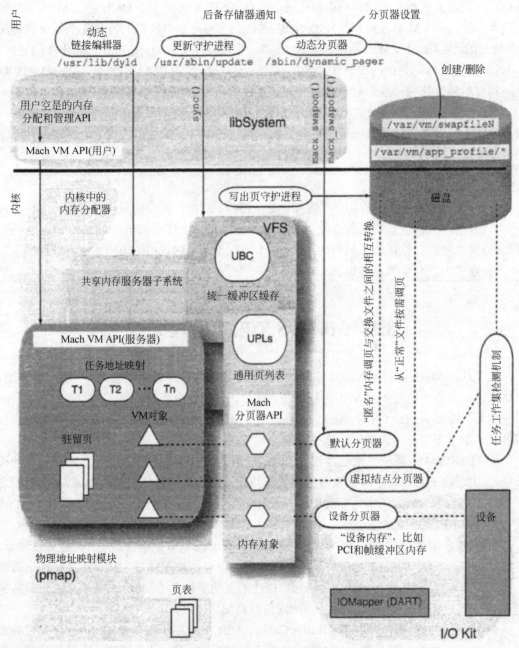

图 8-1　Mac OS X 内存子系统概览

虚拟结点

　　第 11 章将会介绍，虚拟结点（virtual node，vnode）是文件系统对象的一种独立于文件系统的抽象，非常像派生特定于文件系统的实例的抽象基类。每个活跃的文件或目录（其中"活跃"具有上下文相关的含义）都具有一个内存中的虚拟结点。

● 设备分页器用于处理设备内存，它是在内核的 I/O Kit 部分实现的。在 64 位的硬件

上，设备分页器使用内存控制器的一部分——DART（Device Address Resolution Table，设备地址解析表），在此类硬件上默认是启用它的。DART 把 64 位内存中的地址映射到 PCI 设备的 32 位地址空间。

- 写出页守护进程是一组内核线程，把任务地址空间的某些部分写到磁盘上，作为虚拟内存中的调页操作的一部分。它将检查驻留页的使用情况，并且利用一种类似于 LRU[①]的模式，写出那些在一段时间内没有使用的页。

- dynamic_pager 用户空间程序将创建并删除交换文件，以便于内核使用。虽然它的名称中包含"pager"，但是 dynamic_pager 不会执行任何调页操作。

- update 用户空间守护进程将定期调用 sync()系统调用，把文件系统缓存冲洗到磁盘上。

- 任务工作集（Task Working Set，TWS）检测子系统将在每个应用程序的基础上维护任务的页错误行为的配置文件。当应用程序导致页错误时，内核的页错误处理机制将咨询这个子系统，以确定应该读入哪些额外的页（如果有的话）。通常，额外的页与那些出错的页是相邻的。目标是使可能很快需要的页成为驻留页（推测），从而改进性能。

- 内核提供了多种内存分配机制，其中一些是特定于子系统的包装器。所有这些机制最终都将使用内核的页级分配器。用户空间的内核分配模式构建在 Mach VM API 之上。

- Shared Memory Server 子系统是一种内核服务，它提供了两个全局共享内存区域：一个用于文本（开始于用户虚拟地址 0x9000_0000），另一个用于数据（开始于用户虚拟地址 0xA000_0000）。这两个区域的大小都是 256MB。文本区域是只读的，并且在任务之间完全共享。数据区域是共享的写时复制。动态链接编辑器（dyld）使用这种机制把共享库加载进任务地址空间中。

8.2.1 从用户空间中读取内核内存

现在来探讨两种读取内核内存的方式；它们在从用户空间中检查内核数据结构时是有用的。

1. dd 和/dev/kmem

Mac OS X 内核提供了/dev/kmem 字符设备，它可用于从用户空间读取内核虚拟内存。用于这个伪设备的设备驱动程序将禁止读取其地址小于 VM_MIN_KERNEL_ADDRESS（4096）的内存——也就是说，不能读取位于地址 0 处的页。

回忆一下，在第 7 章曾经使用 dd 命令通过读取/dev/kmem 对 sched_tick 内核变量进行抽样。在本章中，将再次读取这个设备，以获取内核数据结构的内容。不妨推广这种基于 dd 的技术，使得可以读取给定地址或者给定内核符号的地址处的内存。图 8-2 显示了一个 shell 脚本，接受一个符号名称或者十六进制的地址，尝试读取相应的内核内存，如果成功，就在标准输出上显示内存。默认情况下，这个程序将通过 hexdump 程序使用 hexdump 的-x

---

① 最近最少使用（Least Recently Used）。

（十六进制输出）选项输送原始内存字节。如果指定-raw 选项，该程序将在标准输出上打印
原始内存，如果希望自己通过另一个程序输送它，就需要这个选项。

```sh
#!/bin/sh
#
#readksym.sh

PROGNAME=readksym

if [ $# -lt 2 ]
then
    echo "usage: $PROGNAME <symbol><bytes to read> [hexdump option|-raw]"
    echo "       $PROGNAME <address><bytes to read> [hexdump option|-raw]"
    exit 1
fi


SYMBOL=$1                     # first argument is a kernel symbol
SYMBOL_ADDR=$1               # or a kernel address in hexadecimal
IS_HEX=${SYMBOL_ADDR:0:2}   # get the first two characters
NBYTES=$2                    # second argument is the number of bytes to read
HEXDUMP_OPTION=${3:--x}     # by default, we pass '-x' to hexdump
RAW="no"                     # by default, we don't print memory as "raw"

if [ ${HEXDUMP_OPTION:0:2} == "-r" ]
then
    RAW="yes"              # raw... don't pipe through hexdump -- print as is
fi


KERN_SYMFILE='sysctl -n kern.symfile | tr '\\' '/'' # typically /mach.sym
if [ X"$KERN_SYMFILE" == "X" ]
then
   echo "failed to determine the kernel symbol file's name"
   exit 1
fi


if [ "$IS_HEX" != "0x" ]
then
    # use nm to determine the address of the kernel symbol
    SYMBOL_ADDR="0x'nm $KERN_SYMFILE | grep -w $SYMBOL | awk '{print $1}''"
fi


if [ "$SYMBOL_ADDR" == "0x" ] # at this point, we should have an address
then
    echo "address of $SYMBOL not found in $KERN_SYMFILE"
    exit 1
fi
```

图 8-2　用于读取内核虚拟内存的 shell 脚本

```
if [ ${HEXDUMP_OPTION:0:2} == "-r" ] # raw... no hexdump
then
    dd if=/dev/kmem bs=1 count=$NBYTES iseek=$SYMBOL_ADDR of=/dev/stdout \
        2>/dev/null
else
    dd if=/dev/kmem bs=1 count=$NBYTES iseek=$SYMBOL_ADDR of=/dev/stdout \
        2>/dev/null | hexdump $HEXDUMP_OPTION
fi

exit 0



$ sudo ./readksym.sh 0x5000 8 -c # string seen only on the PowerPC
0000000  H a g f i s h
0000008
```

图 8-2（续）

2. kvm(3)接口

Mac OS X 还提供了 kvm(3)接口，用于访问内核内存。它包括以下函数。

- kvm_read()：用于读取内核内存。
- kvm_write()：用于写到内核内存。
- kvm_getprocs()、kvm_getargv()、kvm_getenvv()：用于获取用户进程状态。
- kvm_nlist()：用于获取内核符号表名称。

图 8-3 显示了一个使用 kvm(3)接口的示例。

```
// kvm_hagfish.c

#include <stdio.h>
#include <stdlib.h>
#include <unistd.h>
#include <fcntl.h>
#include <kvm.h>

#define TARGET_ADDRESS (u_long)0x5000
#define TARGET_NBYTES  (size_t)7
#define PROGNAME       "kvm_hagfish"

int
main(void)
{
    kvm_t *kd;
    char buf[8] = { '\0' };
```

图 8-3 使用 kvm(3)接口读取内核内存

```
kd = kvm_open(NULL,        // kernel executable; use default
              NULL,        // kernel memory device; use default
              NULL,        // swap device; use default
              O_RDONLY,    // flags
              PROGNAME);   // error prefix string
if (!kd)
    exit(1);


if (kvm_read(kd, TARGET_ADDRESS, buf, TARGET_NBYTES) != TARGET_NBYTES)
    perror("kvm_read");
else
    printf("%s\n", buf);

kvm_close(kd);

exit(0);
}
```

```
$ gcc -Wall -o kvm_hagfish kvm_hagfish.c # string seen only on the PowerPC
$ sudo ./kvm_hagfish
Hagfish
$
```

图 8-3（续）

原始内核内存访问：警告

    由于多种原因，通过对内核内存进行原始访问以与内核交换信息并不令人满意。首先，程序必须知道内核结构的实际名称、大小和格式。如果它们跨内核版本而改变了，将需要重新编译程序，也许甚至还需要修改它。除此之外，访问复杂的数据结构也比较麻烦。考虑一个深层结构的链表——即它的一个或多个字段是指针的结构。要读取这样一个链表，程序必须逐个读取每个元素，然后必须单独读取由指针字段引用的数据。使内核保证这类信息的一致性也是比较困难的。

    而且，用户程序所寻求的信息要么在其最终形式上必须驻留在内核中（即内核必须计算它），要么必须由程序通过它的成分计算它。前者需要内核知道用户程序可能需要的各类信息，预先计算它并存储它。后者不保证一致性，并且在程序中需要额外的硬编码逻辑。

    对所有内核内存的直接用户程序访问还必须考虑安全性和稳定性，即使这类访问通常需要超级用户特权。对内核内存的某些部分指定和执行可访问性限制是困难的。特别是，内核不能对写至其原始内存的数据执行明智的检查。

    在操作系统中使用了多种方法来处理这些问题。在 4.4BSD 中引入了 sysctl()系统调用，作为一种安全、可靠和可移植（跨内核版本）的方式来执行用户-内核数据交换。Plan 9 操作系统扩展了文件喻义，把各种**服务**（Service）——比如 I/O 设备、网络接口和视窗

（Windowing）系统——导出为文件。利用这些服务，人们可以为需要在传统系统上访问 /dev/kmem 的大多数事情执行文件 I/O。/proc 文件系统使用文件喻义提供当前运行的进程的视图以及控制它们的接口。Linux 通过把格式化的 I/O 提供给/proc 中的文件，进一步扩展了这个概念。例如，可以通过把字符串写到合适的文件来修改内核参数——Linux 内核将解析、验证以及接受或拒绝信息。Linux 的更新版本提供了 sysfs，它是另一个内存中的文件系统，用于把内核数据结构、它们的属性以及相互之间的联系导出到用户空间。

8.2.2　查询物理内存大小

可以通过 sysctl()或 sysctlbyname()函数以编程方式确定系统上的物理内存的大小。图 8-4 显示了一个示例。注意：所获取的大小是 max_mem 内核变量的值，如前文所示，可以人为地限制它。

```
// hw_memsize.c

#include <stdio.h>
#include <sys/sysctl.h>

int
main(void)
{
    int             ret;
    unsigned long long memsize;
    size_t          len = sizeof(memsize);

    if (!(ret = sysctlbyname("hw.memsize", &memsize, &len, NULL, 0)))
        printf("%lld MB\n", (memsize >> 20ULL));
    else
        perror("sysctlbyname");

    return ret;
}


$ gcc -Wall -o hw_memsize hw_memsize.c
$ ./hw_memsize
4096 MB
```

图 8-4　确定系统上的物理内存的大小

8.3　Mach VM

在本节中，将讨论在 Mac OS X 内核中实现的 Mach VM 体系结构。Mach 的 VM 设计具有以下值得注意的方面。

- 清晰地分隔开机器相关的部分与机器无关的部分。只有后者具有完全与 VM 相关的信息。
- 庞大、稀疏的虚拟地址空间——每个任务使用一个虚拟地址空间，并且被该任务内的所有线程完全共享。
- 内存管理与进程间通信的集成。Mach 提供了基于 IPC 的接口，用于处理任务地址空间。这些接口特别灵活，可以允许一个任务操作另一个任务的地址空间。
- 通过对称或非对称写时复制（Copy-On-Write，COW）算法而进行优化的虚拟复制操作。
- 相关任务与无关任务之间灵活的内存共享，支持写时复制，它在 fork() 和大型 IPC 传输期间是有用的。特别是，在 IPC 消息中，各个任务可以把它们的地址空间的某些部分在相互之间发送。
- 内存映射的文件。
- 可以通过多个分页器使用的各种后备存储器类型。尽管在 Mac OS X 中不支持，Mach 还是提供了对用户空间的分页器的支持，其中用户程序可以实现诸如加密的虚拟内存和分布式共享内存之类的设施。

图 8-5 显示了 Mach 的 VM 体系结构的关键组件之间的关系概览。

8.3.1　概述

每个任务的地址空间在内核中都是通过地址映射表示的，这个地址映射就是 VM 映射，它包含内存区域的双向链表以及一个机器相关的物理映射（Pmap）结构。Pmap 处理虚拟-物理地址转换。每个内存区域——**VM 映射条目**（VM Map Entry）——都代表一个连续的虚拟地址范围，在内存中当前映射了所有这些虚拟地址（有效）。不过，每个范围都具有它自己的保护和继承基本属性，因此即使地址是有效的，任务也有可能无法为一种或多种操作访问它。而且，VM 映射条目将在列表中按地址进行排序。每个 VM 映射条目都具有一个关联的 VM 对象，它包含关于从其源访问内存的信息。VM 对象包含驻留页或 **VM 页**（VM Page）的列表。每个 VM 页都是在 VM 对象内通过它距离对象开始处的偏移量标识的。现在，VM 对象的一些或者全部都可能不是驻留在物理内存中——它可能位于**后备存储器**（Backing Store）中，例如，常规文件、交换文件或者硬件设备。VM 对象受**内存对象**（Memory Object）支持[①]，后者在最简单的意义上是一个 Mach 端口，内核可以给它发送消息来获取遗失的数据。内存对象的所有者是**内存管理器**（Memory Manager）（通常称为**分页器**（Pager））。

---

① VM 对象的一部分也可能受另一个 VM 对象支持，在讨论 Mach 的写时复制机制时将会看到这一点。

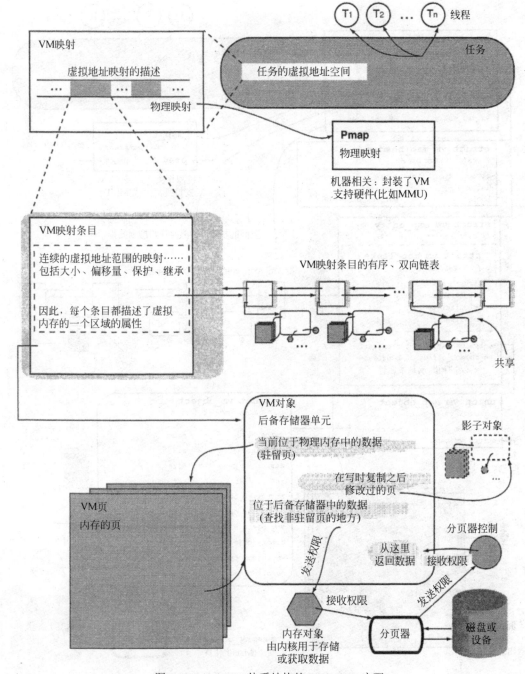

图 8-5 Mach VM 体系结构的 Mac OS X 实现

分页器是一个特殊的任务（Mac OS X 中的一段内核中的代码），用于给内核提供数据以及在回收时接收修改过的数据。

图 8-6 是图 8-5 的更详细的版本，其中显示了 VM 子系统数据结构之间的关系的细粒度视图。

现在来详细探讨 Mach 的 VM 子系统的重要成分。

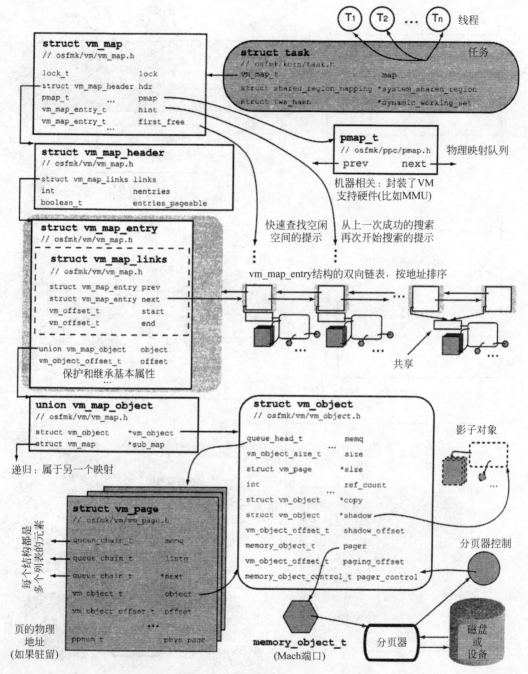

图 8-6　Mac OS X Mach VM 体系结构的细节

8.3.2　任务地址空间

　　每个任务都具有一个虚拟地址空间，它定义了任务内的任何线程被允许引用的有效虚拟地址集。32 位的任务具有 4 GB 的虚拟地址空间，而 64 位的任务的虚拟地址空间则要大得多——Mac OS X 10.4 提供的 64 位的用户任务具有 51 位的虚拟地址空间，相当于超过 2

PB（拍字节）①的虚拟内存。对于典型的任务，它的虚拟地址空间比较"大"，这是由于它只使用可用虚拟内存的一个子集。在任何给定的时间，任务的地址空间的多个子范围可能未使用，导致通常稀疏地填充的虚拟内存。不过，专用的程序所具有的虚拟内存需求也可能超过 32 位的地址空间可以提供的虚拟内存。

8.3.3　VM 映射

每个任务的虚拟地址空间都是通过一个 VM 映射数据结构（struct vm_map [osfmk/vm/vm_map.h]）描述的。task 结构的 map 字段指向一个 vm_map 结构。

task 结构还包含由任务工作集检测子系统和全局共享内存子系统使用的信息。在 8.14 节和 8.13 节中将分别探讨这些子系统。

VM 映射是内存区域或 VM 映射条目的集合，其中每个区域都是一组几乎连续的具有相同属性的页（虚拟范围）。这些属性的示例包括内存的源以及诸如保护和继承之类的基本属性。每个条目都具有起始地址和结尾地址。VM 映射指向 VM 映射条目的有序双向链表。

8.3.4　VM 映射条目

VM 映射条目通过 vm_map_entry 结构（struct vm_map_entry [osfmk/vm/vm_map.h]）表示。由于每个条目都表示任务中当前映射的一个虚拟地址范围，内核将在多个不同时间搜索条目列表——特别是，同时还会分配内存。vm_map_lookup_entry() [osfmk/vm/vm_map.c] 用于查找 VM 映射条目（如果有的话），其中包含给定的 VM 映射中指定的地址。搜索算法很简单：内核线性地搜索列表，从列表头部开始，或者在一次成功的查找之后从它上一次保存的提示那里开始。这种提示是在 VM 映射中维护的，它还会维护一个"空闲空间"提示，用于快速确定空闲地址。如果无法找到给定的地址，vm_map_lookup_entry()将会返回前面紧邻的条目。

内核可以根据需要拆分或者合并 VM 映射条目。例如，改变一个 VM 条目的页的某个子集的一个或多个基本属性将导致把该条目拆分成两个或 3 个条目，这依赖于修改的一个或多个页的偏移量。其他操作可能导致把描述相邻区域的条目合并起来。

8.3.5　VM 对象

任务的内存可能具有多个源。例如，映射到任务的地址空间的共享库代表其源是共享库文件的内存。如前所述，单个 VM 映射条目中的所有页都具有相同的源。VM 对象（struct vm_object [osfmk/vm/vm_object.h]）就代表那个源，并且 VM 映射条目是 VM 对象与 VM 映射之间的桥梁。从概念上讲，VM 对象是一个连续的数据存储库，其中一些数据可能缓存在驻留内存中，其余的数据可能是从相应的后备存储器中获取的。负责在物理内存与后备存储器之间传输页的实体就称为**分页器**（Pager），或者更恰当地讲，是**内存管理器**

---

① 1 拍字节大约等于 10^{15} 字节。

（Memory Manager）。换句话说，VM 对象受内存管理器支持。如后文所示，当 Mach 使用写时复制优化时，一个 VM 对象可以受另一个 VM 对象部分支持。

> 尽管本书按相同的意思使用术语**分页器**和**内存管理器**，但必须指出的是，除了调页之外，在后备存储器的内容与跟 VM 对象对应的驻留页的内容之间还需要维持一致性，而内存管理器在其中起着重要作用。有时，内存管理器也称为**数据管理器**（Data Manager）。

1. VM 对象的内容

VM 对象包含其驻留页的列表，以及关于如何获取非驻留页的信息。注意：驻留页不会在 VM 对象之间共享——给定的页将恰好只存在于一个 VM 对象内。在销毁某个对象时，需要释放与之关联的所有页，此时附加到 VM 对象上的驻留页结构的列表就特别有用。

VM 对象数据结构还包含如下属性。

- 对象的大小。
- 指向对象的引用数量。
- 关联的内存对象（分页器）以及进入分页器的偏移量。
- 内存对象控制端口。
- 指向影子对象和副本对象（参见 8.3.7 节）的指针（如果有的话）。
- 内核在复制 VM 对象的数据时应该使用的"复制策略"。
- 指示对象是否是内部对象（因此将由内核创建并且被默认分页器管理）的标志。
- 指示对象是否是临时对象（因此不能由内存管理器在外部改变；对这样的对象执行内存中的改变将不会反映回内存管理器）的标志。
- 在取消分配指向对象的所有地址映射引用之后，指示对象是否可以持久（即内核是否可以保持缓存对象的数据，以及针对关联的内存对象的权限）的标志。

如图 8-6 所示，内存对象被实现为一个 Mach 端口，分页器拥有对它的接收权限[1]。当内核需要将 VM 对象的页从后备存储器中引入物理内存中时，它将通过内存对象端口与关联的分页器通信。内核拥有接收权限的内存对象控制端口将用于接收来自分页器的数据。

利用这些知识，可以重新描述更大的情景，如下：VM 把任务的虚拟地址空间的每个有效区域都映射到某个内存对象内的一个偏移量。对于 VM 映射中使用的每个内存对象，VM 子系统都会维护一个 VM 对象。

2. 后备存储器

当数据不是驻留在内存中时，可将其存放在后备存储器中。它也可以是数据源，但是并非一定如此。对于内存映射的文件，后备存储器就是文件自身。当内核需要从物理内存中收回一个受文件支持的页时，它可以简单地丢弃页，除非该页在驻留时已经修改过了，在这种情况下，将把更改提交给后备存储器。

动态分配的内存（比如通过调用 malloc(3)获得的内存）是匿名的，这是由于它没有作为起点的指定源。在第一次使用匿名内存页时，Mach 将简单地提供一个填充 0 的物理页（因此，匿名内存也称为 0 填充的内存）。特别是，最初没有与匿名内存关联的后备存储器。当

---

[1] 在第 9 章中将讨论 Mach 端口权限。

内核必须收回这样的页时，它将把交换空间用作后备存储器。匿名内存不会跨系统重新引导而持久存在。对应的 VM 对象（由内核创建）也称为内部对象。

> 在分配匿名内存时，内核将检查是否可以扩展现有的 VM 映射条目，使得内核可以避免创建新的条目和新的 VM 对象。

8.3.6 分页器

分页器用于操作内存对象和页。它拥有内存对象端口，后者被分页器的客户（比如内核）用作内存对象的页的接口，用于对那些作为接口一部分的页执行读和写操作。内存对象实质上是底层后备存储器的 Mach 端口表示[①]——它代表由内存对象抽象支持的内存范围的非驻留状态。非驻留状态（例如，磁盘上的对象，比如常规文件和交换空间）实质上是内核在主（物理）内存中缓存的**辅**存。

如图 8-1 所示，Mac OS X 提供了三种内核中的分页器。
- **默认分页器**（Default Pager），它用于在物理内存与交换空间之间传输数据。
- **虚拟结点分页器**（Vnode Pager），它用于在物理内存与文件之间传输数据。
- **设备分页器**（Device Pager），它用于映射专用内存（比如帧缓冲区内存、PCI 内存或者映射到特殊硬件的其他物理地址），具有必要的 WIMG 特征。

> WIMG 中的每个字母都指定了某个缓存方面，即：直写（Write-Through）、禁止缓存（Caching-Inhibited）、必需的内存一致性（Memory Coherency Required）以及被监视的存储（Guarded Storage）。

分页器可能提供任意数量的内存对象，其中每个对象都代表分页器管理的一个页范围。相反，任务的地址空间可能具有任意数量的分页器，用于管理它的各个部分。注意：在调页策略中不会直接涉及分页器——除了设置内存对象的基本属性之外，它将不能改变内核的页置换算法。

1. 外部分页器

术语**外部内存管理器**（External Memory Manager）（或**外部分页器**（External Pager））可用于意指两件事。在第一种情况下，它指的是除默认分页器以外的其他任何分页器——确切地讲，是指用于管理其源位于内核外部的内存的分页器。匿名内存对应于内部对象，而内存映射的文件则对应于外部对象。因此，在这种意义上将把虚拟结点分页器称为外部分页器。这是在本章中使用的含义。

另一种含义指的是在什么地方实现分页器。如果把内核中的分页器指定为内部分页器，那么将把外部分页器实现为特殊的用户任务。

> **用户空间的分页器**
> 用户空间的分页器允许灵活地选择可以引入的后备存储器的类型，而无须改变内核。

[①] 看待它的另一种方式是：内存对象是内存的面向对象封装，实现了诸如读和写之类的方法。

例如，可以编写其后备存储器在磁盘上进行了加密或压缩的分页器。类似地，可以通过用户空间的分页器轻松地实现分布式共享内存。Mac OS X 不支持用户空间的分页器。

2．分页器的端口

内存对象代表一种数据源，而内存对象的分页器则是该数据的提供者和管理者。当由内存对象表示的内存的一部分被客户任务使用时，主要将涉及三方：分页器、内核和客户任务。如 8.6.1 节所示，任务直接或间接使用 vm_map()（或其 64 位的变体）把内存对象的一些或所有内存映射到其地址空间中。为此，vm_map() 的调用者必须具有代表内存对象的 Mach 端口的发送权限。分页器拥有这个端口，因此可以把这些权限提供给其他方。

分页器可以公布一个服务端口，客户可以给它发送消息以获得内存对象。例如，用户空间的分页器可以利用 Bootstrap Server[①]注册它的服务端口。不过，Mac OS X 目前不支持添加自己的分页器。Mac OS X 中的 3 个内核中的分页器具有硬编码的端口。当独立于分页器的 VM 代码需要与分页器通信时，它将基于所传递的内存对象的值确定要调用的分页器，因为这个值必须对应于已知的分页器之一。

```
kern_return_t
memory_object_init(memory_object_t memory_object,
                   memory_object_control_t memory_control,
                   memory_object_cluster_size_t memory_object_page_size)
{
    if (memory_object->pager = &vnode_pager_workaround)
        return vnode_pager_init(memory_object, memory_control,
                                memory_object_page_size);
    else if (memory_object->pager == &device_pager_workaround)
        return device_pager_init(memory_object, memory_control,
                                 memory_object_page_size);
    else // default pager
        return dp_memory_object_init(memory_object, memory_control,
                                     memory_object_page_size);
}
```

Mac OS X 内核中的分页器的操作使用以下方面的组合：原始 Mach 分页器接口的子集、通用页列表（Universal Page List，UPL）和统一缓冲区缓存（Unified Buffer Cache，UBC）。

注意：内核将为内部分页器隐式提供内存对象——调用任务不必直接获得内部分页器的发送权限。例如，在打开常规文件时，将把虚拟结点分页器的端口隐藏在从虚拟结点引用的 UBC 结构中。

3．Mach 分页器接口

可以简明扼要地将 Mach 调页描述如下：客户任务直接或间接从内存管理器获得一个内存对象端口。它通过调用 vm_map() 请求内核，把内存对象映射到它的虚拟地址空间。此后，当任务第一次尝试从最近映射的内存访问——读或写——页时，将会发生页非驻留错误。在处理页错误时，内核将通过给内存管理器发送一条请求遗失数据的消息，来与之通

---

① 在 9.4 节中将讨论 Bootstrap Server 的详细信息。

信。内存管理器将从它正在管理的后备存储器中获取数据。其他的页错误类型将根据需要进行处理,其中内核将调用内存管理器,并且后者会异步地做出响应。

这说明了内核如何使用物理内存,以缓存多个内存对象的内容。当内核需要收回驻留页时,它可能——依赖于映射的性质——给内存管理器发送"脏"(在驻留时修改过)页。

当使用映射的内存范围完成客户任务时,它可能调用 vm_deallocate()取消映射那个范围。当内存对象的所有映射都消失时,就会终结对象。

图 8-7 显示了多条消息(例程),它们是内存管理器与一个内核[①]之间对话的一部分。现在来探讨其中一些消息。

在第一次映射内存对象时,内核需要通知分页器,它正在使用对象。它是通过给分页器发送 memory_object_init()消息[②]来执行该任务的。无论在哪里实现它,如果把分页器视作在逻辑上位于内核外部,这都是从内核到分页器的**上叫**(upcall)。外部分页器将使用 memory_object_server()例程解复用它接收到的所有消息。

```
kern_return_t
memory_object_init(memory_object_t                   memory_object,
                   memory_object_control_t    memory_control,
                   memory_object_cluster_size_t memory_object_page_size);
```

memory_object_init()的 memory_object 参数是一个端口,表示所涉及的内存对象。由于分页器可以给不同的客户提供不同的内存对象,客户将告诉分页器它正在处理哪个内存对象。内核提供给分页器的 memory_control 是一个端口,内核拥有对它的接收权限。分页器使用这个端口发送消息给内核。因此,它也称为**分页器应答端口**(Pager Reply Port)。

> 在 Mach 中,分页器可以为多个内核提供服务。在这种情况下,将为每个内核提供单独的控制端口。

考虑 Mac OS X 中的虚拟结点分页器的特定示例。当 memory_object_init()确定(使用硬编码的虚拟结点分页器端口)传递给它的内存对象对应于虚拟结点分页器时,它将调用 vnode_pager_init() [osfmk/vm/bsd_vm.c]。后者实际上不会建立虚拟结点分页器,在创建虚拟结点时已经建立了它。不过,vnode_pager_init()将调用 memory_object_change_attributes(),为内存对象设置内核的基本属性。

```
kern_return_t
memory_object_change_attributes(memory_object_control_t     control,
                                memory_object_flavor_t flavor,
                                memory_object_info_t         attributes,
                                mach_msg_type_number_t count);
```

内核将为映射的对象维护每个对象的基本属性。**可缓存性**(Cacheability)和**复制策略**(Copy Strategy)就是这类基本属性的示例。可缓存性指定内核是否应该缓存对象(假如有

---

① 这里之所以说"一个内核",是因为严格来说,分页器可以为多个内核提供服务。

② 在 Mac OS X 中,"消息"只是一个函数调用,而不是一条 IPC 消息。

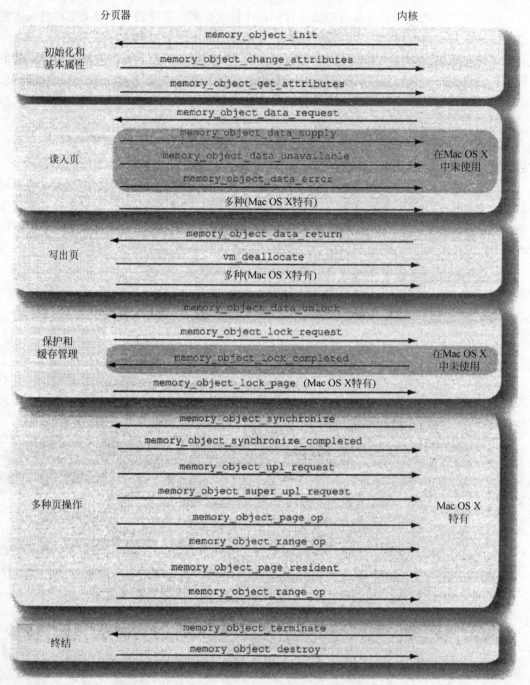

图 8-7　Mac OS X 中的 Mach 分页器接口

足够的内存），甚至在对象的所有用户消失之后。如果对象被标记为不可缓存，当不使用它时，将不会保留它：内核将把脏页返回给分页器，回收干净的页，并且通知分页器将不再使用对象。复制策略指定如何复制内存对象的页。下面给出了有效的复制策略的示例。

● MEMORY_OBJECT_COPY_NONE：应该立即复制分页器的页，并且内核不进行写时复制优化。

- **MEMORY_OBJECT_COPY_CALL**：如果内核需要复制分页器的任何页，它应该调用分页器。
- **MEMORY_OBJECT_COPY_DELAY**：分页器承诺不会在外部改变由内核缓存的任何数据，因此内核可以自由地使用优化的写时复制策略（参见 8.3.7 节中的非对称式写时复制）。
- **MEMORY_OBJECT_COPY_TEMPORARY**：这个策略的行为就像 MEMORY_OBJECT_COPY_DELAY；此外，分页器对于查看内核中的任何改变不感兴趣。
- **MEMORY_OBJECT_COPY_SYMMETRIC**：这个策略的行为就像 MEMORY_OBJECT_COPY_TEMPORARY；此外，将不会多重映射内存对象（参见 8.3.7 节中的对称式写时复制）。

可以通过 memory_object_get_attributes()获取基本属性。

```
kern_return_t
memory_object_get_attributes(memory_object_control_t    control,
                             memory_object_flavor_t     flavor,
                             memory_object_info_t       attributes,
                             mach_msg_type_number_t     *count);
```

当客户任务访问非驻留的内存对象页时，将会发生一个页错误。内核将定位合适的 VM 对象，它引用内存对象。内核给分页器发送一条 memory_object_data_request()消息。分页器通常将提供数据，并从后备存储器中获取它。

```
kern_return_t
memory_object_data_request(memory_object_t            memory_object,
                           memory_object_offset_t     offset,
                           memory_object_cluster_size_t length,
                           vm_prot_t                  desired_access);
```

在 Mach 中，分页器将通过给内核发送一个异步应答，来响应 memory_object_data_request()：它将发送一条 memory_object_data_supply()或 memory_object_data_provided()消息（依赖于 Mach 版本）给内存对象控制端口。在 Mac OS X 中，memory_object_data_request()将显式调用 3 个分页器之一。对于虚拟结点分页器，内核将调用 vnode_pager_data_request() [osfmk/vm/bsd_vm.c]，它反过来又会调用 vnode_pager_cluster_read() [osfmk/vm/bds_vm.c]。后者将通过调用 vnode_pagein() [bsd/vm/vnode_pager.c]使数据读入页，vnode_pagein()最终将调用特定于文件系统的读入页操作。

> **调页问题**
>
> 在 Mach 中，分页器也可能利用 memory_object_data_unavailable()或 memory_object_data_error()消息应答。memory_object_data_unavailable()意味着：尽管内存对象内的范围是有效的，但是还没有用于它的数据。这条消息通知内核为哪个范围返回 0 填充的页。尽管分页器自身可以创建 0 填充的页，并通过 memory_object_data_supply()提供它们，但是内核的 0 填充的代码很可能更优化。如果调页错误——比如说，坏的磁盘扇区——导致分页器无法获取数据，那么分页器可能利用 memory_object_data_error()消息做出响应。

　　当内核需要回收内存并且具有用于内存对象的脏页时，内核可能通过 memory_ object_ data_return()把那些页发送给分页器。在 Mac OS X 中，内核中的读出页守护进程就是执行该操作的。

```
kern_return_t
memory_object_data_return(memory_object_t              memory_object,
                          memory_object_offset_t       offset,
                          vm_size_t                    size,
                          memory_object_offset_t       *resid_offset,
                          int                          *io_error,
                          boolean_t                    dirty,
                          boolean_t                    kernel_copy,
                          int                          upl_flags);
```

　　对这条消息没有显式的响应——分页器将简单地从其地址空间中取消分配页，使得内核可以将物理内存用于其他目的。在 Mac OS X 中，对于虚拟结点分页器，memory_object_ data_return() 将 调用 vnode_pager_data_return() [osfmk/vm/bsd_vm.c]，vnode_pager_data_ return()反过来又会调用 vnode_pager_cluster_write() [osfmk/vm/bsd_vm.c]。后者将通过调用 vnode_pageout() [bsd/vm/vnode_pager.c]把数据读出页，vnode_pageout()最终将调用特定于文件系统的读出页操作。

　　分页器使用 memory_object_lock_request()控制与给定的内存对象关联的（驻留）数据的使用。该数据被指定为内存对象内从给定的字节偏移量（offset 参数）处开始的字节数（size 参数）。memory_object_lock_request()将对其参数执行明智的检查，并且在关联的 VM 对象上调用 vm_object_update() [osfmk/vm/memory_object.c]。

```
kern_return_t
memory_object_lock_request(memory_object_control_t  control,
                           memory_object_offset_t       offset,
                           memory_object_size_t         size,
                           memory_object_offset_t       *resid_offset,
                           int                          *io_errno,
                           memory_object_return_t       should_return,
                           int                          flags,
                           vm_prot_t                    prot);
```

　　memory_object_lock_request() 的 should_return 参数用于指定要返回给内存管理器的数据（如果有的话）。它可以采用以下值。

- MEMORY_OBJECT_RETURN_NONE：不会返回任何页。
- MEMORY_OBJECT_RETURN_DIRTY：只返回脏页。
- MEMORY_OBJECT_RETURN_ALL：返回脏页和珍贵页。
- MEMORY_OBJECT_RETURN_ANYTHING：返回所有的驻留页。

　　flags 参数指定要对数据执行的操作（如果有的话）。有效的操作包括：MEMORY_ OBJECT_DATA_FLUSH、MEMORY_OBJECT_DATA_NO_CHANGE、MEMORY_OBJECT_

DATA_PURGE、MEMORY_OBJECT_COPY_SYNC、MEMORY_OBJECT_DATA_SYNC 和 MEMORY_OBJECT_IO_SYNC。注意：should_return 和 flags 的组合确定了数据的命运。例如，如果 should_return 是 MEMORY_OBJECT_RETURN_NONE 并且 flags 是 MEMORY_OBJECT_DATA_FLUSH，则将会丢弃驻留页。

prot 参数用于限制对给定内存的访问。它的值指定了应该禁止的访问。当希望不改变保护方式时，将使用特殊值 VM_PROT_NO_CHANGE。

内核使用 memory_object_terminate()通知分页器不再使用对象。分页器使用 memory_object_destroy()通知内核关闭内存对象，即使具有指向关联的 VM 对象的引用也是如此。这将导致调用 vm_object_destroy() [osfmk/vm/vm_object.c]。在 Mac OS X 中，由于 vclean() [bsd/vfs/vfs_subr.c]而将调用 memory_object_destroy()，其中前者将在回收虚拟结点时用于清除它。

```
kern_return_t
memory_object_terminate(memory_object_t memory_object);


kern_return_t
memory_object_destroy(memory_object_control_t control, kern_return_t reason);
```

8.3.7　写时复制

写时复制（Copy-On-Write，COW）是一种优化技术，其中的内存复制操作将延迟物理页的复制，直到复制操作中涉及的其中一方写到那个内存——直到那时，才会在各方之间共享物理页。只要是仅仅读取而没有写到复制的数据，写时复制技术将可以同时节省时间和物理内存。甚至当写到数据时，写时复制技术也只会复制修改过的页。

注意：在图 8-6 中，显示了两个 VM 实体，它们指向同一个 VM 对象。这就是 Mach 实现对称式（Symmetric）写时复制共享的方式。图 8-8 显示了这种模式。在对称式写时复制操作中，将同时在源和目标 VM 映射条目中设置 needs_copy 位。这两个条目都指向同一个 VM 对象，并且会递增它的引用计数。而且，VM 对象中的所有页都是写保护的。此时，两个任务在读取共享内存时将访问相同的物理页。当其中一个任务写到这样的页时，将发生页保护错误。内核不会修改原始的 VM 对象，但是会创建一个新的 VM 对象——即影子对象（Shadow Object），其中包含错误页的副本——并把它提供给修改页的任务。其他的页（包括所涉及的页的未修改版本）将保留在原始 VM 对象中，并且保持设置它的 needs_copy 位。

在图 8-8 中，当目标任务访问它已经修改过的以前的写时复制共享页时，内核将在影子对象中找到该页。余下的页将不会在影子对象中找到——内核将沿着指向原始对象的指针前进，并在那里找到它们。多种写时复制操作可能导致一个影子对象被另一个影子对象所投影，从而导致影子链（Shadow Chain）。只要有可能，内核就会尝试折叠这样的链。特别是，如果某个 VM 对象中的所有页都被父对象投影，那么后者将不再需要投影前者——它可以投影链中的下一个 VM 对象（如果有的话）。

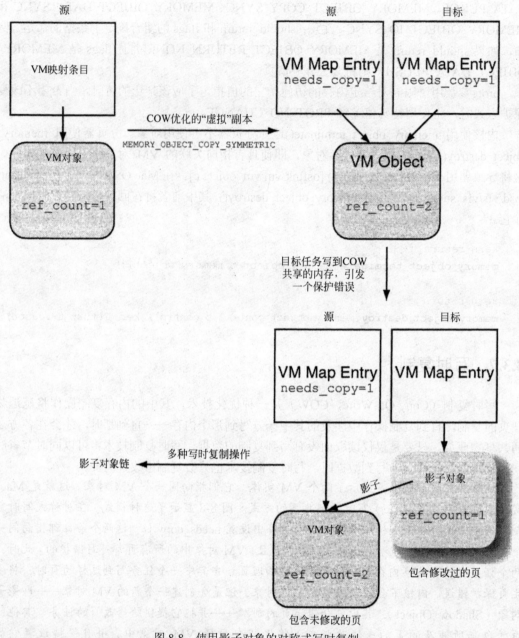

图 8-8　使用影子对象的对称式写时复制

这种模式是对称式的,因为它的操作不依赖于是哪个任务——写时复制操作中的源或目标——修改共享页。

在对称式写时复制期间创建影子对象时，将不会为它记录内存管理器，注意到这一点很重要。当内核需要从匿名内存读出页时，将使用交换空间作为后备存储器，并且使用默认分页器作为内存管理器。不过，如果外部内存管理器——比如说，对于内存映射的文件来说是虚拟结点分页器——支持原始的 VM 对象，就会有一个问题。内核将不能改变 VM

对象,因为这样做将断开文件映射。由于对称式写时复制中的页修改只会被影子对象看到,连接到内存管理器的原始 VM 对象永远也不会看到那些修改。Mach 使用一种非对称式写时复制算法解决这个问题,其中源方将保留原始的 VM 对象,内核则会为目标方创建一个新对象。非对称式算法的工作方式如下(参见图 8-9)。

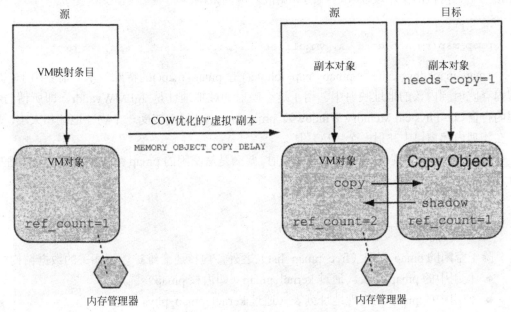

图 8-9 使用副本对象的非对称式写时复制

- 在执行复制操作时,将创建一个新对象——**副本对象**(Copy Object),以供目标使用。
- 使副本对象的 shadow 字段指向原始对象。
- 使原始对象的 copy 字段指向副本对象。
- 将副本对象标记为写时复制。注意:在这种情况下,将不会把原始对象标记为写时复制。
- 无论何时将在源映射中修改某一页,首先都会把它复制到一个新页,并把该页推送给副本对象。

8.3.8 物理映射(pmap)

VM 映射还指向物理映射(pmap)数据结构(struct pmap [osfmk/ppc/pmap.h]),它描述了硬件定义的虚拟-物理地址转换映射。Mach 的 pmap 层封装了机器相关的 VM 代码——特别是,用于管理 MMU 和缓存的 VM 代码,并且可供独立于机器的层使用的通用函数。要理解 pmap 层在系统中的作用,不妨来看 pmap 接口中的函数的示例。

> Mac OS X 内核包含 pmap 模块外面的额外代码——在 osfmk/ppc/mappings.c 中,用于在 PowerPC 上维护虚拟-物理映射。这些代码充当 pmap 层与底层硬件之间的桥梁,它与 Mach 传统上把所有硬件相关的代码都封装在 pmap 层内是相反的。

pmap 接口

pmap_map()把从 va 开始的虚拟地址范围映射到 spa~epa 的物理地址范围,并且具有独立于机器的保护值 prot。这个函数是在自举期间调用的,用于映射多个范围,比如那些与异常矢量、内核的文本段以及内核的数据段对应的范围。

```
vm_offset_t
pmap_map(vm_offset_t va, vm_offset_t spa, vm_offset_t epa, vm_prot_t prot);
```

pmap_map_physical()和 pmap_map_iohole()是 pmap_map()的特殊版本。前者用于把物理内存映射到内核的地址映射中。用于这个映射的虚拟地址是 lgPMWvaddr,即所谓的**物理内存窗口**(Physical Memory Window)。pmap_map_iohole()接受一个物理地址和大小,然后在物理内存窗口中映射一个 "I/O 孔"。

pmap_create()创建并返回一个物理映射,要么是从空闲的 pmap 列表中找回一个物理映射,要么是从头开始分配它。

```
pmap_t
pmap_create(vm_map_size_t size);
```

除了空闲的 pmap 列表(free_pmap_list)之外,内核还会维护以下相关的数据结构。

● 使用中的 pmap 列表(通过 kernel_pmap(即内核 pmap)锚定)。

● 使用中的 pmap 的物理地址列表(通过 kernel_pmap_phys 锚定)。

● 指向游标 pmap(cursor_pmap)的指针,内核在搜索空闲 pmap 时,将把它用作起点。cursor_pmap 将指向分配的最后一个 pmap,如果从使用中的 pmap 列表中移除了最后一个 pmap,那么它将指向该 pmap 前面的那个 pmap。

内核 pmap 位于 V=R(虚拟=真实)区域中的 512 字节的块中。因此,kernel_pmap_phys 和 kernel_pmap 都指向同一个位置。每个地址空间都会被分配一个在系统内唯一的标识符。这个标识符用于构造 24 位的 PowerPC 虚拟段标识符(Virtual Segment Identifier, VSID)。活动地址空间的数量受 maxAdrSp(在 osfmk/ppc/pmap.h 中定义为 16384)限制。

无论子任务是否正在继承父任务的内存,都会在任务创建期间调用 pmap_create()。如果没有继承内存,就会为子任务创建一个 "历史清白的" 地址空间;否则,将会检查父任务中的每个 VM 条目,查看是否需要共享或复制它,或者根本不继承它。

pmap_destroy()用于删除指向给定的 pmap 的引用。当引用计数到达 0 时,将把该 pmap 添加到空闲的 pmap 列表中,该列表用于缓存释放的前 free_pmap_max(32)个 pmap。在指向 VM 映射的最后一个引用消失之后,在销毁该 VM 映射时将调用 pmap_destroy()。

```
void
pmap_destroy(pmap_t pmap);
```

pmap_reference()把给定 pmap 的引用计数递增 1。

```
void
pmap_reference(pmap_t pmap);
```

pmap_enter()用于创建一个转换，使虚拟地址 va 转换到具有保护 prot 的给定 pmap 中的物理页编号 pa。

```
void
pmap_enter(pmap_t pmap,
           vm_map_offset_t va,
           ppnum_t pa,
           vm_prot_t prot,
           unsigned int flags,
           __unused boolean_t wired);
```

flags 参数可用于指定映射的特殊基本属性——例如，用于指定缓存模式。

- VM_MEM_NOT_CACHEABLE（继承的缓存）。
- VM_WIMG_WTHRU（直写缓存）。
- VM_WIMG_WCOMB（写合并缓存）。
- VM_WIMG_COPYBACK（回写缓存）。

pmap_remove()将取消映射由给定的 pmap 和[sva, eva)——也就是说，包含 sva 但是不包含 eva——确定的虚拟地址范围中的所有虚拟地址。如果涉及的 pmap 是一个嵌套 pmap，那么 pmap_remove()将不会删除任何映射。嵌套 pmap 是指将一个 pmap 插入到另一个 pmap 中。内核使用嵌套 pmap 实现共享段，它们反过来又被共享库和公共页机制使用。

```
void
pmap_remove(pmap_t pmap, addr64_t sva, addr64_t eva);
```

pmap_page_protect()降低了给定页的所有映射的权限。特别是，如果 prot 是 VM_PROT_NONE，这个函数将删除该页的所有映射。

```
void
pmap_page_protect(ppnum_t pa, vm_prot_t prot);
```

pmap_protect()用于更改由给定的 pmap 和[sva, eva)确定的虚拟地址范围中的所有虚拟地址上的保护。如果 prot 是 VM_PROT_NONE，就会在虚拟地址范围上调用 pmap_remove()。

```
void
pmap_protect(pmap_t pmap,
             vm_map_offset_t sva,
             vm_map_offset_t eva,
             vm_prot_t prot);
```

pmap_clear_modify()用于为从给定物理地址处开始的独立于机器的页清除脏位。pmap_is_modified()用于检查自从上一次调用 pmap_clear_modify()起是否修改了给定的物理页。类似地，pmap_clear_reference()和 pmap_is_referenced()用于操作给定物理页的引用的位。

```
void        pmap_clear_modify(ppnum pa);
```

```
boolean_t      pmap_is_modified(register ppnum_t pa);
void           pmap_clear_reference(ppnum_t pa);
boolean_t      pmap_is_referenced(ppnum_t pa);
```

pmap_switch()用于切换到新的 pmap——也就是说，它将改为新的地址空间。在线程上下文切换期间将调用它（除非两个线程属于同一个任务，从而共享相同的地址空间）。

```
void
pmap_switch(pmap_t pmap);
```

PMAP_ACTIVATE(pmap, thread, cpu)和 PMAP_DEACTIVATE(pmap, thread, cpu)分别用于激活与停用由 thread 在 cpu 上使用的 pmap。这两个例程在 PowerPC 上被定义为空宏。

8.4 驻 留 内 存

Mach 把地址空间分成页，其中页大小通常与原始硬件页大小相同，尽管 Mach 的设计允许从多个物理上连续的硬件页构建更大的虚拟页大小。程序员可见的内存是字节可寻址的，而 Mach 虚拟内存原语只用于操作页。事实上，Mach 将在内部使页对齐内存偏移量，并且把内存范围的大小向上取整到最接近的页界限。而且，内核是在页级别执行内存保护的。

> 使原始硬件支持多种页大小是可能的——例如，PowerPC 970FX 支持 4KB 和 16MB 的页大小。Mach 还支持比原始硬件页大小更大的虚拟页大小，在这种情况下，更大的虚拟页将映射到多个连续的物理页。内核变量 vm_page_shift 包含要右移的位数，用以把字节地址转换成页编号。库变量 vm_page_size 包含由 Mach 使用的页大小。sysctl 变量 hw.memsize 也包含页大小。
>
> ```
> $ sudo ./readksym.sh _vm_page_shift 4 -d
> 0000000 00000 00012
> ```

8.4.1 vm_page 结构

地址空间的有效部分对应有效的虚拟页。依赖于程序的内存使用模式及其他因素，可以在物理内存中通过驻留页缓存它的一些或者甚至全部虚拟内存，也可能不缓存它的任何虚拟内存。驻留页结构（struct vm_page [osfmk/vm/vm_page.h]）对应于物理内存的页，反之亦然。它包含一个指向关联 VM 对象的指针，还会记录进入对象的偏移量，以及各种各样的信息，比如：指示页是否被引用，它是否被修改过了以及它是否加密了，等等。图 8-10 显示了如何将 vm_page 结构连接到其他数据结构的概览。注意：这个结构同时驻留在多个列表上。

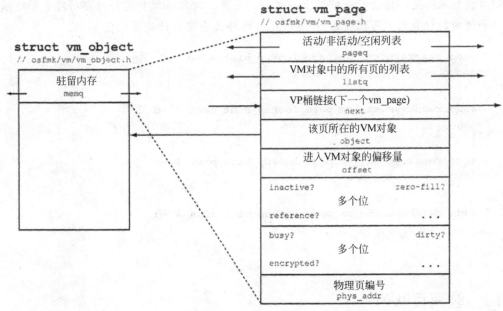

图 8-10 驻留页的结构

8.4.2 搜索驻留页

内核维护驻留页的散列表,其中 vm_page 结构的 next 字段用于把表中的页链接起来。给定{VM 对象,偏移量}对,就可以使用散列表(也称为**虚拟-物理**(Virtual-to-Physical,VP)表)查找驻留页。下面列出了一些用于访问和操作 VP 表的函数。

```
vm_page_t
vm_page_lookup(vm_object_t object, vm_object_offset_t offset);

void
vm_page_insert(vm_page_t mem, vm_object_t object, vm_object_offset_t offset);

void
vm_page_remove(vm_page_t mem);
```

使用以下散列函数在散列表中分配对象/偏移量对(atop_64()宏用于把地址转换成页)。

```
H = vm_page_bucket_hash; // basic bucket hash (calculated during bootstrap)
M = vm_page_hash_mask; // mask for hash function (calculated during bootstrap)

#define vm_page_hash(object, offset) \
 (((natural_t)((uint32_t)object * H) + ((uint32_t)atop_64(offset) ^ H)) & M)
```

注意:查找函数使用在 VM 对象的 memq_hint 字段中记录的提示[1]。在为给定的对象/偏移量对搜索散列表之前,vm_page_lookup() [osfmk/vm/vm_resident.c]将检查由提示指定的

---

[1] 查找函数还有一个不使用 VM 对象的提示的版本,任务工作集检测子系统使用的正是这个版本。

驻留页，如果必要，还会检查它的下一页和前一页。内核将维护为每种成功的基于提示的查找而递增的计数器。可以使用 readksym.sh 程序检查这些计数器的值。

```
$ sudo readksym.sh _vm_page_lookup_hint 4 -d
0000000 00083 28675
...
$ sudo readksym.sh _vm_page_lookup_hint_next 4 -d
0000000 00337 03493
...
$ sudo readksym.sh _vm_page_lookup_hint_prev 4 -d
0000000 00020 48630
...
$ sudo readksym.sh _vm_page_lookup_hint_miss 4 -d
0000000 00041 04239
...
$
```

8.4.3　驻留页队列

可分页的驻留页[①]通过 vm_page 结构的 pageq 字段驻留在下面 3 个调页队列之一上。

- **空闲队列**（Free Queue）（vm_page_queue_free）包含可立即用于分配的空闲页。这个队列上的页没有映射，并且不包含有用的数据。当内核需要空页时，比如说在页错误或者在内核内存分配期间，它将从这个队列中获取页。
- **非活动队列**（Inactive Queue）（vm_page_queue_inactive）包含在任何 pmap 中都没有引用但是仍然具有对象/偏移量页映射的页。这个队列上的页可能是脏页。当内核需要从某些内存中读出页时，它将从非活动列表中收回驻留页。有单独的非活动内存队列用于匿名内存（vm_page_queue_zf），允许读出页守护进程给匿名内存页分配更高的亲和性。这个列表是先进先出（First-In First-Out，FIFO）列表。
- **活动队列**（Active Queue）（vm_page_queue_active）包含在至少一个 pmap 中引用的页。这也是一个 FIFO 列表，它具有类似于 LRU 的排序。

top 命令可用于显示当前跨活动、非活动和空闲队列分配的内存数量。

回忆一下，在 8.3.5 节中指出，VM 对象可以是持久的，在这种情况下，当它的所有引用消失后将不会释放它的页。这样的页将放置在非活动列表上。这对于内存映射的文件特别有用。

8.4.4　页置换

由于物理内存是一种有限的资源，内核必须持续决定应该把哪些页保持为驻留页，应该把哪些页变为驻留页，以及应该从物理内存中收回哪些页。内核使用一种称为**带二次机**

[①]　当页被绑定时，将从调页队列中删除它。

会的先进先出（FIFO with Second Chance）的页置换策略，它近似于 LRU 的行为。

> 页置换的特定目标是在活动列表与非活动列表之间维持一种平衡。理想情况下，活动列表应该只包含所有程序的工作集。

内核使用一组参数管理上述的 3 种页队列，这些参数指定了调页阈值及其他约束。页队列管理包括以下特定的操作。

- 从活动队列前端把页移到非活动队列。
- 从非活动队列中清除脏页。
- 从非活动队列中把干净的页移到空闲队列。

既然活动队列是 FIFO，将首先删除最旧的页。如果引用一个非活动页，将把它移回活动队列。因此，非活动队列上的页将有资格第二次被引用——如果某个页被足够频繁地引用，将阻止把它移到空闲队列，从而将不会被回收。

所谓的脏页清理是由读出页守护进程执行的，它包括以下内核线程。

- vm_pageout_iothread_internal() [osfmk/vm/vm_pageout.c]
- vm_pageout_iothread_external() [osfmk/vm/vm_pageout.c]
- vm_pageout_garbage_collect() [osfmk/vm/vm_pageout.c]

"内部"和"外部"线程都使用 vm_pageout_iothread_continue() [osfmk/vm/vm_pageout.c] 延续，但是它们使用单独的读出页（清洗）查询：分别是 vm_pageout_queue_internal 和 vm_pageout_queue_external。vm_pageout_iothread_continue()为给定的清洗队列提供服务，如果必要，还会调用 memory_object_data_return()，给合适的分页器发送数据。vm_pageout_garbage_collect()则用于释放过多的内核栈，并且可能会触发 Mach 的基于区域的内存分配器模块中的垃圾收集（参见 8.16.3 节）。

读出页守护进程还会控制把脏页发送给分页器的速率。特别是，常量 VM_PAGE_LAUNDRY_MAX（16）用于限制默认分页器未完成的最大读出页数量。当清洗计数（队列中或涉及的清洗页的当前计数）超过这个阈值时，读出页守护进程将暂停工作，以便让默认分页器跟上它的速度。

8.4.5　物理内存簿记

调用 vm_page_grab() [osfmk/vm/vm_resident.c]从空闲列表中删除页。如果系统中的空闲页数量（vm_page_free_count）小于预留的空闲页数量（vm_page_free_reserved），这个例程将不会尝试获取页，除非当前线程是一个具有 VM 特权的线程。

```
$ sudo readksym.sh _vm_page_free_count 4 -d
0000000 00001 60255
...
$ sudo readksym.sh _vm_page_free_reserved 4 -d
0000000 00000 00098
...
```

如图 8-11 中所示，vm_page_grab()还会检查空闲计数器和非活动计数器的当前值，以确定它是否应该唤醒读出页守护进程。

```
// osfmk/vm/vm_resident.c

vm_page_t
vm_page_grab(void)
{
    register vm_page_t mem;

    mutex_lock(&vm_page_queue_free_lock);
    ...
    if ((vm_page_free_count < vm_page_free_reserved) &&
        !(current_thread()->options & TH_OPT_VMPRIV)) {
        mutex_unlock(&vm_page_queue_free_lock);
        mem = VM_PAGE_NULL;
        goto wakeup_pageout;
    }
    ...
// try to grab a page from the free list
    ...
wakeup_pageout:

    if ((vm_page_free_count < vm_page_free_min) ||
        ((vm_page_free_count < vm_page_free_target) &&
        (vm_page_inactive_count < vm_page_inactive_target)))
        thread_wakeup((event_t) &vm_page_free_wanted);

    return mem;
}
```

图 8-11 从列表中获取页

注意：在图 8-11 中，vm_page_grab()还会把空闲计数器的当前值与 vm_page_inactive_target 做比较。后者指定了所需要的非活动队列的最小大小——它必须足够大，使得它上面的页可以获得充足的被引用的机会。读出页守护进程将根据下面的公式保持更新 vm_page_inactive_target。

```
vm_page_inactive_target =
    (vm_page_active_count + vm_page_inactive_count) * (1/3)
```

类似地，vm_page_free_target 指定了所需要的空闲页的最少数量。一旦启动，读出页守护进程将持续运行，直到 vm_page_free_count 至少达到这个数字为止。

```
$ sudo readksym.sh _vm_page_inactive_target 4 -d
0000000 00003 44802
...
$ sudo readksym.sh _vm_page_active_count 4 -d
0000000 00001 60376
```

```
...
$ sudo readksym.sh _vm_page_inactive_count 4 -d
0000000 00009 04238
...
$ sudo readksym.sh _vm_page_free_target 4 -d
0000000 00000 09601
...
$ sudo readksym.sh _vm_page_free_count 4 -d
0000000 00000 11355
...
```

vm_page_free_reserved 全局变量指定了为具有 VM 特权的线程预留的物理页数量，通过在 thread 结构的 options 字段中设置 TH_OPT_VMPRIV 位来标记这些线程。此类线程的示例包括读出页守护进程自身以及默认分页器。如图 8-12 所示，vm_page_free_reserve() 允许调整 vm_page_free_reserved 的值，这还会导致重新计算 vm_page_free_target。例如，thread_wire_internal() [osfmk/kern/thread.c]（用于为线程设置或清除 TH_OPT_VMPRIV 选项）将调用 vm_page_free_reserve()，递增或递减预留页的数量。

// osfmk/vm/vm_resident.c

```
unsigned int vm_page_free_target = 0;
unsigned int vm_page_free_min = 0;
unsigned int vm_page_inactive_target = 0;
unsigned int vm_page_free_reserved = 0;
```

// osfmk/vm/vm_pageout.c

```
#define VM_PAGE_LAUNDRY_MAX            16UL
...
#define VM_PAGE_FREE_TARGET(free)      (15 + (free) / 80)
#define VM_PAGE_FREE_MIN(free)         (10 + (free) / 100)
#define VM_PAGE_INACTIVE_TARGET(avail) ((avail) * 1 / 3)
#define VM_PAGE_FREE_RESERVED(n)       ((6 * VM_PAGE_LAUNDRY_MAX) + (n))
...

void
vm_pageout(void)
{
    // page-out daemon startup
    vm_page_free_count_init = vm_page_free_count; // save current value
    ...
    if (vm_page_free_reserved < VM_PAGE_FREE_RESERVED(processor_count)) {
        vm_page_free_reserve((VM_PAGE_FREE_RESERVED(processor_count)) -
                        vm_page_free_reserved);
```

图 8-12 预留物理内存

```
    } else
        vm_page_free_reserve(0);
    ...
}
...

void
vm_page_free_reserve(int pages)
{
    int free_after_reserve;

    vm_page_free_reserved += pages;

    // vm_page_free_count_init is initial value of vm_page_free_count
    // it was saved by the page-out daemon during bootstrap
    free_after_reserve = vm_page_free_count_init - vm_page_free_reserved;

    vm_page_free_min = vm_page_free_reserved +
                        VM_PAGE_FREE_MIN(free_after_reserve);

    vm_page_free_target = vm_page_free_reserved +
                            VM_PAGE_FREE_TARGET(free_after_reserve);

    if (vm_page_free_target < vm_page_free_min + 5)
        vm_page_free_target = vm_page_free_min + 5;
}
```

图 8-12（续）

8.4.6   页错误

当某个任务尝试访问驻留在某个页中的数据时，如果该页在可以被任务使用之前需要内核干预，就会导致页错误。页错误可能有多个原因，比如下面列出的这些原因。

- **无效访问**（Invalid Access）：地址没有映射到任务的地址空间中。这会导致一个 EXC_BAD_ACCESS Mach 异常，它具有特定的异常代码 KERN_INVALID_ADDRESS。这个异常通常会由内核转换成 SIGSEGV 信号。
- **非驻留页**（Nonresident Page）：任务尝试访问当前未进入任务的 pmap 的虚拟页。如果页确实不在物理内存中并且需要从辅助存储器中读取数据（读入页），就会把错误归类为"硬"页错误。内核将联系管理所请求页的分页器，分页器反过来将访问关联的后备存储器。不过，如果数据存在于缓存中，它就是一个"软"页错误。在这种情况下，仍然必须在内存中找到页，并且仍然必须建立合适的页转换。
- **违反保护级别**（Protection Violation）：例如，任务尝试访问的页具有比所允许的更高的访问级别。如果违反保护级别是可校正的，内核将透明地处理错误；否则，将把异常报告给错误（通常是作为一个 SIGBUS 信号）。可校正类型的页错误的一个示例是：当任务尝试写到由于写时复制操作而被标记为只读的页时，就会发生页错误。这类页错误的一个示例是：任务尝试写到公共页。

页错误处理程序是在 osfmk/vm/vm_fault.c 中实现的，其中 vm_fault()是主入口点。现在来看在处理典型的页错误中所涉及的步骤序列。如表 5-1 中所示，PowerPC 上的页错误或者出错的数据内存访问对应于一个数据访问异常。为了处理异常，内核将调用 trap() [osfmk/ppc/trap.c]，并且把中断代码设置为 T_DATA_ACCESS。trap()可以利用多种方式处理这个异常，这依赖于它是发生在内核中还是用户空间中，是否启用了内核调试器，出错线程的 thread 结构是否包含一个指向"恢复"函数的有效指针，等等。一般来讲，trap()将调用 vm_fault()解决页错误。vm_fault()将为给定的虚拟地址首先搜索给定的 VM 映射。如果成功，它将找到一个 VM 对象、进入对象的偏移量以及关联的保护值。

接下来，必须确保页是驻留的。要么将通过查找虚拟-物理散列表而在物理内存中找到页，要么为给定的对象/偏移量对分配新的驻留页并插入散列表中。在后一种情况下，还必须利用数据填充页。如果 VM 对象具有分页器，内核将调用 memory_object_data_request() 请求分页器获取数据。此外，如果 VM 对象具有一个影子对象，内核将遍历影子对象链以寻找页。将利用 0 填充与内部 VM 对象（匿名内存）对应的新页。而且，如果 VM 对象具有关联的副本对象并且正在写入页，那么将把它推送给副本（如果它还不在那里的话）。

最终，页错误处理程序将通过调用 PMAP_ENTER() [osfmk/vm/pmap.h]使页进入任务的 pmap 中，其中 PMAP_ENTER()是 pmap_enter()的包装器。此后，页将可供任务使用。

8.5　自举期间的虚拟内存初始化

在第 5 章中讨论了虚拟内存初始化的多个方面。既然我们在本章中具有更多的语境，就让我们简要地再次讨论 VM 子系统是如何提出的。回忆可知，在 PowerPC 上，ppc_vm_init() [osfmk/ppc/ppc_vm_init.c]执行内存子系统的特定于硬件的初始化。特别是，它将自举 pmap 模块并且启用地址转换，快速启动虚拟内存以及使用页表。此后，将会启动内核的更高级的自举。这种更高级自举的最初的步骤之一是调度器初始化，其后接着 Mach VM 子系统的独立于硬件部分的初始化。图 8-13 中描述了后者，它是在第 5 章中所看到的图形的更详细的版本。

ppc_vm_init() [osfmk/ppc/ppc_vm_init.c]处理由引导加载程序提供给内核的物理内存库信息，并且为 pmap 模块填充 pmap_mem_regions 数组。这个数组的一个元素是 mem_region_t 数据结构[osfmk/ppc/mappings.c]。

注意：尽管说图 8-13 显示了一幅独立于硬件的图形，但是显示的函数序列包括 pmap_init() [osfmk/ppc/pmap.c]，它调用 zinit()创建一个用于分配 pmap 的区域(pmap_t)，完成 pmap 模块的初始化。该函数还会初始化用于跟踪空闲 pmap 的数据结构——确切地讲，包括空闲 pmap 的列表、这个列表上的 pmap 的计数以及一个简单的锁。

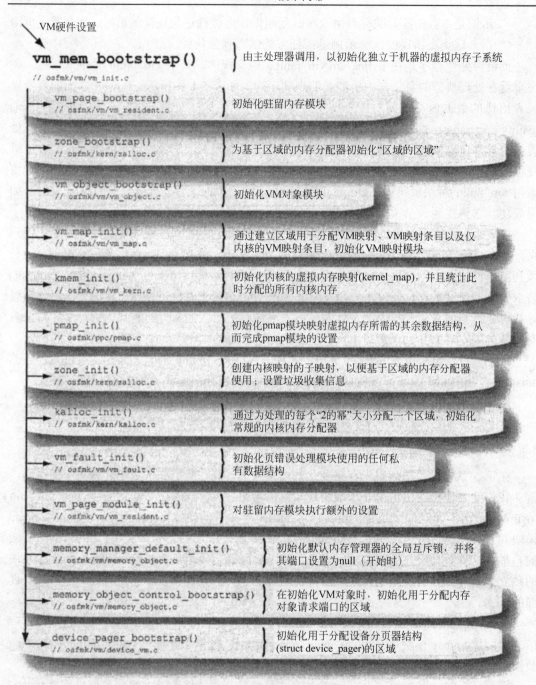

VM硬件设置

vm_mem_bootstrap() 由主处理器调用，以初始化独立于机器的虚拟内存子系统
// osfmk/vm/vm_init.c

vm_page_bootstrap() 初始化驻留内存模块
// osfmk/vm/vm_resident.c

zone_bootstrap() 为基于区域的内存分配器初始化"区域的区域"
// osfmk/kern/zalloc.c

vm_object_bootstrap() 初始化VM对象模块
// osfmk/vm/vm_object.c

vm_map_init() 通过建立区域用于分配VM映射、VM映射条目以及仅
// osfmk/vm/vm_map.c 内核的VM映射条目，初始化VM映射模块

kmem_init() 初始化内核的虚拟内存映射(kernel_map)，并且统计此
// osfmk/vm/vm_kern.c 时分配的所有内核内存

pmap_init() 初始化pmap模块映射虚拟内存所需的其余数据结构，从
// osfmk/ppc/pmap.c 而完成pmap模块的设置

zone_init() 创建内核映射的子映射，以便基于区域的内存分配器
// osfmk/kern/zalloc.c 使用；设置垃圾收集信息

kalloc_init() 通过为处理的每个"2的幂"大小分配一个区域，初始化
// osfmk/kern/kalloc.c 常规的内核内存分配器

vm_fault_init() 初始化页错误处理模块使用的任何私
// osfmk/vm/vm_fault.c 有数据结构

vm_page_module_init() 对驻留内存模块执行额外的设置
// osfmk/vm/vm_resident.c

memory_manager_default_init() 初始化默认内存管理器的全局互斥锁，并将
// osfmk/vm/memory_object.c 其端口设置为null（开始时）

memory_object_control_bootstrap() 在初始化VM对象时，初始化用于分配内存
// osfmk/vm/memory_object.c 对象请求端口的区域

device_pager_bootstrap() 初始化用于分配设备分页器结构
// osfmk/vm/device_vm.c (struct device_pager)的区域

图 8-13　Mach VM 子系统的独立于硬件部分的初始化

8.6　Mach VM 用户空间的接口

Mach 给用户程序提供了一组强大的例程，用于操作任务地址空间。给定合适的特权，一个任务就可以在另一个任务的地址空间上执行操作，就像在操作它自己的地址空间一样。

Mach VM 用户接口中的所有例程都需要将目标任务作为一个参数①。因此，例程的使用方式将保持一致，无论目标任务是调用者自己的任务还是另一个任务。

由于用户地址空间与用户任务之间具有一一映射的关系，将没有明确的例程用于创建或销毁地址空间。在创建第一个任务（内核任务）时，将把它的 task 结构的 map 字段设置成引用内核映射（kernel_map），而内核映射是在 VM 子系统初始化期间由 kmem_init() [osfmk/vm/vm_kern.c]创建的。对于后续的任务，将与任务一起创建虚拟地址空间，以及与任务一起销毁。在第 6 章中看到，task_create()调用接受一个原型任务和一个地址空间继承指示符作为参数。新创建的任务的地址映射的初始内容就是通过这些参数确定的。特别是，原型任务的地址映射的继承属性确定了哪些部分（如果有的话）将被子任务继承。

```
// osfmk/kern/task.c

kern_return_t
task_create_internal(task_t     parent_task,
                     boolean_t inherit_memory,
                     task_t     *child_task)
{
    ...
    if (inherit_memory)
        new_task->map = vm_map_fork(parent_task->map);
    else
        new_task->map = vm_map_create(pmap_create(0),
                          (vm_map_offset_t)(VM_MIN_ADDRESS),
                          (vm_map_offset_t)(VM_MAX_ADDRESS), TRUE);
    ...
}
```

vm_map_fork() [osfmk/vm/vm_map.c]首先调用 pmap_create() [osfmk/ppc/pmap.c]创建一个新的物理映射，以及利用新创建的物理映射调用 vm_map_create() [osfmk/vm/vm_map.c]来创建一个空的 VM 映射。新的 VM 映射的最小和最大偏移量取自父任务的映射。然后，vm_map_fork()将迭代父任务的地址映射的 VM 映射条目，检查每个条目的继承属性。这些属性确定子任务是否继承了父任务的任何内存范围，如果是，就确定是如何继承的（完全共享或复制）。如果不把继承的内存范围考虑在内，新创建的地址空间将是空的。在第一个线程在任务中执行之前，必须适当地填充任务的地址空间。对于典型的程序，多方——比如内核、系统库和动态链接编辑器——将确定把什么映射到任务的地址空间。

现在来探讨可供用户程序使用的多个 Mach VM 例程。下面总结了这些例程提供的功能。

- 在任务中创建任意的内存范围，包括新内存的分配。
- 在任务中销毁任意的内存范围，包括取消分配的内存范围。
- 读取、写入和复制内存范围。
- 共享内存范围。

---

① 确切地讲，目标任务是一种对目标任务的控制端口的发送权限。

- 设置内存范围的保护、继承及其他基本属性。
- 通过把内存范围中的页写入物理内存中，阻止它们被收回。

注意： 在本节中，讨论了在 Mac OS X 10.4 中引入的新 Mach VM API。从程序员的角度看，新 API 实质上与旧 API 相同，但是它们之间具有以下关键的区别。

- 例程名称具有 mach_ 前缀——例如，vm_allocate() 变成了 mach_vm_allocate()。
- 例程中使用的数据类型被更新成支持 64 位和 32 位的任务。因此，新 API 可以用于任何任务。
- 新 API 和旧 API 是通过不同的 MIG 子系统[①]导出的：分别是 mach_vm 和 vm_map。对应的头文件分别是 <mach/mach_vm.h> 和 <mach/vm_map.h>。

8.6.1 mach_vm_map()

mach_vm_map() 是用户可见的基本 Mach 例程，用于在任务中建立一个新的虚拟内存范围。它允许映射虚拟内存的属性的细粒度的规范，这考虑了它的大量参数。

```
kern_return_t
mach_vm_map(vm_map_t                  target_task,
            mach_vm_address_t         *address,
            mach_vm_size_t            size,
            mach_vm_offset_t          mask,
            int                       flags,
            mem_entry_name_port_t     object,
            memory_object_offset_t    offset,
            boolean_t                 copy,
            vm_prot_t                 cur_protection,
            vm_prot_t                 max_protection,
            vm_inherit_t              inheritance);
```

鉴于 mach_vm_map() 的重要性，本书将讨论它的每个参数，但是对于所有的 Mach VM 例程都将不会这样做。

target_task 指定了其地址空间将用于映射的任务。用户程序把目标任务的控制端口指定为这个参数，的确，类型 vm_map_t 等价于用户空间中的 mach_port_t。Mach 的 IPC 机制把 vm_map_t 转换成一个指向内核中的对应 VM 映射结构的指针。在 9.6.2 节中将讨论这种转换。

当 mach_vm_map() 成功返回时，它将利用目标任务的虚拟地址空间中新映射的内存的位置填充 address 指针。此时，将在 flags 参数中设置 VM_FLAGS_ANYWHERE 位。如果没有设置这个位，那么 address 将包含调用者指定的地址，以便 mach_vm_map() 使用。如果不能在那个地址映射内存（通常是由于从那个位置开始没有足够空闲的连续虚拟内存），mach_vm_map() 将失败。如果用户指定的地址不是页对齐的，那么内核将**截断**（Truncate）它。

size 指定了要映射的内存数量（以字节计）。它应该是整数页；否则，内核将适当地把

---

① 在第 9 章中将探讨 MIG 子系统。

它向上取整（Round Up）。

　　mach_vm_map() 的 mask 参数指定了内核选择的起始地址上的对齐限制。在 mask 中设置的位将不会在地址中设置——也就是说，将把它屏蔽掉。例如，如果 mask 是 0x00FF_FFFF，将在 16MB 的边界上对齐内核选择的地址（地址的低 24 位将为 0）。mach_vm_map() 的这种特性可用于仿真比物理页大小更大的虚拟页大小。

关于偏移量和大小的警告

　　如 8.4 节中所指出的，Mach VM API 例程操作的是页对齐的地址和内存大小，它们是页大小的整数倍。一般而言，如果用户指定的地址不是页的开始处，内核将截断它——也就是说，使用的实际地址将是原始地址所驻留的页的开始处。类似地，如果大小指定的参数包含一个字节计数，它不是整数页，那么内核将适当地对大小进行向上取整。下面的宏用于对偏移量和大小进行截断和取整（注意：对 0xFFFF_FFFF 页取整将得到值 1）。

```
// osfmk/mach/ppc/vm_param.h

#define PPC_PGBYTES 4096
#define PAGE_SIZE PPC_PGBYTES
#define PAGE_MASK (PAGE_SIZE - 1)


// osfmk/vm/vm_map.h

#define vm_map_trunc_page(x) ((vm_map_offset_t)(x) &
                                ~( (signed)PAGE_MASK))
#define vm_map_round_page(x) (((vm_map_offset_t)(x) + PAGE_MASK) & \
                                ~((signed)PAGE_MASK))
```

　　下面给出了在 flags 参数中可以设置的各个标志（位）的示例。

- VM_FLAGS_FIXED：它用于指定应该在调用者提供的地址处分配新的 VM 区域（如果可能的话）。VM_FLAGS_FIXED 被定义为值 0x0。因此，对它执行"逻辑或"不会改变 flags 的值。它只表示缺少 VM_FLAGS_ANYWHERE。
- VM_FLAGS_ANYWHERE：它用于指定在地址空间中的任意位置都可以分配新的 VM 区域。
- VM_FLAGS_PURGABLE：它用于指定应该为新的 VM 区域创建一个**可清洗**（Purgable）的 VM 对象。可清洗的对象具有特殊的属性，可将其置于一种永久性的状态，其中它的页将能够被收回，而不会读出到后备存储器。
- VM_FLAGS_OVERWRITE：当与 VM_FLAGS_FIXED 一起使用时，它用于指定新的 VM 区域可以根据需要替换现有的 VM 区域。

　　object 是 mach_vm_map() 的关键参数。它必须是一个 Mach 端口，用于指定内存对象，它将为要映射的范围提供支持。如前所见，内存对象代表其属性被单个分页器控制的页范围。内核使用内存对象端口与分页器通信。当使用 mach_vm_map() 把任务的地址空间的某个部分映射到一个内存对象时，后者的页将可以被任务访问。注意：这样的页范围出现在给定任务中的虚拟地址是任务相关的。不过，页在其内存对象内具有固定的偏移量——这个偏移量将被分页器处理。

下面给出了用于 mach_vm_map() 的内存对象的一些示例。

- 当加载一个 Mach-O 可执行文件以便让 execve() 系统调用执行时,将通过 vm_map() 内核函数[osfmk/vm/vm_user.c]把该文件映射到目标进程的地址空间中,其中 object 参数将引用虚拟结点分页器。

- 如果 object 参数是空内存对象(MEMORY_OBJECT_NULL)或者等价于 MACH_PORT_NULL,mach_vm_map() 将使用默认分页器,它提供了最初填充 0 的内存,受系统的交换空间支持。在这种情况下,mach_vm_map() 等价于 mach_vm_allocate() (参见 8.6.3 节),即便它具有更多的选项用于控制内存的属性。

- object 参数可以是**命名的条目**(Named Entry)句柄。任务通过调用 mach_make_memory_entry_64() 从其地址空间的给定映射部分创建命名的条目,它将返回一个句柄给底层的 VM 对象。这样获得的句柄可以用作共享内存对象:可以把它代表的内存映射到另一个任务的地址空间(或者同样也可以映射到相同任务的地址空间)。在 8.7.5 节中将看到一个使用 mach_make_memory_entry_64() 的示例。

> 还具有 mach_make_memory_entry(),它是 mach_make_memory_entry_64() 的包装器。顾名思义,后者不是仅支持 64 位的。

offset 参数指定内存在内存对象中的开始位置。这个参数与 size 一起指定要在目标任务中映射的内存范围。

如果 copy 为 TRUE,就会从内存对象中把内存复制(利用写时复制优化)到目标任务的虚拟地址空间。这样,目标将接收到内存的私有副本。此后,任务对该内存所执行的任何改变都将不会发送给分页器。反过来,任务将不会看到其他任务所做的改变。如果 copy 为 FALSE,将会直接映射内存。

cur_protection 用于指定内存的初始**当前保护**(Current Protection)。可以利用 Mach VM 保护值设置下面各个保护位:VM_PROT_READ、VM_PROT_WRITE 和 VM_PROT_EXECUTE。值 VM_PROT_ALL 和 VM_PROT_NONE 分别代表设置所有位(最大访问)和不设置任何位(禁止所有的访问)。max_protection 为内存指定**最大保护**(Maximum Protection)。

因此,每个映射的区域都具有当前保护和最大保护。一旦内存被映射,内核将不允许当前保护超过最大保护。以后可以使用 mach_vm_protect() 更改当前保护和最大保护基本属性(参见 8.6.5 节),尽管要注意的是最大保护只能被降低——也就是说,使之更具限制性。

inheritance 指定映射的内存的初始继承基本属性,它确定了在 fork() 操作期间内存将如何被子任务继承。它可以采用以下值。

- VM_INHERIT_NONE:范围在子任务中未定义("空")。
- VM_INHERIT_SHARE:范围在父任务与子任务之间共享,允许每个任务自由地读取和写入内存。
- VM_INHERIT_COPY:将范围从父任务复制(利用写时复制及其他(如果有的话)优化)到子任务中。

可以在以后使用 mach_vm_inherit() 更改继承基本属性(参见 8.6.6 节)。

8.6.2　mach_vm_remap()

　　mach_vm_remap()获取源任务中已经映射的内存，并在目标任务的地址空间中映射它，同时允许指定新映射的属性（就像 mach_vm_map()一样）。可以从映射的范围中创建一个命名的条目，然后通过 mach_vm_map()重新映射它，来实现类似的作用。在这种意义上，可以把 mach_vm_remap()视作用于内存共享的"看守"例程。注意：源任务和目标任务可以是同一个任务。

```
kern_return_t
mach_vm_remap(vm_map_t            target_task,
              mach_vm_address_t   *target_address,
              mach_vm_size_t      size,
              mach_vm_offset_t    mask,
              boolean_t           anywhere,
              vm_map_t            src_task,
              mach_vm_address_t   src_address,
              boolean_t           copy,
              vm_prot_t           *cur_protection,
              vm_prot_t           *max_protection,
              vm_inherit_t        inheritance);
```

　　cur_protection 和 max_protection 参数返回映射区域的保护基本属性。如果一个或多个子范围具有不同的保护基本属性，返回的基本属性将是具有最具限制性保护的范围的那些基本属性。

8.6.3　mach_vm_allocate()

　　mach_vm_allocate()在目标任务中分配一个虚拟内存区域。如前所述，它的作用类似于利用一个空内存对象调用 mach_vm_map()。它返回最初用 0 填充的、页对齐的内存。像 mach_vm_map()一样，它允许调用者提供进行内存分配的特定地址。

```
kern_return_t
mach_vm_allocate(vm_map_t           target_task,
                 mach_vm_address_t  address,
                 mach_vm_size_t     size,
                 int                flags);
```

8.6.4　mach_vm_deallocate()

　　mach_vm_deallocate()用于使给定地址空间中的虚拟内存的给定范围无效。

```
kern_return_t
mach_vm_deallocate(vm_map_t          target_task,
```

```
            mach_vm_address_t    *address,
            mach_vm_size_t       size);
```

　　这里使用的术语**分配**（Allocate）和**取消分配**（Deallocate）与它们在典型的内存分配器（比如 malloc(3)）的上下文中的使用方式之间具有细微的差别，认识到这一点很重要。内存分配器通常会**跟踪**（Track）所分配的内存——在释放所分配的内存时，分配器将会检查不是在释放没有分配的内存，或者不是在重复释放内存。与之相反，mach_vm_deallocate() 将会从给定的地址空间中简单地移除给定的范围——无论当前是否映射。

　　当任务在 IPC 消息中接收到页外（Out-Of-Line）内存时，如果不需要该内存，任务就应该使用 mach_vm_deallocate() 或 vm_deallocate() 释放它。多个 Mach 例程动态地——并且隐式地——在调用者的地址空间中分配内存。这类例程的典型示例是那些填充变长数组的例程，比如 process_set_tasks() 和 task_threads()。

8.6.5　mach_vm_protect()

　　mach_vm_protect() 用于为给定地址空间中的给定内存范围设置保护基本属性。可能的保护值与在 8.6.1 节中看到的那些保护值相同。如果 set_maximum 布尔参数为 TRUE，new_protection 就会指定最大保护；否则，它将指定当前保护。如果新的最大保护比当前保护更具限制性，就会降低后者以匹配新的最大保护。

```
kern_return_t
mach_vm_protect(vm_map_t             target_task,
                mach_vm_address_t    address,
                mach_vm_size_t       size,
                boolean_t            set_maximum,
                vm_prot_t            new_protection);
```

8.6.6　mach_vm_inherit()

　　mach_vm_inherit() 用于为给定地址空间中给定的内存范围设置继承基本属性。可能的继承值与在 8.6.1 节中看到的那些继承值相同。

```
kern_return_t
mach_vm_inherit(vm_map_t             target_task,
                mach_vm_address_t    address,
                mach_vm_size_t       size,
                vm_inherit_t         new_inheritance);
```

8.6.7　mach_vm_read()

　　mach_vm_read() 用于把给定地址空间中给定内存范围中的数据转换成调用任务中动态分配的内存。换句话说，与大多数 Mach VM API 例程不同，mach_vm_read() 隐式使用当前地址空间作为它的目标。源内存区域必须在源地址空间中映射。与在其他上下文中动态分配的内存一样，在合适时由调用者负责使之失效。

```
kern_return_t
mach_vm_read(vm_map_t                    target_task,
             mach_vm_address_t           address,
             mach_vm_size_t              size,
             vm_offset_t                 *data,
             mach_msg_type_number_t      *data_count);
```

mach_vm_read_overwrite()变体读入调用者指定的缓冲区。而另一个变体——mach_vm_read_list()——则从给定的映射中读取内存范围的列表。该列表是 mach_vm_read_entry 结构[<mach/vm_region.h>]的数组。这个数组的最大大小是 VM_MAP_ENTRY_MAX（256）。注意：对于每个源地址，都将把内存复制到调用任务中的相同地址。

```
kern_return_t
mach_vm_read_overwrite(vm_map_t                 target_task,
                       mach_vm_address_t        address,
                       mach_vm_size_t           size,
                       mach_vm_address_t        data,
                       mach_vm_size_t           *out_size);


kern_return_t
mach_vm_read_list(vm_map_t                 target_task,
                  mach_vm_read_entry_t     data_list,
                  natural_t                data_count);

struct mach_vm_read_entry {
    mach_vm_address_t   address;
    mach_vm_size_t      size;
};

typedef struct mach_vm_read_entry mach_vm_read_entry_t[VM_MAP_ENTRY_MAX];
```

8.6.8 mach_vm_write()

mach_vm_write()用于从调用者指定的缓冲区中把数据复制到目标地址空间中的给定内存区域。必须已经分配了目标内存范围，并且从调用者的角度看它是可写的——在这种意义上，更准确地讲它是一种**重写**（Overwrite）调用。

```
kern_return_t
mach_vm_write(vm_map_t                 target_task,
              mach_vm_address_t        address,
              vm_offset_t              data,
              mach_msg_type_number_t   data_count);
```

8.6.9   mach_vm_copy()

mach_vm_copy()用于把一个内存区域复制到相同任务内的另一个内存区域。源区域和目标区域必须都已经分配了。它们的保护基本属性分别必须允许读和写。而且，两个区域可以重叠。mach_vm_copy()的作用等同于在 mach_vm_read()后面接着 mach_vm_write()。

```
kern_return_t
mach_vm_copy(vm_map_t            target_task,
             mach_vm_address_t   source_address,
             mach_vm_size_t      count,
             mach_vm_address_t   dest_address);
```

比较 Mach VM 例程与用于传输的 Mach IPC 例程

由于大量的数据——理论上讲是整个地址空间——可以通过 Mach IPC 传输，在把数据从一个任务发送给另一个任务时，注意到 Mach VM 例程与 Mach IPC 消息传递之间的区别将是有趣的。对于像 mach_vm_copy()或 mach_vm_write()这样的 Mach VM 例程，调用任务必须具有对目标任务的控制端口的发送权限。不过，目标任务不必参与传输——它可以是**被动**（Passive）的。事实上，甚至可以挂起它。就 Mach IPC 而言，对于接收任务具有接收权限的端口，发送方必须具有对它的发送权限。此外，接收任务还必须主动接收消息。而且，Mach VM 例程允许在目标地址空间中的特定目标地址复制内存。

8.6.10   mach_vm_wire()

mach_vm_wire()用于改变给定内存区域的可分页性：如果 wired_access 参数是 VM_PROT_READ、VM_PROT_WRITE、VM_PROT_EXECUTE 之一，或者是其中的值组合，将相应地保护区域的页，并在物理内存中绑定它们。如果 wired_access 是 VM_PROT_NONE，则将取消绑定页。由于绑定页是一种特权操作，vm_wire()需要主机的控制端口的发送权限。host_get_host_priv_port()例程（它本身需要超级用户特权）可用于获得这些权限。

```
kern_return_t
mach_vm_wire(host_priv_t         host,
             vm_map_t            target_task,
             mach_vm_address_t   address,
             mach_vm_size_t      size,
             vm_prot_t           wired_access);
```

与迄今为止讨论过的其他 Mach VM 例程不同，mach_vm_wire()是由 host_priv MIG 子系统导出的。

8.6.11   mach_vm_behavior_set()

mach_vm_behavior_set()用于为给定的内存区域指定所期望的页引用行为——访问模

式。在页错误处理期间，将基于内存访问模式使用该信息来确定要停用哪些页（如果有的话）。

```
kern_return_t
mach_vm_behavior_set(vm_map_t target_task,
                     mach_vm_address_t address,
                     mach_vm_size_t size,
                     vm_behavior_t behavior);
```

behavior 参数可以采用以下值。

- VM_BEHAVIOR_DEFAULT：所有新生内存的默认行为。
- VM_BEHAVIOR_RANDOM：随机访问模式。
- VM_BEHAVIOR_SEQUENTIAL：顺序访问（正向）。
- VM_BEHAVIOR_RSEQNTL：顺序访问（逆向）。
- VM_BEHAVIOR_WILLNEED：在不久的将来需要这些页。
- VM_BEHAVIOR_DONTNEED：在不久的将来不需要这些页。

内核把 VM_BEHAVIOR_WILLNEED 和 VM_BEHAVIOR_DONTNEED 引用行为规范映射到默认行为，它呈现出强烈的引用局部性。

> mach_vm_behavior_set() 类似于 madvise() 系统调用。事实上，Mac OS X 的 madvise() 实现是一个简单的包装器，用于包装 mach_vm_behavior_set() 在内核中的实现。

由于期望的引用行为将应用于一个内存范围，因此将把行为设置记录为 VM 映射条目结构（struct vm_map_entry [osfmk/vm/vm_map.h]）的一部分。一旦出现页错误，错误处理程序将使用行为设置，来确定哪些（如果有的话）活动页没有足够的兴趣被停用。这种机制还会使用 VM 对象结构（struct vm_object [osfmk/vm/vm_object.h]）的 sequential 和 last_alloc 字段。sequential 字段将记录顺序访问大小，而 last_alloc 则会记录那个对象中的上一个分配偏移量。

如果引用行为是 VM_BEHAVIOR_RANDOM，顺序访问大小将总是保持为页大小，并且不会停用页。

如果行为是 VM_BEHAVIOR_SEQUENTIAL，页错误处理程序将检查当前和上一个分配偏移量，查看访问模式是否确实是顺序访问。如果是，就会按页大小递增 sequential 字段，并且会停用紧接的上一页。不过，如果访问不是顺序进行的，错误处理程序将通过把 sequential 字段设置为页大小来复位它的记录。在这种情况下，将不会停用任何页。VM_BEHAVIOR_RSEQNTL 的处理是类似的，只不过顺序的概念是相反的。

对于 VM_BEHAVIOR_DEFAULT，处理程序将尝试基于当前和上一个偏移量建立访问模式。如果它们不是连续的（以页为单位），访问将被认为是随机的，并且不会停用任何页。如果它们是连续的，无论是增加还是减少，处理程序都会按页大小递增 sequential 字段。如果模式继续并且记录的顺序访问大小超过了 MAX_UPL_TRANSFER（256）页，则将会停用相距（前面或后面，取决于方向）MAX_UPL_TRANSFER 页的页。当记录的顺序访问大小保持小于 MAX_UPL_TRANSFER 时，将不会停用任何页。不过，如果模式被打破，那么将把顺序访问大小复位为页大小。

> 页停用涉及调用 vm_page_deactivate() [osfmk/vm/vm_resident.c]，它将把页返回到非活动队列。

8.6.12   mach_vm_msync()

mach_vm_msync()用于将给定的内存范围与其分页器之间进行同步。

```
kern_return_t
mach_vm_msync(vm_map_t              target_task,
              mach_vm_address_t     address,
              mach_vm_size_t        size,
              vm_sync_t             sync_flags);
```

sync_flags 参数是<mach/vm_sync.h>中定义的同步位的逐位"或"运算。下面给出了有效组合的示例。

- VM_SYNC_INVALIDATE：冲洗给定内存范围中的页，只把珍贵页返回给分页器，并且会丢弃脏页。
- 如果与 VM_SYNC_INVALIDATE 一起指定 VM_SYNC_ASYNCHRONOUS，那么将把脏页和珍贵页都返回给分页器，但是调用在返回时将不会等待页到达后备存储器。
- VM_SYNC_SYNCHRONOUS 类似于 VM_SYNC_ASYNCHRONOUS，但是直至页到达后备存储器调用才会返回。
- 当单独指定 VM_SYNC_ASYNCHRONOUS 或 VM_SYNC_SYNCHRONOUS 时，将把脏页和珍贵页都返回给分页器，而不会冲洗任何页。
- 如果指定 VM_SYNC_CONTIGUOUS，并且如果没有完全映射指定的内存范围——也就是说，范围中具有间隙，那么调用将返回 KERN_INVALID_ADDRESS。然而，调用仍将完成它的工作，就像如果没有指定 VM_SYNC_CONTIGUOUS，它也会如此。

> **珍贵页**
>
> 当只需要数据的一个副本时，就可以使用珍贵页。珍贵页的副本可能不会同时存在于后备存储器和内存中。当分页器给内核提供珍贵页时，它就意味着分页器不一定会保留它自己的副本。当内核必须逐出这样的页时，必须把它们返回给分页器，即使它们在驻留时未被修改过。

mach_vm_msync() 类似于 msync() 系统调用。事实上，msync() 实现使用了 mach_vm_sync()的内核中的对应版本。如果将要同步的区域中具有间隙，POSIX.1 将需要 msync()返回一个 ENOMEM 错误。因此，在调用 mach_vm_msync()的内核中的版本之前，msync()总会设置 VM_SYNC_CONTIGUOUS 位。如果 mach_vm_msync()返回 KERN_INVALID_ADDRESS，msync()将把错误转换成 ENOMEM。

8.6.13　统计

可以使用 Mach 例程 host_statistics() 的 HOST_VM_INFO 风格来获取系统级 VM 统计。
vm_stat 命令行程序还可以显示这些统计。

```
$ vm_stat
Mach Virtual Memory Statistics: (page size of 4096 bytes)
Pages free:              144269.
Pages active:            189526.
Pages inactive:          392812.
Pages wired down:        59825.
"Translation faults":    54697978.
Pages copy-on-write:     800440.
Pages zero filled:       38386710.
Pages reactivated:       160297.
Pageins:                 91327.
Pageouts:                4335.
Object cache: 205675 hits of 378912 lookups (54% hit rate)
```

mach_vm_region() 返回关于给定地址空间的内存区域的信息。address 参数指定
mach_vm_region() 开始寻找有效区域的位置。address 和 size 的出站值指定了实际找到的区
域的范围。flavor 参数指定了要获取的信息的类型，其中 info 指向适合于所请求风格的结
构。例如，将把 VM_REGION_BASIC_INFO 风格用于 vm_region_basic_info 结构。count
参数以 natural_t 为单位指定输入缓冲区的大小。例如，要为 VM_REGION_BASIC_INFO
风格获取信息，输入缓冲区的大小至少必须是 VM_REGION_BASIC_INFO_COUNT。count
的出站值指定了通过调用填充的数据的大小。

```
kern_return_t
mach_vm_region(vm_map_t              target_task,
               mach_vm_address_t     *address,
               mach_vm_size_t        *size,
               vm_region_flavor_t    flavor,
               vm_region_info_t      info,
               mach_msg_type_number_t *info_count,
               mach_port_t           *object_name);
```

注意：在任务上调用 mach_vm_region() 之前，应该将任务挂起，否则获得的结果可能
不会提供关于任务的 VM 情形的真实图景。

mach_vm_region_recurse() 变体用于递归给定任务的地址映射中的子映射链。vmmap 命
令行程序使用两个变体获取关于在给定进程中分配的虚拟内存区域的信息。

8.7 使用 Mach VM 接口

现在来看几个使用 Mach VM 接口例程的示例。

> 本节中显示的示例将使用 8.6 节中讨论过的新型 Mach VM API。在编写本书时，新 API 的实现是过渡性质的。如果在试验它时遇到问题，可以求助于 vm_*例程。而且，本节中的示例可以编译为 64 位或 32 位的程序。这里显示的是为 64 位程序编译的示例。

8.7.1 控制内存继承

在这个示例中，将使用 mach_vm_allocate()分配两个内存页，并且将调用 mach_vm_inherit()，把一个页的继承基本属性设置为 VM_INHERIT_SHARE，并把另一个页的继承基本属性设置为 VM_INHERIT_COPY。然后，将把一些"标记"数据写到两个页并且调用 fork()。父任务将等待子任务退出。子任务将把它自己的标记数据写到页，这将导致共享页的内容就地改变，而另一个页将在写时物理地复制。本示例将使用 mach_vm_region()的 VM_REGION_TOP_INFO 风格检查与两个页对应的 VM 对象。图 8-14 显示了程序。

> 在图 8-14 中，注意：在这个示例中，程序将被编译为 64 位的 PowerPC 可执行文件，如 ppc64 体系结构值所指定的那样。由于 Mach VM 用户接口是独立于体系结构的，程序将会编译，并且在 Mac OS X 支持的所有体系结构上运行。

```
// vm_inherit.c

#include <stdio.h>
#include <sys/wait.h>
#include <stdlib.h>
#include <unistd.h>
#include <mach/mach.h>
#include <mach/mach_vm.h>

#define OUT_ON_MACH_ERROR(msg, retval) \
    if (kr != KERN_SUCCESS) { mach_error(msg ":" , kr); goto out; }

#define FIRST_UINT32(addr) (*((uint32_t *)addr))

static mach_vm_address_t page_shared;      // fully shared
static mach_vm_address_t page_cow;         // shared copy-on-write

kern_return_t
get_object_id(mach_vm_address_t offset, int *obj_id, int *ref_count)
```

图 8-14　控制内存继承

```
{
    kern_return_t          kr;
    mach_port_t            unused;
    mach_vm_size_t         size = (mach_vm_size_t)vm_page_size;
    mach_vm_address_t      address = offset;

    vm_region_top_info_data_t info;
    mach_msg_type_number_t    count = VM_REGION_TOP_INFO_COUNT;

    kr = mach_vm_region(mach_task_self(),&address,&size, VM_REGION_TOP_INFO,
                        (vm_region_info_t)&info, &count, &unused);
    if (kr == KERN_SUCCESS) {
        *obj_id = info.obj_id;
        *ref_count = info.ref_count;
    }

    return kr;
}


void
peek_at_some_memory(const char *who, const char *msg)
{
    int obj_id, ref_count;
    kern_return_t kr;

    kr = get_object_id(page_shared, &obj_id, &ref_count);
    printf("%-12s%-8s%-10x%-12x%-10d%s\n",
            who, "SHARED", FIRST_UINT32(page_shared), obj_id, ref_count, msg);
    kr = get_object_id(page_cow, &obj_id, &ref_count);
    printf("%-12s%-8s%-10x%-12x%-10d%s\n",
            who, "COW", FIRST_UINT32(page_cow), obj_id, ref_count, msg);
}


void
child_process(void)
{
    peek_at_some_memory("child", "before touching any memory");
    FIRST_UINT32(page_shared)   = (unsigned int)0xFEEDF00D;
    FIRST_UINT32(page_cow)      = (unsigned int)0xBADDF00D;
    peek_at_some_memory("child", "after writing to memory");

    exit(0);
}

int
```

图 8-14（续）

```
main(void)
{
    kern_return_t     kr;
    int               status;
    mach_port_t       mytask = mach_task_self();
    mach_vm_size_t    size = (mach_vm_size_t)vm_page_size;

    kr = mach_vm_allocate(mytask, &page_shared, size, VM_FLAGS_ANYWHERE);
    OUT_ON_MACH_ERROR("vm_allocate", kr);

    kr = mach_vm_allocate(mytask, &page_cow, size, VM_FLAGS_ANYWHERE);
    OUT_ON_MACH_ERROR("vm_allocate", kr);

    kr = mach_vm_inherit(mytask, page_shared, size, VM_INHERIT_SHARE);
    OUT_ON_MACH_ERROR("vm_inherit(VM_INHERIT_SHARE)", kr);

    kr = mach_vm_inherit(mytask, page_cow, size, VM_INHERIT_COPY);
    OUT_ON_MACH_ERROR("vm_inherit(VM_INHERIT_COPY)", kr);

    FIRST_UINT32(page_shared)   = (unsigned int)0xAAAAAAAA;
    FIRST_UINT32(page_cow)      = (unsigned int)0xBBBBBBBB;

    printf("%-12s%-8s%-10s%-12s%-10s%s\n",
           "Process", "Page", "Contents", "VM Object", "Refcount", "Event");

    peek_at_some_memory("parent", "before forking");

    if (fork() == 0)
        child_process(); // this will also exit the child
    wait(&status);

    peek_at_some_memory("parent", "after child is done");

out:
    mach_vm_deallocate(mytask, page_shared, size);
    mach_vm_deallocate(mytask, page_cow, size);

    exit(0);
}
```

```
$ gcc -arch ppc64 -Wall -o vm_inherit vm_inherit.c
$ ./vm_inherit
Process Page    Contents    VM Object   Refcount    Event
parent  SHARED  aaaaaaaa    4fa4000     1           before forking
```

图 8-14（续）

```
parent   COW      bbbbbbbb   5a93088   1   before forking
child    SHARED   aaaaaaaa   4fa4000   2   before touching any memory
child    COW      bbbbbbbb   5a93088   2   before touching any memory
child    SHARED   feedf00d   4fa4000   2   after writing to memory
child    COW      baddf00d   4ade198   1   after writing to memory
parent   SHARED   feedf00d   4fa4000   1   after child is done
parent   COW      bbbbbbbb   5a93088   1   after child is done
```

图 8-14（续）

在图 8-14 所示的输出中，注意：与写时复制页对应的 VM 对象不同于子任务写到页之前的 VM 对象。

8.7.2 调试 Mach VM 子系统

Mac OS X 内核提供了强大的用户空间接口用于调试 Mach VM 和 IPC 子系统。这些接口允许访问各种通常不向用户空间公开的内核数据结构。不过，必须在 DEBUG 配置中重新编译内核以启用这些接口。例如，MACH_VM_DEBUG 和 MACH_IPC_DEBUG 内核生成时配置选项将分别启用针对 VM 和 IPC 的调试例程。

现在来考虑一个 mach_vm_region_info() 的示例。这个例程用于获取关于内存区域的详细信息：给定一个内存地址，它将获取对应的 VM 映射条目结构的内容，以及关联的 VM 对象。之所以称之为"对象"，是因为如果具有影子链，mach_vm_region_info() 就会遵循它。

```
kern_return_t
mach_vm_region_info(vm_map_t                 map,
                    vm_offset_t              address,
                    vm_info_region_t         *regionp,
                    vm_info_object_array_t   *objectsp,
                    mach_msg_type_number_t   *objects_countp);
```

vm_info_region_t 结构 [osfmk/mach_debug/vm_info.h] 包含从 VM 映射条目结构中所选的信息，该结构对应于通过 map 指定的地址空间中的 address。在返回时，objectsp 将指向包含 objects_countp 条目的数组，其中每个条目都是一个 vm_info_object_t 结构 [osfmk/mach_debug/vm_info.h]，其中包含来自 VM 对象的信息。

VM 调试接口中的其他例程如下。

● mach_vm_region_info_64()：提供 mach_vm_region_info() 的 64 位版本。

● vm_mapped_pages_info()：获取一份列表，其中包含在给定任务中映射的虚拟页的地址。

● host_virtual_physical_table_info()：获取关于主机的虚拟-物理表的信息。

8.7.3　保护内存

图 8-15 中的程序是一个普通的示例，它使用 mach_vm_protect() 更改给定内存区域的保护基本属性。该程序使用 mach_vm_allocate() 分配内存的页，并且在页中的 2048 字节的偏移量处写入一个字符串。然后，它将调用 mach_vm_protect() 拒绝对从页的起始地址开始的内存的所有访问，但它将指定一个只有 4 字节的区域长度。Mach 将把区域大小向上取整为页大小，这意味着程序将不能访问它写入的字符串。

```c
// vm_protect.c

#include <stdio.h>
#include <stdlib.h>
#include <mach/mach.h>
#include <mach/mach_vm.h>

#define OUT_ON_MACH_ERROR(msg, retval) \
    if (kr != KERN_SUCCESS) { mach_error(msg ":" , kr); goto out; }

int
main(int argc, char **argv)
{
    char            *ptr;
    kern_return_t    kr;
    mach_vm_address_t a_page = (mach_vm_address_t)0;
    mach_vm_size_t    a_size = (mach_vm_size_t)vm_page_size;

    kr = mach_vm_allocate(mach_task_self(), &a_page, a_size, VM_FLAGS_ANYWHERE);
    OUT_ON_MACH_ERROR("vm_allocate", kr);

    ptr = (char *)a_page + 2048;

    snprintf(ptr, (size_t)16, "Hello, Mach!");

    if (argc == 2) { // deny read access to a_page
        kr = mach_vm_protect(
            mach_task_self(),                // target address space
            (mach_vm_address_t)a_page,       // starting address of region
            (mach_vm_size_t)4,               // length of region in bytes
            FALSE,                           // set maximum?
            VM_PROT_NONE);                   // deny all access
            OUT_ON_MACH_ERROR("vm_protect", kr);
    }
```

图 8-15　保护内存

```
        printf("%s\n", ptr);

out:
    if (a_page)
        mach_vm_deallocate(mach_task_self(), a_page, a_size);

    exit(kr);
}
```

```
$ gcc -arch ppc64 -Wall -o vm_protect vm_protect.c
$ ./vm_protect
Hello, Mach!
$ ./vm_protect VM_PROT_NONE
zsh: bus error   ./vm_prot_none VM_PROT_NONE
```

图 8-15（续）

8.7.4　访问另一个任务的内存

在这个示例中，将使用 mach_vm_read() 和 mach_vm_write() 从一个任务中操作另一个任务的内存。目标任务将分配内存的页，并且利用字符 A 填充它。然后，它将显示其进程 ID 和新分配的页的地址，并将进入一个忙碌的循环，当页的第一个字节变成不同于 A 的内容时，就退出循环。另一个程序——主程序——将读取目标任务的内存，把第一个字符修改为 B，并把它写回目标任务的地址空间，这将导致目标任务结束其忙碌的循环并退出。

图 8-16 显示了目标任务和主程序的源代码。注意：从基于 x86 的 Macintosh 系统开始，task_for_pid() 调用就需要超级用户特权。

// vm_rw_target.c

```c
#include <stdio.h>
#include <unistd.h>
#include <stdlib.h>
#include <mach/mach.h>
#include <mach/mach_vm.h>

#define SOME_CHAR 'A'

int
main()
{
    kern_return_t        kr;
    mach_vm_address_t    address;
    mach_vm_size_t       size = (mach_vm_size_t)vm_page_size;
```

图 8-16　访问另一个任务的内存

```
    // get a page of memory
    kr = mach_vm_allocate(mach_task_self(), &address, size, VM_FLAGS_ANYWHERE);
    if (kr != KERN_SUCCESS) {
        mach_error("vm_allocate:", kr);
        exit(1);
    }

    // color it with something
    memset((char *)address, SOME_CHAR, vm_page_size);

    // display the address so the master can read/write to it
    printf("pid=%d, address=%p\n", getpid(), (void *)address);

    // wait until master writes to us
    while (*(char *)address == SOME_CHAR)
        ;

    mach_vm_deallocate(mach_task_self(), address, size);

    exit(0);
}


// vm_rw_master.c

#include <stdio.h>
#include <stdlib.h>
#include <mach/mach.h>
#include <mach/mach_vm.h>

#define PROGNAME "vm_rw_master"

#define EXIT_ON_MACH_ERROR(msg, retval) \
    if (kr != KERN_SUCCESS) { mach_error(msg ":" , kr); exit((retval)); }

int
main(int argc, char **argv)
{
    kern_return_t           kr;
    pid_t                   pid;
    mach_port_t             target_task;
    mach_vm_address_t       address;
    mach_vm_size_t          size = (mach_vm_size_t)vm_page_size;
    vm_offset_t             local_address;
    mach_msg_type_number_t  local_size = vm_page_size;
```

图 8-16（续）

```
    if (argc != 3) {
        fprintf(stderr, "usage: %s <pid><address in hex>\n", PROGNAME);
        exit(1);
    }

    pid = atoi(argv[1]);
    address = strtoul(argv[2], NULL, 16);

    kr = task_for_pid(mach_task_self(), pid, &target_task);
    EXIT_ON_MACH_ERROR("task_for_pid", kr);

    printf("reading address %p in target task\n", (void *)address);

    kr = mach_vm_read(target_task, address, size,  &local_address, &local_size);
    EXIT_ON_MACH_ERROR("vm_read", kr);

    // display some of the memory we read from the target task
    printf("read %u bytes from address %p in target task, first byte=%c\n",
           local_size, (void *)address, *(char *)local_address);

    // change some of the memory
    *(char *)local_address = 'B';

    // write it back to the target task
    kr = mach_vm_write(target_task, address, local_address, local_size);
    EXIT_ON_MACH_ERROR("vm_write", kr);

    exit(0);
}



$ gcc -arch ppc64 -Wall -o vm_rw_target vm_rw_target.c
$ gcc -arch ppc64 -Wall -o vm_rw_master vm_rw_master.c
$ ./vm_rw_target
pid=3592, address=0x5000
        # another shell
        # will need superuser privileges on newer versions of Mac OS X
        $ ./vm_rw_master 3592 0x5000
        reading address 0x5000 in target task
        read 4096 bytes from address 0x5000 in target task, first byte=A
        $
$
```

图 8-16（续）

8.7.5　命名和共享内存

在 8.6.1 节中讨论 mach_vm_map()时遇到过 mach_make_memory_entry_64()例程。在这个示例中，将编写一个程序，使用这个例程创建一个命名的条目，它与其地址空间的给定映射部分对应。此后，程序将变成一个 Mach 服务器，等待客户发送给它一条 Mach IPC 消息，它将通过在应答消息中发送命名的条目句柄来做出响应。然后，客户可以在 mach_vm_map()调用中使用该句柄将关联的内存映射到其地址空间中。在创建命名的条目时，服务器将指定由 VM_PROT_READ 和 VM_PROT_WRITE 组成的权限值，允许客户完全读/写共享访问。

> 这个示例中使用的 IPC 概念将在第 9 章中讨论。该示例之所以出现在这里，是因为它更多的是一个 VM 示例，而不是一个 IPC 示例。

图 8-17 显示了客户和服务器程序源文件都将使用的公共头文件。

```
// shm_ipc_common.h

#ifndef _SHM_IPC_COMMON_H_
#define _SHM_IPC_COMMON_H_

#include <mach/mach.h>
#include <mach/mach_vm.h>
#include <servers/bootstrap.h>

#define SERVICE_NAME "com.osxbook.SHMServer"
#define SHM_MSG_ID   400

#define EXIT_ON_MACH_ERROR(msg, retval, success_retval) \
    if (kr != success_retval) { mach_error(msg ":" , kr); exit((retval)); }

// send-side version of the request message (as seen by the client)
typedef struct {
    mach_msg_header_t header;
} msg_format_request_t;

// receive-side version of the request message (as seen by the server)
typedef struct {
    mach_msg_header_t  header;
    mach_msg_trailer_t trailer;
} msg_format_request_r_t;

// send-side version of the response message (as seen by the server)
typedef struct {
```

图 8-17　用于共享内存客户-服务器示例的公共头文件

```
    mach_msg_header_t                header;
    mach_msg_body_t                  body;    // start of kernel processed data
    mach_msg_port_descriptor_t       data;    // end of kernel processed data
} msg_format_response_t;

// receive-side version of the response message (as seen by the client)
typedef struct {
    mach_msg_header_t                header;
    mach_msg_body_t                  body;    // start of kernel processed data
    mach_msg_port_descriptor_t       data;    // end of kernel processed data
    mach_msg_trailer_t               trailer;
} msg_format_response_r_t;

#endif // _SHM_IPC_COMMON_H_
```

图 8-17（续）

图 8-18 显示了用于客户的源文件。在 mach_vm_map()调用中，客户请求内核映射内存对象，这个内存对象是由其地址空间中的任何可用位置接收的命名条目句柄表示的。注意：客户还会把一个字符串（程序的第一个参数）写到字符串。

```
// shm_ipc_client.c

#include <stdio.h>
#include <stdlib.h>
#include "shm_ipc_common.h"

int
main(int argc, char **argv)
{
    kern_return_t            kr;
    msg_format_request_t     send_msg;
    msg_format_response_r_t  recv_msg;
    mach_msg_header_t        *send_hdr, *recv_hdr;
    mach_port_t              client_port, server_port, object_handle;

    // find the server
    kr = bootstrap_look_up(bootstrap_port, SERVICE_NAME, &server_port);
    EXIT_ON_MACH_ERROR("bootstrap_look_up", kr, BOOTSTRAP_SUCCESS);

    // allocate a port for receiving the server's reply
    kr = mach_port_allocate(mach_task_self(),        // our task is acquiring
                    MACH_PORT_RIGHT_RECEIVE,          // a new receive right
                    &client_port);                    // with this name
    EXIT_ON_MACH_ERROR("mach_port_allocate", kr, KERN_SUCCESS);
```

图 8-18 用于共享内存客户的源文件

```
// prepare and send a request message to the server
send_hdr                      = &(send_msg.header);
send_hdr->msgh_bits           = MACH_MSGH_BITS(MACH_MSG_TYPE_COPY_SEND, \
                                               MACH_MSG_TYPE_MAKE_SEND);
send_hdr->msgh_size           = sizeof(send_msg);
send_hdr->msgh_remote_port    = server_port;
send_hdr->msgh_local_port     = client_port;
send_hdr->msgh_reserved       = 0;
send_hdr->msgh_id             = SHM_MSG_ID;
kr = mach_msg(send_hdr,               // message buffer
         MACH_SEND_MSG,               // option indicating send
         send_hdr->msgh_size,         // size of header + body
         0,                           // receive limit
         MACH_PORT_NULL,              // receive name
         MACH_MSG_TIMEOUT_NONE,       // no timeout, wait forever
         MACH_PORT_NULL);             // no notification port
EXIT_ON_MACH_ERROR("mach_msg(send)", kr, MACH_MSG_SUCCESS);

do {
    recv_hdr                      = &(recv_msg.header);
    recv_hdr->msgh_remote_port    = server_port;
    recv_hdr->msgh_local_port     = client_port;
    recv_hdr->msgh_size           = sizeof(recv_msg);
    recv_msg.data.name            = 0;
    kr = mach_msg(recv_hdr,               // message buffer
             MACH_RCV_MSG,                // option indicating receive
             0,                           // send size
             recv_hdr->msgh_size,         // size of header + body
             client_port,                 // receive name
             MACH_MSG_TIMEOUT_NONE,       // no timeout, wait forever
             MACH_PORT_NULL);             // no notification port
    EXIT_ON_MACH_ERROR("mach_msg(rcv)", kr, MACH_MSG_SUCCESS);

    printf("recv_msg.data.name = %#08x\n", recv_msg.data.name);
    object_handle = recv_msg.data.name;

    { // map the specified memory object to a region of our address space

        mach_vm_size_t    size = vm_page_size;
        mach_vm_address_t address = 0;

        kr = mach_vm_map(
                 mach_task_self(),              // target address space (us)
                 (mach_vm_address_t *)&address, // map it and tell us where
                 (mach_vm_size_t)size,          // number of bytes to allocate
                 (mach_vm_offset_t)0,           // address mask for alignment
```

图 8-18（续）

```
                     TRUE,                            // map it anywhere
                     (mem_entry_name_port_t)object_handle,// the memory object
                     (memory_object_offset_t)0,       // offset within memory object
                     FALSE,                           // don't copy -- directly map
                     VM_PROT_READ|VM_PROT_WRITE,      // current protection
                     VM_PROT_READ|VM_PROT_WRITE,      // maximum protection
                     VM_INHERIT_NONE);                // inheritance properties
         if (kr != KERN_SUCCESS)
             mach_error("vm_map", kr);
         else {
             // display the current contents of the memory
             printf("%s\n", (char *)address);
             if (argc == 2) { // write specified string to the memory
                 printf("writing \"%s\" to shared memory\n", argv[1]);
                 strncpy((char *)address, argv[1], (size_t)size);
                 ((char *)address)[size - 1] = '\0';
             }
             mach_vm_deallocate(mach_task_self(), address, size);
         }
     }
  } while (recv_hdr->msgh_id != SHM_MSG_ID);

  exit(0);
}
```

图 8-18（续）

　　图 8-19 显示了用于服务器的源文件。由于命名条目是通过 Mach 端口表示的，服务器必须以特殊方式发送它：将其包装在一个**端口描述符**（Port Descriptor）中，而不是作为被动的内联数据发送它。在 9.5.5 节中将讨论这样的特殊 IPC 传输。

// shm_ipc_server.c

```
#include <stdio.h>
#include <stdlib.h>
#include "shm_ipc_common.h"


int
main(void)
{
    char                    *ptr;
    kern_return_t           kr;
    mach_vm_address_t       address = 0;
    memory_object_size_t    size = (memory_object_size_t)vm_page_size;
    mach_port_t             object_handle = MACH_PORT_NULL;
    msg_format_request_r_t  recv_msg;
```

图 8-19　用于共享内存服务器的源文件

```
msg_format_response_t      send_msg;
mach_msg_header_t          *recv_hdr, *send_hdr;
mach_port_t                server_port;

kr = mach_vm_allocate(mach_task_self(), &address, size, VM_FLAGS_ANYWHERE);
EXIT_ON_MACH_ERROR("vm_allocate", kr, KERN_SUCCESS);

printf("memory allocated at %p\n", (void *)address);

// Create a named entry corresponding to the given mapped portion of our
// address space. We can then share this named entry with other tasks.
kr = mach_make_memory_entry_64(
        (vm_map_t)mach_task_self(),                  // target address map
        &size,                                       // so many bytes
        (memory_object_offset_t)address,             // at this address
        (vm_prot_t)(VM_PROT_READ|VM_PROT_WRITE),     //with these permissions
        (mem_entry_name_port_t *)&object_handle,     //outcoming object handle
        (mem_entry_name_port_t)NULL);                // parent handle
// ideally we should vm_deallocate() before we exit
EXIT_ON_MACH_ERROR("mach_make_memory_entry", kr, KERN_SUCCESS);

// put some data into the shared memory
ptr = (char *)address;
strcpy(ptr, "Hello, Mach!");

// become a Mach server
kr = bootstrap_create_service(bootstrap_port, SERVICE_NAME, &server_port);
EXIT_ON_MACH_ERROR("bootstrap_create_service", kr, BOOTSTRAP_SUCCESS);

kr = bootstrap_check_in(bootstrap_port, SERVICE_NAME, &server_port);
EXIT_ON_MACH_ERROR("bootstrap_check_in", kr, BOOTSTRAP_SUCCESS);

for (;;) { // server loop

    // receive a message
    recv_hdr                    = &(recv_msg.header);
    recv_hdr->msgh_local_port   = server_port;
    recv_hdr->msgh_size         = sizeof(recv_msg);
    kr = mach_msg(recv_hdr,                   // message buffer
            MACH_RCV_MSG,                     // option indicating service
            0,                                // send size
            recv_hdr->msgh_size,              // size of header + body
            server_port,                      // receive name
            MACH_MSG_TIMEOUT_NONE,            // no timeout, wait forever
            MACH_PORT_NULL);                  // no notification port
    EXIT_ON_MACH_ERROR("mach_msg(recv)", kr, KERN_SUCCESS);
```

图 8-19（续）

```
        // send named entry object handle as the reply
        send_hdr                  = &(send_msg.header);
        send_hdr->msgh_bits       = MACH_MSGH_BITS_LOCAL(recv_hdr->msgh_bits);
        send_hdr->msgh_bits        |= MACH_MSGH_BITS_COMPLEX;
        send_hdr->msgh_size       = sizeof(send_msg);
        send_hdr->msgh_local_port  = MACH_PORT_NULL;
        send_hdr->msgh_remote_port = recv_hdr->msgh_remote_port;
        send_hdr->msgh_id          = recv_hdr->msgh_id;
        send_msg.body.msgh_descriptor_count = 1;
        send_msg.data.name               = object_handle;
        send_msg.data.disposition        = MACH_MSG_TYPE_COPY_SEND;
        send_msg.data.type               = MACH_MSG_PORT_DESCRIPTOR;
        kr = mach_msg(send_hdr,          // message buffer
                MACH_SEND_MSG,           // option indicating send
                send_hdr->msgh_size,     // size of header + body
                0,                       // receive limit
                MACH_PORT_NULL,          // receive name
                MACH_MSG_TIMEOUT_NONE,   // no timeout, wait forever
                MACH_PORT_NULL);         // no notification port
        EXIT_ON_MACH_ERROR("mach_msg(send)", kr, KERN_SUCCESS);
    }

    mach_port_deallocate(mach_task_self(), object_handle);
    mach_vm_deallocate(mach_task_self(), address, size);

    return kr;
}
```

图 8-19（续）

现在来测试共享内存客户和服务器程序。

```
$ gcc -arch ppc64 -Wall -o shm_ipc_client shm_ipc_client.c
$ gcc -arch ppc64 -Wall -o shm_ipc_server shm_ipc_server.c
$ ./shm_ipc_server
memory allocated at 0x5000
        # another shell
        $ ./shm_ipc_client
        recv_msg.data.name = 0x001003
        Hello, Mach!
        $ ./shm_ipc_client abcdefgh
        recv_msg.data.name = 0x001003
        Hello, Mach!
        writing "abcdefgh" to shared memory
        $ ./shm_ipc_client
        recv_msg.data.name = 0x001003
        abcdefgh
```

```
                    $
    ^C
    $
```

8.8　内核和用户地址空间布局

Mac OS X 内核具有 32 位的虚拟地址空间，无论它是在 32 位机器上还是在 64 位机器上运行皆是如此。从 Mac OS X 10.4 起，就有可能创建 64 位的用户程序，尽管在 64 位的版本中只有非常少的用户空间的 API 可用。

在一些系统上，将把每个用户地址空间的一部分预留给内核使用。例如，在 32 位的 Windows 上，将给用户进程提供其 4GB 虚拟地址空间的低 2GB[①]，以供它私用。余下的 2GB 将被操作系统使用。类似地，Linux 内核把 4GB 的用户地址空间分成两部分。操作系统通过把内核映射到每个进程的地址空间来使用它的那一部分，这避免了当内核需要访问用户虚拟地址空间时切换地址空间的开销。不过，仍然需要改变特权级别。

这减小了内核和用户的可用虚拟地址空间的大小。其好处是可以直接在内核中访问用户虚拟地址。可以将诸如 copyout()或 copyin()之类的操作实现为简单的内存复制（尽管具有页错误警告）。

Mac OS X 不会把内核映射到每个用户地址空间，因此每个用户/内核转换（在任一方向上）都需要进行地址空间切换。Mac OS X 将把各种库代码和数据映射到每个任务的地址空间，这减少了可供任务使用的任意有用的虚拟内存数量。

表 8-2 显示了 Mac OS X 内核的 PowerPC 版本已知的多种 VM 相关的限制。其中许多（但是并非全部）限制在 Mac OS X 的 x86 版本上是相同的。

表 8-2　VM 相关的系统限制

助　记　符	值	注　　释
VM_MAX_PAGE_ADDRESS	0x0007_FFFF_FFFF_F000（PowerPC）	可能最高的页地址。Mac OS X 10.4 在 64 位的硬件上提供了 51 位的用户虚拟内存
MACH_VM_MIN_ADDRESS	0	
MACH_VM_MAX_ADDRESS	0x0007_FFFF_FFFF_F000（PowerPC）	
VM_MIN_ADDRESS（32 位）	0	
VM_MAX_ADDRESS（32 位）	0xFFFF_F000	
USRSTACK（32 位）	0xC000_0000	用于 32 位进程的默认初始用户栈指针
VM_MIN_ADDRESS（64 位）	0	
VM_MAX_ADDRESS（64 位）	0x7_FFFF_FFFF_F000	
USRSTACK64（64 位）	0x7_FFFF_0000_0000	用于 64 位进程的默认初始用户栈指针
VM_MIN_KERNEL_ADDRESS	0x0000_1000	最小内核虚拟地址——不包括第一页，该页中包含异常矢量并且会被映射 V=R

① Windows 的某些版本允许通过引导时选项使用户地址空间大小在 2GB~3GB 之间变化。

助 记 符	值	注 释
VM_MAX_KERNEL_ADDRESS	0xDFFF_FFFF	最大内核虚拟地址——不包括最后 512MB，它被用作用户内存窗口（参见表 8-3）
KERNEL_STACK_SIZE	16KB	内核线程的栈的固定大小
INTSTACK_SIZE	20KB	中断栈大小

　　Mac OS X 内核使用一种称为**用户内存窗口**（User Memory Window）的优化技术，它把用户地址空间的一部分映射（在每个线程的基础上）进内核虚拟地址空间的最后 512MB 中。内核将在诸如 copyin()、copyout() 和 copypv() 之类的操作期间使用这种机制。如表 8-2 中所示，窗口开始于内核虚拟地址 0xE000_0000。因此，用户虚拟地址 addr 在内核中的虚拟地址(0xE000_0000 + addr)处将是可见的。

　　现在来探讨内核与用户虚拟地址空间在 Mac OS X 中是如何布局的。表 8-3 和表 8-4 分别显示了 Mac OS X 10.4 中的内核与用户（32 位）虚拟地址空间的布局。

表 8-3　内核虚拟地址空间布局（32 位 PowerPC，Mac OS X 10.4）

起 始 地 址	结 尾 地 址	注 释
0x0000_0000	0x0000_4FFF	osfmk/ppc/lowmem_vectors.s 中的异常矢量和低级内存代码
0x0000_5000	0x0000_5FFF	低级内存全局变量
0x0000_6000	0x0000_6FFF	用于低级调试的低级内存共享页
0x0000_7000	0x0000_DFFF	引导处理器中断和调试栈
0x0000_E000	0x0FFF_FFFF	内核代码和数据
0x1000_0000		物理内存窗口
	0xDFFF_FFFF	VM 子系统已知的最高内核虚拟地址
0xE000_0000	0xFFFF_FFFF	用户内存窗口

表 8-4　用户虚拟地址空间布局（32 位，Mac OS X 10.4）

起 始 地 址	结 尾 地 址	注 释
0x0000_0000	0x0000_1000	所谓的零页（Zero Page）(__PAGEZERO)——默认不能访问，使得间接引用 NULL 指针（包括距离 NULL 指针的小偏移量）将导致一个保护错误
0x0000_1000	0x8FDF_FFFF	应用程序地址范围（大约 2.3GB）
0x8FE0_0000	8x8FFF_FFFF	专门为 Apple 系统库预留的空间；例如，动态链接器的文本段，从 0x8FE0_0000 开始映射
0x9000_0000	0x9FFF_FFFF	全局共享文本段，专门为 Apple 系统库预留；例如，系统库的文本段，从 0x9000_0000 开始映射
0xA000_0000	0xAFFF_FFFF	全局共享数据段，专门为 Apple 系统库预留；例如，系统库的数据段，从 0xA000_0000 开始映射
0xB000_0000	0xBFFF_FFFF	用于应用程序的主线程的首选地址范围
0xC000_0000	0xEBFF_FFFF	可供第三方应用程序和框架代码使用的额外空间
0xF000_0000	0xFDFF_FFFF	由额外线程栈优先使用的范围，尽管应用程序也可能在必要时使用这个范围

续表

起始地址	结尾地址	注 释
0xFE00_0000	0xFFBF_FFFF	预留用于粘贴板及其他系统服务的范围；不会被用户程序使用
0xFFC0_0000	0xFFFD_FFFF	由其他系统服务优先使用的范围，尽管应用程序也可能在必要时使用这个范围
0xFFFE_0000	0xFFFF_7FFF	预留将被系统服务使用但不会被用户程序使用的范围；例如，从 0xFFFE_C000 开始的地址范围的一部分将被 Objective-C 用作公共页，用于优化消息分派
0xFFFF_8000	0xFFFF_EFFF	系统共享的公共页（7 页）
0xFFFF_F000	0xFFFF_FFFF	32 位地址空间的最后一页；不能被 Mach VM 子系统映射

尽管虚拟内存允许每个任务理论上使用其虚拟地址空间内的任何虚拟地址，实际上，将把每个任务的虚拟地址空间的一个子集预留用于常规或情境目的。例如，系统将把代码和数据映射到每个任务的地址空间内预定义的地址范围中。而且，可能完全禁止任务访问某些地址范围。例如，默认将禁止每个任务访问第一个内存页。因此，32 位任务的虚拟地址空间大小是 4GB（对应于通过 0 和 0xFFFF_FFFF 定义的范围，它们分别作为最低和最高虚拟内存地址），它只将其地址空间的一个子集用于任意目的。

总之，内核不会占用进程的地址空间的任何部分。内核和每个用户进程将获得完整的 4GB（32 位）地址空间。从用户到内核的每次转换（以及相反的过程）都需要进行地址空间切换。

> 内核支持设置每个线程的某个位（ignoreZeroFault），指示内核忽略由于线程访问第 0 页而导致的页错误。某些 ROM 设备驱动程序在启动时将会访问第 0 页，对于这样的情况这就是有用的。如果为出错的线程设置这个位并且出错的地址位于第 0 页内，陷阱处理程序将会简单地继续。在 Mac OS X 最近的版本中不建议使用这种技术。在较早的版本中，I/O Kit 使用它以临时允许"原始"驱动程序访问第 0 页。

当存在复制进/复制出时，最终将与 MMU 通信的代码会处理地址空间之间的映射。映射的工作是把给定的地址转换成使用的每个地址空间的映射地址。然后在复制操作中使用得到的地址。

由于地址空间切换（内核使用完整的 4GB 地址空间），复制进/复制出操作（尤其是在少量的内存上）可能比较昂贵。系统调用也会变得比较昂贵。

8.9   通用页列表（UPL）

内核提供了一种称为通用页列表（Universal Page List，UPL）的抽象，可将其视作一组有界页的包装器[①]。UPL 描述了与 VM 对象的某个地址范围关联的一组物理页。特别是，UPL 提供了其页的多个属性的快照，比如页是否被映射、是否是脏页、是否加密、是否忙碌（访问阻塞）或者是否与 I/O 内存对应。

---

① 可以将 UPL 视作 I/O Kit 中的 IOMemoryDescriptor 类实例的 Mach 或 BSD 等价版本。

UPL 是由 upl_create() [osfmk/vm/vm_pageout.c]在内部创建的，它将分配并初始化一个 UPL 结构（struct upl [osfmk/vm/vm_pageout.h]）。如果 UPL 是利用 UPL_SET_INTERNAL 控制标志创建的，那么关于 UPL 的所有信息都将包含在单个内存对象中，从而允许在内核内方便地传送 UPL。对于内部的 UPL，upl_create()将分配额外的内存，用于为 UPL 中的每个页保存一个 upl_page_info 结构[osfmk/mach/memory_object_types.h]。UPL 可以处理的最大页数是 MAX_UPL_TRANSFER，它被定义为 256，即 1MB 的内存。

UPL API 的主要客户包括分页器、文件系统层以及统一缓冲区缓存（Unified Buffer Cache，UBC）。当 UPL API 的客户需要基于 VM 对象的内容创建 UPL 时，它们不会直接调用 upl_create()；作为替代，它们将调用其他的高级函数，比如 vm_object_upl_request()、vm_object_iopl_request()和 vm_map_get_upl()。当不具有所涉及的 VM 对象时，后者就是有用的，因为在 VM 映射中给定一个地址范围时，它将查找底层的 VM 对象。不过，这个函数将只为第一个 VM 对象返回 UPL——如果请求的范围没有被第一个 VM 对象涵盖，调用者就必须执行另一个调用，以获取另一个 UPL，如此等等。

一旦修改了 UPL，可以分别通过 upl_commit()或 upl_abort()提交或中止所做的更改。这些函数操作的是整个 UPL。可以分别通过 upl_commit_range()或 upl_abort_range()提交或中止 UPL 的特定范围。UBC 函数 ubc_upl_commit_range()和 ubc_upl_abort_range()是 UPL 函数的包装器——如果在分别提交或中止后 UPL 的关联 VM 对象没有驻留页，这些 UBC 函数将额外地取消分配 UPL。

8.10 统一缓冲区缓存（UBC）

在历史上，UNIX 分配了物理内存的一部分，用作缓冲区缓存。其目标是：通过在内存中缓存磁盘块，从而避免在读或写数据时不得不转到磁盘，以此来改进性能。在统一缓冲区缓存出现之前,通过设备编号和块编号标识缓存的缓冲区。现代操作系统（包括 Mac OS X）使用一种统一的方法，其中文件的内存中的内容驻留在与常规内存相同的命名空间中。

概念上讲，UBC 存在于内核的 BSD 部分中。与普通文件对应的每个虚拟结点都包含一个指向 ubc_info 结构的引用,它充当虚拟结点与对应的 VM 对象之间的桥梁。注意：UBC 信息对于系统虚拟结点（标记为 VSYSTEM）不是有效的，即使虚拟结点是普通的也是如此。在创建虚拟结点时——比如说，由于 open()系统调用——将会分配和初始化 ubc_info 结构。

// bsd/sys/ubc_internal.h

```
struct ubc_info {
    memory_object_t            ui_pager;    // for example, the vnode pager
    memory_object_control_t    ui_control;  // pager control port
    long                       ui_flags;
    struct vnode               *ui_vnode;   // our vnode
    struct ucred               *ui_cred;    // credentials for NFS paging
    off_t                      ui_size;     // file size for vnode
```

```
        struct cl_readahead     *cl_rahead;      // cluster read-ahead context
        struct cl_writebehind   *cl_wbehind;     // cluster write-behind context
    };
```

```
    // bsd/sys/vnode_internal.h
```

```
    struct vnode {
        ...
        union {
            struct mount    *vu_mountedhere;    // pointer to mounted vfs (VDIR)
            struct socket   *vu_socket;         // UNIX IPC (VSOCK)
            struct specinfo *vu_specinfo;       // device (VCHR, VBLK)
            struct fifoinfo *vu_fifoinfo;       // fifo (VFIFO)
            struct ubc_info *vu_ubcinfo;        // regular file (VREG)
        } v_un;
        ...
    };
```

UBC 的工作是使用贪心法在物理内存中缓存文件支持的和匿名的内存：它将尝试使用所有可用的物理内存。对于具有 4GB 以上物理内存的 64 位机器上的 32 位进程，这具有特别重大的意义。尽管任何单个的 32 位进程都不能直接寻址 4GB 以上的虚拟内存，但是更大的物理内存将使所有进程受益，因为它相当于更大的缓冲区缓存。如前所见，驻留页是使用 LRU 类型的页置换策略收回的。很可能在缓冲区缓存中找到最近使用的页，比如说，与最近读取的文件或者与最近分配的内存对应的页。

可以使用 fs_usage 实用程序查看缓冲区缓存的工作。如第 6 章中所述，fs_usage 使用内核的 kdebug 设施，对内核事件执行细粒度的跟踪。页错误处理程序（vm_fault() [osfmk/vm/vm_fault.c]）将为多种页错误创建跟踪记录。

```
    // bsd/sys/kdebug.h
```

```
    #define DBG_ZERO_FILL_FAULT      1
    #define DBG_PAGEIN_FAULT         2
    #define DBG_COW_FAULT            3
    #define DBG_CACHE_HIT_FAULT      4
```

确切地讲，DBG_CACHE_HIT_FAULT 类型的错误意味着处理程序在 UBC 中找到了页。DBG_PAGEIN_FAULT 类型的错误意味着处理程序不得不为那个页错误发出 I/O。fs_usage 将把这两个事件分别报告为 CACHE_HIT 和 PAGE_IN。运行 fs_usage 报告系统级缓存命中和读入页，应该会显示通常情况下其中有许多 I/O 请求都会从 UBC 得到满足。

```
    $ sudo fs_usage -f cachehit
    ...
    11:26:36 CACHE_HIT              0.000002 WindowServer
    11:26:36 CACHE_HIT              0.000002 WindowServer
```

可以结合使用 F_NOCACHE 命令与 fcntl() 系统调用在每个文件的基础上禁用数据缓

存，这将在对应的虚拟结点中设置 VNOCACHE_DATA 标志。群集 I/O 层将检查这个标志并相应地执行 I/O。

8.10.1　UBC 接口

UBC 可以导出多个供文件系统使用的例程。图 8-20 显示了在虚拟结点上工作的例程。例如，在文件系统的写入例程扩展文件时，就可能会调用 ubc_setsize()，它用于向 UBC 通知文件大小变化。ubc_msync() 可用于冲洗出执行过 mmap() 的虚拟结点的所有脏页，如下所示。

```
int ret;
vnode_t vp;
off_t current_size;
...

current_size = ubc_getsize(vp);
if (current_size)
    ret = ubc_msync(vp,                       // vnode
                    (off_t)0,                 // beginning offset
                    current_size,             // ending offset
                    NULL,                     // residual offset
                    UBC_PUSHDIRTY | UBC_SYNC); // flags
// UBC_PUSHDIRTY pushes any dirty pages in the given range to the backing store
// UBC_SYNC waits for the I/O generated by UBC_PUSHDIRTY to complete


// convert logical block number to file offset
off_t
ubc_blktooff(vnode_t vp, daddr64_t blkno);

// convert file offset to logical block number
daddr64_t
ubc_offtoblk(vnode_t vp, off_t offset);

// retrieve the file size
off_t
ubc_getsize(vnode_t vp);

// file size has changed
int
ubc_setsize(vnode_t vp, off_t new_size);

// get credentials from the ubc_info structure
```

图 8-20　导出的 UBC 例程的示例

```
struct ucred *
ubc_getcred(vnode_t vp);

// set credentials in the ubc_info structure, but only if no credentials
// are currently set
int
ubc_setcred(vnode_t vp, struct proc *p);

// perform the clean/invalidate operation(s) specified by flags on the range
// specified by (start, end) in the memory object that backs this vnode
errno_t
ubc_msync(vnode_t vp, off_t start, off_t end, off_t *resid, int flags);

// ask the memory object that backs this vnode if any pages are resident
int
ubc_pages_resident(vnode_t vp);
```

图 8-20（续）

而且，UBC 还提供了如下例程，用于处理 UPL。

- ubc_create_upl()：给定虚拟结点、偏移量和大小，即可创建 UPL。
- ubc_upl_map()：用于将一个完整的 UPL 映射到地址空间中。ubc_upl_unmap()是对应的取消映射函数。
- ubc_upl_commit()、ubc_upl_commit_range()、ubc_upl_abort()和 ubc_upl_abort_range()是 UPL 函数的 UBC 包装器，用于完全提交或中止 UPL 或者其中的某个范围。

8.10.2　NFS 缓冲区缓存

并非各类系统缓存都是统一的，其中有一些是不能统一的。例如，文件系统元数据（从用户的角度讲它不是文件的一部分）将需要独立缓存。除此之外，性能相关的原因也可能使私有缓冲区缓存在某些情况下更有吸引力，这就是为什么 Mac OS X 内核中的 NFS 实现将私有缓冲区缓存用于特定于 NFS 的缓冲区结构（struct nfsbuf [bsd/nfs/nfsnode.h]）的原因。

> Mac OS X 10.3 之前的版本没有为 NFS 使用单独的缓冲区缓存。

NFS 版本 3 提供了一种新的 COMMIT 操作，允许客户要求服务器执行一种**不稳定写**（unstable write）操作，其中将把数据写到服务器，但是服务器不需要验证已把数据提交到稳定的存储器。这样，服务器就可以即时响应客户。因此，客户可以发送 COMMIT 请求，把数据提交到稳定的存储器。而且，NFS 版本 3 提供了一种机制，如果服务器丢失了未提交的数据，也许是由于服务器重新引导，它将允许客户再次把数据写到服务器。

```
int
nfs_doio(struct nfsbuf *bp, kauth_cred_t cr, proc_t p)
{
    ...
```

```
    if (ISSET(bp->nb_flags, NB_WRITE)) { // we are doing a write
        ...
        if (/* a dirty range needs to be written out */) {
            ...
            error = nfs_writerpc(...); // let this be an unstable write
            ...
            if (!error && iomode == NFSV3WRITE_UNSTABLE) {
                ...
                SET(bp->nb_flags, NB_NEEDCOMMIT);
                ...
            }
            ...
        }
        ...
    }
    ...
}
```

常规缓冲区缓存和群集 I/O 机制并不知道特定于 NFS 的不稳定写的概念。特别是，一旦客户完成了不稳定写，就会把 NFS 缓冲区缓存中对应的缓冲区标记为 NB_NEEDCOMMIT。

NFS 还使用它自己的异步 I/O 守护进程（nfsiod）。常规缓冲区清洗线程——bcleanbuf_thread() [bsd/vfs/vfs_bio.c]——同样不知道不稳定写。在清理脏的 NFS 缓冲区时，清洗线程将不能帮助 NFS 客户代码合并与多个 NB_NEEDCOMMIT 缓冲区对应的 COMMIT 请求。作为替代，它将从清洗队列中一次删除一个缓冲区，并为它发出 I/O。因此，NFS 将不得不发送各个 COMMIT 请求，这将会伤害性能并且增加网络通信量。

NFS 与常规缓冲区缓存之间的另一个区别是：前者明确支持具有多页的缓冲区。常规缓冲区缓存在 buf 结构中提供了单个位（B_WASDIRTY），用于标记在缓存中发现的脏页。nfsbuf 结构提供了多达 32 页，可以单独标记为干净页或脏页。更大的 NFS 缓冲区有助于改进 NFS I/O 性能。

// bsd/nfs/nfsnode.h

```
struct nfsbuf {
    ...
    u_int32_t nb_valid; // valid pages in the buffer
    u_int32_t nb_dirty; // dirty pages in the buffer
    ...
};


#define NBPGVALID(BP,P) (((BP)->nb_valid >> (P)) & 0x1)
#define NBPGDIRTY(BP,P) (((BP)->nb_dirty >> (P)) & 0x1)
#define NBPGVALID_SET(BP,P) ((BP)->nb_valid |= (1 << (P)))
#define NBPGDIRTY_SET(BP,P) ((BP)->nb_dirty |= (1 << (P)))
```

8.11　动态分页器程序

动态分页器程序（/sbin/dynamic_pager）是一个用户级进程，用于在指定目录/var/vm/中创建和删除后备存储器（交换）文件。尽管 dynamic_pager 具有这样一个名称，但它不是一个 Mach 分页器，在实际的调页操作中也不会涉及它。它只是由内核使用的交换空间的管理器。

默认情况下，Mac OS X 使用动态创建的、大小可变的调页文件，代替专用的交换分区。内核以页组（群集）的形式把数据写到这些调页文件。

> 可以指示 dynamic_pager——通过-S 命令行选项——为调页文件使用固定的大小。

在典型的操作模式下，dynamic_pager 在工作时具有两种字节限制：高水位标记和低水位标记。当交换文件中的空闲字节数少于高水位标记所允许的字节数时，dynamic_pager 就会创建一个新文件，并通知内核把它添加到交换池中。当调页文件中的空闲字节数多于低水位标记所允许的字节数时，内核就会发送一个通知给 dynamic_pager，触发交换文件的删除操作（每个通知只会删除一个交换文件）。注意：被删除的交换文件中很可能具有一些读出的页——这样的页将被引入内核中，并且最终将读出到另一个交换文件中。可以分别通过-H 和-L 命令行选项给 dynamic_pager 指定高水位标记和低水位标记。如果没有显式指定这些限制，dynamic_pager 就会在启动时计算它们。启动脚本/etc/rc 将启动 dynamic_pager，指示它是否对调页文件数据进行加密（-E 选项），以及指定交换文件的路径前缀（默认利用/private/var/vm/swapfile）。

> 内核中的空闲页水平必须保持在 maximum_pages_free 阈值之下，在内核将发送通知以执行交换文件删除之前，在 PF_INTERVAL（3）秒的每一秒内至少要有 PF_LATENCY（10）个间隔。

 # /etc/rc

```
...
if [ ${ENCRYPTSWAP:=-NO-} = "-YES-" ]; then
    encryptswap="-E"
else
    encryptswap=""
fi
/sbin/dynamic_pager ${encryptswap} -F ${swapdir}/swapfile
```

在启动时，dynamic_pager 将基于命令行参数确定高水位标记和低水位标记以及其他的限制、空闲的文件系统空间、安装的物理内存以及内置的硬性限制。确切地讲，它将建立以下限制和规则。

- 绝对的最小和最大交换文件大小分别是 64MB 和 1GB。
- 最大的交换文件大小绝对不能大于包含交换文件的卷上可用的空闲空间的 12.5%。

而且，最大的交换文件大小绝对不能大于系统上的物理内存数量。

- 最多只能创建 8 个交换文件。
- 前两个交换文件具有相同的大小：最小的交换文件大小（64MB）。后续的文件大小将加倍，直到最大的交换文件大小。
- 默认的高水位标记是 40000000 字节（大约 38MB）。

dynamic_pager 使用 macx_swapon()系统调用[bsd/vm/dp_backing_store_file.c]，把文件添加到后备存储器中。对应的移除调用是 macx_swapoff()，它用于从后备存储器中移除文件。文件本身是由 dynamic_pager 从文件系统中创建和删除的。注意：dynamic_pager 将把交换文件的**路径名**（Pathname）——而不是文件描述符——传递给内核。内核（或者更准确地说是内核中运行的 dynamic_pager 的线程）将在内部通过 namei()查找路径名，以获得对应的虚拟结点。

dynamic_pager 使用另一个系统调用——macx_triggers()——启用或禁用交换加密，以及为高水位标记和低水位标记设置回调。

```
kern_return_t
macx_triggers(int hi_water, int low_water, int flags, mach_port_t alert_port);
```

内核将基于 flags 参数处理 macx_triggers()的调用，如下所述。

- 如果在 flags 中设置了 SWAP_ENCRYPT_OFF 或 SWAP_ENCRYPT_ON，内核将指示默认分页器分别禁用或启用交换加密。
- 如果设置了 HI_WAT_ALERT 并且 alert_port 包含调用者（dynamic_pager）具有接收权限的有效端口，当可用的后备存储器空间降至高水位标记以下时，内核将安装给端口发送一条 IPC 消息。
- 类似地，如果设置了 LO_WATER_ALERT，当可用的后备存储器空间升至低水位标记以上时，内核将安装给 alert_port 发送一条 IPC 消息。

此外，macx_triggers()还将提升调用线程的状态，具体如下。

- macx_triggers()将把调用线程标记为非分时线程。
- macx_triggers()将把线程的重要性设置为最大的可能值。
- macx_triggers()将把线程指定为具有 VM 特权的线程，这使线程能够根据需要从预留池中分配内存。

Mac OS X 10.4 支持对由内核写到交换文件中的数据进行加密。可以通过 Security system preference 窗格中的"Use secure virtual memory"复选框启用这个特性。当启用时，将把以下行写到/etc/hostconfig：

```
ENCRYPTSWAP=-YES-
```

如前所述，/etc/rc 将解析/etc/hostconfig，如果将 ENCRYPTSWAP 变量设置为 YES，那么将利用-E 选项启动 dynamic_pager。内核将使用 AES 形式的加密算法，用于加密交换文件数据。

甚至在不使用交换文件加密的情况下，内核也将使用 read()系统调用的特殊实现，阻止用户空间的程序直接读取交换数据。VFS 层中的 vn_read()和 vn_rdwr_64()内部函数将检查它们正在处理的虚拟结点，查看它是否对应于交换文件。如果是，这些函数就会调用 vn_read_swapfile() [bsd/vfs/vfs_vnops.c]，用以代替常用的内部读取例程。

```
// bsd/vfs/vfs_vnops.c

...
    if (vp->v_flag & VSWAP) {
        // special case for swap files
        error = vn_read_swapfile(vp, uio);
    } else {
        error = VNOP_READ(vp, uio, ioflag, &context);
    }
...
```

vn_read_swapfile() 将读取 0 填充的页①，而不是文件的实际内容。

映射交换

　　不可能把交换文件中的页映射到使用它们的任务——"用户"是 VM 对象。如前文所述，VM 对象可以在多个任务之间共享。而且，对于副本对象，在任何任务与该副本对象之间没有直接的联系；副本对象保存一个指向原始 VM 对象的引用。通常，也不可能确定交换文件中的哪些块当前正用于保存换出的页。不过，可以利用一个称为 **Mach 页映射**（Mach Page Map）的特性编译内核，其中 VM 子系统将为内部对象维护一份位图（称为**存在图**（Existence Map））。位图将跟踪当前正在把对象的哪些页换出到后备存储器——这可以确定与给定 VM 对象/偏移量对相对应的页是否在后备存储器上可用，在页错误处理期间可以把它用作一种优化技术。

　　可以通过内置的内核调试器（KDB）中的 object 命令打印 VM 对象的存在图。

8.12　更新守护进程

　　更新守护进程（/usr/sbin/update）通过调用 sync()系统调用，定期把脏文件系统缓冲区冲洗到磁盘。默认情况下，更新守护进程每 30 秒调用一次 sync()，但是可以将替代的时间间隔指定为命令行参数。而且，还可以指定单独的省电型时间间隔。当系统是由电池供电并且磁盘处于睡眠状态时，将使用省电型时间间隔，代替正常的时间间隔。

> 　　冲洗并不意味着立即将数据写到磁盘——只会把它排队以便写入。实际写到磁盘的操作通常是在不久的将来的某个时间发生的。可以通过 fcntl()系统调用使用 F_FULLSYNC 文件控制操作，真正地把文件冲洗到磁盘。

　　sync()系统调用将会遍历挂接的文件系统的列表，在每个文件系统上调用 sync_callback() [bsd/vfs/vfs_syscalls.c]。sync_callback()将会调用 VFS_SYNC() [bsd/vfs/kpi_vfs.c]，后者将通

---

①　读取的每一页的最后一个字节将被设置为换行符。

过由 VFS 层维护的合适的文件系统函数指针表调用特定于文件系统的 sync 函数。例如，对于 HFS+文件系统，将调用 hfs_sync() [bsd/hfs/hfs_vfsops.c]。

> 一个难以理解的警告是：sync()不会冲洗由于写到内存映射的文件而变脏的缓冲区。对于这种情况，必须使用 msync()系统调用。

8.13　系统共享内存

内核提供了一种用于系统级内存共享的机制——**共享内存服务器**（Shared Memory Server）子系统。使用这种设施，内核和用户程序都可以在系统上的所有任务当中共享代码和数据。给一个或多个任务提供共享内存的私有版本也是可能的。

8.13.1　共享内存的应用

在第 6 章中，探讨了公共页区域，它是映射（共享且只读）到每个任务的虚拟地址空间中的一组页。页包括代码和数据。如前文所述，在自举期间，启动线程（kernel_bootstrap_thread() [osfmk/kern/startup.c]）将会调用 commpage_populate() [osfmk/ppc/commpage/commpage.c]，填充公共页区域。图 8-21 显示了在自举期间与共享内存相关的初始化总结。

```
// osfmk/kern/startup.c
static void
kernel_bootstrap_thread(void)
{
    ...
    shared_file_boot_time_init(ENV_DEFAULT_ROOT, cpu_type());
    ...
    commpage_populate();
    ...
}


// osfmk/vm/vm_shared_memory_server.c

void
shared_com_boot_time_init(void)
{
    ...
// Create one commpage region for 32-bit and another for 64-bit
    ...
}


void
shared_file_boot_time_init(unsigned int fs_base, unsigned int system)
```

图 8-21　自举期间的系统级共享内存设置

```
{
    // Allocate two 256MB regions for mapping into task spaces

    // The first region is the global shared text segment
    // Its base address is 0x9000_0000
    // This region is shared read-only by all tasks

    // The second region is the global shared data segment
    // Its base address is 0xA000_0000
    // This region is shared copy-on-write by all tasks

    // Create shared region mappings for the two regions
    // Each is a submap

    // Call shared_com_boot_time_init() to initialize the commpage area
...
}
```

图 8-21（续）

系统库中包含一些代码，将使用公共页区域的内容，并把公共页符号放在其 __DATA 段中的名为 __commpage 的特殊节中。另请回忆：32 位虚拟地址空间的最后 8 页是为公共页区域预留的，其中最后一页将被取消映射。可以使用 vmmap 实用程序验证最后的子图确实是公共页区域。

```
$ vmmap $$
...
==== Non-writable regions for process 24664
...
system ffff8000-ffffa000 [ 8K] r--/r-- SM=SHM commpage [libSystem.B.dylib]
...
```

如图 8-21 所示，除了公共页区域之外，内核还会创建被所有任务共享的两个 256MB 的子图。Mac OS X 使用这些子图支持共享库。可以编译 Mac OS X 上的共享库，以便拆分（Split）其只读段（__TEXT 和 __LINKEDIT[1]）与读写段（__DATA），并重新放置在相对于特定地址的偏移量处。这种拆分段（Split-Segment）动态链接与传统情况形成了鲜明对比，在传统情况下，不会把只读部分和读写部分分隔进预定义的、非重叠的地址范围中。

可以通过给静态链接编辑器（ld）传递-segs_read_only_addr 和-segs_read_write_addr 选项，创建拆分段动态共享库。这两个选项都需要一个段对齐的地址作为参数，它将变成库中的对应段（只读或读写）的起始地址。

现在，可以利用单个物理映射（即相同的页表条目）来映射拆分段库，使得它的文本段在任务之间完全共享，而数据段则是写时复制共享的。用于 Apple 提供的库的文本段和

---

[1] __LINKEDIT 段包含被 dyld 使用的原始数据——比如符号和字符串。

数据段的预定义地址范围分别是 0x9000_0000-0x9FFF_FFFF 和 0xA000_0000-0xAFFF_FFFF。这样，共享库的单个映射将可以被多个任务使用。注意：程序不能通过更改它的保护来获得对全局共享文本段的写访问：诸如 vm_protect()和 mprotect()之类的调用最终将调用 vm_map_protect() [osfmk/vm/vm_map.c]，它将拒绝更改保护，因为最大保护值不允许写访问。如果在运行时期间需要修改在这个范围中映射的内存，一种选择是使用对应库的调试版本，它将不是一个拆分段库，因此将不会映射到全局共享区域中。

> 拆分段库打算只由 Apple 实现。因此，全局共享文本和数据区域是为 Apple 预留的，绝对不能直接被第三方软件使用。

现在来考虑系统库的示例。它的正常的非调试版本是一个拆分段库，具有首选加载地址 0x9000_0000 用于其文本段。

> 库可能不会在其首选的基址（它预先绑定到的地址）加载，因为现有的映射可能与库想要的地址范围相冲突。如果调用者指示，Shared Memory Server 子系统可能尝试仍然加载库，但是在一个替代位置加载——库将会滑动到一个不同的基址。

```
$ otool -hv /usr/lib/libSystem.dylib
/usr/lib/libSystem.dylib:
Mach header
      magic cputype cpusubtype filetype ncmds sizeofcmds flags
  MH_MAGIC PPC ALL DYLIB 10 2008 NOUNDEFS DYLDLINK PREBOUND
SPLIT_SEGS TWOLEVEL
$ otool -l /usr/lib/libSystem.dylib
/usr/lib/libSystem.dylib:
Load command 0
      cmd LC_SEGMENT
  cmdsize 872
  segname __TEXT
   vmaddr 0x90000000
...
Load command 1
      cmd LC_SEGMENT
  cmdsize 804
  segname __DATA
   vmaddr 0xa0000000
...
```

系统库的调试版本不是拆分段的：它指定 0x0000_0000 作为其文本段的加载地址。

```
$ otool -hv /usr/lib/libSystem_debug.dylib
/usr/lib/libSystem_debug.dylib:
Mach header
      magic cputype cpusubtype filetype ncmds sizeofcmds flags
  MH_MAGIC PPC ALL DYLIB 9 2004 NOUNDEFS DYLDLINK TWOLEVEL
$ otool -l /usr/lib/libSystem_debug.dylib
```

```
/usr/lib/libSystem.B_debug.dylib:
Load command 0
      cmd LC_SEGMENT
  cmdsize 872
  segname __TEXT
  vmaddr 0x00000000
...
```

可以通过把 DYLD_IMAGE_SUFFIX 环境变量的值设置为_debug，指示 dyld 加载库的调试版本（假定库有调试版本可用）。现在来验证系统库的拆分段版本与非拆分段版本之间的映射。注意：对于拆分段库，文本段的当前和最大权限分别是 r-x 和 r-x。用于调试版本的对应权限分别是 r-x 和 rwx。因此，对于调试版本，调试器可以请求对该内存的写访问——比如说，用于插入断点。

```
$ vmmap $$
...
==== Non-writable regions for process 25928
...
__TEXT 90000000-901a7000 [ 1692K] r-x/r-x SM=COW /usr/lib/libSystem.B.dylib
__LINKEDIT 901a7000-901fe000 [ 348K] r--/r-- SM=COW
                                           /usr/lib/libSystem.B.dylib
...
$ DYLD_IMAGE_SUFFIX=_debug /bin/zsh
$ vmmap $$
...
==== Non-writable regions for process 25934
...
__TEXT 01008000-0123b000 [2252K] r-x/rwx SM=COW
                                           /usr/lib/libSystem.B_debug.dylib
__LINKEDIT 0124e000-017dc000 [5688K] r--/rwx SM=COW
                                           /usr/lib/libSystem.B_debug.dylib
...
```

使用常用库（比如系统库，它将被所有正常的程序使用）的全局共享区域，可以减少由 VM 子系统维护的映射数量。特别是，共享区域有助于预绑定，因为库内容位于已知的偏移量处。

8.13.2　Shared Memory Server 子系统的实现

可以将 Shared Memory Server 子系统的实现划分成 BSD 前端和 Mach 后端。前端提供了一组由 dyld 使用的 Apple 私有的系统调用。它是在 bsd/vm/vm_unix.c 中实现的。后端是在 osfmk/vm/vm_shared_memory_server.c 中实现的，它隐藏了 Mach VM 细节，并且提供了低级共享内存功能，以便被前端使用。

以下系统调用是由这个子系统导出的。

● shared_region_make_private_np()（在 Mac OS X 10.4 中引入）。

- shared_region_map_file_np()（在 Mac OS X 10.4 中引入）。
- load_shared_file()（在 Mac OS X 10.4 中不建议使用）。
- reset_shared_file()（在 Mac OS X 10.4 中不建议使用）。
- new_system_shared_regions()（在 Mac OS X 10.4 中不建议使用）。

1. shared_region_make_private_np()

shared_region_make_private_np()使当前任务的共享区域变成私有的，之后，映射到该区域中的文件将只会被当前任务中的线程看见。该调用接受一组地址范围作为参数。除了这些显式指定的范围之外，将会取消分配私有化的"共享"区域中所有其他的映射，这可能会在区域中产生间隙。dyld 会在某些情况下使用这个调用，其中库的私有映射是必要的或者是需要的——比如说，由于共享区域被填满，由于要加载的拆分段库与已经加载的拆分段库相冲突（并且后者不是任务所需要的），或者由于设置了 DYLD_NEW_LOCAL_SHARED_REGIONS 环境变量。dyld 将基于迄今为止进程使用的拆分段库，指定不会取消分配的范围集。

当在某个程序中需要加载额外的或不同的库并且不希望污染全局共享子图时，DYLD_NEW_LOCAL_SHARED_REGIONS 就是有用的。

现在来考虑一个示例。假设想要试验所具有的拆分段系统库的一个替代版本。假定库文件位于/tmp/lib/中，就可以安排在私有化的"共享"区域中加载它——比如说，用于 zsh 程序，具体如下。

```
$ DYLD_PRINT_SEGMENTS=1 DYLD_LIBRARY_PATH=/tmp/lib \
       DYLD_NEW_LOCAL_SHARED_REGIONS=1 /bin/zsh
dyld: making shared regions private
...
dyld: Mapping split-seg un-shared /usr/lib/libSystem.B.dylib
          __TEXT at 0x90000000->0x901A6FFF
          __DATA at 0xA0000000->0xA000AFFF
...
$ echo $$
26254
$ vmmap $$
...
__TEXT 90000000-901a7000 [ 1692K] r-x/r-x SM=COW /tmp/lib/libSystem.B.dylib
__LINKEDIT 901a7000-901fe000 [ 348K] r--/r-- SM=COW /tmp/lib/libSystem.B.dylib
...
```

注意：通过这个 shell 创建的所有进程都将继承共享区域的私有性——它们将不会共享全局共享子图。可以修改系统库的私有副本，以查看这种效果。

```
$ echo $$
26254
$ ls /var/vm/app_profile/
ls: app_profile: Permission denied
$ perl -pi -e 's#Permission denied#ABCDEFGHIJKLMNOPQ#g'
```

```
                                           /tmp/lib/libSystem.B.dylib
$ ls /var/vm/app_profile/
ls: app_profile: ABCDEFGHIJKLMNOPQ
```

2. shared_region_map_file_np()

shared_region_map_file_np()由 dyld 用于在全局共享只读和读写区域中映射拆分段库的某些部分。dyld 将解析库文件中的加载命令，并且准备一个共享区域映射结构的数组，其中每个结构都会指定单个映射的地址、大小和保护值。它将把这个数组以及用于库的开放文件描述符一起传递给 shared_region_map_file_np()，后者将尝试建立每个请求的映射。shared_region_map_file_np()还会接受一个指向地址变量的指针作为参数：如果该指针非NULL 并且请求的映射不能像需要的那样放在目标地址空间中，内核将尝试滑动（四处移动）映射，以使得能够容纳它们。得到的滑动值将在地址变量中返回。相反，如果指针是NULL，调用将返回一个错误，并且不会尝试进行滑动。

```
struct shared_region_mapping_np {
    mach_vm_address_t address;
    mach_vm_size_t size;
    mach_vm_offset_t file_offset;
    vm_prot_t max_prot;
    vm_prot_t init_prot;
};
typedef struct shared_region_mapping_np sr_mapping_t;

int
shared_region_map_file_np(int              fd,
                          int              mapping_count,
                          sr_mapping_t     *mappings,
                          uint64_t         *slide);
```

注意：拆分段库文件必须驻留在根文件系统上，以便将其映射到系统级全局共享区域（默认区域）中。如果文件驻留在另一个文件系统上，内核将返回一个 EXDEV 错误（"跨设备链接"），除非先前的 shared_region_make_private_np()调用私有化了调用任务的共享区域。

shared_region_map_file_np()将调用后端函数 map_shared_file() [osfmk/vm/vm_shared_memory_server.c]来执行映射。后端将维护共享空间中加载的文件的散列表。散列函数使用相关的 VM 对象的地址。实际的映射是由 mach_vm_map() [osfmk/vm/vm_user.c]处理的。

> 两个 _np（非可移植）调用在系统段库中没有存根，而其他调用则不然。Mac OS X 10.4 是在其中实现了这两个调用的第一个系统版本。KERN_SHREG_PRIVATIZABLE sysctl 可用于确定共享区域是否可以私有化——也就是说，是否实现了 shared_region_make_private_np()调用。dyld 将在其操作期间使用这个 sysctl。

shared_region_make_private_np()调用 clone_system_shared_regions() [bsd/vm/vm_unix.c] 内部函数，获得当前共享区域的私有副本。clone_system_shared_regions()要么可以将克隆区域从旧区域完全分离出来，要么可以创建一个浅克隆并且保留旧区域的所有映射。在后一种情况下，如果后端无法定位新区域中的某事物（VM 对象），它还将查看旧区域。shared_region_make_private_np()使用这个调用来创建分离的克隆。chroot()系统调用也会使用它，但是会创建一个浅克隆。

3. load_shared_file()

load_shared_file()扮演与 shared_region_map_file_np()类似的角色，但是具有稍微不同的语义。它的参数包括调用者的地址空间中的某个地址，其中当前对拆分段库执行了 mmap()，还包括一个映射结构（struct sf_mapping）的数组，其中每个结构都是它尝试在共享区域中加载的。

```
// osfmk/mach/shared_memory_server.h

struct sf_mapping {
    vm_offset_t      mapping_offset;
    vm_size_t        size;
    vm_offset_t      file_offset;
    vm_prot_t        protection;
    vm_offset_t      cksum;
};
typedef struct sf_mapping sf_mapping_t;

int
load_shared_file(char            *filename,
                 caddr_t         mmapped_file_address,
                 u_long          mmapped_file_size,
                 caddr_t         *base_address,
                 int             mapping_count,
                 sf_mapping_t    *mappings,
                 int             *flags);
```

可以给 load_shared_file()传递以下标志以影响其行为。

- ALTERNATE_LOAD_SITE：指示 load_shared_file()尝试在替代共享区域中加载共享文件，其基址是 SHARED_ALTERNATE_LOAD_BASE（在 osfmk/mach/shared_memory_server.h 中定义为 0x0900_0000）。
- NEW_LOCAL_SHARED_REGIONS：通过调用 clone_system_shared_regions()，导致现有的系统共享区域被克隆。
- QUERY_IS_SYSTEM_REGION：可以传入一个对 load_shared_file()的空调用，以确定系统共享区域是否正在使用。如果是，就会在出站 flags 变量中设置 SYSTEM_REGION_BACKED 位。

对于每个请求的映射，由 load_shared_file()的后端实现执行的动作序列如下。

- 调用 vm_allocate()，预留想要的地址范围。
- 调用 vm_map_copyin()，从源地址为指定的区域创建一个副本对象（执行了 mmap()的文件）。

- 使用在上一步中获得的副本对象，通过调用 vm_map_copy_overwrite()，复制目标地址范围。
- 调用 vm_map_protect()，设置新复制区域的最大保护。
- 调用 vm_map_protect()，设置新复制区域的当前保护。

4. reset_shared_file()

像 load_shared_file()一样，reset_shared_file()也接受共享文件映射结构的列表。对于全局共享数据段中的每个映射，它都会调用 vm_deallocate()取消分配该映射，然后调用 vm_map()，创建新的写时复制映射。换句话说，这个调用将会丢弃任务可能对库的数据段的私有副本所做的任何改变。当 dyld 的较旧版本需要移除加载的拆分段库时——比如说，由于加载那个库的捆绑组件无法加载时，它们就将使用这个调用。

5. new_system_shared_regions()

new_system_shared_regions()调用 remove_all_shared_regions() [osfmk/vm/vm_shared_memory_server.c]，断开默认环境中存在的所有共享区域的联系，同时把这些区域标记为旧区域。此后，新任务将不会在它们的地址空间中映射旧库。可以使用 load_shared_file()把新库加载进新的共享区域集中。

```
// osfmk/kern/task.c

kern_return_t
task_create_internal(task_parent_task, boolean_t inherit_memory,
task_t *child_task)
{
    ...
    // increment the reference count of the parent's shared region
    shared_region_mapping_ref(parent_task->system_shared_region);

    new_task->system_shared_region = parent_task->system_shared_region;
    ...
}
```

8.13.3　动态链接器的共享目标文件加载

在以前的章节中介绍过 Mach-O 文件的多个方面，并且还指出 Apple 不支持在 Mac OS X 上创建静态链接的可执行文件。事实上，属于 Mac OS X 一部分的几乎所有的可执行文件都是动态链接的。

> otool 和 otool64 程序是静态链接的可执行文件的示例。

如第 7 章中所述，在准备执行动态链接的 Mach-O 文件时，execve()系统调用最终将把控制交给 dyld。dyld 将处理在 Mach-O 文件中发现的多个加载命令。特别是，dyld 将会加载程序所依赖的共享库。如果这些库还依赖于其他的库，dyld 也会加载它们，如此等等。

在 Mac OS X 10.4 中对 dyld 进行了彻底修改。下面列出了彻底修改过的版本与旧版本之间的重要区别。

- 新的 dyld 是用 C++实现的面向对象程序。较早的版本具有基于 C 的过程式实现。
- 新的 dyld 使用_shared_region_map_file_np()和_shared_region_make_private_np(),用于处理拆分段动态共享库。较早的版本使用 load_shared_file()和 reset_shared_file()。不过,新的 dyld 将会检查更新的_np API 是否是由当前内核提供的——如果不是,它将退而使用较旧的 API。
- 新的 dyld 自身实现了 NSObjectFileImage(3) API。在 Mac OS X 10.4 之前,这个 API 是在 libdyld 中实现的,它是系统库的一部分。在 Mac OS X 10.4 上,后者仍然包含用于这个 API 的符号——这些符号将解析成该 API 的 dyld 的实现。
- 新的 dyld 自身实现了 dlopen(3) API,包括 dladdr()、dlclose()、dlerror()和 dlsym()函数。在 Mac OS X 10.4 之前,这些函数是在 libdyld 中实现的。
- 新的 dyld 不支持较早版本所支持的少数几个环境变量,并且引入了几个新的环境变量。表 8-5 显示了一些特定于 Mac OS X 10.4 的 dyld 环境变量。注意:大多数变量本质上是布尔变量——只需简单地把它们设置为 1,即可触发它们的作用。

表 8-5　Mac OS X 10.4 中引入的一些 dyld 环境变量

变　　量	描　　述
DYLD_IGNORE_PREBINDING	如果设置,就指示 dyld 执行以下操作之一:根本不使用预绑定(设置为 all),只为应用程序忽略预绑定(设置为 app),或者只为拆分段库使用预绑定(设置为 nonsplit 或空字符串)
DYLD_PRINT_APIS	如果设置,dyld 将打印调用的每个 dyld API 函数的名称,以及传递给函数的参数
DYLD_PRINT_BINDINGS	如果设置,dyld 将打印关于它所绑定的每个符号的信息,无论它是外部重新定位、惰性符号,还是间接符号指针
DYLD_PRINT_ENV	如果设置,dyld 将打印它的环境矢量
DYLD_PRINT_INITIALIZERS	如果设置,dyld 将打印它所加载的每个映像中的每个初始化器函数的地址。这样的函数示例包括:C++构造函数、通过静态链接器的-init 选项指定为库初始化例程的函数,以及标记为__attribute__ ((constructor))的函数
DYLD_PRINT_INTERPOSING	如果设置,并且如果启用了插入特性,dyld 将打印关于旧指针和新指针的信息(其中的"旧"和"新"在插入的上下文中具有合适的含义)
DYLD_PRINT_OPTS	如果设置,dyld 将打印它的参数矢量
DYLD_PRINT_REBASINGS	如果设置,dyld 将打印通过改变其基址而"安排"的库名称
DYLD_PRINT_SEGMENTS	如果设置,dyld 将打印关于它映射到的每个 Mach-O 段的信息
DYLD_PRINT_STATISTICS	如果设置,dyld 将打印关于它自身的统计信息,比如它执行其各种操作所花费的时间总计
DYLD_ROOT_PATH	冒号分隔的目录列表,在搜索映像时,其中每个目录都将被 dyld 用作(以给定的顺序)路径前缀

续表

变　　量	描　　述
DYLD_SHARED_REGION	如果设置，将指示 dyld 使用私有化的共享区域（设置为 private），避免使用共享区域（设置为 avoid），或者尝试使用共享区域（设置为 use）——参见图 8-23
DYLD_SLIDE_AND_PACK_DYLIBS	如果设置，将指示 dyld 私有化共享区域以及映射库——如果必要，可以利用滑动——使得它们一个接一个地相互"压紧"

图 8-22 和图 8-23 描述了 dyld 分别加载非拆分段和拆分段 Mach-O 文件时的操作。

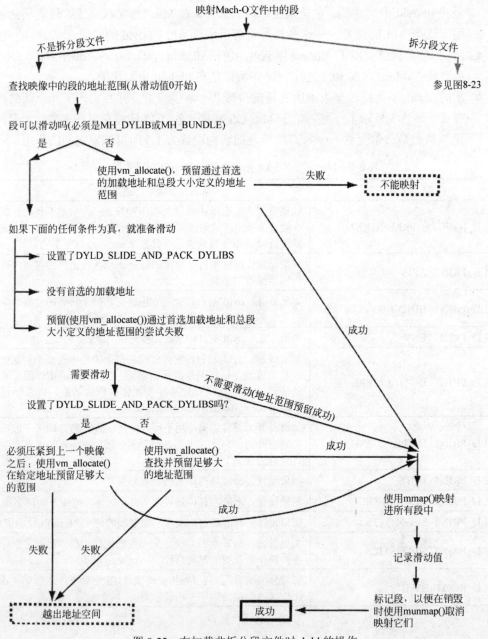

图 8-22　在加载非拆分段文件时 dyld 的操作

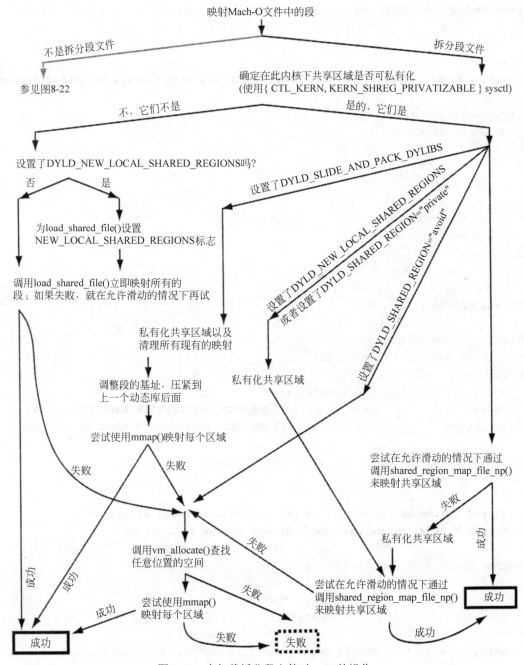

图 8-23　在加载拆分段文件时 dyld 的操作

8.13.4　通过系统应用程序使用 shared_region_map_file_np()

尽管所有典型的用户应用程序都受益于 Shared Memory Server 子系统的服务，但是对应的 API 则是专门为 Apple 提供的应用程序预留的，并且 dyld 是唯一的客户。使用这些 API 可以影响系统上的所有应用程序——可能是不利的影响。因此，第三方程序绝对禁止使用这些 API，至少在产品中是这样。记住这个警告，现在来看一个以编程方式将拆分段

库映射到全局共享区域的示例。这个示例将有助于演示这种机制的实际工作。图 8-24 显示
了程序。

```c
// srmap.c
// maps a 32-bit, non-fat, dynamic shared library into the system shared region

#include <stdio.h>
#include <stdlib.h>
#include <unistd.h>
#include <limits.h>
#include <fcntl.h>
#include <sys/stat.h>
#include <sys/mman.h>
#include <sys/syscall.h>
#include <mach-o/loader.h>
#include <mach/shared_memory_server.h>

#define PROGNAME "srmap"

struct _shared_region_mapping_np {
    mach_vm_address_t    address;
    mach_vm_size_t       size;
    mach_vm_offset_t     file_offset;
    vm_prot_t            max_prot;   // VM_PROT_{READ/WRITE/EXECUTE/COW/ZF}
    vm_prot_t            init_prot;  // VM_PROT_{READ/WRITE/EXECUTE/COW/ZF}
};
typedef struct _shared_region_mapping_np sr_mapping_t;
#define MAX_SEGMENTS 64

// shared_region_map_file_np() is not exported through libSystem in
// Mac OS X 10.4, so we use the indirect system call to call it
int
_shared_region_map_file_np(int fd,
                    unsigned int nregions,
                    sr_mapping_t regions[],
                    uint64_t *slide)
{
    return syscall(SYS_shared_region_map_file_np, fd, nregions, regions, slide);
}


int
main(int argc, char **argv)
{
    int                     fd, ret = 1;
```

图 8-24　使用 shared_region_map_file_np()

```
struct mach_header        *mh;              // pointer to the Mach-O header
char                      *load_commands;   // buffer for load commands
uint32_t                  ncmds;            // number of load commands
struct load_command       *lc;              // a particular load command
struct segment_command    *sc;              // a particular segment command
uint64_t                  vmaddr_slide;     // slide value from the kernel
void                      *load_address = 0; // for mmaping the Mach-O file
unsigned                  int entryIndex = 0; // index into the mapping table
sr_mapping_t              mappingTable[MAX_SEGMENTS], *entry;
uintptr_t                 base_address = (uintptr_t)ULONG_MAX;
uint64_t                  file_length;
struct stat               sb;

if (argc != 2) {
    fprintf(stderr, "usage: %s <library path>\n", PROGNAME);
    exit(1);
}

if ((fd = open(argv[1], O_RDONLY)) < 0) {
    perror("open");
    exit(1);
}

// determine the file's size
if (fstat(fd, &sb))
    goto OUT;
file_length = sb.st_size;

// get a locally mapped copy of the file
load_address = mmap(NULL, file_length, PROT_READ, MAP_FILE, fd, 0);
if (load_address == ((void *)(-1)))
    goto OUT;

// check out the Mach-O header
mh = (struct mach_header *)load_address;

if ((mh->magic != MH_MAGIC) && (mh->filetype != MH_DYLIB)) {
    fprintf(stderr, "%s is not a Mach-O dynamic shared library\n", argv[1]);
    goto OUT;
}

if (!(mh->flags & MH_SPLIT_SEGS)) {
    fprintf(stderr, "%s does not use split segments\n", argv[1]);
    goto OUT;
}
```

图 8-24（续）

```
load_commands = (char *)((char *)load_address + sizeof(struct mach_header));
lc = (struct load_command *)load_commands;

// process all LC_SEGMENT commands and construct a mapping table
for (ncmds = mh->ncmds; ncmds > 0; ncmds--) {
    if (lc->cmd == LC_SEGMENT) {
        sc = (struct segment_command *)lc;

        // remember the starting address of the first segment (seg1addr)
        if (sc->vmaddr < base_address)
            base_address = sc->vmaddr;

        entry           = &mappingTable[entryIndex];
        entry->address  = sc->vmaddr;
        entry->size     = sc->filesize;
        entry->file_offset = sc->fileoff;

        entry->init_prot = VM_PROT_NONE;
        if (sc->initprot & VM_PROT_EXECUTE)
            entry->init_prot |= VM_PROT_EXECUTE;
        if (sc->initprot & VM_PROT_READ)
            entry->init_prot |= VM_PROT_READ;
        if (sc->initprot & VM_PROT_WRITE)
            entry->init_prot |= VM_PROT_WRITE | VM_PROT_COW;

        entry->max_prot = entry->init_prot;

    // check if the segment has a zero-fill area: if so, need a mapping
    if ((sc->initprot & VM_PROT_WRITE) && (sc->vmsize > sc->filesize)) {
        sr_mapping_t *zf_entry = &mappingTable[++entryIndex];
        zf_entry->address     = entry->address + sc->filesize;
        zf_entry->size        = sc->vmsize - sc->filesize;
        zf_entry->file_offset = 0;
        zf_entry->init_prot   = entry->init_prot | \
                                VM_PROT_COW | VM_PROT_ZF;
        zf_entry->max_prot    = zf_entry->init_prot;
    }
    entryIndex++;
    }
    // onto the next load command
    lc = (struct load_command *)((char *)lc + lc->cmdsize);
}
ret = _shared_region_map_file_np(fd,          // the file
                                entryIndex,   // so many mappings
                                mappingTable, // the mappings
                                &vmaddr_slide); // OK to slide, let us know
```

图 8-24（续）

```
   if (!ret) { // success
       printf("mapping succeeded: base =%#08lx, slide = %#llx\n",
             base_address, vmaddr_slide);
   }

OUT:
   close(fd);

   exit(ret);
}
```

图 8-24（续）

可以在全局共享区域中加载一个普通的拆分段库，来测试图 8-24 中的程序。图 8-25
显示了这个测试。

```
$ cat libhello.c
#include <stdio.h>

void
hello(void)
{
    printf("Hello, Shared World!\n");
}
$ gcc -Wall -dynamiclib -segs_read_only_addr 0x99000000 \
-segs_read_write_addr 0xa9000000 -prebind -o /tmp/libhello.dylib libhello.c
$ otool -hv /tmp/libhello.dylib
/tmp/libhello.dylib:
Mach header
   magic cputype cpusubtype    filetype ncmds sizeofcmds    flags
   MH_MAGIC  PPC      ALL       DYLIB   8       924   NOUNDEFS DYLDLINK PREBOUND
SPLIT_SEGS TWOLEVEL
$ otool -l /tmp/libhello.dylib
/tmp/libhello.dylib:
Load command 0
     cmd LC_SEGMENT
  cmdsize 328
  segname __TEXT
   vmaddr 0x99000000
   vmsize 0x00001000
...
Load command 1
     cmd LC_SEGMENT
  cmdsize 328
  segname __DATA
   vmaddr 0xa9000000
```

图 8-25　在全局共享区域中加载拆分段库

```
    vmsize 0x00001000
...
$ gcc -Wall -o srmap srmap.c
$ ./srmap /tmp/libhello.dylib
mapping succeeded: base = 0x99000000, slide = 0
$ cat test.c
#include <stdio.h>
#include <stdlib.h>
#include <limits.h>

#define PROGNAME "callfunc"

typedef void (*func_t)(void);

int
main(int argc, char **argv)
{
    unsigned long long addr;
    func_t func;

    if (argc != 2) {
        fprintf(stderr, "usage: %s <address in hexadecimal>\n", PROGNAME);
        exit(1);
    }

    addr = strtoull(argv[1], NULL, 16);
    if (!addr || (addr == ULLONG_MAX)) {
        perror("strtoull");
        exit(1);
    }

    func = (func_t)(uintptr_t)addr;
    func();

    return 0;
}
$ gcc -Wall -o test test.c
$ nm /tmp/libhello.dylib | grep _hello
99000f28 T _hello
$ ./test 0x99000f28
Hello, Shared World!
```

图 8-25（续）

8.13.5 关于预绑定的注释

预绑定的 Mach-O 可执行文件包含一种额外的加载命令：LC_PREBOUND_DYLIB[①]。有这样一个命令用于预绑定的可执行文件链接到的每个共享库。图 8-26 显示了这个加载命令的结构。该命令是通过 prebound_dylib_command 结构描述的，结构的 name 字段指示预绑定的共享库的名称。nmodules 字段指定库中的模块数量——单个目标文件（".o"）相当于一个模块，对于**连编数据**（Linkedit Data）也是如此。linked_modules 字段指示一个位矢量，其中包含用于库中的每个模块的位。如果将库中的模块链接到可执行文件中的模块，那么将在矢量中设置与该库模块对应的位。

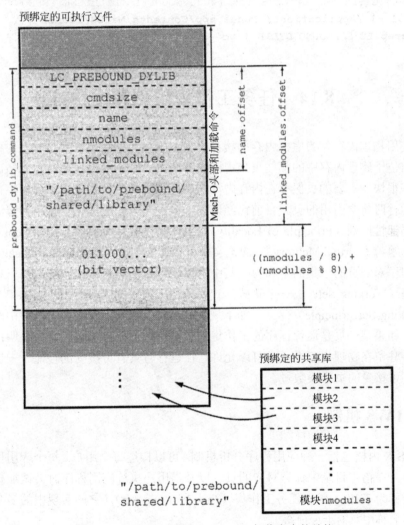

图 8-26 LC_PREBOUND_DYLIB 加载命令的结构

---

① 预绑定的可执行文件还可以具有预绑定校验和，它是作为 Mach-O 加载命令 LC_PREBIND_CKSUM 存在的。

> 由于从 Mac OS X 10.4 起就不建议使用预绑定的可执行文件，因此静态链接器将不会创建预绑定的可执行文件，除非将环境变量 MACOSX_DEPLOYMENT_TARGET 设置为 Mac OS X 的一个较早的版本——例如，10.3。

注意：尽管在 Mac OS X 10.4 上不建议生成预绑定的可执行文件，但是仍然可能预绑定 Apple 提供的可执行文件。

```
$ otool -hv /Applications/iTunes.app/Contents/MacOS/iTunes # PowerPC
/Applications/iTunes.app/Contents/MacOS/iTunes:
Mach header
      magic cputype cpusubtype filetype ncmds sizeofcmds flags
  MH_MAGIC PPC ALL EXECUTE 115 14000 NOUNDEFS DYLDLINK PREBOUND TWOLEVEL
$ otool -l /Applications/iTunes.app/Contents/MacOS/iTunes | \
    grep LC_PREBOUND_DYLIB | wc -l
90
```

8.14　任务工作集检测和维护

内核使用物理内存作为虚拟内存的缓存。当由于页错误而引入新页时，内核可能需要决定从当前位于物理内存中的那些页当中回收哪些页。对于应用程序，理想情况下，内核应该把那些很快就需要的页保存在内存中。在乌托邦式的操作系统中，内核将提前知道应用程序在运行时将会引用的页。目前已经研究了多种模拟此类优化页置换的算法。另一种方法使用**局部性原则**（Principle of Locality），**工作集模型**（Working Set Model）就是基于它的。如标题为"Virtual Memory"[①]的论文中所描述的，可以将**局部性**（Locality）非正式地理解为程序对其页的子集的亲和力，其中这组受青睐的页将慢慢改变成员资格。这就引出了**工作集**（Working Set）——非正式地定义为用于程序的"最有用"页的集合。工作集原则（Working Set Principle）建立了如下规则：当且仅当其工作集位于内存中时，程序才可能运行，如果某一页是运行程序的工作集的成员，则不能移除它。研究表明：使程序的工作集保持驻留在物理内存中通常可以允许它在运行时具有可接受的性能——也就是说，不会导致不可接受的页错误数量。

8.14.1　TWS 机制

Mac OS X 内核包括一种应用程序分析机制，可以构造每个用户、每个应用程序的工作集配置文件，在指定目录中保存对应的页，以及当用户执行应用程序时尝试加载它们。将把这种机制称为 TWS，代表任务工作集（Task Working Set）（它的实现中的多个函数和数据结构在其名称中具有 tws 前缀）。

TWS 与内核的页错误处理机制相集成——当具有页错误时将会调用它。在给定的用户上下文中第一次启动应用程序时，TWS 将会捕获初始工作集，并将其存储在/var/vm/app_

[①]　"Virtual Memory"，作者：Peter J. Denning（*ACM Computing Surveys* 2:3，1970 年 9 月，第 153~189 页）。

profile/目录中的一个文件中。TWS 模式的多个方面都会对性能产生影响。

- 在页错误处理期间将使用配置文件信息，以确定是否应该引入任何附近的页。如果引入的页数超过了与即时页错误对应的那些页，则会导致对分页器的单个较大的请求，从而避免将不得不发出的多个后续请求，以便引入在不久的将来预期将会需要的页。不过，这只对于非顺序页具有重大意义，由于群集 I/O，无论如何都会引入顺序页。
- 在特定用户第一次启动应用程序时，TWS 将会捕获应用程序的初始工作集并将其存储在磁盘上。当在相同用户上下文中再次启动应用程序时，将使用这个信息植入（或预热）应用程序的工作集。这样，随着时间的推移将构建应用程序的配置文件。
- 内存引用的局部性通常是在磁盘上捕获的，因为磁盘上的文件通常在 HFS+ 卷上具有良好的局部性。正常情况下，可以利用很少的搜索开销从磁盘上读取工作集。

8.14.2　TWS 实现

给定一个用户 ID 为 U 的用户，TWS 将在/var/vm/app_profile/中为该用户把应用程序配置文件存储为两个文件：#U_names 和#U_data，其中#U 是 U 的十六进制表示。**名称**（names）文件是一个简单的数据库，其中包含一个标题，其后接着配置文件元素，而**数据**（data）文件则包含实际的工作集。名称文件中的配置文件元素指向数据文件中的工作集。

```
// bsd/vm/vm_unix.c

// header for the "names" file
struct profile_names_header {
        unsigned int    number_of_profiles;
        unsigned int    user_id;
        unsigned int    version;
        off_t           element_array;
        unsigned int    spare1;
        unsigned int    spare2;
        unsigned int    spare3;
};

// elements in the "names" file
struct profile_element {
        off_t           addr;
        vm_size_t       size;
        unsigned int    mod_date;
        unsigned int    inode;
        char name[12];
};
```

内核将维护一个全局配置文件缓存数据结构，它包含全局配置文件的数组，其中每个全局配置文件的条目都包含用于一个用户的配置文件信息。

```
// bsd/vm/vm_unix.c

// meta information for one user's profile
struct global_profile {
    struct vnode *names_vp;
    struct vnode *data_vp;
    vm_offset_t buf_ptr;
    unsigned int user;
    unsigned int age;
    unsigned int busy;
};
struct global_profile_cache {
    int max_ele;
    unsigned int age;
    struct global_profile profiles[3]; // up to 3 concurrent users
};

...

struct global_profile_cache global_user_profile_cache = {
    3,
    0,
    { NULL, NULL, 0, 0, 0, 0 },
    { NULL, NULL, 0, 0, 0, 0 },
    { NULL, NULL, 0, 0, 0, 0 }
};
```

现在来使用 readksym.sh 脚本，读取 global_user_profile_cache 的内容。从图 8-27 所示的输出中可以看到，3 个全局的每个用户的空槽将被用户 ID 　0x1f6（502）、0 和 0x1f5（501）占据。

```
$ sudo ./readksym.sh _global_user_profile_cache 128
0000000    0000    0003    0000    4815    053b    0c60    049a    dbdc
0000010    5da2    a000    0000    01f6    0000    47f9    0000    0000
0000020    040e    5ce4    0406    e4a4    5d5d    0000    0000    0000
0000030    0000    4814    0000    0000    045c    3738    045c    3840
0000040    5a74    d000    0000    01f5    0000    480c    0000    0000
0000050    0000    0001    040f    b7bc    03fa    9a00    04a5    f420
0000060    063b    3450    0472    4948    0442    96c0    0000    0000
0000070    0000    0000    0000    0000    0000    0000    0000    0000
```

图 8-27　读取 TWS 子系统的全局用户配置文件缓存的内容

TWS 的大部分功能都是在 osfmk/vm/task_working_set.c 和 bsd/vm/vm_unix.c 中实现的。其中前者将使用由后者实现的函数，用于处理配置文件。

- prepare_profile_database()：为给定用户 ID 创建名称文件和数据文件的唯一绝对用户名。setuid() 将调用它，用于为新用户准备这些文件。

- bsd_search_page_cache_data_base()：在给定的名称文件中搜索应用程序的配置文件。
- bsd_open_page_cache_files()：尝试打开或创建名称文件和数据文件。如果这两个文件都存在，则会打开它们。如果两个文件都不存在，则会创建它们。如果只有一个文件存在，那么尝试将会失败。
- bsd_close_page_cache_files()：为给定的用户配置文件递减对名称文件和数据文件的引用数。
- bsd_read_page_cache_file()：首先调用 bsd_open_page_cache_files()，然后使用 bsd_search_page_cache_data_base()在名称文件中寻找给定应用程序的配置文件。如果找到配置文件，函数就会从数据文件中把配置文件数据读入给定的缓冲区中。
- bsd_write_page_cache_file()：写到名称文件和数据文件。

如图 8-6 中所示，task 结构的 dynamic_working_set 字段是一个指向 tws_hash 结构 [osfmk/vm/task_working_set.h]的指针。这个指针是在任务创建期间初始化的——确切地讲是由 task_create_internal()初始化的，它将调用 task_working_set_create() [osfmk/vm/task_working_set.c]。相反，当终止任务时，将冲洗工作集（通过 task_terminate_internal()），并且销毁对应的散列条目（通过 task_deallocate()）。

```
// osfmk/kern/task.c

kern_return_t
task_create_internal(task_t      parent_task,
                     boolean_t inherit_memory,
                     task_t    *child_task)
{
    ...
    new_task->dynamic_working_set = 0;
    task_working_set_create(new_task, TWS_SMALL_HASH_LINE_COUNT,
                          0, TWS_HASH_STYLE_DEFAULT);
    ...
}
```

task_working_set_create()调用 tws_hash_create() [osfmk/vm/task_working_set.c]，分配和初始化一个 tws_hash 结构。如图 8-28 中所示，execve()为 TWS 机制保存可执行文件的名称。在加载 Mach-O 可执行文件之前，如果可能，Mach-O 映像激活器将调用 tws_handle_startup_file() [osfmk/vm/task_working_set.c]，对任务进行预热。

tws_handle_startup_file()首先调用 bsd_read_page_cache_file() [bsd/vm/vm_unix.c]，读取合适的页缓存文件。如果读取尝试成功，将通过调用 tws_read_startup_file()读取现有的配置文件。如果由于没有为应用程序找到配置文件而导致读取尝试失败，将通过调用 tws_write_startup_file()创建一个新的配置文件，它反过来又会调用 task_working_set_create()。以后将通过调用 tws_send_startup_info()把工作集信息写到磁盘上，它又会调用 bsd_write_page_cache_file()。

```
// bsd/kern/kern_exec.c

int
execve(struct proc *p, struct execve_args *uap, register_t *retval)
{
    ...
    if (/* not chroot()'ed */ && /* application profiling enabled */) {
        // save the filename from the path passed to execve()
        // the TWS mechanism needs it to look up in the names file
        ...
    }
    ...
}

...

// image activator for Mach-O binaries
static int
exec_mach_imgact(struct image_params *imgp)
{
    ...
    if (/* we have a saved filename */) {
        tws_handle_startup_file(...);
    }

    vm_get_shared_region(task, &initial_region);
    ...

// actually load the Mach-O file now
    ...
}
```

图 8-28   execve()系统调用期间的 TWS 相关的处理

余下的（并且是大多数）TWS 活动都发生在页错误处理期间——这个机制是专用在页错误发生时调用的，这允许它监视应用程序的错误行为。vm_fault() [osfmk/vm/vm_fault.c]——页错误处理程序——将调用 vm_fault_tws_insert() [osfmk/vm/vm_fault.c]，把页错误信息添加到当前任务的工作集中。给 vm_fault_tws_insert()提供一个 VM 对象及其内的一个偏移量，它可以使用它们在任务的 dynamic_working_set 字段所指向的 tws_hash 数据结构中执行散列查找。这样，它就可以确定是否需要在散列中插入对象/偏移量对，以及这样做是否需要扩展缓存的工作集。而且，vm_fault_tws_insert()将给它的调用者返回一个布尔值，指示是否需要编写页缓存文件。如果是，vm_fault()将调用 tws_send_startup_info()，并且通过最终调用 bsd_write_page_cache_file() 编写文件。vm_fault() 还可能调用 vm_fault_page() [osfmk/vm/vm_fault.c]，后者将为由给定的 VM 对象和偏移量指定的虚拟内存查找驻留页。反过来，vm_fault_page()可能需要调用合适的分页器以获取数据。在它发出请求给分页器之前，它将调用 tws_build_cluster()，从工作集中添加最多 64 页给请求。这允许对分页器发出单个较大的请求。

8.15 用户空间中的内存分配

Mac OS X 中具有多个用户空间和内核空间的内存分配 API，尽管所有这样的 API 都构建在单独一种低级机制之上。在内核中，内存是通过 Mach VM 子系统中的页级分配器进行初级分配的。在用户空间中，内存是通过 Mach vm_allocate() API 进行初级分配的[①]，尽管用户程序通常使用特定于应用程序环境的 API 进行内存分配。系统库提供了 malloc()，它是首选的用户空间的内存分配函数。malloc() 是使用 Mach API 实现的。Carbon 和 Core Foundation 中的内存分配 API 是在 malloc() 之上实现的。除了基于 malloc 的内存分配之外，用户程序还可以使用基于栈的 alloca(3) 内存分配器，它用于在运行时栈中分配临时空间。当函数返回时将自动回收这个空间[②]。在 Mac OS X 上，将 alloca() 函数构建到了 C 编译器中。

表 8-6 显示了可以通过用户空间的程序分配内存的一些方式。注意：这里显示的列表并不是全部的——它的目的是说明有各种 API 存在。而且，在许多情况下，在其他环境中也可以使用列出在特定环境下的函数。

表 8-6　著名的用户级内存分配函数

环　　境	分　　配	取 消 分 配
系统库（Mach）	vm_allocate	vm_deallocate
系统库	malloc	free
Carbon	NewPtr	DisposePtr
Carbon	NewHandle	DisposeHandle
Carbon 多处理服务	MPAllocateAligned	MPFree
Cocoa	NSAllocateObject	NSDeallocateObject
Cocoa	[NSObject alloc]	[NSObject dealloc]
Core Foundation	CFAllocatorAllocate	CFAllocatorDeallocate
Open Transport	OTAllocInContext	OTFreeMem

8.15.1　历史性突破

历史上，在 UNIX 中，sbrk() 和 brk() 系统调用用于动态改变为调用程序的数据段所分配的空间。Mac OS X 内核实现了 sbrk()，但是不支持它——直接调用这个系统调用将导致返回一个 ENOTSUP 错误。brk() 甚至都没有被内核实现。不过，系统库实现了 sbrk() 和 brk()。brk() 总是返回值 -1，而 sbrk() 则通过使用 4MB 的内存区来模拟程序中断区域，这个内存区

① 在本节中将不会区分 32 位和 64 位的 Mach VM API。

② Mac OS X alloca() 实现不是在函数返回时而是在函数的后续调用期间释放所分配的内存。

是在第一次调用 sbrk()时通过 vm_allocate()分配的。sbrk()的后续调用将在模拟区域内调整当前中断值。如果调整的大小落在这个区域之外，就会返回值-1。

```
// libSystem: mach/sbrk.c

static int          sbrk_needs_init = TRUE;
static vm_size_t    sbrk_region_size = 4*1024*1024;
static vm_address_t sbrk_curbrk;
caddr_t
sbrk(int size)
{
    kern_return_t ret;

    if (sbrk_needs_init) {
        sbrk_needs_init = FALSE;

        ret = vm_allocate(mach_task_self(), &sbrk_curbrk, sbrk_region_size,
                     VM_MAKE_TAG(VM_MEMORY_SBRK)|TRUE);
        ...
    }

    if (size <= 0)
        return((caddr_t)sbrk_curbrk);
    else if (size > sbrk_region_size)
        return((caddr_t)-1);
    sbrk_curbrk += size;
    sbrk_region_size -= size;
    return((caddr_t)(sbrk_curbrk size));
}
```

注意 sbrk()使用的 VM_MAKE_TAG 宏。这个宏可用于标记任何 vm_allocate()分配，从而指示该分配的目的。可用的标签值定义在<mach/vm_statistics.h>中。除了系统预留的标签之外，还有一些标签可供用户程序使用，用于标记特定于应用程序的分配。vmmap 工具可以显示程序中的内存区域以及区域类型。例如，利用 WindowServer 程序的进程 ID 运行 vmmap 将产生如下输出。

```
$ sudo vmmap 71
...
REGION TYPE       [ VIRTUAL]
===========       [ =======]
Carbon            [ 4080K]
CoreGraphics      [ 271960K]
IOKit             [ 139880K]
MALLOC            [ 46776K]
STACK GUARD       [ 8K]
Stack             [ 9216K]
```

```
VM_ALLOCATE ?    [ 7724K]
...
```

在调用 sbrk() 的程序中，在 vmmap 命令的输出中可以看到 4MB 的区域，它是一个标记为 SBRK 的可写区域。

```
// sbrk.c

#include <stdio.h>
#include <stdlib.h>
#include <unistd.h>

int
main(void)
{
    char cmdbuf[32];
    sbrk(0);
    snprintf(cmdbuf, 32, "vmmap %d", getpid());
    return system(cmdbuf);
}

$ gcc -Wall -o sbrk sbrk.c
$ ./sbrk
...
SBRK                  [ 4096K]
...
```

8.15.2 内存分配器内幕

Mac OS X 系统库的 malloc 实现使用一种称为 **malloc 区域**（malloc zone）（与 Mach 区域分配器无关）的抽象。Malloc 区域是虚拟内存的大小可变的块，malloc 将从中提取内存用于分配。当在程序中初始化 malloc 包时，系统库将创建默认的 malloc 区域，这发生在第一次访问该区域时（例如，在程序第一次调用 malloc() 或 calloc() 期间）。

从内存分配的角度讲，区域类似于 UNIX 程序的堆。malloc 实现支持创建多个区域。尽管创建自己的 malloc 区域通常是不必要的，但它在某些情况下也可能是有用的。销毁一个区域[①]将会释放从该区域分配的所有对象；因此，如果需要取消分配大量的临时对象，那么使用自定义的区域就可能改进性能。图 8-29 显示了由 malloc 区域层导出的 API。

```
// Retrieve a pointer to the default zone
malloc_zone_t *malloc_default_zone(void);
```

图 8-29 malloc 区域 API

---

① 不应该销毁默认区域。

```
// Create a new malloc zone
malloc_zone_t *malloc_create_zone(vm_size_t start_size, unsigned flags);

// Destroy an existing zone, freeing everything allocated from that zone
void malloc_destroy_zone(malloc_zone_t *zone);

// Allocate memory from the given zone
void *malloc_zone_malloc(malloc_zone_t *zone, size_t size);

// Allocate cleared (zero-filled) memory from the given zone for num_items
// objects, each of which is size bytes large
void *malloc_zone_calloc(malloc_zone_t *zone, size_t num_items, size_t size);

// Allocate page-aligned, cleared (zero-filled) memory from the given zone
void *malloc_zone_valloc(malloc_zone_t *zone, size_t size);

// Free memory referred to by the given pointer in the given zone
void malloc_zone_free(malloc_zone_t *zone, void *ptr);

// Change the size of an existing allocation in the given zone
// The "existing" pointer can be NULL
void *malloc_zone_realloc(malloc_zone_t *zone, void *ptr, size_t size);

// Retrieve the zone, if any, corresponding to the given pointer
malloc_zone_t *malloc_zone_from_ptr(const void *ptr);

// Retrieve the actual size of the allocation corresponding to the given pointer
size_t malloc_size(const void *ptr);

// Batch Allocation
// Allocate num_requested blocks of memory, each size bytes, from the given zone
// The return value is the number of blocks being returned (could be less than
// num_requested, including zero if none could be allocated)
unsigned malloc_zone_batch_malloc(malloc_zone_t *zone, size_t size,
                                  void **results, unsigned num_requested);

// Batch Deallocation
// Free num allocations referred to in the to_be_freed array of pointers
void malloc_zone_batch_free(malloc_zone_t *zone, void **to_be_freed,
                            unsigned num);
```

图 8-29（续）

Cocoa 中的 malloc 区域

    Cocoa API 提供了用于多个 malloc_zone_*函数的包装器。例如，NSCreateZone()和
NSRecycleZone()可分别用于创建和销毁 malloc 区域。malloc 区域作为一个 NSZone 结构
存在于 Cocoa 中。

　　NSObject 类提供了 allocateWithZone: 方法，它可以利用从指定区域分配的内存创建接收类的实例。

　　实际的区域分配器是在独立的模块中实现的——与包含程序员可见的 malloc 函数家族的 malloc 层分隔开。malloc 层使用由区域层导出的良好定义的函数，事实上，malloc 前端可以支持备用的底层分配器或者甚至多个分配器。图 8-30 显示了 malloc 层与区域分配器之间通信的概览。后者被称为**可伸缩区域分配器**（Scalable Zone Allocator），因为它使用可以从非常小扩展到非常大的分配策略。

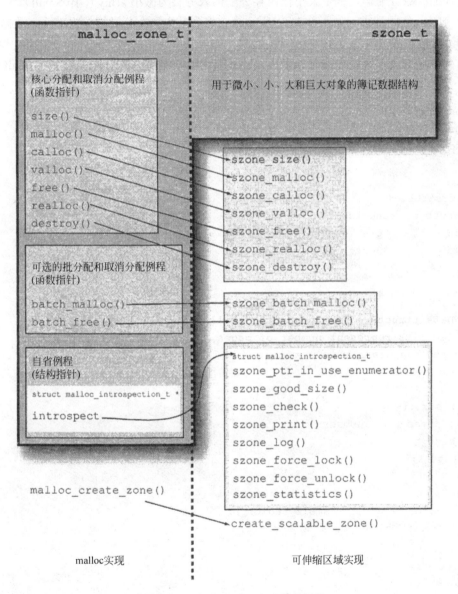

图 8-30　Mac OS X malloc 实现概览

　　在 malloc 层中，通过 malloc_zone_t 结构表示 malloc 区域，该结构是 szone_t 结构的子结构。后者只能被可伸缩区域层看见。malloc 层提供了 malloc_create_zone 函数，用于创建区域。这个函数调用 create_scalable_zone()，后者通过分配和初始化一个 szone_t 结构创建新的可伸缩区域。作为这个初始化的一部分，可伸缩 malloc 层将填充 malloc_zone_t 子结构，它是一个指针，指向返回给 malloc 层的内容。在返回前，malloc_create_zone()将调用 malloc_zone_register()，后者将在 malloc 区域的全局数组中保存 malloc_zone_t 指针。注意：尽管 malloc 层可以直接调用 create_scalable_zone()，但它只能通过在 malloc_zone_t 结构中建立的函数指针来调用其他的可伸缩区域函数。如图 8-30 中所示，可伸缩区域层提供了标准的 malloc 函数家族、批分配和取消分配函数以及用于自省的函数。

可伸缩区域分配器将基于大小把内存分配请求分类为微小（Tiny）、小（Small）、大（Large）和巨大（Huge）的请求。如图 8-31 中所示，它将为其中每个分类维护内部簿记数据结构。微小和小分配分别是从微小和小区域发起的。如前文所述，区域类似于程序的堆。可以将特定的微小区域或小区域视作有界子堆，落入某个大小范围内的分配就是从中发起的。

```c
#define NUM_TINY_SLOTS              32
#define INITIAL_NUM_TINY_REGIONS    24
#define NUM_SMALL_SLOTS             32
#define INITIAL_NUM_SMALL_REGIONS   6
...

typedef struct {
    uintptr_t   checksum;
    void        *previous;
    void        *next;
} free_list_t;

typedef struct {
    // Data structure for "compact" (small) pointers
    // Low bits represent number of pages, high bits represent address
    uintptr_t address_and_num_pages;
} compact_range_t;

typedef struct {
    vm_address_t     address;
    vm_size_t     size;
} vm_range_t;

typedef void            *tiny_region_t;
typedef void            *small_region_t;
typedef compact_range_t large_entry_t;
typedef vm_range_t      huge_entry_t;

typedef struct {
    malloc_zone_t basic_zone; // This substructure is seen by the malloc layer
    ...
```

图 8-31　可伸缩区域数据结构

```
// Regions for tiny objects
unsigned          num_tiny_regions;
tiny_region_t     *tiny_regions;
void              *last_tiny_free;
unsigned          tiny_bitmap;              // Cache of the free lists
free_list_t       *tiny_free_list[NUM_TINY_SLOTS]; // Free lists
...

// Regions for small objects
unsigned          num_small_regions;
small_region_t    *small_regions;
...

// Large objects
unsigned          num_large_entries;
large_entry_t     *large_entries; // Hashed by location

// Huge objects
unsigned          num_huge_entries;
huge_entry_t      *huge_entries;
...

// Initial region list
tiny_region_t initial_tiny_regions[INITIAL_NUM_TINY_REGIONS];
small_region_t initial_small_regions[INITIAL_NUM_SMALL_REGIONS];
} szone_t;
```

图 8-31（续）

表 8-7 显示了对于 32 位系统库的各个类别的大小范围以及对应的分配定额。表 8-8 显示了针对 64 位版本的数字。

表 8-7 可伸缩 malloc 分配类别（32 位）

分 配 区 域	区 域 大 小	分 配 大 小	分 配 定 额
微小	1MB	1~496 字节	16 字节
小	8MB	497~15359 字节	512 字节
大	—	15360~16773120 字节	1 页（4096 字节）
巨大	—	16773121 字节及以上	1 页（4096 字节）

表 8-8 可伸缩 malloc 分配类别（64 位）

分 配 区 域	区 域 大 小	分 配 大 小	分 配 定 额
微小	2MB	1~992 字节	32 字节
小	16MB	993~15359 字节	1024 字节
大	—	15360~16773120 字节	1 页（4096 字节）
巨大	—	16773121 字节及以上	1 页（4096 字节）

下面列出了关于可伸缩 malloc 的分配策略的一些值得注意的要点。

- 用于微小请求的最大分配大小是微小分配定额的 31 倍——也就是说，对于 32 位和 64 位，分别是 31 × 16 字节和 31 × 32 字节。
- 用于大请求的最小分配大小是 15 × 1024 字节。
- 用于大请求的最大分配大小是 4095 页。
- 通过微小区域满足微小请求。每个这样的区域都类似于其大小是 1MB（32 位）或 2MB（64 位）的堆。类似地，小范围中的内存是从小区域中分配的，其中每个区域都类似于 8MB 的堆。

现在来探讨各种策略的细节。

1. 微小分配

微小分配是从**微小区域**（Tiny Region）中进行的。分配器把微小区域划分成大小相等的部分，称为**微小定额**（Tiny Quanta）。每个微小定额的大小都是 TINY_QUANTUM 字节。

> 无论调用者请求的实际数量是多少，TINY_QUANTUM 都是最小分配大小。例如，对于 1 字节、TINY_QUANTUM 字节和(TINY_QUANTUM+1)字节的分配请求，用以满足它们的实际分配的内存数量分别是：TINY_QUANTUM 字节、TINY_QUANTUM 字节和 2×TINY_QUANTUM 字节。

微小区域被布置为包含 NUM_TINY_BLOCKS 定额的连续内存块。紧接在最后一个定额之后的是元数据区，它具有以下结构。

- 位于元数据开始处的是**头部位图**（Header Bitmap），对于微小区域中的每个定额，它都包含一位用于它们。因此，它包含 NUM_TINY_BLOCKS 个位。
- 接在头部位图之后的是 32 位的填充字，它的所有位都会设置——也就是说，它的值是 0xFFFF_FFFF。
- 接在填充字之后的是**正在使用的位图**（In-Use Bitmap）。像头部位图一样，这个位图也包含 NUM_TINY_BLOCKS 个位，其中每一位用于一个微小定额。
- 接在正在使用的位图之后的是 32 位的填充字，分配器不会写到它。

即使微小定额的大小是固定的，微小分配的大小也是不等的，它可以小到 1 字节，乃至大到 31×TINY_QUANTUM 字节。大于定额的分配将包括多个连续的定额。将一组这样的连续小定额（无论是已分配还是空闲）称为**微小块**（Tiny Block）。头部位图和正在使用的位图用于维护空闲块和已分配块的概念，具体如下。

- 如果给定的定额是使用的块的第一个定额，那么头部位图和正在使用的位图中对应的位都将是 1。
- 如果给定的定额是使用的块的一部分（但不是该块的第一个定额），那么头部位图中对应的位将是 0，而正在使用的位图中对应的位将是无关的。
- 如果给定的定额是空闲块的第一个定额，那么头部位图和正在使用的位图中对应的位将分别是 1 和 0。
- 如果给定的定额是空闲块的一部分（但不是该块的第一个定额），那么头部位图和正在使用的位图中对应的位都将是无关的。

在释放指针时，将会适当地修改对应块的头部和正在使用的位。而且，将把信息写到所指向的内存的前几个字节，以把该块转换成空闲块。空闲块将在空闲列表中串接在一起。分配器将为微小区域内存维护 32 个空闲列表。每个列表都包含一些空闲块，其中包含特定数量的定额——第一个列表包含大小都是 1 个定额的空闲块，第二个列表包含大小都是 2 个定额的空闲块，依此类推。尽管最大的分配大小包含 31 个定额，也可能具有更大的空闲块，因为可以合并相邻的块。最后一个列表用于保存这些超大的空闲块。

空闲块的结构如下。

- 第一个指针大小的字段包含一个校验和，它是通过对空闲块的前一个指针、下一个指针以及常量 CHECKSUM_MAGIC（定义为 0x357B）执行"异或"运算而得到的。
- 下一个指针大小的字段包含指向链中的前一个空闲块（如果有的话）的指针。如果没有前一个空闲块，这个字段将包含 0。
- 下一个指针大小的字段包含指向链中的下一个空闲块（如果有的话）的指针。同样，如果没有下一个空闲块，这个字段将是 0。
- 下一个字段是一个无符号短整型值，用于以定额为单位指定空闲块的大小。

考虑图 8-32 中所示的空闲块和已分配块。从定额 q_i 开始的空闲块包含 m 个定额，而从定额 q_k 开始的已分配块则包含 n 个定额。在头部位图中设置了位 i 和 k。不过，在正在使用的块中只会设置位 k。

现在来对一个简单的程序使用调试器，以此检查分配器的工作方式。图 8-33 显示了一个程序，它用于执行 4 次微小分配。在执行这些分配之后，将立即检查分配器的状态。接下来，将释放指针并且再次检查状态。该程序将使用调试器观测点，在想要的位置停止程序的执行。

要检查微小区域的元数据区，首先需要确定该区域的基址。给定一个已知从微小区域分配的指针，可以确定那个微小区域的基址，因为该区域总是在通过 NUM_TINY_BLOCKS 与 TINY_QUANTUM 的乘积定义的边界上对齐——即微小区域可分配的总大小。分配器在为微小区域自身分配内存时，将确保这种对齐。因此，给定一个微小区域指针 p，以下公式将给出微小区域的基址。

```
TINY_REGION_FOR_PTR(p) = p & ~((NUM_TINY_BLOCKS * TINY_QUANTUM) -1)
```

由于处理的是 32 位的程序，因此必须使用特定于 32 位的 NUM_TINY_BLOCKS 和 TINY_QUANTUM 的值。如图 8-32 中所示，这些值分别是 65536 和 16。使用这些值，可以计算乘积是 0x100000。然后，将公式简化成：

```
TINY_REGION_FOR_PTR(p) = p & 0xFFF00000
```

给定微小区域的基址，可以轻松地计算元数据区的基址，因为元数据区紧接在最后一个微小定额之后。这意味着元数据区的开始位置距离微小区域的基址（NUM_TINY_BLOCKS * TINY_QUANTUM）字节，这提供了以下公式，用于计算元数据区的基址。

```
TINY_REGION_END(p) = (p & 0xFFF00000) + 0x100000
```

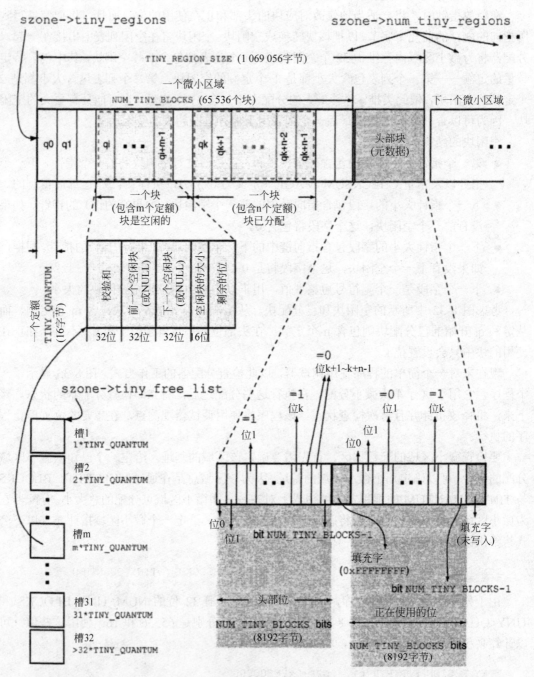

图 8-32　微小分配的内部簿记（32 位）

元数据区的基址是头部位图所在的位置。可以通过加上 **NUM_TINY_BLOCKS**/8 字节（头部位图的大小）以及额外 4 字节（填充字的大小）来计算正在使用的位图的位置。最终将具有以下表达式：

```
HEADER_BITMAP_32(p) = (p & 0xFFF00000) + 0x100000
INUSE_BITMAP_32(p) = HEADER_BITMAP_32(p) + 0x2004
```

```
// test_malloc.c (32-bit)

#include <stdlib.h>

int watch = -1;

int
main(void)
{
    void *ptr1, *ptr2, *ptr3, *ptr4;

    ptr1 = malloc(490);     // 31 TINY_QUANTUMs
    ptr2 = malloc(491);     // 31 TINY_QUANTUMs
    ptr3 = malloc(492);     // 31 TINY_QUANTUMs
    ptr4 = malloc(493);     // 31 TINY_QUANTUMs
    watch = 1;              // breakpoint here

    free(ptr1);
    free(ptr3);
    watch = 2;              // breakpoint here

    free(ptr2);
    free(ptr4);
    watch = 3;              // breakpoint here

    return 0;
}
```

图 8-33　执行微小分配的程序

既然已经知道如何计算希望查看的地址，就可以编译并运行图 8-33 中所示的程序。

```
$ gcc -Wall -g -o test_malloc test_malloc.c
$ gdb ./test_malloc
...
(gdb) watch watch
Hardware watchpoint 1: watch
(gdb) run
Starting program: /private/tmp/test_malloc
Reading symbols for shared libraries . done
Hardware watchpoint 1: watch

Old value = -1
New value = 1
main () at test_malloc.c:18
18          free(ptr1);
(gdb) where full
#0 main () at test_malloc.c:18
```

```
            ptr1 = (void *) 0x300120
            ptr2 = (void *) 0x300310
            ptr3 = (void *) 0x300500
            ptr4 = (void *) 0x3006f0
(gdb)
```

当命中第一个观测点时，程序已经执行了 4 次微小分配。给定指针值以及前面设计的公式，可以看到，对于全部 4 个指针，微小区域的基址是 0x300000，头部位图位于地址 0x400000 处，正在使用的位图则位于地址 0x400000+0x2004 处。因此，这些指针分别距离基址 0x120 字节、0x310 字节、0x500 字节和 0x6f0 字节。可以把这些距离除以 TINY_QUANTUM（即 16），得到每个指针的起始定额编号。起始定额是 18、49、80 和 111，其中第一个定额被编号为 0。如果把位图中的第一位称为位 0，就应该检查头部位图和正在使用的位图中的位 18、位 49、位 80 和位 111。

```
(gdb) x/4x 0x400000
0x400000: 0x25920400 0x00000200 0x00000100 0x00800000
(gdb) x/4x 0x400000+0x2004
0x402004: 0x25920400 0x00000200 0x00000100 0x00800000
```

的确，在两个位图中都设置了所有这 4 位。注意：在访问某一位时，分配器首先将定位包含该位的字节。最左边的字节是字节 0，右边的下一个字节是字节 1，依此类推。在字节内，编号最低的位是最右边的位。

现在来继续执行程序，在命中下一个观测点之前，它将导致 ptr1 和 ptr3 被释放。

```
(gdb) cont
Continuing.
Hardware watchpoint 1: watch

Old value = 1
New value = 2
main () at test_malloc.c:22
22          free(ptr2);
```

此时，可以期望头部位图保持不变，但是应该在正在使用的位图中清除与 ptr1 和 ptr3 对应的位 18 和位 80。

```
(gdb) x/4x 0x400000
0x400000: 0x25920400 0x00000200 0x00000100 0x00800000
(gdb) x/4x 0x400000+0x2004
0x402004: 0x25920000 0x00000200 0x00000000 0x00800000
```

而且，应该填充 ptr1 和 ptr3 的内存内容，把对应的块转换成空闲块。

```
(gdb) x/4x ptr1
0x300120: 0x0030307b 0x00300500 0x00000000 0x001f0000
(gdb) x/4x ptr3
0x300500: 0x0030345b 0x00000000 0x00300120 0x001f0000
```

回忆可知：空闲块是以校验和开头的，其后接着指向前一个和下一个空闲块的指针，以及一个尾随的短整型值，用于以定额为单位指定块的大小。可以看到释放的块在相同的空闲列表上串接在一起——ptr1 的前一个指针指向 ptr3，而 ptr3 的下一个指针则指向 ptr1。这是所期望的，因为两个块具有相同的定额编号（0x1f 或 31）。而且，可以通过把相关的指针与前面见过的幻数（0x357B）进行"异或"运算，来验证两个校验和是正确的。现在再次继续执行程序，在命中下一个观测点前，它将释放 ptr2 和 ptr4。

```
(gdb) cont
Continuing.
Hardware watchpoint 1: watch

Old value = 2
New value = 3
main () at test_malloc.c:26
26 return 0;
(gdb) x/4x 0x400000
0x400000: 0x25920400 0x00000200 0x00000000 0x00800000
(gdb) x/4x 0x400000+0x2004
0x402004: 0x25920000 0x00000200 0x00000000 0x00800000
(gdb) x/4x ptr2
0x300310: 0x00000000 0x00000000 0x00000000 0x00000000
(gdb) x/4x ptr4
0x3006f0: 0x00000000 0x00000000 0x00000000 0x00000000
(gdb)
```

可以看到，尽管已经释放了 ptr2 和 ptr4，头部位图和正在使用的位图中对应的位是不变的。而且，在 ptr2 和 ptr4 的内容中没有空闲块信息。这是由于分配器已经把 4 个相邻的空闲块合并成单个较大的从 ptr1 开始的空闲块。检查 ptr1 的内容，应该会确认这一点。

```
(gdb) x/4x ptr1
0x300120: 0x0000357b 0x00000000 0x00000000 0x007c0000
```

ptr1 处的空闲块现在是其空闲列表中唯一的块，因为它的前一个指针和下一个指针都包含 0。而且，这个空闲块中的定额编号是 0x7c（124），这是所期望的。

2. 小分配

小分配在概念上是以与微小分配类似的方式处理的。图 8-34 显示了小分配中涉及的关键数据结构。除了小区域具有更大的定额大小之外，区域后面的元数据区的结构也不同于微小区域的元数据区：小区域的元数据区没有头部位图和正在使用的位图，而是一个 16 位数量的数组。这个数组的第 i 个元素提供了关于小区域中的第 i 个定额的两份信息。如果设置了数组元素的最高有效位，对应的定额就是空闲块的第一个定额。余下的 15 位只在第一个定额中不为 0（无论是空闲块还是已分配的块），它们表示块中包含的定额数量。像微小空闲列表集一样，有 32 个小空闲列表，它们用于指代对应定额大小的空闲对象。

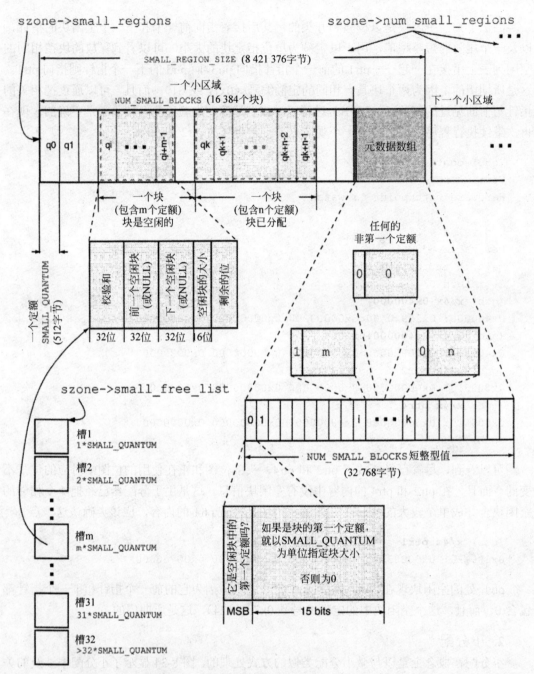

图 8-34　小 malloc 分配的内部簿记（32 位）

3. 大分配

　　大分配通过 large_entry_t 结构描述。如图 8-31 所示，large_entry_t 结构是 compact_range_t 的别名，它包含单个名为 address_and_num_pages 的字段，表示一个地址（高位）以及在那个地址分配的页数（低位）。由于最大的大分配是 4095 页，因此将低 12 位用于指定页数。大分配是通过 vm_allocate() 执行的，它总是返回页对齐的地址——也就是说，地址的低 12 位总为 0。因此，可以把它与页数进行"或"运算，得到 address_and_num_pages，并且不会丢失信息。分配器将通过把大条目的地址散列进通过 szone_t 结构的 large_entries 字段引用的表中，来跟踪大条目。条目的散列索引是其地址除以条目总数的余数。如果存在散列冲突，就把索引递增 1，等等——当索引变成与表的大小相等时，将把它归零。如果正在使用的大分配数变成比散列表中的条目数高大约 25%，表的密度就被认为太高了，并且分配器将增大散列表。

4. 巨大分配

巨大分配具有相对更简单的簿记。对于每个巨大分配，分配器都会维护一个 huge_entry_t 结构。这些结构保存在通过 szone_t 结构的 huge_entries 字段引用的数组中。在进行巨大条目分配（它是通过 vm_allocate() 执行的）时，分配器将增大数组，其方法是：在内部分配内存，把旧条目复制到增大的数组中，并且释放旧数组。如图 8-31 所示，huge_entry_t 是 vm_range_t 的别名，后者包含地址和大小。

8.15.3　malloc() 例程

多个 malloc API 函数（比如 malloc() 和 free()）是一些内部函数的简单包装器，这些内部函数反过来又通过与默认区域对应的 malloc_zone_t 结构中的函数指针调用可伸缩区域函数。要使用除默认区域以外的其他任何区域，必须直接使用图 8-29 中的 malloc_zone_* 函数。

图 8-35 显示了 malloc() 库函数的处理，它简单地调用 malloc_zone_malloc()，其中 inline_malloc_default_zone() 的返回值就是要分配的区域。内联函数将检查全局变量 malloc_num_zones 的值，以确定是否是第一次调用它。如果是，它首先将创建一个可伸缩区域来初始化 malloc 包，该区域将用作默认的 malloc 区域。它将调用 malloc_create_zone()，后者首先会检查多个影响 malloc 行为的环境变量是否存在。在 malloc(3) 手册页面中记载了这些变量，可以运行任何程序，在设置了 MallocHelp 环境变量的情况下使用 malloc()，打印可用变量的总结。

```
$ MallocHelp=1 /usr/bin/true
(10067) malloc: environment variables that can be set for debug:
- MallocLogFile <f> to create/append messages to file <f> instead of stderr
- MallocGuardEdges to add 2 guard pages for each large block
- MallocDoNotProtectPrelude to disable protection (when previous flag set)
- MallocDoNotProtectPostlude to disable protection (when previous flag set)
...
- MallocBadFreeAbort <b> to abort on a bad free if <b> is non-zero
- MallocHelp - this help!
```

一旦默认区域可用，malloc_zone_malloc() 就会调用由可伸缩 malloc 层导出的 malloc() 函数。后面的函数——szone_malloc()——将会在调用 szone_malloc_should_clear() 内部函数时把 cleared_request 布尔参数设置为 false。与之相比，szone_calloc() 函数则会在调用 szone_malloc_should_clear() 时把 cleared_request 设置为 true。如图 8-35 所示，szone_malloc_should_clear() 将基于大小把分配请求进行分类，并将其分派给合适的处理程序。

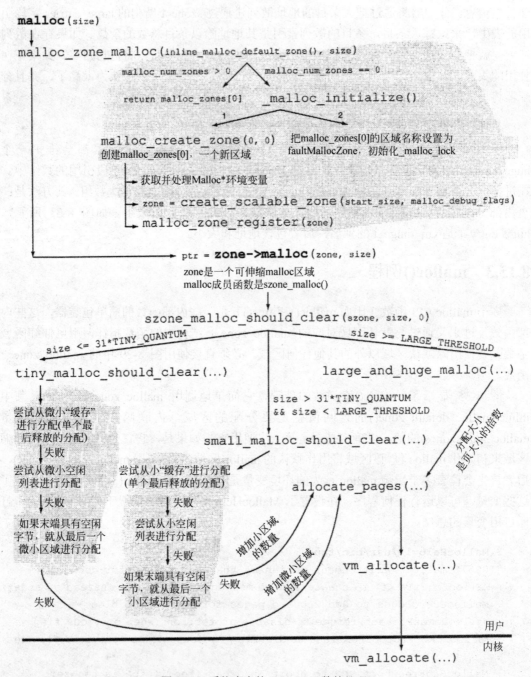

图 8-35　系统库中的 malloc()函数的处理

当由于 realloc()调用而改变分配的大小时，分配器首先将尝试在原位进行重新分配。如果它失败，就会分配新的缓冲区，分配器将把旧缓冲区的内容复制到其中。如果旧缓冲区具有至少 VM_COPY_THRESHOLD 字节（定义为 40KB）的内存，分配器就会使用 vm_copy()进行复制。如果旧缓冲区具有较少的内存，或者如果 vm_copy()失败，分配器就会使用 memcpy()。

8.15.4　最大的单个分配（32 位）

根据程序的需要，它可能会受到可以分配的最大连续内存数量的影响。鉴于 64 位虚拟地址空间的大小，64 位的程序极不可能面临这个问题。不过，32 位的地址空间受限于 4GB 的虚拟内存，并非所有这些虚拟内存都可供程序使用。如表 8-4 中所示，多个虚拟地址范围不能被程序使用，因为系统将把这些范围用于预定义的映射。

图 8-36 所示的程序可用于确定单个分配的最大大小，它不能大于最大的空闲连续虚拟地址范围。注意：准确的数字很可能跨操作系统版本甚至跨相同版本的特定安装而有所不同，尽管这个差别可能不是很大。

```c
// large_malloc.c

#include <stdio.h>
#include <stdlib.h>
#include <limits.h>
#include <mach/mach.h>

#define PROGNAME "large_malloc"

int
main(int argc, char **argv)
{
    void *ptr;
    unsigned long long npages;

    if (argc != 2) {
        fprintf(stderr, "usage: %s <allocation size in pages>\n", PROGNAME);
        exit(1);
    }

    if ((npages = strtoull(argv[1], NULL, 10)) == ULLONG_MAX) {
        perror("strtoull");
        exit(1);
    }

    if ((ptr = malloc((size_t)(npages << vm_page_shift))) == NULL)
        perror("malloc");
    else
        free(ptr);

    exit(0);
}
```

图 8-36　确定最大的单个 malloc() 分配的大小

```
$ gcc -Wall -o large_malloc large_malloc.c
$ ./large_malloc 577016
$ ./large_malloc 577017
large_malloc(786) malloc: *** vm_allocate(size=2363461632) failed (error
code=3)
large_malloc(786) malloc: *** error: can't allocate region
large_malloc(786) malloc: *** set a breakpoint in szone_error to debug
malloc: Cannot allocate memory
```

图 8-36（续）

如图 8-36 中的输出所示，在这个特定的系统上，在程序运行的一瞬间，连续分配被限制于 577016 页，或者 2363457536 字节（大约 2.2GB）。注意：还存在其他较小的空闲虚拟地址范围，因此程序可以分配的内存总和可能比单个最大分配要大得多。例如，在图 8-36 所示的系统上，通过 malloc()分配另一个 1GB（近似）的内存将会成功，这之后，在进程的虚拟地址空间用尽之前，仍然可以进行多个小得多的分配。

8.15.5　最大的单个分配（64 位）

现在来看在 64 位的任务中可以使用 mach_vm_allocate()分配多少虚拟内存。图 8-37 显示了一个程序，它尝试分配作为命令行参数给出的内存数量。

// max_vm_allocate.c

```c
#include <stdio.h>
#include <stdlib.h>
#include <limits.h>
#include <mach/mach.h>
#include <mach/mach_vm.h>

#define PROGNAME "max_vm_allocate"

int
main(int argc, char **argv)
{
    kern_return_t    kr;
    unsigned long long nbytes;
    mach_vm_address_t address;

    if (argc != 2) {
        fprintf(stderr, "usage: %s <number of bytes>\n", PROGNAME);
        exit(1);
    }
```

图 8-37　分配 2PB 的虚拟内存

```
    if ((nbytes = strtoull(argv[1], NULL, 10)) == ULLONG_MAX) {
        fprintf(stderr, "invalid number of bytes specified\n");
        exit(1);
    }

    kr = mach_vm_allocate(mach_task_self(), &address,
                          (mach_vm_size_t)nbytes, TRUE);
    if (kr == KERN_SUCCESS) {
        printf("allocated %llu bytes at %p\n", nbytes, (void *)address);
        mach_vm_deallocate(mach_task_self(), address, (mach_vm_size_t)nbytes);
    } else
        mach_error("mach_vm_allocate:", kr);

    exit(0);
}

$ gcc -arch ppc64 -Wall -o max_vm_allocate max_vm_allocate.c
$ ./max_vm_allocate 2251793095786496
allocated 2251793095831552 bytes at 0x8feb0000
$ ./max_vm_allocate 2251793095786497
mach_vm_allocate: (os/kern) no space available
```

图 8-37（续）

8.15.6　枚举所有指针

可伸缩区域实现提供了多个用于调试和分析的函数。malloc 层将通过诸如 malloc_zone_from_ptr()、malloc_zone_get_all_zones()、malloc_zone_print()、malloc_zone_print_ptr_info()、malloc_zone_statistics()和 malloc_zone_log()之类的函数把其中一些功能导出给用户程序。而且，那些在 malloc_zone_t 结构或 szone_t structure 结构中具有函数指针的可伸缩区域函数也可以被用户程序调用，尽管这样做将违反分层的原则，因为 szone_t 结构在 malloc 层中打算是不透明的。

注意：在程序中不能使用 printf(3)，因为 printf()的实现本身使用了 malloc()。该程序将使用一个自定义的类似于 printf()的函数——可以称之为 nomalloc_printf()，它没有使用 printf()，相应地也不会使用 malloc()。图 8-38 显示了 nomalloc_printf()的实现。在接下来的其他示例中还会使用这个函数。

图 8-39 中所示的程序调用了由可伸缩区域层实现的一个指针枚举函数。可以通过 malloc_zone_t 结构内的 malloc_introspection_t 子结构的 enumerator 字段使该函数可供 malloc 层使用。这个函数的参数之一是一个指向**记录器函数**（Recorder Function）的指针，这个记录器函数是为每个枚举的分配范围调用的回调。程序中的这个枚举函数还接受一个类型屏蔽，用于限制对特定的内存类型进行枚举。

```
// nomalloc_printf.h

#ifndef _NOMALLOC_PRINTF_H
#define _NOMALLOC_PRINTF_H

#include <stdarg.h>

extern void _simple_vdprintf(int, const char *, va_list);

inline void
nomalloc_printf(const char *format, ...)
{
    va_list ap;
    va_start(ap, format);
    _simple_vdprintf(STDOUT_FILENO, format, ap);
    va_end(ap);
}

#endif
```

图 8-38　在不使用 malloc()的情况下实现 printf()函数的一个版本

```
// malloc_enumerate.c

#include <stdio.h>
#include <stdlib.h>
#include <unistd.h>
#include <limits.h>
#include <malloc/malloc.h>
#include <mach/mach.h>
#include "nomalloc_printf.h"

struct recorder_args {
    const char *label;
    unsigned type_mask;
} recorder_args[] = {
    { "Allocated pointers\n",             MALLOC_PTR_IN_USE_RANGE_TYPE   },
    { "\nRegions containing pointers\n", MALLOC_PTR_REGION_RANGE_TYPE   },
    { "\nInternal regions\n",             MALLOC_ADMIN_REGION_RANGE_TYPE },
};

void
my_vm_range_recorder(task_t task, void *context, unsigned type_mask,
                     vm_range_t *ranges, unsigned range_count)
{
    vm_range_t *r, *end;
```

图 8-39　枚举程序中所有 malloc()分配的指针

```
        for (r = ranges, end = ranges + range_count; r < end; r++)
            nomalloc_printf("%16p   %u\n", r->address, r->size);
}


int
main(int argc, char **argv)
{
    int                 i;
    void                *ptr = NULL;
    unsigned long long  size;
    malloc_zone_t       *zone;

    if (!(zone = malloc_default_zone()))
        exit(1);

    if (argc == 2) { // allocate the requested size
        if ((size = strtoull(argv[1], NULL, 10)) == ULLONG_MAX) {
            fprintf(stderr, "invalid allocation size (%s)\n", argv[1]);
            exit(1);
        }

        if ((ptr = malloc((size_t)size)) == NULL) {
            perror("malloc");
            exit(1);
        }
    }

    for(i = 0;i < sizeof(recorder_args)/sizeof(struct recorder_args);i++) {
    nomalloc_printf("%s     address   bytes\n", recorder_args[i].label);
        zone->introspect->enumerator(mach_task_self(),         // task
                            NULL,                              // context
                            recorder_args[i].type_mask,        // type
                            (vm_address_t)zone,
                            NULL,                              // reader
                            my_vm_range_recorder);             // recorder
    }

    exit(0);
}



$ gcc -Wall -o malloc_enumerate malloc_enumerate.c
$ ./malloc_enumerate 8192
Allocated pointers
        address   bytes
```

图 8-39（续）

```
        0x300000    32
        0x300020    48
        0x300050    64
        0x300090    48
        0x3000c0    48
        0x3000f0    48
        0x1800000   1024
        0x1800400   8192

Regions containing pointers
      address    bytes
      0x300000   1048576
      0x1800000  8388608

Internal regions
      address    bytes
      0x400000   20480
      0x300000   1048576
      0x2000000  32768
      0x1800000  8388608
```

图 8-39（续）

8.15.7　显示可伸缩区域的统计信息

图 8-40 中显示的程序用于获取并显示关于各类 malloc 区域的统计信息。特别是，可以使用这个程序查看分配器怎样基于请求的大小把分配请求分类为微小分配、小分配、大分配或巨大分配。

```c
// scalable_zone_statistics.c

#include <stdio.h>
#include <stdlib.h>
#include <unistd.h>
#include <limits.h>
#include <malloc/malloc.h>
#include "nomalloc_printf.h"

#define PROGNAME "scalable_zone_statistics"

enum { TINY_REGION, SMALL_REGION, LARGE_REGION, HUGE_REGION };

extern boolean_t scalable_zone_statistics(malloc_zone_t *,
malloc_statistics_t *, unsigned);
```

图 8-40　显示可伸缩区域的统计信息

```
void
print_statistics(const char *label, malloc_statistics_t *stats) {
    nomalloc_printf("%8s%16u%16lu%16lu", label, stats->blocks_in_use,
                    stats->size_in_use, stats->max_size_in_use);
    if (stats->size_allocated != -1)
        nomalloc_printf("%16lu\n", stats->size_allocated);
    else
        printf("%16s\n", "-");
}


int
main(int argc, char **argv) {
    void                *ptr = NULL;
    unsigned long long  size;
    malloc_statistics_t stats;
    malloc_zone_t       *zone;

    if (!(zone = malloc_default_zone()))
        exit(1);

    if (argc == 2) {
        if ((size = strtoull(argv[1], NULL, 10)) == ULLONG_MAX) {
            fprintf(stderr, "invalid allocation size (%s)\n", argv[1]);
            exit(1);
        }

        if ((ptr = malloc((size_t)size)) == NULL) {
            perror("malloc");
            exit(1);
        }
    }


    nomalloc_printf("%8s%16s%16s%16s%16s\n", "Region", "Blocks in use",
                    "Size in use", "Max size in use", "Size allocated");
    scalable_zone_statistics(zone, &stats, TINY_REGION);
    print_statistics("tiny", &stats);
    scalable_zone_statistics(zone, &stats, SMALL_REGION);
    print_statistics("small", &stats);
    scalable_zone_statistics(zone, &stats, LARGE_REGION);
    stats.size_allocated = -1;
    print_statistics("large", &stats);
    scalable_zone_statistics(zone, &stats, HUGE_REGION);
    stats.size_allocated = -1;
    print_statistics("huge", &stats);
```

图 8-40（续）

```
    if (ptr)
        free(ptr);

    exit(0);
}
```

```
$ gcc -Wall -o scalable_zone_statistics scalable_zone_statistics.c
$ ./scalable_zone_statistics 496
   Region   Blocks in use      Size in use Max size in use  Size allocated
     tiny              7              784          21264         1069056
    small              1                0          33792         8421376
    large              0                0              0               -
     huge              0                0              0               -
$ ./scalable_zone_statistics 497
   Region   Blocks in use      Size in use Max size in use  Size allocated
     tiny              6              288          20768         1069056
    small              2              512          34304         8421376
    large              0                0              0               -
     huge              0                0              0               -
$ ./scalable_zone_statistics 15360
   Region   Blocks in use      Size in use Max size in use  Size allocated
     tiny              6              288          20768         1069056
    small              2              512          34304         8421376
    large              1            16384          16384               -
     huge              0                0              0               -
$ ./scalable_zone_statistics 16777216
   Region   Blocks in use      Size in use Max size in use  Size allocated
     tiny              7              304          20784         1069056
    small              1                0          33792         8421376
    large              0                0              0               -
     huge              1         16777216       16777216               -
```

图 8-40（续）

8.15.8　记录 malloc 操作

malloc 实现支持记录 malloc 操作，以便帮助分析与内存相关的错误。可以设置 MallocStackLogging 环境为量，以使分配器在执行每次分配时都会记住函数调用栈。一个变体——MallocStackLoggingNoCompact 环境变量——将导致所有的分配都会被记录下来，而不会考虑它们的大小或生存期。Mac OS X 提供了多个用于内存相关的调试的工具，例如，heap、leaks、malloc_history 和 MallocDebug.app[①]。

malloc 层允许通过设置 malloc_logger 全局函数指针，安装自定义的 malloc 记录器。事

---

①　MallocDebug.app 是 Apple Developer Tools（Apple 开发人员工具）包的一部分。

实上，设置前述的环境变量将导致把这个指针设置为一个内部记录器函数。图 8-41 显示了一个程序，它通过这种机制实现了它自己的 malloc 记录。

```c
// malloc_log.c

#include <stdio.h>
#include <stdlib.h>
#include <unistd.h>
#include <malloc/malloc.h>
#include "nomalloc_printf.h"

// defined in Libc/gen/malloc.c
#define MALLOC_LOG_TYPE_ALLOCATE     2
#define MALLOC_LOG_TYPE_DEALLOCATE   4
#define MALLOC_LOG_TYPE_HAS_ZONE     8
#define MALLOC_LOG_TYPE_CLEARED      64

#define MALLOC_OP_MALLOC  (MALLOC_LOG_TYPE_ALLOCATE|MALLOC_LOG_TYPE_HAS_ZONE)
#define MALLOC_OP_CALLOC  (MALLOC_OP_MALLOC|MALLOC_LOG_TYPE_CLEARED)
#define MALLOC_OP_REALLOC (MALLOC_OP_MALLOC|MALLOC_LOG_TYPE_DEALLOCATE)
#define MALLOC_OP_FREE    (MALLOC_LOG_TYPE_DEALLOCATE|MALLOC_LOG_TYPE_HAS_ZONE)

typedef void (malloc_logger_t)(unsigned, unsigned, unsigned, unsigned,
             unsigned, unsigned);

// declared in the Libc malloc implementation
extern malloc_logger_t *malloc_logger;

void
print_malloc_record(unsigned type, unsigned arg1, unsigned arg2, unsigned arg3,
                    unsigned result, unsigned num_hot_frames_to_skip)
{
    switch (type) {
    case MALLOC_OP_MALLOC: // malloc() or valloc()
    case MALLOC_OP_CALLOC:
        nomalloc_printf("%s : zone=%p, size=%u, pointer=%p\n",
                        (type == MALLOC_OP_MALLOC) ? "malloc" : "calloc",
                        arg1, arg2, result);
        break;

    case MALLOC_OP_REALLOC:
        nomalloc_printf("realloc: zone=%p, size=%u, old pointer=%p, "
                        "new pointer=%p\n", arg1, arg3, arg2, result);
        break;

    case MALLOC_OP_FREE:
```

图 8-41　记录 malloc 操作

```
        nomalloc_printf("free   : zone=%p, pointer=%p\n", arg1, arg2);
        break;
    }
}


void
do_some_allocations(void)
{
    void *m, *m_new, *c, *v, *m_z;
    malloc_zone_t *zone;

    m = malloc(1024);
    m_new = realloc(m, 8192);
    v = valloc(1024);
    c = calloc(4, 1024);

    free(m_new);
    free(c);
    free(v);

    zone = malloc_create_zone(16384, 0);
    m_z = malloc_zone_malloc(zone, 4096);
    malloc_zone_free(zone, m_z);
    malloc_destroy_zone(zone);
}


int
main(void)
{
    malloc_logger = print_malloc_record;
    do_some_allocations();

    return 0;
}


$ gcc -Wall -o malloc_log malloc_log.c
$ ./malloc_log
malloc : zone=0x1800000, size=1024, pointer=0x1800400
realloc: zone=0x1800000, size=8192, old pointer=0x1800400, new pointer=
0x1800800
malloc : zone=0x1800000, size=1024, pointer=0x6000
calloc : zone=0x1800000, size=4096, pointer=0x1802a00
free   : zone=0x1800000, pointer=0x1800800
free   : zone=0x1800000, pointer=0x1802a00
```

图 8-41（续）

```
free  : zone=0x1800000, pointer=0x6000
malloc : zone=0x2800000, size=4096, pointer=0x2800400
free  : zone=0x2800000, pointer=0x2800400
```

图 8-41（续）

8.15.9　实现 malloc 层

由于 malloc 层通过函数指针调用分配器函数，可以轻松地截获这些函数的调用——比如说，用于调试或者用于试验一种替代分配器。确切地讲，可以通过调用 malloc_default_zone() 获取一个指向默认区域的指针。然后，可以保存 malloc_zone_t 结构中的原始函数指针，并把这些指针插入到该结构内自己的函数中。此后，就可以从自己的函数调用原始函数，并且完全提供一种替代的分配器实现。图 8-42 显示了一个使用这种截获的示例。

```c
// malloc_intercept.c

#include <stdlib.h>
#include <unistd.h>
#include <malloc/malloc.h>
#include "nomalloc_printf.h"

void *(*system_malloc)(malloc_zone_t *zone, size_t size);
void (*system_free)(malloc_zone_t *zone, void *ptr);

void *
my_malloc(malloc_zone_t *zone, size_t size)
{
    void *ptr = system_malloc(zone, size);
    nomalloc_printf("%p = malloc(zone=%p, size=%lu)\n", ptr, zone, size);
    return ptr;
}

void
my_free(malloc_zone_t *zone, void *ptr)
{
    nomalloc_printf("free(zone=%p, ptr=%p)\n", zone, ptr);
    system_free(zone, ptr);
}

void
setup_intercept(void)
{
    malloc_zone_t *zone = malloc_default_zone();
    system_malloc = zone->malloc;
    system_free = zone->free;
```

图 8-42　截获 malloc 层

```
    // ignoring atomicity/caching
    zone->malloc = my_malloc;
    zone->free = my_free;
}

int
main(void)
{
    setup_intercept();
    free(malloc(1234));
    return 0;
}


$ gcc -Wall -o malloc_intercept malloc_intercept.c
$ ./malloc_intercept
0x1800400 = malloc(zone=0x1800000, size=1234)
free(zone=0x1800000, ptr=0x1800400)
```

图 8-42（续）

8.16　内核中的内存分配

图 8-43 显示了 Mac OS X 中的内核级内存分配函数的概览。数字标签粗略指示了函数组有多低级。例如，页级分配（利用最低的数字标记）是最低级的分配机制，因为它直接从 Mach VM 子系统内的空闲页列表中分配内存。

图 8-44 显示了内核级内存取消分配函数的概览。

8.16.1　页级分配

页级分配是通过 vm_page_alloc() [osfmk/vm/vm_resident.c]在内核中执行的。这个函数需要一个 VM 对象以及一个偏移量作为参数。然后，它将尝试分配与 VM 对象/偏移量对关联的页。这个 VM 对象可以是内核 VM 对象（kernel_object），或者是新分配的 VM 对象。

vm_page_alloc()首先调用 vm_page_grab() [osfmk/vm/vm_resident.c]，从空闲列表中移除页。如果空闲列表太小，vm_page_grab()就会失败，并且返回一个 VM_PAGE_NULL。不过，如果请求的线程是一个具有 VM 特权的线程，vm_page_grab()就会使用预留池中的页。如果没有预留页可用，vm_page_grab()就会等待页变得可用。

如果 vm_page_grab()返回一个有效页，vm_page_alloc()就会调用 vm_page_insert() [osfmk/vm/vm_resident.c]，将页插入到把 VM 对象/偏移量对映射到页的散列表（即虚拟-物理（VP）表）中。还会递增 VM 对象的驻留页计数。

kernel_memory_allocate() [osfmk/vm/vm_kern.c]是主入口点，用于在经过这个函数的大多数（但是并非全部）内存分配路径中分配内核内存。

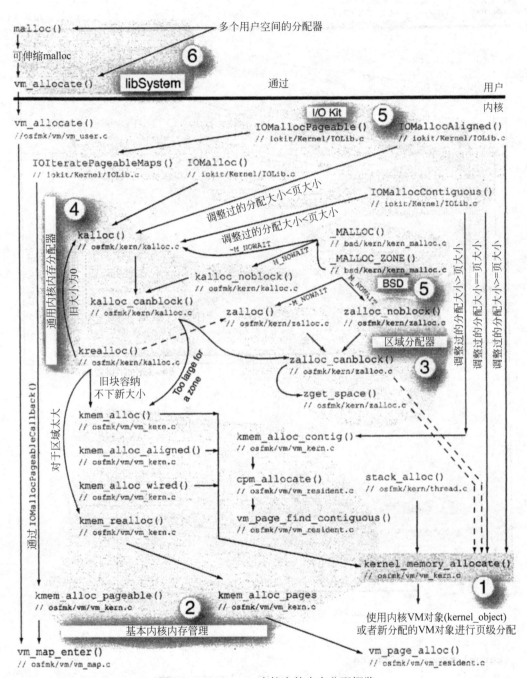

图 8-43　Mac OS X 内核中的内存分配概览

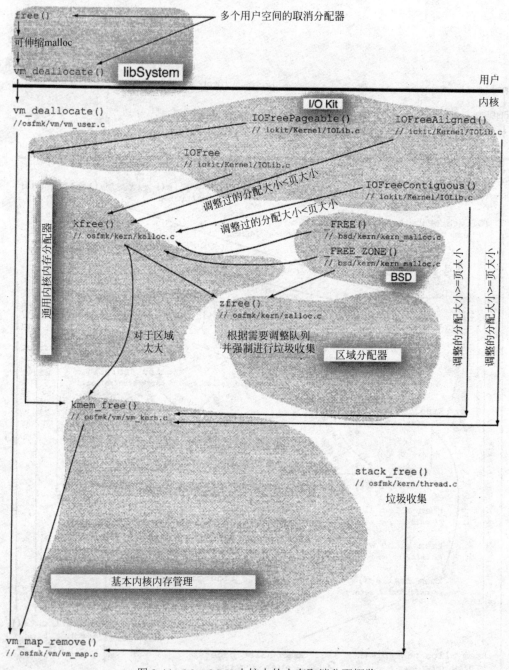

图 8-44　Mac OS X 内核中的内存取消分配概览

```
kern_return_t
kernel_memory_allocate(
vm_map_t      map,     // the VM map to allocate into
vm_offset_t *addrp,    // pointer to start of new memory
vm_size_t     size,    // size to allocate (rounded up to a page size multiple)
vm_offset_t mask,      // mask specifying a particular alignment
int           flags);  // KMA_HERE, KMA_NOPAGEWAIT, KMA_KOBJECT
```

标志位的用法如下。

- 如果设置了 KMA_HERE，地址指针就会包含要使用的基址；否则，调用者将不会是否分配了内存。例如，如果调用者具有新创建的子映射并且调用者知道它是空的，那么调用者就可能希望在映射的开始处分配内存。
- 如果设置了 KMA_NOPAGEWAIT，并且如果内存不可用，那么函数将不会等待页。
- 如果设置了 KMA_KOBJECT，函数将使用内核 VM 对象（kernel_object）；否则，将会分配一个新的 VM 对象。

kernel_memory_allocate()调用 vm_map_find_space() [osfmk/vm/vm_map.c]，在 VM 映射中查找并分配一个虚拟地址范围。因此，将初始化一个新的 VM 映射条目。如图 8-43 中所示，kernel_memory_allocate()将调用 vm_page_alloc()分配页。如果 VM 对象是新分配的，它将给 vm_page_alloc()传递偏移量 0。如果正在使用内核对象，偏移量就是由 vm_map_find_space()返回的地址与最小内核地址（VM_MIN_KERNEL_ADDRESS，在 osfmk/mach/ppc/vm_param.h 中定义为 0x1000）之间的差值。

8.16.2　kmem_alloc

kmem_alloc 函数家族是在 osfmk/vm/vm_kern.c 中实现的。这些函数打算在内核的 Mach 部分使用。

```
kern_return_t
kmem_alloc(vm_map_t map, vm_offset_t *addrp, vm_size_t size);

kern_return_t
kmem_alloc_wired(vm_map_t map, vm_offset_t *addrp, vm_size_t size);

kern_return_t
kmem_alloc_aligned(vm_map_t map, vm_offset_t *addrp, vm_size_t size);

kern_return_t
kmem_alloc_pageable(vm_map_t map, vm_offset_t *addrp, vm_size_t size);

kern_return_t
kmem_alloc_contig(vm_map_t map, vm_offset_t *addrp, vm_size_t size,
                  vm_offset_t mask, int flags);

kern_return_t
kmem_realloc(vm_map_t map, vm_offset_t oldaddr, vm_size_t oldsize,
             vm_offset_t *newaddrp, vm_size_t newsize);

void
kmem_free(vm_map_t map, vm_offset_t addr, vm_size_t size);
```

- kmem_alloc()简单地把它的参数传递给 kernel_memory_allocate()，并且还会把后者的 mask 和 flags 参数都设置为 0。

- kmem_alloc_wired()简单地把它的参数传递给 kernel_memory_allocate()，并且还会把后者的 mask 和 flags 参数分别设置为 0 和 KMA_KOBJECT。因此，内存是在内核对象中分配的——在内核的映射或子映射中。内存不是 0 填充的。
- kmem_alloc_aligned()在确保请求的分配大小是 2 的幂之后，将把它的参数传递给 kernel_memory_allocate()。此外，它还会把后者的 flags 参数设置为 KMA_KOBJECT 并且把 mask 参数设置为(size −1)，其中 size 是请求的分配大小。
- kmem_alloc_pageable()在给定的地址映射中分配可分页式内核内存。它只会调用 vm_map_enter()，在给定的 VM 映射中分配一个范围。特别是，它不会利用物理内存来支持这个范围。execve()系统调用实现使用这个函数在 BSD 可分页式映射（bsd_pageable_map）中为 execve()参数分配内存。
- kmem_alloc_contig()用于分配物理上连续的、固定的物理内存。I/O Kit 使用这个函数。
- 给定一个已经使用 kmem_alloc()分配的区域，kmem_realloc()将重新分配固定的内核内存。
- kmem_free()用于释放所分配的内核内存。

除了 kmem_alloc_pageable()之外，所有其他的 all kmem_alloc 函数都将分配固定的内存。

8.16.3 Mach 区域分配器

Mach 区域分配器是一种带有垃圾收集的快速内存分配机制。如图 8-43 中所示，内核中的多个分配函数直接或间接使用区域分配器。

区域是可以通过一个用于分配和取消分配的高效接口访问的固定大小的内存块的集合。内核通常会为每一种要管理的数据结构类别创建一个区域。Mac OS X 内核会为其创建各个区域的数据结构的示例如下。

- 异步 I/O 工作队列条目（struct aio_workq_entry）。
- 警报（struct alarm）和定时器数据（mk_timer_data_t）。
- 内核审计记录（struct kaudit_record）。
- 内核通知（struct knote）。
- 任务（struct task）、线程（struct thread）和用户线程（struct uthread）。
- 管道（struct pipe）。
- 信号（struct semaphores）。
- 缓冲区头部（struct buf）和元数据缓冲区。
- 网络栈中的多个协议控制块。
- 统一缓冲区缓存"info"结构（struct ubc_info）。
- 虚拟结点页（struct vnode_pager）和设备分页器（struct device_pager）。
- Mach VM 数据结构，比如 VM 映射（struct vm_map）、VM 映射条目（struct vm_map_entry）、VM 映射副本对象（struct vm_map_copy）、VM 对象（struct

vm_object)、VM 对象散列条目(struct vm_object_hash_entry)和页(struct vm_page)。

- Mach IPC 数据结构，比如 IPC 空间（struct ipc_space）、IPC 树条目（struct ipc_tree_entry）、端口（struct ipc_port）、端口集（struct ipc_pset）和 IPC 消息（ipc_kmsg_t）。

Mach 例程 host_zone_info()用于从内核中获取关于 Mach 区域的信息。它返回两个数组，其中一个包含区域名称，另一个是 zone_info 结构[<mach_debug/zone_info.h>]的数组。zprint 命令行程序使用 host_zone_info()获取并显示关于内核中的所有区域的信息。

```
$ zprint
                     elem   cur    max    cur    max    cur   alloc alloc
zone name            size   size   size  #elts  #elts inuse  size  count
--------------------------------------------------------------------------
zones                 80    11K    12K    152    153    89    4K    51
vm.objects           136  6562K  8748K  49410  65867 39804    4K    30 C
vm.object.hash.entries 20   693K   768K  35496  39321 24754    4K   204 C
...
pmap_mappings         64 25861K 52479K 413789 839665 272627   4K    64 C
kalloc.large       59229  2949K  4360K     51     75    51   57K     1
```

注意：zprint 的输出包括每个区域中的对象的大小（elem size 列）。可以通过 sort 命令输送 zprint 的输出，以便查看多个区域具有相同的元素大小。在两个或多个区域之间永远不会共享单个物理页。换句话说，一个物理页上的所有区域分配的对象都将具有相同的类型。

```
$ zprint | sort +1 -n
...
alarms                44     3K     4K     93     93     1    4K    93 C
kernel.map.entries    44  4151K  4152K  96628  96628  9582   4K    93
non-kernel.map.entries 44  1194K  1536K  27807  35746 18963   4K    93 C
semaphores            44    35K  1092K    837  25413   680    4K    93 C
vm.pages              44 32834K     0K 764153      0 763069   4K    93 C
...
```

在内核中通过 zone 结构（struct zone）描述区域。

```
// osfmk/kern/zalloc.h

struct zone {
    int          count;           // number of elements used now
    vm_offset_t  free_elements;
    decl_mutex_data(,lock);       // generic lock
    vm_size_t    cur_size;        // current memory utilization
    vm_size_t    max_size;        // how large this zone can grow
    vm_size_t    elem_size;       // size of an element
    vm_size_t    alloc_size;      // chunk size for more memory
    char         *zone_name;      // string describing the zone
```

```
    ...
    struct zone *next_zone;       // link for all-zones list
    ...
};
```

新区域是通过调用 zinit()初始化的，它将返回一个指针，指向新创建的区域结构（zone_t）。多个子系统都使用 zinit()初始化它们需要的区域。

```
zone_t
zinit(vm_size_t size,     // size of each object
    vm_size_t max,        // maximum size in bytes the zone may reach
    vm_size_t alloc,      // allocation size
    const char *name);    // a string that describes the objects in the zone
```

在 zinit()调用中指定的分配大小是每次区域变空时（也就是说，当区域的空闲列表中没有空闲元素时）添加到区域中的内存数量。分配大小将自动向上取整到整数页。注意：区域结构本身是从**区域的区域**（zone of zones）（zone_zone）分配的。当在内核自举期间初始化区域分配器时，它将调用 zinit()初始化区域的区域。zinit()将特别处理这种初始化：它将调用 zget_space() [osfmk/kern/zalloc.c]，通过主内核内存分配器（kernel_memory_allocate() [osfmk/vm/vm_kern.c]）分配连续的、未分页的空间。对 zinit()的其他调用将通过 zalloc() [osfmk/kern/zalloc.c]从区域的区域分配区域结构。

// osfmk/kern/zalloc.c

```
// zone data structures are themselves stored in a zone
zone_t zone_zone = ZONE_NULL;

zone_t
zinit(vm_size_t size, vm_size_t max, vm_size_t alloc, const char *name)
{
    zone_t z;

    if (zone_zone == ZONE_NULL) {
        if (zget_space(sizeof(struct zone), (vm_offset_t *)&z)
            != KERN_SUCCESS)
                return(ZONE_NULL);
    } else
        z = (zone_t)zalloc(zone_zone);

    // initialize various fields of the newly allocated zone structure

    thread_call_setup(&z->call_async_alloc, zalloc_async, z);

    // add the zone structure to the end of the list of all zones

    return(z);
```

```
}
void
zone_bootstrap(void)
{
    ...
    // this is the first call to zinit()
    zone_zone = zinit(sizeof(struct zone), 128 * sizeof(struct zone),
                    sizeof(struct zone), "zones");
    // this zone's empty pages will not be garbage collected
    zone_change(zone_zone, Z_COLLECT, FALSE);
    ...
}
```

zinit()将填充新分配的区域结构的多个字段。特别是,它将把区域的当前大小设置为 0,并且把区域的空列表设置为 NULL。因此,此时,区域的内存池是空的。在返回前,zinit()将通过建立一个回调,安装 zalloc_async() [osfmk/kern/zalloc.c]运行。由于为区域分配的内存,zalloc_async()尝试从空区域中分配单个元素。zalloc_async()将立即释放虚假的分配。

```
// osfmk/kern/zalloc.c

void
zalloc_async(thread_call_param_t p0, __unused thread_call_param_t p1)
{
    void *elt;

    elt = zalloc_canblock((zone_t)p0, TRUE);
    zfree((zone_t)p0, elt);
    lock_zone((zone_t)p0);
    ((zone_t)p0)->async_pending = FALSE;
    unlock_zone((zone_t)p0);
}
```

区域分配器将导出多个函数,用于内存分配、取消分配和区域配置。图 8-45 显示了重要的函数。

```
// Allocate an element from the specified zone
void *zalloc(zone_t zone);

// Allocate an element from the specified zone without blocking
void *zalloc_noblock(zone_t zone);

// A special version of a nonblocking zalloc() that does not block
// even for locking the zone's mutex: It will return an element only
// if it can get it from the zone's free list
void *zget(zone_t zone);
```

图 8-45 区域分配器函数

```
// Free a zone element
void zfree(zone_t zone, void *elem);

// Add ("cram") the given memory to the given zone
void zcram(zone_t zone, void *newmem, vm_size_t size);

// Fill the zone with enough memory for at least the given number of elements
int zfill(zone_t zone, int nelem);

// Change zone parameters (must be called immediately after zinit())
void zone_change(zone_t zone, unsigned int item, boolean_t value);

// Preallocate wired memory for the given zone from zone_map, expanding the
// zone to the given size
void zprealloc(zone_t zone, vm_size_t size);

// Return a hint for the current number of free elements in the zone
integer_t zone_free_count(zone_t zone)
```

图 8-45 (续)

zone_change()函数允许为区域修改以下布尔标志。

- **Z_EXHAUST**：如果这个标志为 true，区域就是可用尽的，并且如果区域为空，分配尝试将简单地返回。这个标志默认为 false。
- **Z_COLLECT**：如果这个标志为 true，区域就是可收集的——它的空页将被进行垃圾收集。这个标志默认为 true。
- **Z_EXPAND**：如果这个标志为 true，区域就是可扩展的——可以通过发送 IPC 消息增大它。这个标志默认为 true。
- **Z_FOREIGN**：如果这个标志为 true，区域就可以包含不相关的对象——也就是说，那些对象不是通过 zalloc() 分配的。这个标志默认为 false。

zalloc() 的典型内核应用是阻塞——也就是说，如果内存不能立即使用，那么调用者将愿意等待。zalloc_noblock() 和 zget() 函数将尝试在不允许阻塞的情况下分配内存，因此如果没有内存可用，它们将可以返回 NULL。

如图 8-43 中所示，区域分配器最终将通过 kernel_memory_allocate() [osfmk/vm/vm_kern.c] 分配内存。如果系统的可用内存较少，这个函数将返回 KERN_RESOURCE_SHORTAGE，它将导致区域分配器等待页变得可用。不过，如果没有剩余更多的内核虚拟地址空间，kernel_memory_allocate() 将会失败，并且区域分配器会导致内核恐慌。

通过 zfree() [osfmk/kern/zalloc.c] 释放区域元素将导致把元素添加到区域的空闲列表中，并且会递减区域的正在使用的元素计数。将定期对可收集区域的未使用页进行垃圾收集。

在 VM 子系统初始化期间，内核将调用 zone_init() [osfmk/kern/zalloc.c]，为区域分配器（zone_map）创建一个映射，作为内核映射的子映射。zone_init() 还会建立垃圾收集信息：它将为**区域页表**（Zone Page Table）分配固定内存，区域页表是一个链表，为分配给区域的每一页包含一个元素，即 zone_page_table_entry 结构。

```
// osfmk/kern/zalloc.c

struct zone_page_table_entry {
    struct zone_page_table_entry    *link;
    short                           alloc_count;
    short                           collect_count;
};
```

zone_page_table_entry 结构的 alloc_count 字段是分配给区域的那一页中的元素总数量，而 collect_count 字段则是区域的空闲列表上的那一页中的元素数量。可以把以下步骤序列视作将新内存添加到区域中的示例。

- 调用者调用 zalloc()请求内存。zalloc()是 zalloc_canblock()的包装器，它通过把"可以阻塞"布尔参数（canblock）设置为 true 来调用后者。
- zalloc_canblock()尝试从区域的空闲列表中移除元素。如果它成功，它就会返回；否则，区域的空闲列表将是空的。
- zalloc_canblock()用于检查区域当前是否正在经历垃圾收集。如果是，它将设置区域结构的 waiting 位域并进入睡眠状态。垃圾收集器将唤醒它，之后，它可以再次尝试从区域的空闲列表中移除元素。
- 如果分配仍然没有成功，zalloc_canblock()将会检查区域结构的 doing_alloc 位域，以便检查是否有其他例程正在为区域分配内存。如果是，它将在设置 waiting 位域时再次进入睡眠状态。
- 如果没有其他任何例程为区域分配内存，zalloc_canblock()将通过调用 kernel_memory_allocate()，尝试为区域分配内存。这个分配的大小通常是区域的分配大小（size 结构的 alloc_size 字段），但是如果系统的内存不足，那么它也可以只是单个元素的大小（向上取整到整数页）。
- 在从 kernel_memory_allocate()成功返回时，zalloc_canblock()将在新内存上调用 zone_page_init()。对于内存中的每一页，zone_page_init()都会把对应的 zone_page_table_entry 结构的 alloc_count 和 collect_count 字段都设置为 0。
- zalloc_canblock()然后将在新内存上调用 zcram()，zcram()反过来又会为每个新的可用元素调用 zone_page_alloc()。zone_page_alloc()将为每个元素把相应的 alloc_count 值递增 1。

区域垃圾收集器 zone_gc() [osfmk/kern/zalloc.c]是由 consider_zone_gc() [osfmk/kern/zalloc.c]调用的。后者确保垃圾收集每分钟至多执行一次，除非某个例程显式请求垃圾收集。读出页守护进程将调用 consider_zone_gc()。

> 如果系统内存不足，zfree()可以请求显式进行垃圾收集，并且从中释放元素的区域所具有的元素大小将是页大小或更大。

zone_gc()对每个可收集的区域要执行两次遍历[1]。在第一次遍历中，它将对每个空闲元

---

① 如果可收集的区域中只有不到 10%的元素是空闲的，或者如果区域中的空闲内存数量少于它的分配大小的两倍，那么 zone_gc()可以忽略这个区域。

素调用 zone_page_collect() [osfmk/kern/zalloc.c]。zone_page_collect()将把相应的 collect_count 值递增 1。在第二次遍历中，它将对每个元素调用 zone_page_collectable()，后者将为那一页比较 collect_count 值与 alloc_count 值。如果两个值相等，就可以回收页，因为该页上的所有元素都是空闲的。zone_gc()将在要释放的页列表中跟踪这样的页，并且最终通过调用 kmem_free()释放它们。

8.16.4 kalloc 函数家族

kalloc 函数家族是在 osfmk/kern/kalloc.c 中实现的，它们允许访问构建于区域分配器之上的快速、通用内存分配器。kalloc()使用内核映射的 16 MB 子映射（kalloc_map），它将从中分配其内存。有限的子映射大小可以避免虚拟内存碎片。kalloc()支持一组分配大小，小到 KALLOC_MINSIZE 字节（默认为 16 字节），大到数千字节。注意：每个大小都是 2 的幂。在初始化分配器时，它将调用 zinit()，为它处理的每种分配大小创建一个区域。每个区域的名称将被设置成反映区域的关联大小，如图 8-46 所示。它们是所谓的 2 的幂的区域。

```
$ zprint | grep kalloc
kalloc.16              16    484K   615K  30976  39366  26998    4K  256 C
kalloc.32              32   1452K  1458K  46464  46656  38240    4K  128 C
kalloc.64              64   2404K  2916K  38464  46656  24429    4K   64 C
kalloc.128            128   1172K  1728K   9376  13824   2987    4K   32 C
kalloc.256            256    692K  1024K   2768   4096   2449    4K   16 C
kalloc.512            512    916K  1152K   1832   2304   1437    4K    8 C
kalloc.1024          1024    804K  1024K    804   1024    702    4K    4 C
kalloc.2048          2048   1504K  2048K    752   1024    663    4K    2 C
kalloc.4096          4096    488K  4096K    122   1024     70    4K    1 C
kalloc.8192          8192   2824K 32768K    353   4096    307    8K    1 C
kalloc.large        60648   2842K  4360K     48     73     48   59K    1
```

图 8-46 打印内核中支持的 kalloc 区域的大小

注意：图 8-46 中所示的 zprint 输出中名为 kalloc.large 的区域不是真实的——它是一个虚假（Fake）区域，用于报告通过 kmem_alloc()分配的对于区域过大的对象。

kalloc 函数家族提供了 malloc 风格的函数，以及一个在不会阻塞的情况下尝试内存分配的版本。

```
void *
kalloc(vm_size_t size);

void *
kalloc_noblock(vm_size_t size);

void *
kalloc_canblock(vm_size_t size, boolean_t canblock);

void
```

```
krealloc(void **addrp, vm_size_t old_size, vm_size_t new_size,
         simple_lock_t lock);

void
kfree(void *data, vm_size_t size);
```

kalloc() 和 kalloc_noblock() 都是 kalloc_canblock() 的简单包装器，后者更喜欢通过 zalloc_canblock() 获取内存，除非分配大小太大——kalloc_max_prerounded（默认 8193 字节或以上）。如果现有的分配对于 kalloc 区域已经太大，krealloc() 就会使用 kmem_realloc()。如果新的大小也太大，krealloc() 就会使用 kmem_alloc() 分配新内存，使用 bcopy() 把现有的数据复制到其中，并且释放旧内存。如果新内存能够在 kalloc 区域中放下，krealloc() 就会使用 zalloc() 分配新内存。它仍然必须复制现有的数据并且释放旧内存，因为没有“zrealloc”函数。

8.16.5　OSMalloc 函数家族

osfmk/kern/kalloc.c 文件实现了另一个内存分配函数家族：OSMalloc 函数家族。

```
OSMallocTag
OSMalloc_Tagalloc(const char *str, uint32_t flags);

void
OSMalloc_Tagfree(OSMallocTag tag);

void *
OSMalloc(uint32_t size, OSMallocTag tag);

void *
OSMalloc_nowait(uint32_t size, OSMallocTag tag);

void *
OSMalloc_noblock(uint32_t size, OSMallocTag tag);

void
OSFree(void *addr, uint32_t size, OSMallocTag tag);
```

这些函数的关键方面是它们使用了标签结构，它封装了利用该标签执行的分配的某些属性。

```
#define OSMT_MAX_NAME 64

typedef struct _OSMallocTag_ {
    queue_chain_t   OSMT_link;
    uint32_t        OSMT_refcnt;
    uint32_t        OSMT_state;
    uint32_t        OSMT_attr;
```

```
    char            OSMT_name[OSMT_MAX_NAME];
} *OSMallocTag;
```

下面给出了一个使用 OSMalloc 函数的示例。

```
#include <libkern/OSMalloc.h>

OSMallocTag my_tag;

void
my_init(void)
{
    my_tag = OSMalloc_Tagalloc("My Tag Name", OSMT_ATTR_PAGEABLE);
    ...
}

void
my_uninit(void)
{
    OSMalloc_Tagfree(my_tag);
}

void
some_function(...)
{
    void *p = OSMalloc(some_size, my_tag);
}
```

OSMalloc_Tagalloc()调用 kalloc()分配标签结构。标签的名称和基本属性是基于传递给
OSMalloc_Tagalloc()的参数设置的。标签的引用计数被初始化为 1，并且把标签存放在全局
标签列表中。此后，将使用OSMalloc分配函数之一分配内存，该函数反过来又会使用kalloc()、
kalloc_noblock()或 kmem_alloc_pageable()之一进行实际的分配。每次分配都会把标签的引
用计数递增 1。

8.16.6   I/O Kit 中的内存分配

I/O Kit 提供了它自己的接口，用于在内核中进行内存分配。

```
void *
IOMalloc(vm_size_t size);

void *
IOMallocPageable(vm_size_t size, vm_size_t alignment);

void *
IOMallocAligned(vm_size_t size, vm_size_t alignment);
```

```
void *
IOMallocContiguous(vm_size_t size, vm_size_t alignment,
                   IOPhysicalAddress *physicalAddress);

void
IOFree(void *address, vm_size_t size);

void
IOFreePageable(void *address, vm_size_t size);

void
IOFreeAligned(void *address, vm_size_t size);

void
IOFreeContiguous(void *address, vm_size_t size);
```

IOMalloc()通过简单地调用 kalloc()，在内核映射中分配通用的固定内存。由于 kalloc() 可能会阻塞，当 IOMalloc()持能一个简单锁或者来自一种中断上下文时，绝对不能调用它。 而且，由于 kalloc()没有提供对齐保证，因此当需要特定的对齐时，不应该调用 IOMalloc()。 通过 IOMalloc()分配的内存可以通过 IOFree()进行释放，它将简单地调用 kfree()。后者也可 能会阻塞。

具有对齐限制的可分页式内存是通过 IOMallocPageable()分配的，它的对齐参数以字节 为单位指定想要的对齐。I/O Kit 将为可分页式内存维护一个簿记数据结构 （gIOKitPageableSpace）。

// iokit/Kernel/IOLib.c

```
enum { kIOMaxPageableMaps = 16 };
enum { kIOPageableMapSize = 96 * 1024 * 1024 };
enum { kIOPageableMaxMapSize = 96 * 1024 * 1024 };
static struct {
   UInt32 count;
   UInt32 hint;
   IOMapData maps[kIOMaxPageableMaps];
   lck_mtx_t *lock;
} gIOKitPageableSpace;
```

gIOKitPageableSpace 的 maps 数组包含从内核映射分配的子映射。在自举期间，I/O Kit 将通过分配一个 96MB（kIOPageableMapSize）的可分页式映射，初始化这个数组的第一个 条目。IOMallocPageable()将调用 IOIteratePageableMaps()，后者首先尝试从现有的可分页式 映射分配内存，如果失败，它将利用新分配的映射填充 maps 数组的下一个空位——直到 kIOPageableMaps 空位的最大值。最终的内存分配是通过 kmem_alloc_pageable()完成的。当 通过 IOFreePageable()释放这样的内存时，将查询 maps 数组，以确定正在释放的地址属于 哪个映射，之后将调用 kmem_free()实际地释放内存。

具有对齐限制的固定内存是通过 IOMallocAligned()分配的，它的对齐参数指定了想要

的对齐（以字节为单位）。如果调整过的分配大小（在考虑对齐之后）等于或大于页大小，
IOMallocAligned()将使用 kernel_memory_allocate()；否则，它将使用 kalloc()。相应地，将
通过 kmem_free() or kfree()释放内存。

　　IOMallocContiguous()在内核映射中分配物理上相邻的、固定的、受对齐限制的内存。
如果传递一个用于保存物理地址的非 NULL 指针作为参数，这个函数可以选择返回所分配
内存的物理地址。当调整过的分配大小小于或等于页时，物理相邻性就唾手可得了。在这
两种情况下，IOMallocContiguous()为底层分配分别使用 kalloc()和 kernel_memory_allocate()。
当需要多个物理上相邻的页时，将由 kmem_alloc_contig()处理分配。像 vm_page_alloc()一
样，这个函数也是直接从空闲列表中引发内存分配。它将调用 kmem_alloc_contig()，
kmem_alloc_contig()反过来又会调用 vm_page_find_contiguous() [osfmk/vm/vm_resident.c]。
后者将遍历空闲列表，在按物理地址排序的私有子列表中插入空闲页。一旦在子列表中检
测到一个比较大的相邻范围，它足以满足相邻的分配请求，这个函数就会分配对应的页，
并且把在子列表上收集的余下页返回给空闲列表。由于空闲列表是有序的，当空闲列表非
常大时，这个函数要花相当长的时间运行——例如，在具有大量物理内存的系统上自举之
后不久。

　　当调用者请求返回最新分配的内存的物理地址时，IOMallocContiguous()首先将调用
pmap_find_phys() [osfmk/ppc/pmap.c]，从物理映射层获取对应的物理页。如果 DART
IOMMU[①]在系统上存在并且处于活动状态，将不会按原样返回该页的地址。如前所述，
DART 将把 I/O Kit 可见的 32 位"用于 I/O 的物理"地址转换成 64 位的"真实"物理地址。
I/O Kit 环境中运行的代码甚至不能看见真实的物理地址。事实上，即使这样的代码尝试使
用 64 位的物理地址，DART 也将不能转换它，并且会发生一个错误。

　　如果 DART 处于活动状态，IOMallocContiguous()就会调用它，分配一个大小合适的 I/O
内存范围——这个分配的地址是返回的"物理"地址。而且，IOMallocContiguous()将不得
不通过调用 DART 的"插入"函数，把每个"真实"的物理页插入到 I/O 内存范围中。由
于 IOFreeContiguous()必须调用 DART 以撤销这个工作，IOMallocContiguous()将在一个
_IOMallocContiguousEntry 结构中保存虚拟地址和 I/O 地址。I/O Kit 将在一个链表中维护这
些结构。在释放内存时，调用者将提供虚拟地址，I/O Kit 可以使用它在这个链表上搜索 I/O
地址。一旦找到 I/O 地址，就会从链表中移除结构，并且释放 DART 分配。

```
// iokit/Kernel/IOLib.c

struct _IOMallocContiguousEntry
{
    void           *virtual;    // caller-visible virtual address
    ppnum_t        ioBase;      // caller-visible "physical" address
    queue_chain_t  link;        // chained to other contiguous entries
};
typedef struct _IOMallocContiguousEntry _IOMallocContiguousEntry;
```

---

　　① 在 10.3 节中将讨论 DART。

8.16.7 内核的 BSD 部分的内存分配

内核的 BSD 部分提供了_MALLOC() [bsd/kern/kern_malloc.c]和_MALLOC_ZONE() [bsd/kern/kern_malloc.c]用于进行内存分配。头文件 bsd/sys/malloc.h 定义了 MALLOC()宏和 MALLOC_ZONE()宏，它们分别是_MALLOC()和_MALLOC_ZONE()的普通包装器。

```
void *
_MALLOC(size_t size, int type, int flags);

void
_FREE(void *addr, int type);

void *
_MALLOC_ZONE(size_t size, int type, int flags);

void
_FREE_ZONE(void *elem, size_t size, int type);
```

特定于 BSD 的分配器利用不同的数值指定不同的内存类型，其中由调用者指定的"内存类型"（type 参数）代表内存的用途。例如，M_FILEPROC 内存用于开放的文件结构，M_SOCKET 内存则用于套接字结构。在 bsd/sys/malloc.h 中定义了多种已知的类型。值 M_LAST 比上一个已知类型的值大 1。这个分配器是在内核自举期间通过调用 kmeminit() [bsd/kern/kern_malloc.c]初始化的，它将遍历一个预定义的 kmzones 结构（struct kmzones [bsd/kern/kern_malloc.c]）的数组。如图 8-47 所示，对于 BSD 分配器支持的每种内存类型，都有一个 kmzones 结构用于它。

```
// bsd/kern/kern_malloc.c

char *memname[] = INITKMEMNAMES;

struct kmzones {
    size_t  kz_elemsize;
    void    *kz_zalloczone;
#define KMZ_CREATEZONE ((void *)-2)
#define KMZ_LOOKUPZONE ((void *)-1)
#define KMZ_MALLOC     ((void *)0)
#define KMZ_SHAREZONE  ((void *)1)
} kmzones[M_LAST] = {
#define SOS(sname)   sizeof (struct sname)
#define SOX(sname)   -1
    -1,             0,                  /* 0 M_FREE     */
    MSIZE,          KMZ_CREATEZONE,     /* 1 M_MBUF     */
    0,              KMZ_MALLOC,         /* 2 M_DEVBUF   */
```

图 8-47 BSD 内存分配器所支持的内存类型的数组

```
        SOS(socket),        KMZ_CREATEZONE,     /* 3 M_SOCKET     */
        SOS(inpcb),         KMZ_LOOKUPZONE,     /* 4 M_PCB        */
        M_MBUF,             KMZ_SHAREZONE,      /* 5 M_RTABLE     */
        ...
    SOS(unsafe_fsnode),KMZ_CREATEZONE,         /* 102 M_UNSAFEFS */
#undef  SOS
#undef  SOX
};
...
```

图 8-47（续）

而且，每种类型都有一个字符串名称。这些名称定义在 bsd/sys/malloc.h 中的另一个数组中。

```
// bsd/sys/malloc.h

#define INITKMEMNAMES { \
        "free",           /* 0 M_FREE        */ \
        "mbuf",           /* 1 M_MBUF        */ \
        "devbuf",         /* 2 M_DEVBUF      */ \
        "socket",         /* 3 M_SOCKET      */ \
        "pcb",            /* 4 M_PCB         */ \
        "routetbl",       /* 5 M_RTABLE      */ \
        ...
        "kauth",          /* 100 M_KAUTH     */ \
        "dummynet",       /* 101 M_DUMMYNET  */ \
        "unsafe_fsnode"/* 102 M_UNSAFEFS   */ \
}
...
```

当 kmeminit() 遍历 kmzones 的数组时，它将分析每个条目的 kz_elemsize 和 kz_zalloczone 字段。kz_elemsize 值为−1 的条目则会被忽略。对于其他的条目，如果 kz_zalloczone 是 KMZ_CREATEZONE，kmeminit() 就会调用 zinit() 初始化区域，并且使用 kz_elemsize 作为区域的元素大小，把要使用的最大内存设置为 1MB，使用 PAGE_SIZE 作为分配大小，以及把 memname 数组中对应的字符串用作区域的名称。然后把 kz_zalloczone 字段设置为这个最近初始化的区域。

如果 kz_zalloczone 是 KMZ_LOOKUPZONE，kmeminit() 将调用 kalloc_zone()，简单地查找具有合适分配大小的内核内存分配器（kalloc）区域，并且把 kz_zalloczone 字段设置为找到的区域，如果没有找到任何区域，则将其设置为 ZONE_NULL。

如果 kz_zalloczone 是 KMZ_SHAREZONE，那么条目将与 kmzones 数组中位于 kz_elemsize 索引处的条目共享区域。例如，用于 M_RTABLE 的 kmzones 条目将与用于 M_MBUF 的条目共享区域。kmeminit() 将把 KMZ_SHAREZONE 条目的 kz_zalloczone 和 kz_elemsize 字段设置为"共享"区域的那些字段。

此后，_MALLOC_ZONE() 将使用它的 type 参数作为 kmzones 数组的索引。如果指定的类型大于上一个已知的类型，就会具有内核恐慌。如果分配请求的大小与 kmzones[type] 的 kz_elemsize 字段匹配，_MALLOC_ZONE()就会调用 Mach 区域分配器，从 kmzones[type] 的 kz_zalloczone 字段所指向的区域进行分配。如果它们的大小不匹配，_MALLOC_ZONE() 就会使用 kalloc()或 kalloc_noblock()，这依赖于在 flags 参数中是清除还是设置了 M_NOWAIT 位。

类似地，_MALLOC()将调用 kalloc()或 kalloc_noblock()分配内存。没有使用 type 参数，但是如果它的值超过了上一个已知的 BSD malloc 类型，_MALLOC()仍会引发内核恐慌。_MALLOC()使用它自己的簿记数据结构跟踪所分配的内存。它将把这个数据结构（struct _mhead）的大小加到进入的分配请求的大小上。

```
struct _mhead {
        size_t mlen; // used to record the length of allocated memory
        char dat[0]; // this is returned by _MALLOC()
};
```

而且，如果在 flags 参数中设置了 M_ZERO 位，_MALLOC 就会调用 bzero()，用 0 填充内存。

8.16.8 libkern 的 C++环境中的内存分配

如 2.4.4 节中所指出的，libkern 将 OSObject 定义为 Mac OS X 内核的根基类。OSObject 的 new 和 delete 操作将分别调用 kalloc()和 kfree()。

```
// libkern/c++/OSObject.cpp

void *
OSObject::operator new(size_t size)
{
    void *mem = (void *)kalloc(size);
    ...
    return mem;
}

void
OSObject::operator delete(void *mem, size_t size)
{
    kfree((vm_offset_t)mem, size);
    ...
}
```

8.17　内存映射的文件

Mac OS X 提供了 mmap()系统调用，用于把文件、字符设备和 POSIX 共享内存描述符映射到调用者的地址空间。而且，可以通过在 flags 参数中把 MAP_ANON 设置为 mmap() 来映射匿名内存。

```
void *
mmap(void *addr, size_t len, int prot, int flags, int fd, off_t offset);
```

当使用 mmap()映射常规文件或匿名内存时，将通过磁盘上的对象给映射提供支持，具体如下。

- 匿名内存总是由交换空间提供支持。
- 如果在 flags 参数中将 MAP_SHARED 指定为 mmap()，那么常规文件的映射是由文件本身提供支持的。这意味着在逐出对应的页时，将把对映射所做的任何修改都写到原始文件。
- 如果在 flags 参数中指定了 MAP_PRIVATE，那么常规文件的映射就是由交换空间提供支持的。这意味着对映射所做的任何修改都是私有的。

可以通过查看在程序映射常规文件时所发生的操作序列，来讨论 mmap()的实现。首先，程序必须为所涉及的文件获得一个文件描述符。图 8-48 显示了由于 open()系统调用所发生的相关活动。在这种情况下，第一次将会打开驻留在 HFS+卷上的预先存在的常规文件。

与常规文件对应的虚拟结点结构（struct vnode [bsd/sys/vnode_internal.h]）包含一个指向 UBC 信息结构（struct ubc_info [bsd/sys/ubc_internal.h]）的指针。ubc_info 结构包含一个指向分页器的指针——在这里是虚拟结点分页器，通过 vnode_pager 结构（struct vnode_pager [osfmk/vm/bsd_vm.c]）表示。图 8-49 显示了在创建虚拟结点时如何将这些结构联系起来。

假设用户程序调用 mmap()，映射在图 8-48 中获得的文件描述符。图 8-50 显示了随后发生的内核活动。mmap()调用 mach_vm_map() [osfmk/vm/vm_user.c]，对于常规文件，后者又将调用 vm_object_enter() [osfmk/vm/vm_object.c]。由于还没有 VM 对象将与给定的分页器相关联，vm_object_enter()将创建一个新的 VM 对象。而且，它将初始化分页器，包括分配一个控制端口，并将其作为参数传递给 memory_object_init()。最后，调用 vm_map_enter() [osfmk/vm/vm_map.c]将导致在任务的虚拟地址空间中分配一个虚拟地址范围。

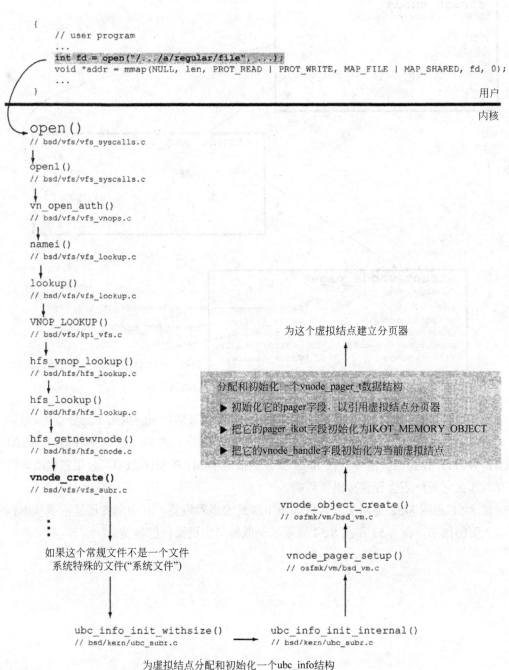

图 8-48 在 open()系统调用期间建立虚拟结点分页器

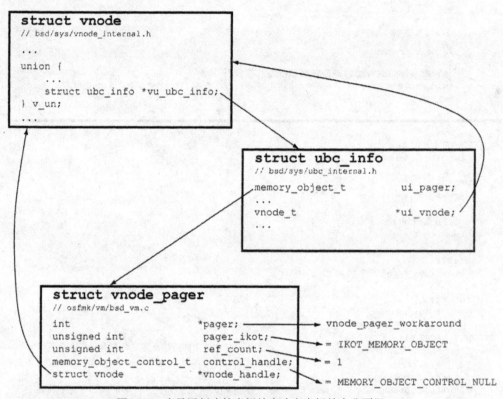

图 8-49　为最近创建的虚拟结点建立虚拟结点分页器

　　当程序尝试访问映射内存的地址以便进行读取时,如果对应的页还不是驻留的(最初,任何页都不是驻留的),它将导致读入页活动。由于程序在映射文件时把 PROT_READ | PROT_WRITE 作为保护值并且在 flags 参数中指定了 MAP_SHARED,如果它修改映射的内存,那么它最终还会导致写出页活动。

　　图 8-51 和图 8-52 显示了读入页操作中涉及的步骤概览,其中后者还显示了从虚拟结点读入页的细节。图 8-53 和图 8-54 显示了类似的写出页操作的概览。

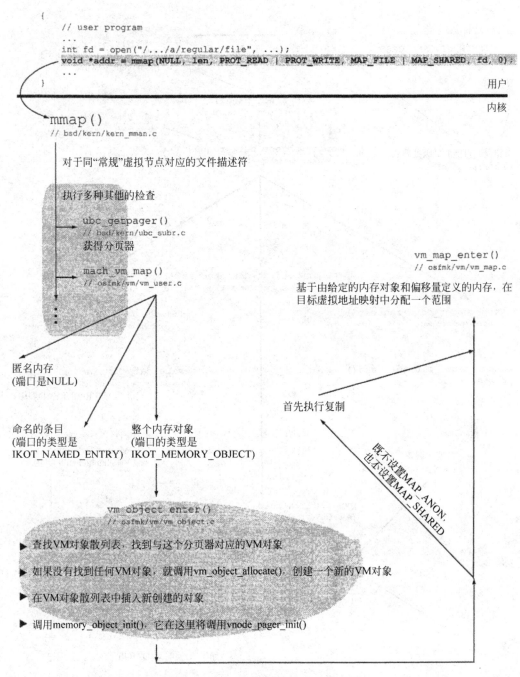

图 8-50 mmap()系统调用的内核处理

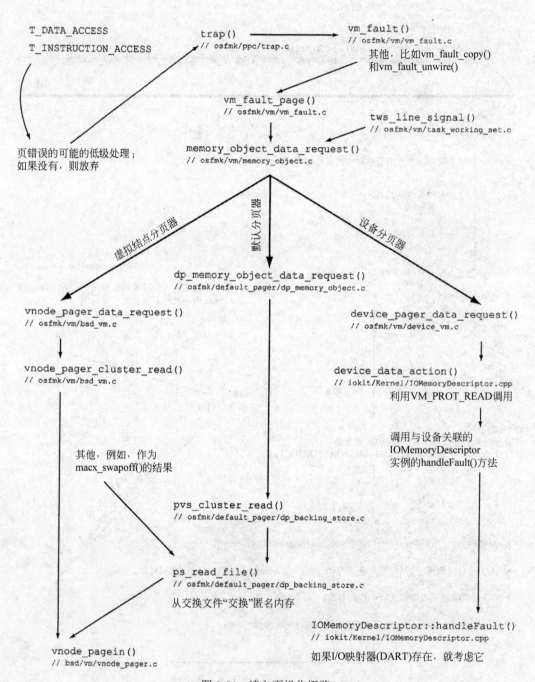

图 8-51　读入页操作概览

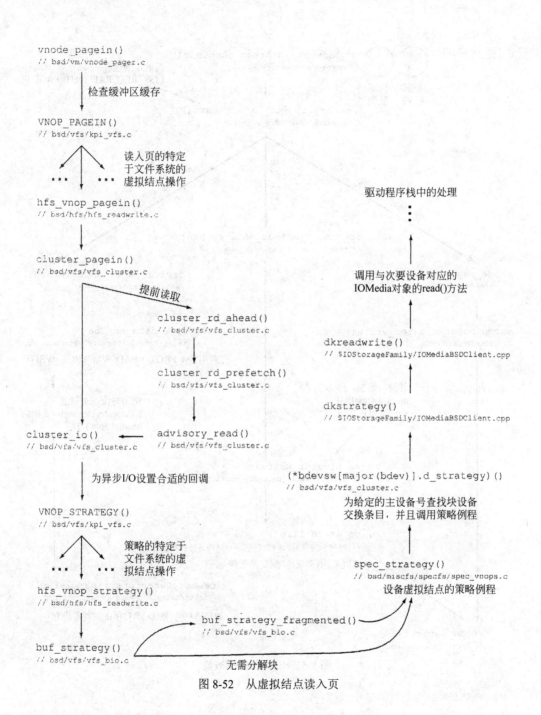

图 8-52 从虚拟结点读入页

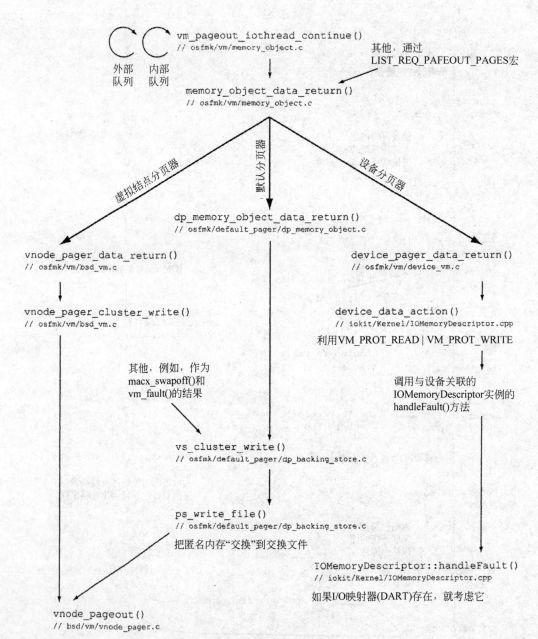

图 8-53   写出页操作概览

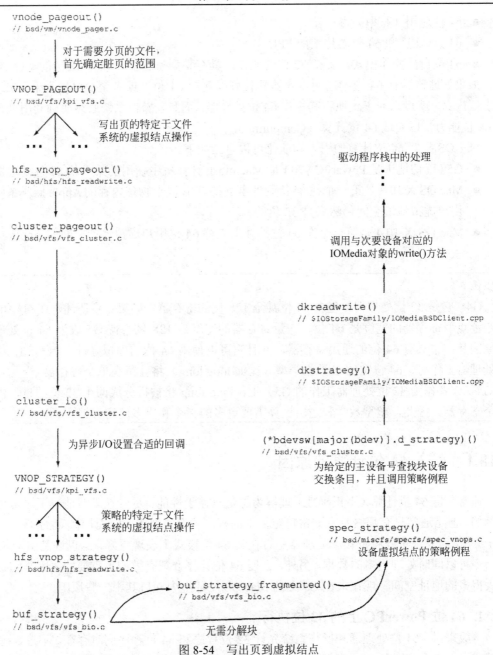

图 8-54　写出页到虚拟结点

8.18　64 位计算

在 1991 年推出 MIPS R4000 时，它是世界上第一款 64 位处理器。当应用于 R4000 时，术语 **64 位**（64-bit）具有多种含义，具体如下。

- 64 位虚拟地址空间（尽管在 R4000 上将最大用户进程大小限制为 40 位）。
- 64 位系统总线。

- 64 位通用（整型）寄存器。
- 64 位 ALU 和 64 位芯片上的 FPU。
- 64 位自然操作模式，支持 32 位的操作，具有整型寄存器，充当 32 位的寄存器。

如果处理器具有 64 位的通用寄存器并且可以支持 64 位（或者至少"远大于"32 位）的虚拟内存，就可以非正式地将其视作 64 位处理器。而且，操作系统必须明确利用处理器的 64 位能力，以实现 64 位计算（Computing）。

Mac OS X 对 64 位计算的引入和演化可以总结如下。

- G5（确切地讲是 PowerPC 970）是 Macintosh 计算机中使用的第一款 64 位处理器。
- Mac OS X 10.3 是第一个在 64 位硬件上支持 4GB 以上物理内存的 Apple 操作系统。用户虚拟地址空间仍然只是 32 位的。
- Mac OS X 10.4 是第一个在 64 位硬件上支持 64 位用户虚拟地址空间的 Apple 操作系统。

多少位？

G4（它是 32 位处理器）包含 64 位甚至 128 位的寄存器。如第 3 章所述，在 G4 和 G5 上，浮点型寄存器的宽度是 64 位，矢量寄存器的宽度是 128 位。使 G5 成为 64 位处理器的原因是：它具有 64 位的通用寄存器，并且它可以使用 64 位的虚拟寻址。当 G5 作为 64 位处理器工作时，64 位宽的 C 数据类型（比如 long long）将驻留在单个寄存器中；不过，在 G4（或者作为 32 位处理器工作的 G5）上，long long 将被拆分成两个 32 位的量，占据两个寄存器。因此，整型数学和逻辑运算需要更多的指令和更多的寄存器。

8.18.1　引入 64 位计算的原因

通常，将 64 位计算（不正确地）理解为总是有益于性能。尽管在某些情况下这可能是正确的，但是通常只有那些具有非常特定需求的程序才会得益于 64 位计算。程序是否仅仅由于 64 位而表现更好将依赖于处理器是否在其 64 位模式下表现更好，这也许是由于其 64 位指令可以同时处理更多的数据。另外，证明 64 位计算合理有效的更重要的原因是它提供了大得多的地址空间。现在来在 G5 上的 Mac OS X 环境中探讨其中一些原因。

1. 64 位 PowerPC 上的 32 位执行

一般来讲，64 位处理器和操作系统允许 32 位程序和 64 位程序同时存在。不过，在 32 位模式下，体系结构在 64 位处理器的性能方面有所不同。如第 3 章所述，PowerPC 开始于 64 位体系结构，它具有 32 位的子集。当 64 位的 PowerPC 实现（比如 G5）在 32 位的计算模式（Computation Mode）下工作时，并不会付出很大的性能代价，对于一些其他的处理器体系结构也是如此。特别是，关于 64 位 PowerPC 的 32 操作，需要指出以下事项。

- 可以使用所有的 64 位指令。
- 可以使用所有的 64 位寄存器。
- 无论操作模式是什么，处理器对总线、缓存、数据路径、执行单元及其他内部资源的使用都是相同的。

当前计算模式是由 MSR（Machine State Register，机器状态寄存器）的第 0 位——SF（Sixty Four）位——确定的。当该位的值为 1 时，处理器将在 64 位模式下运行。

不过，这两种计算模式之间具有重要的区别。

- 在 32 位模式下将把有效地址作为 32 位地址处理。32 位加载/存储指令将忽略内存地址的上面 32 位。注意：地址计算实际上将会在 32 位模式下产生 64 位地址——根据软件约定，将忽略上面 32 位。
- 条件代码（比如进位位、溢出位和 0 位）是在 32 位模式下通过 32 位运算设置的。
- 当分支条件指令测试 CTR（Count Register，计数寄存器）时，它们将使用 32 位模式下的 32 位约定。

可用的指令、可用寄存器的数量以及这些寄存器的宽度在 64 位和 32 位计算模式下都将保持相同。特别是，虽然有一些警告，但是在 32 位程序中可以执行硬件优化的 64 位整型运算。不过，32 位 ABI 将使用相同的约定来传递参数、保存非易失性寄存器以及返回值，而不管使用的是哪些指令。因此，在 32 位程序中从非叶子函数（至少会调用另一个函数的函数）使用完全 64 位的寄存器并不安全。

现在来考虑一个示例。cntlzd 指令是一个仅 64 位的指令，用于统计其第二个操作数的从第 0 位开始的连续 0 位的个数，并把这个计数放在第一个操作数中。考虑图 8-55 中所示的程序。主函数导致这个指令以两种方式执行：第一，通过调用另一个函数；第二，通过使用内联汇编。

```
; cntlzd.s
        .text
        .align 2
#ifndef __ppc64__
        .machine ppc970
#endif
        .globl _cntlzd
_cntlzd:
        cntlzd r3,r3
        blr


// cntlzd_main.c

#include <stdio.h>
#include <stdint.h>

extern uint64_t cntlzd(uint64_t in);

int
main(void)
{
```

图 8-55　使用仅 64 位的指令

```
uint64_t out;
uint64_t in = 0x4000000000000000LL;

out = cntlzd(in);

printf("%lld\n", out);

__asm("cntlzd %0,%1\n"
    : "=r"(out)
    : "r"(in)
);

printf("%lld\n", out);

return 0;
}
```

图 8-55（续）

可以尝试以多种方式编译图 8-55 中所示的源程序，如表 8-9 中所示。

表 8-9　编译用于 64 位 PowerPC 目标

编译器选项	描　　述	结　　果
无特殊选项	正常编译，作为 32 位程序	将不会编译
-force_cpu_subtype_ALL	编译为 32 位程序，但是会强制 64 位指令被编译器接受	将只在 64 位硬件上运行，但是 cntlzd 的两种用法都会产生不想要的结果
-mpowerpc64 -mcpu=G5	编译为 32 位程序，并且在 64 位硬件上显式支持 64 位指令	将只在 64 位硬件上运行。cntlzd 的内联用法将产生想要的结果，但是函数调用版本则不会，因为 main()将把 64 位参数作为两个 GPR 中的两个 32 位的量传递给 cntlzd()
-arch ppc64	编译为 64 位程序	将只在 64 位硬件上运行，并且 cntlzd 的两种用法都会产生想要的结果

现在来看一些使用表 8-9 中的信息的示例。

```
$ gcc -Wall -o cntlzd_32_32 cntlzd_main.c cntlzd.s
/var/tmp//ccozyb9N.s:38:cntlzd instruction is only for 64-bit
implementations (not allowed without -force_cpusubtype_ALL option)
cntlzd.s:6:cntlzd instruction is only for 64-bit implementations (not
allowed without -force_cpusubtype_ALL option)

$ gcc -Wall -force_cpusubtype_ALL -o cntlzd cntlzd_main.c cntlzd.s
$ ./cntlzd
141733920768
141733920768


$ gcc -Wall -mpowerpc64 -mcpu=G5 -o cntlzd cntlzd_main.c cntlzd.s
```

```
$ ./cntlzd
141733920768
1

$ gcc -Wall -arch ppc64 -o cntlzd cntlzd_main.c cntlzd.s
$ ./cntlzd
1
1
```

在 32 位 PowerPC 程序中启用 64 位指令将在 Mach-O 头部把 CPU 子类型设置为 ppc970，这将阻止 execve() 在 32 位硬件上运行它。

2. 对地址空间的需要

对超过 4GB 虚拟地址空间的需要也许是在 PowerPC 上进行 64 位计算的最合情合理的原因。也就是说，甚至 32 位的 Mac OS X 程序也可能受益于具有 4GB 以上物理内存的 64 位硬件。从 Mac OS X 10.3 起就支持这样的系统。32 位的程序可以使用 mmap() 和 munmap() 在磁盘支持的内存的多个窗口之间切换。所有窗口大小之和可以大于 4GB，即使程序不能在任何给定的时间对 4GB 以上的虚拟内存进行寻址。由于 Mac OS X 缓冲区缓存是贪婪的，它将使用所有可用的物理内存，使尽可能多的数据保持为驻留状态，只要与多种映射对应的文件描述符保持打开即可。这种方法等价于程序处理它自己的分页，而对于 64 位的地址空间，内核将处理分页。

这种方法尽管可以工作，但它仍然是一种折中。依赖于内存饥渴程序的特定需求，该方法可能仅仅是不方便使用，或者可能是不可接受的。

3. 大文件支持

有时与 64 位计算相关联的一个方面是大文件支持——也就是说，操作系统能够使用宽度大于 32 位的文件偏移量。32 位的带符号偏移量只能寻址文件中最多 2GB 的数据。除了来自于文件系统存放大文件的支持之外，还需要更大的偏移量——比如说，为了方便起见，需要 64 位的宽度——以使用此类文件。不过，大文件支持不需要 64 位的硬件：可以使用 32 位硬件上的多个寄存器来合成比一个硬件寄存器更大的数字。许多操作系统（包括 Mac OS X）都以同样的方式在 32 位和 64 位硬件上提供了大文件支持。

由相关系统调用使用的 off_t 数据类型是 Mac OS X 上的一个 64 位的带符号整数，允许文件系统相关的调用在 32 位的程序中处理 64 位的偏移量。size_t 数据类型被定义为一个无符号长整型，在 32 位和 64 位的环境中，其宽度分别为 32 位和 64 位。

8.18.2 Mac OS X 10.4：64 位用户地址空间

Mac OS X 10.4 中的 64 位计算的主要用户可见方面是：可以具有一个用户空间的程序，它具有 64 位的虚拟地址空间，这允许程序方便/并发地使用 4GB 以上的虚拟内存。Mac OS X 的 PowerPC 版本显式支持两类体系结构的二进制文件：ppc 和 ppc64，它们具有各自的可执行文件格式（Mach-O 和 Mach-O 64 位）。当 ppc64 二进制文件运行时，对应的进程可以并发地寻址 4GB 以上的虚拟内存。

> 可执行文件的 ppc64 和 ppc 版本可以包含在单个文件内，并且可以使用胖文件透明地执行它们。在 64 位硬件上，execve() 系统调用将从包含 ppc64 和 ppc 可执行文件的胖文件中选择 ppc64 可执行文件。

1. 数据模型

Mac OS X 64 位环境使用 LP64 数据模型，大多数其他的 64 位操作系统也是如此。LP64 中的字母 L 和 P 意指长整型（long）和指针（pointer）数据类型的宽度是 64 位。在这种模型中，整型数据类型的宽度保持为 32 位。因此，LP64 也称为 4/8/8。ILP64（8/8/8）和 LLP64（4/4/8）是替代模型——ILP64 中的 I 代表整型数据类型。表 8-10 显示了多个操作系统的 64 位版本使用的模型。如该表所示，在所有模型中指针数据类型的宽度都是 64位。与之相反，32 位的 Mac OS X 环境使用 ILP32 数据模型，其中整型、长整型和指针数据类型的宽度都是 32 位。在 LP64 和 ILP32 模型中，存在以下关系。

```
sizeof(char) <= sizeof(short) <= sizeof(int) <= sizeof(long) <= sizeof(long long)
```

表 8-10　支持 64 位的操作系统中的抽象数据模型摘选

操作系统/平台	数 据 模 型
Mac OS X 10.4	LP64
AIX	LP64
Cray（多种操作系统）	ILP64
Digital UNIX	LP64
HP-UX	LP64
IRIX	LP64
Linux	LP64
NetBSD（alpha、amd64、sparc64）	LP64
Solaris	LP64
Tru64	LP64
Windows	LLP64（也称为 P64）
z/OS	LP64

2. 实现

尽管 Mac OS X 10.4 支持 64 位的用户程序，但是内核仍然是 32 位的[①]。尽管内核管理的物理内存与系统可以支持的一样多，但它不会并发地直接寻址 4GB 以上的物理内存。为了实现这一点，内核使用大小合适的数据结构来记录所有的内存，而它自身则使用 32 位的虚拟地址空间与 32 位的内核指针。类似地，设备驱动程序和其他内核扩展将保持为 32 位。图 8-56 显示了 Mac OS X 10.4 中的 64 位支持的概念视图。

---

① 事实上，Mac OS 的给定版本为所有受支持的 Apple 计算机型号都使用相同的内核可执行文件。

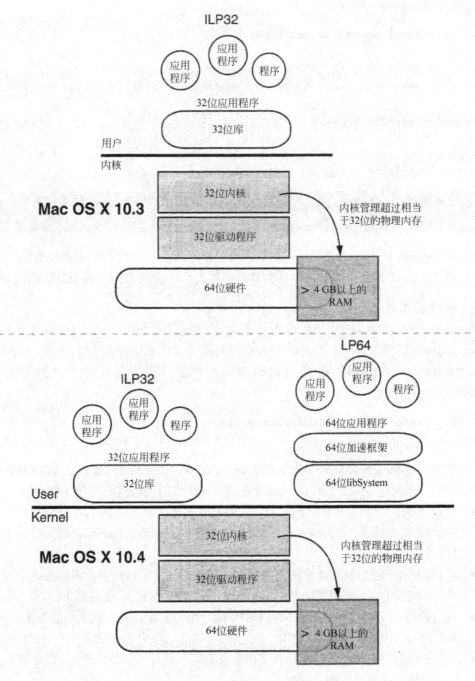

图 8-56　Mac OS X 中的 64 位支持概览

内核使用 addr64_t（定义为 64 位的无符号整数）作为基本的有效地址类型。传递一个 addr64_t，并且返回两个相邻的 32 位 GPR，而不管底层处理器的寄存器宽度是多大。在内核中把这种数据类型用于在 32 位和 64 位机器上不加改变地使用的公共代码。例如，物理映射接口例程使用 addr64_t 作为地址数据类型。内核还为多个 VM 子系统实体使用 64 位的 long long 数据类型（等价于 addr64_t）。它在内部在 long long（或 addr64_t）参数与单个

64 位寄存器值之间进行转换。

```
// osfmk/mach/memory_object_types.h

typedef unsigned long long memory_object_offset_t;
typedef unsigned long long memory_object_size_t;
```

```
// osfmk/mach/vm_types.h

typedef uint64_t vm_object_offset_t;
typedef uint64_t vm_object_size_t;
```

尽管内核自己的虚拟地址空间是 32 位，VM 子系统还是会在 64 位计算模式下运行处理器，用于映射某些 VM 相关的数据结构。

内核将 ppnum_t（用于物理页编号的数据类型）定义为一个 32 位的无符号整数。因此，最多可以有 UINT32_MAX 个物理页。对于 4KB 的页大小，这将把物理地址空间限制为 16TB。

3. 用法和警告

在 Mac OS X 10.4 中，64 位支持限制于只链接系统库（即 libSystem.dylib 或 System.framework）的 C 和 C++程序[①]，该系统库可作为双体系结构库使用。此外，Accelerate 框架（Accelerate.framework）在 32 位和 64 位版本中均可用。将需要 GCC 4.0.0 或更高版本以编译 64 位程序。

```
$ lipo -info /usr/lib/libSystem.dylib
Architectures in the fat file: /usr/lib/libSystem.dylib are: ppc ppc64
```

一些关键的 Mac OS X 框架（比如 Carbon、Cocoa、Core Foundation 和 I/O Kit 框架）只是 32 位的。在创建 64 位程序时，必须处理通用与特定于 Mac OS X 的迁移问题。

- 64 位 ABI 与它所基于的 32 位 ABI 之间具有多个区别。例如，64 位整型参数将在单个 GPR 中传递。Pthreads 库将 GPR13 用于通过 pthread_self()获取的特定于线程的数据。
- 64 位的程序不能使用 32 位的库或插件，反之亦然。确切地讲，不能在单个程序中混合 32 位和 64 位的代码，因为内核将把整个任务标记为 32 位或 64 位。
- 64 位的程序不能具有原始的 Mac OS X 图形用户界面，因为相关的框架在 64 位的版本中不可用。
- 尽管 64 位和 32 位的程序可以共享内存并且可以通过 IPC 彼此通信，但是它们在这样做时必须使用显式的数据类型。
- 序列化二进制数据的程序可能希望确保序列化的数据的大小和对齐在 32 位与 64 位的程序之间不会改变，除非只有一类程序将访问该数据。
- 不能从 64 位的程序使用 I/O Kit 驱动程序的用户客户（参见第 10 章），除非驱动程

---

① 32 位系统库中的某些操作为主机处理器进行了优化——也就是说，如果 64 位硬件可用，那么它们将利用这类硬件。

序显式支持 64 位的用户地址空间。内核扩展可以使用 I/O Kit 的 IOMemoryDescriptor 类，访问 4GB 以上的物理地址。

Mac OS X 10.4 的 x86 版本不支持 64 位计算。随着 Apple 采用 64 位的 x86 处理器[①]，Mac OS X 应该会恢复 64 位支持。很可能大部分（如果不是全部）用户库在将来的 Mac OS X 版本中都具有对应的 64 位用户库。

8.18.3 为什么不使用 64 位的可执行文件

尤其是在 Mac OS X 中，64 位的程序并不一定仅仅由于是 64 位的就表现"更好"。事实上，如果编译用于 64 位计算，典型的程序很可能具有更差的性能。下面列出了一些反对在 Mac OS X 上使用 64 位可执行文件的原因。

- 一般而言，64 位程序的内存占用更高：它们将使用更大的指针、栈和数据集。这将潜在地导致更多的缓存和 TLB 失效。
- Mac OS X 10.4 中的 64 位软件支持是新生事物。迁移到 64 位的接口还不成熟，并且大多数常用接口仍然是 32 位的。
- 如以前所讨论的，迁移到 64 位计算的一些常见的原因在 PowerPC 并不是非常有说服力。
- 某些 PowerPC 细微差别可能延缓 64 位的执行。例如，如果把一个 32 位的带符号整数用作数组索引，那么除非将该整数存储在寄存器中，否则每次访问都将需要一个额外的 extsw 指令，用于对值进行符号扩展。

8.18.4 64 位"场景"

如表 8-10 所示，存在多个 64 位的操作系统。例如，64 位的 Solaris 具有完全 64 位的内核以及 64 位的驱动程序。除了一些过时的库之外，Solaris 系统库同时具有 32 位和 64 位版本。这两类应用程序可以并发运行。类似地，用于 64 位 POWER 硬件的 AIX 5L 操作系统具有完全 64 位的内核。同样，驱动程序及其他内核扩展也是 64 位的，并且可以并发支持 32 位和 64 位的用户环境。还有一个 32 位的 AIX 5L 内核，可以在 64 位的硬件上支持 64 位的应用程序。不过，与 64 位的内核相比，它可以支持的物理内存数量是有限的（96GB）。

标准和 64 位

单一 UNIX 规范（Single UNIX Specification）第 2 版（UNIX 98）包括了大文件支持，并且删除了体系结构依赖性，以允许进行 64 位处理。它清理了绑定到 32 位数据类型的 API。例如，使用 off_t 代替 size_t，使多个函数知道大文件。单一 UNIX 规范第 3 版（UNIX 03）修订、结合并且更新了多个标准，包括 POSIX 标准。

[①] 第一个可能的候选是 Intel 的"Merom" 64 位移动处理器。

第 9 章　进程间通信

复杂的程序（甚至那些适度复杂的程序）通常被分解成逻辑和功能上独立的成分，而不是作为"包打天下"的整体程序。这允许更容易的开发和维护、更大的灵活性以及更好的软件可理解性。尽管这种划分可以利用众多方式完成，并且其中有几种方式是正式的和标准化的，但是一种普遍的结果是：在典型的操作系统上，可能有多个实体执行相关的操作。这样的实体通常需要共享信息、进行同步以及彼此之间通信。本章将探讨 Mac OS X 中的信息共享和同步的多种方式——**进程间通信**（Interprocess Communication）。

9.1　简　　介

在 Mac OS X 上运行甚至最普通的 C 程序也会导致调用数十个系统调用——在运行时环境加载它、使它准备执行以及执行它时。来看下面这个简单的示例。

```
// empty.c

main()
{
}

$ gcc -o empty empty.c
$ ktrace ./empty
$ kdump | grep CALL | wc -l
49
```

尽管该普通程序具有用户可见的空主体，仍然需要通过 dyld 使之做好准备，以便可以执行空主体。这种准备涉及众多步骤，比如为新程序初始化 Pthread 相关和 Mach 相关的数据结构。例如，dyld 将调用一个 Mach 陷阱设置"self"值以使程序的线程运行，初始化应用程序中特殊的 Mach 端口，以及预留第 0 页以使得它可能不会被程序分配。因此，用户空间的代码主体与内核之间将具有多种通信。图形界面系统极大地利用了它们的组件与系统余下部分之间的通信。

比较重要的应用程序可能包含多个线程——也许甚至是多个进程，它们可能需要以任意方式相互通信，从而必须要有用于此类通信的接口。通常，不属于相同程序一部分的进程之间也必须相互通信。UNIX 命令管道抽象示范了这类通信。

```
$ find . -type f | grep kernel | sort | head -5
```

值得质疑的是把什么定性为通信。在一些情况下，通信与信息共享之间的界线可能比较模糊。Mac OS X pbcopy 命令行实用程序是一个 Cocoa 程序，用于复制它的标准输出并将其放在粘贴板中。它可以处理 ASCII 数据、EPS（Encapsulated PostScript，封装的 PostScript）、RTF（Rich Text Format，富文本格式）、PDF（Portable Document Format，可移植文本格式）等。pbpaste 命令用于从粘贴板中移除数据并将其写到标准输出。这些实用程序允许命令行程序以一种复制-粘贴的方式与其他命令行或图形程序通信。下面显示了一种从 shell 打印"Hello, World!"的人为设计（并且代价高昂）的方式。

```
$ echo 'Hello, World!' | pbcopy
$ pbpaste
Hello, World!
```

出于本章的目的，可以将 IPC（Interprocess Communication，进程间通信）理解为一种用于在两个或更多的实体之间传输信息的良好定义的机制——利用编程接口。历史上讲，通信实体是进程，从而得到术语**进程间**（Interprocess）。由于早期的分时系统，有多种计算资源与进程相关联。IPC 也是共享这些资源的方式。如本书第 7 章中所述，在 Mac OS X 中可运行的实体可以具有多种形式。因此，IPC 可以发生在这些可运行的任何实体之间——例如，同一个任务中的线程、不同任务中的线程以及内核中的线程。

根据 IPC 的类型，通信方可能需要某种同步形式，以使 IPC 机制正确工作。例如，如果多个进程正在共享文件或者某个内存区域，那么它们必须彼此同步，以确保不会同时修改和读取共享的信息，因为它可能短暂地处于一种不一致的状态。一般而言，IPC 可能需要并且可能包括以下一种或多种操作。

- 数据共享。
- 数据传输。
- 资源共享。
- IPC 参与者之间的同步。
- 同步和异步通知。
- 控制操作，比如调试器监管目标进程。

在使用术语 **IPC** 时，它通常具有与**消息传递**（Message Passing）相同的含义，可以将后者视作一种特定（并且相当普遍）的 IPC 机制。

9.1.1　IPC 的演化

早期的 IPC 机制使用文件作为通信媒介：由于磁盘速度缓慢以及程序之间的竞态条件的窗口较大，这种方法不会工作得很好。其后出现了共享内存方法，其中进程使用通常可访问的内存区域，来实现特别的 IPC 和同步模式。最终，IPC 机制变成了由操作系统自身提供的一种抽象。

MULTICS IPC

Michael J. Spier 和 Elliott I. Organick 在他们于 1969 年发表的标题为"The MULTICS

Interprocess Communication Facility" 的论文中描述了一种通用的 IPC 设施[1]。MULTICS 进程被定义为一种"硬件级"进程，其地址空间是命名段的集合，其中每个段都具有定义的访问权限，它们上面有单个执行点是空闲的，可用于获取指令以及创建数据引用。MULTICS 中心管理者程序（内核）确保给一个地址空间授予至多一个执行点。利用进程的这种定义，将 MULTICS IPC 定义为协作进程当中的数据通信的交换。这是通过在一个公共可访问的邮箱（Mailbox）中交换消息来实现的，其中邮箱是一个共享数据库，根据公共约定其身份为每个 IPC 参与者所知。

MULTICS IPC 设施是中心管理者的一部分。它是可供程序员使用的完全一般化的模式化接口的最早示例之一。

9.1.2　Mac OS X 中的 IPC

Mac OS X 提供了大量 IPC 机制，其中一些具有在系统的多个层中可用的接口。下面给出了 Mac OS X 中的 IPC 机制/接口的示例。

- Mach IPC——最低级的 IPC 机制，是许多更高级机制的直接基础。
- Mach 异常。
- UNIX 信号。
- 无名管道。
- 命名管道（fifo）。
- XSI/System V IPC。
- POSIX IPC。
- Distributed Objects。
- Apple Events。
- 多个用于发送和接收通知的接口，比如 notify(3) 和 kqueue(2)。
- Core Foundation IPC 机制。

> 注意：术语通知（Notification）是上下文相关的。例如，在删除或销毁 Mach 端口时，Mach 可以发送通知。应用程序环境提供了一些接口，用于发送和接收进程内和进程间的通知。

所有这些机制都具有某些优点、缺点和注意事项。基于程序的需求以及它所针对的系统层，程序员可能需要使用特定的机制，甚或是多种机制。

在本章余下部分，将探讨这些 IPC 机制。对于那些跨多个平台通用的机制（比如 System V IPC），在别处已经有大量文档描述它们，因此这里将只做简要介绍。

> 本章中将不会介绍的一种重要的 IPC 机制是由普遍存在的 BSD 套接字提供的。类似

[1] "The MULTICS Interprocess Communication Facility"，作者：Michael J. Spier 和 Elliott I. Organick。发表在 *Proceedings of the Second ACM Symposium on Operating Systems Principles* 上（新泽西州普林斯顿市：美国计算机协会，1969 年，第 83~91 页）。

地，本书也将不会讨论较旧的 OpenTransport API，Mac OS X 提供了它的一个子集，作为
遗留应用程序的兼容性库。

由于 IPC 通常与同步密切相关，因此本书还将探讨 Mac OS X 上提供的重要同步机制。

9.2　Mach IPC：概述

Mach 提供了一种面向消息的、基于能力的 IPC 设施，它代表了由 Mach 的先驱（即
Accent 和 RIG）使用的类似方法的演化。Mach 的 IPC 实现使用 VM 子系统，利用写时复
制优化有效地传输大量数据。Mac OS X 内核使用由 Mach 的 IPC 接口提供的通用消息原语
作为低级构件。特别是，Mach 的 mach_msg() 和 mach_msg_overwrite()调用可用于发送和
接收消息（以此顺序），从而允许将 RPC[①]风格的交互作为 IPC 的特例。这类 RPC 可用于
在 Mac OS X 中实现多种系统服务。

庄严的回顾

David C. Walden 在其 1972 年发表的论文"A System for Interprocess Communication in
a Resource Sharing Computer Network"[②]中描述了一组操作，它们允许在单个分时系统中
进行进程间通信，但是使用的是可以轻松地进行一般化的技术，以允许在远程进程之间
通信。Walden 的描述包括一个称为**端口**（Port）的抽象，他将其定义为通往进程（RECEIVE
端口）或来自进程（SEND 端口）的特定数据路径。所有的端口都具有称为**端口号**（Port
Number）的唯一标识符。内核将维护一个与进程和重新开始位置关联的端口号表。当完
成 IPC 传输时，内核将把参与者（发送方或接收方）转移到重新开始位置，它被指定为
SEND 或 RECEIVE 操作的一部分。

尽管 Walden 描述的是假想的系统，但是在像 RIG、Accent 和 Mach（包括 Mac OS X）
这样的系统中的现代 IPC 机制中可以找到许多类似的技术。

如本书第 1 章中所述，Rochester 的 RIG（Intelligent Gateway，智能网关）系统（其
实现开始于 1975 年）使用一种 IPC 设施作为基本的结构化工具。RIG 的 IPC 设施使用**端
口**（Port）和**消息**（Message）作为基本抽象。RIG 端口是一个内核管理的消息队列，通
过<进程号.端口号>整数对进行全局标识。RIG 消息是一个具有有限大小的单元，由头部
和一些数据组成。

Accent 系统改进了 RIG 的 IPC，它把端口定义为**能力**（Capability）以及通信对象，
并且使用更大的地址空间以及写时复制技术来处理大对象。中间的 Network Server（网络
服务器）进程可以透明地跨网络扩展 Accent 的 IPC。

在 RIG 和 Accent 中，进程都是一个地址空间和单个程序计数器。Mach 把进程抽象
拆分成任务和线程，其中任务部分拥有端口访问权限。使用线程机制处理错误和某些异
步活动简化了 Mach 的 IPC 设施。Mach 3.0（Mac OS X 内核的 Mach 组件就是源于它的）

---

①　远程过程调用（Remote Procedure Call）。

②　"A System for Interprocess Communication in a Resource Sharing Computer Network"，作者：David C. Walden
（*Communications of the ACM* 15:4，1972 年 4 月，第 221~230 页）。

纳入了对 IPC 的多种与性能和功能相关的改进。

　　Mach IPC 设施构建于两个基本的内核抽象之上，它们是：**端口**和**消息**，其中把在端口之间传递消息作为基本的通信机制。端口是一个多面实体，而消息则是数据对象的任意大小的集合。

9.2.1　Mach 端口

　　Mach 端口在操作系统中服务于以下主要目的。

- 端口是一个通信信道——一个内核保护、内核管理、长度有限的消息队列。端口上的最基本的操作是用于**发送**（Send）和**接收**（Receive）消息。发送到端口允许任务把消息放在端口的底层队列中。接收消息允许任务从该队列中获取消息，这个队列将保存进入的消息，直到接收方移除它们为止。当与端口对应的队列填满或者清空时，一般而言将分别阻塞发送方和接收方。
- 端口用于表示能力，这是由于它们自身受一种能力机制保护，以便阻止任意的 Mach 任务访问它们。要访问某个端口，任务必须具有端口能力或**端口权限**（Port Right），比如**发送权限**（Send Right）或**接收权限**（Receive Right）。任务所具有的对端口的特定权限限制了任务可能在该端口上执行的操作集。这允许 Mach 阻止未经授权的任务访问端口，尤其是阻止任务操作与端口关联的对象。
- 端口用于表示资源、服务和设施，从而提供对这些抽象的对象风格的访问。例如，Mach 使用端口表示诸如主机、任务、线程、内存对象、时钟、定时器、处理器和处理器集之类的抽象。在这类端口表示的对象上的操作是通过给它们的代表端口发送消息来执行的。内核通常持有对此类端口的接收权限，它将接收和处理消息。这类似于面向对象方法调用。

　　端口的**名称**（Name）可以代表多个实体，比如用于发送或接收消息的实体、**死名**（Dead Name）、端口集，或者不代表任何事物。一般而言，可以称端口名称代表的是**端口权限**（Port Right），尽管在某些情况下术语**权限**（Right）似乎有些不那么直观。在本章后面将讨论这些概念的细节。

1. 端口用于通信

　　在其作为通信信道的角色中，Mach 端口类似于 BSD 套接字，但是具有一些重要的区别，比如下面列出的这些区别。

- 根据设计，Mach IPC 是与虚拟内存子系统集成在一起的。
- 套接字主要用于远程通信，而 Mach IPC 则主要用于机器内部的通信（并且为此进行了优化）。不过，根据设计，可以在网络上透明地扩展 Mach IPC。
- Mach IPC 消息可以携带类型化的内容。
- 一般而言，Mach IPC 接口比套接字接口更强大、更灵活。

　　在谈论要发送给任务的消息时，意指将把消息发送到接收任务具有接收权限的端口。消息将由接收任务内的线程移出队列。

IPC 与虚拟内存的集成允许将消息映射——如果可能并且合适，将进行写时复制——到接收任务的地址空间。理论上讲，消息可以与任务的地址空间一样大。

尽管 Mach 内核自身没有包括对分布式 IPC 的显式支持，还是可以使用名为 Network Server 的外部（用户级）任务在网络上透明地扩展通信，其中 Network Server 简单地充当远程任务的本地代理。对于要发送到远程端口的消息，会将其发送到本地 Network Server，它负责将其转发到远程目标机器上的 Network Server。参与的任务将不知道这些细节，因此它们是透明的。

> 尽管 xnu 内核保留了 Mach IPC 的大多数语义，但是在 Mac OS X 上没有使用网络透明的 Mach IPC。

2. 端口权限

在 Mac OS X 上定义了以下特定的端口权限类型。

- MACH_PORT_RIGHT_SEND：端口的**发送权限**（Send Right），暗示权限的持有者可以发送消息给那个端口。发送权限是引用计数的。如果线程需要任务已经持有的发送权限，就会递增权限的引用计数。类似地，当线程取消分配权限时，就会递减权限的引用计数。这种机制将会阻止涉及发送权限的过早取消分配的竞态条件，因为仅当权限的引用计数变为 0 时任务才会失去发送权限。因此，多线程程序中的多个线程可以安全地使用这样的权限。

- MACH_PORT_RIGHT_RECEIVE：端口的**接收权限**（Receive Right），暗示权限的持有者可以从那个端口把消息移出队列。端口可能具有任意数量的发送方，但是只有一个接收方。而且，如果一个任务具有对端口的接收权限，那么它也将自动具有对端口的发送权限。

- MACH_PORT_RIGHT_SEND_ONCE：发送一次的权限（Send-Once Right），允许它的持有者只发送一条消息，之后将删除该权限。发送一次权限将用作应答端口，其中客户可以在请求消息中包括发送一次权限，服务器则可以使用该权限发送一个应答。发送一次权限总会导致恰好只发送一条消息——即使它被损坏亦是如此，在这种情况下，将会生成一个**发送一次通知**（Send-Once Notification）。

- MACH_PORT_RIGHT_PORT_SET：可以将**端口集**（Port Set）名称视作包含多个端口的接收权限。端口集代表一组端口，任务将对它们具有接收权限。换句话说，端口集是一只接收权限桶。它允许任务从端口集的任意数量的端口接收第一条可用的消息。消息将标识接收它的特定端口。

- MACH_PORT_RIGHT_DEAD_NAME：**死名**（Dead Name）实际上不是一种权限；它代表由于对应的端口被销毁而变成无效的发送权限或发送一次权限。随着发送权限在无效时变成死名，它的引用计数也会转成死名。尝试给死名发送一条消息将会导致一个错误，这允许发送方意识到端口被销毁。死名可以阻止它们接管的端口名称被过早地重用。

> 当取消分配端口的接收权限时，就认为端口被销毁了。尽管在发生这种情况时现有的发送权限和发送一次权限将变成死名，但是端口队列中现有的消息将会损坏，并且会释放

任何关联的页外内存。

下面列出了关于端口权限的一些值得注意的方面。

- 权限是在任务级拥有的。例如，尽管创建端口的代码是在线程中执行的，但是会把关联的权限授予线程的任务。此后，该任务内的其他任何线程都可以使用或操作权限。
- 用于端口的命名空间是每个任务私有的——也就是说，给定的端口名称只在任务的 IPC 空间内才有效。这类似于每个任务的虚拟地址空间。
- 如果任务同时持有某个端口的发送权限和接收权限，那么这些权限将具有相同的名称。
- 一个任务不能同时持有两个发送一次权限。
- 可以通过消息传递来传输权限。特别是，用于获取端口访问权限的频繁操作将涉及接收一条包含端口权限的消息。
- 在任务发送一条包含一个或多个端口权限的消息之后，并且在接收方把该消息移出队列之前，权限将为内核所持有。由于接收权限在任何时间只能被一个任务持有，因此有可能把消息发送到其接收权限正被传输的端口。在这种情况下，内核将把消息加入队列中，直到接收方任务接收到权限并且把消息移出队列为止。

3. 端口作为对象

Mach IPC 设施是一种通用的对象引用机制，它把端口用作受保护的接入点。从语义上讲，Mach 内核是一个**服务器**（Server），为多个端口上的对象提供服务。这个内核服务器将接收进入的消息，通过执行所请求的操作来处理它们，并且如果需要，还会发送应答。这种方法允许更一般、更有用地实现多个在历史上被实现为进程内的函数调用的操作。例如，一个 Mach 任务可以通过给代表目标任务的端口发送一条合适的消息，在另一个任务的地址空间中分配一个虚拟内存区域（如果允许的话）。

注意：使用相同的模型访问用户级和内核服务。在任何一种情况下，任务访问服务的方法都是：使它的线程之一发送消息给服务提供者，它可能是另一个用户任务或内核。

除了消息传递之外，还有很少的 Mach 功能是通过 Mach 陷阱展示的。大多数 Mach 服务都是通过消息传递接口提供的。用户程序通常通过发送消息给合适的端口来访问这些服务。

前文介绍过端口用于表示任务和线程。当一个任务创建另一个任务或线程时，它将自动获得新建实体的端口的访问权限。由于端口所有权是任务级的，任务中所有的每个线程的端口都可以被该任务内的所有线程访问。一个线程可以给其任务内的其他线程发送消息——比如说，用于挂起或恢复它们的执行。它遵循的是：能够访问任务的端口就意味着给该任务内的所有线程提供访问权限。不过，反之则不然：能够访问线程的端口并不能提供其包含任务的端口的访问权限。

4. Mach 端口分配

用户程序可以利用多种方式获得端口权限，在本章后面将会看到它们的示例。程序通过例程的 mach_port_allocate 家族创建新的端口权限，其中 mach_port_allocate() 是最简单的。

```
int
mach_port_allocate(ipc_space_t task,          // task acquiring the port right
                   mach_port_right_t right,   // type of right to be created
                   mach_port_name_t *name);   // returns name for the new right
```

在 9.3.5 节中将讨论端口分配的细节。

9.2.2 Mach IPC 消息

可以通过 mach_msg 函数家族发送和接收 Mach IPC 消息。Mac OS X 中的基本 IPC 系统调用是一个名为 mach_msg_overwrite_trap() [osfmk/ipc/mach_msg.c]的陷阱，它可用于在单个调用中发送消息、接收消息或者既发送又接收（以此顺序——RPC）。

```
// osfmk/ipc/mach_msg.c

mach_msg_return_t
mach_msg_overwrite_trap(
mach_msg_header_t  *snd_msg,    // message buffer to be sent
mach_msg_option_t  option,      // bitwise OR of commands and modifiers
mach_msg_size_t send_size,  // size of outgoing message buffer
mach_msg_size_t rcv_size,   // maximum size of receive buffer (rcv_msg)
mach_port_name_t   rcv_name,    // port or port set to receive on
mach_msg_timeout_t timeout,     // timeout in milliseconds
mach_port_name_t   notify,      // receive right for a notify port
mach_msg_header_t  *rcv_msg,    // message buffer for receiving
mach_msg_size_t scatterlist_sz); // size of scatter list control info
```

可以通过在 option 参数中设置合适的位，来控制 mach_msg_overwrite_trap()的行为。这些位确定了调用将会做什么以及它是怎么做的。一些位将会导致调用使用一个或多个其他的参数，否则可能不会使用它们。下面列出了在 option 中可以设置的各个位的一些示例。

- MACH_SEND_MSG：如果设置该位，就发送一条消息。
- MACH_RCV_MSG：如果设置该位，就接收一条消息。
- MACH_SEND_TIMEOUT：如果设置该位，timeout 参数就指定发送时的超时时间。
- MACH_RCV_TIMEOUT：如果设置该位，timeout 就指定接收时的超时时间。
- MACH_SEND_INTERRUPT：如果设置该位，并且如果软件中断中止了调用，那么调用将返回 MACH_SEND_INTERRUPTED；否则，将重新尝试中断的发送。
- MACH_RCV_INTERRUPT：该位类似于 MACH_SEND_INTERRUPT，但是用于接收。
- MACH_RCV_LARGE：如果设置该位，内核将不会损坏接收到的消息，即使它超过了接收限制；这样，接收方将能够重新尝试接收消息。

头文件 osfmk/mach/message.h 包含可以用于 mach_msg 函数家族的修饰符完全集合。

另一个 Mach 陷阱 mach_msg_trap()简单地利用 0 作为最后两个参数来调用 mach_msg_

overwrite_trap()——当把调用用于发送和接收时，它将使用相同的缓冲区，因此不需要 rcv_msg 参数。

当接收方接收**页外**（out-of-line）消息时（参见 9.5.5 节），如果不希望内核在接收方的地址空间中动态分配内存，但是想要利用接收到的数据重写一个或多个预先存在的有效区域，那么将使用 scatterlist_sz 参数。在这种情况下，调用者将在传入的 rcv_msg 参数中通过页外描述符来描述要使用哪些区域，并且利用 scatterlist_sz 指定这种控制信息的大小。

系统库提供了消息传递陷阱的用户级包装器（参见图 9-1）。在发生中断的情况下，包装器将可能重新启动 IPC 操作的合适部分。

```
// system library

#define LIBMACH_OPTIONS (MACH_SEND_INTERRUPT|MACH_RCV_INTERRUPT)

mach_msg_return_t
mach_msg(msg, option, /* other arguments */)
{
    mach_msg_return_t mr;

    // try the trap
    mr = mach_msg_trap(msg, option &~ LIBMACH_OPTIONS, /* arguments */);
    if (mr == MACH_MSG_SUCCESS)
        return MACH_MSG_SUCCESS;

    // if send was interrupted, retry, unless instructed to return error
    if ((option & MACH_SEND_INTERRUPT) == 0)
        while (mr == MACH_SEND_INTERRUPTED)
            mr = mach_msg_trap(msg, option &~ LIBMACH_OPTIONS, /* arguments */);

    // if receive was interrupted, retry, unless instructed to return error
    if ((option & MACH_RCV_INTERRUPT) == 0)
        while (mr == MACH_RCV_INTERRUPTED)
            // leave out MACH_SEND_MSG: if we needed to send, we already have
            mr = mach_msg_trap(msg, option &~ (LIBMACH_OPTIONS|MACH_SEND_MSG),
                                /* arguments */);

    return mr;
}

mach_msg_return_t
mach_msg_overwrite(...)
{
    ...
// use mach_msg_overwrite_trap()
    ...
}
```

图 9-1 Mach 消息传递陷阱的系统库包装器

用户程序通常使用 mach_msg() 或 mach_msg_overwrite() 执行 IPC 操作。诸如 mach_msg_receive() 和 mach_msg_send() 之类的变体是 mach_msg() 的其他包装器。

Mach 消息的成分随着时间的推移在不断演化，但是由固定大小的头部[①]和其他可变大小的数据组成的基本布局一直保持不变。Mac OS X 中的 Mach 消息包含以下部分。

- 固定大小的消息头部（mach_msg_header_t）。
- 可变大小（可能为空）的消息主体，其中包含内核和用户数据（mach_msg_body_t）。
- 可变大小的尾部——多种类型之一，其中包含由内核追加的消息基本属性（mach_msg_trailer_t）。尾部只与接收方相关。

消息可能很简单，也可能比较复杂。简单的消息包含一个头部，其后紧接着**无类型的数据**（Untyped Data），而复杂的消息则会包含结构化的消息主体。图 9-2 显示了复杂的 Mach 消息的各个部分是如何布局的。消息主体包括一个描述符计数，其后接着许多描述符，它们用于传输页外内存和端口权限。从这幅图中删除消息主体将给出简单消息的布局。

1. 消息头部

消息头部字段的含义如下。

- msgh_bits：包含描述消息属性的位图。可以将 MACH_MSGH_BITS_LOCAL() 和 MACH_MSGH_BITS_REMOTE() 宏应用于这个字段，以确定如何解释本地端口（msgh_local_port）和远程端口（msgh_remote_port）字段。MACH_MSG_BITS() 宏结合了远程位和本地位产生单个值，可以用作 msgh_bits。特别是，msgh_bits 中 MACH_MSGH_BITS_COMPLEX 标志的存在可以将消息标记为复杂消息。

// osfmk/mach/message.h

```
#define MACH_MSGH_BITS(remote, local) ((remote | ((local) << 8))
```

- msgh_size：在发送时将会忽略这个字段，因为发送大小是作为显式参数提供的。在接收的消息中，这个字段用于指定头部和主体相结合的大小（以字节为单位[②]）。
- msgh_remote_port：用于指定发送时的目标端口——发送或发送一次权限。
- msgh_local_port：可用于指定接收方将用于发送应答的应答端口。它可以是有效的发送或发送一次权限，还可以是 MACH_PORT_NULL 或 MACH_PORT_DEAD。
- msgh_id：包含将由接收方解释的标识符，可用于传达消息的含义或格式。例如，客户可以使用这个字段指定将由服务器执行的操作。

> 在接收方看到的消息头部中将会交换 msgh_remote_port 和 msgh_local_port 的值（在发送方看来则会互换它们）。类似地，msgh_bits 中的位也会互换。

---

① 注意：与 IP（Internet Protocol，网际协议）分组头部不同，Mach IPC 消息的发送方和接收方的头部并不完全相同。

② Mach 例程在处理大小时以 natural_t 为单位代替字节，这种情况相当常见。为了避免神秘的错误，一定要验证给定例程使用的单位。

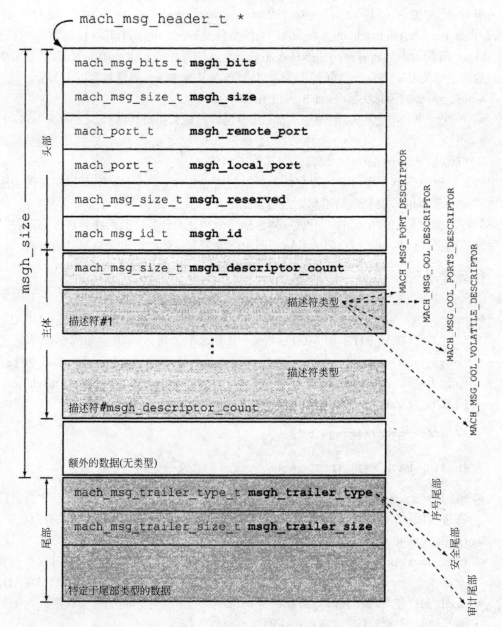

图 9-2   复杂 Mach 消息的布局

2. 消息主体

非空的消息主体可能包含**被动**（Passive）（不会被内核解释）或**主动**（Active）（将由内核处理）的数据，或者二者都包含。被动数据以内联方式驻留在消息主体中，并且只对于发送方和接收方才有意义。主动数据的示例包括端口权限和页外内存区域。注意：如果消息携带除内联被动数据之外的其他任何数据，那么它就是复杂消息。

如前所述，复杂消息主体包含描述符计数，其后接着许多描述符。图 9-3 显示了一些可用于携带不同内容类型的描述符类型。

```
// osfmk/mach/message.h

// for carrying a single port
typedef struct {
    mach_port_t                 name; // names the port whose right is being sent
    mach_msg_size_t             pad1;
    unsigned int                pad2        : 16;
    mach_msg_type_name_t        disposition : 8;    // what to do with the right
    mach_msg_descriptor_type_t  type        : 8;    // MACH_MSG_PORT_DESCRIPTOR
} mach_msg_port_descriptor_t;

// for carrying an out-of-line data array
typedef struct
{
    void                    *address; // address of the out-of-line memory
#if !defined(__LP64__)
    mach_msg_size_t         size;       // bytes in the out-of-line region
#endif
    boolean_t               deallocate : 8; // deallocate after sending?
    mach_msg_copy_options_t copy       : 8; // how to copy?
    unsigned int            pad1       : 8;
    mach_msg_descriptor_type_t type    : 8; // MACH_MSG_OOL_DESCRIPTOR
#if defined(__LP64__)
    mach_msg_size_t         size;       // bytes in the out-of-line region
#endif
} mach_msg_ool_descriptor_t;

// for carrying an out-of-line array of ports
typedef struct
{
    void                    *address;   // address of the port name array
#if !defined(__LP64__)
    mach_msg_size_t         count;      // number of port names in the array
#endif
    boolean_t               deallocate : 8;
    mach_msg_copy_options_t copy       : 8; // how to copy?
    mach_msg_type_name_t    disposition : 8; // what to do with the rights?
    mach_msg_descriptor_type_t type    : 8; // MACH_MSG_OOL_PORTS_DESCRIPTOR
#if defined(__LP64__)
    mach_msg_size_t         count;      // number of port names in the array
#endif
} mach_msg_ool_ports_descriptor_t;
```

图 9-3　Mach IPC 消息中用于发送端口和页外内存的描述符

mach_msg_port_descriptor_t 用于传递端口权限。它的 name 字段指定了在消息中携带的端口权限的名称，而 disposition 字段则指定了将为该权限执行的 IPC 处理，内核将基于它把合适的权限传递给接收方。下面显示了处理类型的示例。

- MACH_MSG_TYPE_PORT_NONE：消息既不携带端口名称，也不携带端口权限。
- MACH_MSG_TYPE_PORT_NAME：消息只携带端口名称，而不携带权限。内核不会解释名称。
- MACH_MSG_TYPE_PORT_RECEIVE：消息携带接收权限。
- MACH_MSG_TYPE_PORT_SEND：消息携带发送权限。
- MACH_MSG_TYPE_PORT_SEND_ONCE：消息携带发送一次权限。

mach_msg_ool_descriptor_t 用于传递页外内存。它的 address 字段在发送方的地址空间中指定内存的起始地址，而 size 字段则指定内存的大小（以字节为单位）。如果 deallocate 布尔值为 true，那么在发送消息之后在发送方的地址空间中将取消分配包含数据的页集。copy 字段由发送方用于指定如何复制数据——虚拟复制（MACH_MSG_VIRTUAL_COPY）或物理复制（MACH_MSG_PHYSICAL_COPY）。接收方使用 copy 字段指定是为接收的页外内存区域动态分配空间（MACH_RCV_ALLOCATE），还是重写接收方的地址空间的现有指定的区域（MACH_MSG_OVERWRITE）。除非显式撤销，否则以这种方式传输的内存将尽可能地在发送方与接收方之间共享写时复制。

> 一旦发送调用返回，发送方就可以修改在发送调用中使用的消息缓冲区，而不会影响消息内容。类似地，发送方还可以修改传输的任何页外内存区域。

mach_msg_ool_ports_descriptor_t 用于传递端口的页外数组。注意：在发送时总会物理地复制这样的数组。

3. 消息尾部

接收的 Mach 消息在消息数据之后还包含一个尾部。尾部在自然边界上对齐。接收的消息头部中的 msgh_size 字段不包括接收的尾部的大小。尾部自身在其 msgh_trailer_size 字段中包含尾部大小。

内核可能提供多种尾部**格式**（Format），在每种格式内，可能有多个尾部**基本属性**（Attribute）。Mac OS X 10.4 只提供了一种尾部格式：MACH_MSG_TRAILER_FORMAT_0。这种格式提供了以下基本属性（以此顺序）：**序号**（Sequence Number）、**安全令牌**（Security Token）和**审计令牌**（Audit Token）。在消息传递期间，接收方可以在每条消息的基础上请求内核追加其中一个或多个基本属性，作为接收的尾部的一部分。不过，有一条警告：要在尾部中包括以后的基本属性，接收方必须接受所有以前的基本属性，其中以后/以前限定符是相对于上述顺序而言的。例如，在尾部包括审计令牌将自动包括安全令牌和序号。以下类型被定义成代表尾部基本属性的有效组合。

- mach_msg_trailer_t：最简单的尾部；包含 mach_msg_trailer_type_t 和 mach_msg_trailer_size_t，没有基本属性。
- mach_msg_seqno_trailer_t：还包含消息的序号（mach_port_seqno_t），相对于其端口而言。
- mach_msg_security_trailer_t：还包含发送消息的任务的安全令牌（security_token_t）。
- mach_msg_audit_trailer_t：还包含审计令牌（audit_token_t）。

安全令牌是一种包含发送任务（技术上讲是关联的 BSD 进程）的有效用户和组 ID 的结构。这些是由内核安全地填充的，并且发送方不能欺骗它们。审计令牌是一个不透明的对象，对内核的 BSM 审计子系统把 Mach 消息的发送方标识为一个对象。它也是由内核安全地填充的，其内容可以使用 BSM 库中的例程进行解释。

> 一个任务将从创建它的任务继承其安全令牌和审计令牌。没有父任务（即内核任务）的任务将把它的安全令牌和审计令牌分别设置为 KERNEL_SECURITY_TOKEN 和 KERNEL_AUDIT_TOKEN。它们是在 osfmk/ipc/mach_msg.c 中声明的。随着内核不断演化，很可能将可以支持包括更全面信息的其他令牌类型。

图 9-4 显示了一个示例，说明如何请求内核在接收消息的尾部包括安全令牌。

```
typedef struct { // simple message with only an integer as inline data
    mach_msg_header_t            header;
    int                          data;
    mach_msg_security_trailer_t  trailer;
} msg_format_recv_t;
...

int
main(int argc, char **argv)
{
    kern_return_t        kr;
    msg_format_recv_t    recv_msg;
    msg_format_send_t    send_msg;
    mach_msg_header_t     *recv_hdr, *send_hdr;
    mach_msg_option_t    options;
    ...

    options  = MACH_RCV_MSG | MACH_RCV_LARGE;
    options |= MACH_RCV_TRAILER_TYPE(MACH_MSG_TRAILER_FORMAT_0);
    //the following will include all trailer elements up to the specified one
    options |= MACH_RCV_TRAILER_ELEMENTS(MACH_RCV_TRAILER_SENDER);

    kr = mach_msg(recv_hdr, options, ...);
    ...
    printf("security token = %u %u\n",
          recv_msg.trailer.msgh_sender.val[0],  // sender's user ID
          recv_msg.trailer.msgh_sender.val[1]); // sender's group ID
    ...
}
```

图 9-4　请求内核在消息尾部包括发送方的安全令牌

MACH_RCV_TRAILER_ELEMENTS() 宏用于编码想要的尾部元素的数量——在 osfmk/mach/message.h 中定义了有效数字：

```
#define MACH_RCV_TRAILER_NULL   0   // mach_msg_trailer_t
```

```
#define MACH_RCV_TRAILER_SEQNO  1    // mach_msg_trailer_seqno_t
#define MACH_RCV_TRAILER_SENDER 2    // mach_msg_security_trailer_t
#define MACH_RCV_TRAILER_AUDIT  3    // mach_msg_audit_trailer_t
```

注意：接收缓冲区必须包含充足的空间，以保存所请求的尾部类型。

> 在客户-服务器系统中，客户和服务器都可以请求将另一方的安全令牌追加到进入消息的尾部。

空消息听起来似乎很大

由于尾部的存在，可以发送的最小消息的大小将与可以接收的最小消息的大小有所不同。在发送端，空消息只包括消息头部。接收方必须把尾部考虑在内，因此可以接收的最小消息将包括头部和可能最小的尾部。

9.3　Mach IPC：Mac OS X 实现

IPC 子系统的核心是在内核源树中的 osfmk/ipc/ 目录中的文件中实现的。而且，osfmk/kern/ipc_*文件集实现了 IPC 支持函数以及用于内核对象（比如任务和线程）的 IPC 相关的函数。图 9-5 显示了 Mac OS X 中的 Mach IPC 实现的概览。在下面几节中将探讨这幅图中的各个部分。

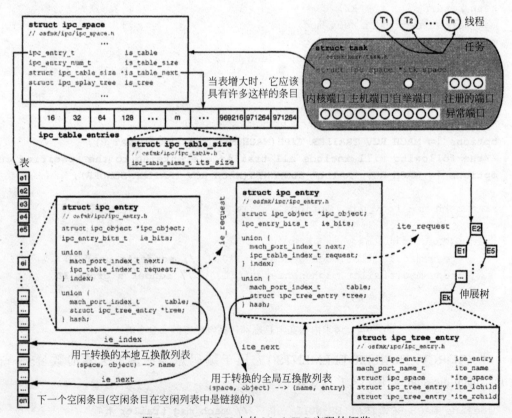

图 9-5　Mac OS X 中的 Mach IPC 实现的概览

9.3.1　IPC 空间

每个任务都具有私有的 IPC 空间（Space）——用于端口的命名空间，在内核中通过 ipc_space 结构表示。任务的 IPC 空间定义了它的 IPC 能力。因此，诸如发送和接收之类的 IPC 操作将会查询这个空间。类似地，用于操控任务权限的 IPC 操作将会在任务的 IPC 空间上工作。图 9-6 显示了 ipc_space 结构的字段。

```
// osfmk/ipc/ipc_space.h

typedef natural_t ipc_space_refs_t;

struct ipc_space {
    decl_mutex_data(,is_ref_lock_data)
    ipc_space_refs_t is_references;

    decl_mutex_data(,is_lock_data)

    // is the space active?
    boolean_t is_active;

    // is the space growing?
    boolean_t is_growing;

    // table (array) of IPC entries
    ipc_entry_t is_table;

    // current table size
    ipc_entry_num_t is_table_size;

    // information for larger table
    struct ipc_table_size *is_table_next;

    // splay tree of IPC entries (can be NULL)
    struct ipc_splay_tree is_tree;

    // number of entries in the tree
    ipc_entry_num_t is_tree_total;

    // number of "small" entries in the tree
    ipc_entry_num_t is_tree_small;

    // number of hashed entries in the tree
    ipc_entry_num_t is_tree_hash;
```

图 9-6　用于任务的 IPC 空间的数据结构

```
                        // for is_fast_space()
                        boolean_t is_fast;
                    };
```

图 9-6（续）

　　IPC 空间封装了在特定于任务的（本地）端口名称与内核级（全局）端口数据结构进行转换所需的知识。这种转换是使用表示端口能力的转换条目实现的。每种能力都使用 IPC 条目数据结构（struct ipc_entry）记录在内核中。IPC 空间总会包含一个 IPC 条目**表**（Table），ipc_space 结构的 is_table 字段将指向它。它还可以包含 IPC 条目的**伸展树**（Splay Tree）[①]，在这种情况下，is_tree 字段将是非 NULL 的。ipc_entry 和 ipc_space 都是每个任务的数据结构。

　　表保存"小"端口权限，其中每个表条目（struct ipc_entry）使用 16 字节。如果端口权限包含在表中，权限的名称就是表的索引。伸展树保存"大"端口权限，其中每个树条目（struct ipc_tree_entry）使用 32 字节。

> **自然的说法**
>
> 　　用于表示端口名称的整数类型在历史上是用于机器的原始整数类型。这种类型被称为 natural_t，可以通过包括<mach/machine/vm_types.h>来访问它，在 Mac OS X 的 PowerPC 和 x86 版本上，<mach/machine/vm_types.h>反过来又分别通过<mach/ppc/vm_types.h>或<mach/i386/vm_types.h>来访问它。随着 64 位 Darwin ABI 的引入，多种 Mach 数据类型（比如 vm_offset_t 和 vm_size_t）扩展到具有与指针相同的大小。不过，无论 ABI 的大小，natural_t 的大小都是 32 位。

1. IPC 条目表

　　一般而言，端口权限名称（它们是整数（参见 9.3.2 节））将能够放入表中，因为典型任务使用的端口数量足够少。稍后将可以看到的，Mach 允许任务重命名端口。而且，还可以使用调用者指定的名称分配端口。这意味着端口名称可以表示一个越出任务的表界限的索引。通过把这样的权限溢出到任务的伸展树中来容纳它们。为了最小化内存消耗，内核将动态调整在伸展树中保存条目的阈值。事实上，表还可以增大。当内核增大表时，它将把表扩展到通过 ipc_space 结构的 is_table_next 字段指定的新大小（以表条目的数量为单位）。如图 9-5 所示，is_table_next 字段指向 ipc_table_size 结构。内核将维护此类结构的一个名为 ipc_table_entries 的数组。这个数组将在 IPC 子系统的初始化期间填充，它只是一个预定义的表大小的序列。

> **快速 IPC 空间**
>
> 　　快速（Fast）IPC 空间是一种不使用伸展树的特殊情况的空间。仅当保证端口名称位于表界限内时，才可以使用它。

　　当删除其条目位于表中的端口权限时，将把条目存放在未使用条目的空闲列表上。这

[①] 伸展树是一种空间高效的、自我调整的二进制搜索树，它具有（分摊的）对数时间。

个列表是在表自身内维护的，通过它们的 ie_next 字段把未使用的条目串接在一起。在分配下一个端口权限时，将使用最后一个空闲条目（如果有的话）。ie_index 字段实现了一个有序散列表，用于（反向）把{ IPC 空间，IPC 对象}对转换成名称。这个散列表结合使用开放寻址和线性探测。

2. IPC 条目伸展树

如图 9-5 中所示，伸展树中的条目包括一个 ipc_entry 结构（与表条目相同）以及下列额外的字段：名称、IPC 空间以及指向左右子条目的指针。ite_next 字段实现了一个全局开放散列表，用于将{ IPC 空间，IPC 对象}对（反向）转换成{名称，IPC 条目}对。

9.3.2　Mach 端口的构成

Mach 端口在内核中通过一个指向 ipc_port 结构的指针表示。IPC 条目结构的 ipc_object 字段指向一个 ipc_object 结构，它在逻辑上叠加在 ipc_port 结构之上。图 9-7 显示了端口数据结构的内部表示。

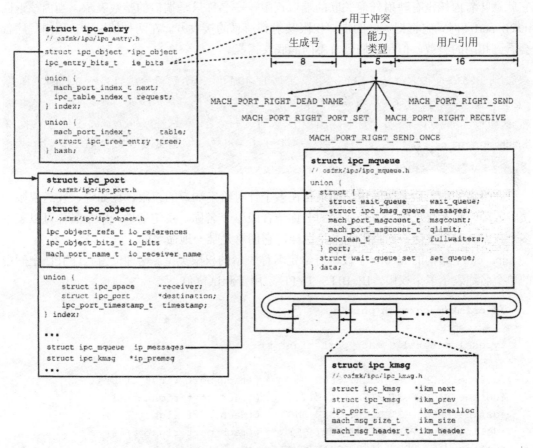

图 9-7　Mach 端口的内部结构的视图

从面向对象的角度讲，ipc_port 结构是 ipc_object 结构的子类。在 Mach 中可以把端口组织成端口集，其中对应的结构是 ipc_pset 结构[osfmk/ipc/ipc_pset.h]。在这种情况下，在内核中将通过传递一个指向所涉及的 ipc_pset 结构（而不是 ipc_port 结构）的指针来表示权限。另一种可能性是 rpc_port 结构。

ipc_port 结构的字段包括：一个指向持有接收权限的任务的 IPC 空间的指针、一个指向端口表示的内核对象的指针，以及多个引用计数，比如执行发送计数、发送权限的数量以及发送一次权限的数量。

1．端口的名称中是什么

认识到 mach_port_t 与 mach_port_name_t 之间的区别很重要：它们二者在用户空间的处理方式相同，但是在内核中则不然。端口的名称只在与任务对应的特定命名空间中才是相关的。mach_port_name_t 代表端口的特定于命名空间的本地身份，而不暗示任何关联的权限。mach_port_t 代表对端口权限添加或删除的引用，在用户空间中通过返回在任务的 IPC 空间内改变的权限（或许多权限）的名称来表示这种引用，这就是为什么它在用户空间中与 mach_port_name_t 相同的原因。不过，在内核内，通过传递一个指向合适的端口数据结构（ipc_port_t）的指针来表示端口权限。如果用户程序从内核接收到 mach_port_name_t，它就意味着内核没有映射任何关联的端口权限——名称只是端口的整数表示。当内核返回 mach_port_t 时，它将把关联的端口权限映射到消息的接收方。在两种情况下，用户程序都会看到相同的整数，但是它们具有不同的底层语义。

同一个端口在多个任务中可以具有不同的名称。相反，相同的端口名称可以在不同的任务中表示不同的端口。知道另一个任务中的端口名称并不足以使用那个端口，因为内核将在调用者的 IPC 空间中评估名称，注意到这一点很重要。例如，如果在程序中打印 mach_port_name_t 值，然后尝试在另一个任务（不具有该端口的发送权限的任务）中使用该值发送一条消息，那么将不会成功。

在给定的端口命名空间中，如果存在多个针对给定端口的权限，比如说，发送权限和接收权限，那么将把用于多个权限的名称结合成单个名称。换句话说，单个名称可以表示多个权限。对于发送一次权限则不是这样，它们总是唯一地命名的。

ipc_entry 结构的 ie_bits 字段持有给定名称表示的权限类型。这种位图允许 IPC 空间中的单个名称表示多个权限。IE_BITS_TYPE 宏用于测试位值。

```c
// osfmk/mach/mach_port.h

typedef natural_t mach_port_right_t;

#define MACH_PORT_RIGHT_SEND        ((mach_port_right_t) 0)
#define MACH_PORT_RIGHT_RECEIVE     ((mach_port_right_t) 1)
#define MACH_PORT_RIGHT_SEND_ONCE   ((mach_port_right_t) 2)
#define MACH_PORT_RIGHT_PORT_SET    ((mach_port_right_t) 3)
#define MACH_PORT_RIGHT_DEAD_NAME   ((mach_port_right_t) 4)
#define MACH_PORT_RIGHT_NUMBER      ((mach_port_right_t) 5)

typedef natural_t           mach_port_type_t;
```

```
typedef mach_port_type_t    *mach_port_type_array_t;

#define MACH_PORT_TYPE(right)                                \
            ((mach_port_type_t)(((mach_port_type_t) 1) \
            << ((right) + ((mach_port_right_t) 16))))

#define MACH_PORT_TYPE_NONE       ((mach_port_type_t) 0L)
#define MACH_PORT_TYPE_SEND       MACH_PORT_TYPE   (MACH_PORT_RIGHT_SEND)
#define MACH_PORT_TYPE_RECEIVE    MACH_PORT_TYPE(MACH_PORT_RIGHT_RECEIVE)
#define MACH_PORT_TYPE_SEND_ONCE  MACH_PORT_TYPE(MACH_PORT_RIGHT_SEND_ONCE)
#define MACH_PORT_TYPE_PORT_SET   MACH_PORT_TYPE(MACH_PORT_RIGHT_PORT_SET)
#define MACH_PORT_TYPE_DEAD_NAME  MACH_PORT_TYPE(MACH_PORT_RIGHT_DEAD_NAME)
```

> 　在 Mach 3.0 之前，IPC 接口中的例程和数据类型的名称没有 mach_ 或 MACH_ 前缀。例如，用 port_t 代替 mach_port_t。在 Mach 3.0 中添加了前缀，以避免新旧 Mach 接口之间的任何名称冲突，即使两者在许多方面是相似的。这允许相同的头文件集导出两个接口，以及允许程序根据需要混用接口。

　　尽管端口名称通常是由内核分配的，用户程序也可以利用特定的名称创建端口权限——使用 mach_port_allocate_name() 例程。内核分配的 mach_port_name_t 值具有两个成分：**索引**（Index）和**生成号**（Generation Number）。

// osfmk/mach/port.h

```
#define MACH_PORT_INDEX(name)       ((name) >> 8)
#define MACH_PORT_GEN(name)         (((name) & 0xff) << 24)
#define MACH_PORT_MAKE(index, gen)  (((index) << 8) | (gen) >> 24)
```

　　如果用户程序需要使用端口名称，以便任意地把它们映射到用户数据，那么它必须只使用端口名称的索引部分，这就是为什么把 mach_port_name_t 的布局向用户空间公开的原因。

> **重命名端口**
> 　　使任务把端口重命名为一个新名称是可能的。如果程序希望利用一些特定于程序的含义（比如说，散列表条目的地址，其中每个地址与端口名称之间是一一对应的）重载端口名称，这样的重命名就可能是有用的。任务仍然不能为同一个端口具有多个名称。

2. 端口名称的有效性

　　内核把值 0 定义为**空**（Null）端口（MACH_PORT_NULL）的名称。空端口是可以在消息中携带的合法端口值，以指示缺乏任何端口或端口权限。**死**（Dead）端口（MACH_PORT_DEAD）指示端口权限存在，但是将不再存在——也就是说，权限死亡了。MACH_PORT_DEAD 的数值是设置了所有位的 natural_t。它也是一个可以出现在消息中的合法端口值。不过，这两个值并不代表**有效**（Valid）端口。所有余下的 natural_t 值都是有效端口值。头文件 osfmk/mach/port.h 包含多个与端口相关的定义。

管理 IPC 条目的代码提供了一些接口，用于在 IPC 空间中查找给定名称的 IPC 对象，以及执行相反的操作，即在给定的 IPC 空间中查找 IPC 对象的名称。前一种查找类型（通常是<task, mach_port_name_t>→mach_port_t 转换）在发送消息时使用；后一种查找类型（通常是<task, mach_port_t>→mach_port_name_t 转换）在接收消息时使用。

9.3.3　任务和 IPC

Mach 任务和线程在开始其寿命时都具有某些标准 Mach 端口集（回忆可知：在第 7 章中遇到过这些端口）。图 9-8 显示了与任务关联的 IPC 相关的数据结构。除了任务的标准端口之外，task 结构还包含一个指向任务的 IPC 空间的指针（itk_space）。

```
// osfmk/mach/ppc/exception.h

#define EXC_TYPES_COUNT         10

// osfmk/mach/mach_param.h

#define TASK_PORT_REGISTER_MAX3 // number of "registered" ports

// osfmk/kern/task.h

struct task {
    // task's lock
    decl_mutex_data(,lock)

    ...

    // IPC lock
    decl_mutex_data(,itk_lock_data)

    // not a right -- ipc_receiver does not hold a reference for the space
    // used for representing a kernel object of type IKOT_TASK
    struct ipc_port *itk_self;

    // "self" port -- a "naked" send right made from itk_self
    // this is the task's kernel port (TASK_KERNEL_PORT)
    struct ipc_port *itk_sself;

    // "exception" ports -- a send right for each valid element
    struct exception_action exc_actions[EXC_TYPES_COUNT];

    // "host" port -- a send right
    struct ipc_port *itk_host;
```

图 9-8　与 Mach 任务关联的 IPC 相关的数据结构

```
// "bootstrap" port -- a send right
struct ipc_port *itk_bootstrap;

// "registered" port -- a send right for each element
struct ipc_port *itk_registered[TASK_PORT_REGISTER_MAX];

// task's IPC space
struct ipc_space *itk_space;
...
};
```

图 9-8（续）

标准任务端口集如下。

- **自身端口**（Self Port）——也称为任务的**内核端口**（Kernel Port）——表示任务本身。内核持有该端口的接收权限。自身端口由任务用于对自身调用操作。其他希望对任务执行操作的程序（比如调试器）也会使用这个端口。
- **异常端口**（Exception Port）集包括一个用于内核支持的各类异常的端口。当在任务的线程之一中发生异常时，内核将发送一条消息给任务的相应异常端口。注意：异常端口还会在线程级（比任务级异常端口更明确）和主机级（不太明确）存在。如将在 9.7.2 节中看到的，内核首先将尝试给最明确的端口发送异常消息。异常端口用于实现错误处理和调试机制。
- **主机端口**（Host Port）表示正在运行任务的主机。
- **自举端口**（Bootstrap Port）用于发送消息给 Bootstrap Server，它实质上是一个本地名称服务器，用于可以通过 Mach 端口访问的服务。程序可以联系 Bootstrap Server，请求返回其他的系统服务端口。
- 为任务注册一组众所周知的系统端口——它们由运行时系统用于初始化任务。最多可以有 TASK_PORT_REGISTER_MAX 个这样的端口。mach_ports_register() 例程可用于注册发送权限的数组，在 task 结构中每个权限填充 itk_registered 数组中的一个空槽。

主机特殊端口

主机对象在内核中通过 host_data_t 表示，它是 struct host [osfmk/kern/host.h] 的别名。这个结构包含一个主机级特殊端口的数组以及另一个主机级异常端口的数组。主机特殊端口有**主机端口**（Host Port）、**主机特权端口**（Host Privileged Port）和**主机安全端口**（Host Security Port）。这些端口用于把不同的接口导出给主机对象。

在"安全的"Mach 例程中把主机端口用作参数，以获取关于主机的非特权信息。获得这个端口的发送权限并不需要调用任务具有特权。主机特权端口只能由特权任务获得，在具有特权的 Mach 例程（比如 host_processors()）中使用它，host_processors() 用于获取代表系统中所有处理器的发送权限的列表。主机安全端口用于更改给定任务的安全令牌，或者利用显式的安全令牌创建任务。

在初始化 IPC 子系统时，将会把每个主机级特殊端口设置成表示相同端口的发送权限。

在创建任务时，将在内核的 IPC 空间中分配新端口。将把 task 结构的 itk_self 字段成
这个端口的名称，而 itk_sself 成员则包含这个端口的发送权限。为任务创建新的 IPC 空间，
并将其分配给 task 结构的 itk_space 字段。新任务将继承父任务的注册端口、异常端口、主
机端口和自举端口，因为内核将通过父任务的现有裸权限为子任务创建所有这些端口的裸[①]
发送权限。如第 7 章中所指出的，除了这些端口之外，将不会跨任务创建（也就是说，跨
fork()系统调用）继承 Mach 端口。

如第 5 章中所述，/sbin/launchd 是由内核执行的第一个用户级程序。launchd 是所有用
户进程的最终父进程，这类似于 UNIX 系统上的传统 init 程序。而且，launchd 还充当
Bootstrap Server。

> 在 Mac OS X 10.4 以前的版本上，由内核执行的第一个用户级程序是/sbin/mach_init,
> 它将分支并运行/sbin/init。在 Mac OS X 10.4 中，launchd 程序将包含 mach_init 和 init 的
> 功能。

在 launchd 初始化期间，它将分配多个 Mach 端口，并且通过调用 task_set_bootstrap_port()
将其中一个端口设置为它的自举端口。在创建新任务时，它们将继承这个端口（技术上讲
是这个端口的一个子集，具有有限的作用域），从而允许所有的程序与 Bootstrap Server
通信。

> task_set_bootstrap_port()是一个宏，它将转化成对 task_set_special_port()的调用，并且
> 利用 TASK_BOOTSTRAP_PORT 作为参数。

9.3.4   线程和 IPC

图 9-9 显示了与线程关联的 IPC 相关的数据结构。像任务一样，线程包含一个自身端
口以及一组用于错误处理的异常端口。新创建的任务的异常端口是从父任务继承的，而线
程的每个异常端口则会在创建线程时初始化为空端口。任务和线程的异常端口都可以在以
后以编程方式改变。如果用于某种异常类型的线程异常端口是空端口，内核将使用下一个
更明确的端口：对应的任务级异常端口。

// osfmk/kern/thread.h

```
struct thread {
    ...
    struct ipc_kmsg_queue ith_messages;

    // reply port -- for kernel RPCs
    mach_port_t ith_rpc_reply;
```

图 9-9   与 Mach 线程关联的 IPC 相关的数据结构

---

① 裸权限只存在于内核任务的上下文中。之所以这样命名它，是因为不会把这样的权限插入到内核任务的端口
命名空间中——它处于不稳定状态。

```
...

 // not a right -- ip_receiver does not hold a reference for the space
 // used for representing a kernel object of type IKOT_THREAD
 struct ipc_port *ith_self;

 // "self" port -- a "naked" send right made from ith_self
 // this is the thread's kernel port (THREAD_KERNEL_PORT)
 struct ipc_port *ith_sself;

 // "exception" ports -- a send right for each valid element
 struct exception_action exc_actions[EXC_TYPES_COUNT];
 ...
};
```

图 9-9（续）

thread 结构的 ith_rpc_reply 字段用于保存内核 RPC 的应答端口。当内核需要发送消息给线程以及接收应答（即执行 RPC）时，如果 ith_rpc_reply 的当前值是 IP_NULL，那么它将分配一个应答端口。

9.3.5　端口分配

在熟悉了与端口相关的数据结构以及端口所扮演的角色之后，就可以来探讨端口权限的分配中所涉及的重要步骤。图 9-10 显示了这些步骤。

尽管 mach_port_allocate()通常用于分配端口权限，但是还存在一些更灵活的变体，比如 mach_port_allocate_name()和 mach_port_allocate_qos()，它们允许指定新权限的额外属性。所有这些例程都是 mach_port_allocate_full()的特例，后者也可供用户空间使用。

```
typedef struct mach_port_qos {
    boolean_t name:1;         // caller-specified port name
    boolean_t prealloc:1;     // preallocate a message buffer
    boolean_t pad1:30;
    natural_t len;            // length of preallocated message buffer
} mach_port_qos_t;
kern_return_t
mach_port_allocate_full(
    ipc_space_t          space,   // target IPC space
    mach_port_right_t    right,   // type of right to be created
    mach_port_t          proto,   // subsystem (unused)
    mach_port_qos_t *qosp,        // quality of service
    mach_port_name_t     *namep); // new port right's name in target IPC space
```

mach_port_allocate_full()将基于作为 right 参数传递的值，创建 3 种端口权限之一。

- 接收权限（MACH_PORT_RIGHT_RECEIVE），它是通过这个函数创建的最常见的权限类型。

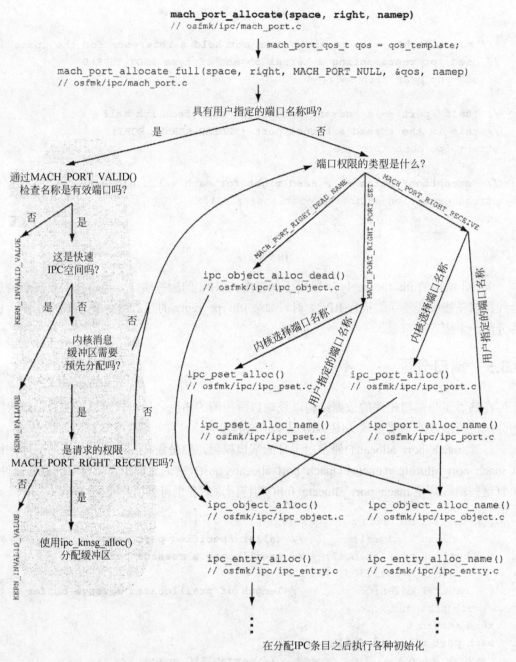

图 9-10   端口权限的分配

- 空端口集（MACH_PORT_RIGHT_PORT_SET）。
- 具有一个用户引用的死名（MACH_PORT_RIGHT_DEAD_NAME）。

利用调用者指定的名称创建端口权限是可能的，该名称绝对不能已经在目标 IPC 空间中用于端口权限。而且，目标空间绝对不能是快速 IPC 空间。调用者可以指定一个名称，其方法是：在 namep 参数中传递一个指向名称的指针，并且设置传入的 **QoS**（Quality of Service，服务质量）结构的 name 位域。后者也可用于指定新端口作为需要 QoS 保证的实时端口。QoS 保证的唯一表现是：预先分配消息缓冲区，并使之与端口的内部数据结构相关联。缓冲区的大小通过 QoS 结构的 len 字段指定。当从内核发送消息时，内核将使用端口的预先分配的缓冲区（如果它具有一个缓冲区的话）。这样，关键消息的发送方将可以避免在内存分配上阻塞。

如图 9-10 所示，mach_port_allocate_full()基于权限的类型，调用不同的内部"alloc"函数。对于接收权限，如果调用者强制要求使用特定的名称，就会调用 ipc_port_alloc_name() [osfmk/ipc/ipc_port.c]；否则，将会调用 ipc_port_alloc() [osfmk/ipc/ipc_port.c]。ipc_port_alloc() 将调用 ipc_object_alloc() [osfmk/ipc/ipc_object.c]，分配一个 IOT_PORT 类型的 IPC 对象。如果成功，它将调用 ipc_port_init() [osfmk/ipc/ipc_port.c]，初始化新分配的端口，然后返回。类似地，ipc_port_alloc_name()将调用 ipc_object_alloc_name()，分配一个具有特定名称的 IOT_PORT 对象。

IPC 对象的分配包括以下步骤。

- 从用于 IPC 对象类型的合适区域分配一个 IPC 对象结构（struct ipc_object [osfmk/ipc/ipc_object.h]）。注意：指向这个结构的指针是端口的内核中的表示（struct ipc_port [osfmk/ipc/ipc_port.h]）。
- 在 IPC 对象结构内初始化互斥锁。
- 分配一个 IPC 对象条目结构（struct ipc_entry [osfmk/ipc/ipc_entry.h]）。这个操作首先将尝试使用"第一个空闲"提示在给定 IPC 空间的表中查找一个空闲条目。如果表中没有空闲条目，就会增大表。如果由于某个其他的线程已经在增大表，调用者将会阻塞，直到增大完成为止。

mach_port_names()例程可用于获取给定 IPC 空间中的端口列表以及它们的类型。而且，mach_port_get_attributes()将返回多种关于端口的基本属性信息。图 9-11 中所示的程序列出了给定进程 ID 的（BSD）任务中的端口权限的详细信息。注意：除了程序中显示的那些字段之外，由 mach_port_get_attributes()填充的 mach_port_status 结构还包含其他的字段。

```
// lsports.c

#include <stdio.h>
#include <stdlib.h>
#include <mach/mach.h>

#define PROGNAME "lsports"

#define EXIT_ON_MACH_ERROR(msg, retval) \
    if (kr != KERN_SUCCESS) { mach_error(msg ":" , kr); exit((retval)); }

void
print_mach_port_type(mach_port_type_t type)
{
    if (type & MACH_PORT_TYPE_SEND)      { printf("SEND ");       }
    if (type & MACH_PORT_TYPE_RECEIVE)   { printf("RECEIVE ");    }
```

图 9-11　列出给定进程中的 Mach 端口以及它们的基本属性

```
        if (type & MACH_PORT_TYPE_SEND_ONCE) { printf("SEND_ONCE "); }
        if (type & MACH_PORT_TYPE_PORT_SET)  { printf("PORT_SET "); }
        if (type & MACH_PORT_TYPE_DEAD_NAME) { printf("DEAD_NAME "); }
        if (type & MACH_PORT_TYPE_DNREQUEST) { printf("DNREQUEST "); }
        printf("\n");
}

int
main(int argc, char **argv)
{
    int                    i;
    pid_t                  pid;
    kern_return_t          kr;
    mach_port_name_array_t names;
    mach_port_type_array_t types;
    mach_msg_type_number_t ncount, tcount;
    mach_port_limits_t     port_limits;
    mach_port_status_t     port_status;
    mach_msg_type_number_t port_info_count;
    task_t                 task;
    task_t                 mytask = mach_task_self();

    if (argc != 2) {
        fprintf(stderr, "usage: %s <pid>\n", PROGNAME);
        exit(1);
    }

    pid = atoi(argv[1]);
    kr = task_for_pid(mytask, (int)pid, &task);
    EXIT_ON_MACH_ERROR("task_for_pid", kr);

    // retrieve a list of the rights present in the given task's IPC space,
    // along with type information (no particular ordering)
    kr = mach_port_names(task, &names, &ncount, &types, &tcount);
    EXIT_ON_MACH_ERROR("mach_port_names", kr);

    printf("%8s %8s %8s %8s %8s task rights\n",
          "name", "q-limit", "seqno", "msgcount", "sorights");
    for (i = 0; i < ncount; i++) {
        printf("%08x ", names[i]);

        // get resource limits for the port
        port_info_count = MACH_PORT_LIMITS_INFO_COUNT;
        kr = mach_port_get_attributes(
                task,                               // the IPC space in question
```

图 9-11（续）

```
                names[i],                           // task's name for the port
                MACH_PORT_LIMITS_INFO,              // information flavor desired
                (mach_port_info_t)&port_limits,     // outcoming information
                &port_info_count);                  // size returned
        if (kr == KERN_SUCCESS)
            printf("%8d ", port_limits.mpl_qlimit);
        else
            printf("%8s ", "-");


        // get miscellaneous information about associated rights and messages
        port_info_count = MACH_PORT_RECEIVE_STATUS_COUNT;
        kr = mach_port_get_attributes(task, names[i], MACH_PORT_RECEIVE_STATUS,
                        (mach_port_info_t)&port_status,
                        &port_info_count);
        if (kr == KERN_SUCCESS) {
            printf("%8d %8d %8d ",
                    port_status.mps_seqno,      // current sequence # for the port
                    port_status.mps_msgcount,   // # of messages currently queued
                    port_status.mps_sorights);  // # of send-once rights
        } else
            printf("%8s %8s %8s ", "-", "-", "-");
        print_mach_port_type(types[i]);
    }


    vm_deallocate(mytask,(vm_address_t)names,ncount*sizeof(mach_port_name_t));
    vm_deallocate(mytask,(vm_address_t)types,tcount*sizeof(mach_port_type_t));

    exit(0);
}


$ gcc -Wall -o lsports lsports.c
$ ./lsports $$ # superuser privileges required on newer versions of Mac OS X
    name  q-limit    seqno msgcount sorights task rights
0000010f      5         0        0        0 RECEIVE
00000207      -         -        -        - SEND
00000307      -         -        -        - SEND
0000040f      5         0        0        0 RECEIVE
00000507      5        19        0        0 RECEIVE
0000060b      5         0        0        0 RECEIVE
0000070b      -         -        -        - SEND
00000807      -         -        -        - SEND
00000903      5         0        0        0 RECEIVE
00000a03      5        11        0        0 RECEIVE
```

图 9-11（续）

```
00000b03        -        -        -        - SEND
00000c07        -        -        -        - SEND
00000d03        -        -        -        - SEND
00000e03        5        48       0        0 RECEIVE
00000f03        -        -        -        - SEND
```

图 9-11（续）

9.3.6　消息传递实现

现在来探讨内核如何处理发送和接收消息。鉴于 IPC 构成了 Mach 中的大部分功能的基础，消息传递在基于 Mach 的系统中就是一个频繁的操作。因此，对 Mach 实现（尤其是在像 Mac OS X 这样的商业系统中使用的 Mach 实现）进行重大优化就不令人感到奇怪了。消息传递（发送和接收）中涉及的核心内核函数是以前见过的一个函数：mach_msg_overwrite_trap() [osfmk/ipc/mach_msg.c]。这个函数包含众多特例，它们尝试在不同情况下改进性能。

使用的优化之一是**切换调度**（Handoff Scheduling）。如第 7 章中所述，切换调度涉及把处理器控制从一个线程直接转移到另一个线程。切换可能由参与 RPC 的发送方和接收方执行。例如，如果服务器线程当前在接收调用中被阻塞，客户线程就可以切换到服务器线程，并在它等待应答时阻塞自身。类似地，当服务器准备给客户发送应答时，它将切换到等待的客户线程，并在它等待下一个请求时阻塞自身。这样，还有可能避免不得不把消息加入和移出队列，因为可以把消息直接传输给接收方。

图 9-12 显示了发送消息时所涉及的内核处理的简化概览——没有任何特例。

Mach 消息传递是可靠的并且会保序。因此，消息可能不会丢失，并且总会以发送它们的顺序进行接收。不过，内核在递送那些发送给发送一次权限的消息时是乱序的，并且不会考虑接收端口的队列长度或者它是如何填满的。如前所述，端口的消息队列的长度是有限的。当队列填满时，可能会发生多种行为，具体如下。

- 默认行为是阻塞新发送方，直到队列中有空间为止。
- 如果发送方在调用 mach_msg()或 mach_msg_overwrite()时使用 MACH_SEND_TIMEOUT 选项，那么最多将会把发送方阻塞指定的时间。如果在经过那个时间之后仍然不能递送消息，将会返回一个 MACH_SEND_TIMED_OUT 错误。
- 如果消息是使用发送一次权限发送的，无论队列是否填满，内核都将递送消息。

当发送消息失败时，可能返回多个其他的错误代码。它们属于几个一般的类别，具体如下。

- 那些从调用者的角度讲指示发送调用不执行任何操作的错误代码，通常是由于一个或多个参数（或它们的属性）无效——比如说，无效的消息头部或者无效的目标端口。
- 那些指示消息部分或全部损坏的错误代码——例如，由于发送的页外内存无效或者在消息中发送的端口权限是伪造的。
- 那些由于发送超时或者软件中断而指示将消息返回给发送方的错误代码。

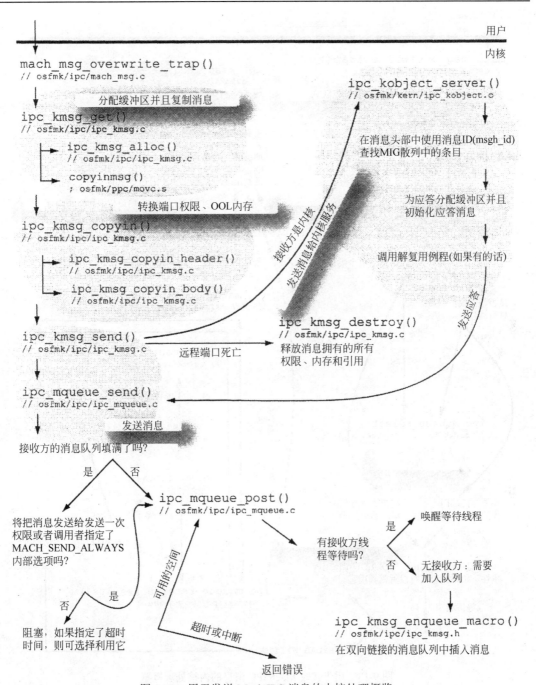

图 9-12　用于发送 Mach IPC 消息的内核处理概览

图 9-13 显示了接收消息时所涉及的内核处理的简化概览。

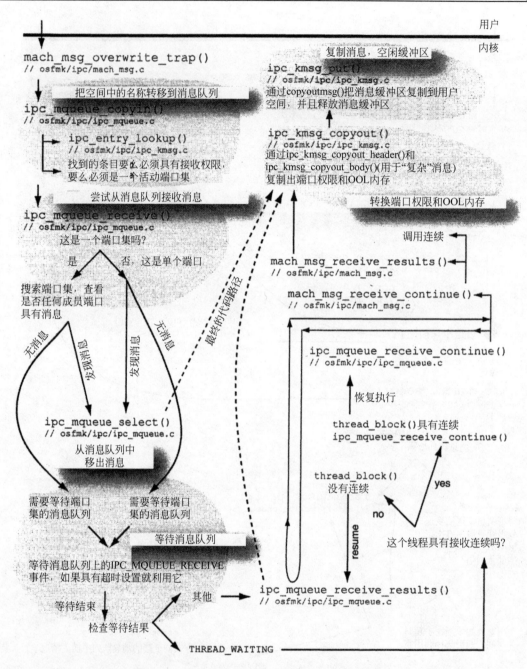

图 9-13　用于接收 Mach IPC 消息的内核处理概览

9.3.7　IPC 子系统初始化

图 9-14 显示了在内核引导时如何初始化 IPC 子系统。前文已经介绍过这种初始化的一些方面，例如，建立主机特殊端口。在 9.6.3 节中将讨论 MIG 初始化。

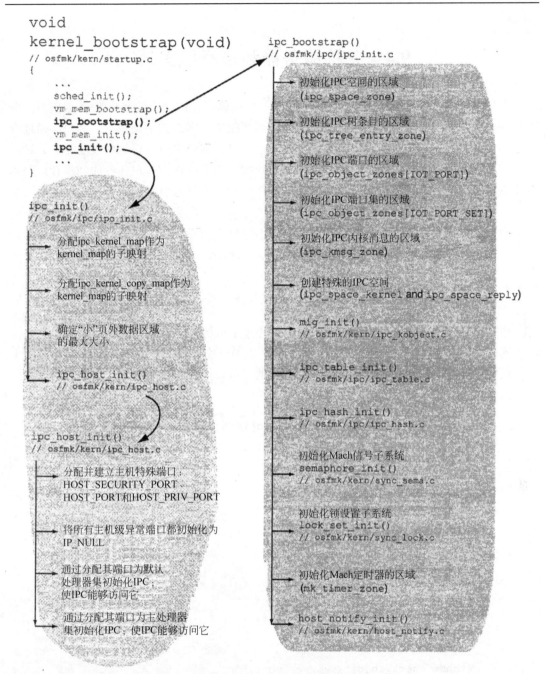

图 9-14　IPC 子系统的初始化

host_notify_init()用于初始化一种系统级通知机制，它允许用户程序在由 Mach 管理的主机通知端口之一上请求通知。Mac OS X 10.4 只提供了一个通知端口作为这种机制的一部分：即 HOST_NOTIFY_CALENDAR_CHANGE。当系统的日期或时间改变时，程序可以使用 Mach 例程 host_request_notification()请求内核给它发送一条消息。Mac OS X 还具有众多其他的通知机制，在 9.16 节中将讨论其中大多数机制。

9.4　名称服务器和自举服务器

考虑两个程序通过 Mach IPC 进行通信——比如说，使用熟悉的客户-服务器模型。服务器将具有对端口的接收权限，这就是它将如何接收来自客户的请求消息。客户必须拥有对这样一个端口的发送权限，以便给服务器发送消息。客户怎样获得这些权限呢？一种相当勉强并且不切实际的方式是：服务器任务创建客户任务。作为客户任务的创建者，服务器任务可以操控客户任务的端口空间。确切地讲，服务器任务可以把服务器端口的发送权限插入到客户的端口空间中。一种更合理的替代方案——在实际中使用的方案——是：利用充当可信中间人的系统级服务器的发送权限创建每个任务。基于 Mach 的系统具有这样的中间人：即**网络消息服务器**（Network Message Server，netmsgserver）。

9.4.1　网络消息服务器

想要在端口上接收消息的 Mach 程序可以通过 netmsgserver 发布端口。发布过程涉及服务器任务利用 netmsgserver 注册服务器端口，以及一个关联的 ASCII 字符串名称。由于客户任务将具有 netmsgserver 正在侦听的端口的发送权限，它将可以发送一条查找消息，其中包含与想要的设备关联的 ASCII 字符串。

```
// ipc_common.h (shared between the client and the server)

#define SERVICE_NAME "com.osxbook.SomeService"

// ipc_server.c

#include "ipc_common.h"
...
kern_return_t kr;
port_t server_port;

server_port = mach_port_allocate(...);
...

kr = netname_check_in(name_server_port,
                      (netname_name_t)SERVICE_NAME,
                      mach_task_self(),
                      server_port);
...
```

netname_check_in 调用的第一个参数是任务通往**网络名称服务器**（Network Name Server）的端口。全局变量 name_server_port 代表默认系统级名称服务器的发送权限。第二个参数是将要签入的服务的 ASCII 名称。第三个参数是一个签名——通常是调用任务对其

具有发送权限的端口。以后在签出服务器端口（即从名称服务器的命名空间中移除端口）
时还需要签名，它是第四个参数。

```
...
kr = netname_check_out(name_server_port,
                       (netname_name_t)SERVICE_NAME,
                       mach_task_self());
...
```

一旦服务器任务成功地签入端口，客户就可以使用服务器为其使用的 ASCII 名称查
找它。

```
// ipc_client.c

#include "ipc_common.h"
...
kern_return_t kr;
port_t server_port;
...
kr = netname_look_up(name_server_port,
                     (netname_name_t)"*",
                     (netname_name_t)SERVICE_NAME,
                     &server_port);
...
```

第二个参数是将要查询其网络名称服务器的主机名称。空字符串代表本地主机，而"*"
字符串则指定本地网络上的所有主机，从而会导致广播查找。

　　以前提过，Mach 的 IPC 设计允许对分布式环境进行透明扩展，即使内核没有对分布
式 IPC 的任何明确支持。当两个程序驻留在不同的机器上时，如果这两台机器正在运行
一个跨网络扩展 Mach IPC 的中间用户级程序，那么这两个程序就可以使用 Mach IPC 进
行通信。netmsgserver 将透明地处理驻留在不同机器上的服务器和客户。虽然它使用普通
的本地 Mach IPC 与本地机器上的任务通信，但是它也可以使用任意的网络协议与网络上
的其他 netmsgserver 任务通信，将发送到本地代理端口的消息转发给合适的远程
netmsgserver 任务。因此，netmsgserver 在工作时既可作为名称服务器（允许对端口进行
网络级名称注册），也可作为用于分布式 IPC 的代理服务器（执行网络透明的消息传输）。
Mac OS X 提供了一个概念上类似的工具，称为 Distributed Objects（参见 9.14 节），由 Cocoa
程序使用。

9.4.2　自举服务器

　　Mac OS X 没有提供 netmsgserver，或者更准确地讲，它没有提供支持网络的
netmsgserver。它提供了本地名称服务器——自举服务器（Bootstrap Server），它允许任务发
布相同机器上的其他任务可以向其发送消息的端口。自举服务器的功能由自举任务提供，

launchd 程序封装了它的程序。除了管理其作为 Mach 名称服务器的角色中的名称-端口绑定之外，自举服务器还会启动某些（通常是按需启动）系统守护进程——确切地讲，是那些还没有迁移到由 launchd 导出的更高级服务器接口的守护进程。

为什么使用本地名称服务器？

对本地名称服务器的需要源于以下事实：Mach 端口命名空间对于任务而言是本地的。即使内核将管理端口结构，也没有内核级全局端口命名空间。通过 Mach 端口把服务导出给客户将涉及共享允许访问这些服务的端口。为了实现这一点，必须利用一个外部实体充当端口名称服务器，允许注册和查找服务名称和关联的端口。

自举服务器最初是由 NeXT 为其 NEXTSTEP 操作系统创建的。

---

1. 自举端口

每个任务都具有一个从其父任务继承的**自举端口**（Bootstrap Port）。自举端口允许任务访问多种系统服务。自举服务器通过其后代任务的自举端口给它们提供它自己的服务端口。因此，自举服务器的所有直接后代都会接收到**具有特权**（Privileged）的自举端口。在创建任务时，父任务有可能改变其自举端口——比如说，限制可供子任务使用的服务集。执行不可信任务的系统服务将利用一个**子集端口**（Subset Port）替换 Mach 自举任务特殊端口。任务可以使用 task_get_bootstrap_port()获取其默认自举端口。

2. 自举上下文

可用于后续任务的自举任务的查找机制的作用域是由后面任务的自举端口确定的，该作用域被称为任务的**自举上下文**（Bootstrap Context）。换句话说，任务的自举上下文确定任务可以查找哪些服务（也就是说，对应的端口）。当 Mac OS X 引导时，将具有单独一种顶级自举上下文：**启动上下文**（Startup Context）。launchd 就在这种上下文中执行，因此所依靠的早期系统服务将能够查找多个 Mach 端口。往后，可以由系统创建特权较低的自举上下文，用于运行可能不受信任的程序。例如，当用户登录时，自举任务将创建一种**登录上下文**（Login Context），它是启动上下文的一个子集。用户的所有进程都位于登录上下文中。

关于上下文的更多上下文

一般而言，如果一个进程在用户的登录上下文中启动，那么它的子进程将自动位于登录上下文中。类似地，在启动上下文中运行的进程也将产生在启动上下文中运行的子进程，除非父进程要求自举服务器创建一种子集上下文。回忆一下第 5 章中的一个示例，用户以图形方式（在控制台上通过 loginwindow.app）以及通过 SSH 登录。当用户通过给 loginwindow.app 的 GUI 提供用户名和密码（或者自动提供，如果这样配置的话）登录时，就会为用户创建新的登录上下文。登录上下文中存在多种特定于用户的服务，但是在启动上下文中则没有提供它们。如果同一个用户在控制台上登录,首先将给 loginwindow.app 提供>console 作为用户名(这将导致它退出,使 launchd 在控制台上运行一个 getty 进程),然后输入他或她的用户名和密码，这样用户将位于启动上下文中。控制台登录中涉及的进程链中的所有程序——launchd、getty、login 和用户的 shell——都保留在启动上下文中，因为 launchd 在启动上下文中运行，并且其他的进程不会创建任何子集上下文。

类似地，在系统引导时将在启动上下文中启动 SSH 守护进程。因此，通过 SSH 登录将把用户置于启动上下文中。在 9.4.3 节中将看到一个示例，其中使用 bootstrap_info() 调用获取关于上下文中的所有已知服务的信息。这个调用不会返回关于只在子集上下文中定义的服务的信息，除非子集端口是自举端口（bootstrap_port）的祖先。因此，根据登录的方式，运行服务清单程序将显示不同的结果。

3. 调试自举服务器

一般而言，在试验自举服务器或 launchd 时，可能发现配置 launchd 记录调试消息是值得的。可以通过调整 launchd 的日志级别并且配置系统日志守护进程（syslogd）不要忽略这些消息，安排将来自 launchd 的日志消息写到一个文件中。有多种方式可用于调整 launchd 的日志级别。

如果希望从 launchd 的启动位置对其进行调试，就应该利用以下内容创建一个系统级 launchd 配置文件（/etc/launchd.conf）。

```
# /etc/launchd.conf
log level debug
```

当 launchd 启动时，将通过 launchctl 程序把 launchd.conf 的内容作为子命令运行。

设置 debug 的日志级的值将导致 launchd 生成大量调试输出。

此外，还可以创建每个用户的 launchd 配置文件（~/.launchd.conf），它只将把日志级改变应用于每个用户的本地作用域。

而且，如果只希望临时改变 launchd 的日志级别，可以自己运行 launchctl 程序。

launchd 使用 syslog(3) API 生成它的日志消息。syslogd 将基于在其配置文件（/etc/syslog.conf）中指定的规则选择要记录哪些消息。默认规则不包括来自 launchd 的调试或信息性消息。可以通过把如下规则添加到/etc/syslog.conf 中，临时将所有的 launchd 消息记录到一个特定的文件中。

```
# /etc/syslog.conf

...
launchd.*    /var/log/launchd_debug.log
```

此后，要么必须给 syslogd 发送一个挂起信号（SIGHUP），要么必须重新启动它。特别是，在系统启动后可以检查/var/log/launchd_debug.log，查看在用户登录和注销时将会创建和禁用的子集自举上下文。

```
Registered service 2307 bootstrap 1103: com.apple.SecurityServer
...
Service checkin attempt for service /usr/sbin/cupsd bootstrap 1103
bootstrap_check_in service /usr/sbin/cupsd unknown
received message on port 1103
Handled request.
Server create attempt: "/usr/sbin/cupsd -f" bootstrap 1103
```

```
adding new server "/usr/sbin/cupsd -f" with uid 0
Allocating port b503 for server /usr/sbin/cupsd -f
New server b503 in bootstrap 1103: "/usr/sbin/cupsd -f"
received message on port b503
Handled request.
Service creation attempt for service /usr/sbin/cupsd bootstrap b503
Created new service b603 in bootstrap 1103: /usr/sbin/cupsd
received message on port b503
Handled request.
Service checkin attempt for service /usr/sbin/cups
...
Subset create attempt: bootstrap 1103, requestor: ad07
Created bootstrap subset ac07 parent 1103 requestor ad07
...
Received dead name notification for bootstrap subset ac07 requestor port ad07
...
```

9.4.3　自举服务器 API

现在来首先查看 Mac OS X 自举服务器所支持的函数的示例，然后将查看使用这些函数与服务器通信的示例。

bootstrap_create_server()用于定义一个服务器，可以在与 bootstrap_port 对应的上下文中通过自举服务器启动和重新启动它。

```
kern_return_t
bootstrap_create_server(mach_port_t        bootstrap_port,
                        cmd_t              server_command,
                        integer_t          server_uid,
                        boolean_t          on_demand,
                        mach_port_t        *server_port);
```

on_demand 参数确定由 launchd 管理的重新启动行为。如果 on_demand 为 true，当第一次使用任何注册的服务端口时，launchd 都将重新启动未运行的服务器。如果 on_demand 为 false，一旦服务器退出，launchd 将重新启动服务器，而不管它的任何服务端口是否在使用。由于重新启动而创建的服务器任务将把 server_port 作为它的自举端口。当删除了所有关联的服务并且服务器程序退出时，将自动删除由这个调用创建的服务器抽象。

可以调用 bootstrap_create_service()来声明与服务器关联的服务，在该调用中将把 server_port（通过调用 bootstrap_create_server()获得）指定为自举端口。

```
kern_return_t
bootstrap_create_service(mach_port_t        bootstrap_port,
                         name_t             service_name,
                         mach_port_t        *service_port);
```

bootstrap_create_service()将会创建一个端口，并把 service_name 绑定到它。新创建的

端口的发送权限将在 service_port 中返回。以后，服务就可能调用 bootstrap_check_in() 签入绑定：在这样做时，调用者将获得绑定端口的接收权限，并且将使服务处于活动状态。因此，甚至在支持的服务可用之前，bootstrap_create_service() 就允许建立名称端口绑定。在通过这种机制创建的绑定上所执行的查找将返回 service_port 的发送权限，即使还没有签入服务亦会如此。如果调用者使用这样的权限给端口发送请求，那么将会对消息进行排队，直到服务器签入为止。

```
kern_return_t
bootstrap_check_in(mach_port_t  bootstrap_port,
                   name_t       service_name,
                   mach_port_t  *service_port);
```

　　bootstrap_check_in() 将返回通过 service_name 指定的服务的接收权限，从而使服务处于活动状态。通过以前调用 bootstrap_create_service()，必须已经在自举上下文中定义了服务。当与 bootstrap_subset() 结合使用时，bootstrap_check_in() 可用于创建只能被任务的子集使用的服务。尝试签入已经处于活动状态的服务将会产生一个错误。

　　bootstrap_register() 将注册通过 service_port 指定的服务端口的发送权限，并且利用 service_name 指定服务。

```
kern_return_t
bootstrap_register(mach_port_t       bootstrap_port,
                   name_t            service_name,
                   mach_port_t       service_port);
```

　　在成功的服务注册之后，如果客户查找服务，自举服务器将把绑定端口的发送权限提供给客户。尽管如果活动的绑定已经存在，那么将不能注册服务；但是如果非活动的绑定存在，那么将可以注册服务。在后一种情况下，将取消分配现有的服务端口（自举服务器具有对它的接收权限）。特别是，如果 service_port 是 MACH_PORT_NULL，这将可用于取消声明（关闭）一个声明的服务。

　　由自举服务器创建的每个服务都具有一个关联的备份端口，自举服务器将使用它检测何时不再需要提供某个服务。当发生这种情况时，自举服务器将收回指定端口的所有权限。当自举服务器具有端口的接收权限时，客户可以在端口上继续执行成功的查找。如果客户希望确定服务是否是活动的，它就必须调用 bootstrap_status()。如果重新启动的服务希望恢复为现有的客户提供服务，那么它必须首先尝试调用 bootstrap_check_in()，以防原始端口被销毁。

　　bootstrap_look_up() 返回由 service_name 指定的服务的服务端口的发送权限。成功的返回意味着要么必须声明了服务，要么注册在这个名称之下，尽管不保证它是活动的。bootstrap_status() 可用于检查服务是否是活动的。

```
kern_return_t
bootstrap_look_up(mach_port_t       bootstrap_port,
                  name_service_t    service_name,
```

```
            mach_port_t        *service_port);
```

bootstrap_look_up_array()返回多个服务的服务端口的发送权限。service_names 数组指定要查找的服务名称，而 service_ports 数组则包含对应的查找服务端口。如果所有指定的服务名称都是已知的,那么布尔型输出参数 all_services_known 将为 true; 否则,它将为 false。

```
kern_return_t
bootstrap_look_up_array(mach_port_t      bootstrap_port,
                        name_array_t     service_names,
                        int              service_names_cnt,
                        port_array_t     *service_port,
                        int              *service_ports_cnt,
                        boolean_t        *all_services_known);
```

bootstrap_status()用于返回服务是否为指定的自举端口的用户所知以及服务器是否能够在关联的服务端口上接收到消息的相关信息——也就是说，服务是否是活动的。注意：如果服务是已知的但不是活动的，那么自举服务器将具有服务端口的接收权限。

```
kern_return_t
bootstrap_status(mach_port_t          bootstrap_port,
                 name_t               service_name,
                 bootstrap_status_t   *service_active);
```

bootstrap_info()返回关于所有已知服务的信息,除了那些只在子集上下文中定义的服务之外——除非子集端口是 bootstrap_port 的祖先。service_names 数组包含所有已知服务的名称。server_names 数组包含提供服务的对应服务器的名称（如果已知的话）。service_active 数组为 service_names 数组中的每个名称都包含一个布尔值。如果服务正在接收发送到其端口的消息，那么这个值将为 true；对于其他的服务，则为 false。

```
kern_return_t
bootstrap_info(port_t           bootstrap_port,
               name_array_t     *service_names,
               int              *service_names_cnt,
               name_array_t     *server_names,
               int              *server_names_cnt,
               bool_array_t     *service_active,
               int              *service_active_cnt);
```

bootstrap_subset()返回一个新端口，它将用作**子集**（Subset）自举端口。新端口类似于 bootstrap_port，但是通过调用 bootstrap_register()动态注册的任何端口都只能被使用 subset_port 的任务或其后代使用。

```
kern_return_t
bootstrap_subset(mach_port_t      bootstrap_port,
                 mach_port_t      requestor_port,
                 mach_port_t      *subset_port);
```

　　subset_port 上的查找操作不仅会返回只利用 subset_port 注册的端口，还会返回利用 subset_port 的祖先注册的端口。如果同时利用 subset_port 以及一个祖先端口注册了相同的服务，那么由 subset_port 的用户执行的对该服务的查找操作将获取服务的 subset_port 版本。这样，就可以为某些任务透明地自定义服务，而不会影响系统的其余部分，它们可以继续使用所涉及的服务的默认版本。subset_port 的寿命是由 requestor_port 确定的；当销毁 requestor_port 时，subset_port、它的后代以及由这些端口公布的任何服务都将被销毁。

　　bootstrap_parent()返回 bootstrap_port 的父自举端口，它通常是一个自举子集端口。调用任务必须具有超级用户特权。例如，当从用户登录上下文中调用这个函数时，它将返回与启动上下文对应的自举端口。当从启动上下文中调用时，返回的父端口将与自举端口相同。

```
kern_return_t
bootstrap_parent(mach_port_t     bootstrap_port,
                 mach_port_t     *parent_port);
```

　　/usr/libexec/StartupItemContext 程序可用于在启动上下文（即 Mac OS X 启动项目运行的上下文）中运行一个可执行文件。它在工作时，将返回调用 bootstrap_parent()，直至它到达启动（根）上下文。然后，它将把端口设置为它自己的自举端口，之后它就可以执行所请求的程序。

　　由自举服务器执行的服务器的自动重新启动可用于创建防崩溃的服务器。不过，直接使用自举服务器接口创建生产服务器既不必要，也不明智。从 Mac OS X 10.4 起，就应该使用通过<launch.h>导出的启动 API[①]。记住这条警告，现在来查看两个使用自举服务器接口的示例。

1．显示关于所有已知服务的信息

　　在这个示例中，将使用 bootstrap_info()获取所有已知服务的列表，在与给定的自举端口关联的自举上下文中可以查找它们。图 9-15 显示了该程序。

// bootstrap_info.c

```
#include <stdio.h>
#include <stdlib.h>
#include <mach/mach.h>
#include <servers/bootstrap.h>

int
main(int argc, char **argv)
{
    kern_return_t           kr;
    name_array_t            service_names, server_names;
```

图 9-15　显示关于自举上下文中所有已知服务的信息

---

① 5.10.1 节中提供了一个使用启动 API 的示例。

```
bootstrap_status_array_t      service_active;
unsigned int                  service_names_count, server_names_count;
unsigned int                  service_active_count, i;

// We can use bootstrap_port, a global variable declared in a Mach header,
// for the current task's bootstrap port. Alternatively, we can explicitly
// retrieve the same send right by calling task_get_bootstrap_port(),
// specifying mach_task_self() as the target task. This is how the system
// library initializes the global variable.

// launchd implements this routine
kr = bootstrap_info(bootstrap_port,
                    &service_names,
                    &service_names_count,
                    &server_names,
                    &server_names_count,
                    &service_active,
                    &service_active_count);
if (kr != BOOTSTRAP_SUCCESS) {
    mach_error("bootstrap_info:", kr);
    exit(1);
}

printf("%s %-48s %s\n%s %-48s %s\n", "up?", "service name", "server cmd",
       "__", "_____", "_____");

for (i = 0; i < service_names_count; i++)
    printf("%s %-48s %s\n",
           (service_active[i]) ? "1 " : "0 ", service_names[i],
           (server_names[i][0] == '\0') ? "-" : server_names[i]);

// The service_names, server_names, and service_active arrays have been
// vm_allocate()'d in our address space. Both "names" arrays are of type
// name_array_t, which is an array of name_t elements. A name_t in turn
// is a character string of length 128.
//
// As good programming practice, we should call vm_deallocate() to free
// up such virtual memory when it is not needed anymore.

(void)vm_deallocate(mach_task_self(), (vm_address_t)service_active,
                    service_active_count * sizeof(service_active[0]));

(void)vm_deallocate(mach_task_self(), (vm_address_t)service_names,
                    service_names_count * sizeof(service_names[0]));

(void)vm_deallocate(mach_task_self(), (vm_address_t)server_names,
                    server_names_count * sizeof(server_names[0]));
```

图 9-15（续）

```
    exit(0);
}
```

```
$ gcc -Wall -o bootstrap_info bootstrap_info.c
$ ./bootstrap_info
up? service name                           server cmd
___ _____                           _____
1   com.apple.KernelExtensionServer        -
...
1   com.apple.SystemConfiguration.configd  /usr/sbin/configd
...
1   com.apple.iChatAgent                   -
1   com.apple.audio.SystemSoundClient-561  -
1   com.apple.FontObjectsServer_258        -
```

图 9-15（续）

可以在不同的自举上下文中运行 bootstrap_info 程序，查看可以从那些上下文访问的服务中的区别。例如，在 SSH 登录中从 shell 运行程序与从正常的图形登录中运行它相比，程序的输出将有所不同。类似地，使用/usr/libexec/StartupItemContext 运行 bootstrap_info 将在启动上下文中列出服务。

2. 创建防崩溃的服务器

在这个示例中，将创建一个可以防崩溃的虚拟服务器，这是由于如果它意外地退出，那么自举服务器将重新启动它。在此还将为该服务器提供一种方式，使得如果它确实希望退出，那么就明确安排它关闭。服务器将提供一个名为 com.osxbook.DummySleeper 的服务（服务器除了睡眠外不做任何事情）。服务器可执行文件将驻留为/tmp/sleeperd。服务器将检查标志文件/tmp/sleeperd.off 是否存在；如果它存在，服务器将通过调用 bootstrap_register() 并且把一个空端口作为服务端口，来关闭它自身。图 9-16 显示了该程序。

```
// bootstrap_server.c

#include <stdio.h>
#include <stdlib.h>
#include <sys/stat.h>
#include <unistd.h>
#include <asl.h>
#include <mach/mach.h>
#include <servers/bootstrap.h>

#define SERVICE_NAME          "com.osxbook.DummySleeper"
#define SERVICE_CMD           "/tmp/sleeperd"
#define SERVICE_SHUTDOWN_FILE SERVICE_CMD ".off"
```

图 9-16　防崩溃的服务器

```
static mach_port_t server_priv_port;
static aslmsg      logmsg;

// Note that asl_log() accepts the %m formatting character, which is
// replaced by the ASL facility with the error string corresponding to
// the errno variable's current value.
#define MY_ASL_LOG(fmt, ...) \
    asl_log(NULL, logmsg, ASL_LEVEL_ERR, fmt, ## __VA_ARGS__)

static kern_return_t
register_bootstrap_service(void)
{
    kern_return_t kr;
    mach_port_t   service_send_port, service_rcv_port;

    // Let us attempt to check in.... This routine will look up the service
    // by name and attempt to return receive rights to the service port.
    kr = bootstrap_check_in(bootstrap_port, (char *)SERVICE_NAME,
                            &service_rcv_port);
    if (kr == KERN_SUCCESS)
        server_priv_port = bootstrap_port;
    else if (kr == BOOTSTRAP_UNKNOWN_SERVICE) {

        // The service does not exist, so let us create it....

        kr = bootstrap_create_server(bootstrap_port,
                            SERVICE_CMD,
                            getuid(),        // server uid
                            FALSE,           // not on-demand
                            &server_priv_port);
        if (kr != KERN_SUCCESS)
            return kr;

        // We can now use server_priv_port to declare services associated
        // with this server by calling bootstrap_create_service() and passing
        // server_priv_port as the bootstrap port.

        // Create a service called SERVICE_NAME, and return send rights to
        // that port in service_send_port.
        kr = bootstrap_create_service(server_priv_port, (char *)SERVICE_NAME,
                                &service_send_port);
        if (kr != KERN_SUCCESS) {
            mach_port_deallocate(mach_task_self(), server_priv_port);
            return kr;
        }
```

图 9-16（续）

```
    // Check in and get receive rights to the service port of the service.
    kr = bootstrap_check_in(server_priv_port, (char *)SERVICE_NAME,
                            &service_rcv_port);
    if (kr != KERN_SUCCESS) {
        mach_port_deallocate(mach_task_self(), server_priv_port);
        mach_port_deallocate(mach_task_self(), service_send_port);
        return kr;
    }
}


    // We are not a Mach port server, so we do not need this port. However,
    // we still will have a service with the Bootstrap Server, and so we
    // will be relaunched if we exit.
    mach_port_destroy(mach_task_self(), service_rcv_port);

    return kr;
}

static kern_return_t
unregister_bootstrap_service(void)
{
    return bootstrap_register(server_priv_port, (char *)SERVICE_NAME,
                              MACH_PORT_NULL);
}

int
main(void)
{
    kern_return_t kr;
    struct stat   statbuf;

    // Initialize a message for use with the Apple System Log (asl) facility.
    logmsg = asl_new(ASL_TYPE_MSG);
    asl_set(logmsg, "Facility", "Sleeper Daemon");

    // If the shutdown flag file exists, we are destroying the service;
    // otherwise, we are trying to be a server.
    if (stat(SERVICE_SHUTDOWN_FILE, &statbuf) == 0) {
        kr = unregister_bootstrap_service();
        MY_ASL_LOG("destroying service %s\n", SERVICE_NAME);
    } else {
        kr = register_bootstrap_service();
        MY_ASL_LOG("starting up service %s\n", SERVICE_NAME);
    }
```

图 9-16（续）

```
if (kr != KERN_SUCCESS) {
  // NB: When unregistering, we will get here if the unregister succeeded.
    mach_error("bootstrap_register", kr);
    exit(kr);
}

MY_ASL_LOG("server loop ready\n");

while (1) // Dummy server loop.
    sleep(60);

exit(0);
}
```

图 9-16（续）

注意：程序还会显示使用 ASL（Apple System Logger，Apple 系统日志记录器）设施的示例。从 Mac OS X 10.4 起，就可使用 asl(3)接口替换 syslog(3)日志记录接口。除了进行日志记录之外，ASL 设施还提供了用于查询记录的消息的函数。10.8.3 节包含 Mac OS X 中的日志记录的概览。该服务器在 ASL_LEVEL_ERR 日志级别记录几条消息。这些消息将被写到/var/log/system.log 和/var/log/asl.log 中。而且，如果启用了 launchd 的调试输出（如 9.4.2 节中所描述的），将会看到与程序所执行的自举服务器调用对应的详细日志消息。

```
$ gcc -Wall -o /tmp/sleeperd bootstrap_server.c
$ /tmp/sleeperd
```

ASL（Apple System Logger）

　　ASL 设施允许结构化的日志消息，其中包含基于字符串的键-值字典。该设施提供了几个预定义的键，比如用于优先级别、进程 ID、时间和消息发送方。应用程序可以通过定义它自己的键来扩展消息字典。而且，应用程序不需要关心日志文件的去处——ASL 把消息存储在单个数据存储中。ASL 接口包括用于构造查询以及基于那些查询搜索日志消息的函数。

　　从 Mac OS X 10.4 起，syslogd 程序就是 ASL 守护进程，尽管它提供了与以前的 syslogd 实现的向后兼容性。ASL 还支持在客户库中以及在 syslogd 中进行消息过滤。

　　由于该服务器不会分支并且除了睡眠之外不会执行其他任何操作，因此它将等待运行。此时可以检查 launchd 日志，查看相关的消息，在图 9-17 中显示了加注释的消息，其中删除了前缀。

　　现在可以给服务器发送中断信号，也就是说，在执行/tmp/sleeperd 的 shell 中输入 Ctrl+C，以此来关闭服务器。然后，可以验证服务器的确重新启动了。

```
^C
$ ps -ax | grep sleeperd
2364 ?? Ss 0:00.01 /tmp/sleeper
```

```
# server -> bootstrap_check_in()
Service checkin attempt for service com.osxbook.DummySleeper bootstrap 5103
bootstrap_check_in service com.osxbook.DummySleeper unknown
received message on port 5103
...
# server -> bootstrap_create_server()
Server create attempt: "/tmp/sleeperd" bootstrap 5103
adding new server "/tmp/sleeperd" with uid 501
Allocating port f70f for server /tmp/sleeperd
New server f70f in bootstrap 5103: "/tmp/sleeperd"
...
# server -> bootstrap_create_service()
Service creation attempt for service com.osxbook.DummySleeper bootstrap f70f
Created new service c19f in bootstrap 5103: com.osxbook.DummySleeper
...
# server -> bootstrap_check_in()
Service checkin attempt for service com.osxbook.DummySleeper bootstrap f70f
Checkin service com.osxbook.DummySleeper for bootstrap 5103
Check-in service c19f in bootstrap 5103: com.osxbook.DummySleeper
...
# server -> mach_port_destroy()
received destroyed notification for service com.osxbook.DummySleeper
Service f797 bootstrap 5103 backed up: com.osxbook.DummySleeper
...
```

图 9-17　与 Mach 服务器的初始化对应的 launchd 调试消息

现在再次检查 launchd 的日志（如图 9-18 所示）。

```
...
# server died; will be relaunched
server /tmp/sleeperd dropped server port
Allocating port f627 for server /tmp/sleeperd
Launched server f627 in bootstrap 5103 uid 501: "/tmp/sleeperd": [pid 2364]
received message on port f627
# server-> bootstrap_check_in()
Service checkin attempt for service com.osxbook.DummySleeper bootstrap f627
Checkin service com.osxbook.DummySleeper for bootstrap 5103
Check-in service f797 in bootstrap 5103: com.osxbook.DummySleeper
...
# server -> mach_port_destroy()
Received destroyed notification for service com.osxbook.DummySleeper
Service f797 bootstrap 5103 backed up: com.osxbook.DummySleeper
...
```

图 9-18　与 Mach 服务器的重新启动对应的 launchd 调试消息

可以看到某些日志消息与第一次执行/tmp/sleeperd 时相比有所不同。在第一次时，创建的是新服务器和新服务。在这里，当 launchd 重新产生服务器时，服务器第一次尝试调用 bootstrap_check_in()将会成功，因为服务已经存在。

现在，即使通过给服务器进程发送 SIGKILL 而杀死了它，launchd 也将重新启动它。可以通过创建/tmp/sleeperd.off 文件，导致服务器永久终止。

```
$ touch /tmp/sleeperd.off
$ kill -TERM 2344
$ ps -ax | grep sleeperd
$
```

日志消息将显示这一次 launchd 甚至重新启动了服务器。不过，服务器将不会调用 bootstrap_check_in()，而代之以调用 bootstrap_register()，并将 MACH_PORT_NULL 指定为服务端口，这使得服务不可用。

```
...
# server died
received message on port f627
server /tmp/sleeperd dropped server port
received message on port f03
Notified dead name c1ab
Received task death notification for server /tmp/sleeperd
waitpid: cmd = /tmp/sleeperd: No child processes
# launchd is attempting to relaunch
Allocating port f62b for server /tmp/sleeperd
Launched server f62b in bootstrap 5103 uid 501: "/tmp/sleeperd": [pid 2380]
...
# server -> bootstrap_register(..., MACH_PORT_NULL)
server /tmp/sleeperd dropped server port
received message on port f03
Notified dead name f84f
# server -> exit()
Received task death notification for server /tmp/sleeperd
waitpid: cmd = /tmp/sleeperd: No child processes
Deleting server /tmp/sleeperd
Declared service com.osxbook.DummySleeper now unavailable
...
```

9.5　使用 Mach IPC

现在将查看一些使用 Mach IPC 的示例。除了充当编程示例外，它们还有助于说明 Mach IPC 的几个有趣的方面的工作原理，例如，页外传输、端口权限的介入、端口集和死名。

9.5.1　简单的客户-服务器示例

在这个客户-服务器示例中，客户将给服务器发送一个整数值，作为 Mach 消息中的内联数据，服务器将计算整数的阶乘，并在应答消息中把结果发送给客户。使用这个示例可以演示如何发送和接收 Mach 消息。接下来的几个示例假定熟悉这个示例。

图 9-19 显示了在客户与服务器之间共享的公共头文件。注意用于发送和接收缓冲区的数据类型：在接收端将考虑消息尾部。

// simple_ipc_common.h

```
#ifndef _SIMPLE_IPC_COMMON_H_
#define _SIMPLE_IPC_COMMON_H_

#include <mach/mach.h>
#include <servers/bootstrap.h>

#define SERVICE_NAME   "com.osxbook.FactorialServer"
#define DEFAULT_MSG_ID 400

#define EXIT_ON_MACH_ERROR(msg, retval, success_retval) \
   if (kr != success_retval) { mach_error(msg ":" , kr); exit((retval)); }

typedef struct {
   mach_msg_header_t    header;
   int                  data;
} msg_format_send_t;

typedef struct {
   mach_msg_header_t    header;
   int                  data;
   mach_msg_trailer_t   trailer;
} msg_format_recv_t;

#endif // _SIMPLE_IPC_COMMON_H_
```

图 9-19　用于简单的 IPC 客户-服务器示例的公共头文件

图 9-20 显示了用于简单的 IPC 服务器的代码。为了成为提供命名服务的 Mach 服务器，程序将创建并签入该服务。此后，它将进入通常的服务器循环，包括**接收消息**（Receive Message）、**处理消息**（Process Message）和**发送应答**（Send Reply）这些操作。

图 9-21 显示了用于简单的 IPC 客户的代码。注意：这里使用 MACH_MSGH_BITS() 宏设置请求消息中的 msgh_bits 字段的值。远程位的值是 MACH_MSG_TYPE_COPY_SEND，这意味着消息将携带调用者提供的发送权限（server_port）。本地位的值是 MACH_MSG_TYPE_MAKE_SEND，这意味着发送权限是从调用者提供的接收权限（client_port）创建的，

并且携带在消息中。

```c
// simple_ipc_server.c

#include <stdio.h>
#include <stdlib.h>
#include "simple_ipc_common.h"

int
factorial(int n)
{
    if (n < 1)
        return 1;
    else return n * factorial(n - 1);
}

int
main(int argc, char **argv)
{
    kern_return_t        kr;
    msg_format_recv_t    recv_msg;
    msg_format_send_t    send_msg;
    mach_msg_header_t     *recv_hdr, *send_hdr;
    mach_port_t          server_port;

    kr = bootstrap_create_service(bootstrap_port, SERVICE_NAME, &server_port);
    EXIT_ON_MACH_ERROR("bootstrap_create_service", kr, BOOTSTRAP_SUCCESS);

    kr = bootstrap_check_in(bootstrap_port, SERVICE_NAME, &server_port);
    EXIT_ON_MACH_ERROR("bootstrap_check_in", kr, BOOTSTRAP_SUCCESS);

    printf("server_port = %d\n", server_port);

    for (;;) { // server loop

        // receive message
        recv_hdr                     = &(recv_msg.header);
        recv_hdr->msgh_local_port    = server_port;
        recv_hdr->msgh_size          = sizeof(recv_msg);
        kr = mach_msg(recv_hdr,              // message buffer
                MACH_RCV_MSG,               // option indicating receive
                0,                          // send size
                recv_hdr->msgh_size,        // size of header + body
                server_port,                // receive name
                MACH_MSG_TIMEOUT_NONE,      // no timeout, wait forever
                MACH_PORT_NULL);            // no notification port
```

图 9-20　用于简单的 IPC 服务器的源代码

```
        EXIT_ON_MACH_ERROR("mach_msg(recv)", kr, MACH_MSG_SUCCESS);

        printf("recv data = %d, id = %d, local_port = %d, remote_port = %d\n",
               recv_msg.data, recv_hdr->msgh_id,
               recv_hdr->msgh_local_port, recv_hdr->msgh_remote_port);

        // process message and prepare reply
        send_hdr                    = &(send_msg.header);
        send_hdr->msgh_bits         = MACH_MSGH_BITS_LOCAL(recv_hdr->msgh_bits);
        send_hdr->msgh_size         = sizeof(send_msg);
        send_hdr->msgh_local_port   = MACH_PORT_NULL;
        send_hdr->msgh_remote_port  = recv_hdr->msgh_remote_port;
        send_hdr->msgh_id           = recv_hdr->msgh_id;
        send_msg.data               = factorial(recv_msg.data);

        // send message
        kr = mach_msg(send_hdr,                  // message buffer
                      MACH_SEND_MSG,             // option indicating send
                      send_hdr->msgh_size,       // size of header + body
                      0,                         // receive limit
                      MACH_PORT_NULL,            // receive name
                      MACH_MSG_TIMEOUT_NONE,     // no timeout, wait forever
                      MACH_PORT_NULL);           // no notification port
        EXIT_ON_MACH_ERROR("mach_msg(send)", kr, MACH_MSG_SUCCESS);

        printf("reply sent\n");
    }

    exit(0);
}
```

图 9-20（续）

```
// simple_ipc_client.c

#include <stdio.h>
#include <stdlib.h>
#include "simple_ipc_common.h"

int
main(int argc, char **argv)
{
    kern_return_t       kr;
    msg_format_recv_t   recv_msg;
    msg_format_send_t   send_msg;
    mach_msg_header_t   *recv_hdr, *send_hdr;
    mach_port_t         client_port, server_port;
```

图 9-21　用于简单的 IPC 客户的源代码

```
kr = bootstrap_look_up(bootstrap_port, SERVICE_NAME, &server_port);
EXIT_ON_MACH_ERROR("bootstrap_look_up", kr, BOOTSTRAP_SUCCESS);

kr = mach_port_allocate(mach_task_self(),        // our task is acquiring
                    MACH_PORT_RIGHT_RECEIVE,// a new receive right
                    &client_port);               // with this name
EXIT_ON_MACH_ERROR("mach_port_allocate", kr, KERN_SUCCESS);

printf("client_port = %d, server_port = %d\n", client_port, server_port);

// prepare request
send_hdr                    = &(send_msg.header);
send_hdr->msgh_bits         = MACH_MSGH_BITS(MACH_MSG_TYPE_COPY_SEND, \
                                        MACH_MSG_TYPE_MAKE_SEND);
send_hdr->msgh_size         = sizeof(send_msg);
send_hdr->msgh_remote_port  = server_port;
send_hdr->msgh_local_port   = client_port;
send_hdr->msgh_reserved     = 0;
send_hdr->msgh_id           = DEFAULT_MSG_ID;
send_msg.data               = 0;

if (argc == 2)
    send_msg.data = atoi(argv[1]);
if ((send_msg.data < 1) || (send_msg.data > 20))
    send_msg.data = 1; // some sane default value

// send request
kr = mach_msg(send_hdr,                 // message buffer
        MACH_SEND_MSG,                  // option indicating send
        send_hdr->msgh_size,            // size of header + body
        0,                              // receive limit
        MACH_PORT_NULL,                 // receive name
        MACH_MSG_TIMEOUT_NONE,          // no timeout, wait forever
        MACH_PORT_NULL);                // no notification port
EXIT_ON_MACH_ERROR("mach_msg(send)", kr, MACH_MSG_SUCCESS);

do { // receive reply
    recv_hdr                    = &(recv_msg.header);
    recv_hdr->msgh_remote_port  = server_port;
    recv_hdr->msgh_local_port   = client_port;
    recv_hdr->msgh_size         = sizeof(recv_msg);

    kr = mach_msg(recv_hdr,                 // message buffer
            MACH_RCV_MSG,                   // option indicating receive
```

图 9-21（续）

```
            0,                            // send size
            recv_hdr->msgh_size,          // size of header + body
            client_port,                  // receive name
            MACH_MSG_TIMEOUT_NONE,        // no timeout, wait forever
            MACH_PORT_NULL);              // no notification port
    EXIT_ON_MACH_ERROR("mach_msg(recv)", kr, MACH_MSG_SUCCESS);

    printf("%d\n", recv_msg.data);

} while (recv_hdr->msgh_id != DEFAULT_MSG_ID);

exit(0);
}
```

图 9-21（续）

现在来测试简单的 IPC 客户-服务器示例。

```
$ gcc -Wall -o simple_ipc_server simple_ipc_server.c
$ gcc -Wall -o simple_ipc_client simple_ipc_client.c
$ ./simple_ipc_server
server_port = 3079
                # another shell
                $ ./simple_ipc_client 10
recv data = 10, id = 400, local_port = 3079, remote_port = 3843
reply sent
                client_port = 3843, server_port = 3079
                3628800
```

9.5.2 死名

在本章前面遇到过死名（Dead Name）的概念。在销毁端口时，将会取消分配它的接收权限①，导致端口的发送权限变得无效并且变成死名。死名将继承以往的发送权限中的引用。仅当死名失去它的所有引用时，才能重新使用端口名称。当发送到死名时，mach_msg 例程将返回一个错误。这样，程序就可以意识到它所持有的某个权限死亡了，然后就可以取消分配死名。

而且，如果服务器希望尽早得到客户死亡的通知，它就可以使用 mach_port_request_notification()，请求内核为客户的发送一次权限应答端口给它发送死名通知。相反，如果服务器在 RPC 期间死亡了，那么将会取消分配服务器所持有的任何发送一次权限。回忆可知：发送一次权限总会导致一条消息。在这种情况下，内核将使用发送一次权限给客户发送一条通知消息。

```
kern_return_t
mach_port_request_notification(
```

---

① 当端口死亡时，将会销毁其队列中的所有消息。

```
// task holding the right in question
ipc_space_t                task,

// name for the right in the task's IPC space
mach_port_name_t           name,

// type of notification desired
mach_msg_id_t              variant,

// used for avoiding race conditions for some notification types
mach_port_mscount_t sync,

// send-once right to which notification will be sent
mach_port_send_once_t      notify,

// MACH_MSG_TYPE_MAKE_SEND_ONCE or MACH_MSG_TYPE_MOVE_SEND_ONCE
mach_msg_type_name_t       notify_right_type,

// previously registered send-once right
mach_port_send_once_t *previousp);
```

表 9-1 显示了可以作为 variant 参数传递给 mach_port_request_notification()的值。

表 9-1　可以从内核请求的通知

通 知 类 型	描　　　述
MACH_NOTIFY_PORT_DELETED	删除了发送或发送一次权限
MACH_NOTIFY_PORT_DESTROYED	（本应）销毁接收权限；而不会实际地销毁它，在通知中发送该权限
MACH_NOTIFY_NO_SENDERS	接收权限不具有现有的发送权限；这可用于接收权限的垃圾收集
MACH_NOTIFY_SEND_ONCE	现有的发送一次权限死亡了
MACH_NOTIFY_DEAD_NAME	发送或发送一次权限死亡了，并且变成死名

9.5.3　端口集

Mach 允许将端口组织成端口集。端口集代表一个队列，它是其构成端口的队列组合。侦听端口集等价于同时侦听端口集中的所有成员——类似于 select()系统调用。确切地讲，线程可以使用端口集来接收那些发送给任何成员端口的消息。接收任务知道消息将会发送到哪个端口，因为在消息中指定了该信息。

给定的端口一次只能属于至多一个端口集。而且，当某个端口是端口集的成员时，除了通过端口集以外，该端口将不能用于接收其他的消息。端口集的名称与端口的名称是平等的——它们都驻留在相同的命名空间中。不过，与端口的名称不同，端口集的名称不能在消息中传输。

　　图 9-22 显示了提供两个服务的服务器（基于 9.5.1 节中的示例）的骨架。它把用于两个服务的服务器端口放在单个端口集中，然后它将使用这个端口集接收请求消息。

```
// port_set_ipc_server.c
...

int
main(int argc, char **argv)
{
    ...
    mach_port_t       server_portset, server1_port, server2_port;

    // allocate a port set
    kr = mach_port_allocate(mach_task_self(), MACH_PORT_RIGHT_PORT_SET,
                            &server_portset);

    // first service
    kr = bootstrap_create_service(bootstrap_port, SERVICE1_NAME,
                                  &server1_port);
    ...
    kr = bootstrap_check_in(bootstrap_port, SERVICE1_NAME,
                            &server1_port);
    ...


    // second service
    kr = bootstrap_create_service(bootstrap_port, SERVICE2_NAME,
                                  &server2_port);
    ...
    kr = bootstrap_check_in(bootstrap_port, SERVICE2_NAME,
                            &server2_port);
    ...


    // move right to the port set
    kr = mach_port_move_member(mach_task_self(), server1_port,
                               server_portset);
    ...

    // move right to the port set
    kr = mach_port_move_member(mach_task_self(), server2_port,
                               server_portset);
    ...


    for (;;) {

        // receive message on the port set
```

图 9-22　使用端口集接收用于预定多个服务的请求消息

```
    kr = mach_msg(recv_hdr, ..., server_portset, ...);
    ...

    // determine target service and process
    if (recv_hdr->msgh_local_port == server1_port) {
        // processing for the first service
    } else if (recv_hdr->msgh_local_port == server2_port) {
        // processing for the second service
    } else {
        // unexpected!
    }

    // send reply
}
...
}
```

图 9-22（续）

9.5.4　介入

可以从目标任务的 IPC 空间中添加或删除端口权限——甚至无需涉及目标任务。特别是，可以**介入**（Interpose）端口权限，这允许任务透明地拦截发送给另一个任务或者由另一个任务发送的消息。这就是 netmsgserver 程序提供网络透明性的方式。

另一个示例是调试器，它可以拦截通过发送权限发送的所有消息。确切地讲，调试器提取任务的发送权限，并且插入调试器所拥有的另一个端口的发送权限。mach_port_extract_right()和 mach_port_insert_right()例程就用于此目的。此后，调试器将接收由任务发送的消息——它可以检查并将这些消息转发给提取的发送权限。

图 9-23 显示了一个程序，它演示了如何使用 mach_port_insert_right()。程序将进行分支，之后子任务将挂起自身。父任务获得主机特权端口的发送权限，并且调用 mach_port_insert_right()把这些权限插入到子任务中，给权限提供一个在子任务的 IPC 空间中未使用的特定名称——比如说，0x1234。然后，它将恢复执行子任务，后者将使用通过 0x1234 指定的发送权限来获取系统上的处理器数量。注意：在这种情况下，父进程将需要超级用户特权，但是子进程则不然，它实际上将使用主机特权端口。

```
// interpose.c

#include <stdio.h>
#include <unistd.h>
#include <mach/mach.h>

#define OUT_ON_MACH_ERROR(msg, retval) \
    if (kr != KERN_SUCCESS) { mach_error(msg ":" , kr); goto out; }
```

图 9-23　把端口权限插入到 IPC 空间中

```
void
print_processor_count(host_priv_t host_priv)
{
    kern_return_t          kr;
    natural_t              processor_count = 0;
    processor_port_array_t processor_list;

    kr = host_processors(host_priv, &processor_list, &processor_count);
    if (kr == KERN_SUCCESS)
        printf("%d processors\n", processor_count);
    else
        mach_error("host_processors:", kr);
}

void
childproc()
{
    printf("child suspending...\n");
    (void)task_suspend(mach_task_self());
    printf("child attempting to retrieve processor count...\n");
    print_processor_count(0x1234);
}

void parentproc(pid_t child)
{
    kern_return_t  kr;
    task_t         child_task;
    host_priv_t    host_priv;

    // kludge: give child some time to run and suspend itself
    sleep(1);

    kr = task_for_pid(mach_task_self(), child, &child_task);
    OUT_ON_MACH_ERROR("task_for_pid", kr);

    kr = host_get_host_priv_port(mach_host_self(), &host_priv);
    OUT_ON_MACH_ERROR("host_get_host_priv_port", kr);

    kr = mach_port_insert_right(child_task, 0x1234, host_priv,
                                MACH_MSG_TYPE_MOVE_SEND);
    if (kr != KERN_SUCCESS)
        mach_error("mach_port_insert_right:", kr);

out:
```

图 9-23（续）

```
   printf("resuming child...\n");
   (void)task_resume(child_task);
}


int
main(void)
{
   pid_t pid = fork();

   if (pid == 0)
      childproc();
   else if (pid > 0)
      parentproc(pid);
   else
      return 1;

   return 0;
}
```

```
$ gcc -Wall -o interpose interpose.c
$ sudo ./interpose
child suspending...
resuming child...
child attempting to retrieve processor count...
2 processors
```

图 9-23（续）

9.5.5 传输页外内存和端口权限

在传输大量数据时，发送方可以包括其地址空间中的内存区域（而不是整个内联数据）的地址，作为消息的一部分。这称为页外传输（Out-Of-Line（OOL）Transfer）。在接收端，由内核将页外区域映射到接收方的地址空间中迄今未使用的部分。特别是，发送方和接收方共享区域，从而会在传输时采用写时复制。而且，发送方可以在页外数据的类型描述符中设置**取消分配位**（Deallocate Bit），使内核自动从发送方的地址空间中取消分配区域。在这种情况下，将不会使用写时复制——内核将代之以移动区域。

图 9-24 显示了用于简单的 OOL 内存服务器的部分源代码。当服务器从客户接收到一条消息时，它将把一个字符串作为 OOL 内存发回给客户。这个程序基于 9.5.1 节中的简单的 IPC 客户-服务器示例，它们之间具有以下区别。

- 在这里，来自客户的请求消息具有空的消息主体——它只用作触发器。
- 来自服务器的响应消息包含一个用于内存的 OOL 描述符。服务器在发送这个描述符之前将初始化它的多个字段。
- 服务器必须通过在外出消息的 msgh_bits 字段中设置 MACH_MSGH_BITS_COMPLEX，将响应消息标记为复杂消息。

```
// ool_memory_ipc_common.h

#ifndef _OOL_MEMORY_IPC_COMMON_H_
#define _OOL_MEMORY_IPC_COMMON_H_

...
#define SERVICE_NAME   "com.osxbook.OOLStringServer"
...

typedef struct {
    mach_msg_header_t  header;
} msg_format_request_t;

typedef struct {
    mach_msg_header_t  header;
    mach_msg_trailer_t trailer;
} msg_format_request_r_t;

typedef struct {
    mach_msg_header_t           header;
    mach_msg_body_t             body; // start of kernel-processed data
    mach_msg_ool_descriptor_t   data; // end of kernel-processed data
    mach_msg_type_number_t      count;
} msg_format_response_t;

typedef struct {
    mach_msg_header_t           header;
    mach_msg_body_t             body; // start of kernel-processed data
    mach_msg_ool_descriptor_t   data; // end of kernel-processed data
    mach_msg_type_number_t      count;
    mach_msg_trailer_t          trailer;
} msg_format_response_r_t;

#endif // _OOL_MEMORY_IPC_COMMON_H_

// ool_memory_ipc_server.c

...
#include "ool_memory_ipc_common.h"

// string we will send as OOL memory
const char *string = "abcdefghijklmnopqrstuvwxyz";

int
main(int argc, char **argv)
```

图 9-24　在 IPC 消息中发送页外内存

```
{
    ...
    msg_format_request_r_t recv_msg;
    msg_format_response_t  send_msg;
    ...
    for (;;) { // server loop

        // receive request
        ...

        // prepare response
        send_hdr                  = &(send_msg.header);
        send_hdr->msgh_bits       = MACH_MSGH_BITS_LOCAL(recv_hdr->msgh_bits);
        send_hdr->msgh_bits       |= MACH_MSGH_BITS_COMPLEX;
        send_hdr->msgh_size       = sizeof(send_msg);
        send_hdr->msgh_local_port = MACH_PORT_NULL;
        send_hdr->msgh_remote_port= recv_hdr->msgh_remote_port;
        send_hdr->msgh_id         = recv_hdr->msgh_id;

        send_msg.body.msgh_descriptor_count = 1;
        send_msg.data.address               = (void *)string;
        send_msg.data.size                  = strlen(string) + 1;
        send_msg.data.deallocate            = FALSE;
        send_msg.data.copy                  = MACH_MSG_VIRTUAL_COPY;
        send_msg.data.type                  = MACH_MSG_OOL_DESCRIPTOR;
        send_msg.count                      = send_msg.data.size;

        // send response
        ...
    }
    exit(0);
}
```

图 9-24（续）

客户代码几乎保持相同，只不过客户使用更新的请求和响应消息缓冲区结构。当客户接收到服务器的响应时，页外描述符的 address 字段将包含客户的虚拟地址空间中的字符串的地址。

可以把图 9-24 中的示例修改成在 IPC 消息中发送端口权限，以此代替页外内存。内核将提供用于发送端口权限的页内和页外描述符，尽管携带端口权限的消息总是复杂的。图 9-25 显示了客户-服务器示例的另一个改编版本，它将获得主机特权端口的发送权限，并把它们发送给客户。然后，客户就可以使用这些权限，它们出现在接收的端口描述符的 name 字段中，就好像它以正常方式获得这些权限一样（比如说，通过调用 host_get_host_priv_port()）。

```
// ool_port_ipc_common.h

#ifndef _OOL_PORT_IPC_COMMON_H_
#define _OOL_PORT_IPC_COMMON_H_

...
#define SERVICE_NAME    "com.osxbook.ProcessorInfoServer"
...
typedef struct {
    mach_msg_header_t            header;
    mach_msg_body_t              body; // start of kernel-processed data
    mach_msg_port_descriptor_t   data; // end of kernel-processed data
} msg_format_response_t;

typedef struct {
    mach_msg_header_t            header;
    mach_msg_body_t              body; // start of kernel-processed data
    mach_msg_port_descriptor_t   data; // end of kernel-processed data
    mach_msg_trailer_t           trailer;
} msg_format_response_r_t;

#endif // _OOL_PORT_IPC_COMMON_H_


// ool_port_ipc_server.c

int
main(int argc, char **argv)
{
    ...
    host_priv_t             host_priv;
    ...

// acquire send rights to the host privileged port in host_priv
    ...

    for (;;) { // server loop

        // receive request
        ...

        // prepare response
        send_hdr                 = &(send_msg.header);
        send_hdr->msgh_bits      = MACH_MSGH_BITS_LOCAL(recv_hdr->msgh_bits);
        send_hdr->msgh_bits      |= MACH_MSGH_BITS_COMPLEX;
```

图 9-25　在 IPC 消息中发送端口权限

```
    send_hdr->msgh_size              = sizeof(send_msg);
    send_hdr->msgh_local_port        = MACH_PORT_NULL;
    send_hdr->msgh_remote_port       = recv_hdr->msgh_remote_port;
    send_hdr->msgh_id                = recv_hdr->msgh_id;

    send_msg.body.msgh_descriptor_count = 1;
    send_msg.data.name               = host_priv;
    send_msg.data.disposition        = MACH_MSG_TYPE_COPY_SEND;
    send_msg.data.type               = MACH_MSG_PORT_DESCRIPTOR;

    // send response
    ...
    }

    exit(0);
}
```

图 9-25（续）

9.6　MIG

　　非正式地讲，术语**远程过程调用**（Remote Procedure Call，RPC）指示一种机制，它允许程序相对于过程的位置透明地调用过程。换句话说，使用 RPC，程序可以调用远程过程，它可能驻留在另一个程序内，或者甚至驻留在另一台计算机上的某个程序内。

RPC 的遥远过往

　　Jim E. White 在 1975 年发表的一篇论文（RFC 707）中描述了基于网络的资源共享的一种替代方法[①]。White 的方法基于具有一个框架，它需要一种独立于任何特定网络应用程序的公共命令/响应规则。他的论文描述了第一个正式的 RPC 机制也许是什么。程序员无需将网络运行时环境实现为每个应用程序的一部分，而是可以在远程机器上利用指定的参数执行过程，非常像通常的（本地）过程调用。自从 White 发表这篇论文以来已经构建众多的 RPC 系统，比如 Xerox Courier（1981 年）、Sun RPC（1985 年）和 OSF Distributed Computing Environment（DCE，1991 年）。相对较新的系统的示例包括 XML RPC 和 SOAP（Simple Object Access Protocol，简单对象访问协议）。

　　大多数 RPC 系统都包括一些工具，它们将负责 RPC 编程的重复性、乏味和机械性的方面，而使程序员的工作变得容易。例如，Sun RPC 提供了 rpcgen 程序，它将编译一个 RPC 规范文件，生成 C 语言代码，这些代码可以与程序员明确编写的其他 C 代码链接起来。规范文件（.x 文件）定义了服务器过程、它们的参数以及它们的结果。

　　MIG（Mach Interface Generator，Mach 接口生成器）是一个从规范文件为客户-服务器

　　[①]　"A High-Level Framework for Network-Based Resource Sharing"（RFC 707），作者：Jim E. White（Internet 工程任务组（The Internet Engineering Task Force），1975 年 12 月）。

风格的 Mach IPC 生成 RPC 代码的工具[①]。由于典型的 IPC 程序执行的是准备、发送、接收、解包和解复用消息的类似操作，MIG 将能够基于程序员提供的消息传递和过程调用接口的规范自动生成代码。自动代码生成还提高了一致性，并且降低了出现编程错误的可能性。除此之外，如果程序员希望更改**接口**（Interface），则只需修改相应的规范文件即可。

Matchmaker

　　MIG 最初实现了一种名为 Matchmaker 的语言的一个子集，它还旨在详细说明和自动生成 IPC 接口。Matchmaker 打算是多语言的：它在其演化期间的不同时间可以生成 C、Pascal 和 Lisp 代码。事实上，MIG 声明的语法仍然类似于 Pascal 语法，尽管 MIG 只会生成 C 代码。

　　依赖于特定的 RPC 系统，与 MIG 类似的工具可能会或者不会对程序员隐藏底层 IPC 层的特性——不过，MIG 没有这样做。

9.6.1　MIG 规范文件

MIG 规范文件按惯例具有.defs 扩展名。MIG 处理.defs 文件，生成下面 3 个文件。
- 将被客户代码包括的**头文件**（Header File）。
- 与客户代码链接的**用户接口模块**（User-Interface Module）——包含用于把请求消息发送给服务器以及接收应答的函数。
- 与服务器代码链接的**服务器接口模块**（Server-Interface Module）——包含用于接收客户的请求、基于请求消息的内容调用合适的服务器函数（程序员提供）以及发送应答消息的函数。

MIG 规范文件包含以下类型的节，并非其中所有的节都是必需的。
- 子系统标识符。
- 服务器解复用器声明。
- 类型规范。
- 导入声明。
- 操作描述。
- 选项声明。

MIG "子系统"是客户、由客户调用的服务器以及由服务器导出的操作集的统称。subsystem 关键字命名通过文件指定的 MIG 子系统。MIG 在其生成的代码文件的名称中使用这个标识符作为前缀。

```
subsystem system-name message-base-id;
```

　　subsystem 关键字后面接着将要定义的子系统的 ASCII 名称（例如，foo）。message-base-id 是一个整数基值，用作规范文件中的第一个操作的 IPC 消息标识符（消息头部中的 msgh_id 字段）。换句话说，这个值是一个基值，操作将从它开始按顺序进行编号。message-base-id

---

① 用于像 MIG 这样的工具的另一个术语是**存根生成器**（Stub Generator）——MIG 为 Mach IPC 生成客户存根。

可能是任意选择的。不过，如果同一个程序为多个接口提供服务，那么每个接口都必须具有唯一的标识符，使得服务器可以无歧义地确定所调用的操作。

> 当 MIG 创建与请求消息对应的应答消息时，应答标识符按惯例将是请求标识符与数字 100 之和。

服务器解复用器声明这一节可用于指定服务器接口模块中的服务器解复用例程的替代名称。解复用例程将检查请求消息，基于消息头部中的 msgh_id 值调用合适的子系统例程。如果这个值越出了子系统的界限，解复用例程将返回一个错误。这个例程的默认名称是 `<system-name>_server`，其中 `<system-name>` 是通过 subsystem 语句指定的名称。

```
serverdemux somethingelse_server;
```

类型规范这一节用于定义与用户接口模块导出的调用的参数对应的数据类型。MIG 支持诸如简单、结构化、指针和多态之类的类型声明。

```
/*
 * Simple Types
 * type type-name = type-description;
 */
type int          = MACH_MSG_TYPE_INTEGER_32;
type kern_return_t = int;
type some_string  = (MACH_MSG_TYPE_STRING, 8*128);


/*
 * Structured and Pointer Types
 * type type-name = array [size] of type-description;
 * type type-name = array [*:maxsize] of type-description;
 * struct [size] of type-description;
 * type type-name = ^ type-description;
 */
type thread_ids   = array[16] of MACH_MSG_TYPE_INTEGER_32;
type a_structure  = struct[16] of array[8] of int;
type ool_array    = ^ array[] of MACH_MSG_TYPE_INTEGER_32;
type intptr       = ^ MACH_MSG_TYPE_INTEGER_32;
type input_string = array[*:64] of char;
```

多态类型用于指定其准确类型直到运行时才会确定的参数——客户必须在运行时指定类型信息作为一个辅助参数。MIG 将自动包括一个额外的参数以适应这种情况。来看下面的简单定义文件。

```
/* foo.defs */

subsystem foo 500

#include <mach/std_types.defs>
#include <mach/mach_types.defs>
```

```
type my_poly_t = polymorphic;

routine foo_func(
        server  : mach_port_t;
        arg     : my_poly_t);
```

MIG 为 foo_func()生成的代码具有以下原型。

```
kern_return_t
foo_func(mach_port_t          server,
        my_poly_t             arg,
        mach_msg_type_name_t  argPoly);
```

类型声明可以选择包含一些信息，指定用于**转换**（Translate）或**取消分配**（Deallocate）类型的过程。转换允许用户接口模块和服务器接口模块以不同的方式看待某个类型。取消分配规范允许指定一个析构函数。在 9.6.2 节中，将看到一个涉及转换和取消分配规范的示例。

导入声明用于在 MIG 生成的模块中包括头文件。可以指示 MIG 在用户接口模块和服务器接口模块中包括这样的头文件，或者只在两者之一中包括它。

```
/*
* import header-file;
* uimport header-file;
* simport header-file;
*/
import "foo.h";          /* imported in both modules */
uimport <stdlib.h>;      /* only in user-interface module */
simport <stdio.h>;       /* only in server-interface module */
```

操作这一节包含用于一种或多种 IPC 操作的规范。规范包括一个用于将要描述的操作种类的关键字、操作的名称及其参数的名称和类型。当 MIG 编译规范文件时，它将为每个操作生成客户和服务器存根。客户存根驻留在用户接口模块中，它的工作是打包和发送与客户程序中的过程调用对应的消息。服务器存根驻留在服务器接口模块中，它将解包接收到的消息，并且调用实现操作的程序员的服务器代码。

MIG 支持的操作类型包括 Routine、SimpleRoutine、Procedure、SimpleProcedure 和 Function。表 9-2 显示了这些类型的特征。

表 9-2　MIG 支持的操作类型

操 作 类 型	接收应答吗？	返回错误吗？
Routine	是	是的，kern_return_t 将返回指示操作是否成功完成的值
SimpleRoutine	否	是的，来自 Mach 的消息发送原语的返回值
Procedure	是	否
SimpleProcedure	否	否
Function	是	不返回错误代码，但是会返回一个来自服务器函数的值

下面是操作规范的示例。

```
routine vm_allocate(
            target_task    : vm_task_entry_t;
        inout address      : vm_address_t;
            size           : vm_size_t;
            flags          : int);
```

参数规范包含名称和类型，并且可能选择利用关键字 in、out 或 inout 之一进行修饰，它们分别代表只将参数发送给服务器、由服务器发出参数或者同时代表这二者。

> 在操作这一节中，skip 关键字将导致 MIG 忽略下一个操作 ID 的分配，从而导致在操作 ID 序列中出现间隙。随着接口不断演化，这对于保持兼容性可能是有用的。

选项声明这一节用于指定将会影响生成代码的专用或全局选项。下面显示了选项的示例。

- WaitTime：用于指定用户接口代码将等待从服务器接收应答的最大时间（以毫秒为单位）。
- MsgType：用于设置消息类型（例如，把消息标记为将被加密）。
- UserPrefix：用于指定一个字符串，它将作为调用 IPC 操作的客户端函数名称的前缀。
- ServerPrefix：用于指定一个字符串，它将作为实现 IPC 操作的服务器端函数名称的前缀。
- Rcsid：用于指定一个字符串，它将导致在服务器模块和用户模块中分别声明名为 Sys_server_rcsid 和 ys_user_rcsid 的静态字符串变量，并且它们各自的常量值将是指定的字符串。

> 在/usr/include/mach/及其子目录中具有 MIG 规范文件的众多示例。

9.6.2   使用 MIG 创建客户-服务器系统

现在来使用 MIG 创建一个简单的客户-服务器系统。MIG 服务器是一个 Mach 任务，它使用 MIG 生成的 RPC 接口给其客户提供服务。MIG 服务器将提供两个例程：一个用于计算客户发送的字符串的长度；另一个用于计算客户发送的数的阶乘。在本示例中，客户将发送内联字符串，服务器将只发送简单的整数。回忆可知：当一个接口调用返回页外数据时，调用者将负责调用 vm_deallocate()取消分配内存。例如，可以向接口中添加另一个操作，比如说，该操作将通过在调用者的地址空间中为其分配内存，反转客户发送的字符串并且返回反转的字符串。

这里将把 MIG 服务器命名为 Miscellaneous Server。它的源代码包括以下 4 个文件。

- 头文件，包含由客户和服务器使用的有用的定义和原型（misc_types.h）。
- MIG 规范文件（misc.defs）。
- 用于服务器的设置和主循环（server.c）。

- 接口的演示（client.c）。

图 9-26 显示了公共头文件。它定义了两个新的数据类型：input_string_t 和 xput_number_t，其中前者是一个字符数组，其大小包含 64 个元素；后者是整数的另一个名称。

```
// misc_types.h

#ifndef _MISC_TYPES_H_
#define _MISC_TYPES_H_

#include <stdio.h>
#include <stdlib.h>
#include <string.h>
#include <mach/mach.h>
#include <servers/bootstrap.h>

// The server port will be registered under this name.
#define MIG_MISC_SERVICE "MIG-miscservice"

// Data representations
typedef char input_string_t[64];
typedef int  xput_number_t;

typedef struct {
    mach_msg_header_t head;

    // The following fields do not represent the actual layout of the request
    // and reply messages that MIG will use. However, a request or reply
    // message will not be larger in size than the sum of the sizes of these
    // fields. We need the size to put an upper bound on the size of an
    // incoming message in a mach_msg() call.
    NDR_record_t NDR;
    union {
        input_string_t string;
        xput_number_t  number;
    } data;
    kern_return_t        RetCode;
    mach_msg_trailer_t trailer;
} msg_misc_t;

xput_number_t   misc_translate_int_to_xput_number_t(int);
int             misc_translate_xput_number_t_to_int(xput_number_t);
void            misc_remove_reference(xput_number_t);
kern_return_t   string_length(mach_port_t, input_string_t, xput_number_t *);
kern_return_t   factorial(mach_port_t, xput_number_t, xput_number_t *);

#endif // _MISC_TYPES_H_
```

图 9-26　用于 Miscellaneous Server 及其客户的公共头文件

图 9-27 显示了规范文件。注意 xput_number_t 的类型规范。每种 MIG 类型可以具有最多 3 种对应的 C 类型：一种类型用于用户接口模块（通过 CUserType 选项指定），一种类型用于服务器模块（通过 CServerType 选项指定），还有一种转换的类型由服务器例程在内部使用。如果 CUserType 和 CServerType 这两种类型是相同的，就可以使用 CType 选项代替它们。在此示例中，CType 选项用于指定 MIG 类型 xput_number_t 的 C 数据类型。

```
/*
 * A "Miscellaneous" Mach Server
 */


/*
 * File:    misc.defs
 * Purpose: Miscellaneous Server subsystem definitions
 */


/*
 * Subsystem identifier
 */
Subsystem misc 500;


/*
 * Type declarations
 */
#include <mach/std_types.defs>
#include <mach/mach_types.defs>

type input_string_t = array[64] of char;
type xput_number_t  = int
      CType       : int
      InTran      : xput_number_t misc_translate_int_to_xput_number_t(int)
      OutTran     : int misc_translate_xput_number_t_to_int(xput_number_t)
      Destructor  : misc_remove_reference(xput_number_t)
   ;


/*
 * Import declarations
 */
import "misc_types.h";


/*
 * Operation descriptions
 */


/* This should be operation #500 */
routine string_length(
```

图 9-27　用于 Miscellaneous Server 的 MIG 规范文件

```
              server_port    : mach_port_t;
          in instring        : input_string_t;
          out len            : xput_number_t);

/* Create some holes in operation sequence */
Skip;
Skip;
Skip;

/* This should be operation #504, as there are three Skip's */
routine factorial(
              server_port    : mach_port_t;
          in num             : xput_number_t;
          out fac            : xput_number_t);

/*
 * Option declarations
 */
ServerPrefix Server_;
UserPrefix   Client_;
```

图 9-27（续）

可以使用 InTran、OutTran 和 Destructor 选项指定将提供用于转换和取消分配的例程。当服务器和客户必须以不同的方式看待某个类型时，转换就是有用的。在本示例中，希望涉及的类型对于服务器是 xput_number_t，对于客户则是 int。这里使用 InTran 将 misc_translate_int_to_xput_number_t()指定为用于该类型的进入转换例程。类似地，misc_translate_xput_number_t_to_int()是外出转换例程。由于在示例中 xput_number_t 实际上只是 int 的另一个名称，故转换函数将很普通：它们只是用于打印一条消息。

真实的转换函数可以任意复杂。内核将大量使用转换函数。参见 9.6.3 节，可以查看一个示例。

还可以使用 Destructor 选项，指定 MIG 将在合适时调用的取消分配函数。

图 9-28 显示了用于服务器的源代码。

```
// server.c

#include "misc_types.h"

static mach_port_t server_port;

extern boolean_t misc_server(mach_msg_header_t *inhdr,
                             mach_msg_header_t *outhdr);
```

图 9-28 显示用于服务器的源代码

```c
void
server_setup(void)
{
    kern_return_t kr;

    if ((kr = bootstrap_create_service(bootstrap_port, MIG_MISC_SERVICE,
                                     &server_port)) != BOOTSTRAP_SUCCESS) {
        mach_error("bootstrap_create_service:", kr);
        exit(1);
    }

    if ((kr = bootstrap_check_in(bootstrap_port, MIG_MISC_SERVICE,
                                 &server_port)) != BOOTSTRAP_SUCCESS) {
        mach_port_deallocate(mach_task_self(), server_port);
        mach_error("bootstrap_check_in:", kr);
        exit(1);
    }
}


void
server_loop(void)
{
    mach_msg_server(misc_server,         // call the server-interface module
                    sizeof(msg_misc_t),  // maximum receive size
                    server_port,         // port to receive on
                    MACH_MSG_TIMEOUT_NONE); // options
}

// InTran
xput_number_t
misc_translate_int_to_xput_number_t(int param)
{
    printf("misc_translate_incoming(%d)\n", param);
    return (xput_number_t)param;
}


// OutTran
int
misc_translate_xput_number_t_to_int(xput_number_t param)
{
    printf("misc_translate_outgoing(%d)\n", (int)param);
    return (int)param;
}


// Destructor
```

图 9-28（续）

```
void
misc_remove_reference(xput_number_t param)
{
    printf("misc_remove_reference(%d)\n", (int)param);
}


// an operation that we export
kern_return_t
string_length(mach_port_t    server_port,
              input_string_t instring,
              xput_number_t  *len)
{
    char *in = (char *)instring;

    if (!in || !len)
        return KERN_INVALID_ADDRESS;

    *len = 0;

    while (*in++)
        (*len)++;

    return KERN_SUCCESS;
}


// an operation that we export
kern_return_t
factorial(mach_port_t server_port, xput_number_t num, xput_number_t *fac)
{
    int i;

    if (!fac)
        return KERN_INVALID_ADDRESS;

    *fac = 1;

    for (i = 2; i <= num; i++)
        *fac *= i;

    return KERN_SUCCESS;
}


int
main(void)
{
    server_setup();
    server_loop();
    exit(0);
}
```

图 9-28（续）

图 9-29 显示了程序员提供的用于客户的源代码，将使用它调用 Miscellaneous Server 接口例程。

```c
// client.c

#include "misc_types.h"

#define INPUT_STRING "Hello, MIG!"
#define INPUT_NUMBER 5

int
main(int argc, char **argv)
{
    kern_return_t kr;
    mach_port_t   server_port;
    int           len, fac;

     // look up the service to find the server's port
    if ((kr = bootstrap_look_up(bootstrap_port, MIG_MISC_SERVICE,
                                &server_port)) != BOOTSTRAP_SUCCESS) {
        mach_error("bootstrap_look_up:", kr);
        exit(1);
    }

// call a procedure
    if((kr = string_length(server_port, INPUT_STRING, &len)) != KERN_SUCCESS)
        mach_error("string_length:", kr);
    else
        printf("length of \"%s\" is %d\n", INPUT_STRING, len);

// call another procedure
    if ((kr = factorial(server_port, INPUT_NUMBER, &fac)) != KERN_SUCCESS)
        mach_error("factorial:", kr);
    else
        printf("factorial of %d is %d\n", INPUT_NUMBER, fac);

    mach_port_deallocate(mach_task_self(), server_port);

    exit(0);
}
```

图 9-29　用于访问由 Miscellaneous Server 所提供服务的客户

接下来，必须在规范文件上运行 mig 程序。如前所述，这样做将可以提供一个头文件（misc.h）、一个用户接口模块（miscUser.c）以及一个服务器接口模块（miscServer.c）。如图 9-30 所示，将编译 client.c 和 miscUser.c 并把它们链接在一起，产生客户程序。类似地，server.c 和 miscServer.c 将产生服务器程序。

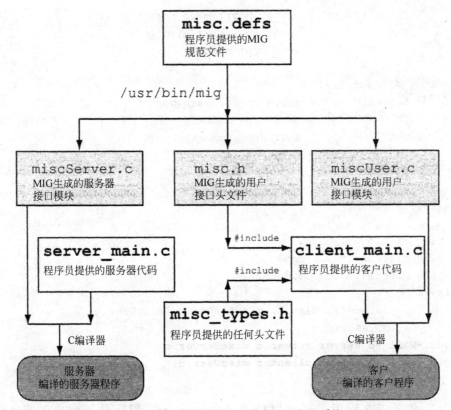

图 9-30 创建基于 MIG 的客户和服务器系统

```
$ ls -m
client.c, misc.defs, misc_types.h, server.c
$ mig -v misc.defs
Subsystem misc: base = 500

Type int8_t = (9, 8)

Type uint8_t = (9, 8)
...

Type input_string_t = array [64] of (8, 8)

Type xput_number_t = (2, 32)
        CUserType:  int
        CServerType: int
        InTran:     xput_number_t misc_translate_int_to_xput_number_t(int)
        OutTran:    int misc_translate_xput_number_t_to_int(xput_number_t)
        Destructor: misc_remove_reference(xput_number_t)

Import "misc_types.h"
```

```
Routine (0) string_length(
        RequestPort        server_port: mach_port_t
        In                 instring: input_string
        Out                len: xput_number)

Routine (4) factorial(
        RequestPort        server_port: mach_port_t
        In                 num: xput_number
        Out                fac: xput_number)

ServerPrefix Server_

UserPrefix Client_

Writing misc.h ... done.
Writing miscUser.c ... done.
Writing miscServer.c ... done.
$ ls -m
client.c, misc.defs, misc.h, miscServer.c, miscUser.c,
misc_types.h, server.c
$ gcc -Wall -o server server.c miscServer.c
$ gcc -Wall -o client client.c miscUser.c
$ ./server
```

一旦服务器正在运行，还可以使用 bootstrap_info 程序验证列出了服务的名称（MIG-miscservice，在 misc_types.h 中定义了它）。

```
$ bootstrap_info
...
1 MIG-miscservice
$ ./client
length of "Hello, MIG!" is 11
factorial of 5 is 120
```

图 9-31 显示了当客户调用服务器的 string_length() 操作时所发生的动作序列。

9.6.3   内核中的 MIG

MIG 用于实现大多数 Mach 系统调用。多个系统调用（比如任务相关、IPC 相关以及 VM 相关的调用）都采用目标任务作为它们的参数之一。MIG 在各种情况下都会转换任务参数，这要依赖于内核面对的数据类型。例如，在用户空间中将把 Mach 线程视作端口名称，但是在内核内，MIG 将调用 convert_port_to_thread() [osfmk/kern/ipc_tt.c]，把进入的线程端口名称转换成一个指针，它将指向由该端口表示的内核对象——thread 结构。

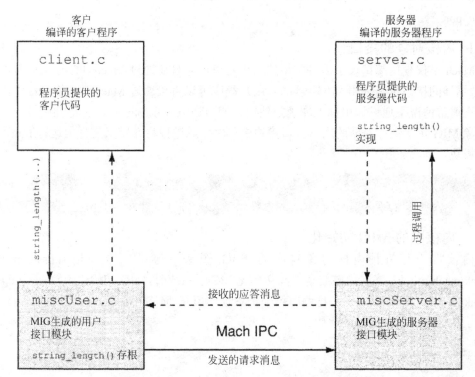

图 9-31　由客户调用 Miscellaneous Server 例程

```
/* osfmk/mach/mach_types.defs */

type thread_t = mach_port_t
#if KERNEL_SERVER
          intran:           thread_t convert_port_to_thread(mach_port_t)
          outtran:          mach_port_t convert_thread_to_port(thread_t)
          destructor:       thread_deallocate(thread_t)
#endif /* KERNEL_SERVER */
```

注意 KERNEL_SERVER 条件指令。Mac OS X 内核将在 MIG 规范文件中使用它以及一个相关的指令 KERNEL_USER，指定 KernelServer 和 KernelUser 子系统修饰符。

```
/* osfmk/mach/task.defs */

subsystem
#if KERNEL_SERVER
    KernelServer
#endif /* KERNEL_SERVER */
    task 3400;
```

子系统修饰符指示 MIG 在特殊环境下为用户和服务器模块生成替代代码。例如，当 MIG 服务器例程驻留在内核中时，就称它位于 KernelServer 环境中。如果没有 KernelServer 修饰符，那么例程将具有与原来相同的原型，尽管如此，该修饰符仍将改变 MIG 执行类型转换的方式。在 KernelServer 子系统的服务器端，将把 mach_port_t 类型自动转换成内核类型 ipc_port_t。

1. 内核对象的接口

Mach 不仅使用端口表示多种类型的内核对象，而且还通过 Mach IPC 导出这些对象的接口。这样的接口也是使用 MIG 实现的。用户程序可以直接通过 Mach IPC 使用这些接口，或者在通常情况下通过调用标准库函数使用它们。在编译系统库时，它将链接进与多个内核对象 MIG 定义文件对应的用户接口模块中。库生成进程将在定义文件上运行 mig，生成接口模块。

> 内核对象类型的示例包括：线程、任务、主机、处理器、处理器集、内存对象、信号、锁集和时钟。osfmk/kern/ipc_kobject.h 中提供了定义的内核对象类型的完整列表。

2. 内核中的 MIG 初始化

内核将为与每种内核对象对应的 MIG 子系统维护一个 mig_subsystem 结构 [osfmk/mach/mig.h]。当在内核启动期间初始化 IPC 子系统时，MIG 初始化函数——mig_init() [osfmk/kern/ipc_kobject.c]——将遍历每个子系统，填充 MIG 例程的全局散列表。图 9-32 显示了从这个进程中摘录的代码。

```
// osfmk/mach/mig.h

typedef struct mig_subsystem {
    mig_server_routine_t      server;     // pointer to demux routine
    mach_msg_id_t             start;      // minimum routine number
    mach_msg_id_t             end;        // maximum routine number + 1
    mach_msg_size_t           maxsize;    // maximum reply message size
    vm_address_t              reserved;   // reserved for MIG use
    mig_routine_descriptor    routine[1]; // routine descriptor array
} *mig_subsystem_t;



// osfmk/kern/ipc_kobject.c

typedef struct {
    mach_msg_id_t     num;
    mig_routine_t     routine;
    int               size;
#if MACH_COUNTERS
    mach_counter_t callcount;
#endif
} mig_hash_t;

#define MAX_MIG_ENTRIES    1024
mig_hash_t mig_buckets[MAX_MIG_ENTRIES];
```

图 9-32　内核自举期间的 MIG 子系统的初始化

```
const struct mig_subsystem* mig_e[] = {
    (const struct mig_subsystem *)&mach_vm_subsystem,
    (const struct mig_subsystem *)&mach_port_subsystem,
    (const struct mig_subsystem *)&mach_host_subsystem,
    ...
    (const struct mig_subsystem *)&is_iokit_subsystem),
    ...
};

void
mig_init(void)
{
    unsigned int i, n = sizeof(mig_e)/sizeof(const struct mig_subsystem *);
    int howmany;
    mach_msg_id_t j, pos, nentry, range;

    for (i = 0; i < n; i++) { // for each mig_e[i]
        range = mig_e[i]->end - mig_e[i]->start;
        ...
        for (j = 0; j < range; j++) { // for each routine[j] in mig_e[i]
            ...
            // populate mig_buckets hash table with routines
        }
    }
}
```

图 9-32（续）

9.7　Mach 异常

异常是由程序自身引发的对正常的程序控制流程的同步中断。下面列出了为什么可能发生异常的原因示例。

- 尝试访问不存在的内存。
- 尝试访问违反地址空间保护的内存。
- 由于非法或未定义的操作码或操作数而导致无法执行指令。
- 产生算术错误，比如除以 0、上溢或下溢。
- 执行打算用于支持仿真的指令。
- 碰到调试器安装的断点或者与调试、跟踪和错误检测相关的其他异常。
- 执行系统调用指令。

一些异常并不代表异常状况，这是由于它们是操作系统的正常工作的一部分。此类异常的示例包括页错误和系统调用。如第 3 章和第 6 章中所述，Mac OS X 程序通过 sc 指令调用系统调用，它将引发硬件异常。操作系统将以不同于其他异常类型的方式处理系统调用异常。操作系统还将以对用户程序透明的方式处理页错误。

多种其他的异常类型要么必须报告给用户程序，要么需要进行显式处理。它们包括可能故意由程序引发的异常，比如由调试器使用硬件断点和跟踪设施引发的异常。

可以对故意使用的异常进行分类，比如：错误处理、调试以及仿真/虚拟化。

Mach 提供了一种基于 IPC 的异常处理设施，其中将把异常转换成消息。当异常发生时，将把包含关于异常信息——比如异常类型、引发它的线程以及线程的包含任务——的消息发送到**异常端口**（Exception Port）。对该消息的应答（线程将等待它）指示异常是否被异常处理程序成功处理。在 Mach 中，异常是系统级原语。

异常端口集——每种异常类型一个端口——是在主机、任务和线程级别维护的（参见图 9-33）。当要递送异常消息时，内核首先将尝试把它递送到最明确的端口。如果该消息的递送或处理失败，内核将尝试下一个最明确的端口。因此，顺序是线程、任务和主机。通常，由于在给定级别没有注册异常处理程序，将会导致异常消息的递送在那个级别失败。类似地，由于处理程序返回了一个错误，将会导致消息的处理失败。

```
// osfmk/kern/exception.h

struct exception_action {
    struct ipc_port        *port;      // exception port
    thread_state_flavor_t  flavor;     // state flavor to send
    exception_behavior_t   behavior;   // exception type to raise
};


// osfmk/kern/host.h

struct host {
    ...
    struct exception_action exc_actions[EXC_TYPES_COUNT];
    ...
};


// osfmk/kern/task.h

struct task {
    ...
    struct exception_action exc_actions[EXC_TYPES_COUNT];
    ...
};


// osfmk/kern/thread.h

struct thread {
    ...
    struct exception_action exc_actions[EXC_TYPES_COUNT];
    ...
};
```

图 9-33　主机、任务和线程级别的异常端口

如前所述，默认情况下，线程级异常端口都被设置为空端口，任务级异常端口则会在 fork()期间被继承。图 9-34 显示了在自举期间异常处理的初始化。特别是，**UNIX 异常处理程序**（UNIX exception handler）也会在这里初始化。这个处理程序将把多种 Mach 异常类型转换成 UNIX 信号。在 9.8.8 节中将讨论这种机制。

```
// bsd/kern/bsd_init.c

void
bsdinit_task(void)
{
    struct proc      *p = current_proc();
    struct uthread   *ut;
    kern_return_t    kr;
    thread_act_t     th_act;
    ...


// initialize the UNIX exception handler
ux_handler_init();


    th_act = current_thread();

    // the various exception masks are defined in osfmk/mach/exception_types.h
    (void)host_set_exception_ports(host_priv_self(),
                        EXC_MASK_ALL & ~(EXC_MASK_SYSCALL |
                        EXC_MASK_MACH_SYSCALL | EXC_MASK_RPC_ALERT),
                        ux_exception_port, EXCEPTION_DEFAULT, 0);

    (void)task_set_exception_ports(get_threadtask(th_act),
                        EXC_MASK_ALL & ~(EXC_MASK_SYSCALL |
                        EXC_MASK_MACH_SYSCALL | EXC_MASK_RPC_ALERT),
                        ux_exception_port, EXCEPTION_DEFAULT, 0);

    ...
    // initiate loading of launchd
}
```

图 9-34　内核自举期间异常处理的初始化

> 注意：可以通过<level>_get_exception_ports()和<level>_set_exception_ports()分别获取或设置任何级别的一个或多个异常端口，其中<level>是主机、任务或线程之一。

9.7.1　Mach 的异常处理设施的程序员可见的方面

Mach 异常处理程序是异常消息的接收方。它在其自己的线程中运行。尽管它可以位于跟异常线程相同的任务中，但它通常位于另一个任务（比如调试器）中。用于异常线程——其中发生异常的线程——的更合适的名称是**受害者线程**（Victim Thread）。运行异常处理程序的线程被称为**处理程序线程**（Handler Thread）。线程通过获得任务或线程的异常端口的接收权限，达到用于任务或线程的处理程序状态。例如，如果线程希望成为任务的异常处理程序，它可以调用 task_set_exception_ports()，将它的端口之一注册为任务的异常端口之一。单个端口可用于接收多种类型的异常消息，这取决于提供给<level>_set_exception_ports()的参数。

```
kern_return_t
task_set_exception_ports(task_t                    task,
                         exception_mask_t          exception_types,
                         mach_port_t               exception_port,
                         exception_behavior_t      behavior,
                         thread_state_flavor_t     flavor);


kern_return_t
task_get_exception_ports(task_t                    task,
                         exception_mask_t          exception_types,
                         exception_mask_array_t    old_masks,
                         exception_handler_array_t old_handlers,
                         exception_behavior_array_t old_behaviors,
                         exception_flavor_array_t  old_flavors);
```

现在首先来查看 task_set_exception_ports()的参数。exception_types 是为其设置端口的异常类型位的逐位"或"运算。表 9-3 显示了 Mac OS X 上定义的独立于机器的异常类型。异常消息包含与独立于机器的异常类型对应的额外的、机器相关的信息。例如，如果由于 PowerPC 上未对齐的访问导致 EXC_BAD_ACCESS 异常发生，那么机器相关的信息将包括一个异常代码 EXC_PPC_UNALIGNED 和一个异常子码，它的值将是 DAR（Data Access Register，数据访问寄存器）的内容。9.7.2 节中的表 9-6 显示了与多种 Mach 异常对应的代码和子码。在 osfmk/mach/ppc/exception.h 和 osfmk/mach/i386/exception.h 中定义了机器相关的代码。

表 9-3　独立于机器的 Mach 异常

异　　常	注　　释
EXC_BAD_ACCESS	不能访问内存
EXC_BAD_INSTRUCTION	非法或未定义的指令或操作数
EXC_ARITHMETIC	算术异常（比如除以 0）
EXC_EMULATION	遇到仿真支持指令
EXC_SOFTWARE	软件生成的异常（比如浮点辅助）
EXC_BREAKPOINT	跟踪或断点
EXC_SYSCALL	UNIX 系统调用
EXC_MACH_SYSCALL	Mach 系统调用
EXC_RPC_ALERT	RPC 警报（实际上在性能监视期间使用，不是用于 RPC）

task_set_exception_ports()的 behavior 参数指定当异常发生时应该发送的异常消息的类型。表 9-4 显示了在 Mac OS X 上定义的独立于机器的异常行为。

表 9-4　独立于机器的 Mach 异常行为

行　　为	注　　释
EXCEPTION_DEFAULT	发送包括线程身份的 catch_exception_raise 消息
EXCEPTION_STATE	发送包括线程状态的 catch_exception_raise_state 消息
EXCEPTION_STATE_IDENTITY	发送包括线程身份和状态的 catch_exception_raise_state_identity 消息

　　flavor 参数指定要与异常消息一起发送的线程状态的类型。表 9-5 显示了 Mac OS X 上的机器相关[①]的（PowerPC）线程状态类型。如果没有与异常消息一起发送想要的线程状态，可以使用 THREAD_STATE_NONE 风格。注意：无论是否在异常消息中发送线程状态，异常处理程序都可以使用 thread_get_state() 和 thread_set_state()，分别用于获取和设置受害者线程的机器相关的状态。

表 9-5　机器相关的（PowerPC）Mach 线程状态

类　　型	注　　释
PPC_THREAD_STATE	包含 32 位的 GPR、CR、CTR、LR、SRR0、SRR1、VRSAVE 和 XER
PPC_FLOAT_STATE	包含 FPR 和 FPSCR
PPC_EXCEPTION_STATE	包含 DAR、DSISR 以及一个值，用于指定将采用的 PowerPC 异常
PPC_VECTOR_STATE	包含 VR、VSCR 以及一个有效性位图，指示已经保存了 VR
PPC_THREAD_STATE64	是 PPC_THREAD_STATE 的 64 位版本
PPC_EXCEPTION_STATE64	是 PPC_EXCEPTION_STATE 的 64 位版本

　　现在来查看在线程中发生异常时会发生什么。内核将挂起受害者线程，并发送一条 IPC 消息给合适的异常端口。受害者线程将在内核中保持挂起状态，直到接收到应答为止。具有异常端口的接收权限的任何任务内的线程都可能获取消息。这样的线程——该消息的异常处理程序——将调用 exc_server() 处理消息。exc_server() 是系统库中提供的一个 MIG 生成的服务器处理函数。它将为内核消息执行必要的参数处理、解码消息，以及调用以下程序员提供的函数之一：catch_exception_raise()、catch_exception_raise_identity() 或 catch_exception_raise_state_identity()。如表 9-4 中所示，在注册异常端口时指定的行为确定了 exc_server() 将调用其中哪个函数。这 3 个函数都打算用于处理异常并且返回一个值，它确定了内核接下来将对受害者线程做什么。特别是，如果 catch_exception_raise 函数返回 KERN_SUCCESS，exc_server() 就会准备一条返回消息，它将发送给内核，使线程从异常位置继续执行。例如，如果异常不是致命的，并且 catch_exception_raise 函数修正了问题——也许是通过修改线程的状态——使线程继续执行就可能是想要的。catch_exception_raise 函数可能使用各种线程函数影响动作的过程，例如，thread_abort()、thread_suspend()、thread_resume()、thread_set_state() 等。如果没有返回 KERN_SUCCESS，内核将把异常消息发送给下一级异常处理程序。

```
boolean_t
```

---

　　① 在 osfmk/mach/ppc/thread_status.h 和 osfmk/mach/i386/thread_status.h 中分别定义了用于 PowerPC 和 x86 的机器相关的线程状态。

```
exc_server(mach_msg_header_t request_msg, mach_msg_header_t reply_msg);

kern_return_t
catch_exception_raise(mach_port_t            exception_port,
                      mach_port_t            thread,
                      mach_port_t            task,
                      exception_type_t       exception,
                      exception_data_t       code,
                      mach_msg_type_number_t code_count);
```

// osfmk/mach/exception_types.h

```
typedef integer_t *exception_data_t;
```

// osfmk/mach/exc.defs

```
type exception_data_t = array[*:2] of integer_t;
type exception_type_t = int;
```

> thread_set_state()允许像希望的那样精心设计受害者线程的状态。特别是，可以修改线程的恢复点。

9.7.2 Mach 异常处理链

如第 6 章中所述，低级陷阱处理程序将调用 trap() [osfmk/ppc/trap.c]来执行更高级的陷阱处理，并给它传递陷阱编号、保存的状态以及 DSISR 和 DAR 寄存器的内容（如果有的话）。trap()将处理多种异常类型：抢占、页错误、性能监视异常、软件生成的 AST 等。通过调用 doexception() [osfmk/ppc/trap.c]，将为 Mach 异常处理设施所知的异常上传给 Mach。表 9-6 显示了如何将低级陷阱转换成 Mach 异常数据。doexception()将调用 exception_triage() [osfmk/kern/exception.c]，后者尝试上叫（Upcall）线程的异常服务器。图 9-35 显示了异常递送中涉及的重要内核函数。

表 9-6　陷阱与对应的 Mach 异常数据

陷阱标识符	Mach 异常	异常代码	异常子码
T_ALTIVEC_ASSIST	EXC_ARITHMETIC	EXC_PPC_ALTIVECASSIST	保存的 SRR0
T_DATA_ACCESS	EXC_BAD_ACCESS	通过计算得到	DAR
T_INSTRUCTION_ACCESS	EXC_BAD_ACCESS	通过计算得到	保存的 SRR0
T_INSTRUCTION_BKPT	EXC_BREAKPOINT	EXC_PPC_TRACE	保存的 SRR0
T_PROGRAM	EXC_ARITHMETIC	EXC_ARITHMETIC	保存的 FPSCR
T_PROGRAM	EXC_BAD_INSTRUCTION	EXC_PPC_UNIPL_INST	保存的 SRR0
T_PROGRAM	EXC_BAD_INSTRUCTION	EXC_PPC_PRIVINST	保存的 SRR0
T_PROGRAM	EXC_BREAKPOINT	EXC_PPC_BREAKPOINT	保存的 SRR0
T_PROGRAM	EXC_SOFTWARE	EXC_PPC_TRAP	保存的 SRR0

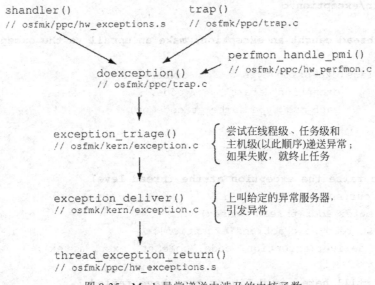

图 9-35　Mach 异常递送中涉及的内核函数

// osfmk/ppc/trap.c

```
void
doexception(int exc, int code, int sub)
{
    exception_data_type_t codes[EXCEPTION_CODE_MAX];

    codes[0] = code;
    codes[1] = sub;
    exception_triage(exc, codes, 2);
}
```

1. 递送异常

exception_triage()之所以如此命名，是因为它首先将尝试在线程级别引发异常，如果失败，它将依次尝试任务级别和主机级别。引发异常涉及调用 exception_deliver() [osfmk/kern/exception.c]，它将根据异常行为，调用以下 MIG 例程之一：exception_raise()、exception_raise_state()或 exception_raise_state_identity()。异常将由处理程序调用在 9.7.1 节中介绍到的 catch_exception_raise 函数之一进行捕获。

如果异常保持在所有级别都未被处理，exception_triage()将尝试调用内置的内核调试器（如果它可用的话）。如果所有这些尝试都失败了，就会终止任务。图 9-36 显示了摘录的内核中的相关代码。

2. 未解决的内核陷阱

如果有一个异常，它既不能映射到一个 Mach 异常，也不能利用其他方式处理，那么它将导致一个**未解决的内核陷阱**（Unresolved Kernel Trap）。例如，如果 trap()遇到一个意外的陷阱编号——比如说，应该在总体的异常处理链中尽早处理的陷阱，或者在内核中致

```
// osfmk/kern/exception.c

// Current thread caught an exception; make an upcall to the exception server
void
exception_triage(exception_type_t        exception,
                 exception_data_t        code,
                 mach_msg_type_number_t codeCnt)
{
    ...

    // Try to raise the exception at the thread level
    thread = current_thread();
    mutex  = mutex_addr(thread->mutex);
    excp   = &thread->exc_actions[exception];
    exception_deliver(exception, code, codeCnt, excp, mutex);

    // We're still here, so delivery must have failed
    // Try to raise the exception at the task level
    task  = current_task();
    mutex = mutex_addr(task->lock);
    excp  = &task->exc_actions[exception];
    exception_deliver(exception, code, codeCnt, excp, mutex);

    // Still failed; try at the host level
    host_priv = host_priv_self();
    mutex     = mutex_addr(host_priv->lock);
    excp      = &host_priv->exc_actions[exception];
    exception_deliver(exception, code, codeCnt, excp, mutex);

#if MACH_KDB
    // If KDB is enabled, debug the exception with KDB
#endif

    // All failed; terminate the task
    ...
}
```

图 9-36   Mach 异常的递送

命的陷阱——那么它将调用 unresolved_kernel_trap() [osfmk/ppc/trap.c]，后者将转储屏幕上的调试信息，然后要么调用调试器，要么使系统恐慌（参见图 9-37）。

```
// osfmk/ppc/trap.c

void
unresolved_kernel_trap(int                    trapno,
```

图 9-37   未解决的内核陷阱的处理

```
                             struct savearea     *ssp,
                             unsigned int        dsisr,
                             addr64_t            dar,
                             char                *message)
{
    ...
kdb_printf("\n\nUnresolved kernel trap(cpu %d): %s DAR=0x%0161lX PC=%0161lX\n",
           cpu_number(), trap_name, dar, ssp->save_ssr0);

    // this comes from osfmk/ppc/model_dep.c
    print_backtrace(ssp);

    ...
    draw_panic_dialog();

    if (panicDebugging)
        (void *)Call_Debugger(trapno, ssp);
    panic(message);
}


// osfmk/console/panic_dialog.c

void
draw_panic_dialog(void)
{
    ...
    if (!panicDialogDrawn && panicDialogDesired) {
        if (!logPanicDataToScreen) {
            ...
            // dim the screen 50% before putting up the panic dialog
            dim_screen();

            // set up to draw background box and draw panic dialog
            ...
            panic_blit_rect(...);

            // display the MAC address and the IP address, but only if the
            // machine is attachable, to avoid end-user confusion
            if (panicDebugging) {
                ...
                // blit the digits for MAC address and IP address
                ...
            }
        }
    }

    panicDialogDrawn = TRUE;
    panicDialogDesired = FALSE;
}
```

图 9-37　未解决的内核陷阱的处理

9.7.3 示例：Mach 异常处理程序

现在来看一个编程示例，了解 Mach 异常处理程序的工作方式。在该程序中，将分配一个 Mach 端口，并把它设置为程序的主线程的异常端口。由于该示例只对非法指令异常感兴趣，因此在调用 thread_set_exception_ports()时将把 EXC_MASK_BAD_INSTRUCTION 指定为异常掩码值。而且，将要求连同消息一起发送默认的异常行为，它不具有异常状态。

然后，将创建另一个线程，运行异常处理程序。第二个线程将在主线程的异常端口上接收异常消息。一旦消息到达，它将调用 exc_server()。再然后，将通过尝试执行非指令数据，故意导致一个异常发生。由于要求了默认的行为，exc_server()将调用 catch_exception_raise()。在 catch_exception_raise()实现中，将调用 thread_get_state()获取受害者线程的机器状态。此处将修改 SRR0 值，包含将简单地打印一条消息的函数的地址，从而导致受害者线程优雅地死亡。示例将使用 thread_set_state()，设置修改过的状态，之后将从 catch_exception_raise()返回 KERN_SUCCESS。当把随之产生的应答发送给内核时，它将继续执行线程。

编写异常处理程序所需要的也许最关键的信息是：将由内核发送的异常消息的格式。ux_handler() [bsd/uxkern/ux_exception.c]的实现提供了这种信息。示例将调用异常消息的数据类型 exc_msg_t。注意：它使用了大尾部填充。NDR 字段包含一条 NDR（Network Data Representation，网络数据表示）记录 [osfmk/mach/ndr.h]，该示例将不会处理它。

图 9-38 显示了程序。可以把它轻轻松松地移植到 Mac OS X 的 x86 版本。

```
// exception.c

#include <stdio.h>
#include <stdlib.h>
#include <unistd.h>
#include <pthread.h>
#include <mach/mach.h>

// exception message we will receive from the kernel
typedef struct exc_msg {
    mach_msg_header_t              Head;
    mach_msg_body_t               msgh_body;  // start of kernel-processed data
    mach_msg_port_descriptor_t    thread;     // victim thread
    mach_msg_port_descriptor_t    task;       // end of kernel-processed data
    NDR_record_t                  NDR;        // see osfmk/mach/ndr.h
    exception_type_t              exception;
    mach_msg_type_number_t        codeCnt;    // number of elements in code[]
    exception_data_t              code;       // an array of integer_t
    char                          pad[512];// for avoiding MACH_MSG_RCV_TOO_LARGE
} exc_msg_t;
```

图 9-38 用于 "修正" 非法指令的异常处理程序

```
// reply message we will send to the kernel
typedef struct rep_msg {
    mach_msg_header_t          Head;
    NDR_record_t               NDR;        // see osfmk/mach/ndr.h
    kern_return_t              RetCode;    // indicates to the kernel what to do
} reply_msg_t;


// exception handling
mach_port_t exception_port;
void exception_handler(void);
extern boolean_t exc_server(mach_msg_header_t *request,
                           mach_msg_header_t *reply);


// demonstration function and associates
typedef void(* funcptr_t)(void);
funcptr_t         function_with_bad_instruction;
kern_return_t repair_instruction(mach_port_t victim);
void          graceful_dead(void);


// support macros for pretty printing
#define L_MARGIN "%-21s: "
#define FuncPutsN(msg)   printf(L_MARGIN "%s", __FUNCTION__, msg)
#define FuncPuts(msg)    printf(L_MARGIN "%s\n", __FUNCTION__, msg)
#define FuncPutsIDs(msg) printf(L_MARGIN "%s (task %#lx, thread %#lx)\n", \
                    __FUNCTION__, msg, (long)mach_task_self(), \
                    (long)pthread_mach_thread_np(pthread_self()));

#define EXIT_ON_MACH_ERROR(msg, retval) \
    if (kr != KERN_SUCCESS) { mach_error(msg ":" , kr); exit((retval)); }


#define OUT_ON_MACH_ERROR(msg, retval) \
    if (kr != KERN_SUCCESS) { mach_error(msg ":" , kr); goto out; }


int
main(int argc, char **argv)
{
    kern_return_t     kr;
    pthread_t         exception_thread;
    mach_port_t       mytask = mach_task_self();
    mach_port_t       mythread = mach_thread_self();

    FuncPutsIDs("starting up");

// create a receive right
```

图 9-38（续）

```
    kr=mach_port_allocate(mytask,MACH_PORT_RIGHT_RECEIVE,&exception_port);
    EXIT_ON_MACH_ERROR("mach_port_allocate", kr);

// insert a send right: we will now have combined receive/send rights
    kr = mach_port_insert_right(mytask, exception_port, exception_port,
                                MACH_MSG_TYPE_MAKE_SEND);
    OUT_ON_MACH_ERROR("mach_port_insert_right", kr);


    kr = thread_set_exception_ports(mythread,            // target thread
                            EXC_MASK_BAD_INSTRUCTION, // exception types
                            exception_port,          // the port
                            EXCEPTION_DEFAULT,       // behavior
                            THREAD_STATE_NONE);      // flavor
    OUT_ON_MACH_ERROR("thread_set_exception_ports", kr);

    if ((pthread_create(&exception_thread, (pthread_attr_t *)0,
                    (void *(*)(void *))exception_handler, (void *)0))) {
        perror("pthread_create");
        goto out;
    }

    FuncPuts("about to dispatch exception_handler pthread");
    pthread_detach(exception_thread);

    // some random bad address for code, but otherwise a valid address
    function_with_bad_instruction = (funcptr_t)exception_thread;

    FuncPuts("about to call function_with_bad_instruction");
    function_with_bad_instruction();
    FuncPuts("after function_with_bad_instruction");

out:
    mach_port_deallocate(mytask, mythread);
    if (exception_port)
        mach_port_deallocate(mytask, exception_port);

    return 0;
}

void
exception_handler(void)
{
    kern_return_t   kr;
    exc_msg_t       msg_recv;
    reply_msg_t     msg_resp;
```

图 9-38（续）

```
FuncPutsIDs("beginning");

msg_recv.Head.msgh_local_port = exception_port;
msg_recv.Head.msgh_size = sizeof(msg_recv);

kr = mach_msg(&(msg_recv.Head),            // message
            MACH_RCV_MSG|MACH_RCV_LARGE,   // options
            0,                             // send size (irrelevant here)
            sizeof(msg_recv),              // receive limit
            exception_port,                // port for receiving
            MACH_MSG_TIMEOUT_NONE,         // no timeout
            MACH_PORT_NULL);               // notify port (irrelevant here)
EXIT_ON_MACH_ERROR("mach_msg_receive", kr);

FuncPuts("received message");
FuncPutsN("victim thread is ");
printf("%#lx\n", (long)msg_recv.thread.name);
FuncPutsN("victim thread's task is ");
printf("%#lx\n", (long)msg_recv.task.name);

FuncPuts("calling exc_server");
exc_server(&msg_recv.Head, &msg_resp.Head);
// now msg_resp.RetCode contains return value of catch_exception_raise()

FuncPuts("sending reply");
kr = mach_msg(&(msg_resp.Head),        // message
            MACH_SEND_MSG,             // options
            msg_resp.Head.msgh_size,   // send size
            0,                         // receive limit (irrelevant here)
            MACH_PORT_NULL,            // port for receiving (none)
            MACH_MSG_TIMEOUT_NONE,     // no timeout
            MACH_PORT_NULL);           // notify port (we don't want one)
EXIT_ON_MACH_ERROR("mach_msg_send", kr);

pthread_exit((void *)0);
}


kern_return_t
catch_exception_raise(mach_port_t              port,
                    mach_port_t              victim,
                    mach_port_t              task,
                    exception_type_t         exception,
                    exception_data_t         code,
                    mach_msg_type_number_t   code_count)
```

图 9-38 （续）

```
{
    FuncPutsIDs("beginning");

    if (exception != EXC_BAD_INSTRUCTION) {
        // this should not happen, but we should forward an exception that we
        // were not expecting... here, we simply bail out
        exit(-1);
    }

    return repair_instruction(victim);
}

kern_return_t
repair_instruction(mach_port_t victim)
{
    kern_return_t       kr;
    unsigned int        count;
    ppc_thread_state_t  state;

    FuncPutsIDs("fixing instruction");

    count = MACHINE_THREAD_STATE_COUNT;
    kr = thread_get_state(victim,                        // target thread
                          MACHINE_THREAD_STATE,          // flavor of state to get
                          (thread_state_t)&state,        // state information
                          &count);                       // in/out size
    EXIT_ON_MACH_ERROR("thread_get_state", kr);

    // SRR0 is used to save the address of the instruction at which execution
    // continues when rfid executes at the end of an exception handler routine
    state.srr0 = (vm_address_t)graceful_dead;

    kr = thread_set_state(victim,                        // target thread
                          MACHINE_THREAD_STATE,          // flavor of state to set
                          (thread_state_t)&state,        // state information
                          MACHINE_THREAD_STATE_COUNT);   // in size
    EXIT_ON_MACH_ERROR("thread_set_state", kr);

    return KERN_SUCCESS;
}

void
graceful_dead(void)
{
    FuncPutsIDs("dying graceful death");
}
```

图 9-38（续）

```
$ gcc -Wall -o exception exception.c
$ ./exception
main                  : starting up (task 0x807, thread 0xd03)
main                  : about to dispatch exception_handler pthread
main                  : about to call function_with_bad_instruction
exception_handler     : beginning (task 0x807, thread 0xf03)
exception_handler     : received message
exception_handler     : victim thread is 0xd03
exception_handler     : victim thread's task is 0x807
exception_handler     : calling exc_server
catch_exception_raise : beginning (task 0x807, thread 0xf03)
repair_instruction    : fixing instruction (task 0x807, thread 0xf03)
exception_handler     : sending reply
graceful_dead         : dying graceful death (task 0x807, thread 0xd03)
main                  : after function_with_bad_instruction
```

图 9-38（续）

图 9-38 中的 exc_server() 的使用是 Mach 服务器编程的典型示例。可以使用其他这样的服务器函数来替换那些用于接收和发送消息的重复性代码。例如，mach_msg_server() 是一个通用服务器函数，其参数包括一个端口（接收权限）和一个指针，后者指向一个消息解复用函数。这个服务器函数将在内部运行以下循环：接收请求消息，利用请求和应答缓冲区调用解复用器，并且可能基于解复用器的返回值发送应答消息。

```
mach_msg_return_t
mach_msg_server(boolean_t           (*demux)(mach_msg_header_t *,
                                             mach_msg_header_t *),
                mach_msg_size_t     max_size,
                mach_port_t         rcv_name,
                mach_msg_options_t  options);
```

mach_msg_server_once() 是一个变体，它只处理一个请求，然后返回给用户。事实上，可以利用以下代码替换图 9-38 中的 exception_handler() 的完整实现，其中使用 exc_server() 作为解复用函数。

```
void
exception_handler(void)
{
    (void)mach_msg_server_once(exc_server,         // demultiplexing function
                            sizeof(exc_msg_t),     // maximum receive size
                            exception_port,        // port for receiving
                            MACH_MSG_TIMEOUT_NONE); // options, if any
    pthread_exit((void *)0);
}
```

9.8　信　　号

除了 Mach 异常处理之外，Mac OS X 还提供了 UNIX 风格的信号，其中后者构建于前者之上。

难以利用 kill()处理旧信号

　　UNIX 的早期版本主要使用信号提供一种机制，用于终止、中断或转移进程——由于它自己的操作中的错误或者由于另一个进程的动作。例如，如果用户希望终止一个失控的进程，将可以使用 kill 命令给进程发送一个杀死信号。

　　Third Edition UNIX（UNIX 第 3 版，1973 年）具有 12 个信号，它们全都存在于 Mac OS X 中——大多数都具有相同的名称。这些信号是：SIGHUP、SIGINT、SIGQIT、SIGINS、SIGTRC、SIGIOT、SIGEMT、SIGFPT、SIGKIL、SIGBUS、SIGSEG 和 SIGSYS。

　　随着时间的推移，越来越多地将信号用于除了错误处理以外的目的——例如，作为用于 IPC 和同步的设施。特别是，shell 中的作业控制的出现促进了信号的广泛使用。在现代 UNIX 系统中，异常只是导致信号生成的一类事件。还有多种其他的同步和异步事件也可以导致信号产生，例如：

- 通过调用 kill(2)或 killpg(2)显式生成信号。
- 子进程的状态中的改变。
- 终端中断。
- 由交互式 shell 执行的作业控制操作。
- 定时器到期。
- 各种各样的通知，比如进程超过了它的 CPU 资源限制或者文件大小限制（比如说，在写入文件时）。

信号机制的实现涉及两个良好定义的阶段：**信号生成**（Signal Generation）和**信号递送**（Signal Delivery）。信号生成是指发生一个保证信号的事件。信号递送是指调用信号的处置方法——也就是说，执行关联的信号动作。每个信号都具有一个默认的动作，在 Mac OS X 上它可以是以下动作之一。

- **终止**（Terminate）：异常终止进程，终止发生时就像调用了_exit()一样，唯一区别是：wait()和 waitpid()将接收指示异常终止的状态值。
- **转储核心**（Dump Core）：异常终止进程，但是还会创建一个核心文件。
- **停止**（Stop）：挂起进程。
- **继续**（Continue）：如果停止了进程，就恢复执行它；否则，就忽略信号。
- **忽略**（Ignore）：不做任何事情（丢弃信号）。

可以通过用户指定的处理程序重写信号的默认动作。sigaction()系统调用可用于分配信号动作，可将其指定为 SIG_DFL（使用默认动作）、SIG_IGN（忽略信号），或者一个指向信号处理程序函数的指针（捕获信号）。还可以阻塞信号，其中它将保持未决，直到取消阻塞或者将对应的信号动作设置为 SIG_IGN。sigprop 数组[bsd/sys/signalvar.h]把已知的信号
以及它们的默认动作进行了分类。

```
// bsd/sys/signalvar.h

#define SA_KILL     0x01    // terminates process by default
#define SA_CORE     0x02    // ditto and dumps core
#define SA_STOP     0x04    // suspend process
#define SA_TTYSTOP  0x08    // ditto, from tty
#define SA_IGNORE   0x10    // ignore by default
#define SA_CONT     0x20    // continue if suspended

int sigprop[NSIG + 1] = {
    0,                      // unused
    SA_KILL,                // SIGHUP
    SA_KILL,                // SIGINT
    SA_KILL|SA_CORE,        // SIGQUIT
    ...
    SA_KILL,                // SIGUSR1
    SA_KILL,                // SIGUSR2
};
```

关于阻塞、捕获和忽略信号，应该注意以下的例外情况。

● 不能阻塞、捕获或忽略 SIGKILL 和 SIGSTOP。
● 如果将 SIGCONT（"继续"信号）发送给一个停止的进程，即使阻塞或忽略 SIGCONT，
　进程也会继续执行。

signal(3)手册页提供了受支持的信号及其默认动作的列表。

　　Mach 异常处理设施旨在处理 UNIX 系统中流行的信号机制的多个问题。随着 UNIX
系统不断演化，信号机制的设计和实现也得到了改进。现在来探讨 Mac OS X 环境中的信
号的一些方面。

9.8.1　可靠性

　　早期的信号实现是不可靠的，这是由于无论何时信号被捕获，都会把信号的动作复位
为默认动作。如果同一个信号连续两次或多次出现，当内核将复位信号处理程序时，就会
存在竞态条件，并且在程序可以重新安装用户定义的处理程序之前，将会调用默认动作。
由于许多信号的默认动作是终止进程，这就是一个严重的问题。POSIX.1 包括一种可靠的
信号机制，它基于 4.2BSD 和 4.3BSD 中的信号机制。新机制需要使用更新的 sigaction(2)
接口代替较旧的 signal(3)接口。Mac OS X 提供了这两个接口，尽管在系统库中将 signal(3)
实现为 sigaction(2)调用的包装器。

9.8.2　信号的数量

尽管 UNIX 系统中可用信号类型的数量逐年增多，但是由于内核用于表示信号类型的数据类型，这个数量通常具有硬上限。Mac OS X 使用 32 位的无符号整数表示信号编号，从而允许最多 32 种信号。Mac OS X 10.4 具有 31 种信号。

> **永远也不能具有太多的信号**
>
> Mac OS X 信号实现源于 FreeBSD 的信号实现，后者也使用 32 位的数量表示信号。FreeBSD 的最新版本具有 32 种信号。AIX 和 Solaris 的最新版本支持 32 种以上的信号。Solaris 通过使用一个无符号长整型值的数组表示用于信号位图的数据类型，可以包含 32 种以上的信号。一般而言，向现有实现中添加新信号不是一件小事。

9.8.3　应用程序定义的信号

POSIX.1 提供了两个应用程序定义的信号：SIGUSR1 和 SIGUSR2，程序员可以出于任意目的使用它们——例如，作为一种初级的 IPC 机制。

> **信号和 IPC**
>
> 进程可以使用 kill(2) 或 killpg(2) 调用，给它自身、另一个进程或一组进程发送信号。信号并不等同于一种用于通用 IPC 的强大或高效的机制。除了信号数量的限制之外，不可能使用信号与任意类型和数量的数据通信。而且，信号递送的代价通常比更专用 IPC 机制更昂贵。

Mac OS X 10.4 不支持实时信号，它们最初在 POSIX.4 中被定义为 Real-time Signals Extension（实时信号扩展）的一部分。实时信号是应用程序定义的信号，这类信号的数量在提供它们的系统之间可能有所变化——从 SIGRTMIN 到 SIGRTMAX。其他特征把实时信号与普通信号区分开。例如，实时信号是以一种有保证的顺序递送的：多个同时未决的相同类型的实时信号是以发送它们的顺序递送的，而同时未决的不同类型的实时信号则是以它们的信号编号的顺序递送的（编号最低的信号最先发送）。

9.8.4　异步 I/O 的基于信号的通知

Mac OS X 提供了异步 I/O（asynchronous I/O，AIO）函数家族，它们也被定义为 POSIX.4 的一部分。当异步事件（比如完成的读或写）发生时，程序可以通过以下机制之一接收通知。

- SIGEV_NONE：不递送任何通知。
- SIGEV_SIGNAL：通过信号生成来执行通知（递送依赖于实现是否支持 Real-time Signals Extension）。
- SIGEV_THREAD：调用通知函数执行通知（打算用于多线程程序）。

　　Mac OS X 10.4 只支持 SIGEV_NONE 和 SIGEV_SIGNAL。图 9-39 显示了一个人为设计的程序，它使用 lio_listio()系统调用提交一个异步读取操作，同时通过 SIGUSR1 信号请求读取完成的通知。可以通过 lio_listio()在单个调用中提交多个——最多 AIO_LISTIO_MAX (16)个——读或写操作。

// aio_read.c

```c
#include <stdio.h>
#include <fcntl.h>
#include <stdlib.h>
#include <sys/types.h>
#include <signal.h>
#include <aio.h>

#define PROGNAME "aio_read"

#define AIO_BUFSIZE 4096
#define AIOCB_CONST struct aiocb *const*

static void
SIGUSR1_handler(int signo __unused)
{
    printf("SIGUSR1_handler\n");
}


int
main(int argc, char **argv)
{
    int             fd;
    struct aiocb    *aiocbs[1], aiocb;
    struct sigaction act;
    char            buf[AIO_BUFSIZE];

    if (argc != 2) {
        fprintf(stderr, "usage: %s <file path>\n", PROGNAME);
        exit(1);
    }

    if ((fd = open(argv[1], O_RDONLY)) < 0) {
        perror("open");
        exit(1);
    }

    aiocbs[0] = &aiocb;
```

图 9-39　异步 I/O 完成的信号通知

```
    aiocb.aio_fildes    = fd;
    aiocb.aio_offset    = (off_t)0;
    aiocb.aio_buf       = buf;
    aiocb.aio_nbytes    = AIO_BUFSIZE;

    // not used on Mac OS X
    aiocb.aio_reqprio = 0;

    // we want to be notified via a signal when the asynchronous I/O finishes
    // SIGEV_THREAD(notification via callback) is not supported on Mac OS X
    aiocb.aio_sigevent.sigev_notify = SIGEV_SIGNAL;

    // send this signal when done: must be valid (except SIGKILL or SIGSTOP)
    aiocb.aio_sigevent.sigev_signo = SIGUSR1;

    // ignored on Mac OS X
    aiocb.aio_sigevent.sigev_value.sival_int = 0;
    aiocb.aio_sigevent.sigev_notify_function = (void(*)(union sigval))0;
    aiocb.aio_sigevent.sigev_notify_attributes = (pthread_attr_t *)0;

    aiocb.aio_lio_opcode = LIO_READ;

    // set up a handler for SIGUSR1
    act.sa_handler = SIGUSR1_handler;
    sigemptyset(&(act.sa_mask));
    act.sa_flags = 0;
    sigaction(SIGUSR1, &act, NULL);

    // initiates a list of I/O requests specified by a list of aiocb structures
    if (lio_listio(LIO_NOWAIT, (AIOCB_CONST)aiocbs, 1, &(aiocb.aio_sigevent)))
        perror("lio_listio");
    else {
        printf("asynchronous read issued...\n");

        // quite contrived, since we could have used LIO_WAIT with lio_listio()
        // anyway, the I/O might already be done by the time we call this
        aio_suspend((const AIOCB_CONST)aiocbs, 1, (const struct timespec *)0);
    }

    return 0;
}


$ gcc -Wall -o aio_read aio_read.c
SIGUSR1_handler
asynchronous read issued...
```

图 9-39（续）

9.8.5　信号和多线程

信号机制自身并不是非常适合多线程环境。传统的信号语义需要串行地处理异常，当多线程应用程序生成异常信号时这将会是有问题的。例如，如果在调试多线程应用程序时多个线程碰到断点，将只能把一个断点报告给调试器，因此调试器将不能访问进程的完整状态。现代操作系统不得不在它们的信号实现中处理多个常见的、特定于系统的问题。现代 UNIX 系统中有代表性的多线程信号实现具有**每个线程的信号掩码**（Per-Thread Signal Mask），允许线程独立于相同进程内的其他线程阻塞信号。Mac OS X 提供了 pthread_sigmask()系统调用，用于检查或改变（或者同时执行这两种操作）调用线程的信号掩码。

如果由于陷阱而生成信号，比如非法指令或算术异常（即信号是**同步**（Synchronous）的），就会把信号发送给引发陷阱的线程。其他信号（通常是**异步**（Asynchronous）信号）则会被递送给第一个没有阻塞信号的线程。注意：诸如 SIGKILL、SIGSTOP 和 SIGTERM 之类的信号会影响整个进程。

9.8.6　信号动作

信号动作只能由接收信号的进程（技术上讲，是指该进程内的线程）执行。Mach 异常可以由任何任务内的任何线程处理（利用先前的安排），与之不同的是，没有哪个进程可以代表另一个进程执行信号处理程序。当异常的完整寄存器上下文是想要的或者异常可能遇到受害者进程的资源时，这将会是有问题的。从历史上讲，由于流行的信号机制中的限制，在 UNIX 系统上将难以实现调试器。

POSIX.1 允许进程声明一种信号在替代栈上执行它的处理程序，可以使用 sigaltstack(2) 定义和检查它。当通过 sigaction(2)更改信号动作时，sigaction 结构的 sa_flags 字段可以设置 SA_ONSTACK 标志，导致在替代栈上递送所涉及的信号，只要利用 sigaltstack()声明了替代栈即可。

```
int
sigaltstack(const struct sigaltstack *newss, struct sigaltstack *oldss);

// bsd/sys/signal.h

struct sigaltstack {
    user_addr_t ss_sp;          // signal stack base
    user_size_t ss_size;        // signal stack length
    int ss_flags;               // SA_DISABLE and/or SA_ONSTACK
};

#define SS_ONSTACK 0x0001       // take signal on signal stack
#define SS_DISABLE 0x0004       // disable taking signals on alternate stack
#define MINSIGSTKSZ 32768       // (32KB) minimum allowable stack
#define SIGSTKSZ 131072         // (128KB) recommended stack size
```

如果信号处理程序需要异常上下文，内核就必须显式保存该上下文，并把它传递给处理程序以进行检查。例如，POSIX.1 规定：基于是否为信号设置了 SA_SIGINFO 标志，将以不同的方式进入用于信号的信号捕获函数（处理程序）。

```
// SA_SIGINFO is cleared for this signal (no context passed)
void sig_handler(int signo);

// SA_SIGINFO is set for this signal (context passed)
void sig_handler(int signo, siginfo_t *info, void *context);
```

系统上的 siginfo_t 结构至少必须包含信号编号、信号产生的原因以及信号值。

```
// bsd/sys/signal.h
// kernel representation of siginfo_t
typedef struct __user_siginfo {
        int                   si_signo;   // signal number
        int                   si_errno;   // errno association
        int                   si_code;    // signal code
        pid_t                 si_pid;     // sending process
        uid_t                 si_uid;     // sender's real user ID
        int                   si_status;  // exit value
        user_addr_t           si_addr;    // faulting instruction
        union user_sigval     si_value;   // signal value
        user_long_t           si_band;    // band event for SIGPOLL
        user_ulong_t          pad[7];     // reserved
} user_siginfo_t;
```

在调用信号处理程序时，将保存当前的用户上下文，并且创建一个新的上下文。可以把 sig_handler()的 context 参数强制转换成一个指向 ucontext_t 类型的对象的指针。它指示在递送信号时被中断的接收进程的用户上下文。ucontext_t 结构包含一个 mcontext_t 类型的数据结构，后者表示上下文的特定于机器的寄存器状态。

```
// kernel representation of 64-bit ucontext_t
struct user_ucontext64 {
    // SA_ONSTACK set?
    int                     uc_onstack;

    // set of signals that are blocked when this context is active
    sigset_t                uc_sigmask;

    // stack used by this context
    struct user_sigaltstack uc_stack;

    // pointer to the context that is resumed when this context returns
    user_addr_t             uc_link;
```

```
    // size of the machine-specific representation of the saved context
    user_size_t                      uc_mcsize;

    // machine-specific representation of the saved context
    user_addr_t                      uc_mcontext64;
};

// kernel representation of 64-bit PowerPC mcontext_t
struct mcontext64 {                              // size_in_units_of_natural_t =
    struct ppc_exception_state64    es; // PPC_EXCEPTION_STATE64_COUNT +
    struct ppc_thread_state64       ss; // PPC_THREAD_STATE64_COUNT +
    struct ppc_float_state          fs; // PPC_FLOAT_STATE_COUNT +
    struct ppc_vector_state         vs; // PPC_VECTOR_STATE_COUNT
};
```

可供信号处理程序使用的上下文的类型和数量依赖于操作系统和硬件——不保证上下文不会被破坏。

Mac OS X 没有提供分别用于获取和设置调用线程的当前用户上下文的 POSIX 函数 getcontext()和 setcontext()。如前文所述，thread_get_state()和 thread_set_state()就用于此目的。在 Mac OS X 上也没有提供其他相关的函数，比如 makecontext()和 swapcontext()。无论如何，在 SUSv3[①]将 getcontext()和 setcontext()例程标记为过时的，可以使用 POSIX 线程函数替换它们。

9.8.7　信号生成和递送

kill()系统调用用于把信号发送给一个或多个进程，可以利用以下两个参数调用它：进程 ID（pid）和信号编号。它基于给定的 pid 是正数、0、−1 还是其他负数，把指定的信号（倘若调用者的凭证允许它）发送给一个或多个进程。在 kill(2)手册页中描述了 kill()的行为的详细信息。killpg()系统调用把给定的信号发送给给定的进程组。对于其参数的某种组合，kill()等价于 killpg()。在 Mac OS X 上，这两个系统调用的实现都使用 psignal()内部函数 [bsd/kern/kern_sig.c]发送信号。psignal()是 psignal_lock() [bsd/kern/kern_sig.c]的简单包装器。如果信号具有关联的动作，psignal_lock()就会把信号添加到进程的未决信号集中。图 9-40 显示了属于内核中的信号机制的一部分的重要函数。

psignal_lock()调用 get_signalthread() [bsd/kern/kern_sig.c]，选择用于信号递送的线程。get_signalthread()检查进程内的线程，通常会选择第一个未阻塞信号的线程。发送信号给第一个线程允许将单线程程序与多线程库链接起来。如果 get_signalthread()成功地返回，就会为线程设置特定的异步系统陷阱（AST_BSD）。然后，psignal_lock()将处理信号，根据需要并且在得到允许的情况下执行特定于信号的动作。特别是，psignal_lock()将检查 uthread 结构的以下字段，并且可能会修改 uu_siglist 和 uu_sigwait。

---

① Single UNIX Specification, Version 3（单一 UNIX 规范，第 3 版）。

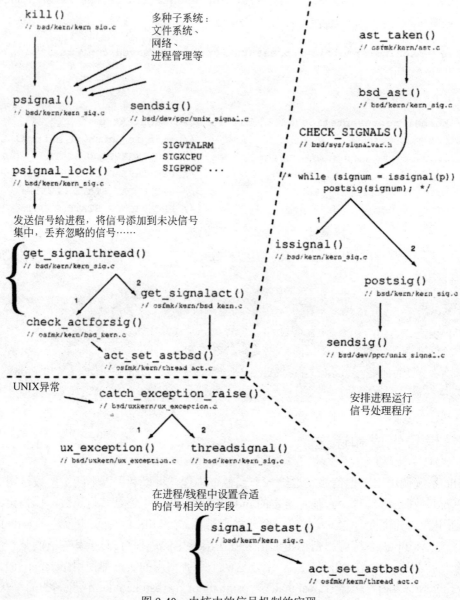

图 9-40　内核中的信号机制的实现

- uu_siglist：用于线程的信号未决。
- uu_sigwait：用于这个线程上的 sigwait(2) 的信号。
- uu_sigmask：用于线程的信号掩码。

在线程从内核返回到用户空间之前（在系统调用或陷阱之后），内核将检查线程的未决 BSD AST。如果内核找到任何目标，它都将在线程上调用 bsd_ast() [bsd/kern/kern_sig.c]。

// bsd/kern/kern_sig.c

```
void
bsd_ast(thread_t thr_act)
```

```
{
    ...
    if (CHECK_SIGNALS(p, current_thread(), ut)) {
        while ((signum = issignal(p)))
            postsig(signum);
    }
    ...
}
```

psignal_lock()不会把信号发送给内核任务、僵尸进程或者调用了 reboot()系统调用的进程。

CHECK_SIGNALS()宏 [bsd/sys/signalvar.h]确保线程是活动的（未终止），然后调用 SHOULDissignal()宏，基于以下快速检查来确定是否有信号要递送。

- 至少必须有一个信号未决——也就是说，uthread 结构的 uu_siglist 字段必须是非零的。
- 线程可能阻塞一个或多个信号，可以通过 uthread 结构的 uu_sigmask 字段具有一个非零值来指定。注意：还有每个进程的信号掩码，不建议使用它。
- 进程可能忽略一个或多个信号，通过 proc 结构的 p_sigignore 字段指定。
- 不能屏蔽包含在 sigcantmask 全局位图中的信号——SIGKILL 和 SIGSTOP。
- 如果正在跟踪进程，那么其至会递送被阻塞和被忽略的信号，使得调试器可以了解它们。

在循环中调用 issignal() [bsd/kern/kern_sig.c]时，如果当前进程接收到一个信号，并且它应该被捕获，应该导致进程终止或者应该中断当前的系统调用，那么 issignal()将保持返回一个信号编号。依赖于信号的类型，issignal()将执行各种处理，而无论信号是否被屏蔽，以及信号是否具有默认动作等。例如，如果进程具有一个未决 SIGSTOP，并且它具有默认动作，那么 issignal()将立即处理并清除信号。在这种情况下，将不会返回信号编号。将通过 postsig() [bsd/kern/kern_sig.c]返回并处理具有动作（包括终止进程的默认动作）的信号。

postsig()要么会终止进程（如果默认动作保证可以这样的话），要么会调用 sendsig() [bsd/dev/ppc/unix_signal.c]，安排进程运行信号处理程序。这种安排主要涉及填充 ucontext 和 mcontext 结构（根据需要可以是 32 位或 64 位），其中包含处理程序在用户空间中的线程内运行所需的上下文信息。将把上下文复制到用户空间，并且设置多个寄存器，包括 SRR0，其中包含处理程序开始执行的地址。最后，postsig()将调用 thread_setstatus() [osfmk/kern/thread_act.c]，设置线程的机器状态。thread_setstatus()是 Mach 例程 thread_set_state()的一个普通包装器。

9.8.8　Mach 异常与 UNIX 信号共存

当内核启动时，bsdinit_task() [bsd/kern/bsd_init.c]将调用 ux_handler_init() [bsd/uxkern/ux_exception.c]，初始化 UNIX 异常处理程序。ux_handler_init()将启动一个内核线程，运行 ux_handler() [bsd/uxkern/ux_exception.c]——一个内部的内核异常处理程序，通过把 Mach

异常消息转换成 UNIX 信号，提供 UNIX 兼容性。ux_handler()将分配一个用于接收消息的端口集，然后在端口集内分配一个异常端口。这个端口的全局名称包含在 ux_exception_port 中。主机和 BSD 初始任务（最终将运行 launchd）的异常端口都被设置为 ux_exception_port。由于 launchd 是所有 UNIX 进程的最终祖先，并且任务异常端口是跨 fork()继承的，因此默认将把类似于信号的大多数异常都转换成信号。

ux_handler()的消息处理循环是典型的 Mach 异常处理程序循环：接收异常消息，调用 exc_server()，以及发送应答消息。如果由于消息太大而导致在接收消息时出现错误，那么将忽略消息。接收消息时发生的其他任何错误都会导致内核恐慌。对应的 catch_exception_raise()调用将会导致把异常转换成 UNIX 信号和代码，这是通过调用 ux_exception() [bsd/uxkern/ux_exception.c]实现的。最后，将把得到的信号发送给合适的线程。

```
// bsd/uxkern/ux_exception.c

kern_return_t
catch_exception_raise(...)
{
    ...
    if (th_act != THR_ACT_NULL) {

        ut = get_bsdthread_info(th_act);

        // convert {Mach exception, code, subcode} to {UNIX signal, uu_code}
        ux_exception(exception, code[0], code[1], &ux_signal, &ucode);

        // send signal
        if (ux_signal != 0)
            threadsignal(th_act, signal, ucode);

        thread_deallocate(th_act);
    }
    ...
}
```

ux_exception()首先调用 machine_exception() [bsd/dev/ppc/unix_signal.c]，尝试进行一种机器相关的转换，即把给定的 Mach 异常和代码转换成 UNIX 信号和代码。转换如下。

- 将{ EXC_BAD_INSTRUCTION，code }转换成{ SIGILL，code }。
- 将{ EXC_ARITHMETIC，code }转换成{ SIGFPE，code }。
- 将{ EXC_PPC_SOFTWARE，EXC_PPC_TRAP }转换成{ SIGTRAP，EXC_PPC_ TRAP }。

如果 machine_exception()无法转换 Mach 异常，ux_exception()自身将转换异常，如表 9-7 所示。

表 9-7　将 Mach 异常转换成 UNIX 信号

Mach 异常	Mach 异常代码	UNIX 信号
EXC_ARITHMETIC	—	SIGFPE
EXC_BAD_ACCESS	KERN_INVALID_ADDRESS	SIGSEGV
EXC_BAD_ACCESS	—	SIGBUS
EXC_BAD_INSTRUCTION	—	SIGILL
EXC_BREAKPOINT	—	SIGTRAP
EXC_EMULATION	—	SIGEMT
EXC_SOFTWARE	EXC_UNIX_ABORT	SIGABRT
EXC_SOFTWARE	EXC_UNIX_BAD_PIPE	SIGPIPE
EXC_SOFTWARE	EXC_UNIX_BAD_SYSCALL	SIGSYS
EXC_SOFTWARE	EXC_SOFT_SIGNAL	SIGKILL

必须小心注意 SIGBUS 与 SIGSEGV 之间的区别。它们二者都对应不良的内存访问，但是原因不同。当内存由于被映射而有效，但是不允许受害者线程访问它时，就会发生 SIGBUS（总线错误）。访问第 0 页将导致 SIGBUS，该页通常被映射到将禁止一切访问的每个地址空间中。与之相比，当内存地址由于甚至未被映射而无效时，就会发生 SIGSEGV（段错误）。

　　Mach 异常到信号的自动转换不会排除对那些信号底下的 Mach 异常进行用户级处理。如果存在任务级或线程级异常处理程序，它将接收到异常消息，而不是 ux_handler()。此后，用户的处理程序可以完全处理异常，执行任何清理或校正动作，或者它可能把初始异常消息转发给 ux_handler()，毕竟 ux_handler()将导致把异常转换成信号。这就是 GNU 调试器（GDB）所做的事情。

　　而且，用户的异常处理程序还可以给 ux_handler()发送一条新消息，以此代替转发初始异常消息。这将需要 ux_exception_port 的发送权限，在用户安装任务级或线程级异常处理程序之前，ux_exception_port 是原始的任务异常端口。把软件信号发送给进程的一种相当复杂的方式是：在 Mach 异常消息中打包并发送相关的信息（异常类型、代码和子码将分别是 EXC_SOFTWARE、EXC_SOFT_SIGNAL 和信号编号）。

9.8.9　异常、信号和调试

　　即使现代 UNIX 系统中的信号机制得到了极大改进，Mach 的异常处理机制的相对清晰性仍然是显而易见的，尤其是在涉及调试时。由于异常实质上是排队的消息，调试器将可以接收并记录自从上一次检查程序起在程序中发生的所有异常。多个异常线程可以保持挂起，直到调试器把所有的异常消息移出队列并且检查了它们为止。这样的检查可能包括获取受害者线程的整个异常上下文。这些特性允许调试器比传统的信号语义所允许的更精确地确定程序的状态。

　　而且，异常处理程序在它自己的线程中运行，它们可能位于相同的任务中，或者完全位于不同的任务中。因此，异常处理程序在运行时不需要受害者线程的资源。即使 Mac OS

X 不支持分布式 Mach IPC，Mach 设计也并不排斥在不同的主机上运行异常处理程序。

可以利用一种细粒度的方式指定异常处理程序，因为每种异常类型都可以具有它自己的处理程序，它们可能进一步是每个线程或每个任务的。值得指出的是：线程级异常处理程序通常适合于错误处理，而任务级处理程序通常适合于调试。任务级处理程序还具有调试器友好的属性，它们将跨 fork() 保持有效，因为任务级异常端口会被子进程继承。

9.8.10   ptrace() 系统调用

Mac OS X 提供了 ptrace() 系统调用，用于进程跟踪和调试，尽管在 Mac OS X 上没有实现在 FreeBSD 上支持的某些 ptrace() 请求，例如，PT_READ_I、PT_READ_D、PT_WRITE_I、PT_WRITE_D、PT_GETREGS、PT_SETREGS 以及几个其他的请求。通常可以通过特定于 Mach 的例程来执行那些从 Mac OS X 的 ptrace() 实现中遗漏的操作。例如，读或写程序内存可以通过 Mach VM 例程来完成[①]。类似地，可以通过 Mach 线程例程读或写线程寄存器。而且，Mac OS X 上的 ptrace() 提供了某些特定于 Mac OS X 的请求，比如下面列出的这些请求。

- PT_SIGEXC：将信号作为 Mach 异常进行递送。
- PT_ATTACHEXC：附加到运行的进程上，并且还对其应用 PT_SIGEXC 的作用。
- PT_THUPDATE：把信号发送给给定的 Mach 线程。

如果将 PT_SIGEXC 应用于进程，当具有要递送的信号时，issignal() [bsd/dkern/kern_sig.c] 就会调用 do_bsdexception() [bsd/kern/kern_sig.c]，代之以生成一个 Mach 异常消息。异常的类型、代码和子码分别是 EXC_SOFTWARE、EXC_SOFT_SIGNAL 和信号编号。do_bsdexception() 类似于在 9.7.2 节中介绍的 doexception() 函数，它将调用 bsd_exception() [osfmk/kern/exception.c]。后者将调用 exception_raise 函数之一。

9.9   管   道

自从在 Third Edition UNIX（1973 年）中引入管道以来，它们就成为 UNIX 系统的一个不可或缺的特性。UNIX 程序流重定向设施就使用管道。因此，UNIX shell 广泛使用管道。Mac OS X 提供了 pipe() 系统调用，它将分配并返回一对文件描述符：第一个是**读取结束**（Read End），第二个是**写入结束**（Write End）。这两个文件描述符可以在两个进程之间提供一个 I/O 流，从而充当一条 IPC 信道。不过，管道具有多种限制，对于某些应用程序来说，其中一些限制可能相当严重。

- 管道只在相关的进程（也就是说，具有共同祖先的进程）之间才是可能的。
- 与管道对应的内核缓冲区将消耗内核内存。
- 管道只支持无类型的字节流。
- 从历史上讲，管道只允许单向数据流。单一 UNIX 规范（Single UNIX Specification）允许但是不需要全双工管道。

[①] 值得注意的是，Mach VM 例程并不是特别适合于操作少量的数据。

- 只保证 PIPE_BUF 字节以下的写入操作是原子的。在 Mac OS X 上，PIPE_BUF 是 512 字节。给定管道描述符，可以使用 fpathconf() 系统调用获取 PIPE_BUF 的值。
- 只能将管道用于本地（非网络）通信。

双向管道

　　管道的所有缺点并非是普遍存在的。某些操作系统——例如，FreeBSD 和 Solaris——实现了双向管道，其中由管道系统调用返回的描述符对使得可以在一个描述符上读取那些写到另一个描述符中的数据。尽管 Mac OS X 的管道实现基于 FreeBSD 的管道实现，但是 Mac OS X 10.4 并没有提供双向管道。

　　而且，有可能通过文件描述符传递，将管道描述符发送给另一个无关的进程，在 Mac OS X 上支持这样做。在 9.11 节中将会看到一个描述符传递的示例。

　　管道也称为**无名管道**（Unnamed Pipe），因为还存在**命名管道**（Named Pipe，参见 9.10 节）。内核用于管道描述符的内部文件描述符类型是 DTYPE_PIPE。用于其他 IPC 机制（比如套接字、POSIX 信号量和 POSIX 共享内存）的描述符具有它们自己的描述符类型。表 9-8 显示了内核中使用的多种描述符类型。

表 9-8　内核中使用的文件描述符类型

描述符类型	注　释
DTYPE_VNODE	文件
DTYPE_SOCKET	基于套接字的通信端点
DTYPE_PSXSHM	POSIX 共享内存
DTYPE_PSXSEM	POSIX 信号量
DTYPE_KQUEUE	内核队列（kqueue）
DTYPE_PIPE	管道
DTYPE_FSEVENTS	文件系统事件通知描述符

9.10　命名管道（fifo）

　　命名管道——也称为 **fifo**——是一种抽象，它提供了无名管道的功能，但是使用文件系统命名空间表示管道，允许读取进程和写入进程像打开普通文件一样打开 fifo 文件。可以使用 mkfifo() 系统调用或者通过 mkfifo 命令行程序创建 fifo 文件。

　　当打开一个 fifo 文件以便进行读取时，如果没有写入进程——也就是说，如果其他某个进程不能打开 fifo 文件以便写入，那么 open() 调用将会阻塞。相反，当打开了一个 fifo 文件以便写入时，如果没有读取进程，那么 open() 将会阻塞。可以通过在 open() 调用中指定 O_NONBLOCK 标志，以非阻塞模式打开 fifo 文件。用于读取的非阻塞打开将会立即返回，并且带有一个有效的文件描述符，即使没有写入进程亦会如此。不过，如果没有读取进程，那么用于写入的非阻塞打开将会立即返回，并且带有一个 ENXIO 错误。

　　fifo 的 Mac OS X 实现在内部使用本地（UNIX Domain）流套接字，即 AF_LOCAL 域

中的 SOCK_STREAM 类型的套接字。

尽管 fifo 在文件系统上具有物理存在，但它必须与普通文件有所不同，使内核可以把它视作一条通信渠道，它具有的一些属性是普通文件所不具有的。事实的确如此：就文件系统对待它们的方式而言，fifo 在概念上类似于块或字符特殊文件。考虑 HFS+卷上的一个 fifo 文件。mkfifo()系统调用简单地调用由 HFS+文件系统导出的创建操作，另外还把虚拟结点的类型设置为 VFIFO。将文件类型存储为 BSD 信息结构（struct HFSPlusBSDInfo）的一部分，该结构反过来又是磁盘上的文件元数据的一部分。此后，无论何时查找 fifo 文件（通常用于打开），HFS+都会把对应的虚拟结点的文件系统操作表指针切换成指向另一个表，它的一些（但是并非全部）操作就是 **fifo 文件系统**（fifo file system，fifofs）的操作。

> HFS+上的块设备和字符设备是以类似的方式处理的，只不过使用**特殊文件系统**（special file system，specfs）代替了 fifofs。在第 11 章中将会学习关于 fifofs 和 specfs 的更多知识。第 12 章则完全专用于介绍 HFS+文件系统。

这样，打开一个 fifo 文件将导致调用 fifo_open() [bsd/miscfs/fifofs/fifo_vnops.c]。在第一次打开 fifo 文件时，fifo_open()将创建两个 AF_LOCAL 流套接字：一个用于读取，另一个用于写入。类似地，多个其他的系统调用（尤其是 read()和 write()）最终将解析成 fifofs 函数。

9.11　文件描述符传递

在 UNIX 系统上，文件描述符是一个整数，表示进程中的一个打开的文件[①]。每个文件描述符都是进程的内核驻留的文件描述符表的索引。描述符对于进程而言是本地的，这是由于它只在获得描述符的进程中才有意义——比如说，通过打开一个文件。特别是，如果一个文件在进程 B 中是打开的,那么进程 A 将不能通过简单地使用进程 B 中表示该文件的描述符的值来访问该文件。

许多 UNIX 系统都支持通过 AF_LOCAL 套接字从一个进程向另一个无关的进程发送文件描述符。Mac OS X 也提供了这种 IPC 机制。图 9-41 显示了通过 sendmsg()系统调用发送一个或多个文件描述符时所涉及的程序可见的消息缓冲区数据结构的细节。

msghdr 结构封装了 sendmsg()和 recvmsg()的多个参数。它可以包含一个指向**控制缓冲区**（Control Buffer）的指针，它是辅助数据，被布置为一个控制消息结构，其中包括头部（struct cmsghdr）和数据（紧接在头部之后）。在此示例中，数据是文件描述符。注意：该示例显示 msg_control 字段指向带有一条控制消息的控制缓冲区。理论上讲，缓冲区可以包含多条控制消息，它们具有相应地调整的 msg_controllen。这样，控制缓冲区将是 cmsghdr 结构的序列，其中每个结构都包含它的长度。Mac OS X 实现只支持每个控制缓冲区包含一条控制消息。

---

① 11.5 节将讨论文件描述符的内核处理。

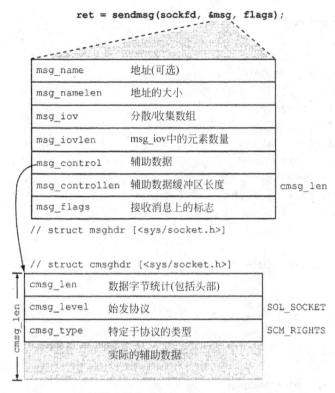

图 9-41　文件描述符传递中涉及的程序可见的数据结构

用于 sendmsg() [bsd/kern/uipc_syscalls.c] 的协议处理最终将导致调用 uipc_send() [bsd/kern/uipc_usrreq.c]，如果 sendmsg()的初始调用包含一个有效的控制缓冲区指针，就会给 uipc_send()传递一个指向控制消息缓冲区（mbuf）的指针。如果是这样，uipc_send()将会调用 unp_internalize() [bsd/kern/uipc_usrreq.c]，使辅助数据**内部化**（Internalize）——它将遍历缓冲区中的文件描述符列表，并把每个文件描述符都转换成其对应的文件结构（struct fileglob [bsd/sys/file_internal.h]）。unp_internalize()需要将 cmsg_level 和 cmsg_type 字段分别设置为 SOL_SOCKET 和 SCM_RIGHTS。SCM_RIGHTS 指定控制消息数据包含访问权限。在接收到这样一条消息时，将通过调用 unp_externalize() [bsd/kern/uipc_usrreq.c]，使文件结构列表**外部化**（Externalize）；对于每个文件结构，都会使用接收进程中的一个本地文件描述符来表示一个打开的文件。在成功调用 recvmsg()之后，接收方就可以正常地使用这样的文件描述符。

文件描述符传递与在 Mach IPC 消息中传递端口权限之间具有许多概念上的相似之处。

现在来看一个描述符传递的编程示例。首先将编写一个描述符传递服务器，它将通过一条 AF_LOCAL 套接字连接为给定的文件提供服务。客户将连接到这个服务器，接收文件描述符，然后使用描述符读取文件。套接字的地址和控制消息的格式是在公共头文件中指定的，该文件将在服务器实现与客户实现之间共享。图 9-42、图 9-43 和图 9-44 分别显示了公共头文件、服务器的实现和客户的实现。

```
// fd_common.h

#ifndef _FD_COMMON_H_
#define _FD_COMMON_H_

#include <stdio.h>
#include <fcntl.h>
#include <string.h>
#include <unistd.h>
#include <stdlib.h>
#include <sys/types.h>
#include <sys/socket.h>
#include <sys/un.h>

#define SERVER_NAME "/tmp/.fdserver"

typedef union {
    struct cmsghdr cmsghdr;
    u_char         msg_control[CMSG_SPACE(sizeof(int))];
} cmsghdr_msg_control_t;

#endif // _FD_COMMON_H_
```

图 9-42   用于描述符传递客户-服务器实现的公共头文件

```
// fd_sender.c

#include "fd_common.h"

int setup_server(const char *name);
int send_fd_using_sockfd(int fd, int sockfd);

int
setup_server(const char *name)
{
    int sockfd, len;
    struct sockaddr_un server_unix_addr;

    if ((sockfd = socket(AF_LOCAL, SOCK_STREAM, 0)) < 0) {
        perror("socket");
        return sockfd;
    }

    unlink(name);
    bzero((char *)&server_unix_addr, sizeof(server_unix_addr));
    server_unix_addr.sun_family = AF_LOCAL;
```

图 9-43   描述符传递服务器的实现

```
    strcpy(server_unix_addr.sun_path, name);
    len = strlen(name) + 1;
    len += sizeof(server_unix_addr.sun_family);

    if (bind(sockfd, (struct sockaddr *)&server_unix_addr, len) < 0) {
        close(sockfd);
        return -1;
    }

    return sockfd;
}

int
send_fd_using_sockfd(int fd, int sockfd)
{
    ssize_t                 ret;
    struct iovec            iovec[1];
    struct msghdr           msg;
    struct cmsghdr          *cmsghdrp;
    cmsghdr_msg_control_t   cmsghdr_msg_control;

    iovec[0].iov_base = "";
    iovec[0].iov_len = 1;

    msg.msg_name = (caddr_t)0;   // address (optional)
    msg.msg_namelen = 0;         // size of address
    msg.msg_iov = iovec;         // scatter/gather array
    msg.msg_iovlen = 1;          // members in msg.msg_iov
    msg.msg_control = cmsghdr_msg_control.msg_control; // ancillary data
    // ancillary data buffer length
    msg.msg_controllen = sizeof(cmsghdr_msg_control.msg_control);
    msg.msg_flags = 0;           // flags on received message

    // CMSG_FIRSTHDR() returns a pointer to the first cmsghdr structure in
    // the ancillary data associated with the given msghdr structure
    cmsghdrp = CMSG_FIRSTHDR(&msg);

    cmsghdrp->cmsg_len = CMSG_LEN(sizeof(int)); // data byte count
    cmsghdrp->cmsg_level = SOL_SOCKET;          // originating protocol
    cmsghdrp->cmsg_type = SCM_RIGHTS;           // protocol-specified type

    // CMSG_DATA() returns a pointer to the data array associated with
    // the cmsghdr structure pointed to by cmsghdrp
    *((int *)CMSG_DATA(cmsghdrp)) = fd;
    if ((ret = sendmsg(sockfd, &msg, 0)) < 0) {
```

图 9-43（续）

```
        perror("sendmsg");
        return ret;
    }

    return 0;
}

int
main(int argc, char **argv)
{
    int             fd, sockfd;
    int             csockfd;
    socklen_t       len;
    struct sockaddr_un client_unix_addr;

    if (argc != 2) {
        fprintf(stderr, "usage: %s <file path>\n", argv[0]);
        exit(1);
    }

    if ((sockfd = setup_server(SERVER_NAME)) < 0) {
        fprintf(stderr, "failed to set up server\n");
        exit(1);
    }

    if ((fd = open(argv[1], O_RDONLY)) < 0) {
        perror("open");
        close(sockfd);
        exit(1);
    }

    listen(sockfd, 0);

    for (;;) {
        len = sizeof(client_unix_addr);
        csockfd = accept(sockfd, (struct sockaddr *)&client_unix_addr, &len);
        if (csockfd < 0) {
            perror("accept");
            close(sockfd);
            exit(1);
        }

        if ((send_fd_using_sockfd(fd, csockfd) < 0))
            fprintf(stderr, "failed to send file descriptor (fd = %d)\n", fd);
        else
```

图 9-43（续）

```
            fprintf(stderr, "file descriptor sent (fd = %d)\n", fd);
        close(sockfd);
        close(csockfd);
        break;
    }

    exit(0);
}
```

图 9-43（续）

```
// fd_receiver.c

#include "fd_common.h"

int receive_fd_using_sockfd(int *fd, int sockfd);

int
receive_fd_using_sockfd(int *fd, int sockfd)
{
    ssize_t                 ret;
    u_char                  c;
    int                     errcond = 0;
    struct iovec            iovec[1];
    struct msghdr           msg;
    struct cmsghdr          *cmsghdrp;
    cmsghdr_msg_control_t   cmsghdr_msg_control;

    iovec[0].iov_base = &c;
    iovec[0].iov_len = 1;

    msg.msg_name = (caddr_t)0;
    msg.msg_namelen = 0;
    msg.msg_iov = iovec;
    msg.msg_iovlen = 1;
    msg.msg_control = cmsghdr_msg_control.msg_control;
    msg.msg_controllen = sizeof(cmsghdr_msg_control.msg_control);
    msg.msg_flags = 0;

    if ((ret = recvmsg(sockfd, &msg, 0)) <= 0) {
        perror("recvmsg");
        return ret;
    }

    cmsghdrp = CMSG_FIRSTHDR(&msg);
```

图 9-44　描述符传递客户的实现

```
    if (cmsghdrp == NULL) {
        *fd = -1;
        return ret;
    }

    if (cmsghdrp->cmsg_len != CMSG_LEN(sizeof(int)))
        errcond++;

    if (cmsghdrp->cmsg_level != SOL_SOCKET)
        errcond++;

    if (cmsghdrp->cmsg_type != SCM_RIGHTS)
        errcond++;

    if (errcond) {
        fprintf(stderr, "%d errors in received message\n", errcond);
        *fd = -1;
    } else
        *fd = *((int *)CMSG_DATA(cmsghdrp));

    return ret;
}

int
main(int argc, char **argv)
{
    char                buf[512];
    int                 fd = -1, sockfd, len, ret;
    struct sockaddr_un  server_unix_addr;

    bzero((char *)&server_unix_addr, sizeof(server_unix_addr));
    strcpy(server_unix_addr.sun_path, SERVER_NAME);
    server_unix_addr.sun_family = AF_LOCAL;
    len = strlen(SERVER_NAME) + 1;
    len += sizeof(server_unix_addr.sun_family);

    if ((sockfd = socket(AF_LOCAL, SOCK_STREAM, 0)) < 0) {
        perror("socket");
        exit(1);
    }

    if (connect(sockfd, (struct sockaddr *)&server_unix_addr, len) < 0) {
        perror("connect");
        close(sockfd);
        exit(1);
    }
```

图 9-44（续）

```
    ret = receive_fd_using_sockfd(&fd, sockfd);

    if ((ret < 0) || (fd < 0)) {
        fprintf(stderr, "failed to receive file descriptor\n");
        close(sockfd);
        exit(1);
    }

    printf("received file descriptor (fd = %d)\n", fd);
    if ((ret = read(fd, buf, 512)) > 0)
        write(1, buf, ret);

    exit(0);
}
```

图 9-44（续）

现在来测试描述符传递客户和服务器。

```
$ gcc -Wall -o fd_sender fd_sender.c
$ gcc -Wall -o fd_receiver fd_receiver.c
$ echo "Hello, Descriptor" > /tmp/message.txt
$ ./fd_sender /tmp/message.txt
...
        $ ./fd_receiver   # from another shell prompt
        received file descriptor (fd = 10)
        Hello, Descriptor
```

9.12　XSI IPC

　　单一 UNIX 规范把一组 IPC 接口定义为 XSI（X/Open System Interface）扩展的一部分。XSI IPC 接口实质上与（以前的）System V IPC 接口相同，后者受到大多数 UNIX 系统广泛支持，即使它们长时间以来并不是任何标准的一部分。Mac OS X 提供了用于 System V IPC 机制（即消息队列、信号量和共享内存）的系统调用。

　　XSI 是遵从 POSIX.1 的强制要求的超集。

9.13　POSIX IPC

　　POSIX 1003.1b-1993（POSIX93）标准引入了一组 IPC 接口，作为 POSIX 实时扩展（POSIX Real-time Extensions）的一部分。这些接口被统称为 POSIX IPC，它们定义了用于消息队列、信号量和共享内存的函数。POSIX IPC 函数与它们对应的 XSI 函数之间具有相当大的差别。

Mac OS X 10.4 没有提供 POSIX 消息队列。不过，它提供了 POSIX 信号量和共享内存接口。

XSI IPC 使用键作为 IPC 标识符，与之相比，POSIX IPC 为 IPC 对象使用字符串名称。单一 UNIX 规范指定了关于 IPC 名称的多个方面，但是没有指定其他几个方面，从而保持对特定于实现的行为开放，如下面的示例中所示。

- 未指定 IPC 名称是否出现在文件系统中。Mac OS X 不需要名称存在于文件系统中，如果它存在，那么它将不会影响 POSIX IPC 调用的行为。
- Mac OS X 允许 IPC 名称的长度至多为 31 个字符（包括 NUL 终止字符）。
- 如果 IPC 名称以斜杠字符开头，那么 IPC 打开函数（比如 sem_open()或 shm_open()）的任何具有相同名称的调用者都将引用相同的 IPC 对象，只要没有删除该名称即可。
- 如果 IPC 名称不是以斜杠字符开头，那么它的作用就是由实现定义的。Mac OS X 对这种情况的处理方式与名称以斜杠字符开头时完全相同。
- 对除名称中的前导斜杠字符以外的斜杠字符的解释是由实现定义的。Mac OS X 把 IPC 名称中的斜杠字符视作任何其他的字符。特别是，与文件系统路径名不同，它不会规范化多个斜杠字符。例如，下面的 IPC 名称是有效的，并且在 Mac OS X 上是不同的名称：ipcobject、/ipcobject、//ipcobject 和/ipcobject/。

9.13.1　POSIX 信号量

命名的 POSIX 信号量是使用 sem_open()创建的，并且使用 sem_unlink()删除它。sem_open()也用于把调用进程连接到现有的信号量。sem_close()用于关闭一个打开的信号量。这些函数类似于用于文件的 open()、unlink()和 close()函数。事实上，像 open()一样，sem_open()将接受 O_CREAT 和 O_EXCL 标志，以确定命名的对象是否只能被访问，或者还可以被创建。不过，信号量函数处理的不是基于整数的文件描述符，而是指向 sem_t 结构的指针。

POSIX 信号量是计数信号量：信号量上的锁定操作将把它的值递减 1，而解锁操作则会把它的值递增 1。从最简单的意义上讲，POSIX 信号量是一个整型变量，可以通过两个原子操作（sem_wait()和 sem_post()）访问它。给定一个打开的信号量，sem_wait()和 sem_post()分别用于在信号量上执行锁定和解锁操作。在调用 sem_wait()时，如果信号量的值为 0，调用者将会阻塞。可以通过信号中断这样的阻塞。

图 9-45 描述了用于以下 4 个简单程序的源代码，它们演示了 Mac OS X 上的 POSIX 信号量的工作方式。

- sem_create：如果命名信号量还不存在，就创建它。
- sem_unlink：删除现有的命名信号量。
- sem_post：解锁现有的命名信号量。
- sem_wait：锁定现有的命名信号量，并且会阻塞，直到它可以这样做为止。

这些程序都包括一个公共头文件（sem_common.h）。

```c
// sem_common.h

#ifndef _SEM_COMMON_H_
#define _SEM_COMMON_H_

#include <stdio.h>
#include <stdlib.h>
#include <semaphore.h>

#define CHECK_ARGS(count, msg) {                             \
    if (argc != count) {                                    \
        fprintf(stderr, "usage: %s " msg "\n", PROGNAME);   \
        exit(1);                                            \
    }                                                       \
}
#endif
```

```c
// sem_create.c

#include "sem_common.h"

#define PROGNAME "sem_create"

int
main(int argc, char **argv)
{
    int   val;
    sem_t *sem;

    CHECK_ARGS(3, "<path><value>");

    val = atoi(argv[2]);

    sem = sem_open(argv[1], O_CREAT | O_EXCL, 0644, val);
    if (sem == (sem_t *)SEM_FAILED) {
        perror("sem_open");
        exit(1);
    }

    sem_close(sem);

    exit(0);
}
```

```c
// sem_unlink.c
```

图 9-45 处理 POSIX 信号量

```
#include "sem_common.h"

#define PROGNAME "sem_unlink"

int
main(int argc, char **argv)
{
    int ret = 0;

    CHECK_ARGS(2, "<path>");

    if ((ret = sem_unlink(argv[1])) < 0)
        perror("sem_unlink");

    exit(ret);
}
```

```
// sem_post.c

#include "sem_common.h"

#define PROGNAME "sem_post"

int
main(int argc, char **argv)
{
    int    ret = 0;
    sem_t *sem;

    CHECK_ARGS(2, "<path>");

    sem = sem_open(argv[1], 0);
    if (sem == (sem_t *)SEM_FAILED) {
        perror("sem_open");
        exit(1);
    }

    if ((ret = sem_post(sem)) < 0)
        perror("sem_post");

    sem_close(sem);

    exit(ret);
}
```

图 9-45（续）

```
// sem_wait.c

#include "sem_common.h"

#define PROGNAME "sem_wait"

int
main(int argc, char **argv)
{
    int    ret = 0;
    sem_t *sem;

    CHECK_ARGS(2, "<path>");

    sem = sem_open(argv[1], 0);

    if (sem == (sem_t *)SEM_FAILED) {
        perror("sem_open");
        exit(1);
    }

    if ((ret = sem_wait(sem)) < 0)
        perror("sem_wait");

    printf("successful\n");

    sem_close(sem);

    exit(ret);
}
```

图 9-45（续）

可以使用 sem_create 创建具有某个初始计数（比如说 2）的信号量，来测试程序。然后，应该能够在那个信号量上调用 sem_wait 两次，而不会阻塞。第三次调用将会阻塞，并且可以调用 sem_post 一次解除阻塞。最后，可以使用 sem_unlink 删除信号量。

```
$ gcc -Wall -o sem_create sem_create.c
...
$ ./sem_create /semaphore 2
$ ./sem_create /semaphore 2
sem_open: File exists
$ ./sem_wait /semaphore
successful
$ ./sem_wait /semaphore
successful
$ ./sem_wait /semaphore      # blocks
```

```
                          # another shell prompt
                          $ ./sem_post /semaphore
successful
$ ./sem_unlink /semaphore
$ ./sem_wait /semaphore
sem_open: No such file or directory
```

除了命名的 POSIX 信号量之外，还存在无名的 POSIX 信号量，可以调用 sem_init()和 sem_destroy()分别初始化和销毁它们。在 Mac OS X 10.4 上不支持这两个系统调用。

命名的 POSIX 信号量是在 Mach 信号量之上实现的，本书将在 9.18.5 节中讨论它们。

9.13.2 POSIX 共享内存

可以使用 shm_open()创建命名的 POSIX 共享内存段，它也可用于打开现有的内存段——类似于使用 sem_open()。可以使用 shm_unlink()删除现有的内存段。

shm_open()返回一个文件描述符，可以通过 mmap()系统调用将其映射到内存中。一旦不再需要内存的访问权限，就可以通过 munmap()取消映射它，并且可以通过 close()关闭描述符。因此，POSIX 共享内存对象类似于内存映射的文件。注意：新创建的内存段的初始大小为 0，可以使用 ftruncate()设置特定的大小。可以通过在从 shm_open()获得的文件描述符上调用 fstat()来获取关于现有内存段的信息。

图 9-46 显示了用于 3 个简单程序的源代码，它们演示了 Mac OS X 上的 POSIX 共享内存的工作方式。

- shm_create：创建一个命名的共享内存段，并将给定的字符串复制给它。
- shm_info：显示关于现有内存段的信息。
- shm_unlink：删除现有的内存段。

这些程序都包括一个公共头文件（shm_common.h）。

```
// shm_common.h

#ifndef _SHM_COMMON_H_
#define _SHM_COMMON_H_

#include <stdio.h>
#include <stdlib.h>
#include <unistd.h>
#include <fcntl.h>
#include <sys/mman.h>

#define CHECK_ARGS(count, msg) {                               \
    if (argc != count) {                                       \
        fprintf(stderr, "usage: %s " msg "\n", PROGNAME);      \
```

图 9-46 处理 POSIX 共享内存

```
        exit(1);                                                    \
    }                                                               \
}
#endif
```

// shm_create.c

```c
#include "shm_common.h"
#include <string.h>

#define PROGNAME "shm_create"

int
main(int argc, char **argv)
{
    char     *p;
    int       shm_fd;
    size_t    len;

    CHECK_ARGS(3, "<path><shared string>");

    if((shm_fd = shm_open(argv[1],O_CREAT | O_EXCL | O_RDWR, S_IRWXU))<0) {
        perror("shm_open");
        exit(1);
    }

    len = strlen(argv[2]) + 1;
    ftruncate(shm_fd, len);
    if(!(p = mmap(NULL,len,PROT_READ | PROT_WRITE,MAP_SHARED, shm_fd,0))) {
        perror("mmap");
        shm_unlink(argv[1]);
        exit(1);
    }

    // copy the user-provided data into the shared memory
    snprintf(p, len + 1, "%s", argv[2]);
    munmap(p, len);

    close(shm_fd);

    exit(0);
}
```

// shm_info.c

图 9-46（续）

```
#include "shm_common.h"
#include <sys/stat.h>
#include <pwd.h>
#include <grp.h>

#define PROGNAME "shm_info"

void
print_stat_info(char *name, struct stat *sb)
{
    struct passwd *passwd;
    struct group  *group;
    char          filemode[11 + 1];

    passwd = getpwuid(sb->st_uid);
    group = getgrgid(sb->st_gid);
    strmode(sb->st_mode, filemode);

    printf("% s", filemode);

    if (passwd)
        printf("% s", passwd->pw_name);
    else
        printf("% d", sb->st_uid);

    if (group)
        printf("% s", group->gr_name);
    else
        printf("% d", sb->st_gid);
    printf("%u %s\n", (unsigned int)sb->st_size, name);
}

int
main(int argc, char **argv)
{
    char          *p;
    int           shm_fd;
    struct stat   sb;

    CHECK_ARGS(2, "<path>");

    if ((shm_fd = shm_open(argv[1], 0)) < 0) {
        perror("shm_open");
        exit(1);
    }
```

图 9-46（续）

```
    if (fstat(shm_fd, &sb)) {
        perror("fstat");
        exit(1);
    }

    print_stat_info(argv[1], &sb);

    p = mmap(NULL, sb.st_size, PROT_READ, MAP_SHARED, shm_fd, 0);
    printf("Contents: %s\n", p);
    munmap(p, sb.st_size);

    close(shm_fd);

    exit(0);
}

// shm_unlink.c

#include "shm_common.h"

#define PROGNAME "shm_unlink"

int
main(int argc, char **argv)
{
    int ret = 0;
    CHECK_ARGS(2, "<path>");

    if ((ret = shm_unlink(argv[1])))
        perror("shm_unlink");

    exit(ret);
}


$ gcc -Wall -o shm_create shm_create.c
$ gcc -Wall -o shm_info shm_info.c
$ gcc -Wall -o shm_unlink shm_unlink.c
$ ./shm_create /shm "what the world wants is character"
$ ./shm_info /shm
rwx------  amit  amit  4096 /shm
Contents: what the world wants is character
$ ./shm_unlink /shm
$ ./shm_info /shm
shm_open: No such file or directory
```

图 9-46（续）

9.14　Distributed Objects

Objective-C 运行时环境提供了一种称为 Distributed Objects 的 IPC 机制，它允许一个应用程序调用一个远程对象，该对象可能位于另一个应用程序中、相同应用程序中的不同线程中或者甚至位于在另一台计算机上运行的应用程序中。换句话说，Distributed Objects 支持机器内或机器间的远程消息传递。

Distributed Objects 使得可以相当简单地使远程对象在本地可用，尽管通常的与延迟、性能和可靠性相关的分布式计算警告仍然适用。现在来看一个使用 Distributed Objects 实现的客户-服务器系统。

在该系统中，服务器对象（DOServer）将实现 ClientProtocol Objective-C 协议，客户将如下所示调用它的方法。

- (void)helloFromClient:(id)：客户调用这个方法对服务器"问好"。
- (void)setA:(float)arg：客户调用这个方法把服务器变量 A 的值设置为给定的浮点值。
- (void)setB:(float)arg：客户调用这个方法把服务器变量 B 的值设置为给定的浮点值。
- (float)getSum：客户调用这个方法获取服务器变量 A 与 B 之和。

客户对象（DOClient）将实现单个方法，作为 ServerProtocol Objective-C 协议的一部分。将从服务器的 helloFromClient 方法的实现中调用这个方法——whoAreYou。它用于演示客户和服务器可以远程调用彼此的方法。

Objective-C 协议

Objective-C 正式协议是一个没有附加到类定义上的方法声明的列表。这些方法可以由任何类实现，然后就称之为**采用**（Adopt）协议。在类声明中，可以在超类规范后面的尖括号内指定所采用协议的逗号分隔的列表。

```
@interface class_name : superclass_name <protocol1, protocol2, ...>
```

远程对象的实现在 Objective-C 正式协议中广播它响应的消息。在我们的示例中，DOClient 类采用 ServerProtocol 协议，而 DOServer 则采用 ClientProtocol 协议。

服务器将创建 NSConnection 类的一个实例，用于在一个众所周知（对客户而言）的 TCP 端口上获得客户请求。然后，它将调用 NSConnection 类的 setRootObject 方法，将服务器对象附加到连接上。此后，就可以通过连接使该对象能够被其他进程使用。这称为**出售对象**（Vend an Object）。

> 注意：尽管可将套接字用于通信，但是 Distributed Objects 也可以使用其他的通信机制，比如 Mach 端口。而且，远程消息传递可以是同步的，并且会阻塞发送方，直到接收到应答为止，或者它也可以是异步的，在这种情况下，将不需要应答。

客户首先将建立一条通往服务器的连接——同样，它是 NSConnection 类的一个实例。然后，它将调用 NSConnection 类的 rootProxy 方法，获取用于连接的服务器端的根对象的代理。这样，客户在其地址空间中将具有一个**代理对象**（Proxy Object）——NSDistantObject 类的一个实例，用于表示服务器的地址空间中的出售对象。此后，客户就可以利用合理的透明度给代理对象发送消息——就像它是真实的对象一样。图 9-47 显示了客户和服务器的工作方式。

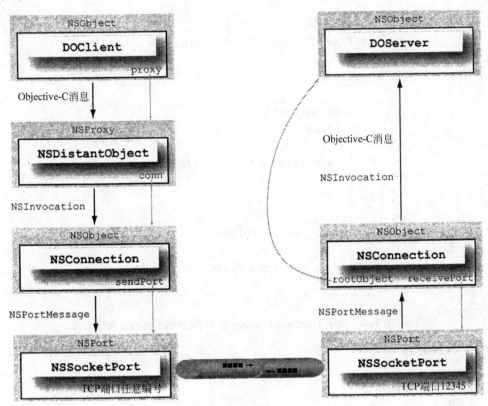

图 9-47　Distributed Objects 客户-服务器系统中的通信

在 Objective-C 中，本地对象的方法是通过给对象发送合适的消息来调用的。在图 9-47 中，当调用远程对象的方法时，Objective-C 消息将到达 NSDistantObject 实例，该实例通过把消息转变成 NSInvocation 类的实例，使之成为静态的。NSInvocation 实例是用于携带消息的所有成分的容器，比如：目标、选择器、参数、返回值以及参数和返回值的数据类型。NSConnection 实例将把 NSInvocation 对象编码成一种低级的、独立于平台的形式——NSPortMessage，其中包含本地端口、远程端口、消息 ID 以及编码的数据成分的数组。编码的数据最终将通过连接进行传送。在服务器上将发生相反的过程：当服务器接收到 NSPortMessage 时，将对其进行解码，并将其作为一个 NSPortMessage 提供给 NSConnection。NSConnection 将把 NSPortMessage 转换成一个 NSInvocation，并且最终把对应的消息以及参数发送给目标（出售对象）。这称为**分派 NSInvocation**（Dispatch the NSInvocation）。

该客户-服务器系统的实现包括一个公共头文件（do_common.h，如图 9-48 所示）、服务器源代码（do_server.m，如图 9-49 所示）以及客户源代码（do_client.m，如图 9-50 所示）。

```
// do_common.h

#import <Foundation/Foundation.h>
#include <sys/socket.h>

#define DO_DEMO_PORT 12345
#define DO_DEMO_HOST "localhost"

@protocol ClientProtocol

- (void)setA:(float)arg;
- (void)setB:(float)arg;
- (float)getSum;
- (void)helloFromClient:(id)client;

@end

@protocol ServerProtocol

- (bycopy NSString *)whoAreYou;

@end
```

图 9-48　用于 Distributed Objects 客户-服务器示例的公共头文件

```
// do_server.m

#import "do_common.h"

@interface DOServer : NSObject <ClientProtocol>
{
    float a;
    float b;
}
@end

// server

@implementation DOServer

- (id)init
{
    [super init];
    a = 0;
    b = 0;
```

图 9-49　用于 Distributed Objects 客户-服务器示例的服务器源代码

```
        return self;
}


- (void)dealloc
{
    [super dealloc];
}


- (void)helloFromClient:(in byref id<ServerProtocol>)client
{
    NSLog([client whoAreYou]);
}


- (oneway void)setA:(in bycopy float)arg
{
    a = arg;
}


- (oneway void)setB:(in bycopy float)arg
{
    b = arg;
}


- (float)getSum
{
    return (float)(a + b);
}


@end


// server main program

int
main(int argc, char **argv)
{
    NSSocketPort *port;
    NSConnection *connection;
    NSAutoreleasePool *pool = [[NSAutoreleasePool alloc] init];
    NSRunLoop *runloop = [NSRunLoop currentRunLoop];
    DOServer *server = [[DOServer alloc] init];


NS_DURING
    port = [[NSSocketPort alloc] initWithTCPPort:DO_DEMO_PORT];
NS_HANDLER
    NSLog(@"failed to initialize TCP port.");
```

图 9-49（续）

```
      exit(1);
NS_ENDHANDLER

   connection = [NSConnection connectionWithReceivePort:port sendPort:nil];
   [port release];
   // vend the object
   [connection setRootObject:server];
   [server release];
   [runloop run];
   [connection release];
   [pool release];

   exit(0);
}
```

图 9-49（续）

```
// do_client.m

#import "do_common.h"

@interface DOClient : NSObject <ServerProtocol>
{
    id proxy;
}

- (NSString *)whoAreYou;
- (void)cleanup;
- (void)connect;
- (void)doTest;

@end

// client

@implementation DOClient

- (void)dealloc
{
   [self cleanup];
   [super dealloc];
}

- (void)cleanup
{
   if (proxy) {
```

图 9-50 用于 Distributed Objects 客户-服务器示例的客户源代码

```objc
        NSConnection *connection = [proxy connectionForProxy];
        [connection invalidate];
        [proxy release];
        proxy = nil;
    }
}

- (NSString *)whoAreYou
{
    return @"I am a DO client.";
}

- (void)connect
{
    NSSocketPort *port;
    NSConnection *connection;

    port = [[NSSocketPort alloc] initRemoteWithTCPPort:DO_DEMO_PORT
                                            host:@DO_DEMO_HOST];
    connection = [NSConnection connectionWithReceivePort:nil sendPort:port];
    [connection setReplyTimeout:5];
    [connection setRequestTimeout:5];
    [port release];
NS_DURING
    proxy = [[connection rootProxy] retain];
    [proxy setProtocolForProxy:@protocol(ClientProtocol)];
    [proxy helloFromClient:self];
NS_HANDLER
    [self cleanup];
NS_ENDHANDLER
}

- (void)doTest
{
    [proxy setA:4.0];
    [proxy setB:9.0];
    float result = [proxy getSum];
    NSLog(@"%f", result);
}
@end

// client main program

int
main(int argc, char **argv)
```

图 9-50（续）

```
{
    NSAutoreleasePool *pool = [[NSAutoreleasePool alloc] init];
    DOClient *client = [[DOClient alloc] init];
    [client connect];
    [client doTest];
    [client release];
    [pool release];

    exit(0);
}
```

图 9-50（续）

现在来测试 Distributed Objects 客户-服务器系统。

```
$ gcc -Wall -o do_server do_server.m -framework Foundation
$ gcc -Wall -o do_client do_client.m -framework Foundation
$ ./do_server
   # another shell prompt
   $ ./do_client
   ... do_client[4741] 13.000000
... do_server[4740] I am a DO client.
```

注意： 在客户和服务器实现中使用了 NS_DURING、NS_HANDLER 和 NS_ENDHANDLER 宏。它们把异常处理域与本地异常处理程序分隔开。确切地讲，如果异常是在 NS_DURING 与 NS_HANDLER 之间的代码区域中引发的，就会给 NS_HANDLER 与 NS_ENDHANDLER 之间的代码区域提供一个机会来处理异常。图 9-51 说明了一段摘录的代码，其中具有这些宏的扩展形式。

```
NS_DURING      {
NS_DURING          NSHandler2 _localHandler;
NS_DURING          _NSAddHandler2(&_localHandler);
NS_DURING          if (!_NSSETJMP(_localHandler._state, 0)) {
                      // section of code
                      ...
NS_HANDLER            _NSRemoveHandler2(&_localHandler);
NS_HANDLER         } else {
NS_HANDLER            NSException *localException =
NS_HANDLER               _NSExceptionObjectFromHandler2(&_localHandler);
                      // local exception-handler code
                      ...
NS_ENDHANDLER         localException = nil;
NS_ENDHANDLER      }
NS_ENDHANDLER  }
```

图 9-51　Foundation 框架中的异常处理宏

9.15　Apple Events

Mac OS X 包括一种系统范围的用户级 IPC 机制，称为 **Apple Events**。**Apple Events** 是能够封装任意复杂数据和操作的消息。Apple Events 机制提供了用于运送和分派这些消息的框架。Apple Events 通信可以是进程内或者进程间的，包括在不同网络计算机上的进程之间。一般来讲，一个实体可以通过交换 Apple Events 从另一个实体请求信息或服务。

AppleScript 是 Mac OS X 上首选的脚本系统，允许直接控制应用程序和系统的许多部分。可以使用 AppleScript 脚本语言编写程序（或 AppleScripts），以自动执行操作以及与应用程序之间交换数据，或者发送命令给应用程序。由于 AppleScript 使用 Apple Events 与应用程序通信，应用程序必须能够理解这样的消息，以及执行请求的操作——也就是说，应用程序必须是**可编写脚本**（Scriptable）的。Mac OS X Cocoa 和 Carbon 框架支持创建可编写脚本的应用程序[①]。大多数基于 GUI 的 Mac OS X 应用程序都至少支持一些基本的 Apple Events，比如 Finder 用于启动应用程序以及提供一份文档列表以便让其打开的 Apple Events。

AppleScript 具有与自然语言类似的语法。考虑图 9-52 中显示的示例。

```
-- osversion.scpt
tell application "Finder"
    -- get "raw" version
    set version_data to system attribute "sysv"

    -- get the 'r' in MN.m.r, where MN=major, m=minor, r=revision
    set revision to ((version_data mod 16) as string)

    -- get the 'm' in MN.m.r
    set version_data to version_data div 16
    set minor to ((version_data mod 16) as string)

    -- get the 'N' in MN.m.r
    set version_data to version_data div 16
    set major to ((version_data mod 16) as string)

    -- get the 'M' in MN.m.r
    set version_data to version_data div 16
    set major to ((version_data mod 16) as string) & major

    -- paste it all together
    set os_version to major & "." & minor & "." & revision
    set message to "This is Mac OSX " & os_version
```

图 9-52　用于说出系统版本的 AppleScript 程序

---

① 尽管 Java 应用程序通常不可编写脚本，但是无需包括原始代码，即可使之在某种程度上能够编写脚本。

```
    say message
    return os_version
end tell
```

图 9-52（续）

Mac OS X 提供了一种标准的、可扩展的机制，称为 **OSA**（Open Scripting Architecture，开放式脚本编写体系结构），它可用于以任何语言实现并使用基于 Apple Events 的 IPC[①]。AppleScript 是 Apple 提供的唯一一种 OSA 语言。可以使用 osalang 命令行工具列出所有安装的 OSA 语言。

```
$ osalang -l
ascr appl cgxervdh AppleScript
scpt appl cgxervdh Generic Scripting System
```

osalang 的输出中的第一列是组件子类型，其后接着制造商、能力标志和语言名称。能力标志字符串中的每个字母（除非它是-字符）指定是否支持特定的可选例程组。例如，c 意指支持脚本的编译，而 r 则意指支持记录脚本。Generic Scripting System 条目是一个伪条目，可以透明地支持所有安装的 OSA 脚本编写系统。

可以使用 osascript 命令行工具执行 AppleScripts——或者以任何安装的 OSA 语言编写的脚本。可以使用 osascript 运行图 9-52 中的示例脚本。

```
$ osascript osversion.scpt
10.4.6
```

这将导致发送和接收多个 Apple Events，并将指示 Finder 获取 Mac OS X 系统版本，它将存储在 version_data 变量中。这将构造用于公告版本的人类友好的版本字符串和消息，之后 Finder 将运行 AppleScript 命令 say，把公告字符串转换成语音。

如果希望查看由于运行 AppleScript 而生成的 Apple Events 的内部细节，可以在设置一个或多个 AppleScript 调试环境变量的情况下运行它。例如，把 AEDebugVerbose、AEDebugReceives 和 AEDebugSends 这些环境变量都设置为 1，将会打印出发送和接收的 Apple Events 的极其详细的记录。

```
$ AEDebugVerbose=1 AEDebugSends=1 AEDebugReceives=1 osascript
                                                    osversion.scpt
AE2000 (2185): Sending an event:
------oo start of event oo------
{ 1 } 'aevt': ascr/gdut (ppc){
          return id: 143196160 (0x8890000)
     transaction id: 0 (0x0)
  interaction level: 64 (0x40)
     reply required: 1 (0x1)
             remote: 0 (0x0)
```

---

① 存在针对其他语言（比如 JavaScript）的第三方实现。

```
  target:
    { 2 } 'psn ': 8 bytes {
      { 0x0, 0x2 } (osascript)
    }
  optional attributes:
    < empty record >
  event data:
    { 1 } 'aevt': - 0 items {
    }
}
...
{ 1 } 'aevt': - 0 items {
    }
}

------oo end of event oo------
10.4.6
```

AppleScript Studio 应用程序（与 Xcode 包括在一起）可用于快速开发复杂的 AppleScript，包括那些具有用户界面元素的 AppleScript。还可以把文本式 AppleScript 编译成独立的应用程序捆绑组件。

现在来看另外一些使用 Apple Events 的示例，包括如何在 C 程序中生成和发送 Apple Events。

9.15.1　在 AppleScript 中使用 Apple Events 平铺应用程序窗口

这个示例是一个名为 NTerminal.scpt 的 AppleScript 程序，它与 Mac OS X Terminal 应用程序（Terminal.app）通信，指示它打开并且平铺给定数量的窗口。如果 Terminal.app 还没有运行，那么运行 NTerminal.scpt 将启动它。然后，将打开给定数量的 Terminal 窗口——通过 desiredWindowsTotal 变量指定。如果已经打开了 desiredWindowsTotal 个或者更多的窗口，将不会进一步打开额外的 Terminal 窗口。最后，NTerminal.scpt 将在一个网格中平铺 desiredWindowsTotal 个窗口，其中每一行具有 desiredWindowsPerRow 个窗口。

注意：脚本比较幼稚——它不会处理将导致复杂排列的变化的窗口大小。而且，它的真实功用是多余的，因为 Terminal.app 已经支持在.term 文件中保存窗口排列方式，以便往后进行恢复。

图 9-53 显示了 NTerminal.scpt 程序。可以基于显示屏幕的大小，调整 desiredWindowsTotal 和 desiredWindowsPerRow 参数。

```
-- NTerminal.scpt

tell application "Terminal"

    launch

    -- Configurable parameters
    set desiredWindowsTotal to 4
    set desiredWindowsPerRow to 2

    -- Ensure we have N Terminal windows: open new ones if there aren't enough
    set i to (count windows)
    repeat
        if i >= desiredWindowsTotal
            exit repeat
        end if
        do script with command "echo Terminal " & i
        set i to i + 1
    end repeat

    -- Adjust window positions
    set i to 1
    set j to 0
    set { x0, y0 } to { 0, 0 }
    set listOfWindows to windows

    repeat
        if i > desiredWindowsTotal then
            exit repeat
        end if
        tell item i of listOfWindows
            set { x1, y1, x2, y2 } to bounds
            set newBounds to { x0, y0, x0 + x2 - x1, y0 + y2 - y1 }
            set bounds to newBounds
            set j to j + 1
            set { x1, y0, x0, y1 } to bounds
            if j = desiredWindowsPerRow then -- Move to the next row
                set x0 to 0
                set y0 to y1
                set j to 0
            end if
        end tell
        set i to i + 1
    end repeat
end tell
```

图 9-53　用于打开并平铺 Terminal 应用程序窗口的 AppleScript 程序

9.15.2　在 C 程序中构建和发送 Apple Event

在这个示例中，将"手动"设计并发送 Apple Event 给 Finder。它将发送两类事件：一个将导致 Finder 使用对应文档类型的首选应用程序打开给定的文档，另一个将导致 Finder 在 Finder 窗口中呈现给定的文档。

本示例将使用 AEBuild 函数家族构造内存中的 Apple Event 结构，可以通过 AESend() 函数把它们发送给其他应用程序。在使用 AEBuild 函数构造 Apple Event 时，将使用一种事件描述语言，利用 C 风格的格式化字符串描述事件。AEBuild 函数将解析程序员提供的字符串，生成事件描述符，从而简化将不得不增量式构造此类事件描述符的痛苦过程。

事件描述符记录是一组任意排序的名-值对，其中每个名称都是 4 字母的类型代码，而对应的值就是有效的描述符。名-值对内的名称和值用冒号隔开，而多个名-值对之间则用逗号隔开。

现在来编译并运行图 9-54 中所示的程序。

```
// AEFinderEvents.c

#include <Carbon/Carbon.h>


OSStatus
AEFinderEventBuildAndSend(const char    *path,
                          AEEventClass  eventClass,
                          AEEventID     eventID)
{
    OSStatus         err = noErr;
    FSRef            fsRef;
    AliasHandle      fsAlias;
    AppleEvent       eventToSend = { typeNull, nil };
    AppleEvent       eventReply  = { typeNull, nil };
    AEBuildError     eventBuildError;
    const OSType     finderSignature = 'MACS';

    if((err = FSPathMakeRef((unsigned char *)path, &fsRef, NULL))!=noErr) {
        fprintf(stderr, "Failed to get FSRef from path (%s)\n", path);
        return err;
    }

    if ((err = FSNewAliasMinimal(&fsRef, &fsAlias)) != noErr) {
        fprintf(stderr, "Failed to create alias for path (%s)\n", path);
        return err;
    }
```

图 9-54　从 C 程序发送 Apple Event 给 Finder

```
    err = AEBuildAppleEvent(
            eventClass,             // Event class for the resulting event
            eventID,                // Event ID for the resulting event
            typeApplSignature,      // Address type for next two parameters
            &finderSignature,       // Finder signature (pointer to address)
            sizeof(OSType),         // Size of Finder signature
            kAutoGenerateReturnID,  // Return ID for the created event
            kAnyTransactionID,      // Transaction ID for this event
            &eventToSend,           // Pointer to location for storing result
            &eventBuildError,       // Pointer to error structure
            "'----':alis(@@)",      // AEBuild format string describing the
                                    // AppleEvent record to be created
            fsAlias
        );
    if (err != noErr) {
        fprintf(stderr, "Failed to build Apple Event (error %d)\n", (int)err);
        return err;
    }

    err = AESend(&eventToSend,
            &eventReply,
            kAEWaitReply,           // Send mode (wait for reply)
            kAENormalPriority,
            kNoTimeOut,
            nil,                    // No pointer to idle function
            nil);                   // No pointer to filter function

    if (err != noErr)
        fprintf(stderr, "Failed to send Apple Event (error %d)\n", (int)err);

    // Dispose of the send/reply descs
    AEDisposeDesc(&eventToSend);
    AEDisposeDesc(&eventReply);

    return err;
}


int
main(int argc, char **argv)
{
    switch (argc) {
    case 2:
        (void)AEFinderEventBuildAndSend(argv[1], kCoreEventClass,
                                    kAEOpenDocuments);
        break;
```

图 9-54 （续）

```
case 3:
    (void)AEFinderEventBuildAndSend(argv[2], kAEMiscStandards,
                                    kAEMakeObjectsVisible);
    break;

default:
    fprintf(stderr, "usage: %s [-r] <path>\n", argv[0]);
    exit(1);
    break;
}

exit(0);
}
```

图 9-54（续）

当只利用文件或目录的路径名运行程序时，程序将导致 Finder 打开该文件系统对象——类似于使用/usr/bin/open 命令。将利用对应此文件类型的首选应用程序打开文件，而在打开目录时将把它的内容显示在新的 Finder 窗口中。当给程序提供-r 选项时，它将呈现文件系统对象——也就是说，将在 Finder 窗口中显示文件或目录以及所选的对应图标。注意：在这种情况下，将不会显示目录的内容。

```
$ gcc -Wall -o AEFinderEvents AEFinderEvents.c -framework Carbon
$ ./AEFinderEvents -r /tmp/
...
$ echo hello > /tmp/file.txt
$ ./AEFinderEvents /tmp/file.txt
...
```

    open 命令构建于 AppKit 框架的 NSWorkspace 类之上，该类反过来将使用 Launch Services 框架。

9.15.3 通过发送 Apple Event 导致系统睡眠

在这个示例中，将创建并发送一个 kAESleep Apple Event 给**系统进程**（System Process），导致系统进入睡眠状态。loginwindow 程序是系统进程，尽管在该程序中将不会通过名称或进程 ID 引用系统进程——它将使用特殊的进程序号{ 0, kSystemProcess }指定 Apple Event 的目标。

```
// sleeper.c

#include <Carbon/Carbon.h>

int
main(void)
```

```
{
    OSStatus                osErr = noErr;
    AEAddressDesc           target;
    ProcessSerialNumber     systemProcessPSN;
    AppleEvent              eventToSend, eventToReceive;

    // Initialize some data structures
    eventToSend.descriptorType    = 0;
    eventToSend.dataHandle        = NULL;
    eventToReceive.descriptorType = 0;
    eventToReceive.dataHandle     = NULL;
    systemProcessPSN.highLongOfPSN = 0;
    systemProcessPSN.lowLongOfPSN  = kSystemProcess;

    // Create a new descriptor record for target
    osErr = AECreateDesc(typeProcessSerialNumber,// descriptor type
                    &systemProcessPSN,      // data for new descriptor
                    sizeof(systemProcessPSN), // length in bytes
                    &target);               // new descriptor returned
    if (osErr != noErr) {
        fprintf(stderr, "*** failed to create descriptor for target\n");
        exit(osErr);
    }

    // Create a new Apple Event that we will send
    osErr = AECreateAppleEvent(
            kCoreEventClass,        // class of Apple Event
            kAESleep,               // event ID
            &target,                // target for event
            kAutoGenerateReturnID,// use auto ID unique to current session
            kAnyTransactionID,      // we are not doing an event sequence
            &eventToSend);          // pointer for result
    if (osErr != noErr) {
        fprintf(stderr, "*** failed to create new Apple Event\n");
        exit(osErr);
    }

    // Send the Apple Event
    osErr = AESend(&eventToSend,
                    &eventToReceive,        // reply
                    kAENoReply,             // send mode
                    kAENormalPriority,      // send priority
                    kAEDefaultTimeout,      // timeout in ticks
                    NULL,                   // idle function pointer
                    NULL);                  // filter function pointer
    if (osErr != noErr) {
        fprintf(stderr, "*** failed to send Apple Event\n");
```

```
        exit(osErr);
    }

    // Deallocate memory used by the descriptor
    AEDisposeDesc(&eventToReceive);
    exit(0);
}
```

```
$ gcc -Wall -o sleeper sleeper.c -framework Carbon
$ ./sleeper # make sure you mean to do this!
```

9.16　通　　知

简单地讲,通知是一个实体给另一个实体发送的消息,用于通知后者发生了某个事件。下面列出了 Mac OS X 上下文中的通知的一些常规方面以及通知机制。

- 通知可以出现在进程内、进程间或者甚至出现在内核与用户线程之间。还可以把单个通知广播给多个参与方。Mac OS X 提供了用户级和内核级通知机制。
- 可以利用多种方式传送通知消息,例如,使用 Mach IPC、信号、共享内存等。单个通知 API 可能提供多种递送机制。
- 在典型的进程间通知机制中,一方以编程方式利用(通常)集中的通知代理注册一个请求。注册包括调用者有兴趣了解的事件类型的详细信息。Mac OS X 框架把这样一个感兴趣的参与方称为**观察者**(Observer)。
- 可能由于感兴趣的事件发生而生成通知,或者可能由发布者以编程方式发布(制造)它。根据程序逻辑,观察者和发布者可能是同一个进程。

现在来探讨 Mac OS X 中的一些重要的通知机制。其中一些是通用的通知机制,允许程序交换任意的信息,而另外一些则是专用机制,只支持特定的通知类型。

9.16.1　Foundation 通知

Foundation 框架提供了 NSNotificationCenter 类和 NSDistributedNotificationCenter 类,分别用于进程内和进程间的通知。这两个类使用通知代理的抽象——**通知中心**(Notification Center)。可以通过 defaultCenter 类方法访问用于任何一个类的默认通知中心。

每个进程都具有一个默认的、自动创建的进程本地的 NSNotificationCenter 对象。这个类提供了用于添加观察者、删除观察者和发布通知的实例方法。单个通知被表示为一个 NSNotification 对象,它包括名称、对象和一个可选的字典,其中可以包含任意关联的数据。

NSDistributedNotificationCenter 类在概念上是相似的,并且提供了类似的方法。由于它的作用域是系统级的,因此它需要不同的代理——分布式通知守护进程(/usr/sbin/distnoted)提供相关的服务。在系统自举期间将自动启动 distnoted。

现在来看一个在 Objective-C 程序中使用分布式通知的示例。这个示例包括两个程序:观察者和发布者。发布者获取字符串的名-值对,并且调用 postNotificationName:object:选择器。后者将创建一个 NSNotification 对象，将给定的名称和值与之关联起来，并把它发布到分布式通知中心。图 9-55 显示了用于发布者的源代码。

```
// NSNotificationPoster.m

#import <AppKit/AppKit.h>

#define PROGNAME "NSNotificationPoster"

int
main(int argc, char **argv)
{
    if (argc != 3) {
        fprintf(stderr, "usage: %s <some name><some value>\n", PROGNAME);
        exit(1);
    }

    NSAutoreleasePool *pool = [[NSAutoreleasePool alloc] init];

    NSString *someName = [NSString stringWithCString:argv[1]
                                    encoding:NSASCIIStringEncoding];
    NSString *someValue = [NSString stringWithCString:argv[2]
                                    encoding:NSASCIIStringEncoding];

    NSNotificationCenter *dnc = [NSDistributedNotificationCenter defaultCenter];
    [dnc postNotificationName:someName object:someValue];

    [pool release];

    exit(0);
}
```
图 9-55　用于发布分布式通知（NSNotification）的程序

观察者与分布式通知中心通信，在所有分布式通知中注册它的兴趣，之后它将简单地在一个循环中运行，在每个通知到达时打印出它的名称和值。图 9-56 显示了用于观察者的源代码。

```
// NSNotificationObserver.m

#import <AppKit/AppKit.h>

@interface DummyNotificationHandler : NSObject
{
    NSNotificationCenter *dnc;
}
```
图 9-56　用于观察分布式通知（NSNotification）的程序

```
- (void)defaultNotificationHandler:(NSNotification *)notification;

@end

@implementation DummyNotificationHandler

- (id)init
{
    [super init];
    dnc = [NSDistributedNotificationCenter defaultCenter];
    [dnc addObserver:self
          selector:@selector(defaultNotificationHandler:)
              name:nil
            object:nil];
    return self;
}

- (void)dealloc
{
    [dnc removeObserver:self name:nil object:nil];
    [super dealloc];
}

- (void)defaultNotificationHandler:(NSNotification *)notification
{
    NSLog(@"name=%@ value=%@", [notification name], [notification object]);
}

@end

int
main(int argc, char **argv)
{
    NSAutoreleasePool *pool = [[NSAutoreleasePool alloc] init];
    NSRunLoop *runloop = [NSRunLoop currentRunLoop];
    [[DummyNotificationHandler alloc] init];
    [runloop run];
    [pool release];
    exit(0);
}
```

图 9-56（续）

现在可以测试程序，首先运行观察者，然后通过发布者发布几个通知。

```
$ gcc -Wall -o observer NSNotificationObserver.m -framework Foundation
$ gcc -Wall -o poster NSNotificationPoster.m -framework Foundation
```

```
$ ./observer
  # another shell prompt
  $ ./poster system mach
2005-09-17 20:39:10.093 observer[4284] name=system value=mach
```

注意：由于 observer 程序在添加 DummyNotificationHandler 类实例作为观察者时指定了通知名称，并且把对象标识为 nil，因此它将接收到 distnoted 广播的所有其他的系统级通知。

9.16.2　notify(3) API

Mac OS X 提供了一种无状态的系统级通知系统，用户程序可以通过 notify(3) API 使用它的服务。该机制被实现为客户-服务器系统。通知服务器（/usr/sbin/notifyd）提供了一个系统级通知中心，它是在系统的正常自举期间启动的守护进程之一。客户 API 被实现为系统库的一部分，它使用 Mach IPC 与服务器通信。

系统的所有客户在系统级共享的命名空间中将 notify(3)通知与一个 null 终止的、UTF-8 编码的字符串名称相关联。尽管通知名称可以是任意的，Apple 仍然建议使用反向 DNS 命名约定。带有 com.apple.前缀的名称是为 Apple 预留的，而带有 self.前缀的名称应该由程序用于进程本地的通知。

客户可以调用 notify_post()函数为给定的名称发布通知，该函数接受单个参数：通知的名称。

客户可以为通知监视给定的名称。而且，客户可以指定一种机制，系统应该通过它把通知递送给客户。受支持的递送机制如下：发送指定的**信号**（Signal）、写到**文件描述符**（File Descriptor）、发送消息给 **Mach** 端口（Mach Port），以及更新**共享内存**（Shared Memory）位置。客户可以分别调用 notify_register_signal()、notify_register_file_descriptor()、notify_register_mach_port()和 notify_register_check()针对这些机制进行注册。每个注册函数都给调用者提供了一个令牌，如果必要，还会提供一个特定于机制的对象，比如 Mach 端口或文件描述符，客户将使用它接收通知。可以结合使用令牌与 notify_check()调用，检查是否为关联的名称发布了任何通知。也可以结合使用令牌与 notify_cancel()调用，取消通知并释放任何关联的资源。

现在来查看一个使用 notify(3) API 发布和接收通知的示例。图 9-57 显示了一个公共头文件，其中定义了通知的名称。它使用一个公共前缀，其后接着 descriptor、mach_port 或 signal 之一，指示在为每个名称注册时将指定的递送机制。

```
// notify_common.h

#ifndef _NOTIFY_COMMON_H_
#define _NOTIFY_COMMON_H_

#include <stdio.h>
```

图 9-57　用于定义通知名称的公共头文件

```
#include <unistd.h>
#include <stdlib.h>
#include <notify.h>

#define PREFIX "com.osxbook.notification."
#define NOTIFICATION_BY_FILE_DESCRIPTOR    PREFIX "descriptor"
#define NOTIFICATION_BY_MACH_PORT          PREFIX "mach_port"
#define NOTIFICATION_BY_SIGNAL             PREFIX "signal"

#define NOTIFICATION_CANCEL                PREFIX "cancel"

#endif
```

图 9-57（续）

　　图 9-58 显示了将用于发布通知的程序。注意：发布将独立于递送机制——总是使用 notify_post()显示发布通知，而不管它是如何递送的。

// notify_producer.c

```
#include "notify_common.h"

#define PROGNAME "notify_producer"

int
usage(void)
{
    fprintf(stderr, "usage: %s -c|-f|-p|-s\n", PROGNAME);
    return 1;
}

int
main(int argc, char **argv)
{
    int   ch, options = 0;
    char *name;

    if (argc != 2)
        return usage();

    while ((ch = getopt(argc, argv, "cfps")) != —1) {
        switch (ch) {
        case 'c':
            name = NOTIFICATION_CANCEL;
            break;
        case 'f':
```

图 9-58　用于发布 notify(3)通知的程序

```
                name = NOTIFICATION_BY_FILE_DESCRIPTOR;
                break;
            case 'p':
                name = NOTIFICATION_BY_MACH_PORT;
                break;
            case 's':
                name = NOTIFICATION_BY_SIGNAL;
                break;
            default:
                return usage();
                break;
        }
        options++;
    }
    if (options == 1)
        return (int)notify_post(name);
    else
        return usage();
}
```

图 9-58（续）

现在来编写消费者程序，用于接收由图 9-58 中的程序产生的通知。可以为 4 种特定的通知进行注册，一种将通过信号递送，另一种将通过文件描述符递送，还有两种将通过 Mach 消息递送，其中之一将用作取消触发器——它将导致程序取消所有的注册并退出。图 9-59 显示了该消费者程序。

```
// notify_consumer.c

#include "notify_common.h"
#include <pthread.h>
#include <mach/mach.h>
#include <signal.h>


void sighandler_USR1(int s);
void cancel_all_notifications(void);
static int token_fd = -1, token_mach_port = -1, token_signal = -1;
static int token_mach_port_cancel = -1;

void *
consumer_file_descriptor(void *arg)
{
    int     status;
    int fd, check;

    status=notify_register_file_descriptor(NOTIFICATION_BY_FILE_DESCRIPTOR,
```

图 9-59　通过多种机制接收通知

```
                                         &fd, 0, &token_fd);
    if (status != NOTIFY_STATUS_OK) {
        perror("notify_register_file_descriptor");
        return (void *)status;
    }

    while (1) {
        if ((status = read(fd, &check, sizeof(check))) < 0)
            return (void *)status;  // perhaps the notification was canceled
        if (check == token_fd)
            printf("file descriptor: received notification\n");
        else
            printf("file descriptor: spurious notification?\n");
    }

    return (void *)0;
}

void *
consumer_mach_port(void *arg)
{
    int                 status;
    kern_return_t       kr;
    mach_msg_header_t    msg;
    mach_port_t          notify_port;

    status=notify_register_mach_port(NOTIFICATION_BY_MACH_PORT, &notify_port,
                                0, &token_mach_port);
    if (status != NOTIFY_STATUS_OK) {
        perror("notify_register_mach_port");
        return (void *)status;
    }

    // to support cancellation of all notifications and exiting, we register
    // a second notification here, but reuse the Mach port allocated above
    status = notify_register_mach_port(NOTIFICATION_CANCEL, &notify_port,
                                NOTIFY_REUSE, &token_mach_port_cancel);
    if (status != NOTIFY_STATUS_OK) {
        perror("notify_register_mach_port");
        mach_port_deallocate(mach_task_self(), notify_port);
        return (void *)status;
    }

    while (1) {
        kr = mach_msg(&msg,                          // message buffer
```

图 9-59（续）

```
                    MACH_RCV_MSG,              // option
                    0,                         // send size
                    MACH_MSG_SIZE_MAX,         // receive limit
                    notify_port,               // receive name
                    MACH_MSG_TIMEOUT_NONE,     // timeout
                    MACH_PORT_NULL);           // cancel/receive notification
        if (kr != MACH_MSG_SUCCESS)
            mach_error("mach_msg(MACH_RCV_MSG)", kr);

        if (msg.msgh_id == token_mach_port)
            printf("Mach port: received notification\n");
        else if (msg.msgh_id == token_mach_port_cancel) {
            cancel_all_notifications();
            printf("canceling all notifications and exiting\n");
            exit(0);
        } else
            printf("Mach port: spurious notification?\n");
    }


    return (void *)0;
}


void
sighandler_USR1(int s)
{
    int status, check;

    status = notify_check(token_signal, &check);
    if ((status == NOTIFY_STATUS_OK) && (check != 0))
        printf("signal: received notification\n");
    else
        printf("signal: spurious signal?\n");
}

void *
consumer_signal(void *arg)
{
    int status, check;

// set up signal handler
    signal(SIGUSR1, sighandler_USR1);

    status = notify_register_signal(NOTIFICATION_BY_SIGNAL, SIGUSR1,
                                    &token_signal);
    if (status != NOTIFY_STATUS_OK) {
```

图 9-59（续）

```
        perror("notify_register_signal");
        return (void *)status;
    }

    // since notify_check() always sets check to 'true' when it is called for
    // the first time, we make a dummy call here
    (void)notify_check(token_signal, &check);

    while (1) {
        // just sleep for a day
        sleep(86400);
    }

    return (void *)0;
}


void
cancel_all_notifications(void)
{
    if (token_fd != -1)
        notify_cancel(token_fd);
    if (token_mach_port != -1)
        notify_cancel(token_mach_port);
    if (token_signal != -1)
        notify_cancel(token_signal);
}


int
main(int argc, char **argv)
{
    int ret;
    pthread_t pthread_fd, pthread_mach_port;

    if ((ret = pthread_create(&pthread_fd, (const pthread_attr_t *)0,
                            consumer_file_descriptor, (void *)0)))
        goto out;

    if ((ret = pthread_create(&pthread_mach_port, (const pthread_attr_t *)0,
                            consumer_mach_port, (void *)0)))
        goto out;

    if (consumer_signal((void *)0) != (void *)0)
        goto out;

out:
    cancel_all_notifications();
```

图 9-59（续）

```
   return 0;
}


$ gcc -Wall -o notify_consumer notify_consumer.c
$ gcc -Wall -o notify_producer notify_producer.c
$ ./notification_consumer
   # another shell prompt
   $ ./notify_producer -f
file descriptor: received notification
   $ ./notify_producer -p
Mach port: received notification
   $ ./notify_producer -s
signal: received notification
   $ killall -USR1 notify_consumer
signal: spurious signal?
   $ ./notify_producer -c
canceling all notifications and exiting
$
```

图 9-59（续）

　　一旦在为通知进行注册之后具有令牌，还可以调用 notify_monitor_file()使用令牌监视
文件路径名，其参数包括令牌和路径名。此后，除了通过 notify_post()显式发布的通知之外，
每次修改路径名时，系统都将递送一个通知。注意：在调用 notify_monitor_file()时，路径
名不必存在——如果它不存在，第一个通知将对应文件的创建。可以把图 9-60 中所示的代
码（高亮显示的部分）添加到图 9-59 中的 consumer_mach_port()函数中，使得无论何时修
改给定的路径（比如说，/tmp/notify.cancel），程序都会退出。

```
   void *
   consumer_mach_port(void *arg)
   {
      ...
      status = notify_register_mach_port(NOTIFICATION_CANCEL, &notify_port,
                          NOTIFY_REUSE, &token_mach_port_cancel);
      if (status != NOTIFY_STATUS_OK) {
         perror("notify_register_mach_port");
         mach_port_deallocate(mach_task_self(), notify_port);
         return (void *)status;
      }

      status = notify_monitor_file(token_mach_port_cancel,
              "/tmp/notify.cancel");
      if (status != NOTIFY_STATUS_OK) {
         perror("notify_monitor_file");
```

图 9-60　通过 notify(3)监视文件

```
        mach_port_deallocate(mach_task_self(), notify_port);
        return (void *)status;
    }

    while (1) {
        ...
    }
    ...
}
```

图 9-60（续）

9.16.3　内核事件通知机制（kqueue(2)）

　　Mac OS X 提供了一种源于 FreeBSD 的称为 **kqueue** 的机制，用于内核事件通知。该机制因 kqueue 数据结构（struct kqueue [bsd/sys/eventvar.h]）而得名，这个数据结构代表事件的内核队列。

　　程序通过 kqueue()和 kevent()系统调用使用这种机制。kqueue()创建新的内核事件队列并且返回一个文件描述符。在内核中由 kqueue()执行的特定操作如下。

- 创建一个新的打开的文件结构（struct fileproc [bsd/sys/file_internal.h]）并且分配一个文件描述符，调用进程将使用它指代打开的文件。
- 分配并初始化一个 kqueue 数据结构（struct kqueue [bsd/sys/eventvar.h]）。
- 将文件结构的 f_flag 字段设置为(FREAD|FWRITE)，指定打开文件以便进行读和写。
- 将文件结构的 f_type（描述符类型）字段设置为 DTYPE_KQUEUE，指定描述符引用 kqueue。
- 将文件结构的 f_ops 字段（文件操作表）设置为指向 kqueueops 全局结构变量 [bsd/kern/kern_event.c]。
- 将文件结构的 f_data 字段（私有数据）设置为指向新分配的 kqueue 结构。

　　kevent()同时用于利用内核队列（给定对应的描述符）注册事件以及用于获取任何未决事件。通过 kevent 结构[bsd/sys/event.h]表示事件。

```
struct kevent {
    uintptr_t   ident;       // identifier for this event
    short       filter;      // filter for event
    u_short     flags;       // action flags for kqueue
    u_int       fflags;      // filter flag value
    intptr_t    data;        // filter data value
    void        *udata;      // opaque user data identifier
};
```

　　内核事件是由内核的多个部分调用 kqueue 函数生成的，用于添加内核注释（struct knote [bsd/sys/event.h]）。proc 结构的 p_klist 字段是附加的内核注释的列表。

　　调用者可以填充一个 kevent 结构，并且调用 kevent()在该事件发生时请求得到通知。

kevent 结构的 filter 字段指定用于处理事件的内核过滤器。内核将基于过滤器解释 ident 字段。例如，过滤器可以是 EVFILT_PROC，它意味着调用者对与进程相关的事件感兴趣，比如进程退出或分支。在这种情况下，ident 字段就会指定一个进程 ID。表 9-9 显示了系统定义的过滤器以及对应的标识符类型。

表 9-9　kqueue 过滤器

过　滤　器	标　识　符	事件的示例
EVFILT_FS	—	将要挂接或卸载文件系统、NFS 服务器没有响应、在 HFS+文件系统上空闲空间降至最低阈值以下
EVFILT_PROC	进程 ID	进程执行分支、exec 或退出操作
EVFILT_READ	文件描述符	数据可供读取
EVFILT_SIGNAL	信号编号	将指定的信号递送给进程
EVFILT_TIMER	时间间隔	定时器到期
EVFILT_VNODE	文件描述符	虚拟结点操作，比如：删除、重命名、内容改变、基本属性改变、链接计数改变等
EVFILT_WRITE	文件描述符	写入数据的可能性

flags 字段指定了一个或多个要执行的动作，比如向 kqueue 中添加指定的事件（EV_ADD），或者从 kqueue 中移除事件（EV_DELETE）。fflags 字段用于指定一个或多个应该监视的特定于过滤器的事件。例如，如果将要使用 EVFILT_PROC 过滤器监视进程的退出和分支操作，fflags 字段应该包含 NOTE_EXIT 与 NOTE_FORK 的位 "或" 运算。

data 字段包含特定于过滤器的数据（如果有的话）。例如，对于 EVFILT_SIGNAL 过滤器，data 字段将包含自上一次调用 kevent()起信号出现的次数。

udata 字段可以选择包含不会被内核解释的用户定义的数据。

> 可以使用 EV_SET 宏填充 kevent 结构。

图 9-61 显示了一个程序，它使用 EVFILT_VNODE 过滤器监视给定文件上发生的事件。

```
// kq_fwatch.c

#include <stdio.h>
#include <stdlib.h>
#include <sys/fcntl.h>
#include <sys/event.h>
#include <unistd.h>

#define PROGNAME "kq_fwatch"

typedef struct {
    u_int       event;
    const char *description;
```

图 9-61　使用 kqueue()和 kevent()系统调用监视文件事件

```
} VnEventDescriptions_t;

VnEventDescriptions_t VnEventDescriptions[] = {
    { NOTE_ATTRIB,   "attributes changed"                      },
    { NOTE_DELETE,   "deleted"                                 },
    { NOTE_EXTEND,   "extended"                                },
    { NOTE_LINK,     "link count changed"                      },
    { NOTE_RENAME,   "renamed"                                 },
    { NOTE_REVOKE,   "access revoked or file system unmounted" },
    { NOTE_WRITE,    "written"                                 },
};
#define N_EVENTS (sizeof(VnEventDescriptions)/sizeof(VnEventDescriptions_t))

int
process_events(struct kevent *kl)
{
    int i, ret = 0;

    for (i = 0; i < N_EVENTS; i++)
        if (VnEventDescriptions[i].event & kl->fflags)
            printf("%s\n", VnEventDescriptions[i].description);

    if (kl->fflags & NOTE_DELETE) // stop when the file is gone
        ret = -1;

    return ret;
}

int
main(int argc, char **argv)
{
    int fd, ret = -1, kqfd = -1;
    struct kevent changelist;

    if (argc != 2) {
        fprintf(stderr, "usage: %s <file to watch>\n", PROGNAME);
        exit(1);
    }

    // create a new kernel event queue (not inherited across fork())
    if ((kqfd = kqueue()) < 0) {
        perror("kqueue");
        exit(1);
    }
```

图 9-61（续）

```
    if ((fd = open(argv[1], O_RDONLY)) < 0) {
        perror("open");
        exit(1);
    }


#define NOTE_ALL NOTE_ATTRIB |\
                 NOTE_DELETE  |\
                 NOTE_EXTEND  |\
                 NOTE_LINK    |\
                 NOTE_RENAME  |\
                 NOTE_REVOKE  |\
                 NOTE_WRITE
EV_SET(&changelist, fd, EVFILT_VNODE, EV_ADD | EV_CLEAR, NOTE_ALL, 0, NULL);
// the following kevent() call is for registering events
    ret = kevent(kqfd,           // kqueue file descriptor
                 &changelist,    // array of kevent structures
                 1,              // number of entries in the changelist array
                 NULL,           // array of kevent structures (for receiving)
                 0,              // number of entries in the above array
                 NULL);          // timeout

    if (ret < 0) {
        perror("kqueue");
        goto out;
    }


    do {
        // the following kevent() call is for receiving events
        // we recycle the changelist from the previous call
        if ((ret = kevent(kqfd, NULL, 0, &changelist, 1, NULL)) == -1) {
            perror("kevent");
            goto out;
        }

        // kevent() returns the number of events placed in the receive list
        if (ret != 0)
            ret = process_events(&changelist);

    } while (!ret);

out:
    if (kqfd >= 0)
        close(kqfd);
    exit(ret);
}
```

图 9-61 （续）

```
$ gcc -Wall -o kq_fwatch kq_fwatch.c
$ touch /tmp/file.txt
$ ./kq_fwatch /tmp/file.txt
      # another shell prompt
      $ touch /tmp/file.txt
attributes changed
      $ echo hello > /tmp/file.txt
attributes changed
written
      $ sync /tmp/file.txt
attributes changed
      $ ln /tmp/file.txt /tmp/file2.txt
attributes changed
link count changed
      $ rm /tmp/file2.txt
deleted
```

图 9-61（续）

> Finder 使用 kqueue 机制获悉对将要在 Finder 窗口中显示的目录所做的改变，其中 Desktop 是 Finder 窗口的一个特例。这允许 Finder 更新目录的视图。

9.16.4　Core Foundation 通知

9.17.1 节中将讨论 Core Foundation 通知。之所以在这里添加一个小节，是出于完整性考虑。

9.16.5　fsevents

Mac OS X 10.4 引入了一种称为 **fsevents** 的内核中的通知机制，当发生卷级文件系统改变时，可以通知用户空间的预订者。Spotlight 搜索系统就使用这种机制。在第 11 章中将讨论 fsevents。

9.16.6　kauth

kauth（kernel authorization，内核授权）是 Mac OS X 10.4 中引入的一个内核子系统，它提供了一个 KPI（Kernel Programming Interface，内核编程接口），可加载的内核代码可以使用它参与内核中的授权决策。它也可用作通知机制。在第 11 章中将讨论 kauth。

9.17　Core Foundation IPC

Core Foundation 是一个重要的 Mac OS X 框架，它提供了一些基本的数据类型和几个不可或缺的服务，包括多种 IPC 机制。

9.17.1　通知

Core Foundation（CF）框架提供了 CFNotificationCenter 数据类型，可以把它及其关联的函数一起用于发送和接收进程内和进程间的通知。CF 通知是一条包括以下 3 个元素的消息。

- 通知名称（CFStringRef），它绝对不能是 NULL。
- 对象标识符，它要么是 NULL，要么指向一个值，该值标识了发布通知的对象。对于分布式（进程间）的通知，标识符必须是一个字符串（CFStringRef）。
- 字典，它要么是 NULL，要么包含进一步描述通知的任意信息。对于分布式通知，字典只能包含属性列表对象。

CF 通知 API 支持以下 3 类通知中心（一个进程至多可以具有其中一种类型）：**本地中心**（Local Center）、**分布式中心**（Distributed Center）和 **Darwin 通知中心**（Darwin Notify Center）。本地中心是进程本地的，另外两种类型用于分布式通知。分布式中心允许访问 distnoted（参见 9.16.1 节），而 Darwin 通知中心则允许访问 notifyd（参见 9.16.2 节）。可以调用合适的 CFNotificationCenterGet*函数，获得对其中任何中心的引用，它将返回一个 CFNotificationCenterRef 数据类型。

```
// distributed notification center (/usr/sbin/notifyd)
CFNotificationCenterRef CFNotificationCenterGetDarwinNotifyCenter(void);

// distributed notification center (/usr/sbin/distnoted)
CFNotificationCenterRef CFNotificationCenterGetDistributedCenter(void);

// process-local notification center
CFNotificationCenterRef CFNotificationCenterGetLocalCenter(void);
```

一旦具有对通知中心的引用，就可以添加观察者、删除观察者或者发布通知。无论通知中心的类型是什么，都可以使用相同的函数集执行这些操作。图 9-62 显示了一个程序，它用于将通知发布到分布式中心。

```
// CFNotificationPoster.c

#include <CoreFoundation/CoreFoundation.h>

#define PROGNAME "cfposter"

int
main(int argc, char **argv) {
    CFStringRef             name, object;
    CFNotificationCenterRef distributedCenter;
    CFStringEncoding        encoding = kCFStringEncodingASCII;
```

图 9-62　用于发布 Core Foundation 分布式通知的程序

```
    if (argc != 3) {
        fprintf(stderr, "usage: %s <name string><value string>\n", PROGNAME);
        exit(1);
    }

 name = CFStringCreateWithCString(kCFAllocatorDefault, argv[1], encoding);
 object=CFStringCreateWithCString(kCFAllocatorDefault,argv[2],encoding);

    distributedCenter = CFNotificationCenterGetDistributedCenter();
    CFNotificationCenterPostNotification(
        distributedCenter,    // the notification center to use
        name,                 // name of the notification to post
        object,               // optional object identifier
        NULL,                 // optional dictionary of "user" information
        false);               // deliver immediately (if true) or respect the
                              // suspension behaviors of observers (if false)

    CFRelease(name);
    CFRelease(object);

    exit(0);
}
```

图 9-62（续）

图 9-63 显示了一个程序，用于注册所有分布式通知的观察者，之后它将在一个循环中运行，并且打印出关于每个接收到的通知的信息。当它接收到一个名为 cancel 的通知时，它将删除观察者并且终止循环。注意：观察者程序使用**运行循环**（Run Loop）的概念，将在 9.17.2 节中讨论它。

```
// CFNotificationObserver.c

#include <CoreFoundation/CoreFoundation.h>

void
genericCallback(CFNotificationCenterRef  center,
        void                    *observer,
        CFStringRef             name,
        const void              *object,
        CFDictionaryRef         userInfo)
{
    if(!CFStringCompare(name,CFSTR("cancel"),kCFCompareCaseInsensitive)) {
        CFNotificationCenterRemoveObserver(center, observer, NULL, NULL);
        CFRunLoopStop(CFRunLoopGetCurrent());
    }
```

图 9-63　用于观察 Core Foundation 分布式通知的程序

```
    printf("Received notification ==>\n");
    CFShow(center), CFShow(name), CFShow(object), CFShow(userInfo);
}

int
main(void)
{
    CFNotificationCenterRef distributedCenter;
    CFStringRef          observer = CFSTR("A CF Observer");

    distributedCenter = CFNotificationCenterGetDistributedCenter();
    CFNotificationCenterAddObserver(
        distributedCenter,// the notification center to use
        observer,          // an arbitrary observer-identifier
        genericCallback,  // callback to call when a notification is posted
        NULL,              // optional notification name to filter notifications
        NULL,              // optional object identifier to filter notifications
        CFNotificationSuspensionBehaviorDrop); // suspension behavior

    CFRunLoopRun();

    // not reached
    exit(0);
}
```

图 9-63（续）

现在来分别测试图 9-62 和图 9-63 中的发布者程序和观察者程序。

```
$ gcc -Wall -o cfposter CFNotificationPoster.c -framework CoreFoundation
$ gcc -Wall -o cfobserver CFNotificationObserver.c -framework CoreFoundation
$ ./cfobserver
        # another shell prompt
        $ ./cfposter system mach
Received notification ==>
<CFNotificationCenter 0x300980 [0xa0728150]>
system
mach
(null)
        $ ./cfposter cancel junk
Received notification ==>
<CFNotificationCenter 0x300980 [0xa0728150]>
cancel
junk
(null)
        $
```

如 9.16.1 节中所指出的,所有分布式通知的观察者都将接收到来自其他发布者的通知。如果让 cfobserver 程序运行一段时间,将会看到由操作系统的不同部分发送的各类通知。

```
...
Received notification ==>
<CFNotificationCenter 0x300980 [0xa0728150]>
com.apple.carbon.core.DirectoryNotification
/.vol/234881027/244950
(null)
...
Received notification ==>
<CFNotificationCenter 0x300980 [0xa0728150]>
com.apple.screensaver.willstop
(null)
(null)
...
Received notification ==>
<CFNotificationCenter 0x300980 [0xa0728150]>
com.apple.Cookies.Synced
448
(null)
...
```

名为 com.apple.Cookies.Synced 的通知中的对象标识符 448 是 Safari 应用程序的进程 ID。iTunes 应用程序是令人感兴趣的通知的发布者,这些通知包含具有详细歌曲信息的字典——比如它开始播放的新歌曲的详细信息。

9.17.2　运行循环

运行循环是一个事件循环,用于监视任务的输入源,当输入源为处理做好准备(即源具有某种活动)时,运行循环就会将控制分配给在源中注册了兴趣的所有实体。这类输入源的示例包括用户输入设备、网络连接、定时器事件和异步回调。

CFRunLoop 是一个不透明的 Core Foundation 对象,用于提供运行循环抽象。Carbon 和 Cocoa 都使用 CFRunLoop,作为实现更高级事件循环的构件。例如,Cocoa 中的 NSRunLoop 类就是在 CFRunLoop 之上实现的。

关于运行循环值得指出以下几点。
- 事件驱动的应用程序将在初始化之后进入它的主循环。
- 每个线程都恰好具有一个运行循环,它是由 Core Foundation 自动创建的。不能以编程方式创建或销毁线程的运行循环。
- 可以调用对应的用于输入源的 CFRunLoopAdd*函数,将输入源对象放置在运行循环中(在其中注册)。然后,通常就会运行那个运行循环。如果没有事件,运行循环就会阻塞。当事件由于输入源而发生时,将会唤醒运行循环,并且调用可能为那个输入源注册的任何回调函数。

- 运行循环事件源被分组进称为**模式**（Mode）的集中，其中模式限制了运行循环将监视哪些事件源。运行循环可以在多种模式下运行。在每种模式下，运行循环都将监视一组特定的对象。模式的示例包括 NSModalPanelRunLoopMode（在等待来自模态面板的输入时使用）和 NSEventTrackingRunLoopMode（在事件跟踪循环中使用）。当线程处于空闲状态时，将使用默认模式——kCFRunLoopDefaultMode——监视对象。

图 9-64 显示了可以放在运行循环中的对象类型、用于创建对象的函数以及用于把它们添加到运行循环中的函数。

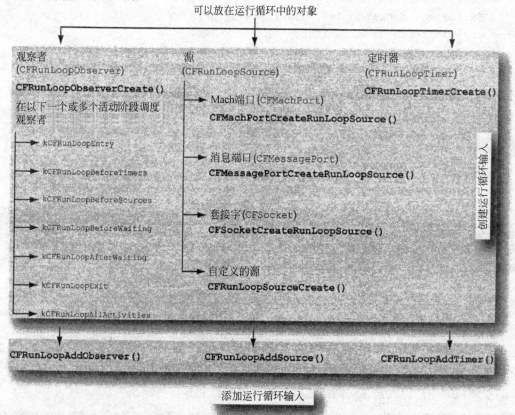

图 9-64　创建和添加运行循环输入源

1. 运行循环观察者

运行循环观察者（CFRunLoopObserver）是一种运行循环输入源，用于在运行循环内的一个或多个指定的位置或者活动阶段生成事件。在创建观察者时，将把感兴趣的阶段指定为各个阶段标识符的位"或"运算。例如，kCFRunLoopEntry 阶段代表运行循环的入口——每次由于调用CFRunLoopRun()或CFRunLoopRunInMode()而导致运行循环开始运行时，都会碰到它。

注意：术语**观察者**（Observer）稍微有些令人混淆，这是由于迄今为止都是使用该术语指示接收通知的实体；而在这里，观察者将生成通知，尽管它在这样做时将观察运行循环的活动。

2. 运行循环源

运行循环源（CFRunLoopSource）抽象了底层事件源，比如 Mach 端口（CFMachPort）、消息端口（CFMessagePort）或网络套接字（CFSocket）。消息到达这些通信端点之一是一个异步事件，代表运行循环的输入。Core Foundation 还允许创建自定义的输入源。

给定 Core Foundation 所支持的一种底层基本类型作为输入源，在可以把该输入源添加到运行循环中之前，必须创建一个 CFRunLoopSource 对象。例如，给定一个 CFSocket，CFSocketCreateRunLoopSource()函数将返回一个指向 CFRunLoopSource 的引用，然后可以使用 CFRunLoopAddSource()把它添加到运行循环中。

现在来探讨 Core Foundation 提供的输入源的一些属性。

CFMachPort

CFMachPort 是原始 Mach 端口的包装器，但它只允许将端口用于接收消息——Core Foundation 没有提供用于发送消息的函数。不过，CFMachPortGetPort()可以获取底层的原始 Mach 端口，然后可以结合使用它与 Mach API 来发送消息。相反，CFMachPortCreateWithPort()将从现有的原始 Mach 端口创建一个 CFMachPort。如果没有使用现有的端口，就可以使用 CFMachPortCreate()创建一个 CFMachPort 和底层的原始端口。这两个创建函数都接受一个回调函数作为参数，该回调函数是在消息到达端口时调用的。将给回调函数传递一个指向原始消息（确切地讲是 mach_msg_header_t 结构）的指针。CFMachPortSetInvalidationCallBack()可用于设置另一个回调函数，当端口失效时将会调用它。

CFMessagePort

CFMessagePort 是两个原始 Mach 端口的包装器——与 CFMachPort 不同，CFMessagePort 支持双向通信。像 CFMachPort 一样，它只能用于本地（非网络）进程内或进程间通信，因为 Mac OS X 没有提供网络透明的 Mach IPC。

在 CFMessagePort 的典型应用中，进程通过 CFMessagePortCreateLocal()创建一个本地端口，并且指定一个字符串名称，利用它注册端口。也可以在以后使用 CFMessagePortSetName()设置或更改该名称。此后，另一个进程就可以利用相同的字符串名称调用 CFMessagePortCreateRemote()，创建一个将连接到远程（对于这个进程而言）端口的 CFMessagePort。

现在来看一个使用 CFMessagePort 的示例。图 9-65 显示了一个服务器，它将创建 CFMessagePort 并且公告它的名称。然后，服务器将从端口创建一个运行循环源，并把它添加到主运行循环中。在接收消息时，服务器提供的唯一服务是打印消息的内容——而不会发送应答。

图 9-66 显示了用于 CFMessagePort 服务器的客户的源代码。客户使用远程端口的名称（在客户与服务器之间共享）创建一条连接，并且把几个字节的数据发送给服务器。

```c
// CFMessagePortServer.c

#include <CoreFoundation/CoreFoundation.h>

#define LOCAL_NAME "com.osxbook.CFMessagePort.server"

CFDataRef
localPortCallBack(CFMessagePortRef local, SInt32 msgid, CFDataRef data,
                  void *info)
{
    printf("message received\n");
    CFShow(data);
    return NULL;
}

int
main(void)
{
    CFMessagePortRef    localPort;
    CFRunLoopSourceRef  runLoopSource;

    localPort = CFMessagePortCreateLocal(
                kCFAllocatorDefault,  // allocator
                CFSTR(LOCAL_NAME),    // name for registering the port
                localPortCallBack,    // call this when message received
                NULL,                 // contextual information
                NULL);                // free "info" field of context?

    if (localPort == NULL) {
        fprintf(stderr, "*** CFMessagePortCreateLocal\n");
        exit(1);
    }

    runLoopSource = CFMessagePortCreateRunLoopSource(
                kCFAllocatorDefault, // allocator
                localPort,           // create run-loop source for this port
                0);                  // priority index
    CFRunLoopAddSource(CFRunLoopGetCurrent(), runLoopSource,
                    kCFRunLoopCommonModes);
    CFRunLoopRun();

    CFRelease(runLoopSource);
    CFRelease(localPort);

    exit(0);
}
```

图 9-65　CFMessagePort 服务器

```
// CFMessagePortClient.c

#include <CoreFoundation/CoreFoundation.h>

#define REMOTE_NAME "com.osxbook.CFMessagePort.server"

int
main(void)
{
    SInt32              status;
    CFMessagePortRef    remotePort;
    CFDataRef           sendData;
    const UInt8         bytes[] = { 1, 2, 3, 4 };

    sendData = CFDataCreate(kCFAllocatorDefault, bytes,
                            sizeof(bytes)/sizeof(UInt8));
    if (sendData == NULL) {
        fprintf(stderr, "*** CFDataCreate\n");
        exit(1);
    }
    remotePort = CFMessagePortCreateRemote(kCFAllocatorDefault,
                                           CFSTR(REMOTE_NAME));

    if (remotePort == NULL) {
        CFRelease(sendData);
        fprintf(stderr, "*** CFMessagePortCreateRemote\n");
        exit(1);
    }

    status = CFMessagePortSendRequest(
                remotePort,       // message port to which data should be sent
                (SInt32)0x1234,   // msgid, an arbitrary integer value
                sendData,         // data
                5.0,              // send timeout
                5.0,              // receive timeout
                NULL,             // reply mode (no reply expected or desired)
                NULL);            // reply data

    if (status != kCFMessagePortSuccess)
        fprintf(stderr, "*** CFMessagePortSendRequest: error %ld.\n", status);
    else
        printf("message sent\n");

    CFRelease(sendData);
    CFRelease(remotePort);

    exit(0);
}
```

图 9-66　CFMessagePort 客户

现在来测试 CFMessagePort 服务器和客户程序。

```
$ gcc -Wall -o client CFMessagePortClient.c -framework CoreFoundation
$ gcc -Wall -o server CFMessagePortServer.c -framework CoreFoundation
$ ./server
        # another shell prompt
        $ ./client
        message sent
message received
<CFData 0x300990 [0xa0728150]>{length = 4, capacity = 4, bytes = 0x01020304}
```

CFSocket

CFSocket 在概念上类似于 CFMessagePort，但是它们之间的关键区别是：BSD 套接字将被用作底层通信信道。可以用多种方式创建 CFSocket：从头开始创建、从现有的原始套接字创建，或者甚至从已经连接的原始套接字创建。

CFSocket 支持用于多种套接字活动的回调，例如，当有数据要读取时（kCFSocketReadCallBack）、当套接字可写入时（kCFSocketWriteCallBack），以及当显式置于后台的连接尝试完成时（kCFSocketConnectCallBack），等等。

图 9-67 是一个客户程序，它使用 CFSocket 连接到众所周知的时间服务器并且获取当前时间。

```
// CFSocketTimeClient.c

#include <CoreFoundation/CoreFoundation.h>
#include <netdb.h>

#define REMOTE_HOST "time.nist.gov"

void
dataCallBack(CFSocketRef s, CFSocketCallBackType callBackType,
             CFDataRef address, const void *data, void *info)
{
    if (data) {
        CFShow((CFDataRef)data);
        printf("%s", CFDataGetBytePtr((CFDataRef)data));
    }
}


int
main(int argc, char **argv)
{
    CFSocketRef          timeSocket;
    CFSocketSignature    timeSignature;
    struct sockaddr_in   remote_addr;
    struct hostent       *host;
```

图 9-67   CFSocket 客户

```
CFDataRef              address;
CFOptionFlags          callBackTypes;
CFRunLoopSourceRef     source;
CFRunLoopRef           loop;
struct servent         *service;

if (!(host = gethostbyname(REMOTE_HOST))) {
    perror("gethostbyname");
    exit(1);
}

if (!(service = getservbyname("daytime", "tcp"))) {
    perror("getservbyname");
    exit(1);
}

remote_addr.sin_family = AF_INET;
remote_addr.sin_port = htons(service->s_port);
bcopy(host->h_addr, &(remote_addr.sin_addr.s_addr), host->h_length);

// a CFSocketSignature structure fully specifies a CFSocket's
// communication protocol and connection address
timeSignature.protocolFamily   = PF_INET;
timeSignature.socketType       = SOCK_STREAM;
timeSignature.protocol         = IPPROTO_TCP;
address = CFDataCreate(kCFAllocatorDefault, (UInt8 *)&remote_addr,
                       sizeof(remote_addr));
timeSignature.address = address;

// this is a variant of the read callback (kCFSocketReadCallBack): it
// reads incoming data in the background and gives it to us packaged
// as a CFData by invoking our callback
callBackTypes = kCFSocketDataCallBack;

timeSocket = CFSocketCreateConnectedToSocketSignature(
            kCFAllocatorDefault, // allocator to use
            &timeSignature,      // address and protocol
            callBackTypes,       // activity type we are interested in
            dataCallBack,        // call this function
            NULL,                // context
            10.0);               // timeout (in seconds)

source=CFSocketCreateRunLoopSource(kCFAllocatorDefault,timeSocket, 0);
loop = CFRunLoopGetCurrent();
CFRunLoopAddSource(loop, source, kCFRunLoopDefaultMode);
CFRunLoopRun();
```

图 9-67（续）

```
    CFRelease(source);
    CFRelease(timeSocket);
    CFRelease(address);

    exit(0);
}
```

```
$ gcc -Wall -o timeclient CFSocketTimeClient.c -framework CoreFoundation
$ ./timeclient
<CFData 0x500fb0 [0xa0728150]>{length = 51, capacity = 51, bytes =
0x0a35333633332030352d30392d313920 ... 49535429202a200a}

53632 05-09-19 04:21:43 50 0 0 510.7 UTC(NIST) *
<CFData 0x500b40 [0xa0728150]>{length = 0, capacity = 16, bytes = 0x}
```

图 9-67（续）

CFRunLoopTimer

CFRunLoopTimer 是运行循环源的一个特例，可将其设置成在将来某个时间触发，可以定期触发或者只触发一次。在后一种情况下，将自动使定时器失效。CFRunLoopTimer是使用 CFRunLoopTimerCreate()创建的，它接受一个回调函数作为参数。然后可以把定时器添加到运行循环中。

> 运行循环必须正在运行，以便能够处理定时器。一次只能把定时器添加到一个运行循环中，尽管在那个运行循环中它可以处于多种模式下。

图 9-68 显示了一个程序，它用于创建一个定期的定时器，把它添加到主运行循环中，并将运行循环设置成为给定的时间运行。当运行循环正在运行时，将会处理定时器，并且调用关联的回调。

```
// CFRunLoopTimerDemo.c

#include <CoreFoundation/CoreFoundation.h>
#include <unistd.h>

void timerCallBack(CFRunLoopTimerRef timer, void *info);

void
timerCallBack(CFRunLoopTimerRef timer, void *info)
{
    CFShow(timer);
}
```

图 9-68　使用 CFRunLoopTimer

```
int
main(int argc, char **argv)
{
    CFRunLoopTimerRef runLoopTimer = CFRunLoopTimerCreate(
        kCFAllocatorDefault,                // allocator
        CFAbsoluteTimeGetCurrent() + 2.0,   // fire date (now + 2 seconds)
        1.0,            // fire interval (0 or -ve means a one-shot timer)
        0,              // flags (ignored)
        0,              // order (ignored)
        timerCallBack,  // called when the timer fires
        NULL);          // context

    CFRunLoopAddTimer(CFRunLoopGetCurrent(),    // the run loop to use
                runLoopTimer,                   // the run-loop timer to add
                kCFRunLoopDefaultMode);         // add timer to this mode

    CFRunLoopRunInMode(kCFRunLoopDefaultMode,   // run it in this mode
                4.0,    // run it for this long
                false); // exit after processing one source?

    printf("Run Loop stopped\n");

    // sleep for a bit to show that the timer is not processed any more
    sleep(4);

    CFRunLoopTimerInvalidate(runLoopTimer);
    CFRelease(runLoopTimer);

    exit(0);
}
```

```
$ gcc -Wall -o timerdemo CFRunLoopTimerDemo.c -framework CoreFoundation
$ ./timerdemo
<CFRunLoopTimer ...>{locked = No, valid = Yes,interval = 1,next fire date =
148797186, order = 0, callout = 0x28ec, context = <CFRunLoopTimer context 0x0>}
<CFRunLoopTimer ...>{locked = No, valid = Yes,interval = 1,next fire date =
148797187, order = 0, callout = 0x28ec, context = <CFRunLoopTimer context 0x0>}
<CFRunLoopTimer ...>{locked = No, valid = Yes,interval = 1,next fire date =
148797188, order = 0, callout = 0x28ec, context = <CFRunLoopTimer context 0x0>}
Run Loop stopped
$
```

图 9-68（续）

9.18 同　　步

Mac OS X 提供了多种同步机制，其中两种在本章中已经见到过，即 POSIX 和 System V 信号量。图 9-69 显示了重要的内核级和用户级同步机制。诸如 Core Foundation 和 Foundation 之类的框架对图 9-69 中所示的一些机制提供了它们自己的包装器。

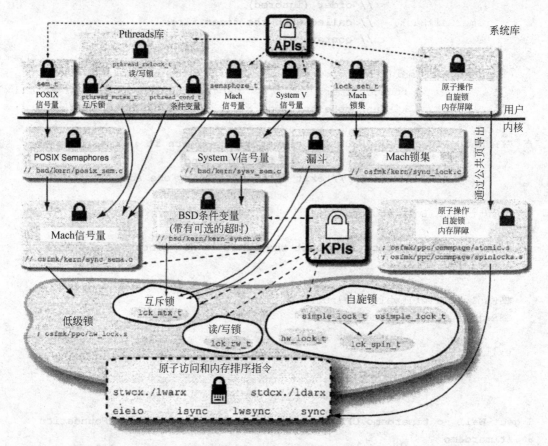

图 9-69　Mac OS X 同步机制概览

一般而言，同步机制是基于多处理器锁的硬件实现的。根据特定锁定机制的语义以及锁的关联存储，可能具有额外的数据结构，比如等待锁的线程队列。

实现某种同步形式的典型操作包括原子式的**比较和存储**（Compare-and-Store）（也称为**测试和设置**（Test-and-Set））以及**比较和交换**（Compare-and-Swap）操作。例如，给定测试和设置操作的硬件实现，就可以把存储的字视作一个简单的锁。可以把字初始化为 0（解锁），并且把**锁**（Lock）操作定义为成功的测试和设置操作，用于把字的值设置为 1。测试和设置操作还会返回旧值，使得尝试获得锁的线程将知道它是否成功。如果获得锁的尝试失败，那么线程所做的事情将取决于锁定机制的性质。两个明显的选项是：线程将保持主动尝试以及线程将会睡眠。

需要原子式的内存访问，以便维持一种一致和有序的存储状态。原子访问总是完全执行的，并且没有外部可见的子操作。因此，两个或更多的原子式内存访问永远不会重叠——它们总是串行的。而且，完成内存操作的顺序以及其他处理器（在多处理器系统中）看见它们的顺序是无关紧要的。因此，除了内存访问的原子性之外，还需要能够控制内存操作的顺序。PowerPC 体系结构提供了用于这些目的的特殊硬件指令。

3.5.2 节讨论了原子式比较和存储函数的实现。这个函数使用了 lwarx/stwcx.指令对，它们可用于原子地写入一个内存字。64 位的 PowerPC 970FX 还提供了 ldarx/stdcx.，用于原子地写入内存的双字。Mac OS X 中的最低级同步机制使用这些指令作为构件。其他相关的 PowerPC 指令如下。

- sync：这个指令用于针对其他处理器和内存访问机制来同步内存。执行这个指令可以确保在 sync 指令完成之前，将（有效地）完成出现在它之前的所有指令。而且，直到 sync 指令完成之后，才会执行出现在 sync 之后的指令。它可以用于确保存储在一个共享存储位置（比如说，与互斥锁对应的位置）的所有结果都会在执行存储以解除互斥锁之前被其他处理器看到。sync 指令的负担相当重，这是由于它可能要花大量的时间去执行。eieio 指令通常是更好的替代选择。

- eieio：eieio（enforce-in-order-execution-of-I/O）指令类似于 sync，但是会强制执行一种更弱的访问排序——对于主存而言，在由出现在 eieio 之前的指令引发的内存访问完成之前，就有可能完成 eieio 指令。不过，它确保在这些访问完成之后，出现在 eieio 指令之后的任何指令才能够访问主存。因此，eieio 指令可用于强制执行内存访问排序，而无需延迟分派更多的指令。

- lwsync：这是 970FX 上提供的 sync 的轻量级版本，在 970FX 上，它比 eieio 更快。不过，它并不是在所有情况下都能够代替 eieio。

- isync：这个指令确保在它自身完成之前，就已经完成了出现在它之前的所有指令。直到 isync 完成之后，处理器才会启动出现在 isync 之后的任何指令。而且，当 isync 完成时，将会丢弃任何预取的指令。注意：isync 只会等待前面的指令完成——而不会等待由前面的指令引发的任何内存访问完成。isync 不会影响任何其他的处理器或者另一个处理器的缓存。

在理解了原子访问和内存访问排序指令直接或间接用作所有 Mac OS X 同步机制中的原语之后，现在来探讨图 9-69 中所示的一些单独的机制。

9.18.1　用于原子操作的接口

系统库提供了用于执行各种原子操作、通过内存屏障对内存访问进行排序以及使用自旋锁的函数。这些函数实际上是在内核中实现的，但是可以通过公共页机制使它们可供用户空间使用。这些实现驻留在 osfmk/ppc/commpage/atomic.s 和 osfmk/ppc/commpage/spinlock.s 中。

9.18.2　低级锁定

内核的 Mach 部分提供了可以被线程持有的以下主要的低级锁类型（或锁协议）[①]。

- 自旋锁（或简单锁）。
- 互斥锁。
- 读/写锁。

1. 自旋锁

自旋锁是一个简单的锁定原语：它通过使锁持有者线程忙碌-等待或者"自旋"（在一个紧密循环中），来保存共享资源。由于持有自旋锁的线程将导致处理器被占用，不要持有这类锁太长时间就很重要。一般而言，如果只是短暂地访问资源，那么它很可能成为通过自旋锁保护的候选对象。而且，与单处理器系统相比，多处理器系统上的自旋锁的使用方式有所不同。在多处理器系统上，线程在一个处理器上可能处于忙碌-等待状态，而自旋锁的持有者则可以在另一个处理器上使用受保护的资源。在单处理器系统上，紧密循环——如果不被抢占——将会永远自旋，因为锁的持有者将永远不会获得机会运行并释放锁！

Mach 使用简单锁保护大多数内核数据结构。它提供了 3 种风格的自旋锁：**hw_lock**（hw_lock_t）、**usimple**（usimple_lock_t）和 **simple**（lck_spin_t）。只有后者被导出给可加载的内核扩展。

hw_lock 是内核提供的最低级锁定抽象。下列主要函数就是由这个锁包导出的。

```
void              hw_lock_init(hw_lock_t);              [osfmk/ppc/hw_lock.s]
void              hw_lock_lock(hw_lock_t);              [osfmk/ppc/hw_lock.s]
void              hw_lock_unlock(hw_lock_t);            [osfmk/ppc/hw_lock.s]
unsigned int      hw_lock_to(hw_lock_t, unsigned int); [osfmk/ppc/hw_lock.s]
unsigned int      hw_lock_try(hw_lock_t);              [osfmk/ppc/hw_lock.s]
unsigned int      hw_lock_held(hw_lock_t);             [osfmk/ppc/hw_lock.s]
```

hw_lock_t 数据类型是在 osfmk/ppc/hw_lock_types.h 中声明的。

```
// osfmk/ppc/hw_lock_types.h

struct hslock {
    int lock_data;
};
typedef struct hslock hw_lock_data_t, *hw_lock_t;
```

可以利用被指定为**时基寄存器**（Timebase Register）的时钟周期数的超时值对 hw_lock 锁进行锁定尝试——通过 hw_lock_to() 进行。锁自旋的最长时间不会超过超时的持续时间。锁定函数甚至可以在时基寄存器的最多 128 个时钟周期内禁用中断。

usimple 变体（其中的"u"代表单处理器）具有两种实现：构建于 hw_lock 之上的可

---

① Mach 中的锁持有者总是线程。

移植 C 实现[osfmk/ppc/locks_ppc.c]和汇编语言实现[osfmk/ppc/hw_lock.s]。可移植的实现还支持用于调试和统计信息收集的接口。与在单处理器上消失的 simple 锁不同，usimple 锁在单处理器上提供了实际的锁定。在返回 usimple 锁时将禁用抢占，而释放 usimple 锁则会重新启用抢占。

simple 锁变体是 Mac OS X 中用于多处理器系统的主要自旋锁定机制。下列主要函数就是由这个锁包导出的。

```
lck_spin_t    *lck_spin_alloc_init(lck_grp_t *grp, lck_attr_t *attr);
void          lck_spin_free(lck_spin_t *lck, lck_grp_t *grp);
void          lck_spin_init(lck_spin_t  *lck,  lck_grp_t  *grp,  lck_attr_t
*attr);
void          lck_spin_destroy(lck_spin_t *lck, lck_grp_t *grp);
void          lck_spin_lock(lck_spin_t *lck);
void          lck_spin_unlock(lck_spin_t *lck);

wait_result_t lck_spin_sleep(lck_spin_t          *lck,
                             lck_sleep_action_t   lck_sleep_action,
                             event_t              event,
                             wait_interrupt_t     interruptible);
wait_result_t lck_spin_sleep_deadline(lck_spin_t      *lck,
                             lck_sleep_action_t lck_sleep_action,
                             event_t            event,
                             wait_interrupt_t   interruptible,
                             uint64_t           deadline);
```

　　当禁用抢占时，自旋锁的持有者绝对不能——直接或间接——获得阻塞锁（比如互斥锁或信号量）。如果这样，将会导致内核恐慌。

2. 互斥锁

　　Mach 互斥锁是阻塞性互斥锁。如果一个线程尝试获得一个当前被锁定的互斥锁，它将放弃处理器并且睡眠，直到互斥锁可用为止。在这样做时，线程还会放弃它可能保留的任何调度时间量。尽管在持有 Mach 互斥锁时允许线程阻塞[①]，但是互斥锁不是递归式的：如果一个线程尝试获得它已经持有的互斥锁，那么它将引发内核恐慌。

　　互斥锁包可以导出以下函数，在 osfmk/kern/locks.h 中列出了它们的原型。

```
lck_mtx_t    lck_mtx_alloc_init(lck_grp_t *grp, lck_attr_t *attr);
void         lck_mtx_free(lck_mtx_t *lck, lck_grp_t *grp);
void         lck_mtx_init(lck_mtx_t *lck, lck_grp_t *grp, lck_attr_t *attr);
void         lck_mtx_destroy(lck_mtx_t *lck, lck_grp_t *grp);

void         lck_mtx_lock(lck_mtx_t *lck);
void         lck_mtx_unlock(lck_mtx_t *lck);
```

---

① 阻塞的安全性仍然依赖于在给定的上下文中是否允许阻塞以及是否正确地编写了代码。

```
wait_result_t   lck_mtx_assert(lck_mtx_t *lck, int type);
wait_result_t   lck_mtx_sleep(lck_mtx_t              *lck,
                              lck_sleep_action_t      lck_sleep_action,
                              event_t                 event,
                              wait_interrupt_t        interruptible);
wait_result_t   lck_mtx_sleep_deadline(lck_mtx_t     *lck,
                              lck_sleep_action_t lck_sleep_action,
                              event_t           event,
                              wait_interrupt_t  interruptible
                              uint64_t          deadline);
```

互斥锁包是在 osfmk/ppc/locks_ppc.c、osfmk/ppc/hw_lock.s 和 osfmk/kern/locks.c 中实现的。lck_mtx_t 数据类型是在 osfmk/ppc/locks.h 中声明的。

3. 读/写锁

Mach 读/写锁是阻塞性的同步锁，允许多个同时的读取方或者单个写入方。在写入方可以获得锁以便写入之前，它必须等待到所有的读取方都释放了锁为止。而且，如果写入方已经在等待锁，那么尝试获得读取锁的新读取方将会阻塞，直到写入方获得并释放了锁为止。有可能对锁进行降级（写→读）或升级（读→写）。读-写升级比新的写入方更受青睐。

读/写锁包可以导出以下函数，在 osfmk/kern/locks.h 中列出了它们的原型。

```
lck_rw_t    *lck_rw_alloc_init(lck_grp_t *grp, lck_attr_t *attr);
void        lck_rw_free(lck_rw_t *lck, lck_grp_t *grp);
void        lck_rw_init(lck_rw_t *lck, lck_grp_t *grp, lck_attr_t *attr);
void        lck_rw_destroy(lck_rw_t *lck, lck_grp_t *grp);


void        lck_rw_lock(lck_rw_t *lck, lck_rw_type_t lck_rw_type);
void        lck_rw_unlock(lck_rw_t *lck, lck_rw_type_t lck_rw_type);
void        lck_rw_lock_shared(lck_rw_t *lck);
void        lck_rw_unlock_shared(lck_rw_t *lck);
void        lck_rw_lock_exclusive(lck_rw_t *lck);
void        lck_rw_unlock_exclusive(lck_rw_t *lck);


wait_result_t lck_rw_sleep(lck_rw_t             *lck,
                           lck_sleep_action_t    lck_sleep_action,
                           event_t               event,
                           wait_interrupt_t      interruptible);
wait_result_t lck_rw_sleep_deadline(lck_rw_t    *lck,
                           lck_sleep_action_t lck_sleep_action,
                           event_t           event,
                           wait_interrupt_t  interruptible,
                           uint64_t          deadline);
```

读/写锁包的实现被分割在与互斥锁包的那些实现相同的文件中。

4. 锁组和基本属性

如前 3 小节中所述，自旋锁、互斥锁和读/写锁都提供了类似的接口。特别是，这些接口中的函数将处理锁组（lck_grp_t）和锁基本属性（lck_attr_t）。锁组是用于一个或多个锁的容器——也就是说，它命名一组锁。它是单独分配的，之后就可以使用它把锁组织在一起——比如说，基于锁的用途。每个锁都属于恰好一个组。

锁基本属性是用于描述锁的标志——位的集合。锁基本属性的示例是 LCK_ATTR_NONE（没有指定基本属性）和 LCK_ATTR_DEBUG（启用锁调试）。锁组也具有它自己的基本属性（lck_grp_attr_t）。图 9-70 显示了一个使用锁接口的示例。

```
lck_grp_attr_t   *my_lock_group_attr;    // lock group attributes
lck_grp_t        *my_lock_group          // lock group
lck_attr_t       *my_lock_attr           // lock attributes
lck_mtx_t        *my_mutex;

void
my_init_locking() // set up locks
{
    ...
    // allocate lock group attributes and the lock group
    my_lock_group_attr = lck_grp_attr_alloc_init();
    my_lock_group = lck_grp_alloc_init("my-mutexes", my_lock_group_attr);

    my_lock_attr = lck_attr_alloc_init();      // allocate lock attribute
    lck_attr_setdebug(my_lock_attr);           // enable lock debugging

    my_mutex = lck_mtx_alloc_init(my_lock_group, my_lock_attr);
    ...
}

void
my_fini_locking() // tear down locks
{
    lck_mtx_free(my_mutex, my_lock_group);
    lck_attr_free(my_lock_attr);
    lck_grp_free(my_lock_group);
    lck_grp_attr_free(my_lock_group_attr);
}
```

图 9-70　在内核中使用锁

9.18.3　BSD 条件变量

内核的 BSD 部分实现了 msleep()、wakeup() 和 wakeup_one() 函数[bsd/kern/kern_synch.c]，它们提供了条件变量的语义，以及一个可以指定超时值的额外特性。

9.18.4　Mach 锁集

Mach 提供了一个用于创建和使用锁集的接口，其中包含一个或多个 ulock。ulock 数据结构（struct ulock [osfmk/kern/sync_lock.h]）的内容包括一个互斥锁以及被阻塞线程的等待队列。图 9-71 显示了锁集接口中的例程的示例。

```
// create a lock set with nlocks ulocks
kern_return_t
lock_set_create(task_t task, lock_t lock_set, int nlocks, int policy);

// destroy lock set and all of its associated locks
// any blocked threads will unblock and receive KERN_LOCK_SET_DESTROYED
kern_return_t
lock_set_destroy(task_t task, lock_set_t lock_set);

// acquire access rights to the given lock in the lock set
kern_return_t
lock_acquire(lock_set_t lock_set, int lock_id);

// release access rights to the given lock in the lock set
kern_return_t
lock_release(lock_set_t lock_set, int lock_id);

// hand off ownership of lock to an anonymous accepting thread
kern_return_t
lock_handoff(lock_set_t lock_set, int lock_id);

// accept an ownership handoff from an anonymous sending thread
// caller will block if nobody is waiting to hand off the lock
// at most one thread can wait to accept handoff of a given lock
kern_return_t
lock_handoff_accept(lock_set_t lock_set, int lock_id);

// mark the internal state of the lock as stable
// the state destabilizes when a lock-holder thread terminates
kern_return_t
lock_make_stable(lock_set_t lock_set, int lock_id);
```

图 9-71　Mach 锁集接口

9.18.5　Mach 信号量

除了在前面介绍过的 POSIX 和 System V 信号量接口之外，用户空间中还有另一个信号量接口可用，即 Mach 信号量。事实上，Mac OS X 中的 POSIX 信号量就是在 Mach 信号

5
5

987

量之上实现的。内核中使用 Mach 信号量的其他部分包括 I/O Kit 中的 IOCommandQueue 类、IOService 类和 IOGraphics 类。

Mach 信号量被表示为一个 Mach 端口（semaphore_t），用于指定一个 IKOT_SEMAPHORE 类型的内核对象。对应的内核结构是 struct semaphore [osfmk/kern/sync_sema.h]。新的 Mach 信号量是通过调用 semaphore_create()获得的，它返回一种指定新信号量的发送权限。

```
kern_return_t
semaphore_create(task_t task, semaphore_t *semaphore, int policy, int value);
```

semaphore_create()的 value 参数用于指定信号量计数的初始值，而 policy 参数则指定内核将用于从在信号量上阻塞的多个线程当中选择一个要唤醒的线程的策略（例如，SYNC_POLICY_FIFO）。

给定一个信号量，semaphore_wait()可用于递减信号量计数，在递减后如果计数为负，则会阻塞。semaphore_signal()可用于递增信号量计数，如果新计数变成非负值，就会调度等待的线程执行。semaphore_signal_all()可用于唤醒在信号量上阻塞的所有线程，同时把信号量计数复位为 0。最后，semaphore_signal_thread()可用于给特定的线程发信号。

图 9-72 显示了一个程序，它演示了如何使用 Mach 信号量。主线程创建两个信号量（它们都具有初值 0）和 3 个线程。它在其中一个信号量上调用了 semaphore_wait()三次。每个线程都在这个信号量上调用 semaphore_signal()，作为它们的第一个操作。因此，主线程将会阻塞，直到这 3 个线程都做好准备为止。然后，每个线程将会在另一个信号量上调用 semaphore_wait()。由于后者的值是 0，因此所有的线程都将会阻塞。主线程首先使用 semaphore_signal_thread()唤醒一个特定的线程，然后使用 semaphore_signal_all()唤醒余下的两个线程。

```
// mach_semaphore.c

#include <stdio.h>
#include <unistd.h>
#include <stdlib.h>
#include <pthread.h>
#include <mach/mach.h>

#define OUT_ON_MACH_ERROR(msg, retval) \
   if (kr != KERN_SUCCESS) { mach_error(msg ":" , kr); goto out; }

#define PTHID() (unsigned long)(pthread_self())

#define SEMAPHORE_WAIT(s, n) \
   { int i; for (i = 0; i < (n); i++) { semaphore_wait((s)); } }

void *
```

图 9-72　使用 Mach 信号量

```
start_routine(void *semaphores)
{
    semaphore_t *sem = (semaphore_t *)semaphores;

    semaphore_signal(sem[1]);
    printf("thread: %lx about to decrement semaphore count\n", PTHID());
    semaphore_wait(sem[0]);
    printf("thread:%lx succeeded in decrementing semaphore count\n",PTHID());
    semaphore_signal(sem[1]);
    return (void *)0;
}


int
main(void)
{
    pthread_t        pthread1, pthread2, pthread3;
    semaphore_t      sem[2] = { 0 };
    kern_return_t    kr;

    setbuf(stdout, NULL);

    kr = semaphore_create(mach_task_self(), &sem[0], SYNC_POLICY_FIFO, 0);
    OUT_ON_MACH_ERROR("semaphore_create", kr);

    kr = semaphore_create(mach_task_self(), &sem[1], SYNC_POLICY_FIFO, 0);
    OUT_ON_MACH_ERROR("semaphore_create", kr);

    (void)pthread_create(&pthread1, (const pthread_attr_t *)0,
                         start_routine, (void *)sem);
    printf("created thread1=%lx\n", (unsigned long)pthread1);

    (void)pthread_create(&pthread2, (const pthread_attr_t *)0,
                         start_routine, (void *)sem);
    printf("created thread2=%lx\n", (unsigned long)pthread2);

    (void)pthread_create(&pthread3, (const pthread_attr_t *)0,
                         start_routine, (void *)sem);
    printf("created thread3=%lx\n", (unsigned long)pthread3);

    // wait until all three threads are ready
    SEMAPHORE_WAIT(sem[1], 3);

    printf("main: about to signal thread3\n");
    semaphore_signal_thread(sem[0], pthread_mach_thread_np(pthread3));
```

图 9-72（续）

```
// wait for thread3 to sem_signal()
semaphore_wait(sem[1]);

printf("main: about to signal all threads\n");
semaphore_signal_all(sem[0]);

// wait for thread1 and thread2 to sem_signal()
SEMAPHORE_WAIT(sem[1], 2);

out:
    if (sem[0])
        semaphore_destroy(mach_task_self(), sem[0]);
    if (sem[1])
        semaphore_destroy(mach_task_self(), sem[1]);

    exit(kr);
}
```

```
$ gcc -Wall -o mach_semaphore mach_semaphore.c
$ ./mach_semaphore
created thread1=1800400
created thread2=1800800
created thread3=1800c00
thread: 1800400 about to decrement semaphore count
thread: 1800800 about to decrement semaphore count
thread: 1800c00 about to decrement semaphore count
main: about to signal thread3
thread: 1800c00 succeeded in decrementing semaphore count
main: about to signal all threads
thread: 1800400 succeeded in decrementing semaphore count
thread: 1800800 succeeded in decrementing semaphore count
```

图 9-72（续）

图 9-73 显示了与 Mach 信号量关联的内核数据结构。注意：信号量锁是一个 hw_lock_t 自旋锁，它存在于等待队列结构内。

```
// osfmk/kern/sync_sema.h

typedef struct semaphore {
    queue_chain_t        task_link;    // chain of semaphores owned by a task
    struct wait_queue    wait_queue;   // queue of blocked threads and lock
    task_t               owner;        // task that owns semaphore
    ipc_port_t           port;         // semaphore port
    int                  ref_count;    // reference count
    int                  count;        // current count value
```

图 9-73　Mach 信号量的内部结构

```
    boolean_t           active;        // active status
} Semaphore;

// osfmk/mach/mach_types.h
typedef struct semaphore *semaphore_t;

// osfmk/kern/wait_queue.h
typedef struct wait_queue {
    unsigned int    wq_type     : 16,   // the only public field
                    wq_fifo     : 1,    // FIFO wakeup policy
                    wq_isrepost : 1,    // is waitq preposted?
                                : 0;
    hw_lock_data_t  wq_interlock;       // interlock
    queue_data_t    wq_queue;           // queue of elements
} WaitQueue;
```

图 9-73（续）

9.18.6　Pthreads 同步接口

Pthreads 库提供了用于使用互斥锁、条件变量和读/写锁的函数。这些抽象的内部结构如下。

- Pthreads 互斥锁包括两个 Mach 信号量、一个自旋锁以及其他数据。
- Pthreads 条件变量在内部包括一个 Mach 信号量、一个 Pthreads 互斥锁、一个自旋锁以及其他数据。
- Pthreads 读/写锁在内部包括一对 Pthreads 条件变量、一个 Pthreads 互斥锁以及其他数据。

Pthreads 库使用内核通过公共页机制使之可用的自旋锁实现。

9.18.7　I/O Kit 中的锁定

I/O Kit 是 xnu 内核的面向对象驱动程序子系统。它提供了一些同步原语，它们是本章中讨论过的 Mach 原语的简单包装器。

- IOSimpleLock 是 Mach 自旋锁（确切地讲是 lck_spin_t）的包装器。当用于在中断上下文与线程上下文之间进行同步时，应该在禁用中断的情况下锁定 IOSimpleLock。I/O Kit 提供了 IOSimpleLockLockDisableInterrupt，作为执行两个操作的元函数。它还提供了对应的相反函数，即 IOSimpleLockUnlockEnableInterrupt。
- IOLock 是 Mach 互斥锁（lck_mtx_t）的包装器。
- IORecursiveLock 也是 Mach 互斥锁的包装器，它还具有一个引用计数器，允许一个线程锁定它多次（递归方式）。注意：如果另一个线程正持有递归式互斥锁，那么锁定它的尝试仍然会阻塞。
- IORWLock 是 Mach 读/写锁（lck_rw_t）的包装器。

除了这些之外，I/O Kit 还支持一种更复杂的构造，即 IOWorkLoop，它提供了隐式和显式同步，以及大量其他的特性。在第 10 章中将对 IOWorkLoop 和 I/O Kit 做一般性讨论。

9.18.8 漏斗

xnu 内核提供了一种称为**漏斗**（Funnel）的同步抽象，用于串行化对内核的 BSD 部分的访问。在最简单的意义上，xnu 漏斗是一个具有特殊属性的巨大的互斥锁，当持有线程睡眠时，将自动对它进行解锁。在 Mac OS X 10.4 以前，在内核中大量使用漏斗——例如，在文件系统和系统调用处理中。Mac OS X 10.4 在许多（但是并非全部）情况下利用细粒度锁定代替使用漏斗——内核出于向后兼容性考虑仍然提供了漏斗，并且在某些对性能不是至关重要的部分使用它们。

现在来探讨漏斗的背景以及在 Mac OS X 中如何使用它们。

1. 历史

漏斗起源于 Digital UNIX 操作系统中，作为一种帮助实现 SMP 安全的设备驱动程序的机制。Digital UNIX 漏斗允许设备驱动程序强制在单个处理器上执行。因此，经过漏斗处理的设备驱动程序看到的是单处理器环境，甚至在 SMP 系统上也是如此。其中没有资源锁定或代码阻塞——SMP 资源保护是作为总是在单个处理器上运行的整个子系统的副作用实现的。可以对设备驱动程序进行漏斗处理，其方法是：把它的设备交换表条目数据结构的 d_funnel 成员设置为 DEV_FUNNEL 值。使用漏斗会使 SMP 性能降级，但是另一方面，没有锁定机制就意味着在抢占延迟和性能中不会有折中。使用 Digital UNIX 漏斗的一个重要的警告是：如果经过漏斗处理的驱动程序的资源要受到漏斗保护，它们就必须是自含式的。如果一个驱动程序与内核或者另一个驱动程序共享资源，仍然需要使用另一种锁定机制保护这些资源的完整性。而且，内核只有一个漏斗，它被绑定到主处理器上。

> Digital UNIX 漏斗是过渡性地使驱动程序成为 SMP 安全的低等方式，而开发人员可以努力使驱动程序真正成为 SMP 安全的。

2. Mac OS X 中的漏斗

xnu 内核是几种差别很大的组件的组合。特别是，Mac OS X 文件系统和网络支持很大程度上来自于内核的 BSD 部分。在传统的 BSD 体系结构中，内核在逻辑上划分为**上半部分**（Top Half）和**下半部分**（Bottom Half）。当用户线程执行系统调用时，上半部分将会运行，直到它完成或者被阻塞为止，后者可能发生在内核正在等待某个资源时。调用下半部分处理硬件中断——它将相对于中断源同步运行。由于硬件中断比上半部分中的线程具有更高的优先级，上半部分中的线程不能假定它将不会被下半部分抢占。上半部分将通过禁用中断与下半部分保持同步。一些更新的 BSD 风格的内核使用互斥锁保护这两个部分可能尝试并发访问的数据结构。

Mac OS X 的下半部分在硬件中断的上下文中不会执行，因为中断将简单地导致在内核中唤醒一个 I/O Kit 工作循环线程，它实际上将运行下半部分。这意味着禁用中断不再是一种切实可行的同步方法，因为 xnu 中的上半部分和下半部分可以并发运行——就像线程位于多处理器系统中的不同处理器上一样。在这种情况下，必须串行化对 xnu 的 BSD 部分的访问，Mac OS X——依赖于内核版本——将使用漏斗作为一种协作式串行化机制。

逐步淘汰漏斗

　　xnu 漏斗的实现方式与 Digital UNIX 漏斗有所不同。值得注意的是，可以有多个漏斗，并且它们可以在任何处理器（而不仅仅是主处理器）上运行。不过，在 SMP 系统中，在一个处理器上持有漏斗的线程将不能在另一个处理器上占用那个漏斗。看待它的另一种方式是：在漏斗之下运行的任何代码都将隐含地变成单线程的。

　　然而，在 Mac OS X 上存在漏斗的原因与在 Digital UNIX 上是相似的——也就是说，用于提供一种过渡机制，使 xnu 内核成为 SMP 安全的。随着 Mac OS X 不断演化，使用更细粒度的锁定以及合理限定的延迟重写了 xnu 的组件，从而逐步消除了对漏斗的依赖性。

---

xnu 漏斗构建于 Mach 互斥锁之上，如图 9-74 中所示。

// osfmk/kern/thread.h

```
struct funnel_lock {
    int         fnl_type;           // funnel type
    lck_mtx_t   *fnl_mutex;         // underlying mutex for the funnel
    void        *fnl_mtxholder;     // thread (last) holding mutex
    void        *fnl_mtxrelease;    // thread (last) releasing mutex
    lck_mtx_t   *fnl_oldmutex;      // mutex before collapsing split funnel
};

typedef struct funnel_lock funnel_t;
```

图 9-74　Mac OS X 漏斗的结构

　　即使漏斗构建于互斥锁之上，在漏斗与互斥锁的使用方式之间还是具有一个重要的区别：如果一个持有互斥锁的线程被阻塞（比如说，在内存分配操作中），那么它仍将持有互斥锁。不过，调度器在取消调度时将释放线程的漏斗，并且在重新调度线程时将再次获得它。在这个窗口中，另一个线程可以进入受漏斗保护的至关重要的部分。因此，在阻塞线程时，不能保证将会保留受漏斗保护的任何至关重要的状态。线程必须确保将会保护这样的状态——也许是通过其他的锁定机制。因此，在内核代码中使用可能会阻塞的操作时，程序员必须小心谨慎。

　　在 Mac OS X 10.4 之前，xnu 中有两个漏斗：**内核**（Kernel）漏斗（kernel_flock）和**网络**（Network）漏斗（network_flock）。Mac OS X 10.4 只有内核漏斗。当 Mach 在引导时初始化 BSD 子系统时，执行的第一个操作是分配这些漏斗。具有两个漏斗背后的基本原因是：网络子系统与 BSD 内核的其余部分（文件系统、进程管理、设备管理等）不太可能争用相同的资源。因此，把一个漏斗用于网络以及把另一个漏斗用于其他一切方面很可能有益于 SMP 性能。内核漏斗可以确保在 xnu 的 BSD 部分内一次只有一个线程运行。

　　漏斗只会影响内核的 BSD 部分。其他组件（比如 Mach 和 I/O Kit）将使用它们自己的锁定和同步机制。

在 Mac OS X 10.4 中，文件系统和网络子系统将使用细粒度的锁，如下面这些示例中所示。

- 域结构（struct domain [bsd/sys/domain.h]）现在包含一个互斥锁。
- 协议切换结构（structure protosw [bsd/sys/protosw.h]）提供锁定挂钩，即 pr_lock()、pr_unlock()和 pr_getlock()。
- 虚拟结点结构（struct vnode [bsd/sys/vnode_internal.h]）包含一个互斥锁。

如果文件系统是线程安全和抢占安全的，这种能力（包括其他能力，比如文件系统是否是 64 位安全的）是在 mount 结构（struct mount [bsd/sys/mount_internal.h]）内作为配置信息的一部分加以维护的。在创建与这个文件系统上的某个文件对应的虚拟结点时，虚拟结点结构的 v_unsafefs 字段将把这种能力作为一个布尔值继承下来。此后，文件系统层将使用 THREAD_SAFE_FS 宏确定给定的虚拟结点是否属于可重入文件系统。

// bsd/vfs/kpi_vfs.c

```
#define THREAD_SAFE_FS(VP) ((VP)->v_unsafefs ? 0 : 1)
```

如果文件系统不是可重入的，VNOP（虚拟结点操作）和 VFS 接口将在调用文件系统的操作之前占用内核漏斗。图 9-75 显示了用于 VNOP 调用的相关内核代码的概览。

// bsd/vfs/kpi_vfs.c

```
errno_t
VNOP_OPEN(vnode_t vp, int mode, vfs_context_t context)
{
    int _err;
    struct vnop_open_args a;
    int thread_safe;
    int funnel_state = 0;
    ...
    thread_safe = THREAD_SAFE_FS(vp);

    if (!thread_safe) {
        // take the funnel
        funnel_state = thread_funnel_set(kernel_flock, TRUE);
        ...
    }

    // call the file system entry point for open
    err = (*vp->v_op[vnop_open_desc.vdesc_offset])(&a);

    if (!thread_safe) {
        ...
        // drop the funnel
```

图 9-75　在非线程安全的文件系统中自动使用漏斗

```
        (void)thread_funnel_set(kernel_flock, funnel_state);
        ...
    }
    ...
}
```

图 9-75（续）

为了确定给定的文件系统是否是线程安全和抢占安全的，VFS 接口将在用于该文件系统的 mount 结构[bsd/sys/mount_internal.h]内检查 vfstable 结构[bsd/sys/mount_internal.h]的 vfc_threadsafe 字段。

// bsd/vfs/kpi_vfs.c

```
int
VFS_START(struct mount *mp, int flags, vfs_context_t context)
{
    int thread_safe;
    ...
    thread_safe = mp->mnt_vtable->vfc_threadsafe;
    ...
}
```

文件系统可以通过给 vfs_fsadd() 函数[bsd/vfs/kpi_vfs.c]传递合适的标志（VFS_TBLTHREADSAFE 或 VFS_TBLFSNODELOCK），（间接）设置 vfc_threadsafe 字段，这个函数用于向内核中添加新的文件系统。

Mac OS X 10.4 内核的某些部分（比如审计子系统[bsd/kern/kern_audit.c]、虚拟结点磁盘驱动程序[bsd/dev/vn/vn.c]和控制台驱动程序[bsd/dev/ppc/cons.c]）明确地使用了漏斗。

一个线程一次只能持有一个漏斗。如果 thread_funnel_set() 函数检测到某个线程正尝试并发地持有多个漏斗，它将使系统恐慌。Mac OS X 10.4 以前的漏斗实现提供了一个用于合并两个漏斗的函数（thread_funnel_merge()），它可以把两个漏斗合并成单个漏斗。没有哪个函数可用于把一个合并的漏斗恢复成两个原始的漏斗。

> 与合并漏斗相比，可能把通常使用的多个漏斗模式称为**分离漏斗**（Split-Funnel）模式。可以使用 dfnl=1 引导时参数禁用这种模式，并且使两个漏斗锁指向同一个漏斗。

在 Mac OS X 10.4 以前，网络文件系统很可能需要并发持有内核漏斗和网络漏斗。xnu 的 NFS 实现大量使用 thread_funnel_switch() 在两个漏斗之间切换。这个函数是利用两个漏斗（一个旧漏斗和一个新漏斗）作为参数调用的，其中旧漏斗必须被调用线程持有。

```
boolean_t thread_funnel_switch(int oldfnl, int newfnl);
...
thread_funnel_switch(KERNEL_FUNNEL, NETWORK_FUNNEL);
```

还可以作为 BSD 系统调用条目的一部分获得漏斗。如第 6 章中所述，xnu 中的 BSD 系统调用表条目具有一个成员，指示在进入内核时将会获得的漏斗类型。

```
// bsd/sys/sysent.h

struct sysent {
    ...
    int8_t sy_funnel; // funnel type
    ...
} sysent[];
```

sysent 数组是在 bsd/kern/init_sysent.c 中初始化的。由于 Mac OS X 10.4 只有内核漏斗，在进入内核时占用这个漏斗的系统调用将把它的 sysent 条目的 sy_funnel 字段设置为 KERNEL_FUNNEL。

```
// bsd/kern/init_sysent.c

__private_extern__ struct sysent sysent[] = {
    ...
    { ..., KERNEL_FUNNEL, (sy_call_t *)exit, ... },
    { ..., KERNEL_FUNNEL, (sy_call_t *)fork, ...},
    ...
    { ..., KERNEL_FUNNEL, (sy_call_t *)ptrace, ...},
    ...
};
```

> 只有某些 BSD 系统调用（在 Mac OS X 10.4 以前是大多数 BSD 系统调用，在 Mac OS X 10.4 中则只有少数 BSD 系统调用）默认会占用漏斗。在 Mac OS X 10.4 以及更早的版本中，Mach 系统调用或者与 I/O Kit 相关的系统调用在进入内核时不会占用漏斗。话虽如此，如果 I/O Kit 驱动程序确实必须占用漏斗，那么它可以这么做。例如，如果某个驱动程序专注于在内核内使用 BSD 函数调用某些文件系统操作，在 Mac OS X 10.4 以前的系统上它就必须占用内核漏斗。I/O Kit 工作循环线程将上调进入 BSD 内核——例如，递送网络分组或者完成磁盘 I/O 请求。在 Mac OS X 10.4 以前的内核中，这样的线程将在调用 BSD 函数之前获得合适的漏斗。在许多情况下，底层的驱动程序家族将会处理与漏斗相关的细节。例如，对于 USB 网络驱动程序，IONetworkingFamily 将会隐藏使用漏斗的细节。

如前所述，如果线程在内核中睡眠，那么将会自动释放线程的漏斗。在 thread 结构的 funnel_state 字段中会为每个线程维护漏斗状态。当调度器切换到新线程时，它将检查旧线程的漏斗状态。如果它是 TH_FN_OWNED（即线程拥有 thread 结构的 funnel_lock 成员所指向的漏斗），就把线程的漏斗状态设置为 TH_FN_REFUNNEL，它把漏斗标记为将在分派时重新获得。之后，将释放线程的漏斗。相反，如果新线程的 funnel_state 字段是 TH_FN_REFUNNEL，那么将会获得 funnel_lock 字段所指向的漏斗，并且将把 funnel_state 设置为 TH_FN_OWNED。

9.18.9　SPL

在传统的 BSD 内核中，一个关键区域将执行**设置优先级**（Set-Priority-Level，SPL）调用，以阻塞处于给定优先级（及以下）的中断例程，例如：

```
// raise priority level to block network protocol processing
// return the current value
s = splnet();

// do network-related operations
...

// reset priority level to the previous (saved) value
splx(s);
```

出于以前讨论过的原因，只使用一整套通常的 SPL 函数将不足以处理 Mac OS X 上的同步。尽管 xnu 实现了这些函数，但是它们在 Mac OS X 10.4 上全都是空实现。在以前的版本上，它们仍然是空操作，但是它们还可以确保调用线程在漏斗之下运行（否则将会引发恐慌）。

```
// bsd/kern/spl.c (Mac OS X 10.3)

...
unsigned
splnet(void)
{
    if (thread_funnel_get() == THR_FUNNEL_NULL)
        panic("%s not under funnel", "splnet()");
    return(0);
}
...


// bsd/kern/spl.c (Mac OS X 10.4)

...
unsigned
splnet(void)
{
    return(0);
}
...
```

9.18.10　劝告模式的文件锁定

Mac OS X 提供了多个接口，用于**劝告模式**（Advisory-Mode）的文件锁定，可以锁定

整个文件或者锁定字节范围。图 9-76 显示了通过 lockf()库函数、flock()系统调用以及 fcntl()
系统调用锁定文件的概览。

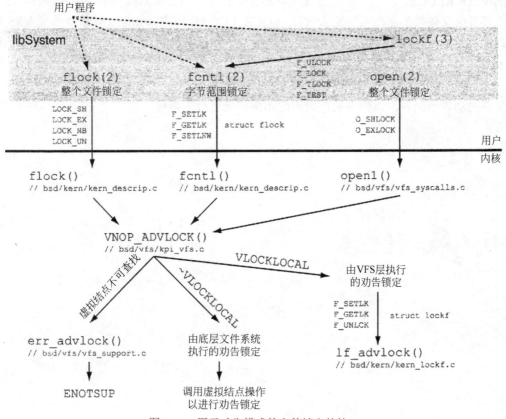

图 9-76　用于劝告模式的文件锁定的接口

```
// to lock, specify operation as either LOCK_SH (shared) or LOCK_EX (exclusive)
// additionally, bitwise OR operation with LOCK_NB to not block when locking
// to unlock, specify operation as LOCK_UN
int flock(int fd, int operation);

// cmd is one of F_GETLK, F_SETLK, or F_SETLKW
// arg is a pointer to a flock structure
int fcntl(int fd, int cmd, int arg);

// function is one of F_ULOCK, F_TEST, F_TLOCK, or F_TEST
// size specifies the number of bytes to lock, starting from the current offset
int lockf(int fd, int function, off_t size);
```

　　劝告模式锁定（Advisory-Mode Locking）中的术语劝告（Advisory）意指访问共享文件的所有进程在读取或写入文件之前，都必须合作并且使用劝告锁定机制。如果某个进程在没有使用劝告锁定的情况下访问这样的文件，就有可能导致不一致性。

　　如图 9-76 中所示，全部 3 个接口都会在内核中导致相同的锁定机制。内核在 VFS 层中提供了独立于文件系统的锁定实现，它称为**本地锁**（Local Lock）实现。此外，文件系统还可以实现它自己的劝告锁定。给定一个虚拟结点，VNOP_ADVLOCK()将基于虚拟结点上的 VLOCKLOCAL 标志，决定是使用本地锁定还是调用文件系统的劝告锁定操作。这个标志反过来又依赖于文件系统的 MNTK_LOCK_LOCAL 标志。如果文件系统希望 VFS 层处理劝告锁定，它就可以在其挂接操作中调用 vfs_setlocklocal()函数[bsd/vfs/vfs_subr.c]，设置 MNTK_LOCK_LOCAL 标志。

本地锁实现使用 lockf 结构[bsd/sys/lockf.h]表示字节范围的劝告锁。vnode 结构包含用于文件的劝告锁列表，该列表依据锁的起始偏移量进行了排序。

第 10 章　扩 展 内 核

历年来，RISC 微处理器与 CISC 微处理器之间的界线变得越来越模糊，尤其是随着微处理器公司关注的焦点转移到微体系结构时则更是如此。经常可以看到这些公司尝试优化超标量的无序执行。换句话说，现代 RISC 处理器变得更像 CISC，反之亦然。在内核设计中可以观察到一个同样有趣的进化圈："技术上的一体式"内核已经进化成包含足够大的模块性和灵活性，以提供由微内核提供的许多好处。

10.1　沿着内存通道的驱动程序

在商业操作系统中，绝大多数第三方内核编程都属于**设备驱动程序**（Device Driver）。可以正式地将驱动程序定义为管理一个或多个设备的控制流，比如说线程。给定操作系统的种类以及存在的设备驱动程序模式，控制流可以位于内核或用户空间中，并且设备可以是物理设备或软件（伪）设备。从实现的角度讲，典型的现代 UNIX 系统中的设备驱动程序是一种软件组件，用于把与一个或多个相关设备对应的函数组织在一起。经常可以看到将设备驱动程序作为动态可加载的模块，当不使用时可以卸载它们，以便降低资源消耗。如果必要，将设备驱动程序编译进内核中通常也是可能的。

10.1.1　驱动程序编程被认为是困难的

从历史上讲，为操作系统编写设备驱动程序被认为相当困难。一个原因是：许多操作系统没有良好定义的驱动程序体系结构。这已经得到了改进，因为大多数现代操作系统都具有强调模块性以及在不同程度上强调代码重用的驱动程序体系结构和环境。另一个继续保持有效的原因是：驱动程序通常是在内核环境中执行的，它天生比用户空间更复杂、更脆弱。Mac OS X 驱动程序体系结构在这方面特别有用，因为它支持从用户空间访问设备的通用机制。特别是，该体系结构还支持用户空间的驱动程序。例如，在 Mac OS X 上，诸如键盘、鼠标、打印机、扫描仪、数码相机和数码摄像机之类的设备都可以通过用户空间的程序驱动。

10.1.2　良好的继承

Mac OS X 驱动程序体系结构是由 I/O Kit 实现的，它是 NEXTSTEP 的 Driver Kit 的后裔。Driver Kit 是一个面向对象的软件和工具包，可以帮助程序员以一种模块化方式编写设备驱动程序。Driver Kit 的目标是：使编写和调试驱动程序与编写和调试普通的 NEXTSTEP

应用程序几乎一样容易。它旨在一般化驱动程序中涉及的软件，使得编写它们将需要较少的时间和工作量。基本的观察结论是：尽管驱动程序可能驱动完全不同的设备，但是它们仍然具有多个共同的方面和需求。Driver Kit 把驱动程序视作 I/O 子系统的必要组件，因为在计算机系统中需要多种 I/O 类型的外围设备也是通过驱动程序驱动的。而且，用于松散相关设备的驱动程序在实现中可能彼此非常接近。可以把它们的共性作为库提供给驱动程序开发人员使用。Driver Kit 使用 Objective-C 作为它的编程语言。

10.1.3　一切都是文件

典型的 UNIX 系统给设备提供了一个基于文件系统的用户接口——用户空间的进程通过**设备特殊文件**（Device Special File，或者简称为**设备文件**（Device File））寻址设备，这些文件传统上驻留在/dev/目录中。较旧的系统具有静态的/dev/，其中组成的设备文件是显式创建或删除的，主要设备编号则是静态分配的。较新的系统（包括 Mac OS X）则动态地管理设备。例如，Mac OS X 设备文件系统允许动态创建或删除设备文件，主要编号则是在设备文件创建时自动分配的。

UNIX 最早版本中的设备文件是硬编码进内核中的。例如，/dev/rk0 和/dev/rrk0 分别是块设备和字符设备，代表连接到系统上的第一个移动磁头式 RK 磁盘驱动器。/dev/mem 把计算机的核心内存映射到一个文件。在/dev/mem 上使用调试器给运行系统打补丁是可能的。当读取或写到这样的文件时，将会激活底层的设备——也就是说，将会调用对应的内核驻留的函数。除了数据 I/O 之外，还可以在设备文件上执行控制操作。

设备文件的基本概念在很大程度上与 UNIX 保持相同，并且由其派生的概念在不断演化。Mac OS X 为存储设备[①]、串行设备、伪终端和多个伪设备提供了设备文件。

10.1.4　扩展内核不仅仅是驱动设备

除了设备驱动程序之外，多种其他类型的代码也可以扩展内核。Mac OS X 上可加载的内核组件包括：文件系统、文件系统授权模块（参见 11.10 节）、存储设备过滤器、BSD 风格的 sysctl 变量和网络扩展。从 Mac OS X 版本 10.4 起，Mac OS X 就为多种类型的内核组件提供了稳定的 KPI（Kernel Programming Interface，内核编程接口）。

10.2　I/O Kit

I/O Kit 是多种内核级和用户级软件的集合，它们一起构成了一种用于许多设备类型的简化的驱动程序开发机制。它提供了一种分层的运行时体系结构，其中多种软件和硬件之间具有动态关联。除了作为设备驱动程序的基础之外，I/O Kit 还可以协调设备驱动程序的

---

① 在 11.3 节中将会介绍，Mac OS X 上与存储相关的 UNIX 风格的设备是由 I/O Kit 实现的。

使用。I/O Kit 的特性包括：

- 它向 Mac OS X 的更高层展示了系统硬件的抽象视图。在这层意义上，I/O Kit 的职责之一是充当硬件抽象层（Hardware Abstraction Layer，HAL）。特别是，它通过在软件中表示硬件层次结构来模拟它：通过 I/O Kit C++类抽象表示每一类设备或服务，并且通过对应的 C++类的实例表示该设备或服务的每个真实的实例。

- 它纳入了一个名为 I/O Registry 的内存中的数据库以及另一个名为 I/O Catalog 的数据库，其中前者用于活动（实例化）的对象，后者用于跟踪系统上可用的所有 I/O Kit 类，包括未实例化的类。

- 它通过封装在多种驱动程序类型（或驱动程序家族）与特定驱动程序当中共享的公共功能和行为，促进了代码重用并且提升了稳定性。特别是，I/O Kit 导出了一个统一的面向对象编程接口。某些设备类型可以通过用户空间的驱动程序进行驱动。这类设备的示例包括：照相机、打印机和扫描仪。确切地讲，这些设备的连接协议——比如 USB 和 FireWire——是由内核驻留的 I/O Kit 家族处理的，但是特定于设备的更高级方面则是在用户空间中处理的。

- 一般而言，I/O Kit 提供了各种服务，用于从用户空间访问和操作设备。可以通过 I/O Kit 框架（IOKit.framework）使这些服务可供用户程序使用。

- 除了有助于避免跨驱动程序复制公共功能之外，I/O Kit 还可以避免程序员——在某种程度上——不得不知道内核内部的一些细节。例如，I/O Kit 抽象了虚拟内存和线程的 Mach 级细节——它提供了更简单的包装器，作为其编程接口的一部分。

- 它支持自动配置或即插即用（Plug-and-Play）。可以根据需要自动加载和卸载设备驱动程序。

- 它提供了用于驱动程序堆叠的接口，其中可以基于现有的服务实例化新服务。

> 代码重用并非总是可能的，因为 I/O Kit 可能会限制或者不支持某些设备类型。硬件的疑难杂症可能意味着必须单独处理明显相似的情况。

图 10-1 显示了 I/O Kit 的重要组件和特性的概览。

> 注意：虽然使用 I/O Kit 的用户空间的程序会链接进 IOKit.framework，但是内核空间的程序（比如设备驱动程序）会在其生成阶段使用内核框架（Kernel.framework）。Kernel.framework 不包含任何库；它只提供了内核头文件。换句话说，驱动程序不会链接进 Kernel.framework——它将链接进内核自身。

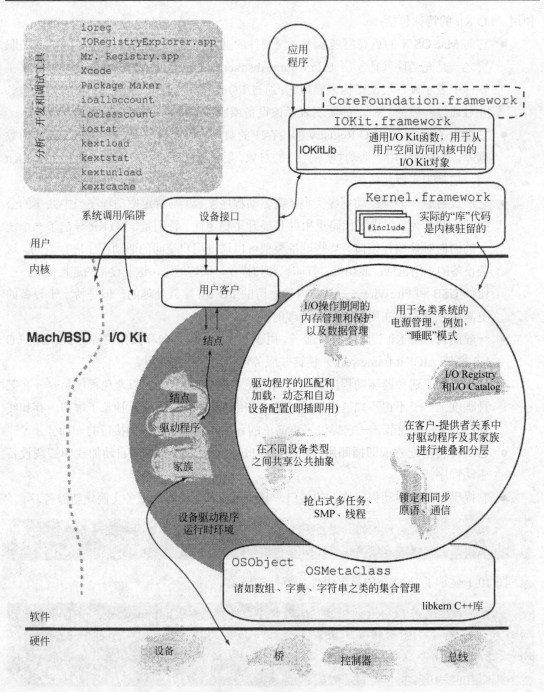

图 10-1　I/O Kit 概览

10.2.1　嵌入式 C++

I/O Kit 的前身即 Driver Kit 使用 Objective-C，与之不同的是，I/O Kit 使用 C++的一个受限制的子集作为它的编程语言——它是在**嵌入式 C++**（Embedded C++，EC++）中实现的，并且使用该语言编写程序[①]。EC++规范包括一个最低限度的语言规范，它是 C++的一个严格意义上的子集、一种库规范以及一份风格指南。这个库包含的内容要多于典型的嵌入式 C 库，但是要少于成熟的 C++库。从 EC++中省略的重要 C++特性包括：

- 异常。
- 模板。
- 多重继承和虚拟基类。
- 命名空间。
- 运行时类型标识（Runtime Type Identification，RTTI）。

注意：I/O Kit 实现了它自己的最低限度的运行时类型化系统。

10.2.2　I/O Kit 类层次结构

I/O Kit 的多个部分是使用内核驻留的 libkern C++库中的构件实现的。图 10-2 显示了 I/O Kit 的高级类层次结构。

一般操作系统类（General OS Classes）类别包括 OSObject，它是内核的根基类。除了设备驱动程序之外，这些操作系统类还可供所有内核代码使用。

一般 I/O Kit 类（General I/O Kit Classes）类别包括 IORegistryEntry 及其子类 IOService。前者是 I/O Kit 层次结构的根类，它允许 I/O Kit 对象出现在 I/O Registry 中以及管理它们的"个性信息"。特别是，I/O Kit 驱动程序的 attach()和 detach()方法用于连接到 I/O Registry。

家族超类（Family Superclasses）类别包括用于多种设备类型的 I/O Kit 家族。IOService 是大多数 I/O Kit 家族超类的直接或间接超类——通常，每个家族中至少有一个重要的类是继承自 IOService。反过来，大多数驱动程序都是 I/O Kit 家族中的某个类的子类的实例。通过 IOService（确切地讲是通过它的虚函数）捕获驱动程序在 I/O Kit 的动态运行时环境内的生命周期。由 IOService 定义的接口的示例包括用于以下目的的函数。

- 初始化和终结驱动程序对象。
- 将驱动程序对象连接到 I/O Registry 以及把它们分离开。
- 探测硬件，以将驱动程序匹配到设备。
- 基于驱动程序的提供者是否存在，实例化驱动程序。
- 管理电源。
- 映射和访问设备内存。
- 将服务状态中的改变通知给感兴趣的当事方。
- 注册、取消注册、启用和触发设备中断。

I/O Kit 的主要体系结构抽象是家族（Family）、驱动程序（Driver）和结点（Nub）。

---

① EC++技术委员会（EC++ Technical Committee）是在 1995 年后期于日本成立的，其目标是为该语言提供一个开发标准，以及鼓励支持该标准的商业产品。

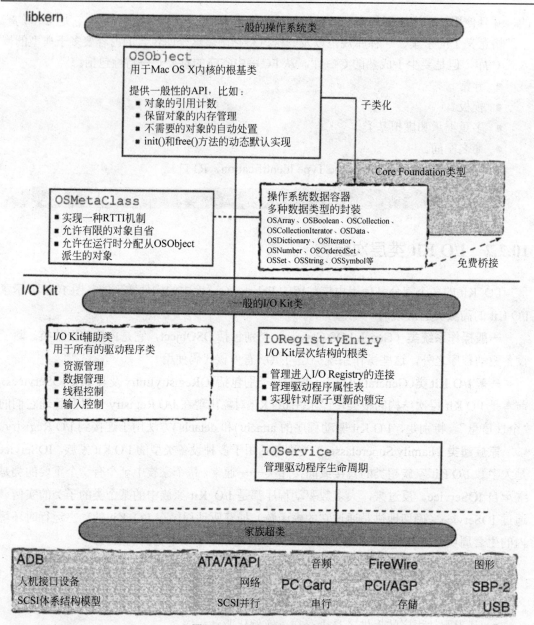

图 10-2   I/O Kit 类层次结构

10.2.3   I/O Kit 家族

    I/O Kit 家族是一组类以及关联的代码，用于实现特定类别的设备共同的抽象。从打包的角度讲，家族可能包括内核扩展、库、头文件、文档、示例代码、测试模块、测试工具等。通常，可以根据需要把家族的内核组件动态加载进内核中。家族的目的是允许驱动程序序的程序员集中关注特定于设备的问题，而不是重新实现频繁使用的抽象，家族将实现它们，并作为库来提供。换句话说，给定特定设备的特定需求，可以通过扩展合适的家族来构造它的驱动程序。

在一些情况下,可以通过 IOService 类直接提供驱动程序所需要的服务——也就是说,驱动程序可能没有特定的家族。

家族可用于存储设备、人机接口设备、网络设备和服务、总线协议等。Apple 提供的 I/O Kit 家族的示例如下。

- Apple 桌面总线（Apple Desktop Bus，ADB）。
- ATA 和 ATAPI。
- 音频。
- FireWire。
- 图形。
- 人机接口设备（Human Interface Device，HID）。
- 网络。
- PC 卡。
- PCI 和 AGP。
- 串行总线协议 2（Serial Bus Protocol 2，SBP-2）。
- SCSI 并行和 SCSI 体系结构模型。
- 串行。
- 存储。
- USB。

没有家族可用的设备/服务类型包括：磁带驱动器、电话服务和数字成像设备。

10.2.4 I/O Kit 驱动程序

驱动程序是一个管理特定硬件的 I/O Kit 对象。它通常是特定设备或总线周围的抽象。I/O Kit 驱动程序依赖于一个或多个家族,也许还依赖于其他的内核扩展类型。在一个 XML 格式化的属性列表文件（Info.plist）中按驱动程序枚举了这些依赖性,该文件是打包为 Mac OS X 捆绑组件的驱动程序的一部分。驱动程序是动态加载进内核中的,驱动程序的非内核驻留的依赖性也是如此[1],它们必须在驱动程序之前加载。

在 Mac OS X 文件系统域中,驱动程序的默认位置是 Library/Extensions/ 目录。Apple 提供的驱动程序驻留在/System/Library/Extensions/中。

当驱动程序属于某个家族时,驱动程序的类通常会继承该家族中的某个类。这样,继承给定家族的所有驱动程序都会获得该家族的实例变量和公共行为。家族可能需要调用继承它的驱动程序中的方法,在这种情况下,驱动程序会实现这些方法。

当系统开始引导时,将会初始化 I/O 连接中涉及的设备和服务的逻辑链,从主逻辑板（硬件）和对应的驱动程序（软件）开始。这条链将会逐渐增长,因为在扫描总线时,将会

---

① 驱动程序可以依赖于内置的内核组件。

发现连接到它们的设备，找到匹配的驱动程序，并且构造提供者和客户的栈。在这样一种分层的栈中，每一层都是它下面一层的**客户**（Client）并且是它上面一层的服务的**提供者**（Provider）。从实现的角度讲，典型的驱动程序在概念上位于表示家族实例的 C++对象栈中的两个家族之间。驱动程序继承顶部家族中的某个类，并且使用底部家族提供的服务。

10.2.5　结点

结点是表示一个可控实体（确切地讲是设备或逻辑服务）的 I/O Kit 对象。它是桥接两个驱动程序（乃至驱动程序的家族）的逻辑连接点和通信信道。除了提供对它所表示的实体的访问权限之外，结点还提供了诸如抽象、将驱动程序匹配到设备以及电源管理之类的功能。与结点相比，实际的驱动程序将管理特定的硬件，它通过结点与之通信。

结点表示的实体的示例包括：磁盘、磁盘分区、仿真式 SCSI 外围设备、键盘和图形适配器。

> 驱动程序可能为它控制的每个单独的设备或服务发布一个结点，或者甚至可能充当它自己的结点——也就是说，结点也可以是驱动程序。

结点的最重要的职能是驱动程序匹配：在发现新设备时，结点将尝试查找与特定硬件设备匹配的一个或多个驱动程序。在 10.2.11 节中将讨论驱动程序匹配。

尽管区分了结点和驱动程序，但是它们都被归类为**驱动程序对象**（Driver Object），其中 IOService 类是所有驱动程序类的最终超类。而且，家族通常会提供两个类，其中一个类用于描述结点，另一个类将由成员驱动程序在它们的实现中使用。结点总会在 I/O Registry 中注册——注册将启动驱动程序匹配。与之相反，有可能**连接**（Attach）驱动程序但是没有在 I/O Registry 中注册它。已连接但未注册的对象将不能通过 I/O Kit 查找函数直接查找到，但是必须能够间接查找到，其方法是：首先查找注册的父对象或子对象，然后使用一个父/子对象遍历函数触碰到未注册的对象。

10.2.6　一般 I/O Kit 类

如图 10-2 中所示，一般 I/O Kit 类（General I/O Kit Classes）包括 IORegistryEntry、IOService 和各种辅助类。IORegistryEntry 是用于所有 I/O Registry 对象的基类，而 IOService 则是用于大多数 I/O Kit 家族和驱动程序的基类。其他基本的 I/O Kit 类包括 IORegistryIterator 和 IOCatalogue，前者实现了一个迭代器对象，用于遍历（如果需要，可以使用递归方式）I/O Registry；IOCatalogue 则实现了内核中的数据库，其中包含所有的 I/O Kit 驱动程序个性信息。

辅助类这个类别主要包括两种类：一种是那些提供内存相关操作的类，包括 I/O 传输中涉及的内存管理；另一种是那些用于同步和串行化访问的类。

1. 用于内存相关操作的类

下列类提供了内存相关的操作。

● IOMemoryDescriptor：是一个抽象基类，用于表示一个内存缓冲区或者一段内存范围，其中的内存可以是物理内存或虚拟内存。

- IOBufferMemoryDescriptor：是一种内存描述符，在创建它时也会分配它的内存。
- IOMultiMemoryDescriptor：是一种内存描述符，封装了多个 IOMemoryDescriptor 实例的有序列表，这些实例一起表示单个连续的内存缓冲区。
- IODeviceMemory：是 IOMemoryDescriptor 的一个子类，用于描述单个的设备物理内存范围。
- IOMemoryMap：是一个抽象基类，提供了用于对 IOMemoryDescriptor 描述的内存范围进行内存映射的方法。
- IOMemoryCursor：实现了用于从内存描述符生成物理段的分散/收集列表的机制。这种生成基于目标硬件的性质。在 IOMemoryCursor 实例的初始化期间，由调用者提供指向段函数（Segment Function）的指针。每次调用段函数都会输出单个物理段。
- IOBigMemoryCursor：是 IOMemoryCursor 的一个子类，以大端字节序生成物理段。
- IOLittleMemoryCursor：是 IOMemoryCursor 的一个子类，以小端字节序生成物理段。
- IONaturalMemoryCursor：是 IOMemoryCursor 的一个子类，以处理器的自然字节序生成物理段。
- IODBDMAMemoryCursor：是 IOMemoryCursor 的一个子类，生成基于描述符的 DMA（Descriptor-Based DMA，DBDMA）描述符的矢量。
- IORangeAllocator：用于实现一个基于范围的内存分配器，利用空的空闲列表或者包含单个初始片段的空闲列表创建类的新实例。

2. 用于同步和串行化访问的类

下列类有助于同步和串行化访问。

- IOWorkLoop：是一个控制线程，可以帮助驱动程序阻止并发或可重入访问资源。例如，可以使用工作循环串行化将要访问关键资源的函数调用。单个工作循环可以具有多个注册的事件源，其中每个事件源都具有关联的动作。
- IOEventSource：是一个表示工作循环事件源的抽象超类。
- IOTimerEventSource：是一个实现简单定时器的工作循环事件源。
- IOInterruptEventSource：是一个以单线程方式将中断递送给驱动程序的工作循环事件源。与传统的主中断相比，IOInterruptEventSource 将递送次级中断或延迟的中断。
- IOFilterInterruptEventSource：是 IOInterruptEventSource 的一个版本，它首先调用驱动程序——在主中断上下文中，以确定是否应该在驱动程序的工作循环上调度中断。
- IOCommandGate：继承自 IOEventSource，并且提供了一种轻量级机制，用于以单线程方式执行某个动作（相对于所有其他的工作循环事件源而言）。
- IOCommand：是一个抽象基类，表示从设备驱动程序传递给控制器的 I/O 命令。诸如 IOATACommand、IOFWCommand 和 IOUSBCommand 之类的控制器命令类继承自 IOCommand。
- IOCommandPool：实现了一个继承自 IOCommand 的命令池。它支持以一种串行化方式从这个池中提取命令，以及把命令返还到池中。

3. 其他各种各样的类

I/O Kit 还包含以下各种各样的类。

- **IONotifier**：是一个抽象基类，用于实现 IOService 通知请求。它提供了用于启用、禁用和删除通知请求的方法。
- **IOPMpriv**：封装了用于 IOService 对象的私有电源管理实例变量。
- **IOPMprot**：封装了用于 IOService 对象的受保护的电源管理实例变量。
- **IOKernelDebugger**：充当内核调试器结点，与 KDP（Kernel Debugging Protocol，内核调试协议）模块对接，并且把 KDP 请求分配给调试器设备，它通常是 IOEthernetController 的一个子类。
- **IOUserClient**：用于实现一种机制，以便在内核中的 I/O Kit 对象与用户空间的程序之间通信。
- **IODataQueue**：实现一个队列，可用于从内核中将任意的、大小可变的数据传递给用户任务。队列实例还可以向用户任务通知数据的可用性。

10.2.7 工作循环

I/O Kit 的工作循环抽象是由 IOWorkLoop 类实现的，它给驱动程序提供了一种同步和串行化机制。IOWorkLoop 实例实质上是一个控制线程。这个类的关键特性是：可以给它添加一个或多个**事件源**（Event Source）。每个事件都代表由循环完成的工作，从而得到"工作循环"这个名称。事件的示例有：命令请求、中断和定时器。一般而言，源可以代表应该唤醒驱动程序的工作循环执行某项工作的任何事件。每个事件源都具有一个关联的动作，动作的执行就表明了工作的概念。IOWorkLoop 纳入了内部锁定，以确保在类的给定实例中一次只会处理一个工作单元——在执行关联的回调前，所有的事件源都会获得工作循环的互斥锁（或者关闭工作循环之门）。因此，可以保证在工作循环中一次只能执行一个动作。在这层意义上，IOWorkLoop 类为给定的驱动程序栈提供了主锁的语义。对于中断，工作循环的线程将充当次级中断的上下文线程（次级中断是主中断的延迟版本）。

驱动程序通常不需要创建它自己的 IOWorkLoop 实例。它可以使用它的提供者的工作循环，可以使用代表提供者的 IOService 对象的 getWorkLoop() 方法获取它。如果驱动程序具有当前的工作循环，getWorkLoop() 将返回它；否则，它将遍历提供者链，递归地调用它自身，直至它找到一个有效的工作循环为止。

如图 10-3 所示，IOWorkLoop 的主函数——threadMain()——包含 3 个不同的循环：最外面的清理和等待循环；中间的循环，当没有更多的工作时用于终止；里面的循环，用于遍历事件链以寻找工作。事件源通过 IOEventSource 的子类实现的 checkForWork() 方法指示是否有更多的工作要做。checkForWork() 被指望将会检查子类的内部状态，并且还会调出动作。如果有更多的工作，中间的循环将会重复。注意：openGate() 和 closeGate() 方法分别是 IORecursiveLockUnlock() 和 IORecursiveLockLock() 的简单包装器，其中把递归式互斥锁作为类的受保护的成员。

现在来看一个在假想的驱动程序中使用 IOWorkLoop 的示例，把该驱动程序命名为 SomeDummyDriver，它结合使用了 IOWorkLoop 与两个事件源：一个中断和一个命令门。

在它的 start()方法中，驱动程序首先通过调用 IOWorkLoop 类的 workLoop()方法，创建并初
始化它自己的工作循环。在大多数情况下，在驱动程序栈中处于较高位置的驱动程序可以
使用它的提供者的工作循环。

// iokit/Kernel/IOWorkLoop.cpp

```
void
IOWorkLoop::threadMain()
{
    ...
    // OUTER LOOP
    for (;;) {
        ...
        closeGate();
        if (ISSETP(&fFlags, kLoopTerminate))
            goto exitThread;

        // MIDDLE LOOP
        do {
            workToDo = more = false;
            // INNER LOOP
            // look at all registered event sources
            for (IOEventSource *event = eventChain; event;
                event = event->getNext()) {
                ...
                // check if there is any work to do for this source
                // a subclass of IOEventSource may or may not do work here
                more |= event->checkForWork();
                ...
            }
        } while (more);
        ...
        openGate();
        ...
        if (workToDo)
            continue;
        else
            break;
    }

exitThread:
    workThread = 0;
    free();
    IOExitThread();
}
```

图 10-3　IOWorkLoop 类的主函数

    驱动程序创建一个 IOInterruptEventSource 对象。在这个示例中，提供者的 IOService 代表中断源，通过 interruptEventSource() 的最后一个参数指定。如果这个参数是 NULL，事件源就假定它的 interruptOccurred() 方法将会被客户以某种方式调用。接下来，驱动程序将添加会被工作循环监视的中断事件源。然后，它将调用工作循环的 enableAllInterrupts() 方法，该方法又会调用所有中断事件源中的 enable() 方法。

    驱动程序还会创建一个 IOCommandGate 对象，它继承自 IOEventSource，用于命令的单线程执行，其中将静态函数 commandGateHandler() 作为命令门的指定动作。commandGateHandler() 确保传递给它的对象类型是 SomeDummyDriver 的一个实例，并且基于它的第一个参数分派命令。通过 IOCommandGate 的 runCommand() 或 runAction() 方法执行的动作被保证将以单线程方式执行。

    图 10-4 显示了 SomeDummyDriver 中的相关代码部分。

```
// SomeDummyDriver.h

class SomeDummyDriver : public SomeSuperClass
{
    OSDeclareDefaultStructors(SomeDummyDriver)

private:
    ...
    IOWorkLoop              *workLoop;
    IOCommandGate           *commandGate;
    IOInterruptEventSource  *intSource;
    ...
    static void handleInterrupt(OSObject *owner,IOInterruptEventSource *src,
                        int count);
    static IOReturn commandGateHandler(OSObject *owner, void *arg0,
                                void *arg1, void *arg2, void *arg3);
    ...
    typedef enum {
        someCommand      = 1,
        someOtherCommand = 2,
        ...
    };

protected:
    ...

public:
    ...
    virtual void free(void);
    virtual bool start(IOService *provider);
    virtual bool free(void);
    ...
```

图 10-4   在驱动程序中使用 IOWorkLoop

```
    IOreturn somePublicMethod_Gated(/* argument list */);
};

bool
SomeDummyDriver::start(IOService *provider)
{
    if (!super::start(provider))
        return false;

    workLoop=IOWorkLoop::workLoop();//Could also use provider->getWorkLoop()
    ...
    intSource = IOInterruptEventSource::interruptEventSource(

                this,
                // Handler to call when an interrupt occurs
                (IOInterruptEventAction)&handleInterrupt,
                // The IOService that represents the interrupt source
                provider);
    ...
    workLoop->addEventSource(intSource);
    ...
    workLoop->enableAllInterrupts();
    ...
    commandGate = IOCommandGate::commandGate(
                this, // Owning client of the new command gate
                commandGateHandler); // Action
    ...
    workLoop->addEventSource(commandGate);
}

void
SomeDummyDriver::free(void)
{
    ...
    if (workLoop) {

        if (intSource) {
            workLoop->removeEventSource(intSource);
            intSource->release();
            intSource = 0;
        }

        if (commandGate) {
            workLoop->removeEventSource(commandGate);
            commandGate->release();
            commandGate = 0;
```

图 10-4（续）

```
        }

        workLoop->release(); // Since we created it
    }
    ...
    super::free();
}


/* static */ void
SomeDummyDriver::handleInterrupt(OSObject          *owner,
                                 IOInterruptEventSource *src,
                                 int               count)
{
    // Process the "secondary" interrupt
}


/* static */ IOReturn
SomeDummyDriver::commandGateHandler(OSObject *owner,
                                    void     *arg0,
                                    void     *arg1,
                                    void     *arg2,
                                    void     *arg3)
{
    IOReturn ret;

    SomeDummyDriver *xThis = OSDynamicCast(SomeDummyDriver, owner);
    if (xThis == NULL)
        return kIOReturnError;
    else {
        // Use arg0 through arg3 to process the command. For example, arg0
        // could be a command identifier, and the rest could be arguments
        // to that command.
        switch ((int)arg0) {
        case someCommand:
            ret = xThis->somePublicMethod_Gated(/* argument list */);
            ...
            break;

        case someOtherCommand:
            ...
            break;
        ...
        }
    return ret;
}
```

图 10-4（续）

```
IOReturn
SomeDummyDriver::somePublicMethod_Gated(/* argument list */)
{
    // Calls the current action in a single-threaded manner
    return commandGate->runCommand(/* argument list */);
}
```

图 10-4（续）

10.2.8　I/O Registry

可以把 I/O Registry 看作是内核与用户空间之间的信息中心。它是一个内核驻留的、内存中的数据库，并且是动态构造和维护的。它的内容包括运行系统中活动的 I/O Kit 对象集，比如：家族、结点和驱动程序。在发现新硬件时，无论是在引导时还是在运行系统中的某个位置，I/O Kit 都会尝试为硬件查找匹配的驱动程序并且加载它。如果驱动程序成功加载，就会更新 I/O Registry，以反映驱动程序对象之间新添加或更新的提供者-客户关系。I/O Registry 还会跟踪多种其他类型的信息，比如同电源管理以及网络控制器的状态相关的信息。因此，I/O Registry 在不同场合下会改变——例如，当系统从睡眠中醒来时。

I/O Registry 被组织成一棵倒置树，它的每个结点都是一个最终从 IORegistryEntry 类派生而来的对象。树的根结点对应于系统的主逻辑板。可以将 I/O Kit 对象栈形象地表示为树中的分枝。树中的典型结点表示一个驱动程序对象，其中每个结点都具有一个或多个属性，它们可以是多种不同的类型，反过来又通过多种数据类型（比如数字、字符串、列表和字典）表示它们。结点的属性可能具有多种源，其中典型的源是驱动程序的个性信息，可以把它们看作是一组描述驱动程序的键-值对。属性还可能表示配置信息、统计信息或者任意的驱动程序状态。

> I/O Registry 中可能具有与树的定义相反的结点。例如，对于 RAID 磁盘控制器，多个磁盘将显示为一个逻辑卷，因此一些结点可能具有多个父结点。

I/O Kit 的二维树结构被投射到多个概念性的 **I/O Kit 平面**（I/O Kit Plane）上，比如下面列出的这些平面。

- **服务平面**（Service Plane，IOService）：最一般的平面，用于捕获所有的 I/O Kit 对象与它们的祖先之间的关系。
- **设备树平面**（Device Tree Plane，IODeviceTree）：用于捕获 Open Firmware 设备树的层次结构。
- **电源平面**（Power Plane，IOPower）：用于捕获关于电源的 I/O Kit 对象之间的依赖性。可能通过遍历这个平面中的联系，确定电源如何从一个结点流向另一个结点（比如说，从提供者流向客户）。特别是，打开或关闭给定设备的电源的效果也是可以形象地表示的。
- **FireWire 平面**（FireWire Plane，IOFireWire）：用于捕获 FireWire 设备的层次结构。
- **USB 平面**（USB Plane，IOUSB）：用于捕获 USB 设备的层次结构。

不同 I/O Kit 平面中的分支和结点集并不完全相同，因为每个平面都是 I/O Kit 对象之间的不同提供者-客户关系的表示。即使所有的 I/O Registry 对象在所有的平面上都存在，在那个平面中也只会表示特定平面的定义中存在的联系。

可以通过命令行程序 ioreg 或者使用诸如 IORegistryExplorer.app（Apple Developer Tools 的一部分）和 Mr. Registry.app（FireWire SDK 的一部分）之类的图形工具检查 I/O Registry。

10.2.9　I/O Catalog

I/O Registry 用于维护运行系统中活动对象的集合，而 I/O Catalog 则用于维护可用驱动程序的集合——它是一个内核中的动态数据库，包含所有的 I/O Kit 驱动程序个性信息。当把设备与它们关联的驱动程序相匹配时，IOService 类将会使用这个资源。特别时，在发现设备时，结点将查询 I/O Catalog，获取属于设备家族的所有驱动程序的列表。IOCatalogue 类提供了一些方法，用于初始化目录、添加驱动程序、删除驱动程序，以及基于调用者提供的信息查找驱动程序等。

在自举期间，将通过内置的目录条目的列表初始化 I/O Catalog。通过 gIOKernelConfigTables 字符串[iokit/KernelConfigTables.cpp]表示这个列表，该字符串将保存内置驱动程序的串行化信息。表 10-1 显示了列表的成员。I/O Catalog 的大多数功能都是在 libsa/catalogue.cpp 中实现的。

表 10-1　I/O Catalog 中的初始条目

IOClass	IOProviderClass	IONameMatch
IOPanicPlatform	IOPlatformExpertDevice	—
AppleCPU	IOPlatformDevice	cpu
AppleNMI	AppleMacIODevice	programmer-switch
AppleNVRAM	AppleMacIODevice	nvram

IOPanicPlatform 代表包罗万象的 Platform Expert，如果没有合法的 IOPlatformDevice 匹配，那么它将进行匹配。这个类的启动例程将引发内核恐慌，并且会提供一条消息，指示无法找到用于未知平台的驱动程序。

10.2.10　I/O Kit 初始化

在 5.6 节中讨论了 I/O Kit 初始化。如图 5-14 所示，I/O Kit 初始化的主要工作是由 StartIOKit() [iokit/Kernel/IOStartIOKit.cpp]执行的。OSlibkernInit() [libkern/c++/ OSRuntime.cpp]将初始化一个 kmod_info 结构（参见图 10-5）。与 kmod_info 结构的这个实例对应的内核变量也称为 kmod_info。这个实例用于将内核表示为一个虚拟的库内核模块，其名称是 __kernel__。模块的起始地址被设置为内核的 Mach-O 头部。与正常的内核扩展一样，将会调用 OSRuntimeInitializeCPP() [libkern/c++/OSRuntime.cpp]，初始化 C++ 运行时环境。OSBoolean 类也会由 OSlibkernInit()初始化。、

```
// osfmk/mach/kmod.h

typedef struct kmod_info {
    struct kmod_info    *next;
    int                 info_version;
    int                 id;
    char                name[KMOD_MAX_NAME];
    char                version[KMOD_MAX_NAME];
    int                 reference_count;  // number of references to this kmod
    kmod_reference_t    *reference_list;  // references made by this kmod
    vm_address_t        address;          // starting address
    vm_size_t           size;             // total size
    vm_size_t           hdr_size;         // unwired header size
    kmod_start_func_t   *start;           // module start entry point
    kmod_stop_func_t    *stop;            // module termination entry point
} kmod_info_t;
```

图 10-5　kmod_info 结构

StartIOKit() 还会初始化一些关键的 I/O Kit 类，这是通过调用它们的 initialize() 方法实现的，具体如下。

- IORegistryEntry::initialize()：用于建立 I/O Registry，方法是创建它的根结点（称为 Root）并且初始化相关的数据结构，比如锁和一个 OSDictionary 对象，用于保存 I/O Kit 平面。

- IOService::initialize()：用于初始化 I/O Kit 平面（比如服务平面和电源平面），以及创建多个全局的 I/O Kit 数据结构，比如：键、锁、字典和列表。

- 如前所示，IOCatalogue 类实现了一个内核中的数据库，用于保存驱动程序个性信息。把一个 IOCatalogue 实例发布为资源，IOService 使用它将设备与它们关联的驱动程序进行匹配。典型的匹配过程涉及调用者提供一个匹配字典，其中包含匹配所基于的键-值对。键的数量和类型确定结果将是多么特定或一般，以及是否确实具有匹配。IOCatalogue::initialize() 使用 gIOKernelConfigTables，它是 OSDictionary 数据类型的串行化的 OSArray，利用与几个内置的驱动程序（如表 10-1 中所示）对应的个性信息初始化 I/O Catalog。

- IOMemoryDescriptor::initialize()：用于分配由 IOMemoryDescriptor 类使用的递归锁，这个类是一个抽象基类，定义了用于描述物理内存和虚拟内存的公共方法。IOMemoryDescriptor 被指定为与内存缓冲区或内存范围对应的一个或多个物理或虚拟地址范围。初始化函数还会创建一个 I/O Registry 属性（IOMaximumMappedIOByteCount），表示可以使用 wireVirtual() 方法连接的最大内存数量。

StartIOKit() 最终将创建 IOPlatformExpertDevice 类的一个实例，作为系统的根结点。如前所示，Platform Expert 是一个特定于主板的驱动程序对象，它知道系统正在运行的平台的类型。根结点的初始化将分配 I/O Kit 设备树，初始化设备树平面，并且创建 IOWorkLoop 类的实例。根结点的 model 属性指定了 Apple 计算机的特定类型和版本，具体如下。

- MacBookProM，N（基于 x86 的 MacBook Pro 系列）。
- PowerBookM，N（PowerBook 和 iBook 系列）。
- PowerMacM，N（PowerMac 系列）。
- RackMacM，N（Xserve 系列）。

其中 M 代表主要修订版，而 N 则代表次要修订版。

然后发布根结点实例，用于进行匹配。匹配过程开始于 IOService 类方法 startMatching()，它将按调用者所指示的那样同步或异步调用 doServiceMatch()方法。

IOPlatformExpertDevice 是特定于系统体系结构的驱动程序的提供者，比如：MacRISC4PE（基于 G5 处理器、U3 内存控制器和 K2 I/O 控制器的系统）或 MacRISC2PE（基于 G3 和 G4 处理器、UniNorth 内存控制器以及 KeyLargo I/O 控制器的系统）。

10.2.11　I/O Kit 中的驱动程序匹配

为连接到系统的设备查找合适驱动程序的过程称为**驱动程序匹配**（Driver Matching）。每次系统引导时都会执行这个过程，以后如果将设备连接到运行的系统，那么也会执行它。

每个驱动程序的属性列表文件都定义了驱动程序的一种或多种个性，它们是指定为键-值对的属性集。这些属性用于确定驱动程序是否可以驱动特定的设备。根据结点的要求，I/O Kit 将查找并且加载候选驱动程序。接下来，它将逐渐缩小搜索的范围，以找出最合适的驱动程序。典型的搜索具有以下匹配阶段。

- **类匹配**（Class Matching）：在此期间，将基于它们的类，排除掉对于提供者服务（结点）不合适的驱动程序。
- **被动匹配**（Passive Matching）：在此期间，将基于驱动程序个性信息中包含的特定于设备的属性排除掉驱动程序，它针对的是特定于提供者的家族的属性。
- **主动匹配**（Active Matching）：在此期间，将调用每个驱动程序的 probe()方法，给它传递一个指向它正在匹配的结点的引用，对简化的候选列表中的驱动程序进行主动探测。

在主动匹配开始前，将通过每个驱动程序的初始**探测分数**（Probe Score）对候选驱动程序列表进行排序。探测分数表明了驱动程序对设备的操控性能的自信心。驱动程序个性信息可以使用 IOProbeScore 键指定一个初始分数。对于每个候选驱动程序，I/O Kit 将实例化驱动程序的主体类并且调用它的 init()方法。主体类是在驱动程序的个性信息中通过 IOClass 键指定的类。接下来，I/O Kit 将调用 attach()方法，把新实例附加到提供者上。如果驱动程序实现了 probe()方法，I/O Kit 将会调用它。在该方法中，驱动程序可以与设备通信，验证它可以驱动程序，并且可能修改探测分数。一旦 probe()方法返回（或者如果没有 probe()实现），I/O Kit 将调用 detach()方法分离驱动程序，并转移到下一个候选驱动程序上。

在探测阶段之后，将以降序考虑可能成功探测的候选驱动程序的探测分数。首先基于驱动程序个性信息中的 IOMatchCategory 可选键把驱动程序分组到各个类别中。没有指定这个键的驱动程序全部将被视作属于同一个类别。在给定的提供者上至多可以启动每个类别中的一个驱动程序。对于每个类别，将会附加（同样通过 attach()方法）并启动（通过 start()方法）具有最高探测分数的驱动程序。驱动程序的个性信息的副本存放在 I/O Registry 中。

如果驱动程序成功启动，就会丢弃类别中其余的驱动程序；否则，将会释放失败的驱动程序的类实例，并且考虑具有次高探测分数的候选驱动程序。

如果驱动程序具有多种个性，将从匹配过程的角度出发将每种个性都视作单独的驱动程序。换句话说，包含多个匹配字典的驱动程序可以适用于多个设备。

10.3　DART

随着基于 G5 的支持 4GB 以上物理内存的 64 位计算机的问世，Mac OS X 不得不纳入对 64 位内存寻址的支持[①]。不过，G5 上的 PCI 和 PCI-X 总线仍然使用 32 位寻址，这导致 G5 上的**物理地址**（Physical Address）（64 位）不同于 **I/O 地址**（I/O Address）（32 位）。

如本书第 8 章中所述，内核的地址空间（包括 I/O Kit 的运行时环境）即便支持 64 位的用户地址空间，但它在 Mac OS X 中仍然是 32 位的。

如 3.3.3 节中所指出的，除了标准的内存管理单元（Memory Management Unit，MMU）之外，基于 G5 的 Apple 计算机还会使用一个额外的 MMU 用于 I/O 地址。这个**设备地址解析表**（Device Address Resolution Table，DART）将创建线性地址与物理地址之间的映射。它被实现为一条特定于应用程序的集成电路（Application-Specific Integrated Circuit，ASIC），它物理地驻留在北桥（North Bridge）中。它将会转换来自 HyperTransport/PCI 设备的内存访问。特别是，它提供了动态 DMA 映射支持，并且所有的 DMA 访问都取道于它。

DART 只会转换属于 0GB~2GB 即 31 位内存这个范围的内存访问；因此，HyperTransport/ PCI 设备一次不能访问 2GB 以上的内存。换句话说，DART 在任何给定的时间在传输的某个阶段支持最多 2GB 的 I/O 数据。转换的物理地址的宽度是 36 位。DART 驱动程序使用大小为 2 的幂的区域管理 2GB 的 I/O 空间，其中最小的区域大小是 16KB，因此它是分配大小的下限。驱动程序把单独一次分配的大小限制于空间总大小的至多一半。因此，单个映射的大小至多可以是 1GB。

AppleMacRiscPCI 内核扩展实现了 DART 驱动程序。AppleDART 类继承自 IOMapper 类，后者又继承自 IOService。

给定其分配算法，DART 驱动程序很可能为大多数分配返回连续的 I/O 内存，即使底层的物理内存可能被碎片化。一般而言，所涉及的设备的驱动程序将会把内存看作是连续的，并且很可能为 DMA 传输改进性能。这就是为什么在具有 2GB 以下物理内存的基于 G5 的系统上启用 DART 的原因。

设备驱动程序不需要直接与 DART 连接，或者甚至不需要知道它的存在。如果驱动程序使用 IOMemoryDescriptor 对象访问和操作内存，I/O Kit 将自动建立 DART。如果驱动程序在基于 G5 的系统上执行 DMA，那么它必须使用 IOMemoryDescriptor，因此将隐含地使

[①]　使基于 32 位处理器的计算机系统支持 4GB 以上物理内存是可能的。

用 DART。而且，在可以为 IOMemoryDescriptor 对象启动 DMA 之前，必须先调用它的 prepare()方法，为 I/O 传输准备关联的内存。在 G5 上，这个准备工作将为 DMA 把系统的 64 位地址转换成 32 位地址，包括创建 DART 中的条目。此外，准备工作可能还包括读入内存，并在传输期间写下它。必须调用 IOMemoryDescriptor 的 complete()方法，以在 I/O 传输完成之后完成内存的处理。一般的规则是，驱动程序在使用所有的 IOMemoryDescriptor 对象之前，必须先对它们调用 prepare()方法[①]，而不管它是用于 DMA 还是编程式 I/O（programmed I/O，PIO）。IOMemoryDescriptor 的 getPhysicalSegment()方法对于 DMA 具有重要意义，因为它把内存描述符分解成物理上连续的段。可以调用 IOMemoryDescriptor 的 readBytes()和 writeBytes()方法执行编程式 I/O。

> 如本书 8.16.6 节中所述，I/O Kit 的 IOMallocContiguous()函数将隐含地准备它返回的物理上连续的内存。尽管有可能通过 IOMallocContiguous()获得所分配内存的物理地址，但是该地址并不是实际的物理地址，而是 DART 处理过的（转换的）物理地址[②]。I/O Kit 不会向程序员公开真实的物理地址。然而，如果驱动程序把真实地址展示给 I/O Kit，那么操作将会失败，因为 DART 将不能处理这种转换。

10.4　动态扩展内核

可以通过称为内核扩展（kernel extension，或者简称为 **kext**）的动态可加载组件来扩展 Mac OS X 内核。通过内核的内置加载程序（在自举的早期阶段）或者用户级守护进程 kextd 将 kext 加载进内核中，其中 kextd 是在用户进程或内核请求时加载 kext。一旦加载，kext 就会驻留在内核的地址空间中，作为内核的一部分以特权模式执行。众多 I/O Kit 设备驱动程序和设备家族都被实现为 kext。除了设备驱动程序之外，kext 还用于可加载文件系统和网络组件。一般而言，kext 可以包含任意的代码——比如说，可能从多个其他的 kext 访问的公共代码。这样的 kext 类似于可加载的内核中的库。

10.4.1　内核扩展的结构

kext 是一种捆绑组件，与应用程序捆绑组件非常像。kext 捆绑组件的文件夹具有.kext 扩展名[③]。注意：扩展不仅只是传统的——处理内核扩展的 Mac OS X 工具也需要它。kext 捆绑组件在其 Contents/子目录中必须包含一个信息属性列表文件（Info.plist）。属性列表在一个 XML 格式化的键-值对的字典中指定了 kext 的内容、配置和依赖性。当把 kext 加载进内核中时，将把它的 Info.plist 的内容转换成内核数据结构，以便于内存中的存储[④]。kext 捆绑组件通常还会包含至少一个内核扩展二进制文件，它是一个 Mach-O 可执行文件。它

---

① 在一些情况下，如果内存描述符描述了固定内存，准备工作就可能是自动完成的。
② 可以推断：在 Mac OS X 上，DMA 地址总是小于 2GB。
③ Finder 把 kext 捆绑组件视作单个不可分的实体。
④ 其中许多数据结构都类似于 Core Foundation 数据结构，比如字典、数组、字符串和数字。

可以选择在其 Resources/子目录中包含诸如辅助程序和图标之类的资源。而且，kext 捆绑组件还可以包含其他的 kext 捆绑组件作为插件。

一个有效的 kext 捆绑组件可以不带有任何可执行文件。这样一个 kext 的 Info.plist 文件可能引用另一个 kext，以便改变后者的特征。例如，ICAClassicNotSeizeDriver.kext 不包含可执行文件，但它保存了多种引用 AppleUSBMergeNub.kext 的驱动程序个性，而 AppleUSBMergeNub 是 IOUSBFamily.kext 内的插件式 kext。

kext 内包含的内核可加载的二进制文件是静态链接的，可重定位的 Mach-O 二进制文件称为内核模块（kernel module 或 **kmod**）。换句话说，kext 是一个结构化的文件夹，其中包含一个或多个 kmod，以及必需的元数据和可选的资源。图 10-6 显示了一个简单的 kext 捆绑组件的结构。

```
DummyKEXT.kext/
DummyKEXT.kext/Contents/
DummyKEXT.kext/Contents/Info.plist
DummyKEXT.kext/Contents/MacOS/
DummyKEXT.kext/Contents/MacOS/DummyKEXT
DummyKEXT.kext/Contents/Resources/
DummyKEXT.kext/Contents/Resources/English.lproj/
DummyKEXT.kext/Contents/Resources/English.lproj/InfoPlist.strings
```

图 10-6　一个简单的内核扩展捆绑组件的内容

即使 kmod 是一个静态链接的 Mach-O 目标文件，不同寻常的 kmod 通常会具有未解析的外部引用，当把 kext 动态加载进内核中时将会解析它们，注意到这一点很重要。

10.4.2　内核扩展的创建

尽管大多数驱动程序 kext 都只是使用 I/O Kit 接口创建的，kext 也可能——依赖于它的用途和性质——与内核的 BSD 和 Mach 部分交互。无论如何，kext 的加载和链接总是通过 I/O Kit 处理的。创建内核扩展的首选并且最方便的方式是：使用 Xcode 中的内核扩展项目模板之一。事实上，除了人为的原因之外，手动编译 kmod 并将其打包到内核扩展中（比如说，使用手工生成的 makefile）是相当无意义的。Xcode 将对程序员隐藏若干细节（比如变量定义、编译器和链接器标志，以及用于编译和链接内核扩展的其他规则）。Xcode 中提供了两个内核扩展模板：一个用于**通用内核扩展**（Generic Kernel Extension），另一个用于 **I/O Kit 驱动程序**（I/O Kit Driver）。它们之间的主要区别是：I/O Kit 驱动程序是用 C++ 实现的，而通用内核扩展则是用 C 实现的。还可以创建一个库 kext，其中包含可以被多个其他的 kext 使用的可重用代码。

用于多种 Xcode 项目类型的定义和规则驻留在/Developer/Makefiles/目录中。

图 10-7 显示了从 Universal 内核扩展（一个 I/O Kit 驱动程序）的生成输出中摘录的代

码，其中包含用于 PowerPC 和 x86 体系结构的 kmod。在显示的输出中用$BUILDDIR 代替了生成目录的路径，该目录通常是内核扩展的 Xcode 项目目录中的一个名为 build 的子目录。

> 注意：在图 10-7 所示的输出中由编译器引用的 Kernel 框架（Kernel.framework）只提供了内核头部——它不包含任何库。

```
/usr/bin/gcc-4.0 -x c++ -arch ppc -pipe -Wno-trigraphs -fasm-blocks -Os -Wreturn-type
-Wunused-variable -fmessage-length=0 -fapple-kext -mtune=G5 -Wno-invalid-offsetof
-I$BUILDDIR/DummyDriver.build/Release/DummyDriver.build/DummyDriver.hmap
-F$BUILDDIR/Release -I$BUILDDIR/Release/include -I/System/Library/Frameworks/
Kernel.framework/PrivateHeaders -I/System/Library/Frameworks/Kernel.framework/Headers
-I$BUILDDIR/DummyDriver.build/Release/DummyDriver.build/DerivedSources -fno-common
-nostdinc -fno-builtin -finline -fno-keep-inline-functions -force_cpusubtype_ALL
-fno-exceptions -msoft-float -static -mlong-branch -fno-rtti -fcheck-new -DKERNEL
-DKERNEL_PRIVATE -DDRIVER_PRIVATE -DAPPLE -DNeXT -isysroot /Developer/SDKs/ MacOSX10.4u.sdk
-c /tmp/DummyDriver/DummyDriver.cpp -o $BUILDDIR/DummyDriver.build/
Release/DummyDriver.build/Objects-normal/ppc/DummyDriver.o
...
/usr/bin/g++-4.0 -o $BUILDDIR/DummyDriver.build/Release/DummyDriver.build/Objects-
normal/ppc/DummyDriver -L$BUILDDIR/Release -F$BUILDDIR/Release -filelist $BUILDDIR/
DummyDriver.build/Release/DummyDriver.build/Objects-normal/ppc/
DummyDriver.LinkFileList -arch ppc -static -nostdlib -r -lkmodc++ $BUILDDIR/
DummyDriver.build/Release/DummyDriver.build/Objects-normal/ppc/DummyDriver_info.o
-lkmod -lcc_kext
-lcpp_kext -isysroot /Developer/SDKs/MacOSX10.4u.sdk
...
/usr/bin/lipo -create $BUILDDIR/DummyDriver.build/Release/DummyDriver.build/
Objects-normal/ppc/DummyDriver $BUILDDIR/DummyDriver.build/Release/
DummyDriver.build/Objects-normal/i386/DummyDriver -output $BUILDDIR/Release/
DummyDriver.kext/Contents/MacOS/DummyDriver
...
```

图 10-7　从 Universal 内核扩展的生成输出中摘录的代码

在图 10-7 中可以看到，正在编译的 kmod 将与多个库以及一个名为<kmod>_info.o 的目标文件链接，其中<kmod>是 kmod 的名称，在本示例中是 DummyDriver。这些实体服务于以下目的。

- libkmodc++.a 和 libkmod.a 都驻留在/usr/lib/中，并且分别包含用于 C++和 C 的运行时启动和关闭例程。
- <kmod>_info.c 是与目标文件<kmod>_info.o 对应的源文件，它是在内核模块的编译期间生成的。libkmodc++.a、libkmod.a 和<kmod>_info.o 结合起来提供了在概念上与用户空间的语言运行时初始化目标文件（比如 crt0.o）类似的功能。
- libcc_kext.a 是 GCC 库（libgcc.a）的一个特殊编译的版本，为在内核环境中运行的代码提供了运行时支持例程。注意：许多标准的 libgcc 例程在内核中都不受支持。

- libcpp_kext.a 是一个最简单的 C++库——libstdc++.a 的一个简化版本。它的用途类似于 libcc_kext.a。

链接器命令行中的参数顺序有助于区分基于 C++和基于 C 的 kmod 编译。如图 10-7 中所示，链接器命令行中的目标文件和库的顺序如下。

```
...DummyDriver.LinkFileList ... -lkmodc++ ...DummyDriver_info.o -lkmod ...
```

DummyDriver.LinkFileList 文件包含 kmod 的目标文件的路径名。如果 kmod 使用 C++，编译器将在目标文件中添加对名为.constructors_used 和.destructors_used 的未定义符号的引用。对于没有使用 C++的 kmod，指向这些符号的引用将不会存在。现在来检查 libkmodc++.a 和 libkmod.a 的实现（分别如图 10-8 和图 10-10 所示），查看这些符号如何影响链接。

```c
// libkmodc++.a: cplus_start.c

asm(".constructors_used = 0");
asm(".private_extern .constructors_used");


// defined in <kmod>_info.c
extern kmod_start_func_t *_realmain;

// defined in libkern/c++/OSRuntime.cpp
extern kern_return_t OSRuntimeInitializeCPP(kmod_info_t *ki, void *data);

__private_extern__ kern_return_t _start(kmod_info_t *ki, void *data)
{
    kern_return_t res = OSRuntimeInitializeCPP(ki, data);

    if (!res && _realmain)
        res = (*_realmain)(ki, data);

    return res;
}


// libkmodc++.a: cplus_stop.c

asm(".destructors_used = 0");
asm(".private_extern .destructors_used");


// defined in libkern/c++/OSRuntime.cpp
extern kern_return_t OSRuntimeFinalizeCPP(kmod_info_t *ki, void *data);

// defined in <kmod>_info.c
extern kmod_stop_func_t *_antimain;

__private_extern__ kern_return_t _stop(kmod_info_t *ki, void *data)
{
```

图 10-8　libkmodc++.a 的实现

```
kern_return_t res = OSRuntimeFinalizeCPP(ki, data);

if (!res && _antimain)
    res = (*_antimain)(ki, data);

return res;
}
```

图 10-8（续）

由于 libkmodc++.a 导出.constructors_used 和.destructors_used 符号，对于 C++ kmod 目标文件，它将用于解析指向这些符号的引用。作为一种副作用，_start 和_stop 符号也将来自于 libkmodc++.a。<kmod>_info.c 文件使用这些符号填充一个 kmod_info 数据结构（struct kmod [osfmk/mach/kmod.h]），以描述内核模块。kmod_info 结构在其 address 字段中包含内核模块的起始地址。由于模块是一个 Mach-O 二进制文件，二进制文件的 Mach-O 头部就位于这个地址处。

对比图 10-8 和图 10-9 中的信息，可以看到 I/O Kit 驱动程序 kmod 的启动和停止例程将来自于 libkmodc++.a。而且，这些例程将分别运行 OSRuntimeInitializeCPP() 和 OSRuntimeFinalizeCPP()。由于在<kmod>_info.c 中将_realmain 和_antimain 函数指针都设置为 NULL，因此启动和停止例程将不会调用对应的函数。

```
// <kmod>_info.c for an I/O Kit driver (C++)
...
// the KMOD_EXPLICIT_DECL() macro is defined in osfmk/mach/kmod.h
KMOD_EXPLICIT_DECL(com.osxbook.driver.DummyDriver, "1.0.0d1",_start,_stop)
__private_extern__ kmod_start_func_t *_realmain = 0;
__private_extern__ kmod_stop_func_t *_antimain = 0;
...
```

图 10-9   用于 I/O Kit 驱动程序内核模块的 kmod_info 结构的声明

> 对于 C++ kext，可能在运行时由另一个子类重写特定的虚函数。由于不能在编译时确定它，因此将通过 vtable 分派 C++ kext 中的虚函数调用。依赖于运行系统的 kext ABI 以及给定 kext 的 kext ABI，加载机制可以修补 vtable，以维持 ABI 兼容性。

OSRuntimeInitializeCPP()调用 OSMetaClass 的 preModLoad()成员函数，并且把模块的名称作为参数传递给它。preModLoad()使运行时系统准备好加载一个新模块，包括获取一个用于加载期间的锁。然后，OSRuntimeInitializeCPP()将扫描模块的 Mach-O 头部，搜寻一些段，它们具有名为__constructor 的节。如果找到任何这样的节，就会调用其内的构造函数。如果这个过程失败，OSRuntimeInitializeCPP()就会为那些成功调用了它们的构造函数的段调用析构函数（即名为__destructor 的节）。最终，OSRuntimeInitializeCPP()将会调用 OSMetaClass 的 postModLoad()成员函数。postModLoad()将执行多个多种簿记功能，并且释放由 preModLoad()获取的锁。

在卸载模块时，将会调用 OSRuntimeFinalizeCPP()。它确保通过 OSMetaClass 表示并且与正被卸载的模块关联的任何对象都不具有任何实例，方法是：检查与模块的字符串名称关联的所有元类，并且检查它们的实例计数。如果具有未结束的实例，卸载尝试将会失败。实际的卸载操作是由 OSRuntimeUnloadCPP()执行的，preModLoad()和 postModLoad()把对它的调用包围在中间。OSRuntimeUnloadCPP()将遍历模块的段，检查它们以寻找名为 __destructor 的节，如果找到任何这样的节，就会调用对应的析构函数。

接下来查看如何在仅基于 C 的 kmod 的实现中使用 libkmod.a（参见图 10-10）。

```
// libkmod.a: c_start.c

// defined in <kmod>_info.c
extern kmod_start_func_t *_realmain;

__private_extern__ kern_return_t _start(kmod_info_t *ki, void *data)
{
    if (_realmain)
        return (*_realmain)(ki, data):
    else
        return KERN_SUCCESS;
}


// libkmod.a: c_stop.c

// defined in <kmod>_info.c
extern kmod_stop_func_t *_antimain;

__private_extern__ kern_return_t _stop(kmod_info_t *ki, void *data)
{
    if (_antimain)
        return (*_antimain)(ki, data);
    else
        return KERN_SUCCESS;
}
```

图 10-10　libkmod.a 的实现

对于仅基于 C 的 kmod 目标文件(它将不包含指向.constructors_used 和.destructors_used 的未解决的引用)，将不会使用 libkmodc++.a。<kmod>_info.c 中引用的_start 和_stop 符号将来自于下一个包含这些符号的库，即 libkmod.a。如图 10-11 所示，这样一个内核模块的 <kmod>_info.c 文件将把_realmain 和_antimain 设置成分别指向模块的开始和停止入口点。

```
// <kmod>_info.c for a generic kernel module (C-only)
...
// the KMOD_EXPLICIT_DECL() macro is defined in osfmk/mach/kmod.h
KMOD_EXPLICIT_DECL(com.osxbook.driver.DummyKExt, "1.0.0d1", _start, _stop)
__private_extern__ kmod_start_func_t *_realmain = DummyKExtStart;
__private_extern__ kmod_stop_func_t *_antimain = DummyKExtStart;
...
```

图 10-11　用于通用内核模块的 kmod_info 结构的声明

换句话说，尽管每个 kmod 都具有开始和停止入口点，但是只就通用内核模块而言，可以由程序员实现它们。对于 I/O Kit 驱动程序，这些入口点将不能被程序员使用，因为它们对应于 C++运行时初始化和终止例程。它贯彻的是：这两类可加载实体不能在同一个 kext 内实现。

10.4.3   内核扩展的管理

用于处理内核扩展的功能是跨多个 Darwin 程序包实现的，比如：xnu、IOKitUser、kext_tools、cctools 和 extenTools。下面列出了可用于管理内核扩展的主要命令行程序。

- kextd：根据需要加载 kext。
- kextload：加载 kext，验证它们以确保可以通过其他机制加载它们，以及生成调试符号。
- kextunload：卸载与 kext 关联的代码，终止并且取消注册与 kext 关联的 I/O Kit 对象（如果有的话）。
- kextstat：显示当前加载的 kext 的状态。
- kextcache：创建或更新 kext 缓存。
- mkextunpack：提取多个 kext（mkext）存档的内容。

kextd（kernel extension daemon，内核扩展守护进程）是在正常运行的系统中加载或卸载 kext 时所发生的大量活动的焦点。在自举的早期阶段，kextd 还不可用。内核中的 libsa 支持库将在早期的引导期间处理内核扩展。通常，当 kextd 开始运行时，将从内核中删除 libsa 的代码。如果以详细模式引导 Mac OS X，将会看到内核打印的 "Jettisoning kernel linker"（抛弃内核链接器）消息。kextd 将发送一条消息给 I/O Kit，以清除内核中的链接器。作为响应，I/O Kit 将调用用于内核的 __KLD 和 __LINKEDIT 段的析构函数，并且取消分配它们的内存。由 BootX 建立的内存也会被释放。可以指示 kextd（通过-j 选项）不要抛弃内核链接器。这允许内核继续处理所有的加载请求。在这种情况下，如果没有其他的错误，kextd 将具有零状态。可引导光盘就可以在启动脚本中使用这个选项以及 mkext 缓存，加速引导过程。例如，如本书 5.10.4 节所示，Apple 的 Mac OS X 安装程序光盘在/etc/rc.cdrom 中运行 kextd 与- j 选项。

kextd 利用 Bootstrap Server 将 com.apple.KernelExtensionServer 注册为它的服务名称。它将在其运行循环中处理信号、内核请求和客户请求（以此顺序）。kextd 以及诸如 kextload 和 kextunload 之类的命令行工具使用 KXKextManager 接口操作内核扩展。KXKextManager 被实现为 I/O Kit 框架（IOKit.framework）的一部分。图 10-12 显示了 kextd 在系统中的作用概览。

当 kextd 开始运行时，它将调用 KXKextManagerCreate()，创建 KXKextManager 的一个实例，并且调用 KXKextManagerInit()初始化它。后者将创建各种类型的数据结构，比如 kext 存储库的列表、所有潜在可加载的 kext 的字典以及具有遗失依赖性的 kext 的列表。

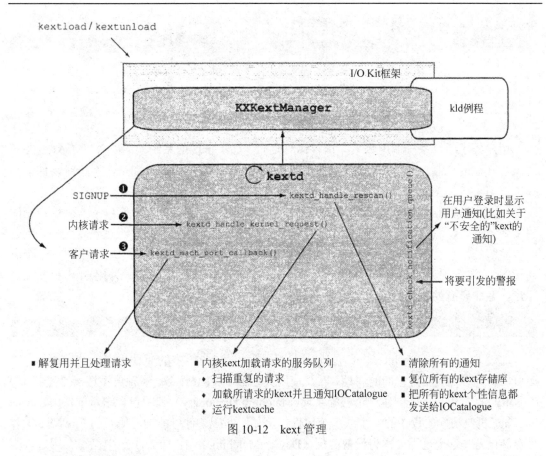

图 10-12　kext 管理

10.4.4　内核扩展的自动加载

如果每次系统引导时都要加载某个 kext，就必须把它放在/System/Library/Extensions/目录中。kext 捆绑组件的所有内容都必须具有所有者和组，分别作为 root 和 wheel。而且，kext 捆绑组件中的所有目录和文件都必须具有值分别为 0755 和 0644 的模式位。系统将维护所安装 kext 的缓存以及它们的信息字典，以加快引导时间。当它检测到/System/Library/Extensions/目录有任何改变时，它都会更新这个缓存。不过，如果安装程序安装一个扩展作为另一个扩展的插件，则只会更新/System/Library/Extensions/的一个子目录，并且不会触发自动缓存更新。在这种情况下，安装程序必须明确接触/System/Library/Extensions/，确保将会重建缓存，以包括进新安装的 kext。

可以在 kext 的 Info.plist 文件中设置 OSBundleRequired 属性，将 kext 声明为引导时 kext。这个属性可以接受的有效值包括：Root（挂接根所需要的）、Local-Root（在本地连接的存储器上挂接根所需要的）、Network-Root（在网络连接的存储器上挂接根所需要的）、Safe Boot（在安装模式引导中所需要的）和 Console（提供字符控制台支持（也就是说，用于单用户模式）所需要的）。

　　尽管可以利用 kextload 显式加载驱动程序 kext，但是更可取的做法是：重新启动系统以确保可靠的匹配，使得可以为驱动程序能够驱动的所有潜在的设备考虑驱动程序。对于运行的系统，如果一个驱动程序已经在管理给定的设备，那么另一个驱动程序将不能管理所涉及的设备。

10.5   与内核通信

用户程序通过系统调用频繁与内核组件通信。除了传统的系统调用之外，Mac OS X 还提供了其他的机制，允许用户程序更直接地与内核组件通信——特别是，用于对硬件进行低级访问。

其中一种机制是 I/O Kit 设备接口（**Device Interface**）机制。设备接口是一个用户空间的实体（比如说库），用户程序可以调用它访问设备。通信从用户程序经过设备接口，到达内核驻留的用户客户，用户客户又把它分派给设备。从内核的角度讲，用户客户是一个驱动程序，它的类是从 IOService 派生而来的。每个用户客户实例都代表一种用户-内核联系。注意：并非所有的驱动程序都支持用户客户。

> 设备接口是一种遵从 Core Foundation 插件模型的插件式接口。

通过 I/O Kit Device Interface 机制，用户程序可以与内核中的驱动程序或结点通信，从而可以访问设备，操作它们的属性，以及使用关联的 I/O Kit 服务。一种典型情况是查找 I/O Registry 对象，用户程序创建一个**匹配字典**（Matching Dictionary），其中包含它希望使用 Device Interface 机制访问的设备的一个或多个属性。例如，匹配条件可能搜寻所有的 FireWire 大容量存储设备。这个过程被称为**设备匹配**（Device Matching）。在 10.2.11 节中已经介绍过，驱动程序匹配是由 I/O Kit 在自举期间执行的，并且会导致填充 I/O Registry。与之相比，设备匹配将导致在 I/O Registry 中搜索已经存在的对象（对应于已经加载的驱动程序）。

> 如果应用程序是通过其设备接口与设备通信，就可以将应用程序看作是用于该设备的用户空间的驱动程序。

匹配条件的规范涉及提供标识一个或多个设备或服务的键-值对——比如说，通过描述它们的一些属性。键-值对封装在匹配字典中，它实质上是指向 Core Foundation CFMutableDictionary 对象的引用。I/O Kit 框架提供了诸如 IOServiceMatching()、IOServiceNameMatching()、IOOpenFirmwarePathMatching() 和 IOBSDNameMatching() 之类的函数，用于创建匹配字典。给定一个匹配字典，就可以使用诸如 IOServiceGetMatchingService()、IOServiceGetMatchingServices() 和 IOServiceAddMatchingNotification() 之类的函数在 I/O Registry 中查找设备，其中 IOServiceAddMatchingNotification() 还会安置匹配的新 IOService 对象的通知请求。当调用其中一个函数时，I/O Kit 将把提供的匹配字典中的值与 I/O Registry 中的结点的属性做比较。

> I/O Kit 定义了多个可以在匹配字典中使用的键。此外，在设备家族中通常还可以使用特定于家族的键。

在找到设备后，程序将使用 I/O Kit 框架中的函数与之通信。与 I/O Kit 通信的函数需

要 **I/O Kit 主端口**（I/O Kit Master Port），可以使用 IOMasterPort() 获取它。此外，还可以指定常量 kIOMasterPortDefault，使 I/O Kit 框架查找默认的主端口。

可以通过设备文件使用另一种用户-内核通信机制，这些文件在 UNIX 风格的系统上相当普遍。I/O Kit 自动支持用于大容量存储和串行通信设备的设备文件机制。在发现这样的设备时，除了配置合适驱动程序的常用栈之外，I/O Kit 还会创建用户客户对象（IOMediaBSDClient 或 IOSerialBSDClient）的一个实例。用户客户实例调用设备文件系统（device file system, devfs）模块，创建合适的设备文件结点。由于 devfs 通常挂接在/dev/目录下，这些设备结点在该目录内将在可见的——例如，/dev/disk0 和/dev/cu.modem。

与设备接口的情况类似，在这种情况下，内核驻留的用户客户位于表示设备的内核实体与用户空间的程序之间，该程序使用/dev 结点访问设备。

> 可以使用设备匹配函数从 I/O Kit 中获取与设备对应的/dev 结点的名称。结点的路径是 I/O Registry 中的一个属性。

10.6　创建内核扩展

在本节中，将讨论如何创建和加载内核扩展。注意：Apple 强烈要求第三方程序员避免在内核中编程，除非绝对需要这样做。使设备驱动程序驻留在内核中的一个合理的原因是：如果它处理主中断或者如果它的主要客户是内核驻留的，则可以这样做。

10.6.1　通用内核扩展

现在来创建一个平常的 kext，它只实现了开始和停止入口点。一旦可以编译并加载 kext，就会扩展它以实现两个 sysctl 条目。可以将这个 kext 称为 DummySysctl。

首先从用于通用内核扩展的模板实例化一个 Xcode 项目。由于 sysctl 实现是一种仅支持 BSD 的工作，将需要指定 kext 对 BSD KPI 的依赖性。这里将使用 printf() 函数的内核版本在 kext 中打印消息。因此，将需要 libkern，它提供了 printf()。kext 的 Info.plist 文件的关键内容如下。

```
...
<plist version="1.0">
<dict>
    ...
    <key>CFBundleExecutable</key>
    <string>DummySysctl</string>
    <key>CFBundleIdentifier</key>
    <string>com.osxbook.kext.DummySysctl</string>
    ...
    <key>OSBundleLibraries</key>
    <dict>
        <key>com.apple.kpi.bsd</key>
```

```
        <string>8.0.0</string>
        <key>com.apple.kpi.libkern</key>
        <string>8.0.0</string>
    </dict>
</dict>
</plist>
```

在可以成功地加载编译过的 kext 之前，至少必须修改或添加由 Xcode 生成的常规 Info.plist 文件中的某些值。应该为 kext 把 CFBundleIdentifier 键设置为一个反向 DNS 风格的名称。OSBundleLibraries 键用于枚举 kext 的依赖性，这个键的值是一个字典，确切地讲是 OSDictionary，它被串行化成 XML 属性列表格式。它可能包含一个空字典。从 Mac OS X 10.4 起，kext 就可以在新式内核编程接口（Kernel Programming Interface，KPI）上或者在兼容性接口上声明依赖性。KPI 依赖性是通过 com.apple.kpi.*标识符指定的，而其他的依赖性则是通过 com.apple.kernel.*标识符指定的。前者开始于版本 8.0.0（Mac OS X 10.4 及更新版本），而后者则终止于版本 7.9.9（Mac OS X 10.3 及更旧版本）。kextstat 命令可用于列出当前内核中可用的接口——这些接口对应于表示内置内核组件（比如 Mach、BSD、libkern 和 I/O Kit）的"虚假"kext。

> kext 还可以使用 com.apple.kernel 标识符，在整个内核的特定版本上声明依赖性。尽管这种方法将允许 kext 访问所有可用的内核接口，包括内部的内核接口，但是不建议使用它，因为 Apple 不能对这样的 kext 保证跨内核版本的二进制兼容性。

```
$ kextstat | egrep -e 'com.apple.(kernel|kpi)'
    1    1 0x0        0x0        0x0        com.apple.kernel (8.6.0)
    2   11 0x0        0x0        0x0        com.apple.kpi.bsd (8.6.0)
    3   12 0x0        0x0        0x0        com.apple.kpi.iokit (8.6.0)
    4   12 0x0        0x0        0x0        com.apple.kpi.libkern (8.6.0)
    5   12 0x0        0x0        0x0        com.apple.kpi.mach (8.6.0)
    6   10 0x0        0x0        0x0        com.apple.kpi.unsupported (8.6.0)
   11   60 0x0        0x0        0x0        com.apple.kernel.6.0 (7.9.9)
   12    1 0x0        0x0        0x0        com.apple.kernel.bsd (7.9.9)
   13    1 0x0        0x0        0x0        com.apple.kernel.iokit (7.9.9)
   14    1 0x0        0x0        0x0        com.apple.kernel.libkern (7.9.9)
   15    1 0x0        0x0        0x0        com.apple.kernel.mach (7.9.9)
```

可以在对应的"伪扩展"上运行 nm，查看与 KPI 标识符对应的符号列表——多个伪扩展作为插件驻留在 System kext 内。

```
$ cd /System/Library/Extensions/System.kext/PlugIns
$ ls
AppleNMI.kext                    IOSystemManagement.kext
ApplePlatformFamily.kext         Libkern.kext
BSDKernel.kext                   Libkern6.0.kext
BSDKernel6.0.kext                Mach.kext
IOKit.kext                       Mach6.0.kext
IOKit6.0.kext                    System6.0.kext
```

```
IONVRAMFamily.kext                    Unsupported.kext
$ nm BSDKernel.kext/BSDKernel
...
        U _vnode_iterate
        U _vnode_lookup
        U _vnode_mount

...
```

除了核心内核组件之外，kext 还可以使用诸如 com.apple.iokit.IOGraphicsFamily、com.apple.iokit.IONetworkingFamily、com.apple.iokit.IOPCIFamily 和 com.apple.iokit .IOStorageFamily 之类的标识符，这取决于多个不同的 I/O Kit 家族。

图 10-13 显示了用于 kext 的源文件。在加载 kext 时将调用开始函数，在卸载 kext 时则会调用停止函数。Xcode 在为 Generic Kernel Extension 项目模板自动生成的 C 文件中插入了这些函数的骨架实现。以下示例给这两个函数添加了一条 printf()语句。

```
// DummySysctl.c

#include <mach/mach_types.h>

kern_return_t
DummySysctl_start(kmod_info_t *ki, void *d)
{
    printf("DummySysctl_start\n");
    return KERN_SUCCESS;
}

kern_return_t
DummySysctl_stop(kmod_info_t *ki, void *d)
{
    printf("DummySysctl_stop\n");
    return KERN_SUCCESS;
}
```

图 10-13　用于 DummySysctl 内核扩展的源文件

现在来编译 kext。Xcode 的好处在编译阶段体现得最明显，因为手动编译将难以指定编译器参数、环境变量、链接器参数等的适当组合。注意：可以使用 xcodebuild 程序从命令行启动 Xcode 生成。在成功编译后，将在 Xcode 项目目录内的 build/目录的一个子目录中创建目标 kext 捆绑组件。

```
$ xcodebuild -list
Information about project "DummySysctl":
    Targets:
        DummySysctl (Active)

    Build Configurations:
        Debug (Active)
```

```
            Release

    If no build configuration is specified "Release" is used.
$ xcodebuild -configuration Debug -target DummySysctl
=== BUILDING NATIVE TARGET DummySysctl WITH CONFIGURATION Debug ===
...
** BUILD SUCCEEDED **
$ ls build/Debug
DummySysctl.kext
```

由于加载 kext 需要 kext 捆绑组件的内容具有 root 和 wheel，分别作为所有者和组，典型的编译-测试-调试周期将涉及把 kext 捆绑组件从 build 目录中复制到一个临时位置——比如说，复制到/tmp/中，并且在副本上使用 chown 命令。如前所述，除了所有权之外，捆绑组件内对象的可修改性也是重要的——除根用户以外的其他任何用户绝对不能写入捆绑组件的内容。

```
$ sudo rm -rf /tmp/DummySysctl.kext   # remove any old bundles
$ cp -pr build/DummySysctl.kext /tmp/# copy newly compiled bundle to /tmp
$ sudo chown -R root:wheel /tmp/DummySysctl.kext
```

可以使用 kextload 手动加载 kext。

```
$ sudo kextload -v /tmp/DummySysctl.kext
kextload: extension /tmp/DummySysctl.kext appears to be valid
kextload: loading extension /tmp/DummySysctl.kext
kextload: sending 1 personality to the kernel
kextload: /tmp/DummySysctl.kext loaded successfully
```

如果 kext 无法加载，kextload 的-t（测试）选项可能提供关于问题可能是什么的信息。例如，假设指定了依赖性的一个不可用的版本——例如，用于 com.apple.kpi.libkern 的版本 7.9.9，那么-t 选项将有助于确定问题的原因。

```
$ sudo kextload -v /tmp/DummySysctl.kext
kextload: extension /tmp/DummySysctl.kext appears to be valid
kextload: loading extension /tmp/DummySysctl.kext
kextload: cannot resolve dependencies for kernel extension
/tmp/DummySysctl.kext
$ sudo sysctl -v -t /tmp/DummySysctl.kext
...
kernel extension /tmp/DummySysctl.kext has problems:
...
Missing dependencies
{
    "com.apple.kpi.libkern" =
        "A valid compatible version of this dependency cannot be found"
}
```

当指定-t 选项时，kextload 既不会加载 kext，也不会把它的个性信息发送给内核。它只会在 kext 上执行一系列测试，并且确定它是否可加载。测试包括：有效性验证、身份验证和依赖性解析。

除了依赖性解析失败之外，内核加载失败的其他原因还包括：不正确的文件权限、有缺陷的捆绑组件结构、kext 的 Info.plist 文件中遗失的 CFBundleIdentifier 属性，以及遗失或语法上无效的 Info.plist 文件。

可以使用 kextstat 命令，检查当前在内核中是否加载了 kext。

```
$ kextstat
Index Refs Address    Size    Wired    Name (Version)              <Linked Against>
1      1 0x0         0x0     0x0      com.apple.kernel (8.6.0)
2     11 0x0         0x0     0x0      com.apple.kpi.bsd (8.6.0)
3     12 0x0         0x0     0x0      com.apple.kpi.iokit (8.6.0)
4     12 0x0         0x0     0x0      com.apple.kpi.libkern (8.6.0)
...
133    0 0x5cbca000 0x2000  0x1000   com.osxbook.kext.DummySysctl (1.0.0d1) <4 2>
```

kextstat 输出中的值 133 指示在此处加载 kext 的索引。内核使用这些索引跟踪 kext 之间的依赖性。第二个值（在示例中是 0）显示了指向这个 kext 的引用数量。非 0 引用指示一个或多个 kext 正在使用这个 kext。下一个值（0x5cbca000）是 kext 在内核的虚拟地址空间中的加载地址。后面两个值（0x2000 和 0x1000）分别代表 kext 使用的内核内存和固定内核内存的数量（以字节为单位）。列中的最后一个值是这个 kext 引用的其他所有 kext 的索引列表。可以看到 DummySysctl 引用了两个 kext：在索引 4（com.apple.kpi.libkern）和索引 2（com.apple.kpi.bsd）处加载的 kext。

可以使用 kextunload 命令，手动卸载 kext。

```
$ sudo kextunload -v /tmp/DummySysctl.kext
kextunload: unload kext /tmp/DummySysctl.kext succeeded
```

在部署场景中，不必手动运行 kextload 或 kextunload——当需要 kext 时，将自动加载它们；当不使用时，将会卸载它们。

在 kext 中插入的 printf()语句的输出应该出现在/var/log/system.log 中。

```
$ grep DummySysctl_ /var/log/system.log
Mar  14 17:32:48 g5x4 kernel[0]: DummySysctl_start
Mar  14 17:34:48 g5x4 kernel[0]: DummySysctl_stop
```

10.6.2　使用通用 kext 实现 sysctl 变量

现在来扩展 10.6.1 节中的通用 kext，实现一个 sysctl 结点，它具有两个变量：一个整型变量和一个字符串变量。可以把这个新结点称为 osxbook，它将具有以下属性。

● 它将是现有的名为 debug 的顶级 sysctl 结点的一个子类别。换句话说，新结点的

MIB 风格的名称将是 debug.osxbook。

- 它的两个子结点之一将被命名为 uint32，它将保存一个 32 位的无符号整数。整数的值将可以被任何用户读或写。
- 它的另一个子结点将被命名为 string，它将保存一个长度最大为 16 个字符的字符串（包括终止的 NUL 字符）。字符串的值将可以被任何用户读取，但是只能被根用户写入。

当加载 sysctl kext 时，内核的 sysctl 层次结构看起来将如图 10-14 所示，根据内核版本，可能还会有其他的顶级类别。

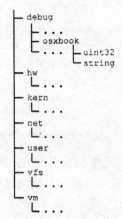

图 10-14　内核的 sysctl 层次结构

创建 sysctl 变量的最一般的方式是：使用 SYSCTL_PROC() 宏，它允许为 sysctl 指定处理程序函数。当访问变量以进行读或写时，将会调用处理程序。存在一些特定于数据类型的宏，比如用于无符号整数的 SYSCTL_UINT() 以及用于字符串的 SYSCTL_STRING()。通过预定义的特定于类型的函数（比如 sysctl_handle_int() 和 sysctl_handle_string()）为使用这些宏定义的 sysctl 提供服务。该示例将使用 SYSCTL_PROC() 定义 sysctl 变量以及处理程序函数，尽管只是简单地从处理程序调用预定义的处理程序。图 10-15 显示了 DummySysctl.c 的更新内容。注意：在 kext 的开始例程中注册了 3 个 sysctl 条目：debug.osxbook、debug.osxbook.uint32 和 debug.osxbook.string，并且在停止例程中取消注册了它们。

```
// DummySysctl.c

#include <sys/systm.h>
#include <sys/types.h>
#include <sys/sysctl.h>


static u_int32_t k_uint32 = 0;       // the contents of debug.osxbook.uint32
static u_int8_t k_string[16] = { 0 }; // the contents of debug.osxbook.string

// Construct a node (debug.osxbook) from which other sysctl objects can hang.
SYSCTL_NODE(_debug,      // our parent
```

图 10-15　实现 sysctl 结点

```
    OID_AUTO,        // automatically assign us an object ID
    osxbook,         // our name
    CTLFLAG_RW,      // we will be creating children, therefore, read/write
    0,               // handler function (none needed)
    "demo sysctl hierarchy");

// Prototypes for read/write handling functions for our sysctl nodes.
static int sysctl_osxbook_uint32 SYSCTL_HANDLER_ARGS;
static int sysctl_osxbook_string SYSCTL_HANDLER_ARGS;

// We can directly use SYSCTL_INT(), in which case sysctl_handle_int()
// will be assigned as the handling function. We use SYSCTL_PROC() and
// specify our own handler sysctl_osxbook_uint32().
//
SYSCTL_PROC(
    _debug_osxbook,                    // our parent
    OID_AUTO,                          // automatically assign us an object ID
    uint32,                            // our name
    (CTLTYPE_INT |                     // type flag
    CTLFLAG_RW | CTLFLAG_ANYBODY),     // access flags (read/write by anybody)
    &k_uint32,                         // location of our data
    0,                                 // argument passed to our handler
    sysctl_osxbook_uint32,             // our handler function
    "IU",                              // our data type (unsigned integer)
    "32-bit unsigned integer"          // our description
);

// We can directly use SYSCTL_STRING(), in which case sysctl_handle_string()
// will be assigned as the handling function. We use SYSCTL_PROC() and
// specify our own handler sysctl_osxbook_string().
//
SYSCTL_PROC(
    _debug_osxbook,                    // our parent
    OID_AUTO,                          // automatically assign us an object ID
    string,                            // our name
    (CTLTYPE_STRING | CTLFLAG_RW),     // type and access flags(write only by root)
    &k_string,                         // location of our data
    16,                                // maximum allowable length of the string
    sysctl_osxbook_string,             // our handler function
    "A",                               // our data type (string)
    "16-byte string"                   // our description
);

static int
sysctl_osxbook_uint32 SYSCTL_HANDLER_ARGS
```

图 10-15（续）

```
{
    // Do some processing of our own, if necessary.
    return sysctl_handle_int(oidp, oidp->oid_arg1, oidp->oid_arg2, req);
}

static int
sysctl_osxbook_string SYSCTL_HANDLER_ARGS
{
    // Do some processing of our own, if necessary.
    return sysctl_handle_string(oidp, oidp->oid_arg1, oidp->oid_arg2, req);
}

kern_return_t
DummySysctl_start(kmod_info_t *ki, void *d)
{
    // Register our sysctl entries.
    sysctl_register_oid(&sysctl__debug_osxbook);
    sysctl_register_oid(&sysctl__debug_osxbook_uint32);
    sysctl_register_oid(&sysctl__debug_osxbook_string);

    return KERN_SUCCESS;
}


kern_return_t
DummySysctl_stop(kmod_info_t *ki, void *d)
{
    // Unregister our sysctl entries.
    sysctl_unregister_oid(&sysctl__debug_osxbook_string);
    sysctl_unregister_oid(&sysctl__debug_osxbook_uint32);
    sysctl_unregister_oid(&sysctl__debug_osxbook);

    return KERN_SUCCESS;
}
```

图 10-15 (续)

现在来编译并加载 kext 以测试它。一旦加载了它，就可以使用 sysctl 命令获取和设置
sysctl 变量的值。

```
$ sysctl debug
...
debug.osxbook.uint32: 0
debug.osxbook.string:
$ sysctl -w debug.osxbook.uint32=64
debug.osxbook.uint32: 0 -> 64
$ sysctl debug.osxbook.uint32
debug.osxbook.uint32: 64
```

```
$ sysctl -w debug.osxbook.string=kernel
debug.osxbook.string:
sysctl: debug.osxbook.string: Operation not permitted
$ sudo sysctl -w debug.osxbook.string=kernel
debug.osxbook.string:  -> kernel
$ sysctl debug.osxbook.string
debug.osxbook.string: kernel
```

10.6.3 I/O Kit 设备驱动程序 kext

如本书 10.4.2 节中所述，I/O Kit 驱动程序是一个在其实现中使用 C++的 kext——它运行在由 I/O Kit 提供的内核的 C++运行时环境中。I/O Kit 驱动程序 kext 的 Info.plist 文件包含一个或多个驱动程序个性字典。而且，与通用 kext 不同，驱动程序实现者不会为 kext 提供开始/停止例程，因为如前文所述，这些例程将用作初始化/终止 C++运行时环境的挂钩。不过，I/O Kit 驱动程序具有多个其他的入口点。根据驱动程序的类型和性质，其中许多入口点将是可选的或者必需的。下面显示了 I/O Kit 驱动程序入口点的示例。

- init()：在主动匹配期间，I/O Kit 将加载候选驱动程序的代码，并且创建驱动程序的主体类的实例，这个主体类是在驱动程序的个性信息中指定的。在驱动程序的类的每个实例上调用的第一个方法是 init()，可能在语义上将其看作是构造函数，并且它可能会分配实例所需的资源。给该方法传递一个字典对象，其中包含来自所选驱动程序个性信息中的匹配属性。驱动程序可能会或者可能不会重写 init()方法。如果它重写了该方法，它就必须调用超类的 init()，作为第一个动作。

- free()：在卸载驱动程序时，将会调用 free()方法。它应该释放由 init()分配的任何资源。如果 init()调用超类的 init()，free()就必须相应地调用超类的 free()。注意：与 kmod 的开始和停止入口点不同，init()和 free()只会为驱动程序的类的每个实例调用一次。

- probe()：调用这个方法探测硬件，以确定驱动程序是否适合于那个硬件。在它完成探测之后，它必须使硬件处于一种清醒的状态。它接受驱动程序的提供者和一个指向**探测分数**（Probe Score）的指针作为参数，探测分数是一个带符号的 32 位整数，在驱动程序的个性信息中将其初始化为 IOProbeScore 键的值，如果个性信息中不包含这个键，则将其初始化为 0。在第一次有机会驱动硬件时，I/O Kit 将给驱动程序提供最高的探测分数。

- start()：这是驱动程序的生命周期的实际启动点。在这里，驱动程序将公告它的服务并且发布任何结点。如果 start()成功返回，它就意味着已经初始化设备硬件，并且它为操作做好了准备。此后，I/O Kit 将不会考虑任何余下的候选驱动程序实例。

- stop()：这个方法代表驱动程序的生命周期的结束点。在这里，驱动程序将取消发布任何结点，并且停止提供它的服务。

- attach()：这个方法通过在 I/O Registry 中进行注册，把驱动程序（IOService 客户）附加到提供者（结点）上。换句话说，当在驱动程序中调用这个方法时，它将进入 I/O Registry 中的驱动程序中，作为"服务"平面中的提供者的子客户。

● detach()：这个方法用于将驱动程序与结点分离开。

现在从 IOKit Driver Xcode 模板开始，实现一个 I/O Kit 驱动程序 kext。可以将驱动程序命名为 DummyDriver。除了其他与项目相关的文件之外，Xcode 还将生成一个头文件（DummyDriver.h）、一个 C++源文件（DummyDriver.cpp）以及一个 Info.plist 文件。如以下所示，创建普通的 I/O Kit 驱动程序比创建普通的通用 kext 要做稍微多一点的工作。

图 10-16 显示了驱动程序的属性列表文件的关键内容。

```
...
<dict>
...
    <key>IOKitPersonalities</key>
    <dict>
        <key>DummyPersonality_0</key>
        <dict>
            <key>CFBundleIdentifier</key>
            <string>com.osxbook.driver.DummyDriver</string>
            <key>IOClass</key>
            <string>com_osxbook_driver_DummyDriver</string>
            <key>IOKitDebug</key>
            <integer>65535</integer>
            <key>IOMatchCategory</key>
            <string>DummyDriver</string>
            <key>IOProviderClass</key>
            <string>IOResources</string>
            <key>IOResourceMatch</key>
            <string>IOKit</string>
        </dict>
    </dict>
    <key>OSBundleLibraries</key>
    <dict>
        <key>com.apple.kpi.iokit</key>
        <string>8.0.0</string>
        <key>com.apple.kpi.libkern</key>
        <string>8.0.0</string>
    </dict>
</dict>
</plist>
```

图 10-16   I/O Kit 驱动程序的个性和依赖性

就像 DummySysctl 一样，可以使用反向 DNS 风格的名称标识驱动程序 kext。IOKitPersonalities 属性是个性字典的数组，其中包含用于匹配和加载驱动程序的属性。该驱动程序只包含一种名为 DummyPersonality_0 的个性。

出于一致性考虑，基于驱动程序 kext 的捆绑组件标识符，个性中的 IOClass 键指定了驱动程序的主类的名称。不过，驱动程序类的名称不能包含点号。因此，在命名驱动程序的类时，将把点号转换成下划线。

DummyDriver 既不会控制任何硬件，也没有实现任何真实的功能。为了使它成功地加载和匹配，可以把它的 IOProviderClass 属性指定为 IOResources，它是一个可以匹配任何驱动程序的特殊结点。注意：未附加到任何硬件的真实驱动程序有可能匹配 IOResources。BootCache kext（BootCache.kext）[①]就是一个示例——它在内核的 Mach 和 BSD 部分内工作，但是实现了用于 I/O Kit 的最低限度的黏合代码。它还将 IOResources 指定为它的提供者类。图 10-17 显示了 BootCache kext 的 Info.plist 文件中的个性规范。

```
...
    <key>IOKitPersonalities</key>
    <dict>
        <key>BootCache</key>
        <dict>
            <key>CFBundleIdentifier</key>
            <string>com.apple.BootCache</string>
            <key>IOClass</key>
            <string>com_apple_BootCache</string>
            <key>IOMatchCategory</key>
            <string>BootCache</string>
            <key>IOProviderClass</key>
            <string>IOResources</string>
            <key>IOResourceMatch</key>
            <string>IOKit</string>
        </dict>
    </dict>
    ...
```

图 10-17　BootCache 内核扩展的驱动程序个性

IOMatchCategory 是一个特殊的属性，允许多个驱动程序匹配单个结点。其驱动程序个性指定了这个属性的 kext 的示例包括：AppleRAID、IOFireWireFamily、IOGraphicsFamily、IOSerialFamily、IOStorageFamily 和 IOUSBFamily。注意：在通过 IOResourceMatch 的值指定的子系统发布为可用之后，指定了 IOResourceMatch 属性的 kext 将有资格加载。

---

iPod 驱动程序

iPod 驱动程序 kext（iPodDriver.kext）是包含多种个性的驱动程序的示例。图 10-18 显示了从 iPod 驱动程序的 Info.plist 文件中摘录的代码。

用于大多数 I/O Kit 家族和驱动程序的基类是 IOService。还将子类化 IOService，以实现 com_osxbook_driver_DummyDriver。该驱动程序的源文件引用了由 I/O Kit 定义的两个宏。

- OSDeclareDefaultStructors()：声明了 C++构造函数，传统上作为类声明的第一个元素插入在驱动程序头文件中。

[①] 在 4.14 节中讨论了 BootCache。

```
...
        <key>IOKitPersonalities</key>
        <dict>

            <key>iPodDriver</key>
            <dict>
                <key>CFBundleIdentifier</key>
                <string>com.apple.driver.iPodDriver</string>
                <key>IOClass</key>
                <string>com_apple_driver_iPod</string>
                <key>IOProviderClass</key>
                <string>IOSCSIPeripheralDeviceNub</string>
                <key>Peripheral Device Type</key>
                <integer>14</integer>
                <key>Product Identification</key>
                <string>iPod</string>
                <key>Vendor Identification</key>
                <string>Apple</string>
            </dict>

            <key>iPodDriverIniter</key>
            <dict>
                <key>CFBundleIdentifier</key>
                <string>com.apple.iokit.SCSITaskUserClient</string>
                <key>IOClass</key>
                <string>SCSITaskUserClientIniter</string>
                ...
                <key>IOProviderClass</key>
                <string>com_apple_driver_iPodNub</string>
                ...
            </dict>

        </dict>
    ...
```

图 10-18 从 *iPod* 驱动程序的属性列表文件中摘录的代码

- OSDefineMetaClassAndStructors()：在驱动程序的类实现中使用它，用于定义构造
  函数和析构函数，为类实现 **OSMetaClass** 分配成员函数，以及为 **RTTI** 系统提供元
  类 **RTTI** 信息。

  一般而言，**OSObject** 的所有子类都使用这些宏或者它们的变体。

在虚拟的驱动程序中实现了多个类方法，用于检查何时以及以什么顺序调用它们。不
过，在这些方法中不需要实现任何逻辑——可以简单地记录一条消息，并且把调用转发给
对应的超类方法。

图 10-19 显示了 DummyDriver.h 的内容。

```
// DummyDriver.h

#include <IOKit/IOService.h>

class com_osxbook_driver_DummyDriver : public IOService
{
    OSDeclareDefaultStructors(com_osxbook_driver_DummyDriver)

public:
    virtual bool      init(OSDictionary *dictionary = 0);
    virtual void      free(void);

    virtual bool      attach(IOService *provider);
    virtual IOService *probe(IOService *provider, SInt32 *score);
    virtual void      detach(IOService *provider);

    virtual bool      start(IOService *provider);
    virtual void      stop(IOService *provider);
};
```

图 10-19   用于 DummyDriver I/O Kit 驱动程序的头文件

图 10-20 显示了 DummyDriver.cpp 的内容。注意如何使用 OSDefineMetaClassAndStructors()
宏：第一个参数是驱动程序的类的字面名称（与个性中的 **IOClass** 属性的值相同），第二个
参数是驱动程序的超类的字面名称。

```
// DummyDriver.cpp

#include <IOKit/IOLib.h>
#include "DummyDriver.h"
#define super IOService

OSDefineMetaClassAndStructors(com_osxbook_driver_DummyDriver, IOService)

bool
com_osxbook_driver_DummyDriver::init(OSDictionary *dict)
{
    bool result = super::init(dict);
    IOLog("init\n");
    return result;
}

void
com_osxbook_driver_DummyDriver::free(void)
```

图 10-20   DummyDriver I/O Kit 驱动程序的类的实现

```
{
    IOLog("free\n");
    super::free();
}

IOService *
com_osxbook_driver_DummyDriver::probe(IOService *provider, SInt32 *score)
{
    IOService *result = super::probe(provider, score);
    IOLog("probe\n");
    return result;
}

bool
com_osxbook_driver_DummyDriver::start(IOService *provider)
{
    bool result = super::start(provider);
    IOLog("start\n");
    return result;
}

void
com_osxbook_driver_DummyDriver::stop(IOService *provider)
{
    IOLog("stop\n");
    super::stop(provider);
}

bool
com_osxbook_driver_DummyDriver::attach(IOService *provider)
{
    bool result = super::attach(provider);
    IOLog("attach\n");
    return result;
}

void
com_osxbook_driver_DummyDriver::detach(IOService *provider)
{
    IOLog("detach\n");
    super::detach(provider);
}
```

图 10-20（续）

现在来使用 kextload 手动加载驱动程序，并且使用 kextunload 卸载它。

```
$ sudo kextload -v DummyDriver.kext
kextload: extension DummyDriver.kext appears to be valid
kextload: notice: extension DummyDriver.kext has debug properties set
kextload: loading extension DummyDriver.kext
kextload: DummyDriver.kext loaded successfully
kextload: loading personalities named:
kextload:     DummyPersonality_0
kextload: sending 1 personality to the kernel
kextload: matching started for DummyDriver.kext
$ sudo kextunload -v /tmp/DummyDriver.kext
kextunload: unload kext /tmp/DummyDriver.kext succeeded
```

现在可以在/var/log/system.log 中寻找通过 DummyDriver 记录的消息。下面从日志中摘录的内容显示了 I/O Kit 调用驱动程序方法的序列。

```
init                  # kextload
        attach
            probe
        detach
        attach
            start
            ...
            stop   # kextunload
    detach
free
```

当 I/O Kit 依次调用 attach()、probe()和 detach()时，就可以看到正在进行的主动匹配。由于 probe()实现返回成功，I/O Kit 将继续启动驱动程序。如果从 probe()返回失败，那么将会调用的下一个方法就是 free()。

图 10-21 显示了 I/O Kit 在驱动程序的生命周期内如何调用驱动程序方法的更一般的视图。

在调试 I/O Kit 驱动程序时，有可能只加载 kext，并且推迟匹配阶段。-l 选项指示 kextload 不要启动匹配过程。而且，可以使用-s 选项指示 kextload 为 kext 及其依赖性创建符号文件[①]。这允许程序员在启动匹配过程之前设置调试器，以后可以使用 kextload 的-m 选项执行匹配过程。如果匹配成功，最终将启动驱动程序。10.8.4 节提供了这种调试方法的一个示例。

给 I/O Kit 驱动程序提供用户空间的信息

驱动程序 kext 可以从 kext 的属性列表文件中获取信息，该文件提供了一种加载时机制，用于从用户空间提供信息给驱动程序。不过，有一个重要的警告：由于 kext 属性列表通常会缓存起来，因此仅当更新缓存时，修改属性列表才会生效。

驱动程序可以基于给定任务中的虚拟地址创建一个 **IOMemoryDescriptor** 实例，然后

---

① 在加载 kext 时，将重新定位它的符号。

准备并且映射描述符，来访问用户空间的内存。

　　用户客户接口是一种方便的机制——倘若所涉及的驱动程序支持它——用于在驱动程序与用户程序之间交换任意的信息。

　　一些驱动程序实现了 setProperty()方法，它允许用户程序通过 I/O Kit 库函数（即 IORegistryEntrySetCFProperty()和 IORegistryEntrySetCFProperties()）设置 I/O Registry 条目对象的属性。

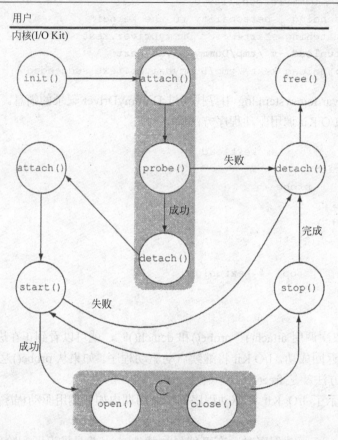

图 10-21　在驱动程序的生命周期内调用的 I/O Kit 驱动程序方法的序列

10.7　I/O Kit 功能的编程之旅

在本节中，将查看多个从用户空间和内核内以编程方式与 I/O Kit 交互的示例。

10.7.1　旋转帧缓冲区

I/O Kit 框架中的 IOServiceRequestProbe()函数可用于请求为特定于家族的设备改变重新扫描总线。该函数带有两个参数：用于请求扫描的 IOService 对象以及由对象的家族解释的选项掩码。在这个示例中，将使用 IOServiceRequestProbe()旋转与显示（即显示的桌面）完全对应的帧缓冲区。并使用 CGDisplayIOServicePort()获取显示的 I/O Kit 服务端口——该端口表示感兴趣的 IOService 对象。选项掩码是基于想要的旋转角度构造的。图 10-22 显示了如何将 IOServiceRequestProbe() 的用户程序调用传达给合适的家族——在这里是 IOGraphics。

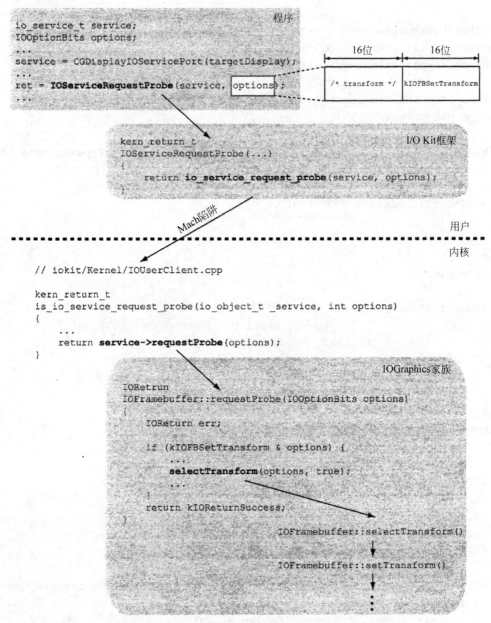

图 10-22　用户程序导致的帧缓冲区旋转中涉及的处理

如图 10-22 所示，用于帧缓冲区旋转（以及一般而言，用于受支持的帧缓冲区变换）的 32 位选项掩码值在其低 16 位中包括常量 kIOFBSetTransform，在其高 16 位中则包括想要变换的编码。例如，常量 kIOScaleRotate90、kIOScaleRotate180 和 kIOScaleRotate270 将分别把帧缓冲区旋转 90°、180°和 270°，同时适当地对其进行缩放。

图 10-23 中显示的程序将把显示旋转给定的角度，它必须是 90°的倍数。通过 Quartz

层分配的显示的唯一 ID，给程序指定目标显示。程序的-l 选项可用于列出每个联机显示的显示 ID 和分辨率。而且，指定 0 作为显示 ID 将旋转主显示。

```c
// fb-rotate.c

#include <getopt.h>
#include <IOKit/graphics/IOGraphicsLib.h>
#include <ApplicationServices/ApplicationServices.h>

#define PROGNAME "fb-rotate"
#define MAX_DISPLAYS 16

// kIOFBSetTransform comes from <IOKit/graphics/IOGraphicsTypesPrivate.h>
// in the source for the IOGraphics family
enum {
    kIOFBSetTransform = 0x00000400,
};

void
usage(void)
{
    fprintf(stderr, "usage: %s -l\n"
                    "       %s -d <display ID> -r <0|90|180|270>\n",
                    PROGNAME, PROGNAME);
    exit(1);
}

void
listDisplays(void)
{
    CGDisplayErr       dErr;
    CGDisplayCount     displayCount, i;
    CGDirectDisplayID  mainDisplay;
    CGDisplayCount     maxDisplays = MAX_DISPLAYS;
    CGDirectDisplayID  onlineDisplays[MAX_DISPLAYS];
    mainDisplay = CGMainDisplayID();

    dErr = CGGetOnlineDisplayList(maxDisplays, onlineDisplays, &displayCount);
    if (dErr != kCGErrorSuccess) {
        fprintf(stderr, "CGGetOnlineDisplayList: error %d.\n", dErr);
        exit(1);
    }

    printf("Display ID      Resolution\n");
    for (i = 0; i < displayCount; i++) {
```

图 10-23　以编程方式旋转帧缓冲区

```
            CGDirectDisplayID dID = onlineDisplays[i];
            printf("%-16p %lux%lu %32s", dID,
                    CGDisplayPixelsWide(dID), CGDisplayPixelsHigh(dID),
                    (dID == mainDisplay) ? "[main display]\n" : "\n");
        }

    exit(0);
}


IOOptionBits
angle2options(long angle)
{
    static IOOptionBits anglebits[] = {
            (kIOFBSetTransform | (kIOScaleRotate0)   << 16),
            (kIOFBSetTransform | (kIOScaleRotate90)  << 16),
            (kIOFBSetTransform | (kIOScaleRotate180) << 16),
            (kIOFBSetTransform | (kIOScaleRotate270) << 16)
        };

    if ((angle % 90) != 0) // Map arbitrary angles to a rotation reset
        return anglebits[0];

    return anglebits[(angle / 90) % 4];
}


int
main(int argc, char **argv)
{
    int  i;
    long angle = 0;

    io_service_t        service;
    CGDisplayErr        dErr;
    CGDirectDisplayID   targetDisplay = 0;
    IOOptionBits        options;

    while ((i = getopt(argc, argv, "d:lr:")) != -1) {
        switch (i) {
        case 'd':
            targetDisplay = (CGDirectDisplayID)strtol(optarg, NULL, 16);
            if (targetDisplay == 0)
                targetDisplay = CGMainDisplayID();
            break;
        case 'l':
            listDisplays();
```

图 10-23（续）

```
            break;
        case 'r':
            angle = strtol(optarg, NULL, 10);
            break;
        default:
            break;
        }
    }

    if (targetDisplay == 0)
        usage();

    options = angle2options(angle);

    // Get the I/O Kit service port of the target display
    //Since the port is owned by the graphics system,we should not destroy it
    service = CGDisplayIOServicePort(targetDisplay);

    // We will get an error if the target display doesn't support the
    // kIOFBSetTransform option for IOServiceRequestProbe()
    dErr = IOServiceRequestProbe(service, options);
    if (dErr != kCGErrorSuccess) {
        fprintf(stderr, "IOServiceRequestProbe: error %d\n", dErr);
        exit(1);
    }

    exit(0);
}
```

```
$ gcc -Wall -o fb-rotate fb-rotate.c -framework IOKit \
    -framework ApplicationServices
$ ./fb-rotate -l
Display ID       Resolution
0x4248edd        1920x1200                       [main display]
0x74880f18       1600x1200
$ ./fb-rotate -d 0x4248edd -r 90 # rotates given display by 90 degrees
$ ./fb-rotate -d 0x4248edd -r 0  # restores to original
```

图 10-23（续）

10.7.2 访问帧缓冲区内存

在 6.8.8 节中看到了如何通过诊断系统调用接口访问帧缓冲区内存的内容。Quartz Services 函数 CGDisplayBaseAddress()返回显示的帧缓冲区的基址。给定这个地址，可以使用 read()和 write()系统调用分别读取或写入帧缓冲区内存。

Quartz Services

如本书第 2 章中所述，构成 Mac OS X 的窗口和图形系统的绝大多数组件都统称为 Quartz。Quartz Services API 提供了一组低级窗口服务器特性。特别是，可以通过这个 API 访问和操作显示硬件。

图 10-24 显示了一个程序，把给定显示的帧缓冲区的全部内容转储到一个文件。它假定每个像素是 32 位。可以使用与 6.8.8 节中的截屏图捕获示例中相同的方法把内容转换成可查看的图像。注意：这个程序使用了图 10-23 中的 listDisplays() 函数。

```c
// fb-dump.c

#include <getopt.h>
#include <IOKit/graphics/IOGraphicsLib.h>
#include <ApplicationServices/ApplicationServices.h>

#define PROGNAME          "fb-dump"
#define DUMPFILE_TMPDIR   "/tmp/"
#define DUMPFILE_TEMPLATE "fb-dump.XXXXXX"

...

int
main(int argc, char * argv[])
{
    int     i, saveFD = -1;
    char    template[] = DUMPFILE_TMPDIR DUMPFILE_TEMPLATE;
    uint32_t width, height, rowBytes, rowUInt32s, *screen;

    CGDirectDisplayID targetDisplay = 0;

    // populate targetDisplay as in Figure 10-23
    // use listDisplays() from Figure 10-23
    ...

    screen = (uint32_t *)CGDisplayBaseAddress(targetDisplay);
    rowBytes = CGDisplayBytesPerRow(targetDisplay);
    rowUInt32s = rowBytes / 4;
    width = CGDisplayPixelsWide(targetDisplay);
    height = CGDisplayPixelsHigh(targetDisplay);

    if ((saveFD = mkstemp(template)) < 0) {
        perror("mkstemps");
        exit(1);
    }
```

图 10-24 访问帧缓冲区内存

```
for (i = 0; i < height; i++)
    write(saveFD, screen + i * rowUInt32s, width * sizeof(uint32_t));

close(saveFD);

exit(0);
}
```

图 10-24（续）

10.7.3 获取固件变量的列表

在这个示例中，将联系 I/O Kit，获取并且显示固件变量的列表。如本书 4.10.3 节中所述，Open Firmware 设备树中的 options 设备包含 NVRAM 驻留的系统配置变量。在 I/O Registry 中提供了这个设备的内容，作为 Device Tree 平面中的名为 options 的条目的属性。类似地，在基于 EFI 的 Macintosh 系统上，可以通过 options 属性使用 EFI NVRAM 变量。给定注册表条目的路径，就可以使用 IORegistryEntryFromPath()查找它。一旦具有条目，就可以使用 IORegistryEntryCreateCFProperties()通过条目的属性构造一个 Core Foundation 字典。图 10-25 中显示的程序执行了这些步骤。此外，它还显示了字典内容的 XML 表示。

```
// lsfirmware.c

#include <unistd.h>
#include <IOKit/IOKitLib.h>
#include <CoreFoundation/CoreFoundation.h>

#define PROGNAME "lsfirmware"

void
printDictionaryAsXML(CFDictionaryRef dict)
{
    CFDataRef xml = CFPropertyListCreateXMLData(kCFAllocatorDefault,
                                              (CFPropertyListRef)dict);
    if (xml) {
        write(STDOUT_FILENO, CFDataGetBytePtr(xml), CFDataGetLength(xml));
        CFRelease(xml);
    }
}

int
main(void)
{
    io_registry_entry_t     options;
```

图 10-25 从 I/O Registry 中获取固件变量的列表

```
CFMutableDictionaryRef   optionsDict;
kern_return_t            kr = KERN_FAILURE;

options = IORegistryEntryFromPath(kIOMasterPortDefault,
                                   kIODeviceTreePlane ":/options");
if (options) {
    kr = IORegistryEntryCreateCFProperties(options, &optionsDict, 0, 0);
    if (kr == KERN_SUCCESS) {
        printDictionaryAsXML(optionsDict);
        CFRelease(optionsDict);
    }
    IOObjectRelease(options);
}

if (kr != KERN_SUCCESS)
    fprintf(stderr, "failed to retrieve firmware variables\n");

exit(kr);
}
```

```
$ gcc -Wall -o lsfirmware lsfirmware.c -framework IOKit \
  -framework CoreFoundation
$ ./lsfirmware # PowerPC
...
    <key>boot-command</key>
    <string>mac-boot</string>
    <key>boot-device</key>
    <string>hd:,\\:tbxi</string>
...
$ ./lsfirmware # x86
...
    <key>SystemAudioVolume</key>
    <data>
    cg==
    </data>
    <key>efi-boot-device</key>
    <data>
...
```

图 10-25（续）

10.7.4　获取关于加载的内核扩展的信息

可以使用作为 Mach 主机接口一部分的 kmod_get_info()例程，获取关于加载的内核扩展的信息——kmod_info_t 结构的列表。图 10-26 显示了一个程序，它用于获取并且显示该信息。

```
// lskmod.c

#include <stdio.h>
#include <mach/mach.h>

int
main(void)
{
    kern_return_t            kr;
    kmod_info_array_t        kmods;
    mach_msg_type_number_t   kmodBytes = 0;
    int                      kmodCount = 0;
    kmod_info_t              *kmodp;
    mach_port_t              host_port = mach_host_self();

    kr = kmod_get_info(host_port, (void *)&kmods, &kmodBytes);
    (void)mach_port_deallocate(mach_task_self(), host_port);

    if (kr != KERN_SUCCESS) {
        mach_error("kmod_get_info:", kr);
        return kr;
    }

    for (kmodp = (kmod_info_t *)kmods; kmodp->next; kmodp++, kmodCount++) {
        printf("%5d %4d %-10p %-10p %-10p %s (%s)\n",
               kmodp->id,
               kmodp->reference_count,
               (void *)kmodp->address,
               (void *)kmodp->size,
               (void *)(kmodp->size - kmodp->hdr_size),
               kmodp->name,
               kmodp->version);
    }

    vm_deallocate(mach_task_self(), (vm_address_t)kmods, kmodBytes);

    return kr;
}


$ gcc -Wall -o lskmod lskmod.c
$ ./lskmod
...
   27  0 0x761000  0x5000    0x4000    com.apple.driver.AppleRTC (1.0.2)
   26  0 0x86a000  0x3000    0x2000    com.apple.driver.AppleHPET (1.0.0d1)
   25  0 0x7f6000  0x4000    0x3000    com.apple.driver.AppleACPIButtons (1.0.3)
   24  0 0x7fa000  0x4000    0x3000    com.apple.driver.AppleSMBIOS (1.0.7)
...
```

图 10-26　获取关于加载的内核扩展的信息

10.7.5　从 SMS 获取加速计数据

Apple 于 2005 年早期向 PowerBook 计算机系列中添加了一个名为 **SMS**（Sudden Motion Sensor，防震感测装置①）的特性②。最终，在所有的 Apple 笔记本计算机中都添加了这个特性。它把传感器用作机制的一部分，用于在检测到突然的运动之后通过暂时停驻活动磁盘驱动器的磁头，尝试阻止数据丢失。

SMS 的背景

在现代磁盘驱动器中，盘片与磁头之间的"飞行高度"非常小。这增加了扰动的磁头与盘片之间发生碰撞的可能性。现代驱动器在多种环境下支持在一个安全的位置停驻它们的磁头。特别是，当系统关闭或者处于睡眠状态时，将自动停驻磁头。SMS 添加了在发生意外掉落、强烈振动或者其他加速运动的情况下停驻磁头的能力。这种机制在工作时将使用三轴加速计检测突然的运动。当达到紧急动作的阈值时——比如说，由于震动或者自由下落——就会生成一个中断。在处理这个中断时，SMS 驱动程序（比如 IOI2CMotionSensor.kext、PMUMotionSensor.kext 或 SMCMotionSensor.kext）可能给磁盘驱动器发送一个"停驻"命令，从而减小了在撞击时损坏驱动器的可能性。相反，当 SMS 检测到计算机再次达到稳定并且没有处于加速状态时，它将解除锁定驱动器磁头，使得系统可以继续正常地使用磁盘。

在一些计算机型号上，加速计是主逻辑板的集成特性——确切地讲，是一个没有绑定到特定磁盘驱动器的内部集成电路（Inter-Integrated Circuit，I^2C）设备③。通常，这样的加速计使用基于 iMEMS（integrated MicroElectroMechanical System，集成微电子机械系统）技术的硅传感器。加速或倾斜将会导致传感器的电气属性（比如说，电容）被改变。然后，传感器的接口可以转换这些微小的改变，把它们展示为加速读数。

根据工作环境，SMS 的默认灵敏度可能过于强烈，注意到这一点将是有趣的。例如，嘈杂的音乐——也许是具有相当高的低音部和相应振动的音乐——可能不合时宜地激活 SMS。如果牵涉的计算机自身涉及生成或记录这样的音乐，这就可能导致不可接受的中断。可以使用 pmset 电源管理配置实用程序禁用该机制。

SMS 驱动程序实现了一个 I/O Kit 用户客户，它允许从用户空间执行多种操作，比如：

- 查询各种信息，比如供应商、版本和状态。
- 获取和设置灵敏度。
- 复位硬件。
- 获取方位值。

---

① SMS 也称为移动运行模块（Mobile Motion Module）或 Apple 移动传感器（Apple Motion Sensor，AMS）。

② 在 Apple 引入 SMS 之前，IBM 在 ThinkPad 笔记本计算机中提供了一个概念上完全相同的特性。也可以通过编程方式访问 ThinkPad 传感器。

③ Philips 在 20 世纪 80 年代早期开发了 I^2C 总线。I^2C 是一条多主控总线，系统中的多个 IC 可以使用它相互通信。它只使用两条控制线路，并且具有一个软件定义的协议。

方位值包括与作用于计算机的加速矢量相关的三元组（x, y, z）。当对计算机应用外部加速时（比如在一旁的突然运动中）或者当旋转计算机时（从而改变重力矢量的角度），这个矢量的各个成分就会改变。注意关于矢量成分的以下几点。

- 当计算机的底部与地面平行并且它没有沿着其长边缘处于横向加速状态时，x 的值为 0。围绕与其短边缘平行的轴旋转计算机的底座将改变 x 的值。
- 当计算机的底部与地面平行并且它没有沿着其短边缘处于横向加速状态时，y 的值为 0。围绕与其长边缘平行的轴旋转计算机的底座将改变 y 的值。
- 当旋转计算机使得它的底部没有保持在水平面中时，将改变 z 的值。
- 当计算机在真空中自由下落时，完美校准的 SMS 加速计将读取(0, 0, 0)。

在实际中，SMS 装置可能没有完美校准，并且不同的装置可能具有不同的校准。例如，当计算机与地面平行时，由 SMS 硬件报告的 x 值和 y 值可能不为 0。而且，依赖于周围的环境和硬件的配置灵敏度，可能会看见微小的波动，甚至在感觉不到计算机移动时亦是如此。

现在来看如何通过与 SMS 驱动程序通信，来获取方位数据。要调用一个用户客户方法，需要知道方法的标识符及其参数的类型。

```
$ cd /System/Library/Extensions/IOI2CMotionSensor.kext/Contents/MacOS
$ nm IOI2CMotionSensor | c++filt
...
00003934 T IOI2CMotionSensor::getOrientationUC(paramStruct*, paramStruct*,
                                    unsigned long, unsigned long*)
...
```

由于 getOrientationUC()方法是由用户客户导出的，它的地址——在这里是 0x3934——也必须出现在驱动程序可执行文件内的 IOExternalMethod 结构的数组中。该结构在数组内的位置将提供方法的索引，而结构的内容则将指示在调用方法时需要提供的结构的大小。

```
// iokit/IOKit/IOUserClient.h

struct IOExternalMethod {
    IOService    *object;
    IOMethod     func;
    IOOptionBits flags;
    IOByteCount  count0;
    IOByteCount  count1;
};
```

图 10-27 显示了与 getOrientationUC()对应的 IOExternalMethod 结构的内容。基于驱动程序版本，方法数组中的这个特定结构的索引可能有所不同。尽管图中未显示，在这里（IOI2CMotionSensor 和 PMUMotionSensor 版本 1.0.3），索引是 21。对于 SMCMotionSensor，索引是 5。

注意：在图 10-27 中，flags 的值是 kIOUCStructIStructO，这意味着方法具有一个结构输入参数和一个结构输出参数。count0 和 count1 这两个值（它们都是 60 字节，其中 40 字节用于 SMCMotionSensor）分别代表输入结构和输出结构的大小。可以使用 I/O Kit 框架中的 IOConnectMethodStructureIStructureO() 函数调用这样的方法，该框架提供了这个函数以及其他类似的函数（比如 IOConnectMethodScalarIStructureO()），用于跨越用户-内核边界传递无类型的数据。

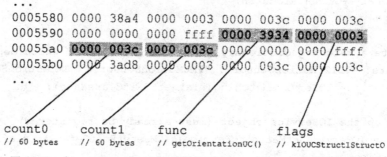

图 10-27　与 getOrientationUC() 对应的 IOExternalMethod 结构的相关内容

```
kern_return_t
IOConnectMethodStructureIStructureO(
    io_connect_t connect,          // acquired by calling IOServiceOpen()
    unsigned int index,            // index for kernel-resident method
    IOItemCount  structureInputSize,  // size of the input struct parameter
    IOByteCount *structureOutputSize, // size of the output structure (out)
    void        *inputStructure,   // pointer to the input structure
    void        *ouputStructure);  // pointer to the output structure
```

在这里只对输出结构感兴趣，它的前 3 个字节包含 x、y 和 z 值①。可以定义输出结构，具体如下。

```
typedef struct {
    char x;
    char y;
    char z;
    // filler space to make size of the structure at least 60 bytes
    pad[57];
} SuddenMotionSensorData_t;
```

首先，需要创建一个对合适的 IOService 实例的连接。图 10-28 显示了一个函数，它用于查找服务，并且请求一个对它的连接。

> 注意：为了使本节中介绍的技术能够在特定型号的装配了 SMS 的 Apple 计算机上工作，I/O Service 类名称、用户客户方法索引以及输入/输出参数的大小必须适合于在该计算机上使用的 SMS 驱动程序。

---

① 注意：这些值并不是原始的加速值——在接收到它们之前，就对它们进行过处理。当然，它们将直接对应于计算机的运动而发生改变。

```
static io_connect_t dataPort = 0;

kern_return_t
sms_initialize(void)
{
    kern_return_t    kr;
    CFDictionaryRef  classToMatch;
    io_service_t     service;

    // create a matching dictionary given the class name, which depends on
    // hardware: "IOI2CMotionSensor", "PMUMotionSensor", "SMCMotionSensor" ...
    classToMatch = IOServiceMatching(kTargetIOKitClassName);

    // look up the IOService object (must already be registered)
    service = IOServiceGetMatchingService(kIOMasterPortDefault, classToMatch);
    if (!service)
        return KERN_FAILURE;

    // create a connection to the IOService object
    kr = IOServiceOpen(service,           // the IOService object
                       mach_task_self(),  // the task requesting the connection
                       0,                 // type of connection
                       &dataPort);        // connection handle

    IOObjectRelease(service);

    return kr;
}
```

图 10-28　打开一个对运动传感器服务对象的连接

　　给 IOService 实例提供一个链接句柄，就可以调用 getOrientationUC()方法，如图 10-29 中所示。

```
static const int getOrientationUC_methodID = 21;

kern_return_t
sms_getOrientation(MotionSensorData_t *data)
{
    kern_return_t        kr;
    IOByteCount          size = 60;
    MotionSensorData_t   unused_struct_in = { 0 };

    kr = IOConnectMethodStructureIStructureO(dataPort,
                                             getOrientationUC_methodID,
                                             size,
```

图 10-29　给定 IOService 连接句柄，调用用户客户方法

```
                                      &size,
                                      &unused_struct_in,
                                      data);
    return kr;
}
```

图 10-29（续）

注意：从 SMS 驱动程序接收的方位数据可用于把计算机的物理倾斜映射到鼠标或键盘输入事件。可以轻松地把此类映射用于多种目的，比如：用于游戏的人类输入、多向滚动以及地图拍摄全景。

10.7.6 列出 PCI 设备

由于 I/O Registry 维护了关于系统中的所有设备的信息，基于各种搜索条件查找特定的设备及其属性将相当直观。图 10-30 显示了一个程序，用于列出系统中的所有 PCI 设备，以及每个设备在服务平面中的路径。

```c
// lspci.c

#include <stdio.h>
#include <IOKit/IOKitLib.h>

int
main(void)
{
    kern_return_t       kr;
    io_iterator_t       pciDeviceList;
    io_service_t        pciDevice;
    io_name_t           deviceName;
    io_string_t         devicePath;

    // get an iterator for all PCI devices
    if (IOServiceGetMatchingServices(kIOMasterPortDefault,
                                     IOServiceMatching("IOPCIDevice"),
                                     &pciDeviceList) != KERN_SUCCESS)
        return 1;

    while ((pciDevice = IOIteratorNext(pciDeviceList))) {

        kr = IORegistryEntryGetName(pciDevice, deviceName);
        if (kr != KERN_SUCCESS)
            goto next;

        kr = IORegistryEntryGetPath(pciDevice, kIOServicePlane, devicePath);
```

图 10-30 列出系统中的 PCI 设备

```
    if (kr != KERN_SUCCESS)
        goto next;

    // don't print the plane name prefix in the device path
    printf("%s (%s)\n", &devicePath[9], deviceName);

next:
    IOObjectRelease(pciDevice);
    }

    return kr;
}
```

```
$ gcc -Wall -o lspci lspci.c -framework IOKit -framework CoreFoundation
$ ./lspci # PowerPC
:/MacRISC4PE/pci@0,f0000000/AppleMacRiscAGP/ATY,WhelkParent@10
(ATY,WhelkParent)
:/MacRISC4PE/ht@0,f2000000/AppleMacRiscHT/pci@1 (pci)
...
:/MacRISC4PE/ht@0,f2000000/AppleMacRiscHT/pci@4/IOPCI2PCIBridge/usb@B,2
(usb)
:/MacRISC4PE/ht@0,f2000000/AppleMacRiscHT/pci@5 (pci)
:/MacRISC4PE/ht@0,f2000000/AppleMacRiscHT/pci@5/IOPCI2PCIBridge/ata-6@D
(ata-6)
...
$ ./lspci # x86
:/AppleACPIPlatformExpert/PCI0@0/AppleACPIPCI/GFX0@2 (GFX0)
:/AppleACPIPlatformExpert/PCI0@0/AppleACPIPCI/HDEF@1B (HDEF)
...
```

图 10-30（续）

10.7.7　获取计算机的序号和型号信息

图 10-31 中所示的程序将与 I/O Registry 通信，以获取计算机的序号和型号信息，它们都是作为与 Platform Expert 对应的 I/O Registry 条目的属性维护的。

```
// lsunitinfo.c

#include <IOKit/IOKitLib.h>
#include <CoreFoundation/CoreFoundation.h>

int
main(void)
```

图 10-31　获取计算机的序号和型号信息

```
{
    kern_return_t kr;
    io_service_t  pexpert;
    CFStringRef   serial, model;

    // get the Platform Expert object
    pexpert = IOServiceGetMatchingService(kIOMasterPortDefault,
                IOServiceMatching("IOPlatformExpertDevice"));
    if (!pexpert)
        return KERN_FAILURE;

    serial = IORegistryEntryCreateCFProperty(
                pexpert, CFSTR(kIOPlatformSerialNumberKey),
                kCFAllocatorDefault,kNilOptions);
    if (serial) {
        // note that this will go to stderr
        CFShow(serial);
        CFRelease(serial);
    }

    model = IORegistryEntryCreateCFProperty(
                pexpert, CFSTR("model"), kCFAllocatorDefault, kNilOptions);
    if (model) {
        printf("%s\n", CFDataGetBytePtr((CFDataRef)model));
        CFRelease(model);
    }

    if (pexpert)
        IOObjectRelease(pexpert);

    return kr;
}


$ gcc -Wall -o lsunitinfo lsunitinfo.c -framework IOKit -framework
  CoreFoundation
$ ./lsunitinfo
G84XXXXXXPS
PowerMac7,3
```

图 10-31（续）

10.7.8　获取温度传感器读数

随着电源和热量管理变成了计算机系统设计的组成部分，在现代计算机系统中经常可以发现多种硬件传感器。根据不同的型号，Apple 计算机可能包含温度传感器、电压和电流传感器、风扇速度传感器等。在某些类型的系统中，比如基于 MacRISC4 的系统，与 Platform Expert 一起使用了**平台插件**（Platform Plug-in）的概念。Platform Expert 是特定于**系统体系结构**（Architecture）的，而平台插件则是特定于某个平台的，它依赖于主板，并且通常比系统体系结构更频繁地改变。特别是，插件通常会执行热量管理，这包括监视各种传感器，并且基于它们的值控制处理器和风扇速度。可用的平台插件驻留在 AppleMacRISC4PE 内核扩展捆绑组件内。

```
$ cd /System/Library/Extensions/AppleMacRISC4PE.kext/Contents/PlugIns
$ ls
IOPlatformPluginFamily.kext          PowerMac12_1_ThermalProfile.kext
MacRISC4_PlatformPlugin.kext         PowerMac7_2_PlatformPlugin.kext
PBG4_PlatformPlugin.kext             PowerMac8_1_ThermalProfile.kext
PBG4_ThermalProfile.kext             PowerMac9_1_ThermalProfile.kext
PowerMac11_2_PlatformPlugin.kext     RackMac3_1_PlatformPlugin.kext
PowerMac11_2_ThermalProfile.kext     SMU_Neo2_PlatformPlugin.kext
PowerMac12_1_PlatformPlugin.kext
```

如果系统使用平台插件，在 I/O Registry 中将会提供系统中的所有硬件传感器的属性（包括当前值），作为特定于系统的平台插件类的 IOHWSensors 属性，这个类继承自 IOPlatformPlugin。传感器在平台插件中通过 IOPlatformSensor 类的实例进行抽象。每个硬件传感器的驱动程序都是一个 IOHWSensor 对象。

可以通过查找平台插件（如果具有它的话）的 IOHWSensors 属性或者查找其类型为 temperature 的每个 IOHWSensor 对象，获取系统中的温度传感器的读数。后一种方法更通用，因为即使系统中没有平台插件，它也将会工作。图 10-32 显示了一个程序，它使用这种方法显示系统中的温度传感器的位置和值。

```c
// lstemperature.c

#include <unistd.h>
#include <IOKit/IOKitLib.h>
#include <CoreFoundation/CoreFoundation.h>


#define kIOPPluginCurrentValueKey "current-value" // current measured value
#define kIOPPluginLocationKey     "location"      // readable description
#define kIOPPluginTypeKey         "type"          // sensor/control type
#define kIOPPluginTypeTempSensor  "temperature"   // desired type value


// macro to convert sensor temperature format (16.16) to integer (Celsius)
#define SENSOR_TEMP_FMT_C(x)(double)((x) >> 16)

// macro to convert sensor temperature format (16.16) to integer (Fahrenheit)
#define SENSOR_TEMP_FMT_F(x) \
    (double)(((((double)((x) >> 16) * (double)9) / (double)5) + (double)32)
```

图 10-32　获取温度传感器读数

```c
void
printTemperatureSensor(const void *sensorDict, CFStringEncoding encoding)
{
    SInt32       currentValue;
    CFNumberRef  sensorValue;
    CFStringRef  sensorType, sensorLocation;

    if (!CFDictionaryGetValueIfPresent((CFDictionaryRef)sensorDict,
                                       CFSTR(kIOPPluginTypeKey),
                                       (void *)&sensorType))
        return;

    if (CFStringCompare(sensorType, CFSTR(kIOPPluginTypeTempSensor), 0) !=
                kCFCompareEqualTo) // we handle only temperature sensors
        return;

    sensorLocation = CFDictionaryGetValue((CFDictionaryRef)sensorDict,
                                       CFSTR(kIOPPluginLocationKey));

    sensorValue = CFDictionaryGetValue((CFDictionaryRef)sensorDict,
                                       CFSTR(kIOPPluginCurrentValueKey));
    (void)CFNumberGetValue(sensorValue, kCFNumberSInt32Type,
                           (void *)&currentValue);

    printf("%24s %7.1f C %9.1f F\n",
           // see documentation for CFStringGetCStringPtr() caveat
           CFStringGetCStringPtr(sensorLocation, encoding),
           SENSOR_TEMP_FMT_C(currentValue),
           SENSOR_TEMP_FMT_F(currentValue));
}

int
main(void)
{
    kern_return_t            kr;
    io_iterator_t            io_hw_sensors;
    io_service_t             io_hw_sensor;
    CFMutableDictionaryRef   sensor_properties;
    CFStringEncoding         systemEncoding = CFStringGetSystemEncoding();
    kr = IOServiceGetMatchingServices(kIOMasterPortDefault,
            IOServiceNameMatching("IOHWSensor"), &io_hw_sensors);

    while ((io_hw_sensor = IOIteratorNext(io_hw_sensors))) {
        kr = IORegistryEntryCreateCFProperties(io_hw_sensor,
                    &sensor_properties, kCFAllocatorDefault, kNilOptions);
```

图 10-32（续）

```
    if (kr == KERN_SUCCESS)
        printTemperatureSensor(sensor_properties, systemEncoding);

    CFRelease(sensor_properties);
    IOObjectRelease(io_hw_sensor);
}

IOObjectRelease(io_hw_sensors);

exit(kr);
}
```

```
$ gcc -Wall -o lstemperature lstemperature.c -framework IOKit \
  -framework CoreFoundation
$ sudo hwprefs machine_type # Power Mac G5 Dual 2.5 GHz
PowerMac7,3
$ ./lstemperature
             DRIVE BAY    25.0 C       77.0 F
              BACKSIDE    44.0 C      111.2 F
           U3 HEATSINK    68.0 C      154.4 F
      CPU A AD7417 AMB    49.0 C      120.2 F
      CPU B AD7417 AMB    47.0 C      116.6 F
$ sudo hwprefs machine_type # Xserve G5 Dual 2.0 GHz
RackMac3,1
$ ./lstemperature
     SYS CTRLR AMBIENT    35.0 C       95.0 F
    SYS CTRLR INTERNAL    47.0 C      116.6 F
      CPU A AD7417 AMB    28.0 C       82.4 F
      CPU B AD7417 AMB    27.0 C       80.6 F
            PCI SLOTS     26.0 C       78.8 F
           CPU A INLET    19.0 C       66.2 F
           CPU B INLET    20.0 C       68.0 F
```

图 10-32（续）

　　除了其他信息之外，平台插件的 IOHWControls 属性还包含系统中的风扇的当前 RPM
读数。从 AppleFCU 类实例的 control-info 属性中也可以获得相同的信息，该实例代表一个
风扇控制装置。风扇控制装置驱动程序将把 control-info 发布为一个数组，其中包含关于它
所负责的所有控制的数据。

10.7.9　获取以太网接口的 MAC 地址

　　图 10-33 显示了一个程序，用于获取系统中的所有以太网（Ethernet）接口的 MAC 地
址。它将遍历 IOEthernetInterface 类的所有实例的列表，它们的父类——IOEthernetController
的实例——包含 MAC 地址，作为它的属性之一（kIOMACAddress，它被定义为 IOMACAddress）。

注意：IOEthernetInterface 实例包含网络接口的多个其他的有趣方面，比如它的 BSD 名称、关于活动分组过滤器的信息以及多种类型的统计信息。

```c
// lsmacaddr.c

#include <IOKit/IOKitLib.h>
#include <IOKit/network/IOEthernetInterface.h>
#include <IOKit/network/IOEthernetController.h>
#include <CoreFoundation/CoreFoundation.h>

typedef UInt8 MACAddress_t[kIOEthernetAddressSize];

void
printMACAddress(MACAddress_t MACAddress)
{
    int i;

    for (i = 0; i < kIOEthernetAddressSize - 1; i++)
        printf("%02x:", MACAddress[i]);

    printf("%x\n", MACAddress[i]);
}

int
main(void)
{
    kern_return_t           kr;
    CFMutableDictionaryRef   classToMatch;
    io_iterator_t            ethernet_interfaces;
    io_object_t              ethernet_interface, ethernet_controller;
    CFTypeRef                MACAddressAsCFData;

    classToMatch = IOServiceMatching(kIOEthernetInterfaceClass);
    kr = IOServiceGetMatchingServices(kIOMasterPortDefault, classToMatch,
                                &ethernet_interfaces);
    if (kr != KERN_SUCCESS)
        return kr;
    while ((ethernet_interface = IOIteratorNext(ethernet_interfaces))) {

        kr = IORegistryEntryGetParentEntry(ethernet_interface,
                    kIOServicePlane, &ethernet_controller);
        if (kr != KERN_SUCCESS)
            goto next;

        MACAddressAsCFData = IORegistryEntryCreateCFProperty(
```

图 10-33　获取系统中的以太网接口的 MAC 地址

```
                              ethernet_controller,
                              CFSTR(kIOMACAddress),
                              kCFAllocatorDefault, 0);
        if (MACAddressAsCFData) {
            MACAddress_t address;
            CFDataGetBytes(MACAddressAsCFData,
                        CFRangeMake(0, kIOEthernetAddressSize), address);
            CFRelease(MACAddressAsCFData);
            printMACAddress(address);
        }
        IOObjectRelease(ethernet_controller);
next:
        IOObjectRelease(ethernet_interface);
    }
    IOObjectRelease(ethernet_interfaces);

    return kr;
}


$ gcc -Wall -o lsmacaddr lsmacaddr.c -framework IOKit \
    -framework CoreFoundation
$ ./lsmacaddr
00:0d:xx:xx:xx:xx
00:0d:xx:xx:xx:xx
```

图 10-33（续）

10.7.10　实现一种加密式磁盘过滤方案

在这个示例中，将创建一个大容量存储过滤方案驱动程序，它在设备级别实现透明加密。该驱动程序将便于使用加密的卷，其中所有的数据（用户数据和文件系统数据）都将在存储媒介上加密，但是挂接这样的卷将允许以正常方式访问它。假定读者熟悉 Apple 的标题为 "Mass Storage Device Driver Programming Guide"（大容量存储设备驱动程序编程指南）的技术文档中描述的概念。如这篇文档中所讨论的，过滤方案驱动程序继承自 IOStorage 类，并且在逻辑上位于两个媒体对象之间，其中每个对象都是 IOMedia 类的一个实例。驱动程序允许把一个或多个媒体对象映射到一个或多个不同的媒体对象。该加密过滤是一对一映射的示例。分区方案驱动程序把一个媒体对象（比如说，代表整个磁盘）映射到许多媒体对象（每个对象代表磁盘上的一个分区）。相反，RAID 方案则把多个媒体对象（RAID 成员）映射到单个媒体对象。

编写过滤方案驱动程序时的一个重要考虑事项是过滤驱动程序将匹配的媒体对象的属性的规范。目标属性集是在过滤方案驱动程序的个性中指定的。IOMedia 属性的示例包括：媒体是否可弹出、它是否可写、媒体的首选块大小（以字节为单位）、媒体的整个大小（以字节为单位）、媒体的 BSD 设备结点名称以及媒体的内容描述（或内容提示，在创建媒体对象时指定）。在这个示例中，将安装过滤方案驱动程序匹配其内容描述为 osxbook_HFS 的所有 IOMedia 对象——这样，它将不会疏忽地匹配现有的卷。为了测试这个驱动程序，将在磁盘映像上明确地创建一个卷。

可以把驱动程序命名为 SimpleCryptoDisk，然后从一个用于 I/O Kit 驱动程序的 Xcode 项目模板开始。图 10-34 显示了驱动程序的 Info.plist 文件中的个性和依赖性规范。注意：个性包括内容提示字符串。

```
...
<key>IOKitPersonalities</key>
<dict>
        <key>SimpleCryptoDisk</key>
        <dict>
                <key>CFBundleIdentifier</key>
                <string>com.osxbook.driver.SimpleCryptoDisk</string>
                <key>Content Hint</key>
                <string>osxbook_HFS</string>
                <key>IOClass</key>
                <string>com_osxbook_driver_SimpleCryptoDisk</string>
                <key>IOMatchCategory</key>
                <string>IOStorage</string>
                <key>IOProviderClass</key>
                <string>IOMedia</string>
        </dict>
</dict>
<key>OSBundleLibraries</key>
<dict>
        <key>com.apple.iokit.IOStorageFamily</key>
        <string>1.5</string>
        <key>com.apple.kpi.iokit</key>
        <string>8.0.0</string>
        <key>com.apple.kpi.libkern</key>
        <string>8.0.0</string>
</dict>
</dict>
</plist>
```

图 10-34　用于 SimpleCryptoDisk I/O Kit 驱动程序的个性和依赖性列表

由于数据是加密存储在磁盘上的，将需要实现一个 read() 方法执行解密，以及实现一个 write() 方法执行加密。这两个方法是异步的——当 I/O 完成时，必须使用指定的完成动作通知调用者。如稍后所示，异步性使这些方法的实现变得稍微复杂一些，因为驱动程序必须利用它自己的完成动作代替调用者的动作，其中后者是它最终必须调用的。图 10-35 显示了用于驱动程序的头文件（SimpleCryptoDisk.h）。

```
// SimpleCryptoDisk.h

#include <IOKit/storage/IOMedia.h>
#include <IOKit/storage/IOStorage.h>

class com_osxbook_driver_SimpleCryptoDisk : public IOStorage {

    OSDeclareDefaultStructors(com_osxbook_driver_SimpleCryptoDisk)

protected:
    IOMedia *_filteredMedia;

    virtual void free(void);

    virtual bool handleOpen(IOService      *client,
                            IOOptionBits   options,
                            void           *access);

    virtual bool handleIsOpen(const IOService *client) const;
    virtual void handleClose(IOService *client, IOOptionBits options);

public:
    virtual bool init(OSDictionary *properties = 0);
    virtual bool start(IOService *provider);

    virtual void read(IOService           *client,
                      UInt64              byteStart,
                      IOMemoryDescriptor  *buffer,
                      IOStorageCompletion completion);

    virtual void write(IOService          *client,
                       UInt64             byteStart,
                       IOMemoryDescriptor *buffer,
                       IOStorageCompletion completion);

    virtual IOReturn synchronizeCache(IOService *client);
    virtual IOMedia *getProvider() const;
};
```

图 10-35　用于 SimpleCryptoDisk I/O Kit 驱动程序的头文件

　　图 10-36 显示了驱动程序的源文件（SimpleCryptoDisk.cpp）。除了一些相对普通的方法实现（用于简单地将调用转发给提供者的方法）之外，还实现了以下重要的方法和函数。

- com_osxbook_driver_SimpleCryptoDisk::start()用于初始化并且发布一个新的媒体对象。注意：该过滤方案驱动程序将匹配 osxbook_HFS 的内容提示，但是会发布一个媒体对象，它具有 Apple_HFS 的内容提示。

- com_osxbook_driver_SimpleCryptoDisk::read()用于从存储器中读取数据。一旦 I/O 完成，驱动程序将对读取的数据进行后处理，即对它进行解密。可以使用一个 SimpleCryptoDiskContext 类型的结构保存上下文，包括调用者的完成例程，用于读或写操作。
- com_osxbook_driver_SimpleCryptoDisk::write()用于把数据写到存储器。驱动程序将对数据进行预处理，以对它进行加密。
- fixBufferUserRead()是加密例程，其中加密只是一个逻辑"非"操作。
- fixBufferUserWrite()是解密例程，其中解密同样是一个逻辑"非"操作。
- SCDReadWriteCompletion()是驱动程序的完成例程。这里替换了用于读和写的调用者的完成例程。显然，直到读完成之后，才能进行解密。对于写，不会就地加密调用者的数据缓冲区——而是将分配一个新的数据缓冲区用于加密，并把它包装在两个 IOMemoryDescriptor 实例中：一个具有 kIODirectionIn 的方向（加密时使用），另一个具有 kIODirectionOut 的方向（传递给提供者的 write()方法）。

```cpp
// SimpleCryptoDisk.cpp

#include <IOKit/assert.h>
#include <IOKit/IOLib.h>
#include "SimpleCryptoDisk.h"

#define super IOStorage

OSDefineMetaClassAndStructors(com_osxbook_driver_SimpleCryptoDisk, IOStorage)

// Context structure for our read/write completion routines
typedef struct {
    IOMemoryDescriptor    *buffer;
    IOMemoryDescriptor    *bufferRO;
    IOMemoryDescriptor    *bufferWO;
    void                  *memory;
    vm_size_t             size;
    IOStorageCompletion completion;
} SimpleCryptoDiskContext;

// Internal functions
static void fixBufferUserRead(IOMemoryDescriptor *buffer);
static void fixBufferUserWrite(IOMemoryDescriptor *bufferR,
                               IOMemoryDescriptor *bufferW);
static void SCDReadWriteCompletion(void *target, void *parameter,
                               IOReturn status, UInt64 actualByteCount);

bool
com_osxbook_driver_SimpleCryptoDisk::init(OSDictionary *properties)
```

图 10-36 用于 SimpleCryptoDisk I/O Kit 驱动程序的源文件

```
{
    if (super::init(properties) == false)
        return false;

    _filteredMedia = 0;

    return true;
}

void
com_osxbook_driver_SimpleCryptoDisk::free(void)
{
    if (_filteredMedia)
        _filteredMedia->release();

    super::free();
}

bool
com_osxbook_driver_SimpleCryptoDisk::start(IOService *provider)
{
    IOMedia *media = (IOMedia *)provider;

    assert(media);

    if (super::start(provider) == false)
        return false;

    IOMedia *newMedia = new IOMedia;
    if (!newMedia)
        return false;

    if (!newMedia->init(
        0,                                  // media offset in bytes
        media->getSize(),                   // media size in bytes
        media->getPreferredBlockSize(),     // natural block size in bytes
        media->isEjectable(),               // is media ejectable?
        false,                              // is it the whole disk?
        media->isWritable(),                // is media writable?
        "Apple_HFS")) {                     // hint of media's contents
        newMedia->release();
        newMedia = 0;
        return false;
    }
```

图 10-36（续）

```
UInt32 partitionID = 1;
char name[32];

// Set a name for this partition.
sprintf(name, "osxbook_HFS %ld", partitionID);
newMedia->setName(name);

// Set a location value (partition #) for this partition.
char location[32];
sprintf(location, "%ld", partitionID);
newMedia->setLocation(location);
_filteredMedia = newMedia;
newMedia->attach(this);
newMedia->registerService();

return true;
}

bool
com_osxbook_driver_SimpleCryptoDisk::handleOpen(IOService    *client,
                                                IOOptionBits  options,
                                                void         *argument)
{
    return getProvider()->open(this, options, (IOStorageAccess)argument);
}

bool
com_osxbook_driver_SimpleCryptoDisk::handleIsOpen(const  IOService  *client)
const
{
    return getProvider()->isOpen(this);
}

void
com_osxbook_driver_SimpleCryptoDisk::handleClose(IOService     *client,
                                                 IOOptionBits  options)
{
    getProvider()->close(this, options);
}

IOReturn
com_osxbook_driver_SimpleCryptoDisk::synchronizeCache(IOService *client)
{
    return getProvider()->synchronizeCache(this);
}
```

图 10-36 (续)

```
IOMedia *
com_osxbook_driver_SimpleCryptoDisk::getProvider(void) const
{
    return (IOMedia *)IOService::getProvider();
}

void
com_osxbook_driver_SimpleCryptoDisk::read(IOService            *client,
                                          UInt64               byteStart,
                                          IOMemoryDescriptor   *buffer,
                                          IOStorageCompletion  completion)
{
    SimpleCryptoDiskContext *context = (SimpleCryptoDiskContext
                 *)IOMalloc(sizeof(SimpleCryptoDiskContext));
    context->buffer     = buffer;
    context->bufferRO   = NULL;
    context->bufferWO   = NULL;
    context->memory     = NULL;
    context->size       = (vm_size_t)0;

    // Save original completion function and insert our own.
    context->completion = completion;
    completion.action= (IOStorageCompletionAction)&SCDReadWriteCompletion;
    completion.target   = (void *)this;
    completion.parameter = (void *)context;

     // Hand over to the provider.
    return getProvider()->read(this, byteStart, buffer, completion);
}

void
com_osxbook_driver_SimpleCryptoDisk::write(IOService          *client,
                                           UInt64             byteStart,
                                           IOMemoryDescriptor *buffer,
                                           IOStorageCompletion completion)
{
    // The buffer passed to this function would have been created with a
    // direction of kIODirectionOut. We need a new buffer that is created
    // with a direction of kIODirectionIn to store the modified contents
    // of the original buffer.

    // Determine the original buffer's length.
    IOByteCount length = buffer->getLength();
```

图 10-36（续）

```
// Allocate memory for a new (temporary) buffer. Note that we would be
// passing this modified buffer (instead of the original) to our
// provider's write function. We need a kIODirectionOut "pointer",
// a new memory descriptor referring to the same memory, that we shall
// pass to the provider's write function.
void *memory = IOMalloc(length);

// We use this descriptor to modify contents of the original buffer.
IOMemoryDescriptor *bufferWO =
    IOMemoryDescriptor::withAddress(memory, length, kIODirectionIn);

// We use this descriptor as the buffer argument in the provider's write().
IOMemoryDescriptor *bufferRO =
    IOMemoryDescriptor::withSubRange(bufferWO, 0, length, kIODirectionOut);

SimpleCryptoDiskContext *context = SimpleCryptoDiskContext
        *)IOMalloc(sizeof(SimpleCryptoDiskContext));
context->buffer     = buffer;
context->bufferRO   = bufferRO;
context->bufferWO   = bufferWO;
context->memory     = memory;
context->size       = (vm_size_t)length;

// Save the original completion function and insert our own.
context->completion = completion;
completion.action= (IOStorageCompletionAction)&SCDReadWriteCompletion;
completion.target   = (void *)this;
completion.parameter = (void *)context;

// Fix buffer contents (apply simple "encryption").
fixBufferUserWrite(buffer, bufferWO);

// Hand over to the provider.
return getProvider()->write(this, byteStart, bufferRO, completion);
}


static void
fixBufferUserRead(IOMemoryDescriptor *buffer)
{
    IOByteCount i, j;
    IOByteCount length, count;
    UInt64      byteBlock[64];

    assert(buffer);
```

图 10-36（续）

```
    length = buffer->getLength();
    assert(!(length % 512));
    length /= 512;

    buffer->prepare(kIODirectionOutIn);

    for (i = 0; i < length; i++) {
        count = buffer->readBytes(i * 512, (UInt8 *)byteBlock, 512);
        for (j = 0; j < 64; j++)
            byteBlock[j] = ~(byteBlock[j]);
        count = buffer->writeBytes(i * 512, (UInt8 *)byteBlock, 512);
    }

    buffer->complete();

    return;
}

static void
fixBufferUserWrite(IOMemoryDescriptor *bufferR, IOMemoryDescriptor *bufferW)
{
    IOByteCount  i, j;
    IOByteCount  length, count;
    UInt64       byteBlock[64];

    assert(bufferR);
    assert(bufferW);

    length = bufferR->getLength();
    assert(!(length % 512));
    length /= 512;

    bufferR->prepare(kIODirectionOut);
    bufferW->prepare(kIODirectionIn);

    for (i = 0; i < length; i++) {
        count = bufferR->readBytes(i * 512, (UInt8 *)byteBlock, 512);
        for (j = 0; j < 64; j++)
            byteBlock[j] = ~(byteBlock[j]);
        count = bufferW->writeBytes(i * 512, (UInt8 *)byteBlock, 512);
    }

    bufferW->complete();
    bufferR->complete();
```

图 10-36（续）

```
        return;
}


static void
SCDReadWriteCompletion(void     *target,
                       void     *parameter,
                       IOReturn status,
                       UInt64   actualByteCount)
{
    SimpleCryptoDiskContext *context = (SimpleCryptoDiskContext *)parameter;

    if (context->bufferWO == NULL) { // this was a read

        // Fix buffer contents (apply simple "decryption").
        fixBufferUserRead(context->buffer);

    } else { // This was a write.

        // Release temporary memory descriptors and free memory that we had
        // allocated in the write call.
        (context->bufferRO)->release();
        (context->bufferWO)->release();
        IOFree(context->memory, context->size);
    }

    // Retrieve the original completion routine.
    IOStorageCompletion completion = context->completion;

    IOFree(context, sizeof(SimpleCryptoDiskContext));

    // Run the original completion routine, if any.
    if (completion.action)
        (*completion.action)(completion.target, completion.parameter,
                             status, actualByteCount);
}
```

图 10-36（续）

为了测试 SimpleCryptoDisk 驱动程序，将创建一个磁盘映像，它具有 osxbook_HFS 类型的分区。还将创建一个普通的磁盘映像，以便可以突出显示加密存储与明文存储之间的区别。可以首先创建一个普通的磁盘映像（参见图 10-37）。

在第 11 章中讨论了使用 hdiutil 命令行程序创建和操作磁盘映像。

如图 10-37 所示，可以访问原始存储媒介，在明文卷上查看创建的文本文件的内容。对于加密的磁盘，可以尝试做同样的事情（参见图 10-38）。

```
$ hdiutil create -size 32m -fs HFS+ -volname Clear /tmp/clear.dmg
...
created: /private/tmp/clear.dmg
$ open /tmp/clear.dmg # mount the volume contained in clear.dmg
$ echo "Secret Message" > /Volumes/Clear/file.txt
$ hdiutil detach /Volumes/Clear # unmount the volume
...
$ strings /tmp/clear.dmg
...
Secret Message
...
```

图 10-37　直接从存储媒介中读取明文存储的内容

```
$ hdiutil create -size 32m -partitionType osxbook_HFS /tmp/crypto.dmg
...
created: /private/tmp/crypto.dmg
$ sudo kextload -v SimpleCryptoDisk.kext
kextload: extension SimpleCryptoDisk.kext appears to be valid
kextload: loading extension SimpleCryptoDisk.kext
kextload: SimpleCryptoDisk.kext loaded successfully
kextload: loading personalities named:
kextload:    SimpleCryptoDisk
kextload: sending 1 personality to the kernel
kextload: matching started for SimpleCryptoDisk.kext
$ hdiutil attach -nomount /tmp/crypto.dmg
/dev/disk10            Apple_partition_scheme
/dev/disk10s1          Apple_partition_map
/dev/disk10s2          osxbook_HFS
/dev/disk10s2s1        Apple_HFS
$ newfs_hfs -v Crypto /dev/rdisk10s2s1
Initialized /dev/rdisk10s2s1 as a 32 MB HFS Plus Volume
$ hdiutil detach disk10
...
"disk10" ejected.
$ open /tmp/crypto.dmg
$ echo "Secret Message" > /Volumes/Crypto/file.txt
$ cat /Volumes/Crypto/file.txt
Secret Message
$ hdiutil detach /Volumes/Crypto
$ strings /tmp/crypto.dmg
# the cleartext message is not seen
```

图 10-38　结合使用加密的存储与 SimpleCryptoDisk 过滤方案驱动程序

试验使用过滤方案驱动程序，分析块的读写模式。

10.8　调　　试

随意地讲，可以把调试定义为在感兴趣的对象中查找和修正缺陷或错误（bug）[①]的过程，这个对象可以是一个软件、固件或硬件。本节将探讨几个与内核调试相关的领域。

10.8.1　内核恐慌

当出现内核恐慌时，根据是否启用了内核调试，内核将采取不同的动作。默认情况下，将会禁用内核调试，在这种情况下，内核将显示一个恐慌用户界面，指示用户重新启动计算机。在本书 5.6 节中介绍了如何自定义和测试这个用户界面。可以在内核的 debug 引导时参数中设置合适的位，启用多个内核调试选项。表4-13列出了这个参数的详细信息。debug 的典型设置是 0x144，它是 DB_LOG_PI_SCRN（禁用恐慌用户界面）、DB_ARP（允许内核调试器结点使用 ARP）和 DB_NMI（启用对 NMI 生成的支持）的位 "或" 运算的结果。利用这个设置，内核将转储屏幕上的内核恐慌信息，并且等待调试器连接。图 10-39 显示了一个内核恐慌转储的示例，以及生成转储时所涉及的函数。恐慌对应于一个将在内核中解引用的 NULL 指针。

> osfmk/kern/debug.c 文件包含多个与恐慌相关的数据结构以及变量的定义，比如 panicstr、panic_lock、paniccpu、panicDebugging、debug_mode、logPanicDataToScreen 和 debug_buf。它还实现了独立于平台的 panic()例程，它调用平台相关的例程 Debugger() [osfmk/ppc/model_dep.c]。

如本书 4.11.1 节中所述，如果禁用内核调试，将把关于上一次内核恐慌（如果有的话）的信息保存一个特殊的 NVRAM 分区中，只要 NVRAM 中有足够的空间即可。恐慌信息代表 debug_buf 全局缓冲区的内容。即使为后者分配一个内存的页，也只会通过 Debugger() 将其内容的最多 2040 字节保存到 NVRAM 中[②]，或者传送给另一台计算机。在重新引导时，将把恐慌日志的内容作为一个名为 aapl,panic-info 的 NVRAM 属性，从用户的角度讲它是只读的。该属性是在 IONVRAM 模块[iokit/Kernel/IONVRAM.cpp]中初始化 Open Firmware 变量时创建的。此外，还将会标记 NVRAM 恐慌分区，以便进行清除。

> 一旦内核恐慌，驱动程序将不能自动重新引导系统，因为在恐慌之后内核将不会运行驱动程序线程。不过，可以使用 Xserve 硬件看门狗定时器（Watchdog Timer）触发重新引导。

---

① 真实的臭虫（bug）——或飞蛾——在 Harvard Mark I 计算机中导致了程序故障，并且获得了第一种计算机错误的殊荣。

② 内核将尝试在恐慌日志上应用基本的压缩。因此，保存的恐慌信息可能包含比调试缓冲区中的相同字节数更多的信息。

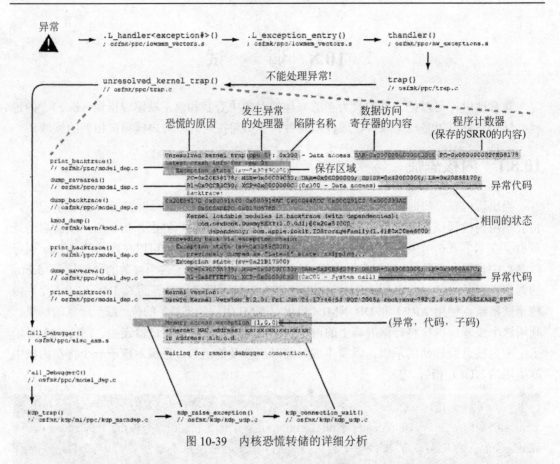

图 10-39　内核恐慌转储的详细分析

在自举期间，将通过 CrashReporter 启动项目启动崩溃报告者守护进程（/usr/libexec/crashreporterd）。crashreporterd 将调用一个辅助工具（/usr/libexec/crashdump），读取 aapl,panic-info 的内容，并把它们转储到恐慌日志文件（/Library/Logs/panic.log）中。也可以使用 nvram 命令行程序查看原始内容。

```
$ nvram -p aapl,panic-info
aapl,panic-info %e1%87v%9cj1%f0%ea%81%82%0cxvl%cb%c9%03%0f...
```

注意： 如果启用了内核调试，那么 aapl,panic-info 的内容将与屏幕上显示的内容相同。

在 Old World Macintosh 计算机上，NVRAM 可能没有足够的空间存储恐慌信息。在这样的计算机上，在恐慌之后将不会在重新引导时转储任何恐慌日志。

10.8.2　远程核心转储

Mac OS X 内核支持远程核心转储，其中一个 Mac OS X 系统可以把核心转储发送给另一个系统，而运行远程内核核心转储服务器（/usr/libexec/kdumpd）的后一个系统也称为恐慌服务器（Panic Server）。kdumpd 源于 BSD tftp 程序[①]。它在 UDP 端口号 1069 上执行侦听，该端口号是硬编码在 KDP（Kernel Debugging Protocol，内核调试协议）的实现中的。应该作为低特权用户（比如"nobody"）执行它。把用于存储所接收的核心文件的目录作为参数指定为 kdumpd。

> 单个恐慌服务器可以从多个系统接收核心转储文件和恐慌日志。

由目标内核发送的核心转储文件名使用字符串"core-\<kernel-version\>-\<ip\>-\<abstime\>"作为模板，其中\<ip\>是发送方的 IP 地址，以点分十进制格式表示；\<abstime\>是绝对时间值（由 mach_absolute_time()报告）的低 32 位的十六进制表示。注意：内核可以把核心转储文件和恐慌日志都发送给 kdumpd。下面显示了在把核心转储文件发送给 kdumpd 时由目标机器打印的消息示例。

```
Entering system dump routine
Attempting connection to panic server configured at IP 10.0.0.1
Routing via router MAC address xx:xx:xx:xx:xx:xx
Kernel map size is 725536768
Sending write request for core-xnu-792-10.0.0.2-4104e078
```

为了启用把核心转储发送给恐慌服务器，将通过_panicd_ip 引导时参数把后者的 IP 地址指定为目标内核。而且，必须设置 debug 参数的合适的位——特别是，必须设置 DB_KERN_DUMP_ON_PANIC（0x400）位，以在恐慌时触发核心转储。此外，还可以设置 DB_KERN_DUMP_ON_NMI（0x800）位，以在 NMI 上触发核心转储，而不包括内核恐慌。

```
$ sudo nvram boot-args="-v debug=0xd44 panicd_ip=10.0.0.1"
```

对于把核心转储传送给恐慌服务器具有某些警告，具体如下。
- 运行 kdumpd 的系统必须具有一个静态 IP 地址。
- 在其当前实现中，远程核心转储是天生不安全的，这是由于内核内存是通过网络传送的。
- 在运行 kdumpd 的系统上必须具有充足的空闲磁盘空间，以容纳传入的核心转储。

10.8.3　日志记录

日志记录是软件调试的一个组成部分，无论它是内核级还是用户级用户。Mac OS X 内核提供了多种机制，内核扩展可以使用它们记录消息。Mac OS X 系统日志工具 ASL（Apple System Logger）支持多个分派日志消息的方法。图 10-40 显示了 Mac OS X 中的日志记录的概览。

下面列出了内核中可用的主要日志记录函数。
- IOLog()：是 I/O Kit 中首选的日志记录函数。它将生成一条消息，其目的地是系统日志文件，也可能是控制台。它是_doprnt() [osfmk/kern/printf.c]的包装器。IOLog()

[①]　在不同于 Mac OS X 的系统上运行 kdumpd 是可能的。

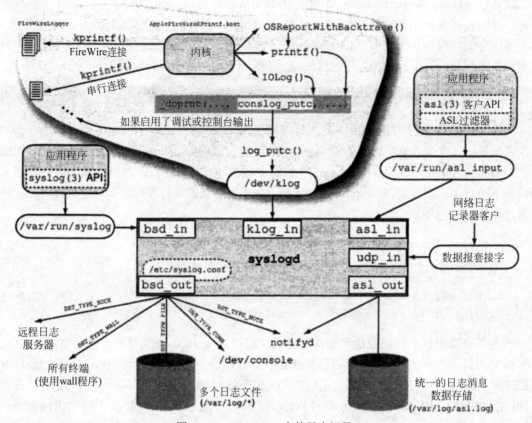

图 10-40   Mac OS X 中的日志记录

不是正常同步的，这意味着在发生内核恐慌的情况下，将有可能遗失日志消息。不过，在 io 引导时参数中设置 kIOLogSynchronous 位（0x00200000）将使控制台输出同步。iokit/IOKit/IOKitDebug.h 文件枚举了在 io 参数中可以设置的其他几个位，以启用特定类型的 I/O Kit 日志消息。

- printf()：类似于 IOLog()，但是可以从 I/O Kit 外部使用它。它是_doprnt()的另一个包装器，但它还通过 disable_preemption()和 enable_preemption()包围了对_doprnt()的调用。

- OSReportWithBacktrace()：调用 OSBacktrace() [libkern/gen/OSDebug.cpp]生成栈回溯，并且使用 printf()打印它。它还调用 kmod_dump_log() [osfmk/kern/kmod.c]，打印与回溯关联的可加载内核模块，以及它们的依赖性。

- kprintf()：是一个同步日志记录函数，必须在 debug 引导时参数中设置 DB_KPRT(0x8)位来启用它的输出。可以跨串行连接（倘若本地串行端口可用的话）或者 FireWire 连接发送它的输出。如果采用 FireWire 连接，那么在生成消息的系统上需要具有 AppleFireWireKPrintf 内核扩展，在用于查看消息的系统上则需要具有 FireWireLogger 程序[①]。

---

① AppleFireWireKPrintf.kext 和 FireWireLogger 是作为 Apple 的 FireWire SDK 的一部分提供的。

　　conslog_putc() [osfmk/kern/printf.c]调用 log_putc() [bsd/kern/subr_log.c]，把消息追加到全局消息缓冲区——在本书 5.3.3 节中介绍过的一个 msgbuf 结构。

// bsd/sys/msgbuf.h

```
#define MSG_BSIZE      (4096 - 3 * sizeof(long))
struct  msgbuf {
#define MSG_MAGIC      0x063061
        long    msg_magic;
        long    msg_bufx;              // write pointer
        long    msg_bufr;              // read pointer
        char    msg_bufc[MSG_BSIZE];   // circular buffer
};
```

　　用户空间的系统日志守护进程（/usr/sbin/syslogd）通过读取内核日志设备/dev/klog，从内核中获取日志消息。在文件系统初始化期间，将初始化设备文件系统层（devfs）。作为 devfs 初始化的一部分，将初始化多个内置的 BSD 风格的设备，包括/dev/klog。/dev/klog 的设备切换结构（struct cdevsw）包含 logopen()、logread()和 logselect() [bsd/kern/subr_log.c]，分别作为打开、读取和选择函数。syslogd 使用 select()系统调用，查看日志设备是否准备好读取。如图 10-41 中所示，内核将通过调用 klogwakeup()，定期唤醒在日志设备上等待的线程。

// bsd/kern/bsd_init.c

```
void
bsd_init() {
  ...
  // hz is 100 by default
  timeout((void (*)(void *))lightning_bolt, 0, hz);
  ...
}

void lightning_bolt()
{
  ...
  timeout(lightning_bolt, 0, hz);
  klogwakeup();
  ...
}
```

// bsd/kern/subr_log.c

```
void
logwakeup()
{
```

图 10-41　将日志消息定期递送给日志设备的阅读者

```
...
// wake up threads in select()
selwakeup(...);
...
}


void
klogwakeup()
{
    if (_logentrypend) {
        _logentrypend = 0;
        logwakeup();
    }
}
```

图 10-41（续）

logopen()函数确保一次只有一个线程可以打开日志设备。

10.8.4　使用 GDB 进行调试

如 6.8.1 节中所讨论的，Mac OS X 支持通过以太网或 FireWire 连接使用 GDB 进行双机内核调试。考虑基于以太网的调试的情况。以前见过支持这种调试的网络驱动程序提供了函数的轮询模式的实现，用于传送和接收分组——分别是 sendPacket()和 receivePacket()。IONetworkController 类提供了 attachDebuggerClient()方法，用于分配一个 IOKernelDebugger 对象，并作为客户连接它，从而导致创建一个调试器客户结点。IOKernelDebugger 实例调用一个 KDP 层的函数——kdp_register_send_receive() [osfmk/kdp/kdp_udp.c]，用于记录内部传送和接收分派函数，当调试器处于活动状态时，它们反过来又会调用轮询模式的方法。此后，KDP 模块将可以发送和接收协议分组。图 10-42 显示了与基于以太网和 FireWire 的调试相关的 I/O Kit 栈的一部分。

一个网络控制器最多可以具有一个调试器客户。

Apple 提供了一个名为 **Kernel Debug Kit** 的程序包，其中包含 Mac OS X 内核的调试版本以及多个 I/O Kit 家族内核扩展。这个工具包中的可执行文件打算用于使用 GDP 进行的远程调试——它们包含完全的符号信息。不过，注意：这个工具包中包含的内核是一个**发行版**（Release）内核，也就是说，它是在 RELEASE_xxx 配置（而不是 DEBUG_xxx 配置）中编译的。

有多种方式可以导致内核停止正常的执行，并且等待一条远程 GDB 连接。内核恐慌就是其中一种方式，但是它有可能通过生成 NMI 甚至通过调用函数来调用调试器。如表 4-13 中所列出的，可以把 debug 引导时参数设置成以下值，导致内核在 NMI 上等待调试器连接。

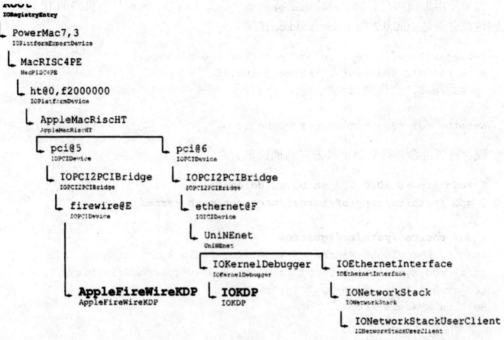

图 10-42 实现目标端 KDP 的对象

- DB_NMI。
- DB_NMI | DB_KERN_DUMP_ON_NMI | DB_DBG_POST_CORE。

可以通过调用 PE_enter_debugger()函数，以编程方式从内核扩展中进入调试器。用于执行 I/O Kit 驱动程序的双机调试的一种方法涉及从驱动程序的 start 方法中调用 PE_enter_debugger()。利用-1 选项调用 kextload，可以加载驱动程序，但是不会启动它。-s 选项被指定为驱动程序及其依赖性生成符号文件，然后它们就可供调试机器使用。此后，可以利用-m 选项调用 kextload，为驱动程序启动匹配，这将导致目标内核等待远程调试器连接。然后，调试机器就可以连接到它。

现在来修改 DummyDriver 示例，在其 start 方法中添加一个 PE_enter_debugger("Entering Debugger")调用。回忆可知：驱动程序的 OSBundleLibraries 键将 com.apple.kernel.iokit 列出为一种依赖性。

```
$ sudo kextload -s /tmp -vl /tmp/DummyDriver.kext
kextload: extension DummyDriver.kext appears to be valid
kextload: notice: extension DummyDriver.kext has debug properties set
kextload: loading extension DummyDriver.kext
kextload: writing symbol file /tmp/com.apple.kernel.iokit.sym
kextload: writing symbol file /tmp/com.osxbook.driver.DummyDriver.sym
kextload: DummyDriver.kext loaded successfully
```

现在将会加载但是不会启动驱动程序。在把符号文件传输给调试机器之后，就可以启动加载的驱动程序。

```
$ sudo kextload -m DummyDriver.kext
```

如果禁用恐慌用户界面，目标机器将显示一条文本消息。假定目标机器的 IP 地址和以太网地址分别是 10.0.0.2 和 aa:bb:cc:dd:ee:ff。

```
Debugger(DummyDriver: we are entering the debugger)
ethernet MAC address: aa:bb:cc:dd:ee:ff
ip address: 10.0.0.2

Waiting for remote debugger connection.
```

现在可以准备并且从调试机器启动调试器。

```
$ sudo arp -s 10.0.0.2 aa:bb:cc:dd:ee:ff
$ gdb /path/to/copy/of/target/machines/mach_kernel
...
(gdb) source /path/to/kgmacros
Loading Kernel GDB Macros Package. Try "help kgm" for more info.
(gdb) add-symbol-file /tmp/com.osxbook.driver.DummyDriver.sym
add symbol table from ...? (y or n) y
Reading symbols from ... done.
...
(gdb) target remote-kdp
(gdb) attach 10.0.0.2
Connected.
[switching to process 3]
...
(gdb) where
...
(gdb) continue
```

10.8.5 使用 KDB 进行调试

如 6.8.2 节中所讨论的，Mac OS X 内核还支持一个名为 KDB 的内置内核调试器，它更适合于低级内核调试。在一些情况下，KDB 可能是唯一的内核调试选项——比如说，如果需要在以太网或 FireWire 连接可以工作之前调试内核组件，就要用到它。KDB 需要一个本地串行端口——比如 Xserve 中的本地串行端口，内核可以通过轮询操作它，而无需额外的驱动程序。特别是，基于 PCI 或 USB 的串行端口适配器将不能与 KDB 协同工作。

与用于以太网调试的 KDP shim 不同，没有把 KDB 支持编译进默认的内核中。对于基于 FireWire 的调试，也不能把它作为可加载的内核扩展使用。要使用 KDB，必须在调试配置中编译内核。

```
$ cd /path/to/xnu/source
$ make exporthdrs && KERNEL_CONFIGS=DEBUG all
...
$ ls BUILD/obj/DEBUG_PPC/mach_kernel
mach_kernel
```

```
...
$ sudo cp BUILD/obj/DEBUG_PPC/mach_kernel /mach_kernel.debug
$ sudo chown root:wheel /mach_kernel.debug
$ sudo chmod 644 /mach_kernel.debug
```

引导备用内核的一种方便的方式是：适当地设置 Open Firmware 变量 boot-file。

```
$ mount
...
/dev/disk0s3 on / (local, journaled)
$ ls /mach_kernel*
/mach_kernel          /mach_kernel.debug
$ nvram boot-file
boot-file
$ sudo nvram boot-file='hd:3,mach_kernel.debug'
```

而且，必须在 debug 引导时参数中设置 DB_KDB（0x10）位，以把 KDB 用作默认调试器，例如：

```
$ sudo nvram boot-args="-v debug=0x11c"
```

值 0x11c 是 DB_NMI、DB_KPRT、DB_KDB 和 DB_LOG_PI_SCRN 的逻辑 "或" 运算的结果。

现在来看一个示例 KDB 会话，以此了解它的功能。图 10-43 显示了如何连接所涉及的两台机器。调试机器具有一个 USB-串行适配器，它将通过该适配器连接到 Xserve（即目标机器）的本地串行端口。假定/dev/tty.usb 是由适配器的驱动程序创建的串行终端设备结点。这里将使用 minicom 串行通信程序，但是一般来讲，任何这样的程序都可以使用。

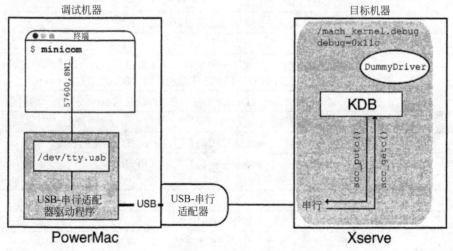

图 10-43　KDB 设置

表 10-2、表 10-3 和表 10-4 列出了 KDB 中可用的大多数命令。有几个命令带有一个或多个参数，以及使用斜杠字符指定的可选修饰符。假定 DummyDriver 内核扩展被命名为 PE_enter_debugger("Hello, KDB!")，将像下面这样启动 KDB 会话。

```
...
kmod_create: com.osxbook.driver.DummyDriver (id 100), 2 pages loaded at 0x0
Matching service count = 1
...
init
attach
com_osxbook_driver_DummyDriver::probe(IOResources)
probe
detach
com_osxbook_driver_DummyDriver::start(IOResources) <1>
attach
start
Debugger(Hello, KDB!)
Stopped at  _Debugger+228:      tweq r3,r3
db{0}>
```

表 10-2　　KDB 命令

命　　令	描　　述
break	设置断点，以及跳过断点计数
call	调用给定地址处的函数
cm	验证虚拟-真实映射与页表条目组（Page Table Entry Group，PTEG）散列表的一致性
cond	设置关于断点的条件
continue、c	继续执行
cp	验证物理映射跳过列表数据结构的一致性
cpu	切换到另一个 CPU
dc	从给定的地址开始，把 256 字节的信息打印为字符
delete、d	删除断点
dh	给定一个虚拟地址和一个地址空间编号（显式指定或者上一次进入的空间），显示对应的页表条目组（PTEG）和 PTEG 控制区域（PCA）数据结构
di	显示关于 I/O Kit 设备树（Device Tree）平面和服务（Service）平面的信息
dk	显示关于加载的内核扩展的信息
dl	从给定的地址开始，显示 256 字节的信息，一次打印全部的长度
dm	给定一个虚拟地址和一个地址空间编号（显式指定或者上一次进入的空间），显示对应的虚拟-真实转换信息
dmacro	删除调试器宏
dp	显示系统中所有正在使用的物理映射
dr	从给定的真实地址开始，显示 256 字节的真实内存
ds	遍历所有任务中的所有线程，打印关联的保存区域
dv	从给定的虚拟地址开始，显示通过给定的地址空间编号指定的地址空间中 256 字节的虚拟内存
dwatch	删除观测点

命　　令	描　　述
dx	显示除通用寄存器以外的其他寄存器的内容
gdb	继续执行并切换到 GDB
lt	从给定条目地址（如果有的话）或者最新的条目开始，显示低级跟踪表的内容
macro	定义调试器宏
match	继续执行，直到匹配的返回为止
print	用于格式化打印
reboot	重新引导系统
search	从给定的地址开始，搜索内存中给定的字符、短整型或长整型值
set	设置调试器变量的值
show	显示各类信息（参见表 10-3 和表 10-4）
step、s	单步执行
trace	显示一个或多个线程的栈轨迹
until	跟踪并打印执行，直到调用或返回为止
watch	设置观测点
write、w	写到内存
x、examine	打印给定地址处的数据以进行检查。通过 xb 和 xf 设置"下一个"和"前一个"地址值以便使用
xb	后向检查数据
xf	前向检查数据

表 10-3　KDB show all 命令

命　　令	描　　述
show all spaces	为系统中的所有任务打印 IPC 空间信息
show all tasks	打印关于所有任务的信息，包括关于每个任务中的所有线程的信息
show all zones	打印关于由基于 Mach 区域的分配器管理的所有区域的信息
show all vmtask	为系统中的所有任务打印 VM 信息

表 10-4　KDB show 命令

命　　令	描　　述
show act	显示关于给定活动线程（thread_t）或当前活动线程的信息
show breaks	列出所有断点
show copy	显示关于 VM 副本对象（vm_map_copy_t）的信息
show ipc_port	显示关于包含给定线程或当前线程的任务中的所有 IPC 端口的信息
show kmsg	显示关于 IPC 消息内核缓冲区（ipc_kmsg_t）的信息
show lock	显示关于给定读/写锁（lock_t）的信息
show macro	显示给定用户宏的扩展版本
show map	显示关于给定 VM 映射（vm_map_t）的信息
show msg	显示关于 IPC 消息头部（mach_msg_header_t）的信息

命　　令	描　　述
show mutex_lock	显示关于给定互斥锁（mutex_t）的信息
show object	显示关于给定 VM 对象（vm_object_t）的信息
show page	显示关于给定驻留页（vm_page_t）的信息
show port	显示关于给定 IPC 端口（ipc_port_t）的信息
show pset	显示关于给定端口集（ipc_pset_t）的信息
show registers	显示关于给定线程（如果指定）或者默认线程（如果设置）中的寄存器的内容
show runq	显示运行队列信息
show simple_lock	显示关于给定简单锁（simple_lock_t）的信息
show space	显示关于同给定任务或当前任务关联的 IPC 空间（ipc_space_t）的信息
show system	显示调度和虚拟内存统计信息
show task	显示关于给定任务或当前任务的信息
show tr	显示 KDB 跟踪缓冲区（如果可用）中的事件
show variables	显示一个或多个调试器变量的值
show vmtask	显示关于给定任务或者包含默认线程（如果设置）的任务的 VM 信息
show watches	列出所有观测点
show zone	显示关于给定的基于 Mach 区域的分配器区域（struct zone）的信息

此后，可以在 db 提示符下输入 KDB 命令。如表 10-2 中所示，KDB 提供了一些作用于特定内核对象和地址的命令，以及一些作用于全局（比如说，作用于所有任务）的命令。

```
db{0}>dc 0x5000 # the address 0x5000 (PowerPC) contains the characters
"Hagfish "
0000000000005000  Hagf ish .... .... .9.. .... .... .6.$
0000000000005020  .... .... .... .... .... .... .... ....
...
db{0}>search /l 0x5000 0x48616765 # search for "Hage"

no memory is assigned to src address 0000c000
db{0}>search /l 0x5000 0x48616766 # search for "Hagf"
0x5000:
```

KDB 命令特别适合于检查 Mach 数据结构。

```
db{0}>show task        # show current task
0 (01BCCD58): 41 threads:
        0 (003C2638) W N (_vm_pageout_continue) _vm_page_free_wanted
        1 (01BD691C) R   (_idle_thread)
        2 (01BD6588) W N (_sched_tick_continue) _sched_tick_thread
        ...
        39 (0280FACC) W N _clock_delay_until
        40 (028941F4) R
db{0}>show vmtask       # show VM information for current task
```

```
id    task    map    pmap  virtual rss pg rss mem  wir pg wir mem
 0 01bccd58 00e3fe50 003a1000  796236K  14857  59428K      0    0K
db{0}>show map 0xe3fe50 # show details of VM map
task map 00E3FE50
prev = 00F862A8  next = 00F98FD4 start = 0000000000001000  end = 00000000DFF0
nentries = 00000588, !entries_pageable
...
```

KDB 命令也可用于查看系统级信息和统计数据。

```
db{0}>show runq      # show run queue information
PROCESSOR SET 41b800
PRI  TASK.ACTIVATION
 63: 41.1 44.4
 31: 5.0
db{0}>dk           # show information about kernel extensions
info    addr    start  - end    name ver
...
2F739E44  2F738000  2F739000 - 2F73A000: com.osxbook.driver.DummyDriver, 11
...
01BC1780  00000000  00000000 - 00000000: com.apple.kpi.bsd, 8.2.0
01BC1890  00000000  00000000 - 00000000: com.apple.kernel, 8.2.0
db{0}>show system    # show scheduling and VM statistics
Scheduling Statistics:
 Thread invocations:  csw 115458 same 7585
 Thread block:  calls 202781
 Idle thread:      handoff 146906 block 0 no_dispatch 0
 Sched thread blocks:  0

VM Statistics:
 pages:
  activ 13344  inact 21024  free  210689   wire  17087  gobbl    0
 target:   min  2569 inact  586 free  3190  resrv  98
 pause:
Pageout Statistics:
  active   0 inactv  0
  nolock   0 avoid   0 busy    0 absent   0
  used     0 clean   0 dirty   0
  laundry_pages_freed 0
```

10.8.6　各种各样的调试工具

Mac OS X 提供了如下所示的多个程序，它们在分析、解剖或调试内核扩展时是有用的。

- Shark.app（CHUD 程序包的一部分）是一个用于性能了解和优化的强大工具。它可以解剖整个操作系统——即内核、内核扩展和应用程序，产生硬件和软件性能事件的详细配置文件。2.13.4 节枚举了 CHUD 程序包中可用的多个其他的工具。

- 可以使用 kextstat、ioalloccount 和 ioclasscount 的组合，跟踪 kext 的内存使用情况。如前文所述，kextstat 用于显示为每个加载的 kext 分配的内存数量，包括固定内存。ioalloccount 用于显示通过 I/O Kit 内存分配器分配的内存总数量，还会显示由 I/O Kit 对象实例消耗的内存。ioclasscount 用于显示一个或多个 I/O Kit 类的实例计数。
- iostat 命令可用于显示磁盘设备的内核级 I/O 统计信息。
- latency 命令可用于监视调度和中断延迟——例如，查看某个线程是否导致中断被阻塞太长时间。
- ioreg、IORegistryExplorer.app 和 Mr. Registry.app 可用于搜索和浏览 I/O Registry。

10.8.7　stabs

Mac OS X 使用 GNU C 编译器（GCC）套件编译 C、C++和 Objective-C 源文件。当给编译器传递-g 选项时，它将在 Mach-O 输出中产生额外的调试信息。然后，KDB 和 GDB 就可以使用这些调试信息。默认情况下，在 Mac OS X 上使用流行的 stabs 格式表示用于向调试器描述程序的信息。stabs 最初用于 Pascal 调试器 pdx，开始时是作为 "a.out" 可执行文件内的一组特殊符号。此后它就被广泛采用，并且封装进了多种其他的文件格式中。

单词 **stabs** 源于 **symbol table**（符号表）。stabs 描述了程序源文件的多个特性，比如源文件名和行号、函数名、函数参数、变量类型和变量作用域。信息是通过一组汇编指令发出的，这组指令被称为 **stab 指令**（stab directives，或者简称为 stabs）。汇编器在填充目标文件的符号表和字符串表时将使用 stabs 信息。链接器将把一个或多个目标文件合并进最终的可执行文件中。此后，调试器就可以检查可执行文件中的 stabs，以收集调试信息。

考虑图 10-44 中所示的一个简单的 C 函数。

```
01:     // func.c
02:     unsigned int
03:     func(unsigned int x, unsigned int y)
04:     {
05:         unsigned int sum;
06:         int negative;
07:
08:         sum = x + y;
09:         negative = -1 * sum;
10:
11:         return sum;
12:     }
```

图 10-44　一个简单的 C 函数

现在先不带任何调试选项地编译图 10-44 中所示的函数，然后在打开调试的情况下编译它。并且将保存用于后一种编译方式的中间汇编输出，以便可以检查生成的 stabs 编码。

```
$ gcc -Wall -c -o func_nondebug.o func.c
$ gcc -Wall -g -c -o func_debug.o func.c
```

```
$ gcc -Wall -g -S -o func_debug.s func.c
$ ls func*
func.c          func_debug.o      func_debug.s     func_nondebug.o
```

可以使用 nm 显示所获得的目标文件的符号表。注意：这里将结合使用 nm 与-a 选项，该选项将显示所有的符号表条目，包括那些插入以被调试器使用的条目。

```
$ nm -a func_nondebug.o
00000000 T _func
```

可以看到目标文件的非调试版本只有一个符号：_func。这是有意义的，因为 func.c 只包含一个函数，即 func()，它没有调用任何外部函数。

```
$ nm -a func_debug.o
00000044 - 01 0000 RBRAC
00000000 - 01 0000 LBRAC
00000044 - 01 0000    SO
00000000 - 01 0000 BNSYM
00000000 - 01 0004 SLINE
00000014 - 01 0008 SLINE
00000024 - 01 0009 SLINE
00000030 - 01 000b SLINE
00000034 - 01 000c SLINE
00000044 - 01 0000 ENSYM
00000044 - 00 0000    FUN
00000000 - 01 0002    SO /tmp/
00000000 T _func
00000000 - 01 0002    SO func.c
00000000 - 01 0004    FUN func:F(0,1)
00000000 - 00 0000    OPT gcc2_compiled.
00000000 - 00 0000   LSYM int:t(0,2)=r(0,2);-2147483648;2147483647;
00000018 - 00 0006   LSYM negative:(0,2)
0000001c - 00 0005   LSYM sum:(0,1)
00000000 - 00 0000   LSYM unsigned int:t(0,1)=r(0,1);0;037777777777;
00000058 - 00 0003   PSYM x:p(0,1)
0000005c - 00 0003   PSYM y:p(0,1)
```

与之相比，除了_func 之外，目标文件的调试版本还具有多个其他的符号。这些额外的符号就是 stabs，用于编码程序的结构。现在来查看与调试编译对应的汇编文件（func_debug.s），并且分析 stabs 以理解它们的目的。图 10-45 显示了汇编文件的内容，其中高亮显示了 stabs 信息。

```
$ cat func_debug.s
.section __TEXT,__text,regular,pure_instructions
     .section __TEXT,__picsymbolstub1,symbol_stubs,pure_instructions,32
     .machine ppc
```

图 10-45　汇编文件中 stabs 编码的调试信息

```
        .stabs  "/tmp/",100,0,2,Ltext0
        .stabs  "func.c",100,0,2,Ltext0
        .text
Ltext0:
        .stabs  "gcc2_compiled.",60,0,0,0
        .align 2
        .globl _func
_func:
        .stabd  46,0,0
        .stabd  68,0,4
        stmw r30,-8(r1)
        stwu r1,-64(r1)
        mr r30,r1
        stw r3,88(r30)
        stw r4,92(r30)
        .stabd  68,0,8
        lwz r2,88(r30)
        lwz r0,92(r30)
        add r0,r2,r0
        stw r0,28(r30)
        .stabd  68,0,9
        lwz r0,28(r30)
        neg r0,r0
        stw r0,24(r30)
        .stabd  68,0,11
        lwz r0,28(r30)
        .stabd  68,0,12
        mr r3,r0
        lwz r1,0(r1)
        lmw r30,-8(r1)
        blr
        .stabs  "func:F(0,1)",36,0,4,_func
        .stabs  "unsigned int:t(0,1)=r(0,1);0;037777777777;",128,0,0,0
        .stabs  "x:p(0,1)",160,0,3,88
        .stabs  "y:p(0,1)",160,0,3,92
        .stabs  "sum:(0,1)",128,0,5,28
        .stabs  "negative:(0,2)",128,0,6,24
        .stabs  "int:t(0,2)=r(0,2);-2147483648;2147483647;",128,0,0,0
        .stabn  192,0,0,_func
        .stabn  224,0,0,Lscope0
Lscope0:
        .stabs  "",36,0,0,Lscope0-_func
        .stabd  78,0,0
        .stabs  "",100,0,0,Letext0
Letext0:
        .subsections_via_symbols
```

图 10-45（续）

如图 10-45 所示，在 Mac OS X 上由 GCC 生成的 stabs 汇编指令属于 3 个主要类别：.stabs（字符串）、.stabn（数字）和.stabd（点号）。这些类别具有以下格式。

```
.stabs   "string",type,other,desc,value
.stabn   type,other,desc,value
.stabd   type,other,desc
```

对于每个类别，type 字段都包含一个数字，用于提供关于 stab 类型的基本信息。如果这个数字没有对应一种有效的 stab 类型，就不会把符号视作 stab。stab 中的其他字段将基于 stab 类型进行解释。例如，.stabs 指令的 string 字段具有"name:symbol-descriptor type-information"格式，其中的字段具有以下含义。

- name 字段用于命名由 stab 表示的符号。对于未命名的对象，可以省略它。
- symbol-descriptor 描述了由 stab 表示的符号种类。
- type-information 要么根据数字引用一种已经定义的类型，要么定义一种新类型。

新类型定义可能根据数字引用以前定义的类型。类型数字在一些实现上是单个数字，但是在另外一些实现（包括 Mac OS X）上则是(file-number, filetype-number)对。file-number 值从 0 开始，并且对于编译中的每个不同的源文件，都会递增它。filetype-number 值从 1 开始，并且对于该文件中的每个不同的类型，都会递增它。

在图 10-45 所示的示例中，可以看到以下 stab 类型（以它们出现的顺序）：100、60、46、68、36、128、160、192、224 和 78。表 10-5 显示了这些符号的含义。注意：一种给定的编程语言可能具有某些特定于它的 stab 类型。

表 10-5　图 10-45 所示的示例中使用的 stab 符号类型

符 号 数 字	符 号 名 称	描　　述
36（0x24）	N_FUN	函数名
46（0x2E）	N_BNSYM	开始 nsect 符号
60（0x3C）	N_OPT	调试器选项
68（0x44）	N_SLINE	文本段中的行数
78（0x4E）	N_ENSYM	结束 nsect 符号
100（0x64）	N_SO	源文件的路径和名称
128（0x80）	N_LSYM	栈变量或类型
160（0xA0）	N_PSYM	参数变量
192（0xC0）	N_LBRAC	词法块的开始
224（0xE0）	N_RBRAC	词法块的结尾

现在来分析一些 stab 指令，以理解模式的工作方式。

```
.stabs   "/tmp/",100,0,2,Ltext0
.stabs   "func.c",100,0,2,Ltext0
```

stab 类型 100（N_SO）指定了源文件的路径和名称。在这里，符号的值（Ltext0）表示来自于给定文件的文本区的起始地址。

```
.stabs  "gcc2_compiled.",60,0,0,0
```

stab 类型 60（N_OPT）指定了调试器选项。在这里，"gcc2_compiled"被定义成允许 GDB 检测 GCC 编译了这个文件。

```
.stabd 68,0,4
...
.stabd 68,0,8
...
.stabd 68,0,9
...
.stabd 68,0,11
...
.stabd 68,0,12
```

stab 类型 68（N_SLINE）代表源文件行的开始处。在这里，具有用于行号 4、8、9、11 和 12 的 stab——func.c 中的其他行号不包含活动代码。

```
.stabs  "unsigned int:t(0,1)=r(0,1);0;037777777777;",128,0,0,0
...
.stabs  "int:t(0,2)=r(0,2);-2147483648;2147483647;",128,0,0,0
```

stab 类型 128（N_LSYM）同时用于在栈上分配的变量以及用于给类型提供名称。在这里，stab 指定了 C 类型 unsigned int。t 符号描述符后接类型数字(0,1)，从而将 unsigned int 与类型数字(0,1)关联起来。r 类型描述符将一种类型定义为另一种类型的一个子范围。在这里，它（循环地）将(0,1)定义为(0,1)的子范围，其中下限和上限分别是 0 和八进制数字 00377777777777（即 0xFFFF_FFFF）。类似地，类型(0,2)——文件中的第二个类型数字——代表 C 类型 int，其上限和下限分别是 2147483647（2^{31}）和 –2147483648（-2^{31}）。

```
.stabs  "func:F(0,1)=r(0,1);0000000000000;0037777777777;",36,0,4,_func
```

stab 类型 36（N_FUN）描述了一个函数。在这个示例中，函数的名称是 func。F 符号描述符将其标识为一个全局函数。F 后面的类型信息表示函数的返回类型——在这里是(0,1) 或者 unsigned int。stab 的值_func 指定了函数的开始。注意：描述函数的 stab 紧接在函数的代码之后。

```
.stabs  "x:p(0,1)",160,0,3,88
.stabs  "y:p(0,1)",160,0,3,92
```

stab 类型 160（N_PSYM）用于表示函数的**形参**（Formal Parameter）。p 符号描述符指定了在栈上传递的参数。回忆一下第 3 章中关于 PowerPC 的 C 调用约定的讨论，即使前几个参数通常是在寄存器中传递的，也总是会在调用者的栈中为它们预留空间，其中被调用者在被调用后将会保存它们。在这个示例中，具有两个名为 x 和 y 的参数。p 后面的类型数字——(0,1)——表示参数的类型。对于 x 和 y，desc 字段都是 3，指示参数位于源文件的第 3 行上。value 字段对于 x 和 y 分别是 88 和 92，代表用于定位参数的偏移量（距离帧指针（frame pointer））。

```
.stabs  "sum:(0,1)",128,0,5,32
```

这个 stab 对应于名为 sum 的变量，它的类型是(0,1)。这个变量位于源文件的第 5 行。它距离帧指针的偏移量是 32 字节。

```
.stabn  192,0,0,_func
.stabn  224,0,0,Lscope0
```

stab 类型 192（N_LBRAC）和 224（N_RBRAC）分别对应于左、右大括号——它们表示程序的块结构。value 字段指示包围作用域的汇编标签，该作用域是通过 N_LBRAC/N_RBRAC 对描述的。

```
.stabs  "",36,0,0,Lscope0-_func
```

这是一个 N_FUN stab，它将空字符串作为函数名称，并且将 Lscope0-_func 作为它的值。这样一个 stab 的用途是指示函数末尾的地址。在这里，stab 标记_func 的末尾。

```
.stabs  "",100,0,0,Letext0
```

这是一个 N_SO stab，它将空字符串作为文件名，并且将 Lextext0 作为值。与具有空字符串的 N_FUN stab 的用途类似，这个 stab 标记源文件的末尾。

第11章 文件系统

文件系统是一种操作系统组件，它提供了存储设备上的数据的抽象视图。在用户可见的级别，通常以分层的方式将文件系统的内容组织成文件和目录（或文件夹——在本章及下一章中将把术语**目录**（Directory）和**文件夹**（Folder）作为同义词使用）。文件系统的存储设备通常是持久的，但是在非持久设备（比如物理内存）上具有文件系统是可能的——并且是有用的。

11.1　磁盘和分区

用于存储用户数据的公共媒介是硬[①]盘驱动器。在硬件级别将磁盘上的存储空间划分成称为**扇区**（Sector）的基本单元。在典型的硬盘驱动器中，每个扇区保存 512 字节[②]的用户数据。扇区还可能保存一些由驱动器在内部使用的额外数据——比如用于纠错和同步的数据。磁盘还可能具有一定数量的不会通过其接口公开的备用扇区。如果普通扇区坏掉了，磁盘可能尝试利用备用扇区透明地替换它。现代驱动器不建议使用几何 CHS（Cylinder-Head-Sector，柱面-磁头-扇区）寻址模型访问扇区。首选模型是 LBA（Logical Block Addressing，逻辑块寻址），其中驱动器上的可寻址存储器体现为扇区的线性序列。

图 11-1 中的程序使用磁盘 I/O 控制（I/O control，ioctl）操作，获取并显示关于 Mac OS X 上的磁盘设备的基本信息。

// diskinfo.c

```
#include <stdio.h>
#include <fcntl.h>
#include <unistd.h>
#include <stdlib.h>
#include <sys/disk.h>

#define PROGNAME "diskinfo"

void
cleanup(char *errmsg, int retval)
{
    perror(errmsg);
```

图 11-1　使用 ioctl 操作显示关于磁盘设备的信息

[①]　鉴于它使用刚硬的盘片，因此最初称之为硬盘，以将其与软盘区分开。

[②]　与磁盘驱动器相比，光盘驱动器通常使用 2KB 的扇区大小。

```
        exit(retval);
}


#define TRY_IOCTL(fd, request, argp) \
    if ((ret = ioctl(fd, request, argp)) < 0) { \
        close(fd); cleanup("ioctl", ret); \
     }


int
main(int argc, char **argv)
{
    int         fd, ret;
    u_int32_t   blockSize;
    u_int64_t   blockCount;
    u_int64_t   maxBlockRead;
    u_int64_t   maxBlockWrite;
    u_int64_t   capacity1000, capacity1024;

    dk_firmware_path_t fwPath;

    if (argc != 2) {
        fprintf(stderr, "usage: %s <raw disk>\n", PROGNAME);
        exit(1);
    }

    if ((fd = open(argv[1], O_RDONLY, 0)) < 0)
        cleanup("open", 1);

    TRY_IOCTL(fd, DKIOCGETFIRMWAREPATH, &fwPath);
    TRY_IOCTL(fd, DKIOCGETBLOCKSIZE, &blockSize);
    TRY_IOCTL(fd, DKIOCGETBLOCKCOUNT, &blockCount);
    TRY_IOCTL(fd, DKIOCGETMAXBLOCKCOUNTREAD, &maxBlockRead);
    TRY_IOCTL(fd, DKIOCGETMAXBLOCKCOUNTWRITE, &maxBlockWrite);

    close(fd);

    capacity1024 = (blockCount * blockSize) / (1ULL << 30ULL);
    capacity1000 = (blockCount * blockSize) / (1000ULL * 1000ULL * 1000ULL);
    printf("%-20s = %s\n", "Device", argv[1]);
    printf("%-20s = %s\n", "Firmware Path", fwPath.path);
    printf("%-20s = %llu GB / %llu GiB\n", "Capacity",
            capacity1000, capacity1024);
    printf("%-20s = %u bytes\n", "Block Size", blockSize);
    printf("%-20s = %llu\n", "Block Count", blockCount);
    printf("%-20s = { read = %llu blocks, write = %llu blocks }\n",
            "Maximum Request Size", maxBlockRead, maxBlockWrite);
```

图 11-1（续）

```
    exit(0);
}
```

```
$ gcc -Wall -o diskinfo diskinfo.c
$ sudo ./diskinfo /dev/rdisk0
Device                 = /dev/rdisk0
Firmware Path          = first-boot/@0:0
Capacity               = 250 GB / 232 GiB
Block Size             = 512 bytes
Block Count            = 488397168
Maximum Request Size   = { read = 2048 blocks, write = 2048 blocks }
```

图 11-1（续）

> 图 11-1 中列出的两个容量数字是使用"吉"（giga）前缀的公制定义和计算机定义计算的。公制定义（1 吉字节=10^9 字节；简称为 GB）导致比传统的计算机科学定义（1 吉字节=2^{30} 字节；简称为 GiB）更大的容量。

　　磁盘可能在逻辑上划分成一个或多个**分区**（Partition），它们是连续的块集，可将其视作子磁盘。分区可能包含**文件系统**（File System）的一个实例。这样的实例——**卷**（Volume）——实质上是驻留在分区上的一个结构化文件。除了用户数据之外，它的内容还包括一些数据结构，它们便于组织、获取、修改、访问控制和共享用户数据，同时对用户隐藏磁盘的物理结构。卷具有它自己的块大小，它通常是磁盘块大小的倍数。

　　当不带任何参数地调用 mount 命令时，它将打印当前挂接的文件系统的列表，使用户可以确定与根文件系统对应的分区[①]。

```
$ mount
/dev/disk0s10 on / (local, journaled)
...
```

　　在这种情况下，根文件系统位于 disk0 的第 10 个分区或**分片**（Slice）上。这个系统使用 Apple 分区方案（参见 11.1.1 节），因此可以使用 pdisk 命令查看用于 disk0 的分区表，该命令是用于这种方案的分区表编辑器。

> **原始设备**
>
> 　　/dev/rdisk0 是与 disk0 对应的原始设备。可以通过其**块**（Block）设备（比如/dev/disk0 或/dev/disk0s9）或者对应的**字符**（Character）设备（比如/dev/rdisk0 或/dev/rdisk0s9）访问磁盘或磁盘分片。当从磁盘的块设备读取数据或者将数据写到磁盘的块设备时，它将经过操作系统的缓冲区缓存。与之相比，利用字符设备，数据传输就是**原始**（Raw）的——不会涉及缓冲区缓存。原始磁盘设备的 I/O 要求 I/O 请求的大小是磁盘块大小的倍数，并且请求的偏移量与块大小对齐。

---

① 可以通过调用 getmntinfo()库函数，以编程方式接收关于挂接的文件系统的信息。

　　许多系统在历史上提供了原始设备，使得用于对磁盘分区、创建文件系统以及修复现有文件系统的程序无须使缓冲区缓存失效，即可完成它们的工作。应用程序还可能希望对它直接从磁盘读入内存中的数据实施它自己的缓冲，在这种情况下，使系统也缓存数据将是一种浪费。使用原始接口修改缓冲区缓存中已经存在的数据将导致不想要的结果。有可能有人坚持认为原始设备是不必要的，因为极少运行低级文件系统实用程序。而且，mmap()可用于代替直接读取原始设备。

　　相比原始设备，有时也将块设备称为**烹熟**（cooked）设备。

可以使用 diskutil 命令，获得 disk0 的分区的类似列表。

```
$ diskutil list disk0
/dev/disk0
   #:                  type name              size       identifier
   0: Apple_partition_scheme                 *12.0 GB    disk0
   1:       Apple_partition_map               31.5 KB    disk0s1
...
   8:             Apple_Patches              256.0 KB    disk0s8
   9:        Apple_HFS Macintosh HD           11.9 GB    disk0s10
```

11.1.1　Apple 分区方案

　　图 11-2 中的磁盘使用 **Apple 分区方案**（Apple Partitioning Scheme），具有称为 UNIVERSAL HD 的特定分区布局，它包括几个遗留的分区。现在来分析 disk0 的 pdisk 输出。

● 这个磁盘上有 11 个分区。

● 第一个分区（disk0s1）是**分区图**（Partition Map），其中包含分区相关的元数据。元数据包括**分区图条目**（Partition Map Entry），其中每个条目描述一个分区。分区图的大小是 63 个块，其中每个块是 512 字节。

● 分区编号 2（disk0s2）~7（disk0s7）是 Mac OS 9 驱动程序分区（Driver Partition）。从历史上讲，可以从多个位置加载块设备驱动程序：ROM、USB 或 FireWire 设备，或者固定磁盘上的特殊分区。为了支持多个操作系统或者其他特性，磁盘可能安装一个或多个设备驱动程序——每个驱动程序都位于它自己的分区中。在这个示例中，名为 Apple_Driver43 的分区包含 SCSI Manager 4.3。注意：Mac OS X 和 Classic 环境都不使用这些 Mac OS 9 驱动程序。

● 分区编号 8（disk0s8）是**补丁分区**（Patch Partition），它是一个元数据分区，可能包含在系统可以引导前将应用于系统的补丁。

● 分区编号 9 包括空闲空间——其类型为 Apple_Free 的分区。

● 分区编号 10（disk0s10）是**数据分区**（Data Partition）。在这个示例中，磁盘只有一个数据分区，其中包含 HFS+（或 HFS）文件系统。

● 尾部的空闲空间构成最后一个分区。

```
$ sudo pdisk /dev/rdisk0 -dump
Partition map (with 512 byte blocks) on '/dev/rdisk0'
 #:                type name                length  base      ( size )
 1: Apple_partition_map Apple                   63 @ 1
 2:        Apple_Driver43*Macintosh             56 @ 64
 3:        Apple_Driver43*Macintosh             56 @ 120
 4:       Apple_Driver_ATA*Macintosh            56 @ 176
 5:       Apple_Driver_ATA*Macintosh            56 @ 232
 6:         Apple_FWDriver Macintosh           512 @ 288
 7:      Apple_Driver_IOKit Macintosh          512 @ 800
 8:         Apple_Patches Patch Partition       512 @ 1312
 9:              Apple_Free                  262144 @ 1824     (128.0M)
10:        Apple_HFS Apple_HFS_Untitled_1 24901840 @ 263968   ( 11.9G)
11:              Apple_Free                      16 @ 25165808

Device block size=512, Number of Blocks=25165824 (12.0G)
...
```

图 11-2　列出磁盘的分区

> 　　一种称为 UNIVERSAL CD 的分区布局变体可以具有包含 ATAPI 驱动程序以及用于 CD 的 SCSI Manager 的分区。

　　图 11-3 显示了 Apple 分区方案的详细信息。尽管这个示例中显示的磁盘具有更简单的布局，其中没有补丁分区或驱动程序分区，但是无论分区的数量是多少以及分区的类型是什么，磁盘上的数据结构都遵循类似的逻辑。

　　第一个物理块的前两个字节被设置为 0x4552（'ER'），它是 Apple 分区方案签名。接下来两个字节表示磁盘的物理块大小。再接下来的 4 个字节中包含磁盘上的总块数。可以使用 dd 命令为 disk0 检查这些字节的内容。

```
$ sudo dd if=/dev/disk0 of=/dev/stdout bs=8 count=1 2>/dev/null | hexdump
0000000 4552 0200 0180 0000
...
```

　　可以看到块大小是 0x200（512），并且磁盘具有 0x1800000（25165824）个 512 字节的块。

　　接下来 63 个 512 字节的块构成分区图。每个块代表单个描述分区的分区图条目。每个分区图条目都包含 0x504D（'PM'）作为它的前两个字节，其后接着一些信息，包括分区的起始偏移量、大小和类型。

　　pdisk 命令允许交互式以及通过其他方式查看、编辑和创建 Apple 分区。另一个命令行工具 diskutil 使用 Mac OS X Disk Management 框架，允许修改、验证和修复磁盘。还可以使用基于 GUI 的 Disk Utility 应用程序（/Applications/Utilities/Disk Utility.app），管理磁盘、分区和卷。Disk Utility 允许在磁盘上创建最多 16 个分区。可以创建给定的分区图中能够容纳的尽可能多的分区——比如说，使用 pdisk。不过，一些程序也许不能正确地处理 16 个以上的分区。

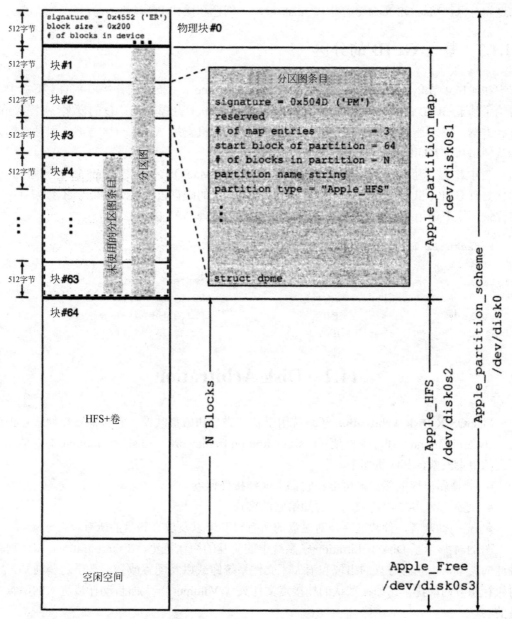

图 11-3　使用 Apple 分区方案分区的磁盘

11.1.2　PC 风格的分区

　　与 Apple 分区方案相比，PC 分区可能是主分区、扩展分区或逻辑分区，其中磁盘上允许最多 4 个主分区。PC 磁盘的第一个 512 字节的扇区即**主引导记录**（Master Boot Record，MBR）将其空间划分如下：446 字节用于自举代码，64 字节用于 4 个分区表条目，其中每个条目 16 字节，还有 2 字节用于签名。因此，PC 分区表的大小相当有限，它反过来又限制了主分区的数量。不过，主分区之一可能是扩展分区。在扩展分区内可以定义任意数量的逻辑分区。Mac OS X 命令行程序 fdisk 可用于创建和操作 PC 风格的分区。

11.1.3　基于 GUID 的分区

在 4.16.4 节介绍 EFI（Extensible Firmware Interface，可扩展固件接口）的上下文中，讨论了基于 GUID 的分区。基于 x86 的 Macintosh 计算机使用基于 GUID 的方案，代替 Apple 分区方案。特别是，尽管基于 x86 的 Macintosh 计算机支持 Apple 分区方案，但是它们只能从使用基于 GUID 的方案分区的卷中引导。

图 4-23 显示了 GPT 分区的磁盘的结构。可以在 Mac OS X 上使用 gpt 命令行程序，初始化具有 GPT（GUID Partition Table，GUID 分区表）的磁盘，以及操作其内的分区。11.4.4 节提供了一个使用 gpt 的示例。diskutil 命令也可以处理 GPT 磁盘。

```
$ diskutil list disk0 # GPT disk
/dev/disk0
   #:                    type name        size      identifier
   0:    GUID_partition_scheme          *93.2 GB   disk0
   1:                    EFI             200.0 MB   disk0s1
   2:         Apple_HFS Mini HD          92.8 GB    disk0s2
```

11.2　Disk Arbitration

Mac OS X **Disk Arbitration** 子系统用于管理磁盘和磁盘映像。它包括磁盘仲裁守护进程（diskarbitrationd）和一个框架（DiskArbitration.framework）。diskarbitrationd 是用于磁盘管理的中央权威，其职责如下。

- 处理新出现的磁盘，可能在它们上面挂接任何卷。
- 把磁盘和卷的出现或消失通知给它的客户。
- 充当仲裁者，仲裁其客户对磁盘的所有权要求以及放弃磁盘的所有权。

图 11-4 显示了 Disk Arbitration 子系统中的交互的简化概览。diskarbitrationd 将注册多种通知类型，以获悉磁盘的出现和消失、文件系统卸载以及配置改变。基于这些通知，它将执行相应的动作，比如在默认的挂接点文件夹（/Volumes/）下面自动挂接进入的磁盘设备的卷。

Disk Arbitration 框架提供的 Disk Arbitration API 可用于访问和操作磁盘对象，它们是磁盘设备的抽象。下面列出了这个 API 的函数的示例。

- DADiskMount()：在给定的磁盘对象上挂接卷。
- DADiskUnmount()：在给定的磁盘对象上卸载卷。
- DADiskEject()：弹出给定的磁盘对象。
- DADiskRename()：重命名给定的磁盘对象上的卷。
- DADiskSetOptions()：设置或清除磁盘选项。
- DADiskGetOptions()：获取磁盘选项。

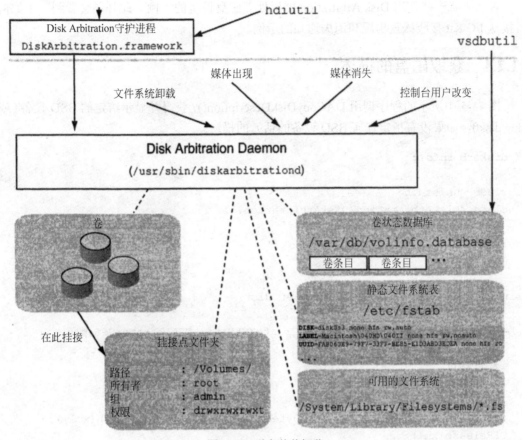

图 11-4　磁盘仲裁概览

- DADiskCopyDescription()：获取由 diskarbitrationd 维护的磁盘对象的最新描述。
- DADiskClaim()：索取给定磁盘对象的所有权，以便独占使用。
- DADiskUnclaim()：放弃关于给定磁盘对象的所有权。

所有的 DADisk* 函数都在**磁盘对象**（Disk Object）上工作，可以调用 DADiskCreateFromBSDName()或 DADiskCreateFromIOMedia()创建磁盘对象。前者接受磁盘的 BSD 设备名称，而后者则接受 I/O Kit 媒体对象。

客户程序还可以利用 Disk Arbitration 注册多种类型的回调。特别是，客户可以使用批准回调参与操作的批准或拒绝，比如挂接、卸载和弹出磁盘设备。回调注册函数全都是 DARegisterDisk \<type>Callback()形式，其中\<type>可以是：Appeared、Disappeared、DescriptionChanged、Peek、MountApproval、UnmountApproval 或 EjectApproval。

卷状态数据库

Mac OS X 使用卷 UUID 跟踪可移动卷上的磁盘上的权限的状态。卷状态数据库（volume status database，vsdb）用于维护该信息，它存储在/var/db/volinfo.database 中。vsdbutil 命令行程序可用于启用或禁用卷上的权限。除了更新给定卷的 vsdb 条目之外，vsdbutil 还利用-u 选项执行 mount 命令，改变对应的挂接文件系统的状态。

现在来看一些使用 Disk Arbitration 框架处理磁盘设备的示例。此外还会看到一个如何直接从 I/O Kit 接收磁盘出现和消失通知的示例。

11.2.1 获取磁盘的描述

图 11-5 中所示的程序调用 DACopyDiskDescription()，获得并显示给定的 BSD 设备（或 /dev/disk0，如果没有指定任何 BSD 设备的话）的描述。

// diskarb_info.c

```c
#include <unistd.h>
#include <DiskArbitration/DiskArbitration.h>

#define DEFAULT_DISK_NAME "/dev/disk0"

int
printDictionaryAsXML(CFDictionaryRef dict)
{
    CFDataRef xml = CFPropertyListCreateXMLData(kCFAllocatorDefault,
                                     (CFPropertyListRef)dict);
    if (!xml)
        return -1;

    write(STDOUT_FILENO, CFDataGetBytePtr(xml), CFDataGetLength(xml));
    CFRelease(xml);

    return 0;
}

#define OUT_ON_NULL(ptr, msg) \
    if (!ptr) { fprintf(stderr, "%s\n", msg); goto out; }

int
main(int argc, char **argv)
{
    int              ret       = -1;
    DASessionRef     session   = NULL;
    DADiskRef        disk      = NULL;
    CFDictionaryRef  diskInfo  = NULL;
    char             *diskName = DEFAULT_DISK_NAME;

    // create a new Disk Arbitration session
    session = DASessionCreate(kCFAllocatorDefault);
    OUT_ON_NULL(session, "failed to create Disk Arbitration session");
```

图 11-5 使用 Disk Arbitration 获得磁盘的描述

```
    if (argc == 2)
        diskName = argv[1];

    // create a new disk object from the given BSD device name
    disk = DADiskCreateFromBSDName(kCFAllocatorDefault, session, diskName);
    OUT_ON_NULL(disk, "failed to create disk object");

    // obtain disk's description
    diskInfo = DADiskCopyDescription(disk);
    OUT_ON_NULL(diskInfo, "failed to retrieve disk description");

    ret = printDictionaryAsXML(diskInfo);

out:
    if (diskInfo)
        CFRelease(diskInfo);
    if (disk)
        CFRelease(disk);
    if (session)
        CFRelease(session);

    exit(ret);
}



$ gcc -Wall -o diskarb_info diskarb_info.c \
    -framework DiskArbitration -framework CoreFoundation
$ ./diskarb_info
...
<dict>
        <key>DAAppearanceTime</key>
        <real>151748243.60000801</real>
        <key>DABusName</key>
        <string>k2-sata</string>
        <key>DABusPath</key>
        <string>IODeviceTree:sata/k2-sata@1</string>
        <key>DADeviceInternal</key>
        <true/>
    ...
        <key>DADeviceProtocol</key>
        <string>ATA</string>
        <key>DADeviceRevision</key>
        <string>V36OA63A</string>
        <key>DADeviceUnit</key>
        <integer>0</integer>
    ...
```

图 11-5（续）

11.2.2   参与磁盘挂接决策

图 11-6 中的程序利用 Disk Arbitration 注册一个挂接批准回调。此后，当要挂接设备时，回调函数可以通过返回 NULL 允许挂接继续进行，或者通过返回一个指向**反对者对象**（Dissenter Object）的引用（DADissenterRef）来导致它失败。该示例将运行一段有限的时间，之后它将取消注册回调。当程序运行时，将不允许 Disk Arbitration 挂接任何磁盘设备[①]。

```
// dissent_mount.c

#include <DiskArbitration/DiskArbitration.h>

#define OUT_ON_NULL(ptr, msg) \
    if (!ptr) { fprintf(stderr, "%s\n", msg); goto out; }

DADissenterRef
mountApprovalCallback(DADiskRef disk, void *context)
{
    DADissenterRef dissenter = DADissenterCreate(kCFAllocatorDefault,
                                                 kDAReturnNotPermitted,
                                                 CFSTR("mount disallowed"));
    printf("%s: mount disallowed\n", DADiskGetBSDName(disk));
    return dissenter;
}

int
main(void)
{
    DAApprovalSessionRef session =
                         DAApprovalSessionCreate(kCFAllocatorDefault);
    OUT_ON_NULL(session, "failed to create Disk Arbitration session");

    DARegisterDiskMountApprovalCallback(session,
                        NULL,  // matches all disk objects
                        mountApprovalCallback,
                        NULL); // context

    DAApprovalSessionScheduleWithRunLoop(session, CFRunLoopGetCurrent(),
                        kCFRunLoopDefaultMode);

    CFRunLoopRunInMode(kCFRunLoopDefaultMode, 30 /* seconds */, false);
```

图 11-6   表达对挂接操作的反对

① 仍然有可能手动挂接设备——例如，通过运行 mount 命令。

```
        DAApprovalSessionUnscheduleFromRunLoop(session, CFRunLoopGetCurrent(),
                                        kCFRunLoopDefaultMode);

        DAUnregisterApprovalCallback(session, mountApprovalCallback, NULL);

out:
    if (session)
        CFRelease(session);

    exit(0);
}
```

```
$ gcc -Wall -o dissent_mount dissent_mount.c \
    -framework DiskArbitration -framework CoreFoundation
$ ./dissent_mount
        # another shell
        $ open /tmp/somediskimage.dmg
disk10s2: mount disallowed
...
```

图 11-6（续）

11.2.3　从 I/O Kit 接收媒体通知

图 11-7 中的程序请求 I/O Kit 在可移动存储设备出现或消失时给它发送通知。更确切地讲，**出现**（Appearance）意味着与给定匹配字典匹配的 IOService 探测并启动了所有相关的驱动程序。类似地，**消失**（Disappearance）则意味着 IOService 已终止。该示例的匹配字典将寻找所有的 IOMedia 对象。可以选择使用 CFDictionaryAddValue() 添加其他的键-值对来改进字典。例如，下面的代码将限制只匹配整个媒体设备（而不匹配分区）。

```
...
CFDictionaryAddValue(match, CFSTR(kIOMediaWholeKey), kCFBooleanTrue);
...
```

```
// mediamon.c

#include <unistd.h>
#include <IOKit/IOKitLib.h>
#include <IOKit/storage/IOMedia.h>
#include <CoreFoundation/CoreFoundation.h>
```

图 11-7　监视存储设备的出现和消失

```
int
printDictionaryAsXML(CFDictionaryRef dict)
{
    CFDataRef xml = CFPropertyListCreateXMLData(kCFAllocatorDefault,
                                                (CFPropertyListRef)dict);
    if (!xml)
        return -1;

    write(STDOUT_FILENO, CFDataGetBytePtr(xml), CFDataGetLength(xml));
    CFRelease(xml);

    return 0;
}

void
matchingCallback(void *refcon, io_iterator_t deviceList)
{
    kern_return_t       kr;
    CFDictionaryRef     properties;
    io_registry_entry_t device;

    // Iterate over each device in this notification.
    while ((device = IOIteratorNext(deviceList))) {

        // Populate a dictionary with device's properties.
        kr = IORegistryEntryCreateCFProperties(
                device, (CFMutableDictionaryRef *)&properties,
                kCFAllocatorDefault, kNilOptions);

        if (kr == KERN_SUCCESS)
            printDictionaryAsXML(properties);

        if (properties)
            CFRelease(properties);

        if (device)
            IOObjectRelease(device);
    }
}

int
main(void)
{
    CFMutableDictionaryRef  match;
    IONotificationPortRef   notifyPort;
```

图 11-7（续）

```
CFRunLoopSourceRef       notificationRunLoopSource;
io_iterator_t            notificationIn, notificationOut;

// Create a matching dictionary for all IOMedia objects.
if (!(match = IOServiceMatching("IOMedia"))) {
    fprintf(stderr, "*** failed to create matching dictionary.\n");
    exit(1);
}

// Create a notification object for receiving I/O Kit notifications.
notifyPort = IONotificationPortCreate(kIOMasterPortDefault);

// Get a CFRunLoopSource that we will use to listen for notifications.
notificationRunLoopSource = IONotificationPortGetRunLoopSource(notifyPort);

// Add the CFRunLoopSource to the default mode of our current run loop.
CFRunLoopAddSource(CFRunLoopGetCurrent(), notificationRunLoopSource,
                   kCFRunLoopDefaultMode);

// One reference of the matching dictionary will be consumed when we install
// a notification request. Since we need to install two such requests (one
// for ejectable media coming in and another for it going out), we need
// to increment the reference count on our matching dictionary.
CFRetain(match);

// Install notification request for matching objects coming in.
// Note that this will also look up already existing objects.
IOServiceAddMatchingNotification(
    notifyPort,               // notification port reference
    kIOMatchedNotification,   // notification type
    match,                    // matching dictionary
    matchingCallback,         // this is called when notification fires
    NULL,                     // reference constant
    &notificationIn);         // iterator handle

// Install notification request for matching objects going out.
IOServiceAddMatchingNotification(
    notifyPort,
    kIOTerminatedNotification,
    match,
    matchingCallback,
    NULL,
    &notificationOut);

//Invoke callbacks explicitly to empty the iterators/arm the notifications.
matchingCallback(0, notificationIn);
```

图 11-7（续）

```
matchingCallback(0, notificationOut);

CFRunLoopRun(); // run

exit(0);
}
```

```
$ gcc -Wall -o mediamon mediamon.c -framework IOKit -framework CoreFoundation
$ ./mediamon
        # some disk is attached, probed for volumes, and a volume is mounted
...
<dict>
        <key>BSD Major</key>
        <integer>14</integer>
        <key>BSD Minor</key>
        <integer>3</integer>
        <key>BSD Name</key>
        <string>disk0s3</string>
...
```

图 11-7（续）

接收的通知将提供一个迭代器（io_iterator_t），其中包含一个或多个 I/O Registry 条目
（io_registry_entry_t），每个条目都对应于一个设备。该示例将获取并显示每个设备的属性。

11.3   磁盘设备的实现

尽管 Mac OS X 内核中的文件系统层把存储设备视作 BSD 设备，I/O Kit 最终还是会驱
动这些设备。图 11-8 显示了具有两个串行 ATA（SATA）磁盘的系统上的 I/O Kit 栈的相关
部分。

IOATABlockStorageDriver 是 I/O Kit ATA 家族的客户，并且是存储家庭的成员。在 I/O
Kit 中，存储设备上的实际存储是通过 I/O Media 对象（IOMedia）表示的，它的实例可以
抽象多种类型的随机访问设备（包括真实的和虚拟的设备），具体如下。

- 整个磁盘。
- 磁盘分区。
- 磁盘超集（例如，RAID 卷）。

  软件 RAID 的 Apple 实现（AppleRAID）结合了多个块设备，构造一个 I/O Kit 存储
栈，得到单个虚拟设备。当对虚拟设备执行 I/O 时，RAID 实现将计算必须对其分派 I/O
的特定物理设备上的偏移量。

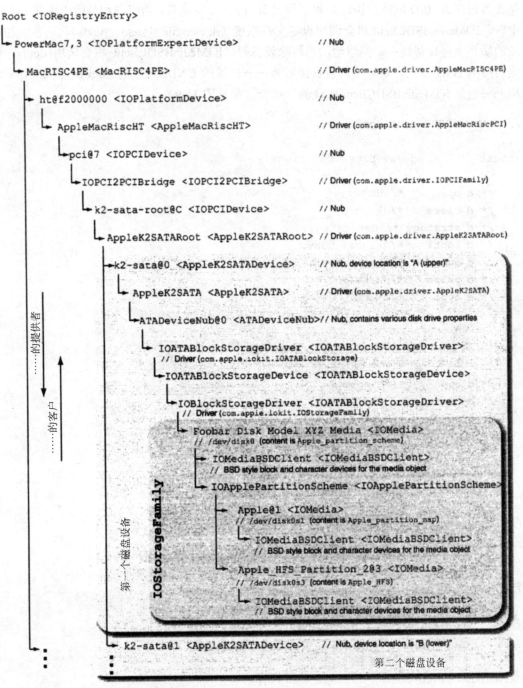

图 11-8 描述磁盘设备及其分区的 I/O Kit 栈

I/O Media 对象充当所有 I/O 到达其下的存储设备的通道。如本书第 10 章中所述，Mac OS X 还支持 I/O Media Filter 对象，它们是 IOMedia 的子类，可以插入在 I/O Media 对象与它们的客户之间，从而也可以通过过滤器对象路由所有的 I/O。

IOMediaBSDClient 类被实现为 I/O Kit 家族 IOStorageFamily 的一部分，它是负责使存

储设备表现为 BSD 风格的块设备和字符设备的实体。特别是，当磁盘和分区出现在 I/O Kit 中时，IOMediaBSDClient 将会调用设备文件系统（device file system，devfs），动态添加对应的块和字符设备结点。类似地，当移除设备时，IOMediaBSDClient 将会调用 devfs，移除对应的 BSD 结点。块和字符设备函数表——传统的 UNIX 风格的 bdevsw 和 cdevsw 结构——也是 IOMediaBSDClient 实现的一部分（参见图 11-9）。

```cpp
// IOMediaBSDClient.cpp
...
static struct bdevsw bdevswFunctions =
{
    /* d_open     */ dkopen,
    /* d_close    */dkclose,
    /* d_strategy */ dkstrategy,
    /* d_ioctl    */dkioctl_bdev,
    /* d_dump     */eno_dump,
    /* d_psize    */dksize,
    /* d_type     */D_DISK
};

static struct cdevsw cdevswFunctions =
{
    /* d_open     */ dkopen,
    /* d_close    */ dkclose,
    /* d_read     */ dkread,
    /* d_write    */ dkwrite,
    /* d_ioctl    */ dkioctl,
    ...
};
...
// Implementations of the dk* functions

void
dkstrategy(buf_t bp)
{
    dkreadwrite(bp, DKTYPE_BUF);
}
...
int
dkreadwrite(dkr_t dkr, dkrtype_t dkrtype)
{
    // I/O Kitspecific implementation
}
...
```

图 11-9　Mac OS X 块设备和字符设备切换结构

现在来看一个 I/O 如何从文件系统传播到磁盘设备的示例。图 11-10 部分源于图 8-52，后者显示了读入页操作概览。在图 11-10 中，将遵循典型的读取请求的路径，该请求针对的是驻留在 ATA 设备上的 HFS+卷。

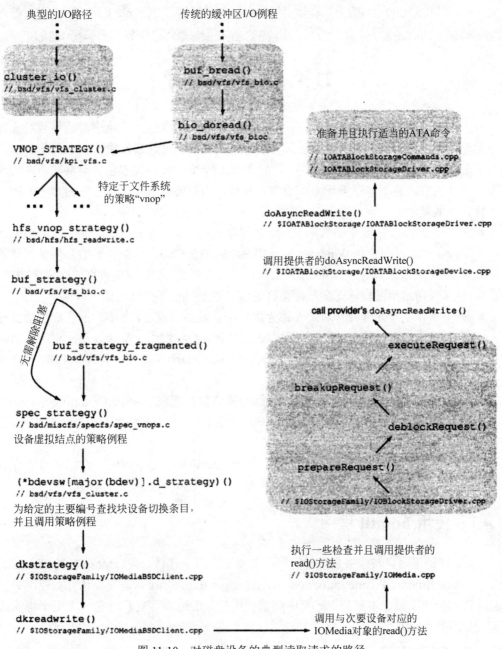

图 11-10　对磁盘设备的典型读取请求的路径

注意：在图 11-10 中，cluster_io()以及相关的例程代表内核中的典型 I/O 路径，它将经过统一的缓冲区缓存。尽管图 11-10 中未显示，在通过文件系统的策略例程发出 I/O 之前，cluster_io()将调用文件系统的 VNOP_BLOCKMAP()操作，将文件偏移量映射到磁盘偏移量。最终，将调用块设备的策略例程——dkstrategy()。dkstrategy()又将调用 dkreadwrite()，后者将沿着 I/O Kit 栈发送 I/O。在这个示例中，设备是 ATA 设备。当 I/O 最终到达 IOBlockStorageDriver 类时，后者将选择合适的 ATA 命令和标志，执行实际的传输。

> 注意：Mac OS X 没有显式的磁盘调度。特别是，不会显式地对 I/O 请求进行重新排序，尽管内核的非 I/O Kit 部分可能延迟请求，以便把多个请求结合成单个大请求。

11.4 磁 盘 映 像

探索和试验磁盘与文件系统是一种潜在的冒险活动，这是由于错误可能导致灾难性的数据丢失。一种更安全、更方便的替代方法是处理虚拟磁盘或**磁盘映像**（Disk Image），而不是处理物理磁盘。用最简单的话讲，磁盘映像是一个文件，其中包含通常驻留在物理存储设备上的内容。鉴于来自操作系统的适当支持，虚拟磁盘表现得就像它们对应的物理磁盘一样。下面显示了一些使用虚拟磁盘的示例。

- 可以从软盘中读取原始数据，并将其保存到一个文件中——比如说，在 UNIX 上使用 dd 命令，或者在 Windows 上使用 RAWRITE.EXE。这样获得的文件是物理软盘的逐块映像。可以把它写回另一个类似的物理磁盘，产生原始数据的逐扇区的副本。可以使用这个过程从光盘、硬盘分区或者甚至整个硬盘获得磁盘映像。
- 许多操作系统允许将普通文件作为虚拟磁盘设备结点进行访问。这些虚拟磁盘可能像普通磁盘那样使用：可以对它们进行分区，将它们用于交换以及在它们上面创建文件系统。示例包括：Linux "循环" 设备、Solaris lofi 驱动程序和 BSD 的虚拟结点伪磁盘（vn）驱动程序。
- 虚拟器和仿真器通常使用磁盘映像运行**来宾操作系统**（Guest Operating System）。
- 可以对磁盘映像进行压缩或加密。Mac OS X 的 File Vault 特性利用加密的磁盘映像，为用户提供加密的主目录。

因此，磁盘映像对于存档、软件分发、仿真、虚拟化等是有用的。它们非常适合于文件系统试验，因为它们允许执行潜在危险的操作，而无须担心丢失宝贵的数据。

11.4.1 使用 hdiutil 程序

Apple 使用了磁盘映像很长一段时间，主要把它用于软件分发。Mac OS X Disk Images 框架（System/Library/PrivateFrameworks/DiskImages.framework）是一个私有框架，提供对磁盘映像的全面支持。本章和下一章中频繁使用的 hdiutil 命令行程序是一个用于访问这个框架功能的万能工具。

> 警告：如果在自己的计算机上试验基于磁盘映像的示例，一定要小心使用设备结点名称。根据当前连接的磁盘的编号——真实还是虚拟，I/O Kit 将给设备动态分配诸如 /dev/disk1 和 /dev/disk1s2 之类的名称。因此，如果有多个真实的磁盘连接到计算机，disk1 很可能指示系统上的真实磁盘。在试验中，将使用从 10 开始的虚拟磁盘编号，即 disk10、disk11 等。在自己的系统上，请注明并且使用分配给虚拟磁盘的动态名称。

下面的 hdiutil 命令行用于创建一个文件 (/tmp/hfsj.dmg)，其中包含一个 32 MB 的磁盘映像。它还使用 Apple 分区方案对得到的虚拟磁盘进行分区，并在数据分区上创建一个日志式 HFS+文件系统。得到的卷的名称是 HFSJ。

```
$ hdiutil create -size 32m -fs HFSJ -volname HFSJ -verbose /tmp/hfsj.dmg
Initializing...
Creating...
...
DIBackingStoreCreateWithCFURL: creator returned 0
DIDiskImageCreateWithCFURL: creator returned 0
DI_kextWaitQuiet: about to call IOServiceWaitQuiet...
DI_kextWaitQuiet: IOServiceWaitQuiet took 0.000013 seconds
Formatting...
Initialized /dev/rdisk10s2 as a 32 MB HFS Plus volume with a 8192k journal
Finishing...
created: /tmp/hfsj.dmg
hdiutil: create: returning 0
```

> 使用-debug 选项代替-verbose 将导致 hdiutil 打印极其详细的进度信息。通常，将不会使用其中任何一个选项。

可以利用多种方式挂接磁盘映像。在 Finder 中双击磁盘映像的图标或者利用 open 命令行实用程序打开它，将启动/System/Library/CoreServices/DiskImageMounter.app 处理挂接。此外，hdiutil 还可用于把映像作为设备附加到系统上。hdiutil 以及一个辅助程序（diskimages-helper）将与 diskarbitrationd 通信，尝试挂接磁盘上包含的卷。

```
$ hdiutil attach /tmp/hfsj.dmg
/dev/disk10       Apple_partition_scheme
/dev/disk10s1     Apple_partition_map
/dev/disk10s2     Apple_HFS                    /Volumes/HFSJ
```

> diskimages-helper 驻留在 Disk Images 框架的 Resources 目录中。

磁盘映像是用为虚拟磁盘出现的，并且将/dev/disk10 作为它的块设备结点。pdisk 实用程序可以转储这个磁盘中的分区信息，就像真实的磁盘一样。

```
$ pdisk /dev/rdisk10 -dump
Partition map (with 512 byte blocks) on '/dev/rdisk10'
 #:               type name         length  base  ( size )
 1: Apple_partition_map Apple          63 @ 1
 2:          Apple_HFS disk image  65456 @ 64    ( 32.0M)
 3:          Apple_Free              16 @ 65520

Device block size=512, Number of Blocks=65536 (32.0M)
```

分离磁盘将卸载并弹出它。

```
$ hdiutil detach disk10
```

```
"disk10" unmounted.
"disk10" ejected.
```

默认情况下，hdiutil 将使用一种称为 **UDIF**（Universal Disk Image Format，通用磁盘映像格式）的磁盘映像格式。而且，默认的分区布局将包含一个分区图，它具有用于 63 个分区图条目的空间、单个 Apple_HFS 类型的数据分区以及包含 16 个块的尾部空闲分区。这种布局称为 SPUD（Single Partition UDIF，单分区 UDIF）。hdiutil 还支持其他的分区布局，如下所示。

```
$ hdiutil create -size 32m -volname HFSJ_UCD \
    -fs HFSJ -layout "UNIVERSAL CD" /tmp/hfsj_ucd.dmg
...
$ hdiutil attach /tmp/hfsj_ucd.dmg
/dev/disk10              Apple_partition_scheme
/dev/disk10s1           Apple_partition_map
/dev/disk10s2           Apple_Driver43
/dev/disk10s3           Apple_Driver43_CD
/dev/disk10s5           Apple_Driver_ATAPI
/dev/disk10s6           Apple_Driver_ATAPI
/dev/disk10s7           Apple_Patches
/dev/disk10s9           Apple_HFS
```

特别是，NONE 类型的分区布局将创建没有分区图的映像。

```
$ hdiutil create -size 32m -volname HFSJ_NONE \
    -fs HFSJ -layout NONE /tmp/hfsj_none.dmg
...
$ hdiutil attach /tmp/hfsj_none.dmg
...
/dev/disk11
```

注意：在连接映像时将列出单个设备条目——没有分片。在缺少分区图的情况下，pdisk 将不会转储分区信息，但是可代之以使用 hdiutil 的 pmap 保留字。

```
$ hdiutil pmap /dev/rdisk11
Partition List
## Dev_____Type_____Name_____Start__Size____ End____
-1 disk11     Apple_HFS        Single Volume         0   65536   65535
Legend
   - ... extended entry
   + ... converted entry

Type 128 partition map detected.
Block0.blockSize 0x0200
NativeBlockSize  0x0200
...
```

11.4.2　RAM 磁盘

可以使用 hdiutil 创建内存支持的虚拟磁盘设备，如下所示。

```
$ hdiutil attach -nomount ram://1024
/dev/disk10
```

提供 ram://N 作为设备参数，hdiutil 将创建具有 N 个扇区的 RAM 磁盘，其中每个扇区 512 字节。与磁盘支持的磁盘映像一样，可以对 RAM 磁盘分区，在它上面创建文件系统，等等。

```
$ newfs_hfs -v RAMDisk /dev/rdisk10
Initialized /dev/rdisk10 as a 512 KB HFS Plus volume
$ mkdir /tmp/RAMDisk
$ mount_hfs /dev/disk10 /tmp/RAMDisk
$ df /tmp/RAMDisk
File system 512-blocks Used Avail Capacity  Mounted on
/dev/disk10      1024   152   872    15%        /private/tmp/RAMDisk
```

分离 RAM 磁盘将释放与之关联的任何物理内存。

```
$ umount /tmp/RAMDisk
$ hdiutil detach disk10
```

hdiutil 和 Disk Images 框架还具有另外几个有趣的特性，比如：能够使用利用 HTTP URL 指定的磁盘映像，支持加密的磁盘映像以及支持映射（Shadowing），其中将把所有写到映像的操作都重定向到一个影子文件（当发生读取操作时，影子文件中的块将具有优先级）。

11.4.3　BSD 虚拟结点磁盘驱动程序

如前文所述，hdiutil 将自动把/dev 下面的虚拟设备结点连接到磁盘映像文件，并且打印动态分配的设备名称。Mac OS X 将提供另一种机制（即 BSD 虚拟结点磁盘驱动程序），它允许把文件连接到特定的 "vn" 设备结点，从而将文件视作磁盘。/usr/libexec/vndevice 命令行程序用于控制这种机制。

```
$ hdiutil create -size 32m -volname HFSJ_VN \
    -fs HFSJ -layout NONE /tmp/hfsj_vn.dmg
...
$ sudo /usr/libexec/vndevice attach /dev/vn0 /tmp/hfsj_vn.dmg
$ mkdir /tmp/mnt
$ sudo mount -t hfs /dev/vn0 /tmp/mnt
$ df -k /tmp/mnt
Filesystem 1K-blocks Used Avail Capacity  Mounted on
```

```
/dev/vn0        32768 8720 24048    27%    /private/tmp/mnt
$ sudo umount /tmp/mnt
$ sudo /usr/libexec/vndevice detach /dev/vn0
```

11.4.4　从头开始创建虚拟磁盘

尽管将主要使用 hdiutil 创建磁盘映像，它们具有自动构造的分区布局和文件系统，但是查看一个从"空白磁盘"开始的示例也是有益的。后者只是一个填充 0 的文件——比如说，使用 mkfile 程序创建的文件。

```
$ mkfile 64m blankhd.dmg
```

前文已经介绍过使用 hdiutil 连接磁盘映像还会挂接映像内的卷。可以指示 hdiutil 只连接映像，而不挂接任何卷，从而提供块设备和字符设备使用。

```
$ hdiutil attach -nomount /tmp/blankhd.dmg
/dev/disk10
```

由于这个磁盘还没有分区，甚至还没有分区方案，pdisk 将不会为它显示任何分区信息。可以使用 pdisk 初始化分区图。

```
$ pdisk /dev/rdisk10 -dump
pdisk: No valid block 1 on '/dev/rdisk10'
$ pdisk /dev/rdisk10 -initialize
$ pdisk /dev/rdisk10 -dump

Partition map (with 512 byte blocks) on '/dev/rdisk10'
 #:                type name   length  base  ( size )
 1: Apple_partition_map Apple      63 @ 1
 2:           Apple_Free Extra 131008 @ 64     ( 64.0M)

Device block size=512, Number of Blocks=131072 (64.0M)
...
```

如前所述，在 Apple 分区方案中，磁盘分区图条目的大小是 512 字节。因此，它具有用于 63 个分区图条目的空间。由于第一个条目是用于分区图自身，则将具有用于多达 62 个新分区图条目的空间，如果最后一个条目是用于任何尾部的空闲空间，则是 61 个。可以使用其中（比如说）31 个[①]创建分区，即使实际需要如此多的分区是相当罕见的。下面的 shell 脚本将尝试创建 31 个分区，并给每个分区分配 1MB 的磁盘空间。

```
#! /bin/zsh

# usage: createpartitions.zsh <raw device>
```

---

① 如果使用了全部 61 个条目，Mac OS X 10.4 将发生内核恐慌。

```
DISK=$1
base=64
foreach pnum ({1..31})
    pdisk $DISK -createPartition Partition_$pnum Apple_HFS $base 2048
    base=$[base + 2048]
end
```

可以利用空白磁盘的原始设备结点的名称作为参数来运行脚本。注意：在创建分区时，pdisk 将会打印它使用的分区图条目的数量。

```
$ ./createpartitions.zsh /dev/rdisk10
2
3
...
31
32
$ pdisk /dev/rdisk10 -dump

Partition map (with 512 byte blocks) on '/dev/rdisk10'
 #:                type name        length   base   ( size )
 1: Apple_partition_map Apple          63 @ 1
 2:          Apple_HFS Partition_1   2048 @ 64     ( 1.0M)
 3:          Apple_HFS Partition_2   2048 @ 2112   ( 1.0M)
 4:          Apple_HFS Partition_3   2048 @ 4160   ( 1.0M)
...
32:          Apple_HFS Partition_31  2048 @ 61504  ( 1.0M)
33:         Apple_Free Extra        67520 @ 63552  ( 33.0M)
...
```

现在可以在每个 Apple_HFS 数据分区上创建文件系统。注意：此时，在/dev 目录中已经存在与每个分区对应的块设备和字符设备结点。

```
#! /bin/zsh
# usage: newfs_hfs.zsh <raw device>
DISK=$1
foreach slicenum ({2..32}) # first data partition is on the second slice
    fsnum=$[slicenum - 1]
    newfs_hfs -v HFS$fsnum "$DISK"s$slicenum
end
```

同样，可以利用虚拟磁盘的原始设备作为参数来运行脚本。

```
$ ./newfs_hfs.zsh /dev/rdisk10
Initialized /dev/rdisk10s2 as a 1024 KB HFS Plus volume
Initialized /dev/rdisk10s3 as a 1024 KB HFS Plus volume
...
Initialized /dev/rdisk10s31 as a 1024 KB HFS Plus volume
Initialized /dev/rdisk10s32 as a 1024 KB HFS Plus volume
```

```
$ hdiutil detach disk10
$ open /tmp/blankhd.dmg
...
```

此时，应该在/Volumes 下面挂接了全部 31 个卷。分离磁盘将卸载所有这些卷。

再来查看一个使用 gpt 命令创建基于 GUID 的分区的示例。假定已经连接了一个空白磁盘映像，并且将/dev/rdisk10 作为它的原始设备结点。

```
$ gpt show /dev/rdisk10 # we have nothing on this 64MB disk
start    size  index  contents
     0  131072
$ gpt create /dev/rdisk10 # create a new (empty) GPT
$ gpt show /dev/rdisk10
  start    size  index  contents
      0      1           PMBR
      1      1           Pri GPT header
      2     32           Pri GPT table
     34  131005
 131039     32           Sec GPT table
 131071      1           Sec GPT header
$ gpt add -s 1024 -t hfs /dev/rdisk10 # add a new partition
$ gpt show /dev/rdisk10
  start    size  index  contents
      0      1           PMBR
      1      1           Pri GPT header
      2     32           Pri GPT table
     34   1024       1 GPT part - 48465300-0000-11AA-AA11-00306543ECAC
   1058 129981
 131039     32           Sec GPT table
 131071      1           Sec GPT header
$ gpt add -i 8 -s 1024 -t ufs /dev/rdisk10 # add at index 8
$ gpt show /dev/rdisk10
    ...
     34   1024       1 GPT part - 48465300-0000-11AA-AA11-00306543ECAC
   1058   1024       8 GPT part - 55465300-0000-11AA-AA11-00306543ECAC
    ...
```

11.5　文件和文件描述符

在系统调用级别，Mac OS X 使用必不可少的**文件描述符**（File Descriptor）表示进程中打开的文件，其中每个描述符都是进入内核中的进程的文件描述符表的索引。当用户程序在系统调用中使用文件描述符时，内核将使用文件描述符查找对应的文件数据结构，该数据结构又包含诸如函数指针表之类的信息，可以使用它在文件上执行 I/O。这种情形跨 UNIX 以及类似于 UNIX 的系统在概念上是相同的。不过，涉及的数据结构通常有所不同。

图 11-11 显示了 Mac OS X 中主要的与文件相关的内核数据结构。

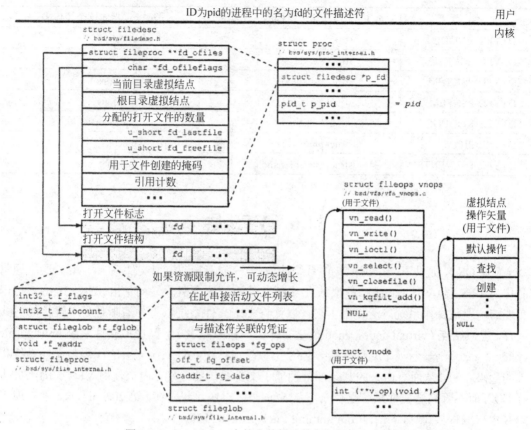

图 11-11　Mac OS X 中的文件描述符如何导向一个文件

假定在 ID 为 pid 的进程中有一个名为 fd 的文件描述符。每个进程结构（struct proc）都包含一个指向 filedesc 结构的指针（p_fd），filedesc 结构保存关于进程的打开文件的信息。特别是，它包含指向两个数组的指针：一个 fileproc 结构（fd_ofiles）的数组以及一个打开文件标志（fd_ofileflags）的数组。对于文件描述符 fd，在这两个数组中具有索引 fd 的元素将对应于 fd 表示的文件。如果释放描述符（因为它没有其余的引用），那么两个数组中的索引将变成空闲的。filedesc 结构的 fd_freefile 字段用于存储内核在搜索空闲文件描述符时将使用的提示。

如图 11-11 所示，fd_ofiles 数组的每个条目都是一个 fileproc 结构。这个结构的 fg_ops 和 fg_data 字段指向其内容依赖于文件描述符类型的数据结构。除了文件之外，内核还使用文件描述符表示多种类型的实体，在表 11-1 中列出了它们。图 11-11 假定 fd 对应于一个文件。因此，fg_ops 指向一个虚拟结点操作表[①]（全局数据结构 vnops），而 fg_data 则指向一个 vnode 结构。如果描述符代之以表示一个套接字，fg_ops 将指向一个套接字操作表，而 fg_data 则将指向一个 socket 结构。

---

① 虚拟结点操作的数量要远远多于 fileops 结构中所包含的数量，该结构与"非文件"类型的文件描述符更相关——可以通过 vnode 结构自身访问虚拟结点操作。

表 11-1　Mac OS X 中的文件描述符的类型

文件类型	fg_data 指向这个结构的一个实例	fg_ops 指向这个操作表
DTYPE_VNODE	struct vnode	vnops
DTYPE_SOCKET	struct socket	socketops
DTYPE_PSXSHM	struct pshmnode	pshmops
DTYPE_PSXSEM	struct psemnode	psemops
DTYPE_KQUEUE	struct kqueue	kqueueops
DTYPE_PIPE	struct pipe	pipeops
DTYPE_FSEVENTS	struct fsevent_handle	fsevents_ops

11.6　VFS 层

Mac OS X 提供了一个虚拟文件系统接口——虚拟结点/虚拟文件系统（vfs）层，通常简称为 **VFS 层**（VFS Layer）。虚拟结点/虚拟文件系统这个概念最初是由 SUN Microsystems 实现的，现代操作系统广泛使用了它，以允许多个文件系统以一种清晰且易于维护的方式共存。**虚拟结点**（virtual node，vnode）是文件的内核中的表示，而**虚拟文件系统**（virtual file system，vfs）则表示一个文件系统。VFS 层位于内核中文件系统无关的代码与文件系统相关的代码之间，从而对内核的其余部分抽象了文件系统的差别，内核使用 VFS 层的函数执行 I/O，而不管底层文件系统是什么。从 Mac OS X 10.4 起，在 bsd/vfs/kpi_vfs.c 中实现了 VFS 内核编程接口（Kernel Programming Interface，KPI）。

> Mac OS X VFS 源于 FreeBSD 的 VFS，尽管它们之间具有众多差别——概念中通常只存在较小的差别。一种主要的差别是文件系统层与虚拟内存的集成。Mac OS X 上的 UBC（unified buffer cache，统一缓冲区缓存）是与 Mach 的虚拟内存层集成的。如本书第 8 章中所述，ubc_info 结构将 Mac OS X 虚拟结点与对应的虚拟内存对象相关联。

图 11-12 显示了虚拟结点/虚拟文件系统（vfs）层的简单表示。采用面向对象的术语，vsf 类似于一个**抽象基类**（Abstract Base Class），诸如 HFS+ 和 UFS 之类的文件系统实例就是由它派生而来的。继续进行这种类比，vfs"类"包含多个由派生类定义的纯虚函数。vfsops 结构[bsd/sys/mount.h]充当用于这些函数的函数指针表，它们包括（按它们出现在结构中的顺序列出）以下内容。

- vfs_mount()：实现 mount() 系统调用。
- vfs_start()：在成功的挂接操作之后，mount() 系统调用将调用它执行文件系统希望执行的任何操作。
- vfs_unmount()：实现 unmount() 系统调用。
- vfs_root()：获取文件系统的根虚拟结点。
- vfs_quotactl()：实现 quotactl() 系统调用（处理文件系统上的配额操作）。
- vfs_getattr()：利用文件系统基本属性填充 vfs_attr 结构。

- vfs_statfs()：实现 statfs()系统调用（通过填充 statfs 结构获取文件系统统计信息）。
- vfs_sync()：将内存中的脏数据与磁盘上的数据进行同步。
- vfs_vget()：在给定其 ID 的情况下，获了现有的文件系统对象——例如，对于 HFS+ 就是目录结点 ID（参见第 12 章）。
- vfs_fhtovp()：把文件句柄转换成虚拟结点；由 NFS 服务器使用。
- vfs_init()：执行文件系统的一次初始化。
- vfs_sysctl()：处理特定于这个文件系统的文件系统级 sysctl 操作，例如，启用或禁用 HFS+卷上的日志。
- vfs_setattr()：设置任何可以设置的文件系统基本属性，例如，HFS+的卷名。

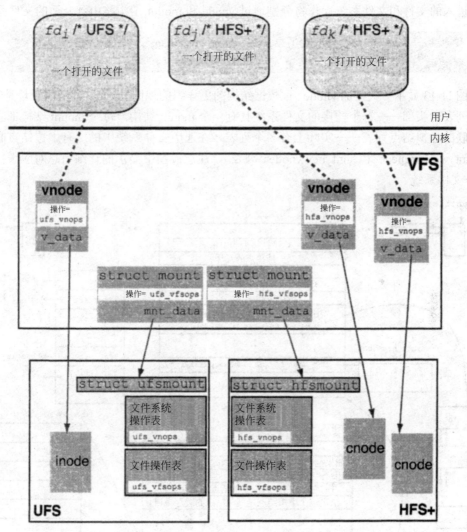

图 11-12　虚拟结点/虚拟文件系统层在操作系统中的作用概览

　　类似地，虚拟结点也是一个抽象基类，驻留在多个文件系统上的文件概念上就是从它派生而来的。虚拟结点包含内核的独立于文件系统的层所需的所有信息。就像虚拟文件系统（vfs）具有一组虚函数一样，虚拟结点（vnode）也具有（更大的）一组函数，表示虚拟结点操作。通常，表示给定文件系统类型上的文件的所有虚拟结点将共享相同的函数指针表。

如图 11-12 所示，mount 结构表示挂接的文件系统的实例。除了一个指向 vfs 操作表的指针之外，mount 结构还包含一个指向特定于实例的私有数据的指针（mnt_data）——它是私有的，这是由于它对于独立于文件系统的代码是不透明的。例如，对于 HFS+，mnt_data 指向一个 hfsmount 结构，本书将在第 12 章中讨论它。类似地，虚拟结点也包含一个私有数据指针（v_data），指向特定于文件系统的每个文件的结构——例如，对于 HFS+ 和 UFS 分别是 cnode 和 inode 结构。

由于图 11-12 中所示的排列方式，VFS 层外面的代码通常无需担心文件系统之间的差别。进入的文件和文件系统操作将分别通过 vnode 和 mount 结构路由到合适的文件系统。

> 技术上讲，VFS 层外面的代码应该把 vnode 和 mount 结构视作不透明的句柄。内核将分别使用 vnode_t 和 mount_t 作为对应的不透明类型。

图 11-13 显示了关键的 vnode/vfs 数据结构的更详细的视图。mountlist 全局变量是 mount 结构列表的头部——每个挂接的文件系统具有一个 mount 结构。每个 mount 结构都具有一个关联的虚拟结点列表——实际上有多个列表（在遍历文件系统中的所有虚拟结点时将使用 mnt_workerqueue 和 mnt_newvnodes 列表）。注意：图中显示的详细信息对应于挂接的 HFS+文件系统。

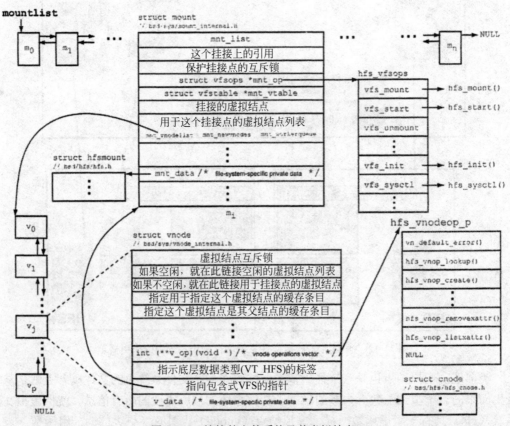

图 11-13 挂接的文件系统及其虚拟结点

内核将为所支持的每种文件系统类型维护一个内存中的 vfstable 结构（[bsd/sys/mount_internal.h]）。全局变量 vfsconf 指向这些结构的列表。当具有挂接请求时，内核将搜索这个列表，确定合适的文件系统。图 11-14 显示了 vfsconf 列表概览，在 bsd/vfs/vfs_conf.c 中声明了它。

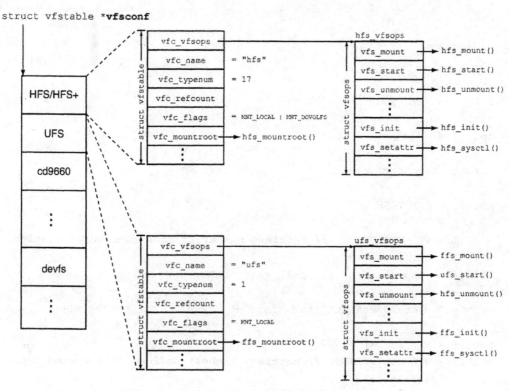

图 11-14　内核所支持的文件系统类型的配置信息

还存在一个用户可见的 vfsconf 结构（不是列表），它包含对应的 vfstable 结构中包含的信息的一个子集。CTL_VFSVFS_CONF sysctl 操作可用于为给定的文件系统类型获取 vfsconf 结构。图 11-15 中的程序用于获取并显示关于运行的内核所支持的所有文件系统类型的信息。

// lsvfsconf.c

```
#include <stdio.h>
#include <stdlib.h>
#include <sys/mount.h>
#include <sys/sysctl.h>
#include <sys/errno.h>

void
print_flags(int f)
{
```

图 11-15　显示关于所有可用的文件系统类型的信息

```
    if (f & MNT_LOCAL)    // file system is stored locally
        printf("local ");
    if (f & MNT_DOVOLFS)  // supports volfs
        printf("volfs ");
    printf("\n");
}


int
main(void)
{
    int    i, ret, val;
    size_t len;
    int    mib[4];

    struct vfsconf vfsconf;

    mib[0] = CTL_VFS;

    mib[1] = VFS_NUMMNTOPS; // retrieve number of mount/unmount operations
    len = sizeof(int);
    if ((ret = sysctl(mib, 2, &val, &len, NULL, 0)) < 0)
        goto out;
    printf("%d mount/unmount operations across all VFSs\n\n", val);

    mib[1] = VFS_GENERIC;
    mib[2] = VFS_MAXTYPENUM; // retrieve highest defined file system type
    len = sizeof(int);
    if ((ret = sysctl(mib, 3, &val, &len, NULL, 0)) < 0)
        goto out;

    mib[2] = VFS_CONF; // retrieve vfsconf for each type
    len = sizeof(vfsconf);
    printf("name        typenum refcount mountroot next    flags\n");
    printf("----        ------- -------- --------- ----    -----\n");
    for (i = 0; i < val; i++) {
        mib[3] = i;
        if ((ret = sysctl(mib, 4, &vfsconf, &len, NULL, 0)) != 0) {
            if (errno != ENOTSUP) // if error is ENOTSUP, let us ignore it
                goto out;
        } else {
            printf("%-11s %-7d %-8d %#09lx %#08lx ",
                    vfsconf.vfc_name, vfsconf.vfc_typenum,
                    vfsconf.vfc_refcount, (unsigned long)vfsconf.vfc_mountroot,
                    (unsigned long)vfsconf.vfc_next);
            print_flags(vfsconf.vfc_flags);
```

图 11-15 (续)

```
        }
    }

out:
    if (ret)
        perror("sysctl");

    exit(ret);
}
```

```
$ gcc -Wall -o lsvfsconf lsvfsconf.c
$ ./lsvfsconf
14 mount/unmount operations across all VFSs
```

name	typenum	refcount	mountroot	next	flags
----	-------	--------	---------	----	-----
ufs	1	0	0x020d5e8	0x367158	local
nfs	2	4	0x01efcfc	0x3671e8	
fdesc	7	1	000000000	0x367278	
cd9660	14	0	0x0112d90	0x3671a0	local
union	15	0	000000000	0x367230	
hfs	17	2	0x022bcac	0x367110	local, volfs
volfs	18	1	000000000	0x3672c0	
devfs	19	1	000000000	00000000	

图 11-15（续）

注意：如果把新文件系统（比如 MS-DOS 和 NTFS）动态加载进内核中，那么图 11-15
中的程序输出将包含额外的文件系统类型。

vnode 结构是在 bsd/vfs/vnode_internal.h 中声明的——它的内部细节对于 VFS 层是私有
的，尽管 VFS KPI 提供了多个函数用于访问和操作 vnode 结构。vnode_internal.h 还声明了
vnodeop_desc 结构，它的实例描述了单个虚拟结点操作，比如"查找""创建"和"打开"。
bsd/vfs/vnode_if.c 文件为 VFS 层已知的每个虚拟结点操作都声明了一个 vnodeop_desc 结构，
如下面这个示例中所示。

```
struct vnodeop_desc vnop_mknod_desc = {
    0, // offset in the operations vector (initialized by vfs_op_init())
    "vnop_mknod", // a human-readable name -- for debugging
    0 | VDESC_VP0_WILLRELE | VDESC_VPP_WILLRELE, // flags
    // various offsets used by the nullfs bypass routine (unused in Mac OS X)
    ...
};
```

shell 脚本 bsd/vfs/vnode_if.sh 将解析输入文件（bsd/vfs/vnode_if.src），自动生成
bsd/vfs/vnode_if.c 和 bsd/sys/vnode_if.h。输入文件包含每个虚拟结点操作描述符的规范。

vnodeop_desc 结构将被 vnodeopv_entry_desc [bsd/sys/vnode.h]结构引用，后者代表虚拟结点操作矢量中的单个条目。

```
// bsd/sys/vnode.h

struct vnodeopv_entry_desc {
    struct vnodeop_desc *opve_op; // which operation this is
    int (*opve_impl)(void *);      // code implementing this operation
};
```

vnodeopv_desc 结构[bsd/sys/vnode.h]描述了虚拟结点操作的矢量——它包含一个指针，指向 vnodeopv_entry_desc 结构的 null 终止的列表。

```
// bsd/sys/vnode.h

struct vnodeopv_desc {
    int (***opv_desc_vector_p)(void *);
     struct vnodeopv_entry_desc *opv_desc_ops;
};
```

图 11-16 显示了在 VFS 层中如何维护虚拟结点操作数据结构。对于每个支持的文件系统，都具有一个 vnodeopv_desc。bsd/vfs/vfs_conf.c 文件为内置的文件系统声明了一个 vnodeopv_desc 结构的列表。

```
// bsd/vfs/vfs_conf.c

extern struct vnodeopv_desc ffs_vnodeop_opv_desc;
...
extern struct vnodeopv_desc hfs_vnodeop_opv_desc;
extern struct vnodeopv_desc hfs_specop_opv_desc;
extern struct vnodeopv_desc hfs_fifoop_opv_desc;
...

struct vnodeopv_desc *vfs_opv_descs[] = {
    &ffs_vnodeop_opv_desc,
      ...
    &hfs_vnodeop_opv_desc,
    &hfs_specop_opv_desc,
    &hfs_fifoop_opv_desc,
      ...
      NULL
};
```

图 11-16　VFS 层中的虚拟结点操作矢量

通常，每个 vnodeopv_desc 都是在一个特定于文件系统的文件中声明的。例如，bsd/hfs/hfs_vnops.c 声明了 hfs_vnodeop_opv_desc。

```
// bsd/hfs/hfs_vnops.c

struct vnodeopv_desc hfs_vnodeop_opv_desc =
    { &hfs_vnodeop_p, hfs_vnodeop_entries };
```

hfs_vnodeop_entries——vnodeopv_entry_desc 结构的 null 终止的列表——也是在 bsd/
hfs/hfs_vnops.c 中声明的。

```
// bsd/hfs/hfs_vnops.c

#define VOPFUNC int (*)(void *)

struct vnodeopv_entry_desc hfs_vnodeop_entries[] = {

    { &vnop_default_desc, (VOPFUNC)vn_default_error },    // default
    { &vnop_lookup_desc,  (VOPFUNC)hfs_vnop_lookup },     // lookup
    { &vnop_create_desc,  (VOPFUNC)hfs_vnop_create },     // create
    { &vnop_mknod_desc,   (VOPFUNC)hfs_vnop_mknod  },     // mknod
    ...
    { NULL, (VOPFUNC)NULL }
};
```

在自举期间，bsd_init() [bsd/kern/bsd_init.c]将调用 vfsinit() [bsd/vfs/vfs_init.c]初始化 VFS
层。5.7.2 节枚举了由 vfsinit()执行的重要操作。它将调用 vfs_op_init() [bsd/vfs/vfs_init.c]，
把已知的虚拟结点操作矢量设置成初始状态。

```
// bsd/vfs/vfs_init.c

void
vfs_op_init()
{
    int i;

    // Initialize each vnode operation vector to NULL
    // struct vnodeopv_desc *vfs_opv_descs[]
    for (i = 0; vfs_opv_descs[i]; i++)
        *(vfs_opv_descs[i]->opv_desc_vector_p) = NULL;

    // Initialize the offset value in each vnode operation descriptor
    // struct vnodeop_desc *vfs_op_descs[]
    for (vfs_opv_numops = 0, i = 0, vfs_op_descs[i]; i++) {
        vfs_op_descs[i]->vdesc_offset = vfs_opv_numops;
        vfs_opv_numops++;
    }
}
```

接下来，vfsinit()将调用 vfs_opv_init() [bsd/vfs/vfs_init.c]，填充操作矢量。vfs_opv_init()

将遍历 vfs_opv_descs 的每个元素，检查每个条目的 opv_desc_vector_p 字段是否指向 NULL——如果是，它将在填充矢量之前先分配它。图 11-17 显示了 vfs_opv_init()的操作。

```
// bsd/vfs/vfs_init.c

void
vfs_opv_init()
{
    int i, j, k;
    int (***opv_desc_vector_p)(void *);
    int (**opv_desc_vector)(void *);
    struct vnodeopv_entry_desc *opve_descp;

    for (i = 0; vfs_opv_descs[i]; i++) {

        opv_desc_vector_p = vfs_opv_descs[i]->opv_desc_vector_p;

        if (*opv_desc_vector_p == NULL) {

            // allocate and zero out *opv_desc_vector_p
            ...
        }

        opv_desc_vector = *opv_desc_vector_p;

        for (j = 0; vfs_opv_descs[i]->opv_desc_ops[j].opve_op; j++) {

            opve_descp = &(vfs_opv_descs[i]->opv_desc_ops[j]);

            // sanity-check operation offset (panic if it is 0 for an
            // operation other than the default operation)

            // populate the entry
            opv_desc_vector[opve_descp->opve_op->vdesc_offset] =
                    opve_descp->opve_impl;
        }
    }

    // replace unpopulated routines with defaults
    ...
}
```

图 11-17   自举期间虚拟结点操作矢量的初始化

　　图 11-16 显示了源于 FreeBSD 的 VFS 层的一个有趣的特性：对于给定的 vnodeopv_desc，可以具有多个虚拟结点操作矢量。

11.7 文件系统类型

早期的 Macintosh 系统使用 MFS（Macintosh File System，Macintosh 文件系统），它是一种平面文件系统，其中所有的文件都存储在单个目录中。软件展示了一种虚幻的分层视图，其中显示了嵌套的文件夹。MFS 是为软盘设计的，而不是为大容量存储媒体（比如硬盘和 CD-ROM）设计的。随同 Macintosh Plus 引入的 HFS（Hierarchical File System，分层文件系统）是一种"真正"分层的文件系统，尽管它不同于传统的 UNIX 文件系统，这是由于分层结构是完全在一个中央目录中维护的。直到 Mac OS 8.1 以前，HFS 是 Mac OS 8.1 以前使用的主要文件系统格式，此后 HFS+就取代了它。

> 每个 MFS 卷都包含一个名为 Empty Folder 的文件夹作为它的根级别。重命名这个文件夹将会创建一个新文件夹，作为一种副作用，将会出现一个替代的 Empty Folder。

现代操作系统支持多个文件系统是很常见的——Linux 就支持数十个文件系统！Mac OS X 也支持许多文件系统。由于 Mac OS X 吸收的源文件的数量之多，它具有多个文件系统 API：Carbon File Manager、NSFileManager 和家族（Cocoa），以及 BSD 系统调用。图 11-18 显示了在系统中如何分层放置这些 API。

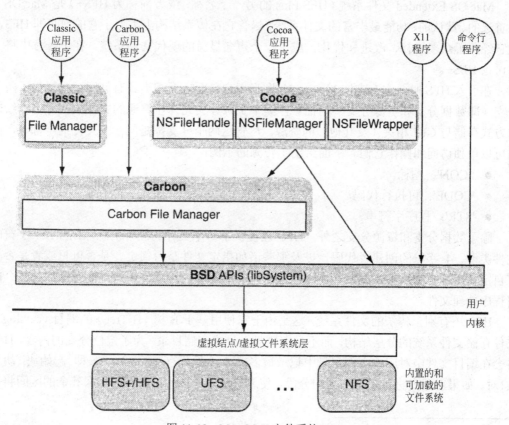

图 11-18 Mac OS X 文件系统 API

可以将 Mac OS X 上可用的文件系统分类如下。

- **本地文件系统**（Local File System）：是指那些使用本地连接的存储器的文件系统。Mac OS X 支持 HFS+、HFS、ISO 9660、MS-DOS、NTFS、UDF 和 UFS。
- **网络文件系统**（Network File System）：是指那些允许驻留在一台计算机上的文件在本地出现在另一台计算机上的文件系统，只要两台计算机通过网络连接即可。Mac OS X 支持 AFP（Apple Filing Protocol）、FTP 文件系统、NFS、SMB/CIFS 和 WebDAV 文件系统。
- **伪文件系统**（Pseudo File System）：是指那些通常用于提供非文件信息的类似于文件的视图的文件系统。其他一些伪文件系统将用作特殊的文件系统层。一般而言，伪文件系统没有持久的后备存储器[①]。Mac OS X 支持 cddafs、deadfs、devfs、fdesc、specfs、fifofs、synthfs、union 和 volfs。

> Apple 为 Mac OS X 提供的另一个文件系统是 ACFS（Apple Cluster File System），它是一个共享的 SAN 文件系统，作为 Xsan 产品的基础（参见 2.15.2 节）。

现在来简要探讨所有这些文件系统。

11.7.1   HFS+和 HFS

Mac OS Extended 文件系统（HFS Plus 的另一个名称，或者简称为 HFS+）是 Mac OS X 上首选的、默认的、功能最丰富的文件系统。尽管它在体系结构上类似于它的前身即 HFS，但它经历了众多增补、改进和优化，成了一个声名显赫的现代文件系统。在下一章中将详细讨论 HFS+。

在引入 HFS 时，它在支持 Macintosh 图形用户界面方面相当具有创意。它提供了两个分支（即数据分支和资源分支）的抽象，其中资源分支允许在普通的文件数据旁边以结构化方式存储与 GUI 相关（及其他）的资源。尽管这两个分支都是同一个文件的一部分，但是可以单独访问和操作它们。下面给出了资源的示例。

- 'ICON'：图标。
- 'CODE'：可执行代码。
- 'STR'：程序字符串。

除了数据分支和资源分支之外，HFS 还提供了每个文件的额外信息，比如：4 字符的文件类型、4 字符的创建者代码，以及那些诸如指定文件是否锁定、是否可见或者是否具有自定义图标之类的基本属性。在用户双击它的图标时，这允许用户界面确定启动哪个应用程序处理文件。

HFS 还有别于传统的文件系统，这是由于它使用基于 B 树（B-Tree）的编目（catalog）文件存储文件系统的分层结构，而不是在磁盘上显式存储目录。为了定位分支的内容，HFS 将会在编目文件中对应的文件记录中记录最多前 3 个区间（Extent）——即{起始块, 块计数}对。如果对分支进行了足够多的分段，使之具有 3 个以上的区间，那么其余的区间将会

[①] cddafs 提供了持久的非文件信息的文件系统视图。

溢出到另一个基于 B 树的文件：区间溢出文件。如第 12 章中将介绍的，HFS+保留了 HFS
的基本设计。

HFS 和 HFS+都使用冒号字符（:）作为路径分隔符——它不是有效的文件名字符。它
们也不具有文件扩展名的概念。

11.7.2　ISO 9660

ISO 9660 是一个用于只读数据 CD 的独立于系统的文件系统。Apple 具有它自己的 ISO
9660 扩展集。而且，Mac HFS+/ISO 9660 混合光盘包含有效的 HFS+和有效的 ISO 9660 文
件系统。这两个文件系统在 Mac OS X 上都可以读取，而在非 Apple 系统上，通常只能读
取 ISO 9660 数据。这并不意味着光盘上有冗余的数据——通常，需要从 Mac OS X 及其他
操作系统访问的数据存储在 ISO 9660 卷上，并且在 HFS+卷上采用别名。考虑下面的示例，
其中创建了一个混合式 ISO 映像，它包含两个文件，并且每个文件只能在单个文件系统中
看到。

```
$ hdiutil makehybrid -o /tmp/hybrid.iso . -hfs -iso -hfs-volume-name HFS \
    -iso-volume-name ISO -hide-hfs iso.txt -hide-iso hfs.txt
Creating hybrid image...
...
$ hdiutil attach -nomount /tmp/hybrid.iso
/dev/disk10                 Apple_partition_scheme
/dev/disk10s1               Apple_partition_map
/dev/disk10s2               Apple_HFS
$ hdiutil pmap /dev/rdisk10
Partition List
## Dev_____Type_____Name_____Start___Size____ End
 0 disk10s1 Apple_partition_map Apple              1      63        63
-1          Apple_ISO            ISO               64      24        87
 1 disk10s2 Apple_HFS            DiscRecording 3.0 88      36       123
Legend
    - ... extended entry
    + ... converted entry
...
```

如果显式挂接混合卷的 ISO 9660 文件系统，将不会在它上面看到仅 HFS+能够看到的
文件 hfs.txt。如果把它挂接为 HFS+卷，则只会在它上面看到 hfs.txt。

```
$ mkdir /tmp/iso
$ mount -t cd9660 /dev/disk10 /tmp/iso
$ ls /tmp/iso
ISO.TXT
$ umount /tmp/iso
$ hdiutil detach disk10
...
$ open /tmp/hybrid.iso
```

```
...
$ ls /Volumes/HFS
hfs.txt
```

> Apple 的 ISO 9660 实现将资源分支存储为一个**关联文件**（Associated File），通过向包含文件的名称中添加 _ 前缀来指定它。

11.7.3　MS-DOS

Mac OS X 包括对 MS-DOS 文件系统的 FAT12、FAT16 和 FAT32 变体的支持。MS-DOS 文件系统没有编译进内核中，但是被展示为一个可加载的内核扩展（/System/Library/Extensions/msdosfs.kext）。在挂接 MS-DOS 卷时，如果还没有加载这个内核扩展，mount_msdos 命令将尝试加载它。

hdiutil 支持把 MS-DOS 文件系统写到磁盘映像。

```
$ hdiutil create -size 32m -fs MS-DOS -volname MS-DOS /tmp/ms-dos.dmg
$ hdiutil attach /tmp/ms-dos.dmg
/dev/disk10                                                    /Volumes/MS-DOS
$ hdiutil pmap /dev/rdisk10
## Dev_____Type_____Name_____Start___Size____ End_____
-1 disk10   MS-DOS         Single Volume  0        65536    65535
...
```

Mac OS X MS-DOS 文件系统实现通过在一个特殊格式化的文本文件中存储链接-目标信息来支持符号链接，这个文件的大小恰好是 1067 字节。图 11-19 显示了符号链接文件 symlink.txt 的内容，其链接目标被指定为相对路径 target.txt。

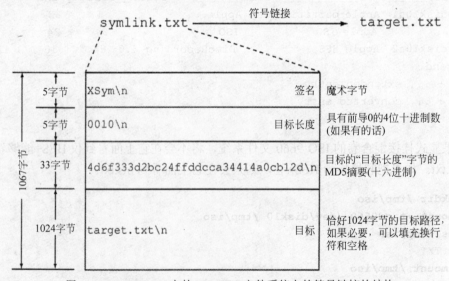

图 11-19　Mac OS X 上的 MS-DOS 文件系统上的符号链接的结构

可以通过简单地向文件中写入合适的信息，来合成符号链接[①]——可以使用如下命令生成链接-目标路径的 MD5 摘要。

```
$ echo -n target.txt | md5
4d6f333d2bc24ffddcca34414a0cb12d
```

11.7.4　NTFS

Mac OS X 包括对 NTFS 的只读支持。NTFS 文件系统驱动程序（/System/Library/Extensions/ntfs.kext）基于 FreeBSD NTFS 驱动程序。与 MS-DOS 文件系统一样，没有把 NTFS 编译进内核中，但是当需要时可以通过 mount_ntfs 程序加载它。

11.7.5　UDF

通用磁盘格式（Universal Disk Format，UDF）是由 DVD-ROM 光盘（包括 DVD 视频和 DVD 音频光盘）以及许多 CD-R/RW 封包写入程序使用的文件系统。它被实现为一个内核扩展（/System/Library/Extensions/udf.kext），当需要时可以通过 mount_udf 程序加载它。Mac OS X 10.4 支持"正常"风格的 UDF 1.5 规范。

11.7.6　UFS

Darwin 的 UFS 实现类似于 FreeBSD 上的实现，但它们不是完全兼容，因为 Darwin 实现总是大端的（与 NEXTSTEP 的实现一样）——甚至在小端硬件上也是如此。技术上讲，UFS 是 BSD 的 UNIX 文件系统层，它独立于底层的文件系统实现。处理磁盘上的结构的那一部分基于 FFS（Berkeley Fast File System，伯克利快速文件系统）。我们将使用术语 **UFS** 代表 UFS 和 FFS 的组合。

UFS 没有提供 HFS+提供的一些特性——例如，它不支持多重分支、（本地）扩展的基本属性和别名。不过，可以通过仿真在 UFS 上使用资源分支和扩展的基本属性。例如，当把一个具有非 0 资源分支的文件（比如说，名为 file.txt）复制到 UFS 卷上时，将把它拆分成两个文件：file.txt（包含数据分支）和_file.txt（包含资源分支）。把这样一个文件复制到 HFS+卷上将填充目标文件中的两个分支。

UFS2

　　FreeBSD 的更新版本包括 UFS2，它是 UFS（现在的叫法是 UFS1）的一个重新设计的版本。UFS2 提供了众多超越 UFS1 的改进，比如：64 位的块指针、用于访问和修改时间的 64 位的时间字段、支持每个文件的"诞生时间"字段、支持扩展的基本属性以及动态分配的索引结点（inode）。与 HFS+一样，UFS2 扩展的基本属性用于实现**访问控制列表**（Access Control List，ACL）。在 FreeBSD 的 MAC（Mandatory Access Control，强制访问控制）框架中也把它们用于数据标记。

---

① 可能需要卸载并且重新挂接卷；由于缓存，文件系统最初可能不会把文件识别为符号链接。

与 HFS+不同，UFS 总是区分大小写的。它还支持 HFS+所不支持的稀疏文件——或者具有"空隙"的文件。如果一个文件包含相对大量的 0 数据（相比它的大小而言），就可以高效地将其表示为一个稀疏文件。在具有稀疏文件支持的文件系统上，可以创建具有非 0 大小的物理上的空文件。换句话说，文件将包含虚拟磁盘块。在读取这样一个文件时，内核将返回 0 填充的内存，以此代替虚拟磁盘块。当写入稀疏文件的一部分时，文件系统将管理稀疏和非稀疏数据。稀疏文件的功用的一个良好示例出现在仿真器（比如 Virtual PC）中，它使用大磁盘映像作为属于来宾操作系统的虚拟磁盘。如果仿真器直到必要时才分配物理存储，那么它要么必须使用稀疏文件，要么必须模拟稀疏性本身——在文件系统之上。后者很可能导致零碎的磁盘映像。

> 即使 HFS+不支持稀疏文件，它还是支持对从未写入的文件块进行延迟清零。与此同时，当读取这样的块时，内核将返回 0 填充的页。

当尝试创建一个具有非 0 大小并且超过文件系统的容量的空文件时，可以比较 HFS+与 UFS 的行为。以下将创建两个磁盘映像，每个的大小都是 16MB，但是一个包含 HFS+文件系统，另一个则包含 UFS 文件系统。注意：hdiutil 支持把 UFS 文件系统写到磁盘映像。接下来，将使用 mkfile 命令，尝试在两个卷上创建 32MB 的稀疏文件。

```
$ hdiutil create -size 16m -fs HFS -volname HFS hfs.dmg
...
$ hdiutil create -size 16m -fs UFS -volname UFS ufs.dmg
...
$ open hfs.dmg
$ open ufs.dmg

$ cd /Volumes/HFS
$ df -k .
Filesystem   1K-blocks Used Avail Capacity  Mounted on
/dev/disk10s2   16337  261 16076    2%   /Volumes/HFS
$ mkfile -nv 32m bigfile
mkfile: (bigfile removed) Write Error: No space left on device

$ cd /Volumes/UFS
$ df -k .
Filesystem   1K-blocks Used Avail Capacity  Mounted on
/dev/disk11s2   15783   15 14979    0%   /Volumes/UFS
$ mkfile -nv 32m bigfile
bigfile 33554432 bytes
$ ls -lh bigfile
-rw-------  1 amit  amit      32M Oct 22 11:40 bigfile
$ df -k .
Filesystem   1K-blocks Used Avail Capacity  Mounted on
/dev/disk11s2   15783   27 14967    0%   /Volumes/UFS
```

> 尽管 Mac OS X 支持 UFS 作为根文件系统，但是操作系统的特性能够最好地与 HFS+

集成起来。因此，建议将 HFS+作为主文件系统。

11.7.7 AFP

AFP（Apple Filing Protocol，Apple 归档协议）是用于通过网络共享文件的协议。它是 Mac OS 9 中的主要文件共享协议，并且被 AppleShare 服务器和客户广泛使用。它仍然是在 Mac OS X 系统之间共享文件的默认协议。一般而言，可以通过 AFP 共享任何支持 UNIX 语义的文件系统。特别是，除了 HFS+挂接之外，AFP 还可用于导出 NFS 和 UFS 挂接。

AFP 的 Mac OS X 实现包含在一个可加载的内核扩展（/System/Library/Filesystems/AppleShare/afpfs.kext）中。

> /Systems/Library/Filesystems/AppleShare/目录还包含 asp_atp.kext 和 asp_tcp.kext 内核扩展。它们分别实现了经由 AppleTalk 和 TCP 的 ASP（Apple Session Protocol，Apple 会话协议）。ASP 是一个会话层协议，允许客户与服务器之间建立会话，以及向服务器发送命令。

当 AFP 客户计算机上的应用程序访问驻留在 AFP 文件服务器上的远程文件时，本地文件系统层将发送请求给 AFP 转换器，它将转换并发送请求给服务器。不过，并非所有 AFP 相关的通信都会经过转换器。有些 AFP 命令没有对应的本地文件系统——例如，用于用户身份验证的命令。可以把这样的命令直接发送给 AFP 服务器，同时将会绕过转换器。

传统的 NFS 是无状态的，与之不同，AFP 是基于会话的。AFP 服务器共享一个或多个卷，AFP 客户可以在会话期间访问它们。当 AFP 客户使用 **UAM**（User Authentication Method，用户身份验证方法）与 AFP 服务器之间进行身份验证时，AFP 会话就开始了。AFP 支持多种 UAM，具体如下。

- 无用户身份验证。
- 明文密码。
- 随机数交换。
- 双向随机数交换。
- Diffie-Hellman 交换。
- Diffie-Hellman 交换 2。
- Kerberos。
- Reconnect。

> Reconnect UAM 打算由客户用于重新连接中断的会话——比如说，由于网络中断。另请注意：AFP 支持利用 SSH 作为一个选项来建立隧道。

AFP 具有另一种不太安全的访问控制级别，其中通过 AFP 可用的每个卷都可能具有一个固定长度的 8 个字符的密码与之相关联。它还提供了 UNIX 风格的访问特权，并且支持用于搜索、读和写的所有者和组特权。

> AFP 3.0 之前的版本不支持文件权限。如果 AFP 客户和服务器都支持 AFP 3.x，将通

过连接按原样（未转换）发送 BSD 文件权限。如果只有客户或服务器在使用 AFP 2.x，权限将具有稍微不同的语义。例如，在处理文件夹时，3.x 参与方（服务器或客户）将把 BSD 的读、写和执行位映射到对应的 AFP 的 See Files、See Folders 和 Make Changes。注意：其有效用户 ID（UID）为 0 的进程将不能通过网络使用 AFP 访问数据。

Mac OS X 使用一个用户空间的 AFP 守护进程（/usr/sbin/AppleFileServer），当在 System Preferences→Sharing 下面选中 Personal File Sharing 复选框时将会启动它。AFP 服务器提供了同步规则，便于进行明智的并发文件访问。特别是，AFP 具有**拒绝模式**（Deny Mode）的概念——打开一个文件分支的应用程序可以使用这种模式指定应该对打开相同分支的其他应用程序拒绝的特权。

可以把 AFP 命令组织在下列功能类别之下。

- 登录命令。
- 卷命令。
- 目录命令。
- 文件命令。
- 组合式目录和文件命令。
- 分支命令。
- 桌面数据库命令。

11.7.8　FTP

mount_ftp 命令使驻留在 FTP 服务器上的目录在本地可见，从而提供 FTP 文件系统。

```
$ mount_ftp ftp://user:password@host/directory/path local-mount-point
```

　　Mac OS X 包括一个名为 URLMount 的私有框架，它允许挂接 AFP、FTP、HTTP（WebDAV）、NFS 和 SMB URL。/System/Library/Filesystems/URLMount/目录包含 .URLMounter 插件式捆绑组件，用于所有这些 URL 类型。

FTP 文件系统被实现为一个用户进程，它既是 FTP 客户，也是本地 NFS 服务器——它使用 NFS 导出 FTP 视图，然后由 Mac OS X 内置的 NFS 客户挂接它。可以使用 nfsstat 程序监视由于访问 FTP 文件系统的实例而引发的客户端 NFS 活动。

```
$ mkdir /tmp/ftp
$ mount -t ftp ftp://anonymous@sunsite.unc.edu/pub /tmp/ftp
$ ls /tmp/ftp
Linux                   electronic-publications     micro
X11                     gnu                         mirrors
academic                historic-linux              multimedia
archives                languages                   packages
docs                    linux                       solaris
$ nfsstat
Rpc Counts:
```

```
  Getattr  Setattr    Lookup  Readlink     Read    Write   Create   Remove
       12        0        19         1        0        0        0        0
   Rename      Link   Symlink     Mkdir    Rmdir  Readdir RdirPlus   Access
        0        0         3         0        0        1        0        0
    Mknod    Fsstat    Fsinfo  PathConf   Commit
        0        8         0         0        0
  Rpc Info:
   TimedOut   Invalid X Replies   Retries  Requests
          0        0         0         3       44
  ...
```

> 　　甚至在缺少任何显式的 NFS 挂接的情况下，nfsstat 通常也会报告 NFS 活动，因为 Mac OS X 上默认会启动的 automount 守护进程也会使用 FTP 文件系统使用的本地 NFS 服务器方法。

11.7.9　NFS

　　Mac OS X 是从 FreeBSD 得到它的 NFS 客户和服务器支持的。它的实现遵循 NFS 版本 3，并且包括 NQNFS 扩展。如本书 8.10.2 节中所述，Mac OS X 内核为 NFS 使用单独的缓冲区缓存。

　　Mac OS X 还包括针对 NFS 的常用支持性守护进程，具体如下。

- rpc.lockd：实现了 Network Lock Management（网络锁管理）协议。
- rpc.statd：实现了 Status Monitor（状态监视）协议。
- nfsiod：是本地异步 NFS I/O 服务器。

> **NQNFS（Not Quite NFS，非完全 NFS）**
>
> 　　NQNFS 向 NFS 中添加了一些过程，使协议是有状态的，这偏离了原始的 NFS 设计。NFS 服务器将维护在客户上打开的和缓存的文件的状态。在发生崩溃的情况下，NQNFS 将使用租约，便于服务器恢复客户的状态。租约是短期的，但是可以延期使用。

11.7.10　SMB/CIFS

　　SMB（Server Message Block，服务器消息块）是一种广泛使用的协议，用于通过网络共享多种资源。SMB 可共享的资源示例包括：文件、打印机、串行端口和命名管道。从 20 世纪 80 年代早期以来，SMB 就问世了。Microsoft 及其他供应商帮助设计制定了 SMB 的一个增强版本——CIFS（Common Internet File System，公共 Internet 文件系统）。Mac OS X 通过 Samba 提供了对 SMB/CIFS 的支持，Samba 是一个流行的开源 SMB 服务器，可供众多平台使用。

11.7.11 WebDAV

WebDAV（Web-based Distributed Authoring and Versioning，基于 Web 的分布式创作和版本控制）是普遍存在的 HTTP（Hypertext Transfer Protocol，超文本传输协议）的一个扩展，它允许在 Web 上进行协作式文件管理。例如，使用 WebDAV，可以通过连接到一台启用了 WebDAV 的 Web 服务器，远程创建和编辑内容。给定启用 WebDAV 的目录的 URL，mount_webdav 命令就可以像本地可见的文件系统一样挂接远程目录。特别是，由于可以通过 WebDAV 使用.Mac 账户的 iDisk，也可以通过这种方式挂接它。

```
$ mkdir /tmp/idisk
$ mount_webdav http://idisk.mac.com/<member name>/ /tmp/idisk
... # a graphical authentication dialog should be displayed
$ ls /tmp/idisk
About your iDisk.rtf    Movies          Sites
Backup                  Music           Software
Documents               Pictures
Library                 Public
```

Mac OS X 还支持安全 WebDAV，其中在访问 WebDAV 卷时可以使用 Kerberos 和 HTTPS 协议。

Mac OS X WebDAV 文件系统实现使用一种混合方法，它涉及一个用户空间的守护进程（在 mount_webdav 内实现）和一个可加载的文件系统内核扩展（/System/Library/Extensions/webdav_fs.kext）。图 11-20 显示了这种实现的概览。

大多数实现工作都是由用户空间的守护进程执行的。如图 11-20 所示，文件系统内核扩展使用 AF_LOCAL 套接字与守护进程通信，这个套接字是守护进程作为 mount() 系统调用参数提供给内核的。内核驻留的 WebDAV 代码中的多种虚拟结点操作都只是简单地把 I/O 请求重定向到守护进程，它通过执行适当的网络传输为请求提供服务。守护进程还使用一个本地的临时缓存目录[①]。注意：守护进程不会实际地把文件数据发送给内核 ——一旦把感兴趣的数据下载到一个缓存文件，内核将直接从文件中读取它。可以把这种设置视作文件系统堆叠的一种特殊形式。

11.7.12 cddafs

cdda[②]文件系统用于使音频光盘的音轨作为 AIFF 文件出现。它的实现包括一个挂接实用程序（mount_cddafs）和一个可加载的文件系统内核扩展（/System/Library/Extensions/cddafs.kext）。挂接实用程序尝试确定光盘上的唱片名称和音轨名称。如果它失败，将分别把"Audio CD"和"<track number> Audio Track"用作唱片名称和音轨名称。挂接实用程序使用 mount()系统调用把这些名称传递给 cddafs 内核扩展，它将通过光盘上的音轨创建文

---

① 当这个目录中的文件打开时，守护进程将取消链接它们；因此，它们将是"不可见"的。

② CD-DA 代表 Compact Disc Digital Audio（光盘数字音频）。

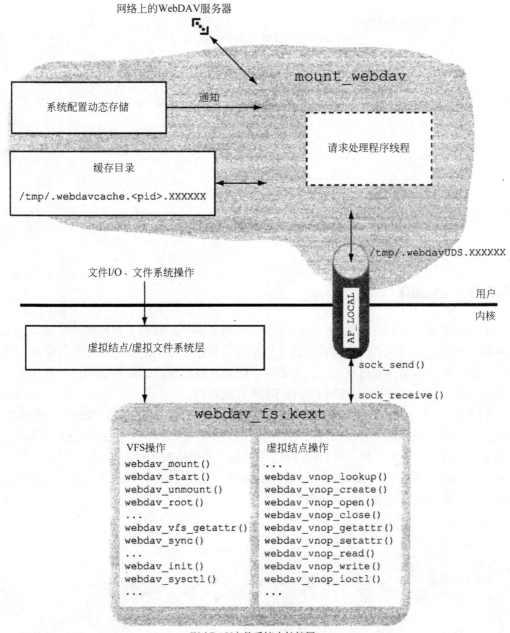

WebDAV文件系统内核扩展

图 11-20　WebDAV 文件系统的实现

件系统视图。每个音轨的文件名都具有<track number><track name>.aiff 格式，而唱片名称则会用作卷的名称。内核扩展还会创建一个名为.TOC.plist 的内核中的文件，它与音轨文件一起出现在根目录中，并且包含用于光盘的 XML 格式化的目录数据。

```
$ cat /Volumes/Joshua Tree/.TOC.plist
...
<key>Sessions</key>
```

```
            <array>
                <dict>
                        <key>First Track</key>
                        <integer>1</integer>
                        <key>Last Track</key>
                        <integer>11</integer>
                        <key>Leadout Block</key>
                        <integer>226180</integer>
                        <key>Session Number</key>
                        <integer>1</integer>
                        <key>Session Type</key>
                        <integer>0</integer>
                        <key>Track Array</key>
                        <array>
    ...
```

11.7.13 deadfs

deadfs 实质上便于撤销对（比如说）控制终端或者强制卸载的文件系统的访问。revoke()
系统调用通过使引用文件的所有打开的文件描述符失效，撤销对给定路径名的访问，它还
会导致对应的虚拟结点脱离底层的文件系统。此后，将把虚拟结点与 deadfs 关联起来。在
启动会话时，launchd 程序将使用 revoke()准备控制终端。

VFS 层（参见 11.6 节）使用 vclean()函数[bsd/vfs/vfs_subr.c]使底层文件系统脱离虚拟
结点——它将从虚拟结点可能出现的任何挂接列表中移除虚拟结点，清除与虚拟结点关联
的名称-缓存条目，清理任何关联的缓冲区，并且最终将回收虚拟结点以便重复利用。此外，
将把虚拟结点"转移"到 deadfs（dead file system，死文件系统），还会把它的虚拟结点操
作矢量设置成死文件系统的操作矢量。

// bsd/vfs/vfs_subr.c

```
static void
vclean(vnode_t vp, int flags, proc_t p)
{
  ...
  if (VNOP_RECLAIM(vp, &context))
    panic("vclean: cannot reclaim");
  ...
  vp->v_mount = dead_mountp;  // move to the dead file system
  vp->v_op = dead_vnodeop_p;  // vnode operations vector of the dead file system
  vp->v_tag = VT_NON;
  vp->v_data = NULL;
  ...
}
```

deadfs 中的大多数操作都会返回一个错误，只有少数例外，比如下面列出的这些情况。

- close()：轻松平常地成功。
- fsync()：轻松平常地成功。
- read()：对于字符设备，返回文件末尾；但是对于所有其他的设备，都会返回一个 EIO 错误。

11.7.14　devfs

devfs（device file system，设备文件系统）允许访问全局文件系统命名空间中的内核的设备命名空间。它允许动态添加和删除设备条目。特别是，在连接和分离媒体设备时，I/O Kit 的 IOStorageFamily 将使用 devfs 函数分别用于添加和删除与之对应的块和字符结点。

在 BSD 初始化期间，从 Mac OS X 内核内分配、初始化和挂接 devfs。默认情况下，内核将把它挂接在/dev/目录上。可以在以后从用户空间中使用 mount_devfs 程序卸载它的额外实例。

```
$ mkdir /tmp/dev
$ mount_devfs devfs /tmp/dev
$ ls /tmp/dev
bpf0                    ptyte                   ttyr4
bpf1                    ptytf                   ttyr5
...
$ umount /tmp/dev
```

在自举期间，VFS 初始化将遍历每个内置的文件系统，调用文件系统的初始化函数，对于 devfs，它是 devfs_init() [bsd/miscfs/devfs/devfs_vfsops.c]。之后不久，内核将挂接 devfs。devfs_init()将为以下设备创建设备条目：console、tty、mem、kmem、null、zero 和 klog。

> devfs 把它的大多数虚拟结点操作都重定向到 specfs（参见 11.7.16 节）。

11.7.15　fdesc

fdesc 文件系统传统上挂接在/dev/fd/上，在调用进程中提供所有活动文件描述符的列表[①]。例如，如果一个进程打开了文件描述符编号 n，那么下面两个函数调用将是等价的。

```
int fd;
...
fd = open("/dev/fd/n", ...);    /* case 1 */
fd = dup(n);                     /* case 2 */
```

在 In Mac OS X 10.4 以前的版本中，/etc/rc 启动脚本将在/dev/上挂接 fdesc 文件系统，作为一个联合挂接（Union Mount）。从 Mac OS X 10.4 起，代之以通过 launchd 挂接 fdesc。

```
// launchd.c
```

---

① 进程只能使用 fdesc 文件系统访问它自己打开的文件描述符。

```
...
if (mount("fdesc", "/dev", MNT_UNION, NULL) == 1)
    ...
```

注意：mount()系统调用的 launchd 调用中的挂接点是/dev/（而不是/dev/fd/）。fd/目录是由 fdesc 文件系统维护的，作为它的根目录中的条目之一。除了 fd/之外，它还会维护 3 个符号链接：stdin、stdout 和 stderr。这些链接的目标分别是 fd/0、fd/1 和 fd/2。像 devfs 一样，fdesc 可以有多个实例。

```
$ mkdir /tmp/fdesc
$ mount_fdesc fdesc /tmp/fdesc
$ ls -l /tmp/fdesc
total 4
dr-xr-xr-x  2 root  wheel  512  Oct 23 18:33 fd
lr--r--r--  1 root  wheel    4  Oct 23 18:33 stderr -> fd/2
lr--r--r--  1 root  wheel    4  Oct 23 18:33 stdin -> fd/0
lr--r--r--  1 root  wheel    4  Oct 23 18:33 stdout -> fd/1
```

> fdesc 的功能类似于 Linux 的/proc/self/fd/目录，它允许进程访问它自己的打开文件描述符。Linux 系统还具有以符号方式链接到/proc/self/fd/的/dev/fd/。

11.7.16   specfs 和 fifofs

设备（即所谓的特殊文件）和命名管道（fifo）可以驻留在能够存放这类文件的任何文件系统上。尽管主机文件系统会维护特殊文件的名称和基本属性，但它不能轻松地处理在这类文件上执行的操作。事实上，与普通文件相关的许多操作甚至对于特殊文件都可能没有意义。而且，多个具有相同的主要编号和次要编号的特殊文件在文件系统上可能具有不同的路径名，甚至在不同的文件系统上也是如此。必须确保所有这些文件——实质上是设备别名——无歧义地引用相同的底层设备。一个相关的问题是多个缓冲的问题，其中缓冲区缓存可以为设备上的同一个块保存多个缓冲区。

理想情况下，应该把对设备文件的访问直接映射到它们的底层设备——也就是说，映射到各自的设备驱动程序。要求每种文件系统类型都包括对特殊文件操作的显式支持将是不合理的。SVR4 中引入的 specfs 层提供了对这个问题的一种解决方案：它实现了可以被任何文件系统使用的特殊文件的虚拟结点操作。考虑 HFS+卷上的块或字符特殊文件的示例。当 HFS+需要一个新的虚拟结点时，比如说在查找操作期间，它将会调用 hfs_getnewvnode() [bsd/hfs/hfs_cnode.c]。后者将检查它是否是 fifo 或特殊文件，如果是，它将安排利用一个虚拟结点操作表创建虚拟结点，这个虚拟结点操作表将不同于用于 HFS+ 的虚拟结点操作表：hfs_fifoop_p 和 hfs_specop_p 将分别把适当的操作重定向到 fifofs 和 specfs。

```
// bsd/hfs/hfs_cnode.c

int
```

```
hfs_getnewvnode(struct hfsmount *hfsmp, ...)
{
    ...
        if (vtype == VFIFO)
            vfsp.vnfs_vops = hfs_fifoop_p;     // a fifo
        else if (vtype == VBLK || vtype == VCHR)
            vfsp.vnfs_vops = hfs_specop_p;     // a special file
        else
            vfsp.vnfs_vops = hfs_vnodeop_p;    // use HFS+ vnode operations
        ...
    if ((retval = vnode_create(VNCREATE_FLAVOR, VCREATESIZE, &vfsp, ...)))) {
    ...
}
```

注意：fifofs 和 specfs 都是文件系统层（Layer）——而不是文件系统。特别是，用户不能挂接、卸载或看到它们。

11.7.17　synthfs

synthfs 是一种内存中的文件系统，它提供了用于创建任意目录树的命名空间。因此，它可用于**合成**（Synthesize）挂接点——比如说，当从一个只读设备引导时，该设备可能没有用作挂接点的备用目录。除了目录之外，synthfs 还允许创建符号链接（而非文件）。

> 尽管 synthfs 源是 xnu 源的一部分，默认的 Mac OS X 内核并没有包括 synthfs，作为一种内编译的文件系统。对于这样的内核，首先必须编译 synthfs。

现在来看一个使用 synthfs 的示例。假设具有一个挂接在/Volumes/ReadOnly/上的只读文件系统，并且希望在/Volumes/ReadOnly/mnt/内合成目录树，其中 mnt/是现有的子目录。可以在/Volumes/ReadOnly/mnt/之上挂接 synthfs 的一个实例，然后，可以在 mnt/子目录内创建目录和符号链接。

```
$ lsvfs # ensure that synthfs is available
Filesystem                     Refs Flags
------------------------------ ----- ---------------
ufs                                0 local
...
synthfs                            0
$ ls -F /Volumes/ReadOnly # a read-only volume
mnt/ root/ boot/ ...
$ ls -F /Volumes/ReadOnly/mnt # subdirectory of interest
$ sudo mkdir /Volumes/ReadOnly/mnt/MyDir # cannot create a new directory
mkdir: /Volumes/ReadOnly/mnt: No such file or directory
$ mount_synthfs synthfs /Volumes/ReadOnly/mnt # mount synthfs
$ mount
...
<synthfs> on /Volumes/ReadOnly/mnt (nodev, suid, mounted by amit)
```

```
$ sudo mkdir /Volumes/ReadOnly/mnt/MyDir # try again
$ ls -F /Volumes/ReadOnly/mnt # now a directory can be created
MyDir/
$ umount /Volumes/ReadOnly/mnt # cannot unmount synthfs because of MyDir/
umount: unmount(/Volumes/ReadOnly/mnt): Resource busy
$ sudo rmdir /Volumes/ReadOnly/mnt/MyDir # remove MyDir/
$ umount /Volumes/ReadOnly/mnt # now synthfs can be unmounted
$
```

注意：如果需要使 synthfs 挂接点的现有内容保持可见，可以利用 union 选项挂接 synthfs（参见 11.7.18 节）。

11.7.18　联合

空挂接（Null Mount）文件系统（nullfs）是 4.4BSD 中的一种可堆叠的文件系统。它允许把文件系统的某个部分挂接在一个不同的位置。这可用于把多个目录结合成一个新的目录树。因此，可以把多个磁盘上的文件系统层次结构展示为一个目录树。而且，可以把可写文件系统的子树设置成只读的。Mac OS X 没有使用 nullfs，但它提供了**联合挂接**（Union Mount）文件系统，它在概念上扩展了 nullfs，它不会隐藏"挂接"目录中的文件——相反，它将把两个目录（以及它们的树）合并成单个视图。在联合挂接中，禁用使用重复的名称。给定一个名称，查找操作将定位具有该名称的逻辑上位于最上面的实体。现在来查看一个命令序列，它们将演示联合挂接背后的基本概念。

首先，将利用 HFS+文件系统创建两个磁盘映像并连接它们。

```
$ hdiutil create -size 16m -layout NONE -fs HFS+ \
    -volname Volume1 /tmp/Volume1.dmg
...
$ hdiutil create -size 16m -layout NONE -fs HFS+ \
    -volname Volume2 /tmp/Volume2.dmg
...
$ hdiutil attach -nomount /tmp/Volume1.img
/dev/disk10           Apple_HFS
$ hdiutil attach -nomount /tmp/Volume2.img
/dev/disk11           Apple_HFS
```

接下来，将挂接两个映像，并在它们上面创建文件：Volume1 将包含一个文件（a.txt），而 Volume2 将包含两个文件（a.txt 和 b.txt）。

```
$ mkdir /tmp/union

$ mount -t hfs /dev/disk10 /tmp/union
$ echo 1 > /tmp/union/a.txt
$ umount /dev/disk10

$ mount -t hfs /dev/disk11 /tmp/union
```

```
$ echo 2 > /tmp/union/a.txt
$ echo 2 > /tmp/union/b.txt
$ umount /dev/disk11
```

现在通过对 mount 命令指定 union 选项，对两个文件系统执行联合挂接。

```
$ mount -t hfs -o union /dev/disk10 /tmp/union
$ mount -t hfs -o union /dev/disk11 /tmp/union
```

由于 Volume2 挂接在 Volume1 之上，在两个映像中都存在的文件名（在这个示例中是 a.txt）将在后一个映像中被禁止使用。换句话说，将访问位于逻辑上最上面的卷上的文件。

```
$ ls /tmp/union        # contents will be union of Volume1 and Volume2
a.txt b.txt
$ cat /tmp/union/a.txt  # this should come from Volume2 (the top volume)
2
$ umount /dev/disk11    # let us unmount Volume2
$ ls /tmp/union         # we should only see the contents of Volume1
a.txt
$ cat /tmp/union/a.txt  # this should now come from Volume1
1
$ umount /dev/disk10
```

还能够以相反的顺序对卷执行联合挂接，并且验证这样做是否会导致 a.txt 来自于 Volume1。

```
$ mount -t hfs -o union /dev/disk11 /tmp/union
$ mount -t hfs -o union /dev/disk10 /tmp/union
$ ls /tmp/union
a.txt   b.txt
$ cat /tmp/union/a.txt
1
```

如果现在写到 a.txt，它将只会修改上面的卷（Volume1）。b.txt 文件将出现在联合中，但是只存在于下面的卷中。现在来看如果写到 b.txt，将会发生什么。

```
$ cat /tmp/union/b.txt
2
$ echo 1 > /tmp/union/b.txt
$ cat /tmp/union/b.txt
1
$ umount /dev/disk10s2     # unmount top volume (Volume1)
$ cat /tmp/union/b.txt     # check contents of b.txt in Volume2
2
```

可以看到下面的卷中的 b.txt 没有改变。写到 b.txt 还会导致创建它，因为它在写到的联合层中不存在。如果删除一个存在于上面两层中的文件，则只会删除最上面一层中的文件，而下面一层中的文件将会显现出来。

```
$ mount -t hfs -o union /dev/disk10 /tmp/union
$ cat /tmp/union/b.txt
1
$ rm /tmp/union/b.txt
$ cat /tmp/union/b.txt
2
```

> 　　Mac OS X 安装程序光盘上的/etc/rc 启动脚本使用联合挂接，在安装过程很可能写到的目录（比如/Volumes、/var/tmp 和/var/run）上面挂接 RAM 磁盘。

11.7.19　volfs

　　卷 ID（volume ID）文件系统（volfs）是存在于另一个文件系统的 VFS 之上的虚拟文件系统。它服务于两个不同的 Mac OS X API 的需要：即 POSIX API 和 Carbon File Manager API。POSIX API 使用 UNIX 风格的路径名，而 Carbon API 则通过一个三元组指定文件系统对象，这个三元组包括卷 ID、包含式文件夹 ID 和结点名称。volfs 使得有可能在 UNIX 风格的文件系统之上使用 Carbon API。

　　默认情况下，volfs 挂接在/.vol 目录上。每个挂接的卷都通过/.vol 下面的一个子目录表示，只要卷的文件系统支持 volfs 即可。HFS+和 HFS 都支持 volfs，UFS 则不然。

> 　　在 Mac OS X 10.4 以前的版本中，将在系统启动期间通过/etc/rc 挂接 volfs。从 Mac OS X 10.4 起，将通过 launchd 挂接它。

```
$ mount
/dev/disk1s3 on / (local, journaled)
devfs on /dev (local)
fdesc on /dev (union)
<volfs> on /.vol
...
$ ls -li /.vol
total 0
234881029 dr-xr-xr-x  2 root  wheel  64 Oct 23 18:33 234881029
```

　　这个示例中的/.vol 只包含一个条目，它对应于根卷。一般来讲，读取 volfs 实例中的顶级目录条目将返回所有支持 volfs 的挂接卷的列表。每个目录的名称都是对应的设备编号（dev_t）的十进制表示。给定设备的主要编号和次要编号，就可以使用 makedev()宏构造 dev_t 的值。

```
// <sys/types.h>
#define makedev(x,y)    ((dev_t)(((x) << 24) | (y)))
```

　　可以在当前示例中计算磁盘的设备编号，并且验证它的 volfs 条目确实具有该名称。

```
$ ls -l /dev/disk1s3
brw-r-----  1 root operator  14,  5 Oct 23 18:33 /dev/disk1s3
```

```
$ perl -e 'my $x = (14 << 24) | 5; print "$x\n"'
234881029
```

如果知道文件的 ID 以及它的包含卷的卷 ID，就可以通过 volfs 访问文件。如本书第 12 章中所述，在大多数情况下，文件的 inode 编号（通过 ls -i 报告）就是它的 HFS+文件 ID。考虑一个文件，比如/mach_kernel：

```
$ ls -li /mach_kernel
2150438 -rw-r--r--   1 root  wheel  4308960 Jul  2 22:28 /mach_kernel
$ ls -li /.vol/234881029/2150438
2150438 -rw-r--r-- 1 root wheel 4308960 Jul  2 22:28 /.vol/234881029/2150438
```

类似地，根文件系统内的所有文件和目录都可以通过 volfs 使用它们的文件 ID 进行访问。不过，注意：volfs 虚拟结点只为每个卷的根目录存在——也就是说，volfs 层次结构只有两个层级。读取/.vol 子目录内的目录条目将只会返回.和..条目。换句话说，不能通过 volfs 枚举文件系统的内容——必须知道目标文件系统对象的 ID，以通过 volfs 访问它。

```
$ ls -lid /usr
11061 drwxr-xr-x   11 root  wheel  374 May 11 19:18 /usr
$ ls -las /.vol/234881029/usr
ls: /.vol/234881029/usr: No such file or directory
$ ls -las /.vol/234881029/11061
total 0
0 drwxr-xr-x    11 root  wheel    374 May 11 19:18 .
0 drwxrwxr-t    39 root  admin   1428 Oct 23 18:33 ..
0 drwxr-xr-x     8 root  wheel    272 Mar 27  2005 X11R6
0 drwxr-xr-x   736 root  wheel  25024 Oct 24 15:00 bin
...
```

/proc 文件系统

　　Mac OS X 没有提供/proc 文件系统。它提供了替代接口，比如 sysctl(3)和过时的 kvm(3)。sysctl(3)接口提供了对 MIB（Management Information Base，管理信息库）的读、写访问，MIB 的内容是各种内核信息，比如同文件系统、虚拟内存、网络和调试相关的信息。如本书第 8 章中所述，kvm(3)接口提供了对原始内核内存的访问。

11.8 Spotlight

　　随着常用存储设备的能力不断增强，人们发现有可能在个人计算机系统上存储数量惊人的信息。除此之外，新信息也在持续不断地产生。不幸的是，这样的信息仅仅是"字节"，除非有强大、高效的方式把它们展示给人类。特别是，人们必须能够搜索这样的信息。随着 21 世纪的到来，在 Internet 的环境中，搜索自身被确立为最普及的计算技术之一。相比之下，操作系统中的典型搜索机制仍然是原始的。

　　尽管就包含的信息数量而言，单个计算机系统与 Internet 不可同日而语，但是让用户

"手动"搜索信息仍然是一项艰巨的任务。它之所以如此困难，有以下几个原因。

- 尽管传统的文件系统组织结构在性质上是分层的，但它仍然需要用户分类和组织信息。此外，当更新现有的信息以及添加新信息时，用户必须在文件组织结构中纳入这样的改变。如果需要数据的多个视图，就必须痛苦地构造它们——比如说，通过符号链接或者复制数据。即便如此，这样的视图也将是静态的。

- 具有实在太多的文件。随着更多的计算机用户普遍采用数字生活方式，其中音乐、图片和电影与传统的数据一起驻留在他们的系统上，有代表性的个人计算机上的平均文件数量也将持续增长。

- 历史上，用户只需处理非常少的文件系统元数据：主要是文件名、大小和修改时间。即使典型的文件系统存储额外的元数据，它主要也是用于存储簿记——这样的数据既不是直观的，对于日常搜索也不是非常有用。对于灵活的搜索特别有用的数据通常是文件内的用户数据（比如文本文档内的文本），或者最好被提供为额外的特定于文件的元数据（比如图像的尺寸和颜色模型）。传统的文件系统也不允许用户向文件中添加他们自己的元数据。

- 在多个应用程序访问或操作相同信息的情况下，使这样的应用程序共享信息对于应用程序开发人员和用户都是有益的。尽管在计算中大量存在用于共享数据的方式，但是传统的 API 在支持共享类型化信息方面相当受限，甚至在给定的平台上也是如此。

> **memex**
>
> 　　在 Vannevar Bush 担任美国的科学研究和发展办公室主任时，他发表了一篇文章，描述了他在许多年前就在构思的一种假想设备——memex，在这篇文章中，他还提出了若干有远见的见解和观察[①]。memex 是一个机械化的私有文件和库——人类记忆的补充。它将存储大量的信息，并且允许快速搜索它的内容。Bush 设想用户可以在 memex 上存储书籍、信件、记录以及其他任意的信息，它的存储容量将足够大。信息可以是文本或图形。

　　Mac OS X 10.4 引入了 **Spotlight**——一个用于提取（或收集）、存储、建立索引以及查询元数据的系统。它提供了集成的系统级服务，用于搜索和建立索引。

11.8.1　Spotlight 的体系结构

Spotlight 是内核级机制和用户级机制的集合，可以把它划分成以下主要的组成部分：

- fsevents 改变通知机制。
- 每个卷的元数据存储。
- 每个卷的内容索引。
- Spotlight 服务器（mds）。
- mdimport 和 mdsync 辅助程序（它们分别具有指向 mdimportserver 和 mdsyncserver

---

① "As We May Think"，作者：Vannevar Bush（Atlantic Monthly 176:1，1945 年 7 月，第 101~108 页）。

的符号链接）。

- 一套元数据导入器插件。
- 编程接口，具有 Metadata 框架（Core Services 包罗框架的一个子框架），提供对 Spotlight 功能的低级访问。
- 最终用户界面，包括命令行和图形界面。

图 11-21 显示了 Spotlight 的各个部分如何彼此交互。

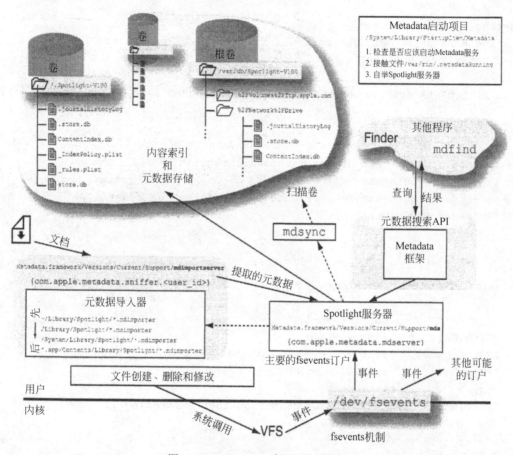

图 11-21　Spotlight 系统的体系结构

fsevents 机制是一个内核中的通知系统，具有一个订阅接口，当文件系统发生改变时用于通知用户空间的订户。Spotlight 依靠这种机制使其信息保持为最新的——如果添加、删除或修改文件系统对象，它将更新卷的元数据存储和内容索引。在 11.8.2 节中将讨论 fsevents。

在启用了 Spotlight 索引的卷上，/.Spotlight-V100 目录包含卷的内容索引（ContentIndex.db）、元数据存储（store.db）以及其他相关的文件。内容索引构建在 Apple 的 Search Kit 技术之上，它提供了一个框架，用于搜索多种语言中的文本以及对其建立索引。元数据存储使用一个专门设计的数据库，其中每个文件以及它的元数据基本属性都被表示为一个 MDItem 对象，它是一个封装了元数据的符合 Core Foundation 的对象。Metadata 框架中的 MDItemCreate() 函数可用于实例化与给定路径名对应的 MDItem 对象。此后，可以调用其他的 Metadata 框架函数获取或设置[①]一个或多个基本属性。图 11-22 显示了一个程序，用于获取或设置与给定路径名关联的 MDItem 的各个基本属性。

```c
// mditem.c

#include <getopt.h>
#include <CoreServices/CoreServices.h>

#define PROGNAME "mditem"
#define RELEASE_IF_NOT_NULL(ref)    { if (ref) { CFRelease(ref); } }
#define EXIT_ON_NULL(ref)           { if (!ref) { goto out; } }

void MDItemSetAttribute(MDItemRef item, CFStringRef name, CFTypeRef value);

usage(void)
{
    fprintf(stderr, "Set or get metadata. Usage:\n\n\
%s -g <attribute-name><filename>                      # get\n\
%s -s <attribute-name>=<attribute-value><filename> # set\n",
    PROGNAME, PROGNAME);
}

int
main(int argc, char **argv)
{
    int             ch, ret = -1;
    MDItemRef       item = NULL;
    CFStringRef     filePath = NULL, attrName = NULL;
    CFTypeRef       attrValue = NULL;
    char            *valuep;
    CFStringEncoding  encoding = CFStringGetSystemEncoding();

    if (argc != 4) {
        usage();
        goto out;
    }

    filePath = CFStringCreateWithCString(kCFAllocatorDefault,
                                    argv[argc - 1], encoding);
    EXIT_ON_NULL(filePath);
    argc--;

    item = MDItemCreate(kCFAllocatorDefault, filePath);
```

图 11-22 获取和设置一个 MDItem 基本属性

---

① 在 Mac OS X 10.4 中，用于设置 MDItem 基本属性的函数不是公共 API 的一部分。

```
    EXIT_ON_NULL(item);

    while ((ch = getopt(argc, argv, "g:s:")) != -1) {
        switch (ch) {
        case 'g':
            attrName = CFStringCreateWithCString(kCFAllocatorDefault,
                                                 optarg, encoding);
            EXIT_ON_NULL(attrName);
            attrValue = MDItemCopyAttribute(item, attrName);
            EXIT_ON_NULL(attrValue);
            CFShow(attrValue);
            break;

        case 's':
            if (!(valuep = strchr(argv[optind - 1], '='))) {
                usage();
                goto out;
            }

            *valuep++ = '\0';
            attrName = CFStringCreateWithCString(kCFAllocatorDefault,
                                                 optarg, encoding);
            EXIT_ON_NULL(attrName);
            attrValue = CFStringCreateWithCString(kCFAllocatorDefault,
                                                  valuep, encoding);
            EXIT_ON_NULL(attrValue);
            (void)MDItemSetAttribute(item, attrName, attrValue);
            break;

        default:
            usage();
            break;
        }
    }

out:
    RELEASE_IF_NOT_NULL(attrName);
    RELEASE_IF_NOT_NULL(attrValue);
    RELEASE_IF_NOT_NULL(filePath);
    RELEASE_IF_NOT_NULL(item);

    exit(ret);
}
```

图 11-22（续）

```
$ gcc -Wall -o mditem mditem.c -framework CoreServices
$ ./mditem -g kMDItemKind ~/Desktop
Folder
$ ./mditem -g kMDItemContentType ~/Desktop
public.folder
```

图 11-22（续）

从编程的角度讲，MDItem 是一个字典，其中包含唯一的抽象键以及值，用于同文件系统对象关联的每个元数据基本属性。Mac OS X 提供了大量预定义的键，它们包含了多种类型的元数据。如本书 11.8.3 节中所述，可以使用 mdimport 命令行程序，枚举 Spotlight 已知的所有键。

Spotlight 服务器——即元数据服务器（mds）——是 Spotlight 子系统中的主要守护进程。它的职责包括：通过 fsevents 接口接收改变通知、管理元数据存储，以及为 Spotlight 查询提供服务。Spotlight 使用一组称为元数据导入器的专用插件式捆绑组件，用于从不同类型的文档中提取元数据，其中每个导入器将处理一种或多种特定的文档类型。mdimport 程序充当用于运行这些导入器的工具。它也可用于从一组文件中显式导入元数据。Spotlight 服务器也为此目的使用 mdimport——确切地讲是指向它的符号链接（mdimportserver）。导入器将返回文件的元数据，得到一组键-值对，Spotlight 将把它们添加到卷的元数据存储中。

自定义的元数据导入器必须小心定义元数据的成分。尽管导入器在技术上可以通过简单地把任意类型的信息提供给 Spotlight，把它们存储在元数据存储中，但是存储在搜索中不太可能有用的信息（例如，缩略图或者任意二进制数据）将会适得其反。对于特定于应用程序的索引编制，Search Kit 可能是一种更好的替代选择。诸如 Address Book、Help Viewer、System Preferences 和 Xcode 之类的 Mac OS X 应用程序就把 Search Kit 用于高效地搜索特定于应用程序的信息。

Spotlight 与 BFS

有时，可以把 Spotlight 与 BFS（BeOS 中的本地文件系统）提供的元数据索引编制功能作比较[1]。BFS 是一个 64 位的日志式文件系统，提供了对扩展基本属性的本地支持。一个文件可以具有任意数量的基本属性，它们实际上在一个与文件关联的特殊的内部目录内存储为文件。而且，BFS 维护了用于标准文件系统基本属性（比如名称和大小）的索引。它还提供了一些接口，可用于为其他基本属性创建索引。索引存储在一个隐藏目录中，该目录是一个正常的目录。BFS 查询引擎的查询语法在很大程度上与 Spotlight 的完全相同。与 Spotlight 一样，查询可以是**实时**（Live）的，这是由于它可以持续报告对查询结果所做的任何改变。

如本书第 12 章中所述，HFS+提供了对扩展基本属性的本地支持。有鉴于此，Spotlight 和 HFS+的结合看上去可能类似于 BFS。不过，它们之间具有几个重要的区别。

---

[1] 这种比较特别有趣，因为同一位工程师在 BFS 与 Spotlight 的设计和实现中都扮演了关键角色。

要指出的也许最重要的一点是：如 Mac OS X 10.4 中所实现的那样，Spotlight 没有使用 HFS+中的对本地扩展基本属性的支持。收集的所有元数据——无论是从磁盘上的文件结构中提取的，还是由用户显式提供的（对应于 Finder 用于文件或文件夹的信息窗格中的 Spotlight Comments 区域）——都是在外部存储的。特别是，Spotlight 自身不会对文件修改或添加任何元数据，包括扩展基本属性。

对于 BFS，索引的创建发生在文件系统自身内。与之相比，Spotlight 将完全在用户空间中构建和维护索引，尽管它要依靠 fsevents 内核级机制，以便及时通知文件系统的改变。

如果纯粹基于理论基础，那么 BFS 方法似乎更佳。不过，Spotlight 具有独立于文件系统的好处——例如，它可以在 HFS+、UFS、MS-DOS 甚至 AFP 卷上工作。由于元数据存储和内容索引不需要驻留在使用它们的卷上，甚至可以使 Spotlight 在只读卷上工作。

11.8.2　fsevents 机制

fsevents 机制提供了 Spotlight 实时更新的基础。内核通过一个伪设备（/dev/fsevents）把该机制导出到用户空间。有兴趣了解文件系统改变的程序——用 fsevents 的说法就是**观察者**（Watcher）——可以通过访问这个设备来订阅该机制。确切地讲，观察者打开/dev/fsevents，并且使用一个特殊的 ioctl 操作（FSEVENTS_CLONE）**克隆**（Clone）得到的描述符。

> Spotlight 服务器是 fsevents 机制的主要订户。

ioctl 调用需要一个指向 fsevent_clone_args 结构的指针作为参数。这个结构的 event_list 字段指向一个数组，它包含最多 FSE_MAX_EVENTS 个元素，其中每个元素都是一个 int8_t 值，指示观察者对具有对应索引的事件的兴趣。如果值是 FSE_REPORT，它就意味着内核应该把事件类型报告给观察者。如果值是 FSE_IGNORE，观察者将对此事件类型不感兴趣。表 11-2 列出了各种事件类型。如果数组具有的元素少于事件类型的最大数量，观察者将隐含地对余下的类型不感兴趣。fsevent_clone_args 结构的 event_queue_depth 字段指定了内核应该分配的每个观察者的事件队列的大小（表示为事件数量）。这个大小的限制是 MAX_KFS_EVENTS（2048）个。

表 11-2　fsevents 机制支持的事件类型

事件索引	事件类型	描述
0	FSE_CREATE_FILE	创建文件
1	FSE_DELETE	删除文件或文件夹
2	FSE_STAT_CHANGED	对 stat 结构执行更改——例如，更改对象的权限
3	FSE_RENAME	重命名文件或文件夹
4	FSE_CONTENT_MODIFIED	在文件打开时，修改文件的内容——确切地讲，写到正在关闭的文件
5	FSE_EXCHANGE	通过 exchangedata()系统调用，交换两个文件的内容

续表

事件索引	事件类型	描述
6	FSE_FINDER_INFO_CHANGED	更改文件或文件夹的 Finder 信息——例如，更改 Finder 标签颜色
7	FSE_CREATE_DIR	创建文件夹
8	FSE_CHOWN	更改文件系统对象的所有权

稍后将可以看到，每个观察者的事件队列的元素并不是事件本身，而是指向 kfs_event 结构的指针，这些结构是引用计数的结构，其中包含实际的事件数据。换句话说，所有的观察者将共享内核中的单个事件缓冲区。

```
int ret, fd, clonefd;
int8_t event_list[] = { /* FSE_REPORT or FSE_IGNORE for each event type */ }
struct fsevent_clone_args fca;
...
fd = open("/dev/fsevents", O_RDONLY);
...

fca.event_list         = event_list;
fca.num_events         = sizeof(event_list)/sizeof(int8_t);
fca.event_queue_depth  = /* desired size of event queue in the kernel */
fca.fd                 = &clonefd;

ret = ioctl(fd, FSEVENTS_CLONE, (char *)&fca);
...
```

一旦 FSEVENTS_CLONE ioctl 成功返回，程序就可以关闭原始的描述符，并且读取克隆的描述符。注意：如果观察者只对一个或多个特定设备上的文件系统改变感兴趣，它就可以对克隆的/dev/fsevents 描述符使用 FSEVENTS_DEVICE_FILTER ioctl，指定它感兴趣的设备。默认情况下，fsevents 假定观察者对所有设备都感兴趣。

克隆描述符上的读取调用将会阻塞，直到内核报告了文件系统改变为止。当这样的读取调用成功返回时，读取的数据将包含一个或多个事件，并且每个事件都封装在一个 kfs_event 结构中。后者包含一个事件参数的数组，其中每个参数都是一个 kfs_event_arg_t 类型的结构，该结构包含大小可变的参数数据。表 11-3 显示了多种可能的参数类型。参数数组总是通过特殊参数类型 FSE_ARG_DONE 终止的。

表 11-3 fsevents 机制报告的事件中包含的参数类型

事件类型	描述
FSE_ARG_VNODE	虚拟结点指针
FSE_ARG_STRING	字符串指针
FSE_ARG_PATH	完整路径名
FSE_ARG_INT32	32 位的整数
FSE_ARG_INT64	64 位的整数

事件类型	描 述
FSE_ARG_RAW	void 指针
FSE_ARG_INO	索引结点编号
FSE_ARG_UID	用户 ID
FSE_ARG_DEV	文件系统标识符（fsid_t 的第一个成分）或者设备标识符（dev_t）
FSE_ARG_MODE	包含文件模式的 32 位的数字
FSE_ARG_GID	组 ID
FSE_ARG_FINFO	由内核在内部使用的参数，用于保存对象的设备信息、索引结点编号、文件模式、用户 ID 和组 ID——转换成用于用户空间的各个参数序列
FSE_ARG_DONE	一种特殊类型（具有值 0xb33f），标记给定事件的参数列表的末尾

```
typedef struct kfs_event_arg {
    u_int16_t      type; // argument type
    u_int16_t      len;  // size of argument data that follows this field
    ...                  // argument data
} kfs_event_arg_t;

typedef struct kfs_event {
    int32_t        type; // event type
    pid_t          pid;  // pid of the process that performed the operation
    kfs_event_arg_t args[KFS_NUM_ARGS]; // event arguments
} kfs_event;
```

图 11-23 显示了内核中的 fsevents 机制的实现概览。对于每个订阅的观察者，都有一个 fs_event_watcher 结构用于它。这个结构的 event_list 字段指向一个事件类型的数组。该数组包含观察者在克隆设备时指定的值。如果 devices_to_watch 字段不是 NULL，它就指向观察者感兴趣的设备列表。紧接在 fs_event_watcher 结构后面的是观察者的事件队列——即指向 kfs_event 结构的指针数组，这些结构驻留在全局共享事件缓冲区（fs_event_buf）中。fs_event_watcher 结构的 rd 和 wr 字段分别充当读、写游标。当给观察者添加事件时，如果发现写游标已经绕回并且追上了读游标，就意味着观察者丢弃了一个或多个事件。内核将把事件丢弃报告为 FSE_EVENTS_DROPPED 类型的特殊事件，它没有参数（除了 FSE_ARG_DONE 以外），并且包含一个值为 0 的伪进程 ID。

也可能因为 fs_event_buf 全局共享缓冲区填满了而丢弃事件，这可能是由于缓慢的观察者而发生的。从 Spotlight 的角度讲，这是一种更严重的情况。在这种情况下，内核必须丢弃现有的事件，为将要添加的新事件留出空间，这意味着至少一个观察者将不会看到丢弃的事件。为了简化实现，内核将把 FSE_EVENTS_DROPPED 事件递送给所有观察者。

丢弃的事件和 Spotlight

由于从全局共享事件缓冲区中丢弃的事件会影响所有的订户，缓慢的订户可能对主要订户（即 Spotlight 服务器）产生不利的影响。如果 Spotlight 错失了任何事件，它可能需要扫描整个卷，寻找它错失的改变。

在典型情况下，订户的缓慢表明它自身正陷于繁重的文件系统活动中，其中"繁重"的含义可能差别很大，这取决于系统及其当前可用的资源。解压缩巨大的存档或者复制良好填充的字典层次结构很可能导致足够繁重的文件系统活动。在许多情况下，11.10.3节中开发的基于 kauth 的机制可能是一种用于监视文件系统活动的更好的替代选择。

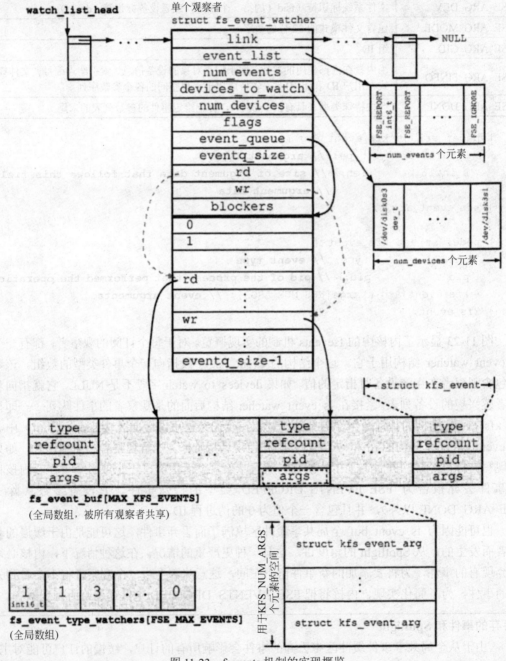

图 11-23　fsevents 机制的实现概览

　　图 11-24 显示了如何把事件添加到全局共享事件缓冲区中。VFS 层中的多个函数将调用 add_fsevent() [bsd/vfs/vfs_fsevents.c]，基于 need_fsevent(type, vp) [bsd/vfs/vfs_fsevents.c] 的返回值生成事件，need_fsevent(type, vp)将接受一种事件类型和一个虚拟结点，并且确定是否需要生成事件。need_fsevent()首先将检查 fs_event_type_watchers 全局数组（参见图 11-23），其中每个元素都会维护对该事件类型感兴趣的观察者数量的计数。如果 fs_event_type_watchers[type]为 0，它就意味着不需要生成其类型是 type 的事件，因为没有观察者感兴趣。fsevents 使用这个数组作为一种及早解决问题的快速检查机制。接下来，need_fsevent()将检查每个观察者，查看是否至少有一个观察者希望报告事件类型并且对虚拟结点属于的设备感兴趣。如果没有这样的观察者，就不需要生成事件。

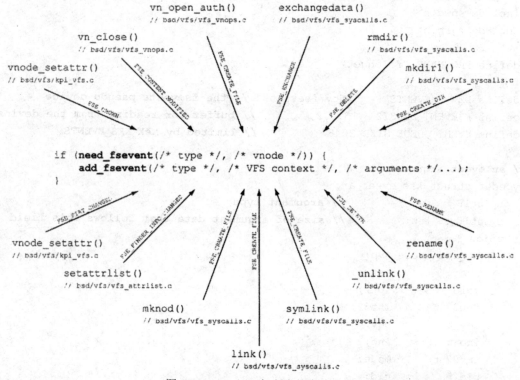

图 11-24　fsevents 机制中的事件生成

　　add_fsevent()把某些内核内部的事件参数扩展进多个用户可见的参数中。例如，FSE_ARG_VNODE 和仅属于内核的参数 FSE_ARG_FINFO 都会导致把 FSE_ARG_DEV、FSE_ARG_INO、FSE_ARG_MODE、FSE_ARG_UID 和 FSE_ARG_GUID 追加到事件的参数列表中。

　　现在将编写一个程序（可以把它命名为 fslogger），用于订阅 fsevents 机制，以及在改变通知从内核中到达时显示它们。程序将处理每个事件的参数列表，在某些情况下增强它（例如，通过确定与进程、用户和组标识符对应的人类友好的名称），以及显示结果。图 11-25 显示了 fslogger 的源文件。

```c
// fslogger.c

#include <stdio.h>
#include <string.h>
#include <fcntl.h>
#include <stdlib.h>
#include <unistd.h>
#include <sys/ioctl.h>
#include <sys/types.h>
#include <sys/sysctl.h>
#include <sys/fsevents.h>
#include <pwd.h>
#include <grp.h>

#define PROGNAME "fslogger"

#define DEV_FSEVENTS      "/dev/fsevents" // the fsevents pseudo-device
#define FSEVENT_BUFSIZ    131072          // buffer for reading from the device
#define EVENT_QUEUE_SIZE  2048            // limited by MAX_KFS_EVENTS

// an event argument
typedef struct kfs_event_arg {
    u_int16_t  type;         // argument type
    u_int16_t  len;          // size of argument data that follows this field
    union {
        struct vnode *vp;
        char         *str;
        void         *ptr;
        int32_t      int32;
        dev_t        dev;
        ino_t        ino;
        int32_t      mode;
        uid_t        uid;
        gid_t        gid;
    } data;
} kfs_event_arg_t;

#define KFS_NUM_ARGS  FSE_MAX_ARGS

// an event
typedef struct kfs_event {
    int32_t         type; // event type
    pid_t           pid;  // pid of the process that performed the operation
    kfs_event_arg_t args[KFS_NUM_ARGS]; // event arguments
} kfs_event;
```

图 11-25　基于 fsevents 机制的文件系统更改记录器

```
// event names
static const char *kfseNames[] = {
    "FSE_CREATE_FILE",
    "FSE_DELETE",
    "FSE_STAT_CHANGED",
    "FSE_RENAME",
    "FSE_CONTENT_MODIFIED",
    "FSE_EXCHANGE",
    "FSE_FINDER_INFO_CHANGED",
    "FSE_CREATE_DIR",
    "FSE_CHOWN",
};

// argument names
static const char *kfseArgNames[] = {
    "FSE_ARG_UNKNOWN", "FSE_ARG_VNODE", "FSE_ARG_STRING", "FSE_ARGPATH",
    "FSE_ARG_INT32",   "FSE_ARG_INT64", "FSE_ARG_RAW",    "FSE_ARG_INO",
    "FSE_ARG_UID",     "FSE_ARG_DEV",   "FSE_ARG_MODE",   "FSE_ARG_GID",
    "FSE_ARG_FINFO",
};

// for pretty-printing of vnode types
enum vtype {
    VNON, VREG, VDIR, VBLK, VCHR, VLNK, VSOCK, VFIFO, VBAD, VSTR, VCPLX
};

enum vtype iftovt_tab[] = {
    VNON, VFIFO, VCHR, VNON, VDIR,  VNON, VBLK, VNON,
    VREG, VNON,  VLNK, VNON, VSOCK, VNON, VNON, VBAD,
};

static const char *vtypeNames[] = {
    "VNON",  "VREG",  "VDIR",  "VBLK", "VCHR", "VLNK",
    "VSOCK", "VFIFO", "VBAD",  "VSTR", "VCPLX",
};
#define VTYPE_MAX (sizeof(vtypeNames)/sizeof(char *))

static char *
get_proc_name(pid_t pid)
{
    size_t      len = sizeof(struct kinfo_proc);
    static int  name[] = { CTL_KERN, KERN_PROC, KERN_PROC_PID, 0 };
    static struct kinfo_proc kp;
```

图 11-25（续）

```
    name[3] = pid;

    kp.kp_proc.p_comm[0] = '\0';
    if (sysctl((int *)name, sizeof(name)/sizeof(*name), &kp, &len, NULL, 0))
        return "?";

    if (kp.kp_proc.p_comm[0] == '\0')
        return "exited?";

    return kp.kp_proc.p_comm;
}


int
main(int argc, char **argv)
{
    int32_t  arg_id;
    int      fd, clonefd = -1;
    int      i, j, eoff, off, ret;

    kfs_event_arg_t    *kea;
    struct             fsevent_clone_args fca;
    char               buffer[FSEVENT_BUFSIZ];
    struct passwd      *p;
    struct group       *g;
    mode_t             va_mode;
    u_int32_t          va_type;
    u_int32_t          is_fse_arg_vnode = 0;
    char               fileModeString[11 + 1];
    int8_t             event_list[] = { // action to take for each event
                           FSE_REPORT,  // FSE_CREATE_FILE
                           FSE_REPORT,  // FSE_DELETE
                           FSE_REPORT,  // FSE_STAT_CHANGED
                           FSE_REPORT,  // FSE_RENAME
                           FSE_REPORT,  // FSE_CONTENT_MODIFIED
                           FSE_REPORT,  // FSE_EXCHANGE
                           FSE_REPORT,  // FSE_FINDER_INFO_CHANGED
                           FSE_REPORT,  // FSE_CREATE_DIR
                           FSE_REPORT,  // FSE_CHOWN
                       };

    if (argc != 1) {
        fprintf(stderr, "%s accepts no arguments. It must be run as root.\n",
                PROGNAME);
        exit(1);
    }
```

图 11-25（续）

```
if (geteuid() != 0) {
    fprintf(stderr, "You must be root to run %s. Try again using 'sudo'.\n",
            PROGNAME);
    exit(1);
}

setbuf(stdout, NULL);

if ((fd = open(DEV_FSEVENTS, O_RDONLY)) < 0) {
    perror("open");
    exit(1);
}

fca.event_list = (int8_t *)event_list;
fca.num_events = sizeof(event_list)/sizeof(int8_t);
fca.event_queue_depth = EVENT_QUEUE_SIZE;
fca.fd = &clonefd;
if ((ret = ioctl(fd, FSEVENTS_CLONE, (char *)&fca)) < 0) {
    perror("ioctl");
    close(fd);
    exit(1);
}

close(fd);
printf("fsevents device cloned (fd %d)\nfslogger ready\n", clonefd);

while (1) { // event-processing loop

    if ((ret = read(clonefd, buffer, FSEVENT_BUFSIZ)) > 0)
        printf("=> received %d bytes\n", ret);

    off = 0;

    while (off < ret) { // process one or more events received

        struct kfs_event *kfse = (struct kfs_event *)((char *)buffer + off);

        off += sizeof(int32_t) + sizeof(pid_t); // type + pid

        if (kfse->type == FSE_EVENTS_DROPPED) { // special event
            printf("# Event\n");
            printf("  %-14s = %s\n", "type", "EVENTS DROPPED");
            printf("  %-14s = %d\n", "pid", kfse->pid);
            off += sizeof(u_int16_t); // FSE_ARG_DONE: sizeof(type)
```

图 11-25 （续）

```
        continue;
    }

    if ((kfse->type < FSE_MAX_EVENTS) && (kfse->type >= -1)) {
        printf("# Event\n");
        printf("  %-14s = %s\n", "type", kfseNames[kfse->type]);
    } else { // should never happen
        printf("This may be a program bug (type = %d).\n", kfse->type);
        exit(1);
    }

    printf("  %-14s = %d (%s)\n", "pid", kfse->pid,
            get_proc_name(kfse->pid));
    printf("  # Details\n    # %-14s%4s  %s\n", "type", "len", "data");

    kea = kfse->args;
    i = 0;

    while ((off < ret) && (i <= FSE_MAX_ARGS)) { // process arguments

        i++;

        if (kea->type == FSE_ARG_DONE) {              // no more arguments
            printf("    %s (%#x)\n", "FSE_ARG_DONE", kea->type);
            off += sizeof(u_int16_t);
            break;
        }

        eoff = sizeof(kea->type) + sizeof(kea->len) + kea->len;
        off += eoff;

        arg_id = (kea->type > FSE_MAX_ARGS) ? 0 : kea->type;
        printf("    %-16s%4hd  ", kfseArgNames[arg_id], kea->len);

        switch (kea->type) { // handle based on argument type

        case FSE_ARG_VNODE:    // a vnode (string) pointer
            is_fse_arg_vnode = 1;
            printf("%-6s = %s\n", "path", (char *)&(kea->data.vp));
            break;

        case FSE_ARG_STRING:  // a string pointer
            printf("%-6s = %s\n", "string", (char *)&(kea->data.str));
            break;
```

图 11-25（续）

```
case FSE_ARG_INT32:
    printf("%-6s = %d\n", "int32", kea->data.int32);
    break;

case FSE_ARG_RAW:       // a void pointer
    printf("%-6s = ", "ptr");
    for (j = 0; j < kea->len; j++)
        printf("%02x ", ((char *)kea->data.ptr)[j]);
    printf("\n");
    break;

case FSE_ARG_INO:       // an inode number
    printf("%-6s = %d\n", "ino", kea->data.ino);
    break;

case FSE_ARG_UID:       // a user ID
    p = getpwuid(kea->data.uid);
    printf("%-6s = %d (%s)\n", "uid", kea->data.uid,
        (p) ? p->pw_name : "?");
    break;

case FSE_ARG_DEV:       // a file system ID or a device number
    if (is_fse_arg_vnode) {
        printf("%-6s = %#08x\n", "fsid", kea->data.dev);
        is_fse_arg_vnode = 0;
    } else {
        printf("%-6s = %#08x (major %u, minor %u)\n",
            "dev", kea->data.dev,
            major(kea->data.dev), minor(kea->data.dev));
    }
    break;

case FSE_ARG_MODE: // a combination of file mode and file type
    va_mode = (kea->data.mode & 0x0000ffff);
    va_type = (kea->data.mode & 0xfffff000);
    strmode(va_mode, fileModeString);
    va_type = iftovt_tab[(va_type & S_IFMT) >> 12];
    printf("%-6s = %s (%#08x, vnode type %s)\n", "mode",
        fileModeString, kea->data.mode,
        (va_type < VTYPE_MAX) ? vtypeNames[va_type] : "?");
    break;

case FSE_ARG_GID: // a group ID
    g = getgrgid(kea->data.gid);
    printf("%-6s = %d (%s)\n", "gid", kea->data.gid,
```

图 11-25（续）

```
                (g) ? g->gr_name : "?");
            break;

        default:
            printf("%-6s = ?\n", "unknown");
            break;
        }

        kea = (kfs_event_arg_t *)((char *)kea + eoff); // next
    } // for each argument
  } // for each event
} // forever

close(clonefd);

exit(0);
}
```

图 11-25（续）

由于 fslogger.c 包括 bsd/sys/fsevents.h（一个仅属于内核的头文件），因此需要内核源文件以编译 fslogger。

```
$ gcc -Wall -I /path/to/xnu/bsd/ -o fslogger fslogger.c
$ sudo ./fslogger
fsevents device cloned (fd 5)
fslogger ready
...
        # another shell
        $ touch /tmp/file.txt
=> received 76 bytes
# Event
  type         = FSE_CREATE_FILE
  pid          = 5838 (touch)
  # Details
    # type        len data
    FSE_ARG_VNODE   22  path  = /private/tmp/file.txt
    FSE_ARG_DEV      4  fsid  = 0xe000005
    FSE_ARG_INO      4  ino   = 3431141
    FSE_ARG_MODE     4  mode  = -rw-r--r--  (0x0081a4, vnode type VREG)
    FSE_ARG_UID      4  uid   = 501 (amit)
    FSE_ARG_GID      4  gid   = 0 (wheel)
    FSE_ARG_DONE (0xb33f)
        $ chmod 600 /tmp/file.txt
=> received 76 bytes
# Event
  type         = FSE_STAT_CHANGED
  pid          = 5840 (chmod)
```

```
# Details
# type        len  data
FSE_ARG_VNODE   22  path  = /private/tmp/file.txt
FSE_ARG_DEV      4  fsid  = 0xe000005
FSE_ARG_INO      4  ino   = 3431141
FSE_ARG_MODE     4  mode  = -rw-------  (0x008180, vnode type VREG)
FSE_ARG_UID      4  uid   = 501 (amit)
FSE_ARG_GID      4  gid   = 0 (wheel)
FSE_ARG_DONE (0xb33f)
...
```

11.8.3　导入元数据

Spotlight 元数据包括传统的文件系统元数据以及驻留在文件内的其他元数据。后者必须从文件中显式提取（或收集）。提取过程必须处理不同的文件格式，并且必须选择要使用什么作为元数据。例如，用于文本文件的元数据提取器首先必须处理多种文本编码。接下来，它可能会基于文件的内容，构造文本关键字的列表——也许甚至是完整的内容索引。鉴于有实在太多的文件格式，Spotlight 使用了一套**元数据导入器**（Metadata Importer），用于提取元数据，以及在各个插件当中分配工作，其中每个插件都将处理一种或多种特定的文档类型。Mac OS X 包括用于多种常用文档类型的导入器插件。mdimport 命令行程序可用于显示安装的 Spotlight 导入器的列表。

```
$ mdimport -L
...
    "/System/Library/Spotlight/Image.mdimporter",
    "/System/Library/Spotlight/Audio.mdimporter",
    "/System/Library/Spotlight/Font.mdimporter",
    "/System/Library/Spotlight/PS.mdimporter",
...
    "/System/Library/Spotlight/Chat.mdimporter",
    "/System/Library/Spotlight/SystemPrefs.mdimporter",
    "/System/Library/Spotlight/iCal.mdimporter"
)
```

　　在给定的 Mac OS X 文件系统域中，Spotlight 插件驻留在 Library/Spotlight/ 目录中。应用程序捆绑组件还可以包含用于应用程序的文档类型的导入器插件。

导入器插件通过在其捆绑组件的 Info.plist 文件中指定文档的内容类型，声明它希望处理的文档类型。

```
$ cat /System/Library/Spotlight/Image.mdimporter/Contents/Info.plist
...
                <key>LSItemContentTypes</key>
                <array>
                    <string>public.jpeg</string>
```

```
                    <string>public.tiff</string>
                    <string>public.png</string>
                    ...
                    <string>com.adobe.raw-image</string>
                    <string>com.adobe.photoshop-image</string>
            </array>
...
```

还可以使用 Launch Services 框架中的 lsregister 支持工具，转储全局 Launch Services 数据库的内容，从而查看由元数据导入器声明的文档类型。

Mac OS X 提供了一个简单的接口，用于实现元数据导入器插件。导入器插件捆绑组件必须实现 GetMetaDataForFile() 函数，它应该读取给定的文件，从中提取元数据，以及利用合适的基本属性键-值对填充所提供的字典。

> 如果多个导入器插件都声明某种文档类型，Spotlight 将选择与给定文档的 UTI 最匹配的导入器插件。无论如何，对于给定的文件，Spotlight 将只会运行一个元数据导入器。

```
Boolean
GetMetaDataForFile(
    void                *thisInterface,  // the CFPlugin object that is called
    CFMutableDictionaryRef  attributes,   // to be populated with metadata
    CFStringRef             contentTypeUTI,// the file's content type
    CFStringRef             pathToFile);   // the full path to the file
```

有可能调用导入器从大量文件中收集元数据——比如说，如果重新生成或者第一次创建卷的元数据存储。因此，导入器应该使用最低限度的计算资源。使导入器执行可以绕过缓冲区缓存的文件 I/O 也是一个好主意；这样，由于导入器生成的一次性读取，将不会污染缓冲区缓存。

> 可以结合使用 F_NOCACHE 文件控制操作与 fcntl() 系统调用，在每个文件的级别上启用未缓冲的 I/O。Carbon File Manager API 提供了 noCacheMask 常量，请求不要缓存给定读或写请求中的数据。

一旦为某个卷填充了元数据存储，Spotlight 通常实际上会立即纳入文件系统改变，这是 fsevents 机制的一种礼貌的举动。不过，Spotlight 有可能会错失改变通知。在其他情况下，元数据存储也可能会过时——例如，如果 Mac OS X 的较旧版本或者另一个操作系统写入卷。在这种情况下，Spotlight 将需要运行建立索引进程，使存储保持最新。注意：在运行建立索引进程时，Spotlight 将不会为查询提供服务，尽管在此期间通常可以写入卷，并且由此产生的文件系统改变将会在建立索引进程运行时被其捕获。

> Spotlight 服务器不会对驻留在/tmp 目录中的临时文件建立索引，它也不会对其名称包含.noindex 或.build 后缀的任何目录建立索引——Xcode 将使用后一种类型，存储在项目编译期间生成的文件（非目标文件）。

11.8.4 查询 Spotlight

Spotlight 为最终用户和程序员提供了多种方式，基于多种元数据类型查询文件和文件夹，这些元数据类型包括：导入器收集的元数据、传统的文件系统元数据以及文件内容（对于其内容通过 Spotlight 建立索引的文件）。Mac OS X 用户界面在菜单栏和 Finder 中集成了 Spotlight 查询。例如，可以通过在菜单栏中单击 Spotlight 图标并且输入一个搜索字符串，启动 Spotlight 搜索。单击搜索结果列表中的 Show All（如果有的话），将会调用专用的 Spotlight 搜索窗口。程序也可以启动搜索窗口，显示搜索给定字符串的结果。图 11-26 显示了一个示例。

```
// spotlightit.c

#include <Carbon/Carbon.h>

#define PROGNAME "spotlightit"

int
main(int argc, char **argv)
{
    OSStatus status;
    CFStringRef searchString;

    if (argc != 2) {
        fprintf(stderr, "usage: %s <search string>\n", PROGNAME);
        return 1;
    }

    searchString = CFStringCreateWithCString(kCFAllocatorDefault, argv[1],
                                             kCFStringEncodingUTF8);
    status = HISearchWindowShow(searchString, kNilOptions);
    CFRelease(searchString);

    return (int)status;
}
```

```
$ gcc -Wall -o spotlightit spotlightit.c -framework Carbon
$ ./spotlightit "my query string"
...
```

图 11-26 以编程方式启动 Spotlight 搜索窗口

MDQuery API 是用于以编程方式查询 Spotlight 元数据存储的主要接口。它是一个基于 MDQuery 对象的低级过程式接口，MDQuery 对象是一个遵循 Core Foundation 的对象。

> **Cocoa 和 Spotlight**
>
>   Mac OS X 还提供了一个基于 Objective-C 的 API，用于访问 Spotlight 元数据存储。NSMetadataQuery 类支持 Cocoa 绑定，它提供了一些方法，用于创建查询、设置搜索范围、设置查询基本属性、运行查询以及获取查询结果。它是 MDQuery API 的高级面向对象包装器[①]。NSMetadataItem 类封装了文件的关联元数据。其他相关的类是 NSMetadataQueryAttributeValueTuple 和 NSMetadataQueryResultGroup。

单个查询表达式具有以下形式：

```
metadata_attribute_name operator "value"[modifier]
```

metadata_attribute_name 是 Spotlight 已知的基本属性的名称——它可以是一个内置的基本属性，或者是由第三方元数据导入器定义的基本属性。mdimport 命令可用于枚举在用户的环境中可用的所有基本属性[②]。

```
$ mdimport -A
...
'kMDItemAuthors'        'Authors'        'Authors of this item'
'kMDItemBitsPerSample'  'Bits per sample' 'Number of bits per sample'
'kMDItemCity'           'City'           'City of the item'
...
'kMDItemCopyright'      'Copyright'      'Copyright information about this item'
...
'kMDItemURL'            'Url'            'Url of this item'
'kMDItemVersion'        'Version'        'Version number of this item'
'kMDItemVideoBitRate'   'Video bit rate' 'Bit rate of the video in the media'
...
```

> 注意：预定义的元数据基本属性包括通用的基本属性（比如 kMDItemVersion）和特定于格式的基本属性（比如 kMDItemVideoBitRate）。

operator 可以是标准比较运算符（即==、!=、<、>、<=和>=）之一。

value 是基本属性的值，并且使用反斜杠字符对任何单引号或双引号字符进行转义。值字符串中的星号将被视作通配符。可以选择在 value 后面接一个修饰符，其中包括以下一个或多个字符：

- c：指定不区分大小的比较。
- d：指定在比较中应该忽略变音符号。
- w：指定基于单词的比较，具有"单词"的定义，包括从小写转换成大写（例如，"process" wc 将匹配"GetProcessInfo"）。

可以使用&&和||逻辑运算符结合多个查询表达式。而且，可以使用圆括号进行分组。

---

  ①   在 Mac OS X 10.4 中，NSMetadataQuery 不支持同步查询。而且，在收集查询结果时，它只通过通知提供了最低限度的反馈。

  ②   如果在用户的主目录中本地安装了元数据导入器，那么它定义的任何基本属性都不会被其他用户看到。

　　图 11-27 显示了 MDQuery API 的有代表性的使用概览。注意：查询通常会在两个阶段中运行。初始阶段是收集结果阶段，其中将为与给定查询匹配的文件搜索元数据存储。在这个阶段，将根据查询的批处理参数的值给调用者发送进度通知，这些值可以使用MDQueryBatchingParams()进行配置。一旦完成了初始阶段，将给调用者发送另一个通知。

```
void
notificationCallback(...)
{
    if (notificationType == kMDQueryProgressNotification) {

        // Query's result list has changed during the initial
        // result-gathering phase

    } else if (notificationType == kMDQueryDidFinishNotification) {

        // Query has finished with the initial result-gathering phase
        // Disable updates by calling MDQueryDisableUpdates()
        // Process results
        // Reenable updates by calling MDQueryEnableUpdates()

    } else if (notificationType == kMDQueryDidUpdateNotification) {
        // Query's result list has changed during the live-update phase
    }
}


int
main(...)
{
  // Compose query string (a CFStringRef) to represent search expression

  // Create MDQueryRef from query string by calling MDQueryCreate()

  //Register notification callback with the process-local notification center

  // Optionally set batching parameters by calling MDQuerySetBatchingParameters()

  // Optionally set.the search scope by calling MDQuerySetSearchScope()

  // Optionally set callback functions for one or more of the following:
  //     * Creating the result objects of the query
  //     * Creating the value objects of the query
  //     * Sorting the results of the query

  // Execute the query and start the run loop
}
```

图 11-27　使用 MDQuery 接口创建和运行 Spotlight 查询的伪代码

此后，如果将查询配置成用于实时更新，那么它将继续运行，在这种情况下，如果由于文件被创建、删除或修改而导致查询的结果改变，则将会通知调用者。

现在来编写一个程序，使用 MDQuery API 执行一个原始查询，并且显示结果。Finder 的 Smart Folders 特性在工作时，将把对应的搜索规范作为原始查询保存在一个 XML 文件中，该文件具有.savedSearch 扩展名。当打开这样的文件时，Finder 将在其中显示查询的结果。在程序中将包括这种支持，用于列出智能文件夹的内容——也就是说，将解析 XML 文件以获取原始查询。

图 11-28 显示了这个程序——它基于图 11-27 中的模板。

```c
// lsmdquery.c

#include <unistd.h>
#include <sys/stat.h>
#include <CoreServices/CoreServices.h>

#define PROGNAME "lsmdquery"

void
exit_usage(void)
{
    fprintf(stderr, "usage: %s -f <smart folder path>\n"
                    "       %s -q <query string>\n", PROGNAME, PROGNAME);
    exit(1);
}

void
printDictionaryAsXML(CFDictionaryRef dict)
{
    CFDataRef xml = CFPropertyListCreateXMLData(kCFAllocatorDefault,
                                                (CFPropertyListRef)dict);
    if (!xml)
        return;

    write(STDOUT_FILENO, CFDataGetBytePtr(xml), (size_t)CFDataGetLength(xml));
    CFRelease(xml);
}

void
notificationCallback(CFNotificationCenterRef    center,
              void                     *observer,
              CFStringRef              name,
              const void               *object,
              CFDictionaryRef          userInfo)
{
```

图 11-28　用于执行原始 Spotlight 查询的程序

```
    CFDictionaryRef   attributes;
    CFArrayRef        attributeNames;
    CFIndex           idx, count;
    MDItemRef         itemRef = NULL;
    MDQueryRef        queryRef = (MDQueryRef)object;

    if (CFStringCompare(name, kMDQueryDidFinishNotification, 0)
            == kCFCompareEqualTo) { // gathered results
        // disable updates, process results, and reenable updates
        MDQueryDisableUpdates(queryRef);
        count = MDQueryGetResultCount(queryRef);
        if (count > 0) {
            for (idx = 0; idx < count; idx++) {
                itemRef = (MDItemRef)MDQueryGetResultAtIndex(queryRef, idx);
                attributeNames = MDItemCopyAttributeNames(itemRef);
                attributes = MDItemCopyAttributes(itemRef, attributeNames);
                printDictionaryAsXML(attributes);
                CFRelease(attributes);
                CFRelease(attributeNames);
            }
            printf("\n%ld results total\n", count);
        }
        MDQueryEnableUpdates(queryRef);
    } else if (CFStringCompare(name, kMDQueryDidUpdateNotification, 0)
                == kCFCompareEqualTo) { // live update
        CFShow(name), CFShow(object), CFShow(userInfo);
    }
    // ignore kMDQueryProgressNotification
}


CFStringRef
ExtractRawQueryFromSmartFolder(const char *folderpath)
{
    int               fd, ret;
    struct stat       sb;
    UInt8             *bufp;
    CFMutableDataRef  xmlData = NULL;
    CFPropertyListRef pList   = NULL;
    CFStringRef       rawQuery = NULL, errorString = NULL;

    if ((fd = open(folderpath, O_RDONLY)) < 0) {
        perror("open");
        return NULL;
    }
```

图 11-28 （续）

```
    if ((ret = fstat(fd, &sb)) < 0) {
        perror("fstat");
        goto out;
    }

    if (sb.st_size <= 0) {
        fprintf(stderr, "no data in smart folder (%s)?\n", folderpath);
        goto out;
    }

    xmlData = CFDataCreateMutable(kCFAllocatorDefault, (CFIndex)sb.st_size);
    if (xmlData == NULL) {
        fprintf(stderr, "CFDataCreateMutable() failed\n");
        goto out;
    }
    CFDataIncreaseLength(xmlData, (CFIndex)sb.st_size);

    bufp = CFDataGetMutableBytePtr(xmlData);
    if (bufp == NULL) {
        fprintf(stderr, "CFDataGetMutableBytePtr() failed\n");
        goto out;
    }
    ret = read(fd, (void *)bufp, (size_t)sb.st_size);

    pList = CFPropertyListCreateFromXMLData(kCFAllocatorDefault,
                                            xmlData,
                                            kCFPropertyListImmutable,
                                            &errorString);
    if (pList == NULL) {
        fprintf(stderr, "CFPropertyListCreateFromXMLData() failed (%s)\n",
                CFStringGetCStringPtr(errorString, kCFStringEncodingASCII));
        CFRelease(errorString);
        goto out;
    }

    rawQuery = CFDictionaryGetValue(pList, CFSTR("RawQuery"));
    CFRetain(rawQuery);
    if (rawQuery == NULL) {
        fprintf(stderr, "failed to retrieve query from smart folder\n");
        goto out;
    }

out:
    close(fd);
```

图 11-28（续）

```
    if (pList)
        CFRelease(pList);
    if (xmlData)
        CFRelease(xmlData);

    return rawQuery;
}

int
main(int argc, char **argv)
{
    int                     i;
    CFStringRef             rawQuery = NULL;
    MDQueryRef              queryRef;
    Boolean                 result;
    CFNotificationCenterRef localCenter;
    MDQueryBatchingParams   batchingParams;

    while ((i = getopt(argc, argv, "f:q:")) != -1) {
        switch (i) {
        case 'f':
            rawQuery = ExtractRawQueryFromSmartFolder(optarg);
            break;
        case 'q':
            rawQuery = CFStringCreateWithCString(kCFAllocatorDefault,
                                    optarg,CFStringGetSystemEncoding());
            break;

        default:
            exit_usage();
            break;
        }
    }

    if (!rawQuery)
        exit_usage();

    queryRef = MDQueryCreate(kCFAllocatorDefault, rawQuery, NULL, NULL);
    if (queryRef == NULL)
        goto out;

    if (!(localCenter = CFNotificationCenterGetLocalCenter())) {
        fprintf(stderr, "failed to access local notification center\n");
        goto out;
    }
```

图 11-28（续）

```
CFNotificationCenterAddObserver(
    localCenter,            // process-local center
    NULL,                   // observer
    notificationCallback,   // to process query finish/update notifications
    NULL,                   // observe all notifications
    (void *)queryRef,       // observe notifications for this object
    CFNotificationSuspensionBehaviorDeliverImmediately);

// maximum number of results that can accumulate and the maximum number
// of milliseconds that can pass before various notifications are sent
batchingParams.first_max_num    = 1000;     // first progress notification
batchingParams.first_max_ms     = 1000;
batchingParams.progress_max_num = 1000;     // additional progress
                                            //notifications
batchingParams.progress_max_ms  = 1000;
batchingParams.update_max_num   = 1;        // update notification
batchingParams.update_max_ms    = 1000;
MDQuerySetBatchingParameters(queryRef, batchingParams);

// go execute the query
if ((result = MDQueryExecute(queryRef, kMDQueryWantsUpdates)) == TRUE)
    CFRunLoopRun();

out:
    CFRelease(rawQuery);
    if (queryRef)
        CFRelease(queryRef);

    exit(0);
}


$ gcc -Wall -o lsmdquery lsmdquery.c -framework CoreServices
$ ./lsmdquery -f ~/Desktop/AllPDFs.savedSearch # assuming this smart folder
exists
...
    <key>kMDItemFSName</key>
    <string>gimpprint.pdf</string>
    <key>kMDItemFSNodeCount</key>
    <integer>0</integer>
    <key>kMDItemFSOwnerGroupID</key>
    <integer>501</integer>
...
```

图 11-28（续）

从技术上讲，图 11-28 中的程序不一定会列出智能文件夹的内容——它只会执行与智能文件夹对应的原始查询。如果 XML 文件包含额外的搜索条件——比如说，用于把搜索结果限制于用户的主目录，那么文件夹的内容将不同于查询的结果。可以扩展程序，以应用这样的条件（如果它存在的话）。

11.8.5　Spotlight 命令行工具

Mac OS X 提供了一组命令行程序，用于访问 Spotlight 的功能。现在来查看这些工具的总结。

mdutil 用于为给定的卷管理 Spotlight 元数据存储。特别是，它可以启用或禁用在卷上建立 Spotlight 索引，包括与磁盘映像和外部磁盘对应的卷。

mdimport 可用于显式触发将文件层次结构导入到元数据存储中。它还可用于显示关于 Spotlight 系统的信息。

- -A 选项用于列出 Spotlight 已知的所有元数据基本属性，以及它们的本地化名称和描述。
- -X 选项可以打印出用于内置的 UTI 类型的元数据模式。
- -L 选项用于显示安装的元数据导入器的列表。

mdcheckschema 用于验证给定的模式文件——通常是一个属于元数据导入器的文件。

mdfind 为给定的查询字符串搜索元数据存储，这个查询字符串可以是纯字符串，或者是原始的查询表达式。而且，可以通过-onlyin 选项指示 mdfind 将搜索限制于给定的目录。如果指定了-live 选项，mdfind 将继续在实时更新模式下运行，并且打印出与查询匹配的文件的更新数量。

mdls 用于为给定的文件获取并显示所有的元数据基本属性。

11.8.6　克服粒度限制

Spotlight 的一个重要方面是：它是在**文件**（File）级别工作的——也就是说，Spotlight 查询的结果是文件，而不是文件内的位置或记录。例如，即使数据库具有 Spotlight 导入器，可以从数据库的磁盘上的文件中提取每个记录的信息，引用给定文件中的记录的所有查询还是会导致一个指向该文件的引用。对于不会把它们的可搜索信息存储为各个文件的应用程序来说，这是有问题的。Safari Web 浏览器、Address Book 应用程序和 iCal 应用程序就是很好的示例。

- Safari 把它的书签存储在单个属性列表文件（~/Library/Safari/Bookmarks.plist）中。
- Address Book 把它的数据存储在单独的数据文件（~/Library/Application Support/AddressBook/AddressBook.data）中。它还使用两个 Search Kit 索引文件（ABPerson.skIndexInverted 和 ABSubscribedPerson.sk-IndexInverted）。
- iCal 为每个日历（~/Library/Application Support/iCal/Sources/<UUID>.calendar）维护一个目录。在每个这样的目录内，它将为日历事件维护一个索引文件。

　　然而，Safari 书签、Address Book 联系人和 iCal 事件将作为可单击的实体出现在 Spotlight 搜索结果中。这是通过为其中每个实体存储单独的文件并对这些文件（而不是完整的索引或数据文件）建立索引而实现的。

```
$ ls ~/Library/Caches/Metadata/Safari/
...
A182FB56-AE27-11D9-A9B1-000D932C9040.webbookmark
A182FC00-AE27-11D9-A9B1-000D932C9040.webbookmark
...
$ ls ~/Library/Caches/com.apple.AddressBook/MetaData/
...
6F67C0E4-F19B-4D81-82F2-F527F45D6C74:ABPerson.abcdp
80C4CD5C-F9AE-4667-85D2-999461B8E0B4:ABPerson.abcdp
...
$ ls ~/Library/Caches/Metadata/iCal/<UUID>/
...
49C9A25D-52A3-46A7-BAAC-C33D8DC56C36%2F-.icalevent
940DE117-47DB-495C-84C6-47AF2D68664F%2F-.icalevent
...
```

　　用于.webbookmark、.abcdp 和.icalevent 文件的对应 UTI 分别是 com.apple.safari.bookmark、com.apple.addressbook.person 和 com.apple.ical.bookmark。UTI 将被各自的应用程序声明所拥有。因此，当这样一个文件出现在 Spotlight 结果中时，单击结果项目将启动相应的应用程序。

　　不过，注意：与正常的搜索结果不同，不会在 Spotlight 结果列表中看到 Address Book 联系人的**文件名**（Filename），对于 Safari 书签和 iCal 事件也是如此。这是由于所涉及的文件具有一个名为 kMDItemDisplayName 的特殊的元数据基本属性，元数据导入器将其设置为用户友好的值，比如联系人名字和书签标题。如果使用 mdfind 命令行程序搜索这些实体，就可以看到文件名。

```
$ mdfind 'kMDItemContentType == com.apple.addressbook.person &&
kMDItemDisplayName ==  "Amit Singh"'
/Users/amit/Library/Caches/com.apple.AddressBook/Metadata/<UUID>:ABPerso
n.abcdp
$ mdls /Users/amit/Library/Caches/com.apple.AddressBook/Metadata/<UUID>:
ABPerson.abcdp
...
kMDItemDisplayName          = "Amit Singh"
...
kMDItemKind                 = "Address Book Person Data"
...
kMDItemTitle                = "Amit Singh"
```

11.9 访问控制列表

ACL（Access Control List，访问控制列表）是 ACE（Access Control Entry，访问控制条目）的有序列表。ACL 代表访问控制机制的一种流行的实现方法[①]，该机制基于 Access Matrix 模型。在这个模型中，具有以下实体。

- **对象**（Object），它们是必须以一种受保护方式访问的资源（比如文件）。
- **主体**（Subject），它们是访问对象的活动实体（比如用户进程）。
- **权限**（Right），它们代表在对象上执行的操作（比如读、写和删除）。

ACL 通过其 ACE 枚举哪些对象可能会或者可能不会为一种或多种权限访问特定的对象。如本书 11.10 节中所述，通过内核中的 kauth 子系统评估 ACL。评估开始于列表中的第一个 ACE，这个列表理论上可能包含任意数量的 ACE。如果 ACE 拒绝了任何请求的权限，那么就会拒绝请求；如果还有任何其余的 ACE，将不会考虑它们。相反，如果所有请求的权限都被迄今为止评估的 ACE 满足，则会准予请求——同样，将不会考虑其余的 ACE。

> Mac OS X chmod 命令可用于在 ACL 中的特定位置插入或删除 ACE。

Mac OS X ACL 实现需要在文件系统中支持扩展基本属性。如本书第 12 章中所述，HFS+具有对扩展基本属性的本地支持，它把 ACL 存储为一个名为 com.apple.system.Security 的特殊基本属性的基本属性数据。在 HFS+卷上可以使用 ACL 之前，必须在卷上启用它们——通过 fsaclctl 命令行程序，或者使用 HFS_SETACLSTATE 文件系统控制操作以编程方式启用它们。

```
...
int      ret;
char     volume_path[...];
u_int32_t aclstate = 1; // 1 enables, 0 disables
...

// HFS_SETACLSTATE is defined in bsd/hfs/hfs_fsctl.h
ret = fsctl(volume_path, HFS_SETACLSTATE, (void *)aclstate, 0);
...
```

系统库实现了 POSIX.1e ACL 安全 API，在 acl(3)手册页中记录了它。图 11-29 显示了一个程序（给定文件（或文件夹）路径名），使用 acl(3) API 创建 ACL，给它添加一个条目，拒绝调用用户删除该文件，并且把 ACL 与文件关联起来。

[①] 另一种常用方法是使用**能力列表**（Capability List）的方法。

```
// aclset.c

#include <stdio.h>
#include <stdlib.h>
#include <unistd.h>
#include <sys/acl.h>
#include <membership.h>

#define PROGNAME "aclset"

#define EXIT_ON_ERROR(msg, retval) if (retval) { perror(msg); exit((retval)); }

int
main(int argc, char **argv)
{
    int          ret, acl_count = 4;
    acl_t        acl;
    acl_entry_t  acl_entry;
    acl_permset_t acl_permset;
    acl_perm_t   acl_perm;
    uuid_t       uu;

    if (argc != 2) {
        fprintf(stderr, "usage: %s <file>\n", PROGNAME);
        exit(1);
    }

    // translate UNIX user ID to UUID
    ret = mbr_uid_to_uuid(getuid(), uu);
    EXIT_ON_ERROR("mbr_uid_to_uuid", ret);

    // allocate and initialize working storage for an ACL with acl_count entries
    if ((acl = acl_init(acl_count)) == (acl_t)NULL) {
        perror("acl_init");
        exit(1);
    }

    // create a new ACL entry in the given ACL
    ret = acl_create_entry(&acl, &acl_entry);
    EXIT_ON_ERROR("acl_create_entry", ret);

    // retrieve descriptor to the permission set in the given ACL entry
    ret = acl_get_permset(acl_entry, &acl_permset);
    EXIT_ON_ERROR("acl_get_permset", ret);
```

图 11-29 用于创建和设置 ACL 的程序

```
// a permission
acl_perm = ACL_DELETE;

// add the permission to the given permission set
ret = acl_add_perm(acl_permset, acl_perm);
EXIT_ON_ERROR("acl_add_perm", ret);

// set the permissions of the given ACL entry to those contained in this set
ret = acl_set_permset(acl_entry, acl_permset);
EXIT_ON_ERROR("acl_set_permset", ret);

// set the tag type (we want to deny delete permissions)
ret = acl_set_tag_type(acl_entry, ACL_EXTENDED_DENY);
EXIT_ON_ERROR("acl_set_tag_type", ret);

// set qualifier (in the case of ACL_EXTENDED_DENY, this should be a uuid_t)
ret = acl_set_qualifier(acl_entry, (const void *)uu);
EXIT_ON_ERROR("acl_set_qualifier", ret);

// associate the ACL with the file
ret = acl_set_file(argv[1], ACL_TYPE_EXTENDED, acl);
EXIT_ON_ERROR("acl_set_file", ret);

// free ACL working space
ret = acl_free((void *)acl);
EXIT_ON_ERROR("acl_free", ret);

exit(0);
}
```

```
$ gcc -Wall -o aclset aclset.c
$ touch /tmp/file.txt
$ ls -le /tmp/file.txt
-rw-r--r-- + 1 amit  wheel  0 Oct 22 01:49 /tmp/file.txt
    0: user:amit deny delete
$ rm /tmp/file.txt
rm: /tmp/file.txt: Permission denied
$ sudo rm /tmp/file.txt
$
```

图 11-29 用于创建和设置 ACL 的程序

图 11-29 演示了操作 ACL 时涉及的众多步骤。不过，可以利用单个 chmod 命令行实现
与该程序相同的作用。

```
$ chmod +a '<username> deny delete' <pathname>
```

在系统库中实现的 acl_set_file() 函数在内部使用 chmod() 系统调用的一个扩展版本来设置 ACL。给定一个 ACL，它将执行以下操作。

- 调用 filesec_init()，创建一个文件安全描述符对象（filesec_t）。
- 调用 filesec_set_security()，把 ACL 添加到安全描述符中。
- 利用安全描述符作为参数调用 chmodx_np()（注意：np 代表不可移植（nonportable）——chmodx_np() 将调用扩展的 chmod() 系统调用）。

除了 chmod() 之外，在 Mac OS X 10.4 中还扩展了几个其他的系统调用，用于添加对 ACL 的支持——例如，具有 open()、umask()、stat()、lstat()、fstat()、fchmod()、mkfifo() 和 mkdir() 的扩展版本。下面摘录的代码显示了可能怎样修改图 11-29 中的程序，利用 ACL 创建一个文件。

```
...
// assuming the ACL has been set up at this point

// create a file security object
filesec = filesec_init();

// set the ACL as the file security object's property
filesec_set_property(filesec, FILESEC_ACL, &acl);

if ((fd = openx_np(argv[1], O_CREAT | O_RDWR | O_EXCL, filesec)) < 0)
    perror("openx_np");
else
    close(fd);

filesec_free(filesec);
...
```

11.10　kauth 授权子系统

从 Mac OS X 10.4 起，内核就使用一个名为 **kauth** 的灵活且可扩展的子系统，用于处理文件系统相关的授权。下面列出了 kauth 的一些值得注意的特性。

- 它封装了 ACL（访问控制列表）的评估。当 VFS 层确定虚拟结点具有关联的 ACL 时，它将会调用 kauth，根据给定的 ACL 确定给定的凭证是否具有对虚拟结点的请求权限。
- 它并不仅限于文件系统授权。它可用于为内核中的任意操作类型实现授权决策者。kauth 内核编程接口（Kernel Programming Interface，KPI）允许第三方程序员为现有的或新的场景加载这样的决策者，稍后将会看到这一点。
- 可以把它用作一种通知机制，用于将文件系统操作通知给感兴趣的参与方。将使用这种功能的应用程序的最好示例是防病毒文件扫描程序。而且，kauth 可用于实现细粒度的文件系统活动监视器，用于报告虚拟结点级别的操作。后面在 11.10.3 节中将编写这样一个监视器。

11.10.1 kauth 概念

图 11-30 显示了 kauth 中的基本抽象。**作用域**（Scope）是一个授权域，在该区域内将授权**参与者**（Actor）执行的**动作**（Action）。参与者通过关联的**凭证**（Credential）标识。内核中的代码执行对 kauth 发出授权请求，给它提供作用域、凭证、动作，以及特定于作用域或动作的参数。每个作用域都具有默认的**侦听器**（Listener）回调，可能还有其他注册的侦听器。kauth 在授权请求时将调用作用域中的每个侦听器。侦听器将检查可用的信息，并且做出授权决策。

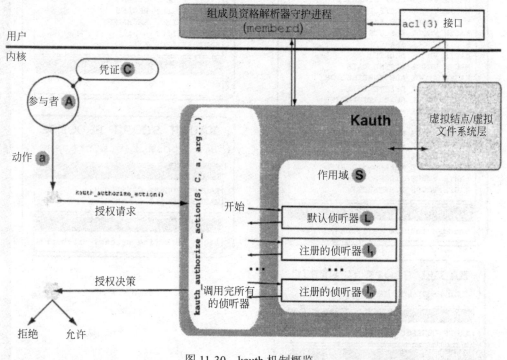

图 11-30 kauth 机制概览

1. 作用域和动作

kauth 作用域把一组动作组织在一起。例如，属于 VFS 层的操作在一个作用域中，而与进程相关的操作则在另一个作用域中。作用域是通过一个字符串标识的，它在传统上采用反向 DNS 格式。内核具有多个内置的作用域，其中每个作用域都具有一组预定义的动作，比如下面列出的这些动作。

- KAUTH_SCOPE_GENERIC：授权参与者是否具有超级用户特权。
- KAUTH_SCOPE_PROCESS：授权当前进程是否可以发信号或者跟踪另一个进程。
- KAUTH_SCOPE_VNODE：授权虚拟结点上的操作。
- KAUTH_SCOPE_FILEOP：是一个特殊的作用域，不用于授权，而是用作一种通知机制。当某些文件系统操作发生时，将会调用这个作用域中的侦听器，但是将会忽略由侦听器返回的"决策"。

> 根据作用域，一个动作可能表示单个操作，也可能表示多个操作的位域。虚拟结点作用域使用位域——例如，单个授权请求可能包括读和写操作。

图 11-31 显示了内核的内置作用域，以及它们的反向 DNS 名称、动作和默认的侦听器回调。

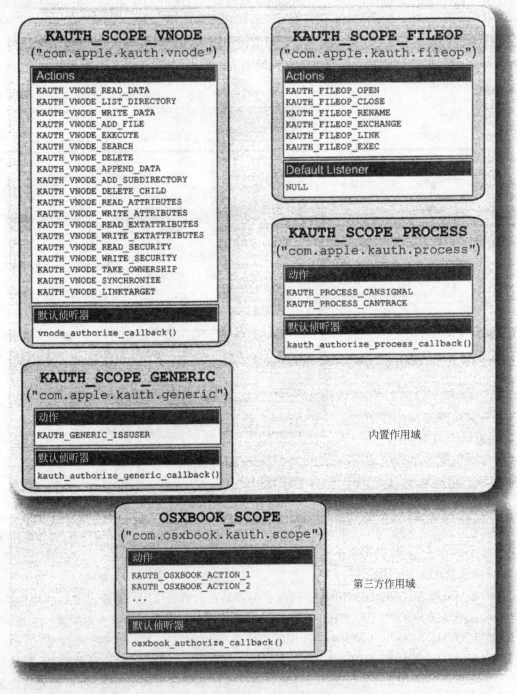

图 11-31   kauth 作用域和动作

图 11-31 还显示了第三方作用域。尽管它通常可能不是必要的，但是可以通过 kauth_register_scope()利用 kauth 注册新的作用域。

```
kauth_scope_t
kauth_register_scope(
  const char              *identifier, // the scope identifier string
  kauth_scope_callback_t  callback,    // default listener callback for scope
  void                    *data);      // cookie passed to the callback

void
kauth_deregister_scope(kauth_scope_t scope);
```

2. 侦听器和授权决策

侦听器可以返回以下 3 个值之一作为它的授权决策：KAUTH_RESULT_ALLOW、KAUTH_RESULT_DENY 或 KAUTH_RESULT_DEFER。最后一个值意味着侦听器既不会允许也不会拒绝请求——它只是简单地把决策交给其他侦听器，由它们做决定。必须注意关于侦听器的以下几点。

- 在注册作用域时，将会建立用于该作用域的默认侦听器。作用域也可能没有默认侦听器——KAUTH_SCOPE_FILEOP 就是这样一个作用域的示例。当发生这种情况时，kauth 将继续执行处理，就像具有默认侦听器一样，它总是返回 KAUTH_RESULT_ DEFER 作为其决策。
- Kauth 总会为每个请求调用所有的侦听器。默认侦听器总是被最先调用的。
- 只有默认侦听器可以允许请求。如果任何后续的侦听器返回 KAUTH_RESULT_ ALLOW，kauth 将忽略它们的返回值。换句话说，除默认侦听器以外的其他任何侦听器都只能是更受限制。
- 如果没有用于作用域的默认侦听器，并且所有其他的侦听器（如果有的话）都返回 KAUTH_RESULT_DEFER，那么将会拒绝请求。

可以通过 kauth_listen_scope()为给定的作用域安装额外的侦听器。注意：为没有注册的作用域安装侦听器也是可能的。内核将维护这样的悬垂侦听器的一个列表。每次注册新作用域时，内核都会检查这个列表。如果发现任何侦听器在等待注册作用域，都将把它们移到新作用域中。相反，当注销某个作用域时，将把它的所有安装的侦听器都移到悬垂侦听器的列表中。

```
typedef int (* kauth_scope_callback_t)(
  kauth_cred_t    _credential, // the actor's credentials
  void            *_idata,     // cookie
  kauth_action_t  _action,     // requested action
  uintptr_t       _arg0,       // scope-/action-specific argument
  uintptr_t       _arg1,       // scope-/action-specific argument
  uintptr_t       _arg2,       // scope-/action-specific argument
  uintptr_t       _arg3);      // scope-/action-specific argument

kauth_listener_t
```

```
kauth_listen_scope(
    const char              *identifier, // the scope identifier string
    kauth_scope_callback_t  callback, // callback function for the listener
    void                    *idata);     // cookie passed to the callback
void
kauth_unlisten_scope(kauth_listener_t listener);
```

11.10.2　实现

如图 11-32 所示，内核维护注册的作用域的一个列表（确切地讲是一个**尾队列**（Tail Queue）），其中每个作用域都通过一个 kauth_scope 结构[bsd/kern/kern_authorization.c]表示。每个作用域都包括一个指向默认侦听器回调函数的指针以及作用域中安装的其他侦听器（如果有的话）的一个列表。

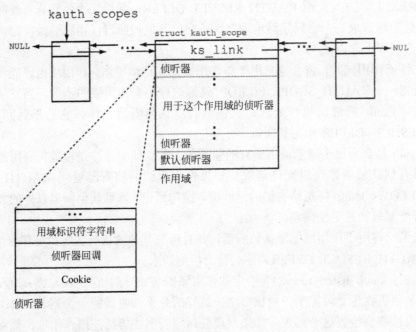

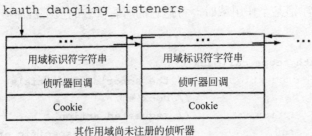

图 11-32　kauth 机制中的作用域和侦听器数据结构概览

kauth 子系统是在 bsd_init() [bsd/kern/bsd_init.c] 调用 kauth_init() [bsd/kern/kern_authorization.c]时初始化的——在创建第一个 BSD 进程之前。kauth_init()将执行以下动作。

● 它将初始化作用域和悬垂侦听器的列表。

- 它将初始化同步数据结构。
- 它将调用 kauth_cred_init() [bsd/kern/kern_credentials.c]，分配凭证散列表和关联的数据结构。kauth 实现提供了几个内核函数，用于处理凭证。
- 它将调用 kauth_identity_init() [bsd/kern/kern_credential.c]和 kauth_groups_init()，分别初始化身份和组成员资格数据结构。
- 它将调用 kauth_scope_init() [bsd/kern/kern_credential.c]，注册进程、泛型和文件操作作用域。虚拟结点作用域是在 VFS 层的初始化期间初始化的，此时 bsd_init()将会调用 vfsinit() [bsd/vfs/vfs_init.c]。
- 它将调用 kauth_resolver_init() [bsd/kern/kern_credential.c]，为外部解析器机制初始化工作队列、互斥锁和序号[①]，内核将使用该机制与用户空间的组成员资格解析守护进程（memberd）通信。

组成员资格解析守护进程

　　Mac OS X 中的用户 ID 可以是任意数量的组的成员。而且，组可以嵌套。特别是，与用户 ID 对应的所有组的列表不必在内核中可用。因此，内核使用 memberd 作为外部（内核外）的身份解析器。

　　memberd 将调用特殊的系统调用 identitysvc()，将自身注册为外部解析器。此后，它将为内核提供服务：使用 identitysvc()获取工作，使用 Open Directory 调用解析身份，以及向内核通知完成的工作——同样通过 identitysvc()。用户程序也可以通过 Membership API 调用访问 memberd 的服务。

　　内核中的绝大多数授权活动都发生在虚拟结点作用域中。如图 11-33 所示，VFS 层、特定的文件系统以及诸如 execve()和 mmap()之类的系统调用都通过 vnode_authorize()函数调用 kauth 子系统。用于虚拟结点作用域的默认侦听器——vnode_authorize_callback()——将执行众多检查，这依赖于像挂接的类型、参与者的身份以及 ACL 是否存在等这样的因此。下面列出了由 vnode_authorize_callback()执行的检查示例。

- 它将检查文件系统是否是以如下方式挂接的：无须进一步的测试，即可保证拒绝请求——例如，不能写到只读的文件系统（MNT_READONLY），以及不能执行驻留在"noexec"（非执行）文件系统（MNT_NOEXEC）上的文件。
- 如果在挂接文件系统时指示不会在本地做出授权决策，它将调用 vnode_authorize_opaque()。NFS 就是一个示例。这样的非透明文件系统可能在实际的请求期间处理授权，或者可能实现一个可靠的 access()操作。依赖于 vnode_authorize_opaque()返回的值，vnode_authorize_callback()可以立即返回或者继续执行进一步的检查。
- 它可以确保如果文件将被修改，那么它将是可变的。
- 除非所提供的 VFS 上下文对应于超级用户，否则 vnode_authorize_callback()将使用文件基本属性确定是否允许所请求的访问[②]。根据特定的请求，这可能导致调用 vnode_authorize_simple()，它又将调用 kauth 子系统评估与虚拟结点关联的 ACL（如

[①]　序号被初始化为 31337。

[②]　超级用户将被拒绝对文件的执行访问，除非在文件上设置了至少一个执行位。

果有的话）。

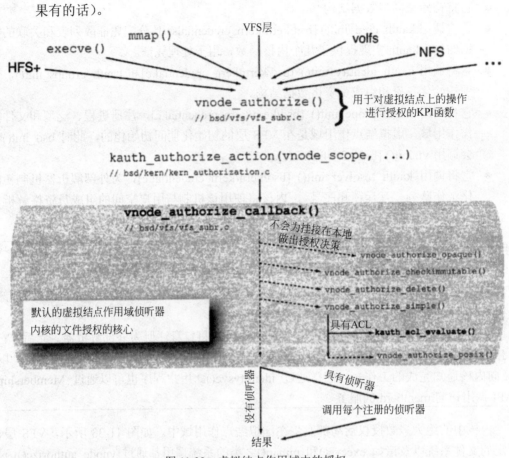

图 11-33　虚拟结点作用域中的授权

11.10.3　虚拟结点级文件系统活动监视器

　　既然已经熟悉了 kauth KPI，就可以使用所学的知识为虚拟结点作用域实现一个侦听器。这里将不会使用侦听器参与授权决策。侦听器将总是返回 KAUTH_RESULT_DEFER 作为它的"决策"，它将把每个请求都交给其他的侦听器，由它们进行处理。不过，对于每个请求，它都将把接收到的虚拟结点信息打包进一个数据结构中，并把该数据结构存放在可以通过用户空间的程序访问的共享内存队列上。此外还将编写一个程序，用于从这个队列中获取信息，并且显示对应的虚拟结点操作的详细信息。图 11-34 显示了相关安排。

　　详细地检查文件系统活动可能是理解系统行为的有效学习工具。与将只会报告文件系统修改的 fslogger 程序（参见图 11-25）不同，本节中讨论的活动监视器将报告大多数文件系统访问[①]。

---

　　①　在一些情况下，内核可能使用某些文件系统操作的缓存结果。如果是这样，这些操作的后续调用将对 kauth 不可见。

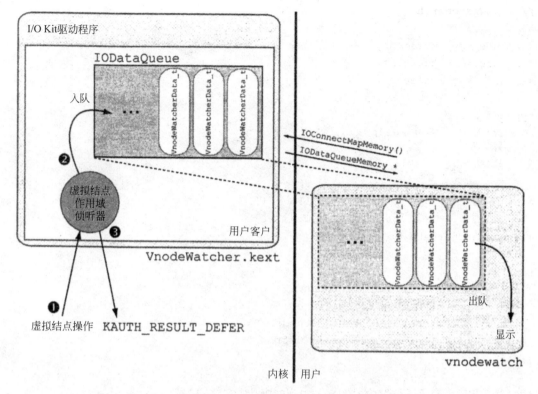

图 11-34　简单的虚拟结点级文件系统活动监视器的设计

　　活动监视器的内核部分包含在一个名为 VnodeWatcher.kext 的内核扩展内，它实现了一个 I/O Kit 驱动程序和一个 I/O Kit 用户客户。当用户客户启动时，它将分配一个 IODataQueue 对象，用于把数据从内核传递到用户空间。当用户空间的程序调用它的 open()方法时，用户客户将为虚拟结点作用域注册一个 kauth 侦听器。此后，程序将执行以下操作。

- 调用 IODataQueueAllocateNotificationPort()，分配一个 Mach 端口，用于接收关于队列上的数据可用性的通知。
- 调用 IOConnectSetNotificationPort()，将端口设置为通知端口。
- 调用 IOConnectMapMemory()，将与队列对应的共享内存映射到其地址空间中。
- 循环等待队列上的数据可用，调用 IODataQueueDequeue()使队列上下一个可用的条目出队，并且显示出队的条目。

当用户程序退出、死亡或者调用用户客户的 close()方法时，将会注销 kauth 侦听器。

　　现在先来查看内核端源文件。图 11-35 显示了在内核扩展与用户空间的程序之间共享的头文件。这里只实现了 I/O Kit 驱动程序类的 start()方法——将使用它发布"VnodeWatcher"服务。注意：将对预定义的文件名（/private/tmp/VnodeWatcher.log）进行特殊处理，忽略它上面的所有虚拟结点操作。这样，就可以把它用作一个日志文件，而不会导致监视器报告它自己的文件系统活动。

```
// VnodeWatcher.h

#include <sys/param.h>
#include <sys/kauth.h>
#include <sys/vnode.h>

typedef struct {
    UInt32          pid;
    UInt32          action;
    enum vtype      v_type;
    enum vtagtype   v_tag;;
    char            p_comm[MAXCOMLEN + 1];
    char            path[MAXPATHLEN];
} VnodeWatcherData_t;

enum {
    kt_kVnodeWatcherUserClientOpen,
    kt_kVnodeWatcherUserClientClose,
    kt_kVnodeWatcherUserClientNMethods,
    kt_kStopListeningToMessages = 0xff,
};


#define VNW_LOG_FILE "/private/tmp/VnodeWatcher.log"


#ifdef KERNEL

#include <IOKit/IOService.h>
#include <IOKit/IOUserClient.h>
#include <IOKit/IODataQueue.h>
#include <sys/types.h>
#include <sys/kauth.h>


// the I/O Kit driver class
class com_osxbook_driver_VnodeWatcher : public IOService
{
    OSDeclareDefaultStructors(com_osxbook_driver_VnodeWatcher)

public:
    virtual bool start(IOService *provider);
};


enum { kt_kMaximumEventsToHold = 512 };

// the user client class
class com_osxbook_driver_VnodeWatcherUserClient : public IOUserClient
{
```

图 11-35　用于虚拟结点级文件系统活动监视器的公共头文件

```
OSDeclareDefaultStructors(com_osxbook_driver_VnodeWatcherUserClient)

private:
    task_t                          fClient;
    com_osxbook_driver_VnodeWatcher *fProvider;
    IODataQueue                     *fDataQueue;
    IOMemoryDescriptor              *fSharedMemory;
    kauth_listener_t                fListener;

public:
    virtual bool        start(IOService *provider);
    virtual void        stop(IOService *provider);
    virtual IOReturn    open(void);
    virtual IOReturn    clientClose(void);
    virtual IOReturn    close(void);
    virtual bool        terminate(IOOptionBits options);
    virtual IOReturn    startLogging(void);
    virtual IOReturn    stopLogging(void);

    virtual bool    initWithTask(
                        task_t owningTask, void *securityID, UInt32 type);
    virtual IOReturn registerNotificationPort(
                        mach_port_t port, UInt32 type, UInt32 refCon);

    virtual IOReturn clientMemoryForType(UInt32 type, IOOptionBits *options,
                                IOMemoryDescriptor **memory);
    virtual IOExternalMethod *getTargetAndMethodForIndex(IOService
                                            **target, UInt32 index);
};


#endif // KERNEL
```

图 11-35（续）

图 11-36 显示了 VnodeWatcher.cpp 的内容，它实现了驱动程序和用户客户。下面几点值得注意。

- 侦听器函数——my_vnode_authorize_callback()——将把关于进程名称、虚拟结点类型和虚拟结点标签[1]的信息添加到放置在共享队列上的信息分组中。而且，侦听器将调用 vn_getpath()，构建与虚拟结点关联的路径名。
- 侦听器将记录它被调用的次数，这是使用一个计数器实现的，它将原子地调整该计数器的值。在 Mac OS X 10.4 中，当通过 kauth_unlisten_scope() 注销侦听器时，即使在执行侦听器的一个或多个线程可能仍未返回的情况下，kauth_unlisten_scope() 也能够返回。因此，直到所有这样的线程都返回之后，才能销毁被侦听器共享的任何状态。

---

① 标签类型指示与虚拟结点关联的文件系统类型。

```cpp
// VnodeWatcher.cpp

#include <IOKit/IOLib.h>
#include <IOKit/IODataQueueShared.h>
#include <sys/proc.h>
#include "VnodeWatcher.h"

#define super IOService
OSDefineMetaClassAndStructors(com_osxbook_driver_VnodeWatcher, IOService)

static char    *gLogFilePath = NULL;
static size_t  gLogFilePathLen = 0;
static SInt32  gListenerInvocations = 0;

bool
com_osxbook_driver_VnodeWatcher::start(IOService *provider)
{
    if (!super::start(provider))
        return false;

    gLogFilePath = VNW_LOG_FILE;
    gLogFilePathLen = strlen(gLogFilePath) + 1;

    registerService();

    return true;
}


#undef super
#define super IOUserClient
OSDefineMetaClassAndStructors(
    com_osxbook_driver_VnodeWatcherUserClient, IOUserClient)

    static const IOExternalMethod sMethods[kt_kVnodeWatcherUserClientNMethods] =
    {
    {
        NULL,
        (IOMethod)&com_osxbook_driver_VnodeWatcherUserClient::open,
        kIOUCScalarIScalarO,
        0,
        0
    },
    {
        NULL,
        (IOMethod)&com_osxbook_driver_VnodeWatcherUserClient::close,
```

图 11-36   用于虚拟结点级文件系统活动监视器内核扩展的源文件

```
        kIOUCScalarIScalar0,
        0,
        0
    },
};

static int
my_vnode_authorize_callback(
    kauth_cred_t    credential,    // reference to the actor's credentials
    void            *idata,        // cookie supplied when listener is registered
    kauth_action_t  action,        // requested action
    uintptr_t       arg0,          // the VFS context
    uintptr_t       arg1,          // the vnode in question
    uintptr_t       arg2,          // parent vnode, or NULL
    uintptr_t       arg3)          // pointer to an errno value
{
    UInt32 size;
    VnodeWatcherData_t data;
    int name_len = MAXPATHLEN;

    (void)OSIncrementAtomic(&gListenerInvocations); // enter the listener

    data.pid = vfs_context_pid((vfs_context_t)arg0);
    proc_name(data.pid, data.p_comm, MAXCOMLEN + 1);
    data.action = action;
    data.v_type = vnode_vtype((vnode_t)arg1);
    data.v_tag = (enum vtagtype)vnode_tag((vnode_t)arg1);

    size = sizeof(data) - sizeof(data.path);

    if (vn_getpath((vnode_t)arg1, data.path, &name_len) == 0)
        size += name_len;
    else {
        data.path[0] = '\0';
        size += 1;
    }

    if ((name_len != gLogFilePathLen) ||
        memcmp(data.path, gLogFilePath, gLogFilePathLen)) { // skip log file
        IODataQueue *q = OSDynamicCast(IODataQueue, (OSObject *)idata);
        q->enqueue(&data, size);
    }

    (void)OSDecrementAtomic(&gListenerInvocations); // leave the listener
```

图 11-36（续）

```
    return KAUTH_RESULT_DEFER; // defer decision to other listeners
}


#define c_o_d_VUC com_osxbook_driver_VnodeWatcherUserClient

bool
c_o_d_VUC::start(IOService *provider)
{
    fProvider = OSDynamicCast(com_osxbook_driver_VnodeWatcher, provider);
    if (!fProvider)
        return false;

    if (!super::start(provider))
        return false;

    fDataQueue = IODataQueue::withCapacity(
                    (sizeof(VnodeWatcherData_t)) * kt_kMaximumEventsToHold +
                    DATA_QUEUE_ENTRY_HEADER_SIZE);

    if (!fDataQueue)
        return kIOReturnNoMemory;

    fSharedMemory = fDataQueue->getMemoryDescriptor();
    if (!fSharedMemory) {
        fDataQueue->release();
        fDataQueue = NULL;
        return kIOReturnVMError;
    }

    return true;
}


void
c_o_d_VUC::stop(IOService *provider)
{
    if (fDataQueue) {
        UInt8 message = kt_kStopListeningToMessages;
        fDataQueue->enqueue(&message, sizeof(message));
    }

    if (fSharedMemory) {
        fSharedMemory->release();
        fSharedMemory = NULL;
    }
```

图 11-36（续）

```
        if (fDataQueue) {
            fDataQueue->release();
            fDataQueue = NULL;
        }

        super::stop(provider);
}

IOReturn
c_o_d_VUC::open(void)
{
        if (isInactive())
            return kIOReturnNotAttached;

        if (!fProvider->open(this))
            return kIOReturnExclusiveAccess; // only one user client allowed

        return startLogging();
}

IOReturn
c_o_d_VUC::clientClose(void)
{
        (void)close();
        (void)terminate(0);

        fClient = NULL;
        fProvider = NULL;

        return kIOReturnSuccess;
}

IOReturn
c_o_d_VUC::close(void)
{
        if (!fProvider)
            return kIOReturnNotAttached;

        if (fProvider->isOpen(this))
            fProvider->close(this);

        return kIOReturnSuccess;
}

bool
```

图 11-36（续）

```
c_o_d_VUC::terminate(IOOptionBits options)
{
    // if somebody does a kextunload while a client is attached
    if (fProvider && fProvider->isOpen(this))
        fProvider->close(this);

    (void)stopLogging();

    return super::terminate(options);
}


IOReturn
c_o_d_VUC::startLogging(void)
{

    fListener = kauth_listen_scope(        // register our listener
                KAUTH_SCOPE_VNODE,         // for the vnode scope
                my_vnode_authorize_callback, // using this callback
                (void *)fDataQueue);       // give this cookie to callback

    if (fListener == NULL)
        return kIOReturnInternalError;

    return kIOReturnSuccess;
}


IOReturn
c_o_d_VUC::stopLogging(void)
{
    if (fListener != NULL) {
        kauth_unlisten_scope(fListener); // unregister our listener
        fListener = NULL;
    }

    do { // wait for any existing listener invocations to return
        struct timespec ts = { 1, 0 };         // one second
        (void)msleep(&gListenerInvocations,    // wait channel
                NULL,                          // mutex
                PUSER,                         // priority
                "c_o_d_VUC::stopLogging()",    // wait message
                &ts);                          // sleep interval
    } while (gListenerInvocations > 0);

    return kIOReturnSuccess;
}
```

图 11-36（续）

```
bool
c_o_d_VUC::initWithTask(task_t owningTask, void *securityID, UInt32 type)
{
    if (!super::initWithTask(owningTask, securityID, type))
        return false;

    if (!owningTask)
        return false;

    fClient = owningTask;
    fProvider = NULL;
    fDataQueue = NULL;
    fSharedMemory = NULL;

    return true;
}


IOReturn
c_o_d_VUC::registerNotificationPort(mach_port_t port, UInt32 type, UInt32 ref)
{
    if ((!fDataQueue) || (port == MACH_PORT_NULL))
        return kIOReturnError;

    fDataQueue->setNotificationPort(port);

    return kIOReturnSuccess;
}


IOReturn
c_o_d_VUC::clientMemoryForType(UInt32 type, IOOptionBits *options,
                               IOMemoryDescriptor **memory)
{
    *memory = NULL;
    *options = 0;

    if (type == kIODefaultMemoryType) {
        if (!fSharedMemory)
            return kIOReturnNoMemory;
        fSharedMemory->retain(); // client will decrement this reference
        *memory = fSharedMemory;
        return kIOReturnSuccess;
    }

    // unknown memory type
```

图 11-36（续）

```
    return kIOReturnNoMemory;
}

IOExternalMethod *
c_o_d_VUC::getTargetAndMethodForIndex(IOService **target, UInt32 index)
{
    if (index >= (UInt32)kt_kVnodeWatcherUserClientNMethods)
        return NULL;

    switch (index) {
    case kt_kVnodeWatcherUserClientOpen:
    case kt_kVnodeWatcherUserClientClose:
        *target = this;
        break;

    default:
        *target = fProvider;
        break;
    }

    return (IOExternalMethod *)&sMethods[index];
}
```

图 11-36（续）

● 用户客户一次只允许一个用户空间的程序使用监视服务。而且，仅当连接了客户程序时才会注册侦听器，即使内核扩展可能保持被加载亦是如此。

> vn_getpath()也被 fcntl()系统调用的 F_GETPATH 命令使用，用于获取与给定文件描述符对应的完整路径。这种机制并不十分安全，注意到这一点很重要。例如，如果删除一个打开的文件，由 vn_getpath()报告的路径将是过时的。

可以在"IOKit Driver"类型的 Xcode 项目中使用图 11-35 和图 11-36 中的源文件，其中在内核扩展的 Info.plist 文件中具有以下 I/O Kit 个性信息。

```
...
<key>IOKitPersonalities</key>
<dict>
    <key>VnodeWatcher</key>
    <dict>
        <key>CFBundleIdentifier</key>
        <string>com.osxbook.driver.VnodeWatcher</string>
        <key>IOClass</key>
        <string>com_osxbook_driver_VnodeWatcher</string>
        <key>IOProviderClass</key>
        <string>IOResources</string>
        <key>IOResourceMatch</key>
        <string>IOKit</string>
```

```
            <key>IOUserClientClass</key>
            <string>com_osxbook_driver_VnodeWatcherUserClient</string>
            </dict>
    </dict>
    ...
```

最后，可以来查看用户程序的源文件（参见图 11-37）。它是一个适度的轻量级客户，这是由于它自身不会执行大量的处理任务——它只会显示队列中包含的信息，同时打印出在报告的虚拟结点操作中设置的动作位的描述性名称。

```
// vnodewatch.c

#include <IOKit/IOKitLib.h>
#include <IOKit/IODataQueueShared.h>
#include <IOKit/IODataQueueClient.h>

#include <mach/mach.h>
#include <pthread.h>
#include <stdio.h>
#include <stdlib.h>
#include <sys/types.h>
#include <sys/acl.h>

#include "VnodeWatcher.h"

#define PROGNAME "vnodewatch"
#define VNODE_WATCHER_IOKIT_CLASS "com_osxbook_driver_VnodeWatcher"

#define printIfAction(action, name) \
    { if (action & KAUTH_VNODE_##name) { printf("%s ", #name); } }

void
action_print(UInt32 action, int isdir)
{
    printf("{ ");

    if (isdir)
        goto dir;

    printIfAction(action, READ_DATA);    // read contents of file
    printIfAction(action, WRITE_DATA);   // write contents of file
    printIfAction(action, EXECUTE);      // execute contents of file
    printIfAction(action, APPEND_DATA);  // append to contents of file
    goto common;

dir:
```

图 11-37　用于虚拟结点级文件系统活动监视器的用户空间的获取程序的源文件

```
    printIfAction(action, LIST_DIRECTORY);    // enumerate directory contents
    printIfAction(action, ADD_FILE);          // add file to directory
    printIfAction(action, SEARCH);            // look up specific directory item
    printIfAction(action, ADD_SUBDIRECTORY);  // add subdirectory in directory
    printIfAction(action, DELETE_CHILD);      // delete an item in directory

common:
    printIfAction(action, DELETE);            // delete a file system object
    printIfAction(action, READ_ATTRIBUTES);   // read standard attributes
    printIfAction(action, WRITE_ATTRIBUTES);  // write standard attributes
    printIfAction(action, READ_EXTATTRIBUTES); // read extended attributes
    printIfAction(action, WRITE_EXTATTRIBUTES); // write extended attributes
    printIfAction(action, READ_SECURITY);     // read ACL
    printIfAction(action, WRITE_SECURITY);    // write ACL
    printIfAction(action, TAKE_OWNERSHIP);    // change ownership
    // printIfAction(action, SYNCHRONIZE);    // unused
    printIfAction(action, LINKTARGET);        // create a new hard link
    printIfAction(action, CHECKIMMUTABLE);    // check for immutability

    printIfAction(action, ACCESS);            // special flag
    printIfAction(action, NOIMMUTABLE);       // special flag

    printf("}\n");
}


const char *
vtype_name(enum vtype vtype)
{
    static const char *vtype_names[] = {
        "VNON", "VREG", "VDIR", "VBLK", "VCHR", "VLNK",
        "VSOCK", "VFIFO", "VBAD", "VSTR", "VCPLX",
    };

    return vtype_names[vtype];
}


const char *
vtag_name(enum vtagtype vtag)
{
    static const char *vtag_names[] = {
        "VT_NON",   "VT_UFS",   "VT_NFS",   "VT_MFS",    "VT_MSDOSFS",
        "VT_LFS",   "VT_LOFS",  "VT_FDESC", "VT_PORTAL", "VT_NULL",
        "VT_UMAP",  "VT_KERNFS","VT_PROCFS","VT_AFS",    "VT_ISOFS",
        "VT_UNION", "VT_HFS",   "VT_VOLFS", "VT_DEVFS",  "VT_WEBDAV",
        "VT_UDF",   "VT_AFP",   "VT_CDDA",  "VT_CIFS",   "VT_OTHER",
    };
```

图 11-37（续）

```
        return vtag_names[vtag];
}

static IOReturn
vnodeNotificationHandler(io_connect_t connection)
{
    kern_return_t        kr;
    VnodeWatcherData_t   vdata;
    UInt32               dataSize;
    IODataQueueMemory    *queueMappedMemory;
    vm_size_t            queueMappedMemorySize;
    vm_address_t         address = nil;
    vm_size_t            size = 0;
    unsigned int         msgType = 1; // family-defined port type (arbitrary)
    mach_port_t          recvPort;

    // allocate a Mach port to receive notifications from the IODataQueue
    if (!(recvPort = IODataQueueAllocateNotificationPort())) {
        fprintf(stderr, "%s: failed to allocate notification port\n", PROGNAME);
        return kIOReturnError;
    }

    // this will call registerNotificationPort() inside our user client class
    kr = IOConnectSetNotificationPort(connection, msgType, recvPort, 0);
    if (kr != kIOReturnSuccess) {
        fprintf(stderr, "%s: failed to register notification port (%d)\n",
                PROGNAME, kr);
        mach_port_destroy(mach_task_self(), recvPort);
        return kr;
    }

    // this will call clientMemoryForType() inside our user client class
    kr = IOConnectMapMemory(connection, kIODefaultMemoryType,
                            mach_task_self(), &address, &size, kIOMapAnywhere);
    if (kr != kIOReturnSuccess) {
        fprintf(stderr, "%s: failed to map memory (%d)\n", PROGNAME, kr);
        mach_port_destroy(mach_task_self(), recvPort);
        return kr;
    }

    queueMappedMemory = (IODataQueueMemory *)address;
    queueMappedMemorySize = size;

    while (IODataQueueWaitForAvailableData(queueMappedMemory, recvPort) ==
        kIOReturnSuccess) {
```

图 11-37（续）

```
        while (IODataQueueDataAvailable(queueMappedMemory)) {
            dataSize = sizeof(vdata);
            kr = IODataQueueDequeue(queueMappedMemory, &vdata, &dataSize);
            if (kr == kIOReturnSuccess) {

                if (*(UInt8 *)&vdata == kt_kStopListeningToMessages)
                    goto exit;

                printf("\"%s\" %s %s %lu(%s) ",
                    vdata.path,
                    vtype_name(vdata.v_type),
                    vtag_name(vdata.v_tag),
                    vdata.pid,
                    vdata.p_comm);
                action_print(vdata.action, (vdata.v_type & VDIR));
            } else
                fprintf(stderr, "*** error in receiving data (%d)\n", kr);
        }

exit:

    kr = IOConnectUnmapMemory(connection, kIODefaultMemoryType,
                              mach_task_self(), address);
    if (kr != kIOReturnSuccess)
        fprintf(stderr, "%s: failed to unmap memory (%d)\n", PROGNAME, kr);

    mach_port_destroy(mach_task_self(), recvPort);

    return kr;
}


#define PRINT_ERROR_AND_RETURN(msg, ret) \
    { fprintf(stderr, "%s: %s\n", PROGNAME, msg); return ret; }

int
main(int argc, char **argv)
{
    kern_return_t    kr;
    int              ret;
    io_iterator_t    iterator;
    io_service_t     serviceObject;
    CFDictionaryRef  classToMatch;
    pthread_t        dataQueueThread;
    io_connect_t     connection;
```

图 11-37（续）

```
    setbuf(stdout, NULL);

    if (!(classToMatch = IOServiceMatching(VNODE_WATCHER_IOKIT_CLASS)))
        PRINT_ERROR_AND_RETURN("failed to create matching dictionary", -1);

    kr = IOServiceGetMatchingServices(kIOMasterPortDefault, classToMatch,
                                      &iterator);
    if (kr != kIOReturnSuccess)
        PRINT_ERROR_AND_RETURN("failed to retrieve matching services", -1);

    serviceObject = IOIteratorNext(iterator);
    IOObjectRelease(iterator);
    if (!serviceObject)
        PRINT_ERROR_AND_RETURN("VnodeWatcher service not found", -1);

    kr = IOServiceOpen(serviceObject, mach_task_self(), 0, &connection);
    IOObjectRelease(serviceObject);
    if (kr != kIOReturnSuccess)
        PRINT_ERROR_AND_RETURN("failed to open VnodeWatcher service", kr);

    kr = IOConnectMethodScalarIScalarO(connection,
                                       kt_kVnodeWatcherUserClientOpen, 0, 0);
    if (kr != KERN_SUCCESS) {
        (void)IOServiceClose(connection);
        PRINT_ERROR_AND_RETURN("VnodeWatcher service is busy", kr);
    }

    ret = pthread_create(&dataQueueThread, (pthread_attr_t *)0,
                    (void *)vnodeNotificationHandler, (void *)connection);
    if (ret)
        perror("pthread_create");
    else
        pthread_join(dataQueueThread, (void **)&kr);

    (void)IOServiceClose(connection);

    return 0;
}
```

图 11-37（续）

现在来测试在本节中创建的程序。假定编译的内核扩展捆绑组件驻留为/tmp/ VnodeWatcher.kext。

```
$ gcc -Wall -o vnodewatch vnodewatch.c -framework IOKit
$ sudo kextload -v /tmp/VnodeWatcher.kext
kextload: extension /tmp/VnodeWatcher.kext appears to be valid
kextload: loading extension /tmp/VnodeWatcher.kext
```

```
kextload: /tmp/VnodeWatcher.kext loaded successfully
kextload: loading personalities named:
kextload:    VnodeWatcher
kextload: sending 1 personality to the kernel
kextload: matching started for /tmp/VnodeWatcher.kext
$ ./vnodewatch
...
"/Users/amit/Desktop/hello.txt" VREG VT_HFS 3898(mdimport) { READ_DATA }
"/Users/amit/Desktop/hello.txt" VREG VT_HFS 3898(mdimport) { READ_ATTRIBUTES }
"/Users/amit/Desktop/hello.txt" VREG VT_HFS 3898(mdimport) { READ_ATTRIBUTES }
"/" VDIR VT_HFS 189(mds) { SEARCH }
"/.vol" VDIR VT_VOLFS 189(mds) { SEARCH }
"/Users/amit/Desktop" VDIR VT_HFS 189(mds) { SEARCH }
...
```

第 12 章　HFS+文件系统

HFS Plus（或者简称为 HFS+）文件系统是 Mac OS X 上的首选和默认的卷格式。术语 **HFS** 代表**分层文件系统**（Hierarchical File System），它代替了早期的 Macintosh 操作系统中使用的平面 MFS（Macintosh File System，Macintosh 文件系统）。HFS 仍然是用于 Mac OS 8.1 以前的 Macintosh 系统的主要卷格式，Mac OS 8.1 是第一个支持 HFS+的 Apple 操作系统。HFS+也称为 **Mac OS X 扩展**（Mac OS X Extended）卷格式，它在体系结构上类似于 HFS，但是提供了几个优于 HFS 的重要好处[①]。而且，自问世以来，HFS+自身也得到了极大进化——这主要体现在它的实现中，而在基本体系结构中则不是如此明显。在本章中，将讨论 Mac OS X 中的 HFS+的特性和实现细节。

回顾

　　Apple 于 1989 年后期为 Macintosh 分层文件系统申请了专利（美国专利号：4945475）。该专利于 1990 年中期获得批准。原始的 HFS 是使用两个 B 树数据结构实现的：编目 B 树（Catalog B-Tree）和区段 B 树（Extents B-Tree）。如本章所述，HFS+使用了这两种 B 树。在 Macintosh 之前，Lisa OS——用于 Apple 的 Lisa 计算机（1983 年）的操作系统——使用了一种分层文件系统。的确，HFS 卷格式得益于在 Lisa 的文件系统上所做的工作。

　　如第 11 章中所指出的，HFS 的一个特点是：它通过在文件中提供单独的数据流——**资源分支**（Resource Fork），用于存储应用程序图标、资源以及其他独立于文件的"主要"数据的辅助数据，对图形用户界面提供支持。

HFS+的值得注意的特性如下。

- 支持大小高达 2^{63} 字节的文件。
- 基于 Unicode 的文件/目录名称编码，并且支持包含最多 255 个 16 位 Unicode 字符的名称[②]。
- 用于存储文件系统的分层结构的 B+树（**编目 B 树**（Catalog B-Tree）），允许基于树建立索引。
- 使用 32 位的分配块编号基于范围分配存储空间，并且会延迟分配物理块。
- 用于记录文件的"溢出"区段（第 9 个及后面的区段——用于具有 8 个以上区段的文件）的 B+树（**区段溢出 B 树**（Extents Overflow B-Tree））。
- 每个文件具有多个字节流（或分支），其中有两个预定义的分支以及任意数量的其他命名分支，它们存储在一个单独的 B 树中（参见下一项）。
- 用于存储每个文件的任意元数据[③]的 B+树（**基本属性 B 树**（Attributes B-Tree）），用

---

① HFS 中的两个主要的限制是：它在很大程度上是单线程的，并且它只支持 16 位的分配块。

② HFS+以规范的、完全分解的形式存储 Unicode 字符。

③ 在 Mac OS X 10.4 中，与单个扩展基本属性关联的数据大小被限制为稍小于 4KB。

于对扩展文件系统基本属性提供本地支持(这些基本属性的名称是 Unicode 字符串,长度最大可达到 128 个 16 位的 Unicode 字符)。

- 通过内核的 VFS 级日志机制记录元数据日志。
- 允许一个文件系统对象引用另一个文件系统对象的多种机制;别名、硬链接和符号链接。
- 一种称为**热文件群集**(Hot File Clustering)的自适应群集方案,用于改进频繁访问的小文件的性能。
- 基于多种条件动态地重新定位小碎片文件,以增强文件相邻性。
- 对访问控制列表(ACL)的本地支持,其中将 ACL 存储为扩展基本属性。
- UNIX 风格的文件权限。
- BSD 风格的文件标志,允许将文件指定为仅追加、不可改变、不可删除等。
- 支持卷级的用户和组配额。
- 关于在文件系统对象的元数据中存储 Finder 信息的规定,允许逐个文件地对诸如文件扩展名隐藏和色码标签之类的属性进行维护。
- 支持 searchfs()系统调用,它将为与给定条件(例如,对象名称、Finder 信息和修改日期)匹配的文件系统对象搜索卷。
- 关于为每个文件系统对象存储多个时间戳(包括明确的创建日期)的规定。
- 支持大小写敏感性(尽管默认如此,HFS+还是会保留大小写,但是不会区分大小写)。
- 专用的 Startup 文件,其位置存储在卷头部中的固定偏移量处(无须知道卷格式的细节,即可找到它),并且非 Mac OS X 操作系统可以使用它从 HFS+卷引导。
- 支持字节范围和整个文件的劝告锁定[①]。

> HFS+不支持稀疏文件。不过,它支持将从未写到的文件范围推迟归零。这样的范围将被标记为无效的,直到物理地写到它们为止——例如,由于同步操作。

在本章中将讨论其中大部分特性。

12.1 分 析 工 具

首先来探讨在理解 HFS+的实现和操作时将会有用的一些工具和信息源。

12.1.1 HFSDebug

可以使用 hfsdebug(一个命令行文件系统调试器),作为本章的配套程序[②]。术语**调试器**(Debugger)稍微有些用词不当,因为 hfsdebug 的关键特性(更合适地讲是局限性)是:它总是以只读模式在 HFS+卷上工作。它也不允许交互式调试。然而,它打算作为一个用

---

① HFS+没有实现锁定——它使用在内核的 VFS 层中实现的锁定。

② 本书作者创建了 hfsdebug,用于探索 HFS+的工作方式以及确定 HFS+卷中的碎片数量。在本书的配套 Web 站点(www.osxbook.com)上可以下载 hfsdebug。

于探索 HFS+内部细节的有用工具，因为它允许浏览、检查和分析文件系统的多个方面。它具有以下主要特性。

- 它将显示与作为一个整体的卷关联的数据结构的原始细节。这类数据结构的示例有：卷头、主目录块（对于在 HFS 包装器中启用了 HFS+卷而言）、日志文件以及磁盘上的 B 树，即编目（Catalog）文件、区段溢出（Extents Overflow）文件、基本属性（Attributes）文件和热文件（Hot Files）B 树。在本章中将讨论所有这些数据结构。
- 它将显示与各个文件系统对象（比如文件、目录、别名、符号链接和硬链接）关联的数据结构的原始细节。这类数据结构的示例包括：标准基本属性、扩展基本属性（包括 ACL）和文件扩展。hfsdebug 支持以多种方式查找文件系统对象，比如：使用它的编目结点 ID（通常——但是并非总是如此，如后文所示——与 POSIX API 报告的索引结点编号相同）；使用 Carbon 风格的规范，其中包括对象的结点名称及其父对象的编目结点 ID；或者使用对象的 POSIX 路径。
- 它将计算各种卷统计信息，例如，卷上存在的文件系统对象的编号和类型汇总、这些对象使用的空间、诸如不可见文件和空文件之类的特殊情况、按碎片大小或程度排序的前 N 个文件，以及热文件的详细信息。
- 它将显示卷上的所有碎片文件的详细信息。
- 它将显示卷上的所有空闲区段的位置和大小。

> hfsdebug 只支持 HFS+卷格式——不支持较旧的 HFS 格式。不过，它可以处理 HFS+变体，比如日志式 HFS+、嵌入式 HFS+和大小写敏感的 HFS+（HFSX）。

由于不能通过标准编程接口获得 hfsdebug 显示的大量原始信息，hfsdebug 在工作时将直接访问与卷关联的字符设备。这具有以下多种含义。

- 将获得超级用户访问权限，可以在其字符设备只能被超级用户访问的卷上使用 hfsdebug[①]。对于根卷就是如此。
- 甚至在挂接的 HFS+卷上也可以使用 hfsdebug。
- 由于 hfsdebug 不是通过卷的关联块设备或者通过某个高级 API 访问卷，因此它的操作不会干扰缓冲区缓存。
- 块设备允许在任意字节偏移量处执行 I/O，与之不同，字符设备 I/O 必须以设备的扇区大小为单位来执行，其中 I/O 偏移量对齐在扇区边界上。
- hfsdebug 对底层存储媒介的性质比较健忘，这些媒介可以是磁盘驱动器、光盘，或者诸如磁盘映像之类的虚拟磁盘。

最后，hfsdebug 还可以显示内存中特定于 HFS+的 mount 结构的内容，这个结构对应于挂接的 HFS+卷。这些数据作为 hfsmount 结构[bsd/hfs/hfs.h]驻留在内核中，在与挂接实例对应的 mount 结构[bsd/sys/mount_internal.h]的 mnt_data 字段中保存了一个指向它的指针。hfsdebug 使用 Mach VM 接口获取该数据。之所以对 hfsmount 结构感兴趣，是因为它的一些相关成分在磁盘上没有对应的部分。

---

① 当作为超级用户运行 hfsdebug 时（比如说，通过 sudo 命令），一旦它完成了需要执行的特权操作，它就会放弃它的特权。

12.1.2　用于获取文件系统基本属性的接口

HFS+支持 getattrlist()系统调用，它允许获取多种类型的文件系统基本属性。与其互补的系统调用 setattrlist()允许以编程方式设置那些可以修改的基本属性。注意：这两个系统调用在 Mac OS X VFS 层中是标准的虚拟结点操作——Apple 提供的文件系统通常会实现这些操作。可以通过这些调用访问的基本属性被划分成以下**基本属性组**（Attribute Group）。

- 公共基本属性组（ATTR_CMN_*）：适用于任意文件系统对象类型的基本属性，例如，ATTR_CMN_NAME、ATTR_CMN_OBJTYPE 和 ATTR_CMN_OWNERID。
- 卷基本属性组（ATTR_VOL_*）：例如，ATTR_VOL_FSTYPE、ATTR_VOL_SIZE、ATTR_VOL_SPACEFREE 和 ATTR_VOL_FILECOUNT。
- 目录基本属性组（ATTR_DIR_*）：例如，ATTR_DIR_LINKCOUNT 和 ATTR_DIR_ENTRYCOUNT。
- 文件基本属性组（ATTR_FILE_*）：例如，ATTR_FILE_TOTALSIZE、ATTR_FILE_FILETYPE 和 ATTR_FILE_FORKCOUNT。
- 分支基本属性组（ATTR_FORK_*）：适用于数据分支或资源分支的基本属性，例如，ATTR_FORK_TOTALSIZE 和 ATTR_FORK_ALLOCSIZE。

除了基本属性之外，还可使用 getattrlist()获取**卷能力**（Volume Capability），它们指定了给定的卷支持哪些特性和接口（从预定义的特性列表和另一个接口列表当中）。在 12.11 节中将会看到一个使用 getattrlist()的示例。

12.1.3　Mac OS X 命令行工具

在第 11 章中，介绍了 Mac OS X 上可用的多个与文件系统相关的命令行工具。特别是，使用 hdiutil 程序操作磁盘映像。除了它的典型应用之外，当结合使用 hfsanalyze 选项时，hdiutil 还可以打印出关于给定的 HFS+或 HFS 卷的信息。

```
$ sudo hdiutil hfsanalyze /dev/rdisk0s3
0x00000000131173B6 (319910838) sectors total
0x131173B0 (319910832) partition blocks
native block size: 0200
HFS Plus
...
```

12.1.4　HFS+源和技术说明 TN1150

为了充分利用本章中的讨论，访问 Mac OS X 内核源将是有价值的。内核源树的以下部分与本章尤其相关。

- bsd/hfs/：核心 HFS+实现。
- bsd/hfs/hfs_format.h：基本的 HFS+数据结构的声明。
- bsd/vfs/vfs_journal.*：独立于文件系统的日志记录机制的实现。

另外还建议获得 Apple 的技术说明 TN1150（"HFS Plus Volume Format"（HFS+卷格式））的一份副本，因为它包含本章提及的信息。

12.2　基　本　概　念

在探讨 HFS+的细节之前，不妨先来熟悉一些基本的术语和数据结构。

12.2.1　卷

在第 11 章中，把**文件系统**（File System）定义为一种用于在存储媒介上安放数据的方案，其中卷是文件系统的一个实例。HFS+卷可能跨整个磁盘，或者它可能只使用磁盘的一部分——即**分片**（Slice）或**分区**（Partition）。HFS+卷还可能跨多个磁盘或分区，尽管这样的跨度是设备级的，因此不是特定于 HFS+的，但它仍将看到单个逻辑卷。图 12-1 显示了

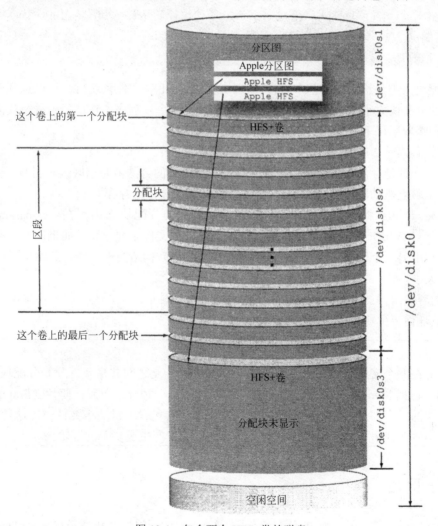

图 12-1　包含两个 HFS+卷的磁盘

包含两个 HFS+卷的磁盘的概念视图。

12.2.2　分配块

HFS+卷上的空间将以称为**分配块**（Allocation Block）的基本单元分配给文件。对于任何给定的卷，它的分配块大小都是存储媒介的**扇区大小**（Sector Size）的倍数（即硬件可寻址的块大小）。磁盘驱动器和光驱的公共扇区大小分别是 512 字节和 2KB。默认的（并且对于 HFS+的 Mac OS X 实现而言是最佳的）分配块大小是 4KB。

如图 12-1 所示，HFS+卷上的存储空间被划分成一定数量的同等大小的分配块。这些块在概念上是按顺序编号的。文件系统实现使用分配块编号对卷内容进行寻址，这些编号是 32 位的数量，在内核中通过 u_int32_t 数据类型表示。

> 与 HFS+不同，HFS 只支持 16 位的分配块编号。因此，可能把 HFS 卷上的总空间划分成最多 2^{16}（65536）个分配块。注意：文件系统将以分配块大小的倍数分配空间，而不管空间是否会被实际地使用。考虑一个稍微经过设计的示例：如果在 100GB 的磁盘上使用 HFS 格式，分配块大小将是 1638400 字节。换句话说，文件系统甚至将为 1 字节的文件分配 1.6MB。

分配块大小是给定卷的基本属性。在构造新的 HFS+文件系统时，可以选择一种不同于默认的分配块大小——比如说，使用 newfs_hfs 命令行程序。在选择一种替代的分配块大小时，将应用以下规则。

- 它必须是 2 的幂。
- 它应该是存储设备的扇区大小的倍数，其最小的合法值是扇区大小自身。因此，对于磁盘驱动器上的 HFS+卷，分配块必须不小于 512 字节。
- newfs_hfs 将不会接受比 MAXBSIZE 更大的分配块大小，在<sys/param.h>中将 MAXBSIZE 定义为 1MB。不过，这不是一种文件系统限制，如果确实需要，可以使用另一个程序（或者 newfs_hfs 的修改版本）构造文件系统，获得更大的分配块大小。

卷的容量有可能不是其分配块大小的倍数。在这种情况下，卷上将出现尾部空间，它将不会被任何分配块覆盖。

碎片

不能在两个文件之间或者甚至在同一个文件的分支之间共享（拆分）分配块。BSD 的 UFS（包括 Mac OS X 实现）利用了除块以外的另一种分配单元：**碎片**（Fragment）。碎片是块的一小部分，允许在文件之间共享块。当卷包含大量的小文件时，这种共享将导致更高效地使用空间，但是代价是会在文件系统中产生更复杂的逻辑。

12.2.3　区段

区段（Extent）是一个连续的分配块范围。在 HFS+中通过**区段描述符**（Extent Descriptor）

数据结构（struct HFSPlusExtentDescriptor [bsd/hfs/hfs_format.h]）表示它。区段描述符包含
一对数字：范围开始的分配块编号和范围中的分配块数量。例如，区段描述符{ 100, 10 }
代表从卷上的块编号 100 开始的 10 个连续的分配块序列。

```
struct HFSPlusExtentDescriptor {
  u_int32_t startBlock; // first allocation block in the extent
  u_int32_t blockCount; // number of allocation blocks in the extent
};
typedef struct HFSPlusExtentDescriptor HFSPlusExtentDescriptor;

typedef HFSPlusExtentDescriptor HFSPlusExtentRecord[8];
```

　　HFS+区段描述符的 8 个元素的数组构成一条**区段记录**（Extent Record）[①]。HFS+使用
区段记录作为用于文件内容的内联区段列表——也就是说，将文件（确切地讲是文件分支；
参见下一节）的直到前 8 个区段存储为文件的基本元数据的一部分。对于具有 8 个以上区
段的文件，HFS+将维护一个或多个额外的区段记录，但是它们在元数据中将不会保持为内
联的。

12.2.4　文件分支

　　文件传统上等价于单个字节流。HFS+支持每个文件多个字节流，其中总是存在两个特
殊的字节流，尽管其中一个或两个可能为空（大小为 0）。它们是数据分支和资源分支。每
个分支都是文件的一个独特部分，并且本身可能被感知为文件。在 HFS+中通过
HFSPlusForkData 结构[bsd/hfs/hfs_format.h]表示分支。

```
struct HFSPlusForkData {
    u_int64_t           logicalSize; // fork's logical size in bytes
    u_int32_t           clumpSize;   // fork's clump size in bytes
    u_int32_t           totalBlocks; // total blocks used by this fork
    HFSPlusExtentRecord extents;     // initial set of extents
};
typedef struct HFSPlusForkData HFSPlusForkData;
```

　　两个分支都具有它们自己的 HFSPlusForkData 结构（从而具有区段记录），它们与文件
的标准元数据存储在一起。

　　文件的传统视图映射到它的数据分支。典型的 Mac OS X 安装上的大多数文件都只有
数据分支——它们的资源分支为空。

　　Launch Services 框架访问文件的资源分支，获取用于打开那个文件的应用程序的路径，
只要为那个特定文件指定了这样一个应用程序即可——比如说，通过 Finder 的信息窗口
"Open with" 区域。

---

　　① 更确切地讲，应该称之为**多区段**（Extents）记录，因为它包含多个区段。不过，可以将基于数据结构的名称
称之为区段记录。

数据分支和资源分支的另一个值得注意的方面是：不能改变它们的名称。创建的任何额外的字节流都具有 Unicode 名称。这些命名的字节流可以具有任意内容，尽管 HFS+实现可能限制命名的字节流可以保存的数据量。

从 Mac OS X 10.4 起，命名的字节流用于提供对扩展基本属性的本地支持，这些扩展基本属性反过来又用于提供对访问控制列表的本地支持。

12.2.5　簇

分配块是连续扇区的固定大小的组合（对于给定卷而言），而簇（Clump）则是连续分配块的固定大小的组合。尽管每个簇都是一个区段，但是并非每个区段都是一个簇。在给分支分配空间时，HFS+实现可能依据簇（而不是各个分配块）来进行分配，以避免外部碎片。

HFS+对于作为一个整体的卷、每个 B 树、所有数据分支和所有文件分支的默认簇大小都有规定。注意：在 12.2.4 节中，HFSPlusForkData 结构具有一个名为 clumpSize 的字段。尽管这个字段可用于支持每个分支的簇大小规范，支持热文件群集（Hot File Clustering）的 HFS+实现还是使用这个字段来记录从该分支读取的分配块数量。

12.2.6　B 树

HFS+使用 B 树实现其关键的索引数据结构，使得有可能定位驻留在卷上的文件内容和元数据。

B 树的普及

B 树是由 Rudolf Bayer 和 Edward M. McCreight 于 1970 年发现的[①]，后来在 1972 年的一篇标题为 "Organization and Maintenance of Large Ordered Indexes" 的论文中描述了它们[②]。从那时起，B 树作为一种高效、可伸缩的外部索引机制，就已经非常流行和成功了。B 树的变体（尤其是 B+树）在关系数据库、文件系统及其他基于存储的应用程序中广泛使用。Microsoft 的 NTFS 也将 B 树用于它的编目。

B 树是平衡二叉查找树的推广。二叉树具有分支因子 2，而 B 树则可以具有任意大的分支因子。这是通过具有非常大的树结点而实现的。可能将 B 树结点视作二叉树的许多层级的封装。具有非常大的分支因子将导致非常低的树高度，这是 B 树的本质：当树结构驻留在访问代价高昂的存储媒介（比如磁盘驱动器）上时，使用 B 树将极其合适。高度越低，执行 B 树搜索所需的磁盘访问次数将越少。对于常见的树操作，比如插入、获取和删除记录，B 树提供了有保证的最坏情况的性能。可以使用适度简单的算法实现这些操作，在计

---

① 作者从未揭露 B 树中的 "B" 代表什么。有几个似是而非的解释通常被引用：即 "balanced"（平衡）、"broad"（宽广）、"Bayer" 和 "Boeing"。后者之所以被牵连进去，是因为作者当时在波音科学研究实验室（Boeing Scientific Research Labs）工作。

② "Organization and Maintenance of Large Ordered Indexes"，作者：Rudolf Bayer 和 Edward M. McCreight（*Acta Informatica 1*，1972 年，173~189 页）。

算文献中广泛介绍了它们。

本章将不会讨论 B 树背后的理论，请参阅有关算法的教科书，了解关于 B 树的更多细节。

1. HFS+ 中的 B+树

HFS+明确使用 B+树的变体，**B+树**（B+ Tree）自身又是 B 树的变体。在 B+树中，所有的数据都驻留在叶（外部）结点中，并且索引（内部）结点只包含键以及指向子树的指针。因此，索引结点和叶结点可以具有不同的格式和大小。而且，叶结点（它们都位于平衡树中的相同（最低）层级上[①]）在链表中从左到右串接在一起，构成一个**序列集**（Sequence Set）。索引结点允许随机搜索，而叶结点的列表可用于数据的顺序访问。注意：与键对应的数据只能在叶结点中找到，B+树搜索——从根结点开始——总是在叶结点结束。

B+树的 HFS+实现在一个值得注意的方面不同于标准定义。在 B+树中，包含 N 个键的索引结点 I 具有 $N+1$ 个指针，其中每个指针都指向它的 $N+1$ 个孩子中的一个。特别是，第一个（最左边的）指针所指向的孩子（子树）包含的键将小于结点 I 的第一个键。这样，在搜索时结点 I 将充当$(N+1)$路决策点，其中每个指针将基于搜索是属于 $N+1$ 个范围中的哪个范围（如果有的话），通向搜索中的下一个层级。HFS+中使用的 B+树在其索引结点中没有最左边的指针——也就是说，对于索引结点 I，没有最左边的子树，其中包含的键小于 I 的第一个键。这意味着每个带 N 个键的索引结点都具有 N 个指针。

此后，将使用术语 **B 树**（B-Tree）指代 B+树的 HFS+实现。

尽管 HFS+使用多种 B 树，它们具有不同的键和数据格式，但是它的所有树都共享相同的基本结构。事实上，可以使用大体相同的函数集访问和操作所有的 HFS+ B 树——只有某些操作（比如键比较）需要特定于树内容的代码。下面列出了 HFS+ B 树的公共特征。

- 每个 B 树都被实现为一个特殊的树，它既不能被用户看见，也不能通过任何标准的文件系统接口访问它。普通文件具有两个预定义的分支，与之不同的是，特殊文件只有一个分支，用于保存它的内容。不过，热文件群集 B 树是一个例外。尽管它是一个系统文件，仍将它实现为一个普通文件，它是用户可见的并且具有两个预定义的分支（资源分支是空的）。

可以在与文件对应的内存中的**编目结点描述符**（Catalog Node Descriptor）的 cd_flags 字段中设置 CD_ISMETA 位，指定 HFS+系统文件。

- B 树文件中的总空间在概念上被划分成大小相等的结点。每个 B 树都具有固定的结点大小，它必须是 2 的幂，从 512 字节到 32768 字节不等。结点大小是在创建卷时确定的并且不能改变——至少使用标准的实用程序，而无须重新格式化卷。而且，每个 HFS+ B 树也具有某种初始大小，它是基于所创建的卷的大小确定的。
- 结点是从 0 开始按顺序编号的。因此，在给定 B 树中编号为 N 的结点的偏移量是通过用 N 乘以树的结点大小获得的。结点编号被表示为一个 32 位的无符号整数。
- 每个 B 树都具有单个（kBTHeaderNode 类型的）**头结点**（Header Node），它是树中

[①]　换句话说，在平衡 B 树中通往叶结点的所有路径都具有完全相同的长度。

的第一个结点。

- 每个 B 树都具有 0 个或多个（kBTMapNode 类型的）**图结点**（Map Node），它们实质上是分配位图，用于跟踪哪些树结点在使用，哪些是空闲的。分配位图的第一部分驻留在头结点中，因此仅当头结点中无法容纳整个位图时，才需要一个或多个图结点。
- 每个 B 树都具有 0 个或多个（kBTIndexNode 类型的）**索引结点**（Index Node），其中包含键控指针记录，通向其他索引结点或叶结点。索引结点也称为**内部结点**（Internal Node）。
- 每个 B 树都具有一个或多个（kBTLeafNode 类型的）**叶结点**（Leaf Node），其中包含键控记录，用于保存与键关联的实际数据。
- 所有结点类型都可以保存长度可变的记录。

2. 结点

图 12-2 显示了一般的 B 树结点的结构。注意：结点只是逻辑上连续的——像其他任何

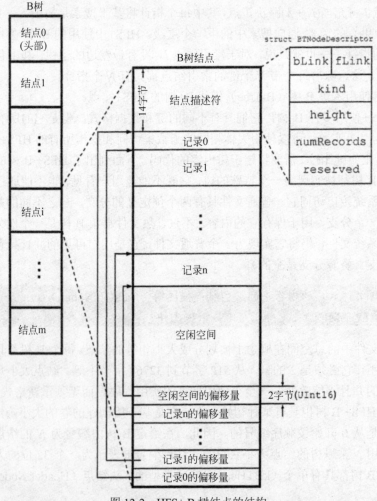

图 12-2　HFS+ B 树结点的结构

文件一样,B 树在磁盘上可能是也可能不是物理上连续的。

图 12-2 中所示的结点结构将被所有结点类型共享。在每个结点的开始处都有一个结点描述符(struct BTNodeDescriptor [bsd/hfs/hfs_format.h])。这个结构的 bLink 和 fLink 字段把树中特定类型(通过 kind 字段指示)的结点串接在一起。紧接在结点描述符后面的是**记录段**(Records Segment),其中包含结点的记录。由于结点记录的长度可变,结点的后一部分将包含 16 位偏移量的列表,其中每个偏移量都是距离结点开始处的记录的偏移量。偏移量列表中的最后一个条目是结点中的未使用空间(即紧接在记录段之后并且位于偏移量列表之前的空间)的偏移量。注意:如果没有剩余的空闲空间,那么仍然会有一个空闲空间条目——在这种情况下,它指向自己的偏移量。

图 12-3 显示了 B 树头结点的结构。头结点恰好具有 3 条记录,具体如下。

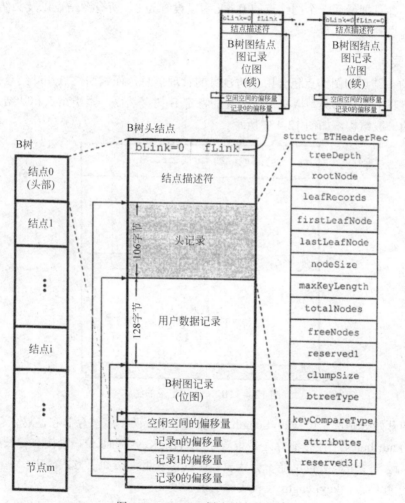

图 12-3   HFS+ B 树头结点的结构

- **头记录**(Header Record)包含关于 B 树的一般信息,比如树的结点大小、它的深度[①]、根结点的编号(如果有的话)、树中叶记录的数量以及结点的总数。

---

① 树的深度等同于它的高度。之所以说**深度**(Depth),是因为可以将 B 树的结构想象成向下生长。

- 用户数据记录（User Data Record）提供了 128 字节的空间，用于存储与树关联的任意信息。在所有的 HFS+ B 树中，只有热文件群集 B 树使用这个区域。
- 图记录（Map Record）包含一个位图，其中每一位都指示树中的某个结点是否在使用。

如前所述，树所具有的结点数可能多于头结点的图记录所能表示的结点数，其中图记录的大小取决于结点大小。结点描述符的大小（14 字节）、头记录的大小（106 字节）、用户数据记录的大小（128 字节）和偏移量条目的大小（4×2 字节）之和是 256 字节，并且把剩余的空间用于图记录。如果需要额外的空间，树将使用图结点存放位图的扩展。如果树具有一个或多个图结点（Map Node），头结点（Header Node）的 fLink 字段将包含下一个图结点的编号。第一个图结点的 fLink 字段将包含下一个图结点的编号（如果有的话），依此类推，并且把最后一个图结点的 fLink 字段设置为 0。所有图结点以及头结点的 bLink 字段总是都设置为 0。

3．记录

B 树的头结点和图结点包含用于树自身的管理信息，而索引结点和叶结点则包含文件系统信息，其中信息的类型取决于所涉及的特定 B 树。然而，索引结点和叶结点中的记录具有相同的一般结构，如图 12-4 中所示。

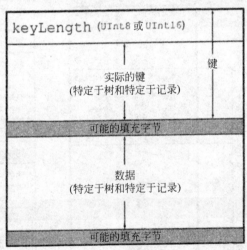

图 12-4　HFS+ B 树记录的结构

记录的开始处是键长度（keyLength），使用一个或两个字节存储它，这依赖于 B 树的头结点中的 attributes 字段是清除还是设置了 kBTBigKeysMask 位。紧接在键长度之后的是实际的键。键长度可能会也可能不会代表实际的键长度，按如下方式确定。

- 对于叶结点，keyLength 代表实际的键长度。
- 对于索引结点，如果在头结点的 attributes 字段中设置了 kBTVariableIndexKeysMask 位，那么 keyLength 就代表实际的键长度。
- 如果在头结点的 attributes 字段中没有设置 kBTVariableIndexKeysMask 位，实际的键长度就是头结点的 maxKeyLength 字段中包含的常量值。

如图 12-4 所示，可能在记录的数据前面和后面放置单个填充字节。记录数据需要与两字节的边界对齐，并且具有一个大小，它甚至是字节数。如果键长度与实际的键的组合大小使得数据在以奇数编号的字节上开始，就会在数据之前插入填充字节。类似地，如果数据的大小是一个奇数的字节数，就会在数据之后插入填充字节。

　　索引结点和叶结点分别只包含索引记录和叶记录。由于这些是 B+树，实际的数据只存储在叶结点中。索引记录的数据只是一个结点编号——指向另一个索引结点或叶结点的指针。换句话说，索引结点一起构成了索引，用于任意地搜索叶结点中存储的数据。

4. 搜索

　　B 树访问和操作中涉及的基本操作是**键比较**（Key Comparison）。B 树结点的一个重要属性是：在结点内存储所有的记录时将使得它们的键保持递增顺序。对于简单的键（比如说整数），键比较应该与数字比较一样普通。复杂的键（比如 HFS+ B 树中使用的那些键）具有多个成分，因此需要更复杂的比较操作。通常，将给复杂键的不同成分指定优先级值。在比较两个给定类型的键时，将以优先级的降序比较各个成分。如果单个比较的结果相等，总体的比较操作将移到下一个成分。这个过程将会继续，直到出现不相等的情况或者穷尽了所有的成分，在后一种情况下，就认为键是相等的。

　　图 12-5 显示了一个假想的 B 树，它使用固定大小的整数键。树的高度是 3。一般来讲，所有的叶结点都位于相同的层级，因此具有相同的高度，并且指定 1 作为它们的高度。直接位于叶结点上方的索引结点具有 2 作为它的高度，依此类推。具有最高高度的索引结点是根结点，在头结点中维护了一个指向它的引用。每个结点的高度都包含在结点描述符的 height 字段中。头结点的 height 字段总是设置为 0，但是它的 treeDepth 字段包含树的深度，它与根结点的高度相同。

　　在空树中，没有根结点。而且，根结点不必是索引结点。如果所有的记录都包含在单个结点内，那个结点将既是根结点，又是孤立的叶结点。

　　关于图 12-5 中显示的树，下面列出了一些值得注意的观察结论。

- 对于具有给定高度的所有结点，在一个双向非循环链表中通过它们各自的结点描述符的 fLink 和 bLink 字段把它们串接在一起。在给定的链中，将把第一个结点的 bLink 字段和最后一个结点的 fLink 字段都设置为 0。
- 头结点中的头记录包含根结点、第一个叶结点和最后一个叶结点的结点编号。
- 在结点内，以键的增序存储记录。
- 在任何给定的高度，一个结点中的所有键都小于相同层级的链中其后的结点中的所有键。由此可以推断：链中的第一个结点包含最小的键，最后一个结点则包含最大的键。

　　现在来看怎样在这个树中搜索与给定键——**搜索键**（Search Key）——对应的数据。搜索总是开始于根结点，总是可以通过检查头记录找到它。头记录位于树内的固定位置，并且假定树自身位于一个已知的位置。此后，搜索将继续向下进行，最终在一个包含搜索键的叶结点上终止，除非这个键在树中不存在。特别是，由 HFS+使用的搜索算法不会进行回退——在给定的搜索操作期间，它只会访问一个结点至多一次。

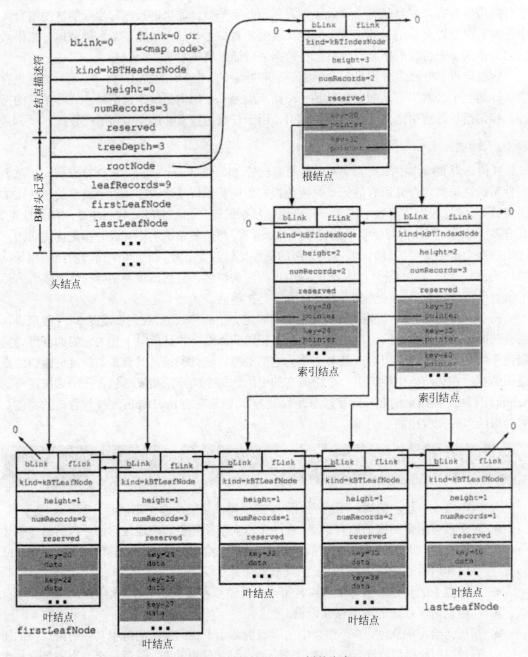

图 12-5　假想的 HFS+ B 树的内容

　　假设搜索键是 38。首先检查根结点的记录，目标是找到至多等于但是不大于搜索键的最大键。在这里，将选择 32，它是根结点中的最大键，但是仍然小于 38。记录的数据是一个指针，将引导至一个索引结点，它位于 B 树中的下一个层级上。这个结点具有 3 条记录。同样，将搜索其最大键没有超过搜索键的记录：此时选择 35。对应的指针将引导至一个叶结点。搜索键与叶结点中的第一条记录的键匹配。因此，搜索就成功了。

　　B 树搜索类似于二分搜索，只不过在每个决策点处，将在多条路径(而不是两条路径)

之间做出抉择。结点内的搜索可以使用任何算法执行，其中二分搜索和线性搜索（对于小结点）是常见的替代选择。HFS+实现使用二分搜索。

为了使所有的叶结点位于相同的层级，B 树必须是平衡的。存在多种技术用于平衡 B 树。HFS+使用**左旋转**（Left-Rotate）和**左拆分**（Left-Split）操作维护平衡的树。直观地讲，将把现有的记录向左移动，并把新记录插入在树中最右边的位置。

12.3　HFS+卷的结构

图 12-6 显示了有代表性的 HFS+卷的结构。除了普通的文件和目录之外，HFS+卷还包含（或者可能包含，因为一些实体是可选的）以下实体。

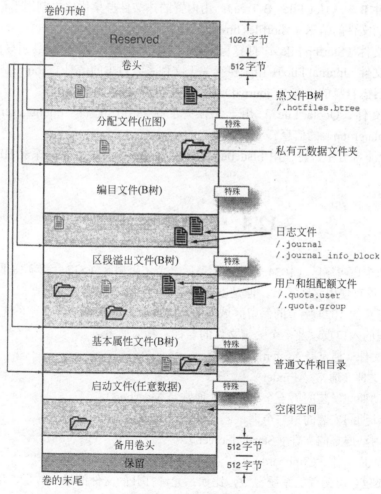

图 12-6　HFS+卷的结构

- **保留区域**（Reserved Area）：出现在卷的开头和末尾。
- **卷头**（Volume Header）：包含关于卷的各种信息，包括卷的其他关键数据结构的位置。

- **备用卷头**（Alternate Volume Header）：是卷头的一个副本。它位于卷末尾附近。
- **编目 B 树**（Catalog B-Tree）：存储文件和目录的基本元数据，包括用于每个文件的第一条区段记录（即直到前 8 个区段）。文件系统的分层结构也是在编目 B 树中通过记录捕获的，这些记录存储了文件系统对象之间的父-子关系。
- **区段溢出 B 树**（Extents Overflow B-Tree）：存储具有 8 个以上区段的文件的溢出（额外的）区段记录。
- **基本属性 B 树**（Attributes B-Tree）：存储文件和目录的扩展基本属性。
- **分配文件**（Allocation file）：是一个位图，其中包含用于每个分配块的位，指示块是否在使用。
- **私有元数据文件夹**（Private Metadata Folder）：用于实现硬链接以及用于存储在打开时将被删除的文件（/\xC0\x80\xC0\x80\ xC0\x80\xC0\x80HFS+ Private Data）。
- **热文件 B 树**（Hot Files B-Tree）：由内置的热文件群集优化机制用于记录关于频繁访问的文件的信息（/.hotfiles.btree）。
- **启动文件**（Startup File）：打算包含操作系统可能用于从 HFS+卷引导的任何信息。
- **日志文件**（Journal File）：用于保存关于文件系统日志的信息（/.journal_info_block）以及日志自身的内容（/.journal）。
- **配额文件**（Quota File）：用于保存关于卷级用户配额（/.quota.user）和组配额（/.quota.group）的信息。

在本章余下部分中，将使用 hfsdebug 检查文件系统的各个方面，探索 HFS+的实现和工作方式。

12.4 保留区域

卷的前两个逻辑扇区（1024 字节）和最后一个逻辑扇区（512 字节）是保留区域。尽管 Mac OS X 没有使用这些区域，但是以前的 Mac OS 版本使用了它们。

位于卷开头的 1024 字节的保留区域被用作引导块。这些块包含引导系统所需的信息，包括引导代码的入口点以及多个关键文件的名称，具体如下。

- 系统文件（通常是 System）。
- shell 文件（通常是 Finder）。
- 在启动期间安装的第一个调试器（通常是 Macsbug）。
- 在启动期间安装的第二个调试器（通常是 Disassembler）。
- 包含启动屏幕的文件（StartUpScreen）。
- 系统碎片文件（Clipboard）。

引导块还包含可配置的系统参数，比如：允许打开的文件的最大数量、用于系统堆的物理内存份额，以及要分配的事件队列条目数量。

卷末尾的 512 字节的保留区域是由 Apple 在系统制造期间使用的。

12.5　卷　　头

HFS+卷的最关键的结构是 512 字节的卷头，它存储在距离卷开始位置 1024 字节的偏移量处——紧接在第一个保留区域之后。卷头中包含的信息包括多个其他的重要数据结构的位置。与卷头不同，这些其他的结构没有预定义的固定位置——卷头充当操作系统（或其他实用程序，比如磁盘实用程序）访问卷时的起点。

卷头的副本——**备用卷头**（Alternate Volume Header）——存储在距离卷尾 1024 字节的偏移量处，恰好位于最后一个保留区域之前。磁盘和文件系统修复实用程序通常会利用这个副本。

12.5.1　查看卷头

可以使用 hfsdebug 显示 HFS+卷的卷头，首先将使用 hdiutil 创建它。下面的 hdiutil 命令行创建一个磁盘映像，它包含 32MB 的日志式 HFS+卷，其中卷名是 HFSJ。然后，可以使用 hdiutil 或 open 命令行程序挂接卷。

```
$ hdiutil create -size 32m -fs HFSJ -volname HFSJ /tmp/hfsj.dmg
...
created: /tmp/hfsj.dmg
$ hdiutil mount /tmp/hfsj.dmg
/dev/disk10              Apple_partition_scheme
/dev/disk10s1           Apple_partition_map
/dev/disk10s2           Apple_HFS                        /Volumes/HFSJ
```

如图 12-7 所示，卷头包含 HFS+ B 树及其他特殊文件的区段。

注意：在图 12-7 中，卷头的 signature 字段包含两个字符 "H+"。如果这是一个区分大小写的卷，这个字段将包含 "HX"。类似地，对于区分大小写的卷，version 字段将包含值 5（而不是 4）。

在挂接 HFS+卷时，将需要设置卷头中的 lastMountedVersion 字段，使 HFS+实现鉴别自身。这样，HFS+实现就可以检测是否可能由于以前的挂接而出现问题（例如，如果日志式卷是在没有日志记录的情况下挂接的）。lastMountedVersion 字段中包含的值示例包括：8.10（挂接在 Mac OS 8.1 直到 Mac OS 9.2.2 上）、10.0（非日志式挂接）、HFSJ（日志式挂接）、fsck（通过 fsck 挂接），以及注册的创建者代码（由通过创建者代码表示的第三方挂接）。

图 12-7 中的 hfsdebug 输出包括多个日期。HFS+日期被存储为 32 位的无符号整数，其中包含自格林尼治标准时间（GMT）1904 年 1 月 1 日午夜起所经过的秒数[1]。不过，将把卷创建日期存储为本地时间，而不是 GMT 时间。由于 UNIX 风格的日期被表示为自世界标准时间（UTC）1970 年 1 月 1 日午夜起所经过的秒数，因此在调用诸如 gmtime()和

---

[1]　在格林威治标准时间 2040 年 2 月 6 日 6:28:15 之后，日期整数将会溢出。

```
$ hfsdebug -d /dev/rdisk10s2 -v
# HFS Plus Volume
 Volume size          = 32728 KB/31.96 MB/0.03 GB
# HFS Plus Volume Header
 signature            = 0x482b (H+)
 version              = 0x4
 lastMountedVersion   = 0x4846534a (HFSJ)
 attributes           = 00000000000000000010000000000000
                        . kHFSVolumeJournaled (volume has a journal)
 journalInfoBlock     = 0x2
 createDate           = Sun Oct  9 19:24:50 2005
 modifyDate           = Sun Oct  9 19:28:36 2005
 backupDate           = Fri Jan  1 00:00:00 1904
 checkedDate          = Sun Oct  9 19:24:50 2005
 fileCount            = 3
 folderCount          = 3 /* not including the root folder */
 blockSize            = 4096
 totalBlocks          = 8182
 freeBlocks           = 6002
 nextAllocation       = 2807
 rsrcClumpSize        = 65536
 dataClumpSize        = 65536
 nextCatalogID        = 22
 writeCount           = 3
 encodingsBitmap      = 00000000000000000000000000000000
                        00000000000000000000000000000001
                          . MacRoman

# Finder Info
...
# Allocation Bitmap File
...
# Extents Overflow File
 logicalSize    = 258048 bytes
 totalBlocks    = 63
 clumpSize      = 258048 bytes
 extents        =    startBlock  blockCount    % of file
                     0x803       0x3f          100.00 %
                     63 allocation blocks in 1 extents total.
                     63.00 allocation blocks per extent on an average.
# Catalog File
...
# Attributes File
 logicalSize      = 0 bytes
# Startup File
 logicalSize      = 0 bytes
```

图 12-7   HFS+卷头的内容

localtime()之类的函数之前，必须把 HFS+日期转换成 UNIX 风格的日期。

> 注意：图 12-7 中显示的备份日期是 1904 年 1 月 1 日。这是由于对应的日期整数包含 0——也就是说，备份实用程序还没有设置它。

图 12-7 中所示的 HFS+卷头的信息指示在新创建的卷上具有 3 个文件和 3 个文件夹[①]（除了根文件夹之外）。考虑这些文件和文件夹，同时还要注意另外一些文件和文件夹，它们不是与文件系统一起创建的，而是在 Desktop（桌面）环境中挂接卷时创建的（参见下面的框注"磁盘仲裁"）。

在没有用户主目录的卷（通常是非引导卷）上，每个用户的垃圾箱文件夹（用于存储拖到垃圾箱的文件）被命名为.TRashes/<uid>，其中<uid>是用户的数字用户 ID。

```
% id
uid=501(amit) gid=501(amit) groups=501(amit) ...
% sudo ls -l /Volumes/HFSJ/.Trashes
total 0
drwx------  2 amit amit   68 19 Apr 00:58 501
```

> 在引导卷上，每个用户的垃圾箱文件夹位于各自的主目录中（~/.trash）。

因此，将考虑两个文件夹：.trashes 和.trashes/501。如果手动挂接新创建的卷——比如说，从命令行使用 mount_hfs 程序，那么这两个文件夹将不存在。

磁盘仲裁

如本书第 11 章中所述，磁盘仲裁（Disk Arbitration）守护进程（diskarbitrationd）负责挂接卷，并使之作为磁盘、磁盘映像和可移动媒体设备出现。

通过 diskarbitrationd 在/Volumes 目录下挂接卷。每个这样的卷都以其实际名称或者修改的名称出现在这个目录中。出于两个原因，可能需要这样的修改。第一，如果 HFS+卷的名称包含/字符，diskarbitrationd 将把它转换成:字符，因为尽管/是一个有效的 HFS+路径名字符，但它在 BSD 路径名中只能作为路径分隔符。注意：无论将卷挂接在哪个/Volumes 子目录上，与卷的图标一起出现在 Desktop 上的卷名称都不会改变。

第二，两个或更多的卷有可能具有相同的名称。假设挂接 4 个卷，并且每个卷都命名为 HFSDisk。即使它们的 Desktop 图标都将具有 HFSDisk 标签，但是在/Volumes 下显示它们时将给它们自动分配后缀——例如，显示为 HFSDisk、HFSDisk 1、HFSDisk 2 和 HFSDisk 3。

第三个文件夹是不可见的**私有元数据文件夹**（Private Metadata Folder），它由文件系统在内部使用，并且是在创建卷期间创建的。当讨论硬链接时将讨论这个私有文件夹（参见 12.8.6 节）。注意：.（当前目录）和..（父目录）目录条目不是物理地驻留在磁盘上的 HFS+卷上——而是通过 HFS+实现模拟它们。

可以使用 hfsdebug 打印卷的编目 B 树中的**文件夹线索**（Folder Thread）记录，验证这

[①] 在 HFS+的上下文中，将把术语**文件夹**（Folder）和**目录**（Directory）视作同义词。

个卷上的文件夹的数量和名称。

```
% hfsdebug -b catalog -l folderthread -d /dev/rdisk10s2
# Folder Thread Record
parentID                      = 1
nodeName                      = HFSJ
# Folder Thread Record
parentID                      = 2
nodeName                      = %00%00%00%00HFS+ Private Data
# Folder Thread Record
parentID                      = 2
nodeName                      = .Trashes
# Folder Thread Record
parentID                      = 17
nodeName                      = 501
```

这个卷上的 3 个文件中有两个是不可见的日志文件：/.journal 和/.journal_info_block。第三个文件是/.DS_Store[①]，同样，如果手动挂接该示例中新创建的卷，那么这个文件将不存在。可以使用 hfsdebug 打印编目 B 树中的**文件线索**（File Thread）记录，验证这些文件的名称。

```
$ hfsdebug -b catalog -l filethread -d /dev/rdisk10s2
# File Thread Record
parentID                      = 2
nodeName                      = .journal
# File Thread Record
parentID                      = 2
nodeName                      = .journal_info_block
# File Thread Record
parentID                      = 2
nodeName                      = .DS_Store
```

在 12.7.2 节中将更详细地讨论文件和文件夹线索记录。

卷头还包括一个数组（finderInfo 字段），其中包含 8 个 32 位的值，表 12-1 中列出了它们的含义。

表 12-1　HFS+卷头中的 finderInfo 数组的内容

索引上的元素	描　　述
0	如果卷包含一个可引导系统（通常是通过 finderInfo[3]或 finderInfo[5]指定的），那么这个条目将包含它的目录 ID；否则，它将包含 0
1	如果卷是可引导的，那么这个条目将包含启动应用程序（比如 Finder）的父目录 ID；在 Mac OS X 的 PowerPC 版本上将忽略它
2	这个条目可能包含一个目录的 ID，在挂接卷时应该在 Finder 中打开该目录

---

① Finder 将使用这个文件捕获关于目录内容的信息。

索引上的元素	描　述
3	如果卷包含一个可引导的 Mac OS 9（或 Mac OS 8）系统文件夹，那么这个条目将包含它的目录 ID；否则，它将包含 0
4	这个条目是保留的
5	如果卷包含一个可引导的 Mac OS X 系统，那么这个条目将包含"系统"文件夹（默认是包含引导加载程序（即 BootX 或 boot.efi 文件）的文件夹）的目录 ID；否则，它将包含 0
6	这是唯一的 64 位卷标识符的上半部分
7	这是卷标识符的下半部分

由于卷头的 finderInfo 数组的多个元素都与引导相关，查看引导卷上的卷头将更有趣。当没有明确指定卷或设备时，hfsdebug 将在根卷上工作（参见图 12-8），它通常也是引导卷。

```
$ sudo hfsdebug -v
...
# Finder Info
    # Bootable system blessed folder ID
      finderInfo[0] = 0xcf5 (Macintosh HD:/System/Library/CoreServices)
    # Parent folder ID of the startup application
      finderInfo[1] = 0
    # Open folder ID
      finderInfo[2] = 0
    # Mac OS 9 blessed folder ID
      finderInfo[3] = 0xd6533 (Macintosh HD:/System Folder)
    # Reserved
      finderInfo[4] = 0
    # Mac OS X blessed folder ID
      finderInfo[5] = 0xcf5 (Macintosh HD:/System/Library/CoreServices)
    # VSDB volume identifier (64-bit)
      finderInfo[6] = 0x79a955b7
      finderInfo[7] = 0xe0610f64
    # File System Boot UUID
          UUID = B229E7FA-E0BA-345A-891C-80321D53EE4B
...
```

图 12-8　引导卷的卷头中包含的 Finder 信息

如图 12-8 所示，卷包含一个可引导的 Mac OS X 系统以及一个可引导的 Mac OS 9 系统，其中 finderInfo[5]和 finderInfo[3]包含各自的系统文件夹 ID。对于 Mac OS X，"系统"文件夹将包含 BootX，即/System/Library/CoreServices。这里显示的 Boot UUID 字符串不是 finderInfo 的一部分——它是由 hfsdebug（以及在自举期间由 BootX）构造的，来自 finderInfo 的最后两个元素中包含的 64 位的卷标识符。

如表 12-1 中所列出的，如果 finderInfo[2]包含一个文件夹 ID，在挂接卷时，Finder 将打开一个窗口，显示该目录。现在来验证它。可以使用 hdiutil 创建一个映像，它具有指定的"自动打开的"文件夹。

```
$ mkdir /tmp/auto-open
$ mkdir /tmp/auto-open/directory
$ echo Hello > /tmp/auto-open/directory/ReadMe.txt
$ hdiutil makehybrid -hfs -hfs-openfolder /tmp/auto-open/directory \
          -o /tmp/auto-open.dmg /tmp/auto-open
Creating hybrid image...
...
$ hdiutil mount /tmp/auto-open.dmg
...
/dev/disk10s2      Apple_HFS            /Volumes/auto-open
```

在挂接卷时，应该会打开 Finder 窗口，显示卷上名为 directory 的文件夹。而且，
finderInfo[2]应该等于 directory 的编目结点 ID。

```
$ hfsdebug -V /Volumes/auto-open -v
...
        # Open folder ID
        finderInfo[2] = 0x10 (auto-open:/directory)
...
$ ls -di /Volumes/auto-open/directory
16 /Volumes/auto-open/directory
```

12.5.2 查看卷控制块

在挂接 HFS+卷时，一个称为**卷控制块**（Volume Control Block，VCB）的内核中的内
存块将保存卷头的大部分信息，以及其他关于卷的动态信息。在内核中通过 hfsmount 结构
表示 VCB。给定一个挂接的 HFS+卷，hfsdebug 可以从内核内存中获取对应的 hfsmount 结
构的内容。

```
$ sudo hfsdebug -m
Volume name                           = Macintosh HD (volfs_id  = 234881028)
block device number                   = { major=14, minor=4 }
HFS+ flags                            = 000000000000000000000000010001100
                                        + HFS_WRITEABLE_MEDIA
                                        + HFS_CLEANED_ORPHANS
                                        + HFS_METADATA_ZONE
default owner                         = { uid=99, gid=99 }
...
free allocation blocks                = 0x86fe4f
start block for next allocation search = 0x2065a66
next unused catalog node ID           = 3251700
file system write count               = 61643383
free block reserve                    = 64000
blocks on loan for delayed allocations = 0
...
```

在本章后面将再次讨论 hfsmount 结构。

12.6　HFS 包装器

HFS+卷可能嵌入（Embed）在 HFS 包装器中。在随同 Mac OS 8.1 引入 HFS+之后，Apple 不得不确保在 ROM 中不带 HFS+支持的计算机能够从 HFS+卷引导 Mac OS 8.1 及更新的系统。Apple 使用的解决方案是包装 HFS+卷，使得它对 ROM 表现得像 HFS 卷一样。驻留在 HFS 卷上的 System 文件将只包含代码，用于查找嵌入的 HFS+卷的偏移量，挂接它，并且使用 HFS+卷上的 System 文件执行实际的引导。

在嵌入 HFS 的 HFS+卷中，HFS+卷头不是驻留在距离卷开头 1024 字节的偏移量处——HFS 主目录块（Master Directory Block，MDB）则是这样。HFS 的 MDB 类似于卷头。它包含足够的信息，使得可以计算出 HFS+卷头的位置。还有一个备用的 MDB，它类似于备用卷头。

现在来创建一个嵌入式 HFS+卷，并且检查它的内容。

```
% hdiutil create -size 16m -layout NONE /tmp/hfswrapper.dmg
...
created: /tmp/hfswrapper.dmg
% hdiutil attach -nomount /tmp/hfswrapper.dmg
...
/dev/disk10
```

> 注意：设备结点路径（在这个示例中是/dev/disk10）是由 hdiutil 打印的。确保使用正确的设备路径；否则，可能会损坏卷上现有的数据。

newfs_hfs 的-w 选项用于在 newfs_hfs 创建的 HFS+文件系统周围添加一个 HFS 包装器。类似地，mount_hfs 的-w 选项将导致挂接包装器卷，而不是嵌入的 HFS+卷。

```
% newfs_hfs -w -v HFSWrapper /dev/rdisk10
Initialized /dev/rdisk10 as a 16 MB HFS Plus Volume
% mkdir /tmp/mnt
% mount_hfs -w /dev/disk10 /tmp/mnt
% ls -l /tmp/mnt
total 64
-rwxr-xr-x  1 amit  wheel  4096 17 Apr 17:40 Desktop DB
-rwxr-xr-x  1 amit  wheel     0 17 Apr 17:40 Desktop DF
-rwxr-xr-x  1 amit  wheel     0 17 Apr 17:40 Finder
-rwxr-xr-x  1 amit  wheel  1781 17 Apr 17:40 ReadMe
-rwxr-xr-x  1 amit  wheel     0 17 Apr 17:40 System
```

在创建包装器卷时，在其根目录中带有 5 个文件。System 文件的数据分支是空的，但是它的资源分支包含引导代码。Finder 文件的两个分支都是空的。除 ReadMe 以外的其他所有文件都被标记为不可见。当在不带 HFS+支持的系统（例如，Mac OS 8.1 以前的系统）

上使用这样的卷时，用户将会看到卷上只有一个 ReadMe 文件。这个文件解释了用户为什么不能看到卷上的其他任何文件以及访问它们所需的步骤。

图 12-9 显示了包含一个嵌入式 HFS+卷的 HFS 包装器卷的布局。

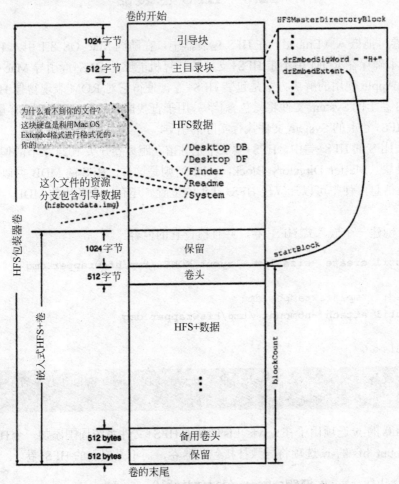

图 12-9　包含一个嵌入式 HFS+卷的 HFS 包装器卷

现在卸载包装器卷，并在其内挂接 HFS+卷。除非明确指示挂接包装器卷，否则 Mac OS X 将会挂接嵌入式 HFS+卷。

```
$ umount /tmp/mnt
$ hdiutil detach disk10
"disk10" unmounted.
"disk10" ejected.
$ open /tmp/hfswrapper.dmg
$ mount
...
/dev/disk10 on /Volumes/HFSWrapper (local, nodev, suid, mounted by amit)
```

当把 hfsdebug 用于显示嵌入式 HFS+卷的卷头时，它还会显示 MDB 的内容（参见图 12-10）。

```
$ sudo hfsdebug -d /dev/rdisk10 -v
HFS Plus Volume with HFS Wrapper
  Embedded offset       = 88 bytes
  Wrapper volume size   = 16376.00 KB/15.99 MB/0.02 GB
  Embedded volume size  = 16336.00 KB/15.95 MB/0.02 GB
# HFS Wrapper Master Directory Block
  drSigWord             = $4244 (BD)
  drCrDate              = Sun Oct  9 18:17:08 2005
  drLsMod               = Sun Oct  9 18:17:08 2005
  drAtrb                = 1000001100000000
              . kHFSVolumeUnmounted (volume was successfully unmounted)
              . kHFSVolumeSparedBlocks (volume has bad blocks spared)
              . kHFSVolumeSoftwareLock (volume is locked by software)
  drNmFls               = 5
  drVBMSt               = 0x3 (3)
  drAllocPtr            = 0 (0)
  drNmAlBlks            = 4094
  drAlBlkSiz            = 4096 bytes
  drClpSiz              = 4096
  drAlBlSt              = 0x8 (8)
  drNxtCNID             = 21
  drFreeBks             = 0
  drVN                  = HFSWrapper (10 characters)
  drVolBkUp             = Fri Jan  1 00:00:00 1904
  drVSeqNum             = 0
  drWrCnt               = 3
  drXTClpSiz            = 4096
  drNmRtDirs            = 0
  drFilCnt              = 5
  drDirCnt              = 0
  EmbedSigWord          = $482B (H+)
  # Finder Info
  drFndrInfo      [0]   = 0x2
  drFndrInfo      [1]   = 0
  drFndrInfo      [2]   = 0
  drFndrInfo      [3]   = 0
  drFndrInfo      [4]   = 0x656e6300
  drFndrInfo      [5]   = 0
  drFndrInfo      [6]   = 0x8a0d0159
  drFndrInfo      [7]   = 0xf39492fd
  drEmbedExtent         = start  count
                          0x000a 0x0ff4
  drXTFlSize            = 4096 blocks
  drXTExtRec            = start  count
                          0x0000 0x0001
```

图 12-10　主目录块的内容

```
                         0x0000 0x0000
                         0x0000 0x0000
  drCTFlSize           = 4096 blocks
  drCTExtRec           = start  count
                         0x0001 0x0001
                         0x0000 0x0000
                         0x0000 0x0000
# HFS Plus Volume Header
...
  fileCount            = 1
  folderCount          = 3 /* not including the root folder */
  blockSize            = 4096
  totalBlocks          = 4084
  freeBlocks           = 4017
...
```

图 12-10（续）

图 12-10 显示嵌入式签名字段（EmbedSigWord）包含 H+，指示是否存在一个嵌入式
卷。注意：如 MDB 的 drFreeBks 字段所指示的，包装器卷没有空闲块。这是由于从 HFS
卷的角度讲，所有的空间都已经分配了——嵌入式卷使用了它。而且，在 HFS 卷中实际上
将嵌入式卷的空间标记为"bad"（坏），通过在 MDB 的 drAtrb 字段中设置
kHFSVolumeSparedBlocks 位来指示这一点。这将阻止嵌入式卷的空间成为可用的或者以任
何方式使用它。MDB 的 drNmFls 字段是 5，指示包装器卷包含 5 个文件。

12.7　特　殊　文　件

HFS+卷头为图 12-6 中的 5 个标记为"special"（特殊）的特殊文件都包含了一个分支-
数据结构（HFSPlusForkData）——3 个 B 树、一个位图以及一个可选的启动（Startup）文
件。由于分支-数据结构包含分支的总大小以及文件的区段的初始集，这些文件全都可以从
卷头开始访问。HFS+实现将读取卷头以及合适的特殊文件，以提供对卷上包含的用户数据
（即文件、文件夹和基本属性）的访问权限。

特殊文件不是用户可见的，它们也不会对卷头中维护的文件计数做任何贡献。

> 关于特殊文件要指出的重要一点是：除了可以自由地驻留在卷上任何可用的位置上之
> 外，它们还不必是相邻的。而且，除了区段溢出（Extents Overflow）文件之外，其他所
> 有的特殊文件都可以增大到超出 8 个区段，在这种情况下，将把"溢出"区段存储在区段
> 溢出文件中。

12.7.1　分配文件

分配（Allocation）文件用于跟踪分配块是否在使用。它只是一个位图，为卷上的每个

分配块都包含一个位。如果给定的块正在保存用户数据或者被分配给文件系统数据结构，就会在分配文件中设置对应的位。因此，这个文件中的每个字节都将会跟踪 8 个分配块。

注意：作为一个文件，分配文件本身将使用整数个分配块。它的美妙属性之一是：它可以增大或收缩，从而允许灵活地操作卷的空间。这还意味着分配给分配文件的最后一个分配块可能具有未使用的位——HFS+实现必须将这样的位显式设置为 0。

在 12.4 节中看到，HFS+卷具有两个保留区域：第一个是 1024 字节，最后一个是 512 字节。512 字节的卷头和 512 字节的备用卷头与这两个区域是相邻的——分别位于它们的后面和前面。必须在分配文件中将包含保留区域和两个卷头的分配块标记为已使用。而且，如果卷大小不是分配块大小的整数倍，将会出现一些尾部空间，它们在分配文件中没有对应的位。甚至在这种情况下，仍然将备用卷头存储在距离卷末尾 1024 字节的偏移量处——也就是说，可能位于未考虑的区域中。然而，HFS+仍然会把用于**分配文件跟踪**（Allocation-File-Tracked）的最后 1024 字节视作已使用，并且会把对应的分配块标记为已分配。

1. 查看分配文件的内容

可以使用 hfsdebug 间接查看分配文件的内容。之所以说"间接"，是因为 hfsdebug 可以检查分配文件，并且枚举卷上的所有空闲区段。因此，与 hfsdebug 列出的区段对应的分配文件位都将被清除，但是会设置所有余下的位。

```
$ sudo hfsdebug -0
# Free Contiguous      Starting @    Ending @        Space
            16          0x60c7       0x60d6      64.00 KB
            16         0x1d6d7      0x1d6e6      64.00 KB
            16         0x1f8e7      0x1f8f6      64.00 KB
            32         0x23cf7      0x23d16     128.00 KB
        130182         0x25f67      0x45bec     508.52 MB
...
           644       0x2180d00    0x2180f83       2.52 MB
       4857584       0x2180f85    0x2622e74      18.53 GB

Allocation block size  = 4096 bytes
Allocation blocks total = 39988854 (0x2622e76)
Allocation blocks free  = 8825849 (0x86abf9)
```

2. 游动的下一个分配指针

对于每个挂接的 HFS+卷，内核都会维护一个游动的指针——一个作为提示的分配块编号，在许多（但是并非全部）情况下搜索空闲分配块时用作起点。该指针保存在 hfsmount 结构的 nextAllocation 字段中。使用这个指针的分配操作也会更新它。

```
$ sudo hfsdebug -m
...
   free allocation blocks                    = 0x86d12b
   start block for next allocation search    = 0x20555ea
```

```
     next unused catalog node ID                = 3256261
...
$ echo hello > /tmp/newfile.txt
$ sudo hfsdebug -m
...
  free allocation blocks                       = 0x86d123
  start block for next allocation search       = 0x20555eb
  next unused catalog node ID                  = 3256262
...
$ sudo hfsdebug /tmp/newfile.txt
...
# Catalog File Record
  type                 = file
  file ID              = 3256261
...
  # Data Fork
...
  extents            =        startBlock   blockCount    % of file
                              0x20555eb       0x1        100.00 %
                         1 allocation blocks in 1 extents total.
...
```

还可以为给定的卷设置 nextAllocation 的值。fsctl()系统调用的 HFS_CHANGE_NEXT_ ALLOCATION 请求可用于执行该操作。图 12-11 显示了一个程序，用于为给定的卷路径设置 nextAllocation。

// hfs_change_next_allocation.c

```c
#include <stdio.h>
#include <unistd.h>
#include <stdlib.h>
#include <sys/ioctl.h>

// ensure that the following match the definitions in bsd/hfs/hfs_fsctl.h
// for the current kernel version, or include that header file directly
#define HFSIOC_CHANGE_NEXT_ALLOCATION  _IOWR('h', 3, u_int32_t)
#define HFS_CHANGE_NEXT_ALLOCATION  IOCBASECMD(HFSIOC_CHANGE_NEXT_ALLOCATION)

#define PROGNAME "hfs_change_next_allocation"

int
main(int argc, char **argv)
{
    int ret = -1;
    u_int32_t block_number, new_block_number;
```

图 12-11   提示文件系统在卷上的什么位置寻找空闲空间

```
    if (argc != 3) {
        fprintf(stderr, "usage: %s <volume path><hexadecimal block
            number>\n", PROGNAME);
        exit(1);
    }

    block_number = strtoul(argv[2], NULL, 16);
    new_block_number = block_number;

    ret = fsctl(argv[1],HFS_CHANGE_NEXT_ALLOCATION,(void *)block_number, 0);
    if (ret)
        perror("fsctl");
    else
        printf("start block for next allocation search changed to %#x\n",
            new_block_number);

    exit(ret);
}
```

图 12-11（续）

可以在新的 HFS+磁盘映像上测试图 12-11 中所示的程序（参见图 12-12）。

```
$ hdiutil create -size 32m -fs HFSJ -volname HFSHint /tmp/hfshint.dmg
...
created: /tmp/hfshint.dmg
$ open /tmp/hfshint.dmg
$ sudo hfsdebug -V /Volumes/HFSHint -m
...
  start block for next allocation search = 0xaf7
...
$ hfsdebug -V /Volumes/HFSHint -0
# Free Contiguous     Starting @       Ending @       Space
          630         0x881            0xaf6          2.46 MB
         5372         0xaf9            0x1ff4         20.98 MB

Allocation block size  = 4096 bytes
Allocation blocks total = 8182 (0x1ff6)
Allocation blocks free  = 6002 (0x1772)
$ echo hello > /Volumes/HFSHint/file.txt
$ hfsdebug /Volumes/HFSHint/file.txt
...
  extents             =    startBlock   blockCount    % of file
                           0xaf9        0x1           100.00 %
                      1 allocation blocks in 1 extents total.
...
$ hfsdebug -V /Volumes/HFSHint -0
```

图 12-12　检查卷上的分配块使用情况

```
# Free Contiguous       Starting @        Ending @         Space
           630           0x881            0xaf6         2.46 MB
          5371           0xafa            0x1ff4       20.98 MB

Allocation block size   = 4096 bytes
Allocation blocks total = 8182 (0x1ff6)
Allocation blocks free  = 6001 (0x1771)
$ sudo hfsdebug -V /Volumes/HFSHint -m
...
  start block for next allocation search = 0xaf9
...
$
```

图 12-12（续）

由于分配块 0xafa~0x1ff4 在图 12-12 所示的卷上是空闲的,因此可以使用图 12-11 中的程序,把 nextAllocation 值设置为 0xbbb。然后,可以创建一个文件,查看文件是否开始于那个分配块。

```
$ gcc -Wall -o hfs_change_next_allocation hfs_change_next_allocation.c
$ ./hfs_change_next_allocation /Volumes/HFSHint 0xbbb
start block for next allocation search changed to 0xbbb
$ echo hello > /Volumes/HFSHint/anotherfile.txt
$ hfsdebug /Volumes/HFSHint/anotherfile.txt
...
  extents              =       startBlock  blockCount    % of file
                                0xbbb         0x1         100.00 %
                        1 allocation blocks in 1 extents total.
...
```

12.7.2 编目文件

编目（Catalog）文件描述了卷上的文件和文件夹的层次结构。它既充当用于保存卷上的所有文件和文件夹的重要信息的容器,又充当它们的编目。HFS+把文件和文件夹名称存储为 Unicode 字符串,通过 HFSUniStr255 结构表示,它包括一个长度以及一个双字节 Unicode 字符数组,其中包含 255 个元素。

```
// bsd/hfs/hfs_format.h

struct HFSUniStr255 {
    u_int16_t length;         // number of Unicode characters in this name
    u_int16_t unicode[255];   // Unicode characters
                              // (fully decomposed, in canonical order)
};
```

卷上的每个文件或文件夹都是通过编目文件中唯一的 **CNID**（Catalog Node ID,编目结点 ID）标识的。CNID 是在文件创建时分配的。特别是，HFS+没有使用索引结点表。当通过一个基于 UNIX 的接口（比如 stat()系统调用）查询时，将把文件夹的 CNID（目录 ID）和文件的 CNID（文件 ID）报告[1]为它们各自的索引结点编号。

> 在传统的 UNIX 文件系统上，**索引结点**（index node 或 **inode**）是一个描述文件的内部表示的对象。每个文件或目录对象都具有唯一的磁盘上的索引结点，其中包含对象的元数据以及对象的块的位置。

如前所述，编目文件被组织为 B 树，允许进行快速、高效的搜索。它的基本结构与 12.2.6 节中讨论的相同。不过，在其记录中存储的键和数据的格式都是特定于它的。

每个用户文件都编目文件中都具有两个叶记录：**文件**记录和**文件线索**记录。类似地，每个文件夹也具有两个叶记录：**文件夹**记录和**文件夹线索**记录。这些记录的用途如下。

- 文件记录（struct HFSPlusCatalogFile [bsd/hfs/hfs_format.h]）包含标准的（与扩展的相对）文件元数据，其中包括文件的 CNID、多个时间戳、UNIX 风格的权限、Finder 信息，以及文件的数据分支和资源分支的初始区段。
- 文件夹记录（struct HFSPlusCatalogFolder [bsd/hfs/hfs_format.h]）包含标准的文件夹元数据，其中大部分与文件元数据完全相同，只不过文件夹没有数据分支或资源分支。每个文件夹都具有一个**价态**（valence）值，表示文件夹所具有的孩子（而非后代）的数量，即文件夹内的文件与直接子目录的数量之和。
- 文件线索记录和文件夹线索记录都通过一个 HFSPlusCatalogThread 结构 [bsd/hfs/hfs_format.h]表示，它的 recordType 字段指示线索记录的类型。线索记录包含它所表示的编目结点的名称和父 CNID。线索记录通过把文件和文件夹的相关组织结构串在一起，来表示文件系统的分层结构。

> 在传统的 UNIX 文件系统中，目录被明确地存储在磁盘上。在 B 树中存储分层结构具有几个性能好处，但这并不是没有代价的——例如，对于多种文件系统操作，必须锁定编目 B 树，有时还要进行独占式锁定。

现在来查看在给定其标识信息的情况下，可能如何访问一个文件。根据它使用的编程接口，用户程序可以利用多种方式指定它希望在给定的卷上访问的文件系统对象。

- 目标的 UNIX 风格的相对或绝对路径名。
- 目标的 CNID。
- 目标的结点名称及其父文件夹的 CNID。

> 卷文件系统——通常挂接在/.vol 之下——允许通过它们的 CNID 查找 HFS+卷上的文件和文件夹。如本书第 11 章中所示，/.vol 目录为支持卷文件系统的每个挂接的卷都包含有一个子目录。子目录名称与各自的卷 ID 相同。

在内核中，将路径名查找分解成逐成分的查找操作。最近查找的名称将被缓存起来[2]，

---

[1] 硬链接是这种行为的例外情况。参见 12.8.6 节。

[2] 资源分支名称不会被缓存。

使得 namei()函数不必在每次查找时都要遍历整个文件系统。在编目级别，树搜索要么是一步式的，要么是两步式的，这取决于搜索键是如何填充的。编目 B 树的键通过 HFSPlusCatalogKey 结构表示。

```
// bsd/hfs/hfs_format.h

struct HFSPlusCatalogKey {
    u_int16_t    keyLength;

    // parent folder's CNID for file and folder records;
    // node's own CNID for thread records
    u_int32_t    parentID;

    // node's Unicode name for file and folder records;
    // empty string for thread records
    HFSUniStr255 nodeName;
};
```

图 12-13 显示了如何搜索编目 B 树的概览。如果只从目标对象的 CNID 开始，将需要两步式搜索。搜索键准备如下：将 HFSPlusCatalogKey 结构的 parentID 字段设置为目标的 CNID，并且把 nodeName 字段设置为空字符串。利用这种键执行的 B 树查找将产生目标的线索记录（如果它存在的话）。线索记录的内容——目标的结点名称及其父对象的 CNID——将需要执行一步式搜索。第二次查找将产生 HFSPlusCatalogFile 或 HFSPlusCatalogFolder 记录，这分别取决于目标是文件还是文件夹。在比较两个编目键时，首先将比较它们的 parentID 字段，接下来将比较 nodeName 字段。

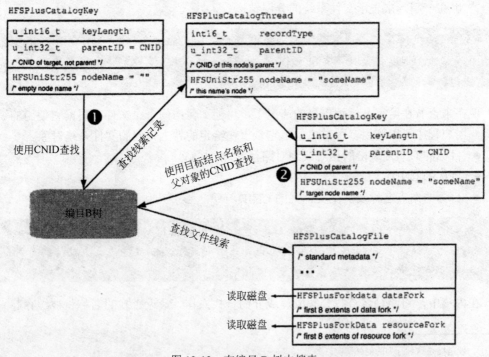

图 12-13　在编目 B 树中搜索

图 12-14 显示了 HFS+实现可能如何访问文件的总体图景。假设希望读取一个文件。首先将从卷头开始（1），它将提供编目文件的区段（2）。在此将搜索编目 B 树，查找想要的文件记录（3），它将包含文件的元数据以及初始区段（4）。在得到初始区段之后，就可以搜寻合适的磁盘扇区并且读取文件数据（5）。如果文件具有 8 个以上的区段，将不得不在区段溢出文件中执行一次或更多次额外的查找。

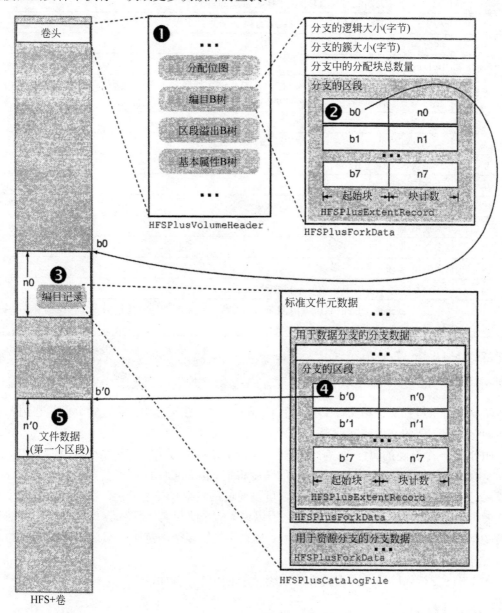

图 12-14　访问文件的内容概览

1. 编目结点 ID

如前所述，HFS+卷上的每个文件和文件夹——包括特殊文件——都会被分配唯一的 CNID，它被实现为一个 32 位的无符号整数。Apple 预留了前 16 个 CNID，以便自己使用。

表 12-2 显示了如何使用这些 CNID。

表 12-2   HFS+卷上的标准 CNID 分配

CNID	分　　配
0	无效的 CNID——永远不要用于文件系统对象
1	表示根文件夹的父对象 ID（出于 B 树查找的目的）
2	根文件夹的 ID（类似于为文件系统的根目录使用 2 作为索引结点编号的 UNIX 约定）
3	区段溢出文件的 ID
4	编目文件的 ID
5	用作假想文件（Bad Blocks 文件）的 ID，该文件拥有包含坏扇区的分配块。Bad Blocks 文件不具有任何编目记录——它的所有区段都在区段溢出文件中
6	分配文件的 ID
7	启动文件的 ID
8	基本属性文件的 ID
9	未使用/保留
10	未使用/保留
11	未使用/保留
12	未使用/保留
13	未使用/保留
14	在修复文件系统时用作临时编目文件的 ID
15	在调用 exchangedata()系统调用期间临时使用，该系统调用将执行两个文件中的分支数据的原子交换

> 下一个未使用的 CNID 是在卷头（作为 nextCatalogID 字段）和 hfsmount 结构（作为 vcbNxtCNID 字段）中维护的。

第一个可供用户文件和文件夹使用的 CNID 是 16。在实际中，将把它分配给在用户开始访问卷之前创建的文件或文件夹——例如，日志文件。

HFS+的一个有趣的属性是：它允许通过其索引结点编号确定文件系统对象的 UNIX 路径名。除了硬链接之外，从 UNIX API 的角度将把对象的 CNID 用作其索引结点编号。由于线索记录把一个对象连接到其父对象，可以通过反复查找线索记录，直至到达根对象为止，来构造一个完整的路径名。注意：之所以说"一个路径名"而不是"路径名"，是因为如果文件的链接计数大于 1——也就是说，如果它具有多个硬链接，那么 UNIX 可见的索引结点编号可能具有多个引用的路径名[①]。

hfsdebug 支持以前提及的查找文件系统对象的方法，例如：

```
$ sudo hfsdebug -c 16 # look up by CNID
<Catalog B-Tree node = 9309 (sector 0x32c88)>
  path                 = Macintosh HD:/.journal
# Catalog File Record
```

---

① 通常，与支持硬链接的文件系统上的情况一样，HFS+不允许指向目录的硬链接。

```
    type                = file
    file ID             = 16
...
$ sudo hfsdebug -F 2:.journal # look up by node name and parent's CNID
<Catalog B-Tree node = 9309 (sector 0x32c88)>
    path                = Macintosh HD:/.journal
...
```

Carbon File Manager 提供了 PBResolveFileIDRefSync()函数，在给定文件系统对象的 CNID 的情况下，用于获取该对象的结点名称及其父对象的 CNID。图 12-15 中所示的程序用于打印出默认（根）卷上驻留的文件或文件夹（给定其 CNID）的路径名。它将继续查找给定路径名的每个成分的名称，直到给定成分的父 ID 与那个成分的 ID 相同为止。

```c
// cnid2path.c

#include <stdio.h>
#include <sys/param.h>
#include <Carbon/Carbon.h>

typedef struct { // this is returned by PBResolveFileIDRefSync()
    unsigned char length;
    unsigned char characters[255];
} HFSStr255;

int
main(int argc, char **argv)
{
    FIDParam       pb;
    OSStatus       result;
    long           tmpSrcDirID;
    int            len = MAXPATHLEN - 1;
    char           path[MAXPATHLEN] = { '\0' };
    char           *cursor = (char *)(path + (MAXPATHLEN - 1));
    char           *upath;
    HFSStr255      *p, pbuf;

    if (argc != 2) {
        fprintf(stderr, "usage: %s <CNID>\n", argv[0]);
        exit(1);
    }

    tmpSrcDirID = atoi(argv[1]);

    pb.ioVRefNum = 0;    // no volume reference number -- use default
    pb.ioSrcDirID = -1; // parent directory ID -- we don't know it yet
```

图 12-15　使用 Carbon File Manager API 把 CNID 转换成 UNIX 路径名

```
while (1) {

    pb.ioNamePtr = (StringPtr)&pbuf; // a pointer to a pathname
    pb.ioFileID = tmpSrcDirID;        // the given CNID
    if ((result = PBResolveFileIDRefSync((HParmBlkPtr)&pb)) < 0)
        return result;

    if ((pb.ioSrcDirID == tmpSrcDirID) || (len <= 0)) {
        cursor++;
        break;
    }

    p = (HFSStr255 *)&pbuf;
    cursor -= (p->length);
    memcpy(cursor, p->characters, p->length);
    *--cursor = '/';
    len -= (1 + p->length);

    tmpSrcDirID = pb.ioSrcDirID;
}

if ((upath = strchr(cursor, '/')) != NULL) {
    *upath = '\0';
    upath++;
} else
    upath = "";

printf("%s:/%s\n", cursor, upath);

return 0;
}
```

```
$ gcc -Wall -o cnid2path cnid2path.c -framework Carbon
$ ls -i /mach_kernel
2150438 /mach_kernel
$ ./cnid2path 2150438
Macintosh HD:/mach_kernel
```

图 12-15（续）

2. 检查编目 B 树

可以使用 hfsdebug 检查编目 B 树的头结点（参见图 12-16），以及列出树的叶结点中包含的一种或多种记录类型。

图 12-16 中显示了其编目 B 树的头结点的卷包含超过 300 万个叶结点。可以验证精确的数量恰好等于卷的文件和文件夹计数之和的两倍，其中文件夹计数比显示的计数多 1（考虑进根文件夹）。让人特别感兴趣的是树的深度——只是 4。对于大小超过 1GB 的卷，默

认的结点大小是 8KB[①]。

```
$ sudo hfsdebug -v
...
  fileCount             = 1447728
  folderCount           = 148872 /* not including the root folder */
...
$ sudo hfsdebug -b catalog
# HFS+ Catalog B-Tree
# B-Tree Node Descriptor
  fLink               = 60928
  bLink               = 0
  kind                = 1 (kBTHeaderNode)
  height              = 0
  numRecords          = 3
  reserved            = 0
# B-Tree Header Record
  treeDepth           = 4
  rootNode            = 38030
  leafRecords         = 3193202
  firstLeafNode       = 9309
  lastLeafNode        = 71671
  nodeSize            = 8192 bytes
  maxKeyLength        = 516 bytes
  totalNodes          = 73984
  freeNodes           = 2098
  reserved1           = 0
  clumpSize           = 35651584 (ignored)
  btreeType           = 0 (kHFSBTreeType)
  keyCompareType      = 0xcf (kHFSCaseFolding, case-insensitive)
  attributes          = 00000000000000000000000000000110
                        . kBTBigKeys (keyLength is UInt16)
                        . kBTVariableIndexKeys
```

图 12-16　编目 B 树的头结点的内容

12.7.3　区段溢出文件

根据卷上可用的空闲空间的数量和相邻性，分配给文件分支的存储空间可能在物理上不是相邻的。换句话说，可能将分支的逻辑上相邻的内容划分成多个相邻的段或区段。以前把区段描述符定义为一对数字，表示属于分支的分配块的相邻范围，还把区段记录定义为一个数组，其中包含 8 个区段描述符。编目中的文件记录为每个文件的数据分支和资源分支都保存了一个区段记录。如果分支具有 8 个以上的碎片，则将把它的剩余区段存储在区段溢出文件的叶结点中。

---

① 对于大小在 1GB 以下的卷，默认的编目 B 树结点大小是 4KB。

编目 B 树具有多种叶记录类型，与之不同，区段溢出 B 树则只有一种，其中包括单个 HFSPlusExtentRecord 结构。键格式通过 HFSPlusExtentKey 结构表示，该结构包括一种分支类型（forkType）、一个 CNID（fileID）以及一个起始分配块编号（startBlock）。编目 B 树使用长度可变的键，而区段溢出键则是固定大小的。图 12-17 显示了键格式中使用的数据类型。在比较两个区段溢出 B 树的键时，将首先比较它们的 fileID 字段，接着比较 forkType 字段，最后比较 startBlock 字段。

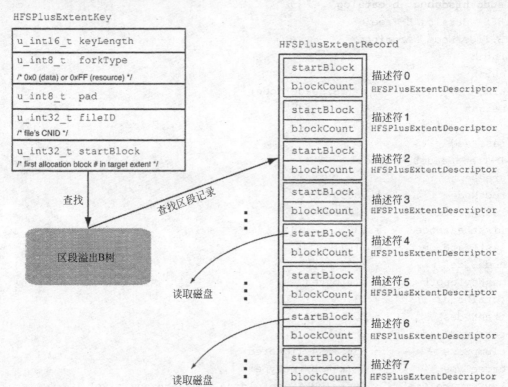

图 12-17　在区段溢出 B 树中搜索

1. 检查碎片

可以使用 hfsdebug 显示卷上的所有碎片化的文件分支。文件系统中的碎片传统上是对性能产生消极影响的重要因素。现代文件系统与它们的先辈相比通常不太容易产生碎片。文件系统中纳入了众多算法和方案，用以减少碎片，在某些情况下，甚至可以撤销现有的碎片，Mac OS X HFS+实现就是这样一个示例。然而，碎片仍然是文件系统的设计者和用户值得关注的一件事。

什么是碎片？
在典型情况下，操作系统在驱动器的存储空间看起来好像逻辑上相邻的块序列的模式下使用磁盘驱动器。驱动器执行预读取操作，并且支持对相邻块的大尺寸 I/O 请求。当 I/O 请求具有更大的尺寸时，现代驱动器的性能将更高。文件分配中更大的相邻性将允许更大的 I/O 请求（并且可能分摊任何 CPU 开销），导致更好的后续 I/O 性能。因此，使数据在磁盘上彼此相邻是合乎需要的。定义碎片稍微有点主观性并且是依赖于上下文

的，尤其是因为它可能以多种形式存在，比如下面列出的这些形式。

- **用户级数据碎片**（User-Level Data Fragmentation）：即使文件在磁盘上是相邻的，它仍然可能在用户级别包含不相邻的信息。例如，字处理器文档在磁盘上可能是相邻的，但是字处理器读取它的方式可能不是这样。量化或者处理这样的碎片既是困难的，也是不值得去做的，因为它取决于所涉及的应用程序、文件格式，以及其他难以控制的因素。这里将不会讨论这类碎片。

- **内部碎片**（Internal Fragmentation）：12.2.2 节中间接提到过内部碎片。分配块大小和存储媒介的扇区大小都远远大于字节流使用的基本存储单元：1 字节。在具有 4KB 分配块的卷上，1 字节的文件将"使用"4KB 的磁盘上的存储空间。因此，在文件的大小增长之前，将会浪费 4095 字节。这种浪费就称为内部碎片。

- **外部碎片**（External Fragmentation）：在人们提到碎片时，通常意指的是外部碎片。如果文件的内容并非全都驻留在卷级的相邻块中，那么文件就会在外部碎片化。可以把碎片视作 HFS+区段的同义词。换句话说，未碎片化的文件恰好具有一个区段。每个额外的区段都会在文件中引入一个中断。

由于 HFS+文件可以具有数据分支、资源分支，以及任意数量的命名分支（参见 12.7.4 节），其中每个命名分支都是磁盘上的一个字节流，与讨论文件的碎片相比，讨论分支的碎片更容易一些。而且，由于数据分支或资源分支的前 8 个区段描述符驻留在文件的编目文件记录中，可以把这些分支的碎片分类为温和（至少两个且至多 8 个区段）或严重（8 个区段以上）。

可以使用 hfsdebug 获得卷的汇总使用统计信息。打印的信息包括卷上的所有数据分支和资源分支的总大小，以及实际分配的存储空间。分配的存储空间与实际的使用数量之差就量化了内部碎片。

```
$ sudo hfsdebug -s
# Volume Summary Information
    files                      = 1448399
    folders                    = 149187
    aliases                    = 10
    hard links                 = 6010
    symbolic links             = 13037
    invisible files            = 737
    empty files                = 10095
# Data Forks
    non-zero data forks        = 1437152
    fragmented data forks      = 2804
    allocation blocks used     = 31022304
    allocated storage          = 127067357184 bytes
                                 (124089216.00 KB/121180.88 MB/118.34 GB)
    actual usage               = 123375522741 bytes
                                 (120483908.93 KB/117660.07 MB/114.90 GB)
    total extent records       = 1437773
    total extent descriptors   = 1446845
```

```
  overflow extent records        = 621
  overflow extent descriptors    = 4817
# Resource Forks
  non-zero resource forks        = 11570
  fragmented resource forks      = 650
  allocation blocks used         = 158884
  allocated storage              = 650788864 bytes
                                 (635536.00 KB/620.64 MB/0.61 GB)
  actual usage                   = 615347452 bytes
                                 (600925.25 KB/586.84 MB/0.57 GB)
  total extent records           = 11570
  total extent descriptors       = 12234
  overflow extent records        = 0
  overflow extent descriptors    = 0

10418 files have content in both their data and resource forks.
```

还可以使用 hfsdebug 更详细地检查碎片化的分支。当采用-f 选项时，hfsdebug 将列出卷上具有一个以上区段的所有分支。对于每个分支，输出都将包括以下信息。

- 所有者文件的 CNID。
- 分支的类型。
- 分支在磁盘上的布局图（例如，用于分支的字符串":10:20:30:"意味着该分支具有 3 个区段，它们分别包含 10 个、20 个和 30 个块）。
- 分支的大小（以字节为单位）。
- 分支的分配块的总数量。
- 分支的区段的总数量。
- 分支的每个区段的平均块数。
- 所有者文件的 UNIX 路径名。

```
$ sudo hfsdebug -f
# Volume Fragmentation Details
cnid=877872  fork=data  map=:265:11:6:3:2:2:8:  bytes=1213026  blocks=297
extents=7
avg=42.43  blks/ext path=Macintosh HD:/Desktop DF
cnid=329243  fork=data  map=:256:27:  bytes=1155108  blocks=283  extents=2
avg=141.50
blks/ext  path=Macintosh HD:/%00%00%00%00HFS+ Private Data/iNode329243
...
```

2. 检查区段溢出 B 树

图 12-18 显示了图 12-16 中所示卷上的区段溢出 B 树的头结点的输出。

图 12-18 显示了树中有 617 条叶记录。可以列出所有的叶记录，确定具有 8 个以上区段的文件数量。如下所示，在该示例中有 37 个这样的文件。

```
$ sudo hfsdebug -b extents
# HFS+ Overflow Extents B-Tree
# B-Tree Node Descriptor
  fLink            = 0
  bLink            = 0
  kind             = 1 (kBTHeaderNode)
  height           = 0
  numRecords       = 3
  reserved         = 0
# B-Tree Header Record
  treeDepth        = 2
  rootNode         = 3
  leafRecords      = 617
  firstLeafNode    = 13
  lastLeafNode     = 17
  nodeSize         = 4096 bytes
  maxKeyLength     = 10 bytes
  totalNodes       = 2048
  freeNodes        = 2030
  reserved1        = 0
  clumpSize        = 8388608 (ignored)
  btreeType        = 0 (kHFSBTreeType)
  keyCompareType   = 0 (unspecified/default)
  attributes       = 00000000000000000000000000000010
                     . kBTBigKeys (keyLength is UInt16)
```

图 12-18　区段溢出 B 树的头结点的内容

```
$ sudo hfsdebug -b extents -l any
# Extent Record
  keyLength        = 10
  forkType         = 0
  pad              = 0
  fileID           = 118928
  startBlock       = 0x175 (373)
  path             = Macintosh HD:/.Spotlight-V100/store.db
                     0x180dc7        0x50
                     0x180f3e        0x10
                     0x180f9d        0x40
                     0x1810ee        0x80
                     0x191a33        0xf0
                     0x1961dc        0x10
                     0x19646d        0x10
                     0x19648d        0x10
# Extent Record
  keyLength        = 10
^C
```

```
$ sudo hfsdebug -b extents -l any | grep fileID | sort | uniq | wc -l
37
```

12.7.4　基本属性文件

基本属性文件是一个允许实现**命名分支**（Named Fork）的 B 树。命名分支只是另一个字节流——类似于数据分支和资源分支。不过，可以将其与文件或文件夹相关联，它们可以具有任意数量的关联的命名分支。从 Mac OS X 10.4 起，命名分支就用于实现文件和文件夹的扩展基本属性。Mac OS X 10.4 中对访问控制列表（ACL）的支持反过来又使用扩展基本属性，存储附加到文件和文件夹上的 ACL 数据。每个扩展基本属性都是一个名-值对：名称是一个 Unicode 字符串，对应的值则是任意数据。与编目 B 树中的结点名称一样，基本属性名称中的 Unicode 字符是完全分解并且以规范的顺序存储的。基本属性数据可以具有它自己的区段，因此理论上讲，基本属性可以任意大。不过，Mac OS X 10.4 只支持**内联**（Inline）基本属性，它们可以放在单个 B 树结点内，同时维持针对 B 树结点的任何结构开销及其他需求。换句话说，内联基本属性在存储时不需要任何初始或溢出区段。

> B 树结点必须足够大，使得如果它是一个索引结点，那么它将包含至少两个最大的键。这意味着必须为至少 3 个记录偏移量预留空间。每个结点还具有一个结点描述符。鉴于基本属性 B 树的默认结点大小是 8KB，内核将把最大的内联基本属性大小计算为 3802 字节。

图 12-19 显示了基本属性 B 树中使用的键和记录格式。键格式通过 HFSPlusAttrKey 结构表示，它包括一个 CNID（fileID）、一个用于具有区段的基本属性的起始分配块编号（startBlock）以及一个用于基本属性的 Unicode 名称（attrName）。

在比较两个基本属性 B 树的键时，首先将比较它们的 fileID 字段，接着比较 attrName 字段，最后比较 startBlock 字段。图 12-19 显示基本属性 B 树中可以有 3 类记录。由 HFSPlusAttrData 结构表示的一类记录保存内联的基本属性数据。另外两类用于更大的基本属性，需要跟踪它们的区段。IIFSPlusAttrForkData 包括 HFSPlusForkData 结构，即包括最多 8 个初始区段。如果基本属性的磁盘上的数据更碎片化，那么它将需要一个或多个 HFSPlusAttrExtents 记录，其中每个记录都将跟踪额外的 8 个区段。

1．处理扩展基本属性

通过 BSD 系统调用 setxattr()、getxattr()、listxattr()和 removexattr()操作 HFS+文件系统对象的扩展基本属性，所有这些系统调用都是处理路径名①。这些系统调用还具有变体——在它们的名称中具有 f 前缀，用于处理打开的文件描述符。

具有单个用于基本属性的全局命名空间。尽管基本属性名称可能是任意的，Apple 还是建议使用反向 DNS 风格的命名方案。操作系统经常利用的基本属性示例如下。

- system.extendedsecurity：由启用了 ACL 的卷的根文件夹（即 CNID 1）的父对象保存的一个卷基本属性。

---

① 在 Mac OS X 10.4 中，除了 BSD 之外，没有其他的应用程序环境具有用于操作扩展基本属性的接口。

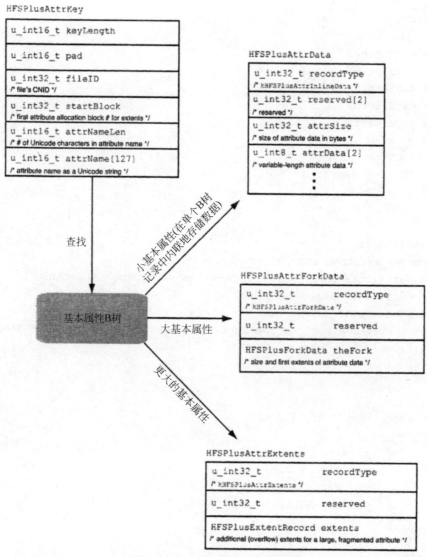

图 12-19 在基本属性 B 树中搜索

- com.apple.diskimages.recentcksum：由 Apple 的 Disk Images 框架使用的一个基本属性，用于存储应用基本属性的磁盘映像文件的校验和。
- com.apple.system.Security：一个用于 ACL 的基本属性。
- com.apple.system.*：受保护的系统基本属性。
- com.apple.FinderInfo：一个映射到文件或文件夹的 Finder 信息的伪基本属性（之所以称之"伪"，是因为它实际上不是存储在基本属性 B 树中）。
- com.apple.ResourceFork：一个映射到文件的资源分支的伪基本属性。

图 12-20 中所示的程序用于设置和获取给定路径名的扩展基本属性。

```
// xattr.c

#include <stdio.h>
#include <string.h>
#include <unistd.h>
#include <stdlib.h>
#include <sys/xattr.h>

#define PROGNAME "xattr"

void
usage()
{
    fprintf(stderr, "\
Set or remove extended attributes. Usage:\n\n\
    %s -s <attribute-name>=<attribute-value><filename> # set\n\
    %s -r <attribute-name><filename>          # remove\n\n\
    Notes: <attribute-name> must not contain a '=' character\n\
           <filename> must be the last argument\n", PROGNAME, PROGNAME);
    exit(1);
}


int
main(int argc, char **argv)
{
    size_t      size;
    u_int32_t   position = 0;
    int         ch, ret, options = XATTR_NOFOLLOW;
    char        *path = NULL, *name = NULL, *value = NULL;

    if (argc != 4)
        usage();

    path = argv[argc - 1];
    argc--;

    while ((ch = getopt(argc, argv, "r:s:")) != -1) {
        switch (ch) {
        case 'r':
            if (ret = removexattr(path, optarg, options))
                perror("removexattr");
            break;

        case 's':
            name = optarg;
```

图 12-20   以编程方式设置扩展基本属性

```
            if ((value = strchr(optarg, '=')) == NULL)
                usage();
            *value = '\0';
            value++;
            size = strlen(value) + 1;
            if (ret = setxattr(path, name, value, size, position, options))
                perror("setxattr");
            break;

        default:
            usage();
        }
    }

    exit(ret);
}


$ gcc -Wall -o xattr xattr.c
$ touch /tmp/file.txt
$ ./xattr -s com.osxbook.importance=none /tmp/file.txt
$ sudo hfsdebug /tmp/file.txt
# Attributes
<Attributes B-Tree node = 1 (sector 0x18f4758)>
  # Attribute Key
  keyLength            = 66
  pad                  = 0
  fileID               = 3325378
  startBlock           = 0
  attrNameLen          = 27
  attrName             = com.osxbook.importance
  # Inline Data
  recordType           = 0x10
  reserved [0]         = 0
  reserved [1]         = 0
  attrSize             = 5 bytes
  attrData             = 6e 6f 6e 65 00
                         n o n e
```

图 12-20（续）

注意：HFS+只存储扩展基本属性——它不会对它们建立索引。特别是，它不会参与由 Spotlight 搜索机制执行的搜索操作（参见 11.8 节），该机制使用外部索引文件（而不是扩展基本属性）存储元数据。

2. 检查基本属性 B 树

与编目 B 树和区段溢出 B 树不同，基本属性 B 树不是 HFS+卷的必需成分。即使 HFS+实现支持扩展基本属性和 ACL，在连接的 HFS+卷上，如果没有文件系统对象曾经使用这些特性，那么这个卷也可能具有长度为 0 的基本属性文件。如果是这样，当在卷的文件或文件夹之一上尝试 setxattr()操作时或者当为卷启用 ACL 时，将会创建卷的基本属性文件。

```
$ hdiutil create -size 32m -fs HFSJ -volname HFSAttr /tmp/hfsattr.dmg
$ open /tmp/hfsattr.dmg
$ hfsdebug -V /Volumes/HFSAttr -v
...
# Attributes File
  logicalSize         = 0 bytes
...
$ fsaclctl -p /Volumes/HFSAttr
Access control lists are not supported or currently disabled on
/Volumes/HFSAttr.
$ sudo fsaclctl -p /Volumes/HFSAttr -e
$ fsaclctl -p /Volumes/HFSAttr
Access control lists are supported on /Volumes/HFSAttr.
$ hfsdebug -V /Volumes/HFSAttr -v
...
# Attributes File
  logicalSize         = 1048576 bytes
  totalBlocks         = 256
  clumpSize           = 1048576 bytes
  extents             =   startBlock   blockCount     % of file
                          0xaf9        0x100          100.00 %
                      256 allocation blocks in 1 extents total.
                      256.00 allocation blocks per extent on an average.
...
```

可以为文件创建一个 ACL 条目，并且使用 hfsdebug 显示对应的基本属性 B 树记录，它将演示如何在 HFS+卷上将 ACL 存储为扩展基本属性。

```
$ touch /Volumes/HFSAttr/file.txt
$ chmod +a 'amit allow read' /Volumes/HFSAttr/file.txt
$ hfsdebug /Volumes/HFSAttr/file.txt
# Attributes
  <Attributes B-Tree node = 1 (sector 0x57d8)>
  # Attribute Key
  keyLength           = 62
  pad                 = 0
  fileID              = 22
  startBlock          = 0
  attrNameLen         = 25
  attrName            = com.apple.system.Security
  # Inline Data
  recordType          = 0x10
  reserved [0]        = 0
  reserved [1]        = 0
```

```
attrSize            = 68 bytes
attrData            = 01 2c c1 6d 00 00 00 00 00 00 00 00 00 00 00 00
                      ,      m
...
    # File Security Information
    fsec_magic      = 0x12cc16d
    fsec_owner      = 0 0 0 0 0 0 0 0 0 0 0 0 0 0 0 0
    fsec_group      = 0 0 0 0 0 0 0 0 0 0 0 0 0 0 0 0
    # ACL Record
    acl_entrycount  = 1
    acl_flags       = 0
      # ACL Entry
      ace_applicable = 53 25 a9 39 2f 3f 49 35 b0 e4 7e f4 71 23 64 e9
        user        = amit
        uid         = 501
        group       = amit
        gid         = 501
    ace_flags       = 00000000000000000000000000000001 (0x000001)
                    . KAUTH_ACE_PERMIT
    ace_rights      = 00000000000000000000000000000010 (0x000002)
                    . KAUTH_VNODE_READ_DATA
```

12.7.5　启动文件

HFS+支持一个可选的启动文件，它可以包含任意的信息——比如辅助引导加载程序，以便在引导系统时使用。由于启动文件的位置在卷头中的众所周知的偏移量处，它有助于没有内置的 HFS+支持（比如说，在 ROM 中）的系统从 HFS+卷引导。启动文件用于在 Old World 机器上从 HFS+卷引导 Mac OS X。抛开其他的硬件兼容性问题不谈，机器也很可能由于其较旧的 Open Firmware 而具有引导问题。固件可能不支持 HFS+。而且，将对它进行编程以执行 Mac OS ROM，从而代替 BootX。一种解决方案涉及在启动文件中存储 BootX 的 XCOFF 版本，并且创建一个 HFS 包装器卷，其中包含一个特殊的"系统"文件，它将对 Open Firmware 打补丁（Patch），使得固件不会执行 Mac OS ROM——作为替代，它将从启动文件中加载 BootX。

12.8　检查 HFS+特性

在本节中，将探讨几个标准的 HFS+特性，比如：大小写敏感性、日志记录、硬链接、符号链接和别名。

12.8.1　大小写敏感性

默认情况下，HFS+是一种保留大小写并且不区分大小写的文件系统，而传统的 UNIX

文件系统是区分大小写的。在某些情况下，HFS+不区分大小写的特性可能不符合需要。假设有一个存档，它在同一个目录中包含名为 Makefile 和 makefile 的文件。

```
$ tar -tf archive.tar
Makefile
makefile
```

如果在 HFS+卷上提取这些文件，提取的第二个文件将会覆盖第一个文件。

```
$ tar -xvf archive.tar
Makefile
makefile
$ ls *akefile
makefile
```

> HFS+默认的不区分大小写的特性只适用于文件和文件夹名称。扩展基本属性名称总是区分大小写的。

HFSX 是随同 Mac OS X 10.3 引入的，作为 HFS+的一个扩展，用于支持区分大小写的文件和文件夹名称。可以给 newfs_hfs 传递-s 选项，创建一个区分大小写的 HFS+文件系统。可以使用 hdiutil 创建 HFSX 磁盘映像。

```
$ hdiutil create -size 32m -fs HFSX -volname HFSX /tmp/hfsx.dmg
...
created: /tmp/hfsx.dmg
$ open /tmp/hfsx.dmg
$ hfsdebug -V /Volumes/HFSX -v
...
# HFS Plus Volume
  Volume size        = 32728 KB/31.96 MB/0.03 GB
# HFS Plus Volume Header
  signature          = 0x4858 (HX)
  version            = 0x5
...
$
```

注意与不区分大小写的 HFS+卷的区别：卷签名是 HX 而不是 H+，并且版本是 5 而不是 4。HX 的签名值仍然在内存中存储为 H+，因此不会冲洗到磁盘上。

在编目 B 树的 keyCompareType 字段中也会记录卷的大小写敏感性。如果这个字段的值是 0xbc，将使用二进制比较（区分大小写）来比较名称。如果字段的值是 0xcf，在比较名称时将执行大写转换。注意：keyCompareType 在基本属性 B 树中总是 0xbc，在区段溢出 B 树中则是不相关的。

```
$ sudo hfsdebug -b catalog # root volume, should be case-insensitive by default
...
keyCompareType       = 0xcf (kHFSCaseFolding, case-insensitive)
...
```

```
$ hfsdebug -V /Volumes/HFSX -b catalog # case-sensitive volume
...
keyCompareType         = 0xbc (kHFSBinaryCompare, case-sensitive)
...
```

12.8.2　文件名编码

HFS+为文件、文件夹和扩展基本属性的编码名称使用 Unicode。如本书 12.7.2 节中所述，通过 HFSUniStr255 结构表示文件和文件夹名称，它包括 16 位的长度，其后接着最多 255 个双字节的 Unicode 字符。HFS+以**完全分解**（Fully Decomposed）的方式存储 Unicode 字符，而组合的字符则具有**规范次序**（Canonical Order）。当在 HFS+与用户空间之间交换包含此类字符的字符串时，内核将把它们编码为 ASCII 兼容的 UTF-8 字节（参见图 12-21）。可以使用 hfsdebug 查看存储在磁盘上的与结点名称对应的 Unicode 字符。

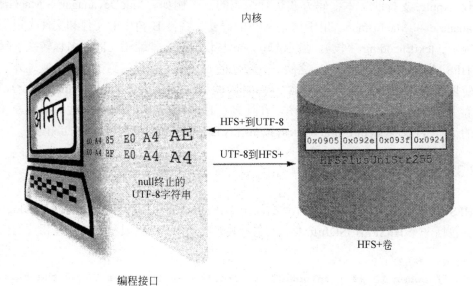

图 12-21　Mac OS X 中的 Unicode 文件名

```
$ /bin/zsh
$ cd /tmp
$ touch 'echo '\xe0\xa4\x85\xe0\xa4\xae\xe0\xa4\xbf\xe0\xa4\xa4'' # UTF-8
$ ls -wi # -w forces raw printing of non-ASCII characters
...
3364139 अमित # Terminal.app can display the name
$ sudo hfsdebug -c 3364139 # the UTF-8-encoded name can also be used here
 <Catalog B-Tree node = 68829 (sector 0x11b588)>
 path              = Macintosh HD:/private/tmp/%0905%092e%093f%0924
...
```

HFS+使用:字符作为路径分隔符，而 UNIX API 则使用/字符。由于:不能出现在 HFS+ 结点名称中，在把用户提供的结点名称（比如说，通过 UNIX API 函数）存储到磁盘上时，

HFS+将会转换其中可能出现的任何:字符。相反，在为 UNIX 函数把 HFS+Unicode 字符串编码为 UTF-8 字符串时，将把任何/字符转换成:字符。

UTF-8

    Unicode 是一种用于把字符映射到整数的编码方案。它打算包含用于所有已知语言和各类符号的字符。这样一个巨大的字符集需要表示多个字节。传统上，操作系统使用的是单字节的字符。在这类系统上，可以使用 UTF-8 方便地表示 Unicode，UTF-8 是一种 8 位的长度可变的编码方案。UTF-8 将在单个字节中把每个 7 位的 ASCII 字符编码为它自身，而把非 ASCII 字符则编码为多字节序列，其中第一个字节的高阶位指示其后的字节数量。而且，UTF-8 保留了 null 终止的字符串的 C 约定。

    UTF-8 是由 Ken Thompson 和 Rob Pike 创建的，最初在 Plan 9 上实现了它。

    较旧的 Mac OS API 使用由字符组成的文件系统名称，其中的字符是使用特定于本地化的仅 Apple 支持的文本编码方式进行编码的——例如，MacDevanagari、MacGreek、MacJapanese 和 MacRoman。出于这些 API 的好处，编目 B 树中的文件和文件夹记录包含一个提示（textEncoding 字段），指示 Unicode 与较旧的文本编码之间的名称转换。除了用于在 HFS MacRoman 与 Unicode 之间进行转换的表（这些表构建到了内核中）之外，其他各种转换表都是可加载的。卷头包含一个 64 位的编码位图（encodingsBitmap 字段），用于记录卷上使用的编码。基于这个位图，在挂接卷时，可能由实现加载合适的编码表（如果可用的话）。目录/System/Library/Filesystems/hfs.fs/Encodings/包含可加载的编码。

12.8.3   权限

    HFS+提供了 UNIX 风格的文件系统权限。HFSPlusCatalogFile 和 HFSPlusCatalogFolder 结构都包括一个 HFSPlusBSDInfo 结构，它封装了与所有权、权限和文件类型相关的信息。

```
struct HFSPlusBSDInfo {
    // owner ID 99 ("unknown") is treated as the user ID of the calling
    // process (substituted on the fly)
    u_int32_t ownerID;

    // group ID 99 ("unknown") is treated as the owner ID of the calling
    // process (substituted on the fly)
    u_int32_t groupID;

    // superuser-changeable BSD flags, see chflags(2)
    u_int8_t  adminFlags;

    // owner-changeable BSD flags, see chflags(2)
    u_int8_t  ownerFlags;

    // file type and permission bits
    u_int16_t fileMode;
```

```
union {
    // indirect inode number for hard links
    u_int32_t iNodeNum;

    // links that refer to this indirect node
    u_int32_t linkCount;

    // device number for block/character devices
    u_int32_t rawDevice;
} special;
};
```

1. 操作卷级所有权

尽管根卷上的权限是必需的，但是在非根的 HFS+ 卷上可以停用它们。

```
$ hdiutil create -size 32m -fs HFSJ -volname HFSPerms /tmp/hfsperms.dmg
...
$ open /tmp/hfsperms.dmg
$ touch /Volumes/HFSPerms/file.txt
$ chmod 600 /Volumes/HFSPerms/file.txt
$ sudo chown root:wheel /Volumes/HFSPerms/file.txt
$ ls -l /Volumes/HFSPerms
total 0
-rw-------  1 root  wheel  0 Oct 15 10:55 file.txt
$ mount -u -o noperm /Volumes/HFSPerms
$ ls -l /Volumes/HFSPerms
total 0
-rw-------  1 amit  amit  0 Oct 11 10:55 file.txt
```

禁用权限实质上将把卷的文件和文件夹的所有权分配给单个用户 ID——所谓的替代用户 ID。可以显式指定替代用户；否则，内核将使用 UNKNOWNUID，即未知用户的 ID（99）。UNKNOWNUID 具有特殊的属性，在比较 ID 以确定所有权时，它将匹配任何用户 ID。

替代纯粹是行为性的。每个文件系统对象都会保留它的原始所有者 ID。hfsmount 结构将在内存中保存替代 ID。

```
$ hfsdebug /Volumes/HFSPerms/file.txt
...
  # BSD Info
  ownerID          = 0 (root)
  groupID          = 0 (wheel)
...
$ sudo hfsdebug -V /Volumes/HFSPerms -m
...
  HFS+ flags                       = 00000000000000000000000000001110
                                     + HFS_UNKNOWN_PERMS
                                     + HFS_WRITEABLE_MEDIA
```

```
                                              + HFS_CLEANED_ORPHANS
    default owner                             = { uid=99, gid=99 }
...
```

注意：在这种上下文中，术语**权限**（Permission）实际上意指所有权——仍然会认可文件模式位。

```
$ chmod 000 /Volumes/HFSPerms/file.txt
$ cat /Volumes/HFSPerms/file.txt
cat: /Volumes/HFSPerms/file.txt: Permission denied
```

图 12-22 显示了 Mac OS X HFS+实现在确定给定的进程是否具有文件系统对象的所有权时使用的算法。

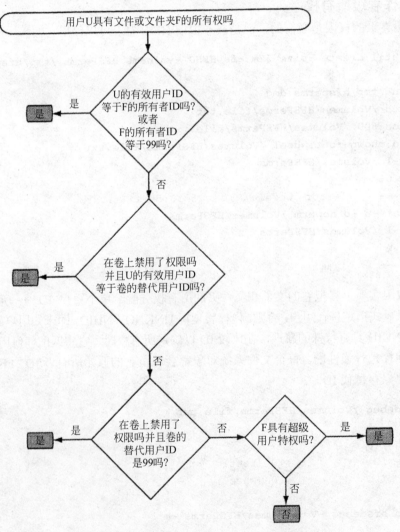

图 12-22　用于确定文件系统对象的所有权的算法

2. 修复权限

使用较旧的 API 编写的应用程序可能忽视（甚至可能破坏）UNIX 风格的权限。因此，如果利用足够的特权运行不知晓权限或者行为不当的应用程序，那么它可能损坏磁盘上的权限。Mac OS X 支持修复权限的概念，以处理这个问题。

通常只在引导卷上修复权限。Mac OS X 安装程序为它所安装的每个程序包都使用一份**材料清单**（bill of materials）。材料清单（**bom**）文件包含目录内所有文件的清单，以及用于每个文件的元数据。特别是，它包含每个文件的 UNIX 权限。用于安装的程序包的 bom 文件位于在/Library/Receipts/中发现的程序包元数据[①]内。修复权限的工具使用这些 bom 文件确定原始的权限。

现在来创建一个具有一些文件的磁盘映像，为磁盘映像创建一个 bom 文件，损坏某个文件的权限，然后在卷上修复权限。注意：需要使磁盘映像对于在这个试验中使用的程序看来像是一个引导卷。

首先创建一个磁盘映像，挂接它，并且确保启用了权限。

```
$ hdiutil create -size 32m -fs HFSJ -volname HFSPR /tmp/hfspr.dmg
...
$ open /tmp/hfspr.dmg
$ mount -u -o perm /Volumes/HFSPR
```

接下来向卷中添加某些文件，以便在它上面运行权限修复工具。

```
$ mkdir -p /Volumes/HFSPR/System/Library/CoreServices
$ mkdir -p /Volumes/HFSPR/Library/Receipts/BaseSystem.pkg/Contents
$ cp /System/Library/CoreServices/SystemVersion.plist \
    /Volumes/HFSPR/System/Library/CoreServices/
```

然后创建一个将修复其权限的文件，还把该文件的权限设置为某个初始值。

```
$ touch /Volumes/HFSPR/somefile.txt
$ chmod 400 /Volumes/HFSPR/somefile.txt
```

接下来为磁盘映像创建一个 bom 文件。注意：在 bom 文件创建期间，将选择 somefile.txt 上现有的权限，作为正确的权限。

```
$ cd /Volumes/HFSPR/Library/Receipts/BaseSystem.pkg/Contents/
$ sudo mkbom /Volumes/HFSPR Archive.bom
```

最后，更改 somefile.txt 上的权限，并且运行 diskutil，修复卷的权限。

```
$ chmod 444 /Volumes/HFSPR/somefile.txt
$ sudo diskutil repairPermissions /Volumes/HFSPR
Started verify/repair permissions on disk disk10s2 HFSPR
Determining correct file permissions.
Permissions differ on ./somefile.txt, should be -r--------  , they are
```

[①] 对于给定的程序包，这个元数据也称为它的**程序包收据**（Package Receipt）。

```
-r--r--r--
Owner and group corrected on ./somefile.txt
Permissions corrected on ./somefile.txt
The privileges have been verified or repaired on the selected volume
Verify/repair finished permissions on disk disk10s2 HFSPR
$ ls -l /Volumes/HFSPR/somefile.txt
-r--------  1 amit  amit  0 Oct 16 12:27 /Volumes/HFSPR/somefile.txt
```

12.8.4　日志记录

HFS+支持元数据的**日志记录**（Journaling），包括卷数据结构，其中将把与元数据相关的文件系统改变记录到一个日志文件（**日志**（Journal）），它被实现为一个循环的磁盘缓冲区[①]。日志的主要目的是在发生失败的情况下确保文件系统一致性。某些文件系统操作在语义上是原子的，但是可能在内部导致相当多的I/O。例如，创建一个文件涉及把文件的线索和文件记录添加到编目B树中，这将导致写到一个或多个磁盘块。如果树需要平衡，则还将写到另外几个块。如果在把所有的更改提交到物理存储器之前发生失败，文件系统将处于一种不一致的状态——也许甚至是不可恢复的状态。日志记录允许把相关的修改组织成在日志文件中记录的**事务**（Transaction）。然后，可以以事务的方式把相关的修改提交给它们最终的目标——全都提交或者全都不提交。日志记录使得在发生崩溃后可以更容易并且能够快得多地修复卷，因为只需检查日志中包含的少量信息。如果没有日志，通常将需要利用 fsck_hfs 扫描整个卷，以找出不一致性。

> 由于写到文件是独立于日志发生的，它只将努力使元数据保持一致，日志记录不能保证文件的元数据与其用户数据之间的一致性。

完全同步

日志实现使用 DKIOCSYNCHRONIZECACHE ioctl 操作，把媒体状态冲洗到驱动器上。这个 ioctl 也用于实现 F_FULLFSYNC fcntl(2)命令，它执行类似的冲洗操作。更确切地讲，将尝试冲洗操作——它可能会也可能不会成功，这依赖于底层设备是否支持和遵循对应的硬件命令。图 12-23 显示了如何把 HFS+文件上的 F_FULLFSYNC 请求从用户空间中传播给支持 FLUSH CACHE 命令的 ATA 设备。

通过在内核中引入 VFS 级的日志记录层[bsd/vfs/vfs_journal.c]，在 HFS+中更新了日志记录。这个层导出一个接口，任何文件系统都可以使用它纳入日志。图 12-24 显示了日志记录接口以及 HFS+使用它的概览。注意：从日志的角度看，修改是以**日志块大小**（Journal Block Size）为单位执行的，必须在创建日志时指定它。HFS+使用物理块大小（对于磁盘来说通常是 512 字节）作为日志块大小。当 HFS+需要修改一个或多个块作为某个操作的一部分时，它将开启一个日志事务，封装相关的更改。单独向日志指示每个块的修改。当

---

①　由于日志记录机制首先将把预期的改变写到日志文件，然后写到实际的目标块（通常在缓冲区缓存中），因此称之为执行**预写日志记录**（Write-Ahead Journaling）。

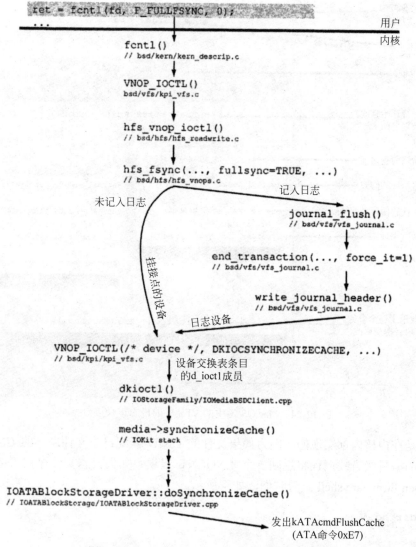

图 12-23　F_FULLFSYNC 文件控制操作的处理

修改了事务中的所有块时，文件系统将结束事务。当干净地卸载了卷时，将通过把修改过的块从日志文件中复制到它们在磁盘上的实际位置（这也会记录在日志中），来提交在日志中记录的事务。

在挂接日志卷时，HFS+将检查卷头的 lastMountedVersion 字段，确定上一次挂接是否是由知晓日志的实现执行的，在这种情况下，如前文所述，该字段将包含 HFSJ。如果是这样，并且日志中包含未提交的事务（比如说，由于非正常关机），那么在卷可用之前，HFS+将提交日志中记录的事务——也就是说，将**重演**（Replay）日志。

日志式 HFS+卷上的卷头包含一个名为**日志信息块**（Journal Info Block）的数据结构的位置，该数据结构反过来又包含日志簿的位置和大小。日志簿包括头部和循环缓冲区。信息块和日志都存储为文件：分别是.journal_info_block 和.journal。这两个文件是相邻的（每个文件恰好占据一个区段）。它们通常既不是可见的，也不能通过文件系统 API 直接访问。

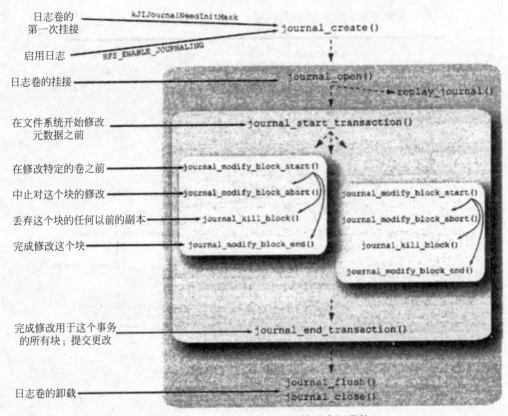

图 12-24　Mac OS X 中的 VFS 层的日志记录接口

不可见性是在内核内部实现的，因为如果文件的 CNID 匹配日志文件之一的 CNID，那么文件系统的编目级查找例程将返回一个 ENOENT 错误。如果日志文件存在，将可能通过 EFI 或 Open Firmware shell 查看它们，如下所示。

```
0 > dir hd:\
...
  8388608 10/ 7/ 3  2:11:34              .journal
     4096 10/ 7/ 3  2:11:34              .journal_info_block
...
```

hfsdebug 还可以获取关于日志文件的信息。通过提供日志文件的名称及其父对象（根文件夹）的 CNID，把日志文件指定给它。

```
$ sudo hfsdebug -F 2:.journal
<Catalog B-Tree node = 9309 (sector 0x32c88)>
  path            = Macintosh HD:/.journal
# Catalog File Record
  type            = file
  file ID         = 16
...
  extents         =   startBlock  blockCount   % of file
```

```
      0x4c7           0x1000          100.00 %
4096 allocation blocks in 1 extents total.
4096.00 allocation blocks per extent on an average.
```

...

图 12-25 显示了日志文件的结构。

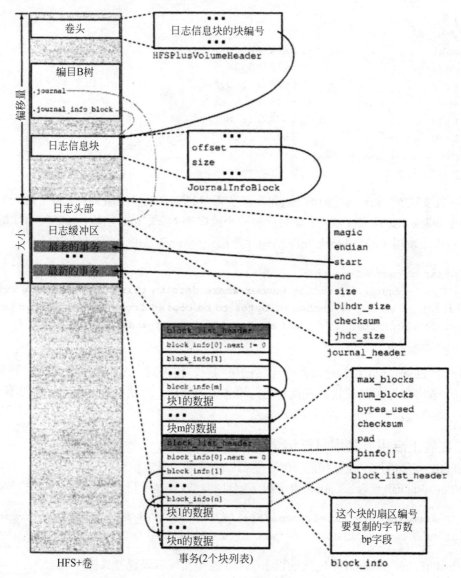

图 12-25　由 HFS+ 使用的独立于文件系统的日志概览

可以使用 hfsdebug 查看.journal_info_block 文件和日志头部的内容。

```
$ sudo hfsdebug -j
# HFS+ Journal
# Journal Info Block
  flags                 = 00000000000000000000000000000001
```

```
                               . Journal resides on local volume itself.
  device_signature      =
...
  offset                = 5009408 bytes
  size                  = 16777216 bytes
  reserved              =
...
# Journal Header
  magic                 = 0x4a4e4c78
  endian                = 0x12345678
  start                 = 15369216 bytes
  end                   = 677376 bytes
  size                  = 16777216 bytes
  blhdr_size            = 16384 bytes
  checksum              = 0x8787407e
  jhdr_size             = 512 bytes
```

参考图 12-25，事务的结构如下。每个事务都包括一个或多个块列表。每个块列表都开始于一个 block_list_header 结构，其后接着两个或多个 block_info 结构，最后接着实际的块数据——每个块用于一个 block_info 结构（除第一个 block_info 结构以外）。

```
typedef struct block_info {
  off_t     bnum;   // sector number where data in this block is to be written
  size_t    bsize;  // number of bytes to be copied from journal buffer to bnum
  struct buf *bp;   // used as "next" when on disk
} block_info;
```

第一个 block_info 结构连接两个连续的块列表，作为同一个事务的一部分。如果第一个结构的 bp 字段为 0，当前块列表就是当前事务中的最后一个块列表。如果 bp 字段不为 0，那么事务将继续前进到下一个块列表。

1. 在卷上启用或禁用日志记录

diskutil 程序可用于在挂接的 HFS+卷上启用或禁用日志记录。hfs.util 程序（/System/Library/Filesystems/hfs.fs/hfs.util）也可用于此目的，以及显示日志文件的大小和位置。

```
$ /System/Library/Filesystems/hfs.fs/hfs.util -I "/Volumes/Macintosh HD"
/Volumes/Macintosh HD : journal size 16384 k at offset 0x4c7000
```

在 bsd/hfs/hfs_mount.h 中定义的以下 sysctl 操作允许以编程方式操作日志。

- HFS_ENABLE_JOURNALING。
- HFS_DISABLE_JOURNALING。
- HFS_GET_JOURNAL_INFO。

2. 观察日志的操作

现在来使用 hfsdebug 查看日志缓冲区的内容，并把它们与特定的文件系统操作相关联。可以为此创建一个全新的磁盘映像。

```
$ hdiutil create -size 32m -fs HFSJ -volname HFSJ /tmp/hfsj.dmg
...
$ open /tmp/hfsj.dmg
$ hfsdebug -V /Volumes/HFSJ -J
# HFS+ Journal
# Journal Buffer

# begin transaction
  # Block List Header
  max_blocks           = 1023
  num_blocks           = 5
  bytes_used           = 29184
  checksum             = 0xfdfd8386
  pad                  = 0
  binfo [0].bp         = 0
   block_info [1] { bnum 0x0000000000004218 bsize  4096 bytes bp 0x5208ed90 }
   block_info [2] { bnum 0x0000000000004210 bsize  4096 bytes bp 0x52147860 }
   block_info [3] { bnum 0x0000000000000002 bsize   512 bytes bp 0x5208d440 }
   block_info [4] { bnum 0x0000000000000008 bsize  4096 bytes bp 0x520ea6e0 }
#end transaction

Summary: 5 blocks using 29184 bytes in 1 block lists.
```

可以看到新挂接的卷在日志中记录了多个修改过的块。回忆可知：日志将磁盘扇区用于块。block_info[3]的目标扇区是 2，它是卷头。如前文所述，在挂接新创建的卷时，磁盘仲裁守护进程将创建.trashes 文件夹。对编目 B 树和分配文件所做的修改也必须是日志记录的一部分。现在来验证这一点。

```
$ hfsdebug -V /Volumes/HFSJ -v
...
  blockSize            = 4096 bytes
...
# Allocation Bitmap File
  logicalSize          = 4096 bytes
  totalBlocks          = 1
  clumpSize            = 4096 bytes
  extents              =    startBlock   blockCount     % of file
                              0x1          0x1          100.00 %
...
# Catalog File
  logicalSize          = 258048 bytes
  totalBlocks          = 63
  clumpSize            = 258048 bytes
  extents              =    startBlock   blockCount     % of file
                              0x842        0x3f         100.00 %
...
```

分配文件完全包含在分配块编号 1 内——也就是说，它开始于扇区 8，大小是 4096 字节。因此，block_info[4]对应于分配文件。

block_info[1]和 block_info[2]分别对应于分配块编号 0x843 和 0x842（可以简单地把扇区编号除以 8，因为 4KB 的分配块包含 8 个 512 字节的扇区）。这两个分配块都属于编目文件。由于分配块 0x842（扇区 0x4210）也是编目文件的开始位置，因此它是树的头结点的位置。hfsdebug 将显示扇区编号，给定的编目文件记录的树结点就位于此处。可以使用它显示.trashes 文件夹的这个信息。

```
$ hfsdebug -V /Volumes/HFSJ/.Trashes
<Catalog B-Tree node = 1 (sector 0x4218)>
  path                = HFSJ:/.Trashes
# Catalog Folder Record
...
```

因此，将会统计日志中的所有记录。

12.8.5   配额

HFS+支持基于用户和组 ID 的卷级配额。它在理论上支持基于其他条件的配额，因为内存中的编目-结点结构（struct cnode [bsd/hfs/hfs_cnode.h]）包含磁盘配额使用记录（struct dquot [bsd/sys/quota.h]）的**数组**（Array）。在 Mac OS X 10.4 中，该数组包含两个元素，一个用于用户配额，另一个用于组配额。对应的配额文件名是.quota.user 和.quota.group。这些文件驻留在文件系统的根目录中。每个文件都包含一个头部，其后接着一些结构的散列表，这些结构为用户或组 ID 指定各种配额限制和使用值。对这些 ID 进行散列处理，在配额散列表中产生偏移量。

可以在卷的根目录中创建一个名为.quota.ops.user（.quota.ops.group）的空挂接选项文件，在卷上启用用户（组）配额。如果这个文件存在，将导致在挂接时启用用户（组）配额，只要.quota.user（.quota.group）文件也存在即可。后一个文件是通过运行 quotacheck 程序创建的。

现在来创建一个 HFS+磁盘映像，并在其上启用配额。默认情况下，Mac OS X 客户安装不会启用配额。可以使用 quota 或 repquota 命令查看文件系统的配额信息。

```
$ sudo repquota -a
$ hdiutil create -size 32m -fs HFSJ -volname HFSQ /tmp/hfsq.dmg
$ open /tmp/hfsq.dmg
$ mount -u -o perm,uid=99 /Volumes/HFSQ
$ sudo touch /Volumes/HFSQ/.quota.ops.user /Volumes/HFSQ/.quota.ops.group
$ sudo quotacheck -ug /Volumes/HFSQ
quotacheck: creating quota file /Volumes/HFSQ/.quota.user
quotacheck: creating quota file /Volumes/HFSQ/.quota.group
```

现在可以使用 quotaon 命令启用配额。

```
$ sudo quotaon -ug /Volumes/HFSQ
```

```
$ sudo repquota -u /Volumes/HFSQ
                1K Block limits                        File limits
User           used      soft      hard  grace     used  soft  hard  grace
amit     --      8        0         0                4    0     0
```

可以看到用户已经使用了几个结点（由于.DS_Store 等）。可以使用 edquota 命令编辑用户的配额值，它将启动通过 EDITOR 环境变量（或 vi，如果没有设置 EDITOR 的话）指定的文本编辑器。

```
$ sudo edquota -u amit
Quotas for user amit:
/Volumes/HFSQ: 1K blocks in use: 8, limits (soft = 0, hard = 0)
    inodes in use: 4, limits (soft = 4, hard = 4)
```

可以更改 soft 和 hard 限制并保存文件，之后就可以限制用户在这个卷上可以具有的文件和文件夹的总数量。

```
$ sudo repquota -u /Volumes/HFSQ
                1K Block limits                        File limits
User           used      soft      hard  grace     used  soft  hard  grace
amit     -+      8        0         0                4    4     4
```

repquota 将报告用户 amit 的更新的配额限制。可以尝试越过这个限制。

```
$ touch /Volumes/HFSQ/file.txt
touch: /Volumes/HFSQ/file.txt: Disc quota exceeded
```

12.8.6　硬链接

在典型的 UNIX 文件系统上，每个文件都具有一个关联的链接计数，表示指向它的物理引用数量。假设文件 foo 具有链接计数 1。如果创建一个指向它的硬链接 bar（使用 ln 命令或者 link()系统调用），下面的说法将适用于这两个文件。

- foo 和 bar 是引用磁盘上的相同物理文件的两个不同的路径名——具有对应的目录条目。链接在各个方面都是等价的。stat()系统调用将为 foo 和 bar 返回相同的索引结点编号。
- 文件的链接计数将变为 2。由于 foo 和 bar 是等价的，将把两个文件的链接计数都报告为 2。
- 如果删除 foo 或 bar，则将把链接计数递减 1。只要链接计数大于 0，就不会删除物理文件。

可以把硬链接视作只是另一个用于现有文件的目录条目。正常情况下，只允许文件具有硬链接，因为指向文件夹的硬链接可能会在文件夹层次结构中产生循环，而这会导致非常不受欢迎的结果。硬链接也不能跨越文件系统。

UNIX 的早期版本允许超级用户创建指向目录的硬链接。

指向 HFS+上的文件的硬链接在概念上类似于 UNIX 系统上的那些硬链接：它们表示引用公共文件内容的多个目录条目。HFS+硬链接的 Mac OS X 实现为每个目录条目使用一个特殊的**硬链接文件**（Hard-Link File）。公共文件内容存储在另一个特殊文件（即**间接结点文件**（Indirect-Node File））中。

> 如本书 12.8.3 节中所述，HFSPlusBSDInfo 结构中的 linkCount 字段用于保存文件的链接计数。文件夹也具有链接计数，表示它的目录条目的数量。不过，文件夹的 HFSPlusBSDInfo 结构不会在其 linkCount 字段中保存文件夹的链接计数——HFSPlusCatalogFolder 结构的 valence 字段用于此任务。如 UNIX API 所报告的，由于.和..目录条目（它们在 HFS+是虚拟条目），文件夹的链接计数值比磁盘上的值多 2。

硬链接文件具有文件类型 hlnk 以及创建者代码 hfs+。否则，它就是编目 B 树中的一个普通文件。所有的间接结点文件都存储在**私有元数据文件夹**（Private Metadata Folder）中，该文件夹驻留在文件系统的根目录中。在挂接 HFS+卷时，内核将检查这个文件夹是否存在，如果它不存在，就创建它。Mac OS X 采用了如下多种措施使元数据文件夹防止被篡改。

- 它的名称是 4 个空字符（NUL），其后接着字符串"HFS+ Private Data"。
- 它的权限默认被设置为 000——也就是说，任何人都没有读、写或执行访问权限。
- 通过 Finder 标志 kIsInvisible 将其设置为在 Finder 中不可见。
- 通过设置它的 Finder 标志 kNameLocked，使得不能从 Finder 中重命名它，也不能更改它的图标。
- 在它的 Finder 信息中将其图标位置设置为（22460, 22460）。

可能从 Open Firmware 中看见[①]文件夹，其中它将排列在 dir 命令的输出中的最末位置。

```
0 > dir hd:\
...
10/ 7/ 3  2: 7:21   %00%00%00%00HFS+%20Private%20Data
```

hfsdebug 可用于显示这个文件夹的属性及其内容的那些属性（图 12-26 显示了一个示例）。由于文件夹是在创建用户文件之前创建的，它通常将具有较低的 CNID。鉴于第一个用户可用的 CNID 是 16，在日志卷上元数据文件夹很可能具有 CNID 18，因为 CNID 16 和 17 将被两个日志文件采用。

```
$ hdiutil create -size 32m -fs HFSJ -volname HFSLink /tmp/hfslink.dmg
$ open /tmp/hfslink.dmg
$ hfsdebug -V /Volumes/HFSLink -c 18
 <Catalog B-Tree node = 1 (sector 0x4218)>
 path                 = HFSLink:/%00%00%00%00HFS+ Private Data
# Catalog Folder Record
...
 # BSD Info
```

图 12-26　检查 HFS+私有元数据文件夹和硬链接的创建

---

① 不过，不能从 EFI shell 中看见文件夹。

```
 ownerID                   = 0 (root)
 groupID                   = 0 (wheel)
 adminFlags                = 00000000
 ownerFlags                = 00000000
 fileMode                  = d---------
...
 frFlags                   = 0101000000000000
                           . kNameLocked
                           . kIsInvisible
 frLocation                = (v = 22460, h = 22460)
...
$ cd /Volumes/HFSLink
$ touch file.txt
$ ls -i file.txt # note the inode number
22 file.txt
$ ln file.txt link.txt
$ sudo hfsdebug link.txt
 <Catalog B-Tree node      = 1 (sector 0x4218)>
 path                      = HFSLink:/link.txt
# Catalog File Record
 type                      = file (hard link)
 file ID                   = 24
 flags                     = 0000000000000010
                           . File has a thread record in the catalog.
...
 # BSD Info
 ownerID                   = 0 (root)
 groupID                   = 0 (wheel)
 adminFlags                = 00000000
 ownerFlags                = 00000000
 fileMode                  = ----------
 iNodeNum                  = 22 (link reference number)
...
 # Finder Info
 fdType                    = 0x686c6e6b (hlnk)
 fdCreator                 = 0x6866732b (hfs+)
...
$ ls -l link.txt
-rw-r--r--  2 amit  amit  0 Oct 12 05:12 link.txt
```

图 12-26（续）

　　使超级用户把目录改为私有元数据文件夹（比如说，从 shell 中）也是可能的，只要适当地把它的路径名传递给 cd 命令即可。问题是：文件夹的名称开始于 NUL 字符，它将终止 C 风格的字符串。可以使用 NUL 字符的 UTF-8 表示，它是以下字节序列：0xe2、0x90、0x80。

```
$ sudo /bin/zsh
```

```
# cd /Volumes/HFSLink
# cd "'echo '\xE2\x90\x80\xE2\x90\x80\xE2\x90\x80\xE2\x90\x80HFS+ Private
Data''"
# ls -l
iNode22
```

可以看到，示例卷上的元数据文件夹包含单个名为 iNode22 的文件。还可以看到，22
是为在图 12-26 中创建的硬链接文件（link.txt）报告的链接引用编号——iNode22 是用于所
涉及的硬链接的间接结点文件。一个有趣的观察是：图 12-26 中的 link.txt 的所有权和文件
模式详细信息在 hfsdebug 与 ls 命令之间不匹配。这是由于 link.txt 是内核拥有的指向 iNode22
的引用，它保存了硬链接的目标 file.txt 的原始内容（以及原始所有权和文件模式信息）。
事实上，file.txt 现在也是一个硬链接文件，并且具有与 link.txt 类似的属性。

```
$ cd /Volumes/HFSLink
$ hfsdebug file.txt
...
# Catalog File Record
  type                = file (hard link)
  indirect node file  = HFSLink:/%00%00%00%00HFS+ Private Data/iNode22
  file ID             = 23
...
```

　　HFS+的间接结点文件总是被命名为 iNode<LRN>，其中<LRN>是以十进制表示的**链
接引用编号**（Link Reference Number）。链接引用编号是随机生成的，在给定的卷上它们
是唯一的，但是与 CNID 无关。

　　注意：file.txt 和 link.txt 的 CNID 分别是 23 和 24。由于硬链接语义要求指向给定文件
的所有硬链接都具有相同的索引结点编号，在这种情况下，HFS+将不会报告硬链接文件的
CNID，作为它们各自的索引结点编号。作为替代，它将报告间接结点文件的 CNID（它与
file.txt 的原始 CNID 相同），作为两个硬链接文件的索引结点编号。

```
$ ls -i file.txt link.txt
22 file.txt   22 link.txt
```

现在可以将在 HFS+上创建硬链接的过程总结如下。在创建第一个指向文件的硬链接
时，它的链接计数将从 1 达到 2。而且，将把文件的内容转移到私有元数据文件夹中，作
为一个间接结点文件，它将保留原始文件的 CNID 及其他属性。在编目中将创建两个新条
目：一个用于原始路径名，另一个用于新创建的硬链接。尽管是"原始"的，但是它们都
是全新的条目——硬链接文件，充当对间接结点文件的引用。它们都具有文件类型 hlnk 和
创建者代码 hfs+。尽管它们具有自己的 CNID，并且这些 CNID 与原始文件的 CNID 无关，
但是 stat()系统调用仍然会把后者报告为每个硬链接文件的索引结点编号。当用户访问硬链
接文件时，HFS+将自动追随它，使得用户实际地访问间接结点文件。

12.8.7　解除链接打开的文件

Carbon 语义禁止删除打开的文件，但是 POSIX 语义则不然。HFS+同时支持这两种行为：delete()和 unlink()系统调用分别提供了 Carbon 和 POSIX 语义。私有元数据文件夹用于存储那些在仍然打开或忙碌时解除链接的文件。这类文件将被重命名并且移到元数据文件夹，其中将临时存储它们——至少直到关闭它们为止。如果将被解除链接的忙碌文件具有非零的分支，那么将会截除任何不忙碌的分支。

可以观察这种行为：在使用 rm 命令删除一个忙碌的文件（比如说，正在使用 less 命令查看的文件）之后，列出私有元数据文件夹的内容。图 12-27 显示了这个试验。

```
$ sudo /bin/zsh
# cd /Volumes/HFSLink
# cd "'echo '\xE2\x90\x80\xE2\x90\x80\xE2\x90\x80\xE2\x90\x80HFS+ Private
Data''"
# echo hello > /Volumes/HFSLink/busyunlink.txt
# hfsdebug /Volumes/HFSLink/busyunlink.txt
...
  file ID         = 27
...
  extents         =    startBlock   blockCount    % of file
                          0xaf9        0x1         100.00 %
...
# less /Volumes/HFSLink/busyunlink.txt
hello
/Volumes/HFSLink/busyunlink.txt lines 1-1/1 (END)
^z
zsh: suspended  less /Volumes/HFSLink/busyunlink.txt
# rm /Volumes/HFSUnlink/busyunlink.txt
# ls
iNode22 temp27
# cat temp27
hello
# hfsdebug temp27
...
  file ID         = 27
...
  extents         =    startBlock   blockCount    % of file
                          0xaf9        0x1         100.00 %
...
```

图 12-27　使用私有元数据文件夹存储解除链接的忙碌文件

如图 12-27 中所示，在解除链接一个忙碌的文件之后，在私有元数据文件夹中将出现一个临时文件。该文件是原始文件的移动版本，其中截除了任何不忙碌的分支。

　　如果没有干净地卸载卷，那么私有元数据文件夹中的"temp"文件有可能跨重新引导而持续存在。这类文件被称为**孤立**（Orphaned）文件。在下一次挂接卷时将删除它们。

12.8.8　符号链接

　　符号链接（Symbolic Link 或 **symlink**）是通过相对或绝对路径名引用另一个文件或文件夹的文件系统实体。下面列出了符号链接的一些重要属性。

- 与硬链接的情况不同，符号链接的目标可能驻留在不同的文件系统上，或者甚至可能不存在。
- 与 HFS+别名（参见 12.8.9 节）不同，如果重命名或删除了符号链接的目标，那么将不会更新符号链接——它断开了。
- 符号链接上的大多数文件操作都将被转发给它的目标。一些系统调用具有特殊的版本，它们操作的是符号链接本身，而不是它们的目标。
- 符号链接文件的所有权和文件模式与其目标无关。尽管可以通过 lchown() 系统调用改变符号链接的所有权，但是没有类似的调用可以改变符号链接的文件模式。
- 符号链接可以轻松地导致循环，如下所示。

```
$ ln -s a b
$ ln -s b a
$ cat a
cat: a: Too many levels of symbolic links
```

　　HFS+将符号链接实现为正常的文件，其数据分支包含它们的目标的 UTF-8 编码的路径名。符号链接文件的资源分支是空的。此外，文件的类型和创建者代码分别是 slnk 和 rhap。

```
$ cd /Volumes/HFSLink
$ echo hello > target.txt
$ ln -s target.txt symlink.txt
$ hfsdebug symlink.txt
...
# Catalog File Record
  type              = file (symbolic link)
  linkTarget        = target.txt
...
  # Finder Info
  fdType            = 0x736c6e6b (slnk)
  fdCreator         = 0x72686170 (rhap)
...
```

　　甚至可以通过简单地设置文件的文件类型和创建者代码，手动合成你自己的符号链接。

如果文件包含有效的路径名，它将是一个可以工作的符号链接。

```
$ cd /tmp
$ echo hello > target.txt
$ echo -n /tmp/target.txt > symlink.txt
$ ls -l /tmp/symlink.txt
-rw-r--r--  1 amit  wheel  15 Oct 12 07:25 /tmp/symlink.txt
$ /Developer/Tools/SetFile -t slnk -c rhap /tmp/symlink.txt
$ ls -l /tmp/symlink.txt
lrwxr-xr-x   1 amit   wheel   15 Oct 12 07:25 /tmp/symlink.txt ->
/tmp/target.txt
$ cat /tmp/symlink.txt
hello
```

> SetFile 程序是 Apple Developer Tools 的一部分。此外，还可以通过设置 com.apple.FinderInfo 伪扩展基本属性或者使用 Carbon 的 FSSetCatalogInfo()函数，来设置文件的类型和创建者代码。

12.8.9　别名

别名同时受 HFS 和 HFS+支持，是对文件和文件夹的轻量级引用。别名具有与符号链接类似的语义，只不过在移动链接目标时它表现更佳：它具有特殊的属性，在卷上移动其目标时不会破坏别名，但是如果移动符号链接的目标，则会破坏它。

别名文件的资源分支用于跟踪别名目标，这是通过存储目标的路径名和 CNID 实现的。CNID 像一个独特的、持久的身份那样工作，它将不会在移动目标时改变。在访问别名时，它可以经受住两个引用（路径名或独特身份）之一的失效。如果其中一个引用由于无法找到使用它的目标而出错，就会利用正确的引用（使用可以找到目标的引用）更新别名。为什么有可能在卷上重命名应用程序或者把它们移到不同的位置而不破坏它们的 Dock 快捷方式，这个特性就是原因所在。

通过**别名记录**（Alias-Record）数据结构描述别名。别名的目标可能是文件、目录或卷。除了目标的位置之外，别名记录还包含一些其他的信息，比如：创建日期、文件类型、创建者代码，还可能包含卷挂接信息。

> 为了利用别名，应用程序必须使用 Carbon API 或 Cocoa API——不能通过 UNIX API 使用别名。另一方面，尽管 Finder 将以类似的方式把别名和符号链接展示给用户，但它只允许通过它的用户界面创建别名。而符号链接则必须使用 ln 命令或者通过 UNIX API 以编程方式来创建。

图 12-28 显示了一个 Python 程序，它用于解析别名并且打印其目标的路径名。

```
#! /usr/bin/python
# ResolveAlias.py

import sys
import Carbon.File

def main():

    if len(sys.argv) != 2:
        sys.stderr.write("usage: ResolveAlias <alias path>\n")
        return 1

    try:
        fsspec, isfolder, aliased = \
            Carbon.File.ResolveAliasFile(sys.argv[1], 0)
    except:
        raise "No such file or directory."

    print fsspec.as_pathname()

    return 0

if __name__ == "__main__":
    sys.exit(main())


$ ResolveAlias.py "/User Guides And Information"
/Library/Documentation/User Guides And Information.localized
```

图 12-28　用于解析别名的 Python 程序

12.8.10　资源分支

历史上，HFS 和 HFS+文件系统上的资源分支用于保存资源。对于应用程序来说，资源可能包括自定义的图标、菜单、对话框、应用程序的可执行代码和运行时内存需求、许可证信息，以及任意的键-值对。对于文档来说，资源可能包括文档使用的字体和图标、预览图、首选项，以及在打开文档时使用的窗口位置。资源分支通常是**结构化**（Structured）的，这是由于具有一幅图描述了其后的资源。对于可以放入资源分支中的资源数量具有实际的限制。与之相比，数据分支是非结构化的——它只是简单地包含文件的数据类型。

默认情况下，Mac OS X 上的 UNIX API 用于访问文件的数据分支。不过，也可能通过 UNIX API 在文件的路径名后面使用特殊的后缀/..namedfork/rsrc 访问资源分支。

```
$ cd /System/Library/CoreServices/
$ ls -l System
-rw-r--r--  1 root  wheel  0 Mar 20  2005 System
```

```
$ ls -l System/..namedfork/rsrc
504 -rw-r--r--  1 root  wheel 256031 Mar 20  2005 System/rsrc
```

> 也可使用缩写的后缀/rsrc 访问资源分支，尽管它被认为是一个遗留的后缀，并且在 Mac OS X 10.4 中不建议使用它。

具有多个非零分支的 HFS+文件不是单个字节流，因此与大多数其他的文件系统不兼容。在把 HFS+文件传输到其他文件系统时必须小心谨慎。在 Mac OS X 10.4 之前，Mac OS X 上的大多数标准的 UNIX 实用程序要么根本不会处理多个分支，要么只会拙劣地处理它们。Mac OS X 10.4 对于多个分支具有更好的命令行支持——诸如 cp、mv 和 tar 之类的标准工具将处理多个分支和扩展基本属性，包括在目标文件系统不支持这些特性时。这些程序依靠 copyfile()函数，其目的是创建 HFS+文件系统对象的忠实副本。copyfile()可以在不支持多个分支的某些文件系统上模拟它们。它将为每个文件使用两个文件：其中一个包含数据分支，另一个包含资源分支和基本属性，并且采用扁平和级联形式。第二个文件的名称是前缀._，后接第一个文件的名称。这种存储多个分支的方案被称为 **AppleDouble** 格式。

> 可以使用 SplitFork 命令把两个分支的文件转换成 AppleDouble 格式。相反，FixupResourceForks 命令则可用于把 AppleDouble 文件结合成两个分支的资源文件。

/usr/bin/ditto 可用于在保留资源分支及其他元数据的情况下复制文件和目录。如果目标文件系统不具有对多个分支的本地支持，ditto 将在额外的文件中存储这类数据。ditto 还可用于利用扁平的资源分支创建 PKZip 存档，在这种情况下，它将在 PKZip 存档内的一个名为 __MACOSX 的目录中保存资源分支及其他元数据。

```
$ cd /tmp
$ touch file
$ echo 1234 > file/..namedfork/rsrc
$ ls -l file
-rw-r--r-- 1 amit  wheel  0 24 Apr 15:56 file
$ ls -l file/..namedfork/rsrc
-rw-r--r-- 1 amit  wheel  5 24 Apr 15:56 file/..namedfork/rsrc
$ ditto -c -k -sequesterRsrc file file.zip
$ unzip file.zip
Archive: file.zip
extracting: file
  creating: __MACOSX/
  inflating: __MACOSX/._file
$ cat __MACOSX/._file
  2 R1234
```

可以使用 ditto 从 PKZip 存档重建原始文件。

```
% rm -rf file __MACOSX
% ditto -x -k -sequesterRsrc file.zip .
```

```
% ls -l file
-rw-r--r--  1 amit  wheel  0 24 Apr 15:56 file
% ls -l file/rsrc
-rw-r--r--  1 amit  wheel  5 24 Apr 15:56 file/rsrc
```

12.9　优　　　化

Mac OS X HFS+实现包含自适应优化，可以改进性能和减少碎片。本节中将探讨这些优化。

12.9.1　即时的碎片整理

当在 HFS+卷上打开一个用户文件时，内核将检查该文件是否有资格进行即时的碎片整理。为了使文件具有资格，必须满足以下所有条件。

- 文件系统不是只读的。
- 文件系统被记入日志。
- 文件是常规文件。
- 文件尚未打开。
- 被访问的文件分支是非零的，并且大小不超过 20MB。
- 分支被分段成 8 个或更多的区段。
- 系统已经正常运行 3 分钟以上（确保自举已经完成）。

如果满足了上述的所有条件，将调用 hfs_relocate() [bsd/hfs/hfs_readwrite.c]重新定位文件，它将尝试为文件查找相邻的分配块。成功的重新定位将会导致一个消除了碎片的文件。现在来创建一个碎片化的文件并促使它重新定位，以查看这种机制的实际应用。这里将使用一个稍微有些令人讨厌的方法创建碎片化的文件。回想一下，前面编写了一个程序（hfs_change_next_allocation，如图 12-11 中所示），用于提示内核关于下一个分配块搜索的位置。可以在下面的算法中使用该程序创建所需的文件。

（1）从一个小文件 F 开始。

（2）使用 hfsdebug 确定 F 的最后一个区段的位置。

（3）使用 hfs_change_next_allocation 设置紧接在 F 末尾之后的下一个分配指针。

（4）创建一个非空的虚拟文件 d。这应该会使用紧接在 F 的最后一个分配块之后的那个分配块。

（5）向 F 中追加相当于一个分配块的数据。由于 F 不再能够连续地增大，它将需要另外一个区段来存放新写入的数据。

（6）删除虚拟文件 d。

（7）如果 F 具有 8 个区段，就完成了任务。否则，返回到第 2 步。

图 12-29 显示了实现该算法的 Perl 程序。

```perl
#! /usr/bin/perl -w

my $FOUR_KB  = "4" x 4096;
my $BINDIR   = "/usr/local/bin";
my $HFSDEBUG = "$BINDIR/hfsdebug";
my $HFS_CHANGE_NEXT_ALLOCATION = "$BINDIR/hfs_change_next_allocation";

sub
usage()
{
    die "usage: $0 <volume>\n\twhere <volume> must not be the root volume\n";
}


(-x $HFSDEBUG && -x $HFS_CHANGE_NEXT_ALLOCATION) or die "$0: missing tools\n";
($#ARGV == 0) or usage();
my $volume = $ARGV[0];
my @sb = stat($volume);
((-d $volume) && @sb && ($sb[0] != (stat("/"))[0])) or usage();
my $file = "$volume/fragmented.$$";
(! -e $file) or die "$0: file $file already exists\n";

'echo -n $FOUR_KB > "$file"'; # create a file
(-e "$file") or die "$0: failed to create file ($file)\n";

WHILE_LOOP: while (1) {

    my @out = '$HFSDEBUG "$file" | grep -B 1 'allocation blocks'';

    $out[0] =~ /^\s+([^\s]+)\s+([^\s]+)..*$/;
    my $lastStartBlock = $1; # starting block of the file's last extent
    my $lastBlockCount = $2; # number of blocks in the last extent
    $out[1] =~ /[\s*\d+] allocation blocks in (\d+) extents total.*/;
    my $nExtents = $1;       # number of extents the file currently has
    if ($nExtents >= 8) {    # do we already have 8 or more extents?
        print "\ncreated $file with $nExtents extents\n";
        last WHILE_LOOP;
    }

# set volume's next allocation pointer to the block right after our file
    my $conflict = sprintf("0x%x", hex($lastStartBlock) +
                                    hex($lastBlockCount));
    '$HFS_CHANGE_NEXT_ALLOCATION $volume $conflict';

    print "start=$lastStartBlock count=$lastBlockCount extents=$nExtents ".
        "conflict=$conflict\n";
```

图 12-29　用于在 HFS+卷上创建具有 8 个分段的文件的 Perl 程序

```
'echo hello > "$volume/dummy.txt"';   # create dummy file to consume space
'echo -n $FOUR_KB >> "$file"';         # extend our file to cause discontiguity
'rm "$volume/dummy.txt"';              # remove the dummy file
} # WHILE_LOOP


exit(0);
```

图 12-29（续）

既然能够创建一个应该有资格进行即时碎片整理的文件，就可以在磁盘映像上测试这
个特性。

```
$ hdiutil create -size 32m -fs HFSJ -volname HFSFrag /tmp/hfsfrag.dmg
...
$ open /tmp/hfsfrag.dmg
$ ./mkfrag.pl /Volumes/HFSFrag
start=0xaf9 count=0x1 extents=1 conflict=0xafa
start=0xafb count=0x1 extents=2 conflict=0xafc
start=0xafd count=0x1 extents=3 conflict=0xafe
start=0xaff count=0x1 extents=4 conflict=0xb00
start=0xb01 count=0x1 extents=5 conflict=0xb02
start=0xb03 count=0x1 extents=6 conflict=0xb04
start=0xb05 count=0x1 extents=7 conflict=0xb06

created /Volumes/HFSFrag/fragmented.2189 with 8 extents
$ hfsdebug /Volumes/HFSFrag/fragmented.2189
...
extents          =    startBlock   blockCount      % of file
                      0xaf9        0x1             12.50 %
                      0xafb        0x1             12.50 %
                      0xafd        0x1             12.50 %
                      0xaff        0x1             12.50 %
                      0xb01        0x1             12.50 %
                      0xb03        0x1             12.50 %
                      0xb05        0x1             12.50 %
                      0xb07        0x1             12.50 %
             8 allocation blocks in 8 extents total.
...
$ cat /Volumes/HFSFrag/fragmented.2189 > /dev/null # open the file
$ hfsdebug /Volumes/HFSFrag/fragmented.12219
...
  extents          =    startBlock   blockCount     % of file
                        0x1b06       0x8            100.00 %
               8 allocation blocks in 1 extents total.
...
```

可以看到，打开一个有资格进行即时碎片整理的碎片化文件的确会导致把文件重定位

到单个区段中。

12.9.2　元数据区域

Mac OS X 10.3 中的 HFS+实现引入了一种分配策略，它将为多个卷元数据结构预留空间，并且在靠近卷开始处的区域中彼此相邻（如果可能）地放置它们。这个区域被称为**元数据分配区域**（Metadata Allocation Zone）。除非磁盘空间不充足，否则 HFS+分配器将不会把元数据区域中的空间用于正常的文件分配。类似地，除非元数据区域用尽了，否则 HFS+将会从该区域内为元数据分配空间。因此，各种元数据很可能在物理上是相邻的，并且一般将具有更高的邻近性——如果是这样，随之减少的搜索时间将会改进文件系统性能。在挂接卷时，将在运行时为卷启用该策略。卷必须记入日志，并且具有至少 10GB 的大小。hfsmount 结构将存储元数据区域的运行时详细信息。可以使用 hfsdebug 查看这些详细信息。

```
$ sudo hfsdebug -V /Volumes/HFSFrag -m # metadata zone should not be enabled
...
# Metadata Zone
  metadata zone start block             = 0
  metadata zone end block               = 0
  hotfile start block                   = 0
  hotfile end block                     = 0
  hotfile free blocks                   = 0
  hotfile maximum blocks                = 0
  overflow maximum blocks               = 0
  catalog maximum blocks                = 0
...
$ sudo hfsdebug -m # metadata zone should be enabled for the root volume
...
# Metadata Zone
  metadata zone start block             = 0x1
  metadata zone end block               = 0x67fff
  hotfile start block                   = 0x45bed
  hotfile end block                     = 0x67fff
  hotfile free blocks                   = 0x1ebaa
  hotfile maximum blocks                = 0x22413
  overflow maximum blocks               = 0x800
  catalog maximum blocks                = 0x43f27
...
```

图 12-30 显示了元数据区域的一种有代表性的布局。注意：给定的卷可能不会使用的所有显示的成分——例如，在 Mac OS X 系统上通常不会启用配额，因此将没有配额文件。元数据区域的最后一个部分用于一种称为**热文件群集**（Hot File Clustering）的优化，因此称为**热文件区域**（Hot File Area）。

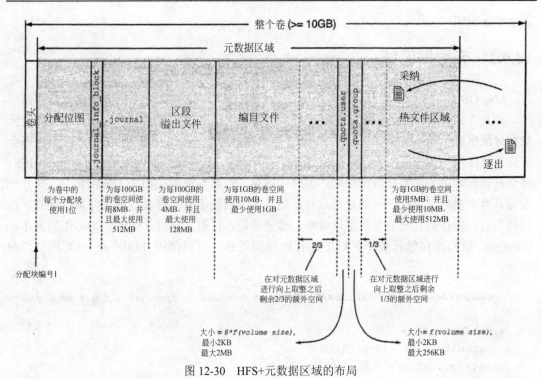

图 12-30   HFS+元数据区域的布局

12.9.3 热文件群集

HFC（Hot File Clustering，热文件群集）是一种自适应、多阶段的群集方案，它基于频繁访问的文件的**数量**（Number）和**大小**（Size）都比较少的前提条件。在 HFC 的上下文中将这样的文件称为**热文件**（Hot File）。作为 HFC 的一部分，Apple 的 HFS+实现将执行以下操作，以便在访问热文件时改进性能。

- 它将记录从文件分支读取的块，以确定候选的热文件。
- 在预先确定的记录时间段之后，它将分析候选热文件的列表，确定那些应该移到元数据区域的最后一个部分内的热文件区域中的文件。
- 如果必要，它将从热文件区域中逐出现有的文件，以为更新、更热的文件留出空间。
- 它将把所选的热文件移到热文件区域，并在移动它们时为它们分配相邻的空间。

HFC 将记录每个文件的**热度**（Temperature），它被定义为在记录阶段从该文件读取的字节数与文件的大小之间的比率。因此，一个文件被访问得越频繁，它的热度就越高。HFS+使用 HFSPlusForkData 结构的 clumpSize 字段记录从分支中读取的数据量[①]。

1. 热文件群集阶段

在任何给定的时间，卷上的 HFC 都可以处于以下阶段之一。

- HFC_DISABLED：HFC 当前被禁用，通常是由于卷不是根卷。当 HFC 处于其记录阶段中时，如果卸载卷，那么 HFC 还会进入这个阶段。

---

①   HFC 在 clumpSize 字段中存储所读取的分配块数量（而不是读取的字节数），它是一个 32 位的数字。

- HFC_IDLE：HFC 正在等待开始记录。在挂接期间初始化 HFC 之后将进入这个阶段。还可以从评估和采纳阶段进入这个阶段。
- HFC_BUSY：这是 HFC 在执行工作以从一个阶段过渡到另一个阶段时所处的临时阶段。
- HFC_RECORDING：HFC 正在记录文件热度。
- HFC_EVALUATION：HFC 停止记录文件热度，并且现在正在处理新记录的热文件的列表，以确定是采纳新文件，还是在采纳前先逐出旧文件。
- HFC_EVICTION：HFC 正在重新定位更冷、更旧的文件，以收回热文件区域中的空间。
- HFC_ADOPTION：HFC 正在把更热、更新的文件重新定位到热文件区域。

图 12-31 显示了一份阶段图，其中显示了不同 HFC 阶段之间的过渡。如果当前阶段是采纳、逐出、空闲或记录，那么过渡到下一个阶段是作为卷上的同步操作的副作用来触发的。

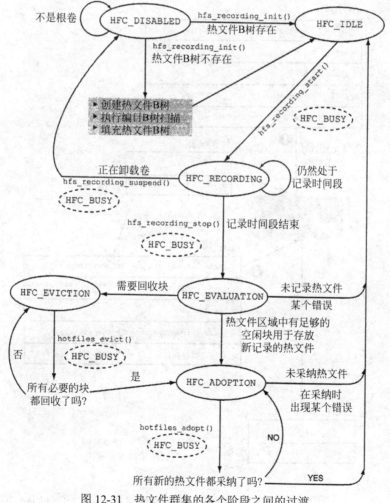

图 12-31　热文件群集的各个阶段之间的过渡

2. 热文件 B 树

HFC 使用一个 B 树文件——**热文件 B 树**（Hot Files B-Tree）——跟踪热文件，或者确切地讲是跟踪文件分支。与其他 HFS+特殊文件不同，不会在卷头中记录这个树的区段。它是一个磁盘上的文件，内核将通过其路径名（/.hotfiles.btree）访问它。

```
$ ls -l /.hotfiles.btree
640 -rw-------  1 root  wheel  327680 Oct  7 05:25 /.hotfiles.btree
```

热文件 B 树类似于编目 B 树，这是由于被跟踪的每个分支都具有一条线索记录和一条热文件记录。图 12-32 显示了热文件 B 树使用的键格式。给定文件的 CNID 和分支类型，可以通过把搜索键的 temperature 字段设置为特殊值 HFC_LOOKUPTAG（0xFFFFFFFF），来查找那个分支的线索记录。热文件线索记录的数据是一个 32 位的无符号整数，表示分支的热度。如果找不到线索记录，HFC 将不会把那个分支作为热文件进行跟踪。通过在搜索键中包括分支的热度，可以查找对应的热文件记录。该记录的数据也是一个 32 位的无符号

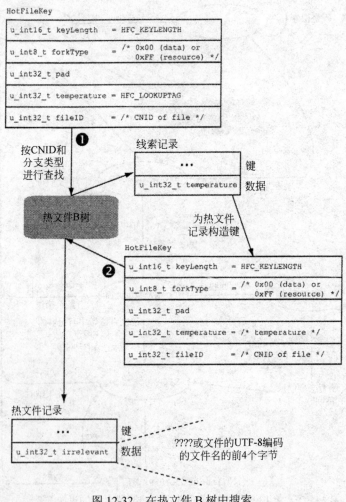

图 12-32　在热文件 B 树中搜索

整数，但它与 HFC 无关。它包含两个用于调试的值之一：文件的 UTF-8 编码的 Unicode 名称的前 4 个字节或者 ASCII 字符串"????"。

hfsdebug 可以显示热文件 B 树的详细信息和内容（叶记录）。注意：与其他 HFS+ B 树不同，这种 B 树在其头结点中包含用户数据记录。该记录保存一个 HotFilesInfo 结构 [bsd/hfs/hfs_hotfiles.h]。

```
$ sudo hfsdebug -b hotfile
# HFS+ Hot File Clustering (HFC) B-Tree
...
# User Data Record
  magic                  = 0XFF28FF26
  version                = 1
  duration               = 216000 seconds
...
  timeleft               = 42710 seconds
  threshold              = 24
  maxfileblks            = 2560 blocks
  maxfilecnt             = 1000
  tag                    = CLUSTERED HOT FILES B-TREE
```

3. 热文件群集的工作方式

现在来参考图 12-31 的情况下探讨一些关键的 HFC 操作的细节。典型的起点是 HFC_DISABLED 阶段，在卸载卷后就认为它处于这个阶段。

在挂接卷时，hfs_recording_init() 将确保它是根卷，否则将禁用 HFC。接下来，如果热文件 B 树已经存在，HFC 将过渡到空闲阶段；否则，hfs_recording_init() 将创建一个 B 树，并且开始扫描编目 B 树。在这个扫描期间，HFC 将检查编目的每个叶结点记录，并且为每个文件记录执行以下操作。

- 它将忽略资源分支[1]和空的数据分支。
- 它将忽略其区段全都位于热文件区域之外的文件。
- 它将跳过两个日志文件：/.journal_info_block 和 /.journal。
- 它将为余下的文件向热文件 B 树中添加一个线索记录和一个热文件记录，所有这些文件都将在热文件区域内具有至少一个块。线索记录和热文件记录的初始数据值分别是 HFC_MINIMUM_TEMPERATURE 和数字 0x3f3f3f3f。

> 卷的当前 HFC 阶段包含在 hfsmount 结构的 hfc_stage 字段中，它最初是用 0 填充的。HFC_DISABLED 的数值也是 0。因此，在每个卷的开始阶段，将隐含地禁用 HFC。

在编目 B 树扫描完成之后，hfs_recording_init() 将把 HFC 置于空闲阶段。向下一个阶段——记录阶段——的过渡发生在 hfs_hotfilesync() 调用 hfs_recording_start() 时。

> 同步操作将导致调用 hfs_hotfilesync()，在当前阶段是 HFC_ADOPTION、HFC_

---

[1]　在 Mac OS X 10.4 中，HFC 只会处理数据分支。

EVICTION、HFC_IDLE 或 HFC_RECORDING 之一时，hfs_hotfilesync()将负责调用合适的函数。同步操作通常是由于更新守护进程定期调用 sync()系统调用而发生的。

为了使 HFC 记录卷上的文件热度，必须满足以下多个条件。
- 卷绝对不能是只读的。
- 必须将卷记入日志。
- 卷的 hfsmount 结构必须指示已经为卷建立了元数据区域。
- 卷上的空闲分配块数量至少必须是热文件区域内可能的块总数的两倍。

表 12-3 显示了 HFC 使用的多种其他的约束条件。

表 12-3　热文件群集使用的约束条件

名　称	值	注　释
HFC_BLKSPERSYNC	300	在单个同步触发的 HFC 操作期间可以移动的分配块的最大数量——无论是用于逐出还是采纳。采纳将不会只移动文件的某些部分；因此，对于 4KB 的默认分配块大小，这实际上将把热文件的大小限制为 1.2MB
HFC_FILESPERSYNC	50	在采纳或逐出期间可以移动的文件的最大数量
HFC_DEFAULT_DURATION	60 小时	默认的热度记录持续时间
HFC_DEFAULT_FILE_COUNT	1000	要跟踪的热文件的默认数量
HFC_MAXIMUM_FILE_COUNT	5000	要跟踪的热文件数量的上限
HFC_MAXIMUM_FILESIZE	10MB	在记录期间要跟踪的文件大小的上限。将不会跟踪其大小超过这个值的文件
HFC_MINIMUM_TEMPERATURE	24	停留在热文件区域内的临界热度

hfs_recording_start()将为在记录期间使用的数据结构分配内存。特别是，将把 hotfile_data_t 结构[bsd/hfs/hfs_hotfiles.c]的实例用作 hotfile_entry_t 结构[bsd/hfs/hfs_hotfiles.c]的运行时记录列表（Runtime Recording List）的锚。hfsmount 结构的 hfc_recdata 字段引用 hotfile_data_t 结构。

```
typedef struct hotfile_entry {

    struct hotfile_entry *left;
    struct hotfile_entry *right;

    u_int32_t  fileid;
    u_int32_t  temperature;
    u_int32_t  blocks;

} hotfile_entry_t;
```

在记录阶段，读操作将累计为每个文件读取的字节数，而写操作则将把这样的计数复位为 0（确切地讲，其大小在不断改变的文件将不是合乎需要的热文件候选）。而且，甚至在读操作期间，如果文件的访问时间早于当前记录时间段的开始时间，那么对文件的读取字节计数也将被初始化（Initialize）为当前读操作的 I/O 计数——而不会进行累加。

当活动的虚拟结点[①]变成非活动时，HFS+回收操作 hfs_vnop_reclaim() 将调用 hfs_addhotfile()，把文件（如果合适的话）添加到运行时记录列表中。虚拟结点必须满足多个条件，才能添加到列表中，具体如下。

- 它必须是普通文件或符号链接。
- 它绝对不能是系统文件。
- 它绝对不能是资源分支。
- 它必须具有非零的大小，并且小于最大的热文件大小。
- 它必须具有比当前记录时间段的开始时间更新的访问时间。
- 它必须具有阈值以上的热度。

如果运行时记录列表上的文件变成活动的，将由 hfs_getnewvnode() [bsd/hfs/hfs_cnode.c] 通过调用 hfs_removehotfile() 将其从列表中移除。一旦记录时间段结束，将单独检查活动的虚拟结点。

在记录时间段结束之后，下一个同步触发的 hfs_hotfilesync() 调用将会调用 hfs_recording_stop()，后者首先将调用 hotfiles_collect()，把所有活动的热文件添加到记录列表中。hotfiles_collect() 将会遍历与卷的挂接点关联的每个活动的虚拟结点，并且调用 hfs_addhotfile_internal()——hfs_hotfile() 的后端——更新记录列表。

一旦 hotfiles_collect() 返回，hfs_recording_stop() 将会移到评估阶段，在此期间，它将执行以下操作。

- 它将通过把热文件 B 树中的现有记录的热度减半，来使它们变旧（只有最冷热度的 50%），同时把可能最低的热度限制为 4。
- 它将按热度对运行时记录列表条目进行排序。
- 它将确定已经位于热文件 B 树中的列表条目。对于每个这样的条目，都将更新它的 B 树信息，之后将在列表中使条目失效。这个操作将导致有资格采用的热文件的细化列表。

此时，将把下一个 HFC 阶段设置为采纳或逐出，这要依赖于同准备采纳的所有热文件所需的总空间相比，热文件区域中可用的空闲空间是多还是少。

如果当前阶段是 HFC_EVICTION，下一次同步将触发 hotfiles_evict() 的调用，它将通过调用 hfs_relocate() 把文件移出热文件区域，从而尝试回收空间。它将从最冷的文件开始，但是最终可能逐出所有的文件，这取决于必须回收的空间。不过，如表 12-3 中所列出的，在单独一个 HFC 逐出或采纳期间，只能移动最多 HFC_BLKSPERSYNC 个分配块——对应于不超过 HFC_FILESPERSYNC 个文件。如果在碰到这些约束条件之前 hotfiles_evict() 不能完成它的工作，HFC 将保持在逐出阶段，并将在下一次同步发生时继续。一旦逐出完成，HFC 将移到采纳阶段，它是由 hotfiles_adopt() 处理的。采纳类似于逐出——它也是通过 hfs_relocate() 执行的，并且受相同的传输约束条件支配。

在采纳之后，HFC 将移到空闲阶段，它将从此处进入下一个记录时间段。

---

① 技术上是指编目结点（catalog node，cnode）。

12.10　其他各种特性

在本节中，将探讨各种各样的 HFS+ 特性。

12.10.1　特殊的系统调用

HFS+ 支持的值得指出的系统调用如下。

- exchangedata()：用于交换通过两个路径名引用的文件的数据分支和资源分支。文件基本属性和扩展基本属性（包括 ACL）则不会交换，尽管修改时间将会被交换。调用是原子操作，这是由于任何进程都不会看到两个文件处于一种不一致的状态。在交换完成之后，用于原始文件的所有打开的文件描述符都将访问新的数据。exchangedata() 的主要目的是给不能就地编辑文件的应用程序提供一种方式来保存所做的更改，而无需修改原始文件的 CNID。这样，指向原始文件的基于 CNID 的引用将不会中断。
- getattrlist() 和 setattrlist()：分别用于获取和设置文件系统对象（包括卷）的基本属性（参见 12.11 节）。
- getdirentriesattr()：用于在给定的目录中获取项目的文件系统基本属性。这个调用实质上是 getdirentries(2) 和 getattrlist(2) 的结合。注意：getdirentries(2) 是由 readdir(3) 调用的系统调用。
- searchfs()：用于基于各种条件搜索文件系统[①]。

12.10.2　冻结和解冻卷

HFS+ 提供了文件控制操作 F_FREEZE_FS 和 F_THAW_FS，分别用于冻结和解冻日志式挂接卷。冻结允许超级用户进程通过停止文件系统操作来锁定文件系统。在处理冻结请求时，内核将在与给定的文件描述符对应的文件系统上执行以下操作。

- 它将遍历挂接的文件系统的所有虚拟结点，并且等待任何未决的写操作完成[②]。
- 它将冲洗日志。
- 它将独占地获得全局卷锁。这将阻止 hfs_start_transaction() 函数[bsd/hfs/hfs_vfsutils.c] 获得该锁。因此，直接或间接调用 hfs_start_transaction() 的任何文件系统函数都将等待这个锁被释放。
- 它将为区段溢出文件、编目文件、基本属性文件和卷设备等待虚拟结点上任何未决的写操作完成。
- 它将在 hfsmount 结构的 hfs_freezing_proc 字段中记录调用进程的身份。

解冻将释放全局卷锁。冻结的卷只能由冻结它的进程解冻。

[①] searchfs(2) 手册页提供了使用这个系统调用的详细信息。

[②] 等待时间段使用 10ms 的超时设置。

fsck_hfs 程序使用 F_FREEZE_FS 和 F_THAW_FS 支持对挂接的文件系统进行"实时"测试（-l 选项）。

12.10.3　扩展和收缩卷

HFS+对于扩大和收缩挂接的日志式文件系统具有内置的支持。内核内部的函数 hfs_extendfs()和 hfs_truncatefs()（它们都是在 bsd/hfs/hfs_vfsops.c 中实现的）提供了这种功能。可以通过 fsctl(2)的 HFS_RESIZE_VOLUME 命令或者通过 sysctl(3)执行 HFS_EXTEND_FS 操作，从用户空间访问该功能，如下所示。

```
int ret, options = 0;
u_int64_t newsize; // initialize this to the new size of the file system
...
ret = fsctl(mounted_volume_path, HFS_RESIZE_VOLUME, &newsize, options);
```

12.10.4　卷通知

当卷上的空闲空间下降到警告限制以下时，HFS+将通过 hfs_generate_volume_notifications() [bsd/hfs/hfs_notifications.c]生成一个卷通知。当卷上的空闲空间上升到合乎需要的最低限制以上时，将会生成另一个通知。这两种限制都存储在 hfsmount 结构中，分别作为 hfs_freespace_notify_warninglimit 和 hfs_freespace_notify_desiredlevel 字段。每次调用 bsd/hfs/hfscommon/Misc/VolumeAllocation.c 中 的 低 级 函 数 BlockAllocate() 和 BlockDeallocate()时，如果当前的分配和取消分配操作导致空闲空间情况相对于限制而发生改变，它们都会调用通知函数，从而允许生成通知。

可以使用图 12-33 中所示的程序查看通知（包括本节中提及的 HFS+通知）。KernelEventAgent 程序（/usr/sbin/KernelEventAgent）用于接收这些通知，并把它们记录到系统日志文件。

```
// kq_vfswatch.c

#include <stdio.h>
#include <stdlib.h>
#include <sys/event.h>
#include <sys/mount.h>
#include <unistd.h>

#define PROGNAME "kq_vfswatch"

struct VfsEventDescriptions{
    u_int      event;
    const char  *description;
} VfsEventDescriptions[] = {
```

图 12-33　使用内核队列（kqueue）/内核事件（kevent）查看 VFS 事件通知

```c
    { VQ_NOTRESP,     "server is down"                                    },
    { VQ_NEEDAUTH,    "server needs authentication"                       },
    { VQ_LOWDISK,     "disk space is low"                                 },
    { VQ_MOUNT,       "file system mounted"                               },
    { VQ_UNMOUNT,     "file system unmounted"                             },
    { VQ_DEAD,        "file system is dead (needs force unmount)"         },
    { VQ_ASSIST,      "file system needs assistance from external program" },
    { VQ_NOTRESPLOCK, "server locked down"                                },
    { VQ_UPDATE,      "file system information has changed"               },
};
#define NEVENTS sizeof(VfsEventDescriptions)/sizeof(struct VfsEventDescriptions)

int
process_events(struct kevent *kl)
{
    int i, ret = 0;

    printf("notification received\n");
    for (i = 0; i < NEVENTS; i++)
        if (VfsEventDescriptions[i].event & kl->fflags)
            printf("\t+ %s\n", VfsEventDescriptions[i].description);

    return ret;
}

#define OUT_ON_ERROR(msg, ret) { if (ret < 0) { perror(msg); goto out; } }

int
main(int argc, char **argv)
{
    int ret = -1, kqfd = -1;
    struct kevent changelist;

    ret = kqfd = kqueue();
    OUT_ON_ERROR("kqueue", ret);

    EV_SET(&changelist, 0, EVFILT_FS, EV_ADD, 0, 0, NULL);
    ret = kevent(kqfd, &changelist, 1, NULL, 0, NULL);
    OUT_ON_ERROR("kqueue", ret);

    while (1) {
        ret = kevent(kqfd, NULL, 0, &changelist, 1, NULL);
        OUT_ON_ERROR("kevent", ret);

        if (ret > 0)
            ret = process_events(&changelist);
```

图 12-33（续）

```
    }

out:
    if (kqfd >= 0)
        close(kqfd);

    exit(ret);
}


$ gcc -Wall -o kq_vfswatch kq_vfswatch.c
$ ./kq_vfswatch
        # another shell
        $ hdiutil create -size 32m -fs HFSJ -volname HFSJ /tmp/hfsj.dmg
        ...
        $ open /tmp/hfsj.dmg
notification received
        + file system mounted
        $ dd if=/dev/zero of=/Volumes/HFSJ/data bs=4096
        dd: /Volumes/HFSJ/data: No space left on device
        ...
notification received
        + disk space is low
        $ mount -u -o,perm /Volumes/HFSJ
notification received
        + file system information has changed
        $ umount /Volumes/HFSJ
notification received
        + file system unmounted
```

图 12-33（续）

> hfs_generate_volume_notifications()调用 vfs_event_signal() [bsd/vfs/vfs_subr.c]，生成一个内核队列通知。在修改文件系统对象时，多个 HFS+内部操作也使用内核队列机制生成通知。这允许感兴趣的用户空间参与方（主要示例是 Finder）获知这些改变。

12.10.5　对稀疏设备的支持

HFS+允许文件系统底下的设备是稀疏的。Apple 的 Disk Images 框架使用这个特性支持稀疏磁盘映像——它使用 HFS_SETBACKINGSTOREINFO 控制操作，向内核通知后备存储文件系统。可以使用 hdiutil 创建稀疏磁盘映像，要么是将 SPARSE 指定为磁盘映像类型，要么是通过提供一个包含.sparseimage 后缀的磁盘映像名称来完成这个任务。现在来查看一个示例。

```
$ hdiutil create -size 128m -fs HFSJ -volname HFSSparse /tmp/hfsj.sparseimage
```

```
created: /tmp/hfsj.sparseimage
$ ls -lh /tmp/hfsj.sparseimage
-rw-r--r--   1 amit  wheel        12M Oct 13 18:48 /tmp/hfsj.sparseimage
$ open /tmp/hfsj.sparseimage
```

可以看到，即使卷的容量是 128MB，稀疏磁盘映像当前也只占据 12MB。当需要时，它将会动态增长，直到卷的容量为止。

12.11   比较 Mac OS X 文件系统

既然已经探讨了 HFS+的细节以及 Mac OS X 上的常用文件系统概览（在第 11 章中），不妨来比较所有这些文件系统都支持的关键特性和接口。在此将使用 getattrlist()系统调用，显示给定卷的能力。

```
int
getattrlist(
const char      *path,      // path of a file system object on the volume
struct attrlist *attrList,  // a populated attribute list structure
void            *attrBuf,   // buffer for receiving attributes
size_t          attrBufSize, // size of the buffer
unsigned long   options);   // any options
```

调用将在调用者提供的缓冲区中返回基本属性，其格式依赖于特定的或者将获取的基本属性。不过，缓冲区总是开始于一个无符号的长整型值，它以字节为单位指定了返回的基本属性的大小（包括这个大小值）。对于卷的基本属性，大小值后面接着一个 vol_capabilities_attr_t 数据结构，它包括两个位图数组：**有效数组**（Valid Array）和**能力数组**（Capabilities Array）。在此将只处理每个数组的两个元素：其中一个元素位于索引 VOL_CAPABILITIES_FORMAT 处（它包含关于卷格式特性的信息），另一个元素则位于索引 VOL_CAPABILITIES_INTERFACES 处（它包含关于由卷格式提供的接口的信息）。如果在 valid 位图中设置一位，它就意味着卷格式实现识别该位。如果在对应的 capabilities 位图中也设置了相同的位，它就意味着卷提供了该能力。

```
typedef u_int32_t vol_capabilities_set_t[4];

#define VOL_CAPABILITIES_FORMAT       0
#define VOL_CAPABILITIES_INTERFACES     1
#define VOL_CAPABILITIES_RESERVED1      2
#define VOL_CAPABILITIES_RESERVED2      3

typedef struct vol_capabilities_attr {
    vol_capabilities_set_t capabilities;
    vol_capabilities_set_t valid;
} vol_capabilities_attr_t;
```

图 12-34 显示了一个程序的源文件，它用于获取并显示卷的能力——特性和接口。

```c
// getattrlist_volinfo.c

#include <stdio.h>
#include <stdlib.h>
#include <unistd.h>
#include <sys/attr.h>

#define PROGNAME "getattrlist_volinfo"

// getattrlist() returns volume capabilities in this attribute buffer format
typedef struct {
    unsigned long        size;
    vol_capabilities_attr_t attributes;
} volinfo_buf_t;

// for pretty-printing convenience
typedef struct {
    u_int32_t   bits;
    const char *name;
} bits_name_t;

#define BITS_NAME(bits) { bits, #bits }

// map feature availability bits to names
bits_name_t vol_capabilities_format[] = {
    BITS_NAME(VOL_CAP_FMT_2TB_FILESIZE),
    BITS_NAME(VOL_CAP_FMT_CASE_PRESERVING),
    BITS_NAME(VOL_CAP_FMT_CASE_SENSITIVE),
    BITS_NAME(VOL_CAP_FMT_FAST_STATFS),
    BITS_NAME(VOL_CAP_FMT_HARDLINKS),
    BITS_NAME(VOL_CAP_FMT_JOURNAL),
    BITS_NAME(VOL_CAP_FMT_JOURNAL_ACTIVE),
    BITS_NAME(VOL_CAP_FMT_NO_ROOT_TIMES),
    BITS_NAME(VOL_CAP_FMT_PERSISTENTOBJECTIDS),
    BITS_NAME(VOL_CAP_FMT_SYMBOLICLINKS),
    BITS_NAME(VOL_CAP_FMT_SPARSE_FILES),
    BITS_NAME(VOL_CAP_FMT_ZERO_RUNS),
};
#define VOL_CAP_FMT_SZ (sizeof(vol_capabilities_format)/sizeof(bits_name_t))

// map interface availability bits to names
bits_name_t vol_capabilities_interfaces[] = {
    BITS_NAME(VOL_CAP_INT_ADVLOCK),
    BITS_NAME(VOL_CAP_INT_ALLOCATE),
```

图 12-34　查询卷的能力

```
      BITS_NAME(VOL_CAP_INT_ATTRLIST),
      BITS_NAME(VOL_CAP_INT_COPYFILE),
      BITS_NAME(VOL_CAP_INT_EXCHANGEDATA),
      BITS_NAME(VOL_CAP_INT_EXTENDED_SECURITY),
      BITS_NAME(VOL_CAP_INT_FLOCK),
      BITS_NAME(VOL_CAP_INT_NFSEXPORT),
      BITS_NAME(VOL_CAP_INT_READDIRATTR),
      BITS_NAME(VOL_CAP_INT_SEARCHFS),
      BITS_NAME(VOL_CAP_INT_USERACCESS),
      BITS_NAME(VOL_CAP_INT_VOL_RENAME),
};
#define VOL_CAP_INT_SZ (sizeof(vol_capabilities_interfaces)/sizeof(bits_name_t))

void
print_volume_capabilities(volinfo_buf_t    *volinfo_buf,
                     bits_name_t       *bits_names,
                     ssize_t           size,
                     u_int32_t         index)
{
    u_int32_t capabilities   = volinfo_buf->attributes.capabilities[index];
    u_int32_t valid          = volinfo_buf->attributes.valid[index];
    int i;

    for (i = 0; i < size; i++)
        if ((bits_names[i].bits & valid) && (bits_names[i].bits & capabilities))
            printf("%s\n", bits_names[i].name);
    printf("\n");
}


int
main(int argc, char **argv)
{
    volinfo_buf_t    volinfo_buf;
    struct attrlist attrlist;

    if (argc != 2) {
        fprintf(stderr, "usage: %s <volume path>\n", PROGNAME);
        exit(1);
    }

    // populate the ingoing attribute list structure
    attrlist.bitmapcount = ATTR_BIT_MAP_COUNT;  // always set to this constant
    attrlist.reserved    = 0;                    // reserved field zeroed
    attrlist.commonattr  = 0;                    // we don't want ATTR_CMN_*
    attrlist.volattr     = ATTR_VOL_CAPABILITIES; // we want these attributes
    attrlist.dirattr     = 0;                    // we don't want ATTR_DIR_*
```

图 12-34（续）

```
attrlist.fileattr    = 0;                    // we don't want ATTR_FILE_*
attrlist.forkattr    = 0;                    // we don't want ATTR_FORK_*

if (getattrlist(argv[1], &attrlist, &volinfo_buf, sizeof(volinfo_buf), 0)){
    perror("getattrlist");
    exit(1);
}

print_volume_capabilities(&volinfo_buf,
                    (bits_name_t *)&vol_capabilities_format,
                    VOL_CAP_FMT_SZ, VOL_CAPABILITIES_FORMAT);

print_volume_capabilities(&volinfo_buf,
                    (bits_name_t *)&vol_capabilities_interfaces,
                    VOL_CAP_INT_SZ, VOL_CAPABILITIES_INTERFACES);

exit(0);
}


$ gcc -Wall -o getattrlist_volinfo getattrlist_volinfo.c
$ getattrlist_volinfo / # an HFS+ volume
VOL_CAP_FMT_2TB_FILESIZE
VOL_CAP_FMT_CASE_PRESERVING
VOL_CAP_FMT_FAST_STATFS
VOL_CAP_FMT_HARDLINKS
VOL_CAP_FMT_JOURNAL
VOL_CAP_FMT_JOURNAL_ACTIVE
VOL_CAP_FMT_PERSISTENTOBJECTIDS
VOL_CAP_FMT_SYMBOLICLINKS

VOL_CAP_INT_ADVLOCK
VOL_CAP_INT_ALLOCATE
VOL_CAP_INT_ATTRLIST
VOL_CAP_INT_EXCHANGEDATA
VOL_CAP_INT_EXTENDED_SECURITY
VOL_CAP_INT_FLOCK
VOL_CAP_INT_NFSEXPORT
VOL_CAP_INT_READDIRATTR
VOL_CAP_INT_SEARCHFS
VOL_CAP_INT_VOL_RENAME

$
```

图 12-34（续）

图 12-33 中的程序输出显示了 Mac OS X 上的 HFS+卷所支持的卷能力。现在来探讨 getattrlist()可能为卷报告的各个特性位和接口位的含义。下面概述了特性位。

- VOL_CAP_FMT_2TB_FILESIZE：支持至少 2 TB 的最大文件大小，只要有充足的存储空间即可。
- VOL_CAP_FMT_CASE_PRESERVING：在把文件系统对象名称写到磁盘上时将保留其大小写，但在其他方面则不会使用大小写敏感性。特别是，名称比较将不区分大小写。
- VOL_CAP_FMT_CASE_SENSITIVE：在处理文件系统对象名称时一直都会使用大小写敏感性。
- VOL_CAP_FMT_FAST_STATFS：提供 statfs()系统调用实现，它足够快，以至于无须操作系统的更高层将其结果缓存起来。通常，具有这种能力的卷格式将提供它自己的 statfs()数据缓存。如果遗失了这种能力，那么每次调用 statfs()时，通常都必须从存储媒介中获取信息（它可能是跨网络的）。
- VOL_CAP_FMT_HARDLINKS：天生支持硬链接。
- VOL_CAP_FMT_JOURNAL：支持日志记录，尽管可能没有启用日志记录。
- VOL_CAP_FMT_JOURNAL_ACTIVE：指示卷启用了日志记录。这实际上不是一个能力位，而是一个状态位。
- VOL_CAP_FMT_NO_ROOT_TIMES：不会为根目录可靠地存储时间。
- VOL_CAP_FMT_PERSISTENTOBJECTIDS：具有持久的对象标识符，可用于查找文件系统对象。如我们在 11.7.19 节中所看到的，Mac OS X 提供了卷文件系统（volume file system，volfs），用于在支持这种能力的卷上执行这样的查找。
- VOL_CAP_FMT_SPARSE_FILES：支持具有"空隙"的文件——也就是说，文件的逻辑大小可能大于它在磁盘上占据的物理块之和（另请参见 11.7.6 节）。确切地讲，从未被写入的块将不会在磁盘上分配，从而导致可以节省空间，并且可能使这类文件具有更好的性能（如果文件系统显式地用 0 填充磁盘上未使用的块；参见 VOL_CAP_FMT_ZERO_RUNS）。
- VOL_CAP_FMT_SYMBOLICLINKS：天生支持符号链接。注意：尽管 FAT32 不是天生支持符号链接，但是 FAT32 的 Mac OS X 实现使用普通文件模仿符号链接。
- VOL_CAP_FMT_ZERO_RUNS：指示在读取已分配但从未写入的文件的块时，卷可以动态替换 0。通常，这样的块是由文件系统在磁盘上用 0 填充的。这种能力类似于稀疏文件，这是由于将没有 I/O 用于文件的未写入的部分，但是它又有所不同，这是由于仍将在磁盘上分配对应的块。

表 12-4 显示了 Mac OS X 上的常用卷格式支持哪些特性。

表 12-4　Mac OS X 上的常用卷格式所支持的特性

特　　性	HFS+	UFS	HFS	NTFS	FAT32	AFP	SMB	NFS	WebDAV
2TB_FILESIZE	√					√		√	
CASE_PRESERVING	√	√	√	√	√			√	
CASE_SENSITIVE	√ （HFSX）	√							

续表

特　　性	HFS+	UFS	HFS	NTFS	FAT32	AFP	SMB	NFS	WebDAV
FAST_STATFS	√	√	√	√	√	√	√		√
HARDLINKS	√	√		√				√	
JOURNAL	√								
NO_ROOT_TIMES					√		√		
PERSISTENTOBJECTIDS	√			√		√			
SPARSE_FILES		√							
SYMBOLICLINKS	√	√				√	√	√	
ZERO_RUNS									

下面概述了 getattrlist()可能为卷报告的接口位。

- VOL_CAP_INT_ADVLOCK：提供 POSIX 风格的字节范围的、劝告模式的锁定。
  如本书 9.18.10 节中所述，Mac OS X VFS 层提供了劝告锁定的实现，本地文件系统
  可能选择使用它。此外，文件系统还可能实现锁定自身，或者可能根本不支持锁定。
  如表 12-5 所示，HFS+、HFS 和 UFS 使用 VFS 层的锁定，而 FAT32 和 SMB 则实
  现了它们自己的锁定。对于 NFS，锁定是由锁守护进程提供的。

表 12-5　Mac OS X 上的常用文件系统实现所支持的接口

接　　口	HFS+	UFS	HFS	FAT32	AFP	SMB	NFS
ADVLOCK	√ （VFS）	√ （VFS）	√ （VFS）	√		√	√ （锁守护进程）
ALLOCATE	√		√				
ATTRLIST	√		√		√		
COPYFILE					√		
EXCHANGEDATA	√		√		√		
EXTENDED_SECURITY	√						
FLOCK	√ （VFS）	√ （VFS）	√ （VFS）	√		√	√ （锁守护进程）
NFSEXPORT	√	√	√				
READDIRATTR	√		√		√		
SEARCHFS	√		√		√		
USERACCESS							
VOL_RENAME	√	√	√				

- VOL_CAP_INT_ALLOCATE：实现 F_PREALLOCATE 文件控制操作，它允许调用
  者为给定的文件预先分配存储空间。
- VOL_CAP_INT_ATTRLIST：实现 setattrlist()和 getattrlist()系统调用。
- VOL_CAP_INT_COPYFILE：实现 copyfile()系统调用。copyfile()最初打算用于 AFP
  （Apple Filing Protocol，Apple 归档协议），现在用于复制文件系统对象以及它的一些
  或所有元数据，比如 ACL 以及其他的扩展基本属性。注意：系统库提供了 copyfile()

函数的用户空间的实现，它不使用系统调用。该函数还可以把元数据扁平化到外部文件中。

- VOL_CAP_INT_EXCHANGEDATA：实现 exchangedata()系统调用。
- VOL_CAP_INT_EXTENDED_SECURITY：实现扩展的安全（即 ACL）。
- VOL_CAP_INT_FLOCK：通过 flock(2)系统调用提供整个文件的、劝告模式的锁定。VOL_CAP_INT_ADVLOCK 的描述中关于 VFS 级锁定的说明也适用于这里。
- VOL_CAP_INT_NFSEXPORT：指示卷允许通过 NFS 导出其内容。
- VOL_CAP_INT_READDIRATTR：实现 readdirattr()系统调用。
- VOL_CAP_INT_SEARCHFS：实现 searchfs()系统调用。
- VOL_CAP_INT_USERACCESS：在 Mac OS X 10.4 中过时了。
- VOL_CAP_INT_VOL_RENAME：指示可以通过 setattrlist()系统调用更改卷名称。

12.12　比较 HFS+与 NTFS

比较 HFS+与 NTFS 的特性是有趣的，NTFS 是用于 Microsoft Windows 的本地文件系统。一般来讲，就内置的特性而言，NTFS 是一种更先进的文件系统[①]。表 12-6 比较了这两个文件系统的一些值得指出的方面。

表 12-6　HFS+与 NTFS 的比较

特性/方面	HFS+	NTFS
分配单元	分配块（32 位）	簇（64 位，但是被 Windows 限制为 32 位）
最大分配单元大小	512 字节（必须是扇区大小的整数倍）	512 字节（必须是扇区大小的整数倍）
默认分配单元大小	4KB	4KB（用于大于 2GB 的卷）
最大卷大小	8EB（艾字节）	16EB（理论最大值；Windows 把最大卷大小限制为 256TB，具有 32 位的簇）
最大文件大小	8EB	16EB（理论最大值；Windows 把最大文件大小限制为 16TB）
文件系统关键数据的冗余存储	是。备用卷头存储在倒数第二个扇区上	是。主文件表的镜像存储在原始主文件表之后
文件名	文件名可以具有最多 255 个 Unicode 字符。Mac OS X 使用 UTF-8 编码	文件名可以具有最多 255 个 Unicode 字符。Windows 使用 UTF-16 编码
大小写敏感性	HFS+不区分大小写，并且默认会保留大小写；它具有一个区分大小写的变体（HFSX）	NTFS 支持区分大小写，但是 Win32 环境则不然。用于名称比较的默认系统设置不区分大小写

---

① 在本节中，将只会讨论在编写本书时的 NTFS 版本中当前可用的特性。在比较中没有包括即将出现的 NTFS 特性，比如 TxF（Transactional NTFS，事务性 NTFS）。而且，用于 Mac OS X 的新文件系统很有可能即将问世。

续表

特性/方面	HFS+	NTFS
元数据日志记录	是，通过 VFS 级日志记录层	是，日志是特定于 NTFS 的
多个数据流	是：两个内联数据流（数据分支和资源分支），以及任意数量的命名数据流。在 Mac OS X 10.4 上将命名数据流限制为 3802 字节	是：一个无名数据流（默认）以及任意数量的命名数据流。后者具有它们自己的大小和锁
权限	是	是
访问控制列表	是	是
扩展基本属性	是	是
文件系统级搜索	是，通过 searchfs() 系统调用	否
专用启动文件	是	是（$Boot 文件）
硬链接	是	是
符号链接	是，具有 UNIX 语义	是，但是语义不同于 UNIX。NTFS 提供了重新解析点，使用它可以实现类似于 UNIX 的语义
支持弹性"快捷方式"	是，通过别名	是，但是需要链接跟踪系统服务
卷配额	是，每个用户和每个组的配额	是，每个用户的配额
支持稀疏文件	否	是
内置压缩	否	是
内置加密	否	是，通过 EFS（Encrypting File System，加密文件系统）设施，提供应用程序透明的加密
内置更改日志记录	否	是，通过 Change Journal（更改日志）机制
支持容错卷	否	是
用于元数据的保留区域	是，元数据区域	是，MFT 区域
用于跟踪文件访问以及重新定位频繁使用的文件的内置支持	是，自适应热文件群集	否
支持实时调整大小	是，通过 HFS_RESIZE_VOLUME 控制操作。这种支持在 Mac OS X 10.4 中是试验性的，并且需要一个日志卷。如果满足多个条件，它可以扩展或收缩挂接的文件系统	是，通过 FSCTL_EXTEND_VOLUME 控制操作
支持"冻结"文件系统	是，通过 F_FREEZE_FS 和 F_THAW_FS 控制操作	是，通过卷影复制
支持"完全"同步	是。F_FULLFSYNC 控制操作要求存储驱动程序把所有缓冲的数据都冲洗到物理存储设备上	否
支持访问权限的批量查询	是。HFS_BULKACCESS 控制操作可以在单个系统调用中确定给定的用户是否能够访问一组文件	否

续表

特性/方面	HFS+	NTFS
下一个分配位置的用户控制	是。 HFS_CHANGE_NEXT_ALLOCATION 控制操作允许用户指定文件系统接下来应该尝试分配哪个块	—
只读支持	是	是

对 Mac OS X 内幕的探索至此告一段落——好吧，至少对本书各章而言是这样。希望本书可以给你提供足够的背景知识和工具，使你可以继续自己的学习之旅。愉快地探索吧！

附录 A 基于 x86 的 Macintosh 计算机上的 Mac OS X

在前面的章节中讨论了 Mac OS X 的多个与 x86 相关特性的详细信息。在本附录中，将重点介绍 Mac OS X 的基于 x86 的版本与基于 PowerPC 的版本之间的关键区别。必须指出的是，尽管具有这些区别，但是操作系统的大多数组件都是独立于处理器体系结构的。

A.1 硬 件 区 别

除了处理器中的区别之外，基于 x86 与基于 PowerPC 的 Macintosh 计算机之间还具有另外几个体系结构方面的区别。诸如 ioreg、hwprefs[①]、sysctl、hostinfo、machine 和 system_profiler 之类的程序可用于在 Mac OS X 下面搜集硬件相关的信息。由于本附录只打算探究硬件区别的细节，因此这超出了本附录的范围。

```
$ hostinfo # x86
...
Kernel configured for up to 2 processors.
...
Processor type: i486 (Intel 80486)
Processors active: 0 1
...
Primary memory available: 1.00 gigabytes
...
Load average: 0.02, Mach factor 1.97

$ hostinfo # PowerPC
...
Kernel configured for up to 2 processors.
...
Processor type: ppc970 (PowerPC 970)
Processors active: 0 1
...
Primary memory available: 4.00 gigabytes
...
Load average: 0.02, Mach factor 1.96
```

表 A-1 显示了在两个平台上利用多个参数运行 hwprefs 的结果（x86 机器是 Mac mini

---

① hwprefs 是 CHUD Tools 程序包的一部分。

Core Duo，而 PowerPC 机器则是双核 2.5GHz 的 Power Mac G5）。hwprefs 还具有特定于处理器的选项，比如 x86 上的 ht 以及 PowerPC 上的 cpu_hwprefetch。

表 A-1　在 Mac OS X 的 x86 版本与 PowerPC 版本上运行 hwprefs

命　　令	x86 上的示例输出	PowerPC 上的示例输出
hwprefs machine_type	Macmini1,1	PowerMac7,1
hwprefs cpu_type	Intel Core Duo	970FX v3.0
hwprefs memctl_type	Intel 945 v0	U3 Heavy 1.1 v5
hwprefs ioctl_type	ICH7-M v0	K2 v96
hwprefs os_type	Mac OS X 10.4.6 (8I1119)	Mac OS X 10.4.6 (8I127)

现在还存在多个机器相关的 sysctl 结点。

```
$ sysctl machdep
machdep.cpu.vendor: GenuineIntel
machdep.cpu.brand_string: Genuine Intel(R) CPU   1300  @ 1.66GHz
machdep.cpu.model_string: Unknown Intel P6 family
...
```

A.2　固件和引导

在前面的章节（特别是 4.16 节）中看到，基于 x86 的 Macintosh 计算机使用 EFI（Extensible Firmware Interface，可扩展固件接口）作为它们的固件，而在 PowerPC 上则使用 Open Firmware。在引导时，像 Open Firmware 一样，EFI 将会检查可用的 HFS+卷的卷头。可引导（祝福）卷的头部包含关于 Mac OS X 引导加载程序的信息。如图 A-1 所示，可以使用 bless 命令显示该信息。

```
$ bless -info / # x86-based Macintosh
finderinfo[0]: 3050 => Blessed System Folder is /System/Library/CoreServices
finderinfo[1]: 6484 => Blessed System File is
                     /System/Library/CoreServices/boot.efi
...

$ bless -info / # PowerpPC-based Macintosh
finderinfo[0]: 3317 => Blessed System Folder is /System/Library/CoreServices
finderinfo[1]:    0 => No Startup App folder (ignored anyway)
...
```

图 A-1　使用 bless 命令查看卷中与引导相关的信息

图 A-1 显示：对于基于 x86 的 Macintosh，卷头包含 boot.efi 的路径，它是引导加载程序。boot.efi（一个 PE32 可执行映像）是一个特殊的 EFI 应用程序，其职责类似于 Open Firmware 机器上的 BootX。

```
$ cd /System/Library/CoreServices
$ ls -l BootX boot.efi
-rw-r--r--   1 root  wheel  170180 Mar  17 07:48 BootX
-rw-r--r--   1 root  wheel  134302 Mar  17 07:48 boot.efi
```

可以使用 bless 在卷头中记录备用的引导加载程序的路径名,使 EFI 运行备用的引导加载程序。

```
$ bless --folder /SomeVolume/SomeDirectory/ \
        --file /SomeVolume/SomeDirectory/SomeEFIProgram.efi
```

Apple EFI Runtime 内核扩展(AppleEFIRuntime.kext)允许访问 EFI 运行时服务,如本书第 4 章所述,甚至在 EFI 引导服务终止之后,EFI 运行时服务仍然是可用的。AppleEFIRuntime.kext 包含 AppleEFINVRAM.kext 作为一个插件扩展。像 Open Firmware 一样,EFI NVRAM 用于存储用户定义的变量及其他专用变量(例如, aapl, panic-info,它用于保存内核恐慌信息)。同样,与 Open Firmware 的情况一样,nvram 命令可用于从 Mac OS X 中访问这些变量。

全局内核变量 gPEEFISystemTable 和 gPEEFIRuntimeServices 分别包含指向 EFI 系统表(EFI_SYSTEM_TABLE 数据结构)和 EFI 运行时服务(EFI_RUNTIME_SERVICES 数据结构)的指针。Kernel 框架中的<pexpert/i386/efi.h>头文件包含这些数据结构及其他 EFI 相关的数据结构的定义。

```
$ nrvam -p
efi-boot-device-data     %02%01...
SystemAudioVolume        %ff
efi-boot-device          <array ID = "0">...
boot-args                0x0
aapl,panic-info          ...
```

A.3　分　　区

如 11.1.3 节中所指出的,基于 x86 的 Macintosh 计算机没有使用 Apple 分区方案(也称为 Apple 分区图(Apple Partition Map 或 APM))——它们使用 GPT(GUID Partition Table, GUID 分区表)方案,它是由 EFI 定义的。确切地讲,内部驱动器使用 GPT,而外部驱动器默认则使用 APM。4.16.4 节中讨论了 GPT,在 11.4.4 节中还看到了一个使用 gpt 命令处理 GPT 分区的示例。可以使用 gpt——及其他命令(比如 diskutil 和 hdiutil)——显示关于卷(比如说根卷)的分区相关的信息。图 A-2 显示了一个示例。

在图 A-2 中可以看到,磁盘具有两个分区,其中第二个分区(disk0s2)是根卷。第一个分区的大小大约是 200MB(409600 个 512 字节的块),它是一个 FAT32 分区,可以被 EFI 用作磁盘上的专用系统分区(参见 4.16.4 节)。通常可以从 Mac OS X 中挂接这个分区。

```
$ mount
/dev/disk0s2 on / (local, journaled)
$ sudo gpt -r show /dev/rdisk0
    start       size  index  contents
        0          1          PMBR
        1          1          Pri GPT header
        2         32          Pri GPT table
       34          6
       40     409600      1  GPT part - C12A7328-F81F-11D2-BA4B-00A0C93EC93B
   409640  311909984      2  GPT part - 48465300-0000-11AA-AA11-00306543ECAC
  312319624    262151
  312581775        32          Sec GPT table
  312581807         1          Sec GPT header
$ diskutil info disk0
...
  Partition Type:       GUID_partition_scheme
  Media Type:           Generic
  Protocol:             SATA
...
$ sudo hdiutil pmap /dev/rdisk0
...
```

图 A-2　使用命令行工具显示分区相关的信息

```
$ mkdir /tmp/efi
$ sudo mount_msdos /dev/disk0s1 /tmp/efi
kextload: /System/Library/Extensions/msdosfs.kext loaded successfully
$ df -k /tmp/efi
Filesystem  1K-blocks Used  Avail Capacity  Mounted on
/dev/disk0s1   201609    0 201608    0%    /private/tmp/efi
```

A.4　通用二进制文件

在第 2 章中讨论了通用二进制文件的结构。在 Mac OS X 的 x86 版本上，几乎所有[1]的 Mach-O 可执行文件（包括内核）都是通用二进制文件。

> 甚至对于整个操作系统的通用安装，为了使这样的安装在 PowerPC 和 x86 平台上引导，各自的固件实现将不得不了解使用的分区方案。

```
$ file /mach_kernel
/mach_kernel: Mach-O universal binary with 2 architectures
/mach_kernel (for architecture ppc):   Mach-O executable ppc
/mach_kernel (for architecture i386):   Mach-O executable i386
```

---

[1]　与 Rosetta 对应的可执行文件不是通用的——它只支持 x86。

```
$ lipo -thin ppc /mach_kernel -output /tmp/mach_kernel.ppc
$ lipo -thin i386 /mach_kernel -output /tmp/mach_kernel.i386
$ ls -l /tmp/mach_kernel.*
-rw-r-----   1 amit  wheel  4023856 Feb  4 17:30 /tmp/mach_kernel.i386
-rw-r-----   1 amit  wheel  4332672 Feb  4 17:30 /tmp/mach_kernel.ppc
```

注意：x86 内核比 PowerPC 内核稍微小一些。现在来看另一个示例——系统库的示例。

```
...
-rw-r-----   1 amit  wheel  1873472 Feb  4 17:30 /tmp/libSystem.B.dylib.i386
-rw-r-----   1 amit  wheel  2216288 Feb  4 17:30 /tmp/libSystem.B.dylib.ppc
```

同样，可以看到系统库的 x86 版本稍小一些。一般来讲，x86 二进制文件比 PowerPC 二进制文件要小一些。一个原因是：后者具有固定的指令大小（4 字节，具有 4 字节的对齐），而 x86 则具有大小可变的指令（从 1 字节到超过 10 字节不等）。图 A-3 显示了一个简单的试验，用于比较当分别为 x86、PowerPC 和 64 位的 PowerPC 编译一个"空的"C 程序时该程序的可执行文件的大小。

```
$ cat empty.c
main() {}
$ gcc -arch i386 -o empty-i386 empty.c
$ gcc -arch ppc -o empty-ppc empty.c
$ gcc -arch ppc64 -o empty-ppc64 empty.c
$ ls -l empty-*
-rwxr-xr-x   1 amit  wheel  14692 Feb  4 17:33 empty-i386
-rwxr-xr-x   1 amit  wheel  17448 Feb  4 17:33 empty-ppc
-rwxr-xr-x   1 amit  wheel  14838 Feb  4 17:33 empty-ppc64
```

图 A-3　在 x86、PowerPC 和 64 位的 PowerPC 上编译一个"空的"C 程序

A.5　Rosetta

在 2.11.9 节中简要讨论了 Rosetta。Rosetta 是一个二进制转换进程，允许未经修改的 PowerPC 可执行文件在基于 x86 的 Macintosh 计算机上运行。Rosetta 的实现包括一个程序（/usr/libexec/oah/translate）、一个守护进程（/usr/libexec/oah/translated）、库/框架 shim 的集合（/usr/libexec/oah/Shims/*）以及内核中的支持，它明确了解 translate 程序。

```
$ sysctl kern.exec.archhandler.powerpc # read-only variable
kern.exec.archhandler.powerpc: /usr/libexec/oah/translate
$ strings /mach_kernel
...
/usr/libexec/oah/translate
...
```

还可以从命令行使用 translate 程序，在 Rosetta 下面运行该程序。图 A-4 显示了一个程

序的源文件，可以在本地或者在 Rosetta 下面运行它，用于突出显示 PowerPC 与 x86 平台之间的字节序区别（参见 A.6 节）。

```
// endian.c

#include <stdio.h>

int
main(void)
{
    int i = 0xaabbccdd;
    char *c = (char *)&i;

    printf("%hhx %hhx %hhx %hhx\n", c[0], c[1], c[2], c[3]);

    return 0;
}
```

```
$ gcc -Wall -arch i386 -arch ppc -o endian endian.c
$ time ./endian # native (little-endian)
dd cc bb aa
./endian  0.00s user 0.00s system 77% cpu 0.004 total
$ time /usr/libexec/oah/translate ./endian # under Rosetta (big-endian)
aa bb cc dd
/usr/libexec/oah/translate ./endian  0.01s user 0.08s system 97% cpu 0.089 total
```

图 A-4　在本地以及在 Rosetta 下面运行一个程序

无须直接使用 translate 程序，可以通过多种更合适的方式强制通用二进制文件在 Rosetta 下面运行，具体如下。

- 在应用程序的 Info 窗口中设置"Open using Rosetta"选项。这将向每个用户的 com.apple.LaunchServices.plist 文件中的 LSPrefsFatApplications 字典中添加一个条目。
- 在应用程序的 Info.plist 文件中添加一个名为 LSPrefersPPC 的键，并将其值设置为 true。
- 在程序中使用 sysctlbyname() 库函数，把名为 sysctl.proc_exec_affinity 的 sysctl 的值设置为 CPU_TYPE_POWERPC。此后，通过 fork() 和 exec() 启动的通用二进制文件将导致 PowerPC 版本运行。

虽然 Rosetta 支持 AltiVec，但是它不支持需要 G5 处理器的可执行文件（这意味着它也不支持 64 位的 PowerPC 可执行文件）。

注意：Rosetta 将把 PowerPC G4 处理器报告给程序。在 Rosetta 下面运行图 6-1 中的 host_info 程序将显示以下内容。

...

```
cpu ppc7400 (PowerPC 7400, type=0x12 subtype=0xa threadtype=0x0
...
```

A.6   字 节 序

在 Apple 的文档中详细讨论了 x86 与 PowerPC 平台之间的字节序区别，以及由此产生的警告和处理方法。值得指出的一点是：HFS+文件系统使用大端排序，用于存储多字节整数值。

> hfsdebug 的 PowerPC 版本（第 12 章的配套程序）也可以在基于 x86 的计算机上使用，它是由 Rosetta 提供的。注意：在 x86 上，hfsdebug 将不得不显式交换它从磁盘读取的日志数据。

A.7   其他各种改变

最后，来探讨一下 Mac OS X 的 x86 版本中引入的另外几种系统级改变。

A.7.1   无双重映射的内核地址空间

内核没有映射到每个任务的地址空间中——它具有自己的 4GB 地址空间。如前文所述，Mac OS X 的 PowerPC 版本也是这样。Darwin/x86 的以前版本（包括基于 x86 的 Apple 机器原型）确实是把内核映射到每个用户地址空间中。这种改变的一个重要原因是：需要支持用于具有大量物理内存的图形卡的视频驱动程序。在具有这样一个卡（也许甚至是多个卡）的系统中，如果驱动程序希望映射卡的完整内存，有限的内核地址空间将是有问题的。

A.7.2   不可执行的栈

基于 x86 的 Macintosh 计算机中使用的处理器支持每一页的不可执行的位，它可用于实现不可执行的栈。后者是一种统计栈溢出类型的安全攻击次数的方法。可以一般化该方法，使任何类型的缓冲区都是不可执行的，使得即使攻击者设法向程序的地址空间中引入恶意代码，也完全不能执行它。在 Mac OS X 的 x86 版本上启用了这个位。图 A-5 中所示的程序尝试"执行"栈，其中包含非法指令（全 0）。在 PowerPC 上将由于非法指令错误而导致程序失败。与之相比，在 x86 上，将禁止为执行访问内存，并且程序将由于总线错误而失败。

不过，注意：程序可以通过编程方式改变页的保护值，以允许执行。例如，Mach 调用 vm_protect()（参见第 8 章，以了解详细信息）可用于此目的。

```
// runstack.c
#include <sys/types.h>

typedef void (* funcp_t)(void);

int
main(void)
{
    funcp_t funcp;
    uint32_t stackarray[] = { 0 };

    funcp = (funcp_t)stackarray;
    funcp();

    return 0;
}
```

```
$ gcc -Wall -o runstack runstack.c
$ machine
ppc970
$ ./runstack
zsh: illegal hardware instruction  ./runstack

$ machine
i486
$ ./runstack
Bus error
```

图 A-5　在 Mac OS X 的 x86 版本上测试不可执行的栈

```
// stackarray not executable
...
vm_protect(mach_task_self(), stackarray, 4, FALSE, VM_PROT_ALL);
// stackarray executable now
...
```

A.7.3　线程创建

在 7.3.1 节中，可以看到在现有任务内创建一个 Mach 线程的示例（参见图 7-20）。x86 上的线程创建大体上是完全相同的，只不过线程的初始状态的设置是特定于 x86 的。图 A-6 显示了从图 7-20 中的 my_thread_setup()函数的 x86 版本中摘录的代码。

```
void
my_thread_setup(thread_t th)
{
    kern_return_t           kr;
    mach_msg_type_number_t  count;
    i386_thread_state_t     state = { 0 };
    uintptr_t               *stack = threadStack;

    ...
    count = i386_THREAD_STATE_COUNT;
    kr = thread_get_state(th, i386_THREAD_STATE,
                          (thread_state_t)&state, &count);
    ...
    //// setup of machine-dependent thread state

    // stack (grows from high memory to low memory)
    stack += PAGE_SIZE;
    // arrange arguments, if any, while ensuring 16-byte stack alignment
    *--stack = 0;
    state.esp = (uintptr_t)stack;

    // where to begin execution
    state.eip = (unsigned int)my_thread_routine;

    kr = thread_set_state(th, i386_THREAD_STATE, (thread_state_t)&state,
                          i386_THREAD_STATE_COUNT);
    ...
}
```

图 A-6　在 Mac OS X 的 x86 版本上设置新创建的线程的状态

A.7.4　系统调用

在第 6 章中讨论 PowerPC 系统调用处理时，可以看到：为了调用一个系统调用，将在 GPR0 中传递调用编号，并且执行 sc 指令。在 x86 上，系统调用编号是在 EAX 寄存器中传递的，并且将使用 sysenter 指令进入系统调用。图 A-7 显示了用于调用系统调用的汇编语言代码摘录。

```
movl    $N,%eax ; we are invoking system call number N
...
popl    %edx
movl    %esp,%ecx
sysenter
...
```

图 A-7　在 Mac OS X 的 x86 版本上调用一个系统调用

A.7.5 　没有/dev/mem 或/dev/kmem

从 Mac OS X 的第一个 x86 版本起，/dev/mem 和/dev/kmem 设备都不再可用。因此，诸如 kvm(3)之类的接口也不可用。无需访问原始的内核内存，现在期望用户程序只使用发布的接口（比如 I/O Kit 用户库和 sysctl 接口），访问内核信息。

本书的配套 Web 站点（www.osxbook.com）提供了关于编写一个内核扩展以提供/dev/kmem 功能的信息。

A.7.6 　新的 I/O Kit 平面

在 Mac OS X 的 x86 版本上，I/O Registry 具有一个新的平面，即 ACPI 平面（IOACPIPlane）。ACPI 平面的根结点（称为 acpi）是 IOPlatformExpertDevice 类的一个实例。

ACPI（Advanced Configuration and Power Interface，高级配置和电源接口）是作为一个接口而存在的，用于允许操作系统在计算机上指示配置和电源管理。

```
$ ioreg -p IOACPIPlane -w 0
+-o acpi <class IOPlatformExpertDevice, ...>
  +-o CPU0@0 <class IOACPIPlatformDevice, ...>
  +-o CPU1@1 <class IOACPIPlatformDevice, ...>
  +-o _SB <class IOACPIPlatformDevice, ...>
   +-o PWRB <class IOACPIPlatformDevice, ...>
   +-o PCI0@0 <class IOACPIPlatformDevice, ...>
    +-o PDRC <class IOACPIPlatformDevice, ...>
    +-o GFX0@20000 <class IOACPIPlatformDevice, ...>
    | +-o VGA@300 <class IOACPIPlatformDevice, ...>
    | +-o TV@200 <class IOACPIPlatformDevice, ...>
    +-o HDEF@1b0000 <class IOACPIPlatformDevice, ...>
    ...
    +-o SATA@1f0002 <class IOACPIPlatformDevice, ...>
    | +-o PRID@0 <class IOACPIPlatformDevice, ...>
    | | +-o P_D0@0 <class IOACPIPlatformDevice, ...>
    | | +-o P_D1@1 <class IOACPIPlatformDevice, ...>
    | +-o SECD@1 <class IOACPIPlatformDevice, ...>
    |   +-o S_D0@0 <class IOACPIPlatformDevice, ...>
    |   +-o S_D1@1 <class IOACPIPlatformDevice, ...>
    +-o SBUS@1f0003 <class IOACPIPlatformDevice, ...>
```